银勺子

THE SILVER SPOON

[意] 银勺子 编著
丛龙岩 王雨辰 胡杨 译

廣東旅游出版社
GUANGDONG TRAVEL & TOURISM PRESS
中国·广州
后浪出版公司

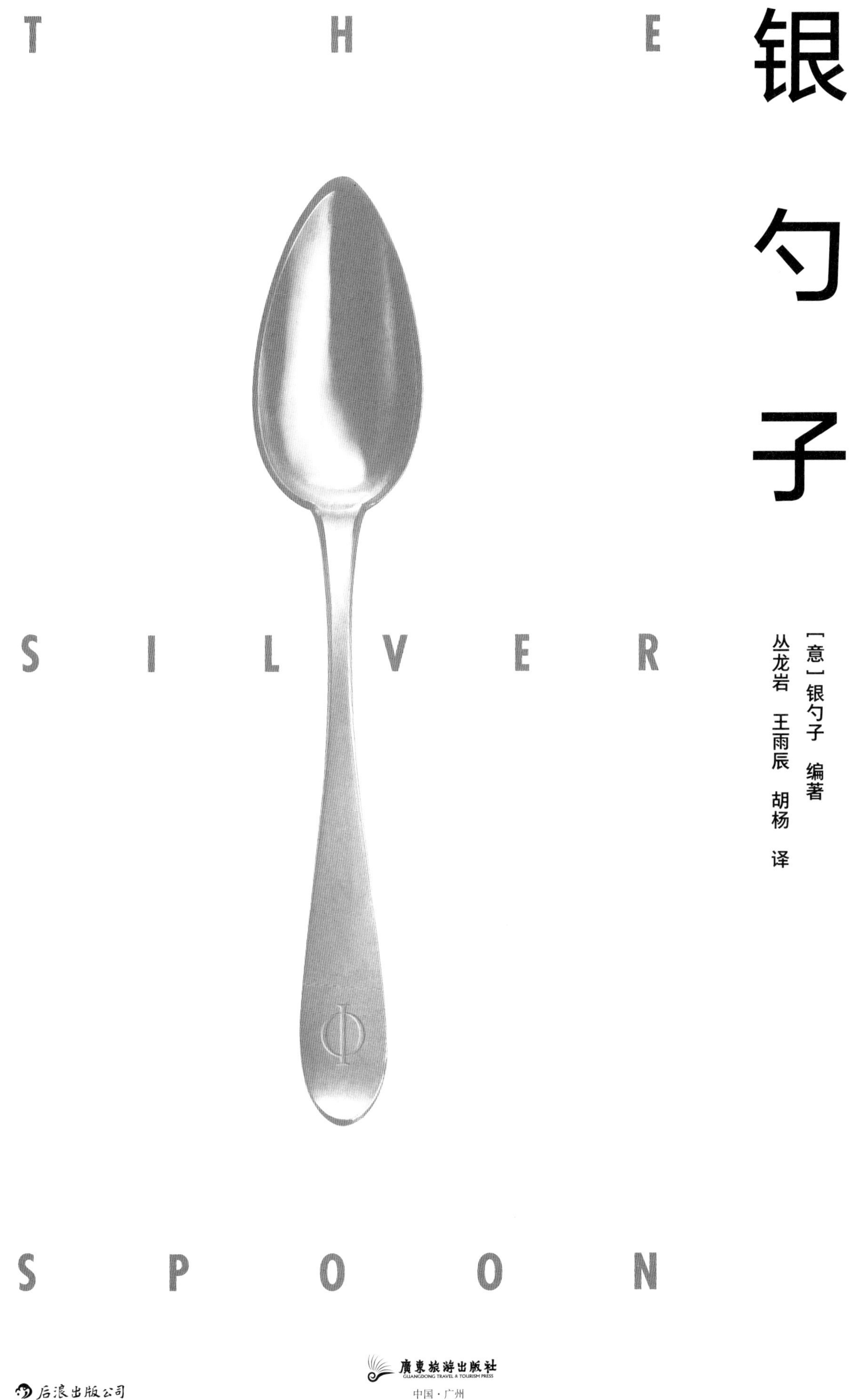

目　录

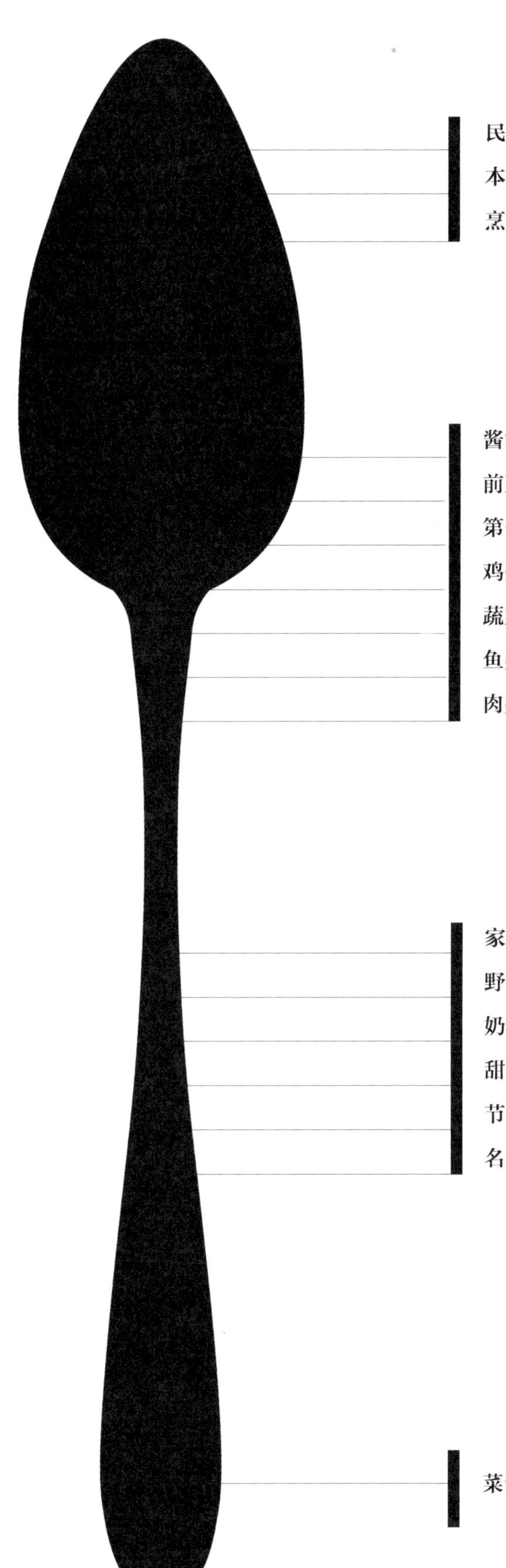

民以食为天

在意大利，吃是头等大事。烹饪和美食是最能够体现意大利文化的方式之一，它能够鲜活生动地刻画出这个国家的历史和传统。与所有其他种类的艺术一样，烹饪是基于对原材料的精确计量，按照一定比例进行分配，以实现不同原材料之间的平衡与融合。意大利美食将古老而传统的烹饪艺术与现代的创新思维结合在一起，不断地进化发展。即使在21世纪，烹饪在意大利人的家庭生活中依然处于核心地位。无论是为了某个特殊的时刻，与家人或者亲朋好友在相聚、在高档餐厅里享用美食，或者是在路边一间不起眼的小餐馆里畅饮一番，还是单单准备一顿简单的日常饮食，对于意大利人来说，烹饪与美酒佳肴、亲朋好友都是同义词。不管是淳朴的乡村风味，还是酒店的精致大餐，传统的意大利烹饪最基本的一点就是使用优质、新鲜、时令性的原材料。这也是为什么意大利菜在各个地区之间，乃至各个乡村之间，风味差异如此之大的主要原因之一。在意大利北方地区，那里的家畜饲养和乳制品行业非常发达，我们能享受到以黄油、肉类和帕玛森奶酪为主的烹饪风格；而当我们旅行到南方地区时，会遇见橄榄油（当然是特级初榨橄榄油）、熟透的番茄、艳丽的茄子，以及新鲜的鱼类。各地传统的乡村风味是意大利烹饪的基石，并且在很大程度上依赖于当地数之不清的各种农产品。即便是在一年四季的任何时间段里都能寻获到几乎任意一种食物的现在，意大利人仍然会遵循季节变化的规律和节奏，春暖花开之际品尝芦笋，炎炎夏日之时享用新鲜的番茄奶酪沙拉（水牛奶马苏里拉奶酪卡普里沙拉，见第1143页），而当气温骤降，秋日来临，所有人都会准备好一盘热气腾腾的巴罗洛葡萄酒炖牛肉（见第914页）。普通的意大利人家，每逢特殊场合仍会制作出五道美味佳肴进行庆祝（开胃菜、头盘、主菜配蔬菜、奶酪和甜点），但是在日常生活中，像千层面（见第317页）、比萨（见第231～239页）、浓汤（见第290页）等就足以满足人们的口腹之需了。

意大利有着种类繁多的美味佳肴，如果只是为了做出一桌美味健康的饭菜，他们不会执着于花费大量的时间去制作令人拍案叫绝的马尔凯风味鱼汤（见第845页）——这是一种使用多种鱼类和贝类海鲜制作而成的鱼汤，相反，大多数人回家后会选择制作虽然简单但却非常正宗的大蒜和辣椒油意大利面（蒜香辣油直面，见第357页），这道菜所需的四种原材料是所有意大利厨房必备的。正宗的意大利菜通常在制作过程中会使用一些非常简单的原材料。几个世纪以来，是什么让它们如此美味可口？意大利人已经完全掌握了如何让各种原材料融合到一起并取得完美口味的诀窍。

也许，在意大利人学会说话之前就已经掌握了烹饪技能，他们的烹饪技能是靠代代相传而得以传承的。几个世纪以来，在众多家庭厨房的不懈努力下，意大利烹饪已经达到了无懈可击的地步。哪怕是最挑剔的批评家，也会沉溺于这数以百万计的意大利菜肴中而不能自拔。

《银勺子》只选择来自意大利的最好的家庭食谱和厨师们使用的最顶尖的食谱，这是对烹饪狂热的爱的产物。这是一本值得每个意大利人传给自己孩子的烹饪书籍。这本书将父辈和祖父辈的烹饪技能教给他们，让他们了解意大利烹饪真正的精髓所在。向他们展示如何精挑细选出合适的原材料，然后按照也许简单、也许复杂，但一定是最清晰、最容易的食谱，制作出健康而美味的菜肴。出于这些原因，《银勺子》可能是意大利最成功的烹饪书籍，在每个家庭的厨房里都有它的一席之地，也是许多新娘所收到的最贵重的一份结婚礼物。

本书由多姆斯出版社的艾迪特利尔·多姆斯（Editoriale Domus）与意大利知名的设计与建筑杂志创办人吉奥·庞蒂（Gio Ponti）共同策划，第一版 *Il cucchiaio d'argento*（《银勺子》）发行于 1950 年，这个名字源自一个象征着富有、财富和好运的英文短语：to be born with a silver spoon in your mouth（口含银勺出生的人）。这个短语用来描述一个人是如何拥有幸运的财富和遗产的，就如同烹饪文化遗产一样，我们把这把银勺子给予了我们的读者。自本书首次出版，就已经在美食界打上了自己的烙印。从那时起，再也没有停止过印刷，并迅速地成为意大利烹饪的经典之作和权威代表。为了编纂《银勺子》，专家们受艾迪特利尔·多姆斯的委托，从意大利各个地区收集到数百种经典的食谱，竭力向读者展示每个地区的特色风味。在之后 60 多年的时间里，这本书一直在印刷出版，内容更新也从未中断，在不同时间依次与读者见面的各种版本中，食谱和技法都进行了相应的改编，以便与我们现代的生活方式相适应，同时还要保证不丢掉正宗的意大利烹饪的精髓。最后，我们完成了这一本包含着 2000 多道经典食谱，令人叹为观止的成果。

《银勺子》可以把每一位读者变成一位经验丰富的意大利厨师，教会他们如何烹饪出真正的意大利美味和烹饪中需要掌握的成千上万个小秘诀。

我们的《银勺子》

当我们开始着手编译第一版英文版的《银勺子》(2005年出版)时，我们很快便发现，仅仅是将意大利食谱简单地翻译成英文是远远不够的，因为意大利烹饪方法和英语国家的烹饪方法有着根本区别。英语国家的烹饪书籍中往往包含着比意大利烹饪书籍中更详尽的解释。

为此，我们将原版的意大利菜谱进行了适当改进，使其更符合英语国家读者的期望，但我们仍然费尽心思地保留着这本书中意大利烹饪的特色和精华。而且，当书中的食谱里标示出在意大利以外的地方无法获取的食材时，我们会尝试着提供给读者可以使用的其他选择，或者是更加常见的食材。通过这种方式，编者尽可能地让食谱适合每一位读者的需要。为了保留意大利版的风格，即便这其中会有一些食谱不为多数读者所熟悉，我们还是将意大利语版《银勺子》中的所有菜谱都保留下来。希望这样的改动方式，让本书仍然保留着正宗的意大利烹饪书籍的风格，并且囊括了所有意大利人喜欢去制备和享用的菜肴。

本书按照上菜顺序划分章节，在设计版面时，采用了不同的颜色进行区分。尽管每道菜谱都有它名字的英文翻译，但是我们还是按照他们原来意大利名字的字母顺序，对这些食谱进行排列整合。本书附有详细而全面的索引，方便读者查阅各种特殊的食材，以便能够找到使用这些食材的食谱，还在食谱中标注了菜谱的英语和意大利语名字。

新版特色

全新版本的《银勺子》已经进行了更新和修订，以满足现代烹饪的需要，努力打造成一本让初学者更加容易接受的烹饪书籍。书中一些久负盛名的食谱也经过了重新编审和修改，可以帮助不同水平的厨师们制作出完美的意大利菜肴。书中还增添了菜肴制备和烹调的时间，让读者在制作用餐计划时更加简单明了。

书中还加入了由食品历史学家阿尔贝托·卡帕迪撰写的全新的前言部分（见第 11 页），对《银勺子》一书的精髓和意大利地域美食进行了详尽论述。我们还增添了正宗的意大利节假日所使用的各种菜单（见第 1326 页），以及更新了由 23 位世界级的意大利厨师制作的菜单（见第 1342 页）。

此外，本书还增添了 400 张全新的菜肴制作照片。每道菜肴只使用纯天然、货真价实的原材料制作而成，搭配质朴的餐盘或者在加热烹调时直接拍摄。通过这样的方式，我们希望能够确保食物始终占据着舞台的中心位置，同时，为了让食谱保留原汁原味的迷人魅力，有意识地将在菜肴制作过程中出现的所有小的失误，全部直观地保留了下来。

2005 年，当英语版《银勺子》出版时，我们就已经知道，这本在意大利深受读者欢迎的食谱是一本独具特色的烹饪书籍，但它的成功还是远远地超出了我们的预期。它成了全世界最畅销的书之一，被众多的美食家和初学者誉为意大利烹饪的权威之作。我们希望我们所做出的这些改编，会帮助你享受最好的意大利烹饪。

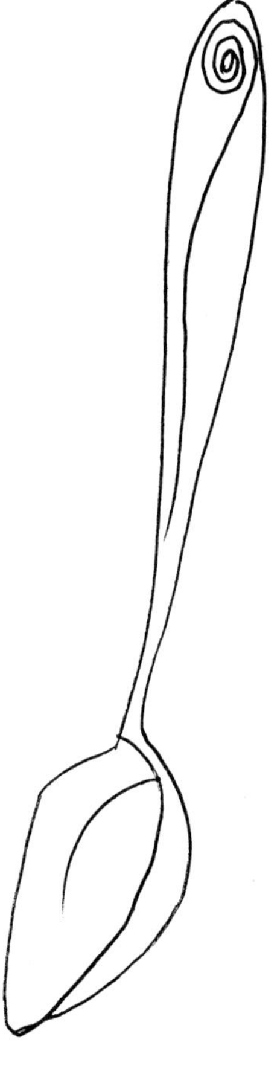

特伦蒂诺-上阿迪杰
特伦托
弗留利-威尼斯朱利亚
的里雅斯特
瓦莱达奥斯塔
奥斯塔
伦巴第
米兰
威内托
威尼斯
威尼斯湾
都灵
皮埃蒙特
艾米利亚-罗马涅
热那亚
博洛尼亚
利古利亚
佛罗伦萨
利古里亚海
安科纳
托斯卡纳
佩鲁贾
马尔凯
翁布里亚
厄尔巴岛
拉奎拉
罗马
阿布鲁佐
莫利塞
坎波巴索
拉齐奥
亚得里亚海
巴里
卡帕尼亚
那不勒斯
佩鲁贾
普利亚
巴斯利卡塔
撒丁岛
第勒尼安海
卡利亚里
卡拉布里亚
卡坦扎罗
伊奥尼亚海
地中海
巴勒莫
西西里岛

＊本书插图系原文原图。

意大利烹饪习俗

意大利以其鲜明的地域特色和历史文化而著称于世，这一点清晰无误地体现在它的饮食文化之中。纵观历史，这些地区风味在意大利烹饪中起着至关重要的作用。意大利各城镇之间，饮食风格差异甚大，但近些年来，这些地域特色也开始变得愈发模糊了。一个真实而典型的意大利地方特色食物的例子，比萨（起源于坎帕尼亚的那不勒斯）已经超越了地域性的界限，成为广受人们喜爱的意大利美食的代表，而其他地方风味菜肴，例如托斯卡纳的番茄面包汤（见第 277 页内容）则保留了更多的地方特色。

一般来说，意大利的美食和烹饪风格深受地中海漫长的海岸线以及其范围内的气候和乡村风味的影响。北方郁郁葱葱的山区（瓦莱达奥斯塔、特伦蒂诺-上阿迪杰区、弗留利等地），以盛产牛奶、黄油、牛肉、猪肉和大米而著称，而温暖干燥的中部和南部地区（托斯卡纳、马尔凯、阿布鲁佐、莫利塞、拉齐奥、坎帕尼亚、普利亚、巴西利卡塔、卡拉布里亚等地）则以盛产粮食、橄榄油、蔬菜、水果和羊肉而闻名。沿海地区鱼类资源较为丰富，与之相反的山区，例如北方的阿尔卑斯山脉和位于半岛中心的亚平宁山脉（拉齐奥、阿布鲁佐、莫利塞、坎帕尼亚），地方经济仰赖于畜牧业。特别是奶酪，产品种类繁多，其代表有北部地区的牛奶奶酪和中部、南部地区的山羊奶和绵羊奶奶酪。如此特色鲜明的地区性差异，自然而然会对本地区的烹调风格和当地的菜肴风味产生潜移默化的影响。

《银勺子》的故事

《银勺子》因为囊括了意大利各地美食而成为意大利烹饪的经典之作，在出版之初却是默默无闻。1931 年，米兰出版商多姆斯买下了 *Il quattrova illustrato* 的版权（这是一个异想天开的标题，其字面意思是“图文并茂的四个鸡蛋”，用鸡蛋来代表制作烹饪器具的四个主要元素），副标题为“一流的美食”。它的主题是烹饪，包括意大利、法国和英国的不同风味，还包括鸡尾酒和来自米兰的两个地区的风味食谱（意大利面包和意大利调味饭）。

在 1936 年的 *Il doppio quattrova* 中，将地方风味食谱的范围扩大了一些，加入了威尼托地区美食，包括的里雅斯特的蛋糕和甜食（库克群岛和斯多克里），还有玉米粥，用来搭配使用牛奶、新鲜的蘑菇制作成熟的猪肉和小型野鸟（col porcel, coi fongheti,coi oseleti）。但这两本书的读者群都是富裕的中产阶层，直到第二次世界大战结束之后，才出版了内容更加丰富的版本，面向更广泛的读者群体，这也是首次以 *Il cucchiaio d'argento*（《银勺子》）之名呈现于读者面前。

在 1950 年出版的版本中，包含了意大利北部大部分地区的食谱，还有中部地区，甚至远抵那不勒斯。到第二年再版时，对剩余地区的食谱进行了重点补充，使其成了意大利烹饪最基本的参考书。全书覆盖了意大利的 16 个地区：北方的 5 个地区（皮埃蒙特、利古里亚、伦巴第、威尼托、艾米利亚-罗马涅），中部的 4 个地区（托斯卡纳、翁布里亚、马尔凯、拉齐奥），南部的 5 个地区（阿布鲁佐、莫利塞、坎帕尼亚、普利亚、卡拉布里亚），以及西西里岛和撒丁岛两大岛屿。后期出版的版本对区域范围也进行了补充，但覆盖面大致保持不变，它囊括了来自意大利所有地区的食材和烹饪方法。

1959 年新版本发行时，地方风味食谱更加丰富了。这一版本的目标是展现意大利美食的真实全景，以期从国家层面和地方特色两个角度全面呈现意大利美食。例如，茄子（在意大利南部地区使用得比北部地区更加广泛，特别受西西里人的喜爱）在卡拉布里亚、普利亚，北部到那不勒斯，甚至远至罗马和米兰的食谱中都有登场。

1959 年出版的版本受到了多种因素的启发，后续版本中这种影响继续加强，包括越来越重视食材、食谱种类和食材质量之间的区域差异。在意大利烹饪中，对这些方面的考虑一定会优先于烹调技法，其结果是，即便使用最简单的烹调技法制作而成的菜肴，也会带有独特的风味。

地方风味的传播

与此同时，越来越多的南方人移居到了经济发达的北方城市，意大利南部烹饪也借此进入北方，在黄油和肉类占主导地位的北方地区，橄榄油、蔬菜和鱼类等南方特色食材消费比重增加。深受人们欢迎的意大利面，不管是新鲜的还是干制的，以其原汁原味和原形为特点，已经席卷意大利全国各地。

这种意大利地方风味在各地传播带来了多重效应。我们开始精确记录每道菜中要使用的具体的食材，同时对于某些无法获取的食材，或者是为了适应不同的偏好，书中还会提供更多的选择。例如，培根蛋面（Spaghetti alla carbonara，见第 357 页），这种源于罗马的食谱在 1950 年以后得以广泛普及。依据个人喜好，可以使用油脂或者黄油，加上一种特别的腌猪肉（guanciale，加盐腌渍的肥猪肉）或者使用意式培根，再加上佩科里诺奶酪或者帕玛森奶酪，抑或同时使用这两种奶酪制作而成。《银勺子》一书中使用黄油和意式培根进行烹调，这绝不是唯一的方法。在一些遥远的地方，不论是意大利，还是意大利之外，都可以做出一些细小的改变，换言之，每一个家庭或者餐馆，都可以制作出独具特色的培根蛋面。

品质、资源和可持续性

为了能够与时俱进，近些年来，意大利各地区烹饪对食材的品质和特定传统食物与食谱之间的密切关系更为看重。由此，人们对产品体系和供应链给予了更多关注。随着对传统烹饪的重视度越来越高，种植业和畜牧业从业者之间的联系、厨师和消费者之间的联系也越来越密切。

意大利人的膳食结构

在意大利，每道菜通常都会按照一种特定的顺序上菜，从头盘（Antipasto）开始，它可以是一道或热或冷的开胃菜，例如蔻斯提尼（Crostini，烤脆面包片）、普切塔（Bruschetta，意式烤面包片）、烤甜椒等；接下来是第一道菜（First course/ Primo）；再是主菜或者是以肉类或鱼类为主的第二道菜（Main course/ Secondo of meat or fish）；一餐最后则以甜点（Dessert/ Dolce）结束。

大约从 1900 年开始，午餐的第一道菜通常会选择意大利面，而在晚餐时则会先喝汤，这些汤多为清汤或意大利面汤。在过去的 60 年时间里，无论是午餐还是晚餐，越来越多的人选择使用干制的意大利面制作菜肴。有些时候，也会使用米代替意大利面，米通常以具有北部烹饪风格（皮埃蒙特、伦巴第、威尼托等地）的意大利调味饭的形式出现。

主菜会包括一种比意大利面更贵重的食材，多数情况下是肉类或者鱼类。本书中的菜单里所提到的许多主菜食谱都有其特定的地理源头，且已经在其他地方流行起来。例如，使用锡纸或者烘焙纸包裹起来进行烹制的菜肴是典型的艾米利亚-罗马涅区或托斯卡纳区等地方的特点，而原锅烤牛肉（Arrosto marinato，见第 910 页）是意大利北部米兰及其周边地区的特色菜肴。

当然，也会有例外的情况出现，不同地区之间的菜肴风味也各不相同。米兰拥有意大利最大的水产市场，在那里，鱼汤可能会是第一道菜，实际上，这并不是米兰人的传统饮食习惯。这种米兰风味的鱼汤不同于里窝那风味鱼汤（*cacciucco*, 见第 845 页）——一种典型的托斯卡纳风味鱼汤，或者马尔凯风味鱼汤（Brodetto marchigiano, 见第 845 页），以及亚得里亚海沿岸的鱼清汤。但是它们的共同之处就是都会使用最新鲜的食材精心烹制而成。

说到甜品，意大利深受法国影响——那不勒斯巴巴（babà）就是其中一例。时至今日，这些甜点要么代表了意大利国内的传统趋势，要么是在本地制作的国外风味的糕点。奶酪盘最近才流行起来，在 18 世纪或 19 世纪的意大利中产阶级家庭中，奶酪盘还不为人知。而在餐桌上供应新鲜水果的习俗则一直存在，在用生机盎然的色彩装饰餐桌的同时还可以用清新的水果来结束美味的一餐。

在制定菜单时，配菜也是要考虑的一个关键。它们通常以蔬菜为主，用来补充主菜的风味和完善菜单。如果主菜中含有番茄，那么在配菜中，番茄就不应该再次出现。一定要购买正当季的蔬菜，因为此时它们处于最新鲜的时段。根据所采购到的蔬菜种类和个人习惯，可以对菜肴做出一些微调，但蔬菜类是所有咸香风味类菜肴的一部分。实际上，蔬菜类也可以当成主菜享用，例如一大盘烤蔬菜，或者帕玛森奶酪烤茄子（Parmigiana di melanzane，见第 605 页）。在坎帕尼亚和普利亚地区以各种形式呈现出来的蔬菜类都可以单独成为一道主菜。进入冬季，由于地理条件、气候条件以及季节性因素的影响，蔬菜的种类和使用量有所减少，与此同时，马铃薯的用量却在增加。其结果是，每一种新鲜的时令蔬菜刚一在市场摊位上亮相，就会立刻出现在食谱里，并着重突出其新鲜的风味。例如，在意大利中部的拉齐奥地区，蚕豆和长叶菊苣（Puntarelle，一种酥脆的罗马菊苣）因为出现在许多食谱中，用于搭配意大利面和肉类菜肴而备受推崇。

在布林迪西、普利亚等地，会给顾客提供十种蔬菜以供选择，这也进一步说明了蔬菜的重要性。西西里的第一道菜，酸甜卡波纳塔（Caponata in agrodolce，见第 135 页）要求至少含有四种蔬菜（茄子、番茄、芹菜、橄榄）。而有一些菜肴本身味道浓郁，层次鲜明，根本就不需要任何的配菜。来自皮埃蒙特地区或艾米利亚-罗马涅的油炸什锦（Fritto misto）是一种油炸小菜的统称（包括蔬菜、肉类、鱼类、奶酪、水果、乳蛋饼等）。每一个地区都有自己独具特色的、基于季节性的食材而形成的风味食谱。在家里时偶尔也可以用这一道菜来款待客人，将各种不同的食材炸制两三盘，或者做成主菜、大餐。因为炸的过程会持续较长的时间，炸好之后的各种美味，可以分开即时享用。

另外一道不需要配菜的菜肴是经典的皮埃蒙特风味炖牛肉（Bollito alla Piemontese，见第 913 页），它是北部波河流域的传统菜肴，那里的人们多会养殖奶牛和猪。在伦巴第和艾米利亚-罗马涅地区，菜肴的风味会有所变化。

马尔凯鼓派（Vincisgrassi，见第 416 页）是来自意大利中东部地区马尔凯的一道味道浓郁的菜肴，类似于千层面，每层中含有白汁（Béchamel sauce）和各种各样美味的（和昂贵的）食材，有蘑菇、牛胸腺、鸡杂和松露等。单份菜肴（不需要配菜的菜肴）可以有各种组合变化，例如使用香肠、火腿、培根、鸡肉或者熏猪肉香肠（cotechino，当地产的一种经过熏制的香肠）制作而成的玉米馅饼和比萨等。这之后最好搭配水牛奶马苏里拉奶酪卡普里沙拉（Caprese di mozzarella di bufala，见第 1143 页），一道使用马苏里拉奶酪、番茄和罗勒叶等制作而成的菜肴，最后的甜品选择提拉米苏（Tiramisu，见第 1313 页）。

节日菜单

节日里的宴会通常会遵循着四道菜肴的上菜顺序，偶有其他开胃小菜穿插其中，用于扩大可供选择的菜肴范围。春天时，这些菜单里会包含一些早熟的鲜嫩蔬菜，也可以通过使用高档食材来提升档次，如龙虾面蓤（Stracci agli astici，见第 327 页）等。菜单中要尽量包括各种口味，让食客充分体验不同的味觉享受，诸如将蛋糕和冰激凌组合在一起作为一道甜点。具体说，就是可以将一份苹果蛋糕（Torta con le mele，见第 1260 页）和一份香草冰激凌（Gelato di crema alla vaniglia，见第 1301 页）搭配上桌。

传统饮食的影响力越大，其出现在每年节日庆祝的午餐或晚餐的频率就越高，例如圣诞节和复活节等。宗教习俗中，复活节的时候要吃烤羊肉或小山羊，配马铃薯或者沙拉；平安夜则要吃烹制后的鱼类菜肴，那不勒斯周围地区通常会吃鳗鱼。复活节和圣诞节的第一道菜取决于当地的传统习惯，如果是意大利面，会使用擀制的鲜面条，味道清淡而丰富。餐后甜点是传统习俗，一般选择从商店购买，例如深受米兰人喜爱的意大利圣诞节面包和复活节科龙巴蛋糕等。请阅读第 1326 页内容，那里提供了一些精选出来的意大利节日传统菜单。也有一些受传统影响不是很大的菜单，准备起来非常容易，还可以因地制宜地做出一些改变，冷菜类中如生牛肉片或薄切鱼片（Carpaccio di pesce，见第 127 页），咸香风味的面食类食谱如芦笋咸派（Quiche agli asparagi，见第 213 页），乃至是带有一些异域风味的菜肴如咖喱鸡肉酥（Sfogliatine al pollo e curry，见第 182 页）等。

如何策划一份菜单

在创建一份自己专属的菜单时，需要遵循一定的规则，但同时也有很大的自主选择权，可以仔细地考虑每个家庭和个人的偏好。

首先，需要考虑到的是场合（普通宴会、朋友聚餐、周末家庭聚餐等），要有充分的准备时间，掌握客人的数量以及他们的口味偏好等。一份四道菜的菜单是非常正式的，会涉及大量的准备工作。所以，最好先选择出主菜，然后再选择其他适合的配菜。原材料方面，简单的准备工作也要提前做好。

作为第一道菜的意大利面可以分量足、肉量多，使其成为菜单中的亮点，博洛尼亚肉酱千层面（Lasagne alla Bolognese，见第 317 页）或者白汁加乃隆（Cannelloni alla besciamella，见第 315 页）都是非常不错的选择。或者也可以选择一种以米为基础的汤菜，其浓稠程度因人而异，比如米兰风味杂菜汤（Minestrone alla Milanese，见第 285 页）。作为代表性的地方风味菜肴，传统的意大利面或意大利调味饭也可以，菜单中其余部分可以围绕着这个进行设计。第一道菜肴的选择将会直接影响到其他的菜肴。如果它的分量很大，可以提供一道口味清淡些的开胃菜，如酿馅番茄（Pomodori Ripieni，见第 639 页），在此之后则可以选一道制作简单的鱼或者肉类菜肴，如小牛肉排、烤鸡、烤兔肉等。同样，一道味道清淡的蔬菜汤，例如那不勒斯风味杂菜汤（Minestrone alla napoletana，见第 285 页）或红菊苣调味饭（Risotto al radicchio trevigiano，见第 397 页）之后可以上一道分量十足的小牛肉卷（Polpettone casalingo，见第 962 页），或者一道使用珍珠鸡制作而成的菜肴，像蘑菇酿馅珍珠鸡

（Faraona farcita con i funghi，见第 1029 页）等菜肴。

在非常正式的场合时，需要提供一道什锦冷切肉拼盘作为开胃菜，然后再上一道热气腾腾的小馅饼，在第一道菜与主菜之间可以加入一道鱼类菜肴。请时刻牢记，菜单中无论是三道菜还是五道菜，都应该注意肉类和鱼类之间、蔬菜和意大利面之间的平衡。菜单中的最后两道菜肴应该占主导地位，意大利中部风味和南部风味中更是如此。

主菜是肉还是鱼通常取决于本地市场或商店内哪一类食材最新鲜、价格最适合。烤肉类，如烤小牛肉、猪肉或羊肉，搭配上沙拉或者是马铃薯都会美味可口，但是也要考虑到时令性的蔬菜，如芦笋等，或者别出心裁，准备一份烤红菊苣（Radicchio al forno，见第 646 页）。无论选择哪种配菜，都必须与所选择的肉类或者鱼类相呼应。微微带些苦味的配菜可以衬托出肉类（如小牛肉）的鲜嫩甘美，还可以将配菜与主食材混合到一起，例如猪肉炖扁豆、洋蓟蒜蓉大虾等。

季节性的原材料

在选择食材和菜肴时，要充分考虑到的一个重要因素就是季节性。冬季制作的菜肴与夏季的菜肴是截然不同的。随着气候逐渐变暖，肉类菜肴开始失去其主导地位，而意大利面和蔬菜类则在整个意大利受到更多重视。夏季烹调中，务必将沙拉类菜肴作为菜单中的重要一环，一道西西里风味的酸甜卡波纳塔（见第 135 页）打头阵，接着是甜菜根米饭沙拉（Riso in insalata con barbabietole，见第 387 页），随后鱼类菜肴就可以上桌了，一般会使用较便宜一些的食材，像凤尾鱼或者沙丁鱼等，形式可以是冷菜也可以是热菜。

辞别夏天，进入秋季，肉类，尤其是野味类会重新成为菜单中的主角。这时候，有机会在乡村采到牛肝菌，可以加到蘑菇切面（Tagliatelle ai funghi，见第 327 页）中，也可以用在主菜中，例如蘑菇风味小牛肉片（Scaloppine al funghi，见第 962 页）。干的或者新鲜的牛肝菌，在意大利烹饪中都是常用的原材料。冬季选择主菜的标准与夏季正好相反，菜肴中更多的是脂肪类、肉类和红葡萄酒类。没有必要选择非常昂贵或者烹调工艺非常复杂的菜肴，本书中的食谱包括了一些极其普通的菜肴，例如流行于意大利北方地区的熏猪肉香肠配小扁豆（Cotechino con lenticchie，见第 972 页），以及来自高山地区的传统特色菜肴，使用玉米粥与奶酪一起制作而成塔拉尼亚玉米糊（Polenta Taragna，见第 373 页）。

《银勺子》以超过2000道的食谱来彰显意大利丰富多彩、种类繁多的饮食文化，努力将意大利美食带入人们的日常生活。不管在什么季节、什么场合，无论你是在烹制简单至极的家庭菜肴，还是在为一个有特别意义的庆典活动而忙碌，书中都有令人食指大动的菜肴和充满感召力的菜单奉献给世界各地的厨师们。

本书使用指南

本书包括 2000 多道食谱，其中大部分为传统的意大利菜肴和意大利地方名吃，另有部分现代美食。在英语版中，一些食谱中所使用的食材和烹调所需要的时间依据口味和生活方式的变化而进行了适当更新。其余的食谱几乎没有进行任何改动，完全保留它们的原汁原味。大部分的食谱可以很容易地满足您的个人需要，其中多数食谱都是按照 4 人份的用量准备的（每道食谱中的分量都会标明）。食谱采用的计算方式非常方便，可以减半或者加倍使用，以适应用餐人数的多寡。有一些食谱，如烤肉类，分量足一些会更有味，有些烤肉的量可以供 6～8 人食用。其他的食谱，如开胃菜、沙拉和酱汁类，没有标出分量，因为它们的数量变化对菜肴最终的分量影响不大。在食谱中如果没有明确标出数值，可以根据个人口味喜好来决定使用这些食材的分量。

加热烹调时的注意事项

同其他的专业领域一样，烹饪也有自己的专业词汇。许多术语是法语或者如本书中所使用的意大利语，像书中频繁使用的“筋道”这个词。本书中所使用的所有术语，都包括在后页的烹饪术语中。

本章中还包括工具和设备使用指南。

酱汁类、腌泡汁类和调味黄油类

食谱中所使用的传统酱汁，无论是热酱汁还是冷酱汁，例如白汁（也称贝夏美酱汁）和蛋黄酱一类，书中都有介绍。

➔ 腌泡汁可以在加热烹调之前，用来给各种原材料调味并使其变得鲜嫩。将所腌制的原食材放置在一个阴凉的地方，不需要放到冰箱里，腌制时间不低于 2 小时。但是，如果需要腌制更

在哪里可以查找到你所需要的内容

久一点儿，就要放到冰箱里了。这两种情况都要将所腌制的食材密封。

➔调味黄油可以用来制作菜肴，但更常见的用法是在上菜时再加入菜肴中。注意，调味黄油在有些情况下的用量会显得过多，但是食谱中所列出的用量肯定都是有原因的。

前菜（头盘）、开胃菜和比萨

前菜（头盘）和开胃菜是用来刺激味蕾的，应少量供应，为享受后续菜肴做准备。在本章中还包括比萨食谱，尽管现在比萨经常会当成主菜供应。

第一道菜

这一章的内容按照意大利传统的分类方法，分成了“带汤菜肴”和“无汤菜肴”。“带汤菜肴”包括各种汤菜类的食谱，而“无汤菜肴”则包括新鲜的和干制的意大利面、米饭、调味饭（risottos）、玉米粥（polenta）、团子（gnocchi）等。

鸡蛋类和菜肉馅煎蛋饼类、意式烘蛋

这一部分的食谱内容是按照鸡蛋的不同烹调方式介绍的。

蔬菜类

蔬菜类在地中海饮食中一直扮演着重要的角色。本书中包含 30 多个分节的内容，对每一种蔬菜的基本制备方法和所使用的烹调技法进行详细讲解，紧随其后的是众多令人垂涎的食谱。

鱼类、甲壳类和贝类海鲜

意大利以鱼类和贝类海鲜菜肴而闻名。在这一章中包括 40 多道不同的食谱。分节内容中包括海水鱼、淡水鱼、甲壳类和贝类等，还提供制备和烹调技法等方面的建议。一些比较特殊且难以获得的鱼类，书中也会提供更容易获得的鱼类代替。这一章中还包括一些制作鱼汤和烹调青蛙、蜗牛等内容。

肉类、内脏

这一章的内容涵盖了所有在意大利能够吃到的各种不同的肉类。其中包括不同肉类的概述、切割方式、最适合的烹调技法等，实用性非常强。

在本章的最后部分，还介绍了一些使用内脏的食谱，其中一些菜肴令人耳熟能详，而有一些则鲜为人知。另外，这一章中还介绍了一些制作意大利香肠的分类。

家禽类

鸡肉在意大利非常受欢迎，此外，这一章中还包括所有其他养殖鸟类的相关食谱和信息，是为数不多的英文版与意大利版不同的地方之一。现在，尽管兔子养殖已经十分广泛，但还是被归于兽类，食谱也被归于野味类中。鹌鹑类食谱同样被归于野味类中。

野　味

这一章中包括兽类和禽类野味，鉴于意大利人特别热衷于享用这些野味，这一类的食谱让人赞不绝口也就不足为奇了。大部分曾经的野味类，现在都已经被广泛养殖了。

奶　酪

意大利以拥有400多种奶酪为傲，这其中大多数的奶酪都受到DOC制度（Denominazione di Origine Controllata，原产地命名控制）的保护。这一章提供了挑选、使用和储存奶酪的建议，还有各种奶酪搭配享用指南。

甜品与烘焙

因为很多人说意大利人更愿意在当地的糕点店内购买甜点，因而自制甜点在意大利并不普遍，但是，请不要让这个习惯影响到自己的生活节奏。这里包含了许多令人拍案叫绝的甜点食谱，对于那些真正喜爱烘焙的人来说，可以运用一系列的基础糕点面团做出各种不同花样。

节日菜单

在这一章中，会为读者朋友们提供一年四季意大利各种节假日的创意菜单。

名厨菜单

这里特别介绍了在过去50年的时间里，由意大利最著名的一些大厨所编写的特色菜单。此外，还有国际大厨们，如英国、美国、澳大利亚以及新西兰等国家的大厨们所提供的菜单。

菜谱表和索引

本书的最后部分是一份按照章节排列的完整的菜谱表，以及综合性的索引部分。

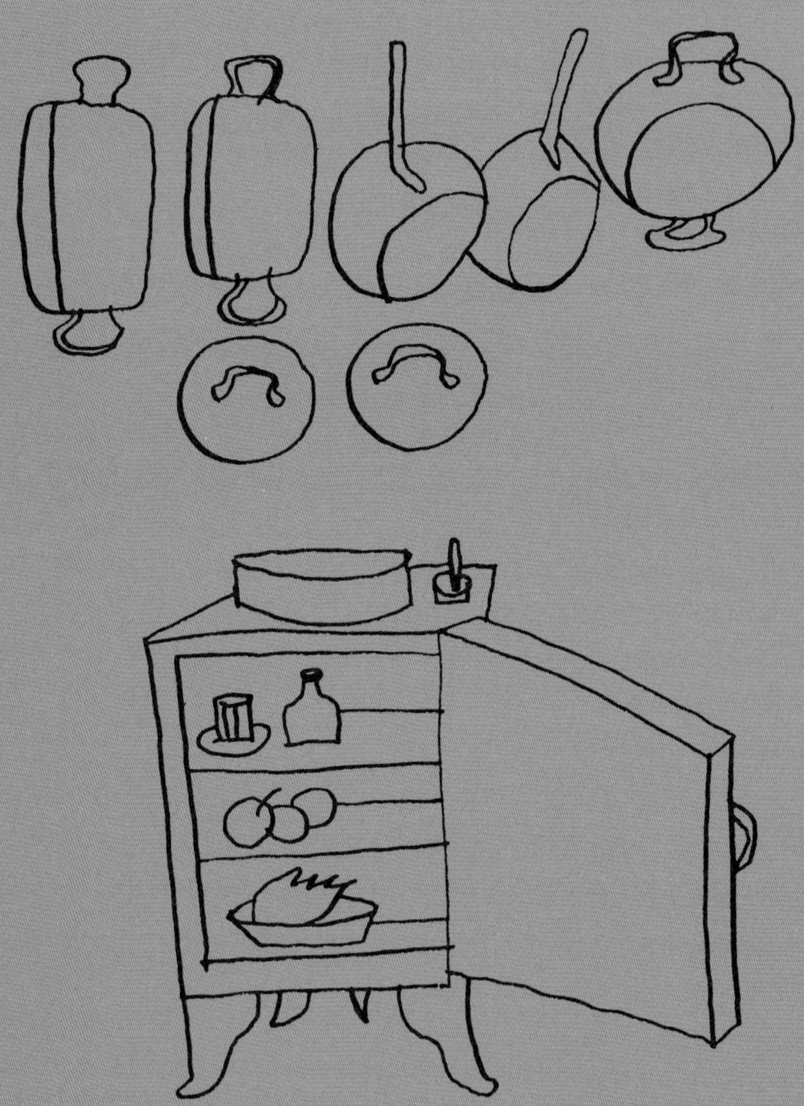

烹饪术语 ➔

烹饪术语

用水煮、使其变软，以及稀释锅底结块——这些非常形象化的动词描述了水波蛋的制作方法，是一种混合材料让主料变得更加柔软细腻的方法，以及如何对烹调过程中产生的汁液等进行稀释。Busecca、carpione、fricassée，这些词语表示米兰式炖牛肚、用来腌制煎肉类和蔬菜类的加香料和醋的腌泡汁，以及一种使用鸡蛋和柠檬汁制作而成的用于加热制作肉类和蔬菜类的酱汁。Pie、blini 和 soubise 指的是有咸香风味或者甜味馅料的糕点、小薄饼和洋葱酱汁（苏比斯酱）。这些是 200 多个烹饪术语条目中的一部分，在烹饪书籍和杂志里经常会读到它们，其中还包括一些我们经常使用，却不知道其准确意思的烹饪术语。

香脂醋 ACETO BALSAMICO

使用棠比内洛葡萄（Trebbiano grapes）酿造的葡萄酒，在经过加热和浓缩之后制作而成的一种醋。要经过至少 10 年的熟化期，而且只能在摩德纳市周围的指定区域内制造。价格非常昂贵，带有独特的、圆润芳醇的风味。

酸化 ACIDULATE

在水里（或者其他液体中）加入醋或者柠檬汁，用来浸泡某些蔬菜，例如洋蓟等，以防止它们在加热烹调之前颜色变黑。

冷时加入 ADD WHILE COLD

在加热前，将原材料加入液体或者酱汁里。例如，将肉放入冷水中之后再加热，这样制作的高汤比肉更具风味。

趁热加入 ADD WHILE HOT

将原材料加入热的或者煮沸的液体、高汤中加热。例如，当我们需要风味浓厚的肉而非高汤的时候，就可以放入热水中加热烹调。

阿格瑞都里克酱汁 AGRODOLCE

使用香草、葡萄酒醋、糖、洋葱和大蒜制作的酸甜口味的酱汁，可以用来搭配鱼类、野味类和蔬菜类菜肴，特别是洋葱和茄子。

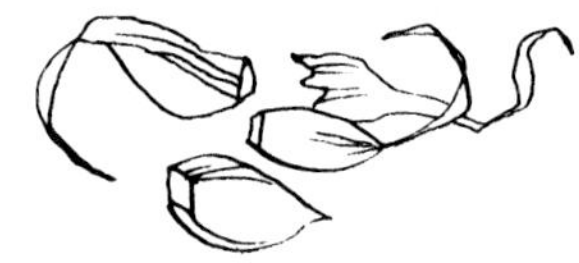

艾尤利酱、蒜香蛋黄酱 AÏOLI

大蒜风味的蛋黄酱，最初叫作 allioli，是法国南部地区的特色，在那里通常用来搭配鱼类菜肴。

经理黄油 À LA MAÎTRE D'HÔTEL

在黄油中加入切碎的欧芹和一点儿柠檬汁制作而成的调味黄油，用来给菜肴调味。调味黄油通常会卷起呈圆柱状，冷藏后切片，摆放到制作好的肉类或者鱼类菜肴上。

鞑靼牛肉 À LA TARTARE

使用生的牛肉馅，混合蛋黄、柠檬汁、酸黄瓜、橄榄油、香草和香料制作而成。

有嚼劲、筋道、刚刚好 AL DENTE

在加热烹调意大利面和米饭的时候，加热到刚好成熟，但是咬起来还应该有点硬的程度。这时要停止加热，取出控干汤汁。蔬菜类加热烹调至有嚼劲的程度时，其味道会更鲜美，也更有营养。

英式风格 ALL'INGLESE

其字面意思是“英式风格”，也许不十分准确，用来描述一种非常简单的加热烹调和调味的方式。例如，将煮好的蔬菜配上熔化的黄油，或者在煮熟的米饭上滴几滴油调味等。

杏仁脆饼 AMARETTI

使用大杏仁制作而成的甜味饼干。会与乳脂类甜点如慕斯或其他类的甜点一起食用（见第 1201 页）。

开胃菜（头盘）ANTIPASTI

其意思是“餐前食用”，指各种热的 / 冷的切片熟制肉类、萨拉米香肠、用油腌渍的蔬菜类、奶酪等，通常会摆放在一个大的餐盘内，在第一道菜肴上菜之前供客人享用。

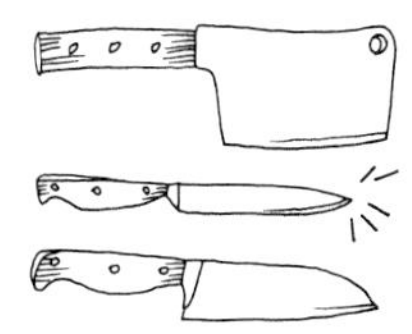

香辣番茄酱通心粉
ARRABBIATA

这是一种在一口煎锅内使用大量的香料加热烹调猪排、兔肉和鸡肉的方法。也用来描述在通心粉或者其他种类的意大利面上浇上香辣番茄酱的食用方式。

葛粉 ARROWROOT

美国产的一种粉状的根类食材，用来给各种酱汁增稠，类似于玉米淀粉，但是葛粉的特点是能够制作出一种透明状的酱汁。

腌制蔬菜 A'SCAPECE

这是一种极具那不勒斯特色的风味蔬菜，将茄子、西葫芦和其他各种蔬菜煎熟之后，使用醋和蒜末一起腌制而成的混合蔬菜，在冰箱内可以冷藏保存很长时间。

花色肉冻 ASPIC

这是一个法语术语，其意思是将肉类、鱼类或者蔬菜等放在一个不锈钢或者铜制模具中，再加上各种别具一格的装饰，最后在胶原的作用下凝固成形。

焗 AU GRATIN

在菜肴上撒上擦碎的奶酪或者浇淋上白汁，再撒上黄油粒和面包糠，之后放入烤箱烘烤至金黄色或放入焗炉里焗至金黄色的烹调方法。

隔水加热（隔水保温）
BAIN MARIE

用温和的方式加热一种容器，可以将菜肴放入容器中的热水里或热水之上，然后将容器放入烤箱加热，也可以直接放到炉灶上用微火缓慢加热。

包烤 BAKE IN A PARCEL

将食物用锡纸、烘焙纸等包裹后放入烤箱烘烤的一种烹调方法。这种烹调方法只需要一点儿油或者脂肪即可，非常适合于肉类、鱼类和蔬菜类，它可以最大限度地保留菜肴的原汁原味。

覆盖肉片 BARD

用意式培根片（pancetta）或者培根片将要烘烤的食材（家禽类的胸脯、野味等）覆盖并包裹。意式培根和培根中的脂肪，以及火腿都会为肉类增加风味，并在一定程度上保护肉类不被高温直接烘烤，也就避免了成品干硬失去口感的情况。在烘烤到所需时间的四分之三时，要将覆盖着的肉片移除，这样被覆盖的区域会与其他部分一样呈现漂亮的金黄色。

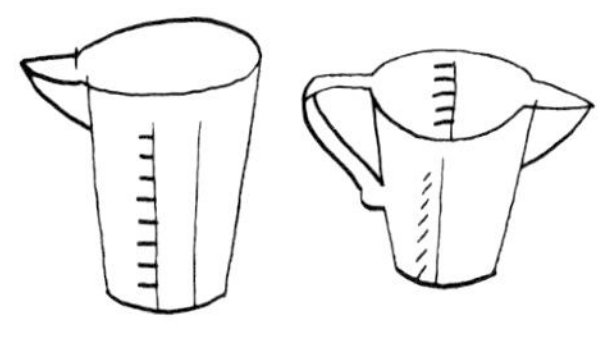

涂抹、浇淋 BASTE

烘烤或者加热烹调的过程中，将油脂或者液体等用勺舀起，涂抹或者浇淋到食物表面，帮助食物上色，让食物在加热过程中保持湿润。

杂菜、混合蔬菜 BATTUTO

取一把锋利的刀，将洋葱、胡萝卜、芹菜、大蒜等切碎，制作成许多意大利菜肴所需要的基础材料。有时候会加入意式培根、意式培根油脂或者咸肉等一起煸炒，是制作意大利蔬菜汤和许多肉类菜肴的基础材料。

垫底 BED

在餐盘内铺上一层蔬菜或者生食叶类蔬菜，然后将其他食物摆放在上面。

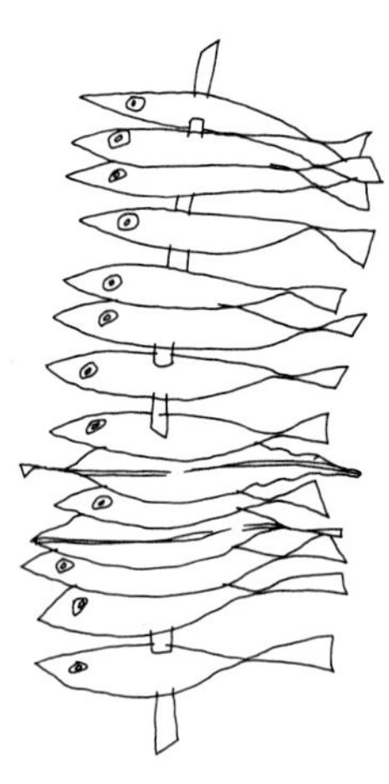

黄油面团 BEURRE MANIÉ

混合等量的面粉和黄油制作而成的面团，用来给各种酱汁增稠。使用时，将呈小颗粒状的黄油面团加入酱汁中，持续搅拌至黄油面团颗粒与酱汁完全融合。将酱汁烧开，面粉熬煮成熟的同时，酱汁本身也会变得浓稠。

焯水 BLANCH

在沸水中短暂加热水果或者蔬菜，让它们变得更加柔软或者更容易去皮，也可以通过在牛奶中、水中浸泡使其变白。

混合 BLEND

用手持或电动搅拌器、食物料理机等将各种原材料进行混合，直到呈乳脂状并混合均匀。

小薄饼 BLINI

用面粉、牛奶、黄油、鸡蛋、少许盐制作而成的薄饼，放入烤箱加热成熟后趁热食用。在俄罗斯传统饮食中，经常会搭配鱼子酱、烟熏鲑鱼、酸奶油等一起享用。

煮 BOIL

将肉类、蔬菜类等放入水中或者高汤中，加热一段时间，直到在水或者高汤的表面可以见到大气泡。

博洛尼亚式 BOLOGNESE

其字面意思是“来自博洛尼亚市”。这个用来描述一系列的艾米利亚特色风味菜肴，这些菜肴是意大利经典美食的一部分，例如博洛尼亚番茄肉末酱、意大利扁面条、意大利馄饨以及千层面等。

去骨 BONE

去掉鱼类或者肉类的骨头。

罗宋汤 BORTSCH

有时候也拼写成borsch，这道由肉类和蔬菜制成的味道浓郁的汤菜要搭配酸奶油一起食用。加入了红菜头，所以汤的颜色是特色鲜明的红色。罗宋汤是东欧地区的特色菜，在俄罗斯非常受欢迎。

腌制鱼卵、腌制鱼子 BOTTARGA

盐渍并加工过的鲻鱼卵（或者金枪鱼卵），如同萨拉米一样切成片状，然后淋上橄榄油和柠檬汁，或者涂抹到烘烤好的面包上，制作成美味可口的开胃菜。切碎之后在油中略微加热，可以制成一种受人喜爱的、用来搭配意大利面条的酱汁，这种酱汁是撒丁岛的特色。

香草束 BOUQUET GARNI

将新鲜的香草捆缚到一起，以便在加热烹调之后可以很容易地从高汤或者其他菜肴中取出。意式香草束由平叶欧芹、罗勒、百里香和月桂叶组成。但有时也会稍加变化，加入芹菜、鼠尾草等其他种类的香草。

炖、用小火炖 BRAISE

在带盖的锅或者砂锅内加入一点儿汤汁，使用小火长时间缓慢加热炖制，通常会在食谱中特别说明。炖这种烹调方法主要用于红肉类、家禽类和野味类菜肴的制作。

面包糠 BREADCRUMB

用来裹在肉类、鱼类和蔬菜类上。煎炸之前，要先裹上蛋液，再裹上面包糠。

风干牛肉、布雷索拉 BRESAOLA

生牛肉片盐渍后风干，同意式熏火腿（prosciutto）一样，是瓦尔泰利纳的特色，也可以使用马肉制作。

布罗代托鱼汤 BRODETTO

亚得里亚海沿岸的一种特色鱼汤。各地有着不同的风味，但最经典的当属罗马涅。

煎上色 BROWN IN A PAN

小火加热，用黄油或其他油脂将蔬菜煎炒至淡金色，通常特指切成细丝的洋葱或大蒜。但是，加入黄油或其他油脂后，肉类、蔬菜类也可以在加热烹调的初始阶段或者最后阶段大火加热，使其在煎锅内呈现饱满而均匀的褐色。

烤上色 BROWN IN THE OVEN

在烤箱内将菜肴的表面烘烤上色，如千层面等，需烘烤至金黄色。要将肉类和鱼类烘烤上

色，只需浇淋上油脂或黄油，也可以将两者混合使用。在烘烤糕点时，要刷上打散的蛋黄，这样就可以将其表面烘烤成金黄色。

普切塔、意式烤面包 BRUSCHETTA

词语本意是“轻烤”。一片自制面包片，经过轻烤后，涂上蒜，撒盐，再淋上橄榄油就完成了。也可以加上切碎的番茄、牛至和野生茴香等。

米兰式牛肚 BUSECCA

使用腰豆制作而成的米兰风味牛肚。

蝴蝶形 BUTTERFLY

一种专门用来制备鸡肉和童子鸡的方法，使用这种方法，需要沿着脊背处将鸡切割并掰开，然后拍打平整，加入油、柠檬、胡椒等腌制，最后用铁扒或者烧烤的方式使其成熟。羊腿和猪排也可以切割成蝴蝶形。

猎人式 CACCIATORE

其原意是“猎人的风格”，这是一种用于鸡肉、野兔和兔肉的加热烹调方式，与蘑菇、洋葱、白葡萄酒、香草及香料等混合加热制作而成。意大利许多地方有自己的特色风味。

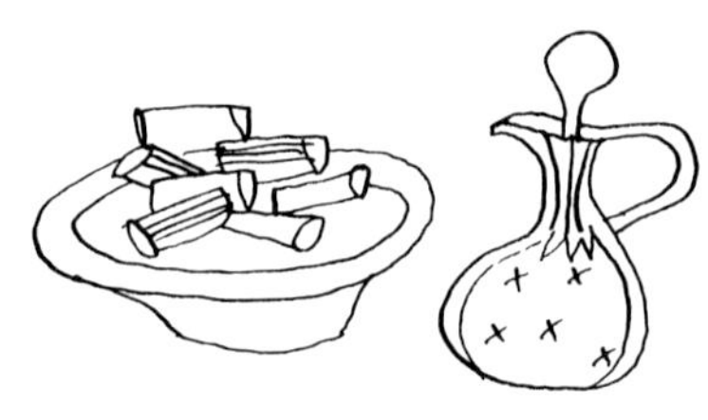

炖鱼汤 CACCIUCCO

这种里窝那鱼汤更像一种炖菜，有许多不同的制作方法，其中最经典的是来自里窝那的海鲜鱼汤。

卡格奥尼调味米饭 CAGNONE

煮好的米饭，使用蒜末和鼠尾草调味，然后用黄油炒，搭配帕玛森奶酪一起食用。

卡纳皮、开胃小吃、餐前小吃 CANAPÉS

小块的去皮面包片，通常会稍加烘烤或者用黄油煎，上面摆放各种各样的食材，例如调味黄油、奶酪、鱼子酱、烟熏鲑鱼、鳀鱼、煮熟的鸡蛋、火腿、橄榄酱等，多当作开胃菜或者配餐前饮料一起享用。

用糖煮（蜜饯）或者琉璃糖（水晶糖） CANDY OR CRYSTALLIZE

将水果浸在糖浆中，重复几次直到糖浆被水果完全吸收。水果会失去其大部分的水分，变得黏稠，成品可以长时间储存。用糖煮水果是一个费时费力的过程。

卡波纳塔 CAPONATA

这道西西里的名菜，据说

来自中国。将各种切成丁状的蔬菜，主要是茄子，放入糖醋酱汁中加热烹调。可以趁热食用，也可以冷食或作为开胃菜享用。

焦糖 CARAMELIZE

将糖加热至熔化，直到变成深金黄色，这种糖浆可以淋到新鲜的水果上，制作脆糖和果仁糖，或者用来装饰各种造型糕点。

卡佩尼、醋味汁 CARPIONE

洋葱末、芹菜、香草、胡萝卜等混合，使用橄榄油煎，加入水和醋加热即可，可以直接浇到蔬菜上和淡水鱼上。

且塔拉 CHITARRA

一种工具，来自阿布鲁佐，用来制作且塔拉通心粉，类似于方形的意大利面。木制的框架结构，上面有绷紧的金属丝线，将新鲜的意大利面团放在上面并切割。这个名字是因为它与吉他有许多相似之处。

切碎 CHOP

用厨刀将蔬菜、香草、培根及其他各种食材切成碎块状。

澄清 CLARIFY

这是一种烹调方法，在肉汤煮好前的30分钟，加入打散的蛋清，让肉汤变得更加清澈。加入蛋清之后，慢火炖制肉汤，然后过滤。黄油也可以进行澄清，有关澄清黄油的详细内容，请见第106页内容。

清洁、清理 CLEAN

在冷水中加入一点儿柠檬汁或者醋，放入野味的脑子、胰腺、腰子等浸泡，以减轻它们浓烈的气味和味道。贝类海鲜用水浸泡，可以清除残沙和其他杂质。同时，也可以指去掉鱼类的内脏或者拔掉野味的羽毛等。

炖锅 COCOTTE

类似砂锅，一种圆形的或者椭圆形的厚厚的陶瓷餐具，也可以指带盖的陶罐器皿。这种餐具能够将吸收的热量均匀地传递给食物。

烩水果 COMPOSTA

在新鲜水果或干果中放入糖浆、香草、肉桂、柠檬皮和其他风味调料，用小火炖，冷食。

使用小火加热
COOK OVER A LOW HEAT

许多菜肴，例如炖菜类，需要长时间加热烹调，让食材变得软嫩可口，多会选择小火加热，也就是说，要将温控开关设定在最小位置上。

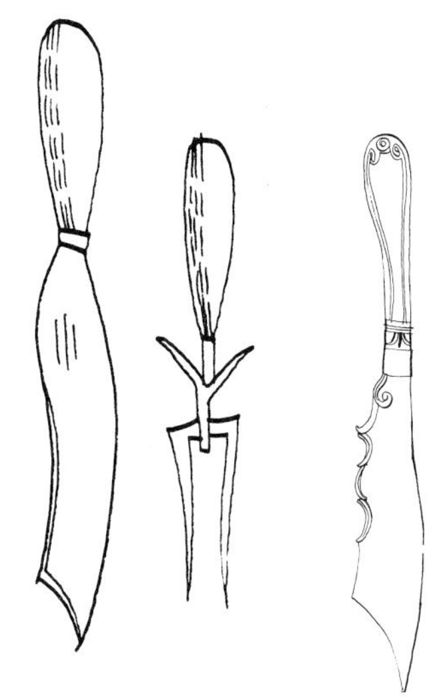

加热烹调至变软
COOK UNTIL SOFTENED

使用小火缓慢地加热蔬菜类。最典型的是洋葱，使用黄油或其他油脂加热至变软。也可以说，通过加热去掉洋葱中的水分，使其变成透明状。

封盖密封 COVER

将酱汁锅或餐盘用盖或锡纸密封，可缩短加热烹调的时间或者延缓其蒸发过程，还可以防止原材料变得干燥。

覆盖上薄薄的一层
COVER WITH A THIN LAYER

在菜肴的表面，淋上或者刷上薄薄的一层奶油、鱼胶或者酱汁等材料。

磨碎、压碎 CRUSH

研磨原材料，例如胡椒粒、完整的香料、大蒜等，助其释放出芳香风味。传统做法是使用杵在研磨钵内捣碎，也可以使用香料研磨器。如果没有杵和研磨钵，也可以使用擀面杖的一端敲打或者用两把勺子将它们捣碎。

凝结成块状 CURDLE

当鸡蛋在酱汁中呈块状，没有用搅拌器搅拌至细滑状时，称为凝结成块状。这种状况在制作蛋黄酱和蛋奶酱时会偶尔发生，例如在打发用来制作蛋糕的黄油时。

切割成若干份
CUT INTO PORTIONS

使用厨用剪刀或者一把锋利的刀，将家禽或者猎禽类按份切割成可以食用的块状。

装饰 DECORATE

用水果、过筛的糖，以及/或者其他装饰品对餐盘内的甜品和菜肴进行装饰，让它们看起来更加美观，力求在造型和色彩之间取得最佳效果。

油炸 DEEP-FRY

用大量油或熔化的油脂在高温下加热烹调食物的方法。植物油最适合用来油炸。要检查油温是否足够热，可以将一把木勺放入油中，如果油在木勺周围开始均匀地冒泡，表明锅内的油已经足够热，可以用来炸食物了。

稀释 DEGLAZE

将沉淀物澥开并溶解成汁液的过程。将烤盘或煎锅内积累的沉淀物用水、葡萄酒、高汤等澥开并溶解，用以制作肉汁或者酱汁的过程。

切丁 DICE

将蔬菜类、肉类或者其他原材料切割成小的、均匀的方块状。

稀释 DILUTE

将浓稠的酱汁或者调味料变得稀薄一些。

溶解 DISSOLVE

将干性原材料，例如糖，加入一种液体中直到溶化成为一种溶液的过程。

隔水加热
DOUBLE BOILER

将锅或者碗置于水面之上，但是不要直接接触水面，用小火加热，用来加热精细的原材料、熔化巧克力等。也可以在不改变菜肴的风味和浓稠程度的前提下，加热或者重新加热菜肴。

滴落的汁液 DRIPPING

烤肉过程中滴落的汁液，收集在烤盘内，用水、高汤或者葡萄酒稀释之后，再重新加热，可以作为酱汁浇淋到烤肉上，或者单独用酱汁碗装好，配烤肉一起上桌。

裹上面粉
DUST WITH FLOUR

肉类、蔬菜类和鱼类通常会裹上面粉，例如煎之前用面粉挂上薄薄的一层糊。烤盘和工作台面上也可以撒上薄薄一层面粉，防止糕点粘连。

乳化 EMULSIFY

通过搅打将两种密度不同的液体混合到一起，例如油和醋、柠檬汁等。最后得到的混合液呈不稳定状，过一段时间这两种原材料就会再次分离。

蒸发、脱水 EVAPORATE

让加入的液体变干，例如高汤、葡萄酒或者利口酒等，用来给菜肴增添一种特殊的风味。通常会用煮的方式。

夹馅（填入馅料）FILL

分层蛋糕之间交替涂抹馅料，或者在酥皮中加入蛋奶酱（custard）、巧克力、奶油、果酱等馅料。

剔取肉片 FILLET

从鱼骨上将生的或者熟的鱼肉片取下来。剔取生鱼肉片的时候需要使用锋利柔软的鱼刀。

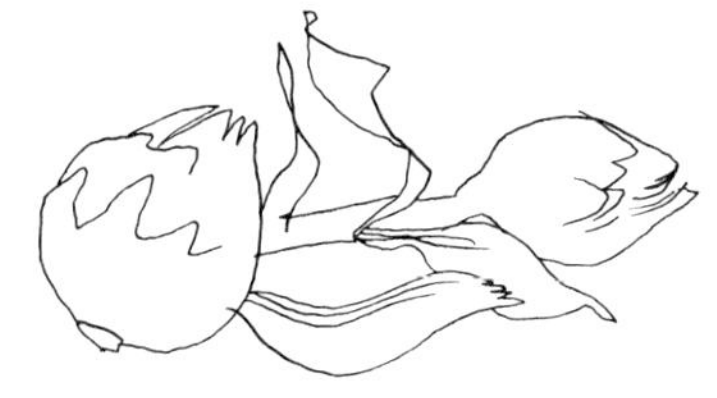

引燃（火焰菜）FLAMBÉ

来自法语 flamber，其意思是将含有酒精的液体，例如白兰地等，浇淋到制作好的菜肴上，然后引燃，让酒精燃烧，保留酒香。

调风味 FLAVOUR

通过加入香草，例如欧芹、迷迭香、鼠尾草、百里香等，以及 / 或者蔬菜等，例如胡萝卜、洋葱、芹菜等，给菜肴增加额外的风味和芳香。

佛拉图面包
FRATTAU BREAD

这一款撒丁岛风味面包，也被称为“music paper”。使用水、硬质小麦面粉和盐制成非常薄的圆形面团，用低温加热几分钟。在水中煮熟之后，配上荷包蛋、番茄酱，撒上奶酪，就叫作佛拉图面包。

原汁炖肉 FRICASSÉE

用蛋黄增稠，加柠檬调味制成的一种乳脂状的酱汁，可以淋到小牛肉、羊肉、兔肉或鸡肉上。菜肴在制作完成之后必须要迅速离开热源，否则酱汁会变得过于浓稠并且会结块。

水果沙拉 FRUIT SALAD

将切成薄片或者块状的新鲜水果混合到一起，用柠檬汁、橙汁、糖调味，偶尔也会加上利口酒。水果沙拉因季节而异，冬季水果的选择范围有限，此时可以加入果脯和坚果，如葡萄干、核桃仁、无花果等。夏季还可以配冰激凌一起享用。水果沙拉也可以使用加热成熟后的水果制作。

轻炒、轻煎 FRY LIGHTLY

将原材料，例如切碎的蔬菜，用油或黄油在小火上翻炒，但不使其上色。

肉卷冻、肉冻
GALANTINE

鸭子去骨，填入肉丁、煮熟的鸡蛋、火腿、松露及其他各种原材料混合制成馅料，然后用线缝合封口，煮熟。肉卷冻属于冷食的菜肴，切成薄片即可。通常会加入胶冻定型。

装饰、点缀 GARNISH

使用切好的蔬菜、香草枝、柠檬片，或者其他食材装饰餐盘内的佳肴，让它们看起来更加诱人，寻求在各种造型和色彩之间达到完美平衡，还可以增加菜肴的风味。

西班牙冷蔬菜汤
GAZPACHO

西班牙名菜，使用切碎的生番茄、洋葱、黄瓜、甜椒、面包糠等制作而成。制作时需要将其中的一部分原材料搅打成蓉状。可以淋上橄榄油和醋调味，冰镇后食用。

醋渍蔬菜 GIARDINIERA

用醋腌制混合蔬菜，主要是小洋葱、胡萝卜、菜花、甜椒、黄瓜等。类似于法语“a la jardinière”，意思是“花园内的蔬菜”。

油炸洋蓟 GIUDIA

一种将洋蓟炸熟的烹调方法，在罗马的犹太社区中非常受欢迎，因此得名。将整个洋蓟放入热锅中油炸，如同花朵般张开，炸熟之后，呈现出美丽的古铜色。

提亮 GLAZE

给烤肉提亮，意思是将闪亮的、清澈的烤肉汁再涂抹或浇淋到烤肉上。给蔬菜提亮，意思是将蔬菜放入加了少许糖的液体中煮熟，增加蔬菜的光泽。

涂油 GREASE

在烤盘内、模具里、烘焙纸上等刷上油或熔化的黄油，也可以涂抹未熔化的黄油，防止原材料在加热烹调的过程中粘连。更推荐无盐黄油（淡味黄油），因为含盐黄油（咸味黄油）易焦煳。

铁扒 GRILL

将肉、鱼或者蔬菜等放在烤架上或者扒炉上烧烤，也可以在炭烧炉上进行铁扒。

悬挂 HANG

整只动物在屠宰之后悬挂储存一段时间，以便让其变得鲜嫩多汁。

堆积 HEAP

面粉在拌和之前放在工作台面上的传统方法。将面粉筛成一堆，然后在中间做出一个窝穴形，根据食谱的不同要求，在窝穴中加入鸡蛋或其他各种原材料。

挂糖霜 ICE

蛋糕类和饼干类可以在表面覆盖一层晶莹剔透的糖衣。糖衣中可以加入巧克力或食用色素等调色调味，其种类千变万化。相关食谱内容详见第 1176 页到 1177 页内容。

浸渍、浸泡 INFUSE

将各种原材料浸泡在液体或混合香料中，例如葡萄酒、利口酒及各种风味调料等，腌制一定的时间。

丝、切成丝 JULIENNE

将蔬菜切成非常细的长条（约 6 厘米），如同火柴杆一样，这样能充分吸收油脂、柠檬汁、蛋黄酱等。

揉、揉按 KNEAD

使用手、铲子或者在立式电动搅拌机上安装好和面钩，通过伸拉将面团揉搓一定的时间。生面团和酵母面团可以大力揉按，而糕点面团则要轻揉。

将肥肉塞入（酿入）肉中 LARD

在大块肉上切割出一些小的口子，将意式培根、较肥的培根、火腿等塞入切口中，这些食材的脂肪会在加热的过程中熔化，让菜肴变得鲜嫩并增添风味。

肥肉丁 LARDONS

使用大块的五花肉或意式培根制作汤菜、炖菜和酱汁等，烟熏与否皆可。

铺 LINE

在烤盘或者模具内部，用面皮、意式培根片、培根片或者蔬菜片等依次铺好，然后再加入馅料。

腌泡 MARINATE

将肉类、野味、鱼等放入添加香料的混合液体中腌制一段时间。通常混合橄榄油、柠檬汁、醋、葡萄酒、各种香料和香草等制成，用来给肉类增添风味并使其变得鲜嫩。

马斯卡彭奶酪 MASCARPONE

一种新鲜奶酪，来自意大利伦巴第地区，与奶油奶酪类似，但有浓郁坚果风味，主要用来制作各种甜品，例如提拉米苏等。

肉香精或者蔬菜香精 MEAT OR VEGETABLE EXTRACT

类似于浓缩固体汤料块。指将肉类或蔬菜类浓缩后制成的液体状或者颗粒状物品，装瓶后售卖，用来给高汤、肉汁和酱汁等调味。

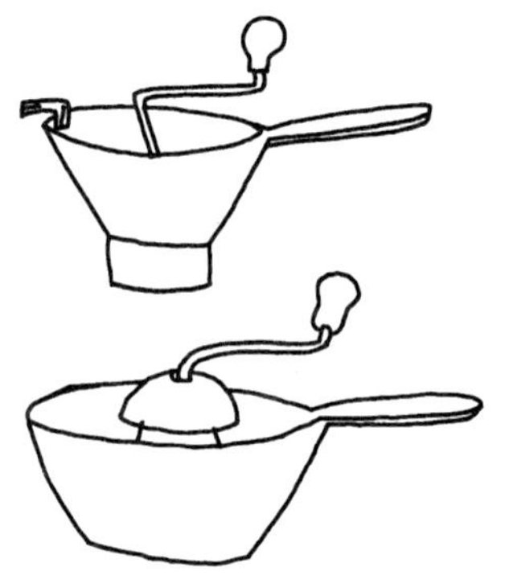

米兰式 MILANESE

字面意思是“来自米兰”，实际是将肉类或者蔬菜类蘸蛋液，裹面包糠，然后炸制。最著名的是使用黄油炸制的米兰炸猪排。

肉馅 MINCE

将原材料绞碎，例如将牛肉绞碎用来制作汉堡包，使用绞肉机或者食物料理机可以将原材料绞得非常细腻。

风干羊腿 MOCETTA

瓦莱达奥斯塔的特产，使用阿尔卑斯山野山羊、岩羚羊或山羊的大腿制作而成的生“火腿”。使用多种香草制成的卤水腌制，然后风干而成，可以作为开胃菜。

克雷莫纳风味芥末 MOSTARDA DI CREMONA

将果脯用蜂蜜、芥末和葡萄酒浸泡之后制作而成的意大利特色调味品。其口味分温和型和强烈型，可以搭配烤肉和煮的肉类菜肴，还可以和味道浓郁的奶酪一起食用。威尼斯风味芥末类似于克雷莫纳风味芥末，而曼托瓦风味芥末则是使用苹果片制作而成的，可以用来制作沙拉酱或给炖焖类菜肴增添风味。

慕斯 MOUSSE

一种柔软的、泡沫状的肉类、鱼类、水果类或巧克力类制品，通常会包含奶油和轻微打发的蛋清。需要在冰箱内冷藏至凝固。咸香风味可以加入腌制的火腿、金枪鱼、鲑鱼等调味。而甜味的可以加入巧克力或者香草调味。

文也式 MUGNAIA

这是由法语中的短语“文也式”翻译而成的意大利语，字面意思是“磨坊主妇式”。鱼肉裹上面粉，然后用黄油煎熟。这种烹调方法特别适合于龙利鱼，同样也适合于其他白鱼肉。

那不勒斯风味 NAPOLETANA

那不勒斯风味通常包含番茄、大蒜、洋葱、香草，以及橄榄油。

意式培根 PANCETTA

取猪腹部的肉腌制而成，如同五花肉培根一样，但是腌制方法不同。烟熏或者不烟熏，卷起或者不卷起都可以，还会使用香料调味。用来制作搭配意大利面的酱汁，烤肉串，还可以给菜肴增添风味。如果没有意式培根，可以使用培根代替。

热那亚风味饺子 PANSOTTI

热那亚风味饺子，馅料浓郁，混合有各种香草和蔬菜，例如琉璃苣和叶用甜菜等。热那亚风味饺子会搭配核桃酱汁一起食用。

冻糕、巴菲 PARFAIT

法语单词，意思是“完美”，用来表示一种使用奶油和鸡蛋制成的冷冻甜点，泡沫状且柔软，通常加有香草或者其他食材调料。

帕玛森奶酪焗蔬菜 PARMIGIANA, ALLA

最广为人知的就是帕玛森奶酪茄子，茄子煎后放入烤箱内焗至上色。这种方式也适合于其他蔬菜类。

帕玛森奶酪焗烤 PARMIGIANA, AL

通常用于煮熟的意大利面条、米饭、蔬菜等，加入熔化的黄油调味，再撒上擦碎的帕玛森奶酪焗烤。

意大利番茄糊 PASSATA

过滤好的瓶装番茄，比番茄泥略微稀薄一些。

肉酱 PÂTÉ

将熟制的肉类或者鱼肉，通常是烟熏后的，剁成细末状后与黄油混合，放入冰箱冷藏几个小时使其凝固。可以用于涂抹烤面包片，作为开胃菜食用。其中最著名的是鹅肝酱，值得一提的是，鸡肝酱也很美味。

派、馅饼 PIE

使用牛肉、野味、鸡肉或水果制成的农家风味馅饼。模具底部和表面铺面皮，最后放入烤箱烘烤，这是非常经典的英国菜和美国菜。

长粒米 PILAF

用少量的水或者高汤煮长粒米，辅以各种不同的方式调味。可以用于许多食谱之中。

皮洛托 PILLOTTO

一种用于铁扒或者烧烤的烹调方法。肉半熟时，用一张厚纸包裹一片肥培根肉并穿到肉叉上，随后将其置于火上，当纸张被引燃后，高温会让肥培根中的油脂滴落到肉上，然后均匀涂抹到肉上。

皮兹毛尼奥 PINZIMONIO

一种使用橄榄油、盐、柠檬汁或者醋，以及胡椒制作的沙拉酱汁。可以用切成条状的生食蔬菜蘸取并食用。

水煮 POACH

将鸡蛋打入沸水中，煮几分钟的时间，鱼、肉及家禽类也可以在水中或者高汤中用小火慢慢加热至成熟。

茄汁炖肉 POTACCHIO

鸡肉、兔肉或羊肉在番茄酱汁中炖熟。

敲打、拍打 POUND

使用各种工具，让食材的质地变得更加柔软，或者让切割的肉块变得更加平整，比如使用肉锤或者厚底锅等。鳕鱼干、章鱼和一些切割好的肉块等均可以通过敲打的方式改变纤维组织结构而使其变得柔软。

羊、羊肉（来自海边牧场的）PRE-SALÉ

在盐碱滩上放牧的绵羊的肉。

意式熏火腿、生火腿 PROSCIUTTO

这个意大利单词是对火腿的统称，包括熟火腿。但是，在英国，这个单词被用来特指生的、干腌的火腿，通常表示帕尔马火腿。也有一些其他产地品质上佳的火腿，例如产自威尼托和圣达尼埃莱的火腿。

长叶菊苣 PUNTARELLE

一种切成薄片的卡塔卢尼亚菊苣，也称为“意大利蒲公英”，用油、醋、盐、大蒜和鳀鱼浇汁拌均匀。这是典型的罗马风味菜肴。

泥、蓉 PURÉE

使用食物料理机或者搅拌机，通过搅打减少固体或者半固体的成分。也可以是搅打混合成为半液体状，或者搅打成为细滑的奶油状。

丸子 QUENELLE

一道包含着小颗肉丸或鱼丸的法国菜肴，通常呈蛋形，在水中文火加热煮熟，然后配酱汁或者焗后食用。这个单词也用来描述使用一把勺子，将柔软的甜品制作成为椭圆形。

乳蛋饼 QUICHE

源自法国阿尔萨斯-洛林的一种馅饼。最有名的是洛林乳蛋饼。使用面皮做底，加上培根、奶油和蛋液制作而成。

拉古 RAGÙ

这个词源于法语中的 ragoût（炖肉），但是其意大利语的意思是一种非常有名的意大利面酱汁。这种酱汁可以使用肉馅（肉酱汁）制作，也可以用加入番茄、油和香料后小火慢炖的肉，这是意大利南部的传统饮食。

熶浓、收干 REDUCE

通过较长时间熬煮让液体浓缩，变得更加浓稠的过程，如高汤、酱汁等。

里波利塔汤、托斯卡纳蔬菜汤 RIBOLLITA

这道托斯卡纳农家风味汤菜，如今已经是意大利经典美食之一。这道汤菜使用托斯卡纳卷心菜和豆类制作，完成后可以留到第二天重新加热后食用，其名称含义“重新煮开”即源于此。有关这道汤菜，详见第 290 页中的内容。

烤 ROAST

肉类、鱼类或蔬菜类先使用高温让食材上色，然后再放入烤箱或者在锅内（锅烤）加热使其成熟。

擀、擀开 ROLL OUT

将糕点面团或者其他面团在平整的工作台面上擀开至均匀的厚度。操作时要一直朝着同一个方向擀制，其间可以将面团时不时地转动 45 度。

萨尔米 SALMÌ

一种制备野味的方法，整个野味在切割成块状入锅炖之前，先将它们烤一会儿。

西西里油醋汁 SALMORIGLIO

这种酱汁使用橄榄油、柠檬汁、欧芹、牛至和盐水制作而成，在卡拉布里亚和西西里地区，用这种酱汁搭配切成片状的烤箭鱼。

盐渍 SALT

在切成片状的茄子、黄瓜或者西葫芦上撒盐，使其释出汁液。曾经，这个步骤对茄子至关重要，盐渍可以去除其苦味，但现在的茄子品种有所改良，其味道要温和得多。

煎炒 SAUTÉ

锅中加入油或黄油，煎炒肉类、鱼肉或蔬菜类，直到食材上色并完全成熟。意大利面和意大利调味饭也可以使用煎炒的方式烹调。

叉烤 SCHIDIONATA

将禽鸟类和小鸡用叉子穿起来烤熟。

调味 SEASON

加入盐、胡椒及其他调味品，例如红辣椒粉或者柠檬汁等，以增加菜肴的味道。

萨米弗雷多、半冷冻甜点 SEMIFREDDO

意大利语是“部分冷冻”的意思，指软质的甜点类，通常指冰激凌，但也可以用来指经过部分冷冻的，包含蛋糕、水果 / 蛋奶酱的甜品。

丝、切丝 SHRED

将食材，例如卷心菜、生菜等，切成非常细的条。

过筛 SIFT

将面粉、白糖、可可粉或其他干性原材料，在与油、熔化的黄油或者牛奶混合之前，先用面筛过滤，以防止形成结块。

炖、小火加热 SIMMER

将液体加热至微开的状态，或者将烧开的液体转小火加热，让液体的表面几乎没有沸腾的痕迹。煮鱼用的海鲜高汤和隔水加热锅中的水都应该保持微开。

燎、烧焦 SINGE

将鸡、鸽子、野味等在火上快速地燎一下，方便去掉其外皮上残留的羽毛。

撇去浮沫 SKIM

将某些液体表面漂起的浮渣和浮沫去掉，例如高汤。在煮开的过程中就需要撇去浮沫，最好使用撇沫勺或带眼勺。

撇去浮油 SKIM THE FAT

去掉高汤、汤菜或炖菜等表面形成的油脂。最简单的方式是将高汤放入冰箱内冷藏，然后将凝固在高汤表面的油脂层去掉。

切花刀、切出花纹 SLASH

整条鱼需要铁扒或者烘烤时，可以在鱼身的两侧各切割出两三刀呈对角斜线状的刻痕，以便让热量和味道更容易渗入鱼肉中。发酵好的面团表面，如面包面团等，可以切割出花刀造型，以便在烘烤的过程中胀发得更好。

斯梅塔那酸奶油 SMETANA

东欧经常使用的一种酸奶油，主要用于罗宋汤中。

剪断、剪切 SNIP

按需要对食材进行一些小的切割。例如，对牛排的边缘处进行剪切，这样牛排就不会皱起。细香葱通常会使用厨用剪刀进行剪切，而不会使用厨刀将其切碎，因为这样剪细香葱更快更简单，也不会对细香葱造成其他不好的影响。

浸泡 SOAK

让某些食物变软和复水（补充水分），例如明胶、果脯和干的菌类等。可以浸泡在水中或其他液体中，这样它们就会重新恢复体积并变得柔软。

软化 SOFTEN

让食物变得更柔软。例如，将黄油从冰箱内取出，在常温下放置 30 分钟，这样黄油就可以更容易地涂抹或打发。

苏比斯酱 SOUBISE

用洋葱泥或洋葱蓉制作的一种酱汁，源自热爱美食的苏比斯亲王。

从背部切开 SPATCHCOCK

一种加工制备的方式，主要用于加工鸡肉。沿着它们的脊背处切割开，经过敲打使其完全伸展开，加入油、柠檬和胡椒腌制，最后用铁扒或烧烤等方法使其成熟。

施佩克火腿 SPECK

一种来自意大利上阿迪杰的烟熏猪肉火腿，也是德国和斯堪的纳维亚等地的代表性食物。可以作为开胃菜，或者用来代替意式培根、培根。

撒 SPRINKLE

将一种原材料加到另外一种原材料中去，一次加入一点儿，或者将少量的食材分散成薄薄的一层，例如将面粉均匀撒到工作台面上。

炖 STEW

将肉或者鱼沉浸在液体中，放入带盖的锅内，小火加热成熟。

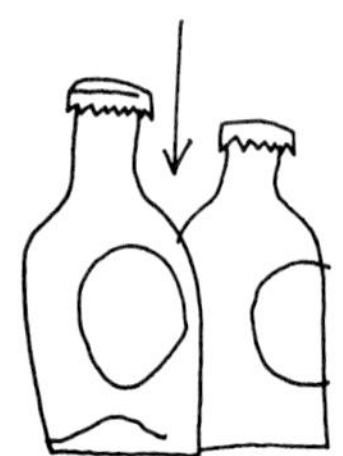

拌入 STIR IN

混合到一起，通常会分成几个不同阶段，以获得更加均匀的质地。将液体加入干性原材料中，反之亦然，一次一点儿地加入，而剩余的食材要在混合物变得细滑均匀的时候再加入。

拌入黄油或奶油 STIR IN BUTTER OR CREAM

当加热结束之后，为了让菜肴变得均匀丝滑，可以将黄油或奶油拌入菜肴中。例如经典的意大利调味饭，食谱详见第 390 页到 406 页内容。

汤料块和汤料粉 STOCK CUBES AND POWDER

使用肉类香精和味精制作的调味品，可以衬托出食物的风味和芳香。通常用于高汤和汤菜的制作，以及各种酱汁、肉汁、肉类和蔬菜等调味。

炖菜 STUFATO

一大块牛肉，使用微火缓慢加热而不使其上色，再放进带盖的锅内，加入葡萄酒、香草和香料等，用小火加热炖熟。

酿馅、填充 STUFF

将咸香风味的混合食材放到烤肉或者其他烘烤的原材料里面，例如火鸡和鱼，或者蔬菜“外壳”中，例如番茄等。

馅料、填充物 STUFFING

用于酿鸡、火鸡、鸽子、山鸡或者鱼的馅料。馅料包含许多切成细末的食材，根据食谱的不同，馅料会有所不同，与面包糠混合，用牛奶滋润，有时也会加入鸡蛋。

苏普里、酥炸奶酪香米球 SUPPLÌ

米饭丸子中酿入适量肉馅，更常见的是酿入马苏里拉奶酪馅。一口咬下，马苏里拉奶酪会熔化成电话线一样的细丝状，所以其名字叫作 suppli al telefono（电话线）。苏普里在罗马和意大利中部地区非常受欢迎。

塔瓦斯科辣椒酱 TABASCO SAUCE

使用醋、香草、辣椒、盐和糖制作而成。这种酱汁名称源自墨西哥，那里的辣椒种植十分出名，要少量地使用。塔瓦斯科辣椒酱最著名的是路易斯安那州生产的辣椒汁。

增稠 THICKEN

酱汁中加入面粉、玉米淀粉、黄油面团（详见第 106 页）、蛋黄、双倍奶油等，加热几分钟，使其变得更加浓稠。

多佛拉多 TRIFOLATO

一种烹调方式，锅中加入橄榄油（或黄油）、大蒜 / 洋葱等一起煸炒各种原材料，出锅前加入欧芹。

番茄炖肉 UMIDO

通常指肉类放在番茄酱汁中炖或焖，加入橄榄油、欧芹和其他各种香草和香料调味。肉、鱼、鸡、兔肉等都可以使用这种烹调方法。

未发酵的面包 UNLEAVENED BREAD

这类面包通常是扁平状的，例如皮塔饼，没有添加酵母或者其他的胀发材料制作而成。

油醋汁 VINAIGRETTE

一种经典的沙拉汁，使用橄榄油、葡萄酒醋和盐，搅打至混合均匀。

搅打、搅拌 WHISK/BEAT

多指奶油、蛋清、黄油、酱汁等，使用手动搅拌器或电动搅拌器搅打，增大体积并让其呈现出泡沫状。调味料也可以搅打进软化后的黄油中。

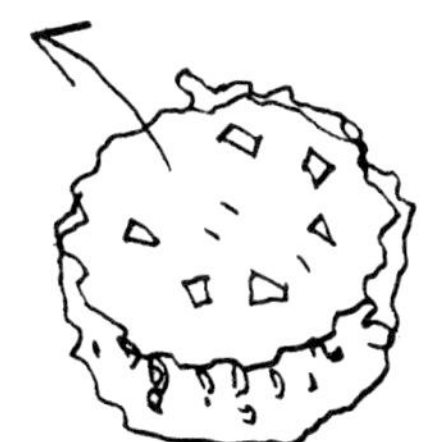

工具和设备类

大型厨房在大城市周边的住宅中有卷土重来之势，而经过改革后的小厨房，解决了诸多的占用空间问题。单身人士越来越多，身兼业余美食家的他们认为今天的小厨房有点拥挤。但是不管怎样，暂且不论你的厨房的大小，分批次购买厨房设备无疑是明智之举，但是要根据实际的需求和饮食习惯的变化购买厨房电器和配件。这里同样重要的是，你购买到的所有的用具都要非常称手，且可以随时使用，否则，买和没买就没有区别了。

锅　类

所有锅的秘密，无论是不锈钢锅，还是铝制的锅，都在锅的厚度里面。锅底部的金属越厚，就能越好地传导热量，因而加热食材也会更快更均匀。烹饪器皿的形状非常重要，这不是设计师简单的心血来潮就可以决定的。它们涉及所使用的各种各样的烹调技法，还要考虑如何恰当地扩散热量。煎锅就是一个很好的例证，它有一定高度、呈喇叭状的锅边和一个容易抓住、结实又坚固的长柄，是加热奶油和沙巴翁一类需要不停搅拌的菜肴的理想用具。另外一个例证是一些形状扁平的煎锅，其设计的目的是用来制作肉类、蔬菜类、煎蛋卷、小甜饼类等，它们需要双面加热，要能够在锅中翻转。

铝　锅

质轻，导热性好，但是铝制锅多孔且不太卫生。几十年前，铝被认为是一种廉价的金属材料，随着现代技术的发展，铝制锅变得更加平滑、耐腐蚀，也更容易清洁了。厚底铝锅经常出现在专业化的厨房内。煮制食物时，最好使用没有涂层的铝锅。不推荐使用铝锅制作酸性食物。

铁　锅

堪称经典的铁制煎锅，这是最优秀的热导体。首次使用时，需要用热的肥皂水进行清洗，然后开锅。开锅，指用油擦拭铁锅，放入 180℃/350°F 的烤箱内烘烤 1 个小时，然后取出待其冷却。铁锅在每次使用之后都要进行清理，可以用盐擦洗铁锅，但是不要加水。如果锅内的不粘涂层不起作用了，可以重复上面的开锅步骤。

铝制不粘锅

对于其他烹饪方法来说，推荐使用带有不粘涂层的铝锅，因为这种锅不需要加入油脂就可以直接加热烹调。这一层不粘涂层非常娇弱，最好使用木制或塑料制的工具，以避免对不粘涂层造成损伤。

铜　锅

这是最理想的酱汁锅，铜也是一种优秀的导热体，可以确保热量分布均匀。但是铜锅沉重，很容易凹陷变形，需要专业级别的维护，而且价格昂贵。

玻璃锅

用玻璃制成的酱汁锅一直非常受欢迎，因为能一目了然地看见锅里正在制作的菜品。玻璃不是一种非常好的导热体，而且很容易碎裂，所以不建议使用炉灶直接加热。用于烤箱烘烤食物时，钢化玻璃烤盘非常实用，还可以直接将其端到餐桌上。

复合材质锅类

现代的许多锅都是由多层且不同数量的不锈钢、铝、铜等制作而成。很多带有注册商标的厨房用具就属于此类。这些锅的传导性和耐用性等方面进行了深度优化，许多锅内也带有一层不粘涂层。选择的时候要记住挑选厚底锅。

特种锅类和餐盘类

煮鱼所使用的锅是一种椭圆形的长锅，有一个可移动的锅架和锅盖，为了加热烹调整鱼而设计。长的菱形鱼锅可以用来加热烹调大的扁平状的鱼类，例如大比目鱼等，但是在家庭厨房内，这种锅使用很少。厨房专用设备的选择范围非常广泛，因为鱼锅或其他各种锅可以使用多种材料制作，从铜到不锈钢、铝等，价格也有着很大的差别。用来加热芦笋的细高锅就非常实用，加上各种规格的椭圆形烤盘，可以用来制作烤肉和家禽类等。铁煎锅可以用来烹调蔬菜和小块的肉片而无须加入油脂，在人们越来越注重健康的当今，这也是需要考虑的一个非常重要的因素。一套内嵌式的铜制或陶瓷制的双层蒸锅必然价格不菲，但是还有不锈钢蒸笼可供选择。最后要说的是高压锅，这也是一种选择，有些人离开高压锅就无法生存，而另外一些人从一开始就对其敬而远之。不可否认的是，高压锅对时间有限的人来说是福音。

不锈钢锅

这类锅卫生又健康，但是热传导性能一般，不锈钢酱汁锅不建议用于制作干性菜肴，因为会粘连到锅底上。另一方面，不锈钢锅非常适合煮肉和煮意大利面。一些优秀的制造商会生产带有铜锅底的不锈钢锅，这样可以改善不锈钢锅热量不均的情况。搪瓷锅已经退出了历史舞台，因为搪瓷很容易剥落，而且清洗时不够安全。

正在工作中的厨房

厨用小电器

刀具、菜板、长柄勺、开罐器等是每个人都非常熟悉的器皿。但是，在挑选厨用小电器的时候，人们很容易犯错，被方便易用而吸引。请对那些吹嘘拥有大量功能的小电器保持足够的警惕性，例如揉面、擦碎、打蓉、搅碎等。要记住，这些小电器必须进行拆卸、清洗和干燥，在每次使用这些配件时，还要进行替换安装。如果有可能，尽量选择符合您所需要的特定用途的器具，把它们摆在工作台面上或悬挂到墙柜里，方便拿取。

电源插座

厨房内要安装适当数量的电源插座，出于安全考虑，要远离水池。每天都会使用的电器，最好是把它们放到一起，例如咖啡机、榨汁机、吐司炉或者微波炉等，这些要使用专用插座。另外，像电焗炉、面包机、电动切割机、电炸炉等，可以只在需要时连接电源。使用电器设备并不一定是节省时间的，例如，如果只是偶尔使用电炸炉，每次都要将炸炉清空并进行彻底清洗。一台食物料理机会占用很大的空间，除非使用得非常频繁，否则使用手动研磨器效果或许会更好。

考虑周全

厨房的实用性在很大程度上取决于可用的空间大小。例如，在窗户下面安装一组水池会令人心情舒畅，但是通常这也意味着没有沥水板的空间了。最实用的是一组有两个水池的套装水池。排气扇或者抽油烟机可以对空气进行流通循环，而对排出气味并不是非常有效。最好是把其管道的一端连接到室外。在工作台面下进行存储尤其实用，因为它们能够像抽屉一样拉出来，可以一目了然地看见抽屉里的所有物品。最常用的物品应该放到墙柜里，在层架上依次摆放好，或者悬挂到钩子上，以免频繁地开关抽屉或墙柜的门。

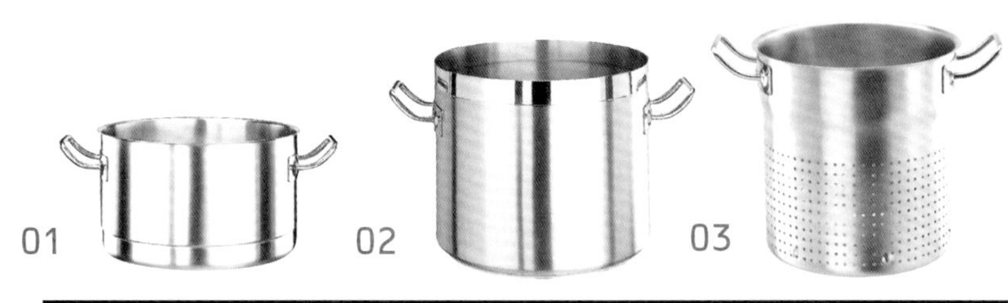

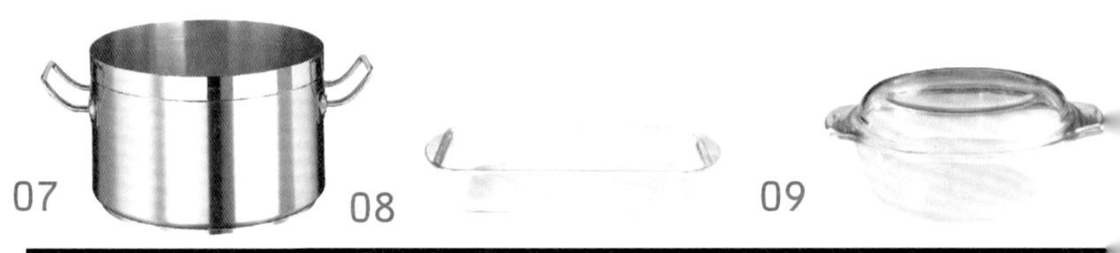

锅

01 20 厘米 / 8 英寸锅

02 24 厘米 / 9 ½ 英寸锅

03 24 厘米 / 9 ½ 英寸滤锅

04 28 厘米 / 11 英寸锅盖

05 28 厘米 / 11 英寸锅

06 20 厘米 / 8 英寸锅

07 24 厘米 / 9 ½ 英寸锅

08 26 厘米 × 18 厘米 / 10 ¼ 英寸 × 7 英寸耐高温玻璃盘

09 23 厘米 × 30 厘米 / 9 英寸 × 12 英寸耐高温玻璃锅

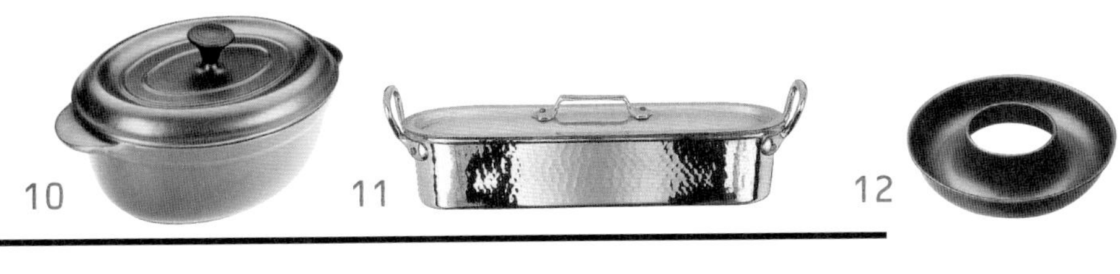

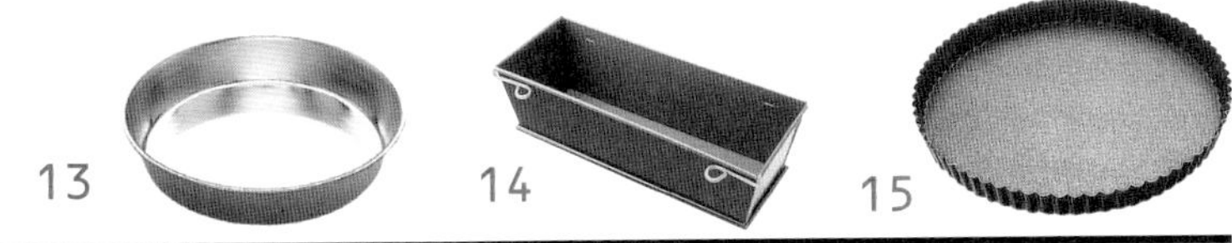

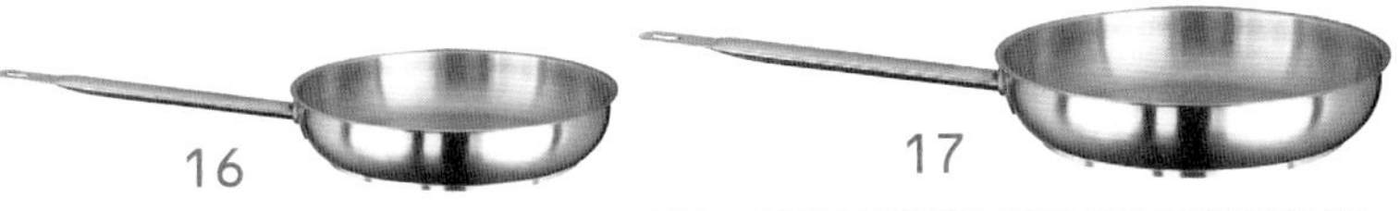

10 20 厘米 / 8 英寸铸铁锅

11 40 厘米 × 16 厘米 / 16 英寸 × 6 ¼ 英寸鱼锅

12 24 厘米 / 9 ½ 英寸环状模具

13 26 厘米 / 10 ¼ 英寸蛋糕模具 1

14 长方形蛋糕模具

15 28 厘米 / 11 英寸乳蛋饼模具

16 22 厘米 / 8 ¾ 英寸煎锅

17 28 厘米 / 11 英寸煎锅

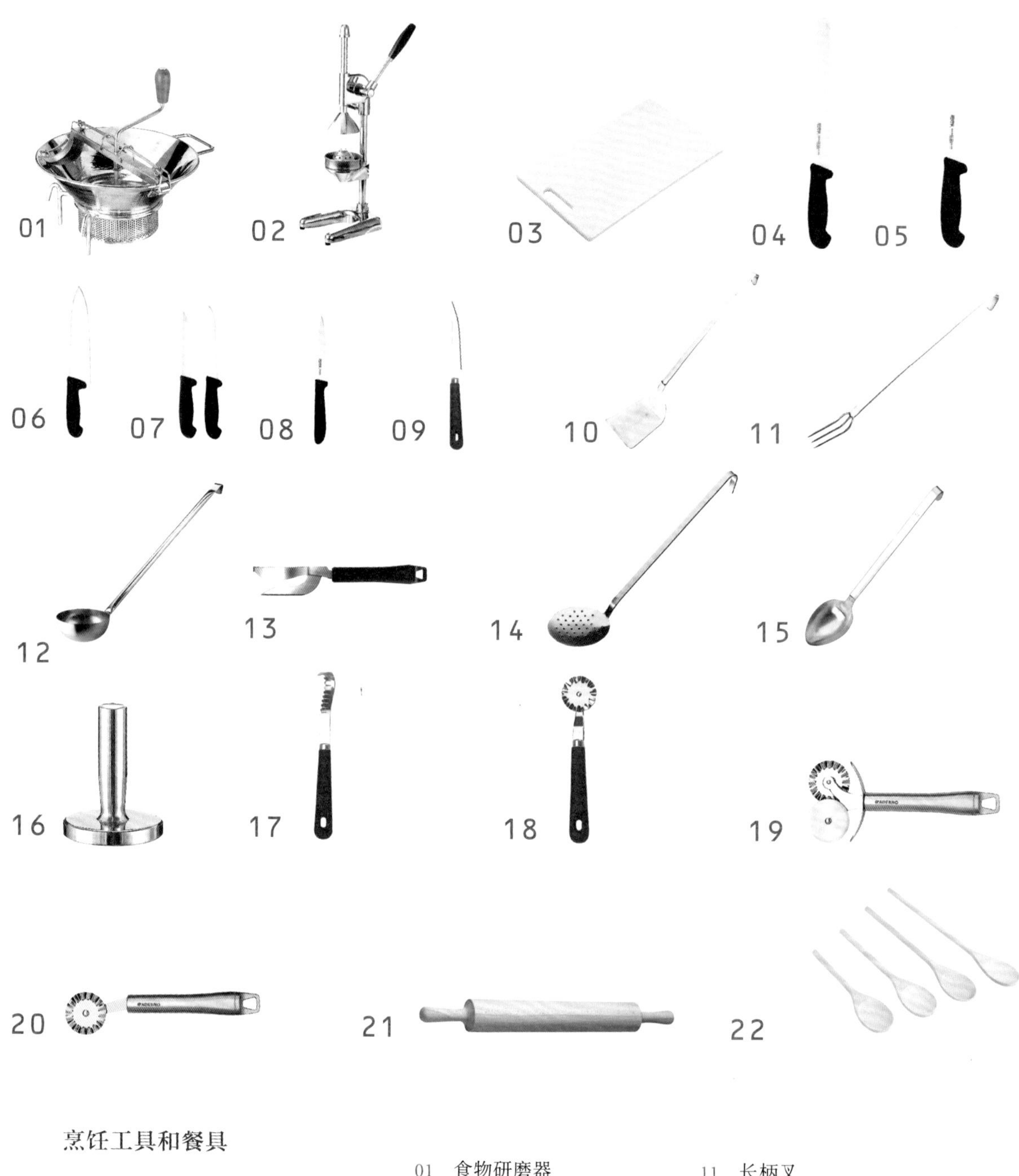

烹饪工具和餐具

01 食物研磨器
02 榨汁机
03 菜板
04 面包刀
05 切肉刀
06 厨刀
07 牛排刀
08 雕刻刀
09 蔬菜刀
10 铲子（抹刀）
11 长柄叉
12 长柄勺
13 煎鱼铲
14 漏勺
15 大勺
16 肉锤
17 黄油刮花刀（刨片）
18 滚轮刀
19 意大利饺切割器
20 滚轮切刀

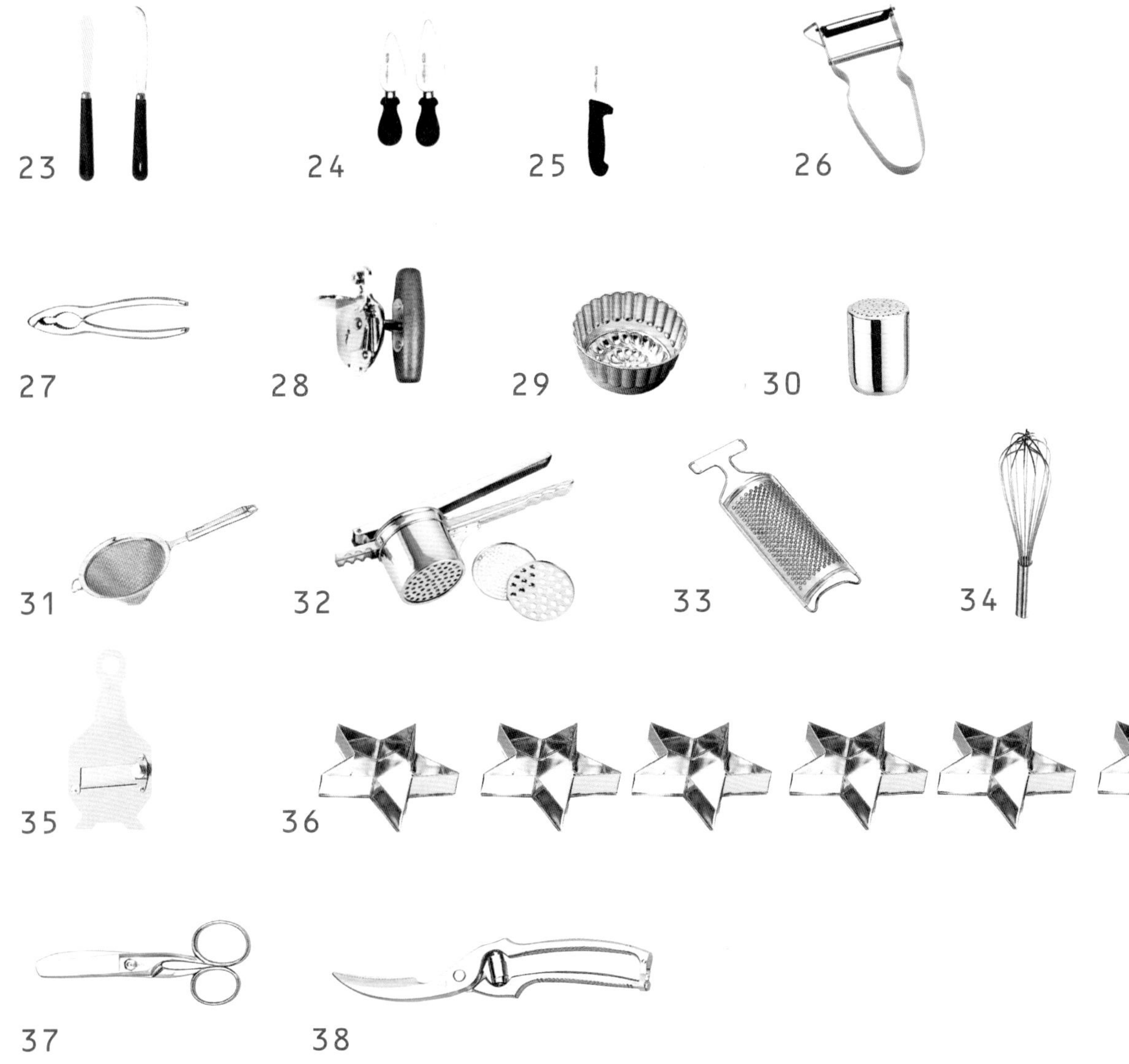

21 擀面杖
22 木勺
23 黄油刀
24 奶酪刨片刀
25 奶酪刀
26 马铃薯去皮器
27 硬果夹
28 开罐器
29 花边模具
30 糖筛
31 锥形筛子
32 熟马铃薯捣碎器
33 磨碎器
34 搅拌器
35 松露刨片器
36 饼干切模
37 厨用剪刀
38 家禽剪刀

里面
?
汤
酱汁
泡菜罐
小汤匙
锅
装饰优雅的碟子
黄油！

酱　汁 →

腌泡汁 →

调味黄油 →

酱　汁

毫无疑问，这是一个很难拿捏的主题。可热、可冷、可甜、可辣，对酱汁来说没有通行的标准，它们可以丰富菜肴的味道，也可以破坏一道菜，带来灾难性的后果。而在绝大多数情况下，它的存在不可或缺。自古以来，人们一直在尝试为食物增添不同的味道，从未间断。实际上，有很多食材在缺少适合的酱汁时甚至会难以下咽，完全无法带来任何享受。试想一下，如果没有新鲜美味番茄酱的直面（spaghetti），缺少青酱芬芳的窄扁面（trenette），或是丧失白汁纹理和质感的千层面。所有的酱汁都需要悉心调制，不同的原料彼此间发生的化学反应是再出色的厨师也无法打破的自然原理。值得一提的是，几乎所有的酱汁都是由几种基本配方演变形成的。它们经由专业厨师或爱好者的不断开发改进，才有了现在的美味。每个希望增进厨艺的人都应该从最基础的酱汁开始，学会如何完美地制作它们。只有在这个基础上，才能逐渐掌握更复杂的配方，最终创造属于自己的独特酱汁。在讨论这些或传统、或新颖、或改良、或淡化的配方之前，有几个小窍门和建议希望与大家分享，鉴于酱汁的品质基于它的香气、轻盈质地和口感，所有的食材都需要特别新鲜，同时保证最高级别的品质。例如在需要黄油时，最好使用可以找到的品质最优的黄油。在意大利，除非有特别说明，一般都是没有加盐的黄油。平底锅的锅底需要有一定的厚度，保证加热均匀。为了上桌时保证酱汁温热，最好将酱汁锅置于另一个装满热水的锅中保温。为防止酱汁表面结膜，可以撒一些黄油颗粒或者浇几汤匙熔化的黄油，上桌前还要避免搅拌。最后，请千万注意适度，谨慎使用酱汁，它们应当作为菜肴调味的补充，而不能喧宾夺主。

腌泡汁

如果希望为肉和野味调味，嫩化肉质，腌泡汁是最好的选择。腌泡汁中最常见的食材之一是红葡萄酒或白葡萄酒。根据你的需求选择，红葡萄酒可以带来更浓郁的醇香，而白葡萄酒则可引出肉类自身的风味。

调味黄油

调味黄油在法语中被称为 beurres composés，字面意思为混合黄油。它是添加了香料、芥末、鳀鱼等额外食材制成的，味道香醇的黄油。调味黄油可以为牛排、鱼或煎蛋饼增添风味，也可用于制作开胃菜。

热酱汁

热蘸汁 BAGNA CAUDA

用酱汁锅烧开一锅水，转小火持续加热。在一个更小的酱汁锅中加热橄榄油和黄油，避免黄油上色，加入蒜，将小锅置于沸水中隔水加热。切碎鳀鱼，放入油中，用木勺碾压，直至酱汁顺滑，上桌前加入松露。将热蘸汁倒入火锅或盘子中即可上桌。

适合搭配水煮刺菜蓟（cardoons）或生蔬菜。

BAGNA CAUDA
供 4 人食用
制备时间：1 小时，另加 2 小时静置用时
加热烹调时间：20 分钟
5 汤匙橄榄油，80 克 /3 盎司黄油
2 瓣蒜，切碎
100 克 /3½ 盎司盐腌鳀鱼，去头，除内脏并剔骨（见第 694 页），在冷水中浸泡 10 分钟后控干
1 小块白松露，切薄片

← 热蘸汁

BESCIAMELLA
供 4 人食用
制备时间: 5 分钟
加热烹调时间: 25 分钟
50 克 /2 盎司黄油
25 克 /1 盎司面粉
500 毫升 /18 盎司普通牛奶
少许现擦碎的肉豆蔻粉（可选）
盐和胡椒

白汁（基础配方）BÉCHAMEL SAUCE (BASIC RECIPE)

取一口酱汁锅，用中火加热熔化黄油。从火上取下锅，加入面粉并用搅拌器搅拌至顺滑。随后用木勺边搅拌边加入牛奶，每次加入牛奶前确认酱汁已经搅拌均匀。将锅放回火上，用中高火加热，同时持续搅拌直至开始沸腾。加入适量盐调味，转小火，盖上锅盖使其缓慢沸煮，其间不时搅拌，持续 20 分钟左右。直至酱汁足够浓稠，可以附着在汤匙背面而不会滴落。从火上取下锅，尝味并根据口味加入盐、胡椒 / 肉豆蔻粉，完成的白汁不应该有面粉的味道。如果酱汁过稠，可再加一些牛奶，若太稀，可继续加热一段时间。因为众多酱汁都由白汁发展演变而成，所以它被认为是一种基础酱汁，制作它是所有烹饪爱好者的必备技能。若需更加浓郁的白汁，可以将一半牛奶替换为等量的双倍奶油，同理，更清淡的白汁则可以将一半牛奶替换为等量的水。

适合搭配焗烤菜、舒芙蕾或作为馅料。

BESCIAMELLA AI FUNGHI
供 4 人食用
制备时间: 45 分钟
加热烹调时间: 5～10 分钟
25 克 /1 盎司黄油
150 克 /5 盎司栽培蘑菇，切细末
1 份白汁（见本页上方）
3 汤匙双倍奶油
盐和胡椒

蘑菇白汁 MUSHROOM BÉCHAMEL

酱汁锅中加热熔化黄油，加入蘑菇，盖上锅盖用小火加热大约 10 分钟，直至蘑菇水分完全渗出。打开锅盖，加大火力蒸发锅中汤汁，加入适量盐调味。此时加热白汁，边搅拌边加入蘑菇，尝一下味道，加入适量胡椒，最后缓慢搅拌加入奶油即可。

适合搭配短意面、薄牛排或水波蛋。

BESCIAMELLA MAÎTRE D'HÔTEL
供 4 人食用
制备时间: 40 分钟
加热烹调时间: 10 分钟
半份白汁（见本页上方）
1 汤匙切碎的新鲜欧芹叶
1 颗柠檬，榨取柠檬汁，过滤
40 克 /1½ 盎司黄油

经理白汁 MAÎTRE D'HÔTEL BÉCHAMEL

在白汁中加入 4～5 汤匙温水并搅拌均匀。放到火上，加热到刚刚沸腾，搅拌加入欧芹和柠檬汁。从火上取下酱汁锅，搅拌加入黄油。

适合搭配水波蛋、鱼或嫩煎蔬菜。

BESCIAMELLA ALLA PANNA
供 4 人食用
制备时间: 30 分钟
加热烹调时间: 25 分钟
1 份白汁（见本页上方）
250 毫升 /8 盎司单倍奶油

奶油白汁 BÉCHAMEL WITH CREAM

白汁烹饪完成后，将酱汁锅从火上取下，慢慢倒入奶油，同时搅拌均匀。用这个方法制成的酱汁会更柔和。

适合搭配焗烤菜。

白汁 →

BESCIAMELLA ALLA PAPRICA

供 4 人食用

制备时间：10 分钟

加热烹调时间：35 分钟

50 克 /2 盎司黄油

1 个小洋葱，切碎

50 克 /2 盎司面粉

500 毫升 /18 盎司牛奶

1 汤匙红辣椒粉（paprika）• 盐

红椒白汁 PAPRIKA BÉCHAMEL

在酱汁锅中加热熔化黄油。加入洋葱小火加热，不时搅拌直至变得软嫩透明但色泽尚未变深。边搅拌边加入面粉。倒入牛奶，不停搅拌直至开始沸腾。加入盐调味，降低火力，盖上锅盖小火加热至少 20 分钟，其间不时搅拌。停止加热前几分钟，搅拌加入辣椒粉。

适合搭配肉、鱼或水煮蔬菜。

BESCIAMELLA ALLA SENAPE

供 4 人食用

制备时间：5 分钟

加热烹调时间：25 分钟

1 茶匙芥末粉

半份白汁（见第 58 页）

20 克 /¾ 盎司黄油

芥末白汁 MUSTARD BÉCHAMEL

芥末粉中加入温水，混合均匀，加入白汁中后搅拌加入黄油。

适合搭配鱼、禽类或烤肉。

BESCIAMELLA ALLO YOGURT

供 4 人食用

制备时间：10 分钟

加热烹调时间：40 分钟

1 份白汁（见第 58 页）

100 毫升 /3½ 盎司双倍奶油

150 毫升 /¼ 品脱低脂原味酸奶

1 颗柠檬，榨取柠檬汁，过滤

2 茶匙淡味芥末 • 盐

酸奶白汁 YOGURT BÉCHAMEL

在白汁即将完成时加入奶油，小火烹煮并持续搅拌约 15 分钟。从火上取下酱汁锅，待其略微降温。搅拌加入酸奶和柠檬汁，最后加入芥末并搅拌。如果需要，可以加盐调味。

适合搭配烤鱼或水煮鸡肉。

BESCIAMELLA MORNAY

供 4 人食用

制备时间：20 分钟

加热烹调时间：25 分钟

1 个蛋黄

100 毫升 /3½ 盎司双倍奶油

1 份白汁（见第 58 页）

25 克 /1 盎司格吕耶尔奶酪，现擦丝

25 克 /1 盎司帕玛森奶酪，现擦丝

盐和胡椒

莫尔奈酱 MORNAY SAUCE

在小碗中打散蛋黄并混合奶油。白汁即将完成时从火上取下锅，搅拌加入两种奶酪，然后搅拌加入蛋黄奶油。加入适量盐和胡椒调味。倒入酱汁碗中上桌。

适合搭配水波蛋、鱼、蔬菜或用于制作焗烤菜。

BESCIAMELLA SOUBISE

供 4 人食用

制备时间：50 分钟，另加冷却用时

加热烹调时间：1 小时 5 分钟

500 克 /1 磅 2 盎司白洋葱，切细丝

50 克 / 2 盎司黄油

1 份白汁（见第 58 页）

250 毫升 / 3 盎司双倍奶油

盐

苏比斯酱 SOUBISE SAUCE

洋葱焯煮约 5 分钟，控干水待其冷却。酱汁锅中加热熔化黄油并加入洋葱、少许盐和几汤匙温水。盖上锅盖，小火加热 1 小时，直到洋葱呈糊状而色泽尚未变深。边搅拌边将洋葱糊加入白汁中，加入奶油，中火加热并充分搅拌。

适合搭配水波蛋或煮蔬菜。

博洛尼亚肉酱 BOLOGNESE MEAT SAUCE

RAGÙ ALLA BOLOGNESE

供 4 人食用

制备时间：15 分钟

加热烹调时间：2 小时

2 汤匙橄榄油

40 克 /1½ 盎司黄油

1 颗洋葱，切成 6 毫米 /¼ 英寸的丁

1 根西芹茎，切成 6 毫米 /¼ 英寸的丁

1 根胡萝卜，切成 6 毫米 /¼ 英寸的丁

1 瓣蒜，压碎（可选）

250 克 /9 盎司牛肉馅

1 汤匙浓缩番茄泥（concentrated tomato purée）

120 毫升 /4 盎司干白葡萄酒（可选）

盐和胡椒

见第 62 页

取一口厚底酱汁锅，加热橄榄油和黄油，搅拌加入洋葱。盖上锅盖，用中小火加热 5～10 分钟，或直至洋葱开始变透明，每隔 2 分钟搅拌一下。加入西芹和胡萝卜，盖上锅盖继续加热 5～10 分钟，或直至蔬菜变软且边角开始上色。搅拌加入蒜末（可选），继续加热 1 分钟。加入牛肉馅，用木勺将其碾碎成小粒。转中高火，不停搅拌烹饪约 10 分钟，或直至肉馅不再泛红且锅内呈煎炸状。搅拌加入番茄泥，继续烹饪 1 分钟。搅拌并浇入葡萄酒（可选），再加入 120 毫升水。如果不使用葡萄酒，加入的水量增加至 250 毫升。加入适量盐和胡椒调味。盖上锅盖，调转火力，用最小火烹煮一个半小时，在酱汁水分接近蒸干时再加入 120 毫升水。前一个小时肉末应该被汤汁没过，保持慢火炖煮。这种肉酱也可以使用混合肉馅制作，如一半牛肉馅一半猪肉馅加一根去肠衣碾碎的意式肉肠。还可以加入蘑菇调味制作，用 2 汤匙黄油煎炒 450 克切碎的蘑菇，在酱汁出锅前半小时加入锅中。

适合搭配焗烤菜或搭配扁意面（tagliatelle）。

白肉酱 WHITE MEAT SAUCE

RAGÙ BIANCO

供 4～6 人食用

制备时间：15 分钟

加热烹调时间：1 小时 45 分钟

2 汤匙橄榄油

50 克 /2 盎司黄油

1 颗洋葱，切细末

1 根西芹茎，切细末

1 根胡萝卜，切细末

50 克 /2 盎司意式培根或培根，切丁

400 克 /14 盎司牛肉猪肉混合肉馅

100 毫升 /3½ 盎司白葡萄酒

200 毫升 /7 盎司鸡肉高汤（见第 249 页）

2～3 汤匙双倍奶油（可选）

盐

取一口边较浅的酱汁锅，加热橄榄油和黄油。加入洋葱、西芹、胡萝卜、意式培根或培根丁，用小火加热翻炒 5 分钟直到变软。加大火力，加入肉馅并搅拌均匀。继续加热并不时搅拌直至肉末上色。加入葡萄酒，加热至酒精熥干。加入盐调味，浇入一汤匙高汤。转小火加热，烹煮一个半小时，若酱汁烧干则继续加入高汤。最后搅拌加入奶油，让酱汁味道更柔和。

适合搭配各种意大利面。

鸡肝酱 CHICKEN LIVER SAUCE

RAGÙ CON FEGATINI

供 4 人食用

制备时间：20 分钟

加热烹调时间：8～10 分钟

65 克 /2½ 盎司黄油

250 克 /9 盎司鸡肝，除去边角并切碎

2～3 汤匙干白葡萄酒

3 汤匙双倍奶油

盐和胡椒

取一口平底锅，加热熔化黄油。加入鸡肝，不停搅拌翻炒大约 4 分钟。切勿火候过大，不然鸡肝会变得很硬。加入葡萄酒，小火加热直到酒精燥干。加入盐调味并搅拌加入奶油。从火上取下平底锅，加入胡椒调味。

适合搭配焗烤菜、意大利面，还可以作为煎蛋卷的馅料，涂在薄肉排上或搭配蔬菜舒芙蕾等。

菠菜酱 SPINACH SAUCE

SALSA AGLI SPINACI

供 4 人食用

制备时间：15 分钟

加热烹调时间：10～20 分钟

800 克 /1¾ 磅菠菜

40 克 /1½ 盎司黄油

250 毫升 /8 盎司牛奶

1 汤匙面粉（可选）

盐和白胡椒

将洗净的菠菜叶放入一口大号酱汁锅中，不加油加热 5 分钟左右。控干水分，如果可能的话，再挤出叶子中的剩余水分，放入食物料理机中搅打成泥。在另一口酱汁锅中加热熔化黄油，倒入牛奶和菠菜泥。加入适量盐调味，中火加热，不时搅拌，直至酱汁变得浓稠。如果酱汁一直不变稠，可以搅拌加入面粉，再加热 10 分钟左右。从火上取下酱汁锅，加入白胡椒调味，如果需要，可以再加一些盐调味。若搭配意大利面，如蝴蝶面（farfalle）或光滑笔管面（pennette lisce），加入足量的帕玛森奶酪丝。

适合搭配短意面或水波蛋。

韭葱酱 LEEK SAUCE

SALSA AI PORRI

供 4 人食用

制备时间：10 分钟

加热烹调时间：25 分钟

25 克 /1 盎司黄油

2 棵韭葱，除边角并切细丝

25 克 /1 盎司普通面粉

500 毫升 /18 盎司烧开的蔬菜或鸡肉高汤（见第 249 页）

半颗柠檬，挤出柠檬汁，过滤

100 毫升 /3½ 盎司双倍奶油

1 汤匙切碎的新鲜欧芹

盐和白胡椒

酱汁锅中加热熔化黄油。加入韭葱，小火加热约 5 分钟，不时搅拌直到葱叶变软但尚未上色。撒入面粉，边搅拌边加入沸腾的高汤，继续加热 10 分钟。从火上取下酱汁锅，滤网过滤酱汁，倒入另一口酱汁锅内。重新用小火慢慢加热酱汁，然后搅拌加入柠檬汁、奶油和欧芹末。加入适量盐和白胡椒调味。

适合搭配肋排。

← 博洛尼亚肉酱，见第 61 页

SALSA AL BURRO
供 4 人食用
制备时间：10 分钟
加热烹调时间：20～30 分钟
半颗白洋葱，切细末
100 毫升 / 3½ 盎司白葡萄酒醋
50 克 / 2 盎司黄油，稍待变软切小块
1～2 汤匙切碎的新鲜欧芹
盐和胡椒

黄油酱 BUTTER SAUCE

将洋葱和醋加入一口小号酱汁锅中，中火加热，直到汤汁浓缩到三分之一体积。将混合物放入搅拌机，搅拌后倒回酱汁锅中。将酱汁锅的一部分置于火上慢慢加热。一块一块地加入软化黄油并不停搅拌。酱汁体积将会慢慢增加，变得白润顺滑。搅拌加入欧芹、适量盐和胡椒调味。

适合搭配清炖鱼类。

SALSA AL CURRY
供 4 人食用
制备时间：5 分钟
加热烹调时间：40 分钟
50 克 / 2 盎司黄油
¼ 颗洋葱，切碎
2 汤匙咖喱粉
1 汤匙普通面粉
盐和胡椒

咖喱酱 CURRY SAUCE

酱汁锅中加热熔化黄油，加入洋葱，用小火加热煸炒约 5 分钟，不时搅拌直到洋葱变软。咖喱粉加入热水中并搅拌为泥状。酱汁锅中加入面粉搅拌均匀，随后加入咖喱泥。小火加热约 30 分钟，少量多次加入水并待其吸收。加入适量盐和胡椒调味。

适合搭配蔬菜、鸡蛋或禽类。

SALSA ALLE CIPOLLINE
供 4 人食用
制备时间：20 分钟
加热烹调时间：15 分钟
80 克 / 3 盎司黄油
4 颗小洋葱，切碎
2 个蛋黄
6 片新鲜罗勒叶，切碎
盐和胡椒

洋葱酱 ONION SAUCE

取一口酱汁锅，用小火加热熔化黄油。加入洋葱烹饪约 15 分钟，不时搅拌。从火上取下锅，把混合物倒入食物料理机中搅拌成泥。将洋葱泥刮入碗中，加入蛋黄并轻轻搅拌均匀。搅拌加入罗勒叶、适量盐和胡椒。

适合搭配烤鱼或肉肠（würstel，意大利北部风味肉肠而非德式法兰克福肠）。

SALSA ALLE MELE
供 4 人食用
制备时间：15 分钟
加热烹调时间：20 分钟
2 颗褐皮苹果（russet apple），去皮去核，切薄片
25 克 / 1 盎司黄油
1 颗柠檬，榨取柠檬汁，过滤
3 汤匙双倍奶油
1 汤匙现擦辣根泥
盐和胡椒

苹果酱 APPLE SAUCE

在一口中等大小的酱汁锅内加入 2 厘米深的水，加入苹果，盖上锅盖用中火加热，不时用木勺搅拌，加热 15 分钟左右或直至苹果变得很软。慢慢搅拌加入黄油、柠檬汁和奶油，加入适量盐和胡椒调味。最后搅拌加入现擦辣根泥即可。

适合搭配猪肉、鹅肉或鸭肉。

藏红花酱 SAFFRON SAUCE

将鱼肉高汤倒入酱汁锅中，小火加热。在碗中加入藏红花和5汤匙热高汤，置于一旁。另取一口酱汁锅，加热熔化黄油。加入面粉、适量盐和藏红花高汤。小心搅拌并逐渐加入剩余的高汤。盖上锅盖，小火加热约15分钟。从火上取下酱汁锅，品尝并适当加入盐调味。另用一些藏红花丝装饰。

适合搭配清炖鱼或烤鱼。

SALSA ALLO ZAFFERANO

供4人食用

制备时间：10分钟

加热烹调时间：20分钟

300毫升/½品脱鱼肉高汤（见第248页）

1汤匙藏红花蕊丝，多备出一些，用于装饰

80克/3盎司黄油

3汤匙面粉

盐

马尔萨拉酱 MARSALA SAUCE

取一口酱汁锅，加热熔化黄油并搅拌加入面粉。搅拌并继续加热直到变成浅棕黄色。边搅拌边逐渐浇入高汤，搅拌加热直至沸腾。转小火继续加热直到液体体积减半。尝一下味道，加入适量的盐和胡椒调味。倒入马尔萨拉葡萄酒，加热至沸腾即关火，以免葡萄酒味道散失。如果使用黑松露，可在此时搅拌加入。

适合搭配烟熏火腿、肝或煎鸡胸肉排。

SALSA AL MARSALA

供4人食用

制备时间：5分钟

加热烹调时间：25~30分钟

80克/3盎司黄油

25克/1盎司普通面粉

300毫升/½品脱鸡肉高汤（见第249页）

3汤匙马尔萨拉葡萄酒（Marsala）

1个黑松露（可选），切薄片

盐和胡椒

比尔奈斯酱（基础配方）BEARNAISE SAUCE（BASIC RECIPE）

在不锈钢酱汁锅中加入白葡萄酒醋，加入红葱头、龙蒿和少许盐。中火加热直到液体体积减半，滤除残渣并冷却。蛋黄中加入1汤匙水并打散。将蛋黄加入晾凉的醋汁中，再加入柠檬汁。将混合酱汁倒入可以隔水加热的酱汁锅或耐热碗中，置于火上隔水加热，下面锅中的水保持接近沸腾状。用打蛋器搅拌酱汁直到体积渐渐增加。加入熔化的黄油，继续搅拌直至酱汁变浓稠。加入辣椒粉调味。

适合搭配各种烧烤或串烧肉类，以及蒸蔬菜，如芦笋、四季豆或西葫芦。

SALSA BERNESE (RICETTA BASE)

供4人食用

制备时间：20分钟

加热烹调时间：10~15分钟

100毫升/3½盎司白葡萄酒醋

4颗红葱头，切碎

2汤匙新鲜龙蒿叶

3个蛋黄

1汤匙现挤柠檬汁，过滤

200克/7盎司黄油，熔化

少许卡宴辣椒粉（cayenne pepper）

盐

SALSA BEARNESE SEMPLIFICATA
供 4 人食用
制备时间：10 分钟
加热烹调时间：20 分钟
2 个蛋黄
2 汤匙双倍奶油
1 汤匙白葡萄酒醋
少许卡宴辣椒粉
80 克 /3 盎司黄油，切成小块
1 汤匙新鲜龙蒿叶，切碎
1 汤匙新鲜平叶欧芹，切碎
盐

简易比尔奈斯酱 EASY BÉARNAISE SAUCE

在一口可以隔水加热的酱汁锅或耐热碗中混合蛋黄、奶油、白葡萄酒醋、辣椒粉和少许盐，置于火上隔水加热，下面锅中的水保持接近沸腾状，持续搅拌锅中酱汁。当酱汁逐渐变稠时，一块一块地加入黄油并不停搅拌。最后，搅拌加入龙蒿和欧芹即可出锅。

适合搭配各种烧烤或串烤肉类。

SALSA CINESE
供 4 人食用
制备时间：5 分钟
加热烹调时间：15 分钟
200 毫升 /7 盎司白葡萄酒醋
25 克 /1 盎司糖
胡椒

中式酱 CHINESE SAUCE

在酱汁锅中加入白葡萄酒醋、糖和少许胡椒，加热至沸腾，然后转小火继续加热，小火沸煮约 15 分钟。趁热出锅上桌。

适合搭配米饭或清炖鸡肉。

SALSA D'ACCIUGHE
供 4 人食用
制备时间：20 分钟
加热烹调时间：15 分钟
250 克 /9 盎司盐腌鳀鱼
200 毫升 /7 盎司橄榄油
1 瓣蒜

鳀鱼酱 ANCHOVY SAUCE

将鳀鱼平放在菜板上，鱼皮朝上。用拇指顺着鱼骨按压，翻过来剔除鱼骨。用水冲洗鳀鱼后切碎即可。取一口酱汁锅，加热橄榄油，加入蒜瓣煸炒至上色，随后取出并舍弃蒜瓣。加入鳀鱼继续加热，用木勺压碎鱼肉，直至完全碾碎。

适合搭配水波蛋、热煮蔬菜或意面。

SALSA DEL VINAIO
供 4 人食用
制备时间：15 分钟
加热烹调时间：15 分钟
2 颗红葱头，切细末
250 毫升 /8 盎司红葡萄酒
少许新鲜百里香末
半片干月桂叶，撕碎
60 克 /2½ 盎司黄油，软化切小块
半颗柠檬，榨取柠檬汁，过滤
盐和胡椒

酒商酱 MARCHAND DE VIN SAUCE

在酱汁锅中加入葱头、红葡萄酒、百里香、月桂叶，用适量盐和胡椒调味。小火加热直到液体体积减少到约一半。从火上取下锅，过滤残渣，边搅拌边一块一块地加入黄油。当混合物渐渐变浓稠时搅拌加入柠檬汁。倒入船形酱汁碟中即可上桌。

适合搭配红肉或烧烤。

核桃酱，见第 69 页 →

羊脑酱 BRAIN SAUCE

在一口大号酱汁锅中加入多半锅水，加入月桂叶并加热至沸腾。控干羊脑水分，放入锅中烹饪约 10 分钟。捞出控干水分，将羊脑置于一个大碗中，用木勺小心压碎。剥去鸡蛋皮，切开取蛋黄，加入羊脑碗中，边搅拌混合物边淋入橄榄油，直至形成有流动性的酱汁。搅拌加入洋葱、欧芹、酸豆，以及适量盐和柠檬汁。

适合搭配清炖肉类。

SALSA DI CERVELLA

供 4 人食用

制备时间：20 分钟，另加 1 小时浸泡用时

加热烹调时间：10 分钟

1 片干月桂叶

1 个羊羔脑，除去血管和脑膜，在冷水中浸泡 1 小时

2 个煮熟的鸡蛋

橄榄油，用于淋洒

1 颗小洋葱，切碎

1 枝新鲜欧芹，切碎

1 汤匙酸豆，控干并漂洗干净，切碎

1 颗柠檬，榨取柠檬汁，过滤

盐

核桃酱 WALNUT SAUCE

将核桃放入碗中，加入没过核桃的开水，静置 3 分钟后控干水分。核桃不再烫手时，揉搓剥下表皮。将去皮核桃切碎，与橄榄油和奶油一起放入一个碗中。加入适量的盐和白胡椒，充分搅拌，混合均匀。

适合搭配新鲜宽条意面（fettuccine）或煮萝卜。

SALSA DI NOCI

供 4 人食用

制备时间：25 分钟

250 克 /9 盎司去壳核桃仁

4 汤匙橄榄油

2 汤匙双倍奶油

盐和白胡椒

见第 67 页

红甜椒酱 RED PEPPER SAUCE

将红甜椒放入加了盐的沸水中焯煮几分钟，当表皮刚刚变软时捞出控干水分。剥下表皮，切成两半，去籽除筋。切块后放入搅拌机中制成泥。酱汁锅中加入白葡萄酒醋和蒜，加热几分钟。将醋汁通过滤网倒入搅拌机内，再加入橄榄油，搅拌均匀即可。

适合搭配清蒸鱼或清炖肉类。

SALSA DI PEPERONI

供 4 人食用

制备时间：15 分钟

加热烹调时间：5 分钟

2 个大红甜椒

2 汤匙白葡萄酒醋

2 瓣蒜，切碎

3 汤匙橄榄油

盐

番茄酱汁 TOMATO SAUCE

深酱汁锅中加入橄榄油、番茄（如果使用罐装番茄，同时倒入罐内番茄汁）、糖、蒜、罗勒以及少许盐。中火加热 30～45 分钟，不时搅拌一下。转小火继续烹煮酱汁，用木勺压碎番茄和蒜。如果使用罐装番茄，则需煮到能够压碎为止。从火上取下锅，待其冷却即可。如果需要更顺滑的酱汁，可用食物料理机搅拌加工或用滤网过滤。

适合搭配直面或薄肉排。

SALSA DI POMODORO

供 4 人食用

制备时间：15 分钟，另加冷却用时

加热烹调时间：30～45 分钟

2 汤匙橄榄油

550 克 /1 磅 6 盎司罐装番茄或新鲜番茄，剥皮切块

少许糖 • 2 瓣蒜

10 片新鲜罗勒叶，撕碎

盐

见第 70 页

简易番茄酱 QUICK TOMATO SAUCE

SALSA DI POMODORO VELOCE
供 4 人食用
制备时间：15 分钟
加热烹调时间：10 分钟
6 个李子番茄
4 汤匙橄榄油
2 瓣蒜
1 枝新鲜平叶欧芹
盐

番茄在沸水中焯煮几秒钟，剥皮去籽切成丁后放入一口小号酱汁锅中。锅中加入橄榄油、蒜、欧芹和适量盐。不盖锅盖，中火加热约 10 分钟。关火，挑出蒜和欧芹弃之不用。尝一下味道，酌情加入少许盐调味。趁热将番茄酱浇到控干水的意面上，不需要撒帕玛森奶酪。如果需要味道更浓郁，可以在大火上收汁 5 分钟再出锅。

适合搭配短意面或长意面。

辣根酱 HORSERADISH SAUCE

SALSA DI RAFANO O CREN
供 4 人食用
制备时间：10 分钟
加热烹调时间：15 分钟
25 克 /1 盎司黄油
25 克 /1 盎司普通面粉
150 毫升 /¼ 品脱牛肉高汤（见第 248 页）
1 汤匙辣根泥
少许糖

在一口小号酱汁锅内加热熔化黄油。搅拌加入面粉继续烹饪，直到色泽略微变深。搅拌加入高汤。加入辣根泥和糖，继续烹饪并持续搅拌约 10 分钟。

适合搭配清炖肉类。

诺曼底酱 NORMANDY SAUCE

SALSA NORMANNA
供 4 人食用
制备时间：5 分钟
加热烹调时间：10 分钟
25 克 /1 盎司黄油
25 克 /1 盎司面粉
少许现擦肉豆蔻粉
3 汤匙白葡萄酒
100 毫升 /3½ 盎司双倍奶油
1 汤匙现挤柠檬汁，过滤
盐和胡椒

在一口酱汁锅中加热熔化黄油并搅拌加入面粉、肉豆蔻粉、适量盐和胡椒。搅拌均匀后倒入葡萄酒、奶油和柠檬汁。小火加热，持续搅拌直到酱汁变浓稠。

适合搭配羊排。

荷兰酱 HOLLANDAISE SAUCE

SALSA OLANDESE
供 4 人食用
制备时间：10 分钟
加热烹调时间：20 分钟
3 个蛋黄
200 克 /7 盎司黄油，待其软化后切块
半颗柠檬，挤出柠檬汁，过滤

在一个耐热碗中加入蛋黄和 3 汤匙水，搅打均匀。将碗置于一锅保持微开的热水上，继续搅拌。边搅拌边一块一块地加入黄油，搅拌约 15 分钟直至酱汁浓稠起沫。停止加热，搅拌加入柠檬汁。

适合搭配烧烤或清炖多宝鱼或鲑鱼。

← 番茄酱汁，见第 69 页

SALSA PICCANTE
供 4 人食用
制备时间：25 分钟
加热烹调时间：4 分钟
3 个煮熟的蛋黄
1 汤匙白葡萄酒醋
1 汤匙淡味芥末或辣芥末
少许糖
300 克 /11 盎司番茄，去皮切丁
2 个生蛋黄
25 克 /1 盎司黄油
盐和胡椒

酸辣酱 PIQUANT SAUCE

在一口酱汁锅内碾碎熟蛋黄，搅拌加入酒醋、芥末、糖和番茄，加入适量盐和胡椒调味。将锅置于小火上加热直到酱汁温热，不时从火上端起避免温度过高，加入生蛋黄搅拌均匀。从火上取下锅，加入黄油并搅拌均匀。

适合搭配米饭。

SALSA REALE
供 4 人食用
制备时间：25 分钟
加热烹调时间：10 分钟
2 片白面包，去边
热牛奶，用于浸泡
25 克 /1 盎司黄油
1 颗小洋葱，切细丁
1 根胡萝卜，切细丁
2 汤匙新鲜平叶欧芹末
2 汤匙普通面粉
200 毫升 /7 盎司蔬菜或鸡肉高汤（见第 249 页）
200 毫升 /7 盎司白葡萄酒

皇室酱 ROYAL SAUCE

将面包撕成小块，放在碗中，加入没过面包的热牛奶，置于一边待其吸收。酱汁锅中熔化黄油，加入洋葱、胡萝卜和欧芹，用小火烹饪约 5 分钟，不时搅拌直至洋葱变软。撒入面粉并搅拌加入高汤和葡萄酒。烹饪约 30 分钟后从火上取下，将混合物倒入食物料理机中。搅拌均匀，然后取浸奶的面包加入酱汁中继续搅拌。倒出并重新加热后即可上桌。

适合搭配短意面或米饭。

SALSA SPAGNOLA
供 4 人食用
制备时间：15 分钟
加热烹调时间：1 小时
25 克 /1 盎司黄油
80 克 /3 盎司生火腿，切丁
1 根胡萝卜，切碎
1 颗洋葱，切碎
1 枝新鲜平叶欧芹
6 粒黑胡椒
1 粒丁香
1 份蔬菜高汤（见第 249 页）
盐

西班牙酱 ESPAGNOLE SAUCE

酱汁锅中加热熔化黄油，加入火腿、胡萝卜、洋葱、欧芹、胡椒和丁香，中火加热约 5 分钟，不时搅拌直至洋葱软嫩。加入高汤和适量盐，继续烹煮约 45 分钟。关火后滤除残渣倒入碗中或酱汁碟中。此酱汁须趁热上桌，如需重新加热可使用水浴法（隔水加热）。

适合搭配烤意面派（pasticcio）或鲜意面。

特制酱 SPECIAL SAUCE

将烤箱预热到180℃（350℉或燃气烤箱开到第4挡）。用厨用棉线将牛肉绑紧成为整齐的卷状。将黄油均匀撒在一个椭圆形烤盘内，肉卷置于其中，用洋葱丝覆盖肉卷。烘烤约1小时直到盘中肉汁色泽变深且浓稠。烘烤到一半时撒少许盐和白胡椒调味。烘烤结束后，从烤箱中取出烤盘，将肉放入盘子中。将烤盘置于火上，用小火加热，加入白兰地继续加热，直到酒精完全蒸发。随后搅拌并一勺一勺地加入奶油，避免酱汁变得过稀。搅拌均匀让味道充分融合，搭配扁意面上桌。烤肉卷可以配蛋黄酱（见第77页）享用。

适合搭配新鲜切面（tagliatelle）。

SALSA SPECIALE
供4人食用
制备时间：1小时
加热烹调时间：10～15分钟
750克/1磅10盎司牛外股肉
100克/3½盎司黄油，切丁
1颗大白洋葱，切细丝
50毫升/2盎司白兰地
100毫升/3½盎司双倍奶油
盐和白胡椒

辣酱 SPICY SAUCE

酱汁锅中加热熔化黄油，加入洋葱，小火煸炒约10分钟，不时搅拌直到略微变棕色。加入白兰地，继续加热直到液体体积减半。加入番茄慢火沸煮5分钟。加入欧芹、辣椒粉和伍斯特沙司。混合均匀后倒入酱汁碟中。

适合搭配烧烤牛排。

SALSA SUPERPICCANTE
供4人食用
制备时间：15分钟
加热烹调时间：30分钟
50克/2盎司黄油
1颗小洋葱，切细丁
200毫升/7盎司白兰地
2颗番茄，去皮去籽，切细丁
1汤匙切碎的新鲜有喙欧芹
少许卡宴辣椒粉
少许伍斯特沙司

丝绒酱（基础配方）VELOUTE SAUCE（BASIC RECIPE）

酱汁锅中加热熔化黄油，撒入面粉，搅拌至混合物色泽棕黄质地顺滑。边搅拌边逐渐倒入高汤。加热至沸腾并烹煮约15分钟，不时搅拌。加入盐和胡椒调味。

适合搭配千层面或肉丸。

SALSA VELLUTATA (RICETTA BASE)
供4人食用
制备时间：10分钟
加热烹调时间：35分钟
40克/1½盎司黄油
40克/1½盎司普通面粉
500毫升/18盎司蔬菜、鱼或牛肉高汤（见第248～249页）
盐和胡椒

极光酱 SAUCE AURORE

将番茄放入食物料理机中加工成泥状。把番茄泥加入丝绒酱中加热至浓稠。加入盐和胡椒调味即可。

适合搭配烧烤鱼类、清炖鸡肉或水波蛋。

SALSA VELLUTATA AURORA
供4人食用
制备时间：1小时
加热烹调时间：10分钟
400克/14盎司番茄，去皮去籽，切块
1份丝绒酱（见上文）
盐和胡椒

SUGO AGLI SCAMPI E CAPPESANTE
供 4 人食用
制备时间：45 分钟
加热烹调时间：35 分钟
5 汤匙橄榄油
4 颗红葱头，切碎
2 条盐腌鳀鱼，去头，除内脏并剔骨（见第 694 页），在冷水中浸泡 10 分钟后控干切碎
4 个扇贝，去壳切碎
1 汤匙白兰地
250 毫升 / 8 盎司番茄糊 （tomato passata）
200 克 / 7 盎司海鳌虾或都柏林湾大对虾，去皮
100 毫升 / 3½ 盎司白葡萄酒
2 汤匙切碎的新鲜平叶欧芹
盐和胡椒

海鲜酱 SEAFOOD SAUCE

酱汁锅中加热2汤匙橄榄油。加入红葱头，小火加热3～5分钟，不时搅拌，直到葱头变得软嫩且半透明。加入鳀鱼继续烹饪，用木勺按压直到呈泥状。加入扇贝烹饪 1 分钟，然后洒入白兰地，继续加热直到酒精蒸干。倒入番茄汁，转中火加热约 10 分钟，加入盐和胡椒调味。与此同时，在一口平底锅中加入剩下的橄榄油，放入去皮的虾烹饪 2～3 分钟。淋入葡萄酒继续烹饪直到酒精蒸干，然后加入欧芹并撒少许盐调味。在小火上烹饪 5 分钟。将虾连同汤汁一并倒入番茄酱锅中搅拌均匀。

适合搭配新鲜的扁长意面（taglierini）、里考塔菠菜面饺或扁意面。

SUGO AL TONNO
供 4 人食用
制备时间：10 分钟
加热烹调时间：30 分钟
250 克 / 9 盎司罐装番茄
1 瓣蒜
120 克 / 4 盎司罐装油浸金枪鱼，控干
2 汤匙橄榄油
1 条盐腌鳀鱼，去头，除内脏并剔骨（见第 694 页），在冷水中浸泡 10 分钟后控干切碎
盐

金枪鱼酱 TUNA SAUCE

将罐装番茄和汁水一并倒入酱汁锅中，加入蒜瓣和少许盐，中火加热至沸腾。15 分钟后改小火，用木勺压碎番茄并继续加热至略微收汁。从火上取下酱汁锅，取出蒜瓣丢弃不用。用叉子碾碎金枪鱼肉，搅拌加入番茄酱中。加入橄榄油和鳀鱼肉，用汤匙盛酱汁浇在热意面上。

适合搭配细长意面。

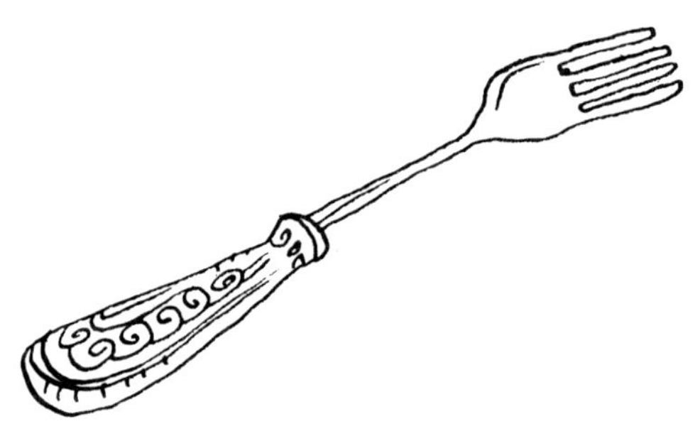

海鲜酱 ➔

冷酱汁

AÏOLI
供 4 人食用
制备时间：20 分钟
2 个蛋黄
3 瓣蒜，切细末
100 毫升 /3½ 盎司橄榄油
适量现挤柠檬汁
盐和胡椒

艾尤利酱 AÏOLI

碗中打匀蒜末和蛋黄，一滴一滴地加入橄榄油，用小木勺或打蛋器不停搅拌。加入盐、胡椒和一些柠檬汁调味。这个酱汁也可以用食物料理机制作（请见下一页的蛋黄酱［基础配方］）。

适合搭配鱼肉。

CHUTNEY AL RIBES E MELE
供 4 人食用
制备时间：30 分钟
加热烹调时间：40～50 分钟
50 克 /2 盎司葡萄干
400 克 /14 盎司绿苹果，去皮去核切丁
250 克 /9 盎司红醋栗
100 克 /3½ 盎司核桃仁，切碎
100 毫升 /3½ 盎司白葡萄酒醋
100 毫升 /3½ 盎司橙汁
100 克 /3½ 盎司糖
2 瓣蒜
5 厘米 /2 英寸长的肉桂

红醋栗苹果甜酸酱 REDCURRANT AND APPLE CHUTNEY

将葡萄干放入碗中，加入稍稍没过它的热水，浸泡 15 分钟然后控干。将所有原料放入一口大号酱汁锅中，小火加热，不时搅拌直至沸腾。不盖锅盖慢火沸煮约 30 分钟，直到酱汁黏稠度接近果酱。将酱汁倒入碗中待其冷却，弃置蒜瓣和肉桂。这种酱汁在印度十分常见。如果装在有盖的罐子里，可以放入冰箱中保存数日。

适合搭配烧烤肉类。

CHUTNEY DI CIPOLLINE
供 4 人食用
制备时间：20 分钟
加热烹调时间：3 小时
120 克 /4 盎司葡萄干，在温水中浸泡 15 分钟然后控干
500 克 /1 磅 2 盎司小洋葱
75 克 /2¾ 盎司糖
3 汤匙浓缩番茄泥
1 片月桂叶
10 粒绿胡椒
少许卡宴辣椒粉
250 毫升 /8 盎司白葡萄酒醋

洋葱甜辣酱 ONION CHUTNEY

将葡萄干、洋葱、糖、番茄泥、月桂叶、绿胡椒和辣椒粉放进一口大号酱汁锅中，倒入 250 毫升水和白葡萄酒醋，盖上锅盖小火烹煮 2 小时。打开锅盖继续烹煮 1 小时收汁。

适合搭配禽类和咖喱。

蛋黄酱（基础配方）MAYONNAISE（BASIC RECIPE）

MAIONESE (RICETTA BASE)
可以制作大约 250 毫升
制备时间：20 分钟
2 个蛋黄或 1 个蛋黄和 1 颗整蛋（详见制作方法）
半茶匙英式芥末粉
约 200 毫升 /7 盎司葵花子油或 75 毫升 /2½ 盎司橄榄油与 125 毫升 /4½ 盎司葵花子油
2 汤匙现挤柠檬汁或白葡萄酒醋
盐和白胡椒
见第 78 页

蛋黄酱可能是世界上最受喜爱、最常使用的酱汁之一。多数时候大家会选择购买成品蛋黄酱，市场上也有一些品质上佳的品牌。不过，还是有必要学会纯手工制作或用食物料理机制作蛋黄酱，偶尔品尝一下亲手制作的蛋黄酱也是一种享受。这两种方法都会在接下来的制作方法中介绍。请一定先确认油和鸡蛋都处于常温状态，如果它们温度过低，蛋黄酱可能无法变浓郁。油需要一滴一滴地加入，柠檬汁或醋也是如此。如果蛋黄酱中的油与酱分离，可以在另外一个碗中打散一个鲜蛋黄，然后逐渐将分离的混合物一滴一滴倒入并不停搅拌。油的用量也需要按比例增加，平衡多出来的一个蛋黄。手工制作蛋黄酱要将蛋黄置于一个小碗中，用木勺搅拌并加入芥末粉，再加入适量盐和白胡椒调味。随后逐滴加入油，用小打蛋器或木勺不停搅拌。当混合物逐渐变浓稠时，搅拌加入一滴柠檬汁或白葡萄酒醋。继续加入油，每加入一滴都要搅拌均匀。当混合物表面开始显得有些油腻时，加入几滴柠檬汁或白葡萄酒醋，搅拌的动作不能停，如此反复直至所有油都用完，最后品尝并适当调味。如果酱汁口感太腻，可以斟酌着多加些盐。如果用搅拌机制作蛋黄酱，加入 1 个蛋黄、1 颗整蛋和芥末粉到食物料理机中，撒入适量盐和胡椒调味，再加入 2 汤匙油和一滴柠檬汁或白葡萄酒醋，用最高速搅拌几秒钟。然后保持机器不停搅拌并从进料口缓慢倒入一半油和 1 茶匙柠檬汁或白葡萄酒醋，再慢慢倒入另一半油。原料搅拌均匀后，品尝并加入适量柠檬汁和调味料。如需制作口感较淡、色泽较白的蛋黄酱，再额外搅拌加入 1 汤匙沸水。做好的蛋黄酱倒入器皿中，放入冰箱中冷却后即可享用。

适合搭配清炖肉类、烤肉、生的或熟的蔬菜或作为摆盘配料。

咖喱奶油蛋黄酱 CURRY AND CREAM MAYONNAISE

MAIONESE AL CURRY E PANNA
供 4 人食用
制备时间: 25 分钟
3 汤匙单倍奶油
1 份蛋黄酱（见第 77 页）
1 茶匙咖喱粉

缓缓将奶油搅拌加入蛋黄酱中，加入咖喱粉调味，混合均匀，倒入酱汁碟中即可上桌。

适合搭配海鲜和鸡肉沙拉、水煮蛋。

戈贡佐拉蛋黄酱 GORGONZOLA MAYONNAISE

MAIONESE AL GORGONZOLA
供 4 人食用
制备时间: 30 分钟
1 份蛋黄酱（见第 77 页）
1 茶匙第戎芥末
100 克 /3½ 盎司戈尔贡佐拉奶酪，擦碎
盐（可选）

用葡萄酒醋代替柠檬汁制作蛋黄酱，加入油之前将芥末搅拌加入蛋黄中。在一个碗中边搅拌戈贡佐拉奶酪边缓缓加入蛋黄酱直至呈奶油状。尝一下味道，如果需要，可加入适量盐调味。将酱汁倒入酱汁碟中即可。

适合搭配冷肉制品。

奶油蛋黄酱 WHIPPED CREAM MAYONNAISE

MAIONESE ALLA PANNA MONTATA
供 4 人食用
制备时间: 25 分钟
1 茶匙第戎芥末
1 份蛋黄酱（见第 77 页）
3 汤匙双倍奶油，打发

在蛋黄酱中搅拌加入芥末，随后翻拌加入打发的奶油。装入酱汁碗中上桌。

适合搭配鱼类或贝类。

鳄梨蛋黄酱 AVOCADO MAYONNAISE

MAIONESE ALL'AVOCADO
供 4 人食用
制备时间: 30 分钟
3 汤匙双倍奶油
2 汤匙番茄酱（ketchup）
2 汤匙现挤青柠汁
2 汤匙伍斯特沙司
少许塔瓦斯科辣椒酱
1 份蛋黄酱（见第 77 页）
1 个鳄梨
盐
青柠片，用于装饰

将奶油、番茄酱、青柠汁、伍斯特沙司和塔瓦斯科辣椒酱搅拌加入蛋黄酱中并加入适量盐。鳄梨去皮切成两半，去核切块再切成薄片。加入蛋黄酱中并缓慢搅拌均匀。盛入酱汁碟中，用青柠片装饰。

适合搭配海螯虾、鸡肉米饭或水波蛋。

← 蛋黄酱，见第 77 页

MAIONESE ALLE ERBE
供 4 人食用
制备时间：25 分钟，另加冷却用时
加热烹调时间：5 分钟
200 克 / 7 盎司菠菜
1 小枝鲜龙蒿
半束水田芥（也称西洋菜、豆瓣菜）
1 份蛋黄酱（见第 77 页）
盐

香草蛋黄酱 HERB MAYONNAISE

沸水中加入少许盐，放入菠菜，煮约 5 分钟，然后控干水待其冷却。菠菜变凉后，与龙蒿和水田芥一并加入食物料理机制成泥。边搅拌边将菜泥加入蛋黄酱中，直到混合物呈均匀的绿色。加入适量盐调味。

适合搭配清炖鱼或水煮蛋。

MAIONESE AL RAFANO
供 4 人食用
制备时间：25 分钟
1 汤匙现擦辣根泥
1 份蛋黄酱（见第 77 页）

辣根蛋黄酱 HORSERADISH MAYONNAISE

将辣根泥搅拌加入蛋黄酱中，混合均匀。

适合搭配冷肉制品。

MAIONESE ANDALUSA
供 4 人食用
制备时间：30 分钟
4 汤匙番茄泥
1 份蛋黄酱（见第 77 页）
1 个绿甜椒，切开去籽，切细丁
¼ 根干辣椒，压碎

安达卢西亚风味蛋黄酱 ANDALUSIAN MAYONNAISE

每次 1 汤匙，逐次将番茄泥搅拌加入蛋黄酱。随后搅拌加入绿甜椒和干辣椒。

适合搭配生蔬菜。

MAIONESE MALTESE
供 4 人食用
制备时间：30 分钟
加热烹调时间：1 分钟
1 个血橙
1 份蛋黄酱（见第 77 页）
盐

马耳他风味蛋黄酱 MALTESE MAYONNAISE

用一把锋利的小刀剥开血橙的外皮，注意除净带有苦味的白色筋络。在一小锅沸水中焯煮橙子皮，约 1 分钟时间，使其稍稍变软，然后控干并在冷水中降温，切细末。挤出橙子的汁。制作蛋黄酱时，不使用柠檬汁或醋，改为搅拌加入橙皮末，再加入橙汁。可加入适量盐调味。

适合搭配芦笋、洋蓟或清炖鸡肉。

青酱，见第 82 页 →

PESTO
供 4 人食用
制备时间：15 分钟
25 片新鲜罗勒叶
40 克 /1½ 盎司松子仁
1 瓣蒜，捣碎（可选）
25 克 /1 盎司帕玛森奶酪，现擦碎
25 克 /1 盎司佩科里诺奶酪，现擦丝
100 毫升 /3½ 盎司特级初榨橄榄油
盐和胡椒
见第 81 页

青酱 PESTO

将罗勒叶同松子、蒜（可选）和少量盐一起放到食物料理机中。用中速短暂加工。加入现擦奶酪丝，再次加工。搅拌过程中慢慢倒入橄榄油。继续加工直至酱汁顺滑。品尝一下，加入适量盐和胡椒调味。

适合搭配芦笋、蛋类菜肴、直面或马铃薯团子。也可用其他香草代替罗勒，如欧芹、芝麻菜。用保鲜膜密封得当，青酱可以放在冰箱中保存数日，也可以冷冻，保存时间不要超过 3 个月。

RÉMOULADE
供 4 人食用
制备时间：20 分钟
1 瓣蒜
1 个蛋黄
约 150 毫升 /¼ 品脱橄榄油
1 茶匙白葡萄酒醋
1 枝新鲜平叶欧芹，切细末
盐

雷莫拉酱 REMOULADE SAUCE

用蒜涂抹准备用来制作酱汁的碗。将蛋黄放入碗中，加入适量盐调味，逐滴加入橄榄油，同时打散蛋黄。加多少油取决于蛋黄能够吸收多少。当混合物达到适当浓稠度时，搅拌加入白葡萄酒醋和欧芹。加入适量盐调味。

适合搭配清炖鱼类。

SALSA AI PINOLI
供 4 人食用
制备时间：40 分钟
1 条盐腌鳀鱼，去头除内脏，剔骨（见第 694 页），在冷水中浸泡 10 分钟并控干
1 个煮熟的鸡蛋
50 克 /2 盎司松子仁
20 克 /¾ 盎司酸豆，控干并过水
4 颗去核绿橄榄
1 片白面包，去边
1 枝新鲜平叶欧芹
半瓣蒜
橄榄油，用于淋洒
盐和胡椒

松子酱 PINE NUT SAUCE

取出浸泡的鳀鱼，控干水并在一张厨房纸上吸干水分。剥开鸡蛋外壳，切成两半，取出蛋黄。鳀鱼、蛋黄、松子仁、酸豆、橄榄、面包、欧芹和蒜放一起混合切碎。将混合物倒在一个碗中，用类似制作蛋黄酱的方法边不停搅拌边淋入橄榄油。加入适量盐和胡椒调味。装入酱汁碗中上桌即可。

适合搭配清炖鱼类。

松子酱 →

戈贡佐拉酱 GORGONZOLA SAUCE

将戈贡佐拉奶酪放入碗中搅拌至奶油状，随后逐渐搅拌加入奶油或牛奶。当混合物变得顺滑后加入盐和胡椒以及辣根泥。搅拌均匀即可上桌。

适合搭配开放式三明治或生蔬菜。

SALSA AL GORGONZOLA

供 4 人食用

制备时间：20 分钟

300 克 / 11 盎司软戈贡佐拉奶酪，搅碎

2 汤匙单倍奶油或 100 毫升 / 3½ 盎司牛奶

1 汤匙现擦辣根泥

盐和胡椒

意式香醋酱 BALSAMIC VINEGAR SAUCE

将酸豆、欧芹、煮熟的马铃薯和少量盐放入食物料理机中加工成泥。刮入碗中，并逐渐搅拌加入橄榄油直至形成浓厚的酱汁。搅拌加入香脂醋即可。

适合短意面或细长意面。

SALSA ALL'ACETO BALSAMICO

供 4 人食用

制备时间：40~45 分钟

25 克 / 1 盎司酸豆，控干并过水

半束新鲜平叶欧芹，切碎

1 个马铃薯，煮熟，去皮切碎

约 150 毫升 / ¼ 品脱橄榄油

1 汤匙香脂醋（balsamic vinegar）

盐

红椒酱 PAPRIKA SAUCE

剥开煮熟的鸡蛋，切成两半，取出蛋黄，放入碗内。用叉子打散蛋黄，搅拌加入芥末。加入适量盐和胡椒，搅拌加入红辣椒粉。边搅拌边加入奶油和柠檬汁。混合均匀后即可上桌。

适合搭配块根芹或米饭沙拉。

SALSA ALLA PAPRICA

供 4 人食用

制备时间：20 分钟

2 个煮熟的鸡蛋

1 汤匙第戎芥末

半茶匙红辣椒粉

100 毫升 / 3½ 盎司单倍奶油

1 汤匙现挤柠檬汁

盐和胡椒

里考塔酱 RICOTTA SAUCE

将里考塔奶酪放入碗中，搅拌加入马斯卡彭奶酪和牛奶。加入适量盐和胡椒调味。搅拌加入蛋黄、核桃碎和香葱末。搅拌均匀，品尝并适当调味。

适合搭配短意面或开放式三明治。

SALSA ALLA RICOTTA

供 4 人食用

制备时间：30 分钟

250 克 / 9 盎司里考塔奶酪

4 汤匙马斯卡彭奶酪

2 汤匙牛奶

1 个蛋黄

4 个核桃，去皮切碎

1~2 汤匙新鲜香葱末

盐和胡椒

酸奶酱 YOGURT SAUCE

将酸黄瓜和薄荷搅拌加入酸奶中，加入盐和少量橄榄油（可选）调味。

适合搭配烧烤肉类或烤马铃薯。

SALSA ALLO YOGURT

供 4 人食用

制备时间：12~15 分钟

4 根酸黄瓜，控干并切细末

4 片新鲜薄荷叶，切细末

150 毫升 / ¼ 品脱原味酸奶

少量橄榄油（可选）

盐

← 戈贡佐拉酱

SALSA AL POMPELMO
供 4 人食用
制备时间：10 分钟
200 克 / 7 盎司马斯卡彭奶酪
1 个葡萄柚，挤出汁，过滤
1 汤匙新鲜香葱末
盐和胡椒

葡萄柚酱 GRAPEFRVIT SAUCE

用一个小打蛋器打散碗中的马斯卡彭奶酪，直到变得光亮顺滑。边搅拌边逐渐加入葡萄柚汁。用适量盐和胡椒调味，搅拌加入香葱末。再稍加搅拌，倒入酱汁碟中即可。

适合搭配烤猪肉。

SALSA AL TARTUFO NERO
供 4 人食用
制备时间：20 分钟
2 颗新鲜黑松露
3 条盐腌鳀鱼，去头，除内脏并剔骨（见第 694 页），在冷水中浸泡 10 分钟，控干并切细末
约 150 毫升 / ¼ 品脱淡味橄榄油（light olive oil）
少量柠檬汁

黑松露酱 BLACK TRUFFLE SAUCE

用沾湿的小刷子清洗松露。将其擦成末放入碗中，加入鳀鱼末，搅拌加入橄榄油，制成较稀的酱汁（推荐使用较细腻的淡味橄榄油来凸显松露的味道）。上桌前，洒入少量柠檬汁。

适合搭配扁细意面或清炖鸡肉。

SALSA BARBECUE
供 4 人食用
制备时间：25 分钟
2 汤匙芥末
3 汤匙牛奶
175 毫升 / 6 盎司橄榄油
5 汤匙混合泡菜，如酸豆、酸黄瓜、洋葱、胡萝卜，切碎
2 汤匙切碎的新鲜平叶欧芹
半颗柠檬的现挤汁，过滤
盐和胡椒

烧烤酱 BARBECUE SAUCE

碗中混合芥末和牛奶，一滴一滴地边搅边加入橄榄油。当酱汁慢慢变稠后，加入盐和胡椒调味，随后搅拌加入泡菜、欧芹和柠檬汁。混合并搅拌均匀，倒入酱汁碗中。

适合搭配烧烤肉类或鱼类。

SALSA COCKTAIL
供 4 人食用
制备时间：10 分钟
3 汤匙番茄酱
1 汤匙伍斯特沙司
1 茶匙白兰地
1 茶匙雪莉酒
250 毫升 / 8 盎司双倍奶油
盐和白胡椒

鸡尾酒酱 COCKTAIL SAUCE

碗中混合番茄酱、伍斯特沙司、白兰地和雪莉酒。轻轻搅拌奶油，然后慢慢翻拌加入其他原料。加入少许盐和胡椒调味。酱汁中搅拌加入一些贝类海鲜，放入用生菜叶装饰的盘子中。

适合搭配多刺龙虾、海螯虾、都柏林湾对虾。

SALSA DI CAPPERI
供 4 人食用
制备时间：5 分钟，另加 15 分钟浸泡用时
3 汤匙酸豆，控干水分
150 毫升 / ¼ 品脱橄榄油
半颗柠檬的现挤汁，过滤

酸豆酱 CAPER SAUCE

将酸豆放入碗中，加入冷水稍稍没过酸豆，置于一旁浸泡 15 分钟，控干并切碎。将切碎的酸豆倒入酱汁碗中，搅拌加入橄榄油和柠檬汁。尝一下味道，如需要可额外加入适量的橄榄油或柠檬汁。

适合酥煎小牛肋排。

酸豆酱 →

SALSA DI MENTA
供 4 人食用
制备时间：10 分钟，另加冷却和 30 分钟静置用时
10～15 片新鲜薄荷叶，切碎
1 汤匙糖
4 汤匙白葡萄酒醋

薄荷酱 MINT SAUCE

薄荷叶放入碗中，倒入 3 汤匙开水。待其略微冷却，搅拌加入糖和白葡萄酒醋，混合均匀。继续静置至少 30 分钟后即可上桌。

适合搭配水煮西葫芦。

SALSA DI PANNA MONTATA E RAVANELLI
供 4 人食用
制备时间：35 分钟，另加 30 分钟浸渍用时
3 把樱桃萝卜，除叶
1 茶匙波尔多芥末
少许柠檬汁
250 毫升 / 8 盎司双倍奶油，打发
盐

奶油萝卜酱 WHIPPED CREAM AND RADISH SAUCE

萝卜放入碗中，加入完全没过萝卜的冷水，浸泡约 30 分钟，控干水。放入食物料理机中搅碎，注意不要搅拌时间过长以免变成泥。将打碎的萝卜末倒入碗中，加入少许盐。搅拌加入芥末和几滴柠檬汁。一勺一勺地缓慢翻拌，加入打发奶油，注意不要按压挤出打发奶油中的空气。

适合搭配鱼类或冷肉。

SALSA GRIBICHE
供 4 人食用
制备时间：35 分钟
3 个煮熟的鸡蛋
1 茶匙第戎芥末
2 汤匙白葡萄酒醋
200～250 毫升 / 7～8 盎司橄榄油
1 汤匙新鲜龙蒿，切碎
1 汤匙新鲜平叶欧芹，切碎
50 克 / 2 盎司酸豆，控干，过水并切碎
盐和胡椒

格里毕舍酱 GRIBICHE SAUCE

鸡蛋去壳，切成两半，取出蛋黄放入碗中，用木勺将蛋黄压碎。蛋白切碎置于一旁待用。在蛋黄中加入芥末和白葡萄酒醋，加入盐和胡椒调味。边搅拌边一滴一滴地加入橄榄油。搅拌加入龙蒿、欧芹和酸豆。搅拌时需十分缓慢和小心。上桌前搅拌加入切碎的蛋白。

适合搭配油炸海螯虾、都柏林湾对虾或水波蛋。

SALSA MEDITERRANEA
供 4 人食用
制备时间：15 分钟
1 汤匙第戎芥末
2 汤匙牛奶
200 毫升 / 7 盎司橄榄油
少许柠檬汁
1 汤匙浓缩番茄泥
盐和胡椒

地中海酱 MEDITERRANEAN SAUCE

芥末和牛奶放入碗中搅拌，边搅拌边一滴一滴地浇入橄榄油。当酱汁浓稠度合适时，加入盐和胡椒调味。加入一滴柠檬汁，随后搅拌加入番茄泥，直至形成均匀的粉色酱汁。品尝并按口味适当调味。倒入船形酱汁碟中上桌。

适合搭配鱼类、禽类或冷肉。

薄荷酱 ➔

SALSA RUSSA ALL'AGLIO
供 4 人食用
制备时间：10 分钟，另加静置冷却的时间

4～5 瓣蒜，每瓣切成两半
100 毫升 /3½ 盎司温热鸡肉高汤（见第 249 页）
盐

俄式蒜酱 RUSSIAN GARLIC SAUCE

碗中加入蒜和少许盐，用木勺压碎蒜（或使用压蒜器）。搅拌加入温热高汤，待冷却后倒入船形酱汁碟中。

适合搭配烧烤肉类。

SALSA TARTARA
供 4 人食用
制备时间：45 分钟

3 个煮熟的鸡蛋
1 个蛋黄
2 颗小洋葱，切碎
2～3 汤匙切碎的新鲜平叶欧芹
200 毫升 /7 盎司橄榄油
4 汤匙白葡萄酒醋
1 汤匙切碎的新鲜龙蒿（可选）
盐和胡椒

塔塔酱 TARTARE SAUCE

现在为了节省时间，这种酱汁通常采用在蛋黄酱中加入泡洋葱、欧芹和葡萄酒醋的方法制作。不过，这与传统的配方稍有不同。将煮熟的鸡蛋去壳切半，取出蛋黄置于碗中。加入生蛋黄，碾压搅拌直到形成均匀的泥。加入少许盐和胡椒调味，随后搅拌加入洋葱和欧芹。缓慢搅拌并一滴一滴地加入橄榄油。当酱汁开始变得浓稠时，搅拌加入少许白葡萄酒醋。重复交替加入橄榄油和酒醋，其间不停搅拌。如果需要更浓郁的味道，可以加入一些龙蒿。

适合搭配冷肉或清炖鱼类。

SALSA TONNATA
供 4 人食用
制备时间：15 分钟，另加 10 分钟静置用时

100 克 /3½ 盎司油浸金枪鱼罐头，控干
50 克 /2 盎司酸豆，控干，过水并切碎
2 条盐腌鳀鱼，去头，除内脏并剔骨（见第 694 页）
1 个煮熟鸡蛋的蛋黄
200 毫升 /7 盎司橄榄油
半颗柠檬的现挤汁，过滤
盐和胡椒

金枪鱼酱 TUNA SAUCE

将金枪鱼、酸豆和鳀鱼放入食物料理机中搅拌成泥状。搅拌加入蛋黄，加入盐和胡椒调味。添加几汤匙橄榄油，继续用机器搅拌几秒钟。加入剩余橄榄油，短暂搅拌。如果酱汁过稠，可多加一些橄榄油。将酱汁倒入酱汁碗中，加入柠檬汁搅拌均匀，静置 10 分钟即可上桌。

适合搭配清炖肉类或鱼类。

绿酱，见第 93 页 →

绿酱 GREEN SAUCE

马铃薯放入加了少许盐的沸水中烹饪约15分钟，直至变软。捞出控干水分，剥皮。趁马铃薯还热时，放入碗中用叉子将其压碎。将煮熟的鸡蛋去壳切两半，取出蛋黄，加入马铃薯泥中搅拌均匀。取出浸泡的鳀鱼，吸干水分，与欧芹、大蒜和酸黄瓜一起切碎，加入马铃薯泥中搅拌均匀。边搅拌边逐滴加入橄榄油。搅拌加入1汤匙冷水稀释酱汁。也可以将除橄榄油之外的所有原料加入食物料理机中，间续开机搅拌直至均匀。在机器运行时从送料口缓慢倒入橄榄油，直至形成接近蛋黄酱浓稠度的酱汁。加入1汤匙水帮助酱汁乳化，使口感更轻盈。加入适量的盐和胡椒调味，搅拌加入白葡萄酒醋。

适合搭配清炖肉类或放冷的水煮鱼类。

SALSA VERDE

供4人食用

制备时间：30分钟，另加10分钟浸泡用时

加热烹调时间：15分钟

1个带皮小马铃薯

1个煮熟的鸡蛋

2条盐腌鳀鱼，去头，除内脏并剔骨（见第694页），浸于冷水中10分钟；或4条罐装鳀鱼，过水

半把新鲜欧芹，取叶

1小瓣蒜

2汤匙酸黄瓜，漂洗干净并切碎

200毫升/7盎司橄榄油

1汤匙白葡萄酒醋

盐和胡椒

见第91页

塔佩纳酱 TAPÉNADE

鳀鱼控干，用厨房纸吸干水分，与橄榄、酸豆和金枪鱼一起切碎。放入碗中搅拌加入芥末。洒入适量橄榄油，继续搅拌。加入白兰地、柠檬汁、百里香和蒜末。加入少许胡椒调味。这种普罗旺斯风味的酱汁味道较重，如喜欢清淡口味可以不加胡椒。也有一些人习惯将所有调料加入蛋黄酱（见第77页）中制作这种酱汁。这两种做法制成的酱汁均十分美味。做好的酱汁需要放到冰箱中冷藏。

适合搭配清炖肉类、水煮蛋或鱼类。

TAPÉNADE

供4人食用

制备时间：20分钟，另加10分钟浸渍用时

100克/3½盎司盐腌鳀鱼，去头，除内脏并剔骨（见第694页），浸于冷水中10分钟

200克/7盎司去核黑橄榄

150克/5盎司酸豆，控干并过水

100克/3½盎司罐装油浸金枪鱼，控干油分

1茶匙第戎芥末

橄榄油少许，用于淋洒

50毫升/2盎司白兰地

2汤匙现挤柠檬汁，过滤

少许新鲜百里香

半瓣蒜，切细末

胡椒

油醋汁 VINAIGRETTE

碗中加入白葡萄酒醋和适量盐，加入橄榄油并搅拌均匀。如需制作更美味的油醋汁，可加入一些鳀鱼泥，1汤匙原味酸奶或1茶匙第戎芥末。

适合各种沙拉。

VINAIGRETTE

供4人食用

制备时间：10分钟

2汤匙白葡萄酒醋

6汤匙橄榄油

盐

I ROUX

加热烹调时间：10 分钟（白奶油面糊）

50 克 /2 盎司普通黄油

50 克 /2 盎司面粉

500 毫升 /18 盎司蔬菜或牛肉高汤（见第 248～249 页）

盐和胡椒

奶油面糊 ROUX

奶油面糊的法语原名为 roux，这个词意为“淡红色的”。在烹饪中，它特指一种根据不同需要经过不同程度烹饪的黄油面粉混合物。奶油面糊分为白面糊（经过短暂烹饪）、金面糊（烹饪时间稍长）和棕面糊（深度烹饪）。很难用数字表示出准确的烹饪时间，需要在烹饪过程中观察面糊的颜色变化进行判断。奶油面糊经常用于帮助汤或酱收汁，也可让菜肴更加美味。在酱汁锅中熔化黄油，色泽变得金黄后立刻撒入面粉，同时要不停搅拌避免形成不均匀的面块。随后逐渐搅拌加入高汤。继续烹饪约 20 分钟，其间要不时搅拌。加入盐和胡椒调味。如果需要较稀的面糊，面粉和黄油的用量减半，但高汤用量保持不变。

I FONDI

高汤 STOCKS

通常指牛肉、鱼肉或蔬菜制作的高汤，用于烹饪奶油面糊并制作各种酱汁。制作传统的牛肉高汤，锅中加入橄榄油和黄油加热，加入几块牛肉和小牛骨加热，加入清水继续炖煮数小时直到汤汁变浓。有一个稍快的方法可以选择，直接使用烤肉渗出的汁混合一些现成高汤或清水。为保证制成酱汁的顺滑度，在奶油面糊温度较高时使用冷高汤，若使用冷奶油面糊则加入热高汤。

更多关于高汤的制作方法，请见第 248～250 页内容。

腌泡汁

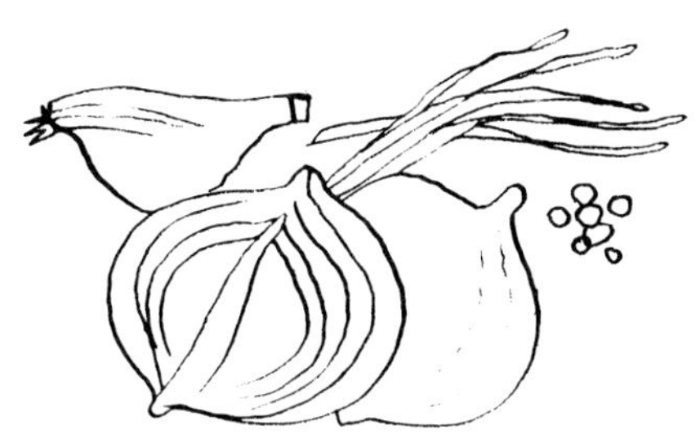

白兰地腌泡汁 BRANDY MARINADE

MARINATA AL BRANDY

制备时间：5 分钟

3 汤匙白兰地

4 汤匙橄榄油

1 枝新鲜百里香

1 片月桂叶

盐和胡椒粉

将白兰地、橄榄油、百里香和月桂叶混合，用盐和胡椒粉调味。此腌泡汁可以用来腌制肉类。

适合腌制白肉类。

杜松子腌泡汁 JUNIPER MARINADE

MARINATA AL GINEPRO

制备时间：10 分钟

1 升 / 1¾ 品脱红葡萄酒

1 颗洋葱，切成丝

8～10 粒杜松子，碾碎

盐和胡椒粉

葡萄酒倒入碗中，加入洋葱、杜松子，加适量的盐和胡椒粉调味。用此腌泡汁腌制 5～12 个小时，其间要不时地翻动肉类。

适合腌制白肉类。

MARINATA ALL'ACETO
制备时间：10 分钟
200 毫升 / 7 盎司白葡萄酒醋
200 毫升 / 7 盎司橄榄油
1 颗柠檬的现挤汁，过滤
2 茶匙切碎的新鲜迷迭香
1 汤匙切碎的新鲜平叶欧芹
少许干牛至叶
盐和胡椒

酒醋腌泡汁 VINEGAR MARINADE

大碗中混合酒醋、橄榄油和柠檬汁。加入迷迭香、欧芹和牛至叶，用盐和胡椒调味。烹饪前，腌制鱼肉数小时。

适合腌制鱼类。

MARINATA ALLO YOGURT
制备时间：15 分钟
1 颗洋葱，粗略地切碎
500 毫升 / 18 盎司低脂原味酸奶
盐和胡椒

酸奶腌泡汁 YOGURT MARINADE

将洋葱放入食物料理机加工成泥，过滤除去残渣后放入碗中。加入酸奶，用盐和胡椒调味。腌制肉类需要 3～4 小时。

适合腌制羔羊肉或小山羊肉。

MARINATA AL VINO BIANCO
制备时间：10 分钟
1 颗洋葱，切丝
1 升 / 1¾ 品脱干白葡萄酒
250 毫升 / 8 盎司橄榄油
1 颗柠檬的现挤汁，过滤
盐和胡椒

白葡萄酒腌泡汁 WHITE WINE MARINADE

碗中放入洋葱，加入葡萄酒、橄榄油和柠檬汁，加入盐和胡椒调味。腌制鱼类需要 2 小时。

适合腌制鱼类。

MARINATA AL VINO ROSSO
制备时间：20 分钟
2 根胡萝卜，切薄片
2 颗紫洋葱，切薄片
2 瓣蒜，切薄片
4 枝新鲜百里香
6 片月桂叶
6 粒黑胡椒
1 升 / 1¾ 品脱红葡萄酒
400 毫升 / 14 盎司橄榄油
600 毫升 / 1 品脱红葡萄酒醋
盐

红葡萄酒腌泡汁 RED WINE MARINADE

混合胡萝卜、洋葱和蒜，将一半混合物在碗底铺平，加入一半百里香和一半月桂叶，随后将待腌制的肉置于其上。覆盖上剩余的混合物、百里香和月桂叶，撒胡椒和盐调味。在器皿中混合葡萄酒、橄榄油和酒醋，然后倒入碗里，腌制至少 12 小时。

适合腌制红肉或野味。

白葡萄酒腌泡汁 →

MARINATA AROMATICA

制备时间：15 分钟

1 颗洋葱，切片

3 汤匙切碎的新鲜平叶欧芹

1 汤匙切碎的新鲜百里香

2 片月桂叶，撕碎

2 瓣蒜，切薄片

5 汤匙橄榄油

2 茶匙现挤柠檬汁，过滤

盐和胡椒

香草腌泡汁 HERB MARINADE

肉加入盐和胡椒调味，随后用洋葱、欧芹、百里香、月桂叶和蒜覆盖。均匀混合橄榄油和柠檬汁，浇在肉上。放置在阴凉处腌制约 2 小时。

适合腌制薄肉排或鸡胸肉。

MARINATA COTTA

制备时间：15 分钟，另加冷却用时

加热烹调时间：40 分钟

5 汤匙橄榄油

2 根胡萝卜，切碎

2 颗洋葱，切碎

1 根西芹茎，切碎

1 升 / 1¾ 品脱红葡萄酒

400 毫升 / 14 盎司红葡萄酒醋

2 茶匙切碎的新鲜百里香

6 粒黑胡椒

盐

熟腌泡汁 COOKED MARINADE

用一口大酱汁锅加热橄榄油，加入胡萝卜、洋葱和西芹，在小火上烹饪约 10 分钟，不时搅拌直至蔬菜略微变色。加入葡萄酒、红葡萄酒醋、百里香和胡椒，用盐调味。小火烹煮 30 分钟。待其冷却后浸入肉，腌制约 24 小时。

适合腌制红肉或野味。

MARINATA PICCANTE

制备时间：10 分钟

400 毫升 / 14 盎司橄榄油

3 汤匙伍斯特沙司

1 颗柠檬的现挤汁，过滤

少许塔瓦斯科辣椒酱

盐

辣腌泡汁 SPICY MARINADE

大碗中加热橄榄油、伍斯特沙司、柠檬汁和一些塔瓦斯科辣椒酱，加入盐调味。用打蛋器搅拌混合均匀。肉类需要腌制 2 小时。

适合腌制红肉或野味

MARINATA VELOCE AL LIMONE

制备时间：10 分钟

400 毫升 / 14 盎司橄榄油

1 颗柠檬的现挤汁，过滤

2 枝新鲜平叶欧芹，取叶

1 颗小红葱头，切碎

1 枝新鲜百里香，取叶

1 片月桂叶

盐和胡椒

简易柠檬腌泡汁 QUICK LEMON MARINADE

碗中混合橄榄油、柠檬汁、欧芹、红葱头、百里香和月桂叶，加入盐和胡椒调味。肉类或鱼类需要腌制 30 分钟。

适合腌制鱼类或牛排。

香草腌泡汁 ➔

调味黄油

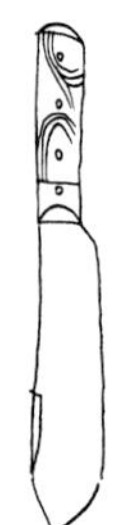

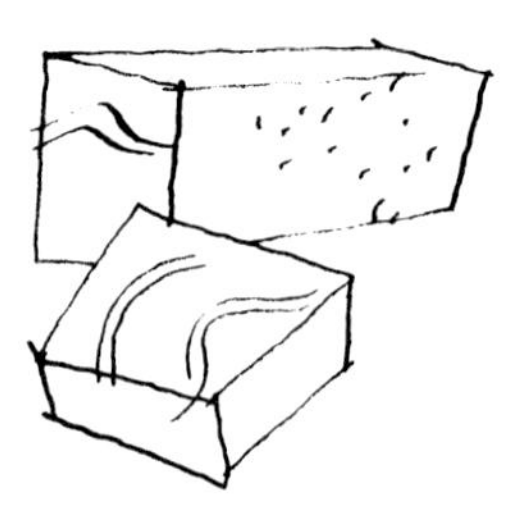

菠菜黄油 SPINACH BUTTER

BURRO AGLI SPINACI
制备时间：10 分钟
加热烹调时间：5 分钟
100 克 /3½ 盎司菠菜
100 克 /3½ 盎司黄油，软化
盐

菠菜洗净，保留菠菜叶上附着的清水，加热烹饪 5 分钟，直至变软。控干并尽量挤出菠菜叶的水分，随后切末。黄油放入碗中搅拌成均匀顺滑的泥，随后搅拌加入菠菜并用盐调味。

适合搭配烤肉。

蘑菇黄油 MUSHROOM BUTTER

BURRO AI FUNGHI
制备时间：15 分钟，另加冷却时间
加热烹调时间：8 分钟
130 克 /4½ 盎司黄油，另需一些用于烹饪蔬菜
100 克 /3½ 盎司蘑菇，切片
1 汤匙切碎的新鲜平叶欧芹
盐和胡椒

酱汁锅中加热熔化 25 克黄油，加入蘑菇，用盐和胡椒调味，中火加热并不停搅拌约 5 分钟，直至蘑菇变软。将蘑菇倒入食物料理机中加工成泥状，待其冷却。黄油放入碗中搅拌成均匀顺滑的泥，搅拌加入蘑菇和欧芹。

适合搭配卡纳皮、烤面包片或烧烤肉类。

虾仁黄油 SHRIMP BUTTER

BURRO AI GAMBERETTI
制备时间：10 分钟
100 克 /3½ 盎司黄油，软化
100 克 /3½ 盎司煮熟去皮的虾或小海螯虾，切碎
盐和白胡椒

黄油放入碗中搅拌成均匀顺滑的泥，随后搅拌加入虾肉，用盐和白胡椒调味。

适合搭配卡纳皮或烤面包片。

罗勒黄油 BASIL BUTTER

将黄油置于水浴锅中，或放在一个置于缓慢沸腾的水上的碗中，从火上取下，停止加热，搅拌加入罗勒和柠檬汁，加入盐和胡椒调味。

适合搭配鱼类或贝类。

BURRO AL BASILICO

制备时间：10 分钟

加热烹调时间：5 分钟

100 克 /3½ 盎司黄油，切丁

1 大把新鲜罗勒，取叶撕碎

2～3 汤匙现挤柠檬汁，过滤

盐和胡椒

鱼子酱黄油 CAVIAR BUTTER

鱼子酱放入碗中，缓慢搅拌呈奶油状后与黄油混合。持续搅拌直至混合物变软。

适合搭配卡纳皮。

BURRO AL CAVIALE

制备时间：5 分钟

25 克 /1 盎司鱼子酱

100 克 /3½ 盎司黄油，软化

咖喱黄油 CURRY BUTTER

黄油放入碗中，搅拌成顺滑的泥，加入咖喱粉，混合均匀。

适合搭配烤面包片和汉堡。

BURRO AL CURRY

制备时间：5 分钟

100 克 /3½ 盎司黄油，软化

少许咖喱粉

茴香黄油 FENNEL BUTTER

蒜瓣放入小锅中，用沸水焯约 1 分钟，直到刚刚变软，随后控干水分，去皮用叉子压成蒜泥。黄油放入碗中搅拌成均匀顺滑的泥，搅拌加入蒜泥。在研钵中或在研磨机中研碎茴香籽，搅拌加入黄油中。加入柠檬汁和少许白胡椒，搅拌均匀。

适合搭配肉类或烧烤鱼类。

BURRO AL FINOCCHIO

制备时间：10 分钟

加热烹调时间：1 分钟

1 瓣蒜

100 克 /3½ 盎司黄油，软化

2 茶匙茴香籽

半颗柠檬的现挤汁，过滤

白胡椒

奶酪扁桃仁黄油 BUTTER WITH CHEESE AND ALMONDS

将奶酪在碗中压碎，随后搅拌加入扁桃仁碎。加入黄油并搅拌均匀。

适合搭配烤面包片。

BURRO AL FORMAGGIO E MANDORLE

制备时间：10 分钟

100 克 /3½ 盎司浓香软奶酪

10 颗去皮的扁桃仁，切碎

100 克 /3½ 盎司黄油，软化

戈尔贡佐拉黄油 GORGONZOLA BUTTER

在碗中搅拌黄油和戈尔贡佐拉，直到顺滑均匀。搅拌加入欧芹即可。

适合烧烤肉类。

BURRO AL GORGONZOLA

制备时间：10 分钟

100 克 / 3½ 盎司黄油，软化

70 克 /2 ¾ 盎司戈尔贡佐拉奶酪，搅碎

1 枝新鲜平叶欧芹，切碎

腌鱼子干黄油 BUTTER WITH DRIED SALTED ROE

将葡萄酒倒入酱汁锅内，加入鱼子，烹饪直至变软。从火上取下锅，待其冷却，随后控干鱼子。在一个碗中搅拌黄油成均匀顺滑的泥，随后加入鱼子，压碎并搅拌均匀。搅拌加入芥末。

适合搭配烤面包片。

BURRO ALLA BOTTARGA

制备时间：10 分钟，另加冷却时间

加热烹调时间：5 分钟

100 毫升 /3½ 盎司干白葡萄酒

80 克 /3 盎司腌灰鲻鱼子干或腌鲑鱼子干，切碎

100 克 /3½ 盎司黄油，软化

½ 茶匙第戎芥末

勃艮第黄油 BURGUNDY BUTTER

黄油放入碗中，搅拌成均匀顺滑的泥，随后搅拌加入红葱头、蒜和欧芹。加入盐和胡椒调味，并缓慢搅拌均匀。

适合搭配蜗牛或牛排。

BURRO ALLA BOURGUIGNONNE

制备时间：15 分钟

100 克 /3½ 盎司黄油，软化

1 颗红葱头，切丁

½ 瓣蒜，切丁

1 枝新鲜平叶欧芹，切丁

盐和胡椒

鳀鱼黄油 ANCHOVY BUTTER

黄油放入碗中，搅拌成均匀顺滑的泥。搅拌加入鳀鱼，随后搅拌加入鳀鱼酱。

适合搭配烧烤肉类。

BURRO ALL'ACCIUGA

制备时间：15 分钟

100 克 /3½ 盎司黄油，软化

50 克 /2 盎司腌鳀鱼，去头、除内脏并剔骨（见第 694 页），切丁

1 茶匙鳀鱼酱

蒜香黄油 GARLIC BUTTER

在沸水中焯煮蒜瓣约 1 分钟，直至变软，随后控干、去皮并碾碎。在碗中搅拌黄油，成均匀顺滑的泥，随后加入蒜泥拌匀。

适合搭配蒜香面包或牛排。

BURRO ALL'AGLIO

制备时间：15 分钟

加热烹调时间：1 分钟

100 克 /3½ 盎司蒜

100 克 /3½ 盎司黄油，软化

经理黄油 MAÎTRE D'HÔTEL BUTTER

黄油在碗中搅拌成均匀顺滑的泥，随后搅拌加入欧芹、适量盐、少许胡椒和几滴柠檬汁。将黄油卷成卷，用保鲜膜包裹，置于冰箱中冷却。上桌前切片装盘。

适合搭配牛排、薄肉排或清炖鱼。

BURRO ALLA MAÎTRE D'HÔTEL

制备时间：10 分钟

100 克 /3½ 盎司黄油，软化

1 汤匙切碎的新鲜平叶欧芹

适量现挤柠檬汁

盐和胡椒

← 经理黄油

文也黄油 BUTTER SAUCE

将黄油放入小酱汁锅中，用小火熔化。当黄油开始变色时，加入柠檬汁、少许盐和胡椒。

适合搭配清炖鱼或水煮蔬菜。

BURRO ALLA MUGNAIA
制备时间：5 分钟
加热烹调时间：3～5 分钟
100 克 / 3½ 盎司黄油
2 汤匙现挤柠檬汁
盐和胡椒

龙虾黄油 LOBSTER BUTTER

除去龙虾头，拧下并保留虾钳。取出并舍去胃袋。沿龙虾腹部切开外壳，撑开壳取出完整的虾肉。用刀尖除去脊背的暗色血管。切碎虾肉、虾子和虾肝。压碎虾钳，取出肉并切碎。在碗中搅拌黄油成均匀顺滑的泥，随后搅拌加入龙虾肉、虾子和虾肝。加入少许盐调味。

适合搭配卡纳皮。

BURRO ALLA POLPA D'ARAGOSTA
制备时间：20 分钟
1 小只煮熟的龙虾
100 克 / 3½ 盎司黄油，软化
盐

鼠尾草黄油 SAGE BUTTER

在小酱汁锅中用小火加热熔化黄油。当黄油开始上色时，加入鼠尾草并用少许盐调味。在鼠尾草叶变脆后，从火上取下锅尽快上桌。

适合搭配煮米饭、烧烤肉类或意式面饺。

BURRO ALLA SALVIA
制备时间：5 分钟
加热烹调时间：5～8 分钟
100 克 / 3½ 盎司黄油
15 片新鲜鼠尾草
盐

芥末黄油 MUSTARD BUTTER

在碗中搅拌黄油，成均匀顺滑的泥，随后搅拌加入芥末和少许盐。持续搅拌直至颜色变均匀。

适合搭配卡纳皮。

BURRO ALLA SENAPE
制备时间：5 分钟
100 克 / 3½ 盎司黄油
1 汤匙第戎芥末
盐

沙丁鱼黄油 SARDINE BUTTER

将沙丁鱼去皮剔骨，压碎并用食物料理机打成泥。在碗中搅拌黄油，成均匀顺滑的泥，随后搅拌加入沙丁鱼。撒少许白胡椒调味。

适合搭配卡纳皮或吐司。

BURRO ALLE SARDINE
制备时间：10 分钟
4 条油浸沙丁鱼，控干
100 克 / 3½ 盎司黄油，软化
白胡椒

辣根黄油 HORSERADISH BUTTER

黄油搅拌成均匀顺滑的泥，边搅拌边加入辣根，用少许盐调味。

适合搭配卡纳皮或烤肉。

BURRO AL RAFANO
制备时间：15 分钟
100 克 / 3½ 盎司黄油，软化
50 克 / 2 盎司辣根，擦末
盐

← 鼠尾草黄油

BURRO AL SALMONE AFFUMICATO
制备时间：10 分钟
100 克 /3½ 盎司黄油，软化
50 克 /2 盎司熏鲑鱼，切细丁

熏鲑鱼黄油 SMOKED SALMON BUTTER

黄油放入碗中搅拌成均匀顺滑的泥，随后缓慢搅拌加入鲑鱼。适合搭配卡纳皮或烤面包片。

BURRO AL TONNO
制备时间：10 分钟
100 克 /3½ 盎司黄油，软化
50 克 /2 盎司罐装油浸金枪鱼，控干并撕碎

金枪鱼黄油 TUNA BUTTER

黄油放入碗中搅拌成均匀顺滑的泥，缓慢搅拌加入金枪鱼。适合搭配白面包卡纳皮或牛奶卷。

BURRO CHIARIFICATO
制备时间：10 分钟
加热烹调时间：1 小时
1 千克 /2¼ 磅黄油

澄清黄油 CLARIFIED BUTTER

将黄油置于水浴锅中，或放入一个大碗中隔水加热。加热 1 小时，这时黄油中的水分应该已经蒸发殆尽，而其中的酪蛋白会结成一层榛子色的膜附在锅或碗底。过滤器中铺一层密纹纱布，将黄油倒入。随后将过滤后的清黄油倒入一个有盖罐子中，盖上盖，置于冰箱中保存。如果用澄清黄油替代普通的黄油，则只需一半的用量。

BURRO FUSO
制备时间：5 分钟
加热烹调时间：10 分钟
100 克 /3½ 盎司黄油
盐和胡椒
少许柠檬汁（可选）

熔化黄油 MELTED BUTTER

将黄油置于水浴锅中，或放入一个大碗中隔水加热，待其熔化。当黄油表面开始产生泡沫时，加入盐和胡椒，搅拌并倒入酱汁碟中。如需突出黄油的香味，可根据喜好加入几滴柠檬汁。

BURRO 'INFARINATO'
制备时间：5 分钟
加热烹调时间：5～10 分钟
黄油
普通面粉

黄油面团 BEURRE MANIE

此类黄油常用于为酱汁收汁，因此用量需要根据酱汁种类而调整。作为参考，可混合 20～25 克 / $^3/_4$～1 盎司黄油和 3～4 汤匙面粉，分数次加入酱汁中并搅拌均匀。黄油应在酱汁未沸腾时完全熔化。

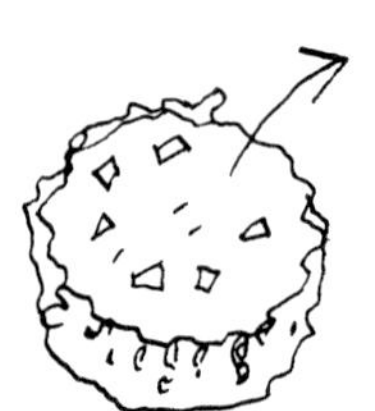

熏鲑鱼黄油 →

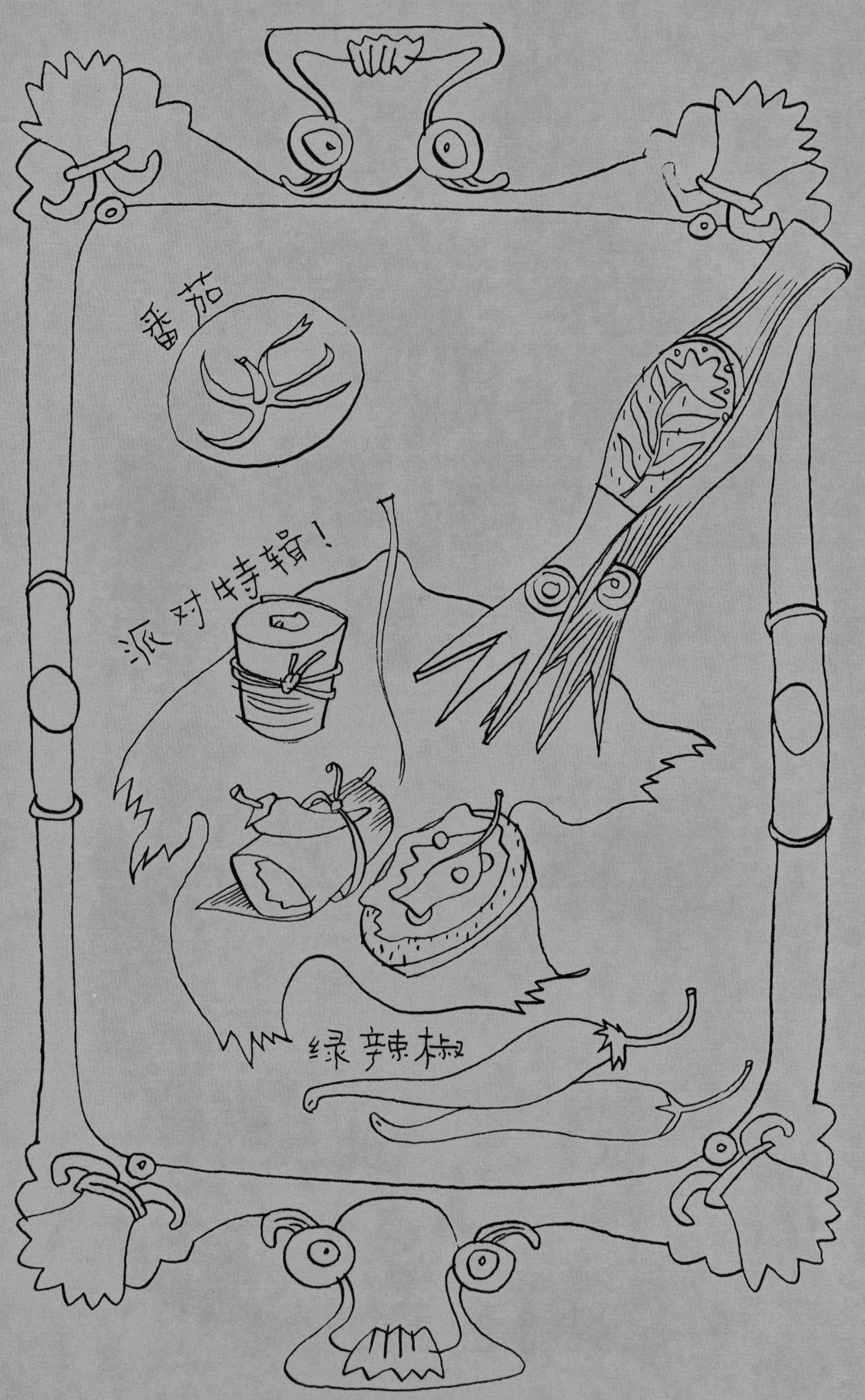
番茄
派对特辑！
绿辣椒

前菜（头盘） →

开胃菜 →

比　萨 →

前菜（头盘）

传统的意式前菜大多基于冷食肉制品，例如帕尔玛火腿、萨拉米香肠、布雷索拉（bresaola，风干牛肉）、腌猪肩（coppa，在意大利北部指包裹在肠衣内的腌制猪肩肉卷，而在意大利中部则常用猪头肉冻代替猪肩肉）和腌猪臀（culatello，腌制猪臀瘦肉），搭配泡菜或油浸蔬菜，如小洋蓟、蘑菇、酸黄瓜或珍珠洋葱等。更加国际化的，搭配碗装海螯虾、饱满的鱼肉、甲壳类海鲜（多刺龙虾、蜘蛛蟹和牡蛎）、鲑鱼和熏鲟鱼。另外一个选择——可能也是最昂贵的——是摆放在冰床上的鱼子酱。夏天，更适合选择口味略微清淡的美食，例如生火腿和蜜瓜的传统组合，或生火腿搭配无花果。此外，比较理想的选择包括可以直接拿起享用的小块冷热一口酥卡纳皮、各种起酥和迷你比萨。但不论如何，上桌供享用的前菜分量应该较小，这样宾客可以根据个人喜好，为之后的正餐保留胃口。以蔬菜为主的前菜，以及添加鸡蛋、金枪鱼、鳀鱼或奶酪等原料的前菜，都应该遵循以下的配酒原则。通常情况应搭配口味较淡的白葡萄酒，适合餐前开胃。如果鸡蛋是前菜主料，可以选择软性白葡萄酒，如索阿韦（Soave）、阿尔巴那干白（Albana）、勃朗峰堡干白（Castel del Monte Bianco）或奇罗（Cirò Bianco）；如果金枪鱼或鳀鱼的味道较浓，可选择口感浓郁的酒，如加维（Gavi）、西万尼（Sylvaner）、白皮诺（Pinot Bianco）或霞多丽（Chardonnay）等；如果前菜以蔬菜配鲜切奶酪为主，可选择较淡的白葡萄酒，若奶酪分量较大，一些红葡萄酒也可以，只要它们不是醇厚的陈年酒品。洋蓟含有较高的单宁酸，通常不建议搭配任何葡萄酒，但可以搭配香气较浓的白葡萄酒，如玛尔维萨（Malvasia）、浓香塔明娜（Traminer）或莫斯卡托干白（dry Moscato），试一下，这将是一次味觉盛宴。冷切肉制品是最传统的意大利前菜之一，如果你想要为它们搭配合适的葡萄酒，最好考虑选择与肉制品同一产地的常见酒类品种。熏制冷肉的理想伴侣是桃红葡萄酒（rosé wine）或淡味红葡萄酒（light red wine）。发泡葡萄酒通常与船挞、迷你挞或酥盒（vol-au-vents）等法式开胃菜搭配。

开胃菜

起酥、可丽饼、迷你挞和迷你填馅酥盒、野味酱糜、酥皮派、慕斯或其他在正餐刚开始时上桌的菜品都可以归类为前菜，通常只有在正式场合才会提供。多种多样的前菜给宾客带点对即将到来的丰盛美味的无尽遐想。

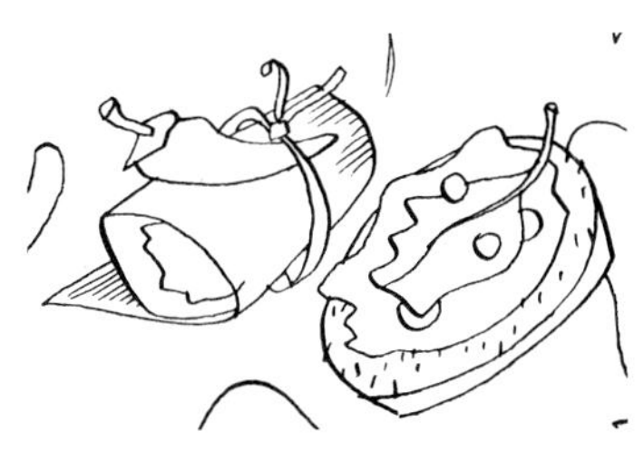

比　萨

如果说有一道菜可以同时是一道美食、一个符号和一种仪式，那这个殊荣非比萨莫属。作为美食，它几乎无可挑剔，作为符号它极尽清晰，作为仪式它也可以带来至高的享受。当意大利人提到比萨时，毋庸置疑是指铺有马苏里拉奶酪和番茄酱的那不勒斯比萨。比萨出现在这个章节中，主要是因为将其切成小块或以迷你分量烤制后，也可以成为非常美味的前菜，在意大利它们被称为小比萨（pizzette）。源自利古里亚地区的比萨尽管并不是特别知名，但也有深厚的地域传统，它被称为佛卡夏（focaccia）。不同口味的佛卡夏表面撒有橄榄油、洋葱、鳀鱼和其他蔬菜调味。

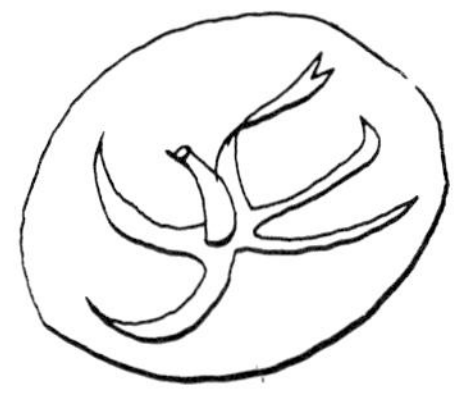

意式前菜

意式熏火腿、熟火腿或烟熏火腿（smoked hams）；各地特产香肠，猎户小香肠、腌猪肩和烟熏猪肉肠（soppressata）；风干牛肉和意式肉肠（mortadella，也称博洛尼亚大香肠）。以上这些冷切肉制品搭配水果（如热带水果）都可以成为美味的前菜。

意式熏火腿和无花果
PROSCIUTTO AND FIGS

当无花果颜色变绿或变黑时，说明它已经成熟。通常是去皮后切成星形装盘，以增加装饰效果。口味较为温和的火腿更适合制作这道菜肴。

意式熏火腿和菠萝
PROSCIUTTO AND PINEAPPLE

甜咸两种味道相互融合，为这道菜肴带来极为美妙的口感。菠萝需要十分新鲜，去皮后切片即可。

意式熏火腿和蜜瓜
PROSCIUTTO AND MELON

这道菜肴可以说是最受意大利人喜爱的前菜，它也被成功地推广到了很多国家。制作时将蜜瓜切成一侧带皮的斜块，也可以完全去皮。蜜瓜既可以搭配口味温和的火腿，也可以搭配味道略浓郁的火腿。

熟火腿和猕猴桃
COOKED HAM AND KIWI FRUIT

这是一种口味和色彩皆细腻美妙的搭配。猕猴桃需要去皮后切成薄片装盘。

风干牛肉配橄榄油和柠檬
BRESAOLA WITH OIL AND LEMON

在上桌前 1 小时，将风干牛肉切成薄片，洒几滴橄榄油和少许柠檬汁，用盐和胡椒调味即可。

风干牛肉和葡萄柚
BRESAOLA AND GRAPEFRUIT

将去皮的瓣状葡萄柚分别包裹在风干牛肉薄片中，用牙签固定。这两种食材的组合美味又清爽。

番茄布鲁斯凯塔 TOMATO BRUSCHETTA

在烤箱中或烤架上均匀烘烤面包片的两面。趁热用蒜瓣在面包表面涂上蒜汁，放回烤箱中短暂烘烤。面包片上铺番茄丁，撒少许盐和胡椒调味，最后淋上橄榄油。

BRUSCHETTA AL POMODORO

供 4 人食用

制备时间：20 分钟

加热烹调时间：5 分钟

8 片农家面包

4 瓣蒜

6~8 个成熟的李子番茄，切丁

初榨橄榄油，用于淋洒

盐和胡椒

见第 114 页

皮埃蒙特风味鞑靼牛肉 PIEDMONTESE TARTARE

将小牛肉放入碗中，淋上橄榄油和柠檬汁。加入芥末，用盐和胡椒调味并搅拌均匀。静置约 2 个小时待其入味。装盘时将牛肉放在一个大平盘中心，摆成圆顶状，用蘑菇和松露末装饰。

CARNE CRUDA ALLA PIEMONTESE

供 4 人食用

制备时间：20 分钟，另加 2 小时静置

300 克 /11 盎司小牛肉，切碎

橄榄油，用于淋洒

适量柠檬汁，现榨取

¼~½ 茶匙第戎芥末

200 克 /7 盎司蘑菇，切细丁

1 块白松露，擦细末

盐和胡椒

粗麦篮 SEMOLINA BASKETS

牛奶放入酱汁锅中用小火加热至沸腾，撒入粗麦粉，用搅拌器不停搅拌避免结块。保持搅拌并用文火熬煮约 10 分钟。加入盐调味，从火上取下酱汁锅。搅拌加入 50 克 /2 盎司黄油、鸡蛋和柠檬皮丝。在工作台面上洒一点儿水，然后将粗麦糊置于其上并铺平，厚度控制在 2 厘米 /¾ 英寸左右。待其冷却成形后，用沾水的饼干切模或玻璃杯口切成圆片。随后用一个尺寸稍小的圆形饼干切模或杯口在圆形中间再切一次，去掉中心部分形成圆环。将一个个圆环叠砌在完整的圆片上形成圆筒状的“篮子”。将它们放在烤盘上，并在表面涂抹一些牛奶。烤箱预热到 180°C/350°F/ 气烤箱刻度 4。在一口平底锅内加热剩余的黄油，加入洋葱和鼠尾草，用小火加热约 5 分钟，不时搅拌直至洋葱软嫩。加入鸡肝继续加热 3~5 分钟，持续搅拌直至鸡肝颜色变深且质感软嫩。倒入马尔萨拉白葡萄酒，继续加热直至酒精完全挥发。撒入面粉，搅拌加入番茄泥和热高汤，用盐和胡椒调味。继续加热至酱汁变得浓稠，从火上取下平底锅，将混合物倒入粗麦篮中。送入烤箱中烘烤几分钟，待其完全热透即可。

CESTINI DI SEMOLINO

供 6 人食用

制备时间：1 小时，另加冷却用时

加热烹调时间：5~10 分钟

1 升 /1¾ 品脱牛奶，另需少许用于涂抹

250 克 /9 盎司粗麦粉

70 克 /2¾ 盎司黄油

2 颗鸡蛋，稍稍打散

1 颗柠檬的外皮，擦取柠檬丝

½ 颗洋葱，切碎

4 片新鲜鼠尾草叶

200 克 /7 盎司鸡肝，去边角并切碎

4 汤匙马尔萨拉白葡萄酒

1 茶匙面粉

1 汤匙番茄泥

2 汤匙热鸡肉高汤（见第 249 页）

盐和胡椒

火腿圆顶 HAM MOULDS

CUPOLETTE DI PROSCIUTTO
供 6～8 人食用
制备时间：1 小时，另需加热和冷却用时
加热烹调时间：10 分钟
1 根胡萝卜
2～3 根酸黄瓜，控干
25 克 /1 盎司黄油
1 汤匙面粉
200 毫升 /7 盎司鸡肉高汤（见第 249 页）
少许现磨肉豆蔻
500 克 /1 磅 2 盎司肥肉较少的意式熟火腿（lean cooked ham），切碎
25 克 /1 盎司吉利丁
1 汤匙马尔萨拉白葡萄酒
100 毫升 /3½ 盎司双倍奶油
盐和胡椒
8 片生菜叶，用于装饰

将胡萝卜切成 8 个圆形厚片，随后再切成装饰用的花朵形状。酸黄瓜切薄片，取 16 片切成叶片形。黄油放入小号酱汁锅中加热熔化，搅拌加入面粉，随后缓慢搅拌加入高汤。加热至沸腾，保持不停搅拌的同时继续将其慢火熬煮约 10 分钟。加入适量盐、胡椒和肉豆蔻调味。从火上取下锅，待其冷却。用食物料理机将火腿搅打成泥，随后搅拌加入酱汁中。将混合物放入冰箱中冷藏 30 分钟。根据包装上的说明准备吉利丁。加入马尔萨拉白葡萄酒并比包装上推荐的加热时间多加热一会儿，以蒸发掉一些水分。取 8 个模具，用冷水浸泡，然后控净水分并在每个模具中倒入 1 汤匙吉利丁混合物。在每个模具底部放入一朵胡萝卜“花”和 2 片酸黄瓜“叶”。随后将它们放入冰箱冷却直到凝固成形。随后，在每个模具中再加入 1 汤匙吉利丁混合物，再次放入冰箱冷却。与此同时，搅拌火腿混合物直至质地轻盈起沫。用搅拌器打散双倍奶油，直至均匀顺滑，随后翻拌加入火腿混合物，呈慕斯状。将制成的慕斯均匀装入各个模具中，再放入冰箱冷藏，待其成形。装盘时，翻扣模具倒出火腿慕斯，分别置于生菜叶上，摆放在一个大平盘中即可。

葡萄叶包 VINE LEAF PARCELS

FAGOTTINI DI FOGLIE DI VITE
供 6 人食用
制备时间：45 分钟
加热烹调时间：45 分钟
24 片葡萄叶
50 克 /2 盎司面包片，去边
100 毫升 /3½ 盎司牛奶
80 克 /3 盎司黄油
2 颗洋葱，切碎
50 克 /2 盎司意式熏火腿，切碎
200 克 /7 盎司小牛肉，切碎
1 颗鸡蛋
少许现磨肉豆蔻
100 毫升 /3½ 盎司干白葡萄酒
1 颗柠檬，榨取柠檬汁，过滤
盐和胡椒

在沸水中焯煮葡萄叶约 3 分钟，控干水分，在茶巾上铺平叶片。将面包撕成小块，和牛奶一起倒入碗中，置于一旁待其吸收。用酱汁锅加热熔化 25 克 /1 盎司黄油，加入洋葱，小火上煸炒大约 10 分钟，不时搅拌直至色泽金黄。搅拌加入火腿丁。在小平底锅中加热熔化剩余黄油的一半，加入牛肉煸炒，不时搅拌直至肉末上色。将洋葱火腿混合物同牛肉末一并放入食物料理机中。挤干浸在牛奶中的面包，同鸡蛋与肉豆蔻粉一起放入食物料理机中。加入盐和胡椒调味，将混合物打碎成泥。在每片葡萄叶中间放 1 汤匙肉泥，卷起叶片成为圆柱形的小包裹。用酱汁锅加热熔化剩余的黄油，放入葡萄叶包。当锅变热后淋入葡萄酒，继续加热直至酒精蒸干。随后加入 500 毫升 /18 盎司水，加热 40 分钟直至几乎完全蒸发。最后淋上柠檬汁，装盘上桌。

← 番茄布鲁斯凯塔，见第 113 页

FAGOTTINI DI MORTADELLA
供 4 人食用
制备时间：20 分钟
100 克 /3½ 盎司里考塔奶酪
1 个黄甜椒，切开去籽，切细丁
4 颗去壳栗子，切碎
4 片厚意式肉肠，各切成 4 个扇形的块
盐

意式肉肠卷 MORTADELLA PARCELS

将里考塔奶酪置于碗中，搅拌至顺滑。加入黄甜椒丁和栗子丁，加适量盐调味。用汤匙将混合物分别置于每片扇形意式肉肠火腿正中并卷起。将意式肉肠卷放入冰箱，待上桌前取出。

INVOLTINI DI INSALATA RUSSA
供 4 人食用
制备时间：15 分钟
4 片厚熟火腿
1 份俄式沙拉（见第 141 页）
8 颗泡珍珠洋葱，控干汤汁
生菜叶，用于装盘

俄式沙拉卷 RUSSIAN SALAD ROULADES

将火腿片平放于工作台面上，在每片火腿上涂抹满满 1 汤匙的俄式沙拉，卷起火腿片，在两边开口处各塞入一颗泡珍珠洋葱。将生菜叶放在餐盘中铺成扇形，火腿卷置于其上即可。

LESSO DI MANZO IN CARPIONE
供 4 人食用
制备时间：15 分钟，另加浸泡用时
加热烹调时间：20 分钟
500 克 /1 磅 2 盎司水煮牛肉，切碎
3 汤匙橄榄油
1 颗洋葱，切丝
4 片新鲜鼠尾草叶
1 小枝新鲜迷迭香
150 毫升 /¼ 品脱白葡萄酒醋
175 毫升 /6 盎司白葡萄酒
盐

醋汁水煮牛肉 SOUSED BOILED BEEF

将牛肉放在一个耐热烤盘中，置于一旁待用。在酱汁锅中加热橄榄油。加入洋葱，用小火煸炒大约 10 分钟，偶尔搅拌直至色泽金黄。加入鼠尾草叶、迷迭香、白葡萄酒醋和少许盐调味，小火熬煮至白葡萄酒醋完全挥发。倒入葡萄酒以及一些水稀释，再加热几分钟。将仍滚烫的混合物倒在牛肉上，静置浸泡数小时待其入味。

LESSO DI MANZO IN TORTINO
供 4 人食用
制备时间：10 分钟
加热烹调时间：3 分钟
橄榄油，用于涂抹
500 克 /1 磅 2 盎司水煮牛肉，切碎
3 颗鸡蛋
1 颗柠檬，榨取柠檬汁，过滤
盐和胡椒

煮牛肉小蛋糕 BOILED BEEF TORTINO

在耐热玻璃盘或陶盘上均匀涂抹橄榄油，放入牛肉。碗中打散鸡蛋并加入柠檬汁、盐和胡椒备用。将盘子置于小火上加热，倒入蛋液，快速搅拌使牛肉表面均匀覆盖蛋液。再加热两分钟，随后从火上取下，趁热上桌。

意式肉肠卷 →

LINGUA IN DOLCEFORTE
供 6 人食用
制备时间：1 小时 15 分钟，另加隔夜浸泡的时间
加热烹调时间：30 分钟
1 个小牛舌，除去边角，在冷水中浸泡一夜后控干
1 汤匙面粉，另需少许用于淋撒
2 汤匙橄榄油
25 克 /1 盎司黄油
50 克 /2 盎司葡萄干，在温水中浸泡 10 分钟
25 克 /1 盎司松子仁
25 克 /1 盎司黑巧克力，擦末或切碎
6 汤匙白葡萄酒醋
40 克 /1½ 盎司糖
盐

酸甜牛舌 SWEET-AND-SOUR TONGUE

在沸水中将牛舌煮大约 1 小时，直至变得软嫩。趁热除去表皮，切片。在牛舌片表面撒少许面粉。平底锅中加热橄榄油和黄油，加入牛舌片，每面各煎 5 分钟。葡萄干控干，与松子仁一起加入锅中，小火加热 15 分钟。在一个大碗中均匀混合巧克力、酒醋、糖、面粉和少许盐。加入 5 汤匙热水，搅拌至巧克力和糖完全融合。将混合物倒入平底锅中，加热至沸腾。如果酱汁的量不够，可以另加一些热水。加入盐调味，出锅即可上桌。

NERVETTI E CIPOLLE
供 4 人食用
制备时间：25 分钟，另加浸渍用时
加热烹调时间：2 小时 15 分钟
2 个小牛蹄，焯熟并除去中间骨头
2 颗洋葱
1 根芹菜茎
1 根胡萝卜
橄榄油，用于淋洒
盐和胡椒

洋葱牛筋 NERVETTI WITH ONIONS

将小牛蹄和一颗洋葱、芹菜和胡萝卜置于大号酱汁锅中，倒入水直至完全没过原材料，加入少许盐。加热至沸腾，随后转小火炖煮大约 2 小时。捞出控干水分，将牛筋肉从骨头间剔出并切成小条，放入盘中。将剩余的洋葱切细丝，与牛筋混合。洒入橄榄油，加适量盐和胡椒调味，静置至少 30 分钟。

OVETTI DI QUAGLIA PICCANTI
供 4 人食用
制备时间：20 分钟
加热烹调时间：10 分钟
16 颗鹌鹑蛋
200 克 /7 盎司圆叶生菜
2 汤匙双倍奶油，打发
250 毫升 /8 盎司蛋黄酱（见第 77 页）
4 汤匙鲜榨橙汁，过滤
盐和白胡椒

辣鹌鹑蛋 SPICY QUAILS' EGGS

煮沸一锅清水，加入鹌鹑蛋，煮约 8 分钟。捞出控干水分，放入冷水中过凉，随后剥去蛋壳并切成两半。将几片生菜叶叠起，卷成圆筒状后切细丝。用此方法将生菜都切成丝。将生菜丝在餐盘中摆成“床”形，鹌鹑蛋置于其上，每 4 块摆成花瓣状。缓慢地将奶油搅拌到蛋黄酱中，随后搅拌加入橙汁，加入盐和胡椒调味。倒入酱汁碗中与鹌鹑蛋沙拉一起上桌。

迷迭香奶酪帕尼尼 ROSEMARY AND CHEESE ROLLS

PANINI AL ROSMARINO E FORMAGGIO
供 6 人食用
制备时间：40 分钟，另加面团发酵用时
加热烹调时间：20 分钟
100 毫升 / 3½ 盎司牛奶
40 克 / 1½ 盎司黄油
15 克 / ½ 盎司干酵母
300 克 / 11 盎司普通面粉，另需一些植物油，用于涂抹
2½ 汤匙切碎的新鲜迷迭香
70 克 / 2¾ 盎司淡味波罗伏洛奶酪（provolone），擦碎
3 汤匙双倍奶油
25 克 / 1 盎司烟熏意式培根，切条
盐

将牛奶倒入小号酱汁锅中，加入黄油，在小火上加热。当黄油完全熔化后，从火上取下锅，搅拌均匀，置于一旁待其降至温热。在牛奶混合物中撒入酵母，置于一旁约 10 分钟待其起沫。将面粉和少许盐过筛加入一个大碗中，中心部分挖出一个窝穴形。搅拌酵母牛奶，倒入面粉中心的窝穴内，用手指搅拌使其与面粉融合。将面团揉按均匀后整形成圆形。在一个干净的碗中涂抹黄油，将面团置于其中，用涂过油的保鲜膜覆盖，置于温暖处醒发，直到面团体积翻倍。将醒发好的面团翻倒在撒有面粉的工作台面上，再次揉按均匀，随后揉入迷迭香末。将面团分成 6 份，分别揉成球形后置于烤盘上，再次静置 1 小时使其充分发酵。烤箱预热到 180°C/350°F/ 气烤箱刻度 4。二次醒发的面团用手掌略微按扁，烘烤 15 分钟。与此同时，准备馅料。在一口小平底锅中用小火加热波罗伏洛奶酪、奶油和培根。当小面包烤好后，从烤箱中取出，同时将烤箱温度设定为 200°C/400°F/ 气烤箱刻度 6。将面包顶部横着切开，掏出面包心并避免破坏外壳。在其中加入奶酪混合物并重新盖上面包顶。最后送入烤箱重新加热几分钟即可。

菠萝卡博串 PINEAPPLE KEBABS

SPIEDINI ALL'ANANAS
供 4 人食用
制备时间：25 分钟
加热烹调时间：10 分钟
200 克 / 7 盎司红甜椒，切半去籽
4 颗洋葱
200 克 / 7 盎司整块意式火腿，切成 2 厘米 / ¾ 英寸见方的小块
200 克 / 7 盎司新鲜去皮菠萝，切成 2 厘米 / ¾ 英寸见方的小块
200 克 / 7 盎司芳提娜奶酪，切成 2 厘米 / ¾ 英寸见方的小块
16 片新鲜罗勒叶
橄榄油，用于油炸
50~80 克 / 2~3 盎司面包糠
1 颗鸡蛋
普通面粉，用于淋撒
盐和胡椒
水田芥，用于装饰

在沸水中焯煮甜椒和洋葱数分钟，控干静置，待其冷却。将甜椒和洋葱分别切成 2 厘米见方的小块，随后将甜椒、洋葱、火腿、菠萝、芳提娜奶酪和罗勒叶交替穿在烤签上。在一口大平底锅中加热橄榄油。在一个浅盘中铺撒面包糠，另一个碗中打散鸡蛋，加入盐和胡椒。在卡博串上均匀撒上面粉，再抖去多余面粉。裹蛋液并控去多余部分，随后快速在面包糠上滚几圈使其均匀裹上面包糠。在热橄榄油中炸熟，随后在厨房纸上控净多余的橄榄油。摆在水田芥叶上即可上桌。

STUZZICHINI DI SALVIA
供 4 人食用
制备时间：10 分钟
加热烹调时间：10 分钟
1 颗鸡蛋
30 片新鲜鼠尾草叶
25 克 /1 盎司细面包糠
橄榄油，用于油炸
盐
淡味波罗伏洛奶酪，切丁

鼠尾草开胃菜 SAGE APPETIZER

鸡蛋放入碗中，加少许盐一起打散。加入鼠尾草叶，确保它们完全浸入蛋液中，静置 2 分钟。控干鼠尾草叶，均匀裹上面包糠。平底锅中加热足量的橄榄油，加入鼠尾草，油炸至变成金黄色。捞出在厨房纸上控干油，搭配波罗伏洛奶酪一同上桌。

TARTARA ALLA SCHERRER
供 4 人食用
制备时间：10 分钟
加热烹调时间：10 分钟
4 块剔骨鲱鱼肉，切丁
1 颗青苹果，切丁
1 根酸黄瓜，控干并切丁
1 颗红葱头，切末
6 棵细香葱，切末
2 汤匙橄榄油
80 克 /3 盎司黄油
8 片全麦面包
胡椒

谢瑞尔鞑靼鱼排 SCHERRER'S TARTARE

在大碗中混合鲱鱼肉、苹果、酸黄瓜、红葱头和香葱，搅拌加入橄榄油，撒适量胡椒调味。用平底锅加热熔化一小块黄油。分次加入面包，每次 1～2 片，两面都煎到金黄。从锅中盛出面包片，在厨房纸上控干油。继续煎炸剩余的面包片，如需要可额外加少许黄油。将煎面包片摆入餐盘中，鲱鱼肉泥置于其上，即可上桌。德国汉堡一间同名餐厅的老板谢瑞尔是这道开胃菜的首创者，名字也来源于此。

TARTUFO, POLLO E SONGINO
供 4 人食用
制备时间：15 分钟
加热烹调时间：15 分钟
4 汤匙橄榄油，另加淋洒所需
400 克 /14 盎司去皮鸡胸肉片
200 克 /7 盎司野苣
1 小块黑松露，擦细末
盐和胡椒

用于制作油醋汁
1 汤匙鳀鱼酱
橄榄油，用于淋洒
1 颗柠檬，挤出柠檬汁，过滤

松露、鸡肉和野苣 TRUFFLE, CHICKEN AND LAMB'S LETTUCE

橄榄油倒入平底锅中加热。加入鸡肉，用小火煎大约 15 分钟，不时翻面直至色泽金黄且颜色均匀。从火上取下平底锅，鸡肉切成细条。在餐盘中铺上野苣，淋上橄榄油，用盐和胡椒调味，略微搅拌。将鸡肉条置于野苣上，并撒上松露末。制作油醋汁，在碗中加入鳀鱼酱，用一把叉子边按压边慢慢倒入橄榄油，直至搅拌形成顺滑的酱汁。搅拌加入柠檬汁。将油醋汁浇在鸡肉和松露之上，不需搅拌即可直接上桌。

鼠尾草开胃菜 →

渔产类前菜

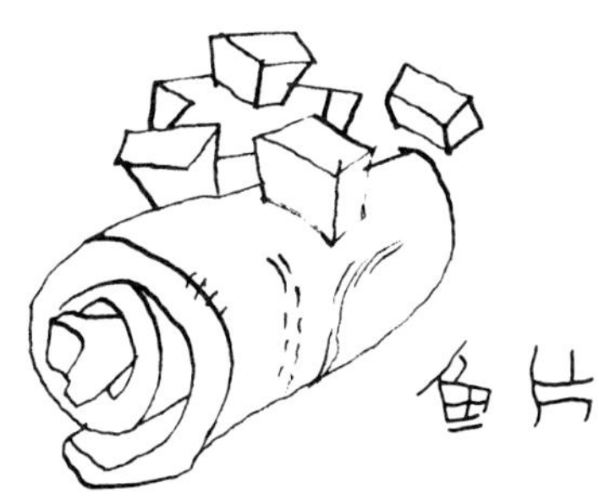

新鲜鳀鱼配柠檬 FRESH ANCHOVIES WITH LEMON

ACCIUGHE AL LIMONE
供 4 人食用
制备时间：20 分钟，另加 24 小时腌制时间

16 条新鲜鳀鱼，去头，除内脏并保留整片鱼肉（见第 694 页）
120 毫升 /4 盎司现挤柠檬汁或白葡萄酒醋
3 汤匙切碎的新鲜平叶欧芹
2 颗小洋葱，切碎
橄榄油，用于淋洒
盐

将鳀鱼漂洗干净并在厨房纸上拭干水分，放入一个非金属材质的盘子或汤盘中，撒少许盐并浇上柠檬汁或白葡萄酒醋。置于阴凉处腌泡 24 小时。鳀鱼控干，摆在餐盘中，撒少许欧芹和洋葱末。淋上橄榄油后尽快上桌。

← 新鲜鳀鱼配柠檬

BOCCONCINI DI GAMBERETTI
供 12 人食用
制备时间：15 分钟
加热烹调时间：20~30 分钟
1 颗洋葱，切块
250 克 /9 盎司生海螯虾，去壳和沙线
5 枝新鲜平叶欧芹，切碎
250 克 /9 盎司面粉
175 毫升 /6 盎司牛奶
1 颗鸡蛋
植物油，用于油炸
盐和胡椒

虾肉球 PRAWN BITES

将洋葱、海螯虾和欧芹放入食物料理机内，加入盐，搅打至完全顺滑均匀。加入面粉、牛奶和鸡蛋，继续搅打直至完全融合。加入盐和胡椒调味。在深边酱汁锅中加热足量植物油，油温至180℃/350℉，或者加热到可以将一块面包丁在 30 秒内炸至褐色的程度。小心地用汤匙缓慢放入虾肉泥，炸约 2 分钟，直至色泽金黄。分批次炸，每次炸 4~5 汤匙的虾肉泥。用漏勺捞起，在厨房纸上控净油，撒上盐调味。趁热或晾凉后上桌。

BOCCONCINI DI POMODORI E GRANCHIO
供 4 人食用
制备时间：20 分钟
12 颗红色樱桃番茄
250 克 /9 盎司白色蟹肉，如为罐装需控干水分
3 汤匙蛋黄酱（见第 77 页）
盐和胡椒
12 粒黑橄榄，用于装饰

樱桃番茄蟹肉球 CHERRY TOMATO AND CRAB BITES

切开樱桃番茄的一端，挤出一部分汁。切口上撒少许盐，倒置在厨房纸上吸收水分。在碗中混合蟹肉和蛋黄酱，并加入盐和胡椒调味。将樱桃番茄中填满蟹肉酱泥，搭配橄榄装饰摆盘即可。

BOCCONCINI DI TONNO
供 4 人食用
制备时间：25 分钟，另加冷却用时
2 颗煮熟的鸡蛋
200 克 /7 盎司罐装油浸金枪鱼，控干油并处理成片状 • 100 克 /3½ 盎司里考塔奶酪 • 20 克 /¾ 盎司酸豆，控干 • 2 汤匙切碎的新鲜罗勒 • 1 颗柠檬，擦取其外皮 • 2 汤匙现挤柠檬汁 • 25 克 /1 盎司黄油，软化 • 盐和胡椒
芝麻菜，用于装饰

金枪鱼球 TUNA BITES

将煮熟的鸡蛋剥壳切碎。混合鸡蛋、金枪鱼肉和里考塔奶酪并过细筛到碗中。搅拌加入酸豆、罗勒叶、柠檬皮、柠檬汁和黄油，加入适量盐和胡椒调味。将混合物揉成球形，上桌前置于冰箱中冷却。装盘前，在盘子中铺一层芝麻菜，将金枪鱼球置于其上。

CALAMARI RIPIENI
供 4 人食用
制备时间：20 分钟，另加冷却用时
加热烹调时间：25 分钟
500 毫升 /18 盎司干白葡萄酒 • 2 片干月桂叶 • 8 只鱿鱼，除净内脏 • 300 克 /11 盎司去壳的熟海螯虾 • 1 瓣蒜，切碎 • 2 汤匙切碎的新鲜平叶欧芹 • 2 颗柠檬，挤出柠檬汁，过滤 • 100 毫升 /3½ 盎司橄榄油，另加淋洒所需 • 盐和胡椒

酿馅鱿鱼 STUFFED SQUID

在大号酱汁锅中加入 1 升水，再加入葡萄酒、月桂叶和少许盐。加热至沸腾后加入鱿鱼，用小火加热大约 20 分钟。捞出控干，置旁冷却。将海螯虾、蒜、1 汤匙欧芹和 2 汤匙柠檬汁加入一个大碗中，洒入适量橄榄油，加入胡椒调味并混合均匀。在鱿鱼腔膛内塞入虾肉，摆在餐盘中。用搅拌器搅打橄榄油、剩余的柠檬汁和欧芹。加入盐和胡椒调味后均匀地浇在鱿鱼上即可。

酿馅鱿鱼 →

薄切鱼片 FISH CARPACCIO

将鱼肉放在冰箱内1～2小时，使其肉质紧缩。用一把很锋利的刀将箭鱼和鲑鱼切成薄片。摆放在餐盘中，放入冰箱冷藏至上桌前。将橄榄油、蒜、白兰地、欧芹和百里香放入食物料理机内，加入盐和胡椒调味，搅打至混合均匀。上桌前，将调味汁淋洒在薄切鱼片上。

CARPACCIO DI PESCE
供4人食用
制备时间：20分钟，另加1～2小时冷却时间
250克/9盎司非常新鲜的箭鱼肉
250克/9盎司非常新鲜的鲑鱼肉
100毫升/3½盎司橄榄油
1瓣蒜，切末
1汤匙白兰地
½把新鲜平叶欧芹，切碎
1汤匙新鲜百里香叶
盐和胡椒

小鱿鱼篮 BABY SQUID IN BASKETS

拣出不会在快速拍打时立刻闭合的贻贝并丢弃不用。将贻贝与2汤匙橄榄油、葡萄酒、欧芹、蒜和少许胡椒一并加入平底锅中，大火加热3～5分钟直至贝壳张开。从火上取下锅，舍去没有张开壳的贻贝。控干贻贝上附着的水分，保留锅中的汤汁，将贻贝肉从壳中挖出。用铺有细纱布的过滤器过滤汤汁，滤除杂质。烤箱预热到220℃/425℉/气烤箱刻度7。取8个小烤碟，涂上黄油。将酥皮面团取出置于撒有面粉的工作台面上，擀成薄片并铺在烤碟中。将烤碟放入冰箱直到需要时再取出。在另一口平底锅上加热剩余的橄榄油，加入海螯虾加热3～5分钟，其间不停搅拌。加入鱿鱼和贻贝肉，转小火加热。将蛋黄、过滤后的汤汁、帕玛森奶酪和红葱头末放入大碗中打匀，加入盐和胡椒调味，再加入海鲜混合物，搅拌均匀后分别装入烤碟中。将小烤碟放在烤盘上，入烤箱烘烤15～20分钟，直至海鲜蛋泥完全凝固且色泽金黄。趁热上桌。

CESTINI DI CALAMARETTI
供6～8人食用
制备时间：50分钟
加热烹调时间：15～20分钟
150克/5盎司活贻贝，处理干净
4汤匙橄榄油
3汤匙干白葡萄酒
2汤匙切碎的新鲜平叶欧芹
1瓣蒜，切末
黄油，用于涂抹
250克/9盎司成品千层酥皮面团，如为冷冻，则需解冻
普通面粉，用于淋撒
100克/3½盎司生海螯虾，去壳和沙线
200克/7盎司小鱿鱼，除净内脏，在沸水中焯熟后切碎
2个蛋黄
100克/3½盎司现擦帕玛森奶酪丝
1颗红葱头，切碎
盐和胡椒

鸡尾酒海螯虾 LANGOUSTINE COCKTAIL

将一锅加盐清水加热至沸腾。加入海螯虾（或大虾）、洋葱和胡萝卜，加热2～5分钟直至变软嫩。控干水分，剥去海螯虾或大虾的外壳。在大碗中混合蛋黄酱、奶油、伍斯特沙司和番茄酱，加入杜松子酒和威士忌，用适量盐调味并搅拌均匀。选最嫩的生菜叶，铺在4个餐盘中。将海螯虾或大虾分别装入盘中，浇淋酱汁。送入冰箱中冷藏至上桌。

COCKTAIL DI SCAMPI
供4人食用
制备时间：30分钟
加热烹调时间：5分钟
800克/1¾磅海螯虾或都柏林湾大虾
1颗洋葱，切碎 • 1根胡萝卜，切碎 • 300毫升/½品脱蛋黄酱（见第77页）• 200毫升/7盎司单倍奶油 • 1茶匙伍斯特沙司 • 1茶匙番茄酱 • 1茶匙杜松子酒，或酌量 • 1茶匙威士忌，或酌量 • 1棵生菜 • 盐

← 薄切鱼片

DELIZIE DI TROTA IN CREMA ROSA
供 4 人食用
制备时间：25 分钟，另加冷却用时
加热烹调时间：20 分钟
80 克 /3 盎司黄油
400 克 /14 盎司剔骨熏鳟鱼肉，去皮并切块
1 汤匙或少量的白兰地
2 汤匙橄榄油
½ 颗洋葱，切碎
1 个红甜椒，切开去籽，切碎
100 克 /3½ 盎司番茄泥
100 毫升 /3½ 盎司双倍奶油
盐和胡椒

粉酱熏鳟鱼 SMOKED TROUT IN PINK CREAM

用隔水加热锅或耐热碗隔水加热熔化黄油，随后从火上取下。与此同时，将鳟鱼加入食物料理机中搅打成泥状。将鳟鱼泥倒入碗中，搅拌加入熔化的黄油和白兰地，并加入适量盐和胡椒调味。将混合物分别装入 4 个模具中，放入冰箱冷却数小时使其凝固成形。平底锅中加热橄榄油，加入洋葱和甜椒，在小火上持续加热大约 5 分钟，偶尔搅拌直至洋葱变得软嫩。加入番茄泥，用盐和胡椒调味并继续加热 15 分钟。从火上取下锅，置于一旁待其略微冷却。将蔬菜混合物盛入食物料理机中搅打成泥状，倒入碗中，边搅拌边加入奶油。装盘时，4 个盘子的中央各倒 2 汤匙粉酱，随后将鱼肉糕从模具中倒出，摆放在粉酱之上。

GRANCEOLA GRATINATA
供 4 人食用
制备时间：1 小时，另加冷却用时
加热烹调时间：15～20 分钟
4 只鲜活或尚新鲜的蜘蛛蟹
40 克 /1½ 盎司黄油，另加涂抹所需
3 汤匙白兰地
2 个蛋黄
½ 份白汁（见第 58 页）
50 克 /2 盎司格吕耶尔奶酪，磨成末
盐

焗蜘蛛蟹 SPIDER CRAB AU GRATIN

如果使用活蜘蛛蟹，将它们放入一锅加盐的沸水中，盖上锅盖焖煮大约 15 分钟。随后控干水分，待其冷却。在螃蟹变凉后，卸下蟹钳和腿。用小尖刀插入尾鳍下撬开蟹壳，除去腮和胃袋。从蟹壳内取出白色的蟹肉和粉红色的子（如有的话），敲碎蟹钳和腿，取出其中的肉。洗净并控干蟹壳，将其用作上菜盘，用黄油涂抹壳内（也可使用单独的烤盘）。烤箱预热到 180°C/350°F/ 气烤箱刻度 4。蟹子和白兰地在碗中搅拌均匀，搅拌加入蟹肉、白汁和蛋黄，用汤匙盛入蟹壳或碟子中，撒格吕耶尔奶酪末，加上少许黄油颗粒。将蟹肉置于烤盘上，送入烤箱烘烤 15～20 分钟，直到表面变金黄并开始起泡。

章鱼芝麻菜沙拉，见第 132 页 →

海鳌虾蟹肉杯 CRAB AND LANGOUSTINE CUPS

GRANCHI E SCÁMPI IN COPPETTE
供 4 人食用
制备时间：25 分钟，另加冷却用时
加热烹调时间：2～5 分钟

2 个葡萄柚
3 根小胡萝卜
1 颗柠檬，挤出柠檬汁，过滤
12 只海鳌虾或都柏林湾大虾
120 克 /4 盎司罐装蟹肉，控干
4 汤匙黑橄榄，去核
盐和胡椒

葡萄柚洗净，对半切开，挖出果肉，避免损坏“壳”。切碎果肉，保存果壳作为上菜容器。用擦丝器将胡萝卜擦成末，放入碗中，同时搅拌加入柠檬汁。在一锅加少许盐的沸水中将海鳌虾或大虾煮上 2～5 分钟，直至虾肉软嫩。控干水分，剥壳并切块。将虾肉、蟹肉、橄榄和 4 汤匙葡萄柚果肉倒入胡萝卜混合物中。加入适量盐和胡椒调味。将混合物分别装入葡萄柚果壳中，放入冰箱冷却直至上桌前取出。

小章鱼四季豆沙拉 BABY OCTOPUS AND GREEN BEAN SALAD

INSALATA DI MOSCARDINI E FAGIOLINI
供 6 人食用
制备时间：30 分钟，另加冷却用时
加热烹调时间：10～15 分钟

1 千克 /2¼ 磅四季豆，摘净
400 克 /14 盎司小章鱼，除内脏后洗净去皮
175 毫升 /6 盎司红葡萄酒醋
2 汤匙切碎的新鲜罗勒
2 汤匙切碎的新鲜墨角兰
1 汤匙切碎的新鲜平叶欧芹
1 瓣蒜，切碎
1 根鲜辣椒
150 克 /5 盎司罐装金枪鱼，控干
橄榄油，用于淋洒
盐和胡椒

在加入少许盐的沸水中将四季豆煮至刚刚变软，捞出控干水，放入沙拉碗中。再煮沸一锅水，放入小章鱼煮 1 分钟，随后捞出控干水分，将比较大的章鱼切成两半，个头较小的保持完整。在小号酱汁锅中倒入红葡萄酒醋，加入罗勒、墨角兰、欧芹、蒜和辣椒，加热至沸腾并继续加热几分钟直至酱汁体积减小。将锅从火上移开，酱汁用过滤器过滤到碗中。将金枪鱼肉分成小片状，散放于四季豆上，随后加入小章鱼。沙拉上洒一些橄榄油，随后用汤匙均匀倒入香草醋汁，并用盐和胡椒调味。上桌前在冰箱中冷藏降温 2 小时。

小银鱼沙拉 WHITEBAIT SALAD

INSALATA DI BIANCHETTI
供 4 人食用
制备时间：10 分钟，另加冷却和静置用时
加热烹调时间：5 分钟

500 克 /1 磅 2 盎司小银鱼
4 汤匙橄榄油
半颗柠檬，挤出柠檬汁，过滤
盐和白胡椒

仔细地将小银鱼彻底洗净，在盐水中焯煮数分钟。小心地控干，静置冷却。在大碗中混合橄榄油和柠檬汁，加入盐和白胡椒调味。将调味汁倒在小银鱼上并稍加翻拌。上桌前静置 10 分钟。

← 海鳌虾无花果沙拉，见第 132 页

INSALATA DI POLPO E RUCOLA

供 6 人食用

制备时间：30 分钟，另加冷却用时

加热烹调时间：1 小时～1 小时 15 分

100 毫升 / 3½ 盎司干白葡萄酒

6 粒黑胡椒

1 汤匙粗海盐

1 只 800 克 / 1¾ 磅左右的章鱼，洗净并软化处理

2 把芝麻菜，切碎

4 汤匙松子仁

半颗苹果，去皮去核，切丁

120 毫升 / 4 盎司橄榄油

1 颗柠檬，挤出柠檬汁，过滤

盐和胡椒

见第 129 页

章鱼芝麻菜沙拉 OCTOPUS AND ROCKET SALAD

在一口中等大小的酱汁锅中加入一些水，加入葡萄酒和黑胡椒。加热至沸腾，加入海盐，将章鱼浸入其中。加热 1 小时或直到最粗的触手部分也可以用叉子戳穿。从火上取下锅，让章鱼在汤汁中静置冷却至少 20 分钟。与此同时，混合芝麻菜、松子仁和苹果。控干章鱼的水分，剥去外皮，将肉切碎，加入芝麻菜混合物中。在小碗中用搅拌器将橄榄油和柠檬汁搅打均匀，加入盐和胡椒调味，倒在沙拉上即可。

INSALATA DI SCAMPI E FICHI

供 4 人食用

制备时间：45 分钟

加热烹调时间：5 分钟

500 克 / 1 磅 2 盎司海螯虾或都柏林湾大虾

4 颗李子番茄，去皮去籽，切块

半颗柠檬，挤出柠檬汁，过滤

半个葡萄柚，挤出葡萄柚汁，过滤

少许塔瓦斯科辣椒酱

4 汤匙橄榄油

1 个甜瓜，切半去籽

4 个新鲜无花果，去皮

1 把芝麻菜

盐和胡椒

见第 132 页

海螯虾无花果沙拉 LANGOUSTINE AND FIG SALAD

将一锅加少许盐的清水煮至沸腾，放入海螯虾或大虾煮 2～5 分钟，直至变软嫩。捞出控干并去壳，置于一旁待用。将番茄同柠檬汁、葡萄柚汁、塔瓦斯科辣椒酱一起放入食物料理机搅打成泥状。打好的酱汁倒入碗中，分次搅拌加入橄榄油。用挖球器或茶匙挖出约 40 个甜瓜肉球。用一把沾湿的厨刀将无花果切成 4 瓣。摆盘时，将芝麻菜分别布置在 4 个餐盘正中，无花果、海螯虾或大虾和甜瓜球在芝麻菜四周呈放射状摆放好。用汤匙将酱汁淋在沙拉上即可上桌。

MANZZANCOLLE ALLA RUCOLA

供 4 人食用

制备时间：15 分钟

加热烹调时间：4 分钟

200 克 / 7 盎司芝麻菜

800 克 / 1¾ 磅生地中海大虾

1 颗柠檬，挤出柠檬汁，过滤

100 毫升 / 3½ 盎司橄榄油

盐

地中海大虾配芝麻菜 MEDITERRANEAN PRAWNS WITH ROCKET

在餐盘中摆好芝麻菜。大虾除去虾壳和沙线，如有虾子可保留用于装饰。将虾仁置于蒸锅中，中火蒸 4 分钟。与此同时，碗中搅拌均匀柠檬汁和橄榄油，并加入少许盐调味。将虾仁摆放在芝麻菜上，用虾子装饰，淋上柠檬调味汁。趁虾仁仍温热时尽快上桌。

辣味生鳎目鱼，见第 134 页 →

OSTRICHE
供 4 人食用
制备时间：30 分钟
24 只牡蛎
碎冰，用于装饰
柠檬（可选）
黄油吐司（可选）

牡蛎 OYSTERS

在上桌前撬开牡蛎。用一块茶巾保护握持牡蛎的手，将牡蛎刀或小尖刀插入两扇贝壳之间的连接处，扭动刀刃撬开贝壳。沿上壳内部滑动刀刃割断肌肉，掀开贝壳。小心不要让壳内汁液洒出，再用刀划断牡蛎下半部分的肌肉。将牡蛎肉留在贝壳中并移到碎冰上。它们既可直接享用，也可加入少许柠檬汁或搭配涂抹少许黄油的吐司享用。

SOGLIOLETTE CRUDE AL PEPERONCINO
供 4 人食用
制备时间：10 分钟，另加 4 小时腌制时间
1 千克 /2¼ 磅剔骨鳎目鱼肉，去皮
2 汤匙番茄糊
2 汤匙切碎的洋葱
2 汤匙现挤柠檬汁，过滤
1 汤匙现挤橙汁，过滤
少许伍斯特沙司
少许辣椒末
盐
见第 133 页

辣味生鳎目鱼 RAW SOLE WITH CHILLI

将鳎目鱼肉放入餐盘中。在碗中均匀混合番茄糊、洋葱、柠檬汁、橙汁、伍斯特沙司、辣椒末和少许盐。将制作好的酱汁淋在鱼肉上，放入冰箱中冷藏至少 4 小时。上桌前从冰箱中取出，静置 10 分钟即可上桌。

蔬菜前菜

酸甜卡波纳塔 SWEET-AND-SOUR CAPONATA

将茄子丁放在滤盆中，撒一些盐，静置30分钟。漂洗干净后用厨房纸拭干水分。在大平底锅中加热5汤匙的橄榄油，加入茄子丁，中火煸炒，不停搅拌直至表面变金黄色。与此同时，在另一口平底锅中加热剩余的橄榄油，加入芹菜、洋葱和番茄，小火加热10～15分钟，直至呈浓浆状。加入盐和胡椒调味。边搅拌边加入糖、白葡萄酒醋、松子仁、橄榄、酸豆和葡萄干，小火加热至沸腾。最后加入茄丁，继续用小火加热大约10分钟。趁卡波纳塔仍烫或温热时上桌，撒一些小片罗勒叶作为装饰。

CAPONATA IN AGRODOLCE

供4人食用

制备时间：20分钟，另加30分钟腌渍时间

加热烹调时间：20～25分钟

800克/1¾磅茄子，切丁

120毫升/4盎司橄榄油

1根芹菜茎，切碎

1颗洋葱，切细丝

300克/11盎司熟透的番茄，去皮切丁

1½汤匙糖

100毫升/3½盎司白葡萄酒醋

1汤匙松子仁

100克/3½盎司去核绿橄榄

25克/1盎司酸豆

1汤匙葡萄干，在热水中浸泡10分钟并控干

盐和胡椒

小片新鲜罗勒叶，用于装饰

CARCIOFI ALLA GIARDINIERA

供 4 人食用

制备时间：30 分钟

加热烹调时间：10 分钟

1 颗柠檬，挤出柠檬汁，过滤
8 个洋蓟
4 汤匙橄榄油
1 粒丁香
1 片干月桂叶
半颗洋葱，切细丝
6 粒黑胡椒
1 茶匙粗海盐
1 棵生菜
½ 茶匙鳀鱼酱
100 克 /3½ 盎司去核黑橄榄
2 颗煮熟的鸡蛋，切小丁

园丁洋蓟 ARTICHOKES JARDINIÈRE

在一个大碗中装半碗冷水，加入柠檬汁。每次处理一个洋蓟，先折断茎，剥下外层松弛的大叶，切去顶部 2 厘米，挖出蕊心并丢弃不用，随后将洋蓟切成斜块并浸入柠檬水中防止褪色。在一口酱汁锅中倒入 600 毫升 /1 品脱水，加入橄榄油、丁香、月桂叶、洋葱、黑胡椒和海盐。控干洋蓟，放入锅中并加热至沸腾。用中火继续加热，直至大部分汤汁挥发、洋蓟软嫩。捞出洋蓟，控干汤汁，保留 2～3 汤匙的汤汁。取出丁香、月桂叶和黑胡椒丢弃不用。在一个大尺寸浅沙拉碗中铺生菜叶，将洋蓟块置于生菜上。将保留的汤汁和鳀鱼酱混合并搅拌均匀，随后浇在洋蓟上。接着在沙拉碗中加入橄榄，最后均匀撒入切碎的鸡蛋丁。

CARCIOFI GIARDINIERA SAPORITI

供 4 人食用

制备时间：1 小时 15 分钟

加热烹调时间：20 分钟

1 颗鸡蛋
半个葡萄柚，挤出葡萄柚汁，过滤
50 克 /2 盎司帕玛森奶酪，现擦丝
2 汤匙面包糠
1 汤匙酸豆
2 条腌鳀鱼，去头，除内脏并剔去鱼骨（见第 694 页），在冷水中浸泡 10 分钟，控净汤汁并切碎
1 颗柠檬，挤出柠檬汁，过滤
8 个洋蓟
1 汤匙普通面粉
橄榄油，用于淋洒
盐和胡椒

见第 138～139 页

园丁酿馅洋蓟 STUFFED ARTICHOKES JARDINIÈRE

在碗中将鸡蛋与葡萄柚汁一同打散，加入盐和胡椒调味。加入帕玛森奶酪、面包糠、酸豆和鳀鱼并混合均匀，置旁待用。在另一个碗中加入半碗冷水，加入柠檬汁。每次处理一个洋蓟，先折断茎，切下外层的松弛大叶，切去顶部的 2 厘米，挖出蕊心并丢弃不用，最后放入柠檬水中避免褪色。在一口大号酱汁锅中加入半锅水，搅拌加入面粉和少许盐。捞出洋蓟控干水分后放入锅中，加热至沸腾。改小火继续加热大约 15 分钟，直至洋蓟变得软嫩。烤箱预热到 200°C/400°F/ 气烤箱刻度 6。控干洋蓟，在蕊心位置填入帕玛森奶酪鳀鱼泥。将洋蓟均匀摆放在耐热烤盘中，淋上橄榄油。放入烤箱内，烘烤 20 分钟，趁热上桌。

焗酿馅洋葱 STUFFED ONION GRATIN

CIPOLLE GRATINATE
供 4 人食用
制备时间：30 分钟
加热烹调时间：40～50 分钟
4 颗大洋葱
黄油，用于涂抹
150 克 /5 盎司熟火腿，切碎
4 汤匙番茄糊
4 汤匙帕玛森奶酪，现擦丝
½ 份白汁（见第 58 页）
盐和胡椒

将一大锅加了盐的清水煮沸。加入整颗的洋葱，煮几分钟后捞出控干水分，沿水平方向将洋葱切成两半，小心地取出洋葱心，保留 8 颗洋葱外层的“壳”。烤箱预热到 180°C/350°F/ 气烤箱刻度 4，在一个耐热烤盘中涂抹上黄油。将取出的洋葱心切碎，与火腿丁和番茄糊在碗中搅拌混合，加入盐和胡椒调味。在洋葱壳中填入拌匀的混合物。在涂抹过黄油的烤盘上均匀摆放洋葱。白汁中搅拌加入帕玛森奶酪，加入盐和胡椒调味。将制作好的奶酪白汁浇在填馅洋葱上，放入烤箱，烘烤至金黄色并开始起泡。趁热上桌。

橙色芥末珍珠洋葱 ONIONS IN ORANGE MUSTARD

CIPOLLINE ALLA SENAPE ARANCIONE
供 4 人食用
制备时间：10 分钟
加热烹调时间：40 分钟
16 颗珍珠洋葱
2 茶匙橄榄油，另加淋洒所需
600 毫升 /1 品脱干白葡萄酒
25 克 /1 盎司黄油
2 根胡萝卜，切碎
2 汤匙普通面粉
2 汤匙芥末
200 克 /7 盎司培根，切丁
50 毫升 /2 品脱双倍奶油
盐和胡椒

烤箱预热到 180°C/350°F/ 气烤箱刻度 4。将洋葱放在深烤盘中，淋洒上少许橄榄油，倒入 400 毫升 /14 盎司葡萄酒，加入盐和胡椒调味。放入烤箱，烘烤 30 分钟直至液体几乎完全挥发。平底锅中加热熔化黄油，加入胡萝卜，小火煸炒大约 5 分钟，不时搅拌。撒入面粉，搅拌并加入芥末，用适量盐和胡椒调味。边不停搅拌边继续加热，直至酱汁变得浓稠。在另外一口平底锅中加热橄榄油，加入培根煎 4～5 分钟，不时搅拌。倒入剩余的葡萄酒继续加热至酒精挥发。搅拌加入奶油，随后将混合物倒入胡萝卜的锅中，搅拌均匀。洋葱摆入餐盘中，将酱汁淋在其上即可。

菠菜心 SPINACH HEARTS

CUORICINI DI SPINACI
供 6 人食用
制备时间：40 分钟，另加冷却用时
加热烹调时间：15～20 分钟
500 克 /1 磅 2 盎司菠菜
1 份白汁（见第 58 页）
少许现磨肉豆蔻粉
2 个蛋黄
50 克 /2 盎司普通面粉
50 克 /2 盎司面包糠
2 颗鸡蛋
6 汤匙橄榄油
盐和胡椒

在加入少许盐的沸水中焯煮菠菜 5 分钟，直至变软嫩。捞出控干，尽可能挤出所有水分，随后切碎并待其略微冷却。在白汁中加入肉豆蔻粉、盐和胡椒调味，搅拌加入菠菜，打入蛋黄。将混合物平铺在工作台面上待其完全冷却。在一个盘子中平铺面粉，在另一个盘子中放面包糠，并在一个浅盘中打散鸡蛋。在大平底锅中加热橄榄油。当菠菜泥变凉后，用心形饼干模具切割出一个个菠菜心。菠菜心先蘸上面粉，然后裹鸡蛋液，最后裹上面包糠。裹好后放入热油中炸制，直至完全变成金黄色。捞出在厨房纸上控净油，趁热上桌。

➔ 第 138～139 页：园丁酿馅洋蓟，食谱见第 136 页

FUNGHI IN INSALATA
供 4 人食用
制备时间: 15 分钟
300 克 /11 盎司凯撒蘑菇或其他野生蘑菇
1 颗柠檬，挤出柠檬汁，过滤
400 克 /14 盎司熟大虾，去壳和沙线
橄榄油，用于淋洒
盐和胡椒
切碎的新鲜平叶欧芹，用于装饰

蘑菇沙拉 MUSHROOM SALAD

将蘑菇切薄片，洒上柠檬汁。在沙拉碗中混合蘑菇和大虾，加入盐和胡椒调味，淋上橄榄油，用欧芹装饰。

INDIVIA AL PROSCIUTTO
供 4 人食用
制备时间: 40 分钟，另加 1 小时浸泡时间
加热烹调时间: 10 分钟
150 克 /5 盎司芳提娜奶酪，切丁
150 克 /5 盎司马苏里拉奶酪，切丁
250 毫升 /8 盎司牛奶 • 4 棵菊苣
25 克 /1 盎司黄油，另加涂抹所需
4 片意式熏火腿 • 2 个蛋黄，打散
50 克 /2 盎司帕玛森奶酪，现擦丝
盐和胡椒

菊苣火腿 CHICORY WITH HAM

将切成丁的芳提娜奶酪和马苏里拉奶酪放入一个碗中，加入牛奶，静置 1 小时待其软化。将一大锅加盐的清水煮至沸腾，加入整棵的菊苣，用小火加热大约 15 分钟，捞出控干。预热烤箱到 200°C/400°F/ 气烤箱刻度 6。在一个耐热烤盘中涂抹黄油。将每棵菊苣用一片熏火腿卷起，均匀摆放在烤盘中。在一口平底锅中小火加热奶酪牛奶混合物，略加搅拌直至变得顺滑浓稠。加入盐和胡椒调味。从火上取下锅，搅拌加入蛋黄，将酱汁淋在菊苣上，撒上少许帕玛森奶酪，再均匀撒上一些黄油颗粒，放入烤箱，烘烤大约 10 分钟即可。

INSALATA DI CAVOLFIORE (1)
供 4 人食用
制备时间: 10 分钟，另加冷却用时
加热烹调时间: 10 分钟
1 棵菜花，切小朵 • 6 条罐装去骨鳀鱼肉，控干汤汁 • 1 颗柠檬，挤出柠檬汁，过滤 • 6 汤匙橄榄油 • 半瓣蒜，切碎 • 150 克 /5 盎司罐装油浸金枪鱼，控干汤汁，掰开成小片 • 盐

菜花沙拉（1）CAULIFLOWER SALAD (1)

在沸水中焯煮菜花 10 分钟，保留鲜脆口感。捞出控干水分，待其冷却后放入沙拉碗中。在一个碗中混合柠檬汁与鳀鱼肉，尽量碾碎，加入橄榄油、蒜和金枪鱼，用盐调味，搅拌均匀后淋在菜花上。

INSALATA DI CAVOLFIORE (2)
供 4 人食用
制备时间: 15 分钟，另加冷却用时
加热烹调时间: 10 分钟
1 棵菜花，切成小朵 • 6 汤匙橄榄油
3 汤匙白葡萄酒醋
1 汤匙切碎的新鲜平叶欧芹
2 茶匙切碎的新鲜龙蒿
盐和胡椒 • 芥末蛋黄酱，用作配餐

菜花沙拉（2）CAULIFLOWER SALAD (2)

在加盐沸水中焯煮菜花 10 分钟，或煮至口感仍然鲜脆为止。捞出控干水分，待其冷却，随后放入一个沙拉碗中。在一个碗中混合橄榄油和白葡萄酒醋，加入欧芹和龙蒿，用盐和胡椒调味。用油醋汁为菜花调味，随后静置 1 小时。上桌时搭配一份混合少许芥末的蛋黄酱。

黄瓜大虾沙拉 CUCUMBER AND PRAWN SALAD

将黄瓜和大虾放入沙拉碗中。在另一个碗中均匀混合奶油和柠檬汁，搅拌加入红辣椒粉与适量的盐。将调味汁淋在黄瓜和大虾上，撒一些欧芹末，翻拌均匀。如果不喜欢黄瓜的味道，可以用煮熟的西葫芦代替。

INSALATA DI CETRIOLI E GAMBERI

供 4 人食用

制备时间：20 分钟

4 根黄瓜，去皮切条

400 克 /14 盎司熟大虾，去壳和沙线

100 毫升 /3½ 盎司双倍奶油

1 颗柠檬，挤出柠檬汁，过滤

1 茶匙红辣椒粉

2 汤匙切碎的新鲜平叶欧芹

盐

俄式沙拉 RUSSIAN SALAD

分别用沸水焯煮豌豆、四季豆、菜花、马铃薯和胡萝卜，保留鲜脆口感。捞出控干水分，除豌豆外均分别切碎。将所有蔬菜放入沙拉碗中，加入酸黄瓜、甜菜根和鸡蛋。搅拌加入足量的蛋黄酱，形成松软的酱泥。然后放入冰箱冷藏 2～3 小时。上桌前，将俄式沙拉呈圆顶状摆在餐盘的中间，根据喜好装饰。

INSALATA RUSSA

供 4 人食用

制备时间：25 分钟，另加冷却用时

加热烹调时间：45 分钟

100 克 /3½ 盎司去荚豌豆

100 克 /3½ 盎司四季豆

6 小朵菜花

2 个马铃薯

2 根胡萝卜

3 根法式或德式酸黄瓜，控干切丁

1 个煮熟的红甜菜根

1 颗煮熟的鸡蛋，去壳切丁

1 份蛋黄酱（见第 77 页）

酿馅茄子 STUFFED AUBERGINES

将茄子纵切成两半，挖出茄子肉，避免破坏茄壳。切碎茄子肉并保留茄壳。在大平底锅中加热橄榄油，加入洋葱，小火煸炒 5 分钟，不时搅拌直至软嫩。加入切碎的茄子、芹菜、甜椒和番茄，用盐和胡椒调味，小火继续加热 15 分钟。同时，预热烤箱到 180°C/350°F/ 气烤箱刻度 4，在一个耐热烤盘中涂橄榄油。从火上取下锅，边搅拌边倒入鸡蛋。将鸡蛋菜泥盛入茄壳中，摆放在准备好的烤盘内。茄子上撒一些帕玛森奶酪丝，放入烤箱，烘烤至色泽金黄且起泡。从烤箱中取出，待其冷却可作为冷盘上桌。

MELANZANE RIPIENE

供 4 人食用

制备时间：50 分钟，另加冷却用时

加热烹调时间：10 分钟

4 个茄子

3 汤匙橄榄油，另加涂抹所需

1 颗洋葱，切碎

1 根芹菜茎，切碎

3 个红甜椒或绿甜椒，切开去籽，再切碎

4 颗熟透的番茄，切丁

2 颗鸡蛋，略微打散

3 汤匙帕玛森奶酪，现擦丝

盐和胡椒

见第 142 页

甜椒卷 ROLLED PEPPERS

将甜椒放在烤盘上并置于预热好的烤架下。边烘烤边不时翻转，直到烤焦发黑。取出后装入塑料袋中，封口待其冷却。将甜椒去皮，在冷水下反复冲洗干净后用厨房纸拭干水分。处理好的甜椒切半去籽，改刀切成2～3大片。将金枪鱼、橄榄、番茄、辣椒和罗勒放入食物料理机中搅打成泥状，加入足量柠檬汁制成顺滑的混合物，最后加入橄榄油。在每片甜椒上涂抹金枪鱼泥后卷起即可。上桌前放于阴凉处静置。

PEPERONI ARROTOLATI
供 4 人食用
制备时间：15 分钟，另加冷却用时
加热烹调时间：10 分钟

4 个较大的红甜椒或绿甜椒
300 克 /11 盎司罐装油浸金枪鱼，控干
10 颗去核黑橄榄，切块
1 颗番茄，去皮去籽，切块
1 根新鲜红辣椒，去籽切块
12 片新鲜罗勒叶
3～4 汤匙现挤柠檬汁，过滤
1 汤匙橄榄油

见第 144 页

番茄花 TOMATO FLOWERS

水平切下番茄顶部，取出籽，撒少许盐，翻转倒置于厨房纸上吸干水分。与此同时，剥去水煮蛋的壳，沿长边切成两半，挖出蛋黄，避免弄碎蛋清。将金枪鱼、橄榄、蛋黄、蛋黄酱和芥末加入食物料理机中搅打成泥状，加盐调味。用汤匙将金枪鱼泥盛入蛋清中，顶部突出呈圆顶状。在番茄中摆放芝麻菜让它看起来像是一圈花瓣，将鸡蛋摆放在正中。用蛋黄酱装饰盘子，剩余的蛋清切碎，撒在番茄花周围即可。

POMODORI FIORITI
供 4 人食用
制备时间：25 分钟

4 颗大小相当的大个番茄
6 颗煮熟的鸡蛋
100 克 /3½ 盎司罐装金枪鱼，控干并分片
1 汤匙去核绿橄榄，切块
1 汤匙蛋黄酱（见第 77 页），另加装饰所需
1 茶匙第戎芥末
1 把芝麻菜
盐

酿牛肝菌 STUFFED PORCINI MUSHROOMS

预热烤箱到160°C/325°F/气烤箱刻度3，在烤盘内铺上烘焙纸。取下蘑菇秆并保留，蘑菇伞置于烤盘中烘烤5分钟。从烤箱中取出，将烤箱温度升至180°C/350°F/气烤箱刻度4。蘑菇伞单独放在盘子中，去掉烘焙纸，在烤盘上涂抹橄榄油。将蘑菇秆切片，鳀鱼切碎。在平底锅中加热1汤匙的橄榄油，加入洋葱、欧芹、蒜和鳀鱼，小火加热约5分钟，不时搅拌。加入蘑菇秆，继续加热3～4分钟，用盐和胡椒调味。从火上取下锅。挤出面包中的水分，加入锅中并边搅拌边倒入鸡蛋和剩余的橄榄油。将蘑菇伞褶面朝上放在烤盘上，填入酱泥，撒上面包糠，烘烤20分钟。

PORCINI RIPIENI
供 4 人食用
制备时间：40 分钟
加热烹调时间：20 分钟

8 个美味牛肝菌
2 汤匙橄榄油，另加涂抹所需
2 条腌鳀鱼，去头，除内脏并剔骨（见第 694 页），在冷水中浸泡 10 分钟，捞出控净汤汁
1 颗洋葱，切细丝
1 汤匙新鲜平叶欧芹
1 瓣蒜，切碎
2 片面包，去边，在冷水中浸泡 10 分钟
1 颗鸡蛋，略微打散
4 汤匙面包糠
盐和胡椒

← 酿馅茄子，见第 141 页

园丁口袋 GREENGROCER'S BAG

将甜椒放在烤盘上并置于预热好的烤架正下方。边烘烤边时常翻转，直到烤焦发黑。烤好的甜椒装入塑料袋中，封口待其冷却。将甜椒去皮，切下顶部，取出籽和筋皮，避免破坏外壳。预热烤箱到180°C/350°F/气烤箱刻度4，在一个耐热烤盘中涂橄榄油。在平底锅中加热橄榄油，加入茄子和蒜，用小火煸炒5分钟直至变金黄色。混合番茄泥和1茶匙的热水，与酸豆、罗勒碎和橄榄一同加入平底锅中，继续加热数分钟。取出大蒜并丢弃不用，加入盐和胡椒调味。从火上取下锅，加入马苏里拉奶酪。蔬菜酱填入甜椒中，置于准备好的烤盘中。放入烤箱，烘烤10分钟。在每个甜椒上放1片罗勒叶作为装饰，趁热上桌。

SACCHETTI DELL'ORTOLANO

供4人食用

制备时间：50分钟

加热烹调时间：10分钟

4个黄甜椒

2汤匙橄榄油，另加涂抹所需

4个茄子，切丁

1瓣蒜

1汤匙番茄泥

1汤匙酸豆

6片新鲜罗勒叶，切碎

6颗黑橄榄

150克/5盎司马苏里拉奶酪，切丁

盐和胡椒

另加4片新鲜罗勒叶，用于装饰

菜园卷 VEGETABLE-GARDEN STRUDEL

预热烤箱到180°C/350°F/气烤箱刻度4。用沸水分别焯煮青豌豆、四季豆、芦笋、洋蓟心、胡萝卜和马铃薯，保留鲜脆口感。捞出控干水分后备用。在大平底锅中加热100克/3½盎司黄油和蒜瓣。煎出香味后大蒜丢弃不用，加入所有的蔬菜煸炒5分钟，不停搅拌。加入盐和胡椒调味。将锅从火上移开，加入单倍奶油。在撒有面粉的工作台面上擀开酥皮面团，整形成长方形薄片。熔化剩余的黄油，均匀涂在面片上。将蔬菜均匀撒在面片上，慢慢地卷起，两边封口。在面卷表面刷上蛋黄液，放入烤盘中烘烤约30分钟直至色泽金黄。上桌前静置10分钟。

STRUDEL DELL'ORTO

供8人食用

制备时间：1小时，另加10分钟静置用时

加热烹调时间：30分钟

300克/11盎司青豌豆，去荚

300克/11盎司四季豆，切半

300克/11盎司芦笋

300洋蓟心，切4块

200克/7盎司胡萝卜，切碎

200克/7盎司马铃薯，切碎

150克/5盎司黄油

1瓣蒜

4汤匙单倍奶油

250克/9盎司成品千层酥皮面团，如为冷冻需解冻

普通面粉，用于淋撒

1个蛋黄，略微打散

盐和胡椒

← 甜椒卷，见第143页

TORTINO DI PEPERONI

供 4 人食用

制备时间：45 分钟

加热烹调时间：20 分钟

25 克 /1 盎司黄油，另加涂抹所需

2 汤匙橄榄油

1 颗洋葱，切碎

红、黄和绿甜椒各 1 个，切半去籽，切片

3 个马铃薯，切丁

2 条腌鳀鱼，去头，除内脏并剔骨（见第 694 页），在冷水中浸泡 10 分钟，捞出控净汤汁

2 颗鸡蛋

1 汤匙切碎的新鲜罗勒叶

1 汤匙切碎的新鲜墨角兰

盐

甜椒派 PEPPER PIE

平底锅中加热黄油和橄榄油，加入洋葱，用小火煸炒大约 10 分钟，不时搅拌直至变金黄色。加入甜椒和马铃薯，转小火继续加热 15 分钟。预热烤箱到 200°C/400°F/ 气烤箱刻度 6，在耐热烤盘中涂黄油。切碎鳀鱼，同鸡蛋、罗勒和墨角兰一起放入食物料理机中，搅打成泥状后倒入碗中，加入适量盐调味，随后加入洋葱和甜椒混合物。搅拌均匀后用汤匙盛入准备好的烤盘中，放入烤箱烘烤 20 分钟。取出后翻转倒在一个大平盘中，趁热上桌。

TORTINO DI ZUCCHINE

供 4 人食用

制备时间：30 分钟

加热烹调时间：15～20 分钟

50 克 /2 盎司黄油，另加涂抹所需

5 汤匙普通面粉，用于淋撒

3 汤匙帕玛森奶酪，现擦丝

4 颗鸡蛋

4 个西葫芦，切圆片

4 汤匙橄榄油

150 克 /5 盎司芳提娜奶酪，切丁

150 克 /5 盎司格吕耶尔奶酪，切丁

少许现磨肉豆蔻粉

200 毫升 /7 盎司牛奶

100 克 /3½ 盎司萨拉米香肠，切丁

盐和胡椒

西葫芦派 COURGETTE PIE

预热烤箱到 200°C/400°F/ 气烤箱刻度 6，烤盘中涂抹黄油。在 2 个浅盘中分别平铺 3 汤匙面粉和帕玛森奶酪，碗中打散 1 颗鸡蛋。将西葫芦片先蘸上面粉，随后裹鸡蛋液，最后裹上帕玛森奶酪丝。平底锅中加热橄榄油，加入西葫芦片用中火煎炸，直至变成金黄色且酥脆。捞出放在厨房纸上控净油，均匀摆放到准备好的烤盘上。将剩余鸡蛋的蛋清和蛋黄分离。将黄油、芳提娜奶酪、格吕耶尔奶酪、剩余的面粉和牛奶加入一口平底锅内，用小火加热。保持不停搅拌，待混合物熔化。加入肉豆蔻、盐和胡椒调味。从火上取下锅，加入香肠，逐个加入蛋黄。用搅拌器打发蛋清到硬性发泡程度，随后翻拌加入前面制作的酱汁。将酱汁倒在西葫芦片上，放入烤箱，烘烤至派的表面变为金黄色。趁热上桌。

蛋与巢 NEST EGGS

UOVA NEL NIDO

供 4 人食用

制备时间：20 分钟

加热烹调时间：15 分钟

2 条腌鳀鱼，去头，除内脏并剔骨（见第 694 页），在冷水中浸泡 10 分钟，捞出控净汤汁

40 克 /1½ 盎司松子仁

7 汤匙橄榄油

25 克 /1 盎司黄油

8 个洋蓟心

少许番茄酱

少许伍斯特沙司

4 颗煮熟的鸡蛋

盐和胡椒

切碎的新鲜平叶欧芹，用于装饰

鳀鱼肉切碎，同松子仁、6 汤匙橄榄油和黄油一起放入食物料理机内搅打成泥状。平底锅中加热剩余的橄榄油，加入鳀鱼泥和洋蓟心并缓慢搅拌，加热数分钟后加入番茄酱、伍斯特沙司、盐和胡椒调味，继续加热 10 分钟。与此同时，剥去蛋壳，将煮熟的鸡蛋切成两半。将洋蓟心摆放在餐盘中，在每个洋蓟心上放半个鸡蛋，浇上锅中的酱汁，用欧芹装饰即可。

酿馅西葫芦 STUFFED COURGETTES

ZUCCHINE RIPIENE

供 4 人食用

制备时间：20 分钟

加热烹调时间：30 分钟

橄榄油，用于涂抹和淋洒

4 个西葫芦，沿长边切两半

100 克 /3½ 盎司罐装油浸金枪鱼，控干并分离成小片状

2 颗鸡蛋

2 汤匙帕玛森奶酪，现擦丝

2 汤匙面包糠

1 枝新鲜平叶欧芹，切碎

1 汤匙白葡萄酒

盐和胡椒

预热烤箱到 180°C/350°F/ 气烤箱刻度 4，烤盘中涂橄榄油。用小茶匙挖出西葫芦中的大部分内瓤，避免破坏外壳。西葫芦壳置旁待用。将西葫芦肉放入碗中，加入金枪鱼、鸡蛋、一半帕玛森奶酪丝、欧芹和 1 汤匙面包糠，并加入适量盐和胡椒调味。接着洒入橄榄油并搅拌均匀，盛入西葫芦壳中。将西葫芦放到准备好的烤盘上，撒上剩余的帕玛森奶酪、面包糠，洒上葡萄酒，送入烤箱烘烤约 30 分钟。趁热或温热时上桌。

卡纳皮

卡纳皮以方形面包片为基础制成，面包片去硬边后切成两半，也可以切 4 小块或小三角形。改刀后的面包片直接烘烤，或在黄油中略微煎炸以增添香味。其他食材，如煮熟的鸡蛋、鳀鱼、火腿和奶酪，则可根据口味、喜好、色泽和口感搭配后摆放在面包块上。

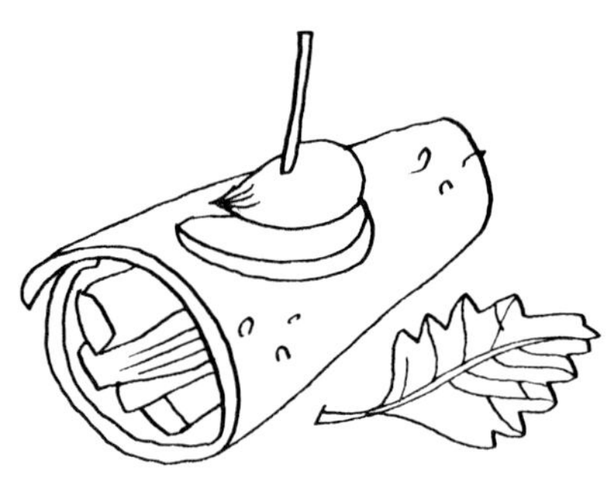

CANAPÈ AI FEGATINI

供 4 人食用

制备时间：15 分钟

加热烹调时间：12 分钟

50 克 /2 盎司黄油

300 克 /11 盎司鸡肝，修整后切块

50 毫升 /2 品脱白兰地

3 条腌鳀鱼，去头，除内脏并剔骨（见第 694 页）

4 片白面包，去边

盐和胡椒

鸡肝卡纳皮 CHICKEN LIVER CANAPÉS

平底锅中加热熔化黄油，加入鸡肝，中火煎炒，时常搅拌直至上色。淋入白兰地继续加热，直至酒精完全挥发。将鳀鱼切碎，加入平底锅中，加少许盐调味，如需要也可加入胡椒。翻炒 1 分钟后将锅从火上端离。略微烘烤面包片的两面，然后切成两半，将鸡肝混合物涂抹在面包上。待晾凉后上桌或趁温热上桌均可。

奶酪卡纳皮 CHEESE CANAPÉS

将奶酪放入碗中，用叉子碾压成泥。面包片切成两半，涂上奶酪泥，再撒一些香葱末装饰，上桌前放在阴凉处静置。

CANAPÉ AL FORMAGGIO
供 4 人食用
制备时间：10 分钟
3 小块新鲜山羊奶奶酪，常温
100 克 /3½ 盎司成熟戈尔贡佐拉奶酪
4 片全麦面包
切碎的新鲜细香葱

尼斯风味卡纳皮 NICOISE CANAPÉS

将鸡蛋剥壳后切成薄片，最好使用鸡蛋切片器，撒少许盐，置旁待用。番茄片放在浅盘中，淋上一些橄榄油。面包片涂上黄油后切成两半。在每块面包片上放 2 片番茄，片与片略重叠，在它们之间放 1 片鸡蛋，最后用橄榄装饰。

CANAPÉ ALLA NIZZARDA
供 4 人食用
制备时间：15 分钟
2 颗煮熟的鸡蛋
4 颗成熟番茄，切片，舍去头尾的几片
橄榄油，用于淋洒
4 片白面包，去边
黄油，用于涂抹
盐
100 克 /3½ 盎司去核黑橄榄，切片，用于装饰

龙虾卡纳皮 LOBSTER CANAPÉS

在碗中将蛋黄酱、白兰地和番茄酱混合均匀。面包切成两半，涂上蛋黄酱混合物。在每块面包上放 1 小片龙虾肉，最后用 1 小枝百里香装饰。

CANAPÉ ALL'ARAGOSTA
供 4 人食用
制备时间：10 分钟
½ 份蛋黄酱（见第 77 页）
1 汤匙白兰地
1~2 茶匙番茄酱
4 片全麦面包，去边
1 个煮熟的小个头龙虾尾，去壳，切成 8 片
8 小枝新鲜百里香，用于装饰

马苏里拉热卡纳皮 HOT CANAPÉS WITH MOZZARELLA

预热烤箱到 220°C/425°F/ 气烤箱刻度 7，将面包切成两半。在每块面包上放半块马苏里拉奶酪和 1 块鳀鱼肉，番茄条摆放在奶酪和鱼肉周围。将准备好的卡纳皮均匀摆放在烤盘上，放入烤箱，烘烤数分钟直至奶酪熔化。撒少许欧芹碎即可上桌。

CANAPÉ CALDI CON LE OVOLINE
供 4 人食用
制备时间：20 分钟
加热烹调时间：2 分钟
4 片白面包，去边
4 小颗马苏里拉奶酪球，切半
4 块腌鳀鱼，去头，除内脏并剔骨（见第 694 页），切成两半
2 颗番茄，切成条状
切碎的新鲜平叶欧芹，用于装饰

见第 150 页

鳄梨番茄卡纳皮 AVOCADO AND TOMATO CANAPÉS

将2汤匙的蛋黄酱、欧芹和伍斯特沙司混合均匀。面包片切成两半，涂上剩余的蛋黄酱。鳄梨去皮，切成两半后去核，随后沿长边切成片，洒一些柠檬汁，以避免变色。将每颗樱桃番茄横竖切两浅刀，略微掰开形成星形。在每块面包中间放1颗樱桃番茄，用欧芹、混合蛋黄酱和鳄梨装饰。

CANAPÈ DI AVOCADO E POMODORI
供4人食用
制备时间：20分钟
½份蛋黄酱（见第77页）
1汤匙切碎的新鲜平叶欧芹
少许伍斯特沙司
4片白面包，去边
半个鳄梨
1颗柠檬，挤出柠檬汁，过滤
8颗樱桃番茄

胡萝卜卡纳皮 CARROT CANAPÉS

胡萝卜和苹果切小条，混合均匀，洒一些柠檬汁，避免苹果变色。将面包切成两半。均匀混合欧芹碎、泡菜和蛋黄酱，随后将混合物涂抹在面包上。在每块面包中间摆放一些胡萝卜和苹果条。

CANAPÈ DI CAROTE
供4人食用
制备时间：15分钟
1根胡萝卜
半颗绿苹果，去核
半颗柠檬，挤出柠檬汁，过滤
4片白面包，去边
2汤匙切碎的新鲜平叶欧芹
50克/2盎司泡菜，切碎
½份蛋黄酱（见第77页）

火腿卡纳皮 HAM CANAPÉS

将黄油打散并搅拌成奶油状，搅拌加入火腿末。将面包片切成两半，并涂抹火腿混合物。每块面包中心装饰1颗小洋蓟，使其展开呈玫瑰花状。

CANAPÈ DI PROSCIUTTO
供4人食用
制备时间：10分钟
50克/2盎司黄油
100克/3½盎司瘦的熟火腿，切细末
4片白面包，去边
8个油浸小洋蓟，控干，用于装饰

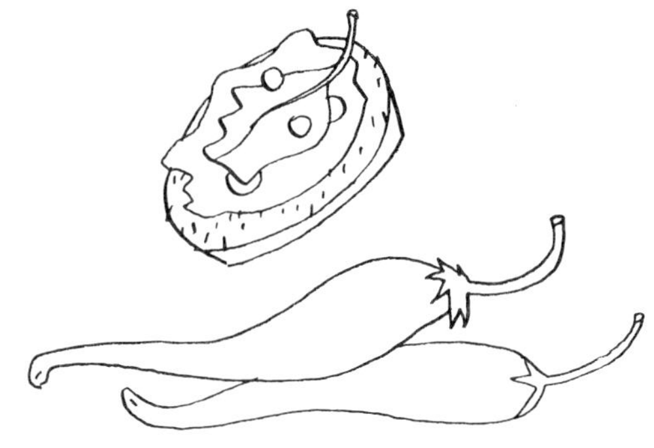

← 马苏里拉热卡纳皮，见第149页

烤面包片

烤面包片（crostini）是美味的同义词。它有众多可供选择的"底座"，各种自制面包都是理想的选择，你也可以使用法棍、原味或咸味佛卡夏、苏打面包、天然酵母面包，甚至可以使用玉米、大米、小米、荞麦或黑麦制作的面包。鸡和一些野禽的肝是传统的馅料，也可以用香草肉末、成熟奶酪和禽肉慕斯等制作馅料。

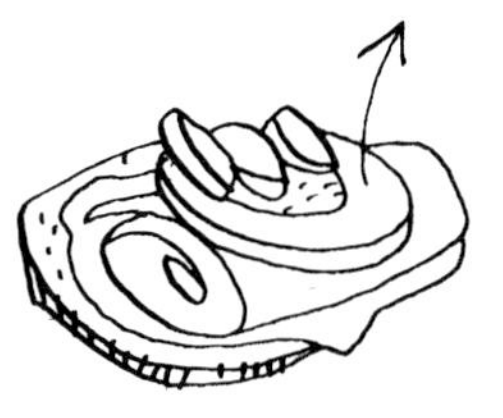

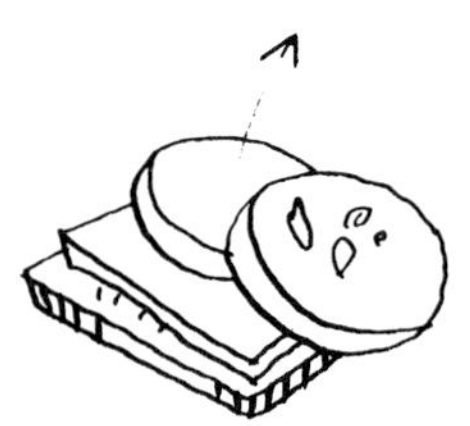

托斯卡纳风味鳀鱼烤面包片 TUSCAN ANCHOVY CROSTINI

CROSTINI ALLA TOSCANA

供 4～6 人食用

制备时间：24 小时

加热烹调时间：5 分钟

200 克 /7 盎司腌鳀鱼，去头，除内脏并剔骨（见第 694 页），在冷水中浸泡 10 分钟，捞出控干
1 片白面包，去边，冷水浸泡 10 分钟
2 汤匙切碎的新鲜平叶欧芹
半颗小洋葱，切碎
1 瓣蒜，切碎
50 克 /2 盎司酸豆，切碎
1 根新鲜红辣椒，去籽切碎
6 汤匙橄榄油
3 汤匙白葡萄酒醋
4～6 片黑麦面包
黄油，用于涂抹

将鳀鱼肉平铺在盘子中。面包片挤出水分，与欧芹、洋葱、蒜、酸豆和辣椒混合，搅拌加入橄榄油和白葡萄酒醋。将制好的酱汁浇在鳀鱼上，静置浸渍 1 天。上桌前烘烤黑麦面包，表面涂抹黄油，最后将鳀鱼混合物涂抹在面包片上即可。

CROSTINI CON FEGATINI DI POLLO

供 4～6 人食用

制备时间：15 分钟

加热烹调时间：15 分钟

2 汤匙橄榄油
1 根胡萝卜，切碎
半颗洋葱，切碎
1 根芹菜茎，切碎
6 个鸡肝，去边角
3 汤匙红葡萄酒醋
100 毫升 /3½ 盎司干白葡萄酒
2 个蛋黄
1 颗柠檬，挤出柠檬汁，过滤
4～6 片全麦面包，略微烘烤
盐和胡椒
1 汤匙酸豆，用于装饰

鸡肝烤面包片 CHICKEN LIVER CROSTINI

平底锅中加热橄榄油，加入胡萝卜、洋葱和芹菜，小火翻炒大约 5 分钟，不时搅拌。鸡肝浸红酒醋，用厨房纸拭干后加入平底锅中。锅中加入葡萄酒，用盐和胡椒调味，边搅拌边继续加热至鸡肝上色。从锅中盛出鸡肝，切碎，再重新放入锅中加热 2 分钟。在一个碗中打匀蛋黄和柠檬汁。从火上取下锅，边搅拌边倒入蛋黄柠檬液。将鸡肝酱涂抹到略加烘烤的面包片上，用酸豆装饰。尽快上桌。

CROSTINI AI FEGATINI DI POLLO E PROSCIUTTO

供 4～6 人食用

制备时间：20 分钟

加热烹调时间：45 分钟

3 汤匙橄榄油
40 克 /1½ 盎司黄油
130 克 /4½ 盎司意式熏火腿
1 颗洋葱，切碎
大约 6 汤匙温热的牛奶或牛肉高汤（见第 248 页）
150 克 /5 盎司鸡肝，去边角，切碎
2 片新鲜鼠尾草叶
4～6 片农家面包，略微烘烤
8 枝新鲜迷迭香

鸡肝火腿烤面包片 CHICKEN LIVER AND PROSCIUTTO CROSTINI

酱汁锅中加热橄榄油和一半的黄油，加入火腿和洋葱，微火加热翻炒大约 30 分钟，不时搅拌。在加热的过程中分数次加入牛奶或高汤，保持酱泥中有足够水分。加入鸡肝和鼠尾草叶，加热至沸腾，沸煮 3 分钟，不停搅拌。从火上取下锅，在绞肉机或食物料理机中搅碎鸡肝火腿混合物，随后重新放入锅内。锅中搅拌加入剩余的黄油，继续加热 3 分钟。面包片切成两半，涂上鸡肝混合物。在餐盘中交叉摆放迷迭香枝，烤面包片置于其上即可。

CROSTINI CON FUNGHI E CAPPERI

供 4～6 人食用

制备时间：20 分钟

加热烹调时间：30 分钟

3 汤匙橄榄油
300 克 /11 盎司美味蘑菇，切碎
1½ 汤匙切碎的新鲜墨角兰
1 瓣蒜，切碎
约 6 汤匙牛肉高汤（见第 248 页）
1 汤匙酸豆
1 汤匙切碎的新鲜平叶欧芹
1 条农家面包，切片，略微烘烤
盐和胡椒

蘑菇酸豆烤面包片 MUSHROOM AND CAPER CROSTINI

平底锅中加热橄榄油，加入蘑菇、墨角兰和蒜，中火加热 20 分钟，不时搅拌。分数次加入高汤，加入酸豆和欧芹，加盐和胡椒调味。调高火力，让所有汤汁熥干。将混合物涂抹在面包片上即可上桌。

淡酱蘑菇烤面包片 CROSTINI WITH MUSHROOMS IN A LIGHT SAUCE

切碎1瓣蒜备用。平底锅内加热橄榄油，加入肉肠、蒜末和欧芹碎，小火翻炒大约5分钟，不时搅拌。倒入葡萄酒，加热至酒精挥发。加入混合蘑菇，继续加热几分钟，随后加入番茄。边继续加热边分数次加入高汤，直到食材均已熟透并变得软嫩，用适量盐和胡椒调味。用另外1瓣蒜涂抹面包表面，将蘑菇混合物抹在面包块上。用薄荷叶装饰并尽快上桌。

CROSTINI CON FUNGHI IN GUAZZETTO

供4～6人食用

制备时间：15分钟

加热烹调时间：30分钟

2瓣蒜

2汤匙橄榄油

2根意式肉肠，切碎

1汤匙切碎的新鲜平叶欧芹

200毫升/7盎司干白葡萄酒

300克/11盎司混合野生和养殖的蘑菇，切块

150克/5盎司番茄，去皮切碎

大约6汤匙牛肉高汤（见第248页）

4～6片托斯卡纳风味面包或全麦面包

盐和胡椒

新鲜薄荷叶，用于装饰

葡萄柚风味烤面包片 GRAPEFRUIT CROSTINI

预热烤箱到180℃/350℉/气烤箱刻度4，烤盘中涂黄油。将葡萄柚汁倒入小号酱汁锅，加入黄油、格吕耶尔奶酪和豪达奶酪。撒入适量盐和胡椒，搅拌加入奶油，小火加热10分钟，不停搅拌。从火上取下锅，搅拌加入1个蛋黄。重新将锅放回火上加热，搅拌至顺滑，加热过程中要避免混合物沸腾。在面包片上涂抹奶油混合物，均匀放置在准备好的烤盘中。入烤箱烘烤几分钟至色泽金黄，趁热上桌。

CROSTINI CON POMPELMO

供4～6人食用

制备时间：30分钟

加热烹调时间：5分钟

15克/½盎司黄油，另加涂抹所需

2颗葡萄柚，挤出葡萄柚汁，过滤

1汤匙格吕耶尔，现擦丝

150克/5盎司淡味豪达奶酪（mild Gouda cheese），现擦丝

2汤匙双倍奶油

1个蛋黄，略微打散

4～6片白面包，去边

盐和胡椒

肉肠烤面包片 SAUSAGE CROSTINI

预热烤箱到180℃/350℉/气烤箱刻度4。在碗中压碎肉肠，加入奶酪和茴香籽，用适量盐调味并搅拌均匀。将混合物涂抹在面包片上，置于烤盘上，放入烤箱烘烤15分钟。取出后均匀摆放在大平盘中，趁热上桌。

CROSTINI CON SALSICCIA

供4～6人食用

制备时间：15分钟

加热烹调时间：15分钟

3根意式肉肠，去肠衣

150克/5盎司鲜软质奶酪，如塔雷吉欧（Taleggio）或卢比奥拉（Robiola），搅碎

1汤匙茴香籽

4～6片农家面包

盐

见第156页

→ 第156页：肉肠烤面包片；第157页：海鲜烤面包片，食谱见第158页

CROSTINI IN AGRODOLCE
供 4～6 人食用
制备时间：20 分钟
加热烹调时间：10 分钟
50 克 /2 盎司葡萄干，在热水中浸泡 10 分钟，控干
80 克 /3 盎司酸豆，切块
25 克 /1 盎司松子仁，切块
50 克 /2 盎司意式熏火腿，切末
25 克 /1 盎司黄油
1 茶匙糖
1½ 茶匙普通面粉
1 颗橙子，挤出橙汁，过滤
3 汤匙白葡萄酒醋
1 根法棍，切斜片
盐和胡椒

酸甜烤面包片 SWEET-AND-SOUR CROSTINI

葡萄干粗略切丁，碗中混合葡萄干、酸豆、松子仁和火腿。在一口小号酱汁锅中加入黄油、糖和面粉，边搅拌边小火加热。待混合物开始起沫，倒入橙汁和白葡萄酒醋，继续加热几分钟。将制作好的酱汁浇在火腿混合物上，加入适量盐和胡椒，缓慢搅拌。略微烘烤面包的两面，然后涂抹厚厚一层火腿泥。放在餐盘中，趁温热上桌。这种烤面包片也适合冷食。它的口味十分特别，但绝对值得尝试。

CROSTINI MARINARI
供 6 人食用
制备时间：30 分钟
加热烹调时间：15 分钟
250 克 /9 盎司小鱿鱼，清理干净
250 克 /9 盎司熟大虾，剥壳除沙线
1 颗鸡蛋，打散
1 瓣蒜，切碎
1 枝新鲜平叶欧芹，切碎
2 汤匙新鲜面包糠
橄榄油，用于淋洒
1 根法棍，斜切成片
盐和胡椒
见第 157 页

海鲜烤面包片 SEAFOOD CROSTINI

预热烤箱到 180°C/ 350°F/ 气烤箱刻度 4。鱿鱼和大虾粗略切块，置于碗中，加入鸡蛋、蒜、欧芹和面包糠混合均匀。淋上橄榄油，加入盐和胡椒调味。在面包片上涂抹厚厚的一层酱料后置于烤盘中，放入烤箱烘烤 15 分钟即可上桌。

CROSTINI MONTANARI CON SPECK E CREMA DI MELE
供 6 人食用
制备时间：30 分钟
5½ 英寸长的辣根，擦成末
1 颗绿苹果，削皮去核，切碎
半颗柠檬，挤出柠檬汁，过滤
100 毫升 /3½ 盎司低脂天然酸奶
100 毫升 /3½ 盎司双倍奶油
1 根法棍，切斜片
200 克 /7 盎司施佩克火腿（speck）或普通熏火腿，切片
盐和胡椒

熏火腿苹果奶油野味烤面包片 MOUNTAIN CROSTINI WITH SPECK AND APPLE CREAM

碗中加入柠檬汁，与辣根和苹果一起混合。搅拌加入酸奶和奶油，用盐和胡椒调味。将制作好的酱料涂抹在面包片上，上面再放一片熏火腿即可上桌。

塔　汀

所有塔汀（tartines，又称迷你开放三明治）都作为冷食上桌，独具风味。它们与普通的卡纳皮和烤面包片（可热食）十分相近，因此我们列几条不同来区分它们。首先，塔汀尺寸较小，分量不可过大。在形状上，你可以尽情发挥想象，星形、心形、椭圆形、菱形、方形或小三角皆可。塔汀可以使用几乎所有类型的面包，但易碎裂的黑麦面包除外。不论选择哪种面包类型，硬边必须除去。此外，面包表面需要涂抹薄薄一层黄油，以避免面包吸收水分变软。在涂抹馅料前 1 小时，需要从冰箱中取出黄油待其软化，以方便涂抹。塔汀可以提前制作，用保鲜膜覆盖保存。

大虾黄油塔汀 PRAWN BUTTER TARTINES

TARTINE AL BURRO DI GAMBERETTI

供 4 人食用

制备时间：30 分钟

400 克 /14 盎司熟大虾，去壳和沙线

200 克 /7 盎司黄油，室温软化

1 汤匙切碎的新鲜平叶欧芹

2 茶匙切碎的新鲜墨角兰

4 片新鲜罗勒叶，切碎

2 片白面包，去边，每片切成 4 块

盐和胡椒

1 小片芝麻菜和几颗酸豆，用于装饰

保留 8 只大虾备用，剩余的大虾切碎。在碗中将黄油打发成奶油状，搅拌加入切碎的虾肉、欧芹、墨角兰和罗勒，用盐和胡椒调味。将混合物涂抹在面包块上。将面包块均匀地摆放在餐盘中，每块面包上装饰 1 只虾、1 小片芝麻菜叶和几颗酸豆。

TARTINE AL CAVIALE

供 4 人食用

制备时间：20 分钟

2 颗柠檬，切片

25 毫升 /1 盎司伏特加

40～50 克 /1½～2 盎司黄油，室温软化

少许红辣椒粉

4～6 片白面包

200 克 /7 盎司鱼子酱

盐

鱼子酱塔汀 CAVIAR TARTINES

柠檬片放入汤盘中，淋上伏特加。黄油放入碗内，加入辣椒粉和少许盐一起打散。用饼干模具或杯子口将面包片切成圆形，一面涂抹辣椒粉黄油。涂过黄油的面包上放 1 片腌渍柠檬，再在柠檬片上放 1 茶匙鱼子酱。

TARTINE AL CETRIOLO

供 4 人食用

制备时间：35 分钟

2 根黄瓜，去皮

50 克 /2 盎司奶油奶酪

少许柠檬汁

1 茶匙切碎的欧芹

半条全麦面包，斜切成片，去边

盐和胡椒

黄瓜塔汀 CUCUMBER TARTINES

沿长边将 1 根黄瓜切成两半，再切成很薄的半圆形片。黄瓜片放入滤盆，撒一些盐待水分渗出。将另外 1 根黄瓜切碎，边搅拌边加入奶油奶酪中。洒入少许柠檬汁，加入欧芹、盐和胡椒调味。将面包切成方块，表面涂抹奶油奶酪混合物。黄瓜片呈鱼鳞状码放在面包片上即可上桌。

TARTINE AL CRESCIONE

供 4 人食用

制备时间：25 分钟

4 颗煮熟的鸡蛋

4 汤匙蛋黄酱（见第 77 页）

1 颗柠檬，挤出柠檬汁，过滤

1 把水田芥，粗略切碎

4～8 片白面包，去边

盐和胡椒

水田芥塔汀 WATERCRESS TARTINES

鸡蛋去壳切碎，与蛋黄酱和柠檬汁混合均匀。接着加入盐和胡椒调味，再搅拌加入水田芥。将面包片分别切成两半，表面涂抹水田芥酱泥。上桌前在冰箱中冷藏。

TARTINE AL FORMAGGIO E BRANDY

供 4 人食用

制备时间：20 分钟

200 克 /7 盎司卢比奥拉奶酪，碾碎

100 毫升 /3½ 盎司白兰地

5 粒核桃，切碎

1 汤匙松子仁，切碎

4～8 片白面包

胡椒

切半的核桃仁，用于装饰

奶酪白兰地塔汀 CHEESE AND BRANDY TARTINES

在碗中将奶酪搅拌成奶油状，接着搅拌加入白兰地、核桃和松子仁，撒入胡椒调味。用饼干切模或杯子口将面包切成圆片，涂上奶酪混合物。最后，在每片面包上放半个核桃仁装饰。卢比奥拉奶酪可用戈尔贡佐拉奶酪或罗克福尔奶酪（Roquefort）代替。

乡村塔汀 RUSTIC TARTINES

在碗中将奶酪搅拌成奶油状，搅拌加入橄榄、辣椒和金枪鱼，用适量盐调味。用饼干切模或杯子口将面包切成圆片，随后涂上混合物。最后用泡珍珠洋葱装饰即可。

TARTINE ALLA CAMPAGNOLA

供 4 人食用

制备时间：20 分钟

5 小块新鲜的羊奶奶酪

12 颗绿橄榄，去皮切片

4 根泡辣椒，去籽切碎

大约 50 克 /2 盎司罐装油浸金枪鱼，捞出控净汤汁，分成片状

4～8 片白面包

盐

泡珍珠洋葱，用于装饰

格拉帕酒梨子塔汀 GRAPPA AND PEAR TARTINES

在碗中打散马斯卡彭奶酪和新鲜软质奶酪，搅拌加入格拉帕酒。将梨去皮，切半去核，切成 8 块。每块再切成两半，淋一些柠檬汁。将芳提娜奶酪切成 4 个三角形。在面包上涂抹马斯卡彭混合物，上面摆 1 小块梨和 1 块芳提娜三角形奶酪即可。

TARTINE ALLA GRAPPA CON LE PERE

供 4 人食用

制备时间：25 分钟

200 克 /7 盎司马斯卡彭奶酪

200 毫升 /7 盎司新鲜软质奶酪（fromage frais）

1 汤匙格拉帕酒（grappa）

1 个梨

半颗柠檬，挤出柠檬汁，过滤

2 片芳提娜奶酪

2 片白面包，去边，每片切成 4 小块

比萨师塔汀 PIZZAIOLA TARTINES

处理好的番茄内撒一些盐，倒置在厨房纸上 5 分钟，去除多余水分后将番茄切碎。在大碗中混合番茄、葱、橄榄和欧芹，加入盐和胡椒调味，洒入橄榄油，混合均匀。用饼干切模或杯子口将面包切成圆形的片，切好的面包片两面略微烘烤。在面包片的一面涂上黄油，接着抹上番茄混合物，再放 1 片马苏里拉奶酪，撒少许碎牛至叶装饰即可。

TARTINE ALLA PIZZAIOLA

供 4 人食用

制备时间：30 分钟

加热烹调时间：5 分钟

2 颗较硬的成熟番茄，切半去籽

2 棵青葱，切碎

6 颗绿橄榄，去核切碎

1 汤匙新鲜平叶欧芹碎末

橄榄油，用于淋洒

4～6 片白面包

40～50 克 /1½～2 盎司黄油，室温软化

250 克 /9 盎司马苏里拉奶酪，切薄片

盐和胡椒

切碎的新鲜牛至叶，用于装饰

见第 162 页

鳄梨塔汀 AVOCADO TARTINES

鳄梨去皮，切半并去核，将果肉切碎。鳄梨果肉与奶油奶酪、柠檬果肉、柠檬汁、伍斯特沙司、细香葱一同加入食物料理机中，用盐和胡椒调味，搅打至变成顺滑的泥。在每块面包上都涂上鳄梨混合物，放半颗樱桃番茄，并用罗勒叶装饰。

TARTINE ALL'AVOCADO
供 4 人食用
制备时间：20 分钟
2 个鳄梨
150 克 /5 盎司奶油奶酪
半颗柠檬，去皮切碎
半颗柠檬，挤出柠檬汁，过滤
少许伍斯特沙司
1 汤匙切碎的新鲜细香葱
4～6 片白面包，去边，每片切成 4 小块
8～12 颗樱桃番茄，切半
盐和胡椒
新鲜罗勒叶，用于装饰

罗克福尔奶酪塔汀 ROQUEFORT TARTINES

在碗中用叉子打散 2 种奶酪，搅拌加入奶油，用盐和胡椒调味，随后用打蛋器搅拌至混合物变柔软顺滑。将面包片切成两半，涂上奶酪泥，每片面包上再装饰 1 颗白葡萄和 1 颗黑葡萄。

TARTINE AL ROQUEFORT
供 4 人食用
制备时间：15 分钟
100 克 /3½ 盎司罗克福尔奶酪，碾碎
100 克 /3½ 盎司奶油奶酪
2 汤匙双倍奶油
4～6 片全麦面包，去边
盐和胡椒
黑葡萄和白葡萄，用于装饰

金枪鱼塔汀 TUNA TARTINES

鸡蛋去壳后粗略切碎。金枪鱼、酸豆和洋葱放入食物料理机中搅打成泥状。在碗中将黄油搅打成奶油状。煮鸡蛋过细滤网，放入黄油碗中，搅拌加入金枪鱼泥。接着加入适量柠檬汁，用盐调味并淋上一些橄榄油，继续搅拌直至均匀融合。将面包切成两半，用一把沾湿的餐刀或刮刀在表面涂抹酱泥。最后在每块塔汀的顶部摆放橄榄片和几条泡甜椒装饰即可。

TARTINE AL TONNO
供 4 人食用
制备时间：40 分钟
1 颗煮熟的鸡蛋
80 克 /3 盎司罐装油浸金枪鱼，捞出，控净汤汁，分成片状
1½ 茶匙酸豆
25 克 /1 盎司泡珍珠洋葱，控干
25 克 /1 盎司黄油，室温软化
1 颗柠檬，挤出柠檬汁，过滤
橄榄油，用于淋洒
4～6 片白面包，去边
盐

用于装饰
80 克 /3 盎司绿橄榄，去核切片
1 个泡甜椒，切细条

← 比萨师塔汀，见第 161 页

TARTINE BICOLORE DI FRITTATINE

供 4 人食用

制备时间：15 分钟

加热烹调时间：10 分钟

2 颗鸡蛋

3 棵新鲜细香葱，切末

1 枝新鲜平叶欧芹，切末

1 汤匙橄榄油

4～8 片白面包，去边

黑橄榄酱，用于涂抹

盐和胡椒

双色蛋卷塔汀 TWO-COLOUR OMELETTE TARTINES

在碗中混合鸡蛋、香葱和欧芹并打散，加入盐和胡椒调味。小蛋卷锅内加热少许橄榄油，倒入 ⅓ 蛋液，倾斜并转动煎锅，让蛋液均匀覆盖锅底，中火加热至蛋饼底面凝固。将蛋饼从锅内滑落到盘子中，再以同样方法煎制另外 2 个蛋饼。煎好的蛋饼切成 5 厘米宽的条状。在面包片上涂抹橄榄酱，蛋卷条沿对角线方向放在面包片上即可。

TARTINE CON ACCIUGHE IN SALSA

供 4 人食用

制备时间：25 分钟

加热烹调时间：5 分钟

1 个煮熟鸡蛋的蛋黄

1 汤匙白葡萄酒醋

2 汤匙橄榄油

2 汤匙切碎的新鲜平叶欧芹

2～4 片白面包，去边

50 克 /2 盎司罐装剔骨鳀鱼，控干

盐和胡椒

泡珍珠洋葱，切半，用于装饰

鳀鱼鸡蛋酱塔汀 ANCHOVY AND EGG SAUCE TARTINES

鸡蛋去壳切两半，挖出蛋黄置于碗中，搅拌加入白葡萄酒醋、橄榄油和欧芹，用盐和胡椒调味。将面包片切成三角块状，两面均略微烘烤。在面包片上涂抹一些鸡蛋酱，摆放 2 条鳀鱼，最后用泡珍珠洋葱装饰。

TARTINE DI GRANCHIO ALLE MELE

供 4 人食用

制备时间：20 分钟

120 克 /4 盎司罐装蟹肉，控干

2 汤匙蛋黄酱（见第 77 页）

1 颗绿苹果

1 颗柠檬，挤出柠檬汁，过滤

4～6 片白面包，去边

1 汤匙切碎的新鲜平叶欧芹

盐和胡椒

蟹肉苹果塔汀 CRAB AND APPLE TARTINES

在碗中用叉子将蟹肉分开，搅拌加入蛋黄酱，用盐和胡椒调味。苹果去皮去核，切成小丁，淋一些柠檬汁。将苹果丁放入蟹肉泥中，搅拌的同时加入剩余的柠檬汁。将面包切成两半，表面涂抹蟹肉泥，撒适量欧芹碎。上桌前需要放冰箱中冷藏。

牛舌冻塔汀 JELLIED TONGUE TARTINES

TARTINE GELATINATE ALLA LINGUA

供 4 人食用

制备时间：15 分钟，另加冷却和冷藏用时

1 小袋吉利丁粉（约 11 克 / ⅓ 盎司）或 7 克 / ⅛ 盎司吉利丁片

4 根酸黄瓜，捞出控净汤汁

1 小条圆棍面包，切薄片并去边

200 克 / 7 盎司鹅肝酱

16 片腌制熟牛舌

根据包装上的说明准备吉利丁，置旁冷却。将每根酸黄瓜沿长边切成 4 片。在面包片上涂厚厚一层鹅肝酱，再放 1 片牛舌和 1 片酸黄瓜装饰。用甜点刷蘸一些吉利丁液，小心地慢慢在塔汀上刷数层，直至表面均匀平整。放在冰箱中冷藏 2 小时待其成形。

芥末冻塔汀 JELLIED MUSTARD TARTINES

TARTINE GELATINATE ALLA SENAPE

供 4 人食用

制备时间：25 分钟，另加冷却和冷藏用时

1 小袋吉利丁粉（约 11 克 / ⅓ 盎司）或 7 克 / ⅛ 盎司吉利丁片

3 颗煮熟的鸡蛋

8 片全麦面包，去边

80 克 / 3 盎司黄油，室温软化

2 汤匙第戎芥末

32 条罐装剔骨鳀鱼，控干

根据包装上的说明准备吉利丁，置旁冷却。鸡蛋去壳切片，最好使用切蛋器。将面包片切成两半。在碗中将黄油搅打成奶油状，随后搅拌加入芥末。在每片面包上涂抹芥末奶油，中间放 1 片鸡蛋，再取 2 条鳀鱼肉放在鸡蛋片两旁。用甜品刷蘸一些吉利丁液，在塔汀上小心地慢慢涂刷几层。放在冰箱中冷藏 2 小时待其成形。

俄式沙拉冻塔汀 JELLIED RUSSIAN SALAD TARTINES

TARTINE GELATINATE ALL'INSALATA RUSSA

供 4 人食用

制备时间：25 分钟，另加冷却和冷藏用时

1 小袋吉利丁粉（约 11 克 / ⅓ 盎司）或 7 克 / ⅛ 盎司吉利丁片

3 颗煮熟的鸡蛋

80 克 / 3 盎司黄油，室温软化

16 片全麦面包

300 克 / 11 盎司俄式沙拉（见第 141 页）

16 只熟大虾，去壳和沙线

根据包装上的说明准备吉利丁，置旁冷却。将鸡蛋去壳切片，最好使用切蛋器。在面包片上抹薄薄一层黄油，再涂一层俄式沙拉。接着在沙拉上放 1 片鸡蛋，最后取 1 只虾放在鸡蛋片正中。用甜品刷蘸一些吉利丁液体，在塔汀上小心地慢慢涂刷几层。放在冰箱中冷藏 2 小时待其成形。

船挞和迷你挞

为宾客提供开胃菜或鸡尾酒时，这些讨人喜欢的、小小的一口酥通常作为热食上桌，可以说是完美搭配。用黄油揉制的挞底为它们带来醇香可口的味道，还配有美味的馅料。制作船挞时，油酥面团铺在船形模具中，制作迷你挞时则铺在圆形模具中。烘烤和冷却后，再以不同方式填入各种馅料，避免挞底潮湿变软。未填入馅料的船挞和迷你挞可以装入袋中冷冻保存，室温解冻后即可使用。

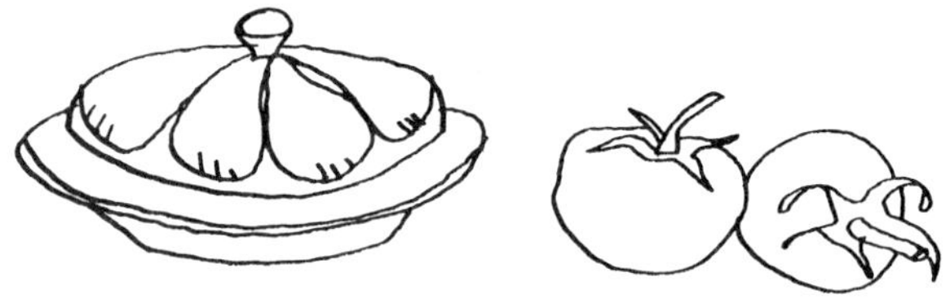

PASTA BRISÉE

分量：35～50 个船挞或迷你挞

制备时间：25 分钟，另加冷却用时，冷藏需 1 小时

加热烹调时间：15～20 分钟

250 克 /9 盎司普通面粉，另加淋撒所需

175 克 /6 盎司黄油，软化切丁

1 颗鸡蛋，略微打散

盐

油酥面团 PÂTE BRISÉE

在工作台面上过筛面粉和少许盐，使其形成一个小堆，随后加入黄油丁。用指尖揉按黄油，直至混合物质感接近面包糠颗粒。聚拢黄油面丁呈小山状，在中间挖一个小窝并倒入打散的鸡蛋和 2 汤匙水。用手（手的温度需要够凉，可在流动冷水下降温）或一把金属刮刀轻轻揉卷。用保鲜膜包裹面团，轻轻用擀面杖擀平，放入冰箱中冷藏 1 小时。烤箱预热到 180°C/350°F/ 气烤箱刻度 4。将冷藏后的面团分成数份，在撒有面粉的工作台面上擀成片状，铺入船形、卵形或圆形的迷你挞模中。挞底铺一层烘焙纸或锡箔纸，再填满烘焙豆（又称重石、由瓷、金属制成，也可以直接使用干豆子、米等）。烘烤 15～20 分钟，从烤箱中取出，倒出重石，舍去烤箱垫或烘焙纸，待其冷却。此食谱制成的面团也可以用于制作 2 个 23 厘米的圆派。可根据具体需要的面团分量，将食谱用料加倍或减半。

大虾船挞 PRAWN BARQUETTES

将洋葱、芹菜、胡萝卜和欧芹放入酱汁锅中，倒入足够没过蔬菜的清水，加入少许盐并加热至沸腾。加入大虾焯煮 3～4 分钟，捞出控干汤汁，保留汤汁。将汤汁倒回锅中，加入马铃薯煮 10～15 分钟直至变软嫩。控干马铃薯并混合 25 克 /1 盎司黄油和适量牛奶，按压成马铃薯泥。另取一口小号酱汁锅，加热剩余的黄油，加入番茄，小火煸炒 3～4 分钟直至软嫩。从火上取下锅，加入适量盐调味。将大虾去壳和沙线。烤箱预热到 200°C/ 400°F/ 气烤箱刻度 6。上桌前，将马铃薯泥盛入挞中，随后加入大虾和番茄。放入烤箱加热 5 分钟即可上桌。

BARCHETTE AI GAMBERETTI
分量：35～50 个船挞
制备时间：1 小时，另加冷藏用时
加热烹调时间：5 分钟
¼ 颗洋葱
1 根芹菜茎
1 根胡萝卜
1 枝新鲜平叶欧芹
30～50 只小个的大虾
3 个马铃薯，切丁
40 克 /1½ 盎司黄油
约 150 毫升 /¼ 品脱热牛奶
2 颗番茄，切丁
35～50 个油酥面团船形挞底（见前页）
盐
见第 168 页

四味奶酪船挞 FOUR-CHEESE BARQUETTES

烤箱预热到 200°C/ 400°F/ 气烤箱刻度 6。意面放入加了盐的沸水中煮 8～10 分钟，保持口感筋道。捞出控干水分，边搅拌边加入黄油和所有的奶酪。上桌前，在挞中填入一些意面混合物，再加 1～2 汤匙白汁。放入烤箱中烘烤约 10 分钟，直至金黄起泡。

BARCHETTE AI QUATTRO FORMAGGI
分量：35～50 个船挞
制备时间：1 小时，另加冷藏用时
加热烹调时间：10 分钟
150 克 /5 盎司手指面（ditalini pasta）
50 克 /2 盎司黄油
50 克 /2 盎司芳提娜奶酪，现擦丝
50 克 /2 盎司瑞士多孔奶酪，现擦丝
50 克 /2 盎司卡乔塔（Caciotta）奶酪，现擦丝
50 克 /2 盎司马苏里拉奶酪，切末
35～50 个油酥面团船形挞底（见前页）
1 份白汁（见第 58 页）
盐

鳀鱼船挞 ANCHOVY BARQUETTES

在小号酱汁锅中加热橄榄油，加入蒜和洋葱，小火煸炒 5 分钟，不时搅拌直至软嫩。接着搅拌加入番茄泥，继续加热几分钟。从火上取下锅，搅拌加入酸豆和鳀鱼。上桌前在挞中填入鳀鱼泥，用橄榄装饰。

BARCHETTE DI ACCIUGHE
分量：35～50 个船挞
制备时间：1 小时，另加冷藏用时
加热烹调时间：8 分钟
1 汤匙橄榄油
1 瓣蒜，切末
1 颗洋葱，切末
2 汤匙浓缩番茄泥
2 汤匙酸豆
6 条罐装剔骨鳀鱼，控干并切碎
35～50 个油酥面团船形挞底（见前页）
去核黑橄榄，切 4 瓣，用于装饰

蟹肉船挞 CRAB BARQUETTES

烤箱预热到200°C/400°F/气烤箱刻度6。在平底锅中加热熔化黄油，加入培根和洋葱，小火翻炒，不时搅拌，洋葱变得软嫩后从火上取下锅。在碗中将鸡蛋和帕玛森奶酪丝、奶油一起打散，加入盐和胡椒调味。将蟹肉、培根和洋葱搅拌加入蛋液中。上桌前，用汤匙将混合物填入挞中。放入烤箱烘烤大约10分钟，直至馅料凝固成形。

BARCHETTE DI POLPA DI GRANCHIO

分量：35～50个船挞

制备时间：1小时15分钟，另加冷藏用时

加热烹调时间：10分钟

25克/1盎司黄油

25克/1盎司意式培根，切丁

半颗洋葱，切末

2颗鸡蛋

25克/1盎司帕玛森奶酪，现擦丝

2汤匙双倍奶油

100克/3½盎司白蟹肉，如为罐装需控干水分

30～50个油酥面团船形挞底（见第166页）

盐和胡椒

奶酪迷你挞 CHEESE TARTLETS

在酱汁锅中加热熔化黄油，加入韭葱，小火煸炒5分钟，不时搅拌直至软嫩。接着加入青豌豆，用盐和胡椒调味，继续加热大约20分钟并不时搅拌。在碗中混合牛奶、肉豆蔻、鸡蛋和少许盐，一起打散。烤箱预热到200°C/400°F/气烤箱刻度6。上桌前，用汤匙将韭葱青豌豆混合物填入挞中，再浇1汤匙蛋液覆盖馅料，顶部放几小块罗克福尔奶酪。放入烤箱烘烤大约10分钟。

TARTELETTE AL FORMAGGIO

分量：35～50个迷你挞

制备时间：1小时15分钟，另加冷藏用时

加热烹调时间：10分钟

25克/1盎司黄油 • 1根韭葱，去边角，切薄片 • 150克/5盎司去荚青豌豆 • 2颗鸡蛋 • 100毫升/3½盎司牛奶 • 少许现磨肉豆蔻 • 200克/7盎司罗克福尔奶酪，切丁 • 30～50个油酥面团迷你挞底（见第166页） • 盐和胡椒

戈贡佐拉迷你挞 GORGONZOLA TARTLETS

在碗中将马斯卡彭和戈贡佐拉奶酪搅拌均匀，随后搅拌加入欧芹，用盐和胡椒调味。上桌前，用汤匙将奶酪混合物盛入装有星状裱花嘴的裱花袋中并挤入挞中。最后在迷你挞的顶部装饰半颗核桃仁和1颗开心果仁。

TARTELETTE AL GORGONZOLA

分量：35～50个迷你挞

制备时间：1小时，另加冷藏用时

200克/7盎司马斯卡彭奶酪

100克/3½盎司戈贡佐拉奶酪

1汤匙切碎的新鲜平叶欧芹

30～50个油酥面团迷你挞底（见第166页）

盐和胡椒

用于装饰

切半的核桃仁 • 开心果仁

← 大虾船挞，见第167页

TARTELETTE DI AVOCADO

分量：35～50 个迷你挞

制备时间：1 小时 15 分钟，另加冷藏用时

25 颗樱桃番茄，切半去籽
2 个新鲜鳄梨
1 茶匙现挤柠檬汁
300 毫升 / ½ 品脱鲜软质奶酪
2 汤匙双倍奶油
30～50 个油酥面团迷你挞底（见第 166 页）
盐和胡椒
30～50 片罗勒叶

鳄梨迷你挞 AVOCADO TARTLETS

在樱桃番茄切面上撒少许盐，倒置于厨房纸上吸收水分。鳄梨去皮去核并切碎果肉，与柠檬汁一同置于食物料理机中搅打成泥。在碗中混合鲜软质奶酪和奶油，搅拌加入鳄梨泥，用盐和胡椒调味。上桌前，在每个挞中填入鳄梨混合物，挞顶摆放半颗樱桃番茄，装饰 1 片罗勒叶。

TARTELETTE DI POLLO

分量：35～50 个迷你挞

制备时间：1 小时 15 分钟，另加冷藏用时

300 克 / 11 盎司去皮剔骨鸡胸肉
2 颗煮熟的鸡蛋
2 汤匙蛋黄酱（见第 77 页）
1 汤匙双倍奶油，打发
30～50 个油酥面团迷你挞底（见第 166 页）
盐
法式或德式酸黄瓜，控干，切薄片，用于装饰

鸡肉迷你挞 CHICKEN TARTLETS

将鸡胸肉放入酱汁锅中，加入没过鸡肉的水，加热至沸腾后改小火加热，盖上锅盖，继续加热大约 20 分钟直至鸡肉熟透。熟鸡胸肉控干水，冷却后粗略切块，再用绞肉机或食物料理机打成肉泥。鸡蛋去壳切半，挖出蛋黄，与鸡肉泥混合。接着搅拌加入蛋黄酱和打发奶油，加入盐调味。上桌前，在每个挞中填入鸡肉泥，用酸黄瓜片装饰。

鳄梨迷你挞 →

咸味泡芙

本书第 1172 页的咸味泡芙也可以以奶油奶酪、鱼肉、蔬菜等作为馅料。如果需要更浓郁的味道，可以加少许盐或胡椒，甚至是 2 汤匙奶酪末。泡芙最好小一点儿，以便在鸡尾酒会或自助餐会上享用。泡芙上桌时可热可温，常以同心圆形或金字塔状摆在盘中。如果作为开胃菜享用，通常 4 个泡芙为 1 人份。如果泡芙较大，2 个足矣。

BIGNÉ AI FUNGHI
供 4 人食用
制备时间：1 小时
加热烹调时间：15 分钟
25 克 /1 盎司黄油
1 汤匙橄榄油
300 克 /11 盎司蘑菇，粗略切碎
175 毫升 /6 盎司双倍奶油
50 克 /2 盎司瑞士多孔奶酪，现擦丝
8 个大个泡芙（见第 1170 页）
盐和胡椒

蘑菇泡芙 MUSHROOM PUFFS

平底锅中加热黄油和橄榄油，加入蘑菇，加热大约 7 分钟直至软嫩。搅拌加入奶油和瑞士多孔奶酪，用盐和胡椒调味后从火上取下锅。在泡芙顶上切一个开口，填入足量蘑菇酱泥。置于烤盘上，烤箱预热到 200°C/400°F/ 气烤箱刻度 6，烘烤几分钟，待其完全热透即可上桌。

BIGNÉ ALLA CREMA DI FORMAGGIO
供 4 人食用
制备时间：1 小时
加热烹调时间：10 分钟
150 毫升 /¼ 品脱双倍奶油
100 克 /3½ 盎司戈贡佐拉奶酪，切丁
100 克 /3½ 盎司芳提娜奶酪，切丁
100 克 /3½ 盎司波罗伏洛奶酪，切丁
1 汤匙切碎的芹菜叶
少许现磨肉豆蔻
16 个小泡芙（见第 1170 页）
盐和白胡椒

丝绒奶酪泡芙 CREAMY CHEESE PUFFS

将奶油均匀地分到 3 口小酱汁锅中。一口锅中加入戈贡佐拉奶酪，将芳提娜奶酪加入另一口锅中，波罗伏洛奶酪放入第三口锅中。轮流在小火上加热 3 种奶酪，不停搅拌，直到奶酪熔化为奶油状。用盐调味后将锅从火上端离。戈贡佐拉奶酪酱中搅拌加入芹菜叶，芳提娜奶酪酱中搅拌加入少许白胡椒，波罗伏洛奶酪酱中搅拌加入肉豆蔻粉。泡芙顶上切一个开口，填入 3 种奶酪酱。堆成金字塔状上桌。

鲑鱼泡芙，见第 174 页 →

BIGNÉ AL SALMONE
供 4 人食用
制备时间：1 小时 30 分钟
加热烹调时间：10 分钟
1 份白汁（见第 58 页）
少许现磨肉豆蔻
3 汤匙双倍奶油
300 克 /11 盎司里考塔奶酪
80 克 /3 盎司烟熏鲑鱼，切碎
1 汤匙切碎的新鲜平叶欧芹
8 个大个泡芙（见第 1170 页）
4 汤匙帕玛森奶酪，现擦丝
盐和胡椒
见第 173 页

鲑鱼泡芙 SALMON PUFFS

烤箱预热到 200°C/400°F/ 气烤箱刻度 6。在白汁中加入少许肉豆蔻粉。在一个碗中将奶油和里考塔奶酪搅拌均匀，搅拌加入鲑鱼和欧芹，加入盐和胡椒调味。用汤匙将鲑鱼酱泥盛入挤花袋中。在泡芙顶上切一个开口，挤入鲑鱼酱泥。将准备好的泡芙放入耐热烤盘中，撒上帕玛森奶酪丝，并将白汁淋到泡芙上。烘烤 10 分钟即可上桌。

FRITTELLE AL BACON
供 4 人食用
制备时间：40 分钟
加热烹调时间：10 分钟
25 克 /1 盎司黄油
3 片培根
1½ 茶匙切碎的新鲜平叶欧芹
½～1 茶匙第戎芥末
1 份咸味泡芙面糊（见第 1172 页）
植物油，用于油炸
胡椒

培根炸面点 BACON FRITTERS

平底锅中加热熔化黄油，加入培根，煎至酥脆后取出切碎。将培根、欧芹、少许胡椒和适量芥末在碗中混合均匀。搅拌加入泡芙面糊中，随后揉成小球。植物油加热到 180～190°C，或可以在 30 秒内将一小块面包炸至金黄色的温度。面球放入油中炸几分钟，直至变蓬松且呈金黄色。捞出后在厨房纸上控干油，趁热上桌。

SGONFIOTTI DI POMODORI
供 4 人食用
制备时间：1 小时
加热烹调时间：10 分钟
20 颗樱桃番茄
150 克 /5 盎司马苏里拉奶酪，切丁
8 片新鲜罗勒叶，切碎
2 条油浸剔骨鳀鱼，控干切碎
植物油，用于油炸
1 份咸味泡芙面糊（见第 1172 页）
盐

番茄炸面点 TOMATO FRITTERS

用一把锋利的小刀切下樱桃番茄靠近果蒂的部分，取出籽。番茄内撒一些盐，倒置于厨房纸上吸收水分。与此同时，在碗中将马苏里拉奶酪、罗勒和鳀鱼混合均匀。橄榄油加热到 180～190°C，或可以在 30 秒内将一小块面包炸至金黄色的温度。在番茄内填入奶酪泥，随后逐个裹上泡芙面糊。放入热油中炸至变蓬松且呈金黄色。取出在厨房纸上控干油，趁热上桌。

一口酥和泡芙面点

一口酥和泡芙面点是最美味的前菜之一（它们也特别适合作为甜点享用）。可以制作成迷你挞、碗状或小方块的等，但最经典的还是酥盒造型，法国人制作的非常小的酥盒称为一口酥，因为它们十分便于整颗享用。这些极轻盈的面点制作起来不仅有些难度，而且十分耗费时间，因此绝大多数情况下会使用现成品。市面上有许多家出色的冷冻面点品牌，它们也足够轻盈酥脆。一口酥和泡芙在大部分情况下都作为热食上桌，以黄油为主要原料之一的酥皮填满馅料后入口即化。所以，在上桌前可以将它们放入低温烤箱中保持温热。

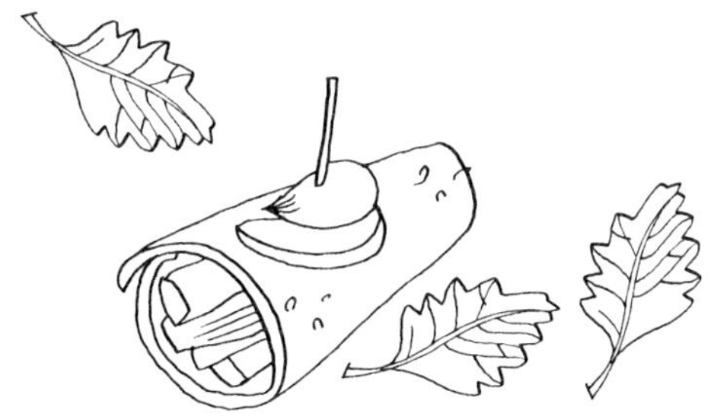

里考塔一口酥 RICOTTA MORSELS

混合火腿末和1汤匙里考塔奶酪备用。用剩余的里考塔奶酪、黄油、面粉和少许盐制作松软的油酥面团（见第166页），静置1小时。烤箱预热到180°C/350°F/气烤箱刻度4，烤盘上铺烘焙纸。在撒有面粉的工作台面上将面团擀成薄片，用饼干切模切出一个个圆片。将火腿酱泥倒在每块面片正中，对折面片并卷起边缘封严。表面刷蛋黄液，置于准备好的烤盘上。烘烤20分钟，趁热或待冷却后上桌。一口酥口感细腻，十分适合作为雅致的开胃菜。

BOCCONCINI DI RICOTTA

供6人食用

制备时间：35分钟，另加1小时静置时间

加热烹调时间：20分钟

100克/3½盎司熟火腿，切碎

100克/3½盎司里考塔奶酪

100克/3½盎司黄油

100克/3½盎司普通面粉，另加淋撒所需

1个蛋黄，略微打散

盐

BOCCONCINI RUSTICI
供 6 人食用
制备时间: 30 分钟
加热烹调时间: 20 分钟
25 克 /1 盎司黄油
350 克 /12 盎司鸡肝，除去边角，切块
3 片鼠尾草叶
1 把墨角兰，取叶用
2 汤匙普通面粉，另加淋撒所需
2 汤匙马尔萨拉白葡萄酒
100 毫升 /3½ 盎司双倍奶油
250 克 /9 盎司成品千层酥皮面团，若为冷冻需解冻
18 颗即食西梅干
1 个蛋黄，略微打散
盐和胡椒

乡村一口酥 COUNTRY BOUCHÉES

在平底锅中加热熔化黄油。加入鸡肝、鼠尾草和墨角兰，中火煸炒几分钟，不时搅拌直至鸡肝变成褐色。撒入面粉并搅拌均匀。倒入马尔萨拉白葡萄酒，继续加热直至完全挥发。转小火加热，搅拌加入奶油，加入盐和胡椒调味，不时搅拌，加热大约 10 分钟。预热烤箱至 200°C/400°F/ 气烤箱刻度 6。与此同时，在撒有面粉的工作台面上擀平酥皮面团，切成 18 个方片。在每块泡芙面片中间放一些鸡肝酱泥，并在顶上摆 1 颗西梅干。面片其余部分涂上蛋黄，四角向内折起合拢。置于烤盘中烘烤 20 分钟，直至表面成金黄色即可。

BRIOCHES ALLA PARIGINA
供 6 人食用
制备时间: 20 分钟
加热烹调时间: 10 分钟
50 克 /2 盎司黄油
150 克 /5 盎司烟熏培根，切丁
150 克 /5 盎司熟火腿，切丁
150 克 /5 盎司格吕耶尔奶酪，切丁
4 根维也纳或法兰克福香肠，切丁
300 毫升 /½ 品脱双倍奶油
50 毫升 /2 盎司白兰地
18 个小布里欧修面包
盐和胡椒

巴黎布里欧修 PARISIAN BRIOCHES

烤箱预热至 180°C/350°F/ 气烤箱刻度 4。用酱汁锅加热熔化黄油，加入培根、火腿、格吕耶尔奶酪和香肠并搅拌均匀。加入奶油和白兰地，继续加热，不时搅拌直至酱汁变得浓稠。从火上取下锅，加入盐和胡椒调味。从中间横切布里欧修，上半部分置旁待用。挖出下半部分面包的一部分面包心，倒入培根酱。重新盖上面包的上半部分，放入烤箱烘烤 10 分钟。趁热上桌。

CARAMELLE RUSTICHE
供 6~8 人食用
制备时间: 30 分钟
加热烹调时间: 20 分钟
25 克 /1 盎司面包糠
4 汤匙牛奶
25 克 /1 盎司黄油
300 克 /11 盎司肉馅，牛肉或小牛肉
150 克 /5 盎司意式肉肠，切碎
1 汤匙切碎的新鲜平叶欧芹
40 克 /1½ 盎司帕玛森奶酪，现擦丝
2 颗鸡蛋，略微打散
250 克 /9 盎司成品千层酥皮面团，若为冷冻需解冻
面粉少许，用于淋撒
1 个蛋黄
盐和胡椒

乡村糖果 COUNTRY BONBONS

烤箱预热到 200°C/400°F/ 气烤箱刻度 6，烤盘上铺烘焙纸。将面包糠倒入一个大碗中，加入 3 汤匙牛奶，放在一边待其吸收。平底锅中加热熔化黄油，加入肉馅，用中火加热，不时翻炒直至略微上色。从火上取下锅，将肉馅装入碗中。挤出面包糠中的牛奶，和意式肉肠碎一起加入肉馅碗中，并加入欧芹和帕玛森奶酪丝。再搅拌加入打散的鸡蛋，用盐和胡椒调味。在搅拌均匀所有食材后，将馅料揉制成 30 个小丸子。在撒有面粉的工作台面将酥皮面团擀成薄片，用波浪纹切面轮切成 30 个方块。每个方块中间放 1 颗肉丸，按照太妃糖的包裹方式，用面皮包起肉丸。用剩下的牛奶略微打散蛋黄，刷在糖果表面上。将它们置于烤盘中，烘烤约 20 分钟。

乡村糖果 →

di Origine
Garantita
2009
Italia

红菊苣捆 RADICCHIO BUNDLES

烤箱预热到200°C/400°F/气烤箱刻度6，烤盘中涂黄油。在酱汁锅中加热熔化黄油，加入红菊苣，小火加热几分钟，不时搅拌直至变得软嫩。加入盐和胡椒调味后从火上取下锅。面团放在撒有面粉的工作台面上擀成薄片，随后用饼干切模或杯子口切出圆形的面片。在每块面片正中从下至上放一些红菊苣、2片奶酪和1片松露。面片边缘涂抹蛋黄液，卷起成捆状。表面刷蛋黄，置于准备好的烤盘中，烘烤10分钟直至变金黄。

FAGOTTINI DI RADICCHIO
供6人食用
制备时间：30分钟
加热烹调时间：10分钟
25克/1盎司黄油，另加涂抹所需
2棵红菊苣，粗略切碎
250克/9盎司成品千层酥皮面团，若为冷冻需解冻
普通面粉，用于淋撒
80克/3盎司夸迪洛罗奶酪（quartirolo）或塔雷吉欧奶酪，切薄片
1小块白松露，切薄片
1个蛋黄，略微打散・盐和胡椒

奶酪小酥饼 SMALL CHEESE CRACKERS

烤箱预热到180°C/350°F/气烤箱刻度4。将马铃薯放入加有少许盐的开水中煮15～20分钟，直至变软。捞出控干水分，去皮并用马铃薯压泥器制成泥，随后搅拌加入面粉和一半用量的黄油。将马铃薯面团揉按均匀，在撒有面粉的工作台面上擀成5毫米厚的片。碗中均匀混合戈贡佐拉奶酪、剩余的黄油和核桃碎。将马铃薯面片切成三角形的片，用切成同样形状的奶酪片覆盖其上。在三角块上涂戈贡佐拉奶酪酱泥，再覆盖另一片马铃薯面三角块，边缘按压出褶。置于烤盘中，顶部涂抹蛋黄液。烘烤15分钟，随后从烤箱取出再次涂蛋黄液，并撒上核桃碎。放回烤箱再烘烤2分钟即可上桌。

GALLETTINE AL FORMAGGIO
供6～8人食用
制备时间：20分钟
加热烹调时间：20分钟
1千克/2¼磅马铃薯
150克/5盎司普通面粉，另加淋撒所需
100克/3½盎司黄油，软化
80克/3盎司戈贡佐拉奶酪，碾碎
50克/2盎司去壳核桃，切碎
5片意式软质奶酪片或格吕耶尔奶酪薄片
1个蛋黄，略微打散
盐
切碎的核桃，用于装饰

罗马新月 ROMAN CRESCENTS

在工作台面上将面粉和少许盐过筛成小堆，中间挖一个小窝，加入黄油、蛋黄和1汤匙的水。用指尖逐渐将面粉混合为面团，如需要，可再多加一些水。略微揉按面团，使其形成球形，静置1小时。在撒有面粉的工作台面上将面团擀成薄片，随后用饼干切模或杯子切出圆片。植物油加热到180～190°C，或者能够将一小块面包在30秒内炸至金黄色的程度。与此同时，在碗中将火腿、鼠尾草、波罗伏洛奶酪、帕玛森奶酪和鸡蛋混合均匀，加入盐和胡椒调味。用汤匙盛一小块火腿奶酪泥置于面片中间，对折密封并压出褶，刷上蛋清后油炸至色泽金黄。在厨房纸上控干油，趁热上桌。

MEZZELUNE ALLA ROMANA
供6人食用
制备时间：40分钟，另加1小时静置时间
加热烹调时间：15分钟
300克/11盎司面粉，另加淋撒所需
50克/2盎司黄油，软化・2个蛋黄
植物油，用于油炸
100克/3½盎司熟火腿，切碎
10片新鲜鼠尾草叶，切碎
100克/3½盎司成熟波罗伏洛奶酪丁
2½汤匙帕玛森奶酪，现擦丝
1颗鸡蛋，略微打散
1个蛋清，略微打散
盐和胡椒

见第180～181页

← 奶酪小酥饼

PICONCINI MARCHIGIANI
供 6～8 人食用
制备时间：40 分钟，另加 20 分钟静置
加热烹调时间：20 分钟
300 克 /11 盎司普通面粉，另加淋撒所需
1 颗鸡蛋
100 克 /3½ 盎司黄油，软化，切丁
2～3 汤匙牛奶，另加涂抹所需
盐

用于制作馅料
2 颗鸡蛋
150 克 /5 盎司帕玛森奶酪，现擦丝
盐

马尔凯一口酥 PICONCINI FROM MARCHE

面粉和少许盐过筛，在工作台面上堆成小堆，中间挖一个小窝，加入鸡蛋、黄油和 2 汤匙牛奶。用指尖逐渐混合面粉，揉成面团。根据需要，可另加一些牛奶。稍微揉按面团，使其成球形，放入冰箱冷藏 20 分钟。烤箱预热到 180°C/350°F/ 气烤箱刻度 4，烤盘上铺上烘焙或烤垫。工作台面上撒少许面粉，将面团擀成薄片，用饼干模具或杯子口切出直径 5 厘米的圆片。接着制作馅料。鸡蛋加入少许盐打散，搅拌加入帕玛森奶酪丝。如果太稀，可搅拌加入更多帕玛森奶酪丝。在每块面片中放 1 茶匙馅料，对折封严并压出褶。随后用剪刀在每个一口酥正中轻轻夹一下，表面刷牛奶后置于准备好的烤盘中，烘烤约 20 分钟即可。趁热搭配开胃酒一起上桌。

SFOGLIATINE AL POLLO E CURRY
供 6 人食用
制备时间：1 小时 30 分钟，另加冷却用时
加热烹调时间：10 分钟
250 克 /9 盎司成品千层酥皮面团，如为冷冻需解冻
普通面粉，用于淋撒
200 克 /7 盎司熟鸡肉，粗略切碎
咖喱粉，适量
250 毫升 /8 盎司白汁（见第 58 页）
2 个蛋黄，略微打散
盐和胡椒

咖喱鸡肉酥 CURRIED CHICKEN PUFFS

烤箱预热到 200°C/400°F/ 气烤箱刻度 6。工作台面上撒少许面粉，将面团擀成薄片，用饼干模具或杯子口切出 12 个圆片。置于烤盘中烘烤 15～20 分钟，直至变得蓬松且金黄。取出后放在网架上待其冷却。将鸡肉放入食物料理机中搅打成细末状，倒入碗中，用适量咖喱粉调味。搅拌加入白汁和蛋黄，并用盐和胡椒调味。上桌前，在两片酥皮之间夹一些鸡肉泥，置于烤盘中，在预热到 180°C/350°F/ 气烤箱刻度 4 的烤箱中加热 10 分钟。

第 180～181 页：罗马新月，食谱见第 179 页

蘑菇酥，见第 184 页 →

SFOGLIATINE AI FUNGHI
供 6 人食用
制备时间：30 分钟
加热烹调时间：15 分钟
25 克 /1 盎司黄油，另加涂抹所需
300 克 /11 盎司蘑菇
1 颗柠檬，挤出柠檬汁，过滤
250 克 /9 盎司成品千层酥皮面团，如为冷冻需解冻
普通面粉，用于淋撒
6 片熟火腿，切半
40 克 /1½ 盎司松子仁
150 克 /5 盎司芳提娜奶酪，切片
1 个蛋黄，略微打散
盐和胡椒
见第 183 页

蘑菇酥 MUSHROOM PUFFS

烤箱预热到 200°C/400°F/ 气烤箱刻度 6，烤盘中稍微涂抹一些黄油。将蘑菇切片，淋上柠檬汁。平底锅中加热熔化黄油，加入蘑菇，中火翻炒 7 分钟直至软嫩，其间时常搅拌（如果汤汁快要熗干则加入 1 汤匙温水）。工作台面上撒少许面粉，将面团擀成约 3 毫米厚的薄片，用饼干模具或杯子口切出直径 10 厘米的圆片。摊平半片火腿，放上几片蘑菇、几粒松子仁、1 片芳提娜奶酪、少许盐和胡椒，将边缘折起包裹馅料。随后在每块起酥面片上放 1 个火腿卷，合起面片，捏紧边缘。将蘑菇酥摆放在准备好的烤盘中，涂上蛋黄液，烘烤约 15 分钟直至变成金黄色。

SFOGLIATINE CON RAFANO E WÜSTEL
供 6 人食用
制备时间：45 分钟，另加冷却用时
加热烹调时间：8 分钟
6 根法兰克福香肠
1 份辣根黄油（见第 105 页）
12 个酥皮面圆片（见咖喱鸡肉酥，第 182 页）

辣根香肠酥 HORSERADISH AND SAUSAGE PUFFS

香肠放入微微沸腾的水中煮约 8 分钟，捞出控干。冷却后去皮并切碎，与辣根黄油混合均匀。上桌前在 2 片烤过的酥皮面片之间夹一些香肠酱泥即可。此菜作为冷食上桌，建议与开胃酒一起享用。

SFOGLIATINE CON SCAMPI AL CURRY
供 6 人食用
制备时间：1 小时 15 分钟
加热烹调时间：5 分钟
200 克 /7 盎司海螯虾或都柏林湾大虾
半颗洋葱，切丝
20 克 / ¾ 盎司黄油
1 茶匙普通面粉
¼ 茶匙咖喱粉
1 个蛋黄
12 个酥皮面片（见咖喱鸡肉酥，第 182 页）
盐

咖喱海螯虾酥 CURRIED LANGOUSTINE PUFFS

用大平底锅煮沸加入少许盐的清水。加入海螯虾或大虾和洋葱，煮 2～5 分钟，捞出控干，保留汤汁。煮过的海螯虾或大虾去壳。酱汁锅中均匀混合黄油和面粉，用小火加热，边搅拌边逐渐加入保留的汤汁。慢火加热大约 15 分钟并不停搅拌。加入盐调味，搅拌加入海螯虾（或大虾）、咖喱粉和蛋黄，拌匀后将锅从火上端离。上桌前，在 2 片酥皮面片之间夹一些酱泥，置于烤盘中，送入预热到 180°C/350°F/ 气烤箱刻度 4 的烤箱烘烤 5 分钟。

可丽饼

可丽饼有十数种之多，又有甜味与咸味之分。当烹饪者发愁如何呈现一次典雅的晚宴或如何准备有新意的点心时，它们可以提供丰富的选择。可丽饼的制作过程十分简单，但却很耗费时间，因此可以一次性制作比所需更多的分量，保存在冰箱里待下次继续使用。小尺寸、厚底、有不粘涂层的可丽饼锅是最受欢迎的，但近年来，不粘电饼铛在市场上也十分常见。将1大勺面糊倒在饼铛上，当底面熟透后，用铲子为可丽饼翻个面，再加热另一面。不论你选择哪种制作方式，可丽饼薄薄的饼皮都是必需的。

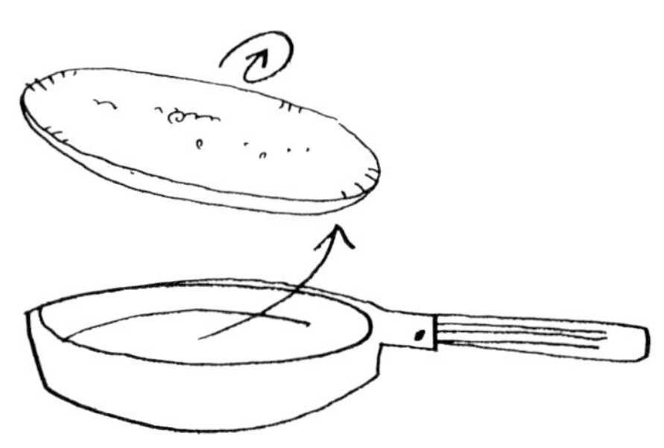

可丽饼面糊（基础配方）CRÊPE BATTER (BASIC RECIPE)

PASTELLA PER CRÊPES (RICETTA BASE)

可用于制作12张可丽饼

制备时间：20分钟，另加冷却用时和1小时静置用时

加热烹调时间：40分钟

100克/3½盎司普通面粉

2颗鸡蛋

250毫升/8盎司牛奶

25克/1盎司黄油

植物油，用于涂抹

盐

面粉过筛，放入碗中，加入鸡蛋和3～4汤匙牛奶，搅拌均匀。边搅拌边加入剩余的牛奶，制成相对较稀的面糊。隔水加热熔化黄油，待其完全冷却后加入面糊中。加入盐调味，用小号搅拌器搅拌几分钟，一旁静置至少1小时。可丽饼锅内刷上少许植物油并加热，倒入2汤匙面糊。倾斜旋转可丽饼锅让面糊均匀覆盖锅底，加热3～4分钟直至底面完全凝固且色泽金黄。用铲子翻面，继续加热约2分钟，呈金黄色即可装盘。重复此方法，制作更多可丽饼，直至面糊全部用完。如果需要制作甜味可丽饼，面糊调味时可用糖代替盐。

→ 第186页：芦笋可丽饼；第187页：火腿芳提娜可丽饼，食谱见第188页

CRÊPES AGLI ASPARAGI
可用于制作 12 张可丽饼
制备时间：1 小时 15 分钟
加热烹调时间：10 分钟
800 克 / 1¾ 磅芦笋，除边角
50 克 / 2 盎司黄油，另加涂抹所需
12 张可丽饼（见第 185 页）
150 毫升 / ¼ 品脱双倍奶油
50 克 / 2 盎司帕玛森奶酪，现擦丝
盐

见第 186 页

芦笋可丽饼 ASPARAGUS CRÊPES

将芦笋放入加了少许盐的沸水中煮约 15 分钟。捞出控干水分并粗略切碎。用大平底锅加热熔化一半的黄油，加入芦笋，小火翻炒 5 分钟，不时搅拌。烤箱预热到 200°C/400°F/ 气烤箱刻度 6，在耐热焗盘中涂上黄油。可丽饼上刷一些奶油，撒一半帕玛森奶酪丝，将芦笋置于其上并卷起。可丽饼卷放在准备好的耐热焗盘中，单层排好，倒入剩余的奶油，加少许剩余的面糊，撒上另一半帕玛森奶酪丝。烤箱烘烤 10 分钟，直至变金黄并开始起泡。从烤箱中取出，将每张可丽饼卷切成 3～4 段。

CRÊPES AI FUNGHI
可用于制作 12 张可丽饼
制备时间：1 小时 45 分钟
加热烹调时间：10～15 分钟
50 克 / 2 盎司黄油，另加涂抹所需
100 克 / 3½ 盎司蘑菇，切薄片
1 汤匙切碎的新鲜平叶欧芹
50 毫升 / 2 品脱白兰地
1 份白汁（见第 58 页）
12 张可丽饼（见第 185 页）
3 汤匙帕玛森奶酪，现擦丝
盐和胡椒

蘑菇可丽饼 MUSHROOM CRÊPES

烤箱预热到 200°C/400°F/ 气烤箱刻度 6，耐热焗盘中涂黄油。在平底锅中熔化一半的黄油，加入蘑菇，小火煸炒 5 分钟，其间不时搅拌。加入欧芹，用盐和胡椒调味。淋入白兰地，继续加热 3～4 分钟直至酒精完全挥发。在每张可丽饼上均匀涂抹 1 汤匙白汁，在其上倒 1 汤匙蘑菇酱，然后卷起即可。将可丽饼码在焗盘中，倒入剩余的白汁，撒上帕玛森奶酪和剩余的黄油制成的颗粒。烧烤 10～15 分钟即可。

CRÊPES ALLE ACCIUGHE
可用于制作 12 张可丽饼
制备时间：50 分钟
12 张可丽饼（见第 185 页）
16 条罐装剔骨鳀鱼，控干
100 克 / 3½ 盎司黄油，软化

鳀鱼可丽饼 ANCHOVY CRÊPES

保持可丽饼饼皮温热或重新加热。切碎 4 条鳀鱼。在碗中搅打黄油至奶油状，随后加入鳀鱼末搅拌均匀。将鳀鱼泥轻轻地抹在可丽饼上，再在正中间位置上放 1 条完整的鳀鱼。卷起可丽饼即可上桌。

CRÊPES AL PROSCIUTTO E FONTINA
可用于制作 12 张可丽饼
制备时间：1 小时 30 分钟
加热烹调时间：10 分钟
25 克 / 1 盎司黄油，另加涂抹所需
12 张可丽饼（见第 185 页）
200 克 / 7 盎司熟火腿，切碎
100 克 / 3½ 盎司芳提娜奶酪，切丁
1 份白汁（见第 58 页）
3 汤匙帕玛森奶酪，现擦丝
少许现磨肉豆蔻

见第 187 页

火腿芳提娜可丽饼 HAM AND FONTINA CRÊPES

烤箱预热到 200°C/400°F/ 气烤箱刻度 6，耐热焗盘中涂上黄油。将火腿碎和芳提娜奶酪丁均匀撒在可丽饼上。卷起可丽饼，放在准备好的焗盘中，单层不叠压。将白汁浇在可丽饼卷上，撒上帕玛森奶酪丝和肉豆蔻，再撒一些黄油颗粒。烘烤约 10 分钟，直至变成金黄色且开始起泡。可丽饼卷可整个或斜切两半装盘上桌。

酱糜糕和模装酱糜

当肉食店的店员一边夸耀着肉的品质，一边从一大块覆盖在胶冻下的松软酱糜糕（pâté）上切下厚厚一片时，有没有发现我们都用错了词？尽管它的用法已日渐成为“标准”，但实际上我们应该称它为“慕斯”（mousse）。法语中“酱糜糕”指的是另一种完全不同的东西。首先，酱糜糕应该由面皮包裹着馅料一同烹饪，馅料包括切碎或碾碎的肉、蔬菜、鱼或豆类。其次，它们皆可以作为热食开胃菜或正式晚宴的主菜上桌。模装酱糜（terrine）是酱糜类菜肴中的一种。它的馅料由两部分组成，一部分完全切碎，而另一部分切成丝、条或片。馅料被精心摆放在垫有培根片的陶制容器中，取出切开后有带装饰性的马赛克纹样。加工制作时，模装酱糜封口后先隔水加热，再放入烤箱烘烤。成品需要冷藏一段时间后从模具中倒出切薄片。

菠萝巴伐利亚奶油 PINEAPPLE BAVAROIS

BAVARESE D'ANANAS

供 4 人食用

制备时间：25 分钟，另加冷却用时和 6～7 小时冷藏用时

加热烹调时间：5 分钟

4 片吉利丁

250 克 /9 盎司新鲜菠萝，粗略切碎

半颗柠檬，挤出柠檬汁，过滤

4 汤匙牛奶

350 毫升 /12 品脱双倍奶油，打发

意式熏火腿片，用作配餐

将吉利丁片放入冷水中浸泡 5 分钟直至变软。菠萝放入食物料理机中，用最高速搅打成泥状，倒入碗中，搅拌加入柠檬汁。捞出吉利丁，同牛奶一起放入小号酱汁锅中，小火加热，直至吉利丁完全熔化。从火上取下锅，待其稍微冷却后加入菠萝泥。待酱泥完全冷却后，翻拌加入奶油。模具（mould）用冷水冲洗后沥干。将酱泥盛入模具中，放入冰箱冷藏 6～7 小时。上桌前倒出装盘，搭配熏火腿片一同上桌。

佛罗伦萨肉糜糕 FLORENTINE MOULD

GRAN ZUCCOTTO DI PÂTÉ
供10～12人食用
制备时间：1小时，另加4～5小时冷藏用时
加热烹调时间：40分钟
2汤匙橄榄油
1颗洋葱，切细丝
600克/1磅5盎司瘦牛肉，切碎
25毫升/1盎司白兰地
200克/7盎司黄油，软化，另加涂抹所需
100克/3½盎司胡萝卜，切丁
100克/3½盎司去荚豌豆
1块去皮剔骨鸡胸肉或大腿肉
30克松露泥（可选）
100毫升/3½盎司马尔萨拉白葡萄酒
150克/5盎司整块熟火腿，切末
盐和胡椒

用于装饰
小枝新鲜的平叶欧芹
玫瑰形的萝卜花

用平底锅加热橄榄油，加入洋葱，小火煸炒5分钟，不时搅拌，直至洋葱变得软嫩。加入牛肉末，改用大火继续加热，时常搅拌，直至肉末变棕褐色。倒入白兰地，加热至完全挥发，用盐和胡椒调味，将锅从火上端离。待其冷却后用绞肉机或食物料理机制成很细的肉泥。倒入碗中，加入100克/3½盎司黄油搅拌均匀后放入冰箱中冷藏。在加盐的沸水中焯煮胡萝卜和豌豆，直至软嫩，用漏勺盛出后将鸡肉放入锅中。鸡肉水煮15分钟或直至完全熟透且软嫩，控干水分，切碎并与剩余黄油、松露泥（如使用）搅拌均匀，随后搅拌加入马尔萨拉白葡萄酒。完全融合后加入盐和胡椒调味。加入豌豆、胡萝卜和火腿，搅拌均匀。取一个2升容量的模具（佛罗伦萨地区常使用一个圆顶状名为“zuccotto”的模具），涂上黄油。用汤匙将牛肉泥盛入模具中，用沾湿的汤匙背面将肉泥表面抹平。接着盛入鸡肉泥，置于牛肉泥上。在工作台面上摔打几下模具，让肉泥中的空气排出。模具用保鲜膜覆盖，放入冰箱中冷藏4～5小时。上桌前10分钟左右从冰箱中取出，待其恢复至室温。翻转倒扣在餐盘中，用欧芹枝和玫瑰形萝卜花装饰。

戈贡佐拉慕斯 GORGONZOLA MOUSSE

MOUSSE DI GORGONZOLA
供6～8人食用
制备时间：20分钟，另加3小时冷藏用时
200克/7盎司戈贡佐拉奶酪，碾碎
300克/11盎司新鲜软质奶酪，如塔雷吉欧奶酪，切丁
100克/3½盎司卢比奥拉奶酪，切丁
100克/3½盎司黄油，软化
核桃仁切半，用于装饰
生胡萝卜，用作配餐

将3种奶酪和黄油一起放入食物料理机中，搅打成柔软的奶油状。挞模中铺上保鲜膜。盛入奶酪泥，抹平表面再覆盖一层保鲜膜。放入冰箱内冷藏约3小时。翻转倒扣在餐盘中，用核桃仁围绕一圈装饰。搭配胡萝卜一起上桌。

鸽肉慕斯配松露油醋汁 PIGEON MOUSSE WITH TRUFFLE VINAIGRETTE

MOUSSE DI PICCIONE CON VINAIGRETTE AL TARTUFO

供 10～12 人食用

制备时间：1 小时，另加 12 小时腌泡用时和 12 小时冷藏用时

加热烹调时间：15～20 分钟

175 毫升 / 6 盎司雅文邑（Armagnac）白兰地
1 茶匙糖
2 只肉鸽，剔骨，保留鸽肝
100 克 / 3½ 盎司鹅肝，切片
100 克 / 3½ 盎司鸡肝，去边角
135 毫升 / 4½ 盎司橄榄油
200 毫升 / 7 盎司双倍奶油，打发
3 颗红葱头，切末
1 枝新鲜的平叶欧芹，切末
100 毫升 / 3½ 盎司白葡萄酒醋
2 茶匙松露泥
1 汤匙第戎芥末
盐和胡椒
苏打饼干，用作配餐

将雅文邑倒入碗中，搅拌加入糖、适量盐和胡椒。鸽肉切碎，同鸽肝、鹅肝和鸡肝一同加入碗中，置旁腌泡 12 小时。大平底锅中加入 3 汤匙橄榄油加热，腌制的肉和肝捞出控干水分放入锅中，保留腌泡汁。中火煸炒，时常搅拌，分数次浇入腌泡汁。用盐和胡椒调味后从火上取下，待其冷却。用绞肉机或食物料理机将所有肉绞成泥，倒入碗中。缓慢地边翻拌边倒入打发后的奶油，盖上盖，放入冰箱冷藏 12 小时。与此同时，混合红葱头、欧芹和剩余的橄榄油，再加入白葡萄酒醋、松露泥和芥末，放入冰箱冷藏备用。上桌前，用两把甜点勺从鸽肉慕斯中挖出杏仁形的球，每盘放 2 颗慕斯球，淋上油醋汁，与苏打饼干一同上桌。

田园花束慕斯 MEADOW FLOWER MOUSSE

MOUSSE DI PRATOLINE

供 6 人食用

制备时间：15 分钟

30 朵可食用花，如角堇、墨角兰、欧洲三色堇、艾菊或绣线菊等
80 克 / 3 盎司马斯卡彭奶酪
1 汤匙牛奶
少许柠檬汁
盐和白胡椒
烤面包片，用作配餐

花朵洗净、控干，留 8 朵用于装饰，其他切碎。牛奶和柠檬汁放入碗中，同马斯卡彭奶酪一起打散。搅拌加入切碎的花，用盐和白胡椒调味。将慕斯整理成圆顶形，摆放在餐盘中，用完整花朵装饰。和烤面包一同上桌。

火腿猕猴桃慕斯 HAM AND KIWI FRUIT MOUSSE

MOUSSE DI PROSCIUTTO E KIWI

供 6～8 人食用

制备时间：20 分钟，另加 3 小时冷藏用时

400 克 / 14 盎司熟火腿，切丁
120 克 / 4 盎司卢比奥拉奶酪，切丁
50 克 / 2 盎司黄油，软化
盐和胡椒
3 颗猕猴桃，去皮切片，用于装饰

将火腿、奶酪和黄油放入食物料理机中，加入盐和胡椒，搅打至顺滑。模具中铺上保鲜膜，盛入火腿慕斯，抹平表面。再用保鲜膜覆盖表面，放入冰箱冷藏 3 小时。上桌前翻转倒扣在餐盘中，用猕猴桃装饰。

鲑鱼慕斯配大虾奶油 SALMON MOUSSE WITH PRAWN CREAM

MOUSSE DI SALMONE CON CREMA DI GAMBERI

供 6～8 人食用

制备时间：45 分钟

加热烹调时间：1 小时

黄油，用于涂抹
600 克鲑鱼，洗净剔骨，保留鱼头鱼骨
2 颗鸡蛋的蛋清
250 毫升 / 8 盎司双倍奶油
盐和白胡椒

用于制作大虾奶油
18 只熟大虾
50 克 / 2 盎司黄油
50 毫升 / 2 盎司白兰地
1 汤匙普通面粉
盐和胡椒

烤箱预热到 160℃/325℉/ 气烤箱刻度 3，环形模具中涂上黄油。将鲑鱼肉去皮切碎，放入碗中备用。将鱼皮、边角碎肉、鱼骨和鱼头放入大号酱汁锅中，加入没过鱼的清水，加热至沸腾并继续用小火加热 30 分钟。另取一个碗，用搅拌器打发蛋清。将蛋清和奶油翻拌加入鲑鱼肉中，加入盐和胡椒调味。将鲑鱼奶油泥倒入环形模具中，转移到深边烤盘中。烤盘中倒入沸水，至模具一半的高度，送入烤箱烘烤 45～50 分钟。与此同时，将鲑鱼高汤过滤到碗中。随后制作大虾奶油。剔除虾壳和沙线，剁碎虾皮。在平底锅中加热一半的黄油，加入虾皮翻炒几分钟，其间时常搅拌。淋入白兰地，继续加热至酒精完全挥发，加入盐和胡椒调味。将剩余的黄油和面粉混合搅拌为泥状，加入平底锅中。搅拌加入足量热鲑鱼高汤，直至形成较稀薄的酱汁。将酱汁过滤到碗中，加入大虾。烤好的慕斯取出，大虾奶油倒在中间。尽快上桌。

冷番茄慕斯 COLD TOMATO MOUSSE

MOUSSE FREDDA DI POMODORI

供 6 人食用

制备时间：25 分钟，另加冷藏用时

8 颗成熟番茄，去皮和籽
1 汤匙切碎的新鲜细香葱
1 瓣蒜，切碎
1 份蛋黄酱（见第 77 页）
150 毫升 / ¼ 品脱低脂原味酸奶
100 毫升 / 3 ½ 盎司双倍奶油
盐和胡椒
新鲜罗勒叶，用于装饰

在切成两半的番茄内撒少许盐，倒置在厨房纸上吸收水分 10 分钟。将番茄放入食物料理机中搅打成泥状后倒入大碗中，加入细香葱和蒜混合均匀。缓慢搅拌加入蛋黄酱，随后依次加入酸奶和奶油，用盐和胡椒调味。盛入 1 人份的小碟中，放入冰箱冷藏。上桌前用罗勒叶装饰。

鸡肝酱糜 CHICKEN LIVER PÂTÉ

隔水加热 100 克 /3½ 盎司黄油，熔化后从火上取下，待其冷却。在平底锅中加热熔化剩余的黄油，加入鸡肝、洋葱和百里香，中火煸炒 2 分钟，其间时常搅拌。洒入马尔萨拉白葡萄酒，加入盐和胡椒调味并继续加热 3 分钟。从火上取下，切碎鸡肝，置于碗中。搅拌加入冷却后的黄油，淋入白兰地并翻拌加入奶油。放入冰箱冷藏 6 小时。

PÂTÉ AI FEGATINI

供 6 人食用

制备时间：25 分钟，另加 6 小时冷藏用时

加热烹调时间：5 分钟

150 克 /5 盎司黄油

400 克 /14 盎司鸡肝，去边角

半颗洋葱，切碎

5 片新鲜百里香叶

2 汤匙马尔萨拉白葡萄酒

1 汤匙白兰地

2 汤匙双倍奶油，打发

盐和胡椒

细制鸡肉糜 DELICATE CHICKEN PÂTÉ

准备一个长方形模具，放入冰箱中冷藏降温。平底锅中加热熔化 25 克 /1 盎司黄油，加入鸡肉，中火翻炒 8～10 分钟直至熟透，不时搅拌。从锅中盛出鸡胸肉，和 200 克 /7 盎司火腿一起切碎，放入碗中。将马铃薯放入加了少许盐的沸水中，煮 10 分钟直至变软，随后取出控干并去皮压碎。将马铃薯泥加入鸡肉火腿末中，缓慢搅拌加入剩余的黄油、奶油和白汁，用盐和胡椒调味。淋入 1 汤匙白兰地，搅拌均匀，置旁备用。同时，根据包装上的说明准备吉利丁，再加入剩余的白兰地。盛出少许吉利丁液到冷却后的模具中，倾斜旋转模具使吉利丁液覆盖底部和内壁。置于冰箱中冷却待其成形。用心形切模从剩余的火腿片中切出心形的块。将鸡蛋去皮切片，推荐使用切蛋器。将心形火腿片、鸡蛋片与欧芹叶交替摆放在模具底部。接着浇入部分吉利丁液，覆盖食材，并刷一些在模具内壁上。放回冰箱冷藏至少 30 分钟。当吉利丁成形后，用汤匙盛入鸡肉泥，轻轻用手掌压平，再浇入剩余的吉利丁液覆盖顶部。放入冰箱冷藏至少 5 小时，直至凝固成形。食用前倒出并翻扣在餐盘中，尽快上桌。

PÂTÉ DELICATO DI POLLO

供 8 人食用

制备时间：1 小时，另加 5 小时 45 分钟冷藏用时

加热烹调时间：25 分钟

120 克 /4 盎司黄油，软化

200 克 /7 盎司去皮剔骨鸡胸肉，切片

300 克 /11 盎司熟火腿

1 个小马铃薯，不削皮

200 毫升 /7 盎司双倍奶油

100 毫升 /3½ 盎司白汁（见第 58 页）

25 毫升 /1 盎司白兰地

25 克 /1 盎司吉利丁粉

1 颗煮熟的鸡蛋

1 枝新鲜的平叶欧芹，仅取叶

盐和胡椒

细制小牛肝酱糜 DELICATE CALF'S LIVER PÂTÉ

将小牛肝裹上薄薄一层面粉。平底锅中加热熔化25克/1盎司黄油，加入小牛肝，大火煎制5分钟，时常翻动。倒入马尔萨拉白葡萄酒，继续加热7分钟，直至酒精完全挥发。加入盐和胡椒调味，从火上取下。将小牛肝切碎，剩余黄油切丁，连同锅中汤汁、熏火腿、蛋黄一起倒入食物料理机中，搅打成顺滑的泥状。取一个长方形模具，铺上保鲜膜，倒入酱泥，放入冰箱冷藏至少5小时，直至凝固成形。食用前倒出切薄片，用鼠尾草叶装饰。搭配三角形吐司一同上桌。

PÂTÉ DELICATO DI VITELLO
供6～8人食用
制备时间：30分钟，另加5小时冷藏用时
加热烹调时间：12分钟
350克/12盎司小牛肝，切片
普通面粉，用于淋撒
120克/4盎司黄油
100毫升/3½盎司马尔萨拉白葡萄酒
100克/3½盎司意式熏火腿，切碎
1个蛋黄
盐和胡椒
新鲜鼠尾草叶，用于装饰
三角形吐司，用于配餐

熏鲑鱼酱糜 SMOKED SALMON PÂTÉ

模具中涂抹黄油。将马铃薯放入加有少许盐的沸水中煮15分钟，直至变软。捞出控干，去皮并用马铃薯压泥器制成泥状。将鲑鱼、橄榄、熔化的黄油和鳀鱼放入食物料理机中，加入盐和胡椒，搅打成泥状。鲑鱼泥搅拌加入马铃薯泥中。将鲑鱼马铃薯泥盛入准备好的模具中，抹平表面，放入冰箱中冷藏6小时。上桌前翻转倒出，用酸黄瓜装饰。

PÂTÉ DI SALMONE
供6～8人食用
制备时间：25分钟，另加6小时冷藏用时
加热烹调时间：15分钟
25克/1盎司熔化黄油，另加涂抹所需
3个马铃薯，未去皮
200克/7盎司烟熏鲑鱼，切碎
3汤匙去核黑橄榄，粗略切碎
2罐油浸剔骨鳀鱼，控干切碎
盐和胡椒
酸黄瓜，控净汤汁，用于装饰

金枪鱼酱糜 TUNA PÂTÉ

将鳀鱼和金枪鱼放入食物料理机中，搅打成泥状。倒入碗中，搅拌加入柠檬汁，随后搅拌加入黄油。用盐和胡椒调味并混合均匀。在模具中刷上橄榄油，盛入鱼肉泥并抹平表面。放入冰箱中冷藏至少3小时。上桌前翻转倒入餐盘中，用烟熏鲑鱼条和意式泡菜装饰。

PÂTÉ DI TONNO
供6人食用
制备时间：20分钟，另加3小时冷藏用时
100克/3½盎司罐装油浸剔骨鳀鱼，控干
300克/11盎司罐装油浸金枪鱼，控干
1颗柠檬，挤出柠檬汁，过滤
150克/5盎司黄油，软化
橄榄油，用于涂抹
盐和胡椒

用于装饰
2片烟熏鲑鱼，切条
意式混合泡菜

← 细制小牛肝酱糜

鸭肉酱糜 DUCK TERRINE

在长方形模具中涂抹黄油。鸭肉切碎，放入大碗中。将 100 克 / 3½ 盎司猪油切条，和熏火腿一起放入鸭肉碗中。洒入白兰地，加入盐和胡椒调味并搅拌均匀。盖上盖子静置 2 小时。烤箱预热到 160°C/325°F/ 气烤箱刻度 3。取 100 克 /3½ 盎司剩余猪油，和鸭肝一起切碎，再与牛肉馅和猪肉馅混合。加入盐和胡椒调味，搅拌加入鸡蛋。和鸭肉混合搅拌，盛入准备好的模具中并压实。将剩余猪油覆盖在肉糜表面。用锡箔纸或盖子覆盖后放入深边烤盘中，烤盘加入模具一半高度的开水，送入烤箱烘烤 2 小时。烤好后取出烤盘，打开盖子，再在酱糜表面铺一层锡箔纸，其上压一个重物，放入冰箱冷藏 24 小时。翻转倒出酱糜前，撇除凝固在表面的油脂。

TERRINA D'ANATRA

供 8～10 人食用

制备时间：45 分钟，另加 2 小时腌泡用时和 24 小时冷藏用时

加热烹调时间：2 小时

黄油，用于涂抹

1 只鸭子，剔骨，保留鸭肝

250 克 /9 盎司猪油

100 克 /3½ 盎司意式熏火腿，切条

100 毫升 /3½ 盎司白兰地

150 克 /5 盎司小牛肉馅

150 克 /5 盎司猪肉馅

2 颗鸡蛋，略微打散

盐和胡椒

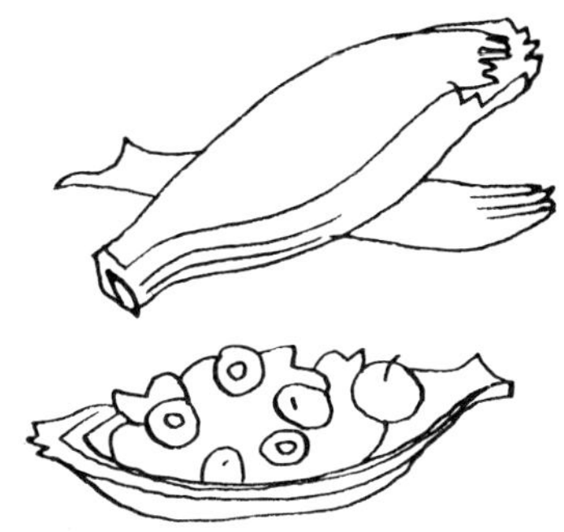

← 鸭肉酱糜

杯模蛋糕和舒芙蕾

杯模蛋糕和舒芙蕾都是重要的前菜，它们可以作为雅致的第二道菜或独具特色的配菜享用。比如，多汁的烤小牛肉搭配舒芙蕾也是美食品味的一种体现。杯模蛋糕和舒芙蕾制作并不困难，只需严格遵循食谱的方法和步骤。当然，更重要的是为自己留出充裕的时间。这两类菜肴的区别在于黏稠程度，杯模蛋糕相对密实，而舒芙蕾更蓬松绵软。实际制作时，舒芙蕾在烘烤过程中会蓬到高出烤碗边缘。鸡蛋是这两类菜肴成功与否的关键。例如，在蔬菜杯模蛋糕中，鸡蛋起到保持形态的作用。不过，你不能“为保险起见”而多加 1 颗鸡蛋，因为这会让成品质地过硬，也可能带来令人不适的味道。判断杯模蛋糕是否烤熟，可以用一根木签探入其中再取出，木签没有粘带就代表烤好了。杯模蛋糕从烤箱中取出后，需要让它们先静置 5 分钟，再翻转倒在盘中上桌。而在舒芙蕾的制作中，打发蛋清是最重要的工作。蛋清泡沫中混合的空气可以增加舒芙蕾的体积，让它更松软，甚至有一定弹性。制作舒芙蕾需要混合切碎或碾碎的搭配食材（奶酪、火腿或鱼肉）、浓郁的白汁、蛋黄和打发成形的蛋清。有两点需要特别注意：第一，只需填入烤碗的⅔，为舒芙蕾保留足够的蓬起空间，高出边缘是一定的；第二，在烘烤过程中不可以打开烤箱门。上桌时，舒芙蕾连同烤碗一起，无须取出。

← 栗子舒芙蕾，见第 207 页

FLAN DI TONNO CON SALSA AI PORRI
供 4 人食用
制备时间：30 分钟
加热烹调时间：45 分钟
黄油，用于涂抹
200 克 /7 盎司罐装水浸金枪鱼，控干
4 颗鸡蛋，分离蛋清蛋黄
盐和胡椒
切碎的新鲜平叶欧芹，用于装饰

用于制作酱汁
25 克 /1 盎司黄油
2 汤匙双倍奶油
4 棵韭葱，去边角，切片
盐和胡椒

金枪鱼杯模蛋糕配韭葱酱 TUNA MOULD WITH LEEK SAUCE

烤箱预热到 180°C/350°F/ 气烤箱刻度 4，在挞盘上涂抹黄油。将一半金枪鱼和蛋黄放入食物料理机中，搅打成泥状后倒入碗中。打发蛋清，翻拌加入金枪鱼泥。将剩余金枪鱼切末，加入盐和胡椒调味并搅拌加入金枪鱼泥中。将酱泥倒入准备好的挞盘中，放在深边烤盘中。烤盘中倒入沸水，水深至挞盘的一半。送入烤箱烘烤约 45 分钟。接着制作酱汁。在酱汁锅中加热黄油和奶油，加入韭葱，小火加热 20 分钟，加入盐和胡椒调味。翻转倒出杯模蛋糕，浇上韭葱酱，用欧芹装饰。立即上桌。

SFORMATINI DI PORRI
供 6 人食用
制备时间：1 小时
加热烹调时间：30 分钟
黄油，用于涂抹 • 1 千克 /2¼ 磅韭葱，去边角 • 50 克 /2 盎司松子仁
50 克 /2 盎司帕玛森奶酪，现擦丝
2 颗鸡蛋，分离蛋清蛋黄 • 盐

用于制作白汁
25 克 /1 盎司黄油 • 25 克 /1 盎司普通面粉 • 200 毫升 /7 盎司牛奶 • 50 毫升 /2 盎司双倍奶油 • 少许现磨肉豆蔻

韭葱杯模蛋糕 LEEK MOULDS

首先，用列出的食材制作白汁（见第 58 页），置旁冷却。烤箱预热到 180°C/350°F/ 气烤箱刻度 4，在 6 个挞盘中涂抹黄油。同时，将韭葱放入加了盐的沸水中煮 10 分钟，直至软嫩。韭葱捞出控干，用研磨机磨碎，放入碗中，加入松子仁。将韭葱泥搅拌加入冷却后的白汁中，随后搅拌加入帕玛森奶酪丝和蛋黄，用少许盐调味。打发蛋清，翻拌加入酱泥中。将制成的混合酱泥倒入准备好的挞盘中，烘烤 30 分钟。从烤箱中取出后静置冷却几分钟，翻转倒在餐盘中即可。

SFORMATINI DI ZUCCHINE
供 4 人食用
制备时间：1 小时
加热烹调时间：30～35 分钟
25 克 /1 盎司黄油，另加涂抹所需
250 克 /9 盎司西葫芦，切片
1 汤匙橄榄油 • 1 颗红葱头，切末
2 颗鸡蛋，略微打散 • 2 汤匙帕玛森奶酪，现擦丝 • 盐和胡椒

用于制作白汁
25 克 /1 盎司黄油
20 克 /¾ 盎司面粉
200 毫升 /7 盎司牛奶
少许现磨肉豆蔻

西葫芦杯模蛋糕 COURGETTE MOULDS

烤箱预热到 180°C/350°F/ 气烤箱刻度 4，在 4 个杯模（Dariole mould）中涂抹黄油。将西葫芦放入加了盐的沸水中煮 10 分钟，直至软嫩。西葫芦捞出控干，用叉子碾碎。在平底锅中加热橄榄油和黄油，加入红葱头，小火翻炒 4～5 分钟，不时搅拌，直至软嫩。搅拌加入西葫芦，用盐和胡椒调味。继续加热几分钟，直至汁液完全熥干，随后从火上取下。用食谱中列出的食材制作白汁（见第 58 页），搅拌加入西葫芦泥、鸡蛋和帕玛森奶酪丝。将酱泥盛入杯模中，置于深边烤盘中。在烤盘内加入沸水，水深至杯模的一半。送入烤箱烘烤 30～35 分钟。取出后静置 5 分钟，翻转倒出装盘即可上桌。

韭葱杯模蛋糕 →

SFORMATO BICOLORE
供 4 人食用
制备时间：1 小时 30 分钟
加热烹调时间：1 小时

800 克 /1¾ 磅菠菜
50 克 /2 盎司黄油，另加涂抹所需
50 克 /2 盎司普通面粉
500 毫升 /18 盎司牛奶
½ 茶匙切碎的新鲜百里香
4 颗鸡蛋，分离蛋清蛋黄
40 克 /1½ 盎司瑞士多孔奶酪，现擦丝
1 茶匙马铃薯粉
350 克 /12 盎司迷你胡萝卜
40 克 /1½ 盎司帕玛森奶酪，现擦丝
少许现磨肉豆蔻粉
盐和胡椒

双色杯模蛋糕 TWO-COLOUR MOULD

菠菜清洗干净，保留附着在叶片上的水分。放入锅中翻炒大约 5 分钟，直至变软。变软后盛出控干，尽量挤出菠菜中所有的水分，切碎。在小号酱汁锅中加热熔化一半的黄油，搅拌加入一半的面粉，随后分次搅拌加入一半的牛奶。煮至沸腾，其间不停搅拌。边搅拌边继续加热，直至变浓稠，随后从火上取下锅，搅拌加入百里香，用盐和胡椒调味。接着边搅拌边逐个加入蛋黄，加入菠菜、瑞士多孔奶酪丝和马铃薯粉，置旁冷却。打发 1 个蛋清，翻拌加入冷却的酱泥中。烤箱预热到 180°C/350°F/ 气烤箱刻度 4，在挞盘中涂抹黄油。将胡萝卜放入加了盐的沸水中煮 10 分钟，直至软嫩。捞出控干，用研磨机磨碎，放入碗中。搅拌加入剩余的黄油、面粉和牛奶，小火加热至浓稠，其间不停搅拌。从火上取下锅，搅拌加入帕玛森奶酪丝和肉豆蔻粉，加入盐和胡椒调味。待其稍微冷却，搅拌加入剩余的蛋黄。将剩余的蛋清打发，翻拌加入酱泥中。在准备好的挞盘中放入 3 汤匙菠菜泥，接着倒入胡萝卜泥，最后再倒入剩余的菠菜泥。将挞盘放入深烤盘中，倒入至挞盘一半高的沸水，送入烤箱烘烤约 1 小时。从烤箱中取出后静置 5 分钟，翻转倒入盘中即可。此菜肴也可作为第一道主菜上桌。

SFORMATO DI CARCIOFI
供 4 人食用
制备时间：1 小时 15 分钟
加热烹调时间：45 分钟

黄油，用于涂抹
40 克 /1½ 盎司新鲜面包糠
半颗柠檬，挤出柠檬汁，过滤
6 个洋蓟心
2 颗鸡蛋，稍微打散
40 克 /1½ 盎司帕玛森奶酪，现擦丝
1 份白汁（见第 58 页）
盐和胡椒

洋蓟心杯模蛋糕 ARTICHOKE HEART MOULD

烤箱预热到 180°C/350°F/ 气烤箱刻度 4。在挞盘中涂抹黄油，撒入面包糠，旋转倾斜挞盘使其均匀覆盖盘底和内壁，倒出多余的面包糠。将一锅加了盐的清水煮至沸腾，加入柠檬汁。洋蓟去茎，舍弃所有的叶片，除去花蕊。处理好的洋蓟心放入加了盐和柠檬汁的沸水锅中，煮 15 分钟后捞出控干。煮好的洋蓟切碎并置旁冷却。鸡蛋放入碗中，加入帕玛森奶酪，略微打散，搅拌加入切碎的洋蓟心。将洋蓟酱泥搅拌加入白汁中，用盐和胡椒调味。将酱泥倒入准备好的挞盘中，烘烤约 45 分钟。从烤箱中取出后静置 5 分钟，翻转倒入餐盘中即可。

胡萝卜杯模蛋糕 CARROT MOULD

SFORMATO DI CAROTE

供 4 人食用

制备时间：1 小时

加热烹调时间：45～50 分钟

黄油，用于涂抹

$1\frac{1}{5}$ 千克 / $2\frac{1}{2}$ 磅迷你胡萝卜

300 毫升 / ½ 品脱白汁（见第 58 页）

100 克 / $3\frac{1}{2}$ 盎司瑞士多孔奶酪，现擦丝

40 克 / $1\frac{1}{2}$ 盎司帕玛森奶酪，现擦丝

3 颗鸡蛋，略微打散

少许现磨肉豆蔻粉

盐和胡椒

烤箱预热到 180℃/350℉/ 气烤箱刻度 4，挞盘中涂抹黄油。胡萝卜蒸 8～10 分钟，直至变得软嫩。取出四五根胡萝卜备用，将其余的胡萝卜放入研磨机制成泥。将保留的一部分完整胡萝卜纵切长条，在挞盘中摆成星形。剩余的完整胡萝卜切圆片，沿挞盘盘底边缘排成圆环。胡萝卜泥倒入平底锅中，小火加热，直至将水分熥干。将胡萝卜泥搅拌加入白汁中，同时加入瑞士多孔奶酪、帕玛森奶酪丝、鸡蛋和肉豆蔻粉，加入少许盐和胡椒调味。将酱泥倒入挞盘中，注意不要破坏摆放好的装饰。挞盘置于深边烤盘中，加入沸水，水深至挞盘一半的高度。送入烤箱烘烤 45～50 分钟。取出挞盘，静置 5 分钟，随后翻转倒扣在餐盘中即可。

胡萝卜茴香块根杯模蛋糕 CARROT AND FENNEL MOULD

SFORMATO DI CAROTE E FINOCCHI

供 6 人食用

制备时间：1 小时 30 分钟

加热烹调时间：40～50 分钟

40 克 / $1\frac{1}{2}$ 盎司黄油，另加涂抹所需

500 克 / 1 磅 2 盎司胡萝卜

6 颗小个茴香块根

200 毫升 / 7 盎司牛奶

4 汤匙帕玛森奶酪，现擦丝

½ 份白汁（见第 58 页）

2 颗鸡蛋，分离蛋清蛋黄

盐

烤箱预热到 180℃/350℉/ 气烤箱刻度 4，挞盘中涂抹黄油。将胡萝卜放入加了盐的沸水中煮 10 分钟，变得软嫩后捞出控干。与此同时，准备另一锅加了盐的沸水，放入茴香块根煮 10～15 分钟，变得软嫩后捞出控干。用平底锅加热熔化一半的黄油，加入胡萝卜，小火翻炒 5 分钟，其间不时搅拌。加入一半的牛奶，继续加热至完全吸收。将胡萝卜倒入食物料理机中搅打成泥状。用平底锅加热熔化剩余的黄油，加入茴香块根，小火翻炒 5 分钟，其间不时搅拌。加入剩余的牛奶，加热至完全吸收。茴香块根同样用食物料理机搅打成泥状。将帕玛森奶酪丝搅拌加入白汁中，并将酱汁分成两碗。将胡萝卜泥搅拌加入其中一碗酱汁中，茴香块根泥搅拌加入另一碗酱汁中。分别打散 2 个蛋黄加入 2 份酱泥中。将 2 种酱泥交替分层倒入准备好的挞盘中。将挞盘置于深边烤盘中，加入沸水，水深至挞盘一半的高度。送入烤箱烘烤 40～50 分钟。取出后静置 10 分钟，翻转倒扣在餐盘中即可。这种杯模蛋糕可作为第一道菜，代替调味饭或意大利面上桌。

SFORMATO DI CAVOLFIORE
供 6 人食用
制备时间：1 小时 15 分钟
加热烹调时间：1 小时
25 克 /1 盎司黄油，另加涂抹所需
1⅓ 千克 /2½ 磅菜花，切成小朵
5 汤匙牛奶
3 颗鸡蛋
1 份白汁（见第 58 页）
80 克 /3 盎司格吕耶尔奶酪，现擦丝
盐和胡椒

菜花杯模蛋糕 CAULIFLOWER MOULD

烤箱预热到 180°C/350°F/ 气烤箱刻度 4，挞盘中涂抹黄油。将菜花放入加了盐的沸水中煮 8～10 分钟，变得软嫩后捞出控干。用平底锅加热熔化黄油，加入菜花，小火翻炒 5 分钟，直至稍微变棕褐色，其间不时搅拌。加入盐和胡椒调味，倒入牛奶，继续加热至完全吸收。从火上取下锅，将混合物挤压过滤网。鸡蛋打散，逐个搅拌加入白汁中。搅拌加入格吕耶尔奶酪丝和菜花泥。倒入准备好的挞盘中，再置于深边烤盘中。烤盘中加入沸水，水深至挞盘的一半高度。送入烤箱烘烤 1 小时。取出后静置数分钟，翻转倒在餐盘中即可。

SFORMATO DI CICORIA
供 4 人食用
制备时间：45 分钟
加热烹调时间：40～50 分钟
25 克 /1 盎司黄油
1 千克 /2¼ 磅菊苣
2 颗鸡蛋
300 毫升 /½ 品脱白汁（见第 58 页）
盐

菊苣杯模蛋糕 CHICORY MOULD

烤箱预热到 180°C/350°F/ 气烤箱刻度 4，挞盘中涂抹黄油。将菊苣放入加了盐的沸水中煮 10 分钟，变得软嫩后捞出控干。煮好的菊苣尽可能挤出所有水分后略微切碎。用平底锅加热熔化黄油，加入菊苣，小火翻炒 5 分钟，其间不时搅拌，随后从火上取下。鸡蛋加入少许盐，略微打散，搅拌加入菊苣。将菊苣混合物搅拌加入白汁中，随后倒入准备好的挞盘中。挞盘置于深边烤盘中，烤盘中加入沸水，水深至挞盘的一半高度。送入烤箱烘烤 45～50 分钟。取出后静置 5 分钟，翻转倒在餐盘中即可。

SFORMATO DI FINOCCHI
供 6 人食用
制备时间：1 小时
加热烹调时间：45 分钟
25 克 /1 盎司黄油，另加涂抹所需
1.5 千克 /3¼ 磅茴香块根，切块
200 毫升 /7 盎司牛奶
3 颗鸡蛋
50 克 /2 盎司帕玛森奶酪，现擦丝
300 毫升 /½ 品脱白汁（见第 58 页）
盐和胡椒

茴香块根杯模蛋糕 FENNEL MOULD

烤箱预热到 180°C/350°F/ 气烤箱刻度 4，挞盘中涂抹黄油。用平底锅加热熔化黄油，加入茴香块根，小火翻炒 5 分钟，不时搅拌。用盐和胡椒调味，倒入牛奶，继续加热至完全吸收。将茴香块根倒入碗中，待其冷却后用叉子碾碎。鸡蛋混合帕玛森奶酪丝一起打散，倒入茴香块根泥中。茴香块根泥搅拌加入白汁中，随后倒入准备好的挞盘中。挞盘置于深边烤盘中，烤盘中加入沸水，水深至烤盘的一半高度。送入烤箱烘烤 45 分钟。取出后静置 5 分钟，翻转倒在餐盘中，趁热上桌。

豌豆扁桃仁酥饼杯模蛋糕 PEA AND AMARETTI MOULD

烤箱预热到 180°C/350°F/ 气烤箱刻度 4。扡盘中涂抹黄油，撒入面包糠，翻转倾斜使其覆盖扡盘盘底和内壁，倒出多余的面包糠。用酱汁锅加热熔化一半的黄油，加入豌豆，小火煸炒 5 分钟，其间不时搅拌。加入高汤和肉桂粉，慢火沸煮 5 分钟或直至豌豆变软嫩。捞出控干并用研磨机加工成泥。在平底锅中加热熔化剩余的黄油，倒入豌豆泥，撒入面粉，小火加热，其间不时搅拌。加入扁桃仁酥饼碎、奶油和蛋黄，用适量盐调味。从火上取下锅，待其冷却。打发蛋清，翻拌加入豌豆泥中。倒入准备好的扡盘中，烘烤 45 分钟即可上桌。

SFORMATO DI PISELLI DOLCI
供 6 人食用
制备时间：50 分钟
加热烹调时间：45 分钟
50 克 /2 盎司黄油，另加涂抹所需
40 克 /1½ 盎司面包糠
750 克 /1 磅 10 盎司去荚豌豆
150 毫升 /¼ 品脱鸡肉高汤（见第 249 页）
少许肉桂粉
1 汤匙普通面粉
2 块扁桃仁酥饼，碾碎
2 汤匙双倍奶油
3 颗鸡蛋，分离蛋清蛋黄
盐

芹菜火腿杯模蛋糕 CELERY AND HAM MOULD

烤箱预热到 180°C/350°F/ 气烤箱刻度 4，扡盘中涂抹黄油。将芹菜放入加了盐的沸水中煮 15 分钟，捞出控干。在酱汁锅中加热熔化黄油，加入芹菜，小火翻炒 5 分钟，其间时常搅拌并用勺子将芹菜压碎。炒过的芹菜与帕玛森奶酪丝、火腿一起搅拌加入白汁中，蛋黄逐个搅拌加入。打发蛋清，翻拌加入芹菜火腿泥中。倒入准备好的扡盘中，烘烤 45～50 分钟。取出后静置 5 分钟，翻转倒在餐盘中即可。

SFORMATO DI SEDANO AL PROSCIUTTO
供 6 人食用
制备时间：1 小时 15 分钟
加热烹调时间：40～50 分钟
25 克 /1 盎司黄油，另加涂抹所需
2 棵芹菜，切碎
1 份白汁（见第 58 页）
50 克 /2 盎司帕玛森奶酪，现擦丝
150 克 /5 盎司熟火腿，切碎
3 颗鸡蛋，分离蛋清蛋黄
盐

菠菜杯模蛋糕 SPINACH MOULD

烤箱预热到 180°C/350°F/ 气烤箱刻度 4。在环形模具中涂抹黄油，撒入面包糠，翻转倾斜使其覆盖底部和内壁，倒出多余的面包糠。菠菜清洗干净，保留叶片上残存的水分，放入锅中加热大约 5 分钟，变软后盛出控干，尽量挤出所有水分并切碎。锅中加热熔化黄油，加入菠菜碎，小火翻炒 4～5 分钟，其间不时搅拌。将菠菜、香肠和芳提娜奶酪搅拌加入白汁中，用盐和胡椒调味。将蛋黄逐个搅拌加入。接着打发蛋清并翻拌加入。将菠菜泥混合物倒入准备好的模具中，置于深边烤盘中，烤盘中加入沸水，水深至模具的一半高度。送入烤箱烘烤 45～50 分钟。取出后静置 5 分钟，随后翻转倒在餐盘中上桌。可以搭配香煎蘑菇（见第 572 页）或小肉丸一同上桌。

SFORMATO DI SPINACI
供 6 人食用
制备时间：1 小时 15 分钟
加热烹调时间：45～50 分钟
25 克 /1 盎司黄油，另加涂抹所需
40 克 /1½ 盎司面包糠
1 千克 /2¼ 磅菠菜
50 克 /2 盎司萨拉米香肠，切丁
50 克 /2 盎司芳提娜奶酪，切丁
1 份白汁（见第 58 页）
3 颗鸡蛋，分离蛋清蛋黄
盐和胡椒

SFORMATO DI TROTA SALMONATA
供 6 人食用
制备时间：1 小时 30 分钟
加热烹调时间：25 分钟

黄油，用于涂抹
1 条 1 千克 /2¼ 磅重的海鲈鱼，去皮并剔骨
2 个蛋黄
1 汤匙马铃薯粉
250 毫升 /8 盎司双倍奶油
2 汤匙切碎的新鲜平叶欧芹
盐和胡椒
1 颗番茄，去皮切丁，用于装饰

用于制作高汤
数个白鲑鱼头，去腮
1 颗洋葱
1 根胡萝卜
1 棵韭葱
盐

用于制作配菜
25 克 /1 盎司黄油
2 根胡萝卜，切细条
2 根芹菜茎，切细条
2 棵韭葱，去边角，切细条
2 个西葫芦，切细条

用于制作酱汁
1 汤匙马铃薯粉
少许藏红花蕊
100 毫升 /3½ 盎司干白葡萄酒
25 克 /1 盎司黄油

海鲈鱼杯模蛋糕 SEA TROUT MOULD

烤箱预热到 180°C/350°F/ 气烤箱刻度 4。在 6 个杯模或焗盅（Ramekin）中涂抹黄油。制作高汤：将鱼头、洋葱、胡萝卜、韭葱和少许盐放入酱汁锅中，倒入 1 升水，加热至沸腾并使其缓慢沸腾 5 分钟。将汤汁过滤到一口干净的锅中，用大火加热，直至液体减少到原来的一半。从火上取下锅，置旁冷却。将鱼肉粗略切碎，放入食物料理机中，加入盐和胡椒，搅打成泥状，接着加入蛋黄和马铃薯粉。奶油保留 1 汤匙备用，剩余部分全部加入海鲈鱼泥中。拌匀后倒入准备好的模具中，置于深边烤盘中。烤盘中加入沸水，水深至模具一半的高度。送入烤箱烘烤约 25 分钟。取出后静置 5 分钟。制作蔬菜配菜：在酱汁锅中加热熔化黄油，加入胡萝卜、芹菜、韭葱和西葫芦，小火翻炒 5 分钟，其间不时搅拌。从火上取下，使其保持温热。制作酱汁：将马铃薯粉搅拌加入冷却后的鱼肉高汤中。小火加热至沸腾，其间不停搅拌。加入藏红花和保留的 1 汤匙奶油，重新加热至沸腾，用盐和胡椒调味。加入葡萄酒，使其缓慢沸腾几分钟。从火上取下锅，搅拌加入黄油，盛出少许酱汁放入热的餐盘中。在盘中摆放一层蔬菜配菜，随后将海鲈鱼杯模蛋糕翻转倒在蔬菜上。最后撒少许欧芹和番茄碎装饰。与另一部分单独盛放的酱汁一同上桌。

SFORMATO DI VONGOLE E COZZE
供 6 人食用
制备时间：1 小时 30 分钟
加热烹调时间：40 分钟

黄油，用于涂抹
500 克 /1 磅 2 盎司蛤蜊，刷净
500 克 /1 磅 2 盎司贻贝，刷净除须
1 份丝绒酱（见第 73 页）
4 颗鸡蛋，分离蛋清蛋黄
100 克 /3½ 盎司水煮白鲑鱼肉，分成片状
盐和胡椒

蛤蜊贻贝杯模蛋糕 CLAM AND MUSSEL MOULD

烤箱预热到 180°C/350°F/ 气烤箱刻度 4，挞盘中涂抹黄油。将两种贝类置于一口锅中，加入 250 毫升 /8 盎司水，大火加热，直至贝壳开口。盛出贝壳，未开口的贝壳丢弃不用。汤汁用铺有细纱布的过滤器滤去杂质。用过滤后的汤汁和丝绒酱制作酱汁，加入盐和胡椒调味，置旁冷却。从贝壳中取出肉，切碎。蛋黄、煮熟的鱼肉和贝肉搅拌加入丝绒酱中。打发蛋清，翻拌加入酱泥中。将蛤蜊贻贝酱泥倒入准备好的挞盘中，送入烤箱烘烤 40 分钟。取出后静置 5 分钟，随后翻转倒在餐盘中上桌。

南瓜杯模蛋糕 PUMPKIN MOULD

烤箱预热到160°C/325°F/气烤箱刻度3，挞盘中涂黄油。用酱汁锅加热熔化黄油，加入洋葱，小火翻炒5分钟，直至变得软嫩，其间不时搅拌。加入南瓜和150毫升/¼品脱水继续加热，不时搅拌并碾碎南瓜，直至南瓜变得非常软。从火上取下锅，将南瓜同帕玛森奶酪丝、蛋黄、松子仁一起搅拌加入白汁中，用盐和胡椒调味。接着将南瓜酱泥倒入准备好的挞盘中，烘烤1小时。将烤箱温度提高到180°C/350°F/气烤箱刻度4，继续烘烤10分钟。取出后静置冷却，随后翻转倒出装盘即可。这种杯模蛋糕非常适合搭配黄油炒菠菜一起上桌。

SFORMATO DI ZUCCA
供4人食用
制备时间：1小时15分钟
加热烹调时间：1小时10分钟
25克/1盎司黄油，另加涂抹所需
1颗洋葱，切片
1千克/2¼磅南瓜，去皮去籽，切丁
1份白汁（见第58页）
50克/2盎司帕玛森奶酪丝
2个蛋黄
40克/1½盎司松子仁
盐和胡椒

栗子舒芙蕾 CHESTNUT SOUFFLÉ

烤箱预热到200°C/400°F/气烤箱刻度6，舒芙蕾碗中涂黄油。栗子放入加了盐的沸水中短暂焯煮，捞出控干去皮。用研磨机将栗子制成泥，加入酱汁锅中，倒入高汤，加入黄油，用适量盐调味。小火加热，不停搅拌，酱泥变干后从火上取下并待其冷却。打发蛋清，翻拌加入栗子泥中。将酱泥盛入准备好的舒芙蕾碗中，烘烤约20分钟，烤箱温度降到180°C/350°F/气烤箱刻度4，继续烘烤5分钟。趁热上桌。

SOUFFLÉ DI CASTAGNE
供4人食用
制备时间：40分钟
加热烹调时间：25分钟
50克/2盎司黄油，另加涂抹所需
600克/1磅5盎司栗子，去壳
150毫升/¼品脱牛肉高汤（见第248页）
2个蛋清
盐
见第198页

洋葱舒芙蕾 ONION SOUFFLÉ

用酱汁锅加热熔化黄油，加入洋葱，小火翻炒10分钟，直至稍微变棕褐色，其间不时搅拌。倒入高汤，用慢火加热1小时。烤箱预热到200°C/400°F/气烤箱刻度6，舒芙蕾碗中涂黄油。洋葱中加入盐和胡椒，随后加入白兰地。如果味道较酸，可加入少许糖。加热至酒精完全挥发，搅拌加入瑞士多孔奶酪，从火上取下。将蛋黄逐个搅拌加入白汁中，接着搅拌加入洋葱泥和肉豆蔻，用盐调味。打发蛋清，翻拌加入洋葱泥中。将酱泥盛入准备好的舒芙蕾碗中，烘烤20分钟，烤箱温度降到180°C/350°F/气烤箱刻度4，继续烘烤5分钟。趁热上桌。

SOUFFLÉ DI CIPOLLE
供6人食用
制备时间：2小时15分钟
加热烹调时间：25分钟
25克/1盎司黄油，另加涂抹所需
300克/11盎司小洋葱，切碎
250毫升/8盎司牛肉高汤（见第248页）
50毫升/2品脱白兰地
少许糖（可选）
100克/3½盎司瑞士多孔奶酪，磨粉
4颗鸡蛋，分离蛋清蛋黄
250毫升/8盎司白汁（见第58页）
少许现磨肉豆蔻粉
盐和胡椒

SOUFFLÉ DI FAGIOLINI
供 4 人食用
制备时间：55 分钟
加热烹调时间：25 分钟
黄油，用于涂抹
800 克 /1¾ 磅四季豆
2 汤匙帕玛森奶酪，现擦丝
4 颗鸡蛋，分离蛋清蛋黄

用于制作白汁
80 克 /3 盎司黄油
80 克 /3 盎司普通面粉
500 毫升 /18 盎司牛奶
盐和胡椒

四季豆舒芙蕾 FRENCH BEAN SOUFFLÉ

烤箱预热到 200°C/400°F/ 气烤箱刻度 6，舒芙蕾碗中涂黄油。将四季豆放入沸水中煮 5 分钟，保留鲜脆口感。随后捞出控干并用研磨机制成泥。用食谱所列出的食材制作白汁（见第 58 页），用盐和胡椒调味。接着搅拌加入四季豆泥，从火上取下锅，搅拌加入帕玛森奶酪丝。待其稍微冷却后逐个搅拌加入蛋黄。打发蛋清，翻拌加入四季豆酱泥中。盛入准备好的舒芙蕾碗中烘烤约 20 分钟。烤箱温度降到 180°C/350°F/ 气烤箱刻度 4，继续烘烤 5 分钟。趁热上桌。

SOUFFLÉ DI FORMAGGIO
供 4 人食用
制备时间：1 小时
加热烹调时间：25 分钟
黄油，用于涂抹
40 克 /1½ 盎司面包糠
1 份白汁（见第 58 页）
150 克 /5 盎司瑞士多孔奶酪，切薄片
3 颗鸡蛋，分离蛋清蛋黄
盐

奶酪舒芙蕾 CHEESE SOUFFLÉ

烤箱预热到 200°C/400°F/ 气烤箱刻度 6。舒芙蕾碗中涂黄油，撒入面包糠，翻转倾斜使其均匀覆盖底部和内壁。倒出多余的面包糠。隔水加热白汁，搅拌加入奶酪，加热至完全熔化。用盐调味，置旁冷却。冷却后逐个搅拌加入蛋黄。打发蛋清，翻拌加入酱泥中。盛入准备好的舒芙蕾碗中，烘烤 20 分钟。烤箱温度降到 180°C/350°F/ 气烤箱刻度 4，继续烘烤 5 分钟。趁热上桌。

SOUFFLÉ DI FUNGHI
供 4 人食用
制备时间：2 小时 15 分钟
加热烹调时间：25 分钟
25 克 /1 盎司黄油，另加涂抹所需
40 克 /1½ 盎司面包糠
3 汤匙橄榄油
1 颗洋葱，切碎
1 瓣蒜，切碎
1 条腌鳀鱼，去头除内脏，剔骨（见第 694 页）
750 克 /1 磅 10 盎司蘑菇，推荐选择美味牛肝菌，切薄片
3～4 汤匙牛肉高汤（见第 248 页）
2 汤匙切碎的新鲜平叶欧芹
150 克 /5 盎司芳提娜奶酪
1 份白汁（见第 58 页）
3 颗鸡蛋，分离蛋清蛋黄
盐和胡椒
见第 210 页

蘑菇舒芙蕾 MUSHROOM SOUFFLÉ

烤箱预热到 200°C/400°F/ 气烤箱刻度 6。舒芙蕾碗中涂黄油，撒入面包糠，翻转倾斜使其均匀覆盖底部和内壁。倒出多余的面包糠。用小号酱汁锅加热橄榄油和黄油，加入洋葱、蒜和鳀鱼，小火翻炒 5 分钟，其间不时搅拌。加入蘑菇，用盐和胡椒调味，并继续加热 30 分钟，其间不时搅拌。如果混合物过干，可以加入少许高汤。出锅前改用大火加热，加入欧芹碎。¾ 的芳提娜奶酪切丁，其余切片。将芳提娜奶酪丁加入白汁中，随后搅拌逐个加入蛋黄。打发蛋清，翻拌加入酱汁中。将一半奶酪酱盛入烤碗中，加入蘑菇和汤汁，再覆盖上另一半奶酪酱和芳提娜奶酪片。烘烤 20 分钟后，将烤箱温度降到 180°C/350°F/ 气烤箱刻度 4，继续烘烤 5 分钟。趁热上桌。

蟹肉舒芙蕾 CRAB SOUFFLÉ

SOUFFLÉ DI GRANCHIO
供 4 人食用
制备时间：1 小时 15 分钟
加热烹调时间：25 分钟

25 克 /1 盎司黄油，另加涂抹所需
1 个红甜椒，切半去籽，切丁
200 克 /7 盎司蟹肉，控干分片
1 汤匙味美思酒（vermouth）
4 颗鸡蛋，分离蛋清蛋黄
1 份丝绒酱（见第 73 页）
盐和胡椒

烤箱预热到 200°C/400°F/ 气烤箱刻度 6，舒芙蕾碗中涂黄油。锅中加热熔化黄油，加入甜椒，小火翻炒至软嫩，其间不时搅拌。炒过的甜椒倒入食物料理机中，搅打成泥状。蟹肉上淋少许味美思酒，置旁备用。将蛋黄逐个搅拌加入丝绒酱中，随后搅拌加入蟹肉和红甜椒泥，用盐和胡椒调味。打发蛋清，翻拌加入蟹肉酱泥中。将酱泥盛入准备好的舒芙蕾碗中，烘烤约 20 分钟，降低温度到 180°C/350°F/ 气烤箱刻度 4，继续烘烤 5 分钟。立即上桌。

辣味甜玉米舒芙蕾 SPICY CORN SOUFFLÉ

SOUFFLÉ DI MAIS PICCANTE
供 4 人食用
制备时间：1 小时
加热烹调时间：25 分钟

25 克 /1 盎司黄油，另加涂抹所需
2 汤匙普通面粉
100 毫升 /3½ 盎司牛奶
300 克 /11 盎司瑞士多孔奶酪，擦丝
3 颗鸡蛋，分离蛋清蛋黄
350 克 /12 盎司罐装甜玉米，控干
半个红甜椒，去籽切碎
半根新鲜红辣椒，去籽切碎
少许红椒粉
盐和胡椒

烤箱预热到 200°C/400°F/ 气烤箱刻度 6，舒芙蕾碗中涂黄油。将黄油放入小号酱汁锅中，小火加热熔化，随后搅拌加入面粉，并分次搅拌加入牛奶。边不停搅拌边继续加热，直至酱汁变得浓稠且顺滑。从火上取下锅，搅拌加入瑞士多孔奶酪丝，待其稍微冷却。逐个搅拌加入蛋黄，随后搅拌加入玉米粒、甜椒、红辣椒和红椒粉，用盐和胡椒调味。打发蛋清，翻拌加入酱泥中。将酱泥盛入准备好的烤碗中，烘烤约 20 分钟。烤箱温度降到 180°C/350°F/ 气烤箱刻度 4，烘烤 5 分钟。立即上桌。

马铃薯舒芙蕾 POTATO SOUFFLÉ

SOUFFLÉ DI PATATE
供 6 人食用
制备时间：1 小时 15 分钟
加热烹调时间：25 分钟

800 克 /1¾ 磅马铃薯
80 克 /3 盎司黄油，另加涂抹所需
200 毫升 /7 盎司双倍奶油
少许现磨肉豆蔻粉
40 克 /1½ 盎司面包糠
4 颗鸡蛋，分离蛋清蛋黄
150 克 /5 盎司熟火腿，切丁
4 汤匙帕玛森奶酪，现擦丝
盐和胡椒

将马铃薯放入加了盐的沸水中煮 20 分钟，变软后捞出控干去皮并用马铃薯压泥器制成马铃薯泥。马铃薯泥倒入酱汁锅中，小火加热，搅拌加入黄油和奶油。继续加热 15 分钟，其间不停搅拌。随后从火上取下锅，用肉豆蔻粉、盐和胡椒调味，待其稍微冷却。烤箱预热到 200°C/400°F/ 气烤箱刻度 6。舒芙蕾碗中涂黄油，撒入面包糠，翻转倾斜使其均匀覆盖底部和内壁。倒出多余的面包糠。将蛋黄逐个搅拌加入马铃薯酱泥中，接着搅拌加入火腿和帕玛森奶酪丝。打发蛋清，翻拌加入酱泥中。将酱泥盛入准备好的舒芙蕾碗中，烘烤约 20 分钟。温度降到 180°C/350°F/ 气烤箱刻度 4，烘烤 5 分钟。立即上桌。

← 蘑菇舒芙蕾，见第 208 页

番茄舒芙蕾 TOMATO SOUFFLÉ

SOUFFLÉ DI POMODORI
供 6 人食用
制备时间：1 小时 30 分钟
加热烹调时间：25 分钟

20 克 / ¾ 盎司黄油，另加涂抹所需
半颗洋葱，切细丝
300 克 / 11 盎司番茄，去皮切碎
4 片新鲜罗勒叶，切碎
25 克 / 1 盎司帕玛森奶酪，现擦丝
25 克 / 1 盎司格吕耶尔奶酪，现擦丝
1 份白汁（见第 58 页）
4 颗鸡蛋，分离蛋清蛋黄
盐和胡椒

锅中加热熔化黄油，加入洋葱，小火煸炒 10 分钟，一直至洋葱变棕黄，其间不时搅拌。加入番茄和罗勒碎，用盐和胡椒调味。调大火力，继续加热 10～15 分钟，让番茄酱变浓稠且呈浆状。烤箱预热到 200°C/400°F/ 气烤箱刻度 6，舒芙蕾碗中涂黄油。将番茄酱泥、帕玛森奶酪和格吕耶尔奶酪加入白汁中，用盐和胡椒调味。逐个搅拌加入蛋黄。打发蛋清，随后翻拌加入。将酱泥盛入准备好的舒芙蕾碗中，烘烤约 20 分钟，温度降低到 180°C/350°F/ 气烤箱刻度 4，烘烤 5 分钟。立即上桌。

火腿舒芙蕾 HAM SOUFFLÉ

SOUFFLÉ DI PROSCIUTTO
供 4 人食用
制备时间：55 分钟
加热烹调时间：25 分钟

80 克 / 3 盎司黄油，另加涂抹所需
65 克 / 2½ 盎司普通面粉
250 毫升 / 8 盎司牛奶
40 克 / 1½ 盎司面包糠
2 颗鸡蛋，分离蛋清蛋黄
100 克 / 3½ 盎司帕玛森奶酪，现擦丝
100 克 / 3½ 盎司熟火腿，略微切碎
盐

用酱汁锅加热熔化黄油，搅拌加入面粉，不停搅拌，加热 3～4 分钟，直至变金黄色。分次搅拌加入牛奶，加入少许盐并继续搅拌加热，直至酱汁不再附着锅壁。从火上取下锅，置旁冷却。烤箱预热到 200°C/400°F/ 气烤箱刻度 6。舒芙蕾碗中涂黄油，撒入面包糠，翻转倾斜使其均匀覆盖底部和内壁。倒出多余的面包糠。将蛋黄逐个搅拌加入冷却后的酱汁中，随后搅拌加入帕玛森奶酪和火腿。打发蛋清，翻拌加入酱泥中。将酱泥盛入准备好的烤碗中，烘烤约 20 分钟，温度降低到 180°C/350°F/ 气烤箱刻度 4，烘烤 5 分钟。立即上桌。

咸味派

曾经，咸味派和咸味挞只是野餐或自助餐会等场合的零食。今天，我们越来越多地能在正式午宴中看到它们的身影，它们为开胃菜提供多一种选择。它们大多使用千层酥皮面团、硬千层酥皮面团或油酥面团（见第 166 页）制成的皮或底。大多数情况下，意式咸味派的馅料会混合蔬菜、白汁、里考塔奶酪、鸡蛋和软硬奶酪。尽管我们看到的多是圆形，但咸味派也可以使用正方或长方形模具烤制，更方便切块和开胃酒一起上桌。上桌时，它们被整个放在木质的、柳条编织的盘子上，或硬陶盘上，还要保持温热。有一些咸味派或咸味挞也适合作为冷盘上桌。

芦笋咸派 ASPARAGUS QUICHE

QUICHE AGLI ASPARAGI

供 6 人食用

制备时间：1 小时 15 分钟

加热烹调时间：20 分钟

250 克 /9 盎司芦笋，除边角

普通面粉，用于淋撒

200 克 /7 盎司成品千层酥皮面团，如为冷冻需解冻

100 克 /3½ 盎司格吕耶尔奶酪，擦丝

3 颗鸡蛋

150 毫升 /¼ 品脱双倍奶油

150 毫升 /¼ 品脱牛奶

少许现磨肉豆蔻粉

盐和胡椒

将芦笋放入加了盐的沸水中煮约 20 分钟，变得软嫩后捞出控干水分，改刀并保留完整的笋尖。烤箱预热到 160°C/325°F/ 气烤箱刻度 3，在咸派盘中均匀地撒上少许面粉。工作台面上撒少许面粉，将面团擀成圆片，铺在准备好的派盘中。用叉子在派底均匀戳孔，铺烘焙纸，填入烘焙豆，预烤 15 分钟。取出烘焙豆和烘焙纸，将芦笋平铺在派底，再均匀撒上格吕耶尔奶酪丝。将鸡蛋、奶油、牛奶和肉豆蔻放入碗中，用盐和胡椒调味，搅拌均匀，小心地倒入派中。烤箱温度提高到 200°C/400°F/ 气烤箱刻度 6，烘烤 20 分钟。趁热上桌。

QUICHE AL SALMONE AFFUMICATO
供 6 人食用
制备时间：1 小时 15 分钟
加热烹调时间：45 分钟
普通面粉，用于淋撒
200 克 /7 盎司油酥面团（见第 166 页），如为冷冻需解冻
3 片烟熏鲑鱼，切碎
150 克 /5 盎司格吕耶尔奶酪，擦丝
4 颗鸡蛋
250 毫升 /8 盎司双倍奶油
盐和胡椒

熏鲑鱼咸派 SMOKED SALMON QUICHE

烤箱预热到 160°C/325°F/ 气烤箱刻度 3，在咸派盘中均匀地撒上少许面粉。工作台面上撒少许面粉，将面团擀成圆形，铺在准备好的派盘中。用叉子在派底均匀戳孔，铺烘焙纸，填入烘焙豆，预烤 15 分钟。取出烘焙豆和烘焙纸，将鲑鱼肉均匀地撒在派底，随后撒格吕耶尔奶酪丝。烤箱温度提高到 180°C/350°F/ 气烤箱刻度 4。将鸡蛋和奶油放入碗中打匀，用盐和胡椒调味，倒在鲑鱼上。烘烤 45 分钟即可。

QUICHE LORRAINE
供 6 人食用
制备时间：50 分钟
加热烹调时间：30 分钟
普通面粉，用于淋撒
300 克 /11 盎司成品千层酥皮面团，如为冷冻需解冻
150 克 /5 盎司培根，切丁
3 颗鸡蛋
250～300 毫升 /8～10 盎司双倍奶油
少许现磨肉豆蔻粉
盐和胡椒

洛林咸派 QUICHE LORRAINE

烤箱预热到 160°C/325°F/ 气烤箱刻度 3，在咸派盘中均匀地撒上少许面粉。工作台面上撒少许面粉，将面团擀成圆形，铺在准备好的派盘中。用叉子在派底均匀戳孔，铺上烘焙纸，填入烘焙豆，预烤 15 分钟。与此同时，将培根放入小号不粘平底锅中，煎 5～8 分钟，直至变金黄色但尚未酥脆的程度，其间时常搅拌。煎好后放在厨房纸上控干油。鸡蛋、奶油和肉豆蔻粉放入碗中混合打散，用盐和胡椒调味。取出派中的烘焙豆和烘焙纸。烤箱温度提高到 180°C/350°F/ 气烤箱刻度 4。将培根均匀地撒在派中，倒上奶油酱泥，烘烤 30 分钟。趁热切块上桌。

核桃奶油蘑菇挞 MUSHROOM TART WITH WALNUT CREAM

SFOGLIA DI FUNGHI ALLA CREMA DI NOCI

供 6～8 人食用

制备时间：1 小时，另加 45 分钟冷藏用时

加热烹调时间：30 分钟

1.2 千克 /2½ 磅混合蘑菇，如美味牛肝菌、蜜环菌和双孢蘑菇

面粉，用于淋撒

300 克 /11 盎司成品千层酥皮面团，如为冷冻需解冻

15 克 /½ 盎司黄油

1 瓣蒜，切半

盐

用于制作核桃奶油

25 克 /1 盎司面包（1 厚片），去边

3 汤匙牛奶

25 克 /1 盎司黄油

1 颗红葱头，切细丝

1 颗鸡蛋

50 克 /2 盎司熟火腿，切碎

100 克 /3½ 盎司去壳核桃仁，切碎

120 毫升 /4 盎司双倍奶油

盐和胡椒

制作核桃奶油：将面包撕成小块，放入碗中，加入牛奶，置于一旁待其吸收。用小号炒锅加热熔化黄油，加入红葱头，小火加热 5 分钟，直至变软嫩，其间不时搅拌。挤出面包中的牛奶，同鸡蛋、火腿、核桃仁和炒过的红葱头一起放入食物料理机中，搅打成顺滑的泥状。倒入碗中，用盐和胡椒调味，放入冰箱冷藏 45 分钟。与此同时，将蘑菇放入加了盐的沸水中焯煮 5 分钟，捞出控干水分，切厚片。烤箱预热到 160°C/325°F/ 气烤箱刻度 3，在挞盘或咸派盘中均匀地撒少许面粉。工作台面上撒少许面粉，将面团擀成圆形，铺在准备好的派盘中，铺一层烘焙纸，填入烘焙豆，预烤 10 分钟。用小号平底锅加热熔化黄油，加蒜煸炒 2～3 分钟，蒜瓣丢弃不用。从冰箱中取出核桃酱泥，搅拌加入奶油。取出派中的烘焙豆和烘焙纸，烤箱温度提高到 200°C/400°F/ 气烤箱刻度 6。将核桃奶油倒入派中，蘑菇呈放射状摆放在表面，再在边缘刷上蒜香黄油。送入烤箱烘烤 30 分钟。

西蓝花挞 BROCCOLI TART

TORTA AI BROCCOLETTI

供 4～6 人食用

制备时间：1 小时

加热烹调时间：40 分钟

500 克 /1 磅 2 盎司嫩西蓝花，切小朵

25 克 /1 盎司黄油

300 克 /11 盎司成品千层酥皮面团，如为冷冻需解冻

普通面粉，用于淋撒

250 克 /9 盎司淡味芳提娜奶酪，擦丝

少许现磨肉豆蔻粉

1 份白汁（见第 58 页）

1 个蛋黄，略微打散

盐

烤箱预热到 180°C/350°F/ 气烤箱刻度 4，挞盘或咸派盘中铺烘焙纸。西蓝花放入加了盐的沸水中焯煮约 5 分钟，控干切块，注意保留花球的完整性。锅中加热熔化黄油，加入西蓝花和少许盐，小火翻炒 5 分钟，其间不时搅拌。炒好后从火上取下。工作台面上撒少许面粉，擀平面团，铺在准备好的派盘中，切除多出的边角，用叉子在派底均匀戳孔。肉豆蔻粉混合一半的芳提娜奶酪，均匀撒在派中，接着将西蓝花均匀摆放其上。将剩余的芳提娜奶酪丝和白汁混合均匀，浇在西蓝花上。整理派皮，边缘向内卷起并刷蛋黄液。烘烤 40 分钟。

TORTA ALLA MARINARA
供 6 人食用
制备时间：1 小时 45 分钟
加热烹调时间：40 分钟
黄油，用于涂抹
普通面粉，用于淋撒
200 克 / 7 盎司油酥面团（见第 166 页），如为冷冻需解冻
4 汤匙切碎的新鲜平叶欧芹
2 汤匙橄榄油
1 瓣蒜
200 克 / 7 盎司去壳蛤蜊
200 克 / 7 盎司里考塔奶酪
2 颗鸡蛋，略微打散
3 汤匙双倍奶油
200 克 / 7 盎司小个熟虾，去皮
盐和胡椒

海鲜派 SEAFOOD TART

烤箱预热到 160°C/325°F/ 气烤箱刻度 3，挞盘或咸派盘中涂黄油并均匀撒入少许面粉。油酥面团上撒 2 汤匙欧芹碎，放在撒有少量面粉的工作台面上擀成片，再铺在准备好的派盘中。整理派皮，多余的边角保留备用。用叉子在派底均匀戳孔，随后铺一层烘焙纸，填入烘焙豆，预烤 15 分钟。烤好后置旁冷却，取出烘焙纸和烘焙豆。酱汁锅中加热橄榄油，加入蒜和蛤蜊肉，如果需要可以加入少许清水，加热 3～4 分钟。取出蒜瓣并丢弃不用，撒入剩余的欧芹碎，从火上取下。碗中均匀混合里考塔奶酪和鸡蛋，加入盐和胡椒，搅拌加入奶油、蛤蜊肉和虾肉。将酱泥盛入派中，涂抹均匀。将保留的边角擀平并切成窄条，窄条两端涂少许清水，横竖交错呈栅格状摆放在派上。烘烤 40 分钟。

TORTA ALLA RUCOLA E TALEGGIO
供 6 人食用
制备时间：40 分钟，另加 1 小时静置用时
加热烹调时间：40 分钟
200 克 / 7 盎司面粉，另加淋撒所需
1 汤匙切碎的新鲜墨角兰
100 克 / 3½ 盎司黄油，冷藏并切丁，另加涂抹所需

用于制作馅料
200 克 / 7 盎司芝麻菜
300 克 / 11 盎司奶油奶酪
200 克 / 7 盎司塔雷吉欧奶酪，切丁
2 汤匙面包糠
2 颗鸡蛋
盐和胡椒

芝麻菜塔雷吉欧奶酪派 ROCKET AND TALEGGIO PIE

在工作台面上将面粉同少许盐过筛成一个小堆，撒上墨角兰，用手指混合揉按黄油和面粉。加入适量冷水，揉成软面团，并将面团揉成球形，用保鲜膜覆盖，置旁静置 1 小时。烤箱预热到 180°C/350°F/ 气烤箱刻度 4，挞盘或咸派盘中涂黄油。芝麻菜放入加了盐的沸水中焯煮数分钟，捞出后控干并尽量挤出所有水分。将芝麻菜同两种奶酪、面包糠和鸡蛋一起放入食物料理机，用低速挡搅打成泥，加入盐和胡椒调味。面团放在撒有少许面粉的工作台面上擀成片，铺在准备好的派盘中，除去多余的边缘并保留。派中填入芝麻菜奶酪泥，将派边稍微向内翻折。将保留的边角擀开并切成窄条，窄条两端涂少许清水，横竖交错呈栅格状摆放在派上。烘烤 40 分钟。

鳕鱼蘑菇挞 COD AND MUSHROOM TART

TORTA DELICATA DI MERLUZZO AGLI CHAMPIGNON

供 6 人食用

制备时间：2 小时 30 分钟

加热烹调时间：40 分钟

500 毫升 /18 盎司干白葡萄酒
1 颗大洋葱，切半
2 粒丁香
6 整块剔骨鳕鱼肉，去皮
1 汤匙切碎的新鲜墨角兰
2 茶匙切碎的新鲜百里香
1 枝新鲜平叶欧芹，取叶
25 克 /1 盎司黄油，另加涂抹所需
1 千克 /2¼ 磅蘑菇，切碎
1 份白汁（见第 58 页）
100 克 /3½ 盎司格吕耶尔奶酪，磨粉
2 汤匙双倍奶油
2 颗鸡蛋，略微打散
250 克 /9 盎司油酥面团（见第 166 页），如为冷冻需解冻
普通面粉，用于淋撒
盐和胡椒

酱汁锅中倒入 500 毫升 /18 盎司清水和干白葡萄酒，将丁香插在洋葱上，放入锅中加热至沸腾。加入鳕鱼肉，继续小火加热 20 分钟。用鱼铲取出鳕鱼肉，继续加热，让锅中的汤汁挥发部分水分，置旁备用。鳕鱼肉上撒墨角兰、百里香和欧芹，用盐和胡椒调味。用平底锅加热熔化黄油，加入蘑菇，小火翻炒 10 分钟，其间不时搅拌。从火上取下备用。烤箱预热到 160°C/325°F/ 气烤箱刻度 3，挞盘或咸派盘中涂黄油。用一半牛奶和一半鱼肉高汤制作白汁，搅拌加入蘑菇、格吕耶尔奶酪、奶油和鸡蛋，并用盐和胡椒调味。工作台面上撒少许面粉，油酥面团擀成片，铺在准备好的挞盘中。用叉子在挞底均匀戳孔，铺一层烘焙纸，填入烘焙豆。预烤 15 分钟，从烤箱中取出，再将烤箱温度提高到 180°C/350°F/ 气烤箱刻度 4。取出烘焙豆和烘焙纸。将鱼肉切碎，均匀撒在挞中。接着将白汁均匀倒在鱼肉上，放回烤箱烘烤 40 分钟。趁热上桌。

咸味卷心菜派 SAVOURY CABBAGE PIE

TORTA DI CAVOLI

供 6～8 人食用

制备时间：1 小时 15 分钟，另加 1 小时静置用时

加热烹调时间：30 分钟

250 克 /9 盎司全麦面粉，另加淋撒所需
250 克 /9 盎司黄油，另加涂抹所需
3 根胡萝卜，切片
1 颗大小适中的菜花
半颗卷心菜，撕小片
4 颗煮熟的鸡蛋
150 克 /5 盎司芳提娜奶酪，切片
盐

面粉过筛到碗中，加入 150 克 /5 盎司黄油，用手指揉按混合。搅拌加入 3～4 汤匙水，揉成较硬的面团。放在一旁静置 1 小时。在加了盐的沸水中分别焯煮胡萝卜和菜花，各 10 分钟左右，直至变得软嫩。捞出后控干水分，菜花切小朵。锅中加热熔化剩余的 40 克 /1½ 盎司黄油，加入菜花，翻炒 5 分钟，时常搅拌。另取一口锅，加热熔化剩余的黄油，加入卷心菜，翻炒 5 分钟直至变得软嫩，其间时常搅拌。用盐调味后从火上取下。烤箱预热到 200°C/400°F/ 气烤箱刻度 6，大派盘中涂抹黄油。将面团分成一大一小两部分。工作台面上撒面粉，将较大的面团擀成片，铺在派盘中。水煮蛋去壳切片，最好使用切蛋器操作。派底平铺一层鸡蛋片，再铺一层菜花，然后铺一层奶酪，接着覆盖一层卷心菜和胡萝卜。继续重复此步骤，直至将所有食材用完。剩余的小面团擀成片，覆盖在派上，除去多余部分，边缘压褶密封。派顶切一个小洞，并用叉子均匀戳孔。烘烤 30 分钟，趁热上桌。

TORTA DI CIPOLLE ALL'ANTICA

供 6 人食用

制备时间：1 小时 45 分钟

加热烹调时间：30 分钟

50 克 /2 盎司黄油，另加涂抹所需

普通面粉，用于淋撒

150 克 /5 盎司葡萄干

250 毫升 /8 盎司干白葡萄酒

200 克 /7 盎司油酥面团（见第 166 页），如为冷冻需解冻

1 千克 /2¼ 磅洋葱，切细丝

2 根牛骨的骨髓，切丁

少许糖

盐和胡椒

传统洋葱挞 OLD-FASHIONED ONION TART

烤箱预热到 160°C/325°F/ 气烤箱刻度 3。挞盘或咸派盘中涂黄油并均匀撒上面粉，倾斜旋转挞盘使其均匀覆盖挞盘底，倒出多余面粉。将葡萄干放入碗中，倒入葡萄酒，静置待其吸收。在撒有面粉的工作台面上将油酥面团擀成片，铺在准备好的挞盘中，除去多余边缘并保留。用叉子在挞底均匀戳孔。铺上一层烘焙纸，填入烘焙豆，预烤 15 分钟。取出挞盘，烤箱温度提高到 180°C/350°F/ 气烤箱刻度 4。与此同时，用平底锅加热熔化黄油，放入洋葱，小火翻炒 10 分钟直至变金黄色，其间不时搅拌。搅拌加入牛骨髓、葡萄干和葡萄酒，用少许糖、盐和胡椒调味，继续加热至酒精完全挥发。取出挞皮中的烘焙纸和烘焙豆，倒入洋葱，涂抹均匀。将挞皮多余边缘擀成片，切窄条。窄条两端涂少许清水，横竖交错呈栅格状摆放在挞上。烘烤 30 分钟。趁热切块上桌。

TORTA DI ERBETTE E CARCIOFI

供 6 人食用

制备时间：1 小时 30 分钟，另加 30 分钟静置用时

加热烹调时间：40 分钟

500 克 /1 磅 2 盎司普通面粉，另加淋撒所需

6 汤匙橄榄油

2 片白面包，去边

120 毫升 /4 盎司牛奶

500 克 /1 磅 2 盎司绿叶蔬菜，如叶用甜菜、菠菜和芜菁叶

1 颗柠檬，挤出柠檬汁，过滤

12 颗洋蓟

黄油，用于涂抹

1 颗洋葱，切细丝

100 克 /3½ 盎司佩科里诺奶酪，擦丝

50 克 /2 盎司帕玛森奶酪，现擦丝

1 汤匙切碎的新鲜墨角兰

盐和胡椒

洋蓟野菜派 WILD GREENS AND ARTICHOKE PIE

在工作台面上将面粉同少许盐一起过筛成一个小堆，洒上 4 汤匙橄榄油，加入适量水揉成松软的面团。将面团置于冰箱中冷藏 30 分钟。面包片撕成小块，放入碗中，倒入牛奶，置于一旁待其吸收。在加了盐的沸水中焯煮绿叶蔬菜 5～10 分钟直至变得软嫩，随后控干并尽量挤出所有水分，切碎。在一个碗中倒入半碗清水，加入柠檬汁。去掉洋蓟的外层叶片，切除剩余的 5 厘米叶尖部分，除去蕊心。浸入柠檬水中，在一旁静置 10 分钟。烤箱预热到 200°C/400°F/ 气烤箱刻度 6，挞盘或咸派盘中涂黄油。洋蓟控干，切碎，同剩余的橄榄油和洋葱一起放入平底锅中，小火翻炒 10 分钟直至变得软嫩。挤出面包中的牛奶，和绿叶蔬菜、奶酪一起加入锅中。混合均匀，用盐和胡椒调味，撒入墨角兰。在撒有面粉的工作台上将面团擀为一大一小两个圆片。用大面片铺在准备好的派盘中，盛入蔬菜奶酪泥，再覆盖另一个面片，边缘压褶密封。用叉子在顶部刺出螺旋形小孔，烘烤 40 分钟。此种派可趁热或待温热享用，也可冷食。

洋蓟野菜派 →

雪维菜鸡肉挞 CHICKEN AND CHERVIL TART

TORTA DI POLLO AL CERFOGLIO
供 6 人食用
制备时间：2 小时
加热烹调时间：40 分钟

- 50 克 / 2 盎司黄油，另加涂抹所需
- 50 克 / 2 盎司洋葱，切细丝
- 500 毫升 / 18 盎司白葡萄酒
- 500 克 / 1 磅 2 盎司剔骨去皮鸡胸肉，切丁
- 2 束新鲜雪维菜（Chervil），切碎
- 50 克 / 2 盎司普通面粉，另加淋撒所需
- 750 毫升 / 1¼ 品脱牛奶
- 100 克 / 3½ 盎司格吕耶尔奶酪，擦丝
- 100 毫升 / 3½ 盎司双倍奶油
- 200 克 / 7 盎司油酥面团（见第 166 页），如为冷冻则需解冻
- 盐和胡椒

烤箱预热到 160°C/325°F/ 气烤箱刻度 3，挞盘或咸派盘中涂黄油。锅中加热熔化一半的黄油，加入洋葱，小火翻炒 5 分钟，直至变得软嫩，其间不时搅拌。倒入葡萄酒和 500 毫升 /18 盎司清水，加热至沸腾并加入鸡肉。重新煮沸，随后用漏勺捞出鸡肉和洋葱，继续沸煮汤汁直至变浓。在另一口锅中加热剩余的黄油，加入雪维菜翻炒几分钟，其间时常搅拌。搅拌加入面粉，随后倒入浓汤汁和牛奶，用盐和胡椒调味并加热至沸腾，其间不停搅拌。关火，搅拌加入鸡肉、洋葱、格吕耶尔奶酪和奶油。在撒有面粉的工作台面上将油酥面团擀成圆片，铺在准备好的挞盘中。用叉子在挞底均匀戳孔，铺一层烘焙纸，填入烘焙豆。预烤 15 分钟。取出烘焙豆和烘焙纸，盛入馅料，将挞皮边缘稍稍向内翻卷，用叉子戳孔。烤箱温度提高到 180°C/350°F/ 气烤箱刻度 4，烘烤 40 分钟。趁热上桌。

韭葱挞 LEEK TART

TORTA DI PORRI
供 6 人食用
制备时间：1 小时 45 分钟
加热烹调时间：40 分钟

- 50 克 / 2 盎司黄油，另加涂抹所需
- 800 克 / 1¾ 磅韭葱，去边角，切细丝
- 1 汤匙帕玛森奶酪，现擦丝
- 200 毫升 / 7 盎司牛奶
- 150 毫升 / ¼ 品脱双倍奶油
- 3 颗鸡蛋，略微打散
- 1 茶匙普通面粉，另加涂抹所需
- 65 克 / 2½ 盎司瑞士多孔奶酪，擦丝
- 少许现磨肉豆蔻粉
- 200 克 / 7 盎司油酥面团（见第 166 页），如为冷冻则需解冻
- 盐和胡椒

烤箱预热到 160°C/325°F/ 气烤箱刻度 3，挞盘或咸派盘中涂黄油。用酱汁锅加热熔化黄油，加入韭葱，小火翻炒 5 分钟，直至变得软嫩，其间不时搅拌。撒入帕玛森奶酪丝，用盐和胡椒调味，随后从火上取下。在碗中混合打散牛奶、奶油、鸡蛋、面粉、瑞士多孔奶酪丝和肉豆蔻。搅拌加入韭葱，置旁备用。工作台面上撒少许面粉，将油酥面团擀成圆片，铺在准备好的挞盘中。挞底用叉子均匀戳孔，铺上一层烘焙纸，填入烘焙豆。预烤 15 分钟。除去烘焙豆和烘焙纸，盛入馅料，烘烤 40 分钟。趁热上桌。

← 雪维菜鸡肉挞

火腿龙蒿挞 HAM AND TARRAGON TART

TORTA DI PROSCIUTTO AL DRAGONCELLO
供 6 人食用
制备时间：1 小时 45 分钟
加热烹调时间：30 分钟
50 克 /2 盎司黄油，另加涂抹所需
2 把新鲜龙蒿，切末
50 克 /2 盎司普通面粉，另加淋撒所需
750 毫升 /1¼ 品脱牛奶
200 克 /7 盎司熟火腿
100 克 /3½ 盎司格吕耶尔奶酪，擦丝
100 毫升 /3½ 盎司双倍奶油
200 克 /7 盎司油酥面团（见第 166 页），如为冷冻则需解冻
盐和胡椒

烤箱预热到 160°C/325°F/ 气烤箱刻度 3，挞盘或咸派盘中涂黄油。用酱汁锅加热熔化黄油，加入龙蒿，小火翻炒几分钟，其间时常搅拌。搅拌加入面粉，随后分次搅拌加入牛奶，并用盐和胡椒调味。加热至沸腾，不停搅拌，随后从火上取下。加入火腿、格吕耶尔奶酪和奶油，置旁备用。在撒有面粉的工作台面上将油酥面团擀成圆片，铺在准备好的挞盘中。用叉子在挞底均匀戳孔，铺一层烘焙纸并填入烘焙豆。预烤 15 分钟。取出烘焙豆和烘焙纸，盛入火腿龙蒿泥，将挞皮向内稍微翻折，用叉子戳孔。烤箱温度提高到 180°C/350°F/ 气烤箱刻度 4，烘烤 30 分钟。待其稍微冷却即可上桌。

菠菜鲑鱼挞 SPINACH AND SALMON TART

TORTA DI SPINACI AL SALMONE
供 6 人食用
制备时间：1 小时 45 分钟
加热烹调时间：30 分钟
40 克 /1½ 盎司黄油，另加涂抹所需
4 整块剔骨鲑鱼肉
1 千克 /2¼ 磅菠菜
50 克 /2 盎司普通面粉，另加淋撒所需
500 毫升 /18 盎司牛奶
少许现磨肉豆蔻粉
2 茶匙切碎的新鲜百里香
100 克 /3½ 盎司格吕耶尔奶酪，磨粉
100 毫升 /3½ 盎司双倍奶油
200 克 /7 盎司油酥面团（见第 166 页），如为冷冻则需解冻
盐和胡椒

烤箱预热到 160°C/325°F/ 气烤箱刻度 3，挞盘或咸派盘中涂黄油。将鲑鱼放入酱汁锅中，加入足够没过鱼肉的清水和少许盐，加热至沸腾后改小火煮 10 分钟。与此同时，菠菜洗净，保留叶片上附着的清水，放入锅中翻炒 5 分钟，随后控干并尽量挤出水分，切碎。鲑鱼捞出控干，保留 300 毫升 /½ 品脱汤汁，将鱼肉分成片。用酱汁锅加热熔化黄油，搅拌加入面粉、牛奶、保留的汤汁、肉豆蔻粉和百里香，并用盐和胡椒调味。从火上取下锅，搅拌加入格吕耶尔奶酪、奶油、菠菜和鲑鱼。在撒有面粉的工作台面上将油酥面团擀成圆片，铺在准备好的挞盘中。用叉子在挞底均匀戳孔，铺上一层烘焙纸，填入烘焙豆。预烤 15 分钟。取出烘焙豆和烘焙纸，盛入菠菜鲑鱼酱泥，将挞皮边缘向内稍微翻折，用叉子戳孔。烤箱温度提高到 180°C/350°F/ 气烤箱刻度 4，烘烤 30 分钟。趁热上桌。

乡村蔬菜派 RUSTIC VEGETABLE PIE

将菠菜、叶用甜菜、沙拉叶、西葫芦和韭葱放入加了盐的沸水中，煮5～10分钟直至变得软嫩。捞出控干并尽量挤出所有水分，略微切碎。鸡蛋和佩科里诺奶酪一起打散，加入蔬菜和6汤匙橄榄油，用盐和胡椒调味。混合均匀后静置备用。烤箱预热到200℃/400℉/气烤箱刻度6，在长方形派盘中铺烘焙纸。面粉和少许盐一起过筛，在工作台面上堆成小堆，中间挖一个小窝，加入剩余的橄榄油和275毫升/9盎司温水，用手指慢慢揉成面团。将面团揉制均匀，在撒有面粉的工作台面上擀开，分成一大一小两个长方形片。派盘中铺较大的面片，盛入蔬菜泥。将较小的面片覆盖其上，除去多余边角，边缘压褶密封。派顶中心部分切一个小洞，烘烤30分钟。这种被称作“鞋饼”（scarpazza）的托斯卡纳风味咸味派适合趁热食用或作为冷食享用。

TORTA DI VERDURE DELLA LUNIGIANA

供6～8人食用

制备时间：55分钟

加热烹调时间：30分钟

500克/1磅2盎司菠菜

500克/1磅2盎司叶用甜菜

500克/1磅2盎司沙拉用野菜叶，如琉璃苣、芝麻菜和蒲公英叶

2个西葫芦，切片

2棵韭葱，去边角，切片

2颗鸡蛋

50克/2盎司佩科里诺奶酪，磨粉

150毫升/¼品脱橄榄油

300克/11盎司普通面粉，另加淋撒所需

盐和胡椒

南瓜派 PUMPKIN PIE

烤箱预热到180℃/350℉/气烤箱刻度4，派盘中涂黄油。将蘑菇放入碗中，加入温水，盖上盖子，置旁浸泡20分钟。将南瓜放入耐热焗盘中，淋一些橄榄油，烘烤20分钟，随后用细筛将南瓜肉过滤成泥。烤箱温度提高到200℃/400℉/气烤箱刻度6。将蘑菇捞出控干并切碎。在小号酱汁锅中加热熔化黄油，加入洋葱和蘑菇，小火翻炒5分钟，其间不时搅拌。加入南瓜泥，不停搅拌并继续加热10分钟。将锅从火上端离，搅拌加入帕玛森奶酪、鸡蛋和蛋黄，用盐和胡椒调味。将面团分成两半，其中一半在撒有面粉的工作台面上擀成圆片，铺在准备好的派盘中。将格吕耶尔奶酪片均匀铺在派中，随后盛入南瓜泥。将剩余的一部分面团擀成圆片，覆盖其上。除去多余的边角，边缘压褶密封，用叉子在表面均匀戳孔，烘烤1小时即可。

TORTA DI ZUCCA

供6～8人食用

制备时间：1小时

加热烹调时间：1小时

50克/2盎司黄油，另加涂抹所需

20克/¾盎司干蘑菇

1千克/2¼磅南瓜，去皮去籽，切片

2汤匙橄榄油

1颗洋葱，切薄片，拆分成洋葱圈

4汤匙帕玛森奶酪，现擦丝

1颗鸡蛋

1个蛋黄

300克/11盎司千层酥皮面团，如为冷冻则需解冻

普通面粉，用于淋撒

50克/2盎司格吕耶尔奶酪，切片

盐和胡椒

复活节派 EASTER PIE

TORTA PASQUALINA
供 12 人食用
制备时间：1 小时
加热烹调时间：1 小时

黄油，用于涂抹
600 克 /1 磅 5 盎司叶用甜菜
10 颗鸡蛋
300 克 /11 盎司里考塔奶酪
2 汤匙帕玛森奶酪，现擦丝
2 汤匙面包糠
200 毫升 /7 盎司双倍奶油
1 汤匙切碎的新鲜墨角兰
400 克 /14 盎司成品千层酥皮面团，如为冷冻则需解冻
普通面粉，用于淋撒
橄榄油，用于涂抹
盐和胡椒

烤箱预热到 200°C/400°F/ 气烤箱刻度 6，大派盘中涂黄油。将叶用甜菜放入加了盐的沸水中煮 10 分钟，变得软嫩后捞出控干并切碎。打散 4 颗鸡蛋。里考塔奶酪过细筛，放入碗中，加入打散的鸡蛋、帕玛森奶酪丝、面包糠和奶油，并用盐和胡椒调味。搅拌加入叶用甜菜和墨角兰。在撒有面粉的工作台面上将一半的面团擀成两个薄片。在派盘中铺一张面片，让多余的边缘挂在派盘边上，刷橄榄油。将第二张面片覆盖其上，倒入一半叶用甜菜酱泥。在叶用甜菜泥中挖 6 个小洞，各打入 1 颗鸡蛋，用适量盐和胡椒调味。铺上另外一半叶用甜菜泥，用沾水的刀抹平表面。将剩余的面团擀成两张薄片。将其中一张覆盖在菜泥上，刷上橄榄油，再铺上另一张，边缘压褶密封。派的表面用叉子均匀戳孔。烘烤 1 小时。复活节派可以趁热上桌，也可作为冷食享用。

农场彩虹派 FARMHOUSE RAINBOW PIE

TORTA RUSTICA ARCOBALENO
供 8～10 人食用
制备时间：50 分钟，另加 30 分钟静置时间
加热烹调时间：1 小时

300 克 /11 盎司普通面粉，另加淋撒所需
200 毫升 /7 盎司白葡萄酒
1 汤匙橄榄油
500 克 /1 磅 2 盎司菠菜
25 克 /1 盎司黄油，另加涂抹所需
100 毫升 /3½ 盎司双倍奶油
4 汤匙帕玛森奶酪，现擦丝
1 汤匙切碎的新鲜百里香
2 个红甜椒
2 个黄甜椒
200 克 /7 盎司熟火腿，切薄片
200 克 /7 盎司芳提娜奶酪，切薄片
1 个蛋黄，略微打散
盐和胡椒

将面粉和少许盐过筛到工作台面上，堆成小堆。中心挖出一个小窝，倒入葡萄酒和橄榄油，用手指慢慢混合。再加入适量水，揉成面团。将面团轻轻揉按成球状，放入冰箱中冷藏静置 30 分钟。菠菜清洗干净，保留叶片上附着的清水，放入锅中翻炒，约 5 分钟后盛出控干，尽可能地挤出水分并切碎。用平底锅加热熔化黄油，加入菠菜翻炒 5 分钟，时常搅拌，加入盐和胡椒，搅拌加入奶油、帕玛森奶酪和百里香。将甜椒置于烤盘中，放在预热好的烤架下烘烤，不时翻转，直至表皮变焦、起泡。烤好后装入塑料袋中，封口静置。甜椒完全冷却后，剥去外皮，切半去籽，再改刀切长条。烤箱预热到 180°C/350°F/ 气烤箱刻度 4，大派盘中涂黄油。面团分为两份，其中一份面团放在撒有面粉的工作台上擀成片，铺在派盘中。派底铺一层火腿，覆盖一层菠菜泥，再铺一层红甜椒和一层芳提娜奶酪。以同样顺序继续铺食材，第二次用黄甜椒代替红甜椒，直至完全用完准备好的所有食材。擀开剩余的面团，覆盖在派上，除去多余边角，边缘压褶密封。表面用叉子戳孔，涂上蛋黄液。烘烤 1 小时，趁热或冷却后上桌。

玛丽亚姑母的农场派，见第 226 页 →

玛丽亚姑母的农场派 AUNT MARIA'S FARMHOUSE PIE

TORTA RUSTICA ZIA MARIA
供 6～8 人食用
制备时间：1 小时 15 分钟
加热烹调时间：45 分钟

300 克 / 11 盎司普通面粉，另加淋撒所需
3 颗鸡蛋
1 汤匙糖
100 克 / 3½ 盎司黄油，软化
3～4 汤匙牛奶
2 汤匙帕玛森奶酪，现擦丝
200 克 / 7 盎司马苏里拉奶酪，切丁
150 克 / 5 盎司熟火腿，切细条
100 克 / 3½ 盎司意式肉肠，切细条
½ 份白汁（见第 58 页）

见第 225 页

烤箱预热到 180°C/350°F/ 气烤箱刻度 4。将面粉过筛到工作台上，堆成一小堆，中心挖出一个小窝，打入 1 颗鸡蛋，加入糖、黄油和一半牛奶。用指尖逐渐揉按混合面粉，如需要可加入更多牛奶，直至形成柔软的面团。轻轻揉按面团。剩余的鸡蛋放入碗中打散，加入帕玛森奶酪丝、马苏里拉奶酪、熟火腿和意式肉肠，混合均匀。分出一小块面团置旁备用。将剩余面团放在撒有面粉的工作台面上擀成片，铺在派盘中，盛入馅料，抹平表面，倒入薄薄一层白汁。将分出的小块面团擀成片，切窄条，两端涂少许水，呈栅格形横竖交错摆放在派上。表面刷牛奶，烘烤 45 分钟。趁热上桌。

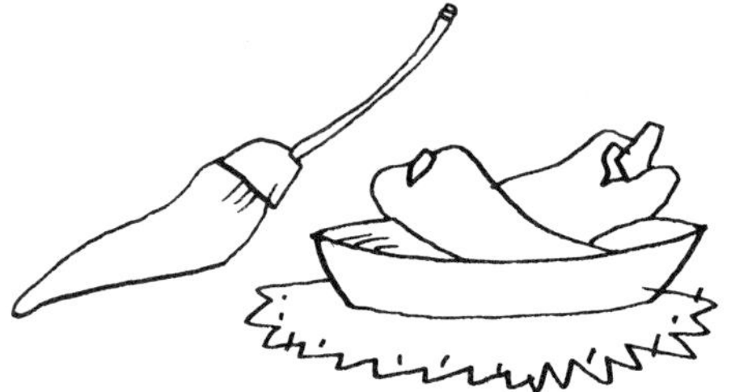

酥　盒

法国著名厨师、甜点师安东尼·卡雷姆（Antonin Carême，1784—1833）不仅发明了组合装饰（pièces montées ）和桌心饰点（table centrepieces），还创造了酥脆味美的酥盒。那天，他将一种极尽精巧的酥皮面点放入烤箱，随之而来的是奇迹般的蓬起升高。助手的目光也被吸引过来，不禁喊出"它在随风飞舞"，这也是酥盒法语名 vol-au-vent 的本意。专家称传统的酥盒直径应在 15 厘米，但现在尺寸各异的酥盒也都十分常见。近年来，人们可以从点心店买到预先烤好的酥盒，考虑到这一点，尺寸变动也就不足为奇了。迷你酥盒或小尺寸酥盒的直径仅 3 厘米，可以直接入口，适合填入肉酱、奶油蘑菇或豌豆馅，在自助餐会中常常搭配开胃酒享用；中等尺寸的酥盒直径 6 厘米，可以填入鸡杂、黄油脑花、芦笋或蘑菇，可以作为意大利面和调味饭的替代，当作第一道主菜；更大尺寸的酥盒直径 15～20 厘米不等，填馅包括意式小馄饨、面饺或通心粉，外形美观大方，更适合正式晚宴。

瓦莱达奥斯塔风味酥盒 VALLE D'AOSTA VOL-AU-VENTS

VOL-AU-VENT ALLA VALDOSTANA

供 4 人食用

制备时间：20 分钟，另加 4～5 小时浸泡用时

加热烹调时间：30 分钟

300 克 /11 盎司芳提娜奶酪，切薄片

400 毫升 /14 盎司牛奶

2 个蛋黄

8 个中尺寸酥盒

盐和胡椒

将芳提娜奶酪放入碗中，倒入一半牛奶，静置 4～5 小时待其浸泡吸收。烤箱预热到 150°C/300°F/ 气烤箱刻度 2。奶酪控干，放入耐热碗中隔水加热，倒入剩余的牛奶并不时搅拌。奶酪熔化后逐个搅拌加入蛋黄，用盐和胡椒调味。将奶酪酱倒入酥盒，置于烤盘中，放入烤箱烘烤几分钟，待其热透即可上桌。

VOL-AU-VENT AL POLLO

供 4 人食用

制备时间：40 分钟

加热烹调时间：15 分钟

2 汤匙橄榄油

1 颗洋葱，切细丝

100 克 /3½ 盎司韭葱，取白色部分，切细丝

200 克 /7 盎司剔骨去皮鸡胸肉，切丁

40 克 /1½ 盎司焯熟的扁桃仁，切碎

1½ 茶匙普通面粉

100 克 /3½ 盎司干白葡萄酒

250 毫升 /8 盎司鸡肉高汤（见第 249 页）

1 汤匙切碎的新鲜平叶欧芹

8 个中尺寸酥盒

盐和胡椒

鸡肉酥盒 CHICKEN VOL-AU-VENTS

烤箱预热到 150°C/300°F/ 气烤箱刻度 2。用平底锅加热橄榄油，放入洋葱和韭葱，小火煸炒 5 分钟，直至变软，其间不时搅拌。加入鸡肉和扁桃仁，撒入面粉，倒入葡萄酒，继续加热，直至酒精完全挥发。搅拌加入高汤，用盐和胡椒调味，继续加热，直至汤汁变得浓稠。从火上取下锅，搅拌加入欧芹。在酥盒中填入鸡肉酱，置于烤盘中，放入烤箱烘烤几分钟，待其热透即可。

VOL-AU-VENT AL PROSCIUTTO

供 4 人食用

制备时间：35 分钟

加热烹调时间：5 分钟

25 克 /1 盎司黄油

1 颗洋葱，切碎

100 克 /3½ 盎司意式熏火腿，切丁

100 克 /3½ 盎司去荚青豌豆

150 毫升 /¼ 品脱牛肉高汤（见第 248 页）

100 克 /3½ 盎司熟火腿，切丁

3 汤匙双倍奶油

1 个蛋黄，略微打散

8 个中尺寸酥盒

盐和胡椒

火腿酥盒 HAM VOL-AU-VENTS

烤箱预热到 150°C/300°F/ 气烤箱刻度 2。烤盘中铺锡纸。小锅中加热熔化黄油，加入洋葱，小火煸炒 5 分钟，直至变软，其间不时搅拌。加入意式熏火腿丁、青豌豆和高汤，继续加热 10 分钟，直至液体完全蒸发。用盐和胡椒调味，从火上取下锅，搅拌加入熟火腿、奶油和蛋黄。混合均匀后放回火上加热几分钟。将酱泥填入酥盒中，置于烤盘上烘烤 5 分钟，待其热透即可。

VOL-AU-VENT CON GLI SCAMPI

供 4 人食用

制备时间：25 分钟

加热烹调时间：5 分钟

25 克 /1 盎司黄油

半颗洋葱，切薄片

少许咖喱粉

1 茶匙普通面粉

200 毫升 /7 盎司牛奶

1 茶匙番茄泥

1 颗鸡蛋，略微打散

1 颗柠檬，挤出柠檬汁，过滤

200 克 /7 盎司熟大虾，去皮和沙线

12 个小尺寸酥盒

盐和胡椒

大虾酥盒 PRAWN VOL-AU-VENTS

烤箱预热到 150°C/300°F/ 气烤箱刻度 2。用酱汁锅加热黄油，加入洋葱，小火翻炒，直至变得透明软嫩，其间不时搅拌。加入咖喱粉和面粉，继续翻炒，分次搅拌加入牛奶。番茄泥和 ½ 茶匙温水混合搅拌，随后倒入锅中搅拌均匀。用盐和胡椒调味，继续加热至汤汁变浓。快速搅拌并加入鸡蛋、柠檬汁和虾肉，随后立即从火上取下。在酥盒中盛入酱泥，置于烤盘上烘烤 5 分钟，待其热透即可。

火腿酥盒 →

比　萨

没错，比萨确实是一种完完全全诞生于意大利，被全世界所追捧的美食。Pizza 也在全球各地成了一个共通的词。提到它，意大利人会不假思索地联想到那不勒斯比萨。比萨面饼部分的原料包括面粉、鲜酵母、水和盐（如果没有鲜酵母，可使用一半分量的干酵母，根据包装所述方法溶解）。经典馅料包括橄榄油、番茄和马苏里拉奶酪。不过，馅料的组合千变万化，还可以选择使用鱼肉、各种奶酪、鸡蛋和蔬菜。比萨可以作为正餐第一道菜、零食，也可以单独作为晚餐，甚至可以当作甜点享用。比萨的尺寸繁多，如搭配开胃酒享用的迷你比萨、标准尺寸、“巨无霸”等。比萨需要搭配起泡饮品帮助消化，啤酒是个不错的选择。也可以选择与起泡白葡萄酒一起享用，最好是口味较淡、年份较短、富含果香的酒类。

比萨面团（基础配方）PIZZA DOUGH (BASIC RECIPE)

IMPASTO PER LA PIZZA (RICETTA BASE)

供 4 人食用

制备时间：30 分钟，另加 1 小时醒发用时

250 克 /9 盎司面粉，最好使用意大利 00 型面粉，另加淋撒所需

¾ 茶匙盐

11 克 /⅓ 盎司鲜酵母或 10 克 /¼ 盎司干酵母

120 毫升 /4 盎司温水

橄榄油，用于涂抹（可选）

将面粉和盐过筛（如果用干酵母粉的话也一同过筛）到大碗中，中心挖出一个小窝。将鲜酵母块用叉子碾碎在水中，搅拌至液体均匀。将酵母液倒在面粉中心。用木勺翻拌面粉，制成柔软且不是很黏的面团。如果面团过黏，再酌情加一些面粉。面团放在撒有面粉的工作台面上揉按 10 分钟，直至变得光滑有弹性。如果使用揉面机，搅揉 5 分钟。将面团揉成球形，放在淋有少许橄榄油的碗中，盖上涂有橄榄油的保鲜膜。置于温暖处，待其醒发约 1 小时，直至面团体积近乎翻倍。如果是预先制作面团，将面团倒在撒有面粉的工作台面上，稍微将面团揉按紧实，放回碗内，放入冰箱冷藏。面团最多可以提前 24 小时制作。制作比萨面饼：将醒发好的面团用手掌压平，然后在撒有面粉的工作台面上擀成约 6 毫米厚的面饼。烤盘中刷橄榄油或铺烘焙纸。将面饼放在准备好的烤盘中，压成直径约 40 厘米的圆饼。确保边缘比中心部分更厚。在比萨面饼上撒馅料，四周留 2 厘米左右宽的边。可选步骤：制作面团时可以在水中加入 1 汤匙橄榄油，让面团质地丝滑，更易于揉压。

← 比萨面团（基础配方）

CALZONE
供 2 人食用
制备时间：1 小时 15 分钟
加热烹调时间：15 分钟
橄榄油，用于涂抹
1 份比萨面团（见第 231 页）
普通面粉，用于淋撒
50 克 /2 盎司马苏里拉奶酪，切丁
25 克 /1 盎司萨拉米香肠，切丁
25 克 /1 盎司熟火腿，切丁
1 颗鸡蛋，略微打散
25 克 /1 盎司里考塔奶酪，碾碎
盐和胡椒

卡尔佐内 CALZONE

烤箱预热到 220°C/425°F/ 气烤箱刻度 7，烤盘中刷橄榄油或铺一层烘焙纸。面团揉按 1 分钟，在撒有面粉的工作台面上擀成两张圆饼。混合马苏里拉奶酪、萨拉米香肠、熟火腿和鸡蛋，用盐和胡椒调味，加入里考塔奶酪。将混合碎丁撒在两张比萨面饼上，然后对折面饼，边缘压褶密封。置于烤盘中，烘烤 15 分钟即可。

PIZZA AI FUNGHI
供 4 人食用
制备时间：1 小时 45 分钟
加热烹调时间：20 分钟
3 汤匙橄榄油，另加涂抹所需
1 瓣蒜，切碎
350 克 /12 盎司蘑菇，切片
2 汤匙切碎的新鲜平叶欧芹
1 份比萨面团（见第 231 页）
普通面粉，用于淋撒
盐和胡椒

蘑菇比萨 MUSHROOM PIZZA

平底锅中加热橄榄油，加入蒜和蘑菇，小火煸炒 5 分钟，其间时常搅拌。用盐和胡椒调味，撒入欧芹，转最小火，继续加热约 30 分钟。烤箱预热到 220°C/425°F/ 气烤箱刻度 7，烤盘中刷橄榄油或铺一层烘焙纸。面团放在撒有面粉的工作台面上擀开，随后放入烤盘中压平。将蘑菇撒在比萨面饼上，送入烤箱烘烤 20 分钟。

PIZZA ALLA NAPOLETANA
供 4 人食用
制备时间：1 小时 45 分钟
加热烹调时间：25 分钟
橄榄油，用于涂抹和淋洒
1 份比萨面团（见第 231 页）
普通面粉，用于淋撒
5～6 颗番茄，去皮切碎
150 克 /5 盎司马苏里拉奶酪，切片
少许干牛至
8 条罐装剔骨鳀鱼，控干
盐
见第 234 页

那不勒斯比萨 PIZZA NAPOLETANA

烤箱预热到 220°C/425°F/ 气烤箱刻度 7，烤盘中刷橄榄油或铺烘焙纸。面团放在撒有面粉的工作台面上擀开，随后置于烤盘中压平。将番茄碎均匀地撒在比萨面饼上，接着洒一圈橄榄油。送入烤箱烘烤约 18 分钟。加入马苏里拉奶酪、牛至和鳀鱼，撒少许盐调味，如需要可再淋一些橄榄油。继续烘烤 7～8 分钟，比萨变得酥脆即可。

渔夫比萨 FISHERMAN'S PIZZA

在加了盐的沸水中将章鱼煮至软嫩，捞出控干水分。烤盘中刷橄榄油或铺烘焙纸。海螯虾煮2～3分钟，捞出控干，去壳和沙线。贝壳破碎的或者快速拍打时不会立刻合上的蛤蜊和贻贝舍弃不用，剩余的放入平底锅中，大火加热5分钟，直至贝壳张口。加热后尚未张口的贝壳拣出并丢弃不用。将蛤蜊肉和贻贝肉从壳中取出。用平底锅加热橄榄油，加入洋葱、蒜、红辣椒，小火煸炒5分钟，其间不时搅拌，随后加入章鱼、贻贝肉、蛤蜊肉和虾仁。用盐调味，继续翻炒5分钟，时常搅拌。从火上取下锅，加入欧芹碎。烤箱预热到220℃/425°F/气烤箱刻度7。在撒有面粉的工作台面上将面团擀开，随后置于烤盘中压平。面饼上撒樱桃番茄块，淋上橄榄油，送入烤箱烘烤15分钟。将各种海鲜均匀地摆在面饼上，放回烤箱继续烘烤7～8分钟（时间不可过长，否则海鲜口感将会过硬）。

PIZZA ALLA PESCATORA
供4人食用
制备时间：2小时15分钟
加热烹调时间：22分钟
300克/11盎司小章鱼，除内脏、去皮
2汤匙橄榄油，另加涂抹和淋洒所需
300克/11盎司生海螯虾
300克/11盎司蛤蜊，刷净
300克/11盎司贻贝，刷净并除须
1颗洋葱，切细丝
4瓣蒜，切薄片
1根新鲜红辣椒，去籽切碎
1汤匙切碎的新鲜平叶欧芹
1份比萨面团（见第231页）
普通面粉，用于淋撒
300克/11盎司樱桃番茄，去皮，每颗切成4块
盐

马铃薯比萨 POTATO PIZZA

将马铃薯放入加了盐的沸水中煮20分钟，直至变软。捞出控干，去皮并切薄片。烤箱预热到220℃/425°F/气烤箱刻度7，烤盘中刷橄榄油或铺烘焙纸。在撒有面粉的工作台面上将面团擀开，置于烤盘中压平。将马铃薯片均匀摆放在比萨面饼上，淋少许橄榄油，烘烤15分钟。随后撒上培根、奶酪和迷迭香，用适量盐和胡椒调味。淋上橄榄油，继续烘烤7～8分钟即可。趁热上桌。

PIZZA ALLE PATATE
供4人食用
制备时间：2小时
加热烹调时间：22分钟
3个大马铃薯，去皮
橄榄油，用于涂抹和淋洒
1份比萨面团（见第231页）
普通面粉，用于淋撒
200克/7盎司培根，切丁
100克/3½盎司塔雷吉欧奶酪，切丁
50克/2盎司帕玛森奶酪，擦末
2茶匙切碎的新鲜迷迭香
盐和胡椒

“白”比萨 'WHITE' PIZZA

烤箱预热到220℃/425°F/气烤箱刻度7，烤盘中刷橄榄油或铺烘焙纸。面团放在撒有面粉的工作台面上擀开，置于烤盘中压平。将奶酪摆放在比萨面饼上，撒上牛至叶，用适量盐和胡椒调味，淋上橄榄油。烘烤约20分钟。

PIZZA BIANCA
供4人食用
制备时间：1小时45分钟
加热烹调时间：20分钟
橄榄油，用于涂抹和淋洒
1份比萨面团（见第231页）
普通面粉，用于淋撒
150克/5盎司马苏里拉奶酪，切片
150克/5盎司塔雷吉欧奶酪，切丁
少许干牛至叶
盐和胡椒

← 那不勒斯比萨，见第232页

PIZZA CON LE SALSICCE
供 4 人食用
制备时间：1 小时 50 分钟
加热烹调时间：22 分钟
橄榄油，用于涂抹和淋洒
200 克 /7 盎司意大利香肠，去皮碾碎
50 克 /2 盎司佩科里诺奶酪，现擦丝
1 份比萨面团（见第 231 页）
普通面粉，用于淋撒
4 颗番茄，去皮切碎
100 克 /3½ 盎司熏培根（smoked pancetta），切片
1 茶匙切碎的新鲜迷迭香
6 片新鲜罗勒叶，撕碎
盐和胡椒

香肠比萨 SAUSAGE PIZZA

烤箱预热到 220°C/425°F/ 气烤箱刻度 7，烤盘中刷橄榄油或铺烘焙纸。碗中均匀混合香肠和佩科里诺奶酪，加入适量盐和胡椒调味。面团在撒有面粉的工作台面上擀开，置于烤盘中并压平。将番茄丁撒在比萨面饼上，淋上橄榄油。烘烤 20 分钟。表面撒上香肠奶酪丁，其上铺培根片。撒少许迷迭香和罗勒，淋上橄榄油，再继续烘烤 7～8 分钟即可。

PIZZA D'INDIVIA
供 4 人食用
制备时间：2 小时 30 分钟
加热烹调时间：20 分钟
2 汤匙橄榄油，另加涂抹所需
1 颗洋葱，切碎
1 瓣蒜，切碎
100 克 /3½ 盎司番茄，去皮切碎
4 棵菊苣，除去边角，剥下叶片
2 汤匙双倍奶油
1 份比萨面团（见第 231 页）
普通面粉，用于淋撒
100 克 /3½ 盎司意式熏火腿，切片
盐

菊苣比萨 CHICORY PIZZA

锅中加热橄榄油，加入洋葱和蒜，小火煸炒 5 分钟，直至变软嫩，其间不时搅拌。加入番茄和菊苣，盖上锅盖焖煮 10 分钟。撒入适量盐，继续加热 20 分钟，如果汤汁快要熇干可加入少许热水。与此同时，烤箱预热到 220°C/425°F/ 气烤箱刻度 7，烤盘中刷橄榄油或铺烘焙纸。当菊苣变得很软之后搅拌加入奶油，继续加热至汤汁变得浓稠，随后从火上取下。面团放在撒有面粉的工作台面上擀开，置于烤盘中压平。将菊苣和酱汁涂在比萨面饼上，烘烤 20 分钟。从烤箱中取出比萨，表面铺意式熏火腿，立即上桌。

PIZZA MARGHERITA
供 4 人食用
制备时间：1 小时 45 分钟
加热烹调时间：22 分钟
橄榄油，用于涂抹和淋洒
1 份比萨面团（见第 231 页）
普通面粉，用于淋撒
5～6 颗番茄，去皮切碎
150 克 /5 盎司马苏里拉奶酪，切片
6 片新鲜罗勒叶，撕碎
盐和胡椒

玛格丽特比萨 MARGHERITA PIZZA

烤箱预热到 220°C/425°F/ 气烤箱刻度 7，烤盘中刷橄榄油或铺烘焙纸。面团放在撒有面粉的工作台面上擀开，置于烤盘中压平。将番茄丁撒在比萨面饼上，淋上橄榄油，烘烤 15～20 分钟。加入马苏里拉奶酪片和罗勒碎，撒适量盐和胡椒调味，再次淋橄榄油。继续烘烤 7～8 分钟即可。

香肠比萨 →

BIRRA

四季比萨 FOUR SEASONS PIZZA

烤箱预热到 220°C/425°F/ 气烤箱刻度 7，烤盘中刷橄榄油或铺烘焙纸。将鳀鱼沿长边切成两半。舍去贝壳破碎的与快速拍打时不会立刻闭口的贻贝，将剩余贻贝放入平底锅中，大火加热 5 分钟，直至贝壳张开。将未开口的贻贝拣出并丢弃不用。从壳中取出贻贝肉。面团放在撒有面粉的工作台面上擀开，置于烤盘中压平。在比萨面饼上撒番茄丁，并用刀背在面饼上画出一个十字形。将鳀鱼肉和绿橄榄放在一格中，贻贝在另外一格中，火腿和马苏里拉奶酪在第三格中，小洋蓟和黑橄榄在第四格中。撒适量盐和胡椒调味，淋上橄榄油，烘烤 15～20 分钟。

PIZZA QUATTRO STAGIONI

供 4 人食用

制备时间：2 小时 15 分钟

加热烹调时间：15～20 分钟

橄榄油，用于涂抹和淋洒

4 条盐腌鳀鱼，去头，除内脏并剔骨（见第 694 页），冷水浸泡 10 分钟后控干水分

100 克 /3½ 盎司贻贝，刷净除须

1 份比萨面团（见第 231 页）

普通面粉，用于淋撒

4 颗番茄，去皮切碎

50 克 /2 盎司绿橄榄

50 克 /2 盎司熟火腿，切丁

50 克 /2 盎司马苏里拉奶酪，切丁

4 棵油浸小洋蓟，控干切半

50 克 /2 盎司黑橄榄

盐和胡椒

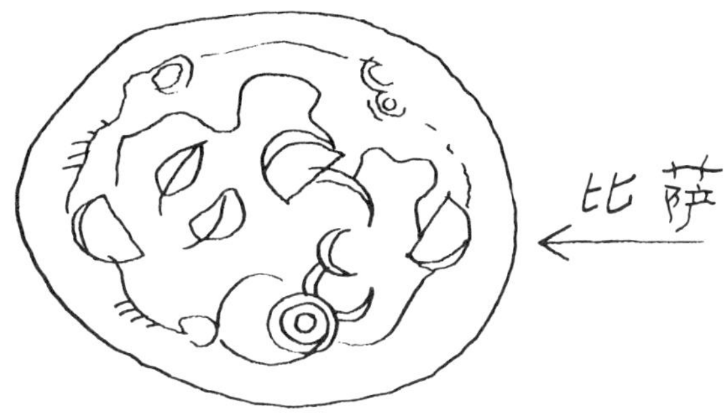

← 四季比萨

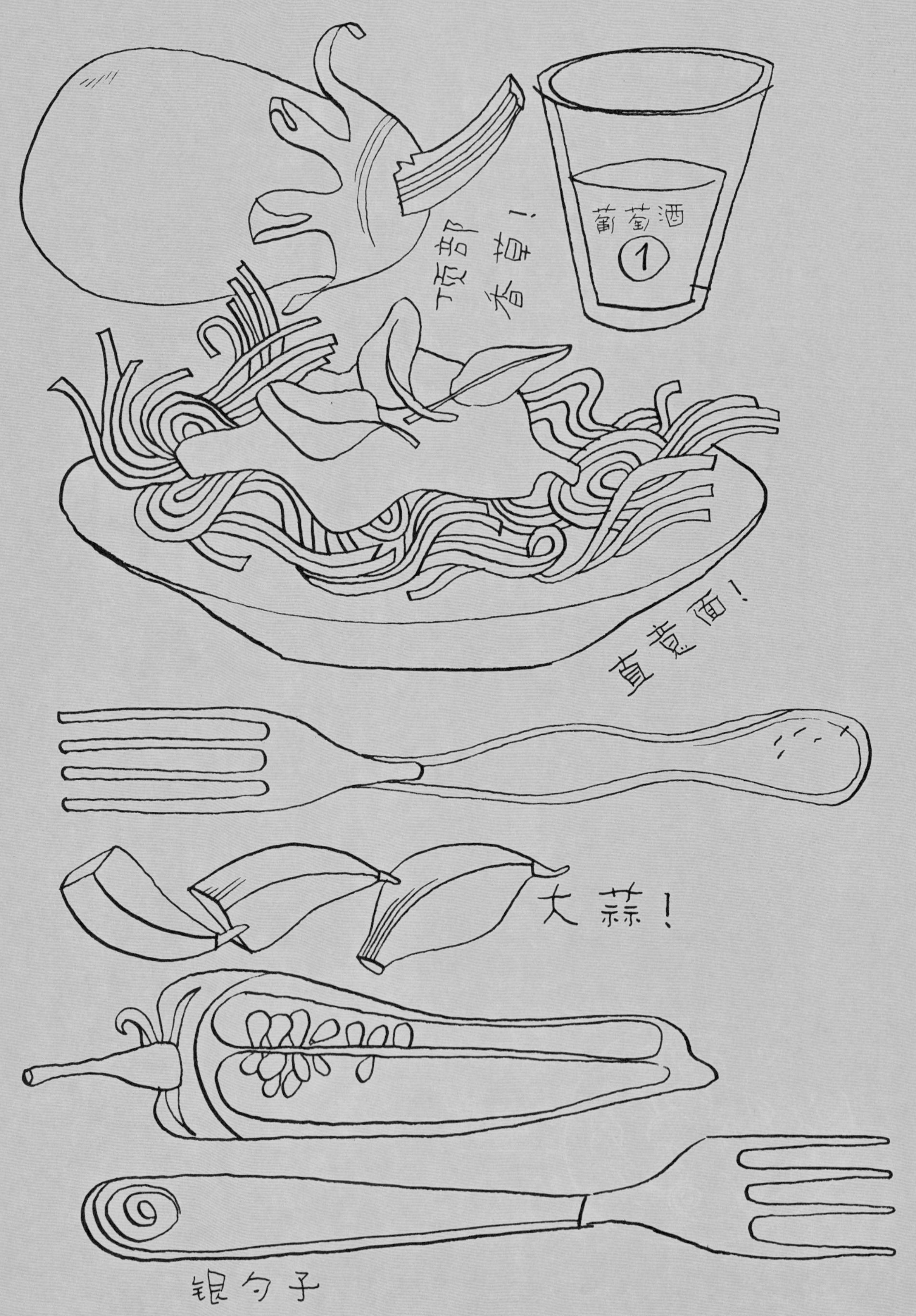

葡萄酒
1
顶部
香草!
直煮面!
大蒜!
银勺子

第一道菜 ➔

第一道菜

按照意大利传统习俗，第一道菜分为杂菜汤（意大利蔬菜汤，minestre in brodo）和无汤杂菜（minestre asciutte）。除了各种汤菜，第一类还包括各种酱泥，第二类则包括鲜干意面、米饭、调味饭（risotto）、玉米粥（polenta）和团子（gnocchi）。这种分类方式，特别是将意大利面划分到"无汤杂菜"，可能会让部分初次接触意大利菜系的读者感到十分困惑。因此，我们选择更简单明了的方式——将此章命名为"第一道菜"，并分为"汤品"与"干品"两部分。对初次尝试烹饪意式菜肴的读者，还需要了解的是意式餐饮文化与英式餐饮文化的不同，在意大利，第一道菜和第二道菜的重要性和分量相同。

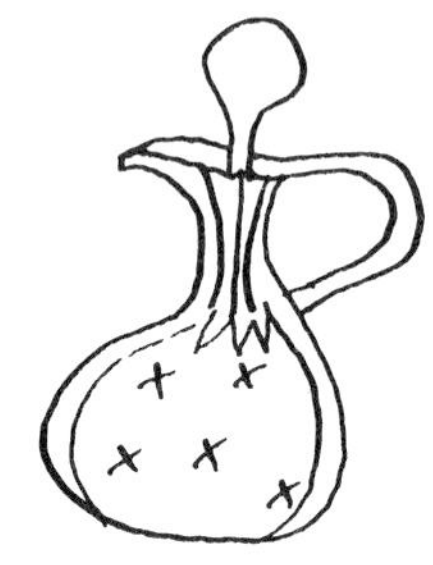

汤　品

曾经，汤菜在意大利人的餐桌上十分常见，随着时间的推移，汤菜渐渐地被边缘化了。有盖汤碗也被人们遗忘在壁橱的角落，变成在餐桌上偶尔被用来展示的装饰物或者收藏品。随着大众对杂麦（farro，包括艾莫小麦和斯皮尔特小麦）等一些古代谷物的重新"发现"，加上素食文化的流行，汤品才逐渐回到了那些从传统中寻找灵感的创新餐馆的菜单中，汤类菜肴也重新回到了流行前沿。这个分类中的菜谱，收录了来自意大利和其他地区的传统汤品和新式汤品，按照类别分为高汤、奶油汤、浓汤、杂菜汤和其他汤品等。

干　品

干品类的第一道菜一直在意大利人的餐桌上，从未缺席。毋庸置疑，面食（pasta）是意大利最受欢迎的菜肴。不过，pasta 并不能完全展现这类菜肴的多种多样。最基本的新鲜意大利面以鸡蛋和面粉（意大利 00 型面粉）为原料制作。千层面（lasagna）可能是其中最著名的一种，这种由多层薄面片堆叠而成的美味是意大利传统的烘焙面食。

而将面片卷起制成的是加乃隆（cannelloni）。新鲜意面也可以切成细条：切面（tagliatelle），精致的丝带形状让它成为浓厚酱汁的完美伴侣；更细的窄切面（tagliolini/ tagliatelline）则适合搭配口感更加细腻的酱汁；更宽更厚的宽切面（fettucine）可与肉类、肠类、蘑菇和番茄酱汁等完美融合。除了加鸡蛋揉制的面团外，还有使用其他不同种类面粉的面食。混合面粉和粗麦粉的猫耳面（orecchiette）是来自普利亚（puglia）大区的特色意面。手工捏制的猫耳面形状近似小贝壳，粗糙的表面上留下了面食师傅拇指捏压的印记。猫耳面非常适合搭配蔬菜酱汁。接下来介绍的是各种填馅面食。面饺（ravioli）、意式馄饨（tortelli）、小馄饨（tortellini）和大馄饨（tortelloni），它们形状各异、大小不同，可以填入肉、鱼、蔬菜或奶酪，既适合搭配如鼠尾草黄油等基本酱汁，也可搭配根据馅料味道专门制作的复杂酱汁。干意面的原材料相对简单，硬粒小麦粉和水揉和之后被制成不同的形状，可以搭配各种各样的酱汁。首先要介绍的就是直面（spaghetti），深受全世界喜爱的这种细长圆面是番茄、蔬菜、鱼和贝类酱汁的完美伴侣；通心细面（bucatini）是细长的管状，用于制作正宗猪脸肉酱面；小舌长面（linguine）3毫米宽、26厘米长，这种扁平的意面在利古里亚大区十分常见，宽扁面（bavette）和窄扁面（trenette）与之十分相似。这三种意面都非常适合搭配香草或鱼肉酱汁。在各种各样的短意面中，通心面（macaroni）和笔管面（penne）应该是最常见的。“通心面”这个名称包含了许多不同种类，例如宽通心面（rigatoni）和曲管面（tortiglioni）。不过，所有的通心面和笔管面都是圆柱状，有或光滑（lisce）或条纹状（rigate）的表面（此类管状外形的意面更容易粘黏上酱汁）。蝴蝶面（farfalle）是方面片中心被捏合后形成的蝴蝶形状意面，它适合搭配番茄、豌豆、清淡酱汁或奶油酱汁。螺旋面（fusilli）是扭曲的螺丝状，适合配合以蔬菜为主要食材的地中海风味酱汁。能够出现在本章中的食谱，它们大部分制作用时较短、口味清淡，但也包括了或经典或浓郁的菜式。第一道菜的干品将按照团子、鲜意面、干意面、玉米糊、米饭、米饭沙拉、调味饭和鼓派（timbale）的分类一一介绍。

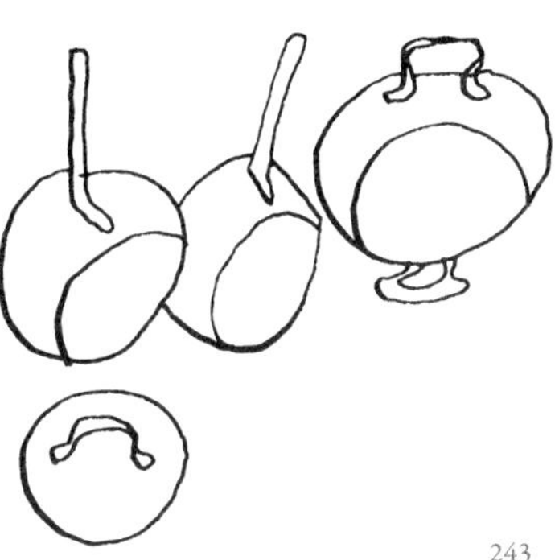

高 汤

汤品第一道菜

无色无味无香的清水被转化成高汤的过程仿佛魔法一般。它变得细腻、香醇、美味，这离不开肉、盐、香草和香料的贡献。高汤可以用牛肉（暗色高汤、浓汤或清汤）、鱼肉或蔬菜（单独一种或混合蔬菜）烹调。各类高汤制作都遵循一些共通的基本规律。

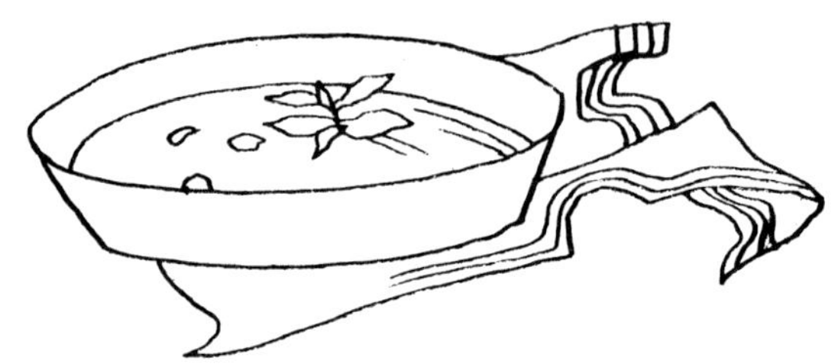

数量和加热烹调的时间

酱汁锅

这类锅应由铝或不锈钢制成，以避免破坏高汤的味道。

水

1 千克 / 2¼ 磅牛肉或小牛肉需要 4 升 / 7 品脱水；1½ 千克 / 3¼ 磅鸡肉需要 3½ 升 / 6 品脱水。

盐

每升水需要 ¼ 汤匙盐。盐过多会使高汤过咸而破坏美味，可在加热烹调即将结束时尝味并调整味道。

香草和蔬菜

水需要缓慢加热至沸腾，蔬菜和香草需要按适当的比例添加。每 1 千克 / 2¼ 磅肉需要 100 克 / 3½ 盎司洋葱，100 克 / 3½ 盎司韭葱和 1 根芹菜茎。欧芹是可选项，还有人可能会在洋葱中塞入 1 粒丁香为高汤增加些许香辛口味。

暗色高汤

这是经典的牛肉高汤，最适合选择牛肩肉和臀肉。制作小牛肉高汤时则需要选择颈部和小腿肉。一位优秀的屠夫可以为你提供更多建议。

浓缩高汤或法式清汤

此类高汤源自一份 19 世纪菜谱，做法冗长而繁复。今天，我们可以选择更现代的做法烹制美味的清汤。

清高汤或细制高汤

就是鸡肉高汤。有些人会在锅中加入一块牛肉增添味道，本节中介绍的经典配方（见第249页）不包含牛肉。适合搭配意式小馄饨。

鱼肉高汤

鱼肉高汤的口感十分细腻，适合制作高汤的鱼类包括鳕鱼和鳐鱼等。鳕鱼高汤搭配米饭和欧芹汤非常美味。使用贝类海鲜可以制作口感上佳的无脂肪高汤，可选食材包括海鳌虾和各种白肉鱼类的头或尾。鱼肉高汤十分适合制作酱汁和汤品。

蔬菜高汤

制作蔬菜高汤时，用同样分量的多种蔬菜替代肉类即可。最适合的食材包括胡萝卜、芜菁（它们会带来丰富的味道）、洋葱、韭葱和樱桃番茄。如果需要添加马铃薯，数量不应超过两个。蔬菜高汤非常适合制作各种清淡汤品，也可直接饮用。

高汤与清汤调味块和调味粉

它们可以在短短的数分钟内制作几乎所有种类的高汤（牛肉、鸡肉、蔬菜或鱼肉）。尽管十分方便，但你需要仔细看好它的食盐含量。有一些品牌的清汤调味块和调味粉可以提供相对更好一些的味道。

BOMBOLINE DI RICOTTA IN BRODO

供 4 人食用

制备时间: 4 小时 15 分钟

加热烹调时间: 20 分钟

250 克 / 9 盎司里考塔奶酪

1 颗鸡蛋

65 克 / 2½ 盎司普通面粉，另加蘸裹所需

少许现磨肉豆蔻粉

1 升 / 1¾ 品脱牛肉高汤（见第 248 页）

3 汤匙橄榄油 • 盐和胡椒

现擦帕玛森奶酪末，用作配餐

高汤里考塔奶酪丸 RICOTTA DUMPLINGS IN BROTH

用木勺将里考塔奶酪搅拌至顺滑，加入鸡蛋、面粉和肉豆蔻粉，搅拌均匀，用盐和胡椒调味。将搅拌好的奶酪泥揉成榛子大小的丸子，再裹上一层面粉。与此同时，小火煮沸高汤。平底锅中加热橄榄油，加入奶酪丸煎炸至金黄色。炸好的丸子放在厨房纸上控油。将奶酪丸盛入有盖汤碗中，用大汤匙浇入高汤，搭配帕玛森奶酪一起上桌。

BRODO AL CRESCIONE

供 4 人食用

制备时间: 2 小时 45 分钟

加热烹调时间: 15 分钟

1 把水田芥

1 升 / 1¾ 品脱鸡肉高汤（见第 249 页）

1 根芹菜茎，切碎

1 枝新鲜平叶欧芹，切碎

盐和胡椒粉

烤面包片，用作配餐

水田芥高汤 WATERCRESS BROTH

保留 12 片水田芥叶备用，剩余部分切细末。高汤慢慢加热至沸腾，随后加入水田芥、芹菜和欧芹。小火加热几分钟，其间不停搅拌。过滤高汤，用盐和胡椒调味。将预留的水田芥叶摆在碗中或有盖汤碗中，用大汤匙浇入高汤。搭配烤面包片一同享用。

BRODO AL VINO AROMATIZZATO

供 4 人食用

制备时间: 4 小时 15 分钟

加热烹调时间: 15 分钟

1 升 / 1¾ 品脱牛肉高汤（见第 248 页）

2 粒丁香

200 毫升 / 7 盎司干白葡萄酒

3 个蛋黄

少许肉桂粉

少许现磨肉豆蔻粉

百香葡萄酒高汤 SPICED WINE BROTH

将高汤倒入锅中，小火加热，加入丁香并煮至沸腾。在另一口锅中加热葡萄酒。蛋黄放入有盖汤碗中打散，浇入高汤和温热的葡萄酒，再搅拌加入肉桂粉和肉豆蔻粉。尽快上桌。

BRODO CON GNOCCHETTI DI FORMAGGIO

供 4 人食用

制备时间: 2 小时 45 分钟～4 小时 15 分钟

加热烹调时间: 20 分钟

40 克 / 1½ 盎司黄油，软化

1 颗鸡蛋，分离蛋清蛋黄

1½ 汤匙帕玛森奶酪，现擦碎，另加配餐所需 • 1 汤匙普通面粉

1½ 升 / 2½ 品脱鸡肉或牛肉高汤（见第 248～249 页）• 盐

清汤奶酪小团子 SMALL CHEESE GNOCCHI IN CLEAR BROTH

黄油放入碗中，搅拌至奶油状，随后搅拌加入蛋黄、帕玛森奶酪末和面粉，混合均匀。在另一个碗中打散蛋清，加入少许盐。高汤放入大号酱汁锅煮沸，用茶匙一个一个地盛入奶酪团子。当奶酪团子浮到水面，就表示已经煮熟。用大汤匙盛入有盖汤碗中，搭配足量的帕玛森奶酪一同上桌。

高汤面包团子 BREAD GNOCCHI IN BROTH

BRODO CON GNOCCHETTI DI PANE

供 4 人食用

制备时间：40 分钟

加热烹调时间：50 分钟

用于制作高汤

1 棵韭葱，除去边角并切碎

1 颗洋葱，切碎

2 根芹菜茎，切碎

2 根胡萝卜，切碎

盐

用于制作团子

120 克 / 4 盎司面包糠

50 克 / 2 盎司帕玛森奶酪，现擦碎，另加配餐所需

2 颗鸡蛋

1 小棵新鲜细香葱，切碎

盐和胡椒

制作高汤：将所有蔬菜放入酱汁锅中，倒入 1½ 升 / 2½ 品脱水和适量盐，加热至沸腾。转小火，加热炖煮 45 分钟。与此同时，准备制作团子。将面包糠、帕玛森奶酪、鸡蛋和一半用量的细香葱在碗中混合均匀，用盐和胡椒调味。制成的酱泥应黏稠度适中，根据需要可多加一些面包糠。将酱泥揉成 1 厘米宽的长棍形，再改刀切成小段，在每一小段中间位置用手指稍微按平。高汤过滤到干净的锅中，置于火上加热（蔬菜可用于制作冷沙拉或焗烤菜享用）。将团子加入高汤中，当它们重新浮上水面时即已煮熟。用大汤匙盛入有盖汤碗中，撒入剩余的细香葱，搭配帕玛森奶酪末一同上桌。

菜泥冻高汤 BROTH À LA ROYALE

BRODO CON ROYALE

供 4 人食用

制备时间：1 小时 40 分钟，另加冷却用时

加热烹调时间：20 分钟

2 颗鸡蛋

1 升 / 1¾ 品脱蔬菜高汤（见第 249 页）

蔬菜奶油汤（见第 252～264 页）

黄油，用于涂抹

盐和胡椒

这是制作多种“汤品装饰”（royale）的基本配方，它们根据各自不同种类的蔬菜奶油而得名（像豌豆、芦笋、胡萝卜等）。鸡蛋加入盐和胡椒打散，分次加入 200 毫升 / 7 盎司高汤，加入蔬菜奶油。在一个耐热焗盘或几个小模具中涂上足量的黄油，倒入混合酱泥，摆放到较大的浅锅里，倒入盘子或模具一半高度的沸水，小火加热 12～15 分钟，直至酱泥凝固成形。从火上取下锅，待其冷却后倒出酱泥冻，改刀切方块。加热剩余的高汤，用大汤匙盛入有盖汤碗中，用酱泥冻装饰。

家常菜泥冻高汤 HOME-MADE BROTH À LA ROYALE

BRODO CON ROYALE ALLA CASALINGA

供 4 人食用

制备时间：1 小时，另加冷却

加热烹调时间：20 分钟

4 颗鸡蛋

1 汤匙普通面粉

2 汤匙帕玛森奶酪，现擦碎

3～5 汤匙牛奶

黄油，用于涂抹

1 升 / 1¾ 品脱蔬菜高汤（见第 249 页）

盐和胡椒

鸡蛋打散，将面粉和帕玛森奶酪加入蛋液中，搅拌均匀并加入盐和少许胡椒粉调味。搅拌加入适量牛奶，为酱泥增加奶油般的质感。在几个小模具中涂抹黄油，将酱泥倒入其中。接着将模具置于较大的浅锅中，倒入模具一半高度的沸水，小火加热 12～15 分钟，直至酱泥凝固成形。从火上取下锅，待其冷却后倒出酱泥冻，改刀切块。酱汁锅中加热剩余的高汤，用大汤匙盛入有盖汤碗中并放入酱泥冻装饰。

BRODO CON TAGLIOLINI DI CRÊPES

供 4 人食用

制备时间：2 小时 45 分钟

加热烹调时间：30 分钟

120 克 / 4 盎司普通面粉

1 颗鸡蛋

1 个蛋黄

200 毫升 / 7 盎司牛奶

50 克 / 2 盎司黄油

1 升 / 1¾ 品脱鸡肉高汤（见第 249 页）

盐

高汤配可丽饼条 BROTH WITH CRÊPE STRIPS

将鸡蛋、蛋黄和面粉放入碗中搅拌均匀，边搅拌边逐次加入牛奶，搅拌成较稀的面糊。熔化 25 克 / 1 盎司黄油，和少许盐一起搅拌加入面糊中，静置 1 小时。小平底锅中加热剩余黄油中的一小块，倒入 1 汤匙面糊。加热 4～5 分钟，直至面糊底面变成褐色，翻面继续加热 2 分钟，待其上色即可倒入盘中。继续用此方法制作可丽饼，根据需要，可额外加入黄油，直至用完所有面糊。与此同时，在大酱汁锅中加热高汤。可丽饼切细条，取适量饼条摆放在汤碗中，再用大汤匙浇入热高汤。

BRODO DI CARNE

供 4 人食用

制备时间：15 分钟，加上冷藏所需时间

加热烹调时间：3 小时 45 分钟

800 克 / 1¾ 磅瘦牛肉，切方块

600 克 / 1 磅 5 盎司小牛肉，切方块

1 颗洋葱，粗略切块

50 克 / 2 盎司胡萝卜，粗略切块

100 克 / 3½ 盎司韭葱，除去边角，粗略切块

1 根芹菜茎，粗略切块

盐

牛肉高汤 MEAT STOCK

将牛肉放入大号酱汁锅中，倒入没过肉块的冷水，加热至沸腾。牢记，小火加热和慢火炖煮是高汤成功的关键。撇去水面上的浮沫，加入洋葱、胡萝卜、韭葱和芹菜，用少许盐调味。调小火力，慢火炖煮约 3 个半小时。锅从火上端离，将高汤过滤到碗中，待其冷却后放入冰箱冷藏。最后，小心地撇去高汤表面凝固的脂肪。这种高汤适合制作汤菜、调味饭和酱汁。

BRODO DI PESCE(1)

供 4～6 人食用

制备时间：10 分钟

加热烹调时间：1 小时

1 枝新鲜平叶欧芹

1 枝新鲜百里香

1 颗洋葱，切碎

1 根胡萝卜，切片

1 根芹菜茎，切片

1 汤匙黑胡椒粒，略微压碎

1 千克 / 2¼ 磅白鲑或白鲑鱼头、鱼骨，除鳃

盐

鱼肉高汤（1）FISH STOCK (1)

在大号酱汁锅中倒入 2 升 / 3½ 品脱水，加入香草、洋葱、胡萝卜、芹菜和黑胡椒，用适量盐调味。加热至沸腾，转小火继续加热，炖煮 30 分钟。从火上取下锅，待其冷却后加入鱼肉（水量应刚好没过鱼肉）。将锅放回火上，加热至沸腾，转小火继续加热 20 分钟。将锅从火上端离，让鱼肉与高汤一同冷却后再过滤出高汤，成品味道会更浓郁。这款高汤适合制作以大米为原料的汤品或海鲜调味饭（见第 390 页）。如果仅使用鱼骨和鱼头，锅中加入香草和蔬菜后慢火炖煮 30 分钟，待其稍微冷却后过滤即可。

鱼肉高汤（2）FISH STOCK (2)

BRODO DI PESCE (2)

供 4～6 人食用

制备时间：10 分钟

加热烹调时间：1 小时

1 颗洋葱

1 颗樱桃番茄

1 根芹菜茎

新鲜平叶欧芹

5 汤匙干白葡萄酒

1 千克 / 2¼ 磅鳐鱼鳍（skate wings）

盐和胡椒

酱汁锅中倒入 2 升 / 3½ 品脱水，加入洋葱、樱桃番茄、芹菜、欧芹和葡萄酒，用盐和胡椒调味，加热至刚刚开始沸腾。调小火力，慢火炖煮 30 分钟。加入鳐鱼鳍，继续慢火炖煮 20 分钟。取出鳐鱼鳍，将高汤过滤到碗中，用汤匙挤压出蔬菜中的水分。如果需要非常清澈的高汤，取一块细纱布浸湿并挤干水分，铺在过滤器中，再用来过滤高汤。

鸡肉高汤 CHICKEN STOCK

BRODO DI POLLO

供 4～6 人食用

制备时间：15 分钟

加热烹调时间：2 小时 15 分钟

1 只肉鸡或老母鸡，去掉鸡皮并除去鸡肉表面的脂肪

1 颗洋葱

1 根胡萝卜

1 根芹菜茎

盐

老母鸡是最好的选择。相比肉鸡，老母鸡高汤的味道更细腻，而且老母鸡大概率不是大规模工业化饲养的。将鸡肉和蔬菜放入大号的酱汁锅中，加入少许盐，倒入足够没过鸡肉的水。中火加热，煮至沸腾后调小火力，慢火炖煮至少 2 小时，其间要不时地撇去表面上的浮沫。高汤过滤到碗中，待其冷却后放入冰箱中冷藏。小心地撇去高汤表面凝固的脂肪。鸡肉高汤适合制作小团子、高汤菜丝或切成条状的小鸡蛋卷。

蔬菜高汤 VEGETABLE STOCK

BRODO DI VERDURE

供 4～6 人食用

制备时间：15 分钟

加热烹调时间：30 分钟

2 个马铃薯，粗略切块

2 颗洋葱，粗略切块

2 棵韭葱，除去边角并粗略切块

2 根胡萝卜，粗略切块

2 个芜菁，粗略切块

1 根芹菜茎，粗略切块

3 颗樱桃番茄，粗略切块

盐

将所有蔬菜放入大号的酱汁锅中，倒入 1½ 升 / 2½ 品脱水，加入少许盐，加热至沸腾。调小火力，慢火炖煮约 20 分钟。从火上将锅端离，待其稍微冷却后将高汤过滤到碗中，并用汤匙将蔬菜中的汤汁挤压出来。

BRODO FREDDO AROMATICO

供 4 人食用

制备时间：4 小时 15 分钟，另加 2 小时静置用时

加热烹调时间：20 分钟

750 毫升 / 1¼ 品脱牛肉高汤（见第 248 页）

4 片新鲜罗勒叶，切碎

1 枝新鲜雪维菜，切碎

1 枝新鲜平叶欧芹，切碎

4 片薄荷叶，切碎

2 茶匙切碎的新鲜百里香

盐

芳香风味冷高汤 AROMATIC COLD BROTH

制作一锅较浓的牛肉高汤，待其冷却后用细滤网过滤到酱汁锅中，滤去油脂。开小火，加热至沸腾。将所有香草放入有盖汤碗中。酱汁锅从火上端离，用大汤匙将高汤浇在香草上。加入少许盐调味，让其浸渍入味至少 2 小时即可。

CONSOMMÉ

供 4 人食用

制备时间：4 小时 15 分钟

加热烹调时间：1 小时 15 分钟

300 克 / 11 盎司牛肉馅

1 棵韭葱，去边角并切碎

1 根胡萝卜，切碎

1 根芹菜茎，切碎

2 个蛋清

2.5 升 / 4½ 品脱牛肉高汤（见第 248 页）

4 汤匙干雪莉酒（可选）

法式清汤 CONSOMMÉ

将牛肉、蔬菜和蛋清等一起放入酱汁锅中，倒入牛肉高汤并混合均匀。小火加热至沸腾，其间要不停搅拌。调小火力，慢火炖煮约 1 小时。将煮好的高汤通过铺有细纱布的过滤器过滤到碗中，再用大汤匙盛入汤碗中。如果需要更丰富的味道，可以在每碗高汤中搅拌加入 1 汤匙雪莉酒。

FUMETTO DI PESCE

供 4 人食用

制备时间：20 分钟

加热烹调时间：50 分钟

2 汤匙橄榄油或 25 克 / 1 盎司黄油

1 根胡萝卜，切碎

1 根芹菜茎，切碎

1 颗小洋葱，切碎

6 粒黑胡椒，稍微碾碎

1 千克 / 2¼ 磅白鲑鱼头，去鳃和鱼骨

盐

浓缩鱼肉高汤 CONCENTRATED FISH STOCK

用酱汁锅加热橄榄油或黄油，加入蔬菜，小火加热 5 分钟，其间要不时搅拌。加入适量盐调味，撒入胡椒碎。倒入 1 升 / 1¾ 品脱温水，加入鱼骨和鱼头，盖上锅盖后加热至沸腾。撇去表面的浮沫，调小火力，慢火炖煮 45 分钟直至汤汁减少一半。从火上端下锅，待其稍微冷却后过滤。浓缩鱼肉高汤适合制作清炖鱼、海鲜调味饭、鱼肉酱汁和汤品。

肉冻 ASPIC

将牛骨、小牛蹄、牛肉馅、韭葱、胡萝卜、芹菜和蛋清放入大号酱汁锅中，倒入高汤煮至沸腾，不时搅拌并撇去表面上的浮沫。调小火力，慢火炖煮约2小时，用适量盐调味。将煮好的高汤过滤到碗中，待其冷却。如果汤汁不够清澈，将锅放回火上继续加热，打入1个蛋清，烧开后煮5分钟，再次过滤并待其冷却。过滤后的高汤放入冰箱内冷藏。肉冻不需要完全凝固，近似果冻的黏稠度已足够。上桌前，盛入适合的碗中即可。尽管现在肉冻已经不再流行，但它仍然适合作为正餐的头盘提供给食客。

GELATINA

可以制作4杯肉冻

制备时间：4小时15分钟，另加冷却和冷藏用时

加热烹调时间：2小时15分钟

500克/1磅2盎司牛骨
250克/9盎司小牛胫骨或蹄骨
1个小牛蹄
300克/11盎司牛肉馅
1棵韭葱，除边角并切碎
2根胡萝卜，切碎
1根芹菜茎，切碎
2个蛋清，略微打散
2½升/4¼品脱牛肉高汤（见第248页）
盐

奶油汤

奶油汤口味清淡，口感细腻且易于烹调制作。这种深受大家喜爱的菜肴是一桌典雅而正式的晚宴中令人难忘的开始标志。蔬菜、豆类或肉泥是它们的主要食材。如果需要调整黏稠度，可以加入白汁或几汤匙马铃薯泥；如果想让它更顺滑，可以加入少许奶油，或者混合一两个蛋黄；如果想让它更浓郁，可以在上桌前在汤中添几小勺新鲜黄油。按照传统，奶油汤通常和三角形黄油煎面包一同上桌。奶油汤盛入汤盘后，可以在表面装饰螺旋状奶油（特别适合生菜奶油汤）、硬心水煮鹌鹑蛋（搭配番茄奶油汤）或黄油煎胡萝卜球（搭配豆子奶油汤）。现在，食物料理机让制作此类菜肴变得非常简单、快捷。奶油汤最大的优点是它可以提前一天制作，只需在上桌前加热即可享用。

美味牛肝菌奶油汤 CREAM OF PORCINI SOUP

将半只鸡、胡萝卜、芹菜和洋葱放入大号酱汁锅中，加入 2 升 / 3½ 品脱水和少许盐，加热至沸腾。调小火力，慢火炖煮 40 分钟，直至鸡肉变得软嫩。与此同时，用平底锅加热熔化一半用量的黄油，加入美味牛肝菌，加热约 7 分钟，其间要时常搅拌。淋入白兰地，继续加热至酒精挥发。用盐和胡椒调味，将牛肝菌从火上取下。煮好的鸡肉从锅中捞出并过滤高汤。割下鸡胸肉，切片，置旁备用。将骨头上剩余的鸡肉剔下，同 1 大勺高汤和 ⅔ 的牛肝菌片一起加入食物料理机中搅打成泥状。在酱汁锅中加热熔化剩余的黄油，加入韭葱，小火继续加热 5 分钟，其间要不时搅拌。将面粉搅拌加入锅中，分次搅拌加入高汤。不停搅拌并加热至沸腾，随后调小火力，炖煮 10 分钟。搅拌加入鸡肉泥，继续加热 5 分钟，倒入奶油即可。将制作好的汤盛入有盖汤碗中，用鸡胸肉片和剩余的美味牛肝菌片装饰。

CREMA AI PORCINI
供 4 人食用
制备时间：30 分钟
加热烹调时间：1 小时 15 分钟
半只鸡
1 根胡萝卜
1 根芹菜茎
1 颗洋葱
50 克 / 2 盎司黄油
350 克 / 12 盎司美味牛肝菌，切片
50 毫升 / 2 品脱白兰地
2 棵韭葱，除边角并切细末
25 克 / 1 盎司普通面粉
100 毫升 / 3½ 盎司双倍奶油
盐和胡椒

菊芋奶油汤 CREAM OF JERUSALEM ARTICHOKE SOUP

用酱汁锅加热橄榄油，加入洋葱，小火煸炒 5 分钟直至变得软嫩，其间要不时搅拌。加入菊芋，继续加热 3～4 分钟，倒入高汤并加热至沸腾。盖上锅盖，小火加热 30 分钟。将混合物倒入食物料理机中，搅打至细腻均匀。加入适量盐调味，搅拌加入奶油，根据需要可以重新加热。将汤盛入有盖汤碗中，撒入欧芹碎即可上桌。

CREMA AI TOPINAMBUR
供 4 人食用
制备时间：4 小时 30 分钟
加热烹调时间：45 分钟
2 汤匙橄榄油
1 颗洋葱，切细丝
400 克 / 14 盎司菊芋，切碎
¾ 份牛肉高汤（见第 248 页）
200 毫升 / 7 盎司双倍奶油
1 枝新鲜平叶欧芹，切碎
盐

CREMA AL TARTUFO
供 4 人食用
制备时间：1 小时
加热烹调时间：1 小时
3 汤匙橄榄油
2 棵韭葱，除边角并切碎
500 克 / 1 磅 2 盎司马铃薯，切片
¾ 份蔬菜高汤（见第 249 页）
300 毫升 / ½ 品脱牛奶
120 毫升 / 4 盎司双倍奶油
12 片面包，切去硬边
100 克 / 3½ 盎司芳提娜奶酪，切片
盐
1 块黑松露，擦末，用于装饰

松露奶油汤 CREAM OF TRUFFLE SOUP

用酱汁锅加热橄榄油，加入韭葱，小火煸炒 5 分钟直至变得软嫩，其间要不时搅拌。加入马铃薯，继续加热 5 分钟，直至稍微上色，随后倒入高汤和牛奶。加入盐调味，盖上锅盖，中火加热 45 分钟。将锅中食材倒入食物料理机中搅打成泥状，加入奶油，继续搅打。将搅打好的酱泥倒回锅中，用微火加热，保持温热。面包片放在预热好的烤架下单面烘烤，翻转并在另一面放一片芳提娜奶酪，继续烘烤至奶酪熔化。尝一下奶油汤的味道，根据需要可适当调味。如果需要增加汤的浓稠度，可以在火上继续加热一段时间。奶油汤用大汤匙盛入汤盘中，撒松露末装饰，搭配芳提娜奶酪吐司一同上桌。

CREMA DI ASPARAGI
供 4 人食用
制备时间：55 分钟
加热烹调时间：45 分钟
600 克 / 1 磅 5 盎司绿芦笋，去边角
50 克 / 2 盎司黄油
1 颗洋葱，切细丝
2 汤匙普通面粉
100 毫升 / 3½ 盎司白葡萄酒
1 升 / 1¾ 品脱蔬菜高汤（见第 249 页）
2～3 汤匙双倍奶油
盐和胡椒

芦笋奶油汤 CREAM OF ASPARAGUS SOUP

芦笋尖切下并保留，芦笋茎切碎。用酱汁锅加热熔化黄油，加入洋葱，小火翻炒 5 分钟，直至变得软嫩，其间要不时搅拌。加入芦笋茎，继续加热几分钟，随后撒入面粉，搅拌均匀并倒入葡萄酒和高汤。用盐和胡椒调味，小火继续加热 30 分钟，其间时常搅拌。将锅中食材倒入食物料理机中，搅打成泥状。另取一口锅，加热烧开 350 毫升 / 12 盎司水，放入芦笋尖，烫煮 2 分钟。将搅打好的酱泥倒入干净的酱汁锅中重新加热。烫好的芦笋尖捞出控干，同奶油一起加入酱泥汤中。盛入汤盘即可上桌。

CREMA DI CARCIOFI
供 4 人食用
制备时间：2 小时 50 分钟
加热烹调时间：1 小时 10 分钟
2 汤匙柠檬汁，过滤
6 颗洋蓟
65 克 / 2½ 盎司黄油
1 颗洋葱，切细丝
1 根芹菜茎，切碎
200 克 / 7 盎司马铃薯，切块
1½ 升 / 2½ 品脱鸡肉高汤（见第 249 页）
1 个蛋黄
盐和胡椒
帕玛森奶酪，现擦碎，用作配餐

洋蓟奶油汤 CREAM OF ARTICHOKE SOUP

准备半碗水，搅拌加入柠檬汁。将洋蓟茎逐个折断，切掉所有叶片，并除去蕊心，浸入柠檬水中。用酱汁锅加热熔化 45 克黄油，加入洋葱和芹菜，小火加热 5 分钟直至变得软嫩，其间要不时搅拌。捞出洋蓟，控净水分，同马铃薯一起放入锅中继续加热 5 分钟。倒入高汤，加入适量盐和胡椒调味，盖上锅盖后慢火炖煮 40 分钟。将锅中食材倒入食物料理机中，搅打成泥状。将搅打好的蓉泥倒入干净的锅中，尝味后并根据需要调味，再重新加热。将剩余的黄油与打散的蛋黄一起搅拌均匀。从火上取下汤锅，搅拌加入黄油蛋黄泥，为汤增加黏稠度。将汤盛入汤盘中，搭配足量帕玛森奶酪末一同上桌。

芦笋奶油汤 ➔

胡萝卜奶油汤 CREAM OF CARROT SOUP

将胡萝卜和蒜放入酱汁锅中，倒入没过蔬菜的水并加入少许盐。中火加热至沸腾，继续加热熬煮至水分被完全吸收。倒入食物料理机中，搅打成蓉泥状。将搅打好的蓉泥倒回锅中。在另一口酱汁锅中加热牛奶，热牛奶搅拌加入胡萝卜泥中，加入高汤，搅拌均匀。继续加热 10 分钟，直至汤变得十分浓稠。品尝后根据需要重新调味。用大汤匙将制作好的汤盛入耐热汤盘中，撒入芳提娜奶酪、肉豆蔻和少许胡椒。放在预热好的焗炉下烘烤至奶酪熔化即可。

CREMA DI CAROTE
供 4 人食用
制备时间：4 小时 45 分钟
加热烹调时间：30 分钟
800 克 / 1¾ 磅胡萝卜，切碎
1 瓣蒜
500 毫升 / 18 盎司牛奶
400毫升 / 14盎司牛肉高汤（见第248页）
40 克 / 1½ 盎司芳提娜奶酪，擦末
少许现磨肉豆蔻粉
盐和胡椒

贻贝胡萝卜奶油汤 CREAM OF CARROT AND MUSSEL SOUP

将 2 根胡萝卜切丁，其余的切片。用酱汁锅加热熔化 25 克 / 1 盎司黄油，加入胡萝卜丁、少许盐和糖，小火加热 5 分钟，其间不时搅拌。从火上取下锅，置旁备用。用另一口锅加热熔化剩余的黄油，加入胡萝卜片、少许盐和糖，小火加热 5 分钟，其间不时搅拌。倒入高汤，慢火炖煮约 20 分钟。接着倒入食物料理机中，搅打成蓉泥状。舍去贝壳破裂的贻贝和快速击打外壳时不会立刻闭合的贻贝。贻贝同葡萄酒、蒜一同加入平底锅中，加热 5 分钟，直至贝壳张口。取出贻贝肉，将外壳仍然紧闭的贻贝丢弃不用。重新加热胡萝卜泥，盛入有盖汤碗中，加入胡萝卜丁和贻贝肉，撒入欧芹，趁热上桌。

CREMA DI CAROTE CON LE COZZE
供 4 人食用
制备时间：3 小时
加热烹调时间：30 分钟
675 克 / 1½ 磅胡萝卜
65 克 / 2½ 盎司黄油
2 撮糖
1 升 / 1¾ 品脱鸡肉高汤（见第 249 页）
32 个贻贝，除须后刷洗干净
200 毫升 / 7 盎司白葡萄酒
半瓣蒜
1 汤匙切碎的新鲜平叶欧芹
盐

← 胡萝卜奶油汤

CREMA DI CAVOLFIORE CON LE COZZE

供 4 人食用

制备时间：25 分钟

加热烹调时间：35 分钟

25 克 / 1 盎司黄油

1 颗红葱头，切细丝

2 汤匙切碎的新鲜平叶欧芹

1 颗柠檬，挤出柠檬汁，过滤

1 千克 / 2¼ 磅贻贝，除须并刷洗干净

1 小颗菜花，分切成小朵

100 毫升 / 3½ 盎司双倍奶油

盐和胡椒

炸面包丁，用作配餐

菜花奶油汤配贻贝 CREAM OF CAULIFLOWER SOUP WITH MUSSELS

用酱汁锅加热熔化黄油，加入红葱头，小火加热 5 分钟，其间要不时搅拌。加入欧芹和柠檬汁。舍弃贝壳破裂的贻贝和当快速击打时贝壳不会立刻闭合的贻贝。将贻贝放入锅中，加热 5 分钟，直至贝壳张开。捞出贻贝，保留好汤汁。取出贻贝肉，舍去贝壳仍然紧闭的贻贝。将保留的汤汁过滤到酱汁锅中，加入 1 升 / 1¾ 品脱水并加热至沸腾。加入菜花，继续加热 15 分钟。将混合物倒入食物料理机中，搅打成蓉泥状。将蓉泥倒入干净的锅中，加入奶油和贻贝肉，用适量盐和胡椒调味。重新加热 5 分钟，盛入有盖汤碗中，搭配炸面包丁一同上桌。

CREMA DI CECI AL GRATIN

供 4 人食用

制备时间：20 分钟，另加隔夜浸渍用时

加热烹调时间：2 小时 30 分钟

200 克 / 7 盎司鹰嘴豆，在没过豆子的冷水中浸泡一夜

1 颗洋葱，切片

2 汤匙橄榄油

1 瓣蒜

1 枝新鲜迷迭香

4 片面包

50 克 / 2 盎司芳提娜奶酪，擦末

盐和胡椒

焗鹰嘴豆奶油汤 CREAM OF CHICKPEAS AU GRATIN

将鹰嘴豆、洋葱与 1½ 升 / 2½ 品脱冷水倒入酱汁锅中。加热至沸腾，盖上锅盖，中火熬煮 2 小时。将混合物倒入食物料理机中，搅打成蓉泥状。锅中加热橄榄油，加入蒜和迷迭香煸炒数分钟，用盐和胡椒调味。取出蒜瓣和迷迭香，丢弃不用，将橄榄油倒入鹰嘴豆泥汤中。用大汤匙将汤盛入耐热汤盘中，烤面包片放在汤表面上，撒上芳提娜奶酪末，置于预热好的焗炉下，烘烤至奶酪熔化即可。

CREMA DI FAVE

供 4 人食用

制备时间：25 分钟

加热烹调时间：30 分钟

500 克 / 1 磅 2 盎司去壳蚕豆

3 个马铃薯，切片

1 颗洋葱，切丝

1 根胡萝卜，切片

3 汤匙牛奶

25 克 / 1 盎司黄油

1 汤匙切碎的新鲜罗勒

1 汤匙帕玛森奶酪，现擦碎

盐和胡椒

炸面包丁，用作配餐

蚕豆奶油汤 CREAM OF BEAN SOUP

将蚕豆、马铃薯、洋葱和胡萝卜放入酱汁锅中，倒入 1½ 升 / 2½ 品脱水，煮至沸腾后慢火炖煮 20 分钟。将混合物倒入食物料理机中，搅打成蓉泥状，用盐和胡椒调味，倒入酱汁锅中。加入牛奶、黄油、罗勒和帕玛森奶酪，加热煮沸 1 分钟。将汤盛入有盖汤碗中，搭配炸面包丁一同上桌。

茴香块根奶油汤配烟熏鲑鱼 CREAM OF FENNEL SOUP WITH SMOKED SALMON

用酱汁锅加热熔化黄油，加入茴香块根和 5 汤匙水，小火加热约 20 分钟。另外搅拌加入 5 汤匙水，将混合物倒入食物料理机中，搅打成蓉泥状。蓉泥倒入酱汁锅中，搅拌加入奶油和 250 毫升 / 9 盎司水。用盐和胡椒调味。重新加热，不要让其沸腾。用大汤匙盛入一人份的汤碗中装饰鲑鱼和莳萝后上桌。

CREMA DI FINOCCHI AL SALMONE AFFUMICATO

供 4 人食用

制备时间：15 分钟

加热烹调时间：25 分钟

25 克 / 1 盎司黄油

3 颗茴香块根，切片

120 毫升 / 4 盎司双倍奶油

50 克 / 3 盎司烟熏鲑鱼，切碎

4 枝新鲜莳萝

盐和胡椒

大虾白豆奶油汤 CREAM OF PRAWN AND BEAN SOUP

白豆放入沸水中煮至软嫩，随后捞出控干水分，用研磨机磨碎。锅中熔化 25 克 / 1 盎司黄油，加入青葱，小火煸炒 5 分钟，其间要不时搅拌。加入虾肉，继续煸炒 2 分钟。加入葡萄酒，继续加热直至完全熥干。用盐和胡椒调味，倒入食物料理机中搅打成蓉泥状。高汤放入酱汁锅中煮沸。在另一口锅中加热熔化剩余的黄油，加入面粉搅拌。倒入豆泥，分次搅拌加入沸腾的高汤，小火加热 15 分钟。在虾肉泥中加入奶油和百里香，随后倒入豆泥中。盛入有盖汤碗中即可上桌。

CREMA DI GAMBERETTI E FAGIOLI

供 4 人食用

制备时间：1 小时 15 分钟

加热烹调时间：25 分钟

200 克 / 7 盎司新鲜意大利白豆（cannellini）

80 克 / 3 盎司黄油

1 棵青葱，切碎

200 克 / 7 盎司大虾，去虾壳和虾线

100 毫升 / 3½ 盎司干白葡萄酒

1 升 / 1¾ 品脱蔬菜高汤（见第 249 页）

50 克 / 2 盎司普通面粉

5 汤匙双倍奶油

1 枝新鲜百里香，仅取叶

盐和胡椒

大虾番茄奶油汤 CREAM OF PRAWN AND TOMATO SOUP

高汤放入酱汁锅中煮沸，加入大虾煮 3 分钟，捞出大虾，控干水分。保留煮虾的高汤并过滤。煮熟的虾去虾壳和虾线，保留 10 只用于装饰，其余的虾仁切碎。黄油放入锅中加热熔化，搅拌加入面粉，煸炒 2～4 分钟，其间要不时搅拌。随后分次搅拌加入高汤，继续搅拌并加热至沸腾。沸腾后改小火加热，炖煮 10 分钟，同时不停地搅拌。汤中加入切碎的虾肉。番茄放入食物料理机中搅打成泥状，加入咖喱粉，再稍加搅打，随后倒入汤中。加热沸煮数分钟，用适量盐调味。盛入有盖汤碗中，装饰保留的虾仁即可上桌。

CREMA DI GAMBERI E POMODORI

供 4 人食用

制备时间：1 小时

加热烹调时间：30 分钟

1 升 / 1¾ 品脱蔬菜高汤（见第 249 页）

1 千克 / 2¼ 磅大虾

40 克 / 1½ 盎司黄油

40 克 / 1½ 盎司普通面粉

5 颗熟透的番茄，去皮去籽并切碎

2 汤匙咖喱粉

盐

CREMA DI INDIVIA BELGA
供 4 人食用
制备时间：4 小时 20 分钟
加热烹调时间：1 小时
500 毫升 / 18 盎司牛肉高汤（见第 248 页）
80 克 / 3 盎司黄油
100 克 / 3½ 盎司去荚豌豆
50 克 / 2 盎司普通面粉
500 毫升 / 18 盎司牛奶
500 克 / 1 磅 2 盎司菊苣，切碎
1 汤匙切碎的新鲜平叶欧芹
盐和胡椒
帕玛森奶酪，现擦碎，用作配餐

菊苣奶油汤 CREAM OF CHICORY SOUP

高汤放入酱汁锅中加热煮沸。在另一口锅中加热熔化 25 克 / 1 盎司黄油，加入豌豆，盖上锅盖，小火加热 5 分钟。用适量盐调味，倒入高汤并继续加热 20 分钟。与此同时，在另一口酱汁锅中加热熔化剩余的黄油，搅拌加入面粉，继续边搅拌边慢慢倒入牛奶。加热至汤汁变得浓稠，其间要不停地搅拌，随后用盐和胡椒调味。加入菊苣，盖上锅盖，小火加热 15 分钟。加入豌豆和高汤。将汤倒入食物料理机中，搅打成蓉泥状。盛入有盖汤碗中，撒入切碎的欧芹。搭配帕玛森奶酪一同上桌。

CREMA DI LATTUGA
供 4 人食用
制备时间：4 小时 15 分钟
加热烹调时间：30 分钟
500 毫升 / 18 盎司牛奶
500 毫升 / 18 盎司牛肉高汤（见第 248 页）
3 棵生菜，撕分成块
25 克 / 1 盎司黄油
2 汤匙普通面粉
1 个蛋黄
1 汤匙帕玛森奶酪，现擦碎
盐和胡椒

生菜奶油汤 CREAM OF LETTUCE SOUP

将牛奶和高汤煮沸，用盐调味，加入生菜烹煮 5 分钟。倒入食物料理机中，搅打成蓉泥状。黄油放入锅中加热熔化，搅拌加入面粉，边不停搅拌边继续加热 3～5 分钟。搅拌加入生菜泥，用适量盐和胡椒调味，慢火炖煮 15 分钟。在有盖汤碗中混合帕玛森奶酪和略微打散蛋黄，随后搅拌盛入生菜奶油汤即可。

CREMA DI LEGUMI
供 4 人食用
制备时间：15 分钟，另加隔夜浸泡所需用时
加热烹调时间：45 分钟～1 小时 15 分钟
300 克 / 11 盎司混合干荚豆，如芸豆、小扁豆和豌豆，冷水浸泡一夜，随后捞出控净水分
1 根胡萝卜，切碎
1 根芹菜茎，切碎
1 颗洋葱，切碎
2 个马铃薯，切片
2 汤匙双倍奶油
盐和胡椒
帕玛森奶酪，现擦碎，用作配餐

荚豆奶油汤 CREAM OF DRIED PULSES SOUP

将混合荚豆和胡萝卜、芹菜、洋葱和马铃薯一起放入酱汁锅中，加入没过蔬菜的水并加热至沸腾。调小火力，慢火炖煮至蔬菜变得软嫩。倒入食物料理机中，搅打成蓉泥状。加入奶油，再次短暂搅拌，随后用盐和胡椒调味。盛入有盖汤碗中，搭配帕玛森奶酪一同上桌。

马铃薯奶油汤 CREAM OF POTATO SOUP

CREMA DI PATATE
供 4 人食用
制备时间：1 小时
加热烹调时间：30 分钟
1 升 / 1¾ 品脱蔬菜高汤（见第 249 页）
50 克 / 2 盎司黄油
2 棵韭葱，去除边角并切碎
600 克 / 1 磅 5 盎司马铃薯，切丁
4 片面包，去边切丁
100 毫升 / 3½ 盎司双倍奶油
盐和胡椒
炸面包丁，用作配餐

将高汤加热至沸腾。在另一口锅中加热熔化 25 克 / 1 盎司黄油，加入韭葱，小火继续加热 5 分钟，直至变得软嫩，其间要不时搅拌。加入马铃薯，继续加热数分钟。倒入高汤，用盐和胡椒调味，中火烹煮 20 分钟。与此同时，在一口平底锅中加热熔化剩余的黄油，加入面包丁，煎至金黄色，其间要时常搅拌。煎好的面包丁放在厨房纸上控干油。将马铃薯混合物倒入食物料理机中，搅打成蓉泥状，随后倒回锅中重新加热至沸腾。搅拌加入双倍奶油。将汤盛入有盖汤碗中，搭配炸面包丁一同上桌。

豌豆马铃薯奶油汤 CREAM OF PEA AND POTATO SOUP

CREMA DI PISELLI E PATATE
供 4 人食用
制备时间：25 分钟
加热烹调时间：25 分钟
2 汤匙橄榄油
600 克 / 1 磅 5 盎司去荚豌豆
3 个马铃薯，切丁
2 棵韭葱，除去边角，切碎
2 汤匙原味酸奶
6 片新鲜薄荷叶
4 片薄面包，去边，略烘烤
半颗柠檬，挤出柠檬汁，过滤
盐

酱汁锅中加热橄榄油，加入豌豆、马铃薯和韭葱，煸炒 1 分钟。倒入 1 升 / 1¾ 品脱水，继续加热 20 分钟，直至蔬菜变软嫩。保留 1 汤匙豌豆备用。将剩余蔬菜和汤汁倒入食物料理机中，搅打成蓉泥状，随后倒回锅中重新加热。加入保留的豌豆，用适量盐调味。搅拌加入酸奶，加入薄荷叶。盛入有盖汤碗中，搭配淋有柠檬汁的烤面包片一同上桌。

番茄奶油汤 CREAM OF TOMATO SOUP

CREMA DI POMODORO
供 4 人食用
制备时间：15 分钟
加热烹调时间：1 小时 30 分钟
25 克 / 1 盎司黄油
1 颗洋葱，切薄片
1 千克 / 2¼ 磅李子番茄，去皮去籽，切片
2 个马铃薯，切丁
100 毫升 / 3½ 盎司双倍奶油
盐和胡椒
帕玛森奶酪，现擦碎，用作配餐
炸面包丁，用作配餐

酱汁锅中熔化黄油，加入洋葱，小火煸炒 5 分钟，其间要不时搅拌。加入番茄，继续加热 15 分钟。用适量盐和胡椒调味，倒入 750 毫升 / 1¼ 品脱水，加入马铃薯并加热至沸腾。改小火，炖煮 1 小时。将番茄混合物倒入食物料理机中，搅打成蓉泥状，随后倒回酱汁锅重新加热，搅拌加入双倍奶油。盛入有盖汤碗中，搭配帕玛森奶酪和炸面包丁一同上桌。

CREMA DI PORRI

供 4 人食用

制备时间：1 小时 15 分钟

加热烹调时间：55 分钟

3 汤匙橄榄油

6 棵韭葱，取葱白部分，切细丝

1 汤匙番茄泥

175 毫升 / 6 盎司牛奶

25 克 / 1 盎司黄油

40 克 / 1½ 盎司普通面粉

1 升 / 1¾ 品脱蔬菜高汤（见第 249 页）

1 个蛋黄

2 汤匙双倍奶油

4 汤匙帕玛森奶酪，现擦碎

盐和胡椒

韭葱奶油汤 CREAM OF LEEK SOUP

酱汁锅中加热橄榄油，加入韭葱，小火加热 5 分钟，其间要不时搅拌。将番茄泥和牛奶混合均匀，倒入韭葱锅中后转小火加热。倒入食物料理机中，搅打成蓉泥状。黄油放入酱汁锅中加热熔化，搅拌加入面粉，随后边搅拌边慢慢倒入高汤。不停搅拌并加热 20 分钟。加入韭葱泥，小火继续加热 15 分钟。加入少许盐和胡椒调味。蛋黄放入碗中打散，加入双倍奶油和帕玛森奶酪搅拌均匀，随后用打蛋器边搅拌韭葱泥边倒入双倍奶油蛋液。盛入有盖汤碗中即可上桌。

CREMA DI SEDANO

供 4 人食用

制备时间：4 小时 15 分钟

加热烹调时间：50 分钟

1 升 / 1¾ 品脱牛肉高汤（见第 248 页）

25 克 / 1 盎司黄油

1 汤匙橄榄油

1 颗洋葱，切碎

400 克 / 14 盎司芹菜，切碎

3 个马铃薯，切丁

5 汤匙牛奶

盐

帕玛森奶酪，现擦碎，用作配餐

芹菜奶油汤 CREAM OF CELERY SOUP

将高汤加热至沸腾。在另一口锅中加热黄油和橄榄油，加入洋葱和芹菜，加热 4 分钟，其间要不时搅拌。将高汤倒入蔬菜锅中，加入马铃薯，盖上锅盖，慢火炖煮 40 分钟。倒入食物料理机中，搅打成蓉泥状，随后倒回锅中重新加热。与此同时，牛奶加热至刚刚开始沸腾。从火上取下锅，将热牛奶边搅拌边加入蔬菜泥中，并用盐调味。盛入有盖汤碗中，搭配帕玛森奶酪一同上桌。

CREMA DI SPINACI

供 4 人食用

制备时间：4 小时 15 分钟

加热烹调时间：40 分钟

1 升 / 1¾ 品脱牛肉高汤（见第 248 页）

40 克 / 1½ 盎司黄油

2 颗洋葱，切细丝

40 克 / 1½ 盎司普通面粉

500 克 / 1 磅 2 盎司冷冻菠菜末，解冻

3 汤匙鲜榨柠檬汁，过滤

2 汤匙双倍奶油，另加装饰所需

盐和胡椒

红椒粉，用于装饰

菠菜奶油汤 CREAM OF SPINACH SOUP

将高汤加热至沸腾。在另一口锅中加热熔化黄油，加入洋葱，小火加热 5 分钟，直至变得软嫩，其间要不时搅拌。将面粉搅拌加入锅中，继续不停地搅拌并加热 2 分钟，随后边搅拌边慢慢倒入热高汤。加入菠菜，慢火炖煮 20 分钟。搅拌加入柠檬汁，倒入食物料理机中，搅打成蓉泥状。将菠菜泥倒入酱汁锅中，用盐和胡椒调味，搅拌加入双倍奶油，继续慢火炖煮。从火上取下锅，盖上锅盖，静置 5 分钟。盛入汤盘中，将奶油以螺旋状装饰在汤的表面，撒入少许红椒粉即可。

焗南瓜奶油汤 CREAM OF PUMPKIN SOUP AU GRATIN

CREMA DI ZUCCA GRATINATA
供 4 人食用
制备时间：20 分钟
加热烹调时间：1 小时 10 分钟
1 升 / 1¾ 品脱牛奶
3 个马铃薯，切块
500 克 / 1 磅 2 盎司南瓜，去皮去籽并切碎
1 片新鲜鼠尾草叶
100 毫升 / 3½ 盎司双倍奶油
4 片农家面包
2 汤匙帕玛森奶酪，现擦碎
盐和胡椒

将牛奶和 350 毫升 / 12 盎司水倒入酱汁锅中，加热至沸腾。加入马铃薯、南瓜和鼠尾草，用盐和胡椒调味并重新煮沸。转中火，继续加热 40 分钟。取出鼠尾草叶，将其余混合物倒入食物料理机中，搅打成蓉泥状。倒回酱汁锅中，加入双倍奶油搅拌均匀，用盐和胡椒调味，重新加热数分钟。将汤倒入单人用耐热汤盘中，每份汤上放 1 片面包，撒上帕玛森奶酪，在预热好的焗炉内烤至奶酪熔化。

西葫芦奶油汤 CREAM OF COURGETTE SOUP

CREMA DI ZUCCHINE
供 4 人食用
制备时间：2 小时 45 分钟
加热烹调时间：40 分钟
25 克 / 1 盎司黄油
800 克 / 1¾ 磅西葫芦，切片
1 颗洋葱，切细丝
1 瓣蒜，拍碎
500 毫升 / 18 盎司鸡肉高汤（见第 249 页）
500 毫升 / 18 盎司牛奶
1 枝新鲜平叶欧芹，切碎
盐和胡椒

黄油放入锅中加热熔化，加入西葫芦、洋葱和蒜瓣，小火加热 15 分钟。倒入高汤并继续加热 15 分钟。将混合物倒入食物料理机中，搅打成蓉泥状，随后倒回锅中。另取一口锅，将牛奶加热至临近沸腾，倒入西葫芦酱泥中，搅拌均匀，用盐和胡椒调味。重新加热至即将沸腾，盛入有盖汤碗中，撒入欧芹碎即可上桌。

黄瓜冷奶油汤 COLD CUCUMBER CREAM SOUP

CREMA FREDDA DI CETRIOLI
供 4 人食用
制备时间：4 小时 30 分钟，另加冷藏用时
加热烹调时间：35 分钟
500毫升 / 18盎司牛肉高汤（见第248页）
3 汤匙橄榄油
1 颗洋葱，切碎
250 克 / 9 盎司黄瓜，切碎
250 克 / 9 盎司马铃薯，切丁
25 克 / 1 盎司生菜，切碎
6 片新鲜薄荷叶，另加装饰所需
50 毫升 / 2 盎司双倍奶油
盐和胡椒

将高汤加热至沸腾。在另一口锅中加热橄榄油，加入洋葱，小火煸炒 5 分钟，直至变得软嫩，其间要不时搅拌。加入黄瓜、马铃薯、生菜和薄荷叶，继续加热 5 分钟。用盐和胡椒调味，倒入热高汤，继续加热 15 分钟，随后倒入食物料理机中搅打成蓉泥状。将蓉泥倒回酱汁锅中重新加热。搅拌加入双倍奶油并继续加热 5 分钟。从火上取下锅，置旁冷却至室温，再放入冰箱内冷藏几个小时。上桌前盛入有盖汤碗中，用薄荷叶装饰即可。

VELLUTATA DI LENTICCHIE
供 4 人食用
制备时间：25 分钟，另加 3 小时浸渍用时
加热烹调时间：45 分钟
200 克 / 7 盎司绿色小扁豆，冷水浸泡 3 小时，随后控干
100 克 / 3½ 盎司红色小扁豆，冷水浸泡 3 小时，随后控干
2 颗珍珠洋葱，切成两半
1 瓣蒜，拍碎
1 枝新鲜百里香
200 毫升 / 7 盎司双倍奶油
少许现磨肉豆蔻粉
盐和胡椒

丝滑小扁豆奶油汤 VELVETY LENTIL SOUP

将两种小扁豆和洋葱、蒜、百里香一起放入酱汁锅中，倒入 1 升 / 1¾ 品脱水，加热至沸腾。盖上锅盖，中火焖煮 30～40 分钟，其间不时搅拌。取出百里香，保留 3 汤匙小扁豆备用，将其余混合物倒入食物料理机内，搅打成蓉泥状。盛入有盖汤碗中，加入奶油搅拌均匀。撒入适量肉豆蔻粉、盐和胡椒，加入保留的小扁豆，搅拌均匀即可上桌。

CREMA VERDE
供 4 人食用
制备时间：1 小时
加热烹调时间：30 分钟
25 克 / 1 盎司黄油
2 棵韭葱，只使用葱白部分，切细丝
3 个马铃薯，切丁
1 升 / 1¾ 品脱蔬菜高汤（见第 249 页）
250 克 / 9 盎司水田芥，切碎
少许现磨肉豆蔻粉
150 毫升 / ¼ 品脱双倍奶油
盐和胡椒
涂抹黄油的炸面包丁，用作配餐

绿色奶油汤 GREEN CREAM SOUP

用酱汁锅加热熔化黄油，加入韭葱，小火煸炒 5 分钟，直至变得软嫩，其间要不时搅拌。加入马铃薯，倒入高汤，小火继续加热 10 分钟。加入水田芥和肉豆蔻粉，用盐和胡椒调味，再继续加热 10 分钟。接着倒入食物料理机内，搅打成蓉泥状。将蓉泥倒回锅中，搅拌加入奶油并重新加热。搭配涂抹黄油的炸面包丁一起上桌。

VICHYSSOISE
供 4 人食用
制备时间：2 小时 45 分钟，另加冷藏用时
加热烹调时间：55 分钟
2 棵芹菜心，切碎
2 棵韭葱，取葱白，切碎
2 个马铃薯，切丁
1 升 / 1¾ 品脱鸡肉高汤（见第 249 页）
200 毫升 / 7 盎司双倍奶油
盐和胡椒
切碎的新鲜平叶欧芹，用于装饰

维希奶油汤 VICHYSSOISE

将芹菜心、韭葱和马铃薯放入酱汁锅中，倒入高汤，用适量盐和胡椒调味并加热至沸腾。调小火力，慢火炖煮 45 分钟。接着倒入食物料理机中，搅打成蓉泥状。将蓉泥倒回锅中，加入双倍奶油，搅拌均匀并重新加热。将汤盛入单人份的汤盘中，待其冷却后放入冰箱中冷藏。上桌前撒入欧芹碎装饰即可。

绿色奶油汤 ➔

其他各种汤品

此章节中所包含的汤品，有适合晚餐且制作简单的汤，有饰有星形、环形或种子形意面的清高汤，也有浓郁的大米汤、面粉汤、木薯粉汤和粗麦粉汤等不一而足。这些汤通常使用肝脏、蔬菜或荚豆丰富味道，再撒入奶酪末，增加不同口感。这些汤品可以用自制的牛肉高汤、汤料块或汤料粉为基础制作，口味可浓可淡，上桌时可热可温，还可以作为冷汤享用。

小蝴蝶面配青酱 FARFALLINE WITH PESTO

FARFALLINE AL PESTO

供 4 人食用

制备时间：15 分钟

加热烹调时间：50 分钟

3 汤匙橄榄油

1 颗洋葱，切碎

2 根胡萝卜，切碎

2 个马铃薯，切丁

140 克 / 4¾ 盎司罐装青酱

100 克 / 3½ 盎司四季豆，除边角

185 克 / 6½ 盎司小蝴蝶意面（farfalline）

25 克 / 1 盎司帕玛森奶酪，现擦碎

盐

酱汁锅中加热橄榄油，加入洋葱、胡萝卜和马铃薯，小火煸炒 5 分钟，其间要不时搅拌。加入 1½ 升 / 2½ 品脱水，加热至沸腾，转小火炖煮 20 分钟。加入青酱和四季豆，继续加热 10 分钟，直至变得软嫩。加入意面，煮熟并保持口感筋道（al dente）。从火上取下锅，撒入帕玛森奶酪，搅拌均匀并静置几分钟，随后用大汤匙盛入有盖汤碗中即可。这是一种清爽而芬芳的汤菜。因为青酱味道浓郁，所以不需要额外加盐，不过可以根据自己的喜好调味。如果想要使用新鲜青酱，可以参考第 82 页的内容自己制作。

西班牙冷汤 GAZPACHO

GAZPACHO
供 4 人食用
制备时间：35 分钟，另加冷藏用时
150 克 / 5 盎司白面包片，切去硬边
800 克 / 1¾ 磅番茄
2 个红甜椒，切成两半后去籽
2 根黄瓜
1 瓣蒜
2 棵青葱
3～4 汤匙橄榄油
1 颗柠檬，挤出柠檬汁，过滤
冰块
盐和胡椒

将面包撕成小块，放到碗中，倒入没过面包的清水，静置浸泡一会儿。将一半量的番茄、红甜椒、黄瓜连同蒜一起切块，放入食物料理机中，再加入泡过的面包，搅打成泥状。将蔬菜泥倒入大碗中，加入不超过 1 升 / 1¾ 品脱水，按喜好调整汤汁的浓稠度，随后放入冰箱冷藏。与此同时，处理剩余的蔬菜，红甜椒切条，黄瓜、番茄和青葱切片，分别放入不同的碗中备用。用搅拌器将橄榄油和柠檬汁搅拌均匀。上桌前，用盐和胡椒调味，加入柠檬橄榄油，搅拌均匀。将汤盛入有盖汤碗中，加入几个冰块，搭配切好的蔬菜一同上桌。

简易西班牙冷汤 SIMPLE GAZPACHO

GAZPACHO SEMPLICE
供 4 人食用
制备时间：45 分钟，另加冷藏用时
1 大根黄瓜，去皮切薄片
1½ 千克 / 3¼ 磅番茄，去皮去籽
2 棵青葱，切碎
6 片新鲜罗勒叶，切细末
1 汤匙切碎的新鲜平叶欧芹
3 汤匙橄榄油
1 颗柠檬，挤出柠檬汁，过滤
冰块
盐和胡椒

将黄瓜放入滤盆内，撒上盐，一旁静置 20 分钟，控干水分。将番茄放入食物料理机内，搅打成蓉泥状后倒入碗中。黄瓜焯水，用厨房纸拭干，随后和青葱、欧芹、罗勒一起加入番茄蓉泥中。用适量盐和胡椒调味。将橄榄油和柠檬汁混合搅打均匀，加入汤中，搅拌均匀后放入冰箱冷藏几个小时。上桌前用大汤匙盛入汤碗中，加入几个冰块即可。

小扁豆鱿鱼汤 LENTIL AND SQUID SOUP

LENTICCHIE E CALAMERETTI
供 4 人食用
制备时间：15 分钟，另加 3 小时浸泡用时
加热烹调时间：1 小时 10 分钟
200 克 / 7 盎司小扁豆，冷水浸泡 3 小时后，捞出控干水分
500 克 / 1 磅 2 盎司小鱿鱼，洗净切碎
250 克 / 9 盎司绿叶蔬菜，如叶用甜菜或甜菜，切粗块
少许辣椒粉
盐

将小扁豆放入酱汁锅中，加入 1½ 升 / 2½ 品脱水并加热至沸腾。加入鱿鱼，转小火加热，盖上锅盖，炖煮 30 分钟。加入绿叶蔬菜，再次盖上锅盖，继续加热 30 分钟。加入辣椒粉和盐调味，用大汤匙盛入汤碗中即可。

利古里亚豆汤 MESC-IUÀ

将白豆、鹰嘴豆和杂麦一起放入酱汁锅中，加入 1½ 升 / 2½ 品脱水，加热至沸腾，再用慢火炖煮 3 小时。上桌前用大汤匙盛入汤碗中，淋入橄榄油并用盐和胡椒调味。这是最古老的利古里亚风味菜肴之一，在拉斯佩齐亚（La Spezia）家喻户晓。它的历史似乎可以追溯到中世纪萨拉森人（Saracen）时期。

MESC-IUÀ
供 4 人食用
制备时间：10 分钟，另加隔夜浸泡所需要的时间
加热烹调时间：3 小时 10 分钟

200 克 / 7 盎司干意大利白豆，冷水浸泡一夜后控干
200 克 / 7 盎司干鹰嘴豆，冷水浸泡一夜后控干
100 克 / 3½ 盎司珍珠杂麦（pearl farro），冷水浸泡一夜后控干
橄榄油，用于淋洒
盐和胡椒

西葫芦花汤 COURGETTE FLOWER SOUP

高汤加热煮沸。在另一口酱汁锅中加热橄榄油和黄油，加入洋葱、胡萝卜和芹菜，小火加热 10 分钟，其间要不时翻炒。加入西葫芦和西葫芦花，继续加热 2 分钟，随后倒入热高汤。加热至沸腾，加入意面煮熟，保持口感筋道。加入盐和胡椒调味，用大汤匙盛入有盖汤碗中，搭配帕玛森奶酪一同上桌。

MINESTRA AI FIORI DI ZUCCHINE
供 4 人食用
制备时间：4 小时 15 分钟
加热烹调时间：30 分钟

1 升 / 1¾ 品脱牛肉高汤（见第 248 页）
25 克 / 1 盎司黄油
1 汤匙橄榄油
1 颗洋葱，切碎
1 根胡萝卜
1 根芹菜茎，切碎
4 个西葫芦，切小丁
300 克 / 11 盎司西葫芦花，切条
120 克 / 4 盎司汤类意面，如小指面（ditalini）等
盐和胡椒
帕玛森奶酪，现擦碎，用作配餐

麦芽汤 WHEAT GERM SOUP

将麦芽和豆子放入高汤中浸泡一夜。连汤一同倒入酱汁锅中，加入 1 升 / 1¾ 品脱水，小火加热至沸腾。在另一口酱汁锅中加热橄榄油，加入洋葱、芹菜和番茄，小火加热 5 分钟，其间要不时搅拌。从麦芽和豆子锅中取一大汤匙沸腾的高汤加入蔬菜锅中，随后将锅中的蔬菜连汤倒入麦芽和豆子锅中。慢火炖煮 2 小时，直至豆子变得软烂。用盐和胡椒调味，撒入罗勒。将锅放在温暖处静置 10 分钟，用大汤匙盛入有盖汤碗中即可上桌。

MINESTRA AL GERME DI GRANO
供 4 人食用
制备时间：4 小时 15 分钟，另加隔夜浸泡用时
加热烹调时间：2 小时 15 分钟

100 克 / 3½ 盎司麦芽
50 克 / 2 盎司干托斯卡纳白豆或普通芸豆
1 升 / 1¾ 品脱牛肉高汤（见第 248 页）
2 汤匙橄榄油
1 颗洋葱，切碎
1 根芹菜茎，切碎
2 颗成熟的番茄，切碎
1 把新鲜罗勒，切碎
盐和胡椒

← 西葫芦花汤

MINESTRA AROMATICA
供 4 人食用
制备时间: 4 小时 15 分钟
加热烹调时间: 35 分钟
1½ 升 / 2½ 品脱牛肉高汤（见第 248 页）
25 克 / 1 盎司黄油
1 颗洋葱，切细丝
800 克 / 1¾ 磅马铃薯，切丁
1 茶匙干牛至叶
10 片新鲜罗勒叶，切碎
1 汤匙切碎的新鲜平叶欧芹
盐和胡椒

香草汤 HERB SOUP

将高汤加热至沸腾。在另一口锅中加热熔化黄油，加入洋葱和马铃薯，小火加热 5 分钟，其间要不时搅拌，直至洋葱变得透明，马铃薯变软。撒入牛至叶，用盐和胡椒调味，继续加热 10 分钟。倒入煮沸的高汤，慢火炖煮约 20 分钟，直至马铃薯几乎软化。搅拌加入罗勒和欧芹。用大汤匙盛入有盖汤碗中上桌即可。

MINESTRA CON IL MAIS
供 4 人食用
制备时间: 2 小时 45 分钟
加热烹调时间: 30 分钟
1½ 升 / 2½ 品脱鸡肉高汤（见第 249 页）
40 克 / 1½ 盎司黄油
1 颗洋葱，切细丝
250 克 / 9 盎司罐装甜玉米，控净汤汁
150 克 / 5 盎司西葫芦，切粗块
150 克 / 5 盎司蘑菇，切片
16 朵西葫芦花，切条
半根新鲜红辣椒，去籽后切末
盐

玉米汤 CORN SOUP

将高汤加热至沸腾。在另一口锅中加热熔化黄油，加入洋葱，小火加热 5 分钟，直至洋葱变得透明，其间要不时搅拌。加入甜玉米和西葫芦，继续加热 2 分钟。加入蘑菇和西葫芦花，继续加热几分钟。倒入高汤，慢火炖煮 20 分钟。加入少许盐调味，用大汤匙盛入有盖汤碗中，撒上辣椒末即可上桌。

MINESTRA CON I PORRI
供 4 人食用
制备时间: 15 分钟
加热烹调时间: 45 分钟
4 棵韭葱，只取葱白，切丝
1 根胡萝卜，切碎
1 根芹菜茎，切碎
2 汤匙橄榄油
165 克 / 5½ 盎司长粒米
盐
帕玛森奶酪，现擦碎，用作配餐

韭葱汤 LEEK SOUP

将韭葱、胡萝卜、芹菜和橄榄油一起加入酱汁锅中，加入 2 汤匙水，小火加热 5 分钟。接着加入 1½ 升 / 2½ 品脱水，转中火加热至沸腾。搅拌加入大米和少许盐，再次煮沸后转中小火，继续加热约 20 分钟，其间不时搅拌，直至米粒变软。用大汤匙盛入有盖汤碗中，搭配足量帕玛森奶酪一同上桌。

丸子汤 SOUP WITH MEATBALLS

将面包撕碎成小块，放在碗中，加入3汤匙水，置于一旁待其吸收水分。碗中混合均匀小牛肉、蛋黄和帕玛森奶酪。挤出面包中的水分，和火腿一起加入小牛肉中，用适量盐和胡椒调味。高汤加热至沸腾。将牛肉泥揉搓成小肉丸，放入高汤中，中火加热，缓慢沸煮15分钟。将汤盛入有盖汤碗中即可上桌。前顿饭剩余的烤肉或者炖肉也可以用来制作肉丸。

MINESTRA CON NOCCIOLINE DI CARNE

供4人食用

制备时间：4小时30分钟

加热烹调时间：25分钟

1片面包，去边

150克/5盎司小牛肉馅

1个蛋黄

50克/2盎司帕玛森奶酪末，现擦碎

1片熟火腿，切碎

1½升/2½品脱牛肉高汤（见第248页）

盐和胡椒

大麦荚豆汤 BARLEY AND PULSE SOUP

将高汤加热至沸腾。在另一口锅中加热3汤匙量的橄榄油，加入洋葱和蒜，小火加热10分钟直至上色，其间要不时搅拌。加入准备好的豆子和大麦，继续加热几分钟。倒入高汤，加热至沸腾并用大火加热煮沸15分钟，然后转中火，继续熬煮1小时30分钟。用盐和胡椒调味，将剩余的橄榄油搅拌加入锅中，随后用大汤匙盛入有盖汤碗中即可上桌。

MINESTRA CON ORZO E LEGUMI

供4人食用

制备时间：4小时15分钟，另加隔夜浸泡用时

加热烹调时间：2小时15分钟

2升/3½品脱牛肉高汤（见第248页）

4汤匙橄榄油

1颗洋葱，切碎

1瓣蒜，切碎

100克/3½盎司干红莓豆（borlotti bean），冷水浸泡一夜后控干

50克/2盎司干绿黄豆（dry green soya bean），冷水浸泡一夜后控干

50克/2盎司干鹰嘴豆，冷水浸泡一夜后控干

50克/2盎司小扁豆

100克/3½盎司大麦

盐和胡椒

银鱼汤 WHITEBAIT SOUP

银鱼焯水备用。高汤加热至沸腾，加入细意面和银鱼，煮2分钟。加入橄榄油搅拌，搅拌均匀，用盐和胡椒调味。用大汤匙盛入有盖汤碗中，立刻上桌。

MINESTRA DI BIANCHETTI

供4人食用

制备时间：1小时20分钟

加热烹调时间：12分钟

100克/3½盎司银鱼

1½升/2½品脱鱼肉高汤（见第248页）

100克/3½盎司“天使发丝”（capelli d'angelo）细意面

1汤匙初榨橄榄油

盐和胡椒

鹰嘴豆菠菜汤 CHICKPEA AND SPINACH SOUP

MINESTRA DI CECI E SPINACI

供 4 人食用

制备时间：4 小时 15 分钟

加热烹调时间：1 小时

1½ 升 / 2½ 品脱牛肉高汤（见第 248 页）

3 汤匙橄榄油，另加淋洒所需

1 颗洋葱，切碎

1 根胡萝卜，切碎

1 根芹菜茎，切碎

250 克 / 9 盎司菠菜，切碎

150 克 / 5 盎司罐装鹰嘴豆或熟鹰嘴豆，控干

100 克 / 3½ 盎司汤类意面

盐和胡椒

高汤放入酱汁锅中加热煮沸。在另一口锅中加热橄榄油，加入洋葱、胡萝卜和芹菜，小火加热 5 分钟，其间要不时搅拌，直至变得软嫩。加入菠菜，用盐调味并继续加热几分钟。加入鹰嘴豆和高汤，小火沸煮 30 分钟。加入意面，煮熟并保持口感筋道。加入胡椒调味，用大汤匙盛入有盖汤碗中，淋入橄榄油即可上桌。

叶用甜菜小扁豆汤 SWISS CHARD AND LENTIL SOUP

MINESTRA DI COSTE E LENTICCHIE

供 4～6 人食用

制备时间：4 小时 30 分钟，另加 3 小时浸泡用时

加热烹调时间：40 分钟

1½ 升 / 2½ 品脱牛肉高汤（见第 248 页）

3 汤匙橄榄油，另加淋洒所需

1 颗洋葱，切细末

1 瓣蒜，切细末

1 根芹菜茎，切细末

1 根胡萝卜，切细末

350 克 / 12 盎司叶用甜菜，切粗块

150 克 / 5 盎司小扁豆，冷水浸泡 3 小时后捞出控干水分

2 汤匙番茄泥

100 克 / 3½ 盎司长粒米

盐和胡椒

帕玛森奶酪，现擦碎，用作配餐

高汤加热煮沸。在另一口锅中加热橄榄油，加入洋葱、蒜、芹菜和胡萝卜，小火加热 10 分钟，不时搅拌，直至上色。搅拌加入叶用甜菜，加热 2～3 分钟，随后加入小扁豆和番茄泥并搅拌均匀。倒入高汤，重新加热至沸腾后加入大米。烹煮 15 分钟，直至米粒变软。加入盐和胡椒调味，用大汤匙盛入有盖汤碗中，淋入橄榄油，搭配帕玛森奶酪一同上桌。

杂麦韭葱汤 FARRO AND LEEK SOUP

MINESTRA DI FARRO E PORRI

供 4 人食用

制备时间：4 小时 15 分钟

加热烹调时间：1 小时 40 分钟

2 汤匙橄榄油

2 棵韭葱，只取用葱白部分，切片

300 克 / 11 盎司珍珠杂麦

1½ 升 / 2½ 品脱牛肉高汤（见第 248 页）

2 汤匙帕玛森奶酪，现擦碎

盐和胡椒

在酱汁锅中加热橄榄油，加入韭葱，小火加热 10 分钟，直至变成金黄色，其间要不时搅拌。加入杂麦，倒入高汤，用盐调味，慢火炖煮 1 小时 30 分钟或直至杂麦变软懒。加入胡椒调味，用大汤匙盛入有盖汤碗中，撒入帕玛森奶酪即可。

←叶用甜菜小扁豆汤

MINESTRA DI MIGLIO
供 4 人食用
制备时间: 15 分钟
加热烹调时间: 1 小时 10 分钟
1 颗洋葱，切碎
1 根胡萝卜，切碎
1 根芹菜茎，切碎
100 克 / 3½ 盎司烘焙杂谷面粉
2 汤匙初榨橄榄油
1 枝新鲜平叶欧芹，切碎
盐和胡椒

杂谷汤 MILLET SOUP

将 1½ 升 / 2½ 品脱水倒入酱汁锅中，加入洋葱、胡萝卜和芹菜，加热至沸腾。搅拌加入杂谷面粉，用盐和胡椒调味，并继续中火烹煮 1 小时。用大汤匙盛入有盖汤碗中，搅拌加入橄榄油并撒入欧芹碎。

MINESTRA DI ORTICHE
供 4 人食用
制备时间: 4 小时 30 分钟
加热烹调时间: 45 分钟
600 克 / 1 磅 5 盎司新鲜荨麻
1½ 升 / 2½ 品脱牛肉高汤（见第 248 页）
3 汤匙橄榄油
50 克 / 2 盎司意式培根，切丁
1 瓣蒜，切碎
2 颗成熟的番茄，去皮去籽，切碎
150 克 / 5 盎司长粒米
盐

荨麻汤 NETTLE SOUP

戴上手套，摘下所有荨麻叶。将荨麻叶洗净并控干水分，粗略切碎。高汤倒入锅中，加热至沸腾。在另一口锅中加热橄榄油，加入意式培根和蒜，加热 5 分钟。加入番茄，继续加热 10 分钟。用适量盐调味，搅拌加入荨麻叶。继续加热几分钟后倒入高汤，重新加热至沸腾并加入长粒米。煮 15～20 分钟，直至米粒变软。用大汤匙盛入有盖汤碗中，尽快上桌。

MINESTRA DI ORZO E POLLO
供 4 人食用
制备时间: 30 分钟
加热烹调时间: 1 小时 20 分钟
2 块带骨鸡肉（每块约为一只整鸡的 ¼）
2 颗洋葱，切碎
1 根胡萝卜，切碎
1 根芹菜茎，切碎
120 克 / 4 盎司大麦
25 克 / 1 盎司黄油
100 毫升 / 3½ 盎司干白葡萄酒
½ 茶匙孜然粉（ground cumin）
盐和胡椒

大麦鸡肉汤 BARLEY AND CHICKEN SOUP

将鸡肉、胡萝卜、芹菜和一半洋葱放入酱汁锅中，加入 2 升 / 3½ 品脱水，加热至沸腾。转慢火炖煮 1 小时，不时撇去浮沫。与此同时，将大麦放入加了盐的沸水中焯煮，捞出控干水分。黄油放入平底锅中加热熔化，加入大麦和剩余的洋葱，小火加热 5 分钟，其间要不时搅拌。淋入葡萄酒，继续加热至酒精挥发。鸡肉完全熟透后，用漏勺从锅中盛出。剥下鸡皮并丢弃不用，从骨头上剔下鸡肉。将鸡肉放回高汤中，加入大麦洋葱泥，继续熬煮 10 分钟。搅拌加入孜然粉，用盐和胡椒调味。用大汤匙盛入有盖汤碗中即可上桌。

凯撒蘑菇汤 CAESAR'S MUSHROOM SOUP

酱汁锅中加热熔化黄油，加入蘑菇，用适量盐调味，盖上锅盖后在大火上加热15分钟，直至汤汁变得浓稠且泛黄。与此同时，在另外一口酱汁锅中加热煮沸高汤。将高汤倒入蘑菇锅中，慢火炖煮15分钟。打散鸡蛋，然后和帕玛森奶酪混合搅拌，随后搅拌加入锅内的汤中。用大汤匙盛入有盖汤碗中，尽快上桌。

MINESTRA DI OVOLI

供4人食用

制备时间：4小时15分钟

加热烹调时间：30分钟

40克/1½盎司黄油

300克/11盎司凯撒蘑菇（Caesar's mushroom），切片

1½升牛肉高汤（见第248页内容）

1颗鸡蛋

1汤匙现磨碎的帕玛森奶酪

盐

韭葱马铃薯汤 LEEK AND POTATO SOUP

将黄油放入酱汁锅中，小火加热熔化。加入韭葱、洋葱和少许盐，搅拌均匀。盖上锅盖，继续加热20分钟，其间要不时搅拌，直至韭葱和洋葱都变软。加入马铃薯和750毫升/1¼品脱水，倒入高汤，加热至刚刚沸腾。盖上锅盖，继续煮20～30分钟或直至马铃薯变软。倒入食物料理机中搅拌成泥状，随后倒回锅中重新加热。用大汤匙盛入单人份的汤碗中，淋入橄榄油，撒上欧芹碎，搭配帕玛森奶酪一起上桌。

MINESTRA DI PORRI E PATATE

供4人食用

制备时间：1小时15分钟～3小时

加热烹调时间：40分钟

30克黄油

600克/1磅5盎司韭葱，取葱白和柔软的绿叶，切丝

1颗洋葱，切片

3个马铃薯，切成5毫米的丁

1升/1¾品脱蔬菜或鸡肉高汤（见第249页）

橄榄油，用于淋洒

1汤匙切碎的平叶欧芹

盐

帕玛森奶酪，现擦碎，用作配餐

佛拉芒汤 FLEMISH SOUP

将菊苣、鸡肉、蘑菇、胡萝卜、马铃薯、芹菜和韭葱放入酱汁锅中，加入1½升/2½品脱水，加热至沸腾。盖上锅盖，慢火炖煮1小时。离火前加入盐调味。将双倍奶油和蛋黄放入有盖汤碗中打散，盛入煮好的汤，搅拌均匀即可上桌。

MINESTRA FIAMMINGA

供4人食用

制备时间：25分钟

加热烹调时间：1小时10分钟

4棵菊苣，切细丝

1块200克/7盎司的去皮剔骨鸡胸肉，切细条

200克/7盎司白蘑菇，切薄片

1根胡萝卜，切条

1个马铃薯，切条

1根芹菜茎，切细条

2棵韭葱，除去边角，切细丝

1个蛋黄

200毫升/7盎司双倍奶油

盐

MINESTRA TRICOLORE
供 4 人食用
制备时间：4 小时 30 分钟
加热烹调时间：10 分钟
2 颗鸡蛋
25 克 / 1 盎司帕玛森奶酪，现擦碎
1 汤匙橄榄油
80 克 / 3 盎司去荚豌豆
1 升 / 1¾ 品脱牛肉高汤（见第 248 页）
100 克 / 3½ 盎司腌牛舌，切条
盐

三色汤 THREE-COLOUR SOUP

鸡蛋打散，与帕玛森奶酪和少许盐混合均匀。在小煎蛋卷锅中加热少许橄榄油，加入少许蛋液，旋转倾斜煎锅使其覆盖锅底。小火煎制，将已经凝固成形的鸡蛋聚拢到煎锅中央，让剩余流动的蛋液继续接触锅底，以便均匀受热。当蛋饼的底部凝固成形后，将其从锅中滑出。再用同样的方法煎制一两个蛋饼，根据需要，可以再次添加一些橄榄油。将煎好的蛋饼卷起，切细条。豌豆放入加了盐的沸水中烫煮 8～10 分钟，变软后捞出控干水分。高汤加热至沸腾。牛舌条、蛋饼条和豌豆放入有盖汤碗中，倒入高汤后立即上桌。

MINESTRA VERDE
供 4 人食用
制备时间：4 小时 15 分钟
加热烹调时间：15 分钟
400 克 / 14 盎司叶用甜菜
40 克 / 1½ 盎司帕玛森奶酪，现擦碎，另加配餐所需
3 颗鸡蛋，略微打散
1½ 升 / 2½ 品脱牛肉高汤（见第 248 页）
盐

绿蔬汤 GREEN SOUP

叶用甜菜放入加了盐的沸水中烫煮，变得软嫩后捞出控干水分。冷却后尽可能多地挤压出水分并切碎。叶用甜菜中加入一大汤匙高汤，均匀混合帕玛森奶酪、鸡蛋和盐。将剩余高汤加热至沸腾，随后搅拌加入叶用甜菜混合物。慢火加热，炖煮 5 分钟，用大汤匙盛入有盖汤碗中。搭配帕玛森奶酪一同上桌。

PANCOTTO
供 4 人食用
制备时间：15 分钟
加热烹调时间：35 分钟
4 汤匙橄榄油，另加淋洒所需
3 颗成熟的番茄，去皮去籽，切碎
1 瓣蒜，切碎
400 克 / 14 盎司陈面包（day-old bread），去皮，切丁
25 克 / 1 盎司帕玛森奶酪，现擦碎
盐和胡椒

面包汤 BREAD SOUP

酱汁锅中加热橄榄油，加入番茄和蒜，小火加热 10 分钟，其间要时常搅拌。倒入 250 毫升 / 8 盎司沸水，加入面包丁并混合均匀。倒入 1 升 / 1¾ 品脱水，用盐调味。中火继续加热，直至汤汁变得浓稠。将锅从火上端离，静置数分钟。淋入橄榄油，搅拌均匀后用大汤匙盛入有盖汤碗中。汤碗中撒入帕玛森奶酪，加少许胡椒调味即可上桌。

番茄面包汤 BREAD SOUP WITH TOMATO

酱汁锅中加入橄榄油、番茄、蒜、芹菜、少许盐和胡椒，加入1½ 升 / 2 品脱水并加热至沸腾，转慢火炖煮约 1 小时。从火上取下锅，置旁备用。上桌前约 30 分钟时，搅拌加入面包，小火加热至汤汁沸腾。用大汤匙盛入有盖汤碗中，撒入罗勒和帕玛森奶酪即可上桌。

PAPPA AL POMODORO

供 4 人食用

制备时间：15 分钟

加热烹调时间：1 小时 20 分钟

1 汤匙橄榄油

300 克 / 11 盎司成熟的番茄，去皮去籽，切粗块

1 瓣蒜，切碎

1 根芹菜茎，切碎

2 片农家面包，切丁

6 片新鲜罗勒叶，切碎

25 克 / 1 盎司帕玛森奶酪，现擦碎

盐和胡椒

见第 278 页

帕萨特利 PASSATELLI

将面包糠、帕玛森奶酪、熔化的黄油、肉豆蔻、鸡蛋和适量盐在碗中混合均匀。混合物应该十分硬实，如果太软，可以多加一些面包糠。高汤放入锅中煮沸，准备一个孔较大的马铃薯压泥器，将面包泥挤压进高汤锅中，形成较短的段状面鱼。搭配帕玛森奶酪一起上桌。

PASSATELLI

供 4 人食用

制备时间：4 小时 30 分钟

加热烹调时间：12 分钟

100 克 / 3½ 盎司面包糠

100 克 / 3½ 盎司帕玛森奶酪，现擦碎，另加配餐所需

25 克 / 1 盎司黄油，熔化

少许现磨肉豆蔻粉

3 颗鸡蛋，略微打散

1 升 / 1¾ 品脱牛肉高汤（见第 248 页）

盐

鹰嘴豆意面汤 PASTA AND CHICKPEAS

将鹰嘴豆放入酱汁锅中，加入 2 升 / 3½ 品脱水并加热至沸腾。盖上锅盖，转小火继续加热 1 小时 30 分钟。盛出约 3 大汤匙鹰嘴豆，放入食物料理机中搅打成泥。将豆泥倒回酱汁锅中，继续加热 1 小时 30 分钟。平底锅中加热橄榄油，加入蒜、迷迭香和番茄，加热 10 分钟，其间要不时搅拌。边搅拌边将番茄泥倒入鹰嘴豆汤中，用盐调味。放入意面段，煮熟并保持口感筋道。加入胡椒，用大汤匙盛入有盖汤碗中，淋入橄榄油，撒上帕玛森奶酪即可。

PASTA E CECI ALLA TOSCANA

供 4 人食用

制备时间：15 分钟，另加隔夜浸泡用时

加热烹调时间：3 小时 25 分钟

200 克 / 7 盎司干鹰嘴豆，冷水浸泡一夜后控干水分

1 汤匙橄榄油，另加淋洒所需

1 瓣蒜，压碎

1 枝新鲜迷迭香，切碎

250 克 / 9 盎司番茄，去皮切碎

150 克 / 5 盎司新鲜扁意面，切小段

25 克 / 1 盎司帕玛森奶酪，现擦碎

盐和胡椒

芸豆意面汤 PASTA AND WHITE BEAN

将芸豆放入酱汁锅中，加入没过豆子的冷水，盖上锅盖，加热至沸腾后慢火炖煮约 2 小时。将一半芸豆放入食物料理机中搅打成泥状。在另一口酱汁锅中加热橄榄油，加入鼠尾草和蒜，加热几分钟。倒入芸豆泥和 1½ 升 / 2½ 品脱水，用盐和胡椒调味，搅拌加入番茄糊。加入保留的完整芸豆，加热至沸腾后放入散面片，煮 10 分钟并保持口感筋道。用大汤匙盛入有盖汤碗中即可。这道汤品不论是热食、冷食还是温食都十分美味。

PASTA E FAGIOLI

供 4 人食用

制备时间：30 分钟，另加隔夜浸泡用时

加热烹调时间：2 小时 40 分钟

400 克 / 14 盎司干芸豆，冷水浸泡一夜后控干水分
3 汤匙橄榄油
4 片鼠尾草叶
1 瓣蒜，压碎
3 汤匙番茄糊
80 克 / 3 盎司散面片（maltagliati）
盐和胡椒

见第 280 页

马铃薯芹菜意面汤 PASTA, POTATOES AND CELERY

酱汁锅中加热橄榄油，加入胡萝卜和芹菜，小火加热 5 分钟，其间要不时搅拌。搅拌加入意式培根，加入马铃薯丁，再倒入 1 升 / 1¾ 品脱热水。盖上锅盖后，慢火炖煮 30 分钟。搅拌加入浓缩番茄泥，用盐和胡椒调味，如果需要，可以加入更多清水。加入意面，煮熟并保持口感筋道。用大汤匙盛入有盖汤碗中，搭配帕玛森奶酪一同上桌。

PASTA, PATATE E SEDANO

供 4 人食用

制备时间：20 分钟

加热烹调时间：45 分钟

3 汤匙橄榄油
1 根胡萝卜，切碎
2 棵芹菜心，切碎
50 克 / 2 盎司意式培根，切丁
1 千克 / 2¼ 磅马铃薯，切丁
1 汤匙浓缩番茄泥
200 克 / 7 盎司小指面
盐和胡椒
帕玛森奶酪，现擦碎，用作配餐

蔬菜牛肉锅 POT-AU-FEU

将马铃薯放入加了少许盐的沸水中焯煮 20 分钟，直至变软。将瘦牛肉和小牛肉放入大号酱汁锅中，倒入足够没过牛肉的清水和少许盐。牛骨用一块细纱布包裹，一同放入锅中，加热至沸腾。撇去表面的浮沫，加入切碎的蔬菜和蒜，小火慢炖 3 小时 30 分钟。与此同时，马铃薯去皮切丁。将蔬菜和牛肉从锅中捞出，放入温热的餐盘内。将马铃薯放入汤中，短暂加热，随后用大汤匙盛入有盖汤碗中，与餐盘中的蔬菜牛肉一起上桌。

POT-AU-FEU

供 6 人食用

制备时间：35 分钟

加热烹调时间：3 小时 45 分钟

4 个马铃薯，无须去皮
800 克 / 1¾ 磅瘦牛肉
500 克 / 1 磅 2 盎司小牛肉
1 根带髓牛骨
2 个芜菁，切碎
1 棵韭葱，切碎
3 根胡萝卜，切碎
1 颗洋葱，切碎
1 根芹菜茎，切碎
1 瓣蒜，切碎
盐

← 番茄面包汤，见第 277 页

方片意面蔬菜汤 QUADRUCCI WITH VEGETABLES

将高汤加热至沸腾。在另一口锅中加热橄榄油，加入洋葱、胡萝卜和芹菜，小火加热10分钟，直至上色变软，其间要不时翻炒。加入马铃薯和芜菁，混合均匀并倒入高汤。重新加热至沸腾，转小火继续加热45分钟。加入意面，煮8分钟并保持筋道。出锅前用适量盐和胡椒调味。用大汤匙盛入有盖汤碗中即可上桌。

QUADRUCCI CON VERDURE

供4人食用

制备时间：4小时15分钟

加热烹调时间：1小时10分钟

1½升/2½品脱牛肉高汤（见第248页）

3汤匙橄榄油

1颗洋葱，切碎

1根胡萝卜，切碎

1根芹菜茎，切碎

200克/7盎司马铃薯，切丁

200克/7盎司芜菁，切丁

150克/5盎司方片意面（quadrucci）

盐和胡椒

豌豆大米汤 RICE AND PEAS

将高汤加热至沸腾。在另一口锅中加热橄榄油和一半黄油，加入洋葱、蒜和芹菜，小火加热5分钟，其间不时搅拌。取出蒜瓣并丢弃不用。加入豌豆和大米，搅拌1分钟，随后搅拌加入一大汤匙高汤。缓缓加入高汤并继续加热约20分钟，直至米粒变软、高汤被完全吸收。用适量盐调味，将剩余的黄油和帕玛森奶酪搅拌加入锅中，用大汤匙盛入有盖汤碗中即可上桌。

RISI E BISI

供4人食用

制备时间：4小时30分钟

加热烹调时间：35分钟

1⅓升/2品脱牛肉高汤（见第248页）

3汤匙橄榄油

50克/2盎司黄油

1颗洋葱，切碎

1瓣蒜

1根芹菜茎，切碎

250克/9盎司去荚豌豆

200克/7盎司调味饭用大米

25克/1盎司帕玛森奶酪，现擦碎

盐

马铃薯大米汤 RICE AND POTATOES

用酱汁锅加热熔化黄油，加入洋葱和火腿丁，小火加热10分钟至上色，其间不时搅拌。加入大米并搅拌，使其均匀裹上黄油。用盐调味，加入马铃薯并盛入一大汤匙高汤。缓缓加入高汤并加热约20分钟，直至米粒变软、高汤被完全吸收。用大汤匙盛入有盖汤碗中，撒入欧芹即可上桌。

RISO E PATATE

供4人食用

制备时间：4小时15分钟

加热烹调时间：35分钟

25克/1盎司黄油

1颗洋葱，切碎

50克/2盎司意式熏火腿，切丁

200克/7盎司调味饭用大米

300克/11盎司马铃薯，切丁

1½升/2½品脱牛肉高汤（见第248页）

1枝新鲜平叶欧芹，切碎

盐

← 芸豆意面汤，见第279页

SEMOLINO
供 4 人食用
制备时间：4 小时 15 分钟
加热烹调时间：15 分钟
1½ 升 / 2½ 品脱牛肉高汤（见第 248 页）
80 克 / 3 盎司粗麦粉
25 克 / 1 盎司黄油
2 个蛋黄，略微打散
帕玛森奶酪，现擦碎，用作配餐

粗麦粉汤 SEMOLINA

高汤加热煮沸，撒入粗麦粉并不停搅拌。加热 10 分钟后搅拌加入黄油，并从火上取下。用大汤匙盛入有盖汤碗中，搅拌加入蛋黄，搭配帕玛森奶酪一同上桌。可以根据自己的喜好调整汤的浓稠度。

STRACCIATELLA
供 4 人食用
制备时间：4 小时 15 分钟
加热烹调时间：10 分钟
25 克 / 1 盎司面包糠
40 克 / 1½ 盎司帕玛森奶酪，现擦碎
3 颗鸡蛋，略微打散
1½ 升 / 2½ 品脱牛肉高汤（见第 248 页）
1½ 茶匙切碎的新鲜平叶欧芹
盐

面花汤 STRACCIATELLA

将面包糠、帕玛森奶酪、鸡蛋和少许盐在碗中混合均匀。加热高汤，舀出一大汤匙高汤倒入蛋液混合物中，搅拌至顺滑。将高汤加热至煮沸，倒入蛋液混合物，待其凝结浮上汤面时用叉子搅散蛋花。用大汤匙盛入有盖汤碗中，撒入欧芹即可上桌。

TAPIOCA
供 4 人食用
制备时间：4 小时 15 分钟
加热烹调时间：15 分钟
1½ 升 / 2½ 品脱肉类高汤（见第 248 页）
100 克 / 3½ 盎司木薯粉
25 克 / 1 盎司帕玛森奶酪，现擦碎
双倍奶油，打发（可选）
生菜（可选）
盐

木薯汤 TAPIOCA

高汤放入锅中煮沸，倒入木薯粉，不停地搅拌。加入少许盐，继续加热 10 分钟，其间不停搅拌。用大汤匙盛入有盖汤碗中，搭配帕玛森奶酪一同上桌。如果喜欢，可以在出锅前搅拌加入几汤匙双倍奶油。还可以选择加入生菜。将三四片生菜叶切条，与黄油一起小火加热几分钟，让其变软，在木薯汤加热到一半时，将生菜加入其中即可。

杂菜汤

从奶油汤、菜汤到现在将要介绍的意式杂菜汤，可以说是达到了真正的高潮。新鲜蔬菜和香草，加上意面、大米和荚豆（根据个人喜好），以及必不可少的黄油、培根油、橄榄油或者猪油，它们共同谱写出杂菜汤的乐章。口味清淡的版本中，橄榄油和黄油可以在杂菜汤做好之后再加；如果使用猪油或培根油，则必须在加热开始时加入，这样才能为食材增添丰富口味，但要考虑减少煎炸它们所需要的时间。在意大利，几乎所有的大区都有独具特色的杂菜汤食谱，本章节我们将列出其中最著名的一部分。热杂菜汤是一种备受喜爱的冬季菜肴，它的冷食做法成品同样口感细腻。当然，冷食不是从冰箱中取出后就直接端上餐桌。

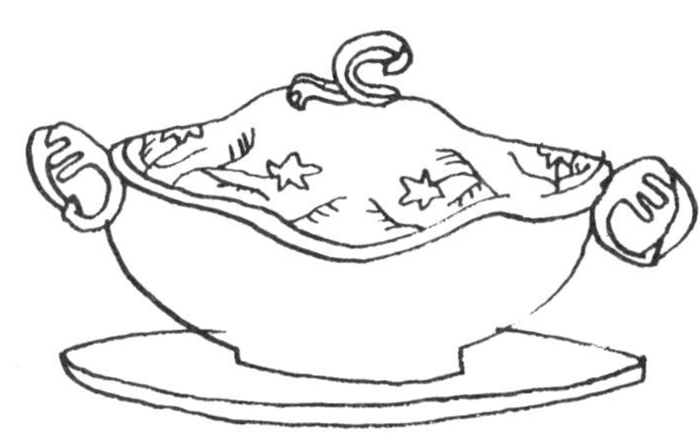

热那亚风味青酱杂菜汤 GENOESE PESTO MINESTRONE

将干蘑菇放入碗中，倒入足够没过蘑菇的热水，浸泡 20 分钟，随后捞出控干水分并切碎。将蘑菇、蚕豆、卷心菜、四季豆、番茄、西葫芦、茄子和少许盐一起放入酱汁锅中，倒入 2 升 / 3½ 品脱水和橄榄油，加热至沸腾。调小火力，炖煮 2 小时。加入大米或意面，煮熟并保持口感筋道。从火上取下锅，搅拌加入青酱。用大汤匙盛入有盖汤碗中，趁热搭配帕玛森奶酪一同上桌。这种杂菜汤也适合冷食。如果需要冷汤，不要在加热时添加橄榄油，待其冷却到室温、即将上桌前淋入少许橄榄油即可。

MINESTRONE ALLA GENOVESE COL PESTO

供 4～6 人食用

制备时间：45 分钟

加热烹调时间：2 小时 15 分钟

15 克 / ½ 盎司干蘑菇

100 克 / 3½ 盎司去荚蚕豆

半颗卷心菜，撕碎

200 克 / 7 盎司四季豆，切小段

3 颗番茄，切碎

3 个西葫芦，切碎

1 个茄子，切碎

3 汤匙橄榄油

80 克 / 3 盎司长粒米或短意面

青酱（见第 82 页），适量

盐

帕玛森奶酪，现擦碎，用作配餐

米兰风味杂菜汤 MILANESE MINESTRONE

将猪油和蒜瓣、洋葱一起剁成细末。在剁至非常细滑之后，加入欧芹和芹菜切碎。将混合物倒入酱汁锅中，加入番茄、胡萝卜、马铃薯、西葫芦、橄榄油和 2 升 / 3½ 品脱水，用盐调味，大火加热至沸腾后调小火力，继续熬煮不少于 2 小时。加入豌豆、红莓豆和甘蓝，小火沸煮 15 分钟。加入大米，继续小火沸煮 18 分钟，直至米粒变软，其间要不时搅拌。搅拌加入香草，用大汤匙盛入有盖汤碗中，搭配足量帕玛森奶酪一同上桌。这种杂菜汤应该十分黏稠浓郁，趁热享用，美味可口。夏天可以选择温热或常温享用。

MINESTRONE ALLA MILANESE

供 4～6 人食用

制备时间：30 分钟

加热烹调时间：2 小时 50 分钟

40 克 / 1½ 盎司猪油
半瓣蒜
半颗洋葱
1 枝新鲜平叶欧芹
1 根芹菜茎
3 颗番茄，去皮去籽，切丁
2 根胡萝卜，切碎
3 个马铃薯，切碎
2 个西葫芦，切碎
2 汤匙橄榄油
200 克 / 7 盎司去荚豌豆
半棵皱叶甘蓝，撕碎
100 克 / 3½ 盎司新鲜去荚红莓豆
100 克 / 3½ 盎司长粒米
4 片新鲜鼠尾草叶，切碎
6 片新鲜罗勒叶，切碎
盐
帕玛森奶酪，现擦碎，用作配餐

那不勒斯风味杂菜汤 MINESTRONE NAPOLETANA

将甜椒置于预热好的烤架下烘烤，不时翻转，烤至表皮上色且起泡。将烤好的甜椒置于塑料袋中，袋口封紧。待甜椒降温后取出，剥去表皮，切半去籽，改刀切丁。混合洋葱、培根、胡萝卜和蒜，一起切碎。加热橄榄油，加入培根混合物，小火加热几分钟至上色。加入番茄和欧芹，继续加热约 10 分钟。加入 2 升 / 3½ 品脱水，用盐和胡椒调味。加热至沸腾后加入马铃薯和蚕豆，小火熬煮 1 小时。加入西葫芦、豌豆、卷心菜、苦苣、茄子和甜椒，继续炖煮 30 分钟。加入意面，煮约 10 分钟，保持意面口感筋道。根据需要，可加入适量盐调味。用大汤匙盛入有盖汤碗中，撒入罗勒，搭配波罗伏洛奶酪一同上桌。

MINESTRONE ALLA NAPOLETANA

供 4～6 人食用

制备时间：40 分钟

加热烹调时间：2 小时

1 个黄甜椒
50 克 / 2 盎司意式培根
半颗洋葱
半根胡萝卜
半瓣蒜
2 汤匙橄榄油
3 颗番茄，去皮去籽，切碎
1 枝新鲜平叶欧芹，切碎
2 个马铃薯，切丁
100 克 / 3½ 盎司去荚蚕豆
2 个西葫芦，切片
100 克 / 3½ 盎司去荚豌豆
¼ 颗卷心菜，撕成大块
1 棵宽叶苦苣，切条
2 个茄子，切丁
100 克 / 3½ 盎司螺钉通心粉（cannolicchi）
2 茶匙切碎的新鲜罗勒
盐和胡椒
波罗伏洛奶酪，擦碎，用作配餐

← 米兰风味杂菜汤

MINESTRONE ALLA PUGLIESE
供 4~6 人食用
制备时间：25 分钟
加热烹调时间：2 小时
900 克 / 2 磅芜菁叶（turnip top）
2 颗洋葱，切碎
5 汤匙橄榄油
少许辣椒粉
150 克 / 5 盎司曲管面（tortiglioni）
25 克 / 1 盎司佩科里诺奶酪，擦碎
盐和胡椒

普利亚风味杂菜汤 PUGLIAN MINESTRONE

如果可以，选择使用开花的芜菁叶，因为它们的口感更好。将芜菁放入加了盐的沸水中煮 10 分钟，分离叶片和花朵。叶茎切碎，和洋葱、3 汤匙橄榄油、辣椒粉、少许胡椒一起放入酱汁锅中，小火加热 5 分钟，其间要时常搅拌。加入 1½ 升 / 2½ 品脱热水，继续炖煮 1 小时 45 分钟。锅中加入意面和芜菁花，加热至意面成熟但仍然筋道的程度。将锅从火上端离，搅拌加入佩科里诺奶酪，静置几分钟。用少许胡椒和辣椒粉调味，剩余的橄榄油也搅拌加入锅中。用大汤匙盛入有盖汤碗中即可上桌。

MINESTRONE ALLA RUSSA
供 4~6 人食用
制备时间：4 小时 30 分钟
加热烹调时间：45 分钟
40 克 / 1½ 盎司黄油
1 颗白洋葱，切细末
2 瓣蒜，切细末
500 克 / 1 磅 2 盎司生甜菜根，切丁
1 棵芹菜心，切碎
3 颗番茄，去皮去籽，切碎
少许糖
2 汤匙白葡萄酒醋
1½ 升 / 2½ 品脱牛肉高汤（见第 248 页）
400 克 / 14 盎司马铃薯，切斜块
400 克 / 14 盎司白卷心菜（white cabbage），撕碎
500 克 / 1 磅 2 盎司煮熟的牛肉，切丁
2 汤匙切碎的新鲜平叶欧芹
盐
250 毫升 / 8 盎司酸奶油，用作配餐

罗宋汤 BORSCH

黄油放入酱汁锅中加热熔化，加入洋葱和蒜，小火加热 5 分钟，直至变软，其间要不时搅拌。加入甜菜根、芹菜心和一半量的番茄，用糖、白葡萄酒醋和少许盐调味，倒入 175 毫升 / 6 盎司高汤，中火加热 30 分钟。与此同时，另取一口酱汁锅，用剩余的高汤烹煮马铃薯和卷心菜，加热约 20 分钟，避免马铃薯煮烂。加入剩余的番茄、牛肉和煮好的甜菜根酱泥，搅拌均匀，慢火炖煮 10 分钟。根据需要，可再加入适量的盐调味。撒入欧芹后即可从火上取下。将汤盛入有盖汤碗中，搭配酸奶油一同上桌。甜菜根带来的红色就是这种俄式杂菜汤的标志，十分易于辨认。罗宋汤还有其他的制作方法，但这个食谱最常见。

托斯卡纳风味杂菜汤 TUSCAN MINESTRONE

将白豆、迷迭香和月桂叶放入酱汁锅中，倒入足够没过豆子的冷水，加热至沸腾后转慢火炖煮约 2 小时。取出月桂叶并丢弃不用。将一半的白豆放入食物料理机中，搅打成泥状后倒回酱汁锅中。在另一口酱汁锅中加热橄榄油，加入洋葱、芹菜、胡萝卜和欧芹，小火加热 5 分钟，其间不时搅拌。加入宽叶苦苣、番茄、西葫芦和韭葱，继续烹饪 10 分钟。将蔬菜混合物加入豆泥锅中，用适量盐和胡椒调味。如果需要，可以加一些热水。随后加热至沸腾，加入大米，继续熬煮 15～20 分钟，直至米粒变软。用大汤匙盛入有盖汤碗中，搭配帕玛森奶酪一起上桌。

MINESTRONE ALLA TOSCANA

供 4～6 人食用

制备时间：25 分钟，另加隔夜浸泡用时

加热烹调时间：2 小时 30 分钟

100 克 / 3½ 盎司托斯卡纳白豆或意大利白豆，冷水浸泡一夜后控干水分
1 枝新鲜迷迭香
1 片月桂叶
4 汤匙橄榄油
1 颗洋葱，切碎
1 根芹菜茎，切碎
1 根胡萝卜，切碎
1 汤匙切碎的新鲜平叶欧芹
1 棵宽叶苦苣，切碎
1 颗番茄，去皮去籽，切碎
1 个西葫芦，切碎
1 棵韭葱，取葱白切碎
80 克 / 3 盎司长粒米
盐和胡椒
帕玛森奶酪，现擦碎，用作配餐

麦豆杂菜汤 FARRO AND BEAN MINESTRONE

酱汁锅中加热橄榄油，加入洋葱略加翻炒。盖上锅盖，小火加热 5 分钟，其间要不时搅拌。加入胡萝卜和芹菜略加翻炒，再次盖上锅盖，继续加热 5 分钟。随后搅拌加入大蒜，继续加热 1 分钟。淋入葡萄酒，煮至酒精完全挥发。加入番茄和鼠尾草叶，盖上锅盖，慢火炖煮 15 分钟，其间要不时搅拌。加入芸豆和高汤，加热至沸腾，转小火炖煮 1 小时。将汤倒入搅拌机或者食物料理机中，搅打成泥状后倒入干净的锅中，加热至沸腾，用盐和胡椒调味。加入杂麦，调小火力，炖煮 1 小时 30 分钟。如果汤汁过浓，可再加些水。用大汤匙盛入有盖汤碗中，淋入橄榄油即可上桌。

MINESTRONE DI FARRO E FAGIOLI

供 4～6 人食用

制备时间：25 分钟，另加隔夜浸泡用时

加热烹调时间：3 小时

2 汤匙橄榄油，另加淋洒所需
1 颗洋葱，切碎
1 根胡萝卜，切碎
1 根芹菜茎，切碎
1 瓣蒜，切碎
100 毫升 / 3½ 盎司白葡萄酒
2 颗番茄，去皮去籽，切碎
2 片新鲜鼠尾草叶
80 克 / 3 盎司干白芸豆，冷水浸泡一夜后控干水分
750 毫升 / 1¼ 品脱蔬菜或鸡肉高汤（见第 249 页）
200 克 / 7 盎司珍珠杂麦，冷水浸泡一夜后控干水分
盐和胡椒

见第 288 页

750 ML

冬日杂菜汤 WINTER MINESTRONE

MINESTRONE D'INVERNO
供 4 人食用
制备时间：20 分钟
加热烹调时间：1 小时 15 分钟
2 个马铃薯，切碎
2 根胡萝卜，切碎
1 棵芜菁，切碎
2 棵韭葱，除去边角杂叶，切碎
1 小颗皱叶甘蓝，撕碎
1 棵芹菜茎，切碎
1 捆叶用甜菜柄，切碎
1 汤匙切碎的新鲜平叶欧芹
1 汤匙橄榄油
盐

将马铃薯、胡萝卜、芜菁、韭葱、甘蓝、芹菜和叶用甜菜柄放入酱汁锅中，倒入 1½ 升 / 2½ 品脱水，加入少许盐并加热至沸腾。调小火力，炖煮 1 小时。用盐调味。从锅中盛出 2 大汤匙杂菜，放入食物料理机中，搅打成泥后倒回锅中。搅拌均匀，再继续加热几分钟。搅拌加入橄榄油和欧芹，用大汤匙盛入有盖汤碗中即可上桌。

时令杂菜汤 SEASONAL MINESTRONE

MINESTRONE DI STAGIONE
供 4 人食用
制备时间：40 分钟
加热烹调时间：50 分钟
20 克 / ¾ 盎司干蘑菇
200 克 / 7 盎司去荚蚕豆
2 个马铃薯，切片
200 克 / 7 盎司四季豆，切碎
200 克 / 7 盎司西葫芦，切片
5 汤匙橄榄油
100 克 / 3½ 盎司小指面
1 瓣蒜，切碎
3 颗番茄，去皮切碎
1 茶匙浓缩番茄泥
盐和胡椒

蘑菇放入碗中，倒入足够没过它的温水，浸泡 20 分钟后控干。将蚕豆放入加了少许盐的沸水中煮 10 分钟，随后加入马铃薯、四季豆、西葫芦和蘑菇。搅拌加入 3 汤匙橄榄油，继续加热 15 分钟，直至蔬菜变得软嫩。加入小指面，煮 15 分钟。与此同时，在一口小号酱汁锅中加热剩余的橄榄油和蒜末，加入番茄和浓缩番茄泥，用盐和胡椒调味，小火加热 10～15 分钟，其间要不时搅拌。将番茄混合物搅拌加入蔬菜汤中即可上桌。

皱叶甘蓝大米杂菜汤 SAVOY CABBAGE AND RICE MINESTRONE

MINESTRONE DI VERZA E RISO
供 4～6 人食用
制备时间：20 分钟
加热烹调时间：55 分钟
4 汤匙橄榄油
2 棵韭葱，除去边角杂叶，切碎
1 厚片意式熏火腿，切碎
1 枝新鲜迷迭香
2 颗番茄，去皮去籽，粗略切块
600 克 / 1 磅 5 盎司皱叶甘蓝，切条
100 克 / 3½ 盎司长粒米
1 汤匙现擦碎的帕玛森奶酪
盐和胡椒

酱汁锅中加入 1 升 / 1¾ 品脱水和 1 汤匙橄榄油，加热至煮沸，加入韭葱、熏火腿和迷迭香，小火煮 10 分钟，直至韭葱变软。加入番茄，用盐和胡椒调味，继续加热 10 分钟。搅拌加入甘蓝，加入 1 升 / 1¾ 品脱温水，转中火继续加热 15 分钟。加入大米，搅拌均匀，熬煮约 18 分钟，直至米粒变软。用大汤匙盛入有盖汤碗中，搅拌加入剩余的橄榄油，搭配帕玛森奶酪一同上桌。

← 麦豆杂菜汤，见第 287 页

浓 汤

意式浓汤的独一无二在于汤中会浸入一两片面包，而不再另外添加意面或大米。食谱中经常出现的一些经典食材，包括荚豆、鱼肉和蔬菜。浓汤的味道相对更加浓郁芳香，也擅于运用焗烤技巧。焗洋葱浓汤（见第 294 页）是一道广为人知的美味菜肴，而搭配帕维亚风味浓汤（见第 292 页）一同上桌的炸面包片上卧着一颗鸡蛋，看起来十分诱人。

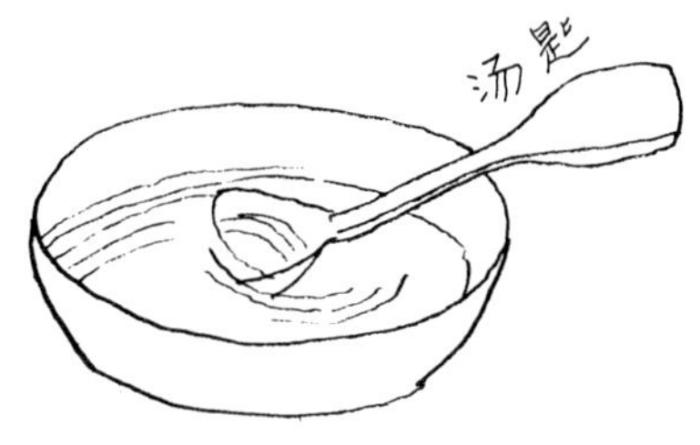

里波利塔 RIBOLLITA

RIBOLLITA
供 4 人食用
制备时间：30 分钟
加热烹调时间：2 小时 30 分钟
3 汤匙橄榄油，另加淋洒所需
1 根胡萝卜，切碎
1 颗洋葱，切碎
1 根芹菜茎，切碎
3 颗新鲜番茄或罐装番茄，去皮
1 枝新鲜百里香
2 个马铃薯，粗略切丁
675 克 / 1½ 磅长叶甘蓝（cavolo nero，也称托斯卡纳卷心菜），撕碎
150 克 / 5 盎司白芸豆或 80 克 / 3 盎司干白芸豆，冷水浸泡一夜后控干
4 片农家面包
盐和胡椒

这种浓汤名为里波利塔（ribollita，意为重新煮沸），因为很久以前这道菜用前一天剩下的菜汤制作。将过夜的菜汤放入陶锅，表面撒上洋葱丝、黑胡椒和橄榄油，烘烤至洋葱变成金棕色时即可上桌。现在，我们通常会按照以下方法进行制作。用酱汁锅加热橄榄油，加入胡萝卜、洋葱和芹菜，小火翻炒 5 分钟，直至变得软嫩，其间要不时搅拌。加入番茄、百里香和马铃薯，继续加热几分钟。加入长叶甘蓝和豆子，倒入 2 升 / 3½ 品脱水，用盐调味，加热至沸腾后转小火加热。盖上锅盖，炖煮约 2 小时。烤箱预热到 180°C/ 350°F/ 气烤箱刻度 4。将面包片放在一口大号的陶锅底部，盛入菜汤，放入烤箱中烘烤约 10 分钟。烤好后撒上胡椒，淋入橄榄油即可。

里波利塔 →

ZUPPA ALLA PAVESE

供 4 人食用

制备时间：4 小时 15 分钟

加热烹调时间：15 分钟

750 毫升 / 1¼ 品脱牛肉高汤（见第 248 页）

25 克 / 1 盎司黄油

8 片面包，去边

4 颗鸡蛋

4 汤匙现磨碎的帕玛森奶酪

帕维亚风味浓汤 PAVIAN SOUP

将烤箱预热到 200℃/ 400℉/ 气烤箱刻度 6。高汤加热至沸腾。与此同时，用平底锅加热熔化黄油，将面包片分批煎至两面金黄色。煎好的面包片放在厨房纸上控干油。准备 4 个耐热汤碗，在每个碗中先放入 2 片面包，再倒入 1 颗打散的鸡蛋。用大汤匙盛入沸腾的高汤，撒入帕玛森奶酪。将汤碗置于烤板上，放入烤箱烘烤数分钟，直至奶酪熔化。或者在撒入奶酪后尽快上桌食用。这道汤食材丰盛，还兼具了细腻的口感。

ZUPPA CON ORZO AL VERDE

供 4 人食用

制备时间：4 小时 15 分钟

加热烹调时间：1 小时

1½ 升 / 2½ 品脱牛肉高汤（见第 248 页）

3 汤匙橄榄油

1 颗洋葱，切碎

1 片新鲜鼠尾草叶

100 克 / 3½ 盎司皱叶甘蓝，切条

250 克 / 9 盎司菠菜，切碎

120 克 / 4 盎司珍珠大麦（pearl barley）

25 克 / 1 盎司帕玛森奶酪，现擦碎

盐

炸面包丁，用作配餐

大麦绿蔬浓汤 BARLEY SOUP AL VERDE

将高汤加热至沸腾。在另一口锅中加热橄榄油，加入洋葱和鼠尾草叶，小火煸炒 5 分钟，其间不时搅拌。加入甘蓝和菠菜后继续翻炒几分钟。倒入热高汤，盖上锅盖，中火加热 15 分钟。加入珍珠大麦，用盐调味并继续加热 30 分钟。将锅从火上端离，用大汤匙盛入有盖汤碗中，撒入帕玛森奶酪，搭配炸面包丁一同上桌。

ZUPPA CON ORZO E PISELLI

供 4 人食用

制备时间：10 分钟

加热烹调时间：40 分钟

500 毫升 / 18 盎司牛奶

200 克 / 7 盎司大麦

150 克 / 5 盎司去荚鲜豌豆或冻豌豆

少许辣椒粉

盐和胡椒

大麦豌豆浓汤 BARLEY AND PEA SOUP

将牛奶和 1 升 / 1¾ 品脱水一起加热至沸腾。加入大麦和豌豆，用盐、胡椒和辣椒粉调味，小火加热约 30 分钟，不时搅拌。上桌前用大汤匙盛入有盖汤碗中。这是一款制作非常简单的汤，但是营养丰富且十分美味。如果需要，还可以加入鸡胸肉丁等增添味道。

卷心菜浓汤 CABBAGE SOUP

酱汁锅中加热橄榄油，加入洋葱、胡萝卜和芹菜，小火煸炒 10 分钟至上色，其间不时搅拌。加入皱叶甘蓝和卷心菜，用盐和胡椒调味，继续加热 10 分钟。倒入 1½ 升 / 2½ 品脱水并加热至沸腾，调小火力，盖上锅盖，沸煮 1 小时。如果汤汁过稀，可打开锅盖继续煮几分钟。烤箱预热到 200°C/ 400°F/ 气烤箱刻度 6。在预热好的烤架下烘烤面包片的两面，在 4 个耐热汤碗中分别放入 1 片面包。用大汤匙将菜汤盛入碗中，撒入帕玛森奶酪，放在烤板上烘烤数分钟，直至奶酪熔化。

ZUPPA DI CAVOLI

供 4 人食用

制备时间：15 分钟

加热烹调时间：1 小时 10 分钟

3 汤匙橄榄油

1 颗洋葱，切碎

1 根胡萝卜，切碎

1 根芹菜茎，切碎

200 克 / 7 盎司皱叶甘蓝，切条

200 克 / 7 盎司白卷心菜，切条

4 片农家面包

4 汤匙现磨碎的帕玛森奶酪

盐和胡椒

宽叶苦苣浓汤 ESCAROLE SOUP

将高汤加热至沸腾。与此同时，苦苣放入沸水中焯煮 5 分钟，捞出控干，尽可能挤出水分后切粗块。用酱汁锅加热熔化黄油，加入苦苣，大火加热约 10 分钟，随后倒入高汤。帕玛森奶酪与鸡蛋混合打散，用盐和胡椒调味，搅拌加入汤中。在预热好的烤架下稍微烘烤面包的两面，4 个汤碗中分别放入 1 片面包，用大汤匙盛入浓汤即可。

ZUPPA DI CICORIA

供 4 人食用

制备时间：4 小时 15 分钟

加热烹调时间：30 分钟

1⅛ 升 / 2 品脱牛肉高汤（见第 248 页）

675 克 / 1½ 磅宽叶苦苣

25 克 / 1 盎司黄油

2 颗鸡蛋

25 克 / 1 盎司帕玛森奶酪，现擦碎

4 片农家面包

盐和胡椒

牛奶洋葱浓汤 MILK AND ONION SOUP

用酱汁锅加热熔化黄油，加入洋葱，盖上锅盖，慢火加热 30 分钟，其间不时搅拌，直至洋葱软嫩上色。与此同时，将牛奶放入另一口酱汁锅中，加热至刚要开始沸腾。牛奶倒入洋葱锅中，用盐调味，转中火继续加热 30 分钟。注意，烹煮浓汤的火力不能过大。用大汤匙盛入有盖汤碗中，搭配足量帕玛森奶酪和炸面包丁上桌。

ZUPPA DI CIPOLLE AL LATTE

供 4 人食用

制备时间：15 分钟

加热烹调时间：1 小时

25 克 / 1 盎司黄油

400 克 / 14 盎司洋葱，切细丝

1 升 / 1¾ 品脱牛奶

盐

用作配餐

帕玛森奶酪，现擦碎

炸面包丁

ZUPPA DI CIPOLLE GRATINATA
供 4 人食用
制备时间：4 小时 30 分钟
加热烹调时间：55 分钟
50 克 / 2 盎司黄油
400 克 / 14 盎司洋葱，切丝
1⅓ 升 / 2 品脱牛肉高汤（见第 248 页）
少许普通面粉
8 片吐司
80 克 / 3 盎司瑞士多孔奶酪，现擦碎
盐和胡椒

焗洋葱浓汤 ONION SOUP AU GRATIN

用酱汁锅加热熔化 40 克 / 1½ 盎司黄油，加入洋葱，盖上锅盖，慢火加热 30 分钟，直至洋葱软嫩上色，其间要不时搅拌。与此同时，加热煮沸高汤。在洋葱锅中撒入面粉，用盐和胡椒调味，倒入高汤并继续加热 15 分钟。烤箱预热到 200°C/ 400°F/ 气烤箱刻度 6。用大汤匙将汤盛入 4 个耐热汤碗中，每个汤碗中放入 2 片面包，撒上瑞士多孔奶酪、胡椒和剩余的黄油颗粒。放在烤板上，送入烤箱烘烤至奶酪熔化。

ZUPPA DI COZZE
供 4 人食用
制备时间：1 小时 40 分钟
加热烹调时间：35 分钟
20 个贻贝，刷净除须
2 汤匙橄榄油
1 颗洋葱，切碎
少许藏红花丝
2 颗番茄，去皮去籽，切碎
1½ 升 / 2½ 品脱鱼肉高汤（见第 248 页）
4 片农家面包
1 瓣蒜，切成两半
1 汤匙切碎的新鲜平叶欧芹
盐和胡椒

贻贝浓汤 MUSSEL SOUP

将贝壳破碎的贻贝和在快速拍打时不会立刻闭合的贻贝拣出并丢弃不用。将贻贝放入平底锅中，大火加热 5 分钟至贝壳张开。舍去没有张开的贻贝。将贻贝肉从贝壳中取出。酱汁锅中加热橄榄油，加入洋葱和藏红花，小火加热 5 分钟，其间不时搅拌。加入番茄和高汤，用盐和胡椒调味并继续加热 20 分钟。加入贻贝肉。在预热好的烤架下烘烤面包的两面，随后用蒜瓣涂抹面包。取 4 个汤碗，分别放入 1 片面包，用大汤匙将贻贝汤盛入汤碗中，撒入欧芹碎即可。

ZUPPA DI FAGIOLI E ORZO
供 4 人食用
制备时间：2 小时 35 分钟，另加隔夜浸泡用时
加热烹调时间：3 小时 15 分钟
150 克 / 5 盎司干红腰豆，冷水浸泡一夜后控干水分
2 汤匙橄榄油，另加淋洒所需
50 克 / 2 盎司培根，切丁
1 瓣蒜，切碎
1 颗小洋葱，切碎
150 克 / 5 盎司大麦
3 个马铃薯，切丁
2 汤匙番茄泥
盐和胡椒

豆子大麦浓汤 BEAN AND BARLEY SOUP

将红腰豆放入酱汁锅中，倒入 1 升 / 1¾ 品脱水，加热至沸腾并用大火继续沸煮 15 分钟，随后调小火力炖煮 2 小时。在另一口锅中加热橄榄油，加入培根、蒜和洋葱，小火煸炒 5 分钟，其间不时搅拌。加入大麦和 1 升 / 1¾ 品脱水，加热至沸腾，转小火熬煮 2 小时。倒入红腰豆和汤汁，加入马铃薯和番茄泥，用盐和胡椒调味，继续熬煮 1 小时。用大汤匙盛入有盖汤碗中，淋入橄榄油即可上桌。

贻贝浓汤 →

ZUPPA DI FIOCCHI D'AVENA
供 4 人食用
制备时间：20 分钟
加热烹调时间：25 分钟
4 个马铃薯，切丁
1 颗洋葱，切细丝
1 片意式培根，切丁
1 汤匙橄榄油
50 克 / 2 盎司燕麦片（rolled oats）
盐

用作配餐
帕玛森奶酪，现擦碎
炸面包丁

燕麦浓汤 OATMEAL SOUP

将马铃薯、洋葱和培根放入酱汁锅中，加入 1½ 升 / 2½ 品脱水和准备好的橄榄油，加热至沸腾并继续加热 15 分钟，直至马铃薯变软。用盐调味，搅拌加入燕麦片，加热 10 分钟。用大汤匙盛入有盖汤碗中，搭配帕玛森奶酪和炸面包丁一同上桌。这款汤成品应该比较浓稠。

ZUPPA DI FORMAGGI E PORRI
供 4 人食用
制备时间：4 小时 15 分钟
加热烹调时间：30 分钟
1½ 升 / 2½ 品脱牛肉高汤（见第 248 页）
50 克 / 2 盎司黄油
1 汤匙橄榄油
3 棵韭葱，切丝
少许现磨肉豆蔻粉
4 片农家面包
100 克 / 3½ 盎司芳提娜奶酪，切片
50 毫升 / 2 品脱白兰地
100 克 / 3½ 盎司瑞士多孔奶酪，擦碎
盐和胡椒

韭葱奶酪浓汤 CHEESE AND LEEK SOUP

将高汤加热至沸腾。与此同时，在另一口锅中加热黄油和橄榄油，加入韭葱，小火煸炒 5 分钟，其间不时搅拌。撒入肉豆蔻粉，用盐和胡椒调味，倒入沸腾的高汤并继续加热 10 分钟。烤箱预热到 180°C/ 350°F/ 气烤箱刻度 4。在 4 个耐热汤碗中均放入 1 片面包、1 片芳提娜奶酪、适量白兰地和瑞士多孔奶酪，随后用大汤匙将汤盛入汤碗中。放在烤板上，送入烤箱烘烤约 10 分钟。取出静置数分钟后即可上桌。

ZUPPA DI FUNGHI E FAGIOLI
供 4 人食用
制备时间：20 分钟，另加隔夜浸泡用时
加热烹调时间：2 小时 30 分钟
300 克 / 11 盎司干意大利白豆，冷水浸泡一夜后控干
2 瓣蒜
3 汤匙橄榄油
1 颗洋葱
500 克 / 1 磅 2 盎司牛肝菌，切薄片
1 汤匙切碎的新鲜平叶欧芹
8 片农家面包
黄油，用于涂抹
盐和胡椒

白豆蘑菇浓汤 BEAN AND MUSHROOM SOUP

将白豆放入酱汁锅中，加入 1½ 升 / 2½ 品脱水、1 瓣蒜和 1 汤匙橄榄油，加热至沸腾后调小火力，缓慢沸煮 2 小时。平底锅中加热剩余的橄榄油，加入洋葱，小火加热 10 分钟直至上色，其间不时搅拌。加入牛肝菌，调高火力继续加热数分钟，随后用盐和胡椒调味。将锅中蔬菜倒入白豆锅中，加热数分钟，加入欧芹并品尝调味。用蒜瓣在面包表面轻轻涂抹，再涂一些黄油并稍加烘烤，搭配浓汤一起上桌。

蟹肉浓汤 CRAB SOUP

ZUPPA DI GRANCHI
供 4 人食用
制备时间：1 小时 30 分钟
加热烹调时间：20 分钟
1 颗洋葱
1 枝新鲜百里香
1 粒丁香
1 千克 / 2¼ 磅活螃蟹
2 颗番茄，去皮去籽，切碎
100 毫升 / 3½ 盎司干白葡萄酒
1 个蛋黄
½ 汤匙玉米粉
少许藏红花丝
盐和胡椒
厚面包片，略烘烤，用作配餐

将洋葱放入沸水中煮 20 分钟直至变软，捞出并控干水分。锅中倒入 1⅕ 升 / 2 品脱水，加入少许盐并煮沸，加入百里香和丁香。将螃蟹浸入煮沸的水中，盖上锅盖焖煮 5 分钟，随后捞出控干水分，保留好煮螃蟹的汤汁。将螃蟹竖起，用拇指撬开蟹壳，折下蟹腿和蟹钳，敲碎剔肉。丢弃蟹壳中的蟹鳃，挖出蟹肉。将蟹肉和洋葱一起切碎，与番茄混合后放入保留的汤汁中，加入葡萄酒，中火加热 15 分钟。蛋黄放入碗中打散，与玉米粉混合均匀，随后搅拌加入汤中。接着用盐和胡椒调味，搅拌加入藏红花。尽快盛入有盖汤碗中，搭配烤面包片一同上桌，趁热食用。

焗生菜浓汤 LETTUCE SOUP AU GRATIN

ZUPPA DI LATTUGHE GRATINATA
供 4 人食用
制备时间：4 小时 30 分钟
加热烹调时间：1 小时 20 分钟
65 克 / 2½ 盎司黄油，另加涂抹所需
4 颗结球生菜（lettuce head），撕碎
1 汤匙普通面粉
1 升 / 1¾ 品脱牛肉高汤（见第 248 页）
4 片自制面包，略烘烤
100 克 / 3½ 盎司瑞士多孔奶酪，擦碎
1 汤匙切碎的新鲜平叶欧芹
盐和胡椒

在小号酱汁锅中加热熔化黄油，加入生菜，小火加热 30 分钟，其间不时搅拌。用盐和胡椒调味，搅拌加入面粉，缓缓搅拌加入高汤，随后小火熬煮 40 分钟。烤箱预热到 180°C/ 350°F/ 气烤箱刻度 4。耐热汤碗中涂黄油。将烤面包片放入汤碗中，撒上瑞士多孔奶酪，盛入浓汤。送入烤箱烘烤 10 分钟。撒入欧芹碎即可上桌。

ZUPPA DI PANE
供 4 人食用
制备时间：2 小时 30 分钟，另加隔夜浸泡用时和 20 分钟静置用时
加热烹调时间：45 分钟
250 克 / 9 盎司干意大利白豆，冷水浸泡一夜后控干 • 4 汤匙橄榄油，另加淋洒所需 • 半颗洋葱，切碎
2 瓣蒜，切碎 • 1 根胡萝卜，切碎
1 根芹菜茎，切碎 • 1 枝新鲜平叶欧芹，切碎 • 50 克 / 2 盎司意式熏火腿
半棵皱叶甘蓝，撕碎 • 1 捆叶用甜菜，切碎 • 2 个马铃薯，切粗块
2 汤匙番茄泥 • 400 克 / 14 盎司陈面包，切薄片 • 盐和胡椒

面包浓汤 THICK BREAD SOUP

将干豆子放入酱汁锅中，倒入足够没过豆子的冷水，加热至沸腾，转小火继续加热 2 小时，直至豆子变软。用另一口锅加热橄榄油，加入洋葱、蒜、胡萝卜、芹菜、欧芹和熏火腿，小火加热 10 分钟至上色，其间不时搅拌。加入皱叶甘蓝、叶用甜菜和马铃薯，用盐和胡椒调味。番茄泥放入碗中，和 300 毫升 / ½ 品脱煮豆子的汤汁混合拌匀，随后倒入蔬菜锅中。盖上锅盖，中火继续加热 15～20 分钟，直至所有蔬菜都变软。与此同时，捞出豆子控干，用研磨机磨成泥，搅拌加入蔬菜锅中，继续小火沸煮 10 分钟。将面包放入有盖汤碗中，用大汤匙盛入浓汤，放在温暖处静置约 20 分钟，让面包吸收大部分汤汁。上桌前淋上橄榄油。

ZUPPA DI PANE E LENTICCHIE
供 4 人食用
制备时间：4 小时 15 分钟，另加 2 小时浸泡用时
加热烹调时间：2 小时
200 克 / 7 盎司小扁豆，冷水浸泡 2 小时后控干
2 瓣蒜，切碎
1 棵韭葱，取葱白，切细丝
1 枝新鲜百里香，切碎
1½ 升 / 2½ 品脱牛肉高汤（见第 248 页）
2 颗鸡蛋
4 片陈面包
3 汤匙橄榄油，另加淋洒所需
盐和胡椒

小扁豆面包浓汤 BREAD AND LENTIL SOUP

将小扁豆、蒜、韭葱和百里香放入酱汁锅中，倒入高汤，加热至沸腾，调小火力，缓慢沸煮 2 小时。如果需要，可额外加入一些热水。加入少许盐。鸡蛋放入浅盘中打散，将面包浸入其中。平底锅中加热橄榄油，放入裹了蛋液的面包，煎至两面金黄后放在厨房纸上控油。准备 4 个汤碗，各放入 1 片煎好的面包。用大汤匙盛入小扁豆汤，撒入少许盐和胡椒，淋入橄榄油即可。

ZUPPA DI PATATE
供 4 人食用
制备时间：20 分钟
加热烹调时间：1 小时 30 分钟
2 汤匙橄榄油
4 片意式培根，切碎
6 个马铃薯，切片
1 颗洋葱，切丝
2 小根胡萝卜，磨成泥
盐和胡椒
切碎的新鲜平叶欧芹，用作装饰

马铃薯浓汤 POTATO SOUP

用酱汁锅加热橄榄油，加入培根，煸炒 5 分钟，其间不时搅拌。加入马铃薯、洋葱和胡萝卜，加热 10 分钟并时常搅拌，直至变成金黄色。用盐和胡椒调味。倒入 1½ 升 / 2½ 品脱水，加热至沸腾后调小火力，炖煮约 1 小时，让汤汁变得浓稠。出锅后用欧芹碎装饰即可。

马铃薯蛤蜊浓汤 POTATO AND CLAM SOUP

ZUPPA DI PATATE E VONGOLE

供 4 人食用

制备时间: 35 分钟

加热烹调时间: 1 小时 25 分钟

- 1½ 千克 / 3¼ 磅蛤蜊，刷净
- 100 毫升 / 3½ 盎司干白葡萄酒
- 3 汤匙橄榄油
- 1 根芹菜茎，切碎
- 1 颗洋葱，切碎
- 1 根胡萝卜，切碎
- 4 颗番茄，去皮去籽，切碎
- 2 个马铃薯，切丁
- 1 枝新鲜迷迭香
- 1 汤匙新鲜雪维菜叶
- 4 片农家面包
- 盐和胡椒

将贝壳破碎的蛤蜊和在快速拍打后不会立刻闭合的蛤蜊拣出来，丢弃不用。将蛤蜊放进大平底锅中，加入葡萄酒，大火加热 5 分钟至贝壳张开。捞出蛤蜊，保留好汤汁，舍去贝壳没有张开的蛤蜊。从蛤蜊壳中取出蛤蜊肉。蛤蜊汤汁用细过滤器过滤。酱汁锅中加热橄榄油，加入芹菜、洋葱和胡萝卜，小火加热 10 分钟，直至变成浅褐色，其间不时搅拌。加入番茄、马铃薯，倒入保留的汤汁和 1⅕ 升 / 2 品脱水。加热至沸腾后加入迷迭香和雪维菜，调小火力，炖煮约 1 小时。加入蛤蜊肉，用盐和胡椒调味。取出迷迭香枝，丢弃不用。准备 4 个汤碗，各放入 1 片面包，随后用大汤匙盛入浓汤即可。

韭葱小扁豆浓汤 LEEK AND LENTIL SOUP

ZUPPA DI PORRI E LENTICCHIE

供 4 人食用

制备时间: 20 分钟

加热烹调时间: 45 分钟

- 3 片意式培根，切条
- 500 克 / 1 磅 2 盎司煮熟的小扁豆或者罐装小扁豆，控干
- 2 汤匙橄榄油
- 1 棵韭葱，取葱白，切细丝
- 8 片牛奶面包
- 白胡椒粉

酱汁锅中加入培根，小火煎至软嫩，加入小扁豆，继续加热 10 分钟。将一半的培根和小扁豆放入食物料理机中，搅打成泥状。平底锅中加热橄榄油，加入韭葱，小火加热约 10 分钟，直至变成浅褐色。从锅中取出韭葱并加入面包片，煎至两面金黄。准备 4 个汤盘，放入面包片和韭葱，用大汤匙盛入酱泥和培根、小扁豆。撒入少许白胡椒粉即可上桌。

红菊苣浓汤 RADICCHIO SOUP

ZUPPA DI RADICCHIO

供 4 人食用

制备时间: 4 小时 15 分钟

加热烹调时间: 1 小时 25 分钟

- 50 克 / 2 盎司黄油
- 2 棵韭葱，取葱白，切细丝
- 4 棵红菊苣，撕碎
- 50 克 / 2 盎司普通面粉
- 1 升 / 1¾ 品脱牛肉高汤（见第 248 页）
- 4 片自制面包，略烘烤
- 4 汤匙现磨碎的帕玛森奶酪
- 盐和胡椒

用酱汁锅加热熔化黄油，加入韭葱，小火煸炒 5 分钟，直至变得软嫩，其间要不时搅拌。加入红菊苣，搅拌加入面粉，用盐和胡椒调味。倒入高汤，加热至沸腾，随后调小火力继续炖煮 1 小时。烤箱预热到 200℃/ 400℉/ 气烤箱刻度 6。将面包片放在耐热汤碗中，撒入帕玛森奶酪，用大汤匙盛入浓汤。送入烤箱烘烤约 10 分钟即可。

ZUPPA DI RANE
供 4 人食用
制备时间：4 小时 30 分钟
加热烹调时间：1 小时 15 分钟
24 只肉蛙
3 汤匙橄榄油
1 颗洋葱，切丝
1 根胡萝卜，切片
1 根芹菜茎，切碎
1 瓣蒜
3 颗番茄，去皮切碎
1½ 升 / 2½ 品脱牛肉高汤（见第 248 页）
1 汤匙切碎的新鲜平叶欧芹
盐和胡椒
4 片农家面包，略烘烤，用作配餐

蛙肉浓汤 FROG SOUP

切下蛙腿，置旁备用。用酱汁锅加热橄榄油，加入洋葱、胡萝卜、芹菜和蒜，小火加热 10 分钟至略微上色，其间要不时搅拌。加入蛙肉，搅拌均匀后加入番茄和高汤，用盐和胡椒调味。加热至沸腾，随后调小火力继续加热，直至蛙肉几近脱骨。将锅中食材倒入食物料理机中搅打成泥状，倒回锅中，加入蛙腿，继续加热 15 分钟。用大汤匙盛入有盖汤碗中，撒入欧芹碎，搭配烤面包片一同上桌。

ZUPPA DI ZUCCA
供 4 人食用
制备时间：4 小时 40 分钟
加热烹调时间：40 分钟
1 千克 / 2¼ 磅南瓜，去皮去籽并切碎
1½ 升 / 2½ 品脱牛肉高汤（见第 248 页）
40 克 / 1½ 盎司黄油
2 颗洋葱，切碎
2 个马铃薯，切丁
1 瓣蒜，切碎
3 片陈面包
150 克 / 5 盎司格吕耶尔奶酪，擦碎
200 毫升 / 7 盎司双倍奶油
盐和胡椒

南瓜浓汤 PUMPKIN SOUP

将南瓜蒸 20 分钟。高汤加热至沸腾。锅中加热熔化黄油，加入洋葱，小火煸炒 5 分钟，直至变得软嫩。加入马铃薯、蒜和蒸过的南瓜，用盐和胡椒调味，倒入热高汤，慢火炖煮约 30 分钟。面包片略微烘烤后切丁。将格吕耶尔奶酪、双倍奶油、面包丁和少许胡椒放入碗中混合均匀，随后平均放入 4 个单人份汤碗中，最后盛入浓汤即可。

ZUPPA DI ZUCCHINE
供 4 人食用
制备时间：4 小时 30 分钟
加热烹调时间：50 分钟
6 个西葫芦，切细条
3 颗洋葱，切细丝
500 克 / 1 磅 2 盎司番茄，去皮去籽并切碎
3 汤匙橄榄油
1 升 / 1¾ 品脱牛肉高汤（见第 248 页）
1 颗鸡蛋
40 克 / 1½ 盎司帕玛森奶酪，现擦碎
4 片农家面包，略烘烤
盐

西葫芦浓汤 COURGETTE SOUP

将西葫芦、洋葱、番茄和橄榄油放入酱汁锅中，中火加热 20 分钟，其间不时搅拌。倒入高汤，用盐调味，加热至沸腾后调小火力，慢火炖煮 20 分钟，直至西葫芦变得软烂。鸡蛋中加入少许盐和帕玛森奶酪，打散。从火上取下锅，搅拌加入奶酪蛋液锅。准备 4 个汤碗，分别放入 1 片面包，用大汤匙盛入浓汤即可。

团 子

干品第一道菜

马铃薯团子在意大利经典美食中占有极高地位。制作这款美味更适合选择蒸制而非水煮，蒸熟的团子口味清淡、口感筋道。但不管哪种方法，马铃薯都应该趁热压制成泥。这样可以让马铃薯面团更容易揉制、更顺滑。团子应该放入加了少许盐的清水中煮熟，可以最大限度地防止散碎。加热时需要分批放入锅中，每次放数个，在它们逐渐浮上水面后用漏勺捞出。如果团子的原料中含有里考塔奶酪、南瓜和帕玛森奶酪等，应根据食谱中所介绍的方法加工制作。粗麦团子或里考塔奶酪团子特别适合在正式午宴开始时享用。

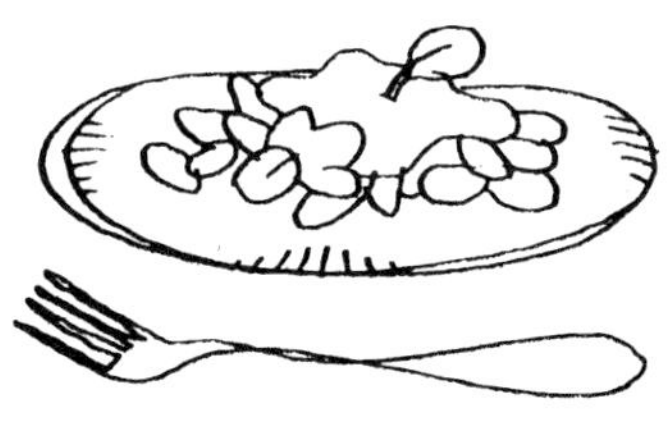

巴黎风味团子 PARISIAN GNOCCHI

GNOCCHI ALLA PARIGINA
供 4~6 人食用
制备时间：1 小时 15 分钟
加热烹调时间：20 分钟

- 100 克 / 3½ 盎司黄油，另加涂抹所需
- 1 升 / 1¾ 品脱牛奶
- 275 克 / 10 盎司普通面粉
- 6 颗鸡蛋
- 1 份白汁（见第 58 页）
- 80 克 / 3 盎司帕玛森奶酪，现擦碎
- 盐和胡椒

将烤箱预热至 200°C/ 400°F/ 气烤箱刻度 6，在耐热焗盘中涂抹黄油。深边酱汁锅中加入牛奶和少许盐，略微加热后放入黄油。待黄油熔化后，边搅拌边倒入面粉。调小火力并持续搅拌，加热约 10 分钟，直至混合物不再粘黏锅壁。将锅从火上端离，待其略微冷却，随后逐个打入鸡蛋并搅匀。用盐和胡椒调味。取一口大锅，倒入清水和少许盐，加热烧开。裱花袋装上 1.5 厘米 / ⅔ 英寸裱花嘴，将混合物挤成小块并放入沸水中。当团子浮上水面时就表示已经煮熟。用漏勺将成熟的团子捞出，平铺在抹了黄油的焗盘中。浇上白汁，撒入帕玛森奶酪，放入烤箱内烘烤 20 分钟。烤至白汁表面变成金黄色并开始起泡即可。

罗马风味团子 ROMAN GNOCCHI

GNOCCHI ALLA ROMANA
供 4~6 人食用
制备时间：50 分钟
加热烹调时间：15 分钟
150 克 / 5 盎司黄油，另加涂抹所需
1 升 / 1¾ 品脱牛奶
250 克 / 9 盎司粗麦粉
2 个蛋黄
150 克 / 5 盎司佩科里诺奶酪，擦碎
盐

将烤箱预热到 200℃/ 400℉/ 气烤箱刻度 6，在耐热焗盘中涂抹黄油。将牛奶倒入酱汁锅中，加入少许盐并加热至沸腾。搅拌撒入粗麦粉，不停搅拌并持续加热 10 分钟。酱汁锅离火，待其稍微冷却，逐个搅拌加入蛋黄，随后加入 40 克 / 1½ 盎司佩科里诺奶酪和 50 克 / 2 盎司黄油。将粗麦泥倒在工作台上，用一把沾湿的刀抹平，厚度约为 1 厘米。准备一个直径 4 厘米的饼干切模，切出一个个小圆饼，均匀摆在准备好的焗盘中。撒上少许剩余的佩科里诺奶酪和一些黄油颗粒。重复这个步骤，叠起圆饼，直至粗麦泥用尽。放入烤箱内烘烤 15 分钟，直至变成金黄色即可。

面包团子 BREAD GNOCCHI

GNOCCHI DI PANE
供 4 人食用
制备时间：30 分钟，另加 2 小时静置用时
加热烹调时间：25~30 分钟
250 克 / 9 盎司陈面包
500 毫升 / 18 盎司牛奶
2 颗鸡蛋
200 克 / 7 盎司普通面粉
少许现磨肉豆蔻粉
50 克 / 2 盎司黄油
1 瓣蒜
2 片新鲜鼠尾草叶
50 克 / 2 盎司帕玛森奶酪，现擦碎
盐和胡椒

将面包撕成小块。牛奶倒入酱汁锅中，加热至接近沸腾，加入少许盐并从火上端离。加入面包丁，待其变软后用木勺搅拌碾压，直至混合物变得顺滑。打入鸡蛋并缓缓搅拌加入少许面粉。搅拌加入肉豆蔻粉，用盐和胡椒调味。此时面包泥的黏稠度应该和浓酱泥相近。盖上锅盖，置于阴凉处静置 2 小时。将一大锅水加热至沸腾并加入少许盐。用汤匙一勺一勺地舀面包泥并下入锅中，煮约 5 分钟后用漏勺盛出。在继续制作剩余的团子时，让盛出的熟团子保持温热。与此同时，用酱汁锅加热熔化黄油，加入蒜和鼠尾草，加热几分钟，舍弃蒜瓣。将团子放入温热的餐盘中，淋入鼠尾草黄油，撒上帕玛森奶酪即可。

面包菠菜团子 BREAD AND SPINACH GNOCCHI

GNOCCHI DI PANE E SPINACI
供 4 人食用
制备时间：40 分钟
加热烹调时间：25～30 分钟
350 克 / 12 盎司陈面包
200 毫升 / 7 盎司牛奶
675 克 / 1½ 磅菠菜
100 克 / 3½ 盎司黄油
80 克 / 3 盎司帕玛森奶酪，现擦碎
1 颗鸡蛋
100 克 / 3½ 盎司普通面粉，另加淋撒所需
盐

将面包撕成小块，放在大碗中，加入牛奶，待其完全吸收。与此同时，菠菜洗净，保留叶片上附着的清水，放入锅中加热约 5 分钟，直至菠菜变软。菠菜控干，并尽可能挤出所有水分后切碎。用平底锅加热熔化 20 克 / ¾ 盎司黄油，加入菠菜碎和 40 克 / 1½ 盎司帕玛森奶酪，加热 5 分钟并不时搅拌。将菠菜混合物搅拌加入面包碗中，随后搅拌加入鸡蛋和面粉。将面包菠菜泥揉成长棍形，切成等长的小段。撒少许面粉，蘸匀并抖去多余的面粉。将一大锅水加热至沸腾并加入少许盐，下入团子，当它们重新浮上水面时用漏勺捞出。与此同时，加热熔化剩余的黄油。将团子尽量控干，放入温热的餐盘中，淋入熔化的黄油。撒上剩余的帕玛森奶酪，略微搅拌后即可上桌。

帕玛森奶酪团子 PARMESAN GNOCCHI

GNOCCHI DI PARMIGIANO
供 4 人食用
制备时间：45 分钟，另加冷却用时
加热烹调时间：30 分钟
150 克 / 5 盎司黄油，另加涂抹所需
1 升 / 1¾ 品脱牛奶
250 克 / 9 盎司普通面粉
4 颗鸡蛋
100 克 / 3½ 盎司帕玛森奶酪，现擦碎
少许现磨的新鲜肉豆蔻粉
盐和胡椒

准备一个略宽的耐热浅盘，盘中涂黄油。隔水加热熔化 100 克 / 3½ 盎司黄油。将牛奶倒进酱汁锅中，加入熔化的黄油，随后一次性倒入所有面粉并不停搅拌。将鸡蛋逐个打入锅中。保证前一颗鸡蛋和面糊完全融合再加入下一个。加入肉豆蔻和一半的帕玛森奶酪，用盐和胡椒调味。转中火，不停搅拌并加热至沸腾。调小火力，慢火炖煮 10 分钟，保持不停搅拌。将加热好的面糊倒在工作台上，用一把沾湿的刀抹平，厚度约 1 厘米，待其冷却。烤箱预热到 200°C/ 400°F/ 气烤箱刻度 6。团子面糊用饼干切模切出一个个圆片，剩余的边角料铺在准备好的盘子中。接着将圆片层层叠叠地码在盘子中，使其呈圆顶状。撒入剩余的帕玛森奶酪和黄油颗粒，放入烤箱中烘烤约 30 分钟，直至变浅金色。静置冷却 5 分钟即可上桌。

GNOCCHI DI PATATE (RICETTA BASE)
供 6~8 人食用
制备时间: 1 小时
加热烹调时间: 25~30 分钟
1 千克 / 2¼ 磅马铃薯，切 4 厘米厚的大块
120 克 / 4 盎司~200 克 / 7 盎司普通面粉，另加淋撒所需
1 颗鸡蛋，略微打散
盐
自选酱汁，上桌前加热

马铃薯团子（基础配方）POTATO GNOCCHI (BASIC RECIPE)

马铃薯蒸 25 分钟，直至变软，趁热用马铃薯压泥器制成马铃薯泥。搅拌加入面粉、鸡蛋和少许盐，揉搓成一个松软而有弹性的面团。注意马铃薯和面粉的比例，如果加入面粉过多，制成的团子会很硬；如果马铃薯比例过高，可能会在煮的过程中碎裂。品尝一下，确认咸淡是否合适。如果味道过淡，可再揉入少许盐。将面团揉成直径 1½ 厘米的长棍状，再切成 2 厘米长的小段。大拇指蘸上少许面粉，在每个团子的中间按一个小坑，随后在擦末器纹理较细的一面上轻轻滚动，让团子光滑的底面形成纹理。准备一块茶巾，平铺一层团子并撒上面粉。将一大锅水加热至沸腾并加入少许盐，分批下入团子，当它们重新浮上水面时用漏勺捞出，放在温热的餐盘中，浇上自己喜欢的酱汁，尽快上桌。制好的团子应尽快加热成熟。如果不准备立刻享用它们，可以在制作成熟之后分装冷冻保存。

GNOCCHI DI PATATE ALLA BAVA
供 4 人食用
制备时间: 1 小时
加热烹调时间: 25~30 分钟
1 份马铃薯团子（见上面食谱）
80 克 / 3 盎司黄油
120 克 / 4 盎司芳提娜奶酪，切丁
盐
帕玛森奶酪，现擦碎，用作配餐

美味马铃薯团子 GNOCCHI ALLA BAVA

分批将团子下到加了少许盐的沸水中，在它们重新浮上水面后用漏勺盛出，控干水分并放入温热的餐盘中。撒上黄油颗粒和芳提娜奶酪，轻轻拌匀，搭配帕玛森奶酪一起尽快上桌。

GNOCCHI DI PATATE ALLE NOCI
供 4 人食用
制备时间: 1 小时 15 分钟
加热烹调时间: 25~30 分钟
800 克 / 1¾ 磅马铃薯
120 克 / 4 盎司帕玛森奶酪，现擦碎
12 颗去壳核桃，切细末
2 颗鸡蛋，略微打散
1 汤匙粗麦粉
40 克 / 1½ 盎司黄油，熔化
盐和胡椒

核桃马铃薯团子 WALNUT GNOCCHI

马铃薯蒸 25 分钟，直至变软，随后趁热用马铃薯压泥器制成泥。加入 80 克 / 3 盎司帕玛森奶酪、核桃碎和鸡蛋，混合揉匀。加入适量盐调味，随后加入粗麦粉。制成的面团应质地均匀且黏稠度适中。如果需要，可以再加一些粗麦粉。将面团揉成长棍形，切小段。将团子放在擦末器纹理较细的一面上，用大拇指在每块团子中心按出一个小坑。煮沸一锅水，加入少许盐，分批下入团子，在它们重新浮上水面后用漏勺盛出。煮熟的团子放在温热的餐盘中，淋入熔化的黄油，撒上剩余的帕玛森奶酪和少许胡椒。

马铃薯团子 →

GNOCCHI DI PATATE ALLE ORTICHE
供 4 人食用
制备时间: 1 小时 30 分钟
加热烹调时间: 25~30 分钟
1 千克 / 2¼ 磅马铃薯
200 克 / 7 盎司刺荨麻（stinging nettles），切细末
200 克 / 7 盎司普通面粉
1 颗鸡蛋，略微打散
80 克 / 3 盎司黄油
1 瓣蒜
4 片新鲜鼠尾草叶
50 克 / 2 盎司帕玛森奶酪，现擦碎
盐

荨麻马铃薯团子 POTATO AND NETTLE GNOCCHI

将马铃薯蒸或煮 25 分钟，直至变软，随后趁热用马铃薯压泥器制成泥。搅拌加入刺荨麻，加入面粉。打入鸡蛋，用适量盐调味，揉制成面团。将面团分成几块，分别揉成直径 1½ 厘米 / ⅔ 英寸的长棍状，再切成 2 厘米长的小段。将团子放在擦末器纹理较细的一面上，用大拇指在每块团子中心按出一个小坑。煮沸一锅清水，加入少许盐，分批下入团子，在它们重新浮上水面后用漏勺盛出。与此同时，在小平底锅中加热熔化黄油，加入蒜和鼠尾草叶，加热几分钟，直至蒜瓣变成浅棕色。取出蒜瓣，丢弃不用。将团子放入温热的餐盘中，淋上鼠尾草黄油，撒入帕玛森奶酪，轻轻拌匀即可。

GNOCCHI DI PATATE CON GLI SCAMPI
供 4 人食用
制备时间: 1 小时 30 分钟
加热烹调时间: 25~30 分钟
1 千克 / 2¼ 磅马铃薯
200 克 / 7 盎司普通面粉
1 颗鸡蛋，略微打散
50 克 / 2 盎司帕玛森奶酪，现擦碎
盐

用于制作酱汁
4 汤匙橄榄油
400 克 / 14 盎司海螯虾或都柏林湾大虾，去壳切碎
1 汤匙切碎的新鲜平叶欧芹
4 汤匙干白葡萄酒
100 毫升 / 3½ 盎司双倍奶油
200 克 / 7 盎司番茄，去皮切丁
盐

马铃薯团子配海螯虾 POTATO GNOCCHI WITH LANGOUSTINES

将马铃薯放入加了少许盐的沸水中煮 25 分钟，直至变得软糯，随后趁热用马铃薯压泥器制成泥。加入面粉、鸡蛋、帕玛森奶酪和少许盐，揉成一个柔软有弹性的面团。将面团分成几块，分别揉成直径 1½ 厘米的长棍状，再切成 2 厘米长的小段。将小段放在擦末器纹理较细的一面上，每段中间按一个小坑。制作酱汁：平底锅中加热橄榄油，加入欧芹和海螯虾或大虾，加热 2 分钟。倒入葡萄酒，加热熗干酒精，随后搅拌加入奶油和番茄。继续加热 5 分钟后从火上取下。与此同时，准备一大锅清水，加入少许盐，加热至沸腾，分批下入团子，当它们重新浮上水面后用漏勺捞出。将团子放在温热的餐盘中，淋上海螯虾酱汁即可。

融浆奶酪心马铃薯团子 POTATO GNOCCHI FILLED WITH FONDUE

将芳提娜奶酪放入耐热碗中，加入足够没过奶酪的牛奶，盖上盖子，静置一夜，待其吸收。第二天，将马铃薯放入一锅加入少许盐的沸水中煮至变软，捞出控干并趁热压成泥。搅拌加入面粉、鸡蛋和少许盐，置旁备用。与此同时，准备融浆奶酪。将黄油和蛋黄加入静置一夜的芳提娜奶酪中，混合均匀。隔水加热，不停搅拌，直至混合物顺滑、浓郁，呈奶油状。用盐调味后置旁冷却。将马铃薯面团一分为二，一半擀成大片，按照制作意式面饺的方法，将一块块奶酪泥均匀地摆在面片上。将另一半面团擀成同等大小的片，覆盖在前一块面片之上，分别压紧馅料边缘，用切面滚轮切成一个个小块。准备一锅加了少许盐的沸水，分批下入团子，在它们重新浮上水面后用漏勺捞出。与此同时，用平底锅熔化黄油，加入鼠尾草叶，加热几分钟。将团子放入温热的餐盘中，淋上鼠尾草黄油，搭配帕玛森奶酪一同上桌。

GNOCCHI DI PATATE CON RIPIENO DI FONDUTA

供 4 人食用

制备时间：1 小时 30 分钟，另加冷却和隔夜浸泡用时

加热烹调时间：25～30 分钟

1 千克 / 2¼ 磅马铃薯
200 克 / 7 盎司普通面粉，另加淋撒所需
1 颗鸡蛋，略微打散
50 克 / 2 盎司黄油
8 片新鲜鼠尾草叶
盐
帕玛森奶酪，现擦碎

用于制作融浆奶酪
400 克 / 14 盎司芳提娜奶酪，切薄片
300～425 毫升 / ½～¾ 品脱牛奶
25 克 / 1 盎司黄油
4 个蛋黄
盐

的里雅斯特西梅干马铃薯团子 TRIESTIAN POTATO GNOCCHI WITH PRUNES

这种地方菜肴的传统做法需要使用新鲜西梅。将西梅放入锅中煮 5～7 分钟，切半去核，填入半块方糖再重新合上。不过，在西梅不当季时，西梅干也是一个好选择。如果西梅干未去核，需要先去核，再在梅核的位置填入少许糖。将马铃薯放入加了少许盐的沸水中煮 25 分钟，变软后趁热压成泥。用汤匙将马铃薯泥盛到工作台上，整形成小堆，加入面粉、鸡蛋和少许盐，揉按成顺滑的面团。将面团均匀分成 12 块，揉成鸡蛋大小的团子，在每个团子中镶入 1 颗梅干。将准备一锅加了盐的清水，加热至沸腾，分批下入团子，待它们重新浮上水面后用漏勺捞出。与此同时，用小平底锅加热熔化黄油，加入面包糠、肉桂粉和少许糖，加热至金黄，其间时常搅拌。将团子放入温热的餐盘中，用面包糠装饰即可。

GNOCCHI DI PATATE CON SUSINE ALLA TRIESTINA

供 4 人食用

制备时间：1 小时 15 分钟

加热烹调时间：25～30 分钟

12 颗即食西梅干
20 克糖，另加淋撒所需
1 千克 / 2¼ 磅马铃薯
200 克 / 7 盎司普通面粉
1 颗鸡蛋
40 克 / 1½ 盎司黄油
4 汤匙面包糠
少许肉桂粉
盐

GNOCCHI DI PATATE E SPINACI

供 4 人食用

制备时间：1 小时 15 分钟

加热烹调时间：25～30 分钟

675 克 / 1½ 磅菠菜

800 克 / 1¾ 磅马铃薯

200 克 / 7 盎司普通面粉，另加淋撒所需

2 个蛋黄，略微打散

50 克 / 2 盎司黄油，熔化

50 克 / 2 盎司帕玛森奶酪，现擦碎

盐

马铃薯菠菜团子 POTATO AND SPINACH GNOCCHI

菠菜洗净，保留其叶片上附着的清水，放入锅中加热约 5 分钟，变软后控干并尽可能挤出所有水分，切碎。将马铃薯放入加了少许盐的沸水中煮 25 分钟，变软后趁热压成泥。将马铃薯、菠菜碎和面粉混合均匀，加入少许盐调味，打入蛋黄，继续揉按几分钟。揉好的面团分为几块，分别揉成直径 1½ 厘米的长条，然后切成 2 厘米长的小段。将小段放在擦末器纹理较细的一面上，每段中间按一个小坑。在制好的团子上撒一些面粉。准备一锅清水，加入少许盐，加热至沸腾，分批下入团子，当它们重新浮上水面后用漏勺捞出。将控干的团子放在温热的餐盘中，浇入黄油，撒上帕玛森奶酪即可。也可以用烤肉时滴落的肉汁作为调味酱。

GNOCCHI DI RICOTTA E SPINACI

供 4 人食用

制备时间：40 分钟

加热烹调时间：25～30 分钟

1500 克 / 1 磅 2 盎司菠菜

350 克 / 12 盎司里考塔奶酪

80 克 / 3 盎司帕玛森奶酪，现擦碎

2 个蛋黄，略微打散

80～100 克 / 3～3½ 盎司普通面粉，另加淋撒所需

50 克 / 2 盎司黄油，熔化

盐和胡椒

里考塔菠菜团子 RICOTTA AND SPINACH GNOCCHI

菠菜洗净，保留叶片上附着的清水，放入锅中加热约 5 分钟，变软后控干并尽可能挤出所有水分。菠菜切细末，放入碗中，加入里考塔奶酪。帕玛森奶酪保留 4 汤匙，其余加入菠菜中。加入蛋黄，用盐和胡椒调味。再加入足量的面粉，搅拌均匀，调制成面糊。拌好的面糊应该有一定的黏性，其黏稠度应该可以用两个汤匙将面糊制成纺锤形的团子。准备一锅清水，加入少许盐，加热煮沸，随后调小火力，使其缓缓沸腾。将团子逐个加入沸水中。如果团子在水中破碎，则表示需要在面糊中加入更多的面粉。用两个汤匙将剩余的面糊制成纺锤形团子，下入沸水中。将煮熟的团子放入温热的餐盘中，浇上熔化的黄油，撒上保留的帕玛森奶酪即可。这款团子也可以搭配淡味白汁（见第 58 页）。

GNOCCHI DI RISO

供 4 人食用

制备时间：4 小时 30 分钟

加热烹调时间：25～30 分钟

400 克 / 14 盎司长粒米

4 颗鸡蛋，略微打散

120～175 克 / 4～6 盎司面包糠

1 升 / 1¾ 品脱牛肉高汤（见第 248 页）

50 克 / 2 盎司黄油，熔化

50 克 / 2 盎司格吕耶尔奶酪，擦碎

50 克 / 2 盎司帕玛森奶酪，现擦碎

盐和胡椒

大米团子 RICE GNOCCHI

准备一锅清水，加入少许盐，加热煮沸。加入大米，煮 15～18 分钟，直至变软。将大米捞出控干，放入碗中，搅拌加入鸡蛋和足量面包糠，制成浓稠的米糊，用盐和胡椒调味。将高汤加热至沸腾。米糊揉搓成长圆状团子，分批下入高汤中煮制。煮熟的团子用漏勺捞出并控干，放在温热的餐盘中，淋入黄油，撒上奶酪即可。

里考塔菠菜团子 →

GNOCCHI DI SEMOLINO AL PROSCIUTTO

供 4 人食用

制备时间：45 分钟

加热烹调时间：30 分钟

25 克 / 1 盎司黄油，另加涂抹所需

1 升 / 1¾ 品脱牛奶

250 克 / 9 盎司粗麦粉

2 个蛋黄，略微打散

80 克 / 3 盎司帕玛森奶酪，现擦碎

100 克 / 3½ 盎司熟火腿，切碎

盐

粗麦火腿团子 SEMOLINA AND HAM GNOCCHI

烤箱预热至 200°C/ 400°F/ 气烤箱刻度 6，在耐热焗盘中涂抹黄油。在牛奶中加入少许盐并加热至沸腾。撒入粗麦粉，小火加热约 10 分钟，其间不停搅拌。从火上取下锅，待其稍微冷却，搅拌加入蛋黄、50 克 / 2 盎司帕玛森奶酪和熟火腿。将混合物制成较扁平的团子，放入准备好的盘子中，撒上黄油颗粒和剩余的帕玛森奶酪。放入烤箱内，烘烤 30 分钟，直至色泽金黄。

GNOCCHI DI ZUCCA E AMARETTI

供 4 人食用

制备时间：1 小时 15 分钟，另加 30 分钟静置用时

加热烹调时间：25～30 分钟

1 千克 / 2¼ 磅南瓜，去皮去籽，切大块

4 颗鸡蛋，略微打散

100 克 / 3½ 盎司扁桃仁酥饼，碾碎

200 克 / 7 盎司普通面粉

50 克 / 2 盎司黄油

8 片新鲜鼠尾草叶

50 克 / 2 盎司帕玛森奶酪，现擦碎

盐和胡椒

南瓜扁桃仁酥饼团子 PUMPKIN AND AMARETTI GNOCCHI

烤箱预热至 200°C/ 400°F/ 气烤箱刻度 6。将南瓜放入耐热焗盘中，送入烤箱烘烤 45 分钟，直至变软。趁热用压泥器将烤软的南瓜压制成泥，搅拌加入鸡蛋、扁桃仁酥饼碎和面粉，加入盐和胡椒调味。将南瓜混合物揉按成面团并静置 30 分钟。用平底锅加热熔化黄油，加入鼠尾草叶，加热几分钟。准备一锅清水，加入少许盐，加热至沸腾。用汤匙将南瓜面团制成大小均匀的团子，分批下入煮沸的锅中，当它们重新浮上水面时用漏勺捞出。将煮好的团子放入温热的餐盘中，淋上鼠尾草黄油，撒上帕玛森奶酪即可。

GNOCCHI INTEGRALI

供 4 人食用

制备时间：50 分钟，另加 30 分钟静置时间

加热烹调时间：15 分钟

200 毫升 / 7 盎司牛奶

50 克 / 2 盎司全麦面粉，另加淋撒所需

150 克 / 5 盎司燕麦片

50 克 / 2 盎司大麦片

150 克 / 5 盎司帕玛森奶酪，现擦碎

1 汤匙切碎的新鲜平叶欧芹

1 颗鸡蛋，略微打散

50 克 / 2 盎司黄油

盐

全麦团子 WHOLEMEAL GNOCCHI

用小锅加热牛奶，接近沸腾时将锅从火上端离。将面粉、燕麦、大麦片、100 克 / 3½ 盎司帕玛森奶酪、欧芹碎、鸡蛋和温热的牛奶混合均匀。混合物应该可以揉制成一个松软而浓厚的面团。根据需要，可再添加一些燕麦或大麦片，待其静置 30 分钟。将面团揉搓成几个直径为 1½ 厘米的长条，切成 2 厘米长的段。放在一块茶巾上并撒上面粉。在一口大锅中煮沸加入少许盐的清水，下入团子煮 15 分钟左右。捞出控干，随后淋上黄油并撒上剩余的帕玛森奶酪即可。

鲜意面

现在，鲜意面在意大利通常被称作鸡蛋意面。它曾经被叫作自制意面，多是在节日期间制作。那时，面饺帽（cappelletti）、意式小馄饨（tortellini）、千层面（lasagne）、鼓派（timbale）、意式面饺（ravioli）、宽切面（pappardelle）、切面（tagliatelle）、方面片（quadretti）和皮埃蒙特面饺（agnolotti）等都是手工制作，但现在越来越多的人会使用意面机和其他厨房家电，以缩短准备时间，或者直接购买现成的鸡蛋面团和鸡蛋意面。更多信息请参考第 242 页中的内容。

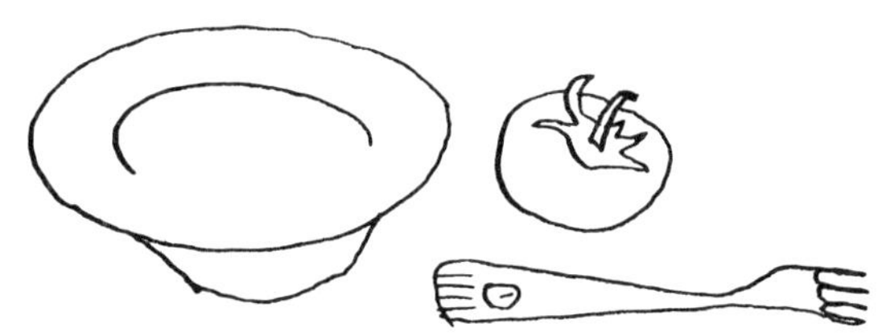

数量和加热烹调的时间

数　量

制作 4 人份的意面，推荐的食材用量为 200 克 / 7 盎司面粉、2 颗鸡蛋和适量盐，它可以制成 275 克 / 10 盎司的新鲜意面，相当于每人份约 65 克 / 2½ 盎司。

烹　饪

新鲜意面比干意面更容易煮熟。烹煮填馅意面时，请注意馅料会增加额外的味道，因此可以减少烹饪用水中盐的分量。

油

在烹煮千层面面片时，水中加入 1 汤匙橄榄油可以避免面片粘黏。

酱汁和奶酪

新鲜意面比干意面更容易吸收酱汁，不过除此之外它们十分相近。奶酪需要在浇酱汁前撒上，餐盘应该是温热的。

PASTA ALL'UOVO (RICETTA BASE)

新鲜意面面团（基础配方）FRESH PASTA DOUGH (BASIC RECIPE)

供 4 人食用

制备时间：40 分钟，另加 1 小时静置用时和风干用时

加热烹调时间：2～3 分钟（无馅意面）

200 克 / 7 盎司面粉，最好使用意式 00 型，另加淋撒所需
2 颗鸡蛋，略微打散
1 个蛋黄
盐

在工作台面上将面粉过筛成一小堆。中间挖出一个约 20 厘米直径的窝穴，窝穴中打入鸡蛋和蛋黄。用手指旋转搅拌，逐渐融合面粉和鸡蛋，随后再揉按面团 10 分钟，直至柔软顺滑。如果混合物过软，可以额外加入少许面粉；如果过硬，可以通过手上沾一些清水并揉入面团的方法增加水分。将面团揉搓成圆球形，静置至少 1 个小时。可以提前 24 小时制作面团并裹上保鲜膜保存在冰箱中。在撒有少许面粉的工作台面上擀平面团。也可以使用压面机，将滚轮间距设定为最大，将面团压制成薄片，压平后从长边一半处对折一次，如此重复擀压 3～4 次。调小滚轮间距，擀压成面片。将鸡蛋面片挂起风干。试着将面片贴紧按压，它们不再粘连，质感接近皮革时即可继续加工，制成切面或千层面面片。如果风干时间过长，面片会碎裂。在鲜面风干并切好后，最好立即放入加了盐的沸水中烹煮。如果你不打算立刻享用，可以将鲜面浸入沸水中煮 30 秒，然后捞出控干，过冷水，随后再次控干并淋上一些橄榄油。之后装入塑料袋并放入冰箱冷藏或冷冻。加热制作时，将鲜面浸入加了盐的沸水中。需要注意的是，新鲜意面只需要 1～2 分钟即可煮至筋道的程度，即“有嚼劲”（al dente）或口感适当、有层次。

PASTA VERDE (RICETTA BASE)

绿意面面团（基础配方）GREEN PASTA DOUGH (BASIC RECIPE)

供 4 人食用

制备时间：35 分钟，另加 15 分钟静置用时

加热烹调时间：2～3 分钟（无馅意面）

200 克 / 7 盎司面包粉或意式 00 型面粉，另加淋撒所需
2 颗鸡蛋，略微打散
1 个蛋黄
100 克 / 3½ 盎司菠菜，煮熟控干，切碎
盐

在工作台面上将面粉过筛成一小堆。在中间挖出一个约 20 厘米直径的窝穴形，窝穴中打入鸡蛋和蛋黄，再放入菠菜。用手指旋转搅拌，逐渐融合面粉和鸡蛋，随后再揉按面团 10 分钟，直至面团柔软顺滑。如果菠菜非常湿润，可以分次加入更多面粉。将面团揉成圆球形，静置 15 分钟后在撒有少许面粉的工作台面上擀平，或者用压面机压成厚片。这种鲜意面可制作千层面、切面、小馄饨和面饺。名叫 paglia e fieno 的菜肴混合了绿意面和普通鲜切面，名称意为“禾秆与干草”。它的最佳搭档是经典意面肉酱博洛尼亚肉酱（见第 61 页）和黄油奶酪酱。

新鲜意面面团 →

alimenti
Dallari
Sorbara
SEMOLATO
di grano duro
ideale per macchine da pasta

皮埃蒙特面饺 AGNOLOTTI PIEDMONTESE

用食材表列出的原料制作意面面团（参考新鲜意面面团的制作，见第312页）。在沸水中焯煮菠菜，捞出控干后切碎，和牛肉在一个碗中混合均匀。搅拌加入蛋黄、全蛋、帕玛森奶酪和火腿，用盐和胡椒调味。如果混合物比较干，可加入几汤匙清炖牛肉的油脂，以软化面团。将面团擀成长条状。沿面片的一边均匀摆放馅料，随后用面片的另一边覆盖，并沿馅料边缘压紧面皮。用面食或甜点滚轮切出方形面饺。将面饺放入加了盐的沸水中煮10分钟。捞出控干后淋上清炖牛肉的油脂或熔化的黄油，最后撒上帕玛森奶酪即可。

AGNOLOTTI ALLA PIEMONTESE
供6人食用
制备时间：1小时45分钟
加热烹调时间：10分钟
300克/10½盎司面粉，最好使用意式00型面粉，另加淋撒所需
3颗鸡蛋，略微打散
盐

用于制作馅料
250克/9盎司菠菜
400克/14盎司清炖牛肉，切碎
2个蛋黄，略微打散
1颗鸡蛋，略微打散
50克/2盎司帕玛森奶酪，现擦碎
150克/5盎司熟火腿，切碎
盐和胡椒

鳀鱼粗意面 BIGOLI WITH ANCHOVIES

将面粉和少许盐过筛到工作台上并堆成小堆，面堆中间挖出一个小的窝穴，加入鸡蛋和适量水，制成一个有弹性的面团。将面团分次通过压面机挤压并制作成粗意面。锅中加热橄榄油，加入洋葱和欧芹，小火加热5分钟，直至洋葱变软，其间不时搅拌。加入鳀鱼，继续加热，用木铲按压鱼肉，使其软烂。在一锅加了盐的沸水中将粗意面煮2～3分钟，保持口感筋道。捞出控干并浇上洋葱鳀鱼酱汁即可。

BIGOLI ALLE ACCIUGHE
制作粗意面（厚的长意面）需要一个叫作bigolaro的压面工具，可以在专业厨具店中购买。
供4～6人食用
制备时间：35分钟
加热烹调时间：15分钟
400克/14盎司面粉，最好使用意式00型面粉，另加淋撒所需
3颗鸡蛋，略微打散
4汤匙橄榄油 • 2颗洋葱，切碎
1汤匙切碎的新鲜平叶欧芹
3条罐装鳀鱼，捞出控干汤汁
盐

白汁加乃隆 CANNELLONI WITH BÉCHAMEL SAUCE

将烤箱预热到200℃/400℉/气烤箱刻度6，在耐热焗盘中涂抹黄油。菠菜洗净，保留叶片上附着的清水，加热约5分钟，控干后使用蔬菜研磨机制成泥。将菠菜泥和小牛肉、火腿、帕玛森奶酪、鸡蛋一起混合均匀，加入调料调味。将意面面团擀成薄片，切出长方形的大面片，分批放入加了盐的沸水中煮6～7分钟，捞出后放在一块湿润的茶巾上控干水。每块长方形面片上放适量菠菜泥和白汁，沿长边卷起成两头开口的卷。将制好的加乃隆不重叠地摆在准备好的焗盘中，浇入剩余白汁和少许黄油，放入烤箱内烘烤20分钟，烤好后静置5分钟后即可上桌。

CANNELLONI ALLA BESCIAMELLA
供4人食用
制备时间：2小时15分钟
加热烹调时间：20分钟
25克/1盎司黄油，另加涂抹所需
300克/11盎司菠菜
200克/7盎司烤小牛肉，切碎
1片熟火腿，切碎
2汤匙现擦帕玛森奶酪
1颗鸡蛋，略微打散
1份新鲜意面面团（见第312页）
1份白汁（见第58页）
盐和胡椒

← 白汁加乃隆

CRESPELLE DI FORMAGGIO E PROSCIUTTO
供 4 人食用
制备时间：1 小时 10 分钟，另加 30 分钟静置用时
加热烹调时间：20 分钟
2 颗鸡蛋，略微打散
100 克 / 3½ 盎司普通面粉
250 毫升 / 8 盎司牛奶
1 茶匙黄油，熔化，另加涂抹所需
100 克 / 3½ 盎司意式熏火腿
150 克 / 5 盎司格吕耶尔奶酪或意式软奶酪薄片
80 克 / 3 盎司格吕耶尔奶酪，擦碎
少许现擦肉豆蔻粉
1 份白汁（见第 58 页）
盐和胡椒

奶酪火腿可丽饼 CHEESE AND PROSCIUTTO CRÊPES

将鸡蛋、面粉、牛奶和少许盐混合搅拌，制成均匀的面糊，静置 30 分钟。在一个直径 15 厘米的可丽饼锅中刷上少许熔化的黄油，放在火上加热。倒入 1 汤匙面糊，旋转并倾斜可丽饼锅，使面糊均匀覆盖锅底，加热至可丽饼底面变成金黄色。翻转并加热可丽饼的另一面，两面皆成熟后从锅中滑出。继续制作可丽饼直至将面糊用尽，每人 2 张可丽饼的分量比较合适。烤箱预热到 200°C/ 400°F/ 气烤箱刻度 6，耐热焗盘中涂黄油。在每张可丽饼中从下至上依次放 1 片火腿和 1 片格吕耶尔奶酪或软奶酪片。像制作加乃隆卷一样卷起可丽饼，摆在准备好的盘子中。白汁中拌入擦碎的格吕耶尔奶酪和肉豆蔻粉，用盐和胡椒调味。将制作好的酱汁淋到可丽饼上，烘烤 20 分钟，随后静置 5 分钟即可上桌。

FETTUCCINE AL BURRO BRUNO
供 4 人食用
制备时间：5 分钟
加热烹调时间：5 分钟
275 克 / 10 盎司宽切面
50 克 / 2 盎司黄油
4～5 汤匙烤肉汤汁
50 克 / 2 盎司帕玛森奶酪，现擦碎
盐

棕色黄油宽切面 FETTUCCINE IN BROWN BUTTER

将宽切面放入一大锅加了盐的沸水中煮 2～3 分钟，保持口感筋道。与此同时，将黄油放入平底锅中，用小火加热熔化，搅拌加入较浓的烤肉汤汁。将控干的宽切面盛入平底锅中，翻拌均匀后出锅，装入温热的餐盘中。撒上帕玛森奶酪即可上桌。

FETTUCCINE IN SALSA BIANCA
供 4 人食用
制备时间：1 小时 45 分钟
加热烹调时间：8～10 分钟
1 份新鲜意面面团（见第 312 页）
50 克 / 2 盎司黄油
80 克 / 3 盎司帕玛森奶酪，现擦碎
4 汤匙双倍奶油
盐和胡椒

白汁宽切面 FETTUCCINE IN WHITE SAUCE

将面团擀成薄片，折叠后切成宽面条。黄油放入小号酱汁锅中，用小火加热熔化，再加入一半的帕玛森奶酪和少许胡椒。将宽切面放入一大锅加了盐的沸水中煮 2～3 分钟，保持口感筋道。煮好后捞出控干，放入另一口锅中，翻拌加入奶油和剩余的帕玛森奶酪。翻拌均匀后盛入温热的餐盘中，浇上帕玛森奶酪黄油汁，再撒少许胡椒调味即可上桌。

博洛尼亚肉酱千层面 LASAGNE BOLOGNESE

酱汁锅中加热橄榄油，加入胡萝卜和洋葱，转小火加热5分钟，其间不时搅拌。加入肉馅，煸炒至上色后倒入葡萄酒，继续加热直至熗干。用盐调味，加入番茄糊，小火加热熬煮30分钟，随后加入胡椒调味。将烤箱预热到200℃/ 400℉/ 气烤箱刻度6，耐热焗盘中涂黄油。将意面擀成薄片状，再切成边长10厘米的方形。将面片分批放入加了盐的沸水中煮几分钟，捞出沥水并放在湿润的茶巾上控干。在准备好的焗盘中摆放一层面片，接着盛入一些肉酱，抹平后淋一些白汁，最后撒一些帕玛森奶酪和黄油颗粒。重复以上操作步骤，直至将所有食材用尽，记得在最上面浇一层白汁。放入烤箱内烘烤30分钟即可。

LASAGNE ALLA BOLOGNESE

供4人食用

制备时间：2小时50分钟

加热烹调时间：30分钟

3汤匙橄榄油
1根胡萝卜，切碎
1颗洋葱，切碎
300克/11盎司肉馅
100毫升/3½盎司干白葡萄酒
250克/9盎司番茄糊
25克/1盎司黄油，另加涂抹所需
1份新鲜意面面团（见第312页）
1份白汁（见第58页）
65克/2½盎司帕玛森奶酪，现擦末
盐和胡椒

见第318页

那不勒斯风味千层面 LASAGNE NAPOLETANA

制作馅料：在一口大号酱汁锅中加热3汤匙橄榄油，加入洋葱、胡萝卜、芹菜和蒜，小火加热5分钟，其间不时搅拌，随后加入番茄糊。用盐和胡椒调味，小火熬煮约1小时。与此同时，将鸡蛋煮12分钟，捞出后冷水过凉，去掉蛋壳并切片。碗中均匀混合牛肉馅、帕玛森奶酪和剩余的鸡蛋，加入少许盐调味。将肉馅揉成小丸子。平底锅中加热25克/1盎司黄油和剩余的橄榄油，加入肉丸，煎至均匀上色，随后放入番茄泥汁中。用食谱中的原料制作鲜意面面团（方法见新鲜意面面团，第312页），擀成薄片状，再切成边长10厘米的方块。将面片放入沸水中煮几分钟，捞出后放在湿润的茶巾上控干。烤箱预热至160℃/ 325℉/ 气烤箱刻度3。大号耐热焗盘中涂黄油，摆入一层面片，接着覆盖一层肉丸番茄泥，再放上马苏里拉奶酪和几片煮鸡蛋。重复以上步骤，直至将所有食材用完，最上面浇一层番茄泥汁。入烤箱前再在表面撒一些黄油颗粒，用锡箔纸或者烘焙纸覆盖。放入烤箱内烘烤约1小时，静置10分钟后即可上桌。

LASAGNE ALLA NAPOLETANA

供6人食用

制备时间：2小时30分钟

加热烹调时间：1小时

300克/11盎司面粉，最好使用意式00型面粉，另加淋撒所需
3颗鸡蛋，略微打散
盐

用于制作馅料
5汤匙橄榄油
1颗洋葱，切碎
1根胡萝卜，切碎
1根芹菜茎，切碎
半瓣蒜，切碎
1升/1¾品脱番茄糊
5颗鸡蛋
300克/11盎司牛肉馅
50克/2盎司帕玛森奶酪，现擦碎
40克/1½盎司黄油，另加涂抹所需
150克/5盎司马苏里拉奶酪，切片
盐和胡椒

茄子里考塔千层面 AUBERGINE AND RICOTTA LASAGNE

将茄子片放在滤盆中，撒上盐，静置 2 小时待水分渗出。漂洗后拭干，在预热好的烤架下烘烤至变软。将烤箱预热到 180°C/350°F/ 气烤箱刻度 4，耐热焗盘中涂黄油。将千层面面片放入加了盐的沸水中煮 6～7 分钟，保持口感筋道，捞出后放在一块湿润的茶巾上控干。将面片摆入准备好的焗盘中，铺上一半的茄子片，撒一些松子仁碎，随后放上一半量的里考塔奶酪、4 汤匙番茄泥和 6 片罗勒叶，然后淋上适量橄榄油。重复一次上述步骤，最后撒上帕玛森奶酪。放入烤箱内烘烤约 40 分钟。

LASAGNE CON MELANZANE E RICOTTA

供 4 人食用

制备时间：2 小时 15 分钟，另加 2 小时腌渍用时

加热烹调时间：40 分钟

1 个大茄子，切片 • 黄油，用于涂抹

300 克 / 11 盎司千层面面片（见那不勒斯风味千层面，第 317 页）

50 克 / 2 盎司松子仁，切碎

150 克 / 5 盎司里考塔奶酪，碾碎

120 毫升 / 4 盎司番茄泥

12 片新鲜罗勒叶

橄榄油，用于淋洒

4 汤匙现擦帕玛森奶酪 • 盐

红菊苣千层面 RADICCHIO LASAGNE

用所列食材制作鲜意面（见新鲜意面面团，第 312 页）。奶油放入锅中，用小火加热，搅拌加入红菊苣，加入黄油，继续加热至菊苣变软。搅拌加入白汁并用适量盐和胡椒调味。将烤箱预热到 150°C/ 300°F/ 气烤箱刻度 2，耐热焗盘中涂黄油。千层面面片分批放入沸水锅中，煮 6～7 分钟，保持口感筋道。捞出后放在湿润的茶巾上控干。将煮好的面片铺在准备好的焗盘中，然后涂一层红菊苣酱。重复此步骤至食材用尽，在最上面浇一层红菊苣酱。放入烤箱内，烘烤 30 分钟即可上桌。

LASAGNE DI RADICCHIO

供 6 人食用

制备时间：2 小时 20 分钟

加热烹调时间：30 分钟

300 克 / 11 盎司面粉，最好使用意式 00 型面粉，另加淋撒所需（见那不勒斯风味千层面，第 317 页）

3 颗鸡蛋，略微打散 • 盐

用于制作酱汁

3 汤匙双倍奶油

300 克 / 11 盎司红菊苣，切条

25 克 / 1 盎司黄油，另加涂抹所需

1 份白汁（见第 58 页）• 盐和胡椒

吉他面 MACCHERONI ALLA CHITARRA

用所列食材制作鲜意面（见新鲜意面面团，第 312 页）。工作台面上撒少许面粉，将鲜意面面团擀成 3 毫米厚的薄片。将面片铺放在“吉他”上，用擀面杖擀压，使其成为截面为方形的长面条。平底锅中加热橄榄油，加入番茄，继续加热 10 分钟，其间不时搅拌。加入盐和辣椒粉调味。将意面放入一大锅加了盐的沸水中，煮 2～3 分钟，保持口感筋道。捞出控干，淋上番茄酱汁，翻拌均匀后立刻上桌。

MACCHERONI ALLA CHITARRA

这是一道源自阿布鲁佐大区（Abruzzo）的地方菜，这种长意面使用一种名为“吉他”（chitarra）的工具（由木架和钢丝制成）制成。

供 6 人食用

制备时间：1 小时 55 分钟

加热烹调时间：15 分钟

400 克 / 14 盎司面粉，最好使用意式 00 型面粉，另加淋撒所需

4 颗鸡蛋，略微打散 • 盐

用于制作酱汁

6 汤匙橄榄油 • 500 克 / 1 磅 2 盎司李子番茄，去皮切丁 • 少许辣椒粉

盐

← 博洛尼亚肉酱千层面，见第 317 页

MACCHERONI ALLA CHITARRA CON FEGATINI
供 6 人食用
制备时间：1 小时 50 分钟
加热烹调时间：15 分钟
40 克 / 1½ 盎司黄油
3 汤匙橄榄油
1 颗洋葱，切碎
350 克 / 12 盎司鸡肝，去掉筋脉，切碎
4 汤匙牛肉高汤（见第 248 页）
1 份吉他面（见第 319 页）
3 汤匙现擦碎的帕玛森奶酪
盐

鸡肝吉他面 MACCHERONI ALLA CHITARRA WITH CHICKEN LIVERS

平底锅中加热黄油和橄榄油，加入洋葱，小火加热 5 分钟，其间不时搅拌。加入鸡肝继续煸炒，不时搅拌，直至变成深棕色。加入高汤熬煮，直至完全挥发，随后用盐调味。将吉他面放入一大锅加了盐的沸水中，煮 2～3 分钟，保持口感筋道。捞出控干后与酱汁翻拌均匀。撒上帕玛森奶酪即可上桌。

MALTAGLIATI CON LA ZUCCA
供 6 人食用
制备时间：20 分钟
加热烹调时间：30 分钟
3 汤匙橄榄油
100 克 / 3½ 盎司黄油
500 克 / 1 磅 2 盎司南瓜，去皮去籽，切丁
400 克 / 14 盎司新鲜散面片
少许现磨肉豆蔻粉
50 克 / 2 盎司帕玛森奶酪，现擦碎
盐和胡椒

南瓜散面片 MALTAGLIATI WITH PUMPKIN

用大号酱汁锅加热橄榄油和 80 克 / 3 盎司黄油，加入南瓜，小火加热 5 分钟，其间不时搅拌。加入少许水，用盐调味，小火继续熬煮，直至南瓜变得软烂，其间时常搅拌。与此同时，将意面放入一大锅加了盐的沸水中煮 2～3 分钟，保持口感筋道。捞出控干，搅拌加入南瓜酱汁中，加入剩余的黄油、肉豆蔻和少许胡椒，混合均匀。撒入帕玛森奶酪即可上桌。

ORECCHIETTE (RICETTA BASE)
供 4 人食用
制备时间：35 分钟
加热烹调时间：10 分钟
200 克 / 7 盎司面粉，最好使用意式 00 型面粉
100 克 / 3½ 盎司粗麦粉
盐

猫耳面（基础配方）ORECCHIETTE (BASIC RECIPE)

将面粉、粗麦粉和少许盐混合均匀，在工作台面上堆成一小堆。在面粉堆中间挖出一个窝穴形，加入少许温水，混合揉按成一块较硬且有弹性的面团。揉按均匀后制成直径 2½ 厘米的长条，再切成小段。随后用刀尖把小面段缓慢拉长，形成小贝壳状，再用拇指逐个按压面片，强调贝壳的造型。

ORECCHIETTE CON BROCCOLI
供 4 人食用
制备时间：45 分钟
加热烹调时间：15 分钟
800 克 / 1¾ 磅西蓝花，切分为小朵
2 汤匙橄榄油
1 瓣蒜，切碎
1 根新鲜红辣椒，去籽切碎
300 克 / 11 盎司猫耳面（见上面食谱内容）
盐
帕玛森奶酪或佩科里诺奶酪，现擦碎，用作配餐

西蓝花猫耳面 ORECCHIETTE WITH BROCCOLI

西蓝花放入加了盐的沸水中焯煮 5 分钟，捞出控干。在大号酱汁锅中加热橄榄油，加入蒜和辣椒，加热 3 分钟，随后加入西蓝花，小火继续加热 5 分钟，直至变软，其间不时搅拌。与此同时，将猫耳面放入一大锅加了盐的沸水中煮 10 分钟，保持口感筋道，随后捞出控干，并与西蓝花酱汁混合。翻拌均匀后搭配帕玛森奶酪或佩科里诺奶酪一同上桌。另外，西蓝花也可以与猫耳面一同焯煮。意面和西蓝花捞出控干后，只需淋上橄榄油、撒入佩科里诺奶酪即可食用。

西蓝花猫耳面 ➔

ORECCHIETTE CON CIME DI RAPA

供 4 人食用

制备时间：40 分钟

加热烹调时间：15 分钟

360 克 / 12½ 盎司猫耳面（见第 320 页）

400 克 / 14 盎司芜菁叶

橄榄油，用于淋洒

盐和胡椒

芜菁叶猫耳面 ORECCHIETTE WITH TURNIP TOPS

将猫耳面放入一大锅加了盐的沸水中煮 10 分钟，加入芜菁叶，继续煮 5 分钟，直至芜菁叶变得软嫩。捞出控干，盛入温热的餐盘中，淋入足量橄榄油并加入胡椒调味。或者，在锅中加入 2 瓣蒜和 4 汤匙橄榄油，加热后放入控干的猫耳面和芜菁叶，继续加热几分钟后取出蒜瓣丢弃不用。将猫耳面盛出并趁热上桌。

ORECCHIETTE CON POMODORO E RICOTTA

供 4 人食用

制备时间：40 分钟

加热烹调时间：50 分钟

4 汤匙橄榄油

250 克 / 9 盎司罐装番茄

6 片新鲜罗勒叶

360 克 / 12½ 盎司猫耳面（见第 320 页）

50 克 / 2 盎司硬质里考塔奶酪，现擦碎

盐

番茄里考塔猫耳面 ORECCHIETTE WITH TOMATO AND RICOTTA

在小号酱汁锅中加热橄榄油，加入番茄和少许盐，小火加热约 30 分钟。用叉子压碎番茄，加入罗勒，关火并盖上锅盖。将猫耳面放入一大锅加了盐的沸水中煮 10 分钟，保持口感筋道。捞出控干，盛入温热的餐盘中。将番茄酱汁浇在意面上，最后撒上里考塔奶酪即可。

PANSOTTI ALLA GENOVESE

供 6 人食用

制备时间：2 小时 15 分钟

加热烹调时间：8～10 分钟

400 克 / 14 盎司面粉，最好使用意式 00 型面粉，另加淋撒所需

1 汤匙干白葡萄酒

25 克 / 1 盎司黄油，切丁

50 克 / 2 盎司帕玛森奶酪，现擦碎

盐

用于制作馅料

1 千克 / 2¼ 磅琉璃苣、宽叶苦苣、叶用甜菜或芜菁叶

半瓣蒜

200 克 / 7 盎司里考塔奶酪

2 颗鸡蛋，略微打散

4～6 汤匙现擦碎的帕玛森奶酪

用于制作酱汁

1 片面包，去掉硬边

2 汤匙牛奶

200 克 / 7 盎司去壳核桃

半瓣蒜

150 毫升 / 5 盎司橄榄油

热那亚风味三角面饺 GENOESE PANSOTTI

混合面粉、5 汤匙水、葡萄酒和少许盐制作成意面面团（见新鲜意面面团，第 312 页）。将绿叶蔬菜放入加了盐的沸水中煮 5 分钟或煮至变软。捞出控干，保留一部分汤汁备用。煮好的绿叶蔬菜和蒜一起切碎，随后同里考塔奶酪和鸡蛋搅拌混合。加入适量帕玛森奶酪，为馅料增加黏稠度。将意面面团擀成薄片，馅料以均匀间距摆放在面片上。以每块馅料为中心，将面皮切成方形，随后对折成三角形并捏紧。制作酱汁：将面包撕成小块，放入碗中，加入牛奶待其浸渍吸收。核桃放入沸水中焯煮后剥去表皮。挤出面包中的牛奶。将核桃、蒜和面包放入研磨钵中碾碎，搅拌加入橄榄油，制成顺滑的酱汁。如果有需要，可以加入 1～2 汤匙保留的汤汁。将三角面饺放入一大锅加了盐的沸水中煮熟，保持口感筋道，随后捞出控干并盛入温热的餐盘中。浇上核桃酱，撒上帕玛森奶酪和黄油，翻拌均匀后即可上桌。

热那亚风味三角面饺 ➔

瓦尔泰利纳杂粮切面 VALTELLINA PIZZOCCHERI

将面粉和盐过筛到工作台面上，堆成面堆，中间挖出一个窝穴形。窝穴中加入鸡蛋、1汤匙温水和牛奶，然后逐渐用手指搅匀并揉按成团，根据需要，可加少许温水。面团揉按至顺滑，用一块湿润的茶巾覆盖，静置30分钟。与此同时，酱汁锅中加入皱叶甘蓝和马铃薯，加水没过蔬菜，用盐和胡椒调味。加热至沸腾后转小火炖煮20分钟，直至皱叶甘蓝软嫩、马铃薯碎烂。将黄油分别放入三口小号酱汁锅中，分别加热洋葱、蒜和鼠尾草，直至变软上色。工作台面上撒少许面粉，将面团擀成厚片，随后切成1厘米宽、约20厘米长的条。切面放入蔬菜锅中煮5分钟，捞出控干并放入大盘子中。将热黄油浇在蔬菜和切面上，轻轻翻拌。在一个有盖汤碗中铺一层切面和蔬菜，接着铺一层奶酪片，再撒上帕玛森奶酪。重复以上步骤，直至食材用尽。趁热上桌。

PIZZOCCHERI DELLA VALTELLINA

供6人食用

制备时间：1小时，另加30分钟静置用时

加热烹调时间：30分钟

150克/5盎司荞麦面粉

80克/3盎司面粉，最好使用意式00型面粉，另加淋撒所需

1颗鸡蛋，略微打散

2汤匙牛奶

400克/14盎司皱叶甘蓝，撕碎

1个马铃薯，切碎

100克/3½盎司黄油

1颗洋葱，切细丝

1瓣蒜，切薄片

4片新鲜鼠尾草叶，撕碎

150克/5盎司低脂奶酪，切片

80克/3盎司帕玛森奶酪，现擦碎

盐和胡椒

那不勒斯风味面饺 RAVIOLI NAPOLETANA

使用食谱所列食材制作意面面团（见新鲜意面面团，第312页）。揉好的面团用一块湿润的茶巾覆盖，静置30分钟。与此同时，将里考塔奶酪放入碗中，用木勺碾碎，随后搅拌加入鸡蛋、欧芹、帕玛森奶酪、火腿和马苏里拉奶酪。将意面面团擀成厚片，馅料以相同间隔均匀摆放在面片的一边，对折面片，覆盖放馅料的一边，再改刀切成一个个面饺，压紧面饺边缘。将面饺放入一大锅加了盐的沸水中煮15～20分钟，捞出控干，放入番茄酱汁中翻拌均匀。裹好酱汁的面饺放入温热的餐盘中，搭配帕玛森奶酪一同上桌。

RAVIOLI ALLA NAPOLETANA

供6人食用

制备时间：2小时15分钟

加热烹调时间：15～20分钟

300克/11盎司面粉，最好使用意式00型面粉，另加淋撒所需

3颗鸡蛋，略微打散

盐

用于制作馅料

100克/3½盎司里考塔奶酪

1颗鸡蛋，略微打散

1汤匙切碎的新鲜平叶欧芹

100克/3½盎司帕玛森奶酪，现擦碎，另加配餐所需

100克/3½盎司熟火腿，切碎

100克/3½盎司马苏里拉奶酪，切丁

1份番茄酱汁（见第69页）

← 瓦尔泰利纳杂粮切面

蔬菜奶酪面饺 VEGETABLE AND CHEESE FILLED RAVIOLI

制作馅料：菠菜洗净，保留叶片上附着的水分，放入锅中加热约5分钟，控干水分后切碎。将里考塔奶酪放入碗中，用木勺碾碎，搅拌加入菠菜。接着搅拌加入鸡蛋和帕玛森奶酪，用盐和胡椒调味，继续搅拌，直至酱泥变得非常顺滑。使用面粉、鸡蛋和少许盐制作意面面团（见新鲜意面面团，见第312页）。将面团擀成薄片，馅料以均匀的间隔摆放到面片的一边，折起没有馅料的另一半面片，覆盖有馅料的一边，再切成一个个面饺（比普通面饺稍大），压紧面饺边缘。将面饺放入加了盐的沸水中煮10分钟，捞出控干并盛入温热的餐盘中。与此同时，锅中加热熔化黄油，加入鼠尾草，煎至金黄色。面饺上撒里考塔奶酪碎和帕玛森奶酪，再浇上鼠尾草黄油即可上桌。

RAVIOLI DI MAGRO
供6人食用
制备时间：2小时
加热烹调时间：10分钟
300克/11盎司面粉，最好使用意式00型面粉，另加淋撒所需
3颗鸡蛋 • 50克/2盎司黄油
8片新鲜鼠尾草叶 • 120克/4盎司里考塔奶酪，碾碎 • 50克/2盎司帕玛森奶酪，现擦碎 • 盐

用于制作馅料
1½千克/3¼磅菠菜
500克/1磅2盎司里考塔奶酪
2颗鸡蛋，略微打散
2汤匙帕玛森奶酪，现擦碎
盐和胡椒

龙虾面菱 STRACCI WITH LOBSTER

黄油放入锅中加热熔化，加入洋葱，小火加热5分钟直至变软，其间不时搅拌。将芹菜焯煮几分钟，捞出控干。锅中加热橄榄油，加入蒜和欧芹，加热数分钟。加入洋葱、西葫芦、茄子、芹菜和茴香根，调味并继续加热约10分钟，直至蔬菜变得软嫩，其间时常搅拌。与此同时，将龙虾浸入一锅加了盐的清水中，盖上锅盖焖煮8分钟，捞出控干并取出虾肉。另取一口锅，加热剩余的橄榄油，加入龙虾肉和番茄，加热5分钟。将面菱放入加了盐的沸水中煮2～3分钟，保持口感筋道，捞出控干并加入蔬菜中，混合均匀。加入龙虾番茄酱，搅拌后盛入温热的餐盘中即可。

STRACCI AGLI ASTICI
供6人食用
制备时间：1小时
加热烹调时间：10分钟
25克/1盎司黄油 • 1颗洋葱，切碎
1根芹菜茎，切成3厘米/1¼英寸长的条 • 5汤匙橄榄油 • 1瓣蒜 • 2枝新鲜平叶欧芹 • 1个西葫芦，切成3厘米/1¼英寸长的条 • 半个茄子，切成3厘米/1¼英寸长的条 • 半个熟茴香根，切成3厘米/1¼英寸长的条
2只活龙虾 • 3颗李子番茄，去皮切丁
350克/12盎司面菱（stracci）
盐和胡椒

蘑菇切面 TAGLIATELLE WITH MUSHROOMS

蘑菇放入碗中，加入没过蘑菇的温水，浸泡1小时后捞出控干，挤出水分并和洋葱一起切碎。酱汁锅中加热橄榄油，加入蘑菇和洋葱碎，小火煸炒5分钟，其间不时搅拌。搅拌加入120毫升/4盎司水并用少许盐调味。加入葡萄酒，继续加热至酒精燥干，随后搅拌加入番茄泥。转中火继续加热30分钟。将切面放入一大锅加了盐的沸水中煮2～3分钟，保持口感筋道。捞出控干，撒上帕玛森奶酪并混合蘑菇酱，翻拌均匀即可。

TAGLIATELLE AI FUNGHI
供4人食用
制备时间：10分钟，另加1小时浸泡时间
加热烹调时间：45分钟
25克/1盎司干蘑菇
1颗小洋葱
2汤匙橄榄油
5汤匙干白葡萄酒
3汤匙浓缩番茄泥
275克/10盎司新鲜切面
40克/1½盎司帕玛森奶酪，现擦碎
盐

← 蘑菇切面

TAGLIATELLE ALLE MELANZANE

供 4 人食用

制备时间：20 分钟

加热烹调时间：25 分钟

6 汤匙橄榄油

2 个茄子，切薄片

1 瓣蒜

250 克 / 9 盎司番茄，去皮切碎

10 片新鲜罗勒叶

275 克 / 10 盎司新鲜切面

100 克 / 3½ 盎司硬质里考塔奶酪，现擦碎

盐和胡椒

茄子切面 TAGLIATELLE WITH AUBERGINE

在大号平底锅中加热 4 汤匙橄榄油，加入茄子片，中火煎 8～10 分钟，直至两面均匀上色。将剩余的橄榄油放入酱汁锅中加热，加入蒜和番茄，小火加热 10 分钟，随后取出大蒜并丢弃不用。从火上取下锅，用盐和胡椒调味，随后搅拌加入 1 片切碎罗勒叶。将切面放入一大锅加了盐的沸水中煮 2～3 分钟，保持口感筋道，随后捞出控干并盛入温热的餐盘中。将里考塔奶酪均匀撒在切面上，浇上番茄酱汁，上面摆放茄子片并撒上剩余的罗勒叶。

TAGLIATELLE AL NERO DI SEPPIA

供 4 人食用

制备时间：40 分钟

加热烹调时间：2～3 分钟

200 克 / 7 盎司面粉，最好使用意式 00 型面粉，另加淋撒所需

2 颗鸡蛋，略微打散

1～2 个墨鱼墨袋

150 克 / 5 盎司罐装油浸金枪鱼，控干汤汁

1 汤匙酸豆，漂洗干净

3 汤匙橄榄油

盐

墨鱼汁切面 CUTTLEFISH INK TAGLIATELLE

将面粉和少许盐过筛到工作台面上，堆成面堆，中间挖出一个窝穴形。在窝穴中加入鸡蛋和墨鱼汁，用手指搅拌混合面粉并揉按成团。面团揉按至松软顺滑，随后在撒有少许面粉的工作台面上擀成面片。接着将面片折叠数次，用刀切成 5 毫米宽的面条。金枪鱼、酸豆和橄榄油一同放入碗中混合均匀。将切面放入一大锅加了盐的沸水中煮 2～3 分钟，保持口感筋道，捞出控干后和金枪鱼酱汁翻拌均匀。装入温热的餐盘中即可上桌。

TAGLIATELLE AL SALMONE

供 4 人食用

制备时间：5 分钟

加热烹调时间：15 分钟

50 克 / 2 盎司黄油

100 克 / 3½ 盎司烟熏鲑鱼，切碎

半颗柠檬，挤出柠檬汁，过滤

100 毫升 / 3½ 盎司双倍奶油

5 汤匙威士忌

275 克 / 10 盎司新鲜切面

盐和胡椒

鲑鱼切面 TAGLIATELLE WITH SALMON

用酱汁锅加热熔化黄油，加入鲑鱼，搅拌加入柠檬汁。加热几分钟后加入奶油和威士忌，用盐和胡椒调味，小火继续加热 5 分钟。将切面放入一大锅加了盐的沸水中煮 2～3 分钟，保持口感筋道，捞出控干后加入酱汁锅中一起加热数分钟。轻轻翻拌均匀，装入温热的餐盘中即可。

鲑鱼切面 →

洋蓟切面 TAGLIATELLE WITH ARTICHOKES

TAGLIATELLE CON CARCIOFI
供 4 人食用
制备时间：30 分钟
加热烹调时间：15 分钟
4 颗洋蓟
1 颗柠檬，挤出柠檬汁，过滤
4 汤匙橄榄油，另加淋洒所需
1 瓣蒜
6 片新鲜罗勒叶
1 枝新鲜平叶欧芹
5 罐罐装番茄，控干切碎
275 克 / 10 盎司新鲜切面
4 汤匙现擦碎的帕玛森奶酪
盐

首先处理洋蓟。先折断洋蓟茎秆，接着剥下外层硬叶并挖出蕊心，最后在洋蓟上涂抹柠檬汁，避免变色。将处理好的洋蓟放入加了盐的沸水中煮 7 分钟，随后捞出控干并切成细丝。在大平底锅中加热橄榄油，加入蒜，加热几分钟至上色。取出蒜瓣并丢弃不用。将洋蓟、罗勒、欧芹和番茄加入平底锅中，用盐调味，小火继续加热 10 分钟。将切面放入一大锅加了盐的沸水中煮 2～3 分钟，保持口感筋道，随后捞出控干并加入平底锅中。如果需要，可以在锅中加几汤匙煮面的汤，用以稀释酱汁。锅中淋入橄榄油并撒入帕玛森奶酪，取出欧芹并丢弃不用。将切面盛入温热的餐盘中即可上桌。

菠菜切面 TAGLIATELLE WITH SPINACH

TAGLIATELLE CON SPINACI
供 4 人食用
制备时间：35 分钟
加热烹调时间：10 分钟
65 克 / 2½ 盎司黄油，另加涂抹所需
675 克 / 1½ 磅菠菜
1 颗洋葱，切细末
120 克 / 4 盎司帕玛森奶酪，现擦碎
275 克 / 10 盎司新鲜切面
200 毫升 / 7 盎司双倍奶油
盐和胡椒

将烤箱预热到 200°C/ 400°F/ 气烤箱刻度 6，在耐热焗盘中涂抹黄油。菠菜洗净，保留其叶片上附着的水，放入锅中加热约 5 分钟，捞出后控干并切碎。将一半用量的黄油放入酱汁锅中加热，加入洋葱，小火加热 5 分钟，直至变软，其间不时搅拌。加入菠菜并继续加热几分钟。用盐和胡椒调味，撒入一半用量的帕玛森奶酪。将切面放入一大锅加了盐的沸水中煮 2～3 分钟，保持口感筋道。随后捞出控干，放入菠菜锅中翻拌均匀并加入剩余的黄油。在准备好的焗盘中铺几层切面、大部分剩余的帕玛森奶酪和菠菜，注意最上面一层是菠菜。接着将奶油浇在上面，撒上剩余的帕玛森奶酪，放入烤箱内烘烤 10 分钟，直至色泽金黄并起泡即可。

奶油豌豆火腿切面 TAGLIATELLE WITH CREAM, PEAS AND HAM

TAGLIATELLE PANNA, PISELLI E PROSCIUTTO
供 4 人食用
制备时间：15 分钟
加热烹调时间：35 分钟
25 克 / 1 盎司黄油
2 汤匙橄榄油
1 颗洋葱，切细丝
200 克 / 7 盎司去荚豌豆
100 毫升 / 3½ 盎司双倍奶油
2 片熟火腿，切丁
275 克 / 10 盎司新鲜切面
50 克 / 2 盎司帕玛森奶酪，现擦碎
盐

在酱汁锅中加热黄油和橄榄油，加入洋葱，小火煸炒 5 分钟，直至洋葱变得软嫩，其间不时搅拌。加入豌豆，继续加热 20 分钟，其间不停地搅拌。随后搅拌加入奶油，继续加热 5 分钟后加入火腿。将切面放入一大锅加了盐的沸水中煮熟，保持口感筋道。捞出控干，同帕玛森奶酪和热酱汁一起翻拌均匀。盛入温热的餐盘中即可。

←洋蓟切面

TAGLIATELLINE ALLE CIPOLLE
供 4 人食用
制备时间：15 分钟
加热烹调时间：15 分钟
40 克 / 1½ 盎司黄油
4 汤匙橄榄油
400 克 / 14 盎司白洋葱，切细丝
275 克 / 10 盎司新鲜窄切面
50 克 / 2 盎司帕玛森奶酪，现擦碎
盐和胡椒

洋葱窄切面 TAGLIATELLINE WITH ONIONS

在耐热砂锅中加热黄油和橄榄油。加入洋葱，小火加热 5～10 分钟，直至洋葱变透明，其间不时搅拌，随后加入盐调味。与此同时，将窄切面放入一大锅加了盐的沸水中煮熟，保持口感筋道，捞出控干并倒入砂锅中。加入少许胡椒，翻拌均匀。从火上取下锅，撒入帕玛森奶酪即可。

TAGLIOLINI AGLI SCAMPI
供 4 人食用
制备时间：25 分钟
加热烹调时间：15 分钟
400 克 / 14 盎司海螯虾或都柏林湾大虾
1 颗洋葱 • 1 根胡萝卜 • 1 根芹菜茎 • 3 汤匙橄榄油 • 1 汤匙切碎的新鲜平叶欧芹 • 1 茶匙浓缩番茄泥
275 克 / 10 盎司新鲜细切面
盐

海螯虾细切面 TAGLIOLINI WITH LANGOUSTINES

海螯虾或大虾去壳，保留虾皮。将虾皮、洋葱、胡萝卜和芹菜一起放入锅中，加入没过这些食材的水及少许盐。加热至沸腾，随后调小火力继续加热 15 分钟。关火，将高汤过滤到碗中，保留部分高汤。用平底锅加热橄榄油，加入虾肉煸炒 3 分钟，随后撒入欧芹。将浓缩番茄泥和少许高汤放入碗中搅拌，倒入平底锅中。将细切面放入一大锅加了盐的沸水中煮熟，保持口感筋道。捞出控干后同虾肉酱汁翻拌均匀，盛入温热的餐盘中即可。

TAGLIOLINI AL BURRO E TARTUFO
供 4 人食用
制备时间：10 分钟
加热烹调时间：8 分钟
80 克 / 3 盎司黄油
少许现磨肉豆蔻粉
275 克 / 10 盎司新鲜细切面
80 克 / 3 盎司帕玛森奶酪，现擦碎
1 小块白松露
盐和胡椒

黄油松露细切面 TAGLIOLINI WITH BUTTER AND TRUFFLE

用小号酱汁锅加热熔化黄油，加入肉豆蔻粉、少许盐和胡椒调味。将细切面放入一大锅加盐的沸水中煮熟，保持口感筋道。捞出控干后倒入温热的餐盘中。将熔化的黄油浇在面上，撒上帕玛森奶酪，最后擦一些松露末即可。

TAGLIOLINI ALLE CAPPESANTE E LATTUGA
供 4 人食用
制备时间：10 分钟
加热烹调时间：10 分钟
3 汤匙橄榄油
2 瓣蒜
200 克 / 7 盎司去壳扇贝肉
100 毫升 / 3½ 盎司白葡萄酒
150 克 / 5 盎司生菜，撕碎
25 克 / 1 盎司黄油 • 少许辣椒粉
1 汤匙切碎的新鲜平叶欧芹
275 克 / 10 盎司细切面 • 盐

扇贝生菜细切面 TAGLIOLINI WITH SCALLOPS AND LETTUCE

锅中加热橄榄油，加入蒜煸炒 30 秒，取出大蒜并丢弃不用。加入扇贝，淋入葡萄酒，继续加热至酒精全部挥发，随后用盐调味。加入生菜和黄油，搅拌均匀。搅拌加入辣椒粉和欧芹。将细切面放入一大锅加了盐的沸水中煮熟，保持口感筋道，随后捞出控干并加入酱汁锅中。轻轻翻拌均匀，盛入温热的餐盘中即可。

南瓜意式馄饨 PUMPKIN TORTELLI

烤箱预热到180°C/ 350°F/ 气烤箱刻度 4。南瓜放入烤盘中，淋上橄榄油，盖上锡箔纸烘烤 1 小时。将烤好的南瓜用研磨机磨成泥，倒入碗中，加入帕玛森奶酪和鸡蛋，用盐和胡椒调味。搅拌加入足够的面包糠，制成比较浓稠的泥。意面面团擀成大片，用面包模切割成直径 7.5 厘米的圆片。在每张面片中间放少许南瓜泥，对折并捏紧边缘即可。将意式馄饨放入一大锅加了盐的沸水中煮熟，约 10 分钟。与此同时，用平底锅加热熔化黄油，加入鼠尾草叶，继续加热几分钟。意式馄饨捞出并控干水分，放入温热的餐盘中，浇上鼠尾草黄油并撒上帕玛森奶酪即可。

TORTELLI DI ZUCCA
供 4 人食用
制备时间：3 小时 30 分钟
加热烹调时间：10 分钟

500 克 / 1 磅 2 盎司南瓜，去皮去籽，切碎
2 汤匙橄榄油
200 克 / 7 盎司帕玛森奶酪，现擦碎，另加配餐所需
2 颗鸡蛋，略微打散
80～120 克 / 3～4 盎司面包糠
200 克 / 7 盎司新鲜意面面团（见第 312 页）
50 克 / 2 盎司黄油
8 片鼠尾草叶
盐和胡椒

见第 334 页

咖喱意式小馄饨 CURRIED TORTELLINI

用酱汁锅加热熔化一半黄油，加入豌豆和火腿，小火加热 10 分钟，其间不时搅拌。搅拌加入咖喱粉，继续加热 10 分钟。将小馄饨放入一大锅加了盐的沸水中煮熟，保持口感筋道。捞出控干，和剩余的黄油、帕玛森奶酪、奶油一起翻拌均匀，随后搅拌加入咖喱酱汁。盛入温热的餐盘中即可。

TORTELLINI AL CURRY
供 4 人食用
制备时间：15 分钟
加热烹调时间：25 分钟

50 克 / 2 盎司黄油
200 克 / 7 盎司去荚豌豆
50 克 / 2 盎司熟火腿，切丁
2 茶匙咖喱粉
400 克 / 14 盎司新鲜意式小馄饨
50 克 / 2 盎司帕玛森奶酪，现擦碎
200 毫升 / 7 盎司双倍奶油
盐

博洛尼亚风味小馄饨 TORTELLINI BOLOGNESE

在小号酱汁锅中加热熔化黄油，加入小牛肉馅，大火煸炒至上色，其间时常搅拌。将小牛肉馅盛入碗中，待其冷却后搅拌加入帕玛森奶酪、意式熏火腿、意式香肠和鸡蛋。意面面团擀成薄片，将整理成丸子状的馅料均匀地摆放在面片上，沿着馅料将面片切割成方块。面片沿对角线对折成三角形，随后将两个角弯折并用手指捏紧，最后将面皮翻到另一边，整理成传统的意式馄饨形状。一人份约 20 个小馄饨。将小馄饨放入一锅加了盐的沸水中煮 10 分钟，捞出控干，盛入温热的餐盘中，浇入番茄酱汁，翻拌均匀即可。

TORTELLINI ALLA BOLOGNESE
供 4 人食用
制备时间：2 小时 15 分钟
加热烹调时间：20 分钟

25 克 / 1 盎司黄油
50 克 / 2 盎司小牛肉馅
2 汤匙现擦碎的帕玛森奶酪
80 克 / 3 盎司意式熏火腿，切丁
40 克 / 1½ 盎司意式香肠，切丁
1 颗鸡蛋，略微打散
1 份新鲜意面面团（见第 312 页）
番茄酱汁（见第 69 页），用作配餐
盐

蘑菇意式大馄饨 MUSHROOM TORTELLONI

将准备好的意面面团用湿润的茶巾覆盖，静置 30 分钟。在酱汁锅中加热橄榄油，加入洋葱和美味牛肝菌，小火加热 5 分钟，其间不时搅拌。加入盐调味并继续加热 15 分钟。将混合物放入食物料理机中，加入里考塔奶酪、帕玛森奶酪和欧芹，搅打成泥状。加入适量盐和胡椒调味。将意面面团擀成薄片并切成 5 厘米见方的面片。在每块面片中间放少许馅料，沿对角线折叠成三角形并捏紧，随后将折叠形成的两角围绕拇指一圈并捏紧，剩余的一角向外翻折，形成传统的意式馄饨形状。用大号平底锅加热熔化黄油，加入鼠尾草叶，煸炒数分钟。将大馄饨放入一大锅加了盐的沸水中煮熟，保持口感筋道。捞出控干，倒入鼠尾草黄油锅中，转大火翻拌均匀。最后，装入温热的餐盘中，撒入帕玛森奶酪即可上桌。

TORTELLONI DI FUNGHI

供 4 人食用

制备时间：2 小时 15 分钟，另加 30 分钟静置时间

加热烹调时间：10 分钟

1 份新鲜意面面团（见第 312 页）
4 汤匙橄榄油
1 小颗洋葱，切碎
300 克 / 11 盎司美味牛肝菌，切薄片
250 克 / 9 盎司里考塔奶酪，碾碎
50 克 / 2 盎司帕玛森奶酪，现擦碎，另加配餐所需
1 枝新鲜平叶欧芹，切碎
40 克 / 1½ 盎司黄油
10 片新鲜鼠尾草叶
盐和胡椒

鱿鱼青酱意式大馄饨 PESTO TORTELLONI WITH SQUID

用面粉、鸡蛋和少许盐制作面团（新鲜意面面团，见第 312 页）。制作青酱：将罗勒、欧芹、松子仁、核桃仁和橄榄油放入食物料理机中搅打均匀，随后倒入碗中。加入盐调味并搅拌加入里考塔奶酪。意面面团擀成薄片，并制成青酱馅的意式大馄饨（制作馄饨的方法见上面食谱）。制作酱汁：在平底锅中加热 3 汤匙橄榄油，加入鱿鱼和蒜，煸炒几分钟至鱿鱼略微上色，其间要时常搅拌。加入适量盐和胡椒调味，淋入葡萄酒，继续加热至酒精挥发。从锅中取出鱿鱼并切成细鱿鱼圈，汤汁保留在锅中。大馄饨放入一大锅加了盐的沸水中煮熟，保持口感筋道，随后倒入平底锅中。取出蒜瓣并丢弃不用，加入剩余的橄榄油、番茄和鱿鱼圈，搅拌均匀。撒入欧芹和罗勒，再次搅拌均匀后盛入温热的餐盘内即可。

TORTELLONI DI PESTO CON CALAMARETTI

供 4 人食用

制备时间：2 小时 15 分钟

加热烹调时间：15 分钟

300 克 / 11 盎司面粉，最好使用意式 00 型面粉，另加淋撒所需
3 颗鸡蛋，略微打散
盐

用于制作青酱
100 克 / 3½ 盎司新鲜罗勒叶
40 克 / 1½ 盎司新鲜平叶欧芹
20 克 / ¾ 盎司松子仁
10 克 / ¼ 盎司核桃仁
120 毫升 / 4 盎司橄榄油
200 克 / 7 盎司里考塔奶酪
盐

用于制作酱汁
4 汤匙橄榄油
200 克 / 7 盎司小鱿鱼，除去内脏
1 瓣蒜
5 汤匙干白葡萄酒
2 颗番茄，去皮切丁
1 汤匙切碎的新鲜平叶欧芹
6 片新鲜罗勒叶，撕碎
盐和胡椒

← 南瓜意式馄饨，第 333 页

干意面

意大利面拥有即便饱经风霜也不会丝毫褪色的意式热情，它是纯正的意大利特产，按照“法律规定”，只能使用硬粒小麦（硬质小麦）粉制作。在意大利，它只会装在标有净重量、生产商、类型和名称（通心细面、螺旋面、蝴蝶面、宽通心面等）的密封盒子里销售。关于意大利面的不同类型和形状的更多细节请参考第 242 页的内容。

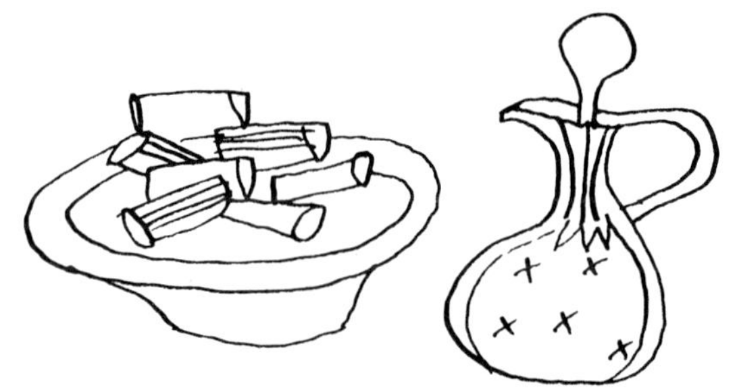

数量和加热烹调的时间

数　量

一人份为 65～100 克 / 3½ 盎司。

酱汁锅

应该尺寸较大且深度超过宽度。最好选择铝或不锈钢材质的锅（也可以选择内附可拆卸金属滤网的特制煮面锅）。

水和盐

最合适的比例应该是 1 升 / 1¾ 品脱水加 10 克 / ¼ 盎司盐，可以煮 100 克 / 3½ 盎司意面。

水

将水煮沸后才可以加入意面，在煮直面时，将面尾端摆成扇形。入锅后立即搅拌。当水重新开始沸腾后，盖上锅盖。当水再次滚沸时，打开锅盖。不时搅拌以避免意面相互粘黏。

所需时间

按照意面包装上推荐的时间加热处理，不过最好至少两次确认意面的火候，避免煮过。

冷　水

在意面煮至筋道时，一些人会往锅中浇入 150 毫升 / ¼ 品脱冷水，避免火候过大。如果意面不立刻捞出控干的话，这会有帮助。除此之外，这并不是必需的步骤。

酱汁和奶酪

如果需要奶酪，应该在浇酱汁前撒上，且应该使用现擦碎的奶酪，注意不要放入过量的奶酪。喜欢多加奶酪的人，可以从配餐奶酪碟中自行添加。需要注意的是，金属汤匙可能会因为长时间接触脂肪颗粒而生锈，所以取奶酪时最好使用其他材质的勺子。

BAVETTE ALLE VONGOLE E ZUCCHINE
供 4 人食用
制备时间：20 分钟
加热烹调时间：45 分钟
800 克 / 1¾ 磅蛤蜊，刷净
3 汤匙橄榄油
1 颗红葱头
1 瓣蒜
半根新鲜红辣椒，去籽切碎
300 克 / 11 盎司西葫芦，切条
1 汤匙切碎的新鲜平叶欧芹
100 毫升 / 3½ 盎司干白葡萄酒
3 颗番茄，去皮切丁
350 克 / 12 盎司宽扁面（bavette）
盐

蛤蜊西葫芦宽扁面 BAVETTE WITH CLAMS AND COURGETTES

舍去贝壳破碎的蛤蜊和在快速拍打时不会立刻合上贝壳的蛤蜊。将蛤蜊放入平底锅中，大火加热 5 分钟，直至贝壳张开。舍去贝壳仍然紧闭的蛤蜊。从壳中取出蛤蜊肉，置旁备用。在酱汁锅中加热橄榄油，加入红葱头、蒜和红辣椒，小火加热 5 分钟直至变软，其间不时搅拌。取出蒜瓣并丢弃不用，加入蛤蜊肉、西葫芦和欧芹，继续加热 5 分钟。淋入葡萄酒，加热直至酒精挥发。加入番茄，用盐调味并加热 20～30 分钟，直至汤汁变得浓稠。将宽扁面放入一大锅加了盐的沸水中煮熟，保持口感筋道，捞出控干后加入西葫芦蛤蜊酱汁中翻拌均匀即可。

BUCATINI AI POMODORI VERDI
供 4 人食用
制备时间：15 分钟
加热烹调时间：45 分钟
2 汤匙橄榄油
100 克 / 3½ 盎司意式培根，切丁
半瓣蒜，切碎
1 枝新鲜平叶欧芹，切碎
4 颗绿番茄，去籽切碎
80 克 / 3 盎司罐装油浸金枪鱼，捞出控净汤汁
350 克 / 12 盎司通心细面
盐

绿番茄通心细面 BUCATINI WITH GREEN TOMATOES

锅中加热橄榄油，加入意式培根、蒜和欧芹，中火加热 5 分钟直至微微上色。加入番茄和金枪鱼，如果需要，可加入适量盐调味，小火加热 40 分钟。将通心细面放入一大锅加了盐的沸水中煮熟，保持口感筋道，捞出控干后加入制好的酱汁。翻拌均匀即可上桌。

BUCATINI ALLA SALSA DI FUNGHI
供 4 人食用
制备时间：1 小时，另加 20 分钟浸泡用时
加热烹调时间：15 分钟
25 克 / 1 盎司干蘑菇
200 克 / 7 盎司新鲜美味牛肝菌
4 汤匙橄榄油
1.5 瓣蒜
50 克 / 2 盎司里考塔奶酪
1 汤匙浓缩番茄泥
350 克 / 12 盎司通心细面
盐和胡椒

蘑菇酱通心细面 BUCATINI WITH MUSHROOM SAUCE

干蘑菇放入碗中，加入没过蘑菇的温水，置于一旁浸泡 20 分钟，随后捞出控干并挤出水分。将一半的新鲜美味牛肝菌切碎，另一半切片。锅中加入 3 汤匙橄榄油和一瓣蒜，加热，随后加入控干的蘑菇和美味牛肝菌碎，煸炒约 10 分钟，直至蘑菇中的水分渗出。取出蒜瓣并丢弃不用。加入 150 毫升 / ¼ 品脱水煮 20 分钟。将混合物倒入食物料理机中，搅打成泥状，接着搅拌加入里考塔奶酪。将美味牛肝菌片、剩余的橄榄油、半瓣蒜和浓缩番茄泥一同加入锅中，混合均匀，加入 2 汤匙水，加热 15 分钟。用盐和胡椒调味。与此同时，将通心细面放入一大锅加了盐的沸水中煮熟，保持口感筋道。捞出控干，盛入温热的餐盘中，浇上里考塔奶酪泥，摆上煎蘑菇。

甜椒酱通心细面，见第 341 页 →

甜椒酱通心细面 BUCATINI WITH PEPPER SAUCE

在酱汁锅中加热橄榄油，加入洋葱和蒜，小火加热 10 分钟直至稍微上色，其间不时搅拌。加入甜椒，混合均匀后继续加热 10 分钟，直至变得软嫩。将锅中食材放入食物料理机中，搅打成泥状。倒回锅中，搅拌加入奶油并加入适量盐和胡椒调味。用微火加热，保持温热。将通心细面放入一大锅加了盐的沸水中煮熟，保持口感筋道，随后捞出控干并倒入酱汁中。翻拌加热 1 分钟，搅拌加入墨角兰即可上桌。

BUCATINI CON SALSA AI PEPERONI

供 4 人食用

制备时间：15 分钟

加热烹调时间：35 分钟

2 汤匙橄榄油 • 1 小颗洋葱，切碎
半瓣蒜，切碎 • 3 个红甜椒或黄甜椒，切半去籽，切丝 • 100 毫升 / 3½ 盎司双倍奶油 • 350 克 / 12 盎司通心细面 • 2 茶匙切碎的新鲜墨角兰
盐和胡椒

见第 339 页

熏培根蝴蝶面 FARFALLE WITH SMOKED PANCETTA

锅中加热橄榄油，加入培根和辣椒，中火煸炒 5 分钟直至稍微上色。加入番茄，用盐调味，继续小火加热 25 分钟。搅拌加入奶油，慢火加热 5 分钟，直到汤汁变得浓稠。与此同时，将蝴蝶面放入一大锅加了盐的沸水中煮熟，保持口感筋道，捞出控干并倒入酱汁中，搅拌加热 30 秒。出锅盛盘，撒入帕玛森奶酪后即可上桌。

FARFALLE ALLA PANCETTA AFFUMICATA

供 4 人食用

制备时间：15 分钟

加热烹调时间：35 分钟

1 汤匙橄榄油
100 克 / 3½ 盎司烟熏意式培根，切丁
1 根新鲜红辣椒，去籽切碎
250 克 / 9 盎司番茄，去皮切碎
200 毫升 / 7 盎司双倍奶油
350 克 / 12 盎司蝴蝶面
25 克 / 1 盎司帕玛森奶酪，现擦碎
盐

蘑菇螺旋面 FUSILLI WITH MUSHROOMS

用酱汁锅加热橄榄油，加入洋葱和蘑菇，小火煸炒 10 分钟，其间不时搅拌。用盐和胡椒调味，加入罐装番茄和罐头中的番茄糊。转小火熬煮 45 分钟，随后从火上取下锅，加入欧芹。与此同时，将螺旋面放入一大锅加了盐的沸水中煮熟，保持口感筋道，捞出控干并盛入温热的餐盘中。撒上帕玛森奶酪，淋上黄油并翻拌均匀。最后浇上蘑菇酱汁即可上桌。

FUSILLI AI FUNGHI

供 4 人食用

制备时间：20 分钟

加热烹调时间：1 小时

3 汤匙橄榄油
1 颗洋葱，切碎
800 克 / 1¾ 磅鸡油菇或榛蘑，切碎
250 克 / 9 盎司罐装番茄
1 汤匙切碎的新鲜平叶欧芹
350 克 / 12 盎司螺旋面
25 克 / 1 盎司帕玛森奶酪，现擦碎
25 克 / 1 盎司黄油
盐和胡椒

← 熏培根蝴蝶面

FUSILLI AL NERO DI SEPPIA

供 4 人食用

制备时间：25 分钟

加热烹调时间：1 小时 20 分钟

675 克 / 1½ 磅除去内脏的墨鱼，保留墨袋

2 汤匙橄榄油

1 颗洋葱，切细丝

200 毫升 / 7 盎司干白葡萄酒

2 汤匙番茄泥

350 克 / 12 盎司螺旋面

1 汤匙切碎的新鲜平叶欧芹

盐和胡椒

墨鱼汁螺旋面 FUSILLI IN CUTTLEFISH INK

将处理好的墨鱼切条。用酱汁锅加热橄榄油，加入洋葱，小火加热至变软，其间不时搅拌。加入墨鱼条，继续加热，其间不时搅拌，直至上色。加入葡萄酒，加热至熗干。搅拌加入番茄泥，用盐和胡椒调味，调小火力后盖上锅盖，继续加热 1 小时。将螺旋面放入一大锅加了盐的沸水中煮熟，保持口感筋道。将墨鱼汁倒入酱汁锅中，搅拌加入欧芹。螺旋面捞出控干，倒入酱汁中，混合均匀后盛入温热的餐盘中即可。

FUSILLI IN INSALATA

供 4 人食用

制备时间：10 分钟

加热烹调时间：10～12 分钟

4 颗番茄，去皮去籽，切丁

16 片新鲜罗勒叶

1 瓣蒜

橄榄油，用于淋洒

350 克 / 12 盎司螺旋面

80 克 / 3 盎司罐装油浸金枪鱼，捞出控净汤汁

12 颗黑橄榄，去核切半

120 克 / 4 盎司马苏里拉奶酪，切丁

盐

螺旋面沙拉 FUSILLI SALAD

将番茄、罗勒和蒜放入餐碗中，淋入橄榄油并用盐调味。将螺旋面放入一大锅加了盐的沸水中煮熟，保持口感筋道，随后捞出控干。取出并丢弃酱汁中的蒜瓣。倒入螺旋面，加入金枪鱼、橄榄和马苏里拉奶酪，翻拌均匀即可上桌。

LINGUINE AL PESTO GENOVESE

供 4 人食用

制备时间：30 分钟

加热烹调时间：20 分钟

350 克 / 12 盎司小舌长面

2 个马铃薯，切细条

50 克 / 2 盎司四季豆

用于制作青酱

25 片新鲜罗勒叶

2 瓣蒜，切碎

5 汤匙橄榄油

25 克 / 1 盎司佩科里诺奶酪，现擦碎

25 克 / 1 盎司帕玛森奶酪，现擦碎

盐

热那亚青酱小舌长面 LINGUINE WITH GENOESE PESTO

制作青酱，将罗勒、蒜、少许盐和橄榄油放入食物料理机中，用中速略微搅打。加入两种奶酪继续搅打，直至原材料完全混合。将小舌长面、马铃薯和四季豆放入一大锅加了盐的沸水中煮熟，保持口感筋道。捞出控干，和青酱一起翻拌均匀即可上桌。

热那亚青酱小舌长面 →

MACCHERONI AI FUNGHI PORCINI

供 4 人食用

制备时间：15 分钟

加热烹调时间：30 分钟

25 克 / 1 盎司黄油

3 汤匙橄榄油

1 瓣蒜

250 克 / 9 盎司美味牛肝菌，切片

150 克 / 5 盎司罐装番茄丁，捞出控净汤汁

1 汤匙切碎的新鲜平叶欧芹

350 克 / 12 盎司通心面

盐和胡椒

蘑菇通心面 MACARONI WITH MUSHROOMS

锅中加热黄油和橄榄油，加入蒜瓣和美味牛肝菌，煸炒 5 分钟，其间不时搅拌。加入番茄丁、适量盐和胡椒，盖上锅盖，小火熬煮约 20 分钟。取出蒜瓣并丢弃不用，搅拌加入欧芹。将通心面放入一大锅加了盐的沸水中煮熟，保持口感筋道。捞出控干，和蘑菇酱翻拌均匀即可上桌。这款酱汁也可以不加番茄，改用 40 克 / 1½ 盎司黄油制作。

MACCHERONI CON LE SEPPIOLINE

供 4 人食用

制备时间：25 分钟

加热烹调时间：50 分钟

600 克 / 1 磅 5 盎司除去内脏的墨鱼

250 克 / 9 盎司罐装番茄丁

1 颗洋葱，切细末

2 瓣蒜

1 个大马铃薯，切片

200 克 / 7 盎司去荚青豌豆

2 汤匙切碎的新鲜平叶欧芹

4 汤匙橄榄油

350 克 / 12 盎司通心面

盐和胡椒

墨鱼通心面 MACARONI WITH CUTTLEFISH

将墨鱼、罐装番茄、罐头中的番茄糊、洋葱、蒜、马铃薯、青豌豆、欧芹和橄榄油一起放入大号酱汁锅中，中火加热 10 分钟，其间时常搅拌。转小火加热，盖上锅盖后继续加热 30 分钟。加入适量盐和胡椒调味。将通心面放入一大锅加了盐的沸水中煮熟并保持筋道，随后捞出控干并倒入酱汁中。混合均匀，装入餐盘中即可上桌。

MACCHERONI GRATINATI

供 4 人食用

制备时间：40 分钟

加热烹调时间：15～20 分钟

25 克 / 1 盎司黄油，另加涂抹所需

1 份白汁（见第 58 页）

50 克 / 2 盎司帕玛森奶酪，现擦碎

2 个蛋黄

350 克 / 12 盎司通心面

盐

焗通心面 MACARONI AU GRATIN

烤箱预热到 240°C/ 475°F/ 气烤箱刻度 9，耐热焗盘中涂黄油。白汁中均匀混合帕玛森奶酪、黄油和蛋黄。将通心面放入一大锅加了盐的沸水中煮熟，保持口感筋道，随后捞出控干并倒入碗中。将一半的白汁缓慢搅拌到意面中，随后倒入准备好的焗盘中，再将剩余的白汁浇在上面。送入烤箱内，烘烤 15～20 分钟，烤至色泽金黄即可。

焗通心面 →

沙丁鱼意面 PASTA WITH SARDINES

葡萄干放入碗中，加入没过葡萄干的热水，静置浸泡。将茴香块根放入加了少许盐的沸水中煮 15～20 分钟，随后捞出控干并切碎，保留好汤汁。酱汁锅中加热橄榄油，加入洋葱，小火煸炒 5 分钟，其间不时搅拌。加入鳀鱼，并用木勺碾碎。葡萄干捞出控干，挤去多余水分，同茴香块根与松子仁一起加入酱汁锅中。撒入藏红花粉，盖上锅盖，小火加热 15 分钟。处理沙丁鱼：从腹部刨开，像翻开书一样展开，仅保留背部鱼肉相连。接着过水控干并撒上面粉，抖去多余面粉。用炸锅或大锅加热橄榄油，让油温升至 180～190°C，或者加热到可以在 30 秒内将一小块陈面包炸至金黄色的温度。将沙丁鱼放入油锅，炸至金黄色，取出放在厨房纸上控干油。在炸好的沙丁鱼上撒少许盐调味。烤箱预热到 200°C/ 400°F/ 气烤箱刻度 6，在耐热焗盘中刷橄榄油。将煮茴香块根保留的汤汁倒入一大锅加了盐的沸水中，放入新郎通心面，煮熟并保持口感筋道。捞出控干后倒入一口干净的锅中，搅拌加入一半的酱汁。在刷了橄榄油的焗盘中铺一层意面，接着摆放一层沙丁鱼，再倒入一层酱汁。重复以上步骤，直至用完所有食材，最后浇一层酱汁。放入烤箱内烘烤 10 分钟即可。

PASTA CON LE SARDE

供 4 人食用

制备时间：1 小时 30 分钟

加热烹调时间：10 分钟

25 克 / 1 盎司葡萄干

200 克 / 7 盎司野茴香块根

2 汤匙橄榄油，另加涂抹所需

1 颗洋葱，切碎

4 条盐腌鳀鱼，去头除内脏并剔骨（见第 694 页），冷水浸泡 10 分钟后捞出控干

25 克 / 1 盎司松子仁

半小袋藏红花粉

350 克 / 12 盎司新鲜沙丁鱼，去鳞、除内脏

普通面粉，用于淋撒

橄榄油，油炸所需

300 克 / 11 盎司新郎通心面（ziti）

盐

生菜笔管面 PENNE WITH LETTUCE

烤箱预热到 180°C/ 350°F/ 气烤箱刻度 6，在耐热焗盘中涂黄油。将生菜放入碗中，加入橄榄油，用盐和胡椒调味。笔管面放入一大锅加了盐的沸水中煮熟，保持口感筋道，随后捞出控干并倒入准备好的焗盘中。其上覆盖生菜，再撒上格吕耶尔奶酪和黄油颗粒。放入烤箱内烘烤约 20 分钟即可。

PENNE ALLA LATTUGA

供 4 人食用

制备时间：25 分钟

加热烹调时间：20 分钟

25 克 / 1 盎司黄油，另加涂抹所需

800 克 / 1¾ 磅生菜，撕碎

3 汤匙橄榄油

350 克 / 12 盎司笔管面

100 克 / 3½ 盎司格吕耶尔奶酪，擦碎

盐和胡椒

← 沙丁鱼意面

辣味番茄酱笔管面 PENNE ARRABBIATA

平底锅中加热橄榄油，加入蒜瓣和红辣椒，煸炒至蒜瓣上色，随后从锅中取出蒜瓣并舍弃。锅中加入番茄丁，用盐调味并继续加热约15分钟。将光滑笔管面放入一大锅加了盐的沸水中煮熟，保持口感筋道，随后捞出控干并倒入平底锅中。转大火翻拌并加热数分钟。出锅盛入温热的餐盘中，撒上欧芹末即可。

PENNE ALL'ARRABBIATA
供4人食用
制备时间：10分钟
加热烹调时间：30分钟
6汤匙橄榄油
2瓣蒜
半根新鲜红辣椒，去籽并切碎
500克/1磅2盎司罐装番茄丁，控净汤汁
350克/12盎司光滑笔管面（penne lisce）
1汤匙切碎的新鲜平叶欧芹
盐

黑橄榄笔管面 PENNE WITH BLACK OLIVES

将橄榄和奶油放入酱汁锅中，小火加热约15分钟。将笔管面放入一大锅加了盐的沸水中，煮熟后捞出控干，保持口感筋道。温热的餐盘中盛入一半的橄榄酱汁，随后将意面倒在酱汁上。撒上帕玛森奶酪，再淋上剩余的酱汁，混合均匀即可上桌。

PENNE ALLE OLIVE NERE
供4人食用
制备时间：10分钟
加热烹调时间：20分钟
150克/5盎司黑橄榄，去核并切末
175毫升/6盎司双倍奶油
350克/12盎司光滑笔管面
25克/1盎司帕玛森奶酪，现擦碎
盐

芜菁叶笔管面 PENNE WITH TURNIP TOPS

将芜菁叶放入加了盐的沸水中煮10分钟，捞出控干并切碎。将鳀鱼和橄榄油放入食物料理机中，搅打成泥状。用一大锅加了盐的沸水煮熟笔管面，保持口感筋道，捞出控干后倒入一个较深的温热餐盘中。餐盘中加入芜菁叶，淋上橄榄油，再撒上胡椒搅拌均匀。最后浇上鳀鱼酱泥，再次翻拌均匀后即可上桌。

PENNE CON CIME DI RAPA
供4人食用
制备时间：20分钟
加热烹调时间：20分钟
500克/1磅2盎司芜菁叶
4条鳀鱼
3汤匙橄榄油，另加淋洒所需
320克笔管面
盐和胡椒

← 辣味番茄酱笔管面

藏红花笔管面 PENNE WITH SAFFRON

PENNE GIALLE

供 4 人食用

制备时间：4 小时 15 分钟

加热烹调时间：25 分钟

1 份牛肉高汤（见第 248 页）

40 克 / 1½ 盎司黄油，另加配餐所需（可选）

1 汤匙橄榄油

1 颗洋葱，切细丝

320 克 / 11½ 盎司光滑笔管面

1 小袋藏红花粉

40 克 / 1½ 盎司帕玛森奶酪，现擦碎

将高汤加热至沸腾。在大号酱汁锅中加热黄油和橄榄油，加入洋葱，小火煸炒 5 分钟直至变得软嫩，其间不时搅拌。加入笔管面搅拌，直至面身均匀裹上油脂，外表变得光亮。加入 1 大汤匙高汤，略加搅拌并加热至完全吸收，再继续一勺一勺地逐渐浇入高汤，像制作调味饭一样，直至将意面煮熟。在浇入最后一勺高汤前，将藏红花粉搅入高汤中。继续搅拌均匀，直至意面酱汁呈均匀的黄色。从火上取下锅，撒入帕玛森奶酪，混合均匀，如果喜欢，可再搅拌加入一小块黄油。盛入温热的餐盘中即可上桌。也可以用藏红花蕊丝替代藏红花粉使用。

咖喱笔管面沙拉 CURRIED PENNE SALAD

PENNE IN INSALATA AL CURRY

供 4 人食用

制备时间：4 小时 15 分钟，另加 30 分钟冷却用时

加热烹调时间：20 分钟

2 汤匙橄榄油

1 颗洋葱，切细丝

2 汤匙咖喱粉

1 汤匙普通面粉

200 毫升 / 7 盎司牛肉高汤（见第 248 页）

350 克 / 12 盎司笔管面

100 毫升 / 3½ 盎司双倍奶油

1 根小黄瓜，去皮，切细丁

盐

锅中加热橄榄油，加入 1 汤匙水、少许盐和洋葱，加热 5～6 分钟，直至洋葱透明变软。搅拌加入咖喱粉，继续加热几秒钟，随后搅拌加入面粉，再继续加热几秒钟。逐渐搅拌加入高汤，加热至沸腾并不时搅拌，随后调小火力，用慢火炖煮 15 分钟，其间时常搅拌。从火上取下锅，待其冷却。将笔管面放入一大锅加了盐的沸水中煮熟，保持口感筋道，随后捞出控干并盛入餐盘中。笔管面中加入奶油，搅拌均匀，待其冷却，但不需要放入冰箱冷藏。上桌前，用汤匙将咖喱酱浇在意面上，最后撒上黄瓜丁即可。

← 藏红花笔管面

PENNE IN TEGAME
供 4 人食用
制备时间：10 分钟
加热烹调时间：10 分钟
50 克 / 2 盎司黄油
1 颗洋葱，切细丝
350 克 / 12 盎司笔管面
40 克 / 1½ 盎司帕玛森奶酪，现擦碎
盐和胡椒

炒笔管面 FRIED PENNE

黄油放入锅中加热熔化，加入洋葱，随后加入笔管面。混合均匀意面和黄油，接着倒入没过意面的沸水。加入少许盐，煮熟意面并保持口感筋道。如果需要，可多加一些沸水。用胡椒调味，出锅装入温热的餐盘中，撒上帕玛森奶酪即可。

PENNE RIGATE AI CARCIOFI
供 4 人食用
制备时间：25 分钟
加热烹调时间：20 分钟
半颗柠檬，挤出柠檬汁，过滤
4 颗洋蓟
4 汤匙橄榄油
1 瓣蒜，切碎
1 汤匙切碎的新鲜平叶欧芹
350 克 / 12 盎司直纹笔管面（penne rigate）
盐和胡椒

洋蓟直纹笔管面 PENNE RIGATE WITH ARTICHOKES

准备半碗水，搅拌加入柠檬汁。将洋蓟逐个折断茎秆，除去外层叶片，如果需要，可除去蕊心。将每颗洋蓟切成 4 大块，再改刀成细丝，浸入柠檬水中，避免变色。锅中加热橄榄油，加入蒜和欧芹，小火煸炒 2 分钟。将洋蓟捞出控干水分，加入锅中并搅拌均匀。盖上锅盖，小火加热数分钟，随后加入 2～3 汤匙的水，加盐调味并重新盖上锅盖，将洋蓟焖熟。与此同时，将笔管面放入一大锅加了盐的沸水中煮熟，捞出控干并倒在餐盘中。在意面上浇上浓度适中的洋蓟酱汁，撒少许胡椒粉调味即可上桌。

PENNE RIGATE ALLA VODKA
供 4 人食用
制备时间：10 分钟
加热烹调时间：25 分钟
50 克 / 2 盎司黄油
1 厚片熟火腿，切丁
2 汤匙番茄泥
1 汤匙切碎的新鲜平叶欧芹
5 汤匙双倍奶油
3 汤匙伏特加
350 克 / 12 盎司直纹笔管面
盐和胡椒

伏特加直纹笔管面 PENNE RIGATE IN VODKA

黄油放入锅中加热熔化，加入火腿、番茄泥和欧芹，用盐和胡椒调味，继续加热约 10 分钟，其间不时搅拌。搅拌加入奶油和伏特加，加热至酒精完全挥发。将笔管面放入一大锅加了盐的沸水中煮熟，保持口感筋道，随后捞出控干并倒入温热的餐盘中。最后将酱汁浇淋在意面上即可。

洋蓟直纹笔管面 ➔

RIGATONI CON POLPETTINE

供 4 人食用

制备时间：25 分钟

加热烹调时间：1 小时 10 分钟

300 克 / 11 盎司肉馅
1 枝新鲜平叶欧芹，切碎
半瓣蒜，切碎
1 颗鸡蛋，略微打散
普通面粉，用于淋撒
3 汤匙橄榄油
1 颗洋葱，切细丝
1 根芹菜茎，切碎
1 根胡萝卜，切碎
1 枝新鲜迷迭香，切碎
400 毫升 / 14 盎司番茄糊
350 克 / 12 盎司宽通心面
25 克 / 1 盎司帕玛森奶酪，现擦碎
盐和胡椒

肉丸宽通心面 RIGATONI WITH MEATBALLS

将肉馅、欧芹和大蒜放入碗中混合均匀，搅拌加入鸡蛋，用盐和胡椒调味。将肉泥揉成小肉丸，表面撒少许面粉后置旁备用。锅中加热橄榄油，加入洋葱、芹菜、胡萝卜和迷迭香，小火加热 5 分钟，其间不时搅拌。加入肉丸，转中火继续加热，直至肉丸均匀上色。随后加入番茄糊并撒少许盐调味。转小火加热，盖上锅盖，炖煮约 40 分钟，其间不时搅拌。将宽通心面放入一大锅加了盐的沸水中煮熟，保持口感筋道，随后捞出控干并倒入肉丸酱汁中。翻拌均匀后继续加热 2 分钟。将意面盛入温热的餐盘中，撒上帕玛森奶酪即可。

RIGATONI INTEGRALI AL FORNO

供 4 人食用

制备时间：35 分钟

加热烹调时间：20 分钟

黄油，用于涂抹
1 份白汁（见第 58 页）
200 克 / 7 盎司卡秋塔奶酪（caciotta）或其他半硬淡味奶酪，切丁
350 克 / 12 盎司全麦宽通心面
40 克 / 1½ 盎司帕玛森奶酪，现擦碎
盐

烤全麦宽通心面 BAKED WHOLEWHEAT RIGATONI

烤箱预热到 180°C/ 350°F/ 气烤箱刻度 4，耐热焗盘中涂抹黄油。将白汁和奶酪丁混合均匀。将宽通心面放入一大锅加了盐的沸水中煮熟，保持口感筋道，随后捞出控干并倒入准备好的焗盘中。将白汁浇在意面上，撒上帕玛森奶酪，放入烤箱内烘烤约 20 分钟。静置 5 分钟后即可上桌。

RIGATONI PANNA, PESTO E POMODORO

供 4 人食用

制备时间：25 分钟

加热烹调时间：15 分钟

200 毫升 / 7 盎司双倍奶油
300 克 / 11 盎司新鲜番茄，切片，或使用罐装番茄丁，控净汤汁
2 汤匙青酱（见第 82 页）
350 克 / 12 盎司宽通心面
40 克 / 1½ 盎司帕玛森奶酪，现擦碎
盐

奶油番茄青酱宽通心面 RIGATONI WITH CREAM, PESTO AND TOMATOES

将奶油倒入酱汁锅中，加入番茄，小火加热 10 分钟。从火上取下锅，搅拌加入青酱。与此同时，将宽通心面放入一大锅加了盐的沸水中煮熟，保持口感筋道，随后捞出控干并盛入温热的餐盘中。最后，撒上帕玛森奶酪、浇上酱汁即可上桌。

肉丸宽通心面 →

蒜香辣油直面 SPAGHETTI WITH GARLIC AND CHILLI OIL

小号酱汁锅中加热橄榄油，加入蒜和辣椒，小火加热数分钟，直至蒜片成金黄色。接着用少许盐调味，从火上取下锅并撒入欧芹碎。将直面放入一大锅加了盐的沸水中煮熟，保持口感筋道。随后捞出控干，同辣蒜油翻拌均匀即可上桌。

SPAGHETTI AGLIO, OLIO E PEPERONCINO

供 4 人食用

制备时间：10 分钟

加热烹调时间：15 分钟

5 汤匙橄榄油

2 瓣蒜，切薄片

半根新鲜红辣椒，去籽并切碎

1 枝新鲜平叶欧芹，切碎

350 克 / 12 盎司直面（spaghetti）

盐

西蓝花直面 SPAGHETTI WITH BROCCOLI

西蓝花放入盐水中焯煮 10 分钟。平底锅中加热橄榄油和黄油，加入洋葱，小火加热 5 分钟，直至变得软嫩，其间不时搅拌。捞出控干西蓝花，放入平底锅中并搅拌均匀。搅拌加入奶油，用小火炖煮 10 分钟。将锅中混合物倒入食物料理机中搅打成泥状，用盐和胡椒调味。与此同时，将直面放入一大锅加了盐的沸水中煮熟，保持口感筋道。随后捞出控干，与西蓝花奶油酱翻拌均匀，撒上帕玛森奶酪即可上桌。

SPAGHETTI AI BROCCOLETTI

供 4 人食用

制备时间：15 分钟

加热烹调时间：25 分钟

500 克 / 1 磅 2 盎司冷冻西蓝花

3 汤匙橄榄油

25 克 / 1 盎司黄油

1 颗洋葱，切碎

4 汤匙双倍奶油

350 克 / 12 盎司直面

25 克 / 1 盎司帕玛森奶酪，现擦碎

盐和胡椒

酸豆直面 SPAGHETTI WITH CAPERS

锅中加热橄榄油，加入鳀鱼和蒜，小火加热，其间时常搅拌，直至鳀鱼烂熟且蒜瓣色泽金黄。从火上取下锅，蒜瓣丢弃不用，加入酸豆。与此同时，将直面放入一大锅加了盐的沸水中煮熟，保持口感筋道。随后捞出控干，与酱汁翻拌均匀后即可上桌。

SPAGHETTI AI CAPPERI

供 4 人食用

制备时间：15 分钟

加热烹调时间：20 分钟

4 汤匙橄榄油 • 1 条盐腌鳀鱼，去头、除内脏，剔去鱼骨（见第 694 页），用冷水浸泡 10 分钟后捞出控干

2 瓣蒜 • 2 汤匙酸豆，漂洗干净

350 克 / 12 盎司直面 • 盐

培根蛋面 SPAGHETTI CARBONARA

黄油放入锅中加热熔化，加入培根和蒜，加热至蒜瓣色泽金黄，随后取出大蒜丢弃不用。与此同时，将直面放入一大锅加了盐的沸水中煮熟，保持口感筋道，捞出控干后放入培根锅中。从火上取下锅，倒入鸡蛋液，加入一半用量的帕玛森奶酪和一半用量的佩科里诺奶酪，并加入胡椒调味。混合均匀，使蛋液附着在意面上。加入剩余的奶酪，翻拌均匀即可上桌。

SPAGHETTI ALLA CARBONARA

供 4 人食用

制备时间：15 分钟

加热烹调时间：20 分钟

25 克 / 1 盎司黄油 • 100 克 / 3½ 盎司意式培根，切丁 • 1 瓣蒜 • 350 克 / 12 盎司直面 • 2 颗鸡蛋，略打散

40 克 / 1½ 盎司帕玛森奶酪，现擦碎

40 克 / 1½ 盎司佩科里诺奶酪，现擦碎 • 盐和胡椒

见第 358 页

→第 358 页：培根蛋面；第 359 页：熏肉肉酱直面，食谱见第 360 页
←蒜香辣油直面

SPAGHETTI ALL'AMATRICIANA
供 4 人食用
制备时间：20 分钟
加热烹调时间：1 小时
橄榄油，用于涂抹 • 100 克 / 3½ 盎司意式培根，切丁 • 1 颗洋葱，切细丝 • 500 克 / 1 磅 2 盎司番茄，去皮去籽并切丁 • 1 根新鲜红辣椒，去籽切碎 • 350 克 / 12 盎司直面 • 盐和胡椒

见第 359 页

熏肉肉酱直面 SPAGHETTI AMATRICIANA

在耐热炖锅中涂抹橄榄油，用小火加热，加入培根，煸炒至油渗出。加入洋葱，加热约 10 分钟直至稍微上色，其间不时搅拌。加入番茄和红辣椒，用盐和胡椒调味，盖上锅盖，继续加热约 40 分钟。如有需要，可加入少许温水。将直面放入一大锅加了盐的沸水中煮熟，保持口感筋道，随后捞出控干并盛入温热的餐盘中。直面同酱汁翻拌均匀即可上桌。

SPAGHETTI AL POMODORO CRUDO
供 4 人食用
制备时间：15 分钟，另加 30 分钟静置用时
加热烹调时间：15 分钟
500 克 / 1 磅 2 盎司成熟的葡萄穗型番茄，去皮去籽，切碎 • 4 汤匙橄榄油
10 片新鲜罗勒叶，切碎 • 2 瓣蒜
350 克 / 12 盎司直面 • 盐和胡椒

生番茄直面 SPAGHETTI WITH RAW TOMATO

将番茄放入沙拉碗中，加入橄榄油、罗勒和蒜，用盐和胡椒调味，混合均匀，盖上盖子后置于凉爽处静置 30 分钟，之后取出并丢弃大蒜。将直面放入一锅加了盐的沸水中煮熟，保持口感筋道，随后捞出控干，和生番茄泥汁翻拌均匀即可上桌。

SPAGHETTI AL ROSMARINO
供 4 人食用
制备时间：15 分钟
加热烹调时间：50 分钟
2 汤匙橄榄油
2 汤匙新鲜迷迭香叶，切细末
1 瓣蒜，切细末 • 半根新鲜红辣椒，去籽，切细末 • 250 克 / 9 盎司罐装番茄丁 • 1 汤匙普通面粉 • 1 汤匙牛奶 • 350 克 / 12 盎司直面
40 克 / 1½ 盎司帕玛森奶酪，现擦碎
盐

迷迭香直面 SPAGHETTI WITH ROSEMARY

酱汁锅中加热橄榄油，加入迷迭香、蒜和红辣椒，加热约 2 分钟。搅拌加入番茄丁和罐中的番茄糊，加热至沸腾后转小火，盖上锅盖，继续加热 30 分钟。将面粉和 1～2 汤匙的温水混合搅拌均匀。在迷迭香酱汁中加入适量盐调味，加入面糊和牛奶，继续加热 5 分钟。将直面放入一大锅加了盐的沸水中煮熟，保持口感筋道，捞出控干并盛入温热的餐盘中。撒上帕玛森奶酪并浇上酱汁即可。

SPAGHETTI CON ACCIUGHE
供 4 人食用
制备时间：20 分钟
加热烹调时间：15 分钟
150 克 / 5 盎司盐腌鳀鱼，去头、除内脏，剔去鱼刺（见第 694 页），冷水浸泡 10 分钟后控干
1 枝新鲜平叶欧芹
半瓣蒜
2 汤匙橄榄油
350 克 / 12 盎司直面
盐和胡椒

鳀鱼直面 SPAGHETTI WITH ANCHOVIES

将鳀鱼、欧芹和蒜切细末，放入沙拉碗中，搅拌加入橄榄油。将直面放入一大锅加了盐的沸水中煮熟，保持口感筋道。捞出控干后倒入沙拉碗中翻拌均匀，最后撒入少许胡椒调味即可。

迷迭香直面 →

金枪鱼直面 SPAGHETTI WITH TUNA

锅中加热橄榄油，加入蒜，煸炒至褐色，随后取出蒜瓣不用。加入金枪鱼，混合均匀。将番茄泥和1～2汤匙的温水放入碗中拌匀，接着搅拌加入锅中，小火加热15分钟。从火上取下锅，搅拌加入欧芹并用盐和胡椒调味。与此同时，将直面放入一大锅加了盐的沸水中煮熟，保持口感筋道，捞出控干后与酱汁翻拌均匀即可。

SPAGHETTI CON IL TONNO
供4人食用
制备时间：15分钟
加热烹调时间：20分钟
3汤匙橄榄油
1瓣蒜
65克/2½盎司罐装油浸金枪鱼，控干并略掰碎
3汤匙番茄泥
1汤匙新鲜平叶欧芹，切细末
350克/12盎司直面
盐和胡椒

面包糠直面 SPAGHETTI WITH BREADCRUMBS

锅中加热2汤匙橄榄油，加入鳀鱼，一边加热一边用木勺按压至软烂。用胡椒调味，加入酸豆和黑橄榄。将面包糠、蒜和少许盐放入碗中混合均匀。用平底锅加热剩余的橄榄油，加入面包糠混合物，煎炸至色泽金黄，其间时常搅拌。将直面放入一大锅加了盐的沸水中煮熟，保持口感筋道，随后捞出控干。将意面倒入锅中，同鳀鱼酱搅拌均匀。装入温热的餐盘中，撒上炸面包糠即可上桌。

SPAGHETTI CON LA MOLLICA
供4人食用
制备时间：15分钟
加热烹调时间：20分钟
5汤匙橄榄油
2条盐腌鳀鱼，去头，除内脏并剔去鱼骨（见第694页），冷水浸泡10分钟后控干
1汤匙酸豆，漂洗干净
8颗黑橄榄，去核切半
80克/3盎司面包糠
半瓣蒜，切碎
350克/12盎司直面
盐和胡椒

西葫芦直面 SPAGHETTI WITH COURGETTES

锅中加热橄榄油，加入蒜、洋葱、鼠尾草叶和芹菜茎，小火加热5分钟。加入番茄，转中火加热至沸腾，随后加入西葫芦。用盐和胡椒调味，盖上锅盖后继续加热15分钟。取出洋葱、蒜、西芹和鼠尾草叶，舍弃不用。与此同时，将直面放入一大锅加了盐的沸水中煮熟，保持口感筋道。随后捞出控干并倒入锅中，与酱汁、马苏里拉奶酪、帕玛森奶酪一起翻拌均匀即可。

SPAGHETTI CON LE ZUCCHINE
供4人食用
制备时间：15分钟
加热烹调时间：25分钟
3汤匙橄榄油
1瓣蒜
1颗小洋葱
2片新鲜鼠尾草
1根芹菜茎
3颗李子番茄，去皮去籽，切碎
350克/12盎司西葫芦，切薄片
350克/12盎司直面
150克/5盎司马苏里拉奶酪，切丁
25克/1盎司帕玛森奶酪，现擦碎
盐和胡椒

← 面包糠直面

SPAGHETTINI ALLA BOTTARGA
供 4 人食用
制备时间：15 分钟
加热烹调时间：15 分钟
100 克 / 3½ 盎司腌鱼子干（bottarga）
2 汤匙橄榄油
350 克 / 12 盎司细直面
盐

腌鱼子细面 SPAGHETTINI WITH BOTTARGA

将一半腌鱼子碾碎，另一半切薄片。用小号酱汁锅加热橄榄油，加入腌鱼子，小火加热。与此同时，将细直面放入一大锅加了盐的沸水中煮熟，保持口感筋道。随后捞出控干并倒入酱汁中混合均匀。盛入温热的餐盘中即可上桌。

TORTIGLIONI CON FUNGHI E MELANZANE
供 4 人食用
制备时间：15 分钟
加热烹调时间：20 分钟
2 汤匙橄榄油
1 颗洋葱，切细丝
1 瓣蒜
200 克 / 7 盎司蘑菇，切碎
1 个茄子，切丁
100 毫升 / 3½ 盎司双倍奶油
350 克 / 12 盎司曲管面
40 克 / 1½ 盎司帕玛森奶酪，现擦碎
盐和胡椒

蘑菇茄子曲管面 TORTIGLIONI WITH MUSHROOM AND AUBERGINE

锅中加热橄榄油，加入洋葱和蒜，小火煸炒至蒜瓣色泽金黄。取出大蒜并丢弃不用，加入蘑菇和茄子，继续加热至色泽变金黄，其间时常搅拌。搅拌加入奶油，用盐和胡椒调味，盖上锅盖，小火继续加热 10 分钟。与此同时，将曲管面放入一大锅加了盐的沸水中煮熟，保持口感筋道，随后捞出控干。将意面倒入酱汁中，加热 1 分钟。出锅盛入温热的餐盘中，撒上帕玛森奶酪即可上桌。

VERMICELLI CON LE VONGOLE
供 4 人食用
制备时间：20 分钟
加热烹调时间：20 分钟
1 千克 / 2¼ 磅蛤蜊，刷净
150 毫升 / ¼ 品脱橄榄油
2 瓣蒜
350 克 / 12 盎司细线面（vermicelli）
1 汤匙切碎的新鲜平叶欧芹
盐和胡椒

蛤蜊细线面 VERMICELLI WITH CLAMS

舍去贝壳破碎的蛤蜊和在快速拍打时不会立刻闭合的蛤蜊。酱汁锅中加热橄榄油，加入蒜和蛤蜊，加热 5 分钟，直至贝壳张开。从火上取下锅，用漏勺捞出蛤蜊，舍去贝壳尚未张开的蛤蜊。从贝壳中取出蛤蜊肉。将锅中的汤汁过滤到平底锅中，加入蛤蜊肉。与此同时，将细线面放入一大锅加了盐的沸水中煮熟，保持口感筋道，随后捞出控干并倒入平底锅中。边翻拌边加热 2 分钟，用盐和胡椒调味，撒入欧芹，倒入温热的餐盘中即可上桌。

蛤蜊细线面 ➔

750 ML

LA POLENTA
ISTANTANEA

玉米糊

常见的玉米糊有两种：细粒、淡麦色的威尼托玉米糊（Veneto polenta）和粗粒、亮金色的伦巴第玉米糊（Lombard polenta）或皮埃蒙特玉米糊（Piedmontese polenta）。前者大多会做成“波浪式”（all’onda，意指玉米糊的浓稠度接近马铃薯泥），而后者几乎都是硬块状。这两种玉米糊都是用铜锅加热制作，其间用一根软木棍长时间、持续不停搅拌。按照传统，制作玉米糊所使用的锅还需要架在明火上加热，至少很久之前是这样的。时至今日，玉米糊的制作也随着现代厨房电器的发展而有所改变。现在，我们甚至可以使用电铜锅自动加热制作，或是在一些意大利熟食店中购买成品玉米糊。还有一种混有荞麦粉的玉米粉，主要用于制作塔拉尼亚玉米糊（polenta taragna）。

供 6 人食用

约 500 克 / 1 磅 2 盎司玉米粉和 1¾ 升水。这个比例可以根据菜品所需玉米糊的浓稠度加以调整。

水

将加盐清水煮沸，同时准备另一锅沸水备用。

玉米粉

一边不停搅拌一边将它撒入锅中。

加　水

如果玉米糊在加热的过程中变得黏稠，可以加入少许准备好的热水，使其变得软滑。这是成功制作玉米糊的秘诀。玉米糊会随着加热逐渐变得黏稠，而加水会使其恢复柔软顺滑。

烹饪时间

用时从 45 分钟到 1 小时不等。烹饪时间越长，制成的玉米糊越容易消化。

酱　汁

酱汁使用简单的冷牛奶、新鲜或熔化的黄油、番茄泥、戈贡佐拉奶酪或芳提娜奶酪皆可。玉米糊可以搭配炖肉或清炖肉享用，也可与奶酪、黄油或番茄肉酱一起烘烤后享用。

保　存

玉米粉需要保持干燥，避免潮湿发霉。制作好的玉米糊应用茶巾覆盖，放在冰箱底层保存。

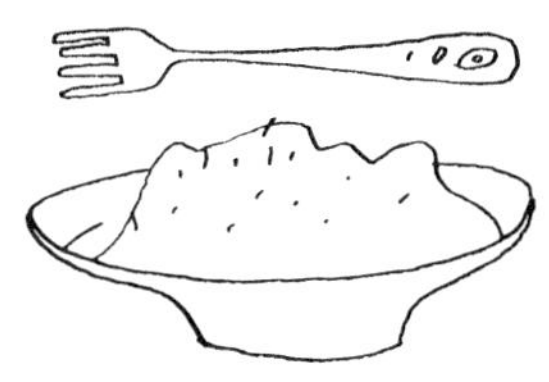

← 戈贡佐拉奶酪玉米糊，见第 368 页

GNOCCHI DI POLENTA
供 4 人食用
制备时间：1 小时 15 分钟～1 小时 30 分钟，另加冷却用时
加热烹调时间：20 分钟
350 克 / 12 盎司粗粒玉米粉
50 克 / 2 盎司黄油，另加涂抹所需
40 克 / 1½ 盎司帕玛森奶酪，现擦碎
盐和胡椒

玉米糊团子 POLENTA GNOCCHI

加热制作相对较软一些的玉米糊（见第 367 页）。将制好的玉米糊倒在工作台上，抹平为 1 厘米厚的块状，让其冷却凝固。在玉米糊凝固后，用一个湿玻璃杯或饼干切模切出一个个圆块。烤箱预热到 180°C/ 350°F/ 气烤箱刻度 4。在宽烤盘中涂黄油，将玉米糊圆块放入其中，不重叠地摆成同心圆状。略过最外圈，继续不重叠地摆一层，如此重复，直至形成金字塔形。放上帕玛森奶酪，用胡椒调味并撒上一些黄油颗粒。放入烤箱内，烘烤约 20 分钟，直至色泽金黄。

MINESTRA DI POLENTA
供 4 人食用
制备时间：10 分钟
加热烹调时间：1 小时 15 分钟
80 克 / 3 盎司黄油
1 颗洋葱，切碎
1 升 / 1¾ 品脱牛奶
250 克 / 9 盎司粗粒玉米粉
100 毫升 / 3½ 盎司双倍奶油
40 克 / 1½ 盎司帕玛森奶酪，现擦碎
盐和胡椒

玉米糊汤 POLENTA SOUP

用酱汁锅加热熔化 40 克 / 1½ 盎司黄油，加入洋葱，小火加热 10 分钟，直至稍微上色，其间不时搅拌。与此同时，将牛奶加热至刚要开始沸腾时就从火上端离。另取一口锅，放入玉米粉和洋葱，搅拌加热 2～3 分钟。再逐渐搅拌加入热牛奶和 500 毫升 / 18 盎司温水。用盐和胡椒调味，继续加热 1 小时。搅拌加入奶油、剩余的黄油和帕玛森奶酪后即可。

POLENTA AL GORGONZOLA
供 4 人食用
制备时间：55～60 分钟
加热烹调时间：10～15 分钟
350 克 / 12 盎司粗粒玉米粉
150 克 / 5 盎司黄油，切成 4 块
150 克 / 5 盎司戈贡佐拉奶酪，切片
盐
帕玛森奶酪，现擦碎，用作配餐
见第 366 页

戈贡佐拉奶酪玉米糊 POLENTA WITH GORGONZOLA

用 1⅗ 升 / 2 品脱水制作一锅相对较硬的玉米糊（见第 367 页）。烤箱预热到 180°C/ 350°F/ 气烤箱刻度 4。将玉米糊趁热倒入汤盘或单独的耐热盘中，在每盘玉米糊正中放一块黄油，轻按使其略微嵌入玉米糊中，随后在其上摆一小片戈贡佐拉奶酪。放入烤箱内，烘烤至黄油和戈贡佐拉奶酪完全熔化。搭配帕玛森奶酪一起上桌。

海鳌虾红菊苣玉米糊 POLENTA WITH LANGOUSTINES AND RADICCHIO

制作一锅较软的玉米糊（见第 367 页）。将红菊苣条放入大沙拉碗中。锅中加热橄榄油和蒜，待蒜瓣变成棕黄色后从锅中取出，舍弃不用。加入海鳌虾或大虾，大火加热数分钟。用盐和胡椒调味，搅拌加入柠檬汁。将虾倒入沙拉碗中，与红菊苣混合均匀。将制成的玉米糊浇在虾肉红菊苣上，静置数分钟即可上桌。

POLENTA CON GLI SCAMPI E LA CICORIA

供 4 人食用

制备时间：15 分钟

加热烹调时间：45～60 分钟

350 克 / 12 盎司粗粒玉米粉

2 棵红菊苣，切条

2 汤匙橄榄油

1 瓣蒜

300 克 / 11 盎司海鳌虾或都柏林湾大虾，去壳

半颗柠檬，挤出柠檬汁，过滤

盐和胡椒

鳕鱼玉米糊 POLENTA WITH COD

在酱汁锅中加热橄榄油，加入洋葱，小火加热 10 分钟，直至稍微上色，其间不时搅拌。加入鳀鱼、蒜和核桃，继续加热数分钟后加入番茄、迷迭香和欧芹，再加热约 10 分钟。加入鳕鱼和马铃薯，用盐和胡椒调味，加热约 1 小时，直至马铃薯软烂、酱汁浓郁。与此同时，制作玉米糊（见第 367 页）。将制好的玉米糊倒入温热的餐盘中，正中间浇上鳕鱼和酱汁即可上桌。

POLENTA CON IL MERLUZZO

供 4 人食用

制备时间：20 分钟

加热烹调时间：1 小时 30 分钟

3 汤匙橄榄油

1 颗洋葱，切碎

4 条盐腌鳀鱼，去头，除内脏并剔去鱼骨（见第 694 页），冷水浸泡 10 分钟后控干

1 瓣蒜，切碎

8 颗核桃仁，切碎

3 颗番茄，去皮去籽并切碎

少许切碎的新鲜迷迭香

1 枝新鲜平叶欧芹，切碎

800 克 / 1¾ 磅剔骨鳕鱼肉，去皮切丁

2 个马铃薯，切丁

300 克 / 11 盎司粗粒玉米粉

盐和胡椒

肉酱玉米糊 POLENTA WITH MEAT SAUCE

酱汁锅中加热橄榄油和黄油，加入洋葱、胡萝卜和芹菜，小火加热 10 分钟至上色，其间不时搅拌。加入肉馅，用盐和胡椒调味，继续加热几分钟。在碗中将 1～2 汤匙温水和番茄酱汁混合均匀，倒入锅中，小火熬煮约 1 小时。如有需要，可加入更多清水。与此同时，制作玉米糊（见第 367 页）。准备一个环形不粘模具，过冷水，倒入制成的玉米糊，静置 2～3 分钟，随后翻扣在温热的餐盘中。将热肉酱倒在玉米糊环中间，搭配帕玛森奶酪一同上桌。

POLENTA CON IL RAGÙ

供 4 人食用

制备时间：20 分钟

加热烹调时间：1 小时 15 分钟

2 汤匙橄榄油

25 克 / 1 盎司黄油

1 颗洋葱，切碎

1 根胡萝卜，切碎

1 根芹菜茎，切碎

200 克 / 7 盎司牛肉馅

3 汤匙番茄酱汁（见第 69 页）

350 克 / 12 盎司粗粒玉米粉

盐和胡椒

帕玛森奶酪，现擦碎，用作配餐

POLENTA CON LA FONDUTA
供 4 人食用
制备时间：2 小时 30 分钟
加热烹调时间：45～60 分钟
350 克 / 12 盎司粗粒玉米粉
40 克 / 1½ 盎司黄油
1 份皮埃蒙特风味奶酪火锅（见第 1149 页）
1 块黑松露，切薄片
盐

奶酪火锅玉米糊 POLENTA WITH FONDVE

制作一锅相对较硬的玉米糊（见第 367 页）。制作完成后，搅拌加入黄油。准备一个环形不粘模具，过冷水，随后倒入玉米糊并抹平表面。接着将玉米糊翻扣在温热的餐盘中。在玉米糊环中心倒入奶酪火锅，直到食材从玉米糊环上溢出。撒上松露片即可上桌。

POLENTA CON LA RICOTTA
供 4 人食用
制备时间：1 小时 45 分钟
加热烹调时间：20～25 分钟
350 克 / 12 盎司粗粒玉米粉
300 克 / 11 盎司里考塔奶酪
3 汤匙橄榄油
1 颗洋葱，切碎
50 克 / 2 盎司意式培根，切丁
300 克 / 11 盎司番茄，去皮切丁
25 克 / 1 盎司黄油，另加涂抹所需
50 克 / 2 盎司帕玛森奶酪，现擦碎
盐和胡椒

里考塔奶酪玉米糊 POLENTA WITH RICOTTA

制作玉米糊（见第 367 页）。将玉米糊倒在工作台面上或方托盘中，待其冷却凝固后切片。将里考塔奶酪放入碗中，搅拌至顺滑。在小号酱汁锅中加热橄榄油，加入洋葱和培根，小火加热 5 分钟，其间不时搅拌。加入番茄，用盐和胡椒调味，小火继续熬煮 30 分钟。烤箱预热到 180°C/ 350°F/ 气烤箱刻度 4，在耐热焗盘中涂抹黄油。将玉米糊切片、里考塔奶酪、帕玛森奶酪和番茄泥分层装入准备好的焗盘中，最上面再放一层玉米糊切片。撒上一些黄油颗粒，放入烤箱内，烘烤 20～25 分钟即可。

POLENTA CON LA SALSICCIA
供 4 人食用
制备时间：15 分钟
加热烹调时间：45～60 分钟
200 克 / 7 盎司意式香肠，切小段
2 汤匙橄榄油
1 颗胡萝卜，切碎
1 根洋葱，切碎
1 根芹菜茎，切碎
500 毫升 / 18 盎司番茄糊
350 毫升 / 12 盎司粗粒玉米粉
盐和胡椒

香肠玉米糊 POLENTA WITH SAUSAGE

在香肠上戳一些小孔，放入平底锅中，中火加热 5～6 分钟，直至油脂流出，随后用漏勺捞出。在酱汁锅中加热橄榄油，加入洋葱、胡萝卜和芹菜，加热 2 分钟。浇入番茄糊，用盐和胡椒调味，继续加热 20 分钟。加入香肠，继续加热 10 分钟。与此同时，制作玉米糊（见第 367 页）。制作完成后，将玉米糊倒在温热的餐盘中，周围浇上香肠番茄酱即可上桌。

香肠玉米糊 →

POLENTA CON LE UOVA
供 4 人食用
制备时间：10 分钟
加热烹调时间：45～60 分钟
350 克 / 12 盎司粗粒玉米粉
40 克 / 1½ 盎司黄油，另加制作烘蛋所需
8 颗鸡蛋
盐

鸡蛋玉米糊 POLENTA WITH EGGS

制作玉米糊（见第 367 页）。烤箱预热到 180°C/ 350°F/ 气烤箱刻度 4。在玉米糊制作完成前几分钟，搅拌加入黄油。制作烘蛋（见第 428 页）。将玉米糊倒在温热的餐盘中，烘蛋摆放在玉米糊上即可。

POLENTA PASTICCIATA ALLA VALDOSTANA
供 4 人食用
制备时间：1 小时，另加冷却用时
加热烹调时间：20 分钟
300 克 / 11 盎司粗粒玉米粉
80 克 / 3 盎司黄油，另加涂抹所需
300 克 / 11 盎司芳提娜奶酪，切薄片
80 克 / 3 盎司帕玛森奶酪，现擦碎
盐和胡椒

瓦莱达奥斯塔风味焗玉米糊 VALLE D'AOSTA POLENTA PASTICCIATA

制作一锅较硬的玉米糊（见第 367 页），倒在工作台面上或方托盘中，待其冷却凝固后切片。烤箱预热到 180°C/ 350°F/ 气烤箱刻度 4，耐热盘中涂抹黄油。在准备好的焗盘中铺一层玉米糊切片，再摆一层芳提娜奶酪片，随后撒上帕玛森奶酪和一些黄油颗粒。重复以上步骤，直至食材用尽，在最上面铺一层玉米糊切片。入烤箱前，撒一些黄油颗粒，再撒胡椒调味。烘烤约 20 分钟即可。

POLENTA PASTICCIATA CON I FUNGHI
供 4 人食用
制备时间：2 小时
加热烹调时间：1 小时
100 克 / 3½ 盎司干蘑菇
350 克 / 12 盎司粗粒玉米粉
50 克 / 2 盎司黄油，另加涂抹所需
1 瓣蒜
1 份白汁（见第 58 页）
50 克 / 2 盎司帕玛森奶酪，现擦碎
盐和胡椒

蘑菇焗玉米糊 POLENTA PASTICCIATA WITH MUSHROOMS

将蘑菇放入碗中，加入足够没过蘑菇的温水，浸泡 20 分钟。制作较硬一些的玉米糊（见第 367 页）。将玉米糊倒在工作台面上或方托盘中，待其冷却凝固。与此同时，锅中加热熔化 25 克 / 1 盎司黄油，加入蒜，煸至色泽金黄，随后取出大蒜并丢弃不用。蘑菇捞出控干，并挤出尽可能多的水分，随后加入锅中。用盐和胡椒调味，继续加热 10 分钟。将蘑菇、浸泡蘑菇的汤汁和一半用量的帕玛森奶酪搅拌加入白汁中。烤箱预热到 180°C/ 350°F/ 气烤箱刻度 4，在耐热焗盘中涂抹黄油。将冷却后的玉米糊切片，和蘑菇酱一层一层交错铺在准备好的焗盘中，最上面铺一层玉米糊切片。撒上剩余的黄油和剩余的帕玛森奶酪，放入烤箱内，烘烤约 1 个小时。

鳀鱼焗玉米糊 POLENTA PASTICCIATA WITH ANCHOVIES

POLENTA PASTICCIATA CON LE ACCIUGHE

供 4 人食用

制备时间：1 小时 30 分钟，另加冷却用时

加热烹调时间：20～25 分钟

300 克 / 11 盎司粗粒玉米粉

500 毫升 / 18 盎司干白葡萄酒

80 克 / 3 盎司黄油，另加涂抹所需

1 瓣蒜

100 克 / 3½ 盎司盐腌鳀鱼，去头，除内脏并剔去鱼骨（见第 694 页），冷水浸泡 10 分钟并控干

200 毫升 / 7 盎司双倍奶油

25 克 / 1 盎司帕玛森奶酪，现擦碎

盐和胡椒

使用 500 毫升 / 18 盎司盐水和白葡萄酒制作较硬的玉米糊（见第 367 页）。将玉米糊倒在工作台面上或方托盘中，待其冷却凝固后切片。烤箱预热到 180°C/ 350°F/ 气烤箱刻度 4，在耐热焗盘中涂抹黄油。用酱汁锅加热熔化 50 克 / 2 盎司黄油，加入蒜，煸炒 1 分钟。调小火力，加入鳀鱼继续加热，用木勺碾压直至鱼肉软烂。取出蒜瓣，倒入奶油，用胡椒调味并继续加热几分钟。在准备好的焗盘中交错铺上玉米糊切片和鳀鱼酱，在最上面铺一层玉米糊切片。撒上帕玛森奶酪和剩余的黄油，放到烤箱内，烘烤至色泽金黄。

塔拉尼亚玉米糊 POLENTA TARAGNA

POLENTA TARAGNA

供 4 人食用

制备时间：10 分钟

加热烹调时间：45 分钟

300 克 / 11 盎司荞麦面粉

100 克 / 3½ 盎司粗粒玉米粉

150 克 / 5 盎司黄油，切成小块

200 克 / 7 盎司软质奶酪，切薄片

盐

将 1½ 升 / 2½ 品脱水倒入酱汁锅中，加入盐。加热至沸腾，撒入两种面粉并保持不停搅拌。持续加热 30 分钟，其间保持不停搅拌，接着逐渐搅拌加入黄油。在玉米糊吸收所有黄油后加入奶酪。继续搅拌数分钟，随后趁热上桌。如果喜欢，可以加入炸香肠。

米 饭

值得庆幸的是，大米供应充足，每年全世界收获的大米可达 4.5 亿吨。稻米是禾本科植物，富含蛋白质、脂肪、碳水化合物、钠、钾、钙、磷、铁和其他人体必需的营养元素，每 100 克 / 3½ 盎司大米可以提供 350 大卡热量。因为无法掺假且易于消化，已成为一种广受人们喜爱的食物。另外，它还特别适合与肉类、豆类、蔬菜、水果和牛奶搭配。

大米的品种和烹调方法

分 量

按照汤品每人份 50 克 / 2 盎司大米、调味饭每人份 100 克 / 3½ 盎司、配菜每人份 70 克 / 2¾ 盎司准备比较合适。大米的分量也需要根据制作菜肴时所使用的其他原料酌情增减。

普通米

此类大米包括 Originario 和 Balilla 品种，适合制作汤菜和甜点。烹调时间 12～13 分钟。

半精米

此类大米包括 Maratelli 和 Ardizzone 品种，适合前菜、鼓派和炸面点。烹调时间 13～15 分钟。

精 米

此类大米包括 Rizzotto 和 Vialone 品种，适合调味饭、沙拉和土耳其调味米饭。烹调时间 16 分钟。

超精米

此类大米包括 Arborio、Sesia 和 Carnaroli 品种，适合调味饭和配菜。烹调时间约 18 分钟。

半熟米

这是一种工业化、大批量生产的半熟大米，不会在烹调的过程中火候过老，可以在制作成熟之后放入冰箱保存 3 天。

外国大米

印度香米（basmati）是一种产自印度的大米，适合搭配海螯虾和蟹肉；茉莉香米和泰国香米适合与红芸豆一起烹煮或用椰奶烹煮，多用作配菜；Patna 和 Carolina 品种带有少许坚果香气，带壳时的味道更浓；Tilda 品种特别适合蒸熟食用；加拿大长粒菰米（Giant Canadian Wild），是一种由北美印第安人“发现”的黑色长粒菰米，现在十分受欢迎。

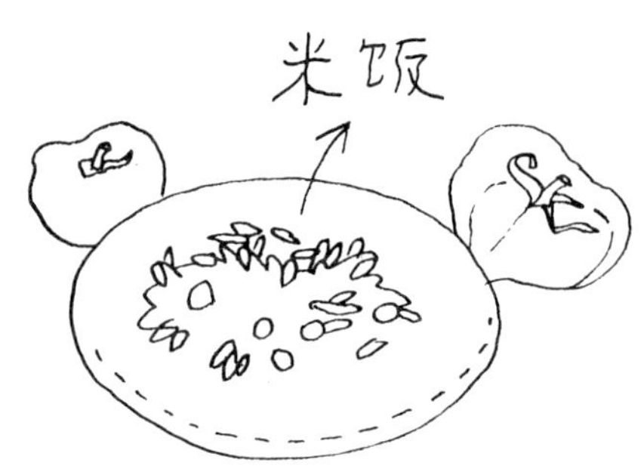

烤米饭（基础配方）BAKED RICE (BASIC RECIPE)

COTTURA AL FORNO (RICETTA BASE)
制备时间：10 分钟
加热烹调时间：45 分钟
大米和水的比例根据大米品种不同而有所不同（见第 374 页）

烤箱预热到 110°C/ 225°F/ 气烤箱刻度 ¼。将大米放入加了盐的足量沸水锅中，煮 7～8 分钟，捞出控干，置旁晾干米粒。在耐热焗盘中加热熔化一些黄油，随后加入大米。放入烤箱，烘烤约 45 分钟。烤米饭可以与口味细腻或辛辣的酱汁、肉末、鸡肝、蘑菇番茄浓酱等搭配，也可以与使用不同烹调方式制作而成的各种蔬菜搭配。

克里奥尔风味米饭（基础配方）CREOLE RICE (BASIC RECIPE)

COTTURA ALLA CREOLA (RICETTA BASE)
制备时间：10 分钟
加热烹调时间：30 分钟
大米和水的比例根据大米品种不同而有所不同（见第 374 页）

制作 500 克 / 1 磅 2 盎司大米需要使用 1 升 / 1¾ 品脱水、约 50 克 / 2 盎司黄油和少许盐。在酱汁锅中煮沸加盐清水，加入黄油。黄油熔化后加入大米，煮约 20 分钟，直至米粒吸收所有水分。米饭略控干后用叉子拨散米粒，再撒入一些黄油颗粒。这款米饭可以搭配清淡或口味适中的肉末、蘑菇、鸡肝、蔬菜番茄浓酱等。

牛奶煮米饭（基础配方）RICE COOKED IN MILK (BASIC RECIPE)

COTTURA AL LATTE (RICETTA BOTTOM)
制备时间：5 分钟
加热烹调时间：30 分钟
大米和水的比例根据大米品种不同而有所不同（见第 374 页）

这道菜肴可甜可咸。不管是甜味还是咸味，每加热制作 100 克 / 3½ 盎司大米需要使用 500 毫升 / 18 盎司牛奶。需要注意的是，如果米在淡盐水中提前煮过 2～3 分钟，之后吸收的牛奶相对较少。如果用它作为装饰、制作炸面点或布丁，可以尝试以下做法。将 150 克 / 5 盎司大米放入 1 升 / 1¾ 品脱牛奶中，加入 25 克 / 1 盎司黄油和少许盐。在火上先加热 10 分钟，随后放入预热到 180°C/ 350°F/ 气烤箱刻度 4 的烤箱中烘烤约 20 分钟，不需搅拌。当米粒变软后，混合少许盐，搅拌加入打散的 2 颗鸡蛋。即使不加鸡蛋，这款米饭的口感也是细腻且甜美。如果需要用来制作甜点，可以用同样的制作方法，最后额外加入 80 克 / 3 盎司白砂糖和少许香草精即可。

COTTURA ALL'INDIANA (RICETTA BASE)

制备时间：10 分钟

加热烹调时间：30 分钟

大米和水的比例根据大米品种不同可能有所不同（见第 374 页）

印度风味米饭（基础配方）INDIAN RICE (BASIC RECIPE)

将大米放入加了盐的足量沸水中煮。米粒变软后捞出控干，用冷水冲洗，使其冷却。再次控干，铺在烤板或烤盘上，放入温热的烤箱中烘烤 10～15 分钟，其间不时用叉子拨散米粒。各类咖喱菜肴都离不开这种米饭。

COTTURA PER RISO BOLLITO (RICETTA BASE)

制备时间：5 分钟

加热烹调时间：18 分钟

大米和水的比例可能根据大米品种不同而有所不同（见第 374 页）

煮米饭（基础配方）BOILED RICE (BASIC RECIPE)

这是制作米饭最简单的方法。将大米缓慢倒入加了盐的沸水中，根据大米品种的不同，大火煮 15～18 分钟。可以用熔化的黄油调味，也可简单地拌入橄榄油和奶酪。制作米饭沙拉的米饭也可以用这个方法制作。制作沙拉时，大米应该选择超精米品种，煮软后控干并用冷水冲洗降温，随后才可浇上调味汁。

COTTURA PER RISO INTEGRALE (RICETTA BASE)

制备时间：5 分钟

加热烹调时间：30 分钟

大米和水的比例可能根据大米品种不同而有所不同（见第 374 页）

粗米饭（基础配方）WHOLEGRAIN RICE (BASIC RECIPE)

煮熟深色粗米需要很长时间。每 200 克 / 7 盎司粗米需要加入 500 毫升 / 18 盎司水。将粗米和冷水、少许盐一起放入酱汁锅中，加热至沸腾后煮约 30 分钟。米粒变软后，米饭应该相对干爽且水分被完全吸收。可以根据个人口味进行调味。

COTTURA PER RISO PILAF (RICETTA BASE)

制备时间：10 分钟

加热烹调时间：30 分钟

大米和水的比例可能根据大米品种不同而有所不同（见第 374 页）

土耳其调味米饭（基础配方）PILAF RICE (BASIC RECIPE)

烤箱预热到 180°C/ 350°F/ 气烤箱刻度 4。Pilaf 在土耳其语中的意思为“米饭”，其加工制作方法具有独特的土耳其风格。在一口相对较浅、可以在烤箱中使用的平底锅中加热熔化黄油，加入切碎的洋葱，小火加热 5 分钟直至洋葱变得软嫩。加入大米和少许盐，搅拌至每粒米皆被黄油均匀包裹。倒入足够没过米的沸水或高汤（每 500 克 / 1 磅 2 盎司米需要 1 升 / 1¾ 品脱水或高汤），加热至沸腾，随后盖上锅盖放入烤箱中。烘烤 18～20 分钟，在烘烤过程中不可打开锅盖。上桌前搅拌加入一小块黄油。土耳其调味米饭可以搭配贝类、大虾、海螯虾、鸡蛋酱烹鸡肉、蘑菇等一起享用。

西西里米橙 SICILIAN CROQUETTES

将大米放入加了盐的足量沸水中煮15～18分钟，变软后捞出控干。倒入碗中，搅拌加入一半的黄油和帕玛森奶酪，随后将米饭平铺在工作台面上，待其冷却。用酱汁锅加热熔化剩余的黄油，加入牛肉煸炒，其间时常搅拌，直至牛肉均匀上色。淋入葡萄酒，继续加热至酒精完全挥发。搅拌加入番茄泥，盖上锅盖，小火继续加热15分钟，用盐调味后从火上取下。将冷却后的米饭捏成小橙子大小的米团（米橙也是因此而得名），在每个米团中心留出一些空间，填入少许肉酱和一块马苏里拉奶酪丁，再取适量米饭封口。在一个浅盘中打散鸡蛋并加入少许盐，另一个浅盘中铺面粉。让米团先裹鸡蛋液，再裹面粉，抖去多余面粉。将植物油放入炸锅中，加热到180～190°C，或可以在30秒内将一小块陈面包炸至金黄的温度。将米团放入热油中，炸至色泽金黄且颜色均匀。捞出放在厨房纸上控干油后即可上桌。

ARANCINI ALLA SICILIANA

供4人食用

制备时间：1小时45分钟

加热烹调时间：20分钟

300克 / 11盎司长粒米

50克 / 2盎司黄油

2汤匙帕玛森奶酪，现擦末

100克 / 3½盎司瘦牛肉馅

100毫升 / 3½盎司干白葡萄酒

2汤匙番茄泥

100克 / 3½盎司马苏里拉奶酪，切丁

2颗鸡蛋

50克 / 2盎司普通面粉

植物油，用于油炸

盐

见第378页

咖喱大虾饭 RICE WITH CURRY SAUCE AND PRAWNS

烤箱预热到220°C/ 425°F/ 气烤箱刻度7，在环形模具中涂抹黄油。将高汤加热至沸腾。在一个烤盘中加热熔化黄油，加入洋葱，不时搅拌，小火加热5分钟直至变软。加入大米，搅拌使其均匀附着黄油。加入高汤，用锡箔纸覆盖烤盘，放入烤箱中烘烤约17分钟。与此同时，将大虾放入加了盐的沸水锅中煮2分钟，捞出控干。取出米饭，盛入准备好的环形模具中，在工作台面上摔打几下，排出米粒间的空气。接着小心地翻扣在温热的餐盘中，摆上大虾装饰，最后在米饭上浇咖喱酱即可上桌。

RISO AL CURRY CON GAMBERI

供4人食用

制备时间：1小时30分钟～2小时50分钟

加热烹调时间：25分钟

40克 / 1½盎司黄油，另加涂抹所需

750毫升 / 1¼品脱鱼肉或鸡肉高汤（见第248～249页）

1颗洋葱，切丝

350克 / 12盎司长粒米

350克 / 12盎司生大虾，去壳

1份咖喱酱（见第64页）

盐

广东炒饭 CANTONESE RICE

RISO ALLA CANTONESE
供 4 人食用
制备时间：2 小时 45 分钟
加热烹调时间：30 分钟
130 克 / 4½ 盎司黄油
300 克 / 11 盎司长粒米
1 升 / 1¾ 品脱鸡肉高汤（见第 249 页）
2 颗洋葱，切碎
2 块去皮无骨鸡胸，切丁
25 克 / 1 盎司焯熟扁桃仁，粗略切碎
盐和胡椒
酱油，用作配餐

锅中加热熔化一半用量的黄油，加入大米，搅拌使其均匀附着黄油。加入高汤并用盐和胡椒调味。盖上锅盖，小火加热 15 分钟，不需搅拌。在另一口锅中加热熔化剩余的黄油，加入洋葱，小火加热 5 分钟，不时搅拌。加入鸡肉，撒少许盐调味，继续加热 15 分钟并不时搅拌。米饭煮熟之前，搅拌加入扁桃仁。将扁桃仁米饭盛入温热的餐盘内，浇上炒鸡肉丁。搭配酱油一同上桌。

薄荷饭 RICE WITH MINT

RISO ALLA MENTA
供 4 人食用
制备时间：15 分钟
加热烹调时间：18 分钟
8 片新鲜薄荷叶，切碎
1 棵韭葱，取葱白，切细丝
1 颗柠檬，榨取柠檬汁并过滤
120 毫升 / 4 盎司橄榄油
350 克 / 12 盎司长粒米
盐和胡椒

碗中混合薄荷、韭葱、柠檬汁和橄榄油，用盐和胡椒调味。将大米放入加了盐的足量沸水中煮软。捞出控干并加入新鲜薄荷酱汁调味。需要注意，薄荷的味道不适合搭配葡萄酒。

胡萝卜核桃饭 RICE WITH CARROTS AND WALNUTS

RISO ALLE CAROTE E NOCI
供 4 人食用
制备时间：15 分钟
加热烹调时间：35 分钟
350 克 / 12 盎司粗米
200 克 / 7 盎司胡萝卜，切片
50 克 / 2 盎司去壳核桃
2 汤匙玉米油
盐

烤箱预热到 180°C/ 350°F/ 气烤箱刻度 4。大米用冷水洗净，随后和 750 毫升 / 1¼ 品脱水一起放入酱汁锅中。加入少许盐，小火加热至沸腾，继续煮 15 分钟。搅拌加入胡萝卜，盖上锅盖，再煮 15 分钟，直至水分被完全吸收且米饭变软。与此同时，将核桃仁均匀铺在烤板上，放入烤箱烘烤数分钟。烤至色泽金黄后取出，冷却后切碎。趁米饭较软时，搅拌加入核桃仁和玉米油，继续加热数分钟。盛入温热的餐盘中即可上桌。

← 西西里米橙，第 377 页

印尼风味米饭 INDONESIAN RICE

RISO ALL'INDONESIANA
供 4 人食用
制备时间：3 小时
加热烹调时间：1 小时 30 分钟
1 只鸡，重量约 500 克 / 1 磅 2 盎司
150 克 / 5 盎司去荚豌豆
3 汤匙橄榄油
275 克 / 10 盎司长粒米
1 升 / 1¾ 品脱鸡肉高汤（见第 249 页）
150 克 / 5 盎司熟火腿，切丁
1¼ 茶匙咖喱粉
盐和胡椒

鸡肉去皮剔骨，切成整齐的块。将鸡肉块放入酱汁锅中，加入 1½ 升 / 2½ 品脱水，加热至沸腾，随后调小火力，慢火炖煮 40 分钟。加入豌豆，用少许盐和胡椒调味。在另一口酱汁锅中加热橄榄油，加入长粒米煸炒，不时搅拌，直至米粒上色。搅拌加入 1 汤匙高汤，加入火腿和咖喱粉。逐渐浇入全部高汤，待一勺高汤被完全吸收后再加入下一勺高汤。将鸡肉和豌豆加入米饭中，继续加热，直至米饭软嫩。用盐和胡椒调味，盛入单独的碗或汤盘中即可上桌。

生蛋饭 RICE WITH RAW EGG

RISO ALL'UOVO CRUDO
供 4 人食用
制备时间：20 分钟
加热烹调时间：15～18 分钟
350 克 / 12 盎司长粒米
4 个蛋黄
100 克 / 3½ 盎司芳提娜奶酪，切薄片
25 克 / 1 盎司黄油
40 克 / 1½ 盎司帕玛森奶酪，现擦碎，另加配餐所需
盐

将大米放入加了盐的足量沸水中煮 15～18 分钟，直至变得软嫩。与此同时，在大碗中打散蛋黄，加入少许盐和芳提娜奶酪。米饭捞出控干，放入蛋液中并快速搅拌，让鸡蛋呈奶油状且均匀附着在米粒上。搅拌加入黄油和帕玛森奶酪。盛入温热的餐盘中，同配餐用帕玛森奶酪一同上桌。

小扁豆咖喱饭 CURRIED RICE AND LENTILS

RISO CON LENTICCHIE AL CURRY
供 4 人食用
制备时间：40 分钟
加热烹调时间：15～20 分钟
150 克 / 5 盎司小扁豆
350 克 / 12 盎司长粒米
2 茶匙咖喱粉
40 克 / 1½ 盎司黄油
盐

将小扁豆放入酱汁锅中，加入没过小扁豆的清水，加热至沸腾后转小火炖煮 30 分钟。捞出控干小扁豆并保留 500 毫升 / 18 盎司煮小扁豆的汤汁。将大米放入另一口酱汁锅中，加入保留的汤汁、咖喱粉、黄油和少许盐。加热至沸腾后转小火继续加热 15～20 分钟，直至米饭变软且汤汁被完全吸收。搅拌加入小扁豆，盛入温热的餐盘中即可。

菠菜饭 RICE WITH SPINACH

RISO CON SPINACI
供 4 人食用
制备时间：15 分钟
加热烹调时间：30 分钟
600 克 / 1 磅 5 盎司菠菜
40 克 / 1½ 盎司黄油
350 克 / 12 盎司长粒米
40 克 / 1½ 盎司帕玛森奶酪，现擦碎
盐

将菠菜放入加了少许盐的 500 毫升 / 18 盎司沸水中煮 5 分钟，随后捞出控干并保留汤汁。尽可能挤出菠菜中所有水分后切碎。用平底锅加热熔化一半用量的黄油，加入菠菜，小火煸炒 5 分钟。用保留的煮菠菜汤汁煮米饭，直至米粒变软。捞出控干，倒入温热的餐盘中，与剩余黄油搅拌均匀。最后在米饭上铺菠菜泥、撒上帕玛森奶酪即可。

菠菜饭 →

RISO IN CAGNONE

供 4 人食用

制备时间: 10 分钟

加热烹调时间: 15～18 分钟

350 克 / 12 盎司长粒米

25 克 / 1 盎司黄油

8 片新鲜鼠尾草叶

40 克 / 1½ 盎司帕玛森奶酪，现擦碎

盐

调味煮米饭 SEASONED BOILED RICE

将大米放入加了盐的足量沸水中煮 15～18 分钟，直至变软，随后捞出控干水分。与此同时，在小号酱汁锅中加热熔化黄油，加入鼠尾草叶，加热数分钟至稍微上色。趁米饭尚热时淋鼠尾草黄油，最后撒上帕玛森奶酪即可上桌。

RISO IN FORMA CON PROSCIUTTO E PISELLI

供 4 人食用

制备时间: 1 小时

加热烹调时间: 5 分钟

50 克 / 2 盎司黄油，另加涂抹所需

半颗洋葱，切碎

250 克 / 9 盎司冷冻豌豆

150 毫升 / ¼ 品脱牛肉高汤（见第 248 页）

100 克 / 3½ 盎司芳提娜奶酪，切丁

100 克 / 3½ 盎司马苏里拉奶酪，切丁

100 克 / 3½ 盎司瑞士多孔奶酪，切丁

200 毫升 / 7 盎司牛奶

300 克 / 11 盎司长粒米

200 克 / 7 盎司熟火腿，切片

盐

火腿豌豆米饭 MOULDED RICE WITH HAM AND PEAS

烤箱预热到 200°C/ 400°F/ 气烤箱刻度 6，环形模具中涂抹黄油。用小号酱汁锅加热熔化黄油，加入洋葱，小火煸炒 10 分钟，其间不时搅拌，直至色泽金黄。加入豌豆、少许盐和高汤，加热至沸腾后改小火继续加热 8 分钟，不盖锅盖，直至豌豆软嫩。将奶酪放入碗中，加入牛奶，静置备用。将大米放入加了盐的足量沸水中煮 15～18 分钟，直至变软，随后捞出控干并倒入碗中。奶酪控干，搅拌加入米饭中。在准备好的模具中铺一层火腿片，盛入米饭并压实。放入烤箱烘烤 5 分钟，盛入温热的餐盘中，放入煮好的豌豆即可。

RISO IN FORNO AL PREZZEMOLO

供 4 人食用

制备时间: 25 分钟

加热烹调时间: 20 分钟

350 克 / 12 盎司长粒米

4 汤匙橄榄油

1 颗红葱头，切碎

2 枝新鲜平叶欧芹，切碎

盐和胡椒

帕玛森奶酪，现擦碎，用作配餐

欧芹烤米饭 BAKED RICE WITH PARSLEY

烤箱预热到 180°C/ 350°F/ 气烤箱刻度 4。将大米放入加了盐的足量沸水中煮 7～8 分钟，随后捞出控干并晾至干燥。将米饭倒入耐热焗盘中，搅拌加入一半用量的橄榄油，用锡箔纸覆盖，放入烤箱内烘烤约 20 分钟。与此同时，用平底锅加热剩余的橄榄油，加入红葱头和欧芹，小火加热 5 分钟，其间不时搅拌，直至变软。用盐和胡椒调味，搅拌加入米饭中，搭配帕玛森奶酪一同上桌。

马苏里拉奶酪迷你米橙 MINI RICE CROQUETTES WITH MOZZARELLA

将大米放入加了盐的足量沸水中煮7～8分钟，随后捞出控干并倒入大碗中。加入马苏里拉奶酪、火腿和蛋黄，混合均匀。随后搅拌加入帕玛森奶酪。将混合物捏成核桃大小的鹅卵石形米团。在一个浅盘中撒入面粉，另一个浅盘放加入盐和胡椒打散的鸡蛋，第三个浅盘放面包糠。米团先裹面粉，随后蘸蛋液，再裹上面包糠。将炸锅中的植物油加热到180～190℃，或加热至可以在30秒内将一小块陈面包炸至金黄色的温度。分批加入米团，炸至色泽金黄。炸好后用漏勺捞出，放在厨房纸上控净油。趁热尽快上桌食用。

MINI SUPPLÌ DI RISO CON MOZZARELLA

供4人食用

制备时间：40分钟

加热烹调时间：20～30分钟

250克/9盎司长粒米

200克/7盎司马苏里拉奶酪，切丁

100克/3½盎司熟火腿，切细丁

2个蛋黄

80克/3盎司帕玛森奶酪，现擦碎

50克/2盎司普通面粉

1颗鸡蛋

50克/2盎司面包糠

植物油，用于油炸

盐和胡椒

米饭沙拉

RISO IN INSALATA AI GAMBERETTI

供 4 人食用

制备时间：20 分钟

加热烹调时间：18 分钟

350 克 / 12 盎司长粒米
3 汤匙橄榄油
1 颗柠檬，榨取柠檬汁并过滤
200 克 / 7 盎司熟大虾，去壳
3 汤匙切碎的新鲜平叶欧芹
8 片新鲜罗勒叶，撕碎
黄油，用于涂抹
盐和胡椒

大虾米饭沙拉 RICE AND PRAWN SALAD

将大米放入加了盐的足量沸水中煮约 18 分钟，直至变软，随后捞出控干。接着用冷水冲洗并再次控干，倒入碗中。制作油醋汁：将橄榄油和柠檬汁放入罐子中搅打均匀，加入少许盐和胡椒调味。米饭中加入大虾、欧芹和罗勒，浇上油醋汁，轻轻翻拌。在圆顶形模具中涂上黄油，盛入米饭沙拉并压实。翻扣在餐盘中，上桌前放在阴凉处保存，不要放入冰箱冷藏。

大虾米饭沙拉 ➔

RISO IN INSALATA AL CURRY
供 4 人食用
制备时间：35 分钟
加热烹调时间：18 分钟
300 克 / 11 盎司长粒米
50 克 / 2 盎司四季豆
1 个西葫芦
2 颗煮熟的鸡蛋
1 根芹菜茎，切细末
2 颗番茄，去皮去籽，切丁
1 个红甜椒，切半去籽，切细末
4 个小萝卜，切薄片
3 汤匙橄榄油
1 汤匙白葡萄酒醋
2 茶匙咖喱粉
1 茶匙第戎芥末
盐

咖喱米饭沙拉 CURRIED RICE SALAD

将大米放入加了盐的足量沸水中煮约 18 分钟，直至变软，随后控干。用冷水冲洗冷却后再次控干，倒入沙拉碗中。与此同时，将四季豆和西葫芦放入加了盐的沸水中煮 8～10 分钟，直至变软，随后控干切碎。剥去煮蛋的蛋壳，切半，用茶匙挖出蛋黄，蛋清切末。混合四季豆、西葫芦、芹菜、番茄、甜椒、小萝卜、蛋清末和米饭，轻轻翻拌。将橄榄油和白葡萄酒醋放入碗中，搅打均匀，加入蛋黄并碾碎，搅拌加入咖喱粉和第戎芥末，用盐调味。将调味汁浇在米饭和蔬菜上，轻轻翻拌后尽快上桌。

RISO IN INSALATA AL FORMAGGIO
供 4 人食用
制备时间：20 分钟
加热烹调时间：18 分钟
300 克 / 11 盎司长粒米
4 汤匙橄榄油
1 颗苹果
150 克 / 5 盎司瑞士多孔奶酪，切丁
2 棵带叶芹菜心，切碎
50 克 / 2 盎司去壳核桃仁，切碎
盐和胡椒

奶酪米饭沙拉 RICE SALAD WITH CHEESE

将大米放入加了盐的足量沸水中煮约 18 分钟，直至变软，随后控干。用冷水冲洗冷却后再次控干，倒入沙拉碗中，搅拌加入 3 汤匙橄榄油。苹果去核切丁，和瑞士多孔奶酪、芹菜、核桃仁一起加入米饭中。搅拌加入剩余的橄榄油，用适量盐和胡椒调味。上桌前置于阴凉处保存，不要放入冰箱内冷藏。

RISO IN INSALATA ALLA MARINARA
供 4 人食用
制备时间：40 分钟
加热烹调时间：35 分钟
500 克 / 1 磅 2 盎司蛤蜊，刷净
500 克 / 1 磅 2 盎司贻贝，刷净除须
300 克 / 11 盎司小章鱼
250 克 / 9 盎司长粒米
2 颗煮熟的鸡蛋
3 汤匙橄榄油
1～2 茶匙柠檬汁，过滤
盐

海鲜米饭沙拉 SEAFOOD RICE SALAD

舍去所有贝壳破裂的、在快速拍打后不会立刻闭合的蛤蜊和贻贝。将贝类分别放在两口平底锅中，用大火加热 5 分钟，直至贝壳张开。从火上取下锅，舍去贝壳仍然闭合的蛤蜊和贻贝。从贝壳中取出肉，置旁备用。将小章鱼放入加了盐的沸水锅中煮 10 分钟，从火上取下锅，待其冷却，随后捞出控干小章鱼并切半。将大米放入加了盐的足量沸水中煮约 18 分钟，直至变软，捞出控干。用冷水冲洗冷却后再次控干，倒入沙拉碗中，加入蛤蜊、贻贝和章鱼。煮鸡蛋去壳切半，挖出蛋黄。将蛋黄放入碗中碾碎，一滴一滴逐渐地搅拌加入橄榄油。当蛋黄酱汁逐渐接近适合的黏稠度时（可能不需要加入全部的橄榄油），搅拌加入适量柠檬汁和盐调味。将调味汁浇在米饭沙拉上，上桌前置于阴凉处保存，不要放入冰箱内冷藏。

甜菜根米饭沙拉 RICE AND BEETROOT SALAD

将大米放入加了盐的足量沸水中煮约 18 分钟，直至变软，随后控干。用冷水冲洗冷却后再次控干，倒入沙拉碗中，加入奶酪和酸豆。将 2 颗鸡蛋去壳切碎，加入米饭中。将橄榄油、白葡萄酒醋和第戎芥末放入罐中，搅打均匀，用盐和胡椒调味并浇在米饭沙拉上。将甜菜根末和欧芹末撒在沙拉上。剩余的煮鸡蛋剥去外壳，切片摆放在沙拉上即可。

RISO IN INSALATA CON BARBABIETOLE

供 4 人食用

制备时间：30 分钟

加热烹调时间：18 分钟

300 克 / 11 盎司长粒米

100 克 / 3½ 盎司瑞士多孔奶酪，切丁

16 颗酸豆，漂洗干净

3 颗煮熟的鸡蛋

6 汤匙橄榄油

2 汤匙白葡萄酒醋

1 茶匙第戎芥末

1 个熟甜菜根，去皮切丁

1 枝新鲜平叶欧芹，切细末

盐和胡椒

泡椒米饭沙拉 RICE SALAD WITH PICKED PEPPERS

将大米放入加了盐的足量沸水中，煮约 18 分钟，直至变软，随后控干。用冷水冲洗冷却后再次控干，倒入碗中，搅拌加入 2 汤匙橄榄油。搅拌加入甜椒和酸黄瓜，随后加入剩余的橄榄油混合均匀，用盐和胡椒调味。将米饭沙拉盛入圆形模具中并压实，随后翻转倒扣在餐盘中。摆上帕玛森奶酪片，直至完全覆盖沙拉即可。

RISO IN INSALATA CON PEPERONI SOTTACETO

供 4 人食用

制备时间：20 分钟

加热烹调时间：18 分钟

300 克 / 11 盎司长粒米

3 汤匙橄榄油

1 罐（约 180 克 / 3 盎司）泡甜椒，控干并切条

1 罐（约 180 克 / 3 盎司）酸黄瓜，控干并切碎

40 克 / 1½ 盎司帕玛森奶酪，现擦片

盐和胡椒

蟹肉米饭沙拉 RICE AND CRAB MEAT SALAD

将大米放入加了盐的足量沸水中，煮约 18 分钟，直至变软，随后控干。用冷水冲洗冷却后再次控干，倒入沙拉碗中，搅拌加入 1 汤匙的橄榄油和少许胡椒。酱汁锅中加热 2 汤匙剩余的橄榄油，加入韭葱，煸炒 5 分钟，其间不时搅拌，直至变得软嫩。加入豌豆，用盐调味，中火加热 10 分钟，直至变软。鸡蛋混合少许盐并打散。用平底锅加热剩余的橄榄油，倒入蛋液，翻转倾斜平底锅使蛋液均匀覆盖锅底，加热至蛋饼底面凝固。将煎蛋饼翻面后继续加热，直至另一面也凝固成形。从锅中滑出蛋饼，切条。翻拌蟹肉，挑出可能混有的软骨和蟹壳，随后同韭葱、豌豆、蛋饼条一起搅拌加入米饭中。品尝一下，根据喜好适当地调味。上桌前置于阴凉处保存，不要放入冰箱内冷藏。

RISO IN INSALATA CON POLPA DI GRANCHIO

供 4 人食用

制备时间：30 分钟

加热烹调时间：40 分钟

300 克 / 11 盎司长粒米

4 汤匙橄榄油

2 棵韭葱，除边角杂叶并切丝

200 克 / 7 盎司去荚豌豆

2 颗鸡蛋

300 克 / 11 盎司蟹肉，如果是罐装，需控净汤汁

盐和胡椒

低脂米饭沙拉 LOW-FAT RICE SALAD

将大米放入加了盐的足量沸水中，煮约 18 分钟，直至变软，随后控干并趁热倒入大沙拉碗中。将金枪鱼、甜玉米、烟熏鲑鱼、大虾依次铺在米饭上。撒上酸豆，淋上橄榄油，用少许盐和胡椒调味，轻轻翻拌使味道混合均匀。

RISO IN INSALATA DI MAGRO
供 4 人食用
制备时间：20 分钟
加热烹调时间：18 分钟
250 克 / 9 盎司长粒米
150 克 / 5 盎司罐装油浸金枪鱼，控干汤汁后掰碎
150 克 / 5 盎司罐装甜玉米，控干
150 克 / 5 盎司烟熏鲑鱼，切丁
200 克 / 7 盎司熟大虾，去壳
1 汤匙酸豆，漂洗干净
橄榄油，用于淋洒
盐和白胡椒

熏鱼米饭沙拉 SMOKED FISH AND RICE SALAD

将鱼肉高汤放入酱汁锅中，加热至沸腾。加入大米，煮约 18 分钟，直至变软，随后控干并静置冷却。将米饭、萝卜、辣根、鲑鱼和箭鱼放入沙拉碗中。将橄榄油、核桃油、柠檬汁和青柠汁放入另外一个碗中，搅打均匀，用盐和胡椒调味。将调味汁浇在米饭沙拉上，翻拌均匀并撒上莳萝。上桌前置于阴凉处保存，不要放入冰箱内冷藏。

RISO IN INSALATA DI PESCE AFFUMICATO
供 4 人食用
制备时间：1 小时 30 分钟，另加冷却用时
加热烹调时间：18 分钟
500 毫升 / 18 盎司浓缩鱼肉高汤（见第 250 页）• 300 克 / 11 盎司长粒米
4 个小萝卜，切片 • 1 厘米 / ½ 英寸长的一段新鲜辣根，切碎
1 片烟熏鲑鱼，切条
1 片烟熏箭鱼，切条
2 汤匙橄榄油 • 1 汤匙核桃油
1 颗柠檬，挤出柠檬汁，过滤
1 颗青柠，挤出青柠汁，过滤
1 汤匙切碎的新鲜莳萝 • 盐和胡椒

夏日米饭沙拉 SUMMER RICE SALAD

将大米放入加了盐的足量沸水中煮至变软，随后控干，用冷水冲洗冷却后再次控干。与此同时，将金枪鱼、格吕耶尔奶酪、番茄和酸豆放入沙拉碗中，加入米饭并混合均匀，让其吸收味道。在另一个碗中，将橄榄油和柠檬汁搅打均匀，随后浇在米饭沙拉上并翻拌均匀。最后，搅拌加入洋葱和洋蓟。上桌前置于阴凉处保存，不要放入冰箱内冷藏。

RISO IN INSALATA ESTIVO
供 4 人食用
制备时间：20 分钟
加热烹调时间：15 分钟
300 克 / 11 盎司易熟大米
250 克 / 9 盎司罐装油浸金枪鱼，控净汤汁并掰碎
200 克 / 7 盎司格吕耶尔奶酪，切丁
4 颗番茄，去籽切丁
2 汤匙酸豆，漂洗干净
3 汤匙橄榄油
1 颗柠檬，挤出柠檬汁，过滤
8 颗腌泡珍珠洋葱
8 颗油浸小洋蓟
盐

← 夏日米饭沙拉

调味饭

大米是世界上最受欢迎的谷物，调味饭则是源自意大利烹饪文化。它的质地因地区而有所不同，但制作方法基本相同。尽管食谱各有特色，但其烹饪原则是共通的。用小火配合少量橄榄油或黄油对米粒稍加“烘焙”后，一勺一勺地浇入热高汤。制作调味饭的关键是选择合适的大米品种，如 Arborio 或 Carnaroli，它们会在加热制作过程中释放出淀粉，呈现奶油般的完美色泽与口感。

RISOTTO AI FRUTTI DI MARE

供 4 人食用

制备时间：1 小时 30 分钟

加热烹调时间：50 分钟

4 汤匙橄榄油

1 颗洋葱，切碎

1 瓣蒜

600 克 / 1 磅 5 盎司除净内脏的混合海鲜，如小章鱼、墨鱼和小鱿鱼

约 $1^1/_5$ 升 / 2 品脱鱼肉高汤（见第 248 页）

175 毫升 / 6 盎司干白葡萄酒

2 汤匙番茄泥

300 克 / 11 盎司调味饭大米

200 克 / 7 盎司去壳贻贝

1 汤匙切碎的新鲜平叶欧芹

盐和胡椒

海鲜调味饭 SEAFOOD RISOTTO

用酱汁锅加热橄榄油，加入洋葱和蒜，小火煸炒 10 分钟，其间不时搅拌，直至稍微上色。取出大蒜并丢弃不用，将海鲜加入锅中，继续加热几分钟。与此同时，用另一口锅加热高汤，直至沸腾。在海鲜锅中淋洒葡萄酒，继续加热至酒精完全挥发，随后根据个人喜好调味。浇入 3 汤匙水，加入番茄泥后继续加热 10 分钟。加入大米，不停搅拌，直至所有汤汁被米粒吸收。浇入 1 汤匙热高汤，边搅拌边继续加热，直至高汤被完全吸收。继续一勺一勺地加入高汤并不停搅拌加热，待一勺高汤被完全吸收后再加入下一勺。这个过程需要 18～20 分钟。当米粒开始变软，加入贻贝肉并轻轻混合均匀。撒入欧芹即可上桌。

海鲜调味饭 →

蓝莓调味饭 BLUEBERRY RISOTTO

RISOTTO AI MIRTILLI
供 4 人食用
制备时间：1 小时
加热烹调时间：30 分钟
约 1½ 升 / 2½ 品脱蔬菜高汤（见第 249 页）
40 克 / 1½ 盎司黄油
1 颗洋葱，切细末
350 克 / 12 盎司调味饭大米
175 毫升 / 6 盎司白葡萄酒
200 克 / 7 盎司蓝莓
100 毫升 / 3½ 盎司双倍奶油
帕玛森奶酪，现擦碎，用作配餐

将高汤加热至沸腾。与此同时，在另一口酱汁锅中加热熔化黄油，加入洋葱，小火煸炒 5 分钟，其间不时搅拌，直至变得软嫩。加入大米，继续加热，不停搅拌，直至所有米粒均匀附着上黄油。淋入葡萄酒，加热至酒精完全挥发。保留 2 汤匙蓝莓，将剩余的蓝莓加入锅中。浇入 1 汤匙热高汤，边搅拌边继续加热，直至高汤被完全吸收。继续一勺一勺地加入高汤并不停搅拌，待一勺高汤被完全吸收后再加入下一勺。这个过程大概需要 18～20 分钟。在米粒变软后，搅拌加入奶油并倒入温热的餐盘中。用保留的蓝莓装饰，搭配帕玛森奶酪一同上桌。

菊芋调味饭 JERUSALEM ARTICHOKE RISOTTO

RISOTTO AI TOPINAMBUR
供 4 人食用
制备时间：1 小时
加热烹调时间：50 分钟
约 1½ 升 / 2½ 品脱蔬菜高汤（见第 249 页）
40 克 / 1½ 盎司黄油
1 颗洋葱，切碎
6 个菊芋，切片
350 克 / 12 盎司调味饭大米
1 汤匙双倍奶油
盐
帕玛森奶酪，现擦碎，用作配餐

将高汤加热至沸腾。与此同时，在另一口酱汁锅中加热熔化黄油，加入洋葱，小火煸炒 5 分钟，其间不时搅拌，直至变得软嫩。加入菊芋，继续加热 5 分钟，不时搅拌。加入 1 汤匙高汤，慢火炖煮 20 分钟，随后用叉子碾碎菊芋。搅拌加入大米，浇入 1 汤匙热高汤，边搅拌边继续加热，直至高汤被完全吸收。继续一勺一勺地加入高汤并不停搅拌加热，待一勺高汤被完全吸收后再加入下一勺。这个过程大概需要 18～20 分钟。在米粒变软后，用盐调味并搅拌加入奶油。搭配帕玛森奶酪一同上桌。

巴罗洛葡萄酒蘑菇调味饭 BAROLO AND MUSHROOM RISOTTO

RISOTTO AL BAROLO CON FUNGHI
供 4 人食用
制备时间：1 小时
加热烹调时间：1 小时
100 克 / 3½ 盎司干蘑菇
40 克 / 1½ 盎司黄油
2 汤匙橄榄油 • 1 瓣蒜，切末 • 1 颗洋葱，切末 • 1 枝新鲜迷迭香，切末
1 枝新鲜鼠尾草，切末 • 1 枝新鲜罗勒，切末 • 4 颗番茄，去皮切碎
约 1½ 升 / 2½ 品脱蔬菜高汤（见第 249 页）• 1 枝新鲜平叶欧芹，切末
350 克 / 12 盎司调味饭大米
200 毫升 / 7 盎司巴罗洛葡萄酒（Barolo）
40 克 / 1½ 盎司帕玛森奶酪，现擦碎
盐和胡椒

将蘑菇放入碗中，加入足够没过蘑菇的热水，浸泡 20 分钟，随后控干并挤出水分。在酱汁锅中加热黄油和橄榄油，加入蒜、洋葱、迷迭香、鼠尾草和罗勒，小火煸炒 5 分钟，不时搅拌。加入番茄，继续加热 15 分钟。加入蘑菇，用盐和胡椒调味，盖上锅盖，小火加热 15 分钟。与此同时，将高汤加热至沸腾。在蔬菜锅中搅拌加入欧芹和大米，不停搅拌，直至所有米粒均匀附着油脂。淋入葡萄酒，继续加热至酒精完全挥发。浇入 1 汤匙热高汤，边搅拌边继续加热，直至高汤被完全吸收。继续一勺一勺地加入高汤并不停搅拌，待一勺高汤被完全吸收后再加入下一勺。这个过程大概需要 18～20 分钟。在米粒变软后，撒入帕玛森奶酪即可上桌。

← 巴罗洛葡萄酒蘑菇调味饭

RISOTTO AL CAVIALE
供 4 人食用
制备时间：10 分钟
加热烹调时间：35 分钟
80 克 / 3 盎司黄油
1 颗洋葱，切碎
350 克 / 12 盎司调味饭大米
350 毫升 / 12 盎司干白葡萄酒
250 毫升 / 8 盎司双倍奶油
3 汤匙鱼子酱
盐和胡椒

鱼子酱调味饭 CAVIAR RISOTTO

用酱汁锅加热熔化黄油，加入洋葱，小火煸炒 5 分钟，不时搅拌。搅拌加入大米，随后淋入葡萄酒并用小火加热至沸腾。逐渐搅拌加入奶油，不停搅拌并加热至米粒变软。如果需要，可加入少许沸水。用盐和胡椒调味，从火上取下锅。加入鱼子酱，用力搅拌至调味饭色泽均匀即可。

RISOTTO ALLA MILANESE
供 4 人食用
制备时间：4 小时 15 分钟
加热烹调时间：40 分钟
约 1½ 升 / 2½ 品脱牛肉高汤（见第 248 页）
20 克 / ¾ 盎司牛骨髓
80 克 / 3 盎司黄油
1 颗小洋葱，切碎
350 克 / 12 盎司调味饭大米
120 毫升 / 4 盎司白葡萄酒（可选）
½ 茶匙藏红花蕊丝
80 克 / 3 盎司帕玛森奶酪，现擦碎
盐和胡椒

米兰调味饭 MILANESE RISOTTO

将高汤加热至沸腾，调整火力使其保持接近沸腾的状态。在另一口酱汁锅中加热 50 克 / 2 盎司黄油和牛骨髓。加入洋葱，小火煸炒 15 分钟，不时搅拌，直至洋葱变透明。搅拌加入大米，边搅拌边继续加热 1～2 分钟，直至所有米粒均匀附着黄油且米粒边缘开始变透明。搅拌加入葡萄酒（如果使用），继续搅拌加热至酒精挥发。浇入 1 汤匙热高汤，边搅拌边继续加热，直至高汤被米粒完全吸收。继续一勺一勺地加入高汤并不停搅拌，待一勺高汤被完全吸收后再加入下一勺。这个过程大概需要 15～20 分钟。保持不停搅拌十分重要，因为它可以加速大米中的淀粉乳化过程，为调味饭带来奶油般的质地。与此同时，煮沸一些清水。将藏红花蕊丝放入耐热碗中，浇入 2 汤匙沸水，置旁静置。不时确认调味饭的火候，米粒应该边缘软而中心保持韧性。在加入最后 1 汤匙高汤前，搅拌加入藏红花汤汁。当米粒变软后，用适量盐和胡椒调味，需要注意帕玛森奶酪也有咸味。从火上取下酱汁锅，搅拌加入剩余的黄油和帕玛森奶酪。盖上锅盖，静置 5 分钟后即可上桌。

米兰调味饭 →

鲑鱼白葡萄酒调味饭 SALMON AND WINE RISOTTO

RISOTTO ALLA SALSA DI SALMONE E SPUMANTE

供 4 人食用

制备时间：1 小时

加热烹调时间：30 分钟

约 1½ 升 / 2½ 品脱蔬菜高汤（见第 249 页）

40 克 / 1½ 盎司黄油

350 克 / 12 盎司调味饭大米

350 毫升 / 12 盎司起泡白葡萄酒

80 克 / 3 盎司烟熏鲑鱼

高汤加热至沸腾。在另一口酱汁锅中加热熔化一半用量的黄油，搅拌加入大米，持续搅拌，直至所有米粒均匀附着黄油。淋入葡萄酒，继续加热至酒精挥发。浇入 1 汤匙热高汤，边搅拌边继续加热，直至高汤被完全吸收。继续一勺一勺地加入高汤并不停搅拌，待一勺高汤被完全吸收后再加入下一勺。这个过程大概需要 18～20 分钟。与此同时，将一半用量的鲑鱼切碎，另一半切成较大的块。黄油放入碗中，搅拌成奶油状，搅拌加入切碎的鲑鱼肉。在调味饭制作完成前 2 分钟，搅拌加入黄油鲑鱼，同时拌入鲑鱼块。

胡萝卜调味饭 CARROT RISOTTO

RISOTTO ALLE CAROTE

供 4 人食用

制备时间：1 小时

加热烹调时间：25 分钟

1½ 升 / 2½ 品脱蔬菜高汤（见第 249 页）

4 根嫩胡萝卜，切碎

175 毫升 / 6 盎司干白葡萄酒

50 克 / 2 盎司黄油

1 颗小洋葱，切碎

350 克 / 12 盎司调味饭大米

50 克 / 2 盎司瑞士多孔奶酪，擦片

2 汤匙双倍奶油

盐和胡椒

将高汤加热至沸腾。与此同时，将胡萝卜和葡萄酒放入食物料理机中搅打成泥状。在另一口酱汁锅中加热熔化黄油，加入洋葱，小火煸炒 5 分钟，不时搅拌。加入胡萝卜泥，转中火继续加热数秒钟，随后搅拌加入大米。浇入 1 汤匙热高汤，边搅拌边继续加热，直至高汤被完全吸收。继续一勺一勺地加入高汤并不停搅拌，待一勺高汤被完全吸收后再加入下一勺。这个过程大概需要 18～20 分钟。在米粒变软前约 5 分钟，用盐和胡椒调味并搅拌加入瑞士多孔奶酪和奶油。从火上取下锅，盖上锅盖，静置 2 分钟即可上桌。

草莓调味饭 STRAWBERRY RISOTTO

RISOTTO ALLE FRAGOLE

供 4 人食用

制备时间：1 小时

加热烹调时间：30 分钟

约 1½ 升 / 2½ 品脱蔬菜高汤（见第 249 页）

100 克 / 3½ 盎司黄油

1 颗洋葱，切碎

350 克 / 12 盎司调味饭大米

350 毫升 / 12 盎司干白葡萄酒

300 克 / 11 盎司草莓，摘去花萼

250 毫升 / 8 盎司双倍奶油

盐和胡椒

将高汤加热至沸腾。在另一口酱汁锅中加热熔化一半用量的黄油，加入洋葱，小火煸炒 5 分钟，不时搅拌。加入大米，边搅拌边继续加热，直至所有米粒均匀附着黄油。淋入葡萄酒，加热至酒精挥发。浇入 1 汤匙热高汤，边搅拌边继续加热，直至高汤被完全吸收。继续一勺一勺地加入高汤并不停搅拌，待一勺高汤被完全吸收后再加入下一勺。这个过程大概需要 18～20 分钟。与此同时，保留几颗完整的草莓备用，碾碎其余草莓并在调味饭加热到一半时加入其中。当米粒开始变软时，搅拌加入奶油并用盐和胡椒调味。用保留的草莓装饰后即可上桌。

茄子调味饭 AUBERGINE RISOTTO

RISOTTO ALLE MELANZANE

供 4 人食用

制备时间：55 分钟，另加 30 分钟盐渍时间

加热烹调时间：30 分钟

2 个茄子，切片

约 1½ 升 / 2½ 品脱蔬菜高汤（见第 249 页）

2 汤匙橄榄油

1 瓣蒜

1 颗成熟番茄，去皮去籽，切丁

少许干牛至叶

350 克 / 12 盎司调味饭大米

200 克 / 7 盎司马苏里拉奶酪，切丁

盐和胡椒

茄子片撒盐，静置 30 分钟，待水分渗出。接着将茄子片漂洗干净，用厨房纸拭干并切碎。将高汤加热至沸腾。与此同时，在另一口酱汁锅中加热橄榄油，加入蒜，继续加热几分钟至上色，随后取出并丢弃不用。加入茄子，搅拌加入番茄和牛至叶，转大火继续加热几分钟。搅拌加入大米。浇入 1 汤匙热高汤，边搅拌边继续加热，直至高汤被完全吸收。继续一勺一勺地加入高汤并不停搅拌，待一勺高汤被完全吸收之后再加入下一勺。这个过程大概需要 18～20 分钟。在加热结束前 5 分钟，用盐和胡椒调味并搅拌加入马苏里拉奶酪丁。米粒变软后，装入温热的餐盘中即可。

荨麻调味饭 NETTLE RISOTTO

RISOTTO ALLE ORTICHE

供 4 人食用

制备时间：1 小时

加热烹调时间：35 分钟

约 1½ 升 / 2½ 品脱蔬菜高汤（见第 249 页）

25 克 / 1 盎司黄油

3 汤匙橄榄油

300 克 / 11 盎司新鲜嫩荨麻，切粗块

350 克 / 12 盎司调味饭大米

5 汤匙干白葡萄酒

200 毫升 / 7 盎司双倍奶油

40 克 / 1½ 盎司帕玛森奶酪，现擦碎

将高汤加热至沸腾。与此同时，在另一口酱汁锅中加热黄油和橄榄油，加入荨麻，小火煸炒几分钟，不时搅拌。加入大米，边搅拌边继续加热，直至所有米粒均匀附着油脂。淋入葡萄酒，加热至酒精完全挥发。浇入 1 汤匙热高汤，边搅拌边继续加热，直至高汤被完全吸收。继续一勺一勺地加入高汤并不停搅拌，待一勺高汤被完全吸收后再加入下一勺。这个过程大概需要 18～20 分钟。当米粒开始变软时，搅拌加入奶油。在米粒变软后，从火上取下锅，搅拌加入帕玛森奶酪，盖上锅盖，静置 2 分钟即可上桌。

红菊苣调味饭 RADICCHIO RISOTTO

RISOTTO AL RADICCHIO TREVIGIANO

供 4 人食用

制备时间：55 分钟

加热烹调时间：35 分钟

约 1½ 升 / 2½ 品脱蔬菜高汤（见第 249 页）

80 克 / 3 盎司黄油

1 颗洋葱，切碎

200 克 / 7 盎司红菊苣，切条

350 克 / 12 盎司调味饭大米

5 汤匙白葡萄酒

2 汤匙帕玛森奶酪，现擦碎

盐

见第 398 页

将高汤加热至沸腾。与此同时，在另一口酱汁锅中加热熔化一半用量的黄油，加入洋葱，小火煸炒 5 分钟，不时搅拌。搅拌加入红菊苣，随后搅拌加入大米，边搅拌边加热，直至所有米粒均匀附着黄油。淋入葡萄酒，继续加热至酒精完全挥发。浇入 1 汤匙热高汤，边搅拌边继续加热，直至高汤被完全吸收。继续一勺一勺地加入高汤并不停搅拌，待一勺高汤被完全吸收后再加入下一勺。这个过程大概需要 18～20 分钟。当米粒变软后，用盐调味，搅拌加入剩余的黄油和帕玛森奶酪即可上桌。

大虾调味饭 PRAWN RISOTTO

RISOTTO CON I GAMBERI

供 4 人食用

制备时间：1 小时

加热烹调时间：25 分钟

300 克 / 11 盎司生大虾

1 颗洋葱

2 粒丁香

1 根芹菜茎

1 根胡萝卜

80 克 / 3 盎司黄油

350 克 / 12 盎司调味饭大米

盐

将 1 升 / 1¾ 品脱加了盐的清水加热至沸腾，加入大虾，煮 2～3 分钟后用漏勺捞出，待其冷却后除去壳和沙线，保留虾壳。将虾壳放入研磨钵中磨碎。将洋葱、丁香、芹菜和胡萝卜放入煮虾的汤汁中，加热至沸腾后转小火沸煮 30 分钟。取出丁香并舍弃不用，将锅中蔬菜和汤一起倒入食物料理机中，加入磨碎的虾壳一同搅拌，制成高汤。用酱汁锅加热熔化 50 克 / 2 盎司黄油，搅拌加入大米，边搅拌边加热，直至所有米粒均匀附着黄油。浇入 1 汤匙热高汤，边搅拌边继续加热，直至高汤被完全吸收。继续一勺一勺地加入高汤并不停搅拌，待一勺高汤被完全吸收后再加入下一勺。这个过程大概需要 18～20 分钟。与此同时，用一口平底锅加热熔化剩余的黄油。加入大虾，加热 4～5 分钟，不时搅拌。在米粒变软后，盛入温热的餐盘中，在调味饭周围摆上大虾肉即可上桌。

苹果调味饭 APPLE RISOTTO

RISOTTO CON LE MELE

供 4 人食用

制备时间：1 小时

加热烹调时间：30 分钟

柠檬外皮削出的薄条

2 颗苹果，去皮切丁

40 克 / 1½ 盎司黄油

约 1½ 升 / 2½ 品脱蔬菜高汤（见第 249 页）

2 汤匙橄榄油

350 克 / 12 盎司调味饭大米

5 汤匙干白葡萄酒

2 汤匙现擦碎的帕玛森奶酪

1 汤匙伍斯特沙司

盐和胡椒

将一锅清水加热至沸腾，加入柠檬皮和苹果，煮 4～5 分钟。捞出控干，去掉柠檬皮，用厨房纸拭干苹果。将 25 克 / 1 盎司黄油放入平底锅中，用大火加热熔化，加入苹果，煸炒 5 分钟，其间时常搅拌。与此同时，将高汤加热至沸腾。在酱汁锅中加热橄榄油，搅拌加入大米，边搅拌边加热，直至所有米粒均匀附着橄榄油。淋入葡萄酒，继续加热至酒精完全挥发。浇入 1 汤匙热高汤，边搅拌边继续加热，直至高汤被完全吸收。继续一勺一勺地加入高汤并不停搅拌，待一勺高汤被完全吸收后再加入下一勺。这个过程大概需要 18～20 分钟。在开始加热米饭 6 分钟后，加入苹果。当米粒开始变软后，搅拌加入帕玛森奶酪、伍斯特沙司和剩余的黄油，用适量盐和胡椒调味。

← 红菊苣调味饭，见第 397 页

RISOTTO CON PANNA E RUCOLA
供 4 人食用
制备时间：55 分钟
加热烹调时间：35 分钟
约 1½ 升 / 2½ 品脱蔬菜高汤（见第 249 页）
40 克 / 1½ 盎司黄油
1 颗洋葱，切细末
350 克 / 12 盎司调味饭大米
5 汤匙干白葡萄酒
1½ 汤匙现擦碎的帕玛森奶酪，另加配餐所需
175 毫升 / 6 盎司双倍奶油
1 小把芝麻菜，切碎
盐和胡椒

奶油芝麻菜调味饭 CREAM AND ROCKET RISOTTO

将高汤加热至沸腾。与此同时，在另一口酱汁锅中加热熔化黄油，加入洋葱小火煸炒 5 分钟，其间不时搅拌。搅拌加入大米，不停搅拌直至所有米粒均匀附着黄油。淋入葡萄酒继续加热，直至酒精完全挥发。浇入 1 汤匙热高汤，边搅拌边继续加热，直至高汤被完全吸收。继续一勺一勺地加入高汤并不停搅拌，待一勺高汤被完全吸收后再加入下一勺。这个过程大概需要 18～20 分钟。在米粒开始变软前，搅拌加入帕玛森奶酪和奶油，撒入芝麻菜并用盐和胡椒调味。盛入温热的餐盘中，搭配帕玛森奶酪一起上桌。

RISOTTO CON PEPERONI
供 4 人食用
制备时间：55 分钟
加热烹调时间：35 分钟
约 1½ 升 / 2½ 品脱蔬菜高汤（见第 249 页）
4 汤匙橄榄油
1 颗洋葱，切细末
3 颗番茄，去皮去籽，切碎
3 个红甜椒，切半去籽，切条
1 枝新鲜迷迭香，切细末
350 克 / 12 盎司调味饭大米
4 汤匙现擦碎的帕玛森奶酪

甜椒调味饭 PEPPER RISOTTO

将高汤加热至沸腾。与此同时，在另一口酱汁锅中加热橄榄油，加入洋葱，小火煸炒 5 分钟，不时搅拌。加入番茄、甜椒和迷迭香，继续加热 5 分钟，其间不时搅拌。搅拌加入大米，不停搅拌至所有米粒均匀附着橄榄油。浇入 1 汤匙热高汤，边搅拌边继续加热，直至高汤被完全吸收。继续一勺一勺地加入高汤并不停搅拌，待一勺高汤被完全吸收后再加入下一勺。这个过程大概需要 18～20 分钟。在米粒变软后，搅拌加入帕玛森奶酪即可上桌。

RISOTTO CON PUNTE DI ASPARAGI
供 4 人食用
制备时间：1 小时 15 分钟
加热烹调时间：30 分钟
500 克 / 1 磅 2 盎司芦笋，除边角
约 1½ 升 / 2½ 品脱蔬菜高汤（见第 249 页）
65 克 / 2½ 盎司黄油
3 汤匙橄榄油
半颗洋葱，切碎
350 克 / 12 盎司调味饭大米
盐
帕玛森奶酪，现擦碎，用作配餐

芦笋调味饭 ASPARAGUS RISOTTO

将芦笋放入加了盐的沸水中煮 10～12 分钟，变得软嫩后捞出控干。芦笋尖切下备用，芦笋茎切碎。将高汤加热至沸腾。与此同时，在平底锅中加热熔化 15 克黄油，加入芦笋尖，小火加热 5 分钟，不时搅拌，随后从火上取下锅，置旁备用。在酱汁锅中加入橄榄油和 25 克 / 1 盎司黄油，加入洋葱，小火煸炒 5 分钟，不时搅拌。搅拌加入大米，边搅拌边加热，直至所有米粒均匀附着油脂，随后搅拌加入芦笋茎碎。浇入 1 汤匙热高汤，边搅拌边继续加热，直至高汤被完全吸收。继续一勺一勺地加入高汤并不停搅拌，待一勺高汤被完全吸收后再加入下一勺。这个过程大概需要 18～20 分钟。在米粒变软后，搅拌加入芦笋尖和剩余的黄油。搭配帕玛森奶酪一同上桌。

芦笋调味饭 →

香肠调味饭 RISOTTO WITH SAUSAGES

RISOTTO CON SALSICCIA
供 4 人食用
制备时间：4 小时 15 分钟
加热烹调时间：35 分钟
约 1½ 升 / 2½ 品脱牛肉高汤（见第 248 页）
40 克 / 1½ 盎司黄油
1 颗洋葱，切碎
250 克 / 9 盎司意式香肠，去皮碾碎
350 克 / 12 盎司调味饭大米
175 毫升 / 6 盎司红葡萄酒
4 汤匙现擦碎帕玛森奶酪

将高汤加热至沸腾。与此同时，在另一口酱汁锅中加热熔化 25 克 / 1 盎司黄油，加入洋葱和香肠，小火煸炒 5 分钟，不时搅拌。搅拌加入大米，边搅拌边加热，直至所有米粒均匀附着黄油。倒入葡萄酒，加热至酒精完全挥发。浇入 1 汤匙热高汤，边搅拌边继续加热，直至高汤被完全吸收。继续一勺一勺地加入高汤并不停搅拌，待一勺高汤被完全吸收后再加入下一勺。这个过程大概需要 18～20 分钟。在米粒变软后，从火上取下锅，搅拌加入帕玛森奶酪和剩余的黄油。盛入温热的餐盘中即可上桌。

南瓜洋蓟调味饭 PUMPKIN AND ARTICHOKE RISOTTO

RISOTTO CON ZUCCA E CARCIOFI
供 4 人食用
制备时间：1 小时
加热烹调时间：1 小时
40 克 / 1½ 盎司黄油
200 克 / 7 盎司南瓜瓤，切碎
3 颗洋蓟
约 1½ 升 / 2½ 品脱蔬菜高汤（见第 249 页）
350 克 / 12 盎司调味饭大米
盐和胡椒
帕玛森奶酪，现擦碎，用作配餐

用酱汁锅加热熔化一半用量的黄油，加入南瓜，加热 5 分钟，不时搅拌。用盐调味并搅拌加入 5 汤匙清水，慢火炖煮 20 分钟。与此同时，折断洋蓟茎杆，剥下外层散叶，挖出蕊心，随后将洋蓟切斜块。洋蓟块放入南瓜锅中，继续加热 15 分钟。与此同时，在另一口锅中煮沸高汤。用叉子碾碎南瓜，搅拌加入大米并用盐和胡椒调味。浇入 1 汤匙热高汤，边搅拌边继续加热，直至高汤被完全吸收。继续一勺一勺地加入高汤并不停搅拌，待一勺高汤被完全吸收后再加入下一勺。这个过程大概需要 18～20 分钟。在米粒变软后，搅拌加入剩余的黄油，搭配帕玛森奶酪一同上桌。

四味奶酪调味饭 FOUR-CHEESE RISOTTO

RISOTTO MANTECATO AI QUATTRO FORMAGGI
供 4 人食用
制备时间：1 小时
加热烹调时间：30 分钟
约 1½ 升 / 2½ 品脱蔬菜高汤（见第 249 页）
40 克 / 1½ 盎司黄油
1 颗洋葱，切细丝
350 克 / 12 盎司调味饭大米
50 克 / 2 盎司芳提娜奶酪，切丁
50 克 / 2 盎司瑞士多孔奶酪，切丁
50 克 / 2 盎司戈贡佐拉奶酪，切丁
50 克 / 2 盎司帕玛森奶酪，现擦末

将高汤加热至沸腾。与此同时，在另一口酱汁锅中加热熔化 25 克 / 1 盎司黄油，加入洋葱，煸炒 5 分钟，不时搅拌。搅拌加入大米，边搅拌边加热，直至所有米粒均匀附着黄油。浇入 1 汤匙热高汤，边搅拌边继续加热，直至高汤被完全吸收。继续一勺一勺地加入高汤并不停搅拌，待一勺高汤被完全吸收后再加入下一勺。这个过程大概需要 18～20 分钟。在调味饭制作时间结束前约 5 分钟，搅拌加入奶酪。在米粒变软且奶酪熔化后，从火上取下锅，搅拌加入剩余的黄油即可上桌。

← 香肠调味饭

RISOTTO NERO CON LE SEPPIE

供 4 人食用

制备时间：1 小时

加热烹调时间：55 分钟

1 千克 / 2¼ 磅墨鱼，除内脏，保留墨袋

1 升 / 1¾ 品脱鱼肉高汤（见第 248 页）

3 汤匙橄榄油

1 颗小洋葱，切碎

半瓣蒜，切碎

175 毫升 / 6 盎司干白葡萄酒

350 克 / 12 盎司调味饭大米

25 克 / 1 盎司黄油

盐和胡椒

见第 404 页

墨鱼汁调味饭 BLACK RISOTTO WITH CUTTLEFISH

将墨鱼切条。高汤加热至沸腾。与此同时，在另一口酱汁锅中加热橄榄油，加入洋葱和蒜，小火煸炒 5 分钟，不时搅拌。加入墨鱼，用适量盐和胡椒调味并继续加热几分钟。淋入葡萄酒和 150 毫升 / ¼ 品脱清水，小火加热约 20 分钟。搅拌加入大米，继续加热几分钟，随后加入热高汤和墨鱼肉，继续加热 20 分钟，直至米粒和墨鱼肉都已变软、汤汁被米粒完全吸收。搅拌加入黄油即可上桌。

RISOTTO PANNA E PORRI

供 4 人食用

制备时间：55 分钟

加热烹调时间：45 分钟

25 克 / 1 盎司黄油

4 棵细韭葱，取葱白，切细丝

约 1½ 升 / 2½ 品脱蔬菜高汤（见第 249 页）

350 克 / 12 盎司调味饭大米

175 毫升 / 6 盎司双倍奶油

盐和胡椒

帕玛森奶酪，现擦碎，用作配餐

奶油韭葱调味饭 CREAM AND LEEK RISOTTO

用酱汁锅加热熔化黄油，加入韭葱，煸炒 5 分钟，不时搅拌。加入 1 汤匙水并用小火加热 20 分钟。如有需要，可加入更多的水。与此同时，在另一口锅中煮沸高汤。将大米搅拌加入韭葱锅中，浇入 1 汤匙热高汤，边搅拌边继续加热，直至高汤被完全吸收。继续一勺一勺地加入高汤并搅拌，待一勺高汤被完全吸收后再加入下一勺。这个过程大概需要 18～20 分钟。米饭变软后，搅拌加入奶油并用盐和胡椒调味。搭配帕玛森奶酪一同上桌。

RISOTTO VERDE

供 4 人食用

制备时间：1 小时

加热烹调时间：35 分钟

40 克 / 1½ 盎司黄油

3 汤匙橄榄油

150 克 / 5 盎司菠菜，切碎

1 根胡萝卜，切碎

1 颗洋葱，切碎

1 根带叶芹菜茎，切碎

约 1½ 升 / 2½ 品脱蔬菜高汤（见第 249 页）

350 克 / 12 盎司调味饭大米

盐

帕玛森奶酪，现擦碎，用作配餐

见第 405 页

绿色调味饭 GREEN RISOTTO

用酱汁锅加热 25 克 / 1 盎司黄油和橄榄油，加入菠菜、胡萝卜、洋葱、芹菜和芹菜叶，中火煸炒 5 分钟，调小火力，继续加热 10 分钟。与此同时，用另一口锅煮沸高汤。在蔬菜中加入盐调味，搅拌加入大米。随后浇入 1 汤匙热高汤，边搅拌边继续加热，直至高汤被完全吸收。继续一勺一勺地加入高汤并搅拌，待一勺高汤被完全吸收后再加入下一勺。这个过程大概需要 18～20 分钟。在米饭变软后，搅拌加入剩余黄油，搭配帕玛森奶酪一同上桌。

← 第 **404** 页：墨鱼汁调味饭；第 **405** 页：绿色调味饭

鼓 派

在词典中，timbale 是指填有如鸡杂、蘑菇或意面等熟食材的一种泡芙面盒。也有另一种解释，说它是一种高度和直径相等（约 20 厘米）的圆锥形模具，使用镀锡钢板或不锈钢材料制成，在意大利语中，曾经也被称为“dariola”。鼓派，现在通常指圆柱形的烘焙派饼，它的馅料包括米饭或意面，搭配肉、鸡杂、肉丸、蘑菇或松露等。不管用什么方法制作，鼓派都是一种难度较高的菜肴（和其他填馅菜肴一样），端上餐桌时会立刻给人一种今天是“丰盛大餐”的感觉。实际上，自鼓派从大厨的想象走进现实以来，它一直是一种为重大场合而准备的宴席菜肴，例如王子婚宴或皇家晚宴，以及现今所谓“峰会”等场合。鼓派的初衷是带给宾客惊喜、好奇和诱惑。在这些场合中，在它由不同技法（泡芙面、酥皮面、油酥面等）制成的棕色外皮里，隐藏着考究的酱汁、芳香的调料、细腻的肉类、罕见的菌菇和珍贵的松露等。直到今天，鼓派仍然是正式午宴中的标志性菜肴。

几项原则

填 馅

馅料用量不可过大。

白 汁

白汁应具有一定的流动性，确保完全制作成熟，否则它会粘黏在面皮上，使其失去松脆口感。

肉 酱

不能太稠也不能太稀。

香 料

调味的重心应是突出一种香料的风味，如肉豆蔻或藏红花，切忌用量过大。

奶 酪

奶酪应该保证在制作菜肴时现擦碎。

分 量

鼓派可以用一种边缘锐利的专用铲刀切开，如果没有这种工具，可以使用宽刃餐刀。切好的斜块可以用刀面铲起后放入餐盘中。

雉鸡派 PHEASANT PIE

PASTICCIO DI FAGIANO
供 6 人食用
制备时间：1 小时 15 分钟
加热烹调时间：15 分钟
50 克 / 2 盎司黄油，另加涂抹所需
200 克 / 7 盎司鸡肝，如为冷冻，则需解冻，择洗干净
2 瓣蒜
2 片月桂叶
半只雉鸡，去皮剔骨，切碎
150 克 / 5 盎司瘦猪肉，切细末
3 汤匙马尔萨拉白葡萄酒
2 汤匙白兰地
100 毫升 / 3½ 盎司双倍奶油
350 克 / 12 盎司成品千层酥皮面团，如为冷冻，则需解冻
普通面粉，用于淋撒
1 个蛋黄，略微打散
盐和胡椒

烤箱预热到 180°C/ 350°F/ 气烤箱刻度 4。准备 6 个单独的模具并涂上黄油。在平底锅中加热熔化一半用量的黄油，加入鸡肝、蒜和月桂叶，煸炒 5 分钟，其间时常搅拌。加入雉鸡肉和猪肉，用盐和胡椒调味，中火加热 15 分钟，不时搅拌。淋入马尔萨拉白葡萄酒和白兰地，加热至酒精完全挥发。取出蒜瓣和月桂叶，丢弃不用。将混合物倒入食物料理机中，搅拌成肉泥，加工过程中缓缓加入熔化的黄油和奶油。工作台面上撒少许面粉，将面团擀成薄片，铺入准备好的模具中。填入肉泥后用圆形面片覆盖，捏紧边缘部分，确保密封。在每个派中心戳一个洞，然后再用叉子戳出从内向外放射状的孔洞。表面刷上蛋黄液，放入烤箱内，烘烤 15 分钟。从烤箱中取出后静置 5 分钟，去模即可上桌。

南瓜派 PUMPKIN PIE

PASTICCIO DI PASTA DI ZUCCA
供 4 人食用
制备时间：1 小时 15 分钟
加热烹调时间：5～10 分钟
50 克 / 2 盎司干蘑菇
25 克 / 1 盎司黄油，另加涂抹所需
半颗红葱头，切碎
半根胡萝卜，切碎
250 毫升 / 8 盎司白汁（见第 58 页）
200 克 / 7 盎司熟南瓜
300 克 / 11 盎司普通面粉，另加淋撒所需
1 颗鸡蛋，略微打散
盐

将蘑菇放入碗中，加入没过蘑菇的热水，浸泡 20 分钟，随后控干并挤出水分，切碎。用平底锅加热熔化黄油，加入葱头和胡萝卜，小火煸炒至变软。加入蘑菇，盖上锅盖继续加热 15 分钟，变得软嫩后搅拌加入白汁。烤箱预热到 200°C/ 400°F/ 气烤箱刻度 6，在耐热焗盘中涂抹黄油。与此同时，将南瓜放入食物料理机中，加入少许盐，搅打成泥。将南瓜泥倒入碗中，与面粉混合，搅拌加入鸡蛋并揉成面团。快速揉按面团并在撒有少许面粉的工作台面上擀成薄片。将大面片切成 10～12 个方形面片。煮沸一锅加了盐的清水，加入南瓜面片，煮几分钟后捞出控干。将南瓜面片和蘑菇酱交错铺入准备好的焗盘中，放入烤箱内烘烤几分钟即可。

← 雉鸡派

PASTICCIO DI PENNE AI FUNGHI
供 6 人食用
制备时间：2 小时
加热烹调时间：15 分钟
50 克 / 2 盎司黄油，另加涂抹所需
1 汤匙橄榄油
1 瓣蒜
800 克 / 1¾ 磅美味牛肝菌，切薄片
175～200 毫升 / 7 盎司蔬菜高汤（见第 249 页）
1 颗鸡蛋
5 汤匙双倍奶油
1 汤匙切碎的新鲜平叶欧芹
300 克 / 11 盎司光滑笔管面（pennette lisce）
4 汤匙现擦碎的帕玛森奶酪
1 份油酥面团，用一半分量的糖制作（见第 1167 页）
普通面粉，用于淋撒
盐和胡椒

笔管面蘑菇派 PENNE AND MUSHROOM PIE

烤箱预热到 180°C/ 350°F/ 气烤箱刻度 4，在耐热鼓派模具中涂抹黄油。锅中加热 25 克 / 1 盎司黄油和橄榄油，加入蒜，小火煸炒 2～3 分钟至色泽金黄，随后取出大蒜并丢弃不用。将美味牛肝菌加入锅中，浇入 1 汤匙高汤，盖上锅盖，中火加热约 10 分钟，直至美味牛肝菌变得软嫩。如果需要，可再加入少许高汤。鸡蛋放入碗中，加入 1 茶匙高汤并打散。蘑菇中加入盐和胡椒调味，接着搅拌加入奶油，继续加热几分钟。从火上取下锅，搅拌加入欧芹和蛋液，保证蘑菇均匀附着酱汁。将笔管面放入一大锅加了盐的沸水中煮熟，保持口感筋道，随后捞出控干。将一半的笔管面铺在准备好的模具中，撒入一半的帕玛森奶酪，接着放入一半剩余黄油，再将一半美味牛肝菌铺在其上。重复以上步骤，将另一半的食材按顺序放入，最上面铺美味牛肝菌。工作台面上撒少许面粉，将油酥面团擀成 5 毫米厚的薄片，用它覆盖蘑菇意面，除去多余的边角部分。放入烤箱内，烘烤 15 分钟，直至呈淡金黄色。

PASTICCIO DI TAGLIATELLE
供 6 人食用
制备时间：4 小时
加热烹调时间：30～40 分钟
80 克 / 3 盎司黄油，另加涂抹所需
300 克 / 11 盎司比萨面团（见第 231 页）
普通面粉，用于淋撒
200 克 / 7 盎司菠菜
5 汤匙牛奶
3 汤匙双倍奶油
350 克 / 12 盎司切面
150 克 / 5 盎司熟火腿，切丁
3 颗鸡蛋
50 克 / 2 盎司帕玛森奶酪，现擦碎
盐和胡椒

切面派 TAGLIATELLE PIE

烤箱预热到 180°C/ 350°F/ 气烤箱刻度 4，在耐热焗盘中涂抹黄油。工作台面上撒少许面粉，将面团擀成 3 毫米厚的薄片，铺在准备好的焗盘中。菠菜洗净，保留附着在叶片上的清水，放入锅中加热 5 分钟。控干并尽可能挤出菠菜中的水分，然后切碎。用平底锅加热熔化黄油，加入菠菜，小火煸炒 5 分钟。加入牛奶，用盐调味。搅拌加入奶油并撒入胡椒调味。将切面放入一大锅加了盐的沸水中煮熟，保持口感筋道。捞出控干后倒入碗中，和菠菜、火腿丁混合均匀。将混合物盛入铺有面皮的焗盘中。帕玛森奶酪、少许盐和鸡蛋放入碗中打散，随后倒在热切面上。放入烤箱内，烘烤 30～40 分钟，直至表面色泽金黄。

萨尔图 SARTÙ

烤箱预热到 180°C/ 350°F/ 气烤箱刻度 4。在耐热焗盘中涂抹黄油并撒入面包糠，翻转倾斜使其均匀沾在焗盘中，倒出多余的面包糠。将蘑菇放入碗中，倒入没过蘑菇的热水，浸泡 20 分钟，随后捞出控干。尽可能挤出蘑菇中的水分切粗块。将面包撕成小块，放入碗中，加入牛奶和少许盐，浸泡 10 分钟，随后挤出水分。混合牛肉馅和浸泡后的面包，将混合物揉搓成如榛子大小的丸子并裹上面粉。平底锅中加热橄榄油和 25 克 / 1 盎司黄油，加入肉丸，煎至均匀的金黄色。捞出后放在厨房纸上控油，置旁备用。在另一口锅中加热 25 克 / 1 盎司黄油，加入蘑菇和少许盐，盖上锅盖，小火加热 20 分钟。再取一口平底锅，加热熔化 25 克 / 1 盎司黄油，加入鸡肝，中火煸炒 5 分钟，其间时常搅拌，直至稍微上色。从火上取下锅并用盐调味。用一口小号酱汁锅加热香肠和马苏里拉奶酪，直至奶酪熔化。将高汤加热至沸腾。与此同时，在另一口锅中加热熔化剩余的黄油，加入洋葱，小火翻炒 5 分钟，其间不时搅拌。加入番茄糊，随后搅拌加入大米。浇入 1 汤匙热高汤，边搅拌边继续加热，直至高汤被完全吸收。继续一勺一勺地加入高汤并搅拌，待一勺高汤被完全吸收后再加入下一勺。这个过程大概需要 18～20 分钟。在准备好的焗盘底部和侧壁上铺一层调味饭，将所有馅料混合均匀后盛入盘中，浇上蛋液，再铺一层调味饭。放入烤箱内，烘烤约 45 分钟。从烤箱中取出后静置 10 分钟，倒在温热的餐盘中即可上桌。

SARTÙ

供 6 人食用

制备时间：6 小时 15 分钟

加热烹调时间：45 分钟

100 克 / 3½ 盎司黄油，另加涂抹所需
80 克 / 3 盎司面包糠
20 克 / ¾ 盎司干蘑菇
1 厚片面包，去边
175 毫升 / 6 盎司牛奶
100 克 / 3½ 盎司牛肉馅
普通面粉，用于蘸裹
3 汤匙橄榄油
100 克 / 3½ 盎司鸡肝，如为冷冻，则需解冻，修整并切碎
50 克 / 2 盎司意式香肠，去皮切碎
65 克 / 2½ 盎司马苏里拉奶酪，切丁
750 毫升 / 1¼ 品脱牛肉高汤（见第 248 页）
半颗洋葱，切碎
50 毫升 / 2 品脱番茄糊
300 克 / 11 盎司调味饭大米
2 颗鸡蛋，略微打散
盐

见第 412 页

螺旋面鼓派 FUSILLI TIMBALE

烤箱预热到 180°C/ 350°F/ 气烤箱刻度 4，在耐热焗盘中涂抹黄油。用酱汁锅加热熔化一半黄油，加入韭葱，倒入约 1½ 厘米深的水，小火加热 10 分钟，直至韭葱软嫩。加入葡萄酒，转中火加热至酒精挥发。倒入牛奶，继续加热至熇干，随后用盐和胡椒调味。将螺旋面放入一大锅加了盐的沸水中煮熟，保持口感筋道，随后捞出控干。在准备好的焗盘中铺厚厚一层螺旋面，浇少许韭葱酱泥，撒上少许帕玛森奶酪和黄油颗粒。重复以上步骤，直至将所有食材全部用完，最上面铺一层螺旋面。鸡蛋和少许盐、胡椒混合打散，将蛋液浇在螺旋面上，撒上剩余的黄油颗粒。用鼠尾草叶装饰，烘烤 40 分钟。从烤箱中取出鼓派，静置 10 分钟后即可上桌。

TIMBALLO DI FUSILLI
供 6 人食用
制备时间：45 分钟
加热烹调时间：40 分钟

50 克 / 2 盎司黄油，另加涂抹所需
4 棵韭葱，取葱白，切细丝
175 毫升 / 6 盎司干白葡萄酒
5 汤匙牛奶
350 克 / 12 盎司螺旋面
80 克 / 3 盎司帕玛森奶酪，现擦碎
2 颗鸡蛋
6 片新鲜鼠尾草叶
盐和胡椒

那不勒斯风味通心面鼓派 MACARONI NAPOLETANA TIMBALE

烤箱预热到 180°C/ 350°F/ 气烤箱刻度 4。将蘑菇放入碗中，加入足够没过蘑菇的热水，浸泡 20 分钟，随后捞出控干并挤出水分。用酱汁锅加热熔化黄油，加入蒜和洋葱，小火煸炒 10 分钟，其间不时搅拌，直至稍微上色。加入鸡杂、肉肠和蘑菇，用盐调味，混合均匀后继续加热几分钟。加入番茄，盖上锅盖，中火加热 30 分钟。与此同时，在一个深边蛋糕模具中涂抹黄油，撒入面包糠，翻转倾斜使面包糠均匀附着在模具内壁上。倒出多余面包糠并保存备用。将通心面放入一大锅加了盐的沸水中煮熟，保持口感筋道，捞出控干并倒入碗中。加入肉酱搅拌均匀，静置待其冷却。肉酱面冷却后，搅拌加入马苏里拉奶酪和帕玛森奶酪，盛入准备好的蛋糕模具中。抹平表面并撒上保留的面包糠。放入烤箱内，烘烤 40 分钟直至色泽金黄。从烤箱中取出，静置 5 分钟，翻扣在温热的餐盘中即可上桌。

TIMBALLO DI MACCHERONI ALLA NAPOLETANA
供 6 人食用
制备时间：1 小时 30 分钟，另加冷却用时
加热烹调时间：40 分钟

25 克 / 1 盎司干蘑菇
50 克 / 2 盎司黄油，另加涂抹所需
1 瓣蒜，切碎
半颗洋葱，切碎
250 克 / 9 盎司鸡杂，除边角并切碎
100 克 / 3½ 盎司意式香肠，去皮切碎
400 克 / 14 盎司成熟番茄，去皮去籽，切丁
85 克 / 3 盎司面包糠
350 克 / 12 盎司通心面
150 克 / 5 盎司马苏里拉奶酪，切丁
50 克 / 2 盎司帕玛森奶酪，现擦碎
盐

见第 414 页

← 萨尔图，见第 411 页

大米鼓派 RICE TIMBALE

TIMBALLO DI RISO
供 6 人食用
制备时间：1 小时 15 分钟
加热烹调时间：15 分钟
350 克 / 12 盎司长粒米
120 克 / 4 盎司黄油，另加涂抹所需
2 个蛋黄，略微打散
6 汤匙现擦碎的帕玛森奶酪
25 克 / 1 盎司干蘑菇
2 汤匙橄榄油
1 瓣蒜
250 克 / 9 盎司鸡杂和鸡肝，如为冷冻，则需解冻，除边角并切碎
200 克 / 7 盎司牛胸腺，切碎
65 克 / 2½ 盎司意式香肠，去皮碾碎
80 克 / 3 盎司面包糠
盐和胡椒

烤箱预热到 180°C/ 350°F/ 气烤箱刻度 4。将长粒米放入一大锅加了盐的沸水中煮 15～18 分钟，直至米粒变软。捞出控干，搅拌加入蛋黄、25 克 / 1 盎司黄油和 4 汤匙帕玛森奶酪。将混合物铺在大盘子中或烤板上，待其冷却。与此同时，将蘑菇放入碗中，加入足够没过蘑菇的热水，浸泡 20 分钟，随后控干并挤出水分，切碎。锅中加热剩余黄油中的 25 克 / 1 盎司以及橄榄油，加入蒜，煸炒 2～3 分钟，取出大蒜并丢弃不用。将蘑菇放入锅中，加热 5 分钟。在另一口锅中加热熔化 40 克 / 1½ 盎司黄油，加入鸡杂、鸡肝、牛胸腺和香肠。用少许盐和胡椒调味，混合均匀并加热 5 分钟。在耐热焗盘中涂抹足量黄油并撒入面包糠，翻转倾斜使其均匀附着。倒出多余的面包糠，保留备用。将一半的米饭铺在盘中，覆盖蘑菇酱泥，接着铺上鸡肝牛胸腺酱泥。最上面覆盖一层米饭，撒上剩余的黄油颗粒，再撒上剩余的帕玛森奶酪和保留的面包糠。放入烤箱内，烘烤约 15 分钟。

奶酪派 CHEESE PIE

TORTA AI FORMAGGI
供 6 人食用
制备时间：4 小时
加热烹调时间：15～20 分钟
黄油，用于涂抹
200 克 / 7 盎司比萨面团（见第 231 页）
普通面粉，用于淋撒
150 克 / 5 盎司里考塔奶酪
150 克 / 5 盎司卢比奥拉奶酪，切丁
100 克 / 3½ 盎司淡味戈贡佐拉奶酪，切丁
250 克 / 9 盎司切面
2 颗鸡蛋
4 汤匙现擦帕玛森奶酪末
盐和胡椒

烤箱预热到 180°C/ 350°F/ 气烤箱刻度 4。在耐热焗盘中涂抹薄薄一层黄油。工作台面上撒少许面粉，将面团擀成 3 毫米厚的薄片，铺在焗盘中。里考塔奶酪放入碗中碾碎，加入卢比奥拉奶酪、戈贡佐拉奶酪和少许胡椒。将切面放入一大锅加了盐的沸水中煮熟，保持口感筋道，捞出控干并倒入奶酪泥中。用两把叉子翻拌切面，使奶酪均匀附着，接着倒入铺好派皮的盘子中。碗中混合帕玛森奶酪、少许盐和胡椒，拌入打散鸡蛋，浇在切面上。放入烤箱内，烘烤 15～20 分钟即可。

← 那不勒斯风味通心面鼓派，见第 413 页

VINCISGRASSI
供 6~8 人食用
制备时间：3 小时 15 分钟，另加冷却用时
加热烹调时间：30 分钟
黄油，用于涂抹

用于制作面团
350 克 / 12 盎司面粉，最好使用意式 00 型面粉，另加淋撒所需
200 克 / 7 盎司粗麦粉
3 汤匙圣酒（Vin Santo）或马尔萨拉白葡萄酒
3 颗鸡蛋，略微打散
盐

用于制作馅料
25 克 / 1 盎司干蘑菇
1 块 100 克 / 3½ 盎司的牛胸腺
50 克 / 2 盎司黄油
2 汤匙橄榄油
半颗洋葱，切碎
1 块黑松露，切丁
2 汤匙鸡肉高汤（见第 249 页）
1 块去皮无骨鸡胸，切条
200 克 / 7 盎司鸡杂，除边角切碎
5 汤匙干马尔萨拉葡萄酒
80 克 / 3 盎司帕玛森奶酪，现擦碎
1 份白汁（见第 58 页）
盐和胡椒

马尔凯鼓派 VINCISGRASSI

制作馅料：将蘑菇放入碗中，加入足够没过蘑菇的热水，浸泡 20 分钟，随后控干挤出水分并切碎。牛胸腺放入沸水中焯煮数分钟，捞出控干，待其冷却后切丁。在平底锅中加热熔化一半黄油，加入牛胸腺加热数分钟，其间不时搅拌。酱汁锅中加热剩余的黄油和橄榄油，加入洋葱，小火煸炒 5 分钟，其间不时搅拌，随后加入蘑菇、松露和高汤。加入鸡肉条，转大火加热至上色，加入鸡杂，继续加热数分钟。浇入马尔萨拉白葡萄酒，改用小火继续加热，直至酒精熗干。倒入刚好没过肉的热水，用盐和胡椒调味，盖上锅盖，小火加热约 30 分钟。加入牛胸腺。烤箱预热到 180°C/ 350°F/ 气烤箱刻度 4。在耐热焗盘中涂抹黄油。使用食谱中所列出的食材制作意面面团（见新鲜意面面团，第 312 页）。将面团擀成片，再切成约 10 厘米宽、50 厘米长的条。将一锅加盐清水加热至沸腾，放入面片煮至半熟，随后取出并浸入冷水。冷却的面片捞出，铺在一块湿润的茶巾上控干水分。在准备好的焗盘中铺面片，使其交叉覆盖住盘底，多余部分可搭在盘子外边。将剩余面片切成长方块。在盘子中一层一层地铺上馅料、面片、帕玛森奶酪和一勺白汁，最后在最上面浇上一层白汁。将搭在盘边的多余面片向内折，制成鼓派。将焗盘放入烤盘中，烤盘中加入热水，至焗盘一半的高度。放入烤箱内，隔水烘烤 30 分钟。

VOL-AU-VENT CON RAVIOLINI
供 6 人食用
制备时间：1 小时 30 分钟
加热烹调时间：10 分钟
50 克 / 2 盎司黄油
100 克 / 3½ 盎司去荚豌豆
500 克 / 1 磅 2 盎司小面饺（small ravioli）
40 克 / 1½ 盎司帕玛森奶酪，现擦碎
1 个大尺寸成品酥盒，直径 15~20 厘米 / 6~8 英寸
1 份白汁（见第 58 页）
盐

面饺酥盒 RAVIOLINI VOL-AU-VENT

烤箱预热到 150°C/ 300°F/ 气烤箱刻度 2，烤板上铺烘焙纸。用酱汁锅加热熔化 25 克 / 1 盎司黄油，加入豌豆和 2 汤匙温水，加热约 10 分钟，直至豌豆变软。用盐调味，捞出控干并置旁备用。将小面饺放入一大锅加了盐的沸水中煮熟，保持口感筋道。捞出控干并倒入碗中，与剩余的黄油、25 克 / 1 盎司帕玛森奶酪和豌豆翻拌混合。将小面饺填入酥盒中并浇上白汁。撒上剩余的帕玛森奶酪，放在烤板上，送入烤箱内，烘烤直至热透。

海鲜酥盒 SEAFOOD VOL-AU-VENT

VOL-AU-VENT DI MARE

供 6 人食用

制备时间：2 小时

加热烹调时间：15 分钟

350 毫升 / 12 盎司干白葡萄酒
1 片月桂叶
1 瓣蒜
1 粒丁香
1 枝新鲜平叶欧芹
1 根芹菜茎
1 颗洋葱，切丝
1 根胡萝卜，切片
675 克 / 1½ 磅剔骨无须鳕鱼或鳕鱼肉
50 克 / 2 盎司面包，去边
175 克牛奶
25 克 / 1 盎司黄油
300 克 / 11 盎司小个生大虾，去壳
3 汤匙雪莉酒
1 个大尺寸成品酥盒，直径 15～20 厘米 / 6～8 英寸
1 颗鸡蛋，略微打散
普通面粉，用于淋撒
200 毫升 / 7 盎司白汁（见第 58 页）
盐和胡椒

将 2 升 / 3½ 品脱清水倒入大号酱汁锅中，加入葡萄酒、月桂叶、蒜、丁香、欧芹、芹菜、洋葱和胡萝卜，加热至沸腾。调小火力，炖煮 15 分钟，用盐和胡椒调味。加入无须鳕鱼或鳕鱼，盖上锅盖，小火焖煮 20 分钟，随后从火上取下，让其在高汤中冷却。烤箱预热到 150℃/ 300℉/ 气烤箱刻度 2。将面包撕成小块，放入碗中，加入牛奶，浸泡 10 分钟，随后挤出面包中的牛奶。用平底锅加热熔化黄油，放入大虾，加热 2 分钟。淋入雪莉酒，继续加热至酒精挥发。用盐和胡椒调味，从火上取下锅并使其保持温热。将酥盒放在烤板上，送入烤箱，烘烤至热透。冷却的鱼肉捞出控干，保留高汤，粗略撕碎并用研磨机磨成泥状。将磨好的鱼肉泥倒入碗中，加入鸡蛋和面包，用盐和胡椒调味，混合均匀。将酱泥捏成鱼肉丸，裹上面粉，抖落多余的面粉。鱼肉高汤过滤到干净的锅中并加热至沸腾。加入鱼肉丸，待它们重新浮上水面后用漏勺捞出，放在厨房纸上吸干水分后放入酥盒中。接着在鱼丸上摆放大虾、浇上白汁，尽快上桌。

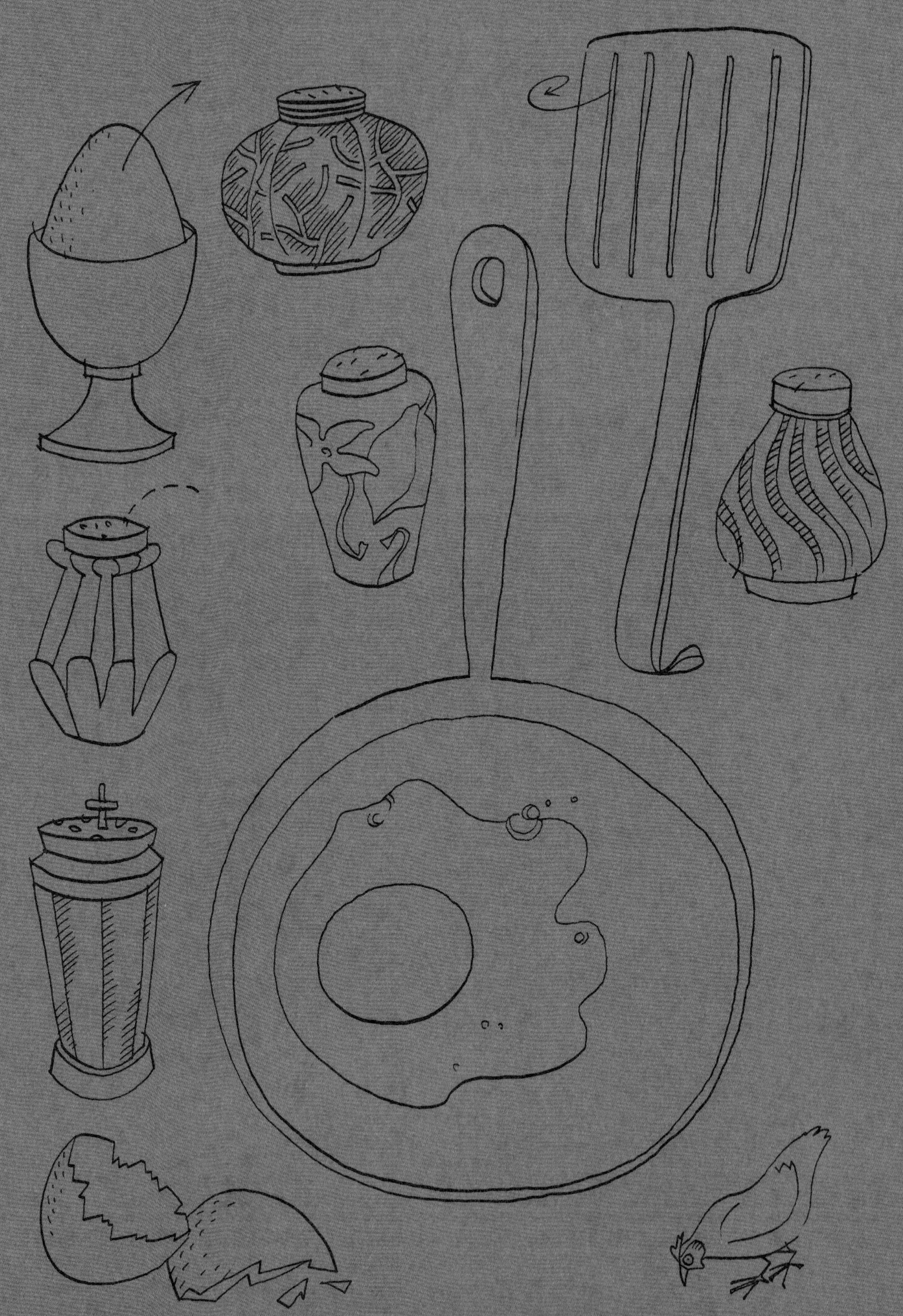

鸡蛋类 →

菜肉馅煎蛋饼类 →

鸡蛋类

很难想象一个厨房一天没有消耗一颗鸡蛋。它可以用来制作早餐或者小吃等；可以用作一种酱汁的主料，例如美味无比的蛋黄酱；可以用来给奶油增稠；作为炸制菜肴的“黏合剂”，蘸裹面包糠；还可以用来制作沙拉或者增加沙拉的浓郁度。鸡蛋在制作甜品类、馅饼类、自制意大利面，以及一些鸡尾酒时都是必需品，也是著名的汤尼水的主要材料。鸡蛋营养价值丰富，每 50 克 / 2 盎司的鸡蛋含有 156 卡路里热量，可以与 200 毫升 / 7 盎司牛奶或者 100 克 / 3½ 盎司肉类相媲美。但是，相比于其他食材所含的蛋白质，鸡蛋中的蛋白质品质更高，更容易被人类的消化系统所吸收。总而言之，这种白色的或者褐色的、6 厘米 / 2½ 英寸高、其重量在 50～65 克 / 2～2½ 盎司之间的小东西，同样是维生素和矿物质的重要来源。然而，意大利人是世界上消耗鸡蛋最少的民族之一，每人每年平均消费 200 颗鸡蛋。与之相对的，法国人均消费 280 颗、西班牙人均消费 300 颗，以及以色列人均消费 400 颗。另一方面，意大利进口了大量的鸡蛋。最近的数据显示，每年进口约 7000 万颗鸡蛋和超过 3000 吨的含鸡蛋制品，例如意大利面和甜品等，再加上 8000 吨用于制药行业的蛋清。糖心蛋或者水波蛋，这些经过短暂加热烹调的鸡蛋可以在 1 个半小时之内被人体所消化吸收，而煎鸡蛋和煮熟的鸡蛋，则需要花费 3 个小时的时间。

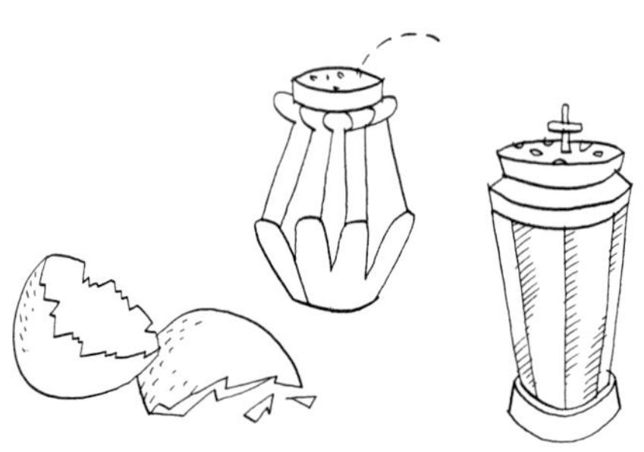

实用小技巧

➔ 购买鸡蛋时，一定要检查包装箱上的保质期。

➔ 包装箱上也应标注出鸡蛋的大小，例如中号或者大号。鸡蛋的大小不影响其品质，仅用来表明其不同的价格。

➔ 鸡蛋应存放在冰箱内，以保持它们的风味。此外，需确保它们在保质期内。鸡蛋最好存放在原包装箱内，让鸡蛋的尖头朝下摆放。不建议将鸡蛋存放在有强烈风味的食物旁边，因为鸡蛋壳有渗透性，很容易吸收异味。

➔ 鸡蛋去壳后，蛋清可以在冰箱内保存 2～3 天，蛋黄可以保存 1～2 天。

➔ 在使用前 30 分钟将鸡蛋从冰箱内取出回温，这有助于蛋黄酱不结块，蛋清可以搅打至更大的体积，而且，煮蛋时蛋壳不易碎裂。

➔ 可以将鸡蛋打入餐盘中，检查其新鲜程度。蛋黄应颜色亮丽而硬实，蛋清应浓稠、有黏性，并且黏附着蛋黄。有关蛋黄明确的颜色界定，没有任何实际的意义。蛋黄的颜色跨度极大，从浅褐色到近橙色，其颜色取决于母鸡吃什么。另外，蛋壳的颜色，通常是白色或者红褐色，有时候会带有斑点，主要取决于鸡的品种。

菜肉馅煎蛋饼

在意大利饮食中，菜肉馅煎蛋饼家族“人丁兴旺”，包括蛋卷类和薄饼类。经典的菜肉馅煎蛋饼除了鸡蛋、盐和油，并不包括任何其他食材，当然，如果你喜欢，可以加上胡椒。除此之外的菜肉馅煎蛋饼则会添加蔬菜或者豆类，抑或是其他任何食材。可以使用 1 颗鸡蛋或者多颗鸡蛋，将食材“凝结到一起”，并在一口平底锅中煎制。使用不粘锅制作菜肉馅煎蛋饼是明智之举，可以确保成品完美。单独分开就是蛋卷或薄饼，这两者皆是美味的菜肴，还可以作为甜点享用。

水波蛋

准备一锅加了盐的水，加入2汤匙白葡萄酒醋并煮沸。不要使用红酒醋，因为红酒醋会将蛋清染色。将鸡蛋打入小碗中，一次一个，确保鸡蛋是新鲜的。将小碗内的鸡蛋倒入锅中，沸水中煮3～4分钟。然后用漏勺捞出并整理蛋清。如果你在一口锅中同时制作多个荷包蛋，要确保它们不会粘黏。

UOVA AFFOGATE AI CARCIOFI
供4人食用
制备时间：25分钟
加热烹调时间：12～16分钟

4颗洋蓟心
1汤匙橄榄油
200克/7盎司烟熏意式培根，切碎
2汤匙白葡萄酒醋
4颗鸡蛋
盐和胡椒

用于制作酱汁
40克/1½盎司黄油
1茶匙第戎芥末
1茶匙普通面粉
2汤匙白葡萄酒醋
盐和胡椒

水波蛋配洋蓟心 POACHED EGGS WITH ARTICHOKE HEARTS

制作酱汁，在酱汁锅中加热熔化黄油，拌入芥末和面粉，煸炒几秒钟。逐渐加入250毫升/8盎司水，与白葡萄酒醋一起交替着加入，再用盐和胡椒调味。继续加热，其间不时搅拌，熬煮5分钟。将洋蓟心放入沸水中烫煮几分钟，煮熟后捞出切成8个圆片。将洋蓟片摆在温热的餐盘边上。用平底锅加热橄榄油，加入烟熏意式培根，煸炒5分钟至成熟，盛出控油并撒到餐盘的中间。将一锅加了盐的水煮沸，加入白葡萄酒醋，放入去壳的鸡蛋煮3～4分钟。用漏勺捞出，摆放在盘内的培根上，最后淋上酱汁即可。

水波蛋配洋蓟心 →

Prosecco

UOVA AFFOGATE AL FORMAGGIO
供 4 人食用
制备时间：15 分钟
加热烹调时间：12 分钟
4 片面包，去边
40 克 / 1½ 盎司黄油，软化
2 汤匙白葡萄酒醋
4 颗鸡蛋
50 克 / 2 盎司现擦碎的瑞士多孔奶酪
盐

水波蛋配奶酪 POACHED EGGS WITH CHEESE

将烤箱预热至 180°C/ 350°F/ 气烤箱刻度 4。面包片上涂抹黄油后放入耐热焗盘中。将一锅加了盐的水煮沸，加入白葡萄酒醋和去壳的鸡蛋，煮 3 分钟。用漏勺将水波蛋捞出，放在面包片上，再撒上瑞士多孔奶酪。送入烤箱，烤至奶酪熔化即可。

UOVA AFFOGATE CON CROCCHETTE DI ASPARAGI
供 4 人食用
制备时间：1 小时，另加 1 小时静置时间
加热烹调时间：20 分钟
300 克 / 11 盎司芦笋尖
1 份浓稠的白汁，只使用 200 毫升 / 7 盎司牛奶制作（见第 58 页）
4 汤匙现擦碎的帕玛森奶酪
6 颗鸡蛋
少许普通面粉，用于淋撒
80 克 / 3 盎司面包糠
50 克 / 2 盎司黄油
2 汤匙白葡萄酒醋
盐

水波蛋配芦笋可乐饼 POACHED EGGS WITH ASPARAGUS CROQUETTES

将芦笋放入加了盐的沸水中煮约 10 分钟，捞出控干并用食品研磨器磨碎。将磨碎的芦笋拌入白汁中，加入帕玛森奶酪，让其稍微冷却。打 1 颗鸡蛋，将蛋黄拌入芦笋白汁中，放在阴凉的地方静置约 1 个小时。将冷却好的芦笋白汁分成 4 份，分别塑成中空的圆柱形芦笋可乐饼，并在上面撒少许面粉。将 1 颗鸡蛋打入浅盘内并搅散，在另外一个浅盘内放面包糠。芦笋可乐饼先蘸蛋液，再裹面包糠。平底锅中加热熔化 40 克 / 1½ 盎司黄油，加入芦笋可乐饼，中火煎至金黄色后盛入温热的餐盘中。与此同时，煮沸一锅加了盐的水，加入白葡萄酒醋。将剩余的鸡蛋去壳放入锅中，煮 3～4 分钟，捞出控干，与芦笋可乐饼间隔摆放。剩余的黄油切成颗粒状，撒到芦笋可乐饼上即可上桌。

水波蛋配什锦蔬菜 POACHED EGGS WITH MIXED VEGETABLES

UOVA AFFOGATE CON VERDURE MISTE

供 4 人食用

制备时间：15 分钟

加热烹调时间：35 分钟

3 汤匙橄榄油

1 颗洋葱，切末

3 个茄子，切丁

3 颗番茄，去皮去籽，切丁

3 个西葫芦，切片

2 汤匙白葡萄酒醋

4 颗鸡蛋

盐

平底锅中加热橄榄油，加入洋葱和茄子，小火煸炒 5 分钟。加入番茄和西葫芦，继续小火煸炒约 30 分钟。与此同时，将一锅加了盐的水煮沸，加入白葡萄酒醋和去壳的鸡蛋，煮 3～4 分钟后捞出控干，用茶巾拭干水分，放入温热的餐盘中。四周围上炒好的什锦蔬菜即可上桌。

水波蛋冻 POACHED EGGS IN GELATINE

UOVA AFFOGATE IN GELATINA

供 4 人食用

制备时间：25 分钟，另加 3 小时冷藏用时

加热烹调时间：20 分钟

按包装说明准备 500 毫升 / 18 盎司吉利丁液

2 汤匙白葡萄酒醋

4 颗鸡蛋

4 片熟火腿

4 条油浸鳀鱼，控净汤汁

1 汤匙酸豆，控净汁液并漂洗

4 根酸黄瓜，切薄片

盐

根据包装说明，将吉利丁溶入 500 毫升 / 18 盎司水中，冷却备用，但不要放入冰箱冷藏。将一锅加了盐的水煮沸，加入白葡萄酒醋，放入去壳的鸡蛋，煮 3～4 分钟，然后用漏勺捞出，让其冷却。将每颗水波蛋放在 1 片火腿的中间并卷起，接着移入汤盘中，用鳀鱼、酸豆和酸黄瓜装饰。用勺子舀起冷却的吉利丁液，浇在火腿水波蛋上，让吉利丁液覆盖火腿水波蛋的表面。放入冰箱冷藏 3 个小时，使其凝固定型。

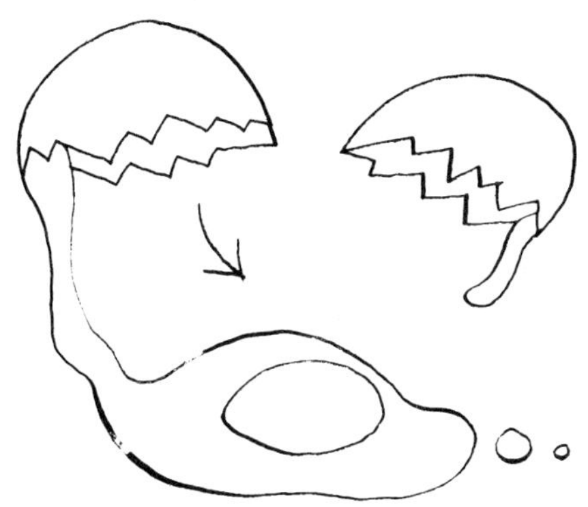

溏心鸡蛋

溏心鸡蛋有三种制作方式：➔ 将去壳的鸡蛋放入沸水中，转小火，煮 3～4 分钟。➔ 将去壳的鸡蛋放入沸水中，煮 1 分钟。然后将锅从火上端离，让鸡蛋在沸水中浸泡 3～4 分钟。➔ 将去壳的鸡蛋放入冷水中，中火加热至沸腾后马上关火。加热的时间根据个人口味而定，有些人喜欢熟透的蛋清，而另外一些人则更喜欢保留部分流淌的蛋清。不管如何，最重要的是蛋黄要呈流淌状。

UOVA ALLA COQUE CON ASPARAGI
供 4 人食用
制备时间：10 分钟
加热烹调时间：25 分钟
800 克 / 1¾ 磅芦笋，清理干净
4 颗鸡蛋
盐
淡盐黄油（lightly salted butter），熔化，用作配餐

溏心鸡蛋配芦笋 SOFT-BOILED EGGS WITH ASPARAGUS

将芦笋放入加了盐的沸水中煮 20 分钟，捞出控干。溏心鸡蛋煮好，放入蛋盅，搭配热芦笋，并单独配一碗黄油。享用时，用芦笋先蘸黄油再蘸溏心鸡蛋。

溏心鸡蛋配芦笋 ➔

烘 蛋

将鸡蛋去壳打入餐盘中，请确保鸡蛋是新鲜的。准备少许黄油，放入耐热焗盘中或不锈钢锅中，中火加热熔化。将鸡蛋从侧面滑入焗盅内或者不锈钢锅中，一次加入一颗鸡蛋。用盐和胡椒调味。接着送入烤箱，中温（160°C/ 325°F/ 气烤箱刻度 3）烘烤 5～6 分钟，其间不要搅拌鸡蛋。这样烹制的鸡蛋，蛋清凝固完美，而蛋黄仍然柔软并呈流淌状。烘蛋也可以在扒炉上制作，但使用上述方法制作的成品更出色。

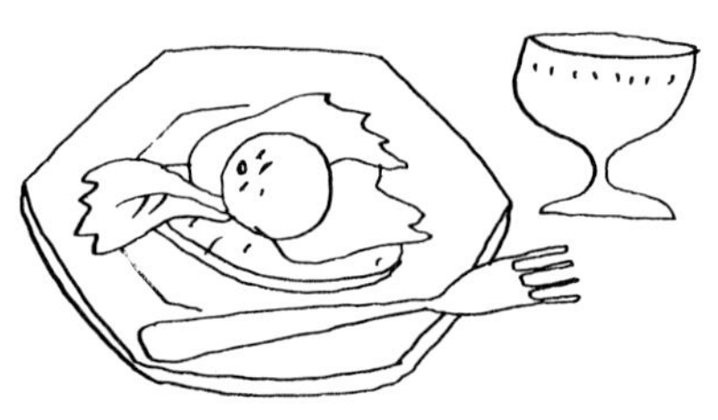

UOVA AL PLATTO AI FUNGHI
供 4 人食用
制备时间：25 分钟
加热烹调时间：10 分钟
250 克 / 9 盎司白蘑菇
80 克 / 3 盎司黄油，另加涂抹所需
4 颗鸡蛋
盐和胡椒

蘑菇烘蛋 EGGS WITH MUSHROOMS

将烤箱预热至 160°C/ 325°F/ 气烤箱刻度 3。在 4 个耐热焗盘内分别涂抹黄油。白蘑菇去掉菇柄（可以用于制作酱汁等），切薄片。平底锅中加热熔化 50 克 / 2 盎司黄油，加入蘑菇，煸炒约 10 分钟，直至蘑菇变成浅褐色。用盐和胡椒调味。将炒好的蘑菇分装到准备好的 4 个焗盅内，并在每个焗盅内打入 1 颗鸡蛋，加入少许盐调味。放入烤箱烘烤约 10 分钟，直到蛋清凝固。保留原盅趁热上桌。

UOVA AL PIATTO AL FREZZEMOLO
供 4 人食用
制备时间：10 分钟
加热烹调时间：4～5 分钟
2 枝新鲜平叶欧芹，切碎
100 克 / 3½ 盎司黄油
8 颗鸡蛋
8 厚片面包
盐

欧芹烘蛋 EGGS WITH PARSLEY

欧芹末和 50 克 / 2 盎司黄油混合均匀，用盐略微调味。将剩余的黄油放入平底锅中加热熔化，但不要使其上色。打入鸡蛋，用盐略微调味。加热几分钟，直至蛋清开始凝固，但蛋黄仍然是生的。将欧芹黄油淋在鸡蛋上，从火上端离。立刻将鸡蛋放在面包片上即可。

松露烘蛋 EGGS WITH TRUFFLE

UOVA AL PIATTO AL TARTUFO
供 4 人食用
制备时间：10 分钟
加热烹调时间：5～6 分钟
50 克 / 2 盎司黄油
8 颗鸡蛋
50 克 / 2 盎司黑松露
盐和胡椒

平底锅中加热熔化黄油。当黄油出现泡沫但未变色时，将鸡蛋打入锅中并混合。用盐和胡椒调味，中火加热 5～6 分钟，盛入温热的餐盘中。刨几片黑松露，撒在鸡蛋上即可上桌。

芦笋烘蛋 EGGS WITH ASPARAGUS

UOVA AL PIATTO CON ASPARAGI
供 4 人食用
制备时间：10 分钟
加热烹调时间：45 分钟
800 克 / 1¾ 磅芦笋，清理备用
4 汤匙现擦碎的帕玛森奶酪
80 克 / 3 盎司黄油
4 颗鸡蛋
盐

用棉线捆缚芦笋。准备一口细高的酱汁锅或芦笋锅，加水煮沸。放入芦笋，让芦笋尖露在水面之上。盖上锅盖，蒸煮 20 分钟，直到芦笋成熟。将芦笋捞出沥干，放入温热的餐盘中。将一半的芦笋放到餐盘的一侧，一半放到餐盘的另外一侧，两部分的芦笋尖部相接。撒上帕玛森奶酪。加热熔化 40 克 / 1½ 盎司黄油，用勺浇到芦笋上。加热熔化剩余的黄油，打入鸡蛋，一次一颗，用盐调味后加热至蛋清凝固。用铲子将鸡蛋铲起，放到盘内的芦笋尖部分。

茴香块根马苏里拉烘蛋 EGGS WITH FENNEL AND MOZZARELLA

UOVA AL PIATTO CON FINOCCHI E MOZZARELLA
供 4 人食用
制备时间：45 分钟
加热烹调时间：10 分钟
800 克 / 1¾ 磅茴香块根
50 克 / 2 盎司黄油，另加涂抹所需
200 克 / 7 盎司马苏里拉奶酪，切薄片
4 颗鸡蛋
4 汤匙现擦碎的帕玛森奶酪
盐和胡椒

将茴香块根放入盐水中煮约 15 分钟，成熟后捞出控干并切碎。与此同时，将烤箱预热至 160°C/ 325°F/ 气烤箱刻度 3，耐热焗盘内涂黄油。将黄油放入平底锅中加热熔化，加入茴香块根，中火加热煸炒，用盐和胡椒调味。煸炒至茴香块根呈浅金黄色。将炒好的茴香块根放入准备好的耐热焗盘内，用片状的马苏里拉奶酪覆盖，打入鸡蛋，再撒上帕玛森奶酪。放入烤箱烘烤至奶酪熔化即可。

茄子烘蛋 EGGS WITH AUBERGINES

将烤箱预热至160°C/325°F/气烤箱刻度3，在耐热焗盘内涂黄油。茄子片两面撒少许面粉。平底锅中加热橄榄油和黄油，加入茄子，用中火煎炸至金黄色。捞出后放在厨房纸上控净油，用盐和胡椒调味。将茄子放入准备好的焗盘内，加入番茄泥，打入鸡蛋。放入烤箱，烘烤至蛋清凝固。

UOVA AL PIATTO CON MELANZANE

供4人食用

制备时间：25分钟

加热烹调时间：10分钟

25克/1盎司黄油，另加涂抹所需

2个茄子，切片

普通面粉，用于淋撒

100毫升/3½盎司橄榄油

3汤匙番茄泥

4颗鸡蛋

盐和胡椒

玉米糊烘蛋 EGGS WITH POLENTA

将烤箱预热至160°C/325°F/气烤箱刻度3，在耐热焗盘内涂黄油。用平底锅加热40克/1½盎司黄油，放入玉米糊切片，中火煎至两面金黄。捞出放在厨房纸上控净油，接着放入准备好的焗盘中。在每片玉米糊切片上打1颗鸡蛋，用盐调味，撒上剩余的黄油。放入烤箱，烘烤至蛋清凝固。趁热食用。

UOVA AL PIATTO CON POLENTA

供4人食用

制备时间：15分钟

加热烹调时间：10分钟

50克/2盎司黄油，另加涂抹所需

4片玉米糊厚切片（见第367页）

4颗鸡蛋

盐

番茄烘蛋 EGGS WITH TOMATOES

将烤箱预热至180°C/350°F/气烤箱刻度4。在耐热焗盘内涂抹橄榄油。将番茄的顶端切掉，用勺挖出籽和部分番茄肉。番茄内撒入少许盐，倒扣在厨房纸上沥干汁液，约需10分钟。接着在番茄内撒牛至、胡椒，倒入橄榄油。转移到焗盘中，放入烤箱烘烤20分钟。将焗盘从烤箱内取出，在每颗番茄内打入1颗鸡蛋，再放回烤箱烘烤5分钟。取出后用欧芹装饰即可上桌。

UOVA AL POTATO CON POMODORI

供4人食用

制备时间：30分钟

加热烹调时间：25分钟

2茶匙橄榄油，另加涂抹所需

4颗大番茄

少许干牛至

4颗鸡蛋

盐和胡椒

1枝新鲜平叶欧芹，切碎，用作装饰

见第432页

← 茄子烘蛋

香肠烘蛋 EGGS WITH SAUSAGE

UOVA AL PIATTO CON SALSICCIA

供 4 人食用

制备时间：15 分钟

加热烹调时间：10 分钟

黄油，用于涂抹

300 克 / 11 盎司意式香肠，切粗粒

100 毫升 / 3½ 盎司干白葡萄酒

4 颗鸡蛋

盐

将烤箱预热至 180°C/ 350°F/ 气烤箱刻度 4。 在 4 个耐热焗盘内分别涂抹黄油。平底锅加热，加入香肠，中火加热，不加油干煎，直到将香肠煎成褐色。在锅中淋入葡萄酒，继续加热至全部吸收。将制作好的香肠分装到 4 个焗盘内，再分别打入 1 颗鸡蛋。用盐略微调味，放入烤箱，烘烤至蛋清凝固。趁热食用。

浸奶面包烘蛋 EGGS ON MILK-SOAKED BREAD

UOVA AL PIATTO SUI CROSTINI AL LATTE

供 4 人食用

制备时间：15 分钟

加热烹调时间：10 分钟

黄油，用于涂抹

4 片陈面包，去边

500 毫升 / 18 盎司牛奶

3 汤匙橄榄油

1 颗洋葱，切末

4 颗鸡蛋

盐

将烤箱预热至 180°C/ 350°F/ 气烤箱刻度 4。在耐热焗盘内涂黄油，底部摆一层面包。将牛奶加热至刚要沸腾，倒入面包中，让其浸泡一会儿。平底锅中加热橄榄油，加入洋葱，小火煸炒 10 分钟后置旁保温待用。将鸡蛋分别打在每片面包上，撒上盐，放入烤箱，烘烤至蛋清凝固、面包呈淡金黄色。取出后将炒好的洋葱舀到鸡蛋上即可。

← 番茄烘蛋，见第 431 页

煎鸡蛋

将鸡蛋打入碗中，一次一颗，加盐调味。平底锅中加入少许黄油和 1 茶匙油，加入鸡蛋。用漏勺将蛋清迅速归拢到蛋黄四周，这样煎好的鸡蛋能保持规整的形状，且相互之间不会粘连。煎好之后，蛋清应呈淡淡的金黄色，蛋黄保持柔软。用铲子将鸡蛋铲起，在厨房纸上控净油后放到温热的餐盘中即可。

UOVA FRITTE AL BURRO D'ACCIUGA
供 4 人食用
制备时间：10 分钟
加热烹调时间：10 分钟
100 克 / 3½ 盎司黄油
4 片面包，去边
1 汤匙鳀鱼酱
4 颗鸡蛋
盐
4 条油浸鳀鱼，控净汤汁，用于装饰

煎鸡蛋配鳀鱼风味黄油 EGGS WITH ANCHOVY BUTTER

平底锅中加热熔化 40 克 / 1½ 盎司黄油，放入面包片，煎至两面金黄。从锅中取出面包片，放在厨房纸上控净油。将 25 克 / 1 盎司黄油和鳀鱼酱放入碗中搅拌均匀，并涂抹到面包片上，单面涂抹即可。用剩余的黄油煎鸡蛋，撒上少许盐调味。将煎好的鸡蛋放到面包片上，用鳀鱼装饰后趁热食用。

UOVA FRITTE AL CIVET
供 4 人食用
制备时间：10 分钟
加热烹调时间：40 分钟
4 汤匙橄榄油
400 克 / 14 盎司洋葱，切细丝
1 茶匙糖
2 汤匙香脂醋
1 汤匙雪莉醋（sherry vinegar）
5 汤匙红葡萄酒
8 颗鸡蛋
盐和胡椒
吐司面包，用作配餐

煎鸡蛋红酒酱汁 EGGS IN RED WINE

平底锅中加热橄榄油，加入洋葱，大火炒至浅褐色。加入糖和 2 汤匙水，转小火加热 20～30 分钟，直到洋葱变得非常柔软并且呈焦糖状。加入两种醋，继续加热至完全吸收。倒入红葡萄酒，熗至汤汁减少一半。加入盐和胡椒调味，然后将鸡蛋打入锅中，一次一颗，用中火加热几分钟。将鸡蛋连同酱汁一起盛入温热的餐盘中，搭配吐司面包一起食用。

醋煎鸡蛋 EGGS WITH VINEGAR

平底锅中加热熔化 50 克 / 2 盎司黄油，打入鸡蛋，一次一颗。用盐略微调味，煎几分钟后取出放到温热的餐盘中。再次在锅中加入剩余的黄油。当黄油变成褐色时，倒入醋，加入鼠尾草和欧芹，加热几分钟，然后将制作好的酱汁淋到鸡蛋上。

UOVA FRITTE ALL'ACETO
供 4 人食用
制备时间：10 分钟
加热烹调时间：25 分钟
100 克 / 3½ 盎司黄油
8 颗鸡蛋
4 汤匙白葡萄酒醋
4 片新鲜鼠尾草叶，切碎
1 枝新鲜平叶欧芹，切碎
盐

美式风味煎鸡蛋 AMERICAN-STYLE EGGS

平底锅中加热橄榄油和黄油，加入培根，煸炒 5 分钟至成熟，取出放在厨房纸上控净油。将鸡蛋打入锅中，一次一颗，用盐和胡椒调味。用木勺将蛋清归拢到蛋黄上。当蛋清凝固之后，将鸡蛋从锅中铲起放到温热的餐盘中。将培根撒到鸡蛋周围，搭配铁扒番茄一起食用。

UOVA FRITTE ALL 'AMERICANA
供 4 人食用
制备时间：5 分钟
加热烹调时间：12 分钟
2 汤匙橄榄油
25 克 / 1 盎司黄油
100 克 / 3½ 盎司烟熏意式培根，切条
4 颗鸡蛋
盐和胡椒
铁扒番茄，用作配餐

罗西尼风味煎鸡蛋 EGGS ROSSINI

将 50 克 / 2 盎司黄油放入小号酱汁锅中，放入鹅肝酱，加热熔化。用平底锅加热熔化剩余的黄油，打入鸡蛋，一次一颗，加热至蛋清凝固。将鹅肝酱黄油淋到鸡蛋上，再继续煎 2 分钟即可。

UOVA FRITTE ALLA ROSSINI
供 4 人食用
制备时间：5 分钟
加热烹调时间：6 分钟
150 克 / 5 盎司鹅肝酱
100 克 / 3½ 盎司黄油
8 颗鸡蛋

煎鸡蛋配抱子甘蓝 EGGS WITH BRUSSELS SPROUTS

将抱子甘蓝放入一大锅加了盐的沸水中，小火煮 15 分钟，然后捞出控干。平底锅中加热熔化 25 克 / 1 盎司黄油，加入火腿和洋葱，小火煸炒 5 分钟。撒入面粉，继续翻炒 1 分钟，然后拌入 150 毫升 / ¼ 品脱温水，继续用小火加热 10 分钟。拌入双倍奶油，用盐和胡椒调味，继续加热。与此同时，用另一口平底锅加热熔化剩余的黄油，打入鸡蛋，一次一颗，用中火煎几分钟，加入盐调味。将抱子甘蓝放到温热的餐盘中，淋上热的火腿酱汁，再摆上煎好的鸡蛋即可。

UOVA FRITTE CON CAVOLINI DI BRUXELLES
供 4 人食用
制备时间：10 分钟
加热烹调时间：45 分钟
500 克 / 1 磅 2 盎司抱子甘蓝
100 克 / 3½ 盎司黄油
1 片厚火腿，切丁
1 颗洋葱，切细末
1 汤匙普通面粉
200 毫升 / 7 盎司双倍奶油
6 颗鸡蛋
盐和胡椒

焗鸡蛋

焗鸡蛋可以在双层锅中制作，也可以用扒炉或烤箱制作。焗盅内涂抹黄油，将鸡肝、火腿等食材放入焗盅，摆放一层。接着打入鸡蛋，用盐和胡椒调味，撒少许黄油颗粒。放入双层锅中，慢火加热6～8分钟即可。成品的蛋清凝固而柔软，蛋黄保持流淌状。

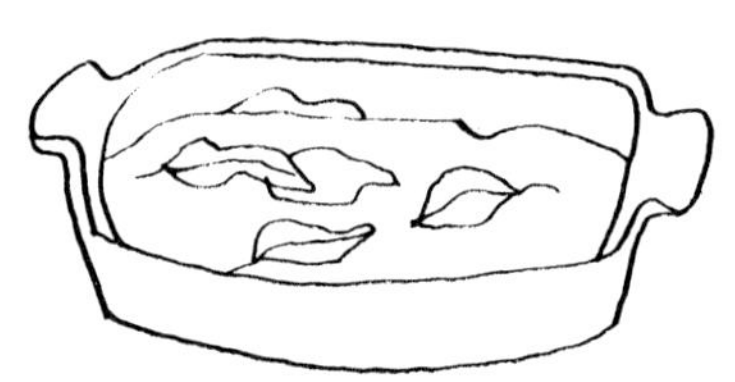

UOVA IN COCOTTE AI PORRI
供4人食用
制备时间：40分钟
加热烹调时间：6分钟
600克/1磅5盎司韭葱，清理干净
50克/2盎司黄油，另加涂抹所需
少许现擦碎的肉豆蔻粉
4颗鸡蛋
盐和胡椒

韭葱焗鸡蛋 EGGS EN COCOTTE WITH LEEKS

将韭葱纵向切开，然后切成非常薄的片。小号平底锅中加热熔化黄油，加入韭葱，小火煸炒5分钟，直到韭葱变软。用盐和胡椒调味，再撒入肉豆蔻粉。搅拌均匀后加入3汤匙热水，盖上锅盖，小火焖煮约20分钟。与此同时，将烤箱预热至180°C/350°F/气烤箱刻度4。在4个焗盅内分别涂抹黄油。韭葱分装到4个焗盅内，分别打入1颗鸡蛋，放入烤箱烘烤4分钟。关掉烤箱电源，用一张锡箔纸覆盖，继续在烤箱内静置2分钟。去掉锡箔纸，用盐和胡椒再次调味即可。

UOVA IN COCOTTE ALLA PESCATORA
供4人食用
制备时间：15分钟
加热烹调时间：8～10分钟
25克/1盎司黄油，另加涂抹所需
80克/3盎司罐装油浸沙丁鱼，捞出控净油
4颗鸡蛋
1枝新鲜平叶欧芹，切碎
盐和胡椒

渔夫焗鸡蛋 FISHERMAN'S EGGS EN COCOTTE

将烤箱预热至180°C/350°F/气烤箱刻度4。在4个焗盅内分别涂抹黄油。去掉沙丁鱼的鱼刺并切碎。将沙丁鱼分装到4个焗盅内，分别打入1颗鸡蛋。用盐和胡椒调味，再放入几粒黄油。将焗盅放入烤盘，注入烤盘一半高度的沸水，再放入烤箱烘烤8～10分钟，或烘烤到蛋清略微凝固。同样地，也可以将烤盘放入低温扒炉加热8～10分钟。烤好后撒上欧芹即可。

韭葱焗鸡蛋 →

UOVA IN COCOTTE AL LARDO
供 4 人食用
制备时间：10 分钟
加热烹调时间：6～8 分钟
4 片小肥培根片
4 汤匙双倍奶油
4 颗鸡蛋
2 汤匙现擦碎的帕玛森奶酪

培根风味焗鸡蛋 EGGS EN COCOTTE WITH BACON FAT

将烤箱预热至 180°C/ 350°F/ 气烤箱刻度 4。肥培根片放入沸水中煮约 1 分钟，捞出控干。每个焗盅内放 1 片培根和 1 汤匙双倍奶油，再分别打入 1 颗鸡蛋，撒上帕玛森奶酪。将焗盅放入烤盘，注入烤盘一半高度的沸水，放入烤箱烘烤 6～8 分钟，或者一直烘烤到蛋清略微凝固。也可以将烤盘放入低温的扒炉加热 6～8 分钟。培根和双倍奶油，一个浓郁，一个柔和，让焗鸡蛋变得异常鲜美。

UOVA IN COCOTTE AL RAGÙ
供 4 人食用
制备时间：1 小时 45 分钟
加热烹调时间：8～10 分钟
黄油，用于涂抹
1 份博洛尼亚肉酱（见第 61 页）
8 颗鸡蛋
盐

博洛尼亚肉酱焗鸡蛋 EGGS EN COCOTTE WITH BOLOGNESE MEAT SAUCE

将烤箱预热至 180°C/ 350°F/ 气烤箱刻度 4。如果使用烤箱，可以先在 4 个焗盅内分别涂抹黄油。接着在每个焗盅内盛入一层肉酱，打入鸡蛋，用少许盐调味，然后再覆盖一层肉酱。将焗盅放入烤盘内，注入烤盘一半高度的沸水，放入烤箱烘烤 8～10 分钟。也可以将烤盘放入低温扒炉加热 8～10 分钟。趁热食用。

UOVA IN COCOTTE AROMATICHE
供 4 人食用
制备时间：10 分钟
加热烹调时间：6～8 分钟
适量黄油，另加涂抹所需
8 片新鲜罗勒叶，切碎
少许干牛至
4 颗李子番茄，切薄片
4 颗鸡蛋
盐和胡椒

香草焗鸡蛋 FRAGRANT EGGS EN COCOTTE

将烤箱预热至 180°C/ 350°F/ 气烤箱刻度 4。在 4 个焗盅内分别涂抹黄油，黄油量稍大一些。将牛至和一半的罗勒叶分别撒入 4 个焗盅内，加入几片番茄，再分别打入鸡蛋。用盐和胡椒略微调味，撒几粒黄油。焗盅最上层放番茄片和罗勒。将焗盅放入烤盘内，注入烤盘一半高度的沸水，放入烤箱烘烤 6～8 分钟，或者烘烤到蛋清略微凝固。也可以将烤盘放入低温扒炉加热 6～8 分钟。

半熟煮鸡蛋

将鸡蛋浸入一锅沸水中，再次煮沸后继续加热 5 分钟。捞出后用冷水过凉，防止鸡蛋继续成熟，还可以让去壳更简单且不破坏蛋清。操作时请小心处理。半熟煮鸡蛋可以搭配酱汁或各种调味蔬菜，美味可口。

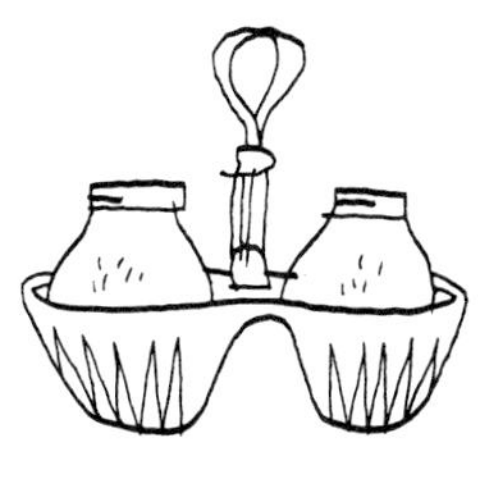

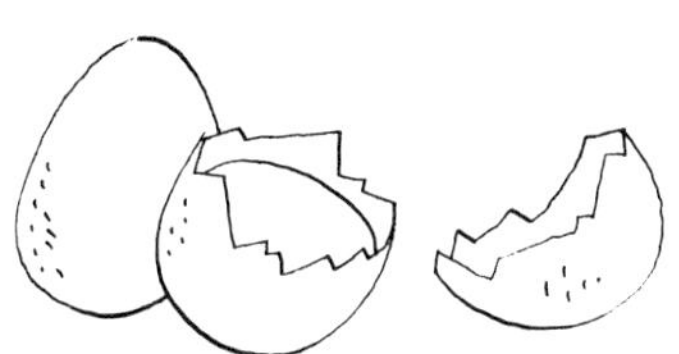

煮鸡蛋配菠菜 BOILED EGGS WITH SPINACH

菠菜洗净，保留叶片上附着的水分，放入锅中加热 5 分钟。捞出控干，尽可能地挤出菠菜中的水分后切细末。平底锅中加热并熔化黄油，加入菠菜，小火煸炒 5 分钟。接着拌入双倍奶油，用盐和胡椒调味。与此同时，将鸡蛋放入沸水中煮 4～5 分钟，捞出用冷水过凉并去壳。将菠菜盛入温热的餐盘中，再摆上煮好的鸡蛋即可。

UOVA MOLLETTE AGLI SPINACI

供 4 人食用

制备时间：5 分钟

加热烹调时间：10 分钟

675 克 / 1½ 磅菠菜

50 克 / 2 盎司黄油

2 汤匙双倍奶油

4 颗鸡蛋

盐和胡椒

UOVA MOLLETTE AI FUNGHI
供 4 人食用
制备时间：10 分钟
加热烹调时间：20 分钟
4 个大牛肝菌
橄榄油，用于涂刷
80 克 / 3 盎司黄油
1 汤匙切碎的新鲜平叶欧芹
1 茶匙柠檬汁，过滤
4 颗鸡蛋
盐和胡椒

煮鸡蛋配蘑菇 BOILED EGGS WITH MUSHROOMS

将扒炉预热至中温。牛肝菌去掉柄，用盐和胡椒调味，涂刷橄榄油，放入扒炉加热约 15 分钟。黄油放入碗中打发，搅拌加入欧芹末、柠檬汁和盐。鸡蛋放入沸水锅中煮 4～5 分钟，捞出用冷水过凉并去壳。将 4 颗鸡蛋分别放到 4 个牛肝菌上，淋上欧芹黄油，放入温热的餐盘中，趁热食用。

UOVA MOLLETTE ALLA SENAPE AROMATICA
供 4 人食用
制备时间：10 分钟
加热烹调时间：30 分钟
50 克 / 2 盎司黄油
1 颗红葱头，切末
1 汤匙普通面粉
8 颗鸡蛋
1 汤匙香草芥末（herbed mustard）或者按喜好选择调味芥末
1 汤匙切末的新鲜香葱
盐和胡椒

煮鸡蛋配香草芥末 BOILED EGGS WITH HERBED MUSTARD

平底锅中加热熔化黄油，加入红葱头末，小火加热 8～10 分钟，其间不时搅拌，直到红葱头末变成浅棕色。加入面粉，持续搅拌加热 1 分钟。搅拌加入 150 毫升 / ¼ 品脱温水，用盐和胡椒调味，慢火炖煮约 20 分钟。与此同时，将鸡蛋放入沸水中煮 5 分钟，捞出用冷水过凉并去壳。将香草芥末搅拌加入酱汁锅中。用勺子将酱汁盛入温热的盘子中，放上鸡蛋，撒上香葱末即可。趁热食用。

UOVA MOLLETTE AL POMODORO
供 4 人食用
制备时间：45 分钟
加热烹调时间：25 分钟
200 毫升 / 7 盎司番茄糊
1 颗洋葱，切碎
1 根芹菜茎，切碎
1 根胡萝卜，切碎
1 汤匙切碎的新鲜平叶欧芹
8 颗鸡蛋
盐

煮鸡蛋配番茄 BOILED EGGS WITH TOMATO

锅中加热番茄糊，加入洋葱、芹菜、胡萝卜和欧芹，用盐调味，小火加热 20 分钟。将鸡蛋放入沸水锅中煮 4～5 分钟，捞出用冷水过凉并去壳。将一半的番茄酱汁舀入温热的餐盘中，放上鸡蛋，淋入剩余的酱汁即可。

煮鸡蛋配西蓝花 BOILED EGGS WITH BROCCOLI

将西蓝花放入一锅煮沸的盐水中煮 10 分钟，然后捞出。在一个煎锅内加热橄榄油，放入大蒜加热，煸炒至呈金黄色。取出大蒜不用，将西蓝花加入锅内，用小火翻炒几分钟。与此同时，将鸡蛋放入沸水锅内煮 4～5 分钟，捞出用冷水过凉并去壳。将鸡蛋摆放到温热的餐盘内，舀入西蓝花，堆放到鸡蛋四周即可。

UOVA MOLLETTE CON I BROCCOLI
供 4 人食用
制备时间：10 分钟
加热烹调时间：15 分钟
800 克 / 1¾ 磅西蓝花，切成小朵
3 汤匙橄榄油
1 瓣蒜
4 颗鸡蛋
盐

煮鸡蛋配洋蓟心 BOILED EGGS WITH ARTICHOKE HEARTS

将洋蓟心放入加了盐的沸水中煮至刚好成熟，捞出控干水分，放到温热的餐盘中。平底锅中加热熔化黄油，加入红葱头、百里香和少许胡椒，小火煸炒 5 分钟。倒入干白葡萄酒，继续加热至几乎全部吸收。撒入面粉，加入 200 毫升 / 7 盎司热水，小火熬煮 5 分钟。将鸡蛋放入沸水中煮 4～5 分钟，捞出用冷水过凉并去壳。将煮好的鸡蛋放到洋蓟心上，淋上酱汁，用火腿装饰即可上桌。

UOVA MOLLETTE CON I CARCIOFI
供 4 人食用
制备时间：15 分钟
加热烹调时间：25 分钟
4 颗洋蓟心
25 克 / 1 盎司黄油
1 颗红葱头，切碎
1 枝新鲜的百里香，切碎
200 毫升 / 7 盎司干白葡萄酒
少许普通面粉
4 颗鸡蛋
盐和胡椒
2 片熟火腿，切条，用于装饰

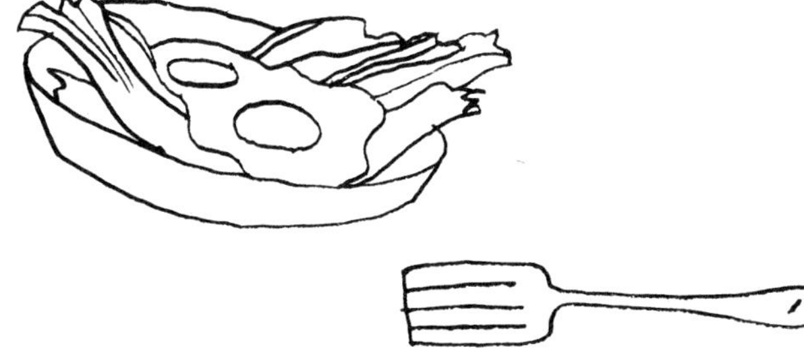

全熟煮鸡蛋

水中加入盐，可以防止蛋壳破裂。加热煮沸盐水，放入鸡蛋并大火加热约 8 分钟。如果食谱要求非常熟的煮鸡蛋，就需要加热 10 分钟。取出鸡蛋，用冷水过凉，让鸡蛋去壳更容易。

煮鸡蛋肉冻 HARD-BOILED EGGS IN ASPIC

ASPIC DI UOVA SODE
供 6～8 人食用
制备时间：1 小时 15 分钟，另加冷却用时

4 颗煮熟的鸡蛋
150 克 / 5 盎司烤鸡胸肉，去掉鸡皮，切条
80 克 / 3 盎司腌牛舌，切条
150 克 / 5 盎司熟火腿，去掉肥肉，切丁
80 克 / 3 盎司蛋黄酱，制作时加入柠檬汁（见第 77 页）
2 片吉利丁
盐和胡椒
小萝卜，切薄片，或者切成花朵状，用于装饰

准备一个 1½ 升 / 2½ 品脱的面包模具，或者使用 6 个 250 毫升 / 9 盎司的模具。煮熟的鸡蛋去壳，将其中的 3 颗鸡蛋切成均等的厚圆片。剩余的鸡蛋切碎，放入碗中，与鸡肉、牛舌、火腿混合，加入蛋黄酱，轻轻搅拌均匀。如果使用小模具，需要将肉类切成细末后再拌入蛋黄酱。根据包装说明制备吉利丁，让其冷却，但是不要放入冰箱冷藏。将适量吉利丁倒入小模具或者面包模具的底部，模具的内侧多刷几遍吉利丁，放入冰箱冷藏至凝固。将鸡蛋片放到模具的底部，倒入薄薄一层吉利丁，再放入冰箱冷藏，或者置于冰块上，让吉利丁凝固。模具内倒入一层混合好的肉类，上面再摆几片鸡蛋。确保肉类没有接触到模具的侧边，再用一层吉利丁密封，放入冰箱冷藏或者置于冰块上让吉利丁凝固。重复以上步骤，直到所有的食材用完，最上面覆盖一层吉利丁。放入冰箱冷藏 3 个小时。食用前，将模具浸入热水中几秒钟，立刻倒扣在餐盘中，用小萝卜装饰即可。

煮鸡蛋配咖喱酱汁 HARD-BOILED EGGS IN CURRY SAUCE

将烤箱预热至 180°C/ 350°F/ 气烤箱刻度 4。在耐热焗盘中涂抹黄油。白汁中拌入咖喱粉和少许盐。煮熟的鸡蛋去壳，纵切成两半。取出蛋黄，放入碗中，加入 2 汤匙咖喱酱汁并碾压成泥。用勺子将咖喱蛋黄泥舀回蛋清中，放到准备好的耐热焗盘内。将剩余的咖喱酱汁淋到鸡蛋上，撒上帕玛森奶酪。放入烤箱，烘烤至金黄色且帕玛森奶酪开始冒泡即可。

UOVA SODE AL CURRY

供 4 人食用

制备时间：45 分钟

加热烹调时间：10 分钟

黄油，用于涂抹

1 茶匙咖喱粉

1 份白汁（见第 58 页）

6 颗鸡蛋

1 汤匙现擦碎的帕玛森奶酪

盐

那不勒斯风味煮鸡蛋 HARD-BOILED EGGS NAPOLETANA

鸡蛋去壳，纵切成两半，取出蛋黄，放入碗中。用餐叉捣碎蛋黄，加入 1 汤匙番茄、橄榄、鳀鱼和足量蛋黄酱的混合物。然后将蛋黄混合物装入蛋清中并整理形状。餐盘中用生菜叶垫底，将酿馅鸡蛋放到生菜上，四周撒上剩余的番茄丁即可。

UOVA SODE ALLA NAPOLETANA

供 4 人食用

制备时间：40 分钟

加热烹调时间：10 分钟

8 颗煮熟的鸡蛋

4 颗番茄，去皮去籽，切小丁

25 克 / 1 盎司青橄榄和黑橄榄，去核切碎

4 条油浸鳀鱼，控净油并切碎

4～6 汤匙蛋黄酱（见第 77 页）

生菜叶，用作配餐

煮鸡蛋配核桃 HARD-BOILED EGGS WITH WALNUTS

鸡蛋去壳，纵切成两半，取出蛋黄，放入碗中，用餐叉将蛋黄捣碎。将 2 瓣核桃仁切成细末，与鳀鱼酱、黄油、柠檬汁一起加入蛋黄中并搅拌均匀，用盐和胡椒调味。将蛋黄混合物舀回蛋清中，每个蛋黄中间摆 1 瓣核桃仁。将鸡蛋转入餐盘中，用欧芹末装饰即可。

UOVA SODE ALLE NOCI

供 4 人食用

制备时间：30 分钟

加热烹调时间：10 分钟

4 颗煮熟的鸡蛋

10 瓣核桃仁

1 汤匙鳀鱼酱

40 克 / 1½ 盎司黄油，软化

半颗柠檬，挤出柠檬汁，过滤

盐和胡椒

1 汤匙切碎的新鲜平叶欧芹，用于装饰

戴帽子的煮鸡蛋 HARD-BOILED EGGS WITH HATS

将橄榄油和白葡萄酒醋放入碗中，混合搅打均匀，用盐和胡椒调味。放入绿叶菜，轻轻搅拌，盛入餐盘中。鸡蛋去壳，切平每颗鸡蛋的底部，让鸡蛋能够立稳。将鸡蛋放到餐盘中的蔬菜沙拉上。番茄切除顶端和⅓的底端，挖出番茄籽。将番茄放到鸡蛋上，如同帽子一般。剩余的番茄切片，用于装饰。搭配酸豆风味蛋黄酱一起食用。

UOVA SODE COL CAPELLO
供 4 人食用
制备时间：30 分钟
加热烹调时间：10 分钟
6 汤匙橄榄油
2 汤匙白葡萄酒醋
1 把阔叶菊苣（escarole）或者卷叶菊苣（frisée），切段 • 8 颗煮熟的鸡蛋
1 把芝麻菜，切段
4 颗番茄 • 盐和胡椒
酸豆风味蛋黄酱（caper mayonnaise），用作配餐

煮鸡蛋配大虾 HARD-BOILED EGGS WITH PRAWNS

鸡蛋去壳，纵切成两半，挖出蛋黄，放入碗中。用叉子将蛋黄捣碎，加入黄油和鳀鱼酱，搅拌均匀。再将蛋黄混合物放回蛋清中，撒上欧芹，上面放上大虾即可。

UOVA SODE CON I GAMBERETTI
供 4 人食用
制备时间：15 分钟
加热烹调时间：10 分钟
4 颗煮熟的鸡蛋 • 25 克 / 1 盎司黄油，软化 • 1 茶匙鳀鱼酱 • 1 枝新鲜平叶欧芹，切成细末 • 8 只熟大虾，去壳 • 盐（按口味添加）

煮鸡蛋配烟熏鲑鱼 HARD-BOILED EGGS WITH SMOKED SALMON

鸡蛋去壳，纵切成两半，挖出蛋黄。将蛋黄放入电动搅拌机中，加入鲑鱼和双倍奶油，用盐和胡椒调味，搅打成浓稠的蓉泥状。将蓉泥填入蛋清中，中间鼓起。将生菜叶放入餐盘中并摆成扇形，酿馅鸡蛋置于其上。每个餐盘中放两个即可。

UOVA SODE CON IL SALMONE
供 4 人食用
制备时间：20 分钟
加热烹调时间：10 分钟
4 颗煮熟的鸡蛋
150 克 / 5 盎司烟熏鲑鱼，切碎
3 汤匙双倍奶油
4 片生菜叶
盐和胡椒

煮鸡蛋配牡蛎 HARD-BOILED EGGS WITH OYSTERS

鸡蛋去壳，纵切成两半，挖出蛋黄放入碗中。用叉子将蛋黄捣碎，拌入橄榄油和柠檬汁，制成细滑的酱汁，用盐和胡椒调味。平底锅中加热熔化黄油，加入牡蛎和欧芹，小火煸炒几分钟后舀入蛋清中。面包片略微烘烤一下，趁热涂抹黄油。在每片面包上放一小片柠檬，柠檬片上放装有牡蛎的蛋清。最后将蛋黄酱汁淋在牡蛎上即可。

UOVA SODE CON LE OSTRICHE
供 4 人食用
制备时间：25 分钟
加热烹调时间：15 分钟
4 颗煮熟的鸡蛋
2～3 汤匙橄榄油
2～3 汤匙柠檬汁，过滤
25 克 / 1 盎司黄油，另加涂抹所需
8 个牡蛎，去壳
1 枝新鲜平叶欧芹，切碎
8 片面包，去边
1 颗柠檬，去皮，切薄片
盐和胡椒

← 煮鸡蛋配大虾

UOVA SODE IN GELATINA
供 4 人食用
制备时间：30 分钟，另加冷却用时
加热烹调时间：10 分钟

- 6 颗煮熟的鸡蛋
- 1 升 / 1¾ 品脱吉利丁
- 6～7 片熟火腿
- 50 克 / 2 盎司酸豆，控净汁液并漂洗干净
- 12 颗黑橄榄
- 胡椒

煮鸡蛋与火腿冻 HARD-BOILED EGGS AND HAM IN ASPIC

鸡蛋去壳，横切成两半。根据包装使用说明，用 1 升 / 1¾ 品脱的水溶化吉利丁，让其稍微冷却。餐盘淋入薄薄一层吉利丁，放入冰箱冷藏至凝固。使用点心切模，在火腿上切出比煮鸡蛋最大直径略大一点的圆片，共需 24 片。将其中的 12 片火腿放到餐盘中已经凝固的吉利丁上。将切成两半的鸡蛋的顶端切掉，以便鸡蛋可以立起来。将鸡蛋分别立在餐盘中的火腿圆片上，蛋黄上装饰酸豆，撒少许胡椒，放 1 颗橄榄，再盖 1 片火腿。将剩余的吉利丁淋到鸡蛋上，放入冰箱冷藏至凝固。食用前 15 分钟，将鸡蛋火腿冻从冰箱中取出。

UOVA SODE RIPIENE E FRITTE
供 4 人食用
制备时间：40 分钟
加热烹调时间：10 分钟

- 5 颗鸡蛋
- 120 克 / 4 盎司里考塔奶酪
- 40 克 / 1½ 盎司帕玛森奶酪，现擦碎
- 2～3 汤匙双倍奶油
- 1 汤匙切碎的新鲜平叶欧芹
- 80 克 / 3 盎司面包糠
- 普通面粉，用于淋撒
- 25 克 / 1 盎司黄油
- 盐和胡椒

煎酿馅鸡蛋 FRIED STUFFED HARD-BOILED EGGS

将 4 颗鸡蛋放入加了盐的沸水中煮熟，捞出过冷水并去壳。纵切成两半，取出蛋黄，放入碗中，用叉子将蛋黄捣碎。加入里考塔奶酪、帕玛森奶酪、欧芹和 2 汤匙双倍奶油，用盐和胡椒调味并混合均匀。如果混合物太过柔软，可以加入 1 汤匙的面包糠；如果太硬，就加入剩下的双倍奶油。将搅拌好的混合物填回蛋清中，蘸面粉。剩余的鸡蛋打入浅盘内，面包糠放入另外一个浅盘内。酿馅鸡蛋先蘸蛋液，再裹面包糠。平底锅中加热熔化黄油，加入酿馅鸡蛋，煎炸至淡褐色。捞出后放在厨房纸上控净油。随后放入餐盘，立刻上桌。

炒鸡蛋

用平底锅炒鸡蛋，6 颗鸡蛋需要加热熔化约 100 克 / 3½ 盎司的黄油。鸡蛋中加入少许盐，略微搅打后倒入锅中。用中火加热，搅拌至呈乳脂状，再加入 25 克 / 1 盎司的黄油后盛入餐盘中即可。要小心不要炒过头，炒好的鸡蛋应保持软嫩。入锅前留出 1 汤匙蛋液，当炒好的鸡蛋刚刚离开火时放入锅中。

炒鸡蛋配洋蓟 SCRAMBLED EGGS WITH ARTICHOKES

UOVA STRAPAZZATE AI CARCIOFI
供 4 人食用
制备时间：20 分钟
加热烹调时间：20 分钟
3 颗洋蓟
50 克 / 2 盎司黄油
4 颗鸡蛋
盐和胡椒

将洋蓟的茎秆掰下来，去掉老硬的外层叶片，切薄片。平底锅中加热熔化黄油，加入洋蓟，用盐和胡椒略微调味，再加入 4 汤匙水，盖上锅盖，焖煮 15 分钟。根据需要，中途可以再加适量的水。将鸡蛋一次一颗地打入小碟中，从锅边滑入。与洋蓟一起炒，当鸡蛋开始凝固时，要立刻将锅从火上端离。趁热上桌。

UOVA STRAPAZZATE ALL'ABRUZZESE
供 4 人食用
制备时间：15 分钟
加热烹调时间：20 分钟
3 汤匙橄榄油
1 颗洋葱，切细末
1 瓣蒜，切细末
4 颗番茄，去皮去籽，切小丁
1 枝新鲜罗勒，切细末
1 枝新鲜墨角兰，切细末
1 根新鲜红辣椒，去籽后切细末
8 颗鸡蛋，打散
100 克 / 3½ 盎司去核黑橄榄
盐和胡椒

阿布鲁佐风味炒鸡蛋 ABRUZZO SCRAMBLED EGGS

平底锅中加热橄榄油，加入洋葱和大蒜，小火煸炒 5 分钟。加入番茄、香草和辣椒，继续煸炒 10 分钟。将鸡蛋倒入锅中，用叉子混合好并翻炒。当混合物变得软嫩时，加入黑橄榄，用盐和胡椒略微调味。关火，盖上锅盖，上桌前先静置几分钟。

UOVA STRAPAZZATE ALLA FONTINA
供 4 人食用
制备时间：10 分钟
加热烹调时间：15 分钟
5 颗鸡蛋
80 克 / 3 盎司黄油
80 克 / 3 盎司芳提娜奶酪，现擦碎
盐和胡椒

炒鸡蛋配芳提娜奶酪 SCRAMBLED EGGS WITH FONTINA

将 1 颗鸡蛋打入碗中，用叉子搅散后置旁备用。剩余的鸡蛋打入另外一个大碗中，用叉子搅散。将 65 克 / 2½ 盎司黄油放入平底锅中，用中火加热熔化。锅中倒入大碗内的蛋液并翻炒，撒入芳提娜奶酪，用盐和胡椒调味，继续翻炒。剩余的黄油陆续加入锅中，一次加入几小粒。当混合物变得软嫩并呈乳脂状时，将锅从火上端离，迅速将小碗内的蛋液倒入锅中。混合之后立即出锅上桌。

UOVA STRAPAZZATE AL TARTUFO
供 4 人食用
制备时间：20 分钟
加热烹调时间：10 分钟
4 片面包，去边
8 颗鸡蛋
40 克 / 1½ 盎司黄油，软化，另加涂抹所需
50 克 / 2 盎司松露酱（truffle paste）
2 汤匙双倍奶油
盐和胡椒

炒鸡蛋配松露 SCRAMBLED EGGS WITH TRUFFLE

略微烘烤面包片的两面。鸡蛋中加入少许盐和胡椒，略微搅打。将黄油和松露酱放入碗中，搅打成奶油状，然后倒入平底锅中，小火加热熔化。倒入鸡蛋翻炒，当蛋液刚开始变稠时，立刻倒入双倍奶油，混合均匀后从火上端离。在面包片的一面涂抹薄薄的一层黄油，放到温热的餐盘中。将炒好的松露酱鸡蛋放到面包片上，趁热食用。

炒鸡蛋配菠菜 SCRAMBLED EGGS WITH SPINACH

菠菜洗净，保留叶片上附着的水分，放入锅中，加热 5 分钟。将菠菜捞出控干并尽可能地挤出水分，随后切碎并放入一口干净的锅中，小火加热翻炒 1～2 分钟，去除多余的水分。将锅从火上端离，加入欧芹、罗勒和红葱头。鸡蛋打入碗中，加入 1 汤匙水，用盐和胡椒调味。将鸡蛋拌入菠菜混合物中。不粘锅中加热橄榄油，将菠菜蛋液倒入锅中，中火加热翻炒。当混合物变成绿色且鸡蛋变得软嫩时，将锅从火上端离，静置 2 分钟。盛入餐盘，趁热食用。

UOVA STRAPAZZATE AL VERDE
供 4 人食用
制备时间：15 分钟
加热烹调时间：15 分钟

400 克 / 14 盎司菠菜
1 枝新鲜平叶欧芹，切碎
6 片新鲜的罗勒叶，切碎
1 颗红葱头，切碎
6 颗鸡蛋
2 汤匙橄榄油
盐和胡椒

炒鸡蛋配红莓豆 SCRAMBLED EGGS WITH BEANS

平底锅中加热橄榄油，加入洋葱和红莓豆，小火煸炒 10 分钟。加入鸡蛋，用盐和胡椒调味，同时用叉子反复翻炒。当鸡蛋变成乳脂状时，立刻将锅从火上端离。尽快上桌。

UOVA STRAPAZZATE CON I FAGIOLI
供 4 人食用
制备时间：10 分钟
加热烹调时间：15 分钟

2 汤匙橄榄油
1 颗洋葱，切成薄洋葱圈
300 克 / 11 盎司罐头红莓豆，控净汁液并漂洗干净
4 颗鸡蛋，略微搅散
盐和胡椒

炒鸡蛋配鸡肝 SCRAMBLED EGGS WITH CHICKEN LIVERS

将一半黄油放入平底锅中，大火加热熔化，加入鸡肝，翻炒 5 分钟。用盐和胡椒调味，再拌入番茄泥。将炒好的鸡肝倒入蛋液中。在一口干净的平底锅中加热剩余的黄油，倒入蛋液混合物，用叉子反复搅拌，炒至蛋液呈乳脂状。将锅从火上端离，趁热装盘食用。

UOVA STRAPAZZATE CON I FEGATINI
供 4 人食用
制备时间：15 分钟
加热烹调时间：10 分钟

50 克 / 2 盎司黄油
200 克 / 7 盎司鸡肝，如果是冷冻的需要解冻，除去边角并切碎
1 汤匙番茄泥
4 颗鸡蛋，略微搅散
盐和胡椒

炒鸡蛋配香肠 SCRAMBLED EGGS WITH SAUSAGE

将香肠、大蒜和一半黄油放入平底锅中，小火加热翻炒，直到香肠变成褐色。将锅从火上端离，取出大蒜并丢弃不用。鸡蛋中加入少许盐，搅散。将剩余的黄油放入另一口平底锅中加热熔化，倒入蛋液。将炒好的香肠用漏勺捞出，控净汤汁，加入鸡蛋中。用叉子翻炒，呈乳脂状后迅速将锅从火上端离，盛盘上桌。

UOVA STRAPAZZATE CON LA SALSICCIA
供 4 人食用
制备时间：10 分钟
加热烹调时间：15 分钟

200 克 / 7 盎司意式香肠，去皮切碎
1 瓣蒜
25 克 / 1 盎司黄油
5 颗鸡蛋
盐

炒鸡蛋配马铃薯泥 SCRAMBLED EGGS IN THEIR NESTS

UOVA STRAPAZZATE NEL NIDO
供 4 人食用
制备时间：50 分钟
加热烹调时间：20 分钟
500 克 / 1 磅 2 盎司马铃薯，不用去皮
80 克 / 3 盎司黄油，另加涂抹所需
50 克 / 2 盎司双倍奶油
6 颗鸡蛋
50 克 / 2 盎司帕玛森奶酪，现擦碎
盐和胡椒

将马铃薯放入加了盐的水中煮沸，继续煮 20～30 分钟直到成熟。捞出控干，去皮，放入碗中捣成马铃薯泥。加入 25 克 / 1 盎司黄油、2～3 汤匙双倍奶油、1 颗鸡蛋和帕玛森奶酪，混合均匀后用盐调味。将烤箱预热至 180°C/ 350°F/ 气烤箱刻度 4。在烤盘内涂抹黄油，将马铃薯泥混合物在烤盘中整理成 4 个螺旋形的“鸟巢”。环状螺旋的每层都要比外面的一层略高。放入烤箱烘烤 20 分钟，直到呈金黄色。与此同时，剩余的鸡蛋中加入盐和胡椒，搅散。平底锅中加热熔化剩余的黄油，倒入蛋液，小火翻炒 2 分钟。拌入剩余的奶油，反复翻炒，直到蛋液变得浓稠软嫩。将炒好的鸡蛋舀入马铃薯“鸟巢”中即可。

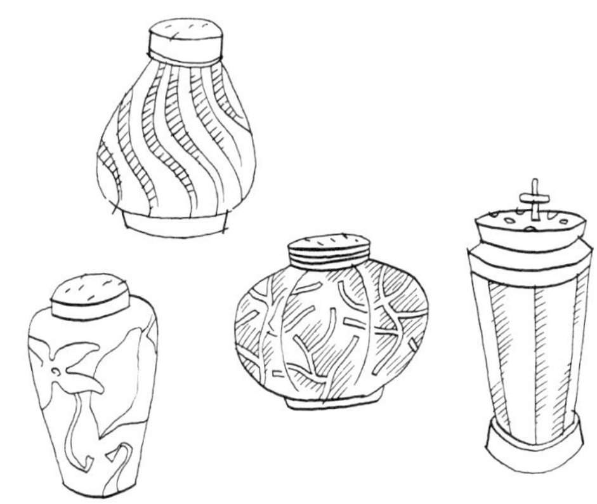

← 炒鸡蛋配马铃薯泥

菜肉馅煎蛋饼类

意大利风味蛋卷——菜肉馅煎蛋饼经济又快捷，是使用鸡蛋制成的最美味的菜肴之一。它们种类繁多，最基本的食谱就已经丰富多样了，能够添加的食材更是包罗万象，包括香草类、蔬菜类、鱼类、奶酪类、萨拉米肠类、火腿和水果等。至于各种食材的用量，如果是将菜肉馅煎蛋饼作为一道主菜食用，通常以每人2颗鸡蛋为宜；而如果是作为开胃菜的话，可以按照每人一颗鸡蛋的量制作。一般说来，制作加了2颗鸡蛋的一人份菜肉馅煎蛋饼需要使用10克/¼盎司黄油或1½茶匙橄榄油。

加热烹调方法

一口称手的平底锅是成功制作菜肉馅煎蛋饼的关键因素

没有其他的锅可以达到类似的效果。另一方面，对于平底锅材料的选择，可以说是多种多样，传统的黑铁锅、不需要加入黄油或油的不粘锅，或者是封闭式、可翻转的双层锅，它们都能将鸡蛋的两面煎至完美的金黄色。一份完美的菜肉馅煎蛋饼没有汤汁，边缘呈金黄色而中间保留软嫩质感。

菜肉馅煎蛋饼的制作秘诀如下

将鸡蛋放入碗中搅散，加盐调味（胡椒可选），迅速地倒入加了黄油或油的温度恰当的平底锅中。调小火力，煎1～2分钟，当鸡蛋开始凝固时，轻轻地晃动平底锅，确保菜肉馅煎蛋饼没有粘连锅底，然后翻面。给菜肉馅煎蛋饼翻面的最简单的方法是在锅中盖入一个平盘，用手扶稳，将菜肉馅煎蛋饼连平底锅一起翻扣到平盘内，然后再将菜肉馅煎蛋饼滑落回平底锅中。加热时间要根据食材分量调整，如果多于4颗鸡蛋，需要煎2～3分钟。尽管菜肉馅煎蛋饼的加热程度可依据个人口味而定，但是不建议让成品过于干硬。

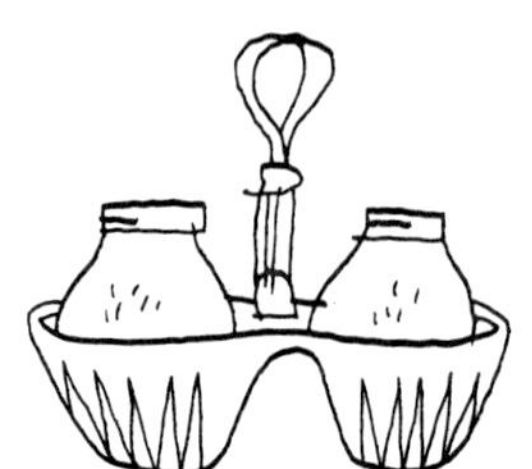

意式薄饼

一般来说，意式薄饼（savoury crêpes，也称咸味可丽饼）指使用鸡蛋煎的薄饼，但是它们种类繁多，可以让你在几个月内不重复地享用不同馅料的意式薄饼。依据意式薄饼的不同排列或折叠组合，它们也可以用来制作千层糕、焗薄饼、肉馅卷等。还可以作为头盘、主菜，甚至直接作为一顿饭享用。这其中最重要的是，这些薄饼要足够薄。

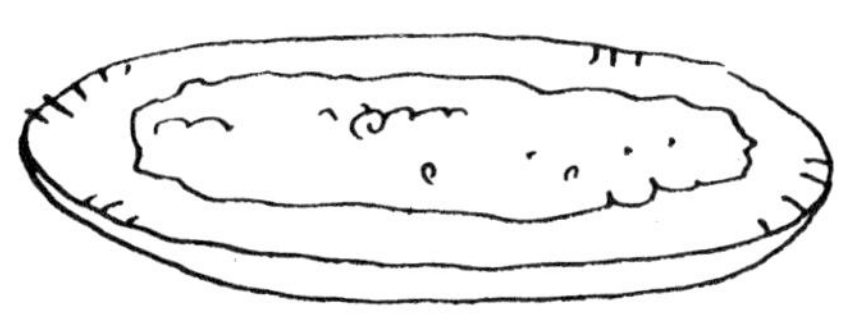

烟熏鲑鱼薄饼 SMOKED SALMON CRÊPES

制备薄饼，并趁热涂抹一些黄油，在每张薄饼上放一两片鲑鱼。将薄饼折叠成¼大小，放到温热的餐盘中，淋上柠檬汁。立刻上桌。

CRÊPES AL SALMONE AFFUMICATO
供 4 人食用
制备时间：1 小时 15 分钟
12 张薄饼（见第 185 页）
40 克 / 1½ 盎司黄油，软化
150 克 / 5 盎司烟熏鲑鱼，切薄片
1 颗柠檬，挤出柠檬汁，过滤

腌鲑鱼薄饼 PICKLED SALMON CRÊPES

将生鲑鱼片放入汤盘内，淋入柠檬汁，撒上青胡椒粒，腌制 1 个小时。制备薄饼并让其冷却。在每张薄饼上摆 2 片鲑鱼，折叠成¼大小，放入餐盘即可。

CRÊPES AL SALMONE MARINATO
供 4 人食用
制备时间：25 分钟，另加 1 小时腌制用时
加热烹调时间：1 小时
8 片薄生鲑鱼
2 颗柠檬，挤出柠檬汁，过滤
1 汤匙青胡椒粒
12 张薄饼（见第 185 页）

CRÊPES CON FORMAGGIO E NOCI
供 4 人食用
制备时间：2 小时 15 分钟
加热烹调时间：10~15 分钟
12 张薄饼（见第 185 页）
黄油，用于涂抹
150 克 / 5 盎司温和型戈贡佐拉奶酪（mild Gorgonzola cheese），掰碎
100 克 / 3½ 盎司马斯卡彭奶酪
12 瓣核桃仁，切碎
4 汤匙双倍奶油

奶酪核桃薄饼 CHEESE AND WALNUT CRÊPES

制备薄饼并让其冷却。将烤箱预热至 180°C/ 350°F/ 气烤箱刻度 4。在耐热焗盘内涂黄油。将戈贡佐拉奶酪和马斯卡彭奶酪放入碗中混合，加入核桃仁，搅拌均匀。将混合物涂抹到薄饼上，折叠成 ¼ 大小，放到耐热焗盘内。加入双倍奶油，放入烤箱烘烤至奶油被完全吸收即可。

CRÊPES CON I CARDI
供 4 人食用
制备时间：2 小时 30 分钟
加热烹调时间：15 分钟
500 克 / 1 磅 2 盎司刺菜蓟，清理干净
40 克 / 1½ 盎司黄油，另加涂抹所需
12 张薄饼（见第 185 页）
¾ 份白汁（见第 58 页）
盐

刺菜蓟薄饼 CARDOON CRÊPES

将刺菜蓟放入加了盐的沸水中煮 1 个小时，然后捞出控干并切碎。平底锅中加热熔化 25 克 / 1 盎司黄油，加入刺菜蓟，小火煸炒 5 分钟。制备薄饼并让其冷却。将烤箱预热至 180°C/ 350°F/ 气烤箱刻度 4。在耐热焗盘内涂抹黄油。在每张薄饼上涂抹适量白汁，再放上适量刺菜蓟，接着再用略多一些的白汁覆盖，最后卷起薄饼。将卷好的薄饼放入准备好的焗盘内，剩余的黄油切成颗粒状放到薄饼上。放入烤箱烘烤 15 分钟，取出让其静置 10 分钟即可。

CRÊPES CON RICOTTA E SPINACI
供 4 人食用
制备时间：2 小时 30 分钟
加热烹调时间：15 分钟
12 张薄饼（见第 185 页）
40 克 / 1½ 盎司黄油，另加涂抹所需
500 克 / 1 磅 2 盎司菠菜
1 汤匙橄榄油
200 克 / 7 盎司里考塔奶酪
1 个蛋黄
2 汤匙现擦碎的帕玛森奶酪

里考塔菠菜薄饼 RICOTTA AND SPINACH CRÊPES

制备薄饼并让其冷却。将烤箱预热至 180°C/ 350°F/ 气烤箱刻度 4。在耐热焗盘内涂抹黄油。菠菜洗净，保留叶片上附着的水分，放入锅中加热 5 分钟，然后捞出控干，用力挤出菠菜中的水分并切碎。平底锅中加热 25 克 / 1 盎司黄油和橄榄油，加入菠菜，小火煸炒 5 分钟。出锅倒入碗中，与里考塔奶酪和蛋黄混合均匀。将菠菜混合物涂到薄饼上，对半折叠，放到准备好的焗盘内。接着撒上帕玛森奶酪和剩余的黄油颗粒，放入烤箱烘烤 15 分钟。从烤箱内取出，静置几分钟之后再上桌享用。

里考塔菠菜薄饼 →

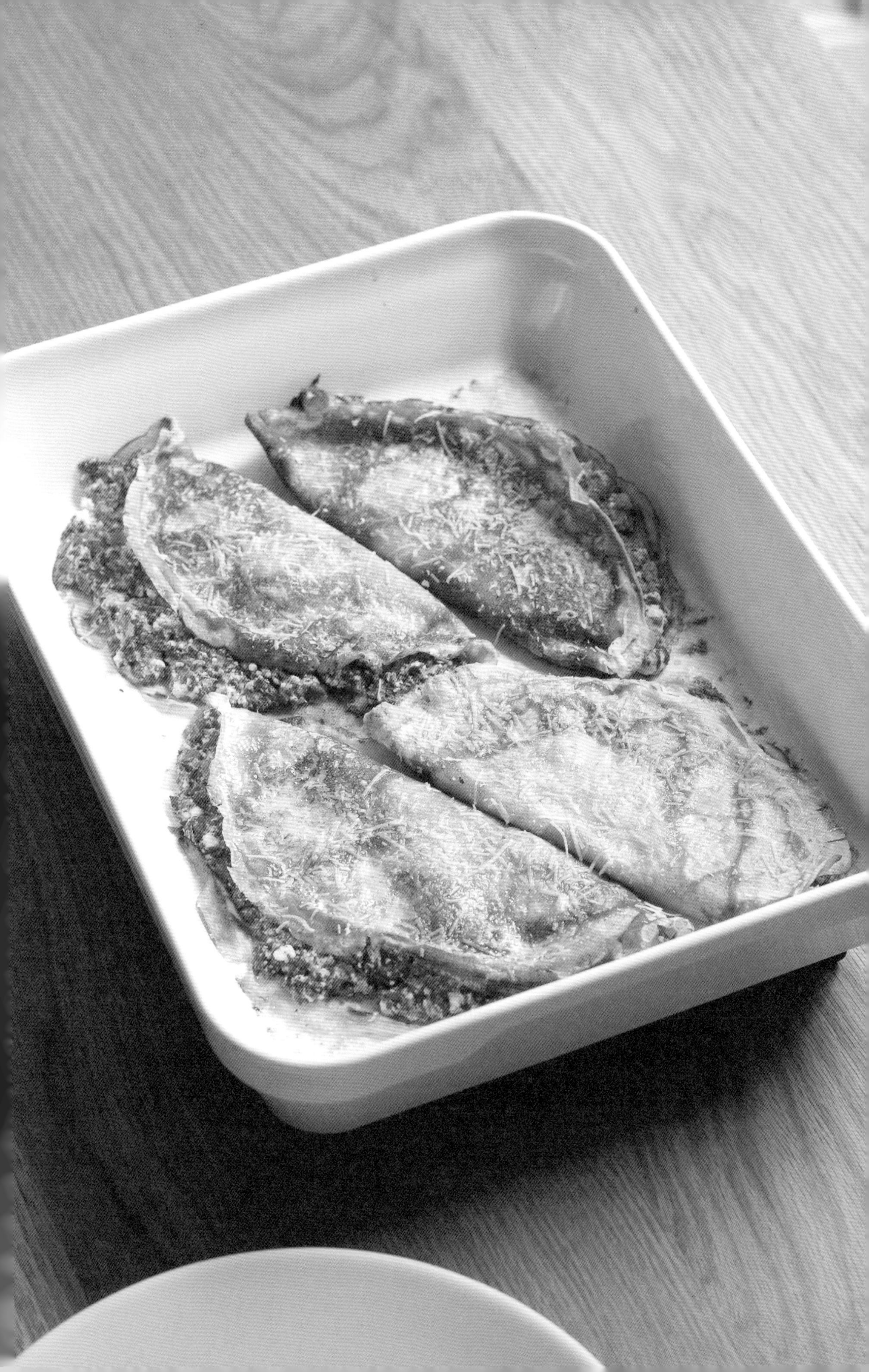

菜肉馅煎蛋饼

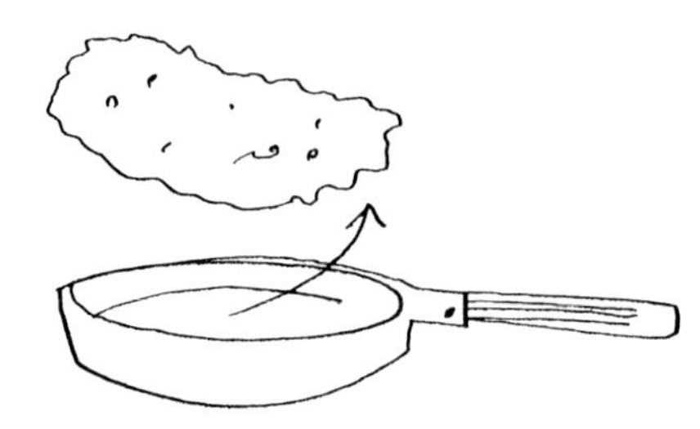

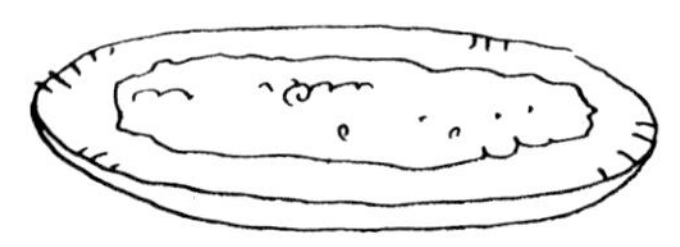

FRITTATA AI PEPERONI
供 4 人食用
制备时间：35 分钟
加热烹调时间：15 分钟
40 克 / 1½ 盎司黄油
4 汤匙橄榄油
2 个黄甜椒，切成两半，去籽切丁
3 颗番茄，去皮去籽，切丁
6 颗鸡蛋，略微打散
盐和胡椒

煎甜椒蛋饼 PEPPER FRITTATA

将橄榄油和一半的黄油放入平底锅中烧热，加入黄甜椒，煸炒 2 分钟。加入番茄，用盐和胡椒调味，盖上锅盖，小火煮 15～20 分钟后加入鸡蛋。在另外一口锅中加热熔化剩余的黄油，倒入蛋液混合物，煎至两面成熟即可上桌。

FRITTATA AL FORMAGGIO
供 4 人食用
制备时间：15 分钟
加热烹调时间：15～20 分钟
8 颗鸡蛋
80 克 / 3 盎司芳提娜奶酪，切丁
1 小片熟火腿，切丁
1 汤匙现擦碎的帕玛森奶酪
橄榄油，用于涂刷
盐

奶酪煎蛋饼 CHEESE FRITTATA

鸡蛋中加入少许盐，略微打散，与芳提娜奶酪、火腿、帕玛森奶酪混合均匀。加热平底锅，锅中刷少许橄榄油。倒入鸡蛋混合液，用小火加热至两面都变成褐色。煎好的蛋饼非常柔软，奶酪还能拉丝。出锅放入温热的餐盘里即可上桌。

琉璃苣煎蛋饼 BORAGE FRITTATA

将面包片撕成小块，放入碗中，加水浸泡，然后将水分挤出。在一口酱汁锅中加热 3 汤匙的橄榄油，加入琉璃苣，盖上锅盖，用小火加热至琉璃苣变得软烂。将鸡蛋略微打散，加入帕玛森奶酪、浸泡好的面包、墨角兰和大蒜。拌入琉璃苣，用盐和胡椒调味。将剩余的橄榄油放入平底锅中加热，倒入混合好的蛋液，并用铲子将表面抹平。小火加热至两面成熟即可。这种煎蛋饼很厚，但内里非常柔软。

FRITTATA ALLA BORRAGINE
供 4 人食用
制备时间: 30 分钟
加热烹调时间: 15～20 分钟
50 克 / 2 盎司面包片，去边
5 汤匙橄榄油
600 克 / 1 磅 5 盎司琉璃苣（borage），切细末 • 4 颗鸡蛋
2 汤匙现擦碎的帕玛森奶酪
6 片新鲜的墨角兰叶，切碎
半瓣蒜，切细末
盐和胡椒

火腿煎蛋饼 HAM FRITTATA

将鸡蛋略微打散，拌入火腿、欧芹、帕玛森奶酪和双倍奶油，用盐和胡椒略微调味。平底锅中加热黄油，倒入混合好的蛋液，煎至两面呈金黄色。趁热食用。

FRITTATA AL PROSCIUTTO COTTO
供 4 人食用
制备时间: 15 分钟
加热烹调时间: 15～20 分钟
6 颗鸡蛋
120 克 / 4 盎司熟火腿，切碎
1 枝新鲜平叶欧芹，切碎
1 汤匙现擦碎的帕玛森奶酪
2 汤匙双倍奶油 • 25 克 / 1 盎司黄油
盐和胡椒

火腿鼠尾草煎蛋饼 HAM AND SAGE FRITTATA

将鸡蛋略微打散，拌入火腿、鼠尾草、帕玛森奶酪和双倍奶油，用盐和胡椒调味。平底锅中加热黄油，倒入混合好的蛋液，煎至两面呈浅金黄色。煎好的蛋饼应该外表干燥、内里柔软。

FRITTATA AL PROSCIUTTO COTT E SALVIA
供 4 人食用
制备时间: 10 分钟
加热烹调时间: 15 分钟
6 颗鸡蛋 • 120 克 / 4 盎司熟火腿，切碎 • 6 片新鲜的鼠尾草叶，切碎 • 1 汤匙现擦碎的帕玛森奶酪 • 2 汤匙双倍奶油 • 25 克 / 1 盎司黄油 • 盐和胡椒
见第 458 页

芹菜香肠煎蛋饼 CELERY AND SAUSAGE FRITTATA

将鸡蛋略微打散，拌入香肠和芹菜心，用盐和胡椒略微调味。平底锅中加热橄榄油，倒入混合好的蛋液，煎至两面呈金黄色。煎好的蛋饼无论是热食还是冷食都非常美味。

FRITTATA AL SEDANO E SALSICCIA
供 4 人食用
制备时间: 15 分钟
加热烹调时间: 15 分钟
6 颗鸡蛋
150 克 / 5 盎司意式香肠，去皮切碎
1 棵芹菜心，切碎
2 汤匙橄榄油
盐和胡椒

金枪鱼煎蛋饼 TUNA FRITTATA

黄油放入平底锅中，小火加热熔化，加入青葱煸炒 5 分钟，直到变成透明状。拌入金枪鱼。将鸡蛋略微打散，拌入欧芹并加入少许盐略微调味，将混合好的蛋液倒入锅中，两面都煎至呈金黄色。

FRITTATA AL TUNNO
供 4 人食用
制备时间：10 分钟
加热烹调时间：20 分钟
25 克 / 1 盎司黄油
1 棵青葱，切薄片
100 克 / 3½ 盎司罐装油浸金枪鱼，捞出控净汁液，切小块 • 6 颗鸡蛋
1 汤匙切碎的新鲜平叶欧芹 • 盐

洋葱百里香煎蛋饼 ONION AND THYME FRITTATA

平底锅中加热橄榄油和黄油，加入洋葱，小火煸炒 5 分钟。加入百里香，继续煸炒几分钟。与此同时，将鸡蛋打散，加入少许盐调味。将混合好的蛋液倒入锅中，煎至蛋饼两面呈浅金黄色即可。

FRITTATA CON CIPOLLE E TIMO
供 4 人食用
制备时间：10 分钟
加热烹调时间：20 分钟
2 汤匙橄榄油
25 克 / 1 盎司黄油
300 克 / 11 盎司洋葱，切细丝
2 枝新鲜百里香，只取用叶片
6 颗鸡蛋
盐

面包煎蛋饼 BREAD FRITTATA

将面包掰成小块，加入牛奶，浸泡 10 分钟，然后挤出面包中的牛奶。将鸡蛋略微打散，加入面包、帕玛森奶酪和欧芹，用盐和胡椒调味。搅拌至面包变得柔软且与其他食材完全混合。平底锅中加热橄榄油和黄油，倒入混合好的蛋液，煎至两面金黄。面包煎蛋饼制作方法非常简单，但却十分美味可口。

FRITTATA CON IL PANE
供 4 人食用
制备时间：25 分钟
加热烹调时间：15 分钟
2 片陈面包片，去边
200 毫升 / 7 盎司牛奶
6 颗鸡蛋
2 汤匙现擦碎的帕玛森奶酪
1 汤匙切碎的新鲜平叶欧芹
2 汤匙橄榄油
25 克 / 1 盎司黄油
盐和胡椒

橄榄煎蛋饼 OLIVE FRITTATA

平底锅中加热熔化黄油，加入红葱头，小火煸炒 5 分钟，直到红葱头变软。放入意式培根，煸炒几分钟，将锅从火上端离，让其稍微冷却。将鸡蛋略微打散，加入帕玛森奶酪，用盐和胡椒调味。接着拌入橄榄、炒好的红葱头和意式培根。平底锅中加热橄榄油，将混合好的蛋液倒入锅中，煎至两面金黄，但不要将蛋饼煎得太干。出锅后趁热立刻上桌。

FRITTATA CON LE OLIVE
供 4 人食用
制备时间：25 分钟
加热烹调时间：15 分钟
20 克 / ¾ 盎司黄油
1 颗红葱头，切细丝
50 克 / 2 盎司意式培根，切条
5 颗鸡蛋
2 汤匙现擦碎的帕玛森奶酪
25 克 / 1 盎司绿橄榄，去核，切碎
25 克 / 1 盎司黑橄榄，去核，切碎
2 汤匙橄榄油
盐和胡椒

← 火腿鼠尾草煎蛋饼，见第 457 页

西葫芦煎蛋饼 COURGETTE FRITTATA

锅中加热橄榄油和一半黄油，加入西葫芦，煸炒 10 分钟。用盐和胡椒调味，将锅从火上端离。鸡蛋略微打散，加入少许盐，拌入炒好的西葫芦。平底锅中加热熔化剩下的黄油。将混合好的蛋液倒入平底锅中，煎至两面呈淡金黄色。煎西葫芦蛋饼热食冷食皆宜。

FRITTATA CON LE ZUCCHINE
供 4 人食用
制备时间：20 分钟
加热烹调时间：20 分钟
2 汤匙橄榄油
50 克 / 2 盎司黄油
300 克 / 11 盎司西葫芦，切薄片
6 颗鸡蛋
盐和胡椒

马铃薯肉桂煎蛋饼 POTATO AND CINNAMON FRITTATA

将马铃薯放入加了盐的水中，沸腾后继续煮 20 分钟或者煮至成熟为止。捞出控干，去皮，放入大碗中碾压成马铃薯泥。加入牛奶、40 克 / 1½ 盎司黄油和少许盐，用木勺搅拌成蓉泥状。加入蛋黄，一次一颗，搅拌均匀后再加入下一颗。将两个蛋清放入干净无油的碗中，打发至硬性发泡，然后拌入马铃薯泥中。加入少许肉桂粉，用盐调味，轻轻搅拌，避免蛋清消泡。将剩余的黄油和橄榄油放入平底锅中烧热，倒入混合好的鸡蛋马铃薯，中火加热，煎至两面金黄即可。

FRITTATA CON PATATE E CANNELLA
供 4 人食用
制备时间：45 分钟
加热烹调时间：15～20 分钟
2 个马铃薯
100 克 / 3½ 盎司牛奶
65 克 / 2½ 盎司黄油
4 颗鸡蛋，分离蛋清蛋黄
少许肉桂粉
2 汤匙橄榄油
盐

肉馅煎蛋饼 MEAT FRITTATA

用小号酱汁锅加热熔化一半黄油，加入肉馅和少许盐，中火加热煸炒，直到肉馅变成褐色。将鸡蛋略微打散，用盐和胡椒调味，拌入欧芹和炒过的肉馅。如果混合物太干，可以拌入少许牛奶。将剩余的黄油和橄榄油放入平底锅中加热，倒入蛋液混合物，煎至两面金黄即可，冷食热食皆宜。肉馅煎蛋饼最好使用剩余的熟肉制作，在这种情况下，就不需要煸炒肉馅了。

FRITTATA DI CARNE
供 4 人食用
制备时间：25 分钟
加热烹调时间：15～20 分钟
50 克 / 2 盎司黄油
150 克 / 5 盎司肉馅
4 颗鸡蛋
1 枝新鲜平叶欧芹，切碎
2～3 汤匙牛奶（可选）
1 汤匙橄榄油
盐和胡椒

← 西葫芦煎蛋饼

烤酿馅蛋饼 FILLED FRITTATA

FRITTATA RIPIENA
供 4 人食用
制备时间：30 分钟
加热烹调时间：5～10 分钟

4 颗鸡蛋
65 克 / 2½ 盎司黄油
200 克 / 7 盎司蘑菇，切细条
50 克 / 2 盎司熟火腿，切丁
50 克 / 2 盎司牛舌，切丁
50 克 / 2 盎司格吕耶尔奶酪，切丁
盐和胡椒

将烤箱预热至 180°C/ 350°F/ 气烤箱刻度 4。鸡蛋中加入盐和胡椒，略微搅打。用大号平底锅加热 25 克 / 1 盎司黄油，倒入蛋液，制成一张非常薄的蛋饼，两面都煎上色。在小号酱汁锅中加热 25 克 / 1 盎司黄油，加入蘑菇，煸炒约 10 分钟。加入火腿、牛舌和奶酪，将锅从火上端离。剩余的黄油加热熔化备用。将蘑菇馅料放在蛋饼的一半位置上，在另外一半蛋饼上涂抹黄油后折叠盖住蘑菇馅料。叠好的蛋饼放入耐热焗盘内，放入烤箱烘烤几分钟，直到奶酪熔化。趁热立刻食用。

煎蛋饼蛋糕 FRITTATA CAKE

TORTA DI FRITTATE
供 6 人食用
制备时间：1 小时
加热烹调时间：10 分钟

200 克 / 7 盎司茄子，切片
200 克 / 7 盎司红甜椒或者黄甜椒
6 颗鸡蛋
1 枝新鲜平叶欧芹，切碎
1 汤匙现擦碎的帕玛森奶酪
橄榄油
25 克 / 1 盎司黄油
100 克 / 3½ 盎司芳提娜奶酪
盐和胡椒

将烤箱预热至 200°C/ 400°F/ 气烤箱刻度 6。预热扒炉。将茄子片铁扒至柔软并呈金黄色。甜椒放入烤箱烘烤至焦黑，取出放入塑料袋内，扎紧袋口，置旁冷却。将烤箱升温至 240°C/ 475°F/ 气烤箱刻度 9。当甜椒冷却至可以用手拿取的程度时，去皮去籽并切条。碗中打入 2 颗鸡蛋并搅散，在另一个碗中同样打入 2 颗鸡蛋并搅散。两份鸡蛋都用盐和胡椒调味，各加一半欧芹。将剩余的鸡蛋放入第三个碗中打散，用盐和胡椒调味，拌入帕玛森奶酪。平底锅中加热橄榄油和黄油，将第一个碗中的鸡蛋倒入锅中，加热煎至一面凝固，另一面还非常柔软。煎好的蛋饼从锅中盛出备用，另外两碗蛋液也如此操作。准备一个蛋糕模具，模具中铺烘焙纸。取一张欧芹蛋饼，柔软面朝上放到蛋糕模具中。上面覆盖茄子片和一半芳提娜奶酪。接着放入帕玛森奶酪蛋饼，同样是柔软面朝上。铺上甜椒条和剩余的芳提娜奶酪。最上面放第二张欧芹蛋饼，柔软面朝下。放入烤箱烘烤 10 分钟。冷食热食皆宜。

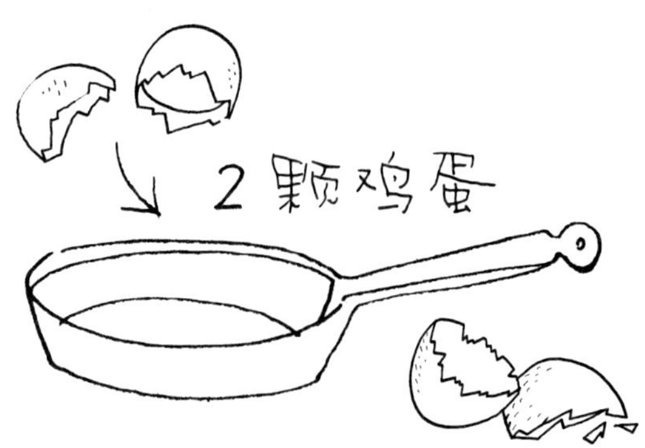

煎蛋饼蛋糕 →

蛋 卷

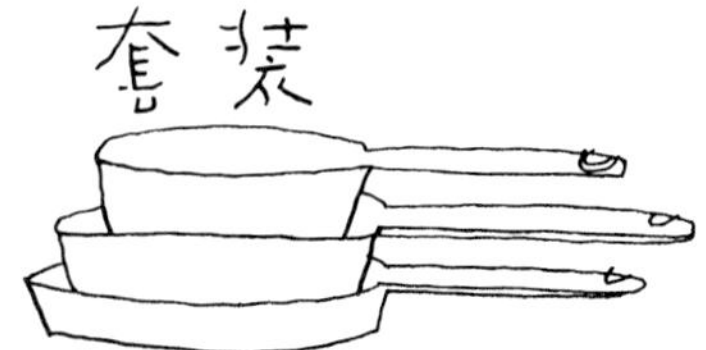

OMELETTE AI PEPERONI
供 4 人食用
制备时间：20 分钟
加热烹调时间：50 分钟
40 克 / 1½ 盎司黄油
2 汤匙橄榄油
1 颗洋葱，切末
2 个小绿甜椒，切成两半，去籽，切粗条
3 颗番茄，去皮去籽，切丁
50 克 / 2 盎司熟火腿，切丁
4 颗鸡蛋
盐和胡椒

甜椒蛋卷 PEPPER OMELETTE

将黄油和橄榄油放入平底锅中加热，加入洋葱，小火煸炒 10 分钟，直到洋葱变成浅褐色。加入甜椒，继续煸炒 5 分钟。加入番茄和火腿，中火煸炒约 30 分钟。将鸡蛋打散，用盐和胡椒调味，倒入锅中，与蔬菜混合。转大火加热，让蛋卷能够快速成熟。蛋卷的成品非常柔软、蓬松。不要翻面或者折叠，将其完整地滑入温热的餐盘中即可。

OMELETTE ALLA POLPA DI GRANCHIO
供 4 人食用
制备时间：15 分钟
加热烹调时间：30 分钟
50 克 / 2 盎司黄油
50 克 / 2 盎司蟹肉，如果使用罐装蟹肉，捞出控净汤汁并切细碎
2 汤匙双倍奶油
6 颗鸡蛋
盐和胡椒

蟹肉蛋卷 CRAB MEAT OMELETTE

在小号酱汁锅中加热熔化一半黄油，加入蟹肉，煸炒 5 分钟。加入盐和略多一些的胡椒调味，再加入双倍奶油，小火继续加热 15 分钟。注意不要让黄油变成褐色。鸡蛋打散，加入少许盐、少许胡椒和 1 汤匙冷水。平底锅中加热熔化剩余黄油，倒入蛋液，加热至底层凝固而表面还是柔软的程度。将蟹肉放在蛋卷的一半位置上，用另一半蛋卷折叠覆盖即可。

OMELETTE ALLA PROVENZALE
供 4 人食用
制备时间：15 分钟
加热烹调时间：25 分钟
2 汤匙橄榄油
2 颗番茄，去皮去籽，切丁
1 瓣蒜，切细末
100 克 / 3½ 盎司意式香肠，去皮切碎
4 颗鸡蛋
25 克 / 1 盎司黄油
1 枝新鲜平叶欧芹，切碎
盐和胡椒

普罗旺斯风味蛋卷 PROVENÇAL OMELETTE

平底锅中加热橄榄油，加入番茄和大蒜，煸炒至番茄变软。与此同时，将 1 汤匙水加入另外一口锅中，放入香肠，小火煮 15 分钟，然后将香肠转入番茄锅中。鸡蛋略微打散，加入 1 汤匙水，用盐和胡椒略微调味。在另一口平底锅中加热熔化黄油，倒入蛋液，煎至底部凝固，表面还是柔软的程度。将番茄香肠混合物盛放在蛋卷的一半位置上，撒上欧芹并用另一半蛋卷折叠覆盖。滑入温热的餐盘中即可上桌。

甜椒蛋卷 →

OMELETTE ALLE LUMACHE
供 4 人食用

制备时间：10 分钟

加热烹调时间：10 分钟

12 个新鲜的蜗牛，也可以使用罐装的或者冷冻的蜗牛
1 汤匙橄榄油
1 瓣蒜
1 汤匙切末的新鲜平叶欧芹
1 汤匙白葡萄酒醋
6 颗鸡蛋
25 克 / 1 盎司黄油
盐和胡椒

蜗牛蛋卷 OMELETTE WITH SNAILS

制备蜗牛（见第 850 页）。橄榄油放入锅中，中火加热，加入大蒜，煸炒几分钟直到变成褐色。然后取出大蒜，丢弃不用。放入欧芹和蜗牛，用盐和胡椒调味。轻轻搅匀后淋上白葡萄酒醋。鸡蛋中加入 1 汤匙水，用少许盐和胡椒调味，略微搅打。平底锅中加热熔化黄油，倒入蛋液，煎至底面凝固而表面柔软的程度。将蜗牛放在蛋卷的一半位置上，连同汁液一起。折叠蛋卷，用另一半蛋卷覆盖蜗牛。最后将蛋卷滑入温热的餐盘中即可。

OMELETTE ALLE ZUCCHINE
供 4 人食用

制备时间：10 分钟

加热烹调时间：10 分钟

3 个西葫芦，切细条
6 颗鸡蛋
1 枝新鲜平叶欧芹，切细末
1 汤匙橄榄油
25 克 / 1 盎司黄油
盐和胡椒

西葫芦蛋卷 COURGETTE OMELETTE

将西葫芦放入不粘锅中，大火加热几分钟，使西葫芦变得略微干燥。加入盐和胡椒，放到阴凉处冷却备用。鸡蛋中加入盐和胡椒略微搅打，再拌入欧芹。平底锅中加热橄榄油和黄油，倒入蛋液，煎至底面凝固而表面柔软的程度。将西葫芦盛放在蛋卷的一半位置上，用另一半蛋卷折叠覆盖，继续加热 1 分钟。最后将蛋卷滑入温热的餐盘中即可。

OMELETTE AL RADICCHIO
供 4 人食用

制备时间：20 分钟

加热烹调时间：25 分钟

50 克 / 2 盎司黄油
2 棵红菊苣，切细条
100 毫升 / 3½ 盎司双倍奶油
少许普通面粉
4 颗鸡蛋
盐和胡椒

菊苣蛋卷 RADICCHIO OMELETTE

平底锅中加热一半量的黄油，加入红菊苣，小火煸炒至变软。用盐和胡椒调味，加入双倍奶油和面粉，继续用小火加热约 20 分钟。将锅从火上端离，放到一个热的地方保温。鸡蛋中加入 1 汤匙水，加入盐和胡椒，略微打散。将剩余的黄油放入平底锅中加热熔化，倒入蛋液，煎至底部凝固，表面还是柔软的程度。将菊苣盛放在蛋卷的一半位置上，用另一半蛋卷折叠覆盖菊苣。将蛋卷滑入温热的餐盘中即可。

OMELETTE AROMATICA
供 4 人食用

制备时间：10 分钟

加热烹调时间：5 分钟

6 颗鸡蛋 • 1 枝新鲜的平叶欧芹，切碎 • 6 片新鲜的罗勒叶，切碎 • 2 片新鲜的薄荷叶，切碎 • 1 汤匙切碎的香葱 • 25 克 / 1 盎司黄油 • 1 汤匙橄榄油 • 盐和胡椒

香草风味蛋卷 AROMATIC OMELETTE

鸡蛋中加入 1 汤匙水，加入盐和胡椒，略微打散。将几种香草混合后拌入蛋液中。将黄油和橄榄油放入平底锅中，用中火加热，倒入混合均匀的蛋液，煎至底面凝固而表面柔软的程度。煎好的蛋卷滑入温热的餐盘中即可上桌。

咖喱蘑菇蛋卷 CURRIED MUSHROOM OMELETTE

平底锅中加热一半用量的黄油，加入洋葱，小火加热煸炒 5 分钟。加入蘑菇，继续煸炒几分钟，然后用盐和胡椒调味。接着加入面粉、咖喱粉和双倍奶油。混合均匀之后用中火加热约 30 分钟。鸡蛋中加入 1 汤匙水、少许盐和少许胡椒，略微打散。用另一口平底锅加热剩余黄油，倒入蛋液，煎至底面凝固而表面柔软的程度。将蘑菇放到蛋卷的一半位置上，折叠另一半蛋卷并覆盖蘑菇。起锅，将蛋卷滑入温热的餐盘中。如果喜欢，还可以搭配咖喱酱（见第 64 页）或者非常稀的白汁（见第 58 页）一起食用。

OMELETTE CON FUNGHI AL CURRY
供 4 人食用
制备时间：15 分钟
加热烹调时间：40 分钟
50 克 / 2 盎司黄油
1 颗洋葱，切细丝
150 克 / 5 盎司白蘑菇，切片
少许普通面粉
少许咖喱粉
100 毫升 / 3½ 盎司双倍奶油
6 颗鸡蛋
盐和胡椒

四味奶酪蛋卷 FOUR CHEESE OMELETTE

将烤箱预热至 160°C/ 325°F/ 气烤箱刻度 3。因为加入了牛奶和几种不同的奶酪，所以这种蛋卷与传统蛋卷略有不同。在鸡蛋中加入少许盐，略微打散，加入帕玛森奶酪、牛奶、盐和胡椒。在小号平底锅中加热熔化黄油，倒入混合好的蛋液，煎至底面凝固、表面柔软的程度。在蛋卷的一半位置上撒剩余奶酪丁，折叠另一半蛋卷并覆盖奶酪。将蛋卷轻轻地滑入耐热焗盘中。关闭烤箱电源，将耐热焗盘放入烤箱内，用余温加热至奶酪熔化。

OMELETTE VARIANTE AI QUATTRO FORMAGGI
供 4 人食用
制备时间：20 分钟
加热烹调时间：10 分钟
6 颗鸡蛋
3 汤匙现擦碎的帕玛森奶酪
100 毫升 / 3½ 盎司牛奶
25 克 / 1 盎司黄油
25 克 / 1 盎司瑞士多孔奶酪，切小粒
40 克 / 1½ 盎司马苏里拉奶酪，切小粒
25 克 / 1 盎司芳提娜奶酪，切小粒
盐和胡椒

里考塔奶酪蛋卷 RICOTTA OMELETTE

将面粉和 1 汤匙水放入碗中混合均匀。加入鸡蛋，轻轻打散，然后用盐和胡椒略微调味。平底锅中加热熔化黄油，倒入满满一勺混合蛋液，煎至底面凝固而表面柔软的程度。重复此步骤制作蛋卷，直到将所有的蛋液混合物用完。将里考塔奶酪和火腿末放入碗中混合均匀，用盐调味。如果奶酪混合物过于浓稠，可以酌量加入温水。每个蛋卷上撒一些帕玛森奶酪和适量的里考塔奶酪混合物，折叠并放入温热的餐盘中，搭配番茄酱汁一起食用。

OMELETTE VARIANTE ALLA RICOTTA
供 4 人食用
制备时间：50 分钟
加热烹调时间：20 分钟
2 汤匙普通面粉
4 颗鸡蛋
25 克 / 1 盎司黄油
200 克 / 7 盎司里考塔奶酪
50 克 / 2 盎司熟火腿，切末
25 克 / 1 盎司现擦碎的帕玛森奶酪
盐和胡椒
番茄酱汁（见第 69 页），用作配餐

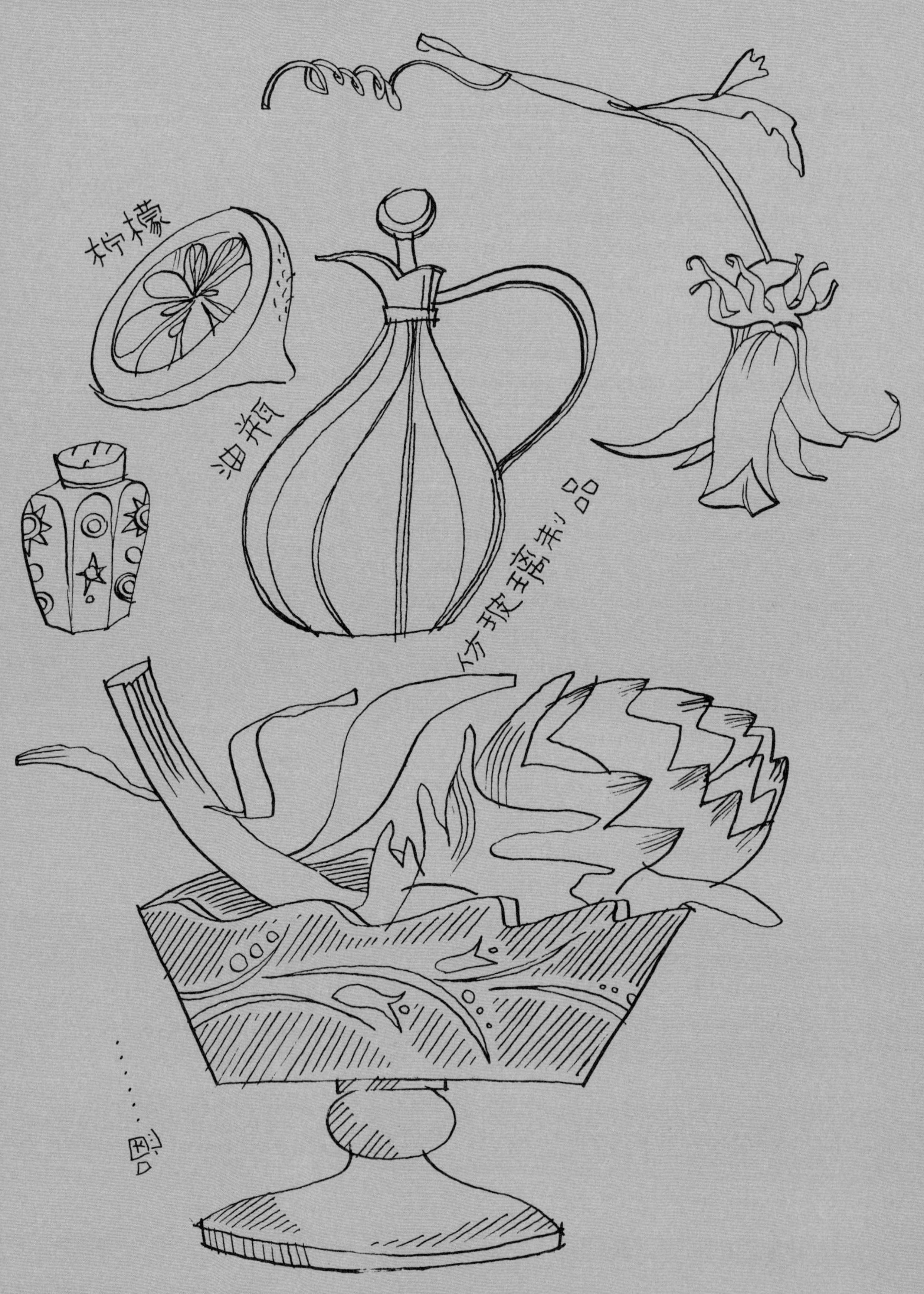

柠檬
油瓶
仿玻璃制品

蔬菜类 ➔

蔬菜类

意大利曾经被称为“欧洲的花园”，这种形象化的描述也许是将菜园也包括在内了。在意大利，菜园为人们源源不断地供给沙拉蔬菜、绿叶蔬菜、马铃薯、甜椒、洋蓟、蘑菇、块茎类、根茎类、谷物，以及其他所有的、数量庞大且种类繁多的意大利产蔬菜。曾经，蔬菜被认为是菜肴中的配菜，而豆类被认为是穷人的食物，甚至使用豆类搭配的食物也曾被认为是专门供给穷人的。时过境迁，今日或生或熟的蔬菜已经成为正餐的头盘，而豆类也已经因其高营养价值而备受推崇。过去，我们习惯于春日享用芦笋和豌豆，冬日烹饪卷心菜和萝卜。现在，随着温室栽培技术和国际贸易的普及，我们一年四季都可以购买到任何一种蔬菜。当然，其口感和风味无法与时令蔬菜相媲美。反季蔬菜要么是淡而无味，要么是味道强烈，它们几乎都是借助某种方法栽培而成的。不管怎么说，无论这些蔬菜是新鲜的、冷冻的、罐装的，抑或是瓶装的，最起码我们不缺蔬菜，并且有数以百计的制备蔬菜的方式。蔬菜类是健康饮食中的重要组成部分，营养专家建议我们每天至少应该食用 5 份蔬菜。一般来说，因为蔬菜类通常都是新鲜的，可以生食，也可以熟食；而豆类有新鲜的，也有干制的，它们一定要熟食。有关各种蔬菜具体的加热烹调时间和相关食谱的建议，都会在对具体的蔬菜进行介绍时一一列出。

蒸蔬菜

这是一种对所有的蔬菜类而言最好的加热烹调方式，因为蔬菜在蒸制过程中所吸收的水分最少，能够最大限度地保留原汁原味。最重要的是，损失的营养成分也是最少的。

煮蔬菜

用加了盐的水煮蔬菜，可以保留蔬菜的亮丽色彩。在煮蔬菜的过程中，不要盖上锅盖。其中，在煮某些蔬菜时，最好搭配一种“烫菜组合”，它由1汤匙普通面粉、1汤匙橄榄油和1颗柠檬量的柠檬汁组成。这个组合不仅可以防止洋蓟、刺菜蓟和鸦葱（scorzonera）之类的蔬菜类变黑，还可以让四季豆、豌豆等蔬菜保持颜色翠绿。

预先煮一下（煮至半熟）

其意思是根根食谱的要求，在加热烹调之前，或者在将这些蔬菜加入其他菜肴之前，先将蔬菜煮几分钟，煮至半熟。

腌制蔬菜

将食材放入加了芳香调味料的液体中浸泡，让其吸收调味料味道。酱汁锅中加热煮沸100毫升/3½盎司油、600毫升/1品脱水、1茶匙黑胡椒粒、1茶匙香菜籽和1个香草束。香草束包括欧芹、百里香、1片月桂叶和1根芹菜茎。小火继续加热20分钟，接着将热的或者温的腌泡汁（具体依食谱要求）倒入碗中，放入生的、铁扒的，或者煎过的蔬菜类（芦笋尖、洋蓟心、西葫芦、茄子等），浸渍腌制20分钟以上，或者按照食谱要求的腌制时间操作。腌制中的蔬菜务必放在阴凉的地方，但是不要放入冰箱内。如果食谱中另有说明，则按照食谱要求操作。

油炸蔬菜

这是加热烹调某些蔬菜的一种方式。可以蘸上面粉，或者裹上面包糠，还可以挂上面糊，然后用热油煎炸。制作面糊：将65克/2½盎司的普通面粉过筛到碗中，打入1颗鸡蛋，加入1汤匙橄榄油和少许盐。用木勺搅拌均匀，防止面糊结块，接着混入100毫升/3½盎司的牛奶。碗上加盖，让其静置至少30分钟，然后将打至硬性发泡的蛋清拌进面糊中。每次只取几片蔬菜蘸裹面糊，放入锅中油炸成熟即可。

芦　笋

芦笋是一种质高价贵又美味可口的蔬菜。其时令期短暂，4月上市，到了6月即告结束，5月的芦笋具有最佳的芳香、质地和风味。幸好可以进口，现在我们一年四季都可以买到芦笋。最常见的是白色、绿色和紫色芦笋，每种颜色又包括不同的品种，可以依据个人口味进行选择。芦笋一定要购买新鲜的。新鲜的芦笋尖直挺、呈鲜绿色，茎秆饱满有光泽、光滑无斑点，芦笋尖部的花簇应紧紧闭合。芦笋的热量极低，利尿且富含维生素A和维生素C。与鸡蛋、大虾、鸡肉、兔肉、小牛肉等菜肴搭配食用，更能彰显其特有的美味。在正式的宴会中，奶油芦笋汤是经久不衰的头盘。同样，在咸香风味的馅饼中，也常能觅得芦笋的身影。最后，尽管现代的用餐礼仪允许我们用手拿着芦笋蘸食蛋黄或酱汁，但是，不管是和家人一起还是在朋友面前，用餐叉进食芦笋更合适。

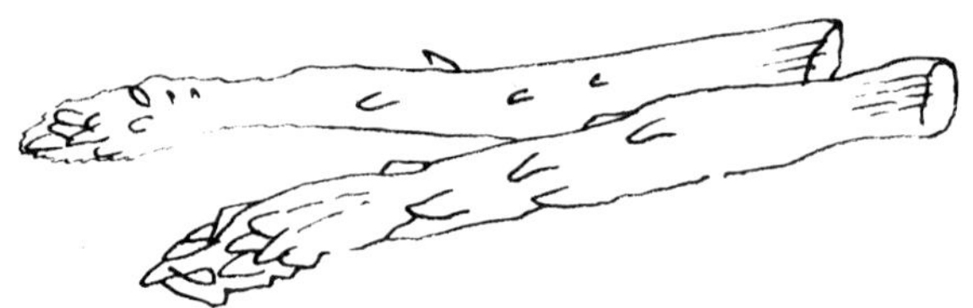

数量和加热烹调的时间

数　量

可以按照每人份250～300克/9～11盎司准备。

煮芦笋

切除芦笋茎秆上最老硬的部分，如果需要，可以将其余部分削皮。洗净之后将芦笋切成或长或短的均匀段，然后用棉线捆缚成束。将捆好的芦笋竖起来，放入加了盐的沸水中，芦笋尖要露出水面，煮15～20分钟即可。

蒸芦笋

这是烹调芦笋的最佳方式。将锅中加了盐的清水煮沸，水深约5厘米/2英寸，放入芦笋，蒸约10分钟。而如果要烫芦笋（焯水），只需要3分钟就足够了。

焗芦笋 ASPARAGUS AU GRATIN

将芦笋放入加了盐的沸水中煮 15 分钟，然后捞出控干水分并拭干。与此同时，将烤箱预热至 180°C/ 350°F/ 气烤箱刻度 4。在耐热焗盘内涂抹黄油。将一半的芦笋放到准备好的焗盘内，芦笋尖朝里。撒上一半的黄油颗粒，放入帕玛森奶酪，接着覆盖瑞士多孔奶酪并趁热淋上白汁。将另一半芦笋放在上面，最后撒上剩余的黄油颗粒。放入烤箱烘烤 15 分钟即可。

ASPARAGI AL GRATIN
供 4 人食用
制备时间: 45 分钟
加热烹调时间: 15 分钟
1 千克 / 2¼ 磅芦笋，清理干净
50 克 / 2 盎司黄油，另加涂抹所需
40 克 / 1½ 盎司帕玛森奶酪，现擦碎
65 克 / 2½ 盎司瑞士多孔奶酪，切薄片
300 毫升 / ½ 品脱白汁（见第 58 页）
盐

香酥芦笋丸子 ASPARAGUS BELLA ELENA

将芦笋放入加了盐的沸水中煮 15 分钟。与此同时，将面包撕成小块状，放入碗中，倒入牛奶浸泡一会儿。煮好的芦笋捞出控干水分，切下芦笋尖，置旁备用。将芦笋茎秆部分放入食物料理机内搅打成蓉泥状，刮入碗中。面包捞出并尽可能挤出水分，与帕玛森奶酪一起拌入芦笋蓉泥中。取 1 颗鸡蛋，分离蛋清蛋黄。蛋黄与另外 2 颗鸡蛋一起搅散，拌入芦笋蓉泥中。芦笋蓉泥用盐和胡椒调味后拌入芦笋尖。如果感觉混合物过稀，可以多加一些面包糠或帕玛森奶酪。将芦笋混合物制成丸子状。在一个浅盘内放面粉，在另外一个浅盘内打散剩余的鸡蛋，在第三个浅盘内放面包糠。芦笋丸子先拍面粉，再蘸蛋液，最后裹上面包糠。将锅中的油烧热，按照实际情况分批加入芦笋丸子，炸至金黄色即可。用漏勺将丸子捞出，放在厨房纸上控净油后尽快上桌。

ASPARAGI ALLA BELLA ELENA
供 4 人食用
制备时间: 30 分钟
加热烹调时间: 20 分钟
1 千克 / 2¼ 磅芦笋，清理干净
50 克 / 2 盎司面包，去边
100 毫升 / 3½ 盎司牛奶
40 克 / 1½ 盎司帕玛森奶酪，现擦碎
4 颗鸡蛋
120 克 / 4 盎司干燥的面包糠
4 汤匙普通面粉
植物油，用于油炸
盐和胡椒

焗意式培根风味芦笋 ASPARAGUS WITH PANCETTA

将芦笋放入加了盐的沸水中煮 15 分钟，与此同时，将烤箱预热至 180°C/ 350°F/ 气烤箱刻度 4。在耐热焗盘内涂抹黄油。煮好的芦笋捞出控干，放到耐热焗盘内。白汁放入锅中，拌入帕玛森奶酪和蛋黄，用盐和胡椒调味。中火加热，然后拌入葡萄酒，加热至完全吸收。将锅从火上端离，拌入肉豆蔻粉。将意式培根片放在芦笋上，用勺子淋上酱汁，再撒上黄油颗粒。放入烤箱烘烤 15 分钟，烤至金黄色且酱汁的表面开始冒泡即可。

ASPARAGI ALLA PANCETTA
供 4 人食用
制备时间: 20 分钟
加热烹调时间: 50 分钟
1 千克 / 2¼ 磅芦笋，清理干净
25 克 / 1 盎司黄油，另加涂抹所需
40 克 / 1½ 盎司帕玛森奶酪，现擦碎
2 个蛋黄
300 毫升 / ½ 品脱白汁（见第 58 页）
100 毫升 / 3½ 盎司干白葡萄酒
少许现擦碎的肉豆蔻粉
200 克 / 7 盎司意式培根，切片
盐和胡椒

ASPARAGI ALLA PARMIGIANA
供 4 人食用
制备时间：10 分钟
加热烹调时间：20 分钟
1 千克 / 2¼ 磅芦笋，清理干净
80 克 / 3 盎司帕玛森奶酪，现擦碎
25 克 / 1 盎司黄油
盐

帕玛森奶酪风味芦笋 PARMESAN ASPARAGUS

将芦笋放入加了盐的沸水中煮 15 分钟，捞出控干并略微拭干。芦笋尖朝里，放入温热的餐盘中，撒上帕玛森奶酪。将黄油熔化，用少许盐调味，淋到芦笋上即可。尽快上桌。

ASPARAGI ALL'ARANCIA
供 4 人食用
制备时间：30 分钟
加热烹调时间：15 分钟
1 千克 / 2¼ 磅芦笋，清理干净
1 份蛋黄酱（见第 77 页）
1 茶匙第戎芥末
半个橙子，挤出橙汁，过滤
盐

橙味芦笋 ASPARAGUS WITH ORANGE

将芦笋放入加了盐的沸水中煮 15 分钟。捞出控干，放入餐盘中。碗中混合蛋黄酱、第戎芥末和橙汁，搅拌均匀。用勺子将酱汁淋到芦笋尖部，剩余的酱汁盛入酱汁碗中，用作配餐。如果喜欢，可以在酱汁中加入几片橙皮。

ASPARAGI ALLA VALDOSTANA
供 4 人食用
制备时间：30 分钟
加热烹调时间：15～20 分钟
黄油，用于涂抹
1 千克 / 2¼ 磅芦笋，清理干净
2 片熟火腿，切条
120 克 / 4 盎司芳提娜奶酪，切片
2 颗鸡蛋
2 汤匙现擦碎的帕玛森奶酪
盐和胡椒

瓦莱达奥斯塔风味芦笋 VALLE D'AOSTA ASPARAGUS

将烤箱预热至 180°C/ 350°F/ 气烤箱刻度 4，在耐热焗盘内涂抹黄油。将芦笋放入加了盐的沸水中煮 10 分钟，然后捞出控干，放到准备好的焗盘内。在芦笋上摆放熟火腿和芳提娜奶酪。将鸡蛋与帕玛森奶酪混合搅拌均匀，用盐和胡椒调味，倒在焗盘内的芦笋上。放入烤箱烘烤 15～20 分钟，直到帕玛森奶酪熔化、鸡蛋凝固。

ASPARAGI MIMOSA
供 4 人食用
制备时间：20 分钟
加热烹调时间：15 分钟
1 千克 / 2¼ 磅芦笋，清理干净
4 颗鸡蛋，煮熟
1 枝新鲜平叶欧芹
1 汤匙橄榄油
盐

金银芦笋 ASPARAGUS MIMOSA

将芦笋放入加了盐的沸水中煮 15 分钟，然后捞出放入餐盘中。煮熟的鸡蛋去壳，与欧芹一起切碎，放入碗中。碗中加入橄榄油，搅拌均匀。将拌好的煮鸡蛋倒在芦笋上即可。

帕玛森奶酪风味芦笋 →

MOUSSE DI ASPARAGI
供 4 人食用
制备时间：45 分钟
加热烹调时间：20 分钟
500 克 / 1 磅 2 盎司芦笋，清理干净
3 颗鸡蛋，煮熟
2 汤匙橄榄油
250 克 / 9 盎司奶油奶酪
半颗柠檬，挤出柠檬汁，过滤
1 个蛋清
盐和胡椒

芦笋慕斯 ASPARAGUS MOUSSE

将芦笋放入加了盐的沸水中煮 10 分钟，然后捞出控干。挑出部分芦笋尖漂亮的用作装饰，剩余的芦笋放入电动搅拌机搅打成蓉泥状。将芦笋蓉泥刮入酱汁锅中，小火加热，使其蒸发部分水分。与此同时，煮鸡蛋去壳，切成两半，取出蛋黄，放入碗中碾碎。用盐和胡椒调味，拌入橄榄油。加入奶油奶酪，搅打均匀，然后拌入芦笋蓉泥和柠檬汁。将蛋清放入干净无油的碗中，打至硬性发泡，接着轻轻地拌入芦笋蓉泥混合物中。用盐和胡椒调味。将混合物舀入餐盘中，用预留的芦笋装饰。芦笋慕斯需要冷食。

ROTOLINI DI ASPARAGI
供 4 人食用
制备时间：35 分钟
加热烹调时间：10 分钟
1 千克 / 2¼ 磅芦笋，清理干净
50 克 / 2 盎司黄油，另加涂抹所需
100 克 / 3½ 盎司意式熏火腿，切片
65 克 / 2½ 盎司帕玛森奶酪现擦碎
盐

芦笋卷 ASPARAGUS ROLLS

将芦笋放入加了盐的沸水中煮 15 分钟。烤箱预热至 180°C/350°F/ 气烤箱刻度 4。在耐热焗盘内涂抹黄油。芦笋捞出控净水并略微拭干。将意式熏火腿片展开放到工作台面上，每片火腿上放 2 根大芦笋或 3 根小芦笋，卷紧并用牙签固定。将卷好的芦笋卷放入准备好的焗盘内，撒上帕玛森奶酪和黄油颗粒，放入烤箱烘烤 10 分钟。取出后立刻上桌。

甜　菜

甜菜的颜色来自叶片和根部的色素，也是因其亮丽的红色，“愤怒”与“嗜血”是常被提及的两个形容词。而事实正好相反，甜菜的肉质柔软而甘美。实际上，甜菜类是个大家族，广泛使用的红色甜菜属于此列，另外还有奶油色和浅粉红色的甜菜。所有的甜菜品种都富含钾、钙、钠、磷等营养成分。专家们认为，经常食用甜菜有助于预防癌症。在意大利，甜菜通常都会经过制备之后进行售卖，但是也有生的甜菜售卖。在选择甜菜时，应该挑选质地硬且没有黑斑和霉变痕迹的。甜菜可以生食，去皮擦碎，撒上油和柠檬汁后食用，或者将甜菜加入沙拉中。煮熟的甜菜，与酸奶油、蛋黄酱和芥末是绝配。制作俄式沙拉时，甜菜要在最后几分钟加入，否则甜菜会将其他蔬菜染成红色。最后，如果甜菜的肉质中分布着浅色的同心圆，不要惊讶，这是甜菜的一个品种特征，近几年才出现在市场上。另外，要特别注意甜菜的汁液，一不小心就会染色。

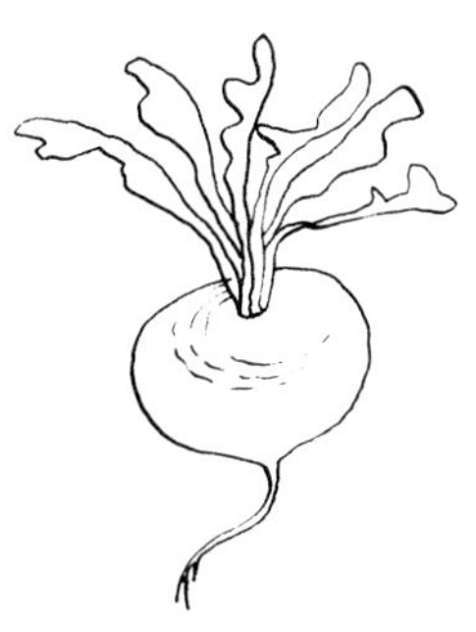

数量和加热烹调的时间

数　量

可以按照每人份约 150 克 / 5 盎司的量提供。

烘烤甜菜

将甜菜用锡箔纸分别包好，放入预热至 200°C/ 400°F/ 气烤箱刻度 6 的烤箱内烘烤约 2 个小时。

蒸甜菜

将整个的或者切成两半的甜菜放入蒸锅中蒸熟。可以用叉子插到甜菜中检查其成熟程度。

BARBABIETOLE ALLA BESCIAMELLA
供 4 人食用
制备时间：40 分钟
加热烹调时间：15～20 分钟
25 克 / 1 盎司黄油，熔化，另加涂抹所需
600 克 / 1 磅 5 盎司熟甜菜，去皮，切成 5 毫米 / ¼ 英寸厚的片
300 毫升 / ½ 品脱白汁（见第 58 页）
盐

甜菜配白汁 BEETROOT WITH BÉCHAMEL SAUCE

将烤箱预热至 180°C/ 350°F/ 气烤箱刻度 4。在一个耐热焗盘内涂黄油。将甜菜片放到准备好的焗盘内，淋上熔化的黄油。用盐调味。将白汁用勺浇淋到甜菜上，放入烤箱烘烤至热透并开始冒泡。趁热食用。

BARBABIETOLE ALLA ACCIUGHE
供 4 人食用
制备时间：30 分钟
加热烹调时间：10 分钟
4 条咸鳀鱼，去掉鱼头，洗净，并剔取鱼肉（见第 694 页），冷水浸泡 10 分钟，然后捞出控干水分
600 克 / 1 磅 5 盎司熟甜菜，去皮，切丁
1 枝新鲜平叶欧芹，切碎
半瓣蒜，切碎
4 汤匙橄榄油
1 汤匙红葡萄酒醋

鳀鱼甜菜 BEETROOT WITH ANCHOVIES

将鳀鱼肉切碎。甜菜放入沙拉碗中，撒上欧芹和大蒜。在酱汁锅中加热橄榄油和红葡萄酒醋，加入鳀鱼，继续加热并用木勺将鳀鱼碾碎。将碾碎后的鳀鱼舀入甜菜中，搅拌均匀，静置 15 分钟后即可。

BARBABIETOLE ALLE CIPOLLE
供 4 人食用
制备时间：15 分钟
加热烹调时间：10 分钟
25 克 / 1 盎司黄油
1 颗洋葱，切碎
600 克 / 1 磅 5 盎司熟甜菜，去皮，切细条
盐

洋葱甜菜 BEETROOT WITH ONIONS

酱汁锅中加热黄油，加入洋葱，小火煸炒 5 分钟，直到洋葱变软。加入甜菜，混合均匀，加入盐调味。继续加热几分钟，然后将锅从火上端离。将甜菜装盘即可上桌。

甜菜配白汁 →

鹿角车前草

，

鹿角车前草（buck's horn plantain）可以说是意大利独具特色的蔬菜，短枝、细芽且聚拢于根部。在加热烹调前，要先将其根部去掉。在其他国家，车前草并不是一种常见蔬菜，在意大利以外的地方购买困难。车前草只需用冷水清洗几遍就可以加热烹调。“弗雷特的胡须”（barba di frate）和“修道士的胡须”（friar's beard）有着令人惊叹的刺激味道，就像圣彼得草（samphire）一样。放入橄榄油、盐和柠檬汁，就成了一份煮肉类菜肴的最佳搭档。

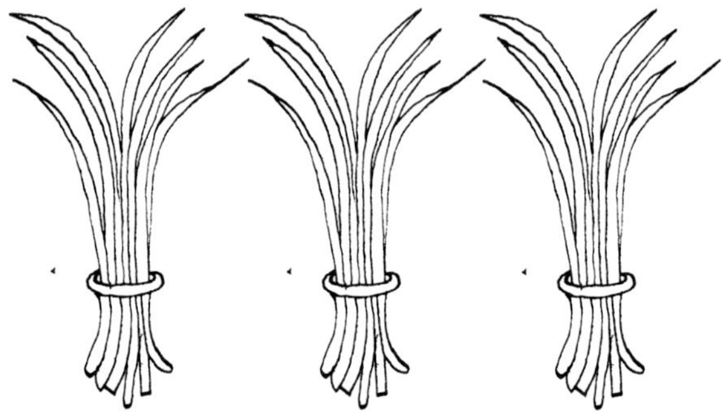

数量和加热烹调的时间

数　量

按照每人份约150克/5盎司的量提供。

煮鹿角车前草

放入加了盐的沸水中煮10分钟即可。

鹿角车前草配意式培根 BUCK'S HORN PLANTAIN WITH PANCETTA

BARBA DI FRATE ALLA PANCETTA

供 4 人食用

制备时间：20 分钟

加热烹调时间：25 分钟

2 把鹿角车前草或圣彼得草

50 克 / 2 盎司黄油

1 颗洋葱，切细末

100 克 / 3½ 盎司意式培根，切细末

1 枝新鲜平叶欧芹，切碎

4～5 汤匙双倍奶油

盐和胡椒

将鹿角车前草或者圣彼得草用淡盐水煮 10 分钟（如果使用的是圣彼得草，就不需要放盐）。捞出控干，并用厨房纸拭干。平底锅中加热黄油，加入洋葱、意式培根和欧芹，小火翻炒 10 分钟，直到培根呈非常浅的褐色。加入鹿角车前草或者圣彼得草，用中火加热 15 分钟。缓缓加入双倍奶油，用盐和胡椒调味。出锅后立刻上桌。

美味鹿角车前草 TASTY BUCK'S HORN PLANTAIN

BARBA DI FRATE SAPORITA

供 4 人食用

制备时间：30 分钟

加热烹调时间：20 分钟

2 把鹿角车前草或者圣彼得草

4 条盐渍鳀鱼，去掉鱼头，洗净并剔取鱼肉（见第 694 页），用冷水浸泡 10 分钟后捞出控干

4 汤匙橄榄油

1 瓣蒜

盐和胡椒

将鹿角车前草或者圣彼得草用淡盐水煮 10 分钟（如果使用的是圣彼得草，就不需要放盐），捞出控干。与此同时，将鳀鱼肉切碎。锅中加热橄榄油，加入大蒜，用小火煸炒几分钟，直到大蒜变成金黄色。取出大蒜，丢弃不用。锅中加入鳀鱼，加入鹿角车前草或者圣彼得草，用盐和胡椒调味，煸炒约 15 分钟即可。

叶用甜菜

同甜菜一样，叶用甜菜在意大利也被广泛使用。它可以作为菠菜的美味替代品，其制备方法与菠菜也是一样的。另外，叶用甜菜味道更加甜美，个头也更大一些，富含钙质，还能为我们提供大量的膳食纤维和维生素 A。在购买叶用甜菜时，要挑选那些色彩艳丽的，新鲜质好的叶用甜菜叶片应该是绿油油的，茎秆肉质饱满而洁白，且非常脆生而不会一折就弯曲。

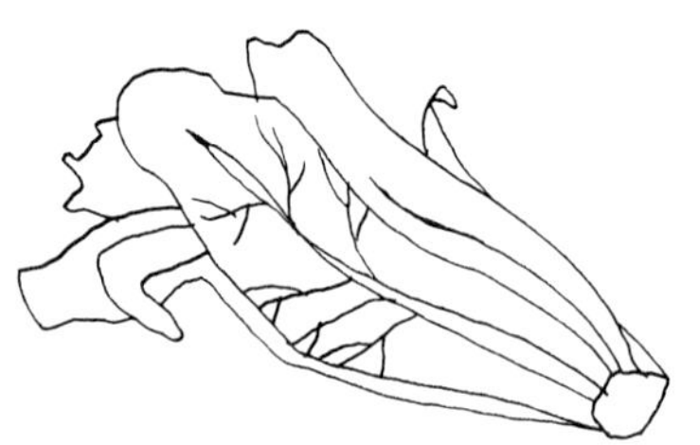

数量和加热烹调的时间

数　量

可以按照每人份约 150 克 / 5 盎司的量提供。

煮叶用甜菜

将 1 千克 / 2¼ 磅叶用甜菜放入淡盐水中煮 10～15 分钟。如果其茎秆非常粗大，可以先将茎叶分开，然后将茎秆切成 5～6 厘米 / 2～2½ 英寸长的段。去掉纤维部分，然后用沸水煮 15～20 分钟。经过这样处理，甜菜秆用黄油略炒，撒上擦碎的帕玛森奶酪即可；而煮好的叶片同橄榄油、柠檬和盐搅拌均匀后即可食用。

帕玛森奶酪叶用甜菜 SWISS CHARD WITH PARMESAN

用厨房剪刀将叶用甜菜的茎和叶分离。叶子保留，可用于制作汤类。茎秆切成5厘米/2英寸的段，放入加了盐的沸水中煮10～15分钟，变软后捞出沥干。将牛奶加热至即将沸腾。平底锅中加热熔化黄油，加入叶用甜菜茎，大火加热几分钟，其间时常搅拌。倒入热牛奶，转中火，煮5～10分钟。撒上帕玛森奶酪，用盐和胡椒调味。盛入温热的餐盘中即可。

BIETOLE AL PARMIGIANO

供4人食用

制备时间：30～35分钟

加热烹调时间：10～15分钟

1千克/2¼磅叶用甜菜

100毫升/3½盎司牛奶

40克/1½盎司黄油

100克/3½盎司现磨帕玛森奶酪

盐和胡椒

叶用甜菜与鳀鱼 SWISS CHARD WITH ANCHOVIES

用厨用剪刀或锋利的刀分离叶片与茎秆（叶片可以保留，在制作汤菜时使用）。将甜菜茎秆切成5厘米/2英寸长的段，用煮沸的淡盐水煮10～15分钟，成熟后捞出控干。与此同时，切碎鳀鱼。平底锅中加热橄榄油，放入大蒜和鳀鱼，用小火煸炒，同时用木勺碾压鳀鱼，直到将鳀鱼几乎全部碾碎。加入甜菜段，大火翻炒几分钟，接着转中火，用盐和胡椒调味，洒少许橄榄油，继续翻炒10分钟。将锅从火上端离，撒入帕玛森奶酪即可。

BIETOLE CON LE ACCIUGHE

供4人食用

制备时间：30分钟

加热烹调时间：25分钟

1千克/2¼磅叶用甜菜

4条盐渍鳀鱼，去掉鱼头，洗净并剔取鱼肉（见第694页），用冷水浸泡10分钟后捞出控干

2汤匙橄榄油，另加淋洒所需

1瓣蒜，切碎

40克/1½盎司帕玛森奶酪，现擦碎

盐和胡椒

焗叶用甜菜 SWISS CHARD AU GRATIN

将烤箱预热至180℃/350℉/气烤箱刻度4。在耐热焗盘里涂抹黄油。准备一把厨用剪刀或者锋利的刀，将叶片与茎秆分离（叶片可以保留，在制作汤菜时使用）。将茎秆放入淡盐水中煮10～15分钟，成熟后捞出控干，切成小段。在焗盘内摆一层叶用甜菜，接着浇上一层白汁、撒上一层帕玛森奶酪，重复此步骤，最上面一层是帕玛森奶酪。放入烤箱烘烤15分钟即可。

BIETOLE GRATINATE

供4人食用

制备时间：1小时

加热烹调时间：15分钟

黄油，用于涂抹

1千克/2¼磅叶用甜菜

1份白汁（见第58页）

80克/3盎司帕玛森奶酪，现擦碎

盐

西蓝花

西蓝花有两个不同的种类：花茎甘蓝（calabrese，也称普通西蓝花），一个个的、紧凑的、密实的，类似于菜花的头部，但是颜色迥异；嫩茎西蓝花（sprouting broccoli），有许多小小的花蕾，在意大利，通常被称为青花菜（broccoletti）。这两种西蓝花都富含钙、铁和维生素C。新鲜的西蓝花应该有着翠绿的叶片和紧密而硬实的花蕾。使用前需要先去掉老硬的叶片和大部分的纤维，接着切成6厘米 / 2½ 英寸大小的块，再从花蕾中间纵切成两半。

数量与加热烹调时间

数　量

可以按照每人份约250克 / 9盎司的量提供。

煮西蓝花

将西蓝花放入加了盐的沸水中煮8～10分钟。

西蓝花配腌鱼子 BROCCOLI WITH BOTTARGA

BROCCOLETTI ALLA BOTTARGA
供4人食用
制备时间：45分钟
加热烹调时间：15分钟

1千克 / 2¼ 磅嫩茎西蓝花，切成小瓣
100克 / 3½ 盎司腌金枪鱼子（干的鲻鱼或者金枪鱼子）• 1颗柠檬，挤出柠檬汁，过滤 • 1瓣蒜，切碎 • 1枝新鲜平叶欧芹，切碎 • 8片新鲜的罗勒叶，撕碎 • 3颗番茄，去皮去籽，切碎 • 橄榄油，用于淋洒 • 盐和胡椒
柠檬薄片，用于装饰

将西蓝花放入加了盐的沸水中煮15分钟，然后捞出控干，让其稍微冷却。将腌金枪鱼子和柠檬汁放入研磨钵中捣碎，然后逐渐加入大蒜、欧芹、罗勒和番茄并捣碎。用盐和胡椒调味，如果捣好的酱汁过于浓稠，可以加入适量橄榄油。混合均匀之后倒入酱汁碗中。将西蓝花放入温热的餐盘中，用柠檬薄片装饰，搭配酱汁一起食用。

鳀鱼西蓝花 BROCCOLI WITH ANCHOVIES

BROCCOLETTI ALLE ACCIUGHE
供4人食用
制备时间：35分钟
加热烹调时间：20～25分钟

1千克 / 2¼ 磅嫩茎西蓝花，切成小瓣
80克 / 3盎司盐渍鳀鱼，去掉鱼头，洗净并剔取鱼肉（见第694页），用冷水浸泡10分钟后捞出控干水分
3汤匙橄榄油 • 2瓣蒜
半根新鲜红辣椒，去籽并切碎 • 盐

将西蓝花放入加了盐的沸水中煮15分钟。与此同时，将鳀鱼切碎。平底锅中加热橄榄油，加入大蒜和辣椒，煸炒1分钟。加入鳀鱼，继续煸炒，同时用木勺碾压鳀鱼，直到几乎全部碾碎。将大蒜取出并丢弃不用。捞出西蓝花并控干水分，放入平底锅中，搅拌均匀，小火翻炒约15分钟即可。趁热上桌。

鳀鱼西蓝花 →

酸奶辣味西蓝花 SPICY BROCCOLI WITH YOGURT

BROCCOLETTI PICCANTI ALLO YOGURT
供 4 人食用
制备时间：20 分钟
加热烹调时间：10 分钟
1 千克 / 2¼ 磅嫩茎西蓝花，切成小瓣
1 枝新鲜平叶欧芹，切碎
1 瓣蒜，切碎
1 根新鲜红辣椒，去籽并切碎
100 毫升 / 3½ 盎司原味低脂酸奶
少许芥末粉
盐

将西蓝花放入加了盐的沸水中煮几分钟，保留脆嫩口感，然后捞出控干，放入大号沙拉碗中。将欧芹、大蒜、辣椒和酸奶放入碗中，拌入芥末粉，用盐调味。将制作好的酱汁浇淋到沙拉碗中的西蓝花上，趁热食用。

焖西蓝花 BRAISED BROCCOLI

BROCCOLETTI STUFATI
供 4 人食用
制备时间：15 分钟
加热烹调时间：15 分钟
2 汤匙橄榄油
2 瓣蒜，切碎
1 千克 / 2¼ 磅嫩茎西蓝花，切成小瓣
盐和胡椒

用酱汁锅加热橄榄油，加入大蒜和西蓝花，小火煸炒 5 分钟。用盐和胡椒调味，加入 150 毫升 / ¼ 品脱的水，盖上锅盖，小火焖约 15 分钟，直到西蓝花成熟。揭开锅盖，转中火加热，㸆去多余汁液即可。

梦幻西蓝花 FABULOUS BROCCOLI

BROCCOLI FANTASIA
供 4 人食用
制备时间：55 分钟
加热烹调时间：10 分钟
1 千克 / 2¼ 磅嫩茎西蓝花，切成小瓣
2 汤匙橄榄油
2 瓣蒜，切碎
2 棵韭葱，切片
1 汤匙普通面粉
100 毫升 / 3½ 盎司双倍奶油
200 毫升 / 7 盎司干白葡萄酒
25 克 / 1 盎司黄油，另加涂抹所需
6 汤匙现擦碎的帕玛森奶酪
盐和胡椒

将西蓝花放入加了盐的沸水中煮几分钟，保留脆嫩口感，然后捞出控干，让其稍微冷却。与此同时，在大号酱汁锅中加热橄榄油，加入大蒜和韭葱，小火翻炒至变软。取出大蒜并丢弃不用。加入面粉，继续煸炒 2 分钟，直到将面粉煸炒成浅褐色。加入双倍奶油，混合均匀，用盐和胡椒调味。加入西蓝花，倒入葡萄酒，小火加热约 10 分钟。与此同时，将烤箱预热至 200°C/ 400°F/ 气烤箱刻度 6。在耐热焗盘内涂黄油。将锅从火上端离，西蓝花倒入准备好的焗盘内。撒上帕玛森奶酪和黄油颗粒，放入烤箱烘烤至金黄色且奶酪开始冒泡即可。

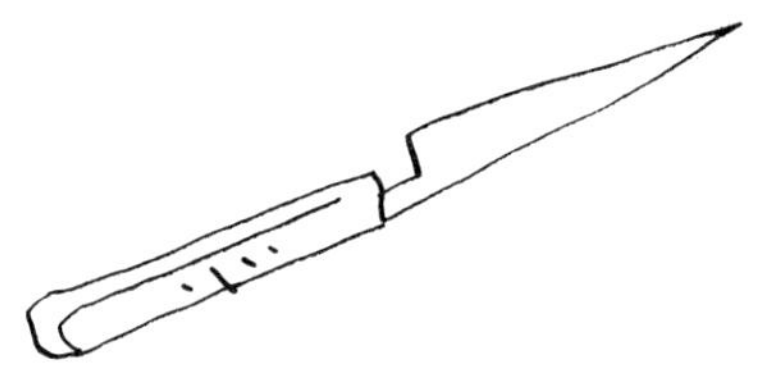

洋　蓟

洋蓟有带着荆棘的锥形的，也有没有荆棘的圆形的。前者是利古里亚特产，叶片富有光泽，而后者则在意大利中南部地区种植，呈球形，在拉齐奥被称为马莫利（mammole）。洋蓟的生长季节从9月份到第二年的5月份，它富含铁、磷、钙，还有非常高的纤维含量。此外，食用洋蓟对我们的消化系统有许多好处。洋蓟中含有西那林，这是一种能够刺激人体中胆汁分泌的物质。洋蓟是否新鲜可以通过其叶片的密实程度和坚硬程度判断，新鲜的洋蓟应该可以快速折断。修剪洋蓟时，应保留4～5厘米/1½～2英寸长茎秆并去掉其纤维部分。接着去掉老叶坏叶，直到露出色浅鲜嫩的叶片为止。可以通过在洋蓟最粗的位置上切除一部分叶片的方式将其尖部切掉，然后用茶匙将里面的绒状物挖出。在制备洋蓟时，切开的洋蓟需要放入混有柠檬汁的水中，防止变色。

数量与加热烹调的时间

数　量

如果使用整颗洋蓟，可以按照每人份2颗的量提供。

洋蓟加热烹调的时间

如果是整颗的洋蓟，需要放入加了盐的沸水中煮30分钟；如果是切成块的洋蓟，则只需要煮15分钟。

大蒜橄榄油风味洋蓟 ARTICHOKES IN GARLIC AND OLIVE OIL

CARCIOFI AGLTO E OLIO
供 4 人食用
制备时间：15 分钟
加热烹调时间：30 分钟
8 颗洋蓟，修剪备用
1～2 瓣蒜
橄榄油（用量见制作方法中的具体要求）
盐和胡椒

将洋蓟放入酱汁锅中，加入大蒜。按照 2∶1 的比例倒入橄榄油和水，直到没过洋蓟 ⅔ 的高度。用盐和胡椒调味，盖上锅盖，小火加热约 30 分钟即可。

奶酪焗洋蓟 ARTICHOKES WITH CHEESE

CARCIOFI AL FORMAGGIO
供 4 人食用
制备时间：1 小时
加热烹调时间：30 分钟
25 克 / 1 盎司黄油，另加涂抹所需
8 颗洋蓟，修剪备用
250 毫升 / 8 盎司牛奶
3 汤匙米粉（rice flour）
少许藏红花
少许咖喱粉
150 克 / 5 盎司瑞士多孔奶酪，现擦碎
1 颗鸡蛋，分离蛋清蛋黄
1 枝新鲜的百里香，只取叶片
盐

烤箱预热至 180°C/ 350°F/ 气烤箱刻度 4。在耐热焗盘内涂黄油。将洋蓟放入水中煮约 10 分钟，然后捞出控干。与此同时，将牛奶加热至快要沸腾时，将锅从火上端离。在另一口酱汁锅中加热熔化黄油，拌入米粉，小火煸炒 2～3 分钟，直到米粉成淡褐色。逐渐搅拌加入热牛奶，然后用盐调味，加入藏红花和咖喱粉。将锅从火上端离，再拌入瑞士多孔奶酪、蛋黄和百里香。将蛋清放入干净无油的碗中，打发至硬性发泡的程度，并拌入酱汁中。将酱汁舀入洋蓟中，放到准备好的焗盘内，送入烤箱烘烤 30 分钟。从烤箱取出，静置 5 分钟后即可上桌。

犹太风味洋蓟 JEWISH ARTICHOKES

CARCIOFI ALLA GIUDIA
供 4 人食用
制备时间：40 分钟
加热烹调时间：25 分钟
8 颗洋蓟，修剪备用
橄榄油（见制作方法中的具体要求）
盐
见第 490 页

这道菜肴（如果有可能）要选用鲜嫩的、整颗的圆形无刺洋蓟。先将茎秆折断，老硬的外层叶片丢弃不用。接着将整颗的洋蓟平放到砧板上，用手固定，选择一把锋利的小刀，切除其尖部。处理后的洋蓟底部最宽大，顶端呈圆形。在深边大平底锅中加入足量的橄榄油，没过洋蓟一半的高度，用小火加热。将洋蓟叶片略微掰开一些，叶片朝上放入锅中。中火炸 10～12 分钟，然后转大火加热，并将洋蓟翻转，继续炸 10 分钟，直到变成金黄色且叶片顶端变得酥脆。用漏勺捞出洋蓟，小心不要让炸好的整颗洋蓟碎裂。撒上少许盐，趁热食用。

← 大蒜橄榄油风味洋蓟

鸡肝慕斯洋蓟 ARTICHOKES WITH CHICKEN LIVER MOUSSE

准备半碗水，加入柠檬汁。将洋蓟中间的叶片略微外翻，放入柠檬水中。稍加浸泡后捞出控净柠檬水，放入加了盐的沸水中煮10～15分钟，捞出控干。叶片朝下放到茶巾上控干水分。将烤箱预热至180℃/350℉/气烤箱刻度4。洋蓟叶片朝上放到耐热焗盘里，放上15克/½盎司的黄油颗粒，洒上葡萄酒。加入盐和胡椒调味，用锡箔纸包好，放入烤箱烘烤30分钟。与此同时，将剩余黄油中的25克/1盎司放入平底锅中加热熔化，加入红葱头，小火煸炒10分钟直到变成褐色。加入鸡肝，转大火继续翻炒几分钟，直到鸡肝成浅褐色。将锅中的鸡肝和红葱头倒出，放到一边备用。将白兰地酒倒入锅中并加热，尽量铲下锅中煎鸡肝的残留物，让其完全溶解到酒里。倒入马德拉酒，用盐和胡椒调味。将鸡肝混合物放入食物料理机内搅打成泥，然后过筛到碗中。将碗置于一锅冰块中，搅打加入剩余的黄油和锅中的汁液。最后搅打加入双倍奶油，用汤匙或者裱花袋将鸡肝慕斯填入洋蓟中。装入餐盘中，用雪维菜装饰即可。

CARCIOFI ALA MOUSSE DI FEGATINI
供4人食用
制备时间：55分钟
加热烹调时间：30分钟
半颗柠檬，挤出柠檬汁，过滤
8颗洋蓟，修剪备用
120克/4盎司黄油
150毫升/¼品脱干白葡萄酒
1颗红葱头，切细末
200克/7盎司鸡肝，如果是冷冻的，需要解冻，制备好
50毫升/2盎司白兰地酒
50毫升/2盎司马德拉酒（Madeira）
100毫升/3½盎司双倍奶油
盐和胡椒
新鲜的雪维菜，用于装饰

那不勒斯风味洋蓟 ARTICHOKES NAPOLETANA

准备半碗水，加入柠檬汁混合均匀。将洋蓟放入柠檬水中，浸泡10分钟，然后捞出控干。锅中加热橄榄油，加入大蒜，煸炒几分钟，直至变成金黄色，然后将大蒜取出并丢弃不用。加入洋蓟，大火煸炒5分钟，加入酸豆和橄榄。调味之后再加入150毫升/¼品脱的热水。翻拌均匀，盖上锅盖，用小火继续加热30分钟至洋蓟成熟。打开锅盖，收干多余的汤汁。将洋蓟盛入温热的餐盘中，撒上欧芹，用柠檬角装饰即可。

CARCIOFI ALLA NAPOLETANA
供4人食用
制备时间：20分钟
加热烹调时间：45分钟
半颗柠檬，挤出柠檬汁，过滤
8颗洋蓟，修剪备用，切成角
3～4汤匙橄榄油
2瓣蒜
1汤匙酸豆，控净汁液并漂洗干净
100克/3½盎司绿橄榄，去核并切碎
1汤匙新鲜平叶欧芹，切碎
盐和胡椒
1颗柠檬，切角，用于装饰

← 犹太风味洋蓟，见第489页

CARCIOFI ALLA PROVENZALE
供 4 人食用
制备时间: 25 分钟
加热烹调时间: 45 分钟
半颗柠檬，挤出柠檬汁，过滤
4 颗紫色洋蓟，修剪备用，切成角
3 汤匙橄榄油
3 棵青葱，切碎
65 克 / 2½ 盎司意式培根，切小粒
1 枝新鲜罗勒，切碎
1 枝新鲜百里香，切碎
100 毫升 / 3½ 盎司干白葡萄酒
5 汤匙蔬菜高汤（见第 249 页）
3 颗番茄，去皮，切丁
盐和胡椒

普罗旺斯风味洋蓟 PROVENÇAL ARTICHOKES

准备半碗水，加入柠檬汁混合均匀。将洋蓟放入柠檬水中，浸泡至少 10 分钟。在平底锅中加热橄榄油，加入青葱和意式培根，用小火煸炒约 8 分钟，直到混合物变成淡褐色。将洋蓟捞出控干，放入锅中，转大火继续加热 5 分钟。加入罗勒和百里香，淋入葡萄酒，加热至完全吸收。转小火加热，倒入高汤，盖上锅盖，加热 15 分钟。加入番茄，盖上锅盖，继续加热 5 分钟。打开锅盖，用盐和胡椒调味，加热至多余的汁液收干即可。

CARCIOFI ALLA ROMANA
供 4 人食用
制备时间: 20 分钟
加热烹调时间: 1 小时
半颗柠檬，挤出柠檬汁，过滤
8 颗洋蓟
2 瓣蒜
1 枝新鲜平叶欧芹
橄榄油，用于淋洒
盐和胡椒
新鲜的薄荷叶，用于装饰

罗马风味洋蓟 ROMAN ARTICHOKES

准备半碗水，加入柠檬汁混合均匀。洋蓟修剪后放入柠檬水中，茎秆保留备用。去掉茎秆上的粗老纤维，然后与大蒜、欧芹一起切碎，用盐和胡椒调味。洋蓟捞出控干，酿入茎秆混合物。放入酱汁锅或者耐热砂锅中，加入 350 毫升 / 12 盎司水，淋上橄榄油，盖上锅盖，用中小火加热焖煮 1 个小时。出锅盛盘，用薄荷叶点缀，趁热食用。

CARCIOFI ALLA SARDA
供 4 人食用
制备时间: 20 分钟
加热烹调时间: 35 分钟
半颗柠檬，挤出柠檬汁，过滤
4 颗洋蓟，修剪后切片
3 汤匙橄榄油
1 颗洋葱，切末
1 瓣蒜，切末
500 克 / 1 磅 2 盎司马铃薯，切丁
150 毫升 / ¼ 品脱蔬菜高汤（见第 249 页）
1 枝新鲜平叶欧芹，切碎
盐

撒丁岛风味洋蓟 SARDINIAN ARTICHOKES

准备半碗水，加入柠檬汁混合均匀。将洋蓟放入柠檬水浸泡。用酱汁锅加热橄榄油，加入洋葱和大蒜，小火煸炒 10 分钟，直到洋葱变成淡褐色。洋蓟捞出控干，放入锅中，加入马铃薯，用盐调味。接着倒入蔬菜高汤，小火炖煮 30 分钟。盛入餐盘中，撒上欧芹末即可上桌。

洋蓟配佩科里诺奶酪 ARTICHOKES WITH PECORINO

准备半碗水，加入柠檬汁混合均匀。将洋蓟放入柠檬水中浸泡10分钟。用酱汁锅加热橄榄油，加入大蒜，小火煸炒2分钟，然后取出大蒜并丢弃不用。洋蓟捞出控干，放入锅中，用盐调味。盖上锅盖，用小火加热30分钟。如有需要，可以再加入少许热水。将制作好的洋蓟放到温热的餐盘中，撒上欧芹、佩科里诺奶酪和面包糠，混合均匀即可。

CANCIOFI AL PECORINO
供4人食用
制备时间：30分钟
加热烹调时间：35分钟
半颗柠檬，挤出柠檬汁，过滤
8颗洋蓟，修剪，切成角
3汤匙橄榄油
2瓣蒜
1枝新鲜平叶欧芹，切碎
100克/3½盎司佩科里诺奶酪，刨成片
65克/2½盎司面包糠
盐

见第494页

金枪鱼洋蓟 ARTICHOKES WITH TUNA

将烤箱预热至180°C/350°F/气烤箱刻度4。在耐热焗盘里涂刷橄榄油。洋蓟上淋柠檬汁，以防止其变色，接着放入沸盐水中煮10～15分钟。洋蓟捞出控干，将中间的叶片略微向外掰开一些，放入准备好的焗盘里。用盐调味，再淋上橄榄油，用锡箔纸遮盖，放入烤箱烘烤10分钟。与此同时，将鸡蛋和双倍奶油放入碗中搅打均匀，加入欧芹、帕玛森奶酪和金枪鱼。将金枪鱼混合物酿入洋蓟中，再用锡箔纸覆盖，放入烤箱内继续烘烤30分钟。

CARCIOFI AL TONNO
供4人食用
制备时间：35分钟
加热烹调时间：40分钟
3汤匙橄榄油，另加涂抹所需
4大颗洋蓟，修剪备用
半颗柠檬，挤出柠檬汁，过滤
2颗鸡蛋
2汤匙双倍奶油
1枝新鲜平叶欧芹，切碎
25克/1盎司帕玛森奶酪，现擦碎
250克/9盎司罐装油浸金枪鱼，捞出控净汁液，掰成块
盐

炸洋蓟 FRIED ARTICHOKES

将大号酱汁锅中的水煮沸，加入少许盐和1颗柠檬的柠檬汁。修剪洋蓟，保留其茎备用。将洋蓟切成角，茎切碎，一起放入沸水锅中，小火煮4～5分钟。捞出控干，放入碗中。用盐和胡椒调味，撒入牛至和大蒜，倒入剩余的柠檬汁，混合均匀。盖上盖子，腌制2个小时。锅中加热植物油。将面粉倒入一个浅盘内。鸡蛋去壳，加入少许盐和胡椒搅打均匀，放入另外一个浅盘内。捞出洋蓟，控干水分，先蘸面粉，然后再裹蛋液。裹好后放入油中，分批炸制，直到洋蓟金黄酥脆。用漏勺捞出后放在厨房纸上控净油。盛入温热的餐盘中，用柠檬片和欧芹枝装饰即可。

CARCIOFI FRITTI
供4人食用
制备时间：40分钟，另加2小时腌制用时
加热烹调时间：20分钟
3颗柠檬，挤出柠檬汁，过滤
6颗洋蓟
少许干牛至
1瓣蒜，切末
植物油，用于油炸
5汤匙普通面粉
1颗鸡蛋
盐和胡椒

用于装饰
柠檬片
新鲜平叶欧芹枝

洋蓟配荷兰酱 ARTICHOKES IN HOLLANDAISE SAUCE

将一大锅的水煮沸，加入少许盐和柠檬汁，然后加入洋蓟煮约20分钟。捞出控干，让其稍微冷却后切成角。放入餐盘中，淋上荷兰酱。用几枝欧芹叶点缀即可上桌。

CARCIOFI IN SALSA OLANDESE

供4人食用

制备时间：45分钟

加热烹调时间：25分钟

1颗柠檬，挤出柠檬汁，过滤
8颗洋蓟，修剪备用
1份荷兰酱（见第71页）
盐
新鲜平叶欧芹，用于装饰

洋蓟酿馅香肠 ARTICHOKES STUFFED WITH SAUSAGE

将烤箱预热至180°C/350°F/气烤箱刻度4。准备半碗水，加入柠檬汁混合均匀，修剪洋蓟，保留其茎备用。将洋蓟的叶片略微掰开一些，放入柠檬水中浸泡。去掉茎上老硬的纤维后切碎。平底锅中加热橄榄油，加入意式培根、大蒜、欧芹、洋葱和洋蓟茎，用小火煸炒5分钟。加入香肠，用盐和胡椒调味，继续煸炒5分钟。洋蓟捞出控净水，叶片朝上放到耐热焗盘里，酿入香肠馅料。接着淋上橄榄油，倒入葡萄酒。用锡箔纸覆盖，放入烤箱烘烤约1个小时。烘烤中要不时地将汁液浇淋到洋蓟上。

CARCIOFI RIPIENI ALLA SALSICCIA

供4人食用

制备时间：45分钟

加热烹调时间：1小时

2颗柠檬，挤出柠檬汁，过滤
8颗洋蓟
3汤匙橄榄油，另加淋洒所需
100克/3½盎司意式培根，切丁
2瓣蒜，切末
1枝新鲜平叶欧芹，切碎
1颗洋葱，切末
100克/3½盎司意式香肠，去皮，切碎
200毫升/7盎司干白葡萄酒
盐和胡椒

洋蓟酿馅甜椒 ARTICHOKES STUFFED WITH PEPPERS

将一锅水煮沸，放入一半柠檬汁和少许盐，然后将洋蓟放入锅中加热30分钟。洋蓟捞出控干，待其冷却。将黄甜椒和欧芹放入碗中，淋上橄榄油并混合均匀。接着将甜椒混合物酿入洋蓟中，放到餐盘内，撒上剩余的柠檬汁、少许盐和胡椒。如果喜欢，可以用油浸蘑菇装饰。

CARCIOFI RIPIENI CON PEPERONI

供4人食用

制备时间：30分钟，另加冷却用时

加热烹调时间：35分钟

2颗柠檬，挤出柠檬汁，过滤
8颗洋蓟，修剪备用
2个黄甜椒，切成两半，去籽，切碎
1枝新鲜平叶欧芹，切碎
橄榄油，用于淋洒
盐和胡椒
油浸蘑菇，用于装饰（可选）

← 洋蓟配佩科里诺奶酪，见第493页

CLAFOUTIS DI CARCIOFI
供 4 人食用
制备时间：25 分钟
加热烹调时间：30 分钟
黄油，用于涂抹 • 半颗柠檬，挤出柠檬汁，过滤 • 8 颗洋蓟，修剪备用
80 克 / 3 盎司普通面粉
3 颗鸡蛋 • 400 毫升 / 14 盎司牛奶
1 枝新鲜平叶欧芹，切碎 • 盐和胡椒

烤牛奶洋蓟 ARTICHOKE CLAFOUTIS

将烤箱预热至 180°C/ 350°F/ 气烤箱刻度 4。在耐热焗盘内涂抹黄油。准备半碗水，加入柠檬汁混合均匀，将洋蓟放入柠檬水里浸泡 10 分钟。面粉过筛到碗中，拌入鸡蛋，一次一颗，并逐渐搅拌加入牛奶。用盐和胡椒调味，拌入欧芹。洋蓟捞出控净水并拭干，放到焗盘里，淋上牛奶面糊，放入烤箱烘烤 30 分钟即可。

SFORMATINI DI CARCIOFI
供 4 人食用
制备时间：45 分钟，另加 15 分钟浸泡用时
加热烹调时间：30 分钟
1 颗柠檬，挤出柠檬汁，过滤
5 颗洋蓟，修剪后切薄片
25 克 / 1 盎司黄油，另加涂抹所需
半颗洋葱，切末 • 3 汤匙现擦碎的帕玛森奶酪 • 200 克 / 7 盎司双倍奶油
少许现擦碎的肉豆蔻
3 颗鸡蛋，打散 • 盐和胡椒

洋蓟鸡蛋批 ARTICHOKE MOULDS

准备半碗水，加入柠檬汁混合均匀，将洋蓟放入柠檬水里浸泡 15 分钟。烤箱预热至 180°C/ 350°F/ 气烤箱刻度 4，4 个模具中涂抹黄油。平底锅中加热黄油，加入洋葱，小火煸炒 5 分钟。洋蓟捞出控净水，加入平底锅中，用盐和胡椒调味，混合均匀。盖上锅盖，继续加热 15 分钟。将帕玛森奶酪、双倍奶油、肉豆蔻粉与鸡蛋混合，加盐调味，然后加入洋蓟，倒入准备好的模具中。将模具放入烤盘里，加入烤盘一半高度的热水，放入烤箱烘烤约 30 分钟，直到混合物凝固。上桌时，翻扣脱模即可。

TORTA RUSTICA DI CARCIOFI E PATATE
供 4 人食用
制备时间：25 分钟，另加浸泡用时
加热烹调时间：1 小时
黄油，另加涂抹所需
半颗柠檬，挤出柠檬汁，过滤
4～5 颗洋蓟，修剪后切成较薄的块
500 克 / 1 磅 2 盎司马铃薯，切薄片
4 汤匙佩科里诺奶酪，现擦碎
1 枝新鲜的百里香，只用叶片
5 汤匙橄榄油
盐和胡椒

美味洋蓟和马铃薯派 SAVOURY ARTICHOKE AND POTATO PIE

将烤箱预热至 180°C/ 350°F/ 气烤箱刻度 4。在耐热焗盘内涂抹黄油。准备半碗水，加入柠檬汁混合均匀，将洋蓟放入柠檬水里浸泡 10 分钟。马铃薯片放到耐热焗盘内，然后将洋蓟捞出控净水，放到马铃薯片上。撒上佩科里诺奶酪和百里香，用盐和胡椒调味，再淋上橄榄油。放入烤箱烘烤 1 个小时，取出趁热食用。

TORTINO AI CARCIOFI
供 4 人食用
制备时间：35 分钟
加热烹调时间：30 分钟
40 克 / 1½ 盎司黄油，另加涂抹所需
5 颗洋蓟，修剪后切成角
50 毫升 / 2 盎司牛奶
6 颗鸡蛋
盐

洋蓟派 ARTICHOKE PIE

将烤箱预热至 200°C/ 400°F/ 气烤箱刻度 6。在耐热焗盘内涂抹黄油。平底锅中加热熔化黄油，加入洋蓟，用中火煸炒几分钟。与此同时，在一口酱汁锅中加热牛奶。洋蓟用盐调味，倒入热牛奶中，继续用小火加热 10 分钟。将煮好的洋蓟混合物倒入准备好的焗盘内。鸡蛋打散，用少许盐调味，倒在洋蓟上，放入烤箱烘烤 30 分钟，直到鸡蛋凝固。

洋蓟派 →

刺菜蓟

刺菜蓟是洋蓟家族中的一个成员，清洗起来非常麻烦，还需要长时间的加热烹调。在意大利，它不如以前那么受欢迎。只有那些最有耐心的美食家还在年复一年地盼望着冬季到来，因为只有在这段时间可以品尝这些美味蔬菜。在南欧以外的地区，刺菜蓟是一种极其罕见的食材。刺菜蓟并不是一种因其营养价值高而深受人们喜爱的蔬菜（虽然它们富含纤维素），而是以其令人叹为观止的味道而闻名，这会让我们情不自禁地想起洋蓟。高品质的刺菜蓟茎秆是白色的，泛着一些浅绿色。如果不够新鲜，刺菜蓟会略微带有一些红色调。制备刺菜蓟时，需要先去掉老硬的外层茎秆，直到看到里面鲜嫩的茎秆。接着去掉头部，将茎秆切成 5～7½ 厘米 / 2～3 英寸长的段，放入加了柠檬汁的水中，以防止它们变色。其隐藏在中间的木质部分，切分前也要去掉。原汁原味的皮埃蒙特风味香蒜鳀鱼烤刺菜蓟（制作方法见下一页）令人垂涎三尺。

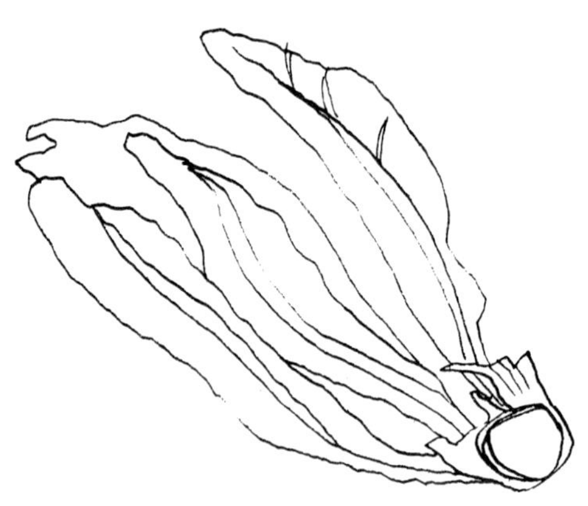

数量

和加热烹调的时间

数　量

可以按照每人 150 克 / 5 盎司的量提供。

煮刺菜蓟

几乎所有的食谱中都会要求将刺菜蓟放入加了盐的沸水中煮 2 个小时以上。

奶酪刺菜蓟 CARDOONS WITH CHEESE

CARDI AI FORMAGGI
供 4 人食用
制备时间: 1 小时 15 分钟
加热烹调时间: 30 分钟
1 颗柠檬，挤出柠檬汁，过滤
1 汤匙橄榄油
1 茶匙普通面粉
1 千克 / 2¼ 磅刺菜蓟
25 克 / 1 盎司黄油，熔化，另加涂抹所需
50 克 / 2 盎司帕玛森奶酪，现擦碎
65 克 / 2½ 盎司芳提娜奶酪，刨成片
65 克 / 2½ 盎司瑞士多孔奶酪，切薄片
100 毫升 / 3½ 盎司牛奶
200 毫升 / 7 盎司双倍奶油
盐

酱汁锅中多加一些水，加入柠檬汁、橄榄油、面粉和少许盐。制备刺菜蓟，将其茎切成 5 厘米 / 2 英寸长的段，并去掉所有的纤维部分，然后迅速倒入锅中。将水煮沸，转小火加热约 45 分钟。与此同时，将烤箱预热至 180°C/ 350°F/ 气烤箱刻度 4。在耐热焗盘内涂抹黄油。捞出刺菜蓟，控干水分，倒入准备好的焗盘内，将熔化的黄油浇淋在刺菜蓟上，撒上帕玛森奶酪和芳提娜奶酪，再盖上一层瑞士多孔奶酪。混合牛奶和双倍奶油，从正上方淋在刺菜蓟上。放入烤箱烘烤约 30 分钟即可。

香蒜鳀鱼烤刺菜蓟 CARDOONS WITH BAGNA CAUDA

CARDI ALLA BAGNA CAUDA
供 4 人食用
制备时间: 1 小时
加热烹调时间: 30 分钟
1 颗柠檬，挤出柠檬汁，过滤
1 千克 / 2¼ 磅刺菜蓟
150 克 / 5 盎司黄油，另加涂抹所需
2 瓣蒜
10 条罐装油浸鳀鱼，捞出并控净汤汁
40 克 / 1½ 盎司帕玛森奶酪，现擦碎
盐

将 2 升 / 3½ 品脱的水倒入酱汁锅中，加入柠檬汁和少许盐。制备刺菜蓟，将其茎切成 7.5 厘米 / 3 英寸长的条，去掉所有的纤维部分。加入锅中，煮沸转小火加热 30 分钟。与此同时，将烤箱预热至 180°C/ 350°F/ 气烤箱刻度 4。在耐热焗盘内涂抹黄油。刺菜蓟捞出，控干水分，倒入准备好的焗盘内。在一口小号酱汁锅中加热熔化黄油，加入大蒜，煸炒几分钟，直到大蒜成浅褐色。取出大蒜，丢弃不用。加入鳀鱼继续煸炒，并用叉子碾压成泥。将鳀鱼风味黄油浇在刺菜蓟上，撒上帕玛森奶酪，放入烤箱烘烤 30 分钟即可。

美味刺菜蓟 DELICATE CARDOONS

CARDI DELICATI
供 4 人食用
制备时间: 1 小时
加热烹调时间: 40 分钟
1 颗柠檬，挤出柠檬汁，过滤
1 千克 / 2¼ 磅刺菜蓟
25 克 / 1 盎司黄油，另加涂抹所需
100 毫升 / 3½ 盎司牛奶
100 毫升 / 3½ 盎司双倍奶油
40 克 / 1½ 盎司帕玛森奶酪，现擦碎
盐

酱汁锅中多加一些水，加入柠檬汁和少许盐。制备刺菜蓟，将其茎切成 5 厘米 / 2 英寸长的段，去掉所有的纤维部分，然后迅速倒入锅中。将水煮沸，然后转小火加热约 45 分钟。与此同时，在耐热焗盘内涂抹黄油。刺菜蓟捞出，控干水分，倒入准备好的焗盘内。将黄油颗粒撒在刺菜蓟上，倒入牛奶，小火加热约 30 分钟。再加入双倍奶油，继续加热约 10 分钟，直到汤汁变得浓稠。将焗盘从火上端离，盛入温热的餐盘中，撒上帕玛森奶酪即可。

炸刺菜蓟 FRIED CARDOONS

CARDI FRITTI
供 4 人食用
制备时间：1 小时 30 分钟，另加 30 分钟静置用时
加热烹调时间：20～30 分钟
1 颗柠檬，挤出柠檬汁，过滤
1 千克 / 2¼ 磅刺菜蓟
65 克 / 2½ 盎司普通面粉
1 颗鸡蛋
1 汤匙橄榄油
1 个蛋清
植物油，用于油炸
盐

在酱汁锅中多加一些水，加入柠檬汁和少许盐。制备刺菜蓟，将其茎切成 5 厘米 / 2 英寸长的段，并去掉所有纤维部分，然后迅速倒入锅中。将水煮沸，转小火加热约 1 小时。刺菜蓟捞出控干水分，摊开放在一块茶巾上冷却。与此同时，面粉过筛到碗中，打入鸡蛋，加入橄榄油和少许盐。用木勺混合均匀，再拌入 100 毫升 / 3½ 盎司水。密封之后，让其静置至少 30 分钟。将蛋清放入干净无油的碗中，打发至硬性发泡的程度，并将其拌进面糊中。植物油烧热，刺菜蓟裹上面糊，分批放入锅中油炸。用漏勺捞起，放到厨房纸上控净油。待全部刺菜蓟炸好之后，立刻上桌。

刺菜蓟沙拉 CARDOON SALAD

CARDI IN INSALATA
供 4 人食用
制备时间：25 分钟
加热烹调时间：50 分钟
1 颗柠檬，挤出柠檬汁，过滤
1 棵刺菜蓟
4 颗鸡蛋，煮熟
1 枝新鲜平叶欧芹，切碎
3 汤匙橄榄油
1 汤匙面包糠
盐

酱汁锅中多加一些水，加入柠檬汁和少许盐。制备刺菜蓟，将茎切成 5 厘米 / 2 英寸长的段，并去掉所有的纤维部分，然后将刺菜蓟迅速倒入锅中。将水煮沸，转小火加热约 45 分钟。将煮熟的鸡蛋剥去外壳并切碎。捞出刺菜蓟，控干水分，用一块茶巾拭干后放入沙拉碗中。碗中撒上切碎的鸡蛋和欧芹。用一口小号酱汁锅加热橄榄油，加入面包糠，煸炒几分钟，直到面包糠变成金黄色且芳香酥脆。用勺将面包糠舀入沙拉碗中，静置几分钟后上桌。

刺菜蓟蘑菇批 CARDOON MOULDS WITH MUSHROOMS

SAVARIN DI CARDI AI FUNGHI

供 4 人食用

制备时间：1 小时 50 分钟

加热烹调时间：30 分钟

1 颗柠檬，挤出柠檬汁，过滤
400 克 / 14 盎司刺菜蓟
50 克 / 2 盎司黄油，另加涂抹所需
2～3 汤匙面包糠
1 份白汁（见第 58 页）
40 克 / 1½ 盎司帕玛森奶酪，现擦碎
1 颗鸡蛋，打散
1 颗红葱头，切末
100 克 / 3½ 盎司蘑菇，切碎
4 片新鲜的薄荷叶，切碎
1 枝新鲜平叶欧芹，切碎
盐和胡椒

酱汁锅中多加一些水，加入柠檬汁和少许盐。制备刺菜蓟，将茎切成 5 厘米 / 2 英寸长的段，去掉所有的纤维部分，然后迅速倒入锅中。将水煮沸，转小火加热约 45 分钟。捞出刺菜蓟，控干水分，与此同时，将烤箱预热至 180°C/ 350°F/ 气烤箱刻度 4。在 4 个萨戈仑模具（savarin mould）中涂抹黄油，撒入面包糠，转动模具，让模具内侧覆盖上一层面包糠。拍掉多余的面包糠。平底锅中加热熔化 20 克 / ¾ 盎司黄油，加入刺菜蓟，用小火翻炒 5 分钟。取出倒入食物料理机内，搅打成蓉泥状。将刺菜蓟蓉泥、白汁和帕玛森奶酪与打散的鸡蛋混合均匀，接着倒入准备好的模具中。放在烤盘中，送入烤箱烘烤 30 分钟。与此同时，将剩余的黄油放入平底锅中，加热熔化，加入红葱头，用小火煸炒 5 分钟。加入蘑菇、薄荷和欧芹，用盐和胡椒调味，继续煸炒约 10 分钟，直到所有的汤汁都被吸收、蘑菇成熟。将模具从烤箱内取出，倒扣在温热的餐盘中，淋上蘑菇酱汁即可。

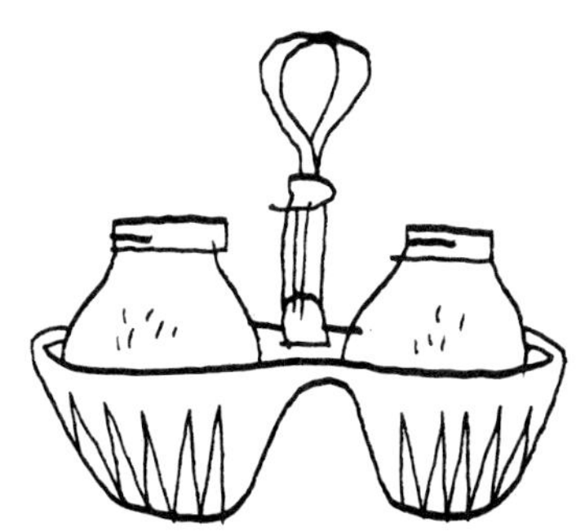

胡萝卜

胡萝卜在意大利各地均有种植，且一年四季都可收获。其食用方法繁多，熟食、生食均可。富含胡萝卜素，经过人体的新陈代谢之后可以转换为维生素 A，还有糖分、磷、钙、钠、钾、镁等各种营养素。胡萝卜对我们的皮肤有益，可以增强人在弱光条件下的视力。新鲜的胡萝卜呈亮橙色，肉质芳香。要防止胡萝卜褪色，应在去皮前清洗。最好是不要购买已经制备好的胡萝卜，因为维生素 A 很快就会被氧化。最简单的，也是最清爽的生食胡萝卜食谱就是沙拉。胡萝卜可以切薄片，也可以刨成薄片或者擦碎，然后加入用橄榄油、柠檬汁和盐调配的酱汁拌匀即可。最美味的配菜之一是糖渍胡萝卜，它甚至能让最简单的烤肉看起来美味无比。值得我们记住的是，在过去 20 年的时间里，意大利最著名的大厨之一，安杰洛·帕拉库斯尼（Angelo Paracucchi）表示，“胡萝卜只在黄油中加热烹调”——我们非常赞同他的观点。

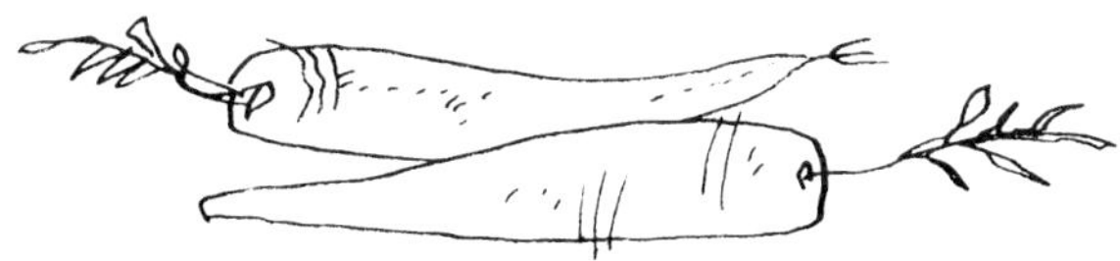

数量与加热烹调的时间

数 量

可以按照每人 2 根的量提供。

煮胡萝卜

将鲜嫩的胡萝卜用冷水洗净，然后放入加了盐的沸水中煮几分钟。用刀除去老硬的胡萝卜外皮，并切去中间的木质部分。整根的胡萝卜需要煮约 40 分钟，如果切成条，就只需要煮 15 分钟。不管是整根煮还是切条煮，在水中加少许盐和糖，可以更加彰显出胡萝卜的风味。

← 迷迭香胡萝卜，见第 504 页

罗克福尔奶酪胡萝卜 CARROTS WITH ROQUEFORT

CAROTE AL ROQUEFORT

供 4 人食用

制备时间：15 分钟

加热烹调时间：20 分钟

80 克 / 3 盎司罗克福尔奶酪，切丁

150 毫升 / ¼ 品脱牛奶

1 枝新鲜平叶欧芹，切碎

600 克 / 1 磅 5 盎司胡萝卜，切细条

将罗克福尔奶酪放入酱汁锅中，用小火加热熔化。逐渐加入牛奶，搅拌成细滑、可以流淌的酱汁。将锅从火上端离，不要让牛奶煮开。拌入欧芹，将酱汁淋到胡萝卜上即可。

迷迭香胡萝卜 CARROTS WITH ROSEMARY

CAROTE AL ROSMARINO

供 4 人食用

制备时间：1 小时

加热烹调时间：20 分钟

750 克 / 1 磅 10 盎司胡萝卜，切细条

300 毫升 / ½ 品脱蔬菜高汤（见第 249 页）

橄榄油，用于淋洒

1 茶匙新鲜的迷迭香

盐和胡椒

见第 502 页

将胡萝卜和高汤一起倒入酱汁锅中，中火加热至煮沸，盖上锅盖，小火煮约 15 分钟。打开锅盖，用盐和胡椒调味。如果汤汁过于稀薄，可以继续加热一段时间，将汤汁收至预期的浓稠程度。淋上橄榄油，加入迷迭香，再继续加热几分钟。盛入温热的餐盘中即可上桌。

美味生胡萝卜 SURPRISE RAW CARROTS

CAROTE CRUDE AL RAFANO

供 4 人食用

制备时间：30 分钟，另加 10 分钟静置用时

半个辣根

1 颗柠檬，挤出柠檬汁，过滤

1 汤匙白葡萄酒醋

1 茶匙第戎芥末

少许糖

2 汤匙橄榄油

400 克 / 14 盎司胡萝卜，切细条

盐和胡椒

用冷水将辣根洗净并擦干，切细末，放入碗中。拌入柠檬汁、醋、第戎芥末，加入糖和橄榄油，用盐和胡椒调味，然后将酱汁彻底搅打至乳脂状。胡萝卜放入沙拉碗中。将辣根酱汁淋在胡萝卜上并混合均匀。静置 10 分钟后即可上桌。

柠檬风味胡萝卜 GLAZED CARROTS WITH LEMON

CAROTE GLASSATE AL LIMONE

供 4 人食用

制备时间：20 分钟，另加 15 分钟浸泡用时

加热烹调时间：20 分钟

800 克 / 1¾ 磅胡萝卜，切厚片

40 克 / 1½ 盎司黄油

2 颗小洋葱，切碎

半颗柠檬，挤出柠檬汁，过滤，擦取柠檬皮

1 茶匙芝麻

1 枝新鲜平叶欧芹，切碎

橄榄油，用于淋洒

盐和胡椒

将胡萝卜放入碗中，加水没过胡萝卜，再加入少许盐，腌制 15 分钟，然后捞出控干水分。酱汁锅中加热熔化黄油，加入洋葱，用小火煸炒 5 分钟。加入柠檬汁和柠檬皮碎，继续加热几分钟。加入胡萝卜，用盐和胡椒调味，继续煸炒 10 分钟。与此同时，将芝麻放入厚底平底锅中干煸，直到芝麻散发芳香气味。将胡萝卜锅从火上端离，盛入温热的餐盘中，撒上欧芹和芝麻，淋上橄榄油即可。

柠檬风味胡萝卜 →

CAROTE IN SALSA FRANCESE
供 4 人食用
制备时间：40 分钟
加热烹调时间：10 分钟
2 汤匙橄榄油，另加涂抹所需
600 克 / 1 磅 5 盎司小胡萝卜
1 颗鸡蛋
1 汤匙第戎芥末
1 汤匙白葡萄酒醋
盐

胡萝卜配法式酱汁 CARROTS IN FRENCH SAUCE

在耐热焗盘内涂刷橄榄油。将胡萝卜蒸约 15 分钟，然后控干水分，并用一块茶巾拭干。将胡萝卜切细条，放入餐盘中。鸡蛋打入碗中，加入橄榄油、芥末、白葡萄酒醋、少许盐，搅打均匀后淋到胡萝卜上。将胡萝卜倒入锅中，用小火拌炒 10 分钟即可。

CAROTE MARINATE
供 4 人食用
制备时间：25 分钟，另加 24 小时腌制用时
加热烹调时间：15 分钟
500 克 / 1 磅 2 盎司小胡萝卜
2 瓣蒜
1 枝新鲜平叶欧芹，切碎
少许干牛至
6 汤匙橄榄油
2 汤匙白葡萄酒醋
1 根小红辣椒，去籽，切碎
盐

腌胡萝卜 MARINATED CARROTS

将胡萝卜放入加了盐的水中，煮沸后加热约 15 分钟，直至胡萝卜熟嫩。捞出控干，并用一块茶巾拭干水分。胡萝卜切细条，放入沙拉碗中。用蒜瓣涂抹另外一个沙拉碗的内侧，然后加入欧芹、牛至、橄榄油、白葡萄酒醋和红辣椒，用盐调味并混合均匀。将调好的酱汁淋到胡萝卜上，搅拌均匀后静置于阴凉处，腌制 24 小时后上桌。

CAROTINE NOVELLA ALLA PANNA
供 4 人食用
制备时间：25 分钟，另加冷却用时
加热烹调时间：10 分钟
800 克 / 1¾ 磅小胡萝卜
25 克 / 1 盎司黄油
150 毫升 / ¼ 品脱双倍奶油
少许现擦碎的肉豆蔻
1 枝新鲜平叶欧芹，切碎
4 棵香葱，切碎
盐和胡椒

奶油胡萝卜 BABY CARROTS IN CREAM

将胡萝卜放入一锅加了盐的水中，沸煮约 10 分钟，然后捞出控干并待其冷却。冷却之后，将胡萝卜切细条。黄油放入锅中，小火加热熔化，倒入双倍奶油，加入肉豆蔻，并用盐和胡椒调味。加热煮沸，放入胡萝卜，继续加热几分钟，然后放入欧芹和香葱。混合均匀之后继续加热 2 分钟，趁热食用。

香酥胡萝卜可乐饼 SURPRISE CARROT CROQUETTES

将胡萝卜放入一锅加了盐的水中，煮沸后再煮约15分钟，然后捞出控干并切碎。在酱汁锅中加热熔化黄油，加入胡萝卜，小火煸炒15分钟。然后将锅从火上端离，胡萝卜过筛到碗中。碗中拌入1颗鸡蛋、帕玛森奶酪和肉豆蔻，用盐和胡椒调味，然后根据需要搅拌加入足量的面包糠，制成比较硬实的混合物。将混合物揉成小的可乐饼状，每个可乐饼中间压出一个凹形，塞入一粒瑞士多孔奶酪丁，重新揉圆。将面粉放在一个浅盘内，剩余的鸡蛋与少许盐放入另一个浅盘内并搅打均匀，剩余的面包糠撒在第三个浅盘内。植物油加热至适合油炸的温度。可乐饼先蘸面粉，再蘸蛋液，最后裹上面包糠，放入热油中炸至金黄色。将炸好的胡萝卜可乐饼呈金字塔状堆放在温热的餐盘中，趁热食用。

CROCCHETTE A SORPRESA

供4人食用

制备时间：1小时15分钟

加热烹调时间：20～30分钟

1千克 / 2¼ 磅胡萝卜

40克 / 1½ 盎司黄油

2颗鸡蛋

5汤匙现擦碎的帕玛森奶酪

少许现擦碎的肉豆蔻

120～150克 / 4～5 盎司面包糠

65克 / 2½ 盎司瑞士多孔奶酪，切丁

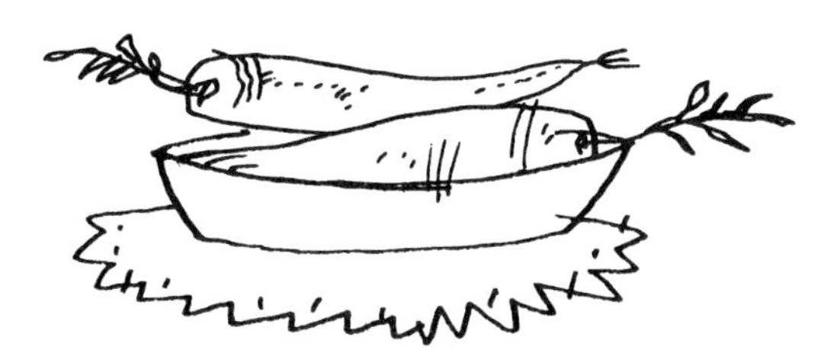

4汤匙普通面粉

植物油，用于油炸

盐和胡椒

栗　子

在这一章节中之所以出现栗子，是因为栗子不仅可以用来制作甜品，还可以制成口感绝佳的咸香风味配菜。这里最重要的是要区分栽培栗子和野生栗子品种。前者的外壳颜色较浅，有纵向的斑纹，脂肪含量更高。这两种栗子都需要加热烹调非常长的时间。不管哪种栗子，都适合搭配猪肉、火鸡和鹅类菜肴。

数量和加热烹调的时间

数　量

可以按照每人约 100 克 / 3½ 盎司去壳的栗子的量提供。

煮栗子

在每颗栗子的平面处切一个小口，然后煮 45 分钟。

烤栗子

在每颗栗子的平面处切一个小口，然后放入预热好的烤箱内，用 180°C/ 350°F/ 气烤箱刻度 4 烤 30 分钟。

烤栗子 ROAST CHESTNUTS

CASTAGNE ARROSTITE
供 4 人食用
制备时间：15 分钟
加热烹调时间：30 分钟
600 克 / 1 磅 5 盎司栗子

将烤箱预热至 180°C/ 350°F/ 气烤箱刻度 4，用一把锋利的小刀在每颗栗子上都切出一个小口。将栗子放入烤盘里，送入烤箱烘烤 30 分钟。同样，如果你有烤栗子锅，可以将栗子放入锅中，大火加热烘烤。当栗子的外壳变焦黑时，表示已经成熟。去掉栗子的外壳和里面的皮就可以整颗食用了，或者制成栗子蓉等，用来制作烤鸡或烤火鸡酿馅。栗子还可以与熔化的黄油、1 片月桂叶、少许盐、少许胡椒等混合，制成蓉泥，作为配菜提供。

烤栗子配抱子甘蓝 ROAST CHESTNUTS WITH BRUSSELS SPROUTS

用一把锋利的小刀，在每颗栗子上都切出一个小口。将栗子放入酱汁锅中，加入没过栗子的水。加热煮沸，并继续加热 20 分钟。在另一口酱汁锅中加热熔化黄油，加入红葱头，小火煸炒 5 分钟。加入抱子甘蓝、柠檬汁和 120 毫升 / 4 盎司水，用盐和胡椒调味，接着加入肉豆蔻。盖上锅盖，小火炖煮约 10 分钟。与此同时，将烤箱预热至 200°C/ 400°F/ 气烤箱刻度 6。在耐热焗盘里涂抹黄油。将栗子捞出控净水，冷水过凉，剥去外壳和内皮，放入准备好的焗盘内。加入抱子甘蓝和适量汤汁，撒上芳提娜奶酪和剩余的黄油颗粒，放入烤箱烘烤 30 分钟。

CASTAGNE CON CAVOLINI AL FORNO
供 4 人食用
制备时间：1 小时
加热烹调时间：30 分钟
500 克 / 1 磅 2 盎司栗子
50 克 / 2 盎司黄油，另加涂抹所需
1 颗红葱头，切末
500 克 / 1 磅 2 盎司抱子甘蓝，制备好
1 颗柠檬，挤出柠檬汁，过滤
少许现磨碎的肉豆蔻
100 克 / 3½ 盎司芳提娜奶酪，现擦碎
盐和胡椒

焖栗子 BRAISED CHESTNUTS

将烤箱预热至 220°C/ 425°F/ 气烤箱刻度 7。在一个小号耐热砂锅中加热熔化黄油，加入栗子，煸炒 1 分钟。倒入高汤，加入月桂叶、百里香和芹菜。盖上锅盖，放入烤箱烘烤 45 分钟，其间要不时晃动一下砂锅。注意不要翻动栗子，因为这会让其碎裂。最后用盐和胡椒调味。焖栗子可以用作珍珠鸡、鸭子、鹅或者烤肉类的配菜。

MARRONI BRASATI
供 4 人食用
制备时间：4 分钟 15 秒
加热烹调时间：45 分钟
20 克 / ¾ 盎司黄油
600 克 / 1 磅 5 盎司栽培栗子，去皮
1½ 升 / 2½ 品脱牛肉高汤（见第 248 页）
1 片月桂叶
1 枝新鲜的百里香
1 根芹菜茎
盐和胡椒

栗子蓉 CHESTNUT PURÉE

将栗子放入酱汁锅中，加入没过栗子的水，加热煮沸后继续煮 45 分钟。将栗子捞出控干，磨碎后放入干净的锅中。小火加热栗子，拌入双倍奶油，加入黄油，用盐和胡椒调味，其间要不停地搅拌。制好的栗子蓉可以用作肉类或者野味类菜肴的配菜。

PURÈ DI MARRONI
供 4 人食用
制备时间：25 分钟
加热烹调时间：1 小时
500 克 / 1 磅 2 盎司栽培栗子，去壳去皮
5 汤匙双倍奶油
25 克 / 1 盎司黄油
盐和胡椒

蒲公英

广泛种植于意大利的南部地区的 catalogna（意大利语的蒲公英），只能加热成熟之后食用。蒲公英的营养价值不是很高，但其包含的苦味成分有利尿作用，还被认为有助于净化泌尿系统、保护肝脏，可以作为补充剂使用。蒲公英食用前需要去掉外层最老的叶片，保持中间部分的完整，将剩余叶片的顶端切除，再改刀切段。蒲公英本身略带苦涩，这股味道清淡且令人舒适，加热成熟后搭配用盐、油和醋或者是柠檬汁等调配的酱汁一起食用。一些较小品种的蒲公英心被称为“菊苣茎”，可以配 pinzimonio（使用橄榄油、盐和胡椒调成的汁）生食。蒲公英叶切段，浸泡在冷水中，待它们卷曲起来。这样处理后的蒲公英非常具有吸引力，可以在沙拉中使用，适合搭配用油、醋和切碎的鳀鱼调成的酱汁。不同品种的蒲公英可以相互替代使用。采摘蒲公英时要挑选远离路边且未受污染的地方。

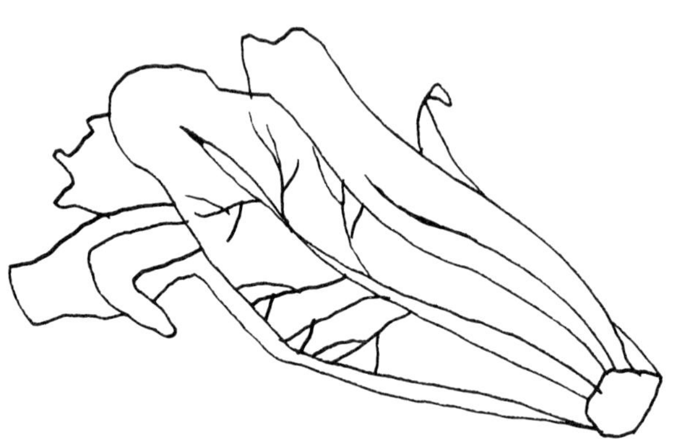

数量与加热烹调的时间

数　量

可以按照每人约 200 克 / 7 盎司的量供应。

煮蒲公英

放入加了盐的沸水中煮 15～20 分钟。如果食谱中有特别注明需要预煮，那么只需要煮几分钟就可以了。

蒲公英配大蒜和橄榄油 DANDELION WITH GARLIC AND OLIVE OIL

CATALOGNA ALL'AGLIO E OLIO

供 4 人食用

制备时间：30 分钟

加热烹调时间：20 分钟

1 千克 / 2¼ 磅意大利蒲公英，叶片切段

橄榄油

4 瓣蒜

少许辣椒粉（可选）

盐和胡椒

将蒲公英叶片放入加了盐的沸水中煮 15 分钟，然后捞出，将其中的水分尽可能地挤出来。平底锅中加热橄榄油，加入大蒜，用小火煸炒，直到大蒜变成金黄色，然后捞出丢弃不用。将蒲公英叶片加入锅中，用中火煸炒约 15 分钟。加入辣椒粉调味，如果喜欢，也可以用胡椒调味。

蒲公英配帕玛森奶酪 DANDELION WITH PARMESAN

CATALOGNA AL PARMIGIANO

供 4 人食用

制备时间：25 分钟

加热烹调时间：20 分钟

750 克 / 1 磅 10 盎司意大利蒲公英，叶片切段

65 克 / 2½ 盎司黄油

4 汤匙现擦碎的帕玛森奶酪

盐

将蒲公英叶片放入加了盐的沸水中煮 15 分钟后捞出，尽可能地挤出其中的水分。将蒲公英剁碎，放入温热的餐盘中。在小号的酱汁锅中加热熔化黄油，当黄油变成浅金黄色时，淋到蒲公英上，然后撒上帕玛森奶酪即可。

蒲公英沙拉 DANDELION TIP SALAD

PUNTE DI CATALOGNA IN INSALATA

供 4 人食用

制备时间：25 分钟，另加 15 分钟静置用时

3 条盐渍鳀鱼，去掉鱼头，洗净并剔取鱼肉（见第 694 页），用冷水浸泡 10 分钟后捞出控干

500 克 / 1 磅 2 盎司意大利蒲公英嫩叶

半瓣蒜

1 颗柠檬，挤出柠檬汁，过滤

6 汤匙橄榄油

盐

将鳀鱼肉切碎。蒲公英嫩叶放入沙拉碗中，在另外一个碗中混合大蒜、鳀鱼、柠檬汁和橄榄油，拌匀并用盐略微调味。将调好的酱汁淋到蒲公英叶片上，静置 15 分钟后即可上桌。

菜 花

法诺（Fano），位于意大利中东部的马尔凯地区，出产品质优良的菜花。那里有一些品种一年四季供应市场，还有一些品种只在每年的10月份到来年的5月份出货。多年前，利用杂交育种技术已经培育出球形的菜花，花头洁白，呈球状排列，整颗被叶片包裹，宛如一束花。菜花是一种非常惹人喜爱的蔬菜，风味淡雅怡人。挑选时要注意选择整体硬实、花头紧凑、叶片完整的。制备菜花时，需要去掉外层老硬的叶片，切断根部和部分花茎，然后将可食用的花头掰成小朵，或者根据食谱的要求，保留完整的菜花。在加热烹调的过程中，要去除其所带有的些许异味，可以准备一片面包，不用去边，用醋浸泡后放入菜花锅中。煮熟的菜花可以热食，也可以待其冷却后制成沙拉，浇上用油、盐、胡椒、醋或者柠檬汁调制的酱汁即可。菜花还可以同油和大蒜一起炒熟后食用。

数量与加热烹调的时间

数 量

可以按照每人约200克/7盎司的量供应。

煮菜花

要煮整颗的菜花，可以将菜花花头朝上放到酱汁锅中，加入足够的、约锅深¾的冷水。加入少许盐，煮沸之后转小火加热30～40分钟。如果是将菜花切分成小朵，则只需煮15～20分钟。

菜花配戈贡佐拉奶酪 CAULIFLOWER WITH GORGONZOLA

CAVOLFIORE AL GORGONZOLA

供 4 人食用

制备时间：10 分钟

加热烹调时间：20 分钟

1×1 千克 / 2¼ 磅菜花，切成小朵

1 茶匙普通面粉

250 克 / 9 盎司浓味戈贡佐拉奶酪

100 毫升 / 3½ 盎司牛奶

25 克 / 1 盎司黄油，软化

2 汤匙白兰地酒

1 汤匙小茴香籽

盐和胡椒

将菜花放入酱汁锅中，加入冷水、面粉和少许盐，加热煮沸，转小火继续加热 15 分钟，直到菜花成熟。捞出控干，放到温热的餐盘中。与此同时，将戈贡佐拉奶酪、牛奶、黄油和白兰地酒一起放入食物料理机内，加入盐和胡椒，搅打至细滑且混合均匀。将搅打好的混合物舀入菜花中，撒上小茴香籽装饰，立刻上桌。

火腿菜花 CAULIFLOWER WITH HAM

CAVOLFIORE AL PROSCIUTTO

供 4 人食用

制备时间：55 分钟

加热烹调时间：20 分钟

1×1 千克 / 2¼ 磅菜花，切成小朵

25 克 / 1 盎司黄油，另加涂抹所需

2 颗鸡蛋，煮熟

2 汤匙面包糠

150 克 / 5 盎司熟火腿，切丁

4 汤匙现擦碎的帕玛森奶酪

盐和胡椒

将菜花放入一口酱汁锅中，加入冷水和少许盐，煮沸后转小火继续加热 20 分钟，直到菜花成熟。捞出控干，放入碗中。将烤箱预热至 180°C/ 350°F/ 气烤箱刻度 4。在耐热焗盘里涂抹黄油。鸡蛋去蛋壳，纵切两半。挖出蛋黄，放入碗中捣成泥。将蛋清切碎，同蛋黄一起加入菜花中。在一口小号酱汁锅中加热熔化一半黄油，加入面包糠，煸炒至香酥且呈金黄色。用勺舀入菜花中，再加入火腿和帕玛森奶酪。用盐和胡椒调味，轻轻搅拌均匀。将混合均匀的菜花舀入准备好的焗盘内，放上黄油颗粒，送入烤箱烘烤 20 分钟。

甜椒双色菜花 TWO-COLOUR CAULIFLOWER WITH PEPPER

CAVOLFIORE BICOLORE AL PEPERONE

供 4 人食用

制备时间：20 分钟，另加 1 小时静置用时

加热烹调时间：5～8 分钟

1 小棵白菜花，切成小朵

1 小棵绿菜花，切成小朵

1 颗柠檬，挤出柠檬汁，过滤

2 茶匙擦碎的柠檬外皮

6 汤匙橄榄油

1 个红甜椒，用盐水腌制后捞出控净汁液，切细末

少许辣椒粉

少许干牛至

1 瓣蒜，切碎

盐和胡椒

见第 514 页

将菜花放入一锅加了盐的水中，煮 5～8 分钟。捞出控干，两种菜花交替着放入餐盘中。将柠檬汁、柠檬碎皮、橄榄油、红甜椒、辣椒粉、牛至和大蒜放入碗中混合均匀，用盐和胡椒调味。将调好的酱汁淋到菜花上，放在阴凉处静置 1 个小时，让其风味融合，上桌前混合均匀即可。

菜花可乐饼 CAULIFLOWER CROQUETTES

CROCCHETTE DI CAVOLFIORE
供 4 人食用
制备时间：1 小时
加热烹调时间：20~30 分钟
1 颗菜花，切成小朵
25 克 / 1 盎司黄油
2 颗鸡蛋
40 克 / 1½ 盎司帕玛森奶酪，现擦碎
1 枝新鲜平叶欧芹，切碎
少许现擦碎的肉豆蔻
80~100 克 / 3~3½ 盎司面包糠
3~4 汤匙普通面粉
植物油，用于油炸
盐和胡椒

将菜花放入酱汁锅中，加入冷水和少许盐，加热煮沸。然后用小火继续加热 10 分钟，直到菜花变得鲜嫩。捞出控干。在平底锅中加热熔化黄油，加入菜花，用中火加热煸炒 5 分钟。将锅从火上端离，让其稍微冷却，然后将菜花倒入食物研磨机搅碎，放入碗中。加入 1 颗鸡蛋、帕玛森奶酪、欧芹和肉豆蔻，混合均匀，并用盐和胡椒调味。根据菜花的浓稠程度，拌入足量的面包糠，直到相当硬实的程度，再将混合物塑成丸子形。剩余的鸡蛋加上少许盐，在一个浅盘内打散。将面粉撒入另外一个浅盘内，剩余的面包糠撒入第三个浅盘内。将植物油倒入一口大号锅中加热，菜花丸子先蘸面粉，再裹蛋液，最后裹上面包糠，入油锅炸熟。炸好的丸子用漏勺捞出，放在厨房纸上控净油。放到热的餐盘中即可上桌。

法式菜花 FRENCH-STYLE CAULIFLOWER

CAVOLFIORE FRITTO ALLA FRANCESE
供 4 人食用
制备时间：1 小时
加热烹调时间：20 分钟
1 × 1 千克 / 2¼ 磅菜花，切成小朵
1 颗鸡蛋
100 克 / 3½ 盎司普通面粉
200 毫升 / 7 盎司牛奶
植物油，用于油炸
1 份番茄酱汁（见第 69 页）
4 片新鲜罗勒叶，撕碎
盐

在盐水中将菜花煮几分钟，然后捞出控干。将鸡蛋、面粉和牛奶放入碗中混合均匀，加入足量的水，制成略微流淌状的面糊。用大火烧热一大锅油。将菜花放入面糊中，挂糊后放入热油中炸，一次放入几个，分批进行，直到将菜花炸至金黄色。用漏勺捞出菜花，先放在厨房纸上控净油，再放入温热的餐盘中。在一口小号平底锅中加热番茄酱汁，放入罗勒叶。将加热好的酱汁盛入酱汁碗中，搭配炸好的菜花一起食用。

菜花沙拉 CAULIFLOWER SALAD

CAVOLFIORE IN INSALATA
供 4 人食用
制备时间：30 分钟，另加静置用时
加热烹调时间：25 分钟
1 颗小菜花
2 颗鸡蛋
4 条盐渍鳀鱼，去掉鱼头，洗净并剔取鱼肉（见第 694 页），用冷水浸泡 10 分钟后捞出控干
1 汤匙酸豆，控净汁液并漂洗干净
10 颗黑橄榄，去核，切成四瓣
1 份油醋汁（见第 93 页）
1 枝新鲜平叶欧芹，切碎
盐

将菜花放入一口酱汁锅中，加入冷水和少许盐，加热煮沸，然后用小火继续加热 15 分钟，直到菜花嫩熟。捞出控干，放入沙拉碗中，让其冷却。将鸡蛋煮熟，用冷水过凉，然后去壳并趁热切碎。切碎鳀鱼，将鳀鱼、鸡蛋、酸豆和橄榄一起放入沙拉碗中，轻轻搅拌均匀。将欧芹混入油醋汁中，再淋入沙拉碗中，腌制 10 分钟即可。

← 甜椒双色菜花，见第 513 页

CAVOLFIORE IN SALSA D'UOVA
供 4 人食用
制备时间: 15 分钟
加热烹调时间: 25 分钟
1 × 1 千克 / 2¼ 磅菜花, 切成小朵
50 克 / 2 盎司黄油
1.5 瓣蒜, 切细末
3 颗鸡蛋
1 汤匙普通面粉
1 汤匙白葡萄酒醋
盐和胡椒

菜花配鸡蛋酱汁 CAULIFLOWER IN EGG SAUCE

将菜花放入一口酱汁锅中，加入冷水和少许盐，加热煮沸，然后用小火继续加热 15～20 分钟，直到菜花刚好成熟。捞出控干，在餐盘中重新堆成菜花的形状，做好保温。在一口小号锅中加热黄油，加入大蒜煸炒几分钟。与此同时，将鸡蛋与面粉放入碗中搅打均匀，加入盐和胡椒调味，并将白葡萄酒醋搅拌进去。将搅拌好的混合物倒入大蒜锅中，混合均匀，然后立刻将锅从火上端离。继续搅拌至上色，汁液变得浓稠且呈乳脂状。将制作好的酱汁呈细流状淋到菜花上即可。

CAVOLFIORE IN SALSA VERDE
供 4 人食用
制备时间: 30 分钟
加热烹调时间: 30 分钟
1 × 800 克 / 1¾ 磅菜花, 切成小朵
1 颗鸡蛋, 煮熟
2 条盐渍鳀鱼, 去掉鱼头, 洗净并剔取鱼肉（见第 694 页）, 用冷水浸泡 10 分钟后捞出控干
1 枝新鲜平叶欧芹
1 汤匙酸豆, 控净汁液并漂洗干净
3 根酸黄瓜, 控净汁液
150 毫升 / ¼ 品脱橄榄油
2 汤匙白葡萄酒醋
盐

菜花配绿酱 CAULIFLOWER IN GREEN SAUCE

将菜花放入酱汁锅中，加入冷水和少许盐，加热煮沸，然后用小火继续加热 20 分钟，直到菜花刚好成熟。将煮熟的鸡蛋去壳并切碎，将鳀鱼切碎。菜花捞出控干，在餐盘中堆积成菜花的形状，做好保温。将鸡蛋、欧芹、鳀鱼、酸豆和酸黄瓜一起放入食物料理机内搅打成蓉泥状。放入碗中，拌入橄榄油和白葡萄酒醋，直到变得浓稠且呈乳脂状。将制作好的酱汁缓缓淋到菜花上即可。

CAVOLFIORE SPEZIATO
供 4 人食用
制备时间: 20 分钟
1 颗小菜花
2 根胡萝卜, 切细条
1 瓣蒜, 切细末
1 颗柠檬, 挤出柠檬汁, 过滤
1 汤匙干白葡萄酒
3 汤匙橄榄油
½ 茶匙小茴香籽
少许红辣椒粉
盐

百香菜花 SPICED CAULIFLOWER

将菜花上最鲜嫩的小瓣切下来，放入沙拉碗中。加入胡萝卜和大蒜。将柠檬汁、干白葡萄酒、橄榄油、小茴香籽、红辣椒粉和少许盐混合均匀，淋到菜花上搅拌均匀即可。

百香菜花 →

卷心菜

卷心菜家族是一个大家族，包括皱叶甘蓝、春绿色卷心菜、夏季和冬季卷心菜、大白菜、绿色和红色卷心菜、西蓝花、菜花、抱子甘蓝等。所有这些品种，除了大白菜以外，都喜欢寒冷的天气，寒冷的天气可以改善其风味。因为其种类繁多，尽管卷心菜最佳出产期是在秋天和冬天，但是一年四季都可以购买到。在意大利，最受欢迎的卷心菜品种是绿色卷心菜和皱叶甘蓝，这两种卷心菜都富含维生素 A、铁和钙。绿色卷心菜和皱叶甘蓝非常硬实而紧密，且没有任何变黄的迹象。制备卷心菜时，先去掉外层的粗糙叶片和破损的叶片，切除硬心，然后将卷心菜切成两半或者四瓣，清洗干净。经过这样处理后的卷心菜，可以用于蒸、煮、炖焖。皱叶甘蓝可以切条，用卤水腌制，也叫泡卷心菜或德国酸菜，但需要很长时间进行制备，通常情况下可以选择购买成品的泡卷心菜。

数量和加热烹调的时间

数　量

可以按照每人 150 克 / 5 盎司的量提供。

煮卷心菜

将绿色卷心菜和皱叶甘蓝放入加了盐的沸水中，加热至锅中的水重新煮沸之后，立刻将卷心菜捞出。

制作卷心菜卷

将整颗卷心菜叶在沸水中烫过，然后用冰水过凉，展开放在茶巾上即可。

← 烤皱叶甘蓝，见第 520 页

CAVOLO ALLA PAPRICA
供 4 人食用
制备时间：25 分钟
加热烹调时间：35 分钟
40 克 / 1½ 盎司黄油
3 颗洋葱，切碎
1 × 800 克 / 1¾ 磅白卷心菜，切丝
1 颗苹果，去皮，去核，切薄片
300 毫升 / ½ 品脱双倍奶油
少许糖
大量红辣椒粉
盐
新鲜的墨角兰叶片，用于装饰

红椒卷心菜 CABBAGE WITH PAPRIKA

锅中加热熔化黄油，加入洋葱，用小火煸炒 5 分钟，直到洋葱变得柔软。加入卷心菜，转大火加热，继续煸炒几分钟。转中火加热，加入 150 毫升 / ¼ 品脱的水，盖上锅盖，加热 20 分钟。加入苹果，搅拌均匀，继续加热几分钟。然后将锅从火上端离。将双倍奶油倒入碗中，用盐、糖和红辣椒粉调味。将卷心菜盛入温热的餐盘中，用勺将双倍奶油混合液淋到卷心菜上。最后用墨角兰叶片装饰。

CAVOLO VERZA AL FORNO
供 6 人食用
制备时间：45 分钟
加热烹调时间：40 分钟
1 × 1 千克 / 2½ 磅皱叶甘蓝，去核，切条
3 汤匙橄榄油，另加涂刷所需
250 克 / 9 盎司意式香肠，去皮，切碎
2 汤匙番茄泥
300 克 / 11 盎司马苏里拉奶酪，切片
200 克 / 7 盎司双倍奶油
40 克 / 1½ 盎司帕玛森奶酪，现擦碎
盐和胡椒
见第 518 页

烤皱叶甘蓝 BAKED SAVOY CABBAGE

将一大锅水煮沸，倒入甘蓝煮 5 分钟，然后捞出控干并用冰水过凉。再次控净水，摊开放在一块茶巾上。将烤箱预热至 180°C/ 350°F/ 气烤箱刻度 4。在耐热焗盘里刷橄榄油。将意式香肠放入一口酱汁锅中，加入橄榄油，用小火加热，再加入番茄泥和 5 汤匙水。用盐和胡椒调味，中火加热 10 分钟。在准备好的焗盘内铺一层甘蓝，用盐和胡椒调味，再铺一层马苏里拉奶酪、一层意式香肠，接着覆盖一层甘蓝，并用盐和胡椒调味。继续按照这个顺序摆放，每层甘蓝都要用盐和胡椒调味，直到将所有的食材用完，最上层是甘蓝。将双倍奶油从上面淋到焗盘内，撒上帕玛森奶酪，放入烤箱烘烤 40 分钟即可。

CAVOLD VERZA ALLA CAPPUCINA
供 4 人食用
制备时间：30 分钟
加热烹调时间：1 小时 10 分钟
半颗皱叶甘蓝，切条
2 条盐渍鳀鱼，去掉鱼头，洗净并剔取鱼肉（见第 694 页），用冷水浸泡 10 分钟后捞出控干
2 汤匙橄榄油
2 瓣蒜
1 汤匙新鲜平叶欧芹，切碎
盐和胡椒

修士帽皱叶甘蓝 CAPUCHIN SAVOY CABBAGE

将甘蓝放入加了盐的沸水中煮 5 分钟，然后捞出控干。鳀鱼肉切碎。锅中加热橄榄油，加入大蒜，煸炒几分钟，直到大蒜变成褐色。大蒜取出，丢弃不用，加入鳀鱼继续煸炒，用木勺碾碎鱼肉。加入甘蓝和欧芹，用盐和胡椒调味，盖上锅盖，加热约 50 分钟，不时翻炒一下。

锅焖甘蓝 PAN-COOKED SAVOY CABBAGE

在一口大号平底锅中加热熔化一半黄油，将一半的马铃薯片铺在锅底，然后在上面摆甘蓝并撒上帕玛森奶酪。鸡蛋与牛奶混合搅打均匀，加上少许盐调味后淋到锅中，再将剩余的马铃薯片放到最上面，用盐和胡椒调味。撒上剩余的黄油颗粒，盖上锅盖并密封，小火加热 1 个小时即可。

CAVOLO VERZA IN PADELLA
供 4 人食用
制备时间：30 分钟
加热烹调时间：1 小时
50 克 / 2 盎司黄油
3 个马铃薯，切薄片
半颗皱叶甘蓝，去心，切条
1 汤匙现擦碎的帕玛森奶酪
2 颗鸡蛋
100 毫升 / 3½ 盎司牛奶
盐和胡椒

德式酸菜配蘑菇和马铃薯 SAUERKRAUT WITH MUSHROOMS AND POTATOES

在酱汁锅中加热熔化黄油，加入洋葱，用小火煸炒 10 分钟，直到变成浅金黄色。加入德式酸菜和蘑菇，转中火加热，继续煸炒约 8 分钟。加入马铃薯，用盐调味。盖上锅盖，转小火继续加热 45 分钟。如果需要，中途可以加入少许水。

CRAUTI CON FUNGHI E PATATE
供 4 人食用
制备时间：15 分钟
加热烹调时间：1 小时 15 分钟
25 克 / 1 盎司黄油
1 颗洋葱，切碎
200 克 / 7 盎司德式酸菜，控净汁液并漂洗干净
200 克 / 7 盎司蘑菇，切片
300 克 / 11 盎司马铃薯，切薄片
盐

炖德式酸菜 BRAISED SAUERKRAUT

将黄油和橄榄油放入一口大号酱汁锅中加热，加入洋葱和意式培根，用小火煸炒 5 分钟。将干白葡萄酒和白葡萄酒醋淋入酱汁锅中，继续加热将汤汁收干至一半。加入卷心菜、百里香和杜松子，搅拌均匀后加入足量的热高汤，以能够没过卷心菜为准。转小火加热，不时搅拌，并根据需要加入更多的热高汤，炖约 2 个小时。用盐和胡椒调味，趁热搭配猪肉类菜肴一起食用。

CRAUTI IN UMIDO
供 6 人食用
制备时间：4 小时 15 分钟
加热烹调时间：2 分钟 15 秒
25 克 / 1 盎司黄油
4 汤匙橄榄油
1 颗洋葱，切碎
150 克 / 5 盎司意式培根，切碎
100 毫升 / 3½ 盎司干白葡萄酒
2 汤匙白葡萄酒醋
1 × 1½ 千克 / 3¼ 磅白卷心菜，去心，切条
1 枝新鲜的百里香，只用叶片
6 粒杜松子
约 300 毫升 / ½ 品脱热的牛肉高汤（见第 248 页）
盐和胡椒

里考塔奶酪甘蓝卷 RICOTTA AND SAVOY CABBAGE ROLLS

INVOLTINI DI CAVOLO ALLA RICOTTA
供 4 人食用

制备时间：1 小时 30 分钟

加热烹调时间：20 分钟

8 片皱叶甘蓝叶

300 克 / 11 盎司叶用甜菜，去掉茎秆

200 克 / 7 盎司里考塔奶酪

4 汤匙现擦碎的帕玛森奶酪

2 颗鸡蛋，略打散

1 份番茄酱汁（见第 69 页）

盐和胡椒

将甘蓝叶放入加了盐的沸水中煮 5 分钟，捞出控干，用冰水过凉。再次控净水，摊开放在一块茶巾上。将叶用甜菜放入加了盐的沸水中煮 10～15 分钟，捞出控干，尽可能地将多余的水分挤出。叶用甜菜切细末，放入碗中，拌入里考塔奶酪、帕玛森奶酪和鸡蛋。用盐和胡椒调味，混合均匀后分别盛放到甘蓝叶上。接着将甘蓝叶卷起，用棉线捆好，放入一口宽底锅或者耐热砂锅中。浇入番茄酱汁，盖上盖子，小火加热约 20 分钟。

里考塔奶酪甘蓝卷 →

抱子甘蓝

抱子甘蓝核桃般大小品质最佳。进入隆冬时节，它就是配菜的最佳选择之一，快速、方便，还几乎没有浪费。与卷心菜大家族的其他成员一样，富含蛋白质、铁和维生素 A，但抱子甘蓝更容易消化，因为钙和维生素 C 的含量较低。新鲜的抱子甘蓝紧凑、硬实，叶子几乎没有瑕疵。抱子甘蓝稍稍打开就会丧失其原本的风味。制备时，需要用大量水清洗，剪去茎秆，在每颗抱子甘蓝上划十字刀。它们与烤猪肉的汁液很搭，可以作为酿猪蹄（zampone）的配菜，即便简单地用黄油煎一下也很美味。

数量和加热烹调的时间

数　量

每人准备 6 颗为宜。

煮抱子甘蓝

将抱子甘蓝倒入足量加了盐的沸水中加热，不用盖锅盖，煮约 15 分钟。

蒸抱子甘蓝

将抱子甘蓝放入蒸锅中，撒上盐，盖上锅盖，加热 15 分钟。

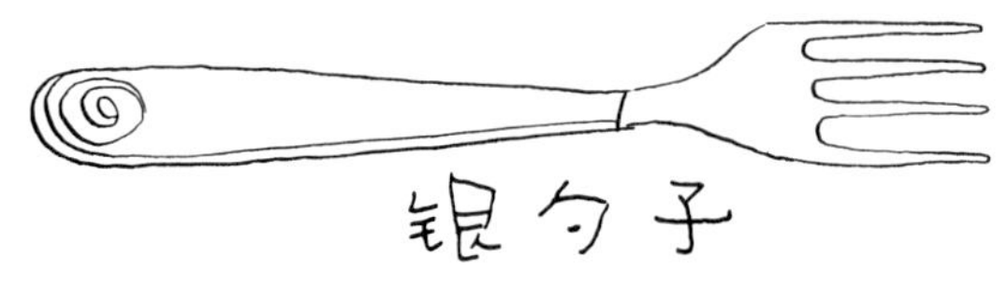

帕玛森奶酪抱子甘蓝 PARMESAN BRUSSELS SPROUTS

CAVOLINI DI BRUXELLES ALLA PARMIGIANA
供 4 人食用
制备时间：10 分钟
加热烹调时间：20 分钟

800 克 / 1¾ 磅抱子甘蓝，制备好
25 克 / 1 盎司黄油
少许现擦碎的肉豆蔻
6 汤匙现擦碎的帕玛森奶酪
盐和胡椒

将抱子甘蓝放入加了盐的沸水中煮 15 分钟，然后捞出控干水分。将黄油放入锅中加热熔化，当黄油变成金黄色后，加入抱子甘蓝，小火煸炒几分钟。用盐和胡椒调味，加入肉豆蔻。出锅倒入温热的餐盘中，撒上帕玛森奶酪即可。

扁桃仁抱子甘蓝，见第 526 页 →

CAVOLINI DI BRUXELLES CON LE MANDORLE

供 4 人食用

制备时间：15 分钟

加热烹调时间：15 分钟

675 克 / 1½ 磅抱子甘蓝，修剪备用

50 克 / 2 盎司黄油

25 克 / 1 盎司去皮扁桃仁

1 瓣蒜

1 颗柠檬，擦取外皮，切碎

1½ 茶匙面包糠

盐和胡椒

见第 525 页

扁桃仁抱子甘蓝 BRUSSELS SPROUTS WITH ALMONDS

将抱子甘蓝放入加了盐的沸水中煮 5 分钟，然后捞出彻底控净水分，放入餐盘中，做好保温。将一半黄油放入平底锅中加热，放入扁桃仁和大蒜翻炒几分钟。加入柠檬皮，用盐和胡椒调味后将锅从火上端离。取出大蒜，丢弃不用。将剩余黄油放入一口小号酱汁锅中加热熔化，加入面包糠，炒至金黄色，然后将扁桃仁混合物拌入面包糠中。用勺舀入盘内的抱子甘蓝上即可。

CAVOLINI DI BRUXELLES GRATINATI

供 4 人食用

制备时间：1 小时

加热烹调时间：20 分钟

50 克 / 2 盎司黄油，另加涂抹所需

675 克 / 1½ 磅抱子甘蓝，修剪备用

2 汤匙橄榄油

100 克 / 3½ 盎司意式培根，切丁

100 克 / 3½ 盎司格吕耶尔奶酪，现擦碎

1 份白汁（见第 58 页）

盐和胡椒

焗抱子甘蓝 BRUSSELS SPROUTS AU GRATIN

将烤箱预热至 180°C/ 350°F/ 气烤箱刻度 4。在耐热焗盘内涂黄油。将抱子甘蓝放入加了盐的沸水中煮约 10 分钟，捞出控干水分，放到一边并做好保温。锅中加热黄油和橄榄油，加入意式培根煸炒，直到变成浅金黄色。加入抱子甘蓝和 1 汤匙热水，继续煸炒约 5 分钟。将一半用量的格吕耶尔奶酪拌入白汁中，用盐和胡椒调味。将抱子甘蓝放入准备好的焗盘内，撒上剩余的格鲁吕尔奶酪的一半。接着舀入白汁，再撒上剩余的格吕耶尔奶酪。放入烤箱烘烤 20 分钟。

CAVOLINI DI BRUXELLES VELLUTATI

供 4 人食用

制备时间：4 小时 15 分钟

加热烹调时间：20 分钟

8 粒黑胡椒

1 颗柠檬，切片

100 毫升 / 3½ 盎司干白葡萄酒

700 克 / 1½ 磅抱子甘蓝，修剪备用

2～3 棵香葱，切碎

1 份丝绒酱（见第 73 页）

4 汤匙现擦碎的帕玛森奶酪

盐

丝绒酱抱子甘蓝 VELOUTÉ BRUSSELS SPROUTS

将蒸锅中的水煮沸，加入黑胡椒粒、柠檬片、干白葡萄酒和少许盐。抱子甘蓝放到蒸笼上，盖上锅盖，蒸 15 分钟，直到成熟。出锅后倒入餐盘中并做好保温。丝绒酱中拌入香葱。将帕玛森奶酪撒到抱子甘蓝上，再用勺淋入丝绒酱即可。

鹰嘴豆

在全世界最受欢迎的豆类排行榜上，鹰嘴豆排名第三，因为它有着让人垂涎欲滴的味道。它是制作许多乡村风味菜肴的主要食材，包括加了迷迭香的传统汤菜。干鹰嘴豆需要浸泡并煮制相当长的时间，因此罐装的鹰嘴豆广受欢迎。如果使用的是干鹰嘴豆，不管是制作汤菜还是沙拉，在任何情况下，它们都必须要先煮熟，而最好的方法是放入砂锅中炖熟。从营养上讲，鹰嘴豆富含蛋白质、钙、磷和钾。鹰嘴豆粉是制作利古里亚潘萨（Ligurian panissa）时所必需的食材，这是一种鹰嘴豆饼，混合油、洋葱、盐、胡椒等制作而成，热食冷食皆宜，但油煎后切块或切条享用最是美味。

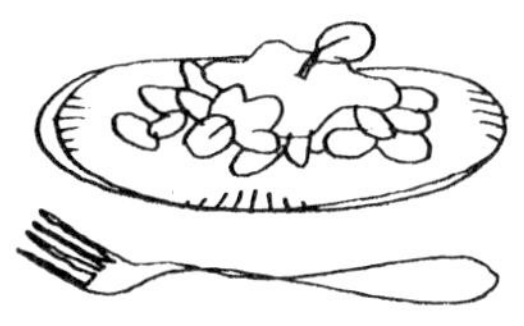

数量

和加热烹调的时间

数　量

可以按照每人约 50 克 / 2 盎司的用量供应。

煮鹰嘴豆

鹰嘴豆用冷水浸泡 24 小时后捞出控干，放入足量的沸水中煮，中火加热 3～4 个小时。

鹰嘴豆配鳀鱼 CHICKPEAS WITH ANCHOVIES

CECI ALLE ACCIUGHE

供 4 人食用

制备时间：15 分钟，另加 24 小时的浸泡时间

加热烹调时间：3～4 小时

200 克 / 7 盎司干鹰嘴豆，用冷水浸泡 24 小时后捞出控干

80 克 / 3 盎司盐渍鳀鱼，去掉鱼头，洗净并剔取鱼肉（见第 694 页），用冷水浸泡 10 分钟后捞出控干

100 毫升 / 3½ 盎司橄榄油

1 枝新鲜平叶欧芹，切碎

盐和胡椒

将鹰嘴豆放入一口大号酱汁锅中，加入没过鹰嘴豆的冷水，加热煮沸，并继续用中火加热 3～4 个小时，直到鹰嘴豆成熟。与此同时，将鳀鱼切碎。在一口小号酱汁锅中加热橄榄油，加入鳀鱼煸炒，用木勺碾碎鳀鱼，继续煸炒约 10 分钟，直到鳀鱼完全变成糊。加入欧芹，用胡椒调味并混合均匀。捞出鹰嘴豆，控干水分，放入温热的餐盘中。淋上鳀鱼酱汁，用适量的盐调味即可。

CECI CON IL TONNO
供 4 人食用
制备时间：15 分钟，另加 24 小时浸泡用时
加热烹调时间：4～5 小时
200 克 / 7 盎司干鹰嘴豆
少许小苏打
150 克 / 5 盎司罐装油浸金枪鱼，捞出控净汤汁并掰成块
6 汤匙橄榄油
2 汤匙白葡萄酒醋
盐和胡椒

金枪鱼鹰嘴豆 CHICKPEAS WITH TUNA

将鹰嘴豆放入碗中，加入小苏打，用温水浸泡 24 小时后漂洗干净。控净水并放入一口酱汁锅中，加入没过鹰嘴豆的水，煮沸后转小火炖 4～5 个小时。鹰嘴豆捞出控干，用冷水再次漂洗。将控干的鹰嘴豆放入沙拉碗中，加入金枪鱼。橄榄油和白葡萄酒醋混合搅拌均匀，用盐和胡椒调味，淋入沙拉碗中，立刻上桌。

CECINA O FARINATA
供 6 人食用
制备时间：15 分钟，另加 30 分钟静置用时
加热烹调时间：10～15 分钟
300 克 / 11 盎司鹰嘴豆粉
100 毫升 / 3½ 盎司橄榄油，另加涂刷所需
盐和胡椒

利古里亚风味鹰嘴豆烤饼 LIGURIAN PANCAKES

将 1½ 升 / 2½ 品脱的冷水倒入大碗中，逐渐加入鹰嘴豆粉，同时不停地搅拌，以防止形成结块。加入橄榄油和 1 茶匙盐，混合均匀，静置 30 分钟。将烤箱预热至 220°C/ 425°F/ 气烤箱刻度 7。在耐热焗盘中涂刷橄榄油。将鹰嘴豆混合物倒入准备好的焗盘内，放入烤箱烘烤至表面脆硬且呈金黄色。最后撒上胡椒，切成块即可上桌。烤好的鹰嘴豆烤饼可以热食，也可以冷食。

PANISSA
供 4 人食用
制备时间：1 小时 30 分钟，另加鹰嘴豆饼凝固用时
加热烹调时间：10～20 分钟
300 克 / 11 盎司鹰嘴豆粉
6 汤匙橄榄油
盐

利古里亚风味鹰嘴豆糊 LIGURIAN POLENTA

将 1 升 / 1¾ 品脱的水倒入一口大号酱汁锅中，加热至温热，然后从火上端离。倒入鹰嘴豆粉，同时不停地搅拌，以防止形成结块。将锅放回到火上重新加热，同时不停地搅拌，煮约 1 小时 15 分钟。准备几个餐盘，用冷水清洗，将煮好的混合物舀入这些餐盘中，让其冷却并凝固。凝固之后切细条。在一口厚底平底锅中加热橄榄油，根据需要，分批加入鹰嘴豆条，煎至金黄色。煎好后放在厨房纸上控净油。最后撒上盐，趁热食用。

利古里亚风味鹰嘴豆烤饼 ➔

黄 瓜

生黄瓜芳香宜人，但却不是很容易被人体所消化吸收。如果有这方面的烦恼，可以试着将黄瓜切片，撒上盐，沥去其汁液。黄瓜本身的苦味可以通过将黄瓜的两端切掉，然后轻轻地摩擦切面消除。这样会产生浅浅的一层泡沫，用自来水冲洗掉即可。加热烹调黄瓜的食谱不是很多。黄瓜有绿色和浅褐色之分，但是无论哪种黄瓜，摸起来都应该是硬实而密致的。大根的黄瓜应纵切两半，用茶匙挖出黄瓜籽后使用。在未成熟时就采摘下来的小黄瓜，用醋浸泡腌制后就是酸黄瓜。它们特别美味，令人垂涎欲滴。

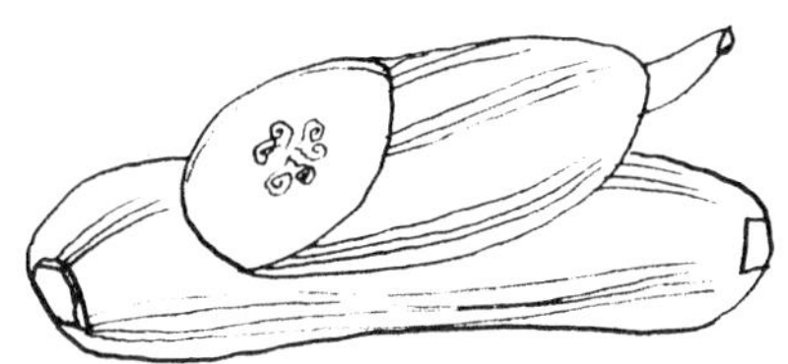

蛋黄酱黄瓜 CUCUMBERS IN MAYONNAISE

CETRIOLI ALLA MAIONESE
供 4 人食用
制备时间：30 分钟，另加 30 分钟腌制用时

3 根黄瓜，去皮后切薄片
6 汤匙蛋黄酱（见第 77 页）
1 枝新鲜平叶欧芹，切碎
盐

将黄瓜片放入滤碗中，撒上盐，腌制 30 分钟。然后漂洗干净，控净水并拭干，放入一个沙拉碗中。与蛋黄酱混合均匀，撒上欧芹末即可。

← 橄榄黄瓜，见第 532 页

CETRIOLI ALLA PANNA
供 4 人食用
制备时间：30 分钟
加热烹调时间：25 分钟
5 根黄瓜，去皮
40 克 / 1½ 盎司黄油
3 汤匙双倍奶油
盐

奶油黄瓜 CUCUMBERS WITH CREAM

用茶匙挖出黄瓜籽，用挖球器将黄瓜挖成圆球形。将黄瓜球放入加了盐的沸水中烫几分钟，成熟后捞出控干。锅中加热熔化黄油，加入黄瓜球，小火煸炒几分钟，然后加入盐，继续用小火煸炒 15 分钟。加入双倍奶油，将双倍奶油熗浓。倒入温热的餐盘中即可。

CETRIOLI ALLA PARIGINA
供 4 人食用
制备时间：30 分钟，另加 30 分钟腌制用时
3 根黄瓜，去皮，切薄片
1 枝新鲜平叶欧芹，切碎
1 枝新鲜的雪维菜，切碎
1 瓣蒜，切细末
1 颗柠檬，挤出柠檬汁，过滤
1 茶匙第戎芥末
120 毫升 / 4 盎司橄榄油
盐和胡椒

巴黎风味黄瓜 PARISIAN CUCUMBERS

将黄瓜片放入滤碗中，撒上盐，腌制 30 分钟，然后漂洗干净，控净水并拭干。将腌好的黄瓜片放入沙拉碗中，加入欧芹、雪维菜和大蒜。将柠檬汁、芥末和橄榄油放入另一个碗中混合均匀，用盐和胡椒调味后淋到黄瓜上。轻轻搅拌均匀即可。

CETRIOLI ALLE OLIVE
供 4 人食用
制备时间：25 分钟，另加 30 分钟腌制用时
2 根黄瓜，去皮，切薄片
1 汤匙切碎的新鲜莳萝
1 汤匙柠檬汁，过滤
1 汤匙橄榄油
20 颗黑橄榄，去核，切成 4 瓣
盐
见第 530 页

橄榄黄瓜 CUCUMBERS WITH OLIVES

将黄瓜片放入滤碗中，撒上盐，腌制 30 分钟，然后漂洗干净，控净水并拭干。将腌好的黄瓜片放入沙拉碗中，撒上莳萝，淋上柠檬汁和橄榄油，加入黑橄榄。根据需要，可以用盐调味。轻轻搅拌均匀，静置几分钟后即可上桌。

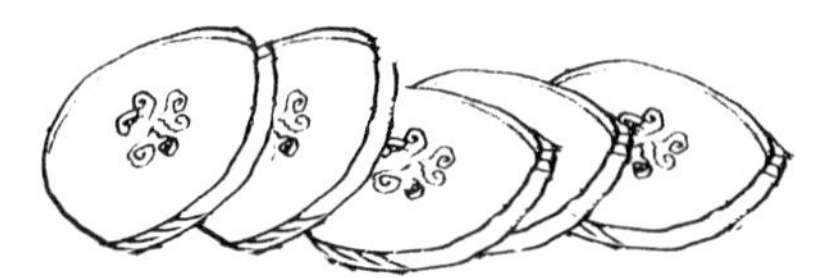

菊苣家族

菊苣家族中包括红菊苣（radicchio）、苦苣（curly endive）和阔叶菊苣（escarole，也称巴达维亚菊苣）等。它们是用途非常广泛的蔬菜，可以用来制作各种沙拉，也可以加热烹调后熟食，还可以为一些食谱增添独特的风味。叶片宽且散的苦苣，在制备的时候可以将它们聚拢在一起，这些叶片的茎在顺着叶片生长的方向处会对齐。这样就可以将它们切成一样的高度，然后改刀切条状。长有硬心的菊苣需要先将破损严重的叶片和老硬的叶片去掉后再进行清理。其他品种的菊苣，如果要生食，可以切成适合沙拉食用的尺寸；如果要加热后食用，需要切成两半，也可以切成4瓣。外层老硬的叶片可以用来制作意大利蔬菜汤。菊苣味道中令人舒适的苦感有助于消化吸收。菊苣家族中还包括了几种在意大利以外的地方不是十分常见的品种。

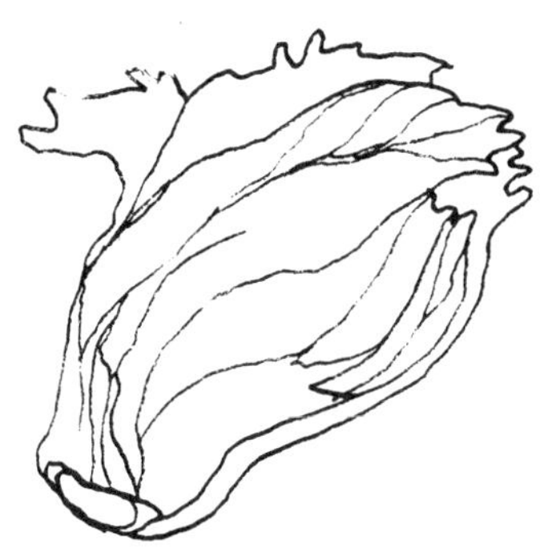

数量和加热烹调的时间

数　量

可以按照每人约185克/6½盎司的量提供。

煮菊苣

放入加了盐的沸水中煮20～30分钟。

CICORIA ALLA BESCIAMELLA
供 4 人食用
制备时间：1 小时
加热烹调时间：10 分钟
1 千克 / 2¼ 磅白菊苣（white chicory）
25 克 / 1 盎司黄油，另加涂抹所需
100 克 / 3½ 盎司熟火腿，切成粗粒
300 毫升 / ½ 品脱白汁（见第 58 页）
盐

白汁菊苣 CHICORY WITH BÉCHAMEL SAUCE

将菊苣放入加了盐的沸水中煮 15 分钟。捞出控干，挤出多余的汁液后切碎。将烤箱预热至 180°C/ 350°F/ 气烤箱刻度 4，耐热焗盘内涂黄油。在一口平底锅中加热熔化黄油，加入菊苣，用小火煸炒约 10 分钟。将菊苣盛入准备好的焗盘内，撒上火腿，淋上白汁，放入烤箱烘烤 10 分钟。

CICORIA AL PEPERONCINO
供 4 人食用
制备时间：10 分钟
加热烹调时间：25 分钟
1 千克 / 2¼ 磅白菊苣
3 汤匙橄榄油
3 瓣蒜
1 根新鲜的红辣椒，去籽，切碎
盐和胡椒

红椒菊苣 CHICORY WITH CHILLI

将菊苣放入加了盐的沸水中煮 15 分钟。捞出控干，挤出多余的汁液。在一口平底锅中加热橄榄油，加入大蒜和红辣椒，煸炒至大蒜呈褐色。取出大蒜并丢弃不用。锅中加入菊苣，用盐和胡椒调味，煸炒 10 分钟即可。

PURÈ DI CICORIA
供 4 人食用
制备时间：30 分钟
加热烹调时间：15～20 分钟
2 千克 / 4½ 磅白菊苣
50 克 / 2 盎司黄油，另加涂抹所需
100 毫升 / 3½ 盎司双倍奶油
少许糖
少许现擦碎的肉豆蔻
100 克 / 3½ 盎司格吕耶尔奶酪，现擦碎
盐和胡椒

菊苣泥 CHICORY PURÉE

将菊苣放入加了盐的沸水中煮 15 分钟。烤箱预热至 180°C/ 350°F/ 气烤箱刻度 4，耐热焗盘内涂黄油。将菊苣捞出控干，挤出多余的汁液后放入食物料理机内，加入双倍奶油和糖，搅打成蓉泥状。加入肉豆蔻，用盐和胡椒调味，再搅打一次，混合均匀。将搅打好的菊苣泥用勺舀入准备好的焗盘内，撒上黄油颗粒和格吕耶尔奶酪，放入烤箱烘烤 15～20 分钟，烤至金黄色即可。

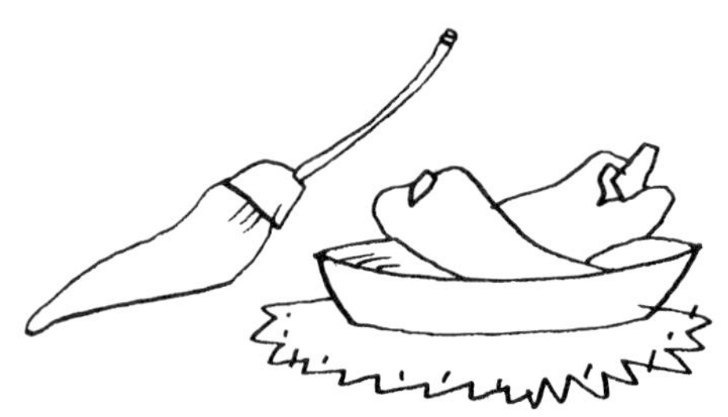

红椒菊苣 →

芜菁叶

芜菁叶是指芜菁的叶片和小花，在意大利，有时候也被称为“青菜花”（有时候，会与花茎甘蓝混淆）。秋天和冬天可以购买到，并且只能在加热烹调成熟之后才食用。芜菁叶中富含维生素C、钙和磷。制备芜菁叶时，一次取下一片叶子，将破损的叶片、非常粗糙的叶片和最粗的茎秆去掉。芜菁叶中开花的部分要整个保留。煮熟后的芜菁叶可以热食、温食或者冷食，也可以搭配油、盐、柠檬汁（或者醋）制成的酱汁一起食用。如果用油和大蒜炒后，会更加美味可口。

数量

可以按照每人约50克/2盎司的用量提供。

煮芜菁叶

放入加了盐的沸水中煮，用勺子按压芜菁叶，让芜菁叶全部浸没在水里。锅中的水重新煮沸，转小火加热，继续煮15分钟。

数量和加热烹调的时间

← 帕玛森奶酪芜菁叶，见第538页

CIME DI RAPA AL CARTOCCIO
供 4 人食用
制备时间：20 分钟
加热烹调时间：40 分钟
橄榄油，另加涂刷和淋洒所需
1 千克 / 2¼ 磅芜菁叶
半瓣蒜，切片
半颗柠檬，挤出柠檬汁，过滤
盐和胡椒

烤芜菁叶卷 TURNIP TOPS BAKED IN A PARCEL

将烤箱预热至 200°C/ 400°F/ 气烤箱刻度 6。准备 4 张锡箔纸，在锡箔纸上多涂一些橄榄油。将芜菁叶分成 4 份并放到锡箔纸上，在每堆芜菁叶中间分别摆上一小片蒜。接着洒上柠檬汁，淋上橄榄油，用盐和胡椒调味。用锡箔纸包裹并扎紧密封，放到烤盘上，送入烤箱烘烤约 40 分钟。从烤箱内取出后，静置几分钟，然后放到温热的餐盘里即可。

CIME DI RAPA ALLA PARMIGIANA
供 4 人食用
制备时间：15 分钟
加热烹调时间：20 分钟
1 千克 / 2¼ 磅芜菁叶
50 克 / 2 盎司黄油
40 克 / 1½ 盎司现擦碎的帕玛森奶酪
盐和胡椒
见第 536 页

帕玛森奶酪芜菁叶 PARMESAN TURNIP TOPS

用沸盐水将芜菁叶煮 10 分钟，然后捞出控干。在一口锅中加热熔化黄油，加入芜菁叶，大火翻炒 10 分钟，用盐和胡椒调味。将炒好的芜菁叶盛入温热的餐盘中，撒上帕玛森奶酪即可。

CIME DI RAPA AL PROSCIUTTO
供 4 人食用
制备时间：10 分钟
加热烹调时间：15 分钟
1 千克 /2¼ 磅菁叶
2 汤匙橄榄油
2 瓣蒜
半根新鲜的红辣椒，去籽并切碎
100 克 / 3½ 盎司熟火腿，切条
25 克 / 1 盎司面包糠
盐

火腿芜菁叶 TURNIP TOPS WITH HAM

用沸盐水将芜菁叶煮 10 分钟，然后捞出控干，放入餐盘中并做好保温。在一口锅中加热橄榄油，加入大蒜，煸炒至呈浅褐色，然后取出大蒜并丢弃不用。加入红辣椒、火腿和面包糠，继续煸炒几分钟。将炒好的火腿混合物盛入餐盘中的芜菁叶上即可。

CIME DI RAPA PICCANTINE
供 4 人食用
制备时间：20 分钟
加热烹调时间：35 分钟
1 千克 / 2¼ 磅芜菁叶
100 克 / 3½ 盎司盐渍鳀鱼，去掉鱼头，洗净，并剔取鱼肉（见第 694 页），用冷水浸泡 10 分钟后捞出控干
2 汤匙橄榄油
1 瓣蒜
40 克 / 1½ 盎司酸豆，控净汁液，漂洗干净并切碎
盐

香浓芜菁叶 SPICY TURNIP TOPS

将芜菁叶放入加了盐的沸水中煮 5 分钟，然后捞出控干。与此同时，将鳀鱼切碎。在一口锅中加热橄榄油，加入大蒜，煸炒至呈浅褐色，然后取出大蒜并丢弃不用。将鳀鱼加入锅中，小火继续加热煸炒，用木勺将锅中的鳀鱼完全碾碎。加入芜菁叶，混合均匀，继续中火煸炒约 20 分钟。拌入酸豆，然后将锅从火上端离，盛入餐盘中即可。

火腿芜菁叶 →

洋 葱

洋葱可以给肉汤、肉类、蔬菜类菜肴调味，是腌制配料不可或缺的食材。洋葱去皮时，为了防止洋葱让你的眼睛流眼泪，可以边用自来水冲洗边清理。洋葱有不同的种类和颜色，圆形、扁平形、红葱头形，还有白色、红色、金黄色等不同的颜色。紫色洋葱味道最浓郁，白色洋葱味道最柔和，红色的特罗佩阿洋葱（red Tropea onions）味道甘美。小洋葱，通常都会制备好之后成袋销售，也非常美味。要使洋葱的风味变得不那么强烈，只需将洋葱放入沸水中焯煮一下即可。

数量和加热烹调的时间

数 量

按照每人最少120克/4盎司（1颗中等个头的洋葱）的用量提供。

煮洋葱

标准大小的洋葱可以放入沸水中煮30分钟，小颗洋葱则只需煮10分钟。

炸洋葱圈 FRIED ONION RINGS

制作油炸面糊：将面粉过筛，与少许盐一起放入碗中，中间挖出一个窝穴形。接着将鸡蛋打入窝穴中，加入橄榄油和少许胡椒。搅拌均匀，直至面糊变得细腻顺滑。让其静置松弛1个小时。与此同时，将洋葱圈放入盆内，用冷水浸泡约30分钟后捞出，用厨房纸拭干。将植物油放入大锅中烧热。洋葱圈裹上面糊，分批放入热油中炸，直到洋葱圈变成金黄色。用漏勺捞出，放在厨房纸上控净油，撒上盐和胡椒。趁热食用。

ANELLI FRITTI
供4人食用
制备时间：30分钟，另加1小时面糊松弛用时
加热烹调时间：20～30分钟
2颗大洋葱，切成厚的洋葱圈
植物油，用于油炸
盐和胡椒

用于制作面糊
3汤匙普通面粉
1颗鸡蛋
3汤匙橄榄油
盐和胡椒

洋葱蛋卷 BABY ONION OMELETTE

在一口平底锅中加热橄榄油，加入大蒜煸炒几分钟，直至大蒜变成褐色，然后取出大蒜丢弃不用。锅中加入洋葱，用小火继续煸炒5分钟。将鸡蛋、帕玛森奶酪和欧芹放入碗中搅拌均匀，用盐和胡椒调味。将搅拌好的鸡蛋混合物倒入洋葱锅中，用叉子搅拌，直到鸡蛋开始凝固。将制好的蛋卷倒入温热的餐盘中，配自制面包一起食用。

CIPOLIATA
供4人食用
制备时间：30分钟
加热烹调时间：20分钟
4汤匙橄榄油
1瓣蒜
600克/1磅5盎司小洋葱，切细丝
6颗鸡蛋
40克/1½盎司现擦碎的帕玛森奶酪
1枝新鲜平叶欧芹，切碎
盐和胡椒
自制面包，用作配餐

格罗塞托风味洋葱 GROSSETO ONIONS

将洋葱放入加了盐的沸水中煮15分钟。捞出控干并让其冷却。用锋利的小刀将洋葱中间部分挖空，保留下一个中空的“外壳”。将挖出来的洋葱切碎，与肉馅、香肠、帕玛森奶酪、橄榄油、鸡蛋、肉豆蔻一起搅拌均匀，用盐和胡椒调味。接着将搅拌好的混合物再填回洋葱中。将洋葱放到一口大号的锅中，倒入高汤，盖上锅盖，小火加热约30分钟，直到锅中的高汤变得浓稠。出锅后放入温热的餐盘中即可。

CIPOLLE ALLA GROSSETANA
供4人食用
制备时间：45分钟，另加冷却用时
加热烹调时间：30分钟
4颗大洋葱
150克/5盎司瘦牛肉馅
1根小意式香肠，去皮，切碎
2汤匙现擦碎的帕玛森奶酪
2汤匙橄榄油
1颗鸡蛋，打散
少许现擦碎的肉豆蔻
100毫升/3½盎司牛肉高汤（见第248页）
盐和胡椒

酿馅洋葱 STUFFED ONIONS

CIPOLLE RIPIENE
供 4 人食用
制备时间: 50 分钟
加热烹调时间: 30 分钟
1 片面包，去边
4 汤匙牛奶
40 克 / 1½ 盎司黄油，另加涂抹所需
4 颗大洋葱
150 克 / 5 盎司熟肉馅
1 枝新鲜平叶欧芹，切碎
1 汤匙格吕耶尔奶酪，现擦碎
1 颗鸡蛋，打散
8 片小格吕耶尔奶酪
盐和胡椒

将面包撕成小块，放入碗中，加入牛奶浸泡。烤箱预热至 180°C/ 350°F/ 气烤箱刻度 4，耐热焗盘内涂黄油。将洋葱放入加了盐的沸水中煮几分钟，然后捞出控干，让其稍微冷却。小心地将洋葱切成两半而不将其弄散。将洋葱的中间挖出，留下不切断的“外壳”。挖出的洋葱切碎，与肉馅一起放在一个碗中。将面包中的牛奶挤出，放入洋葱肉馅碗中，加上欧芹、擦碎的格吕耶尔奶酪和鸡蛋一起搅拌均匀，用盐和胡椒调味。将调好的混合物装回洋葱“外壳”中，表面放一片格吕耶尔奶酪片和一些黄油颗粒。将洋葱转移到准备好的焗盘内，不要重叠，倒入 150 毫升 / ¼ 品脱的水，放入烤箱烘烤 30 分钟，或者烘烤到呈金黄色。

鼠尾草风味洋葱 BABY ONIONS WITH SAGE

CIPOLLINE ALLA SALVIA
供 4 人食用
制备时间: 10 分钟
加热烹调时间: 45 分钟
1 汤匙橄榄油
50 克 / 2 盎司意式培根，切碎
500 克 / 1 磅 2 盎司小洋葱
5 片新鲜的鼠尾草叶
盐

在锅中加热橄榄油，加入意式培根，煸炒 5 分钟。加入小洋葱和鼠尾草叶片，用盐调味，转大火翻炒至呈淡褐色。调小火力，加入 5 汤匙水，盖上锅盖，继续加热 30 分钟即可。

苏丹风味洋葱 THE SULTAN'S ONIONS

CIPOLLINE DEL SULTANO
供 4 人食用
制备时间: 15 分钟
加热烹调时间: 50 分钟
500 克 / 1 磅 2 盎司小洋葱
1 枝新鲜的百里香，切碎
5 汤匙干白葡萄酒
175毫升 / 6 盎司蔬菜高汤（见第249页）
20 克 / ¾ 盎司葡萄干
盐和胡椒

将小洋葱放入加了盐的沸水中煮几分钟，然后捞出控干，放入一口干净的锅中。用盐和胡椒调味，撒上百里香，淋上干白葡萄酒，大火加热，直至将葡萄酒熣至完全吸收。与此同时，在另外一口锅中加热蔬菜高汤。转小火加热洋葱，倒入热蔬菜高汤，盖上锅盖，继续加热 30 分钟。与此同时，将葡萄干放入碗中，加入热水浸泡。当洋葱成熟后，捞出葡萄干，挤干水分后拌入锅中。继续加热 5 分钟之后即可盛入温热的餐盘中。

← 鼠尾草风味洋葱

糖渍小洋葱 GLAZED BABY ONIONS

CIPOLLINE GLASSATE
供 4 人食用
制备时间：15 分钟
加热烹调时间：35 分钟
80 克 / 3 盎司黄油
500 克 / 1 磅 2 盎司小洋葱
1½ 茶匙糖
盐

将黄油放入锅中加热熔化，加入洋葱和少许盐，使用木勺翻拌。小火煸炒，直到洋葱将部分黄油吸收。撒入糖，加入足量没过洋葱的水，盖上锅盖，小火加热至锅中的汤汁被洋葱完全吸收且洋葱变成浅焦糖色。将洋葱盛入温热的餐盘中即可。这道美味的菜肴是理想的烤肉类配菜。

焖小洋葱 BRAISED BABY ONIONS

CIPOLLINE STUFATE
供 4 人食用
制备时间：15 分钟
加热烹调时间：40 分钟
800 克 / 1¾ 磅小洋葱
80 克 / 3 盎司黄油
1 汤匙普通面粉
100 毫升 / 3½ 盎司蔬菜高汤（见第 249 页）
盐和胡椒

将洋葱放入加了盐的沸水中煮约 10 分钟，然后捞出控干。锅中加热熔化一半黄油，加入洋葱，用盐和胡椒调味，加热 20 分钟，过程中需要搅拌几次，直到洋葱变成金黄色。将剩余的一半黄油与面粉混合搅拌，与蔬菜高汤一起加入锅中。转大火继续加热 10 分钟，或者一直加热到锅中的汤汁变得浓稠。将洋葱盛入温热的餐盘中，汤汁淋到洋葱上即可。

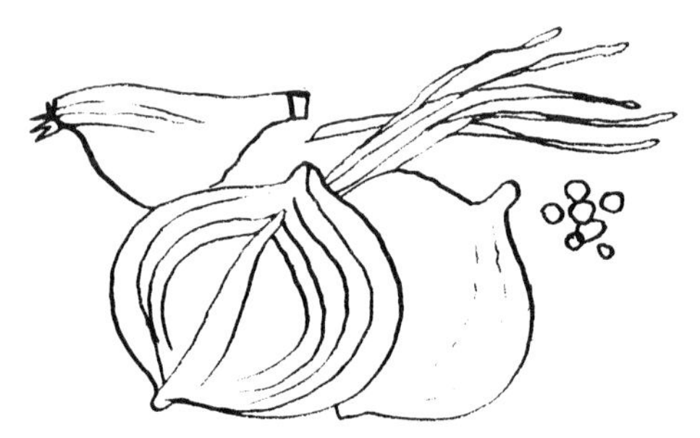

豆 类

豆类品种至少有400种，在意大利最常见的豆类是带有斑点的红莓豆。这种豆子用在意大利蔬菜汤和意大利面中都非常美味可口。薄皮的意大利白豆或者托斯卡纳豆（toscanelli beans）多用来制作沙拉和炖焖菜肴，非常诱人食欲。带有黑色的小“眼睛”的黑眼豆（black-eyed beans）和大个头的白腰豆（white kidney beans），无论是煮还是炖都会令人回味无穷。每年6月份到10月份可以获得新鲜的豆类。干的豆类可以保存3年以上的时间，但是豆类最好在收获之后的12个月之内食用。无论是新鲜的豆类还是干的豆类，它们的营养价值都非常高，富含蛋白质、钾、钠、铁、镁和磷等。

数量和加热烹调的时间

数 量

干豆可以按照每人65～80克/2½～3盎司的量供应，鲜豆可以按照每人80～100克/3～3½盎司的量供应。

新鲜的豆类

其豆荚应无破损，也没有污损。在去壳之后要第一时间制作成熟。根据品种不同，需要加热40分钟～1小时30分钟不等。

干的豆类

豆子应没有碎裂或者破损。在加热烹调之前，要先用冷水浸泡至少12个小时，丢弃所有漂浮在表面的豆子。根据品种不同，需要加热烹调2～3小时。

煮豆子

将豆子放入一锅冷水中，加入芹菜、大蒜和鼠尾草。煮沸后盖上锅盖，用小火继续加热。为了防止豆子的外皮变硬，加热的过程中不要关火。根据需要，中途可以加入更多的热水。有一些豆子含有一种天然的毒素，包括红莓豆、黑眼豆，以及所有颜色的腰豆，但只要将豆子煮沸15分钟即可去除这种毒素。捞出控净之后的豆子，可以按照常规方式重新加热成熟。

FAGIOLI AI TRE LEGUMI
供 4 人食用
制备时间：15 分钟
250 克 / 9 盎司罐装意大利白豆，控净汁液并漂洗干净
130 克 / 4½ 盎司罐装小扁豆，控净汁液并漂洗干净
130 克 / 4½ 盎司罐装鹰嘴豆，控净汁液并漂洗干净
7 汤匙橄榄油
2 汤匙白葡萄酒醋
1 汤匙柠檬汁，过滤
1 把香葱，切碎
盐和白胡椒粉

三豆沙拉 THREE PULSE SALAD

这是一种混合白豆、小扁豆和鹰嘴豆制作的美味沙拉，传统的制作方法是分别将这三种豆子煮熟。但是，现在为了节省时间，可以使用罐装的豆类。将白豆、小扁豆和鹰嘴豆放入一个大号的沙拉碗中，淋上橄榄油。另一个碗中将醋和柠檬汁混合均匀，用盐和白胡椒粉调味，倒入豆类中。撒上香葱，轻轻搅拌均匀。盛入餐盘中，立刻上桌。

FAGIOLI ALLA PIZZAIOLA
供 4 人食用
制备时间：20 分钟
加热烹调时间：1 小时～1 小时 15 分钟
1 千克 / 2¼ 磅新鲜的豆子，去壳
2 根芹菜茎
3 片新鲜的鼠尾草叶片
1 瓣蒜
25 克 / 1 盎司黄油
4 汤匙意式培根
4 片新鲜的罗勒叶，撕碎
1 枝新鲜平叶欧芹，切碎
盐和胡椒

香草意式培根风味豆子 BEANS PIZZAIOLA

将豆子放入一口酱汁锅中，加入足够没过豆子并至少高出 5 厘米 / 2 英寸的水，加入大蒜、鼠尾草和 1 根芹菜茎。将水煮沸，然后转小火加热 1 个小时，直至豆子成熟。豆子捞出控干，丢弃鼠尾草和大蒜，盛入餐盘中并做好保温。与此同时，将剩余的芹菜茎切薄片。在一口酱汁锅中加热熔化黄油，加入意式培根、芹菜和罗勒，煸炒至意式培根成熟。将炒好的酱汁淋到豆子上，用盐和胡椒调味，混合均匀后撒上欧芹即可。

FAGIOLI ALL'UCCELLETTO
供 4 人食用
制备时间：15 分钟，另加 12 小时浸泡用时
加热烹调时间：2 小时 30 分钟
300 克 / 11 盎司干豆，用冷水浸泡 12 个小时后捞出控干
3 汤匙橄榄油
2 瓣蒜
4～5 片新鲜的鼠尾草叶片
400 克 / 14 盎司罐装番茄
盐和胡椒

大蒜番茄风味豆子 BEANS UCCELLETTO

将豆子放入一口酱汁锅中，加水没过豆子，煮沸后改用小火继续加热 2 个小时，直至豆子成熟。与此同时，在一口平底锅中加热橄榄油，加入大蒜和鼠尾草，煸炒几分钟，当大蒜变成金黄色之后取出并丢弃不用。捞出豆子，控干水分，放入平底锅中，中火翻炒约 10 分钟。加入番茄，用盐和胡椒调味，继续加热 15 分钟，直到酱汁变得浓稠。将锅从火上端离，豆子盛入温热的餐盘中即可。

大蒜番茄风味豆子 →

FAGIOLI CON SALSICCIA
供 4 人食用
制备时间：10 分钟，另加 12 小时浸泡用时
加热烹调时间：3～4 小时
200 克 / 7 盎司干豆，用冷水浸泡 12 个小时后捞出控干
1 根芹菜茎
2 瓣蒜
2 片新鲜的鼠尾草叶片
2 汤匙橄榄油
8 根小意式香肠
100 毫升 / 3½ 盎司干白葡萄酒
盐和胡椒

香肠豆子 BEANS WITH SAUSAGES

将豆子放入一口酱汁锅中，加入水没过豆子，加入芹菜茎、1 瓣蒜和 1 片鼠尾草，盖上锅盖，煮沸后改用小火继续加热 2～3 个小时，根据需要，中途可以加入更多的热水。煮好后捞出控干并保温。在一口平底锅中加热橄榄油。将剩余的大蒜拍碎，加入锅中，剩余的鼠尾草叶片也加入锅中，煸炒几分钟。用叉子在香肠上戳几下，放入锅中，翻炒至成浅褐色。淋入葡萄酒，继续加热至完全吸收。豆子控净水，加入锅中，盖上锅盖，用中火加热 30 分钟。打开锅盖，继续加热至多余的汤汁熥干。用盐和胡椒调味，混合均匀之后盛入温热的餐盘中即可。

FAGIOLI ESOTICI
供 4 人食用
制备时间：10 分钟
加热烹调时间：8 分钟
半个鳄梨，去皮，去核，切片
半颗柠檬，挤出柠檬汁，过滤
25 克 / 1 盎司黄油
150 克 / 5 盎司熟火腿，切丁
半个菠萝，去皮，去心，切片
600 克 / 1 磅 5 盎司罐装豆子，捞出控净汁液并漂洗干净
2 茶匙口味柔和的芥末
盐

异国风味豆子 EXOTIC BEANS

鳄梨上淋柠檬汁，以防止其变色。锅中加热熔化黄油，加入火腿、菠萝和豆子，混合均匀。用盐略微调味，中火加热几分钟。将芥末与 1～2 汤匙锅中的汁液在小碗中混合均匀，倒回锅中。加入鳄梨，继续加热翻炒几分钟即可。

CANNELLINI ESTIVI
供 4 人食用
制备时间：25 分钟
加热烹调时间：15 分钟
3 汤匙橄榄油
1 瓣蒜
1 个茄子，切丁
1 个黄甜椒，切成两半，去籽切丁
2 颗新鲜番茄，去皮去籽，切碎
350 克 / 12 盎司罐装意大利白豆，捞出控净汁液并漂洗干净
半颗柠檬，擦取外皮
4 片新鲜的罗勒叶，切碎
1 枝新鲜平叶欧芹，切碎
盐和胡椒
见第 550 页

夏日风情白豆 SUMMER CANNELLINI BEANS

在一口锅中加热橄榄油，加入大蒜煸炒至呈褐色，取出大蒜并丢弃不用。将茄子和甜椒加入锅中，用大火煸炒几分钟，然后加入番茄和白豆。盖上锅盖，继续加热 5 分钟。用盐和胡椒调味，打开锅盖后继续加热 5 分钟。将锅从火上端离，豆子盛入温热的餐盘中，撒上柠檬皮、罗勒叶和欧芹，混合均匀即可。

香肠豆子 →

什锦豆沙拉 MIXED BEAN SALAD

将什锦豆和红葱头放入加了盐的沸水中煮1小时～1小时30分钟，直到成熟。将四季豆放入另外一锅加了盐的沸水中煮10～15分钟。捞出所有的豆子并控净水，放入沙拉碗中，与大蒜、橄榄油和少许盐混合均匀。将辣椒碾碎后放入并混合均匀。记住，在上菜前10分钟内淋调味料。

FAGIOLI MISTI IN INSALATA

供4人食用

制备时间：20分钟

加热烹调时间：1小时30分钟

450克/1磅新鲜的什锦豆，例如红莓豆、意大利白豆等，去壳

1颗红葱头，切碎

50克/2盎司四季豆，清理备用

半瓣蒜，切碎

4汤匙橄榄油

1根干红辣椒

盐

豆蓉 BEAN PURÉE

将干豆、芹菜、大蒜和鼠尾草放入一口酱汁锅中，加入没过干豆的冷水，盖上锅盖，加热煮沸，转小火继续加热2～3个小时，其间根据需要可以额外添加热水。煮好后捞出控干，香草和蔬菜取出丢弃不用，豆子用食物研磨机磨碎后放入干净的锅中。用盐略微调味，加入黄油，小火加热，并不停地搅拌。将高汤慢慢地搅拌进豆蓉中，直到呈现适当的浓稠程度。视实际情况添加，不需要将所有的高汤都搅拌进去。在搅拌混合均匀后将锅从火上端离，用白胡椒调味。这道豆蓉是烤肉的绝佳配菜。

FAGIOLI IN PURÈ

供4人食用

制备时间：45分钟，另加12小时浸泡用时

加热烹调时间：2小时30分钟～3小时30分钟

250克/9盎司干豆，冷水浸泡12个小时后捞出控干

1根芹菜茎

1瓣蒜

1枝新鲜的鼠尾草

40克/1½盎司黄油

250毫升/8盎司蔬菜高汤（见第249页）

盐和白胡椒

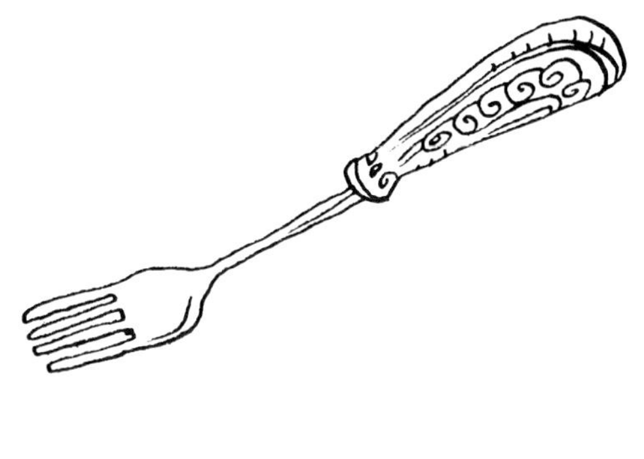

← 夏日风情白豆，见第548页

四季豆

不管是红花菜豆（runner beans）、四季豆、黄荚菜豆（wax beans），还是其他任何种类的菜豆，如果在它们还鲜嫩、没有长出纤维的时候采摘，品质最佳。四季豆的颜色从黄色到浅绿色，或者深绿色不一，并且大多数的品种为细长型，但也有一些为扁平型，甚至是迷你型，称为 fagiolini dall'occhio。从营养价值上来说，四季豆含有维生素 A、维生素 C、钙和钾等。在购买时，不要选择看起来枯萎或者摸起来感觉绵软的四季豆，要选择那些整体挺拔、颜色鲜艳的四季豆。四季豆不可以生食，一定要煮熟，或者至少要经过预煮等加工处理。有些人喜欢在加热烹调之前，将四季豆的头尾摘除并去掉粗纤维，而另外一些人则喜欢在加热烹调成熟之后再做处理。后者这种习惯只占极少数，但是这种方法使用加热烹调的过程中所吸收的水分更少。各种不同种类的四季豆大多可以相互代替使用。

数量和加热烹调的时间

数量

作为配菜，可以按照每人约 150 克 / 5 盎司的量准备。

加热烹调

一定要在没有盖上锅盖的锅中加热烹调四季豆，以防止四季豆颜色变黄。预先加热烹调时，200 克 / 7 盎司的四季豆需要 1 升 / 1¾ 品脱的水和 10 克 / ¼ 盎司的盐。理想情况下将四季豆加热烹调至嫩熟的程度，如果是非常鲜嫩的四季豆，小火加热 15～20 分钟即可。不要过度加热，否则四季豆就会变得软烂而不脆嫩。

蛋香四季豆 FRENCH BEANS IN EGG CREAM

用加了盐的沸水将四季豆煮 15 分钟，然后捞出控干并切碎。锅中小火加热黄油，加入洋葱，煸炒 5 分钟。加入四季豆，继续煸炒几分钟。与此同时，将鸡蛋打入碗中，拌入帕玛森奶酪，用盐和胡椒调味。将混合均匀的鸡蛋倒入锅中，不停地搅拌，然后将锅从火上端离。蛋香四季豆应呈令人愉悦的乳脂状，成品是一道诱人食欲的配菜。

TAGIOLINI ALLA CREMA D'UOVA
供 4 人食用
制备时间：30 分钟
加热烹调时间：25 分钟

600 克 / 1 磅 5 盎司四季豆，清理备用
40 克 / 1½ 盎司黄油
2 颗小的白洋葱，切碎
2 颗鸡蛋
25 克 / 1 盎司帕玛森奶酪，现擦碎
盐和胡椒

波兰风味四季豆 POLISH BEANS

用加了盐的沸水将四季豆煮 15 分钟，然后捞出控干，放入沙拉碗中。加入意大利白豆、青葱和鳀鱼，用盐和胡椒略微调味。放入法兰克福香肠。鸡蛋去壳切碎，放入碗中，与红辣椒粉，用盐和胡椒调味。洒入白葡萄酒醋并淋上略多一些的橄榄油。搅拌均匀即可。

FAGIOLINI ALLA POLACCA
供 4 人食用
制备时间：30 分钟
加热烹调时间：15 分钟

400 克 / 14 盎司四季豆，清理备用
250 克 / 9 盎司罐装意大利白豆，控净汁液并漂洗干净 • 1 棵青葱，切细末 • 3 条罐装鳀鱼，捞出控净汁液并切碎 • 4 根法兰克福香肠，煮熟，去皮并切片 • 2 颗鸡蛋，煮熟
少许红辣椒粉 • 1 汤匙白葡萄酒醋
橄榄油，用于淋洒 • 盐和胡椒

帕玛森奶酪四季豆 FRENCH BEANS WITH PARMESAN

将烤箱预热至 180°C/ 350°F/ 气烤箱刻度 4。在耐热焗盘内涂抹黄油。将四季豆用加了盐的沸水煮 15 分钟，然后捞出控干，放入准备好的焗盘里。鸡蛋、牛奶和帕玛森奶酪混合搅打均匀，加入盐和胡椒调味。将混合均匀的蛋液淋入焗盘中，放入烤箱烘烤至刚好凝固。取出后立刻趁热上桌。

FAGIOLINI AL PARMIGIANO
供 4 人食用
制备时间：30 分钟
加热烹调时间：15 分钟

黄油，用于涂抹 • 800 克 / 1¾ 磅四季豆或者红花菜豆，清理备用 • 3 颗鸡蛋 • 5 汤匙牛奶 • 100 克 / 3½ 盎司帕玛森奶酪，现擦碎 • 盐和胡椒

番茄四季豆 FRENCH BEANS WITH TOMATO

用加了盐的沸水将四季豆煮 10 分钟。与此同时，用另外一口锅加热橄榄油，加入洋葱和大蒜，用小火煸炒 5 分钟。将四季豆捞出控干，倒入锅中，混合均匀。拌入番茄，用盐和胡椒调味，然后取出大蒜并丢弃不用。用小火继续加热约 10 分钟，加入青橄榄和罗勒叶搅拌均匀，继续加热 5 分钟。出锅之后要趁热食用。

FAGIOLINI AL POMODORO
供 4 人食用
制备时间：25 分钟
加热烹调时间：30 分钟

600 克 / 1 磅 5 盎司四季豆，清理备用
2 汤匙橄榄油
1 颗洋葱，切碎
1 瓣蒜
5 颗番茄，去皮去籽，切碎
6 颗青橄榄，去核，切成 4 瓣
6 片新鲜的罗勒叶，切碎
盐和胡椒

FAGIOLINI GLASSATI AL SESAMO
供 4 人食用
制备时间：25 分钟
加热烹调时间：25 分钟
600 克 / 1 磅 5 盎司四季豆或者红花菜豆，清理备用
25 克 / 1 盎司黄油
2 棵青葱，切薄片
半颗柠檬，擦取外皮，挤出柠檬汁，过滤
1 汤匙芝麻
橄榄油，用于淋洒
盐和胡椒

芝麻四季豆 FROASTED FRENCH BEANS WITH SESAME

用加了盐的沸水将四季豆煮 10 分钟，然后捞出控干，放到一旁备用。在一口锅中加热熔化黄油，加入青葱，用小火煸炒约 5 分钟，直到青葱变软。加入柠檬汁和柠檬皮，再加入四季豆，用盐和胡椒调味，继续用小火加热 10 分钟。与此同时，将芝麻放入锅中干煸约 1 分钟，直到芝麻挥发出芳香的气味。将四季豆混合物倒入温热的餐盘中，撒上芝麻，淋上橄榄油。混合均匀即可。

FAGIOLINI GRATINATI
供 4 人食用
制备时间：45 分钟
加热烹调时间：15 分钟
600 克 / 1 磅 5 盎司红花菜豆，清理备用
2 汤匙橄榄油
1 瓣蒜
2 棵韭葱，修剪备用，切片
1 汤匙普通面粉
100 毫升 / 3½ 盎司牛奶
200 毫升 / 7 盎司干白葡萄酒
25 克 / 1 盎司黄油，另加涂抹所需
4 汤匙现擦碎的帕玛森奶酪
盐和胡椒

焗红花菜豆 RUNNER BEANS AU GRATIN

用加了盐的沸水将红花菜豆煮约 10 分钟，然后捞出控干，让其稍微冷却。在一口大号酱汁锅中加热橄榄油，加入大蒜和韭葱，用小火煸炒 5 分钟。取出大蒜并丢弃不用，将面粉放入锅中，牛奶逐渐搅拌入锅中，用盐和胡椒调味。加入红花菜豆，倒入干白葡萄酒，盖上锅盖，用小火加热约 10 分钟。与此同时，烤箱预热至 180°C/ 350°F/ 气烤箱刻度 4。在耐热焗盘内涂黄油。将锅从火上端离，锅中的红花菜豆等倒入准备好的焗盘内，撒上帕玛森奶酪和黄油颗粒，放入烤箱烘烤 15 分钟，或者一直烘烤到呈金黄色并且奶酪冒泡的程度。从烤箱内取出，静置 10 分钟后再上桌。

FAGIOLINI GRATINATI ALLA BESCIAMELLA
供 4 人食用
制备时间：1 小时 15 分钟
加热烹调时间：40 分钟
50 克 / 2 盎司黄油，另加涂抹所需
2 汤匙橄榄油
1 颗洋葱，切碎
400 克 / 14 盎司四季豆，清理后切成两半
200 克 / 7 盎司白蘑菇或者栗蘑菇（chestnut mushroom），切薄片
1 份白汁（见第 58 页）
100 克 / 3½ 盎司熟火腿，切片
1 颗鸡蛋
1 个蛋黄
盐和胡椒

焗白汁四季豆 FRENCH BEANS IN BÉCHAMEL SAUCE AU GRATIN

将黄油和橄榄油分别倒入两口小号酱汁锅中并加热。将洋葱分成两份，放入两口锅中，用小火加热煸炒 5 分钟，直到洋葱变软。将四季豆放入一口锅中，蘑菇放入另外一口锅中，均用小火加热煸炒 15 分钟。与此同时，将烤箱预热至 180°C/ 350°F/ 气烤箱刻度 4，在一个模具内涂抹黄油。用盐和胡椒分别给四季豆和蘑菇调味，然后将两者倒入白汁中，同时加入火腿、整颗的鸡蛋和蛋黄，将混合物用勺舀入准备好的模具中，放入烤箱烘烤约 40 分钟。取出放入餐盘中即可。

芝麻四季豆 →

FAGIOLINI IN INSALATA
供 4 人食用
制备时间：25 分钟，另加 30 分钟静置用时
加热烹调时间：15 分钟
600 克 / 1 磅 5 盎司绿色四季豆（green French beans）和黄色四季豆（yellow French beans），清理备用
1 颗洋葱，切细丝
1 瓣蒜，切薄片
1 茶匙芥末籽
半颗柠檬，挤出柠檬汁，过滤
1 枝新鲜平叶欧芹，切碎
橄榄油，用于淋洒
盐和胡椒

四季豆沙拉 FRENCH BEAN SALAD

将四季豆用加了盐的沸水煮 15 分钟，然后捞出控干，倒入沙拉碗中。加入洋葱、大蒜、芥末籽、柠檬汁和欧芹，淋上橄榄油，并用盐和胡椒调味，轻轻搅拌之后放在阴凉的地方静置 30 分钟，让其风味充分融合即可。

FAGIOLINI IN SALSA D'AGLTO
供 4 人食用
制备时间：20 分钟
加热烹调时间：10 分钟
1 片厚面包，去边
100 毫升 / 3½ 盎司白葡萄酒醋
300 克 / 11 盎司黄色四季豆
300 克 / 11 盎司绿色四季豆
2 瓣蒜
120 毫升 / 4 盎司橄榄油
盐和胡椒

蒜酱四季豆 BEANS IN GARLIC SAUCE

将面包片撕成小块状，放入碗中，加入白葡萄酒醋，置旁浸泡。用加了盐的沸水将四季豆煮约 10 分钟，然后捞出控干，放入餐盘中。大蒜放入研磨钵中捣碎，将橄榄油逐渐加入，直到酱汁变得浓稠而细滑。面包挤净汁液，拌入酱汁中，用盐和胡椒调味。将制作好的酱汁舀入餐盘中的热四季豆上即可。

FAGIOLINI IN SALSA D'UOVA
供 4 人食用
制备时间：20 分钟
加热烹调时间：30 分钟
600 克 / 1 磅 5 盎司四季豆
50 克 / 2 盎司黄油
1 枝新鲜平叶欧芹，切碎
2 个蛋黄
1 颗柠檬，挤出柠檬汁，过滤
盐

鸡蛋酱汁四季豆 FRENCH BEANS IN EGG SAUCE

将四季豆用加了盐的沸水煮 15 分钟，然后捞出控干。将黄油放入锅中加热熔化，加入四季豆，用中火加热煸炒 10 分钟。拌入欧芹，转小火加热。将蛋黄与柠檬汁混合搅打均匀，淋到四季豆上，小火加热并搅拌均匀，直至变得略微浓稠。趁热食用。

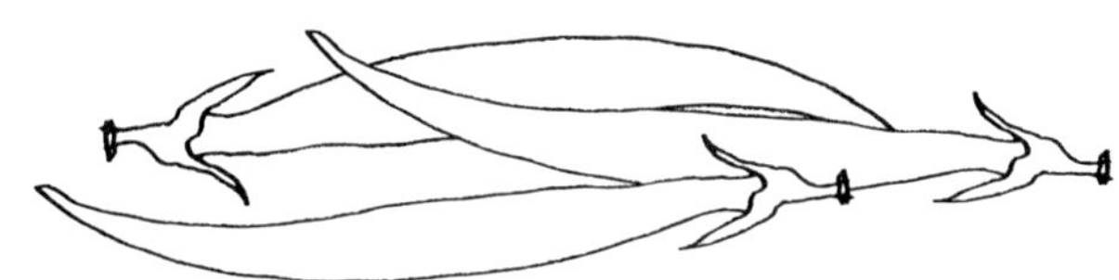

蚕　豆

新鲜蚕豆的风味独特，让人难以忘怀。鲜嫩的蚕豆，只需剥去外壳而无须去掉外皮，此时它们的味道仍然脆嫩、甘美。春天，蚕豆配上罗马佩科里诺奶酪生食，味道非常美味可口。而更大一些的、较老的蚕豆必须去掉外皮并加热成熟之后才可以食用。蚕豆非常适合制作意大利蔬菜汤、大麦汤或者制成蓉泥。是否需要去掉外皮，要根据食谱的要求而定。大多数情况下，我们建议去掉外皮，因为这样制作的菜肴更加清淡且更易于消化。干蚕豆，无论带不带外皮，都应该先用冷水长时间浸泡——甚至需要浸泡一整天的时间。在卡拉布里亚，蚕豆经常被用来制作一道名叫 macco 的古老而传统的菜肴，这是一种用油和现磨胡椒粉调味的浓汤。至于蚕豆的营养价值，无论是干蚕豆还是新鲜蚕豆，皆富含磷、钙和钾等。

数量和加热烹调的时间

新鲜蚕豆

作为配菜，可以按照每人 100 克 / 3½ 盎司去壳蚕豆的量供应。要注意的是，3 千克 / 6½ 磅未去壳的蚕豆对应约 600 克 / 1 磅 5 盎司去壳的蚕豆。

干蚕豆

作为配菜，可以按照每人约 80 克 / 3 盎司的用量供应。

煮蚕豆

将新鲜的蚕豆放入加了盐的沸水中煮 20～30 分钟。而干蚕豆，可以不加盐，直接加热烹调 2～3 小时。

FAVE ALLA PIEMONTESE
供 4 人食用
制备时间：20 分钟
加热烹调时间：25 分钟
2 千克 / 4½ 磅新鲜的蚕豆，去壳
200 毫升 / 7 盎司双倍奶油
50 克 / 2 盎司芳提娜奶酪，切片
盐

皮埃蒙特风味蚕豆 PIEDMONTESE BROAD BEANS

将蚕豆用加了盐的沸水煮 10 分钟，然后捞出控干，放入一口平底锅中。拌入双倍奶油，用小火加热约 10 分钟，直到汤汁变得浓稠。拌入芳提娜奶酪，加热至奶酪开始熔化即可。

FAVE AL PROSCIUTTO
供 4 人食用
制备时间：25 分钟
加热烹调时间：30 分钟
2 千克 / 4½ 磅新鲜的蚕豆，去壳
40 克 / 1½ 盎司黄油
100 克 / 3½ 盎司熟火腿，切丁
1 颗洋葱，切碎
1 根胡萝卜，切碎
200 毫升 / 7 盎司牛肉高汤（见第 248 页）
1 枝新鲜平叶欧芹，切碎
盐和胡椒

火腿蚕豆 BROAD BEANS WITH HAM

将蚕豆放入一口酱汁锅中，加入冷水没过蚕豆，加热煮沸并继续加热 10 分钟。与此同时，在另外一口锅中加热熔化一半黄油，加入火腿、洋葱和胡萝卜，继续加热 5 分钟。将蚕豆捞出控干，加入火腿混合物中，然后倒入高汤，用盐和胡椒调味。用小火加热至酱汁变得非常浓稠，拌入剩余的黄油。出锅倒入温热的餐盘中，撒上欧芹即可。

PURÈ DI FAVE FRESCHE
供 4 人食用
制备时间：20 分钟，另加 30 分钟浸泡用时
加热烹调时间：45 分钟
3 千克 / 6 ½ 盎司新鲜的蚕豆，去壳
2 个小马铃薯，切丁
100毫升 / 3½盎司蔬菜高汤（见第249页）
橄榄油，用于淋洒
盐和胡椒

鲜蚕豆泥 FRESH BROAD BEAN PURÉE

蚕豆用冷水浸泡 30 分钟，然后捞出控干，去皮后放入一口酱汁锅中。加入足够的冷水，刚好没过蚕豆，用小火加热煮沸。水煮沸后立刻将锅从火上端离，捞出控干，然后倒入锅中捣成泥。用盐调味，加入马铃薯和蔬菜高汤，加热至马铃薯变得软烂。将锅从火上端离，多淋些橄榄油，尝味并根据需要重新调味。冷食热食皆宜。

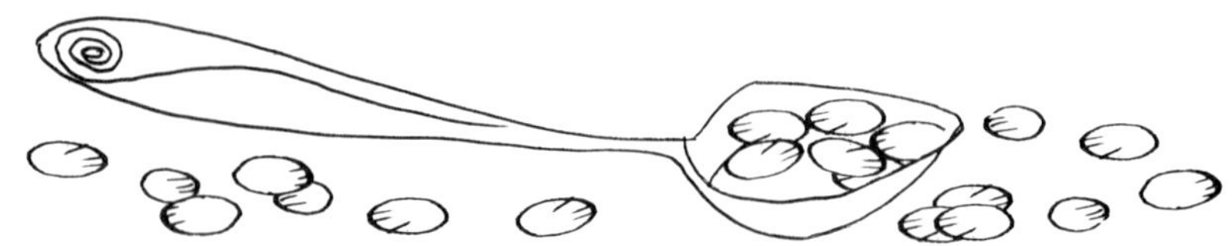

鲜蚕豆泥 →

茴香块根

茴香块根极具吸引力，美味可口且有助于消化吸收，还是脂肪含量最少的蔬菜之一。佛罗伦萨茴香块根不含脂肪，且每 100 克 / 3½ 盎司中只含有 9 卡路里的热量。另一方面，它们富含矿物质，包括钙、磷、钠和钾等。茴香柔和的芳香气味让人不由自主地想起八角的味道。购买茴香时需要注意，将茴香块根僵硬地分成雄性（圆形）和雌性（细长形）是没有科学依据的，但应该知道的是，前者更适合于生食，可以单独食用或者做成其他种类的沙拉，后者则更适合于加热成熟后食用。制备茴香时，要先在自来水下将茴香彻底清洗干净，去掉外层非常老硬的叶片，再修整其块根。可以让茴香块根保持完整，或者根据食谱的要求，将其切成两半或四半。茴香的切面暴露在空气中会变成褐色，因此切好后要立刻加热烹调，或者放入呈酸性的水中浸泡。甜茴香（sweet fennel）是一种非常芳香的草本植物，可以用来烤肉，以彰显它们的芳香风味。茴香籽是一种香料，来自甜茴香和佛罗伦萨茴香（Florence fennel）。茴香还有一位名声在外的“亲戚”——莳萝，这种质地轻柔的香草有着近似于茴香的芳香风味，深受专业大厨和经验丰富的厨师们的喜爱。但是，一定要小心用量。

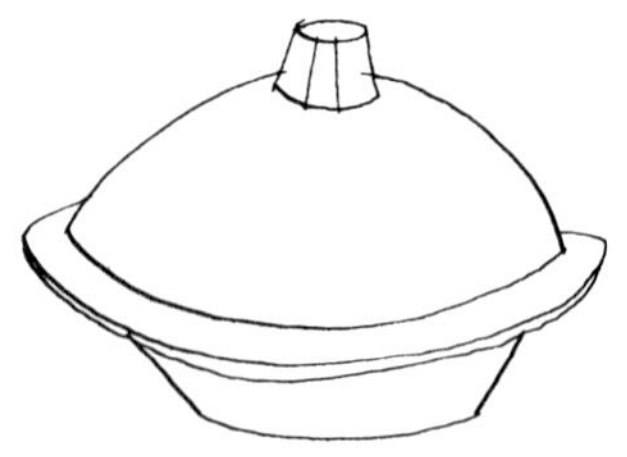

数量

和加热烹调的时间

数　量

可以按照每人 1 个生佛罗伦萨茴香块根，或者 1 个半熟茴香块根供应。

煮茴香

整个的茴香块根需要加热约 45 分钟，如果将茴香块根切成两半，则只需要加热不超过 30 分钟。

魔鬼风味茴香块根 DEVIL'S FENNEL

将鳀鱼肉切碎。在一口锅中加热橄榄油，加入鳀鱼煸炒，用木勺将鳀鱼肉碾成细泥状，然后加入茴香块根。芥末和白葡萄酒醋混合均匀，用盐和胡椒调味，将混合物淋到茴香块根上。盖上锅盖，慢火继续加热，其间要不时搅拌一下。根据情况需要，可以加入少许水。将茴香盛入温热的餐盘中，柠檬汁拌入锅中的汁液中，继续加热并搅拌，直到锅中的酱汁变得浓稠。将制作好的酱汁缓缓淋到茴香上即可。

FINOCCHI ALLA DIAVOLA
供 4 人食用
制备时间：30 分钟
加热烹调时间：50 分钟
4 条盐渍鳀鱼，去掉鱼头，洗净，并剔取鱼肉（见第 694 页），用冷水浸泡 10 分钟后捞出控干
100 毫升 / 3½ 盎司橄榄油
4 个茴香块根，处理后切块
1 茶匙第戎芥末
1 汤匙白葡萄酒醋
1 颗柠檬，挤出柠檬汁，过滤
盐和胡椒

马苏里拉奶酪烤茴香块根 FENNEL WITH MOZZARELLA

用加了盐的沸水将茴香块根煮约 45 分钟，捞出控干并让其稍微冷却，然后趁热切成薄块状。将烤箱预热至 160°C/ 325°F/ 气烤箱刻度 3。在一个耐热焗盘里加热熔化黄油，加入茴香，煸炒至呈浅褐色。将焗盘从火上端离，覆盖上马苏里拉奶酪片，撒上欧芹。将鸡蛋、双倍奶油和帕玛森奶酪放入碗中搅打均匀，用盐和胡椒调味，将其淋到焗盘内的茴香上。焗盘放入烤箱烘烤至鸡蛋刚好凝固。趁热食用。

FINOCCHI ALLA MOZZARELLA
供 4 人食用
制备时间：1 小时 15 分钟
加热烹调时间：15 分钟
1 千克 / 2¼ 磅茴香块根，处理备用
25 克 / 1 盎司黄油
200 克 / 7 盎司马苏里拉奶酪，切片
1 枝新鲜平叶欧芹，切碎
4 颗鸡蛋
200 毫升 / 7 盎司双倍奶油
40 克 / 1½ 盎司帕玛森奶酪，现擦碎
盐和胡椒

白葡萄酒茴香块根 FENNEL WITH WHITE WINE

将茴香块根放入酱汁锅中，加入大蒜和橄榄油，淋上葡萄酒。盖上锅盖加热 20 分钟，或者一直加热到茴香块根完全成熟。将酱汁锅从火上端离，用盐和胡椒调味，最后撒上欧芹即可。

FINOCCHI AL VINO BIANCO
供 4 人食用
制备时间：15 分钟
加热烹调时间：20 分钟
1 千克 / 2¼ 磅茴香块根，处理后切块
1 瓣蒜，切碎
2 汤匙橄榄油
200 毫升 / 7 盎司干白葡萄酒
1 枝新鲜平叶欧芹，切碎
盐和胡椒

核桃橙子茴香块根 FENNEL WITH WALNUTS AND ORANGES

将茴香块根片放入沙拉碗中，淋上橄榄油，用盐和胡椒调味。橙子去皮，切除橙子上所有的白色橘络，然后将橙子切片，放入茴香中。加入核桃仁，混合均匀即可。

FINOCCHI CON NOCI E ARANCE
供 4 人食用
制备时间：25 分钟
4 个嫩的圆形茴香块根，处理后切薄片
橄榄油，用于淋洒
2 个橙子
6 瓣核桃仁，切碎
盐和胡椒

FINOCCHI FRITTI
供 4 人食用
制备时间：1 小时 10 分钟
加热烹调时间：20～30 分钟
4 个茴香块根，处理备用
1 颗鸡蛋
40 克 / 1½ 盎司帕玛森奶酪，现擦碎
50 克 / 2 盎司黄油
盐

香酥奶酪茴香块根 FRIED FENNEL

用加了盐的沸水将茴香块根煮约 45 分钟。切薄片并用厨房纸拭干。将鸡蛋打入一个浅盘内，加入少许盐，搅打均匀，将帕玛森奶酪粉撒到另外一个浅盘内。在一口不粘锅中加热熔化黄油。茴香片先蘸上鸡蛋，然后再裹上帕玛森奶酪。放入锅中炸至两面金黄，趁热食用。

FINOCCHI IN CROSTA
供 8 人食用
制备时间：1 小时 30 分钟
加热烹调时间：15 分钟
300 克 / 11 盎司普通面粉，另加淋撒所需
100 克 / 3½ 盎司黄油，软化
1 千克 / 2¼ 磅茴香块根，处理备用
4 条盐渍鳀鱼，去掉鱼头，洗净并剔取鱼肉（见第 694 页），用冷水浸泡 10 分钟，然后捞出控干
100 克 / 3½ 盎司格吕耶尔奶酪，现擦碎
1 颗鸡蛋，分离蛋清蛋黄
盐和胡椒

酥皮茴香块根 FENNEL EN CROÛTE

将面粉过筛，与少许盐一起堆在工作台面上，中间挖出一个小窝，加入 50 克 / 2 盎司黄油。将黄油揉搓进面粉中，加入冷水，一次加入 1 汤匙，揉成光滑的面团，然后塑形成圆形。盖上保鲜膜，放入冰箱冷藏。与此同时，将剩余的黄油放入锅中加热熔化，加入茴香，用小火煸炒至茴香变软。用盐调味后，将锅从火上端离。将鳀鱼肉切碎，与格吕耶尔奶酪、蛋黄、茴香块根一起放入食物料理机内搅打成蓉泥状，用盐和胡椒调味。将烤箱预热至 200°C/ 400°F/ 气烤箱刻度 6。面团从冰箱中取出，放在撒有面粉的工作台面上，擀成薄片。使用饼干切模或玻璃杯口扣压出偶数量的圆形面片。将 1 汤匙的茴香蓉泥放入一半数量的圆形面片的中间，将另外一半的面片覆盖其上，边缘位置按压成皱褶形。涂上打散的蛋清，放入烤盘烘烤 15 分钟。趁热食用。

TORTINO DI FINOCCHI
供 6 人食用
制备时间：1 小时 15 分钟
加热烹调时间：20～25 分钟
7 个小的茴香块根，处理备用
3 颗鸡蛋
50 克 / 2 盎司黄油，另加涂抹所需
5 片全麦面包片，去边
6 汤匙牛奶
200 克 / 7 盎司塔雷吉欧奶酪，切片状
4 汤匙现擦碎的帕玛森奶酪
盐

茴香块根派 FENNEL PIE

用加了盐的沸水将茴香煮 45 分钟。与此同时，将鸡蛋煮熟，用冷水过凉，然后剥去蛋壳，切薄片。将茴香块根捞出控干，用厨房纸拭干，切滚刀块。将烤箱预热至 180°C/ 350°F/ 气烤箱刻度 4。在耐热焗盘内涂抹黄油。面包片上淋适量牛奶，铺在准备好的焗盘内。在面包片上摆一层茴香，接着摆放一层鸡蛋片，然后是一层塔雷吉欧奶酪片。继续分层摆放，直到将所有的食材全部用完，最后撒上帕玛森奶酪和黄油颗粒。放入烤箱烘烤至金黄色，从烤箱内取出后趁热食用。

酥皮茴香块根 ➔

菌 类

蜜环菌、鸡油菌、球盖菌、牛肝菌、羊肚菌和凯撒菌等，只是最有名、最受欢迎的野生菌中的一部分。对于某些品种的蘑菇而言，你必须耐心等待其生长到最合适的采摘季节，而另外一些蘑菇，则一年四季都可以购买到。不要私自去采摘蘑菇，除非你有绝对的把握确定你能够辨别出这些蘑菇的种类，并且要认真核实你食用蘑菇的用量是否有所限制和要求。取而代之的方法是，可以从一个有信誉的供应商那里购买蘑菇，以确保蘑菇能够安全食用。从营养学的角度来看，蘑菇中含有 90% 的水分，还富含矿物质和磷。其脂肪和卡路里含量都非常低，因此通常会被列入减肥食谱中。蘑菇的主要特色是它们芳香的风味，这是由 38 种不同的成分所产生的效果，即便是在干燥之后依然如此。因为新鲜的蘑菇非常容易变质，因此应在购买到的当天或者第二天就食用完毕。在选择蘑菇时，要选择个头最小的蘑菇，因为这些蘑菇最鲜嫩，还有那些相对其柄来说，伞盖较大的蘑菇。用手触碰时，应感觉到硬实，并且没有任何难闻的气味或者瑕疵。它们看起来不应该是干燥的，或者用水浸泡过的，或者有昆虫躲藏在其中。要将蘑菇清理干净，可以用一块湿布轻轻擦拭，然后用冷水快速漂洗，之后马上拭干。在加热烹调蘑菇时，不要盖上锅盖，要一直将它们流淌出的汁液全部熗干。根据蘑菇的种类不同，在这一步骤中加热烹调所需要的时间也会有所不同，但是有一些蘑菇需要至少 30 分钟才能够完成这一步骤。牛肝菌有着美妙无比的芳香风味，适合于所有的加热烹调方法。球盖菌切片，用大蒜和欧芹炒熟后口感鲜美无比。

备受推崇的凯撒菌，用来制作沙拉或者是烘烤都会美味可口；鸡油菌用来制作意大利调味饭或者酱汁会更加诱人食欲；蜜环菌最适合用来炖。人工栽培的蘑菇目前没有任何的问题。栗蘑菇很容易获取，并且价格便宜，从营养的角度看，与野生蘑菇差别可以忽略不计。栗蘑菇有着不同的种类，白色的保鲜期要比褐色的长一些。最后，干蘑菇比新鲜的蘑菇内涵更加丰富，芳香味道也更加浓郁。在加热烹调之前，干蘑菇要用温水浸泡。尽管有些专家建议将浸泡蘑菇的水过滤后加入意大利调味饭中，但是这样的做法并不可取，因为浸泡蘑菇的汁液中会带有我们肉眼看不见的泥土等杂质，会让菜肴最终的风味毁于一旦。

数量和加热烹调的时间

数　量

可以按照每人150～200克/5～7盎司用量或者两个中等大小的蘑菇供应。

香煎蘑菇

这是一种用橄榄油、大蒜和新鲜平叶欧芹炒蘑菇的烹调方法。加热烹调所需要的时间依据蘑菇的品种不同而有所差异。例如，牛肝菌和栗蘑菇加热10分钟即可（见第572页）。

奶油蘑菇 MUSHROOMS WITH CREAM

FUNGHI ALLA CREMA

供4人食用

制备时间：20分钟

加热烹调时间：25分钟

- 80克/3盎司蘑菇
- 1颗柠檬，挤出柠檬汁，过滤
- 2汤匙黄油
- 1瓣蒜
- 150毫升/¼品脱蔬菜高汤（见第249页）
- 1汤匙普通面粉
- 150毫升/¼品脱双倍奶油
- 2个蛋黄
- 盐和胡椒

将蘑菇切片，洒少许柠檬汁。在一口平底锅中加热熔化黄油，加入大蒜，用小火加热，煸炒几分钟。放入蘑菇，用盐和胡椒调味并煸炒。盖上锅盖后继续加热至蘑菇成熟。与此同时，在一口小号酱汁锅中加热高汤。将大蒜从平底锅中取出并丢弃不用，蘑菇盛入餐盘内。将面粉过筛到平底锅中，加热煸炒2分钟，然后倒入热的高汤并搅拌。再将奶油、蘑菇和蛋黄倒入并搅拌。继续加热5分钟，此时要轻缓而不间断地搅拌。加热到酱汁变得浓稠后立刻将锅从火上端离，趁热食用。

FUNGHI AL POMODORO
供 4 人食用
制备时间：30 分钟
加热烹调时间：30 分钟
2 汤匙橄榄油
1 颗红葱头，切细末
1 瓣蒜，切细末
2 枝新鲜平叶欧芹，切细末
600 克 / 1 磅 5 盎司白蘑菇或者栗蘑菇，切薄片
100 毫升 / 3½ 盎司干白葡萄酒
350 克 / 12 盎司番茄，去皮并切碎
1 汤匙切碎的新鲜墨角兰
盐和胡椒

番茄蘑菇 MUSHROOMS WITH TOMATO

在一口锅中加热橄榄油，加入红葱头、大蒜和一半的欧芹，用小火煸炒 5 分钟。加入蘑菇，转大火继续加热煸炒几分钟。倒入葡萄酒，加热至完全吸收。转小火继续加热，加入番茄，并用盐和胡椒调味，然后盖上锅盖并继续加热，其间不时搅拌，约加热 10 分钟。打开锅盖，转中火加热，将多余的汤汁熗干。拌入剩余的欧芹，盛入温热的餐盘中，撒上墨角兰后趁热食用。

FUNGHI CON LA ZUCCA
供 4 人食用
制备时间：30 分钟
加热烹调时间：30 分钟
25 克 / 1 盎司黄油
2 汤匙橄榄油
1 颗洋葱，切细丝
300 克 / 11 盎司南瓜，切丁
600 克 / 1 磅 5 盎司什锦蘑菇，如果蘑菇个头较大，可以切厚片
150 毫升 / ¼ 品脱蔬菜高汤（见第 249 页）
3 汤匙新鲜平叶欧芹，切碎
1 汤匙切碎的新鲜墨角兰
盐和胡椒

南瓜蘑菇 MUSHROOMS WITH PUMPKIN

在一口锅中加热黄油和橄榄油，加入洋葱，用小火煸炒 5 分钟。加入南瓜和蘑菇，转大火加热，继续煸炒几分钟。与此同时，在一口小号酱汁锅中加热高汤。用盐和胡椒给蘑菇和南瓜调味，再转小火加热。将热的高汤倒入锅中并继续加热至蘑菇和南瓜成熟。拌入欧芹和墨角兰，盛入温热的餐盘中即可。

FUNGHI CROGIOLATI AL FORNO
供 4 人食用
制备时间：25 分钟
加热烹调时间：10 分钟
100 毫升 / 3½ 盎司橄榄油，另加涂刷所需
800 克 / 1¾ 磅牛肝菌
1 枝新鲜平叶欧芹，切碎
1 瓣蒜，切碎
2 个柔软的面包心，搓碎
盐和胡椒

烤牛肝菌 MELTING BAKED PORCINI

将烤箱预热至 180°C/ 350°F/ 气烤箱刻度 4，耐热焗盘中刷橄榄油。将牛肝菌的伞盖和柄分离并洗净拭干。将 5 汤匙的橄榄油放入碗中，用盐和胡椒调味。将牛肝菌的伞盖放入橄榄油中腌制。欧芹、大蒜、面包糠和剩余的橄榄油放入另外一个碗中混合均匀。将牛肝菌伞盖从腌汁中捞出，放在烤架上，送入烤箱里略微烘烤至干。牛肝菌柄切碎，放入准备好的焗盘内，将牛肝菌伞盖上有菌褶的那一面朝上放到牛肝菌柄上，撒上面包糠混合物，淋上少许腌汁。放入烤箱烘烤 10 分钟即可。

南瓜蘑菇 →

焗蘑菇 MUSHROOMS AU GRATIN

FUNGHI GRATINATI
供 4 人食用
制备时间：1 小时 15 分钟
加热烹调时间：20 分钟

40 克 / 1½ 盎司黄油，另加涂抹所需
1 颗红葱头，切碎
600 克 / 1 磅 5 盎司蘑菇，如果个头较大，可以切厚片
80 克 / 3 盎司熟火腿，切丁
1 枝新鲜平叶欧芹，切碎
1 个蛋黄
2 汤匙现擦碎的帕玛森奶酪
少许现擦碎的肉豆蔻
1 份白汁（见第 58 页）
1 汤匙面包糠
盐和胡椒

在一口锅中加热熔化 25 克 / 1 盎司的黄油，放入红葱头，用小火加热，煸炒 5 分钟。加入蘑菇，然后转大火加热，继续煸炒几分钟。加入火腿和欧芹，用盐和胡椒调味，转中火加热，继续煸炒约 10 分钟。与此同时，将烤箱预热至 180°C/ 350°F/ 气烤箱刻度 4。在耐热焗盘内涂抹黄油。将锅从火上端离，混合物倒入准备好的焗盘内。将蛋黄、帕玛森奶酪和肉豆蔻一起拌入白汁中，用勺淋在蘑菇上。撒上面包糠和黄油颗粒，放入烤箱烘烤约 20 分钟。从烤箱内取出，待稍微冷却之后即可上桌。

蘑菇沙拉 WARM MUSHROOM SALAD

FUNGHI IN INSALATA TIEPIDA
供 4 人食用
制备时间：20 分钟，另加冷却用时
加热烹调时间：2～3 分钟

2 汤匙橄榄油
400 克 / 14 盎司白蘑菇或者栗蘑菇，切片
1 瓣蒜
50 克 / 2 盎司施佩克火腿（speck），切条
200 克 / 7 盎司野苣
1 份油醋汁，用香脂醋制作而成（见第 93 页）
盐和胡椒

在一口锅中加热橄榄油，加入蘑菇、大蒜和施佩克火腿，用大火加热煸炒 2～3 分钟。转小火加热，取出大蒜并丢弃不用，用盐和胡椒调味。将锅从火上端离，并让其稍微冷却。将野苣分别装入 4 个餐盘中，淋上油醋汁。将蘑菇和火腿放到餐盘中间，立刻上桌。

蘑菇配艾尤利酱 MUSHROOMS WITH AÏOLI

FUNGHI IN SALSA AÏOLI
供 4 人食用
制备时间：35 分钟
加热烹调时间：15 分钟

675 克 / 1½ 磅蘑菇
1 颗柠檬，挤出柠檬汁，过滤
2 汤匙橄榄油
1 枝新鲜的龙蒿，切碎
4 棵香葱，切碎
1 枝新鲜的百里香，切碎
1 枝新鲜的雪维菜，切碎
1 茶匙茴香籽
盐和胡椒
1 份艾尤利酱，使用 10 瓣蒜制作而成（见第 76 页），用作配餐

蘑菇切薄片，淋上柠檬汁。用沸水烫几分钟，然后捞出控干水分。在一口锅中加热橄榄油，加入蘑菇、香草和茴香籽，加热煸炒 5 分钟。然后改用小火，让蘑菇在其原汁中加热成熟。用盐和胡椒调味，将锅从火上端离。盛入温热的餐盘中，搭配艾尤利酱一起食用。

← 蘑菇配艾尤利酱

FUNGHI PORCINI AL DRAGONCELLO

供 4 人食用

制备时间：15 分钟

加热烹调时间：25 分钟

8 个牛肝菌

50 克 / 2 盎司黄油

1 枝新鲜的龙蒿，切碎，或者 1 茶匙干龙蒿

1 颗柠檬，挤出柠檬汁，过滤

盐和胡椒

龙蒿牛肝菌 PORCINI WITH TARRAGON

将烤箱预热至 160°C/ 325°F/ 气烤箱刻度 3，烤盘内铺上锡箔纸。将牛肝菌伞盖和柄分离，菌柄放入另外一个盘内。将牛肝菌伞盖放入烤盘内，用烤箱烘烤至干燥。如果牛肝菌的伞盖非常大，可以在其表面上用刀切一个口子。在一口锅中加热熔化黄油，加入牛肝菌和龙蒿，用盐和胡椒调味，小火加热煸炒 20 分钟。洒入柠檬汁，继续加热至完全吸收，趁热食用。

FUNGHI PORCINI AL PROSCIUTTO

供 4 人食用

制备时间：30 分钟

加热烹调时间：40 分钟

800 克 / 1¾ 磅小牛肝菌

2 汤匙橄榄油

130 克 / 4½ 盎司意大利熏火腿，切丁

100 毫升 / 3½ 盎司干白葡萄酒

1 瓣蒜，切碎

1 枝新鲜的墨角兰，切细末

盐和胡椒

意大利熏火腿配牛肝菌 PORCINI WITH PROSCIUTTO

将牛肝菌伞盖和柄分离，菌柄切碎。在一口锅中加热橄榄油，放入牛肝菌柄和意大利熏火腿，用中火加热，煸炒 5 分钟。加入干白葡萄酒，加热至完全吸收。加入蒜和墨角兰，继续加热几分钟，然后加入牛肝菌伞盖。转小火加热，盖上锅盖，并不时地晃动锅，继续加热 30 分钟。用盐和胡椒调味即可。

FUNGHI PORCINI FRITTI

供 4 人食用

制备时间：20 分钟

加热烹调时间：20～30 分钟

植物油，用于油炸

普通面粉，用于挂糊

600 克 / 1 磅 5 盎司牛肝菌

1 颗鸡蛋，打散

盐

炸牛肝菌 FRIED PORCINI

在一口大号的锅中加热植物油。与此同时，将面粉装入一个塑料袋内，分批将牛肝菌放入塑料袋内，晃动塑料袋，让牛肝菌均匀地裹上面粉，然后取出牛肝菌，再裹上打散的鸡蛋。分批放入热油锅中油炸，炸至金黄色。用漏勺捞起，放在厨房纸上控净油，盛入温热的餐盘中。撒上盐，趁热食用。

FUNGHI RIPIENI

供 4 人食用

制备时间：35 分钟

加热烹调时间：15～20 分钟

2 汤匙橄榄油，另加涂刷和淋洒所需

8 个大个的栗蘑菇

3 片面包，去边

5 汤匙牛奶

1 瓣蒜

1 颗鸡蛋，略微打散

2 汤匙现擦碎的帕玛森奶酪

1 枝新鲜平叶欧芹，切碎

盐和胡椒

酿馅蘑菇 STUFFED MUSHROOMS

在一口耐热砂锅中涂橄榄油。将蘑菇伞盖和柄分离。伞盖的菌褶面朝上，放到准备好的砂锅中，蘑菇柄切碎。面包撕成小块，放入碗中，倒入牛奶浸泡。在一口锅中加热橄榄油，加入大蒜，煸炒几分钟，然后加入蘑菇柄，煸炒 5 分钟左右。用盐和胡椒调味，将锅从火上端离，取出大蒜丢弃不用。将面包中多余的牛奶挤出，与蘑菇柄、鸡蛋、帕玛森奶酪和欧芹混合均匀，用盐和胡椒重新调味。将蘑菇柄混合物酿入蘑菇伞盖中，淋上橄榄油，盖上锅盖，用中火加热 15～20 分钟即可。

香煎蘑菇，见第 572 页 →

FUNGHI TRIFOLATI
供 4 人食用
制备时间：15 分钟
加热烹调时间：40 分钟
3 汤匙橄榄油
50 克 / 2 盎司黄油
1 瓣蒜
900 克 / 2 磅牛肝菌
1 枝新鲜平叶欧芹，切碎
盐和胡椒
见第 571 页

香煎蘑菇 MUSHROOM TRIFOLATI

将橄榄油、一半黄油与大蒜放入一口锅中加热，大蒜变成褐色后取出并丢弃不用。将牛肝菌加入锅中，用大火煸炒约 30 分钟，直到锅中牛肝菌流淌出的所有汤汁全部㸆干，然后转小火加热。将欧芹与剩余的黄油在一个碗中搅拌均匀，放入锅中，用盐和胡椒调味。趁热上桌，或者放到一边静置入味，上菜之前重新用小火加热。

TESTE DI FUNGHI ALLA MONTANARA
供 4 人食用
制备时间：20 分钟
加热烹调时间：1 小时
4 个大牛肝菌
橄榄油，用于涂刷
350 毫升 / 12 盎司牛奶
1 瓣蒜
1 茶匙切碎的新鲜墨角兰
100 克 / 3½ 盎司玉米面
50 克 / 2 盎司芳提娜奶酪，切细条
盐和胡椒

野味蘑菇头 MUSHROOM CAPS MONTANARA

焗炉预热。将牛肝菌伞盖和柄分离，伞盖上刷橄榄油，用焗炉焗几分钟，然后放到一边备用。将牛肝菌柄留好，在其他食谱中使用。将牛奶倒入一口酱汁锅中，加入大蒜，用小火加热至牛奶即将沸腾的程度。取出大蒜并丢弃不用，拌入墨角兰。用玉米面制备玉米糊（见第 367 页），使用热的调味牛奶代替水。当玉米糊变得非常柔软而细滑时，用盐和胡椒调味，将锅从火上端离，并拌入芳提娜奶酪。将奶酪玉米糊酿入牛肝菌伞盖中，放到温热的餐盘中即可。

TORTINO DI FUNGHI E PATATE
供 4 人食用
制备时间：30 分钟
加热烹调时间：1 小时
40 克 / 1½ 盎司黄油
500 克 / 1 磅 2 盎司马铃薯，切薄片
500 克 / 1 磅 2 盎司牛肝菌，切片
100 克 / 3½ 盎司现擦碎的帕玛森奶酪
3 汤匙切碎的新鲜平叶欧芹
盐

蘑菇马铃薯派 MUSHROOM AND POTATO PIE

将烤箱预热至 180°C/ 350°F/ 气烤箱刻度 4。在一个耐热焗盘内加热熔化黄油，将马铃薯片和牛肝菌片分层交替放入焗盘里，每一层都撒上帕玛森奶酪、欧芹和少许盐。加入 5 汤匙水，盖上盖，放入烤箱烘烤 1 个小时。从烤箱内取出，静置 5 分钟后上桌。

豆　芽

大豆是干豆类，因此与鹰嘴豆、黄豆、小扁豆等属于同一个家族。在意大利以外的地方，大豆是以豆粉、酱汁、豆油和豆腐等普通常见的形式出现。但是在意大利，大豆以制作豆芽而闻名。大豆的品种繁多，包括黄豆，在美国应用得非常广泛；绿豆，有着更加细腻的风味；红豆，通常被认为是品质最好的大豆。在英国，绿豆芽应用得也非常广泛，并且受到普遍欢迎。豆芽最好是购买新鲜的。它们应该洁白，没有任何色斑，足够坚挺，能够掰断，而不是绵软弯曲状的。当豆芽是以袋装的方式售卖时，一定要认真核对其包装上的“保质期”。购买后的豆芽最好是当天就食用，不应该储存在冰箱里，除非是不得已而为之时。即便是将豆芽储存在冰箱里，其最长储存时间为 24～48 小时。如果你只能将豆芽储存在冰箱里的话，要将豆芽从其原包装袋内取出，放入一个玻璃盘内并盖好。清理豆芽时没有任何浪费，只需在冷水中漂洗干净即可。生食时，拌在沙拉中会非常美味可口，用来炒豆芽或者加入意大利调味饭中也非常美味。至于豆芽中的营养价值，它们含有蛋白质、维生素 A、维生素 B、维生素 C、钾、镁、钙和磷等。豆芽有助于降低血液中的胆固醇水平，豆芽中所含有的卵磷脂对中枢神经系统的恢复有益。

数量和加热烹调的时间

数　量

根据食谱具体而定。

煮豆芽

在沸水中煮 2 分钟。

GERMOGLI DI SOIA AI GAMBERETTI
供 4 人食用
制备时间：25 分钟
加热烹调时间：25 分钟
1 块去皮、无骨的鸡胸肉
400 克 / 14 盎司熟的去壳大虾
1 根芹菜茎，切片
400 克 / 14 盎司豆芽
1 汤匙芝麻
1 棵青葱，只取用绿色部分，切碎
5 汤匙老抽酱油
2 茶匙香油
盐

大虾豆芽 BEANSPROUTS WITH PRAWNS

将鸡胸肉放入淡盐水中煮约 25 分钟，直到完全成熟。捞出控干并切薄片。将鸡胸肉片、大虾、芹菜和豆芽放到一个大的浅盘内，撒上芝麻和青葱。老抽和香油放入碗中混合均匀，根据需要，可以略微加盐调味。将调好的汁淋到豆芽沙拉上，即可上桌。

GERMOGLI DI SOIA AL PARMIGIANO
供 4 人食用
制备时间：10 分钟
加热烹调时间：15 分钟
65 克 / 2½ 盎司黄油
800 克 / 1¾ 磅豆芽
40 克 / 1½ 盎司帕玛森奶酪，现擦碎
盐

帕玛森奶酪豆芽 BEANSPROUTS WITH PARMESAN

在一口平底锅中加热熔化黄油，加入豆芽，用盐调味，用小火煸炒约 10 分钟。撒上帕玛森奶酪，继续加热至奶酪熔化，然后将锅从火上端离。将豆芽盛入温热的餐盘中，趁热食用。

GERMOGLI DI SOIA PICCANTI
供 4 人食用
制备时间：20 分钟
加热烹调时间：2 分钟
400 克 / 14 盎司豆芽
3 条盐渍鳀鱼，去掉鱼头，洗净后剔取鱼肉（见第 694 页），用冷水浸泡 10 分钟后捞出控干
1 汤匙酸豆，控净汁液，漂洗干净并切碎
3 汤匙橄榄油
1 颗柠檬，挤出柠檬汁，过滤
10 粒青橄榄，分别去核，切成 4 瓣
1 汤匙新鲜平叶欧芹，切碎
盐和胡椒

鳀鱼豆芽 SPICY BEANSPROUTS

将豆芽用沸水煮 2 分钟，然后捞出控干，放入沙拉碗中。鳀鱼肉切碎，与酸豆、橄榄油和柠檬汁一起放入碗中混合均匀，用盐和胡椒调味，淋到豆芽上。加入青橄榄，撒上欧芹末即可。

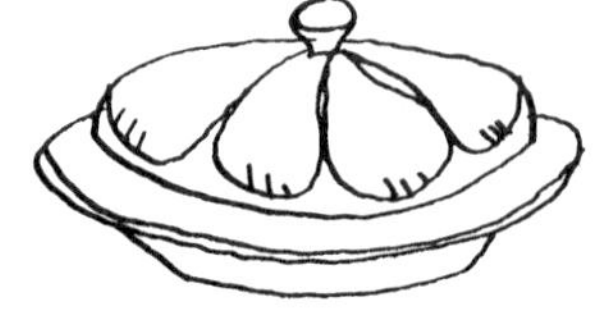

苦 苣

苦苣属于菊苣家族，市场上多见的有两种类型。皱叶苦苣，也称为法国生菜，有卷曲的叶片；阔叶苦苣，也称为巴达维亚苦苣，有更长而扁平的叶片。苦苣的底部，赋予了苦苣叶片独特的苦味，这一部分可以根据口味修整。在加热烹调时，苦苣可以保留完整的形状，或者切成两半或者四块。无论是加热烹调成熟后食用还是生食，苦苣都是烤肉类或者煎肉类无可比拟的配菜。

数 量

作为生食的配菜，可以按照每人半棵苦苣的用量提供。在加热成熟后，可以按照食谱中具体要求的用量进行安排。

煮苦苣

将苦苣放入加了盐的沸水中煮约 10 分钟。同样，苦苣也可以在焯水后放入平底锅中，加上其他的风味调料炒熟后食用。

数量
和加热烹调的时间

炸苦苣 CURLY ENDIVES IN BATTER

INDIVIA FRITTA IN PASTELLA

供 4 人食用

制备时间：25 分钟，另加 30 分钟静置用时

加热烹调时间：15～20 分钟

植物油，用于油炸

500 克 / 1 磅 2 盎司皱叶苦苣，处理备用

用于制作面糊

65 克 / 2½ 盎司普通面粉

1 颗鸡蛋，分离蛋清蛋黄

1 汤匙橄榄油

盐

制作面糊：将面粉、少许盐、蛋黄和橄榄油一起在碗中混合均匀，加入 150～175 毫升 / 5～6 盎司水，制成一种细滑且流淌状的面糊，静置 30 分钟。将蛋清在一个无油的碗中打发，切拌入面糊中。将植物油倒入大号的锅中加热。苦苣叶裹上面糊，一次一片，放入油锅中炸至金黄色。接着用漏勺捞出，放在厨房纸上控净油。将炸好的苦苣叶放到温热的餐盘中，撒上盐即可。

苦苣酿橄榄和酸豆 ESCAROLE STUFFED WITH OLIVES AND CAPERS

INDIVIA RIPIENA DI OLIVE E CAPPERI
供 4 人食用
制备时间：50 分钟
加热烹调时间：20 分钟
1.5 瓣蒜
2 棵苦苣，处理好
3 汤匙橄榄油，另加涂刷所需
50 克 / 2 盎司面包糠
80 克 / 3 盎司去核青橄榄，切片
25 克 / 1 盎司酸豆，控净汁液并漂洗干净
1 枝新鲜平叶欧芹，切碎
盐和胡椒

将整瓣的大蒜切末。苦苣洗净，保留一些没有沥干的水分，与 2 汤匙的橄榄油和一些大蒜末一起放入平底锅中煸炒。用盐和胡椒调味。盖上锅盖，用小火加热 15 分钟。与此同时，将烤箱预热至 180°C/ 350°F/ 气烤箱刻度 4，耐热焗盘里涂橄榄油。在一口酱汁锅中加热剩余的橄榄油，加入面包糠和剩余的大蒜末，加热煸炒，直到面包糠变成金黄色。取出大蒜并丢弃不用，然后加入青橄榄、酸豆和欧芹。将苦苣的叶片轻轻分开。将大部分面包糠混合物酿入苦苣叶片中，并将叶片恢复成原状。放入准备好的焗盘内，撒上剩余的面包糠。烤箱烘烤约 20 分钟即可。

苦苣泥 CURLY ENDIVE PURÉE

PURÈ DI INDIVIA
供 4 人食用
制备时间：15 分钟
加热烹调时间：40 分钟
1 千克 / 2¼ 磅皱叶苦苣，处理好
80 克 / 3 盎司黄油
少许糖（可选）
25 克 / 1 盎司普通面粉
500 毫升 / 18 盎司牛奶
盐和胡椒

将皱叶苦苣放入加了盐的沸水中煮约 10 分钟，成熟后捞出控干并切碎。将一半黄油放入一口锅中加热熔化，加入切碎的皱叶苦苣，煸炒到变得非常柔软——几乎呈泥蓉状，根据需要，可以加入适量水。用盐和胡椒调味，尝尝味道，如果特别苦，可以加入少许糖。与此同时，利用剩余的黄油、面粉和牛奶制作白汁（见第 58 页）。当酱汁制作好之后，将锅从火上端离，拌入皱叶苦苣即可。

菊　苣

菊苣，有着独具特色的细长形状，夹带着一抹黄色，头部是白色叶片状。其叶片有着一股细腻的苦味。为了降低其苦涩的味道，可以将菊苣在沸水中煮几分钟。清理菊苣时，可以将其粗糙的或者枯萎的叶片去掉，用一把锋利的小刀将其根部去掉。接着整个清洗干净而无须打开叶片。菊苣可以用来制作沙拉生食，可以煮熟后配各种酱汁食用，还可以炖熟或者烤熟后食用。

数量

和加热烹调的时间

数　量

作为沙拉食用时，可以按照每人一棵中等大小的菊苣供应。

焖菊苣

菊苣焯水后放入锅里，加上黄油和橄榄油，盖上锅盖，用小火焖至成熟。

生食菊苣

将菊苣叶一片片掰下来，因为它们的形状像小船，可以填入金枪鱼和鲑鱼慕斯等。

布拉格火腿菊苣 CHICORY WITH PRAGUE HAM

INDIVIA BELGA AL PROSCIUTTO DI PRAGA

供 4 人食用

制备时间：35 分钟

加热烹调时间：15 分钟

黄油，用于涂抹

4 棵菊苣，处理备用

4 片大布拉格火腿（Prague ham）或者其他风味的烟熏火腿

250 毫升 / 8 盎司白汁（见第 58 页）

少许现擦碎的肉豆蔻

150 毫升 / ¼ 品脱牛肉高汤（见第 248 页）

4 汤匙现擦碎的帕玛森奶酪

盐和胡椒

见第 578 页

将烤箱预热至 180°C/ 350°F/ 气烤箱刻度 4。在一个耐热焗盘里涂抹黄油。将每棵菊苣分别用一片布拉格火腿片包好，放入准备好的焗盘内。用盐和胡椒调味，将白汁淋到菊苣上，并撒上肉豆蔻。接着倒入高汤，撒上帕玛森奶酪粉。放入烤箱烘烤 15 分钟。从烤箱内将焗盘取出后静置 5 分钟即可。

烤菊苣 BAKED CHICORY

INDIVIA BELGA IN TEGLIA
供 4 人食用
制备时间：15 分钟
加热烹调时间：30 分钟
黄油，用于涂抹
800 克 / 1¾ 磅菊苣，处理备用
200 毫升 / 7 盎司牛奶
200 毫升 / 7 盎司蔬菜高汤（见第 249 页）
盐和胡椒

将烤箱预热至 180°C/ 350°F/ 气烤箱刻度 4。在一个耐热焗盘里涂黄油。每个菊苣都切成 4 瓣，放到准备好的焗盘内。用盐和胡椒调味，倒入牛奶和高汤，然后放入烤箱烘烤 30 分钟，或者一直烘烤到汤汁几乎完全熣干即可。

肉豆蔻烤菊苣 BAKED CHICORY WITH NUTMEG

INDIVIA BELGA IN TEGLIA ALLA NOCE MOSCATA
供 4 人食用
制备时间：20 分钟
加热烹调时间：15 分钟
黄油，用于涂抹
800 克 / 1¾ 磅菊苣，处理备用
80 克 / 3 盎司面包糠
少量的现擦碎的肉豆蔻
盐

将烤箱预热至 180°C/ 350°F/ 气烤箱刻度 4。在一个耐热焗盘里涂黄油。将菊苣放入蒸锅中，蒸约 10 分钟。取出后将每棵菊苣分别切成两半，放入准备好的焗盘内。用盐调味，撒上面包糠和肉豆蔻。放入烤箱内烤 15 分钟，烤至金黄色即可。

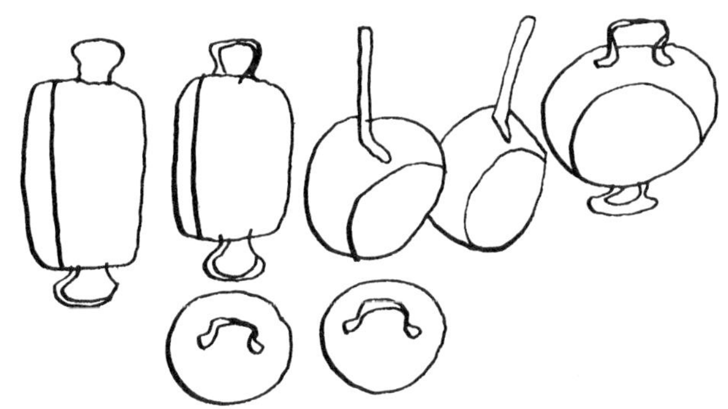

← 布拉格火腿菊苣，见第 577 页

沙 拉

尽管以下几页主要讲的是生食的沙拉，但是你不应该认为它们只是包括生菜、菊苣、红菊苣、皱叶苦苣和苦苣沙拉等。在这里，沙拉的意思是指所有的食物——不管是生的还是熟的——可以淋上使用油、醋和盐调成的沙拉汁。因此你可以使用米饭、蟹肉、小扁豆、鸡肉、芦笋，以及其他各种沙拉。给沙拉制作调味汁是一门艺术，需要高超的手艺。恰如其分地搅拌沙拉也是厨艺的体现。沙拉应用双手轻缓搅拌，因为金属勺子可能损伤叶片。而那些不想使用双手拌沙拉的人可以选择使用木制的器皿。沙拉碗应足够大，最好是玻璃碗或者瓷碗。最经典的沙拉汁是使用盐、醋和油制作而成的，在客人点餐后制作，给客人上菜之前淋入沙拉，这样沙拉就可以保持脆嫩。但是，各种各样的沙拉汁数不胜数，还有各种不同种类的油和醋，每一种都有自己不同的芳香和风味。柠檬汁同样使用广泛，根据使用目的不同，在口味上有许多不同的变化。

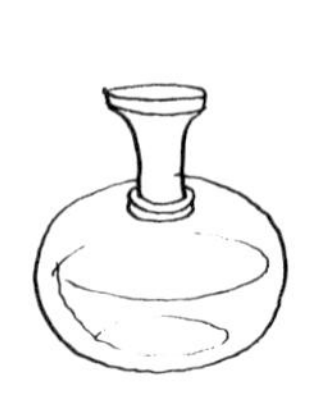

球串鲑鱼沙拉 SALMON SALAD WITH ‘BEADS’

INSALATA AL SALMONE E ‘PERLINE’

供 4 人食用

制备时间：40 分钟

1 棵野生蒲公英，清理备用
2 棵小生菜，清理备用
1 棵皱叶苦苣
1 把小萝卜，切薄片
1 棵青葱，切薄片
150 克 / 5 盎司烟熏鲑鱼，切条
1 颗柠檬，挤出柠檬汁，过滤
100 毫升 / 3½ 盎司橄榄油
50 克 / 2 盎司里考塔奶酪
1 枝新鲜平叶欧芹，切碎
½ 茶匙切碎的新鲜莳萝
盐和胡椒

将所有的叶类蔬菜放入沙拉碗中，放入小萝卜、青葱和烟熏鲑鱼。将柠檬汁和橄榄油放入一个碗中搅拌均匀，用盐和胡椒调味。将调好的沙拉汁淋到沙拉上并搅拌均匀。里考塔奶酪放入另外一个碗中，拌入欧芹和莳萝。用手将里考塔奶酪卷成“珠子”形。将这些“珠子”撒入沙拉上即可。

球串鲑鱼沙拉 →

什锦沙拉配石榴 MIXED SALAD WITH POMEGRANATE

INSALATA CON MELAGRANA
供 4 人食用
制备时间：30 分钟

1 个石榴
2 根胡萝卜，切细条
1 把野苣，清理备用
1 把芝麻菜，清理备用
1 把嫩菠菜，清理备用
100 毫升 / 3½ 盎司橄榄油
1～2 汤匙香脂醋
半个橙子，挤出橙汁，过滤
盐

在石榴的一端切下来一个薄片，朝上摆放好，用刀切下石榴皮。拿起石榴，在石榴的下面放一个碗，用手指将切去石榴皮的部分掰开，并将石榴籽拨到碗中。去掉石榴籽上所有的薄膜。将胡萝卜、野苣、芝麻菜和菠菜放入沙拉碗中。橄榄油、香脂醋和橙汁放入另外一个碗中，加盐调味并搅拌。将制作好的沙拉汁洒到沙拉上并轻轻搅拌均匀。最后淋上石榴籽即可。

鳄梨沙拉 AVOCADO SALAD

INSALATA DI AVOCADO
供 4 人食用
制备时间：30 分钟

2 个鳄梨
1 颗柠檬，挤出柠檬汁，过滤
2 个橘子
1 棵长叶生菜
2 颗番茄，切片
1 棵青葱，切片
2 枝新鲜平叶欧芹，切碎
2 茶匙第戎芥末
6 汤匙橄榄油
盐和胡椒

鳄梨去皮，切成两半并去核切片，淋上柠檬汁。橘子去皮，去掉橘子上所有的橘络，然后将橘子切片。在 4 个餐盘中分别摆放一堆生菜叶。再摆上一层番茄和青葱，然后摆放一圈鳄梨片，最上面放橘子片，并撒上欧芹。将芥末和橄榄油放入碗中混合均匀，用盐和胡椒调味，淋到沙拉上即可。

风干牛肉配野苣 BRESAOLA WITH LAMB'S LETTUCE

INSALATA DI BRESAOLA E SONGINO
供 4 人食用
制备时间：25 分钟

150 克 / 5 盎司野苣
2 个圆茴香块根，处理好，切成两半后再切薄片
150 克 / 5 盎司风干牛肉，切薄片
1 根芹菜茎，切细条
1 个蛋黄
3 汤匙香脂醋
100 毫升 / 3½ 盎司橄榄油
盐和胡椒

在 4 个餐盘中分别摆好一堆野苣叶，将茴香块根呈扇面形放到生菜叶上。将风干牛肉放到最上面，撒上芹菜条。将蛋黄、香脂醋和橄榄油在一个碗中搅拌均匀，并用盐和胡椒调味，然后放入酱汁碗中。沙拉与酱汁一起上桌。

什锦沙拉配石榴 ➔

INSALATA DI CAVOLO CAPPUCCIO
供 4 人食用
制备时间：35 分钟
半颗白卷心菜，去掉核，切丝
2 根胡萝卜，切细条
1 根芹菜茎，切细条
1 棵青葱，切薄片
1 枝新鲜平叶欧芹叶，切碎
120 毫升 / 4 盎司蛋黄酱（见第 77 页）
1 茶匙伍斯特酱汁
盐和胡椒

白卷心菜沙拉 WHITE CABBAGE SALAD

将卷心菜放入沙拉碗中，加入胡萝卜和芹菜。撒上青葱和欧芹，用盐和胡椒调味并轻拌。将蛋黄酱和伍斯特酱汁在一个碗中搅拌均匀，倒入沙拉中，轻轻搅拌即可。

INSALATA DI CETRIOLI
供 4 人食用
制备时间：35 分钟
加热烹调时间：5 分钟
3 根小黄瓜，切片
2 个梨
1 颗柠檬，挤出柠檬汁，过滤
200 克 / 7 盎司菲达奶酪，切丁
1 枝新鲜的百里香，切碎
4 汤匙橄榄油
1 汤匙香脂醋
盐和胡椒

黄瓜沙拉 CUCUMBER SALAD

用加了盐的沸水将黄瓜烫煮几分钟，然后捞出用冷水过凉。在一块茶巾上摊开并拭干。梨去皮去核，然后切薄片，淋上柠檬汁。在 4 个餐盘中分别用黄瓜片摆一个环形，再摆放一圈梨片，然后再摆放一圈黄瓜片，以此类推，最后摆放一圈菲达奶酪。撒上百里香。将橄榄油和香脂醋在一个碗中混合均匀，用盐和胡椒调味，将制作好的酱汁淋到沙拉上即可。

INSALATA DI MAIS E RADICCHIO
供 4 人食用
制备时间：20 分钟
100 克 / 3½ 盎司嫩菠菜叶，切碎
3 棵特雷维索红菊苣（Treviso radicchio），切碎
100 克 / 3½ 盎司烟熏火腿，切丁
200 克 / 7 盎司罐装甜玉米，捞出控净汁液
1 颗柠檬，挤出柠檬汁，过滤
100 毫升 / 3½ 盎司橄榄油
盐

甜玉米红菊苣沙拉 SWEETCORN AND RADICCHIO SALAD

将菠菜和红菊苣放入沙拉碗中，加上火腿和甜玉米。将少许盐放入碗中，加入柠檬汁，搅拌至盐完全溶化，然后将橄榄油搅拌加入。将制作好的沙拉酱汁淋到沙拉上并轻轻搅拌均匀即可。

INSALATA DI OVOLI CRUDI ALLA MAGGIORANA
供 4 人食用
制备时间：10 分钟
400 克 / 14 盎司凯撒蘑菇，清理备用
半颗柠檬，挤出柠檬汁，过滤
1 枝新鲜墨角兰，切碎
橄榄油，用于淋洒
盐

墨角兰凯撒蘑菇沙拉 CAESAR'S MUSHROOM SALAD WITH MARJORAM

将蘑菇切薄片，放入碗中，加入柠檬汁和墨角兰。用盐调味，淋上橄榄油，轻轻搅拌均匀即可。

菠菜扇贝沙拉 SPINACH AND SCALLOP SALAD

将扇贝扁平的那一面朝上摆放好，牡蛎刀插入两个外壳之间的缝隙处，撬开后切掉上部外壳的肉。打开外壳，将刀从底部的外壳上划过，切断扇贝底部的肉。取出扇贝中白色的肉，其余部分丢弃不用。在一口小号的酱汁锅中加热 1 汤匙的橄榄油，加入扇贝肉，然后倒入葡萄酒，加热至完全吸收。用盐和胡椒调味，将锅从火上端离。菠菜和番茄放入沙拉碗中。柠檬去皮，并去掉柠檬上所有白色的纹络，切丁后加入沙拉中。将红葱头、欧芹、醋和剩余的橄榄油在一个碗中混合均匀，用盐和胡椒调味。将制作好的酱汁淋到沙拉中并轻轻搅拌均匀。最后加入扇贝肉即可。

INSALATA DI SPLINACI E CAPPESANTE
供 4 人食用
制备时间：40 分钟
加热烹调时间：4～5 分钟
8 个扇贝
6 汤匙橄榄油
100 毫升 / 3½ 盎司白葡萄酒
300 克 / 11 盎司嫩菠菜叶，去掉较老的茎
8 颗樱桃番茄，切成两半
1 颗柠檬
1 颗红葱头，切碎
1 枝新鲜平叶欧芹，切碎
2 汤匙红葡萄酒醋
盐和胡椒

菠菜和蘑菇沙拉 SPINACH AND MUSHROOM SALAD

在蘑菇上淋少许柠檬汁，放入沙拉碗中。加入菠菜和松子仁。将橄榄油和剩余的柠檬汁放入碗中搅拌均匀，用盐和胡椒调味。将制作好的沙拉酱汁淋到沙拉上，轻轻搅拌均匀即可。

INSALATA DI SPINACI E FUNGHI
供 4 人食用
制备时间：25 分钟
150 克 / 5 盎司蘑菇，切薄片
1 颗柠檬，挤出柠檬汁，过滤
300 克 / 11 盎司菠菜，去掉较老的茎
25 克 / 1 盎司松子仁
4 汤匙橄榄油
盐和胡椒

火鸡豆子沙拉 TURKEY AND BEAN SALAD

在一口平底锅中加热 3 汤匙的橄榄油，加入火鸡胸肉，用中火加热，煸炒至呈金黄色。用盐和胡椒调味后从锅中取出。将酸豆与欧芹一起切碎，放入沙拉碗中，加入火鸡胸肉、青葱和红莓豆。将芥末、剩余的橄榄油和醋放入碗中混合均匀，用盐和胡椒调味。将制作好的酱汁淋到沙拉上，轻轻搅拌均匀即可。

INSALATA DI TACCHINO E FAGIOLI
供 4 人食用
制备时间：25 分钟
加热烹调时间：10～15 分钟
7 汤匙橄榄油，另加制作酱汁所需
250 克 / 9 盎司去皮、去骨的火鸡胸肉，切条
1 汤匙酸豆，捞出控净汁液并漂洗干净
1 枝新鲜平叶欧芹
1 棵青葱，切薄片
350 克 / 12 盎司罐装红莓豆，捞出控净汁液并漂洗干净
1½ 茶匙第戎芥末
1 汤匙红葡萄酒醋
盐和胡椒

INSALATA DI TREVISANA AI FUNGHI

供 4 人食用

制备时间：20 分钟

3 棵特雷维索红菊苣，清理备用

300 克 / 11 盎司蘑菇

1 颗柠檬，挤出柠檬汁，过滤

200 克 / 7 盎司野苣，清理备用

1 把蒲公英叶，清理备用

4 汤匙橄榄油

盐和胡椒

特雷维索红菊苣蘑菇沙拉 TREVISO RADICCHIO SALAD WITH MUSHROOMS

在 4 个餐盘中分别将红菊苣叶堆成一堆。将蘑菇切片，淋少许柠檬汁，呈扇面形放到红菊苣叶上。加入野苣和蒲公英叶。将橄榄油和 2 汤匙剩余的柠檬汁搅拌均匀，用盐和胡椒调味。轻轻将调好的酱汁淋到沙拉上即可。

INSALATA DI TREVISANA AI GAMBERETTI

供 4 人食用

制备时间：30 分钟

3 棵特雷维索红菊苣，清理备用

2 个鳄梨

1 颗柠檬，挤出柠檬汁，过滤

300 克 / 11 盎司熟大虾，去壳和虾线

200 克 / 7 盎司罐装棕榈心，捞出并控净汁液，漂洗干净后切片

2 汤匙橄榄油

1 枝新鲜的百里香，切碎

1 枝新鲜的墨角兰，切碎

1 枝新鲜平叶欧芹，切碎

盐和胡椒

特雷维索红菊苣大虾沙拉 TREVISO RADICCHIO AND PRAWN SALAD

在 4 个餐盘中分别将红菊苣叶堆成一堆。鳄梨去皮，切成两半后去核切片，淋上一些柠檬汁以防止其变色，放在红菊苣叶上摆成环状。上面再放大虾，最后放棕榈心。将 2 汤匙剩余的柠檬汁和橄榄油在一个碗中搅拌均匀，用盐和胡椒调味，再拌入百里香、墨角兰和欧芹。将调好的酱汁淋到沙拉上即可。

INSALATA GIALLA AL MAIS

供 4 人食用

制备时间：25 分钟，另加 30 分钟静置用时

半颗金冠苹果

1 颗柠檬，挤出柠檬汁，过滤

50 克 / 2 盎司熟化好的佩科里诺奶酪，切丁

2 根胡萝卜，切细条

250 克 / 9 盎司罐装甜玉米，捞出控净汁液

200 克 / 7 盎司豆芽

5 个小萝卜，切片

2 汤匙橄榄油

盐和白胡椒粉

黄沙拉配甜玉米 YELLOW SALAD WITH SWEETCORN

苹果去皮、去核并切丁，淋上一半用量的柠檬汁，放入沙拉碗中。加入佩科里诺奶酪、胡萝卜、甜玉米、豆芽和小萝卜。将橄榄油和剩余的柠檬汁在一个碗中搅拌均匀，用盐和白胡椒粉调味。将制作好的沙拉酱汁淋到沙拉上，轻轻拌匀，放在阴凉的地方静置约 30 分钟之后即可上桌。

特雷维索红菊苣大虾沙拉 →

夏威夷沙拉 HAWAIIAN SALAD

将大虾、甜玉米、红甜椒和青椒一起放入沙拉碗中。菠萝纵切两半，保持其叶片连在一起。用一把锋利的小刀将菠萝肉挖出来，保留约5毫米 / ¼英寸的菠萝肉在“菠萝外壳”中。保留外壳。将菠萝心去掉，将其中一个菠萝的肉切丁。放入沙拉中，将其放在阴凉的地方。将柠檬汁、橄榄油和塔瓦斯科辣椒酱在一个碗中混合均匀，用盐和胡椒调味，上菜之前将沙拉汁淋到沙拉上。轻轻拌和，用勺盛入“菠萝外壳”中。放到餐盘中，用少许水田芥叶装饰即可。

INSALATA HAWAIANA
供 4 人食用
制备时间：40 分钟

200 克 / 7 盎司熟大虾，去壳和虾线
200 克 / 7 盎司罐装甜玉米，捞出控净汁液
1 个红甜椒，切成两半，去籽，切丁
半根青椒，切成两半，去籽，切丁
2 个小菠萝
1 颗柠檬，挤出柠檬汁，过滤
4 汤匙橄榄油
少许塔瓦斯科辣椒酱
盐和胡椒
水田芥叶，用于装饰

什锦金枪鱼沙拉 MIXED TUNA SALAD

将红莓豆、芝麻菜、红菊苣、红甜椒、芹菜、茴香块根和番茄一起放入沙拉碗中。加入金枪鱼和黑橄榄。将橄榄油、牛至、少许盐和胡椒放在一个碗中搅拌均匀，淋到沙拉上，轻拌即可。

INSALATA MISTA AL TONNO
供 4 人食用
制备时间：30 分钟

250 克 / 9 盎司红莓豆，捞出控净汁液并漂洗干净
1 棵芝麻菜，清理备用
1 棵红菊苣，清理备用
1 个红甜椒，切成两半，去籽，切条
1 根芹菜茎，切细条
1 个圆形茴香块根，清理后，切薄片
2 颗番茄，切块
250 克 / 9 盎司罐装油浸金枪鱼，捞出控净汤汁，掰成块
50 克 / 2 盎司去核黑橄榄
4 汤匙橄榄油
少许干牛至
盐和胡椒

丰饶沙拉 RICH SALAD

将鳄梨去皮，切成两半后去核，再切薄片，淋上一些柠檬汁。将鳄梨片、苦苣、红菊苣、松子仁和棕榈心一起放入沙拉碗中。将橄榄油、辣酱油和剩余的柠檬汁放入碗中搅拌均匀，并用盐和胡椒调味。将制作好的沙拉汁淋到沙拉上轻拌即可。

INSALATA RICCA
供 4 人食用
制备时间：25 分钟

1 个鳄梨
1 颗柠檬，挤出柠檬汁，过滤
1 棵皱叶苦苣，切碎
1 棵红菊苣，切条
40 克 / 1½ 盎司松子仁
300 克 / 11 盎司罐装棕榈心，捞出控净汁液，漂洗干净并切片
4 汤匙橄榄油
1 茶匙辣酱油
盐和胡椒

← 丰饶沙拉

西西里风味沙拉 SICILIAN SALAD

INSALATA SICILIANA
供 4 人食用
制备时间：35 分钟，另加浸泡用时
1 棵青葱，清理后，用冷水浸泡
4 根小胡萝卜，清理后，用冷水浸泡
2 个香橼
2 把芝麻菜，清理备用
2 棵阔叶苦苣，清理备用
2 把野苣，清理备用
50 克 / 2 盎司豆芽
1 颗柠檬，挤出柠檬汁，过滤
4 汤匙橄榄油
1 枝新鲜平叶欧芹，切碎
盐和胡椒

将青葱和小胡萝卜从水里捞出，控干水分后切薄片。去掉香橼的外皮和白色的筋膜，切片。将青葱、小胡萝卜、香橼、芝麻菜、阔叶苦苣、野苣和豆芽一起放入沙拉碗中。柠檬汁、少许盐和胡椒在一个碗中搅拌均匀，然后将橄榄油逐渐地搅拌加入。拌入欧芹。将制作好的沙拉酱汁淋到沙拉中，轻拌之后立刻上桌。

酸豆沙拉 CAPER SALAD

INSALATINA AI CAPPERI
供 4 人食用
制备时间：20 分钟
1 把蒲公英叶，清理备用
1 棵皱叶生菜，例如红叶生菜等，清理备用
1 根胡萝卜，切细条
1 个圆茴香块根，切薄片
4 汤匙橄榄油
2 汤匙红葡萄酒醋
2 汤匙酸豆，捞出控净汤汁并漂洗干净
6 片新鲜的罗勒叶，切碎
盐

将蒲公英和生菜叶切细条，放入沙拉碗中。加入胡萝卜和茴香块根。将橄榄油和醋在一个碗中搅拌均匀，用盐调味。将酸豆和罗勒放入沙拉中，淋上酱汁，轻拌即可。

生　菜

生菜是最广为人知，也是最受欢迎的蔬菜类之一。圆生菜，有着柔软而口感清淡的叶片，形状几乎是圆球形；长形生菜，例如长叶生菜，有着细长而脆嫩的叶片和非常大的头部；而松叶片种类的生菜，则属于早期生菜，在切割之后还会重新生长出来。它们在清新爽口的沙拉中深受欢迎，加热成熟之后，据说还能缓解消化系统紊乱并有益于睡眠。生菜还以能够降低性欲而著称，如果说这是基于植物汁液的特性，那么按照正常分量供应的生菜不足为惧。生菜对人体真正的益处在于其卡路里含量非常低，与此同时给我们提供了大量的维生素和矿物质。据说生菜的汁液有镇咳之效。奶油生菜汤非常美味可口，而生菜与青豆一起炒，可以制成美味的配菜。将生菜加入汤里时，可以将其切条或者搅打成泥蓉状，以增强其风味。

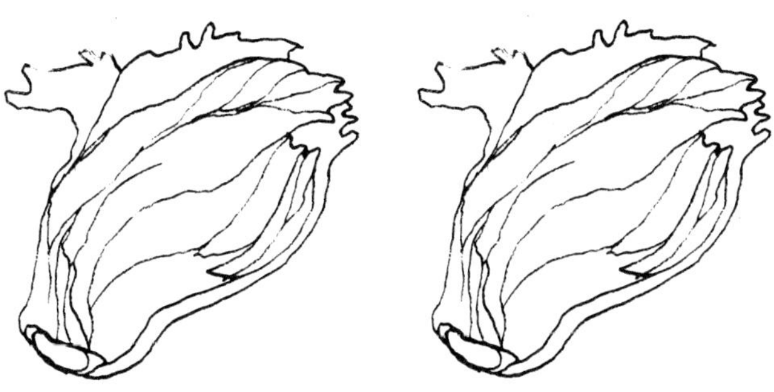

数量和加热烹调的时间

数　量

一个中等大小的生菜，在沙拉中生食时，足以供2～3个人食用。

煮生菜

用加了盐的沸水煮20分钟。

CUORI DI LATTUGA ALLE ERBE
供 4 人食用
制备时间：15 分钟，另加 10 分钟静置用时
4 棵生菜心
1 汤匙第戎芥末
2 汤匙香脂醋
5～6 汤匙橄榄油
1 枝新鲜的龙蒿，切碎
4 棵新鲜的香葱，切碎
1 枝新鲜的雪维菜，切碎
盐和胡椒

香草生菜心 LETTUCE HEARTS WITH HERBS

将生菜心分别切成 4 瓣，放到沙拉碗中。芥末和香脂醋在一个碗中混合均匀，用盐和胡椒调味。将橄榄油逐渐地搅拌加入。将香草撒到生菜上，淋上沙拉酱汁。轻轻拌好，静置 10 分钟后即可。

LATTUGA BRASATA CON PANCETTA
供 4 人食用
制备时间：30 分钟
加热烹调时间：25 分钟
4 棵生菜，清理备用
200 克 / 7 盎司意式培根
40 克 / 1½ 盎司黄油
1 颗红葱头，切片
1 根胡萝卜，切碎
150 毫升 / ¼ 品脱牛肉高汤（见第 248 页）
盐

意式培根炖生菜 BRAISED LETTUCE WITH PANCETTA COPPATA

将生菜用加了盐的沸水煮几分钟，然后捞出控干，用厨房纸拭干后剁碎。切出 12 片意式培根，在每片意式培根上都堆上一堆生菜，卷起并分别用牙签固定好。剩余的意式培根切碎。将一半的黄油放入锅中加热熔化，加入红葱头、胡萝卜和切碎的意式培根。加入卷好的意式培根卷，煎炒直到呈淡褐色，然后倒入高汤，用小火加热 10 分钟。加入剩余的黄油和少许盐，搅拌均匀后转大火加热几分钟。将意式培根卷盛入温热的餐盘中，淋上锅中的汁液即可。

LATTUGA RIPIENA
供 4 人食用
制备时间：40 分钟
加热烹调时间：30 分钟
1 片厚面包，去边
100 毫升 / 3½ 盎司牛奶
100 克 / 3½ 盎司肉馅
100 克 / 3½ 盎司香肠肉
1 汤匙现擦碎的帕玛森奶酪
1 颗鸡蛋，打散
4 棵圆生菜
50 克 / 2 盎司猪肥肉
3 汤匙橄榄油
40 克 / 1½ 盎司黄油
盐和胡椒

酿生菜 STUFFED LETTUCE

将面包片撕成小块，放入碗中，加入牛奶浸泡 10 分钟，然后捞出并挤净牛奶。肉馅、香肠、面包和帕玛森奶酪放入碗中混合均匀，用盐和胡椒调味。加入鸡蛋并搅拌均匀。将生菜的外层叶片掰下不用，取来部分生菜心。生菜洗净后用加了盐的沸水煮 3 分钟。捞出控干，将生菜叶片慢慢打开，酿入调好的肉馅，重新将生菜叶恢复原样，并用棉线将生菜叶的顶部捆好。在一口耐热砂锅中铺一层猪肥肉，将酿馅生菜摆放在猪肥肉上。倒入橄榄油，撒上黄油颗粒，加入 100 毫升 / 3½ 盎司水。盖上锅盖，用中火加热约 30 分钟即可。

香草生菜心 →

小扁豆

小扁豆虽然个头小，但却极富营养。它们含有大量的钙、磷和铁。小扁豆有几种不同的种类。在意大利，最为有名的是翁布里亚小扁豆，味道特别美味，种植在诺尔恰省的卡斯特卢乔高地一带。小个头、呈暗绿色，在加热烹调成熟后还会保持原状。橙色的小扁豆，在加热烹调时会比其他种类的小扁豆更容易成熟，在意大利被称为埃及小扁豆。就如同所有的干豆类一样，小扁豆在加热烹调之前，可以用冷水浸泡几个小时。但是不要浸泡过久，否则它们会生芽。在浸泡的过程中，将漂浮在表面的小扁豆拣出并丢弃不用。小扁豆本身可以制作一系列的菜肴，包括汤菜和配菜等。它们可以热食，加上用盐、醋、油和罗勒叶调配好的汁拌和后食用。可以作为头盘，用于夏日午餐或者在一年中的任何时间内都可以使用。

数量
和加热烹调的时间

数 量

小扁豆可以按照每人 65～80 克 / 2½～3 盎司的用量提供。

煮扁豆

浸泡、控净并漂洗小扁豆。将小扁豆放入一口酱汁锅中，加入没过小扁豆的水、1 根芹菜茎、胡萝卜和小颗洋葱，加热煮沸。然后改用小火继续加热约 1 小时 30 分钟，根据需要可以再加入适量热水，以防止小扁豆变干。小扁豆成熟后，加盐调味即可。

香肠小扁豆 LENTILS WITH SAUSAGES

LENTICCHIE CON SALSICCIA
供 4 人食用
制备时间：10 分钟，另加 3 小时浸泡用时
加热烹调时间：1 小时 30 分钟

250 克 / 9 盎司小扁豆，用冷水浸泡 3 小时后捞出控干
1 根芹菜茎
1 根胡萝卜
1 小颗洋葱
8 根小意式香肠
2 汤匙橄榄油
6 片新鲜的鼠尾草叶片
1 瓣蒜

将小扁豆放入一口酱汁锅中，加入没过小扁豆的水，加入芹菜、胡萝卜和洋葱。煮沸后转小火加热约 1 小时 30 分钟。将香肠放入一口锅里，加上 2 汤匙水，用叉子将香肠外皮戳出一些洞，继续加热煮 10 分钟，直到香肠变成褐色。与此同时，在另外一口锅中加热橄榄油，加入鼠尾草和大蒜，用小火加热到大蒜变成金黄色。取出大蒜并丢弃不用。小扁豆控净水，连同香肠一起加入橄榄油锅中，混合均匀即可。

香肠小扁豆 →

LENTICCHIE IN UMIDO
供 4 人食用
制备时间：15 分钟，另加 3 小时浸泡用时
加热烹调时间：1 小时 45 分钟

250 克 / 9 盎司小扁豆，用冷水浸泡 3 小时后捞出并控净水
2 汤匙橄榄油
25 克 / 1 盎司黄油
1 片新鲜的鼠尾草，切碎
25 克 / 1 盎司意式培根，切碎
1 根胡萝卜，切碎
1 根芹菜茎，切碎
1 颗洋葱，切碎
500 毫升 / 18 盎司番茄糊
盐和胡椒

小扁豆配番茄酱汁 LENTILS IN TOMATO SAUCE

将小扁豆放入一口酱汁锅中，加入没过小扁豆的水，加热煮沸。然后改用小火继续加热约 1 小时 30 分钟。在一口锅中加热橄榄油和黄油，加入鼠尾草、意式培根、胡萝卜、芹菜和洋葱，小火煸炒 5 分钟。加入番茄糊，用盐和胡椒调味，并用小火继续加热 15 分钟。小扁豆控净水，倒入锅中，混合均匀，用小火继续加热 10 分钟。盛入温热的餐盘中即可。

LENTICCHIE STUFATE AL BACON
供 4 人食用
制备时间：10 分钟，另加 3 小时浸泡用时
加热烹调时间：1 小时 30 分钟

300 克 / 11 盎司小扁豆，用冷水浸泡
1 根胡萝卜
1 根芹菜茎
100 克 / 3½ 盎司切片培根
1 瓣蒜
1 颗洋葱
盐

培根小扁豆 LENTILS WITH BACON

将小扁豆放入一口酱汁锅中，加入没过小扁豆的水，加入胡萝卜和芹菜，加热煮沸。加入培根、大蒜和洋葱，盖上锅盖，转小火加热约 1 小时 30 分钟。取出并去掉蔬菜。取出培根，切条后放回锅中，用盐调味。这种配菜也可以制成味道浓郁的汤菜。

PURÈ DI LENTICCHIE
供 4 人食用
制备时间：15 分钟，另加 3 小时浸泡用时
加热烹调时间：1 小时 45 分钟

300 克 / 11 盎司小扁豆，用冷水浸泡 3 小时后捞出并控净水
1 根胡萝卜
1 根芹菜茎
200 毫升 / 7 盎司双倍奶油
25 克 / 1 盎司黄油
盐和白胡椒

小扁豆泥 LENTIL PURÉE

将小扁豆放入一口酱汁锅中，加入没过小扁豆的水，加入芹菜和胡萝卜，加热煮沸。改用小火继续加热约 1 小时 30 分钟。捞出小扁豆，用食物研磨机研磨并放入一口干净的锅中，用盐调味。小火加热，拌入双倍奶油，将小扁豆泥加热至期望的浓稠程度。将锅从火上端离，拌入黄油，用盐和白胡椒调味。

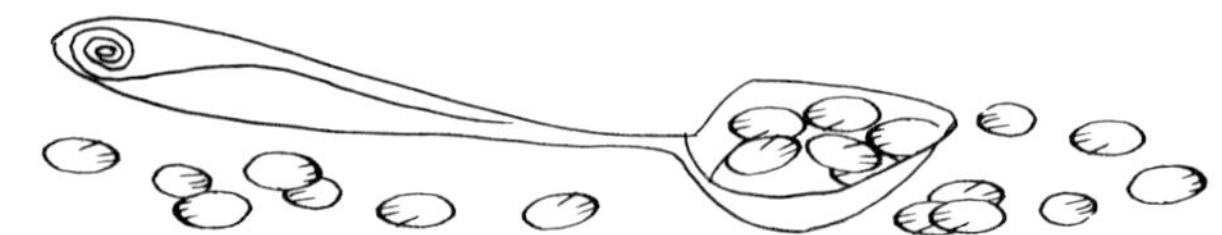

茄 子

茄子原产于印度，圆形的佛罗伦萨维奥莱塔茄子和那不勒斯隆加维奥莱塔茄子，长形的里米尼维奥莱塔茄子，隆加内拉基奥贾茄子和黑美人茄子等，只是众多茄子品种中的一些。名气较小一些，但是同样美味的是白色的茄子。在制备茄子时，并不一定要在茄子上撒盐控30分钟，现代的茄子品种通常不会带有苦涩的汁液。但是，经过盐渍的茄子风味更加诱人，并且有助于降低茄子吸收油脂的量。如果对此有疑问，可以按照食谱的说明尝试操作。

数 量

根据食谱要求，可以按照每人约200克/7盎司的量提供。

煮茄子

茄子不需要煮，但是可以先切片，在放入油锅中加热烹调之前先用水和醋焯过。

用小火加热煸炒

平底锅用小火加热，加入大蒜、油、盐和茄丁煸炒。这个加热的过程需要约20分钟。

数量
和加热烹调的时间

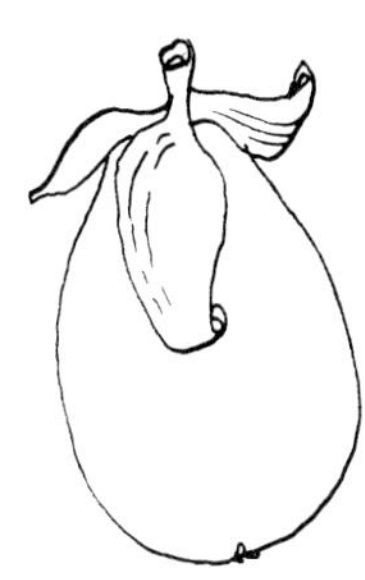

茄子酱 AUBERGINE CAVIAR

将茄子的两端切掉，然后放入加了盐的沸水中煮至熟透。放入过滤器中，让其尽可能地控净水，但是不要让茄子完全冷却。茄子去皮，茄子肉放入碗中，用制作马铃薯泥的工具捣成泥，同样，你也可以使用食物研磨器将茄子肉研磨成泥。拌入柠檬汁和橄榄油，加入盐和胡椒调味。混合均匀之后让其冷却。用番茄片装饰，配涂抹黄油的烤面包片一起食用。将茄子酱装入密封容器里，放入冰箱冷藏，可以保存几天的时间。

CAVIALE DI MELANZANE
供4人食用
制备时间：30分钟
加热烹调时间：4分钟

3个茄子
1颗柠檬，挤出柠檬汁，过滤
6汤匙橄榄油
盐和胡椒
番茄片，用于装饰
涂抹黄油的烤面包片，用作配餐

FRICASSEA DI MELANZANE
供 4 人食用
制备时间：35 分钟，另加 30 分钟腌制用时
加热烹调时间：20 分钟
5 个茄子，切厚片
25 克 / 1 盎司黄油
3 汤匙橄榄油
1 颗洋葱，切碎
500 克 / 1 磅 2 盎司熟透的李子番茄，去皮去籽，切碎
1 枝新鲜平叶欧芹，切碎
1 瓣蒜，切碎
2 颗鸡蛋
1 颗柠檬，挤出柠檬汁，过滤
盐和胡椒

油焖茄子 AUBERGINE FRICASSÉE

将茄子片放入过滤器里，撒上盐，静置 30 分钟，控净汁液。与此同时，在一口酱汁锅中加热熔化黄油和橄榄油，加入洋葱，用小火加热，煸炒 5 分钟。将茄子片用水洗净并拭干，放入锅中，然后加入番茄、欧芹和大蒜，用盐和胡椒调味。混合均匀之后用中火加热约 15 分钟，或者一直加热到茄子成熟。将锅从火上端离。鸡蛋与柠檬汁一起搅拌均匀，淋到茄子锅中。立刻快速搅拌，确保蛋液不会凝固结块，但是会像奶油一样覆盖在茄子上。将油焖茄子盛入温热的餐盘中，趁热食用。

MELANZANE ALLA PNNNA
供 4 人食用
制备时间：25 分钟
加热烹调时间：25 分钟
3 个茄子，切成 5 毫米 / ¼ 英寸厚的片
50 克 / 2 盎司黄油
1 颗红葱头，切碎
1 枝新鲜平叶欧芹，切碎
4 根酸黄瓜，捞出控净汁液并切碎
25 克 / 1 盎司松子仁，切碎
5 汤匙白葡萄酒醋
5 汤匙双倍奶油
盐和胡椒

奶油茄子 AUBERGINES WITH CREAM

将茄子用加了盐的沸水煮几分钟，然后捞出控干，并使其稍微冷却。在一口锅中加热熔化一半黄油，加入红葱头，用小火加热，煸炒 5 分钟。加入欧芹、酸黄瓜和松子仁，搅拌均匀，淋入白葡萄酒醋，加热至完全吸收。倒入双倍奶油，用盐和胡椒调味，继续用小火加热 15 分钟。与此同时，将剩余的一半黄油在一口平底锅中加热熔化，加入茄子，用中火加热，煎至两面金黄。将煎好的茄子倒入奶油酱汁锅中，再继续加热 10 分钟。盛入温热的餐盘中即可。

MELANZANE ALLA ACCIUGHE
供 4 人食用
制备时间：25 分钟
加热烹调时间：40 分钟
120 毫升 / 4 盎司橄榄油
3 个茄子，切成 5 毫米 / ¼ 英寸厚的片
1 瓣蒜
4 条盐渍鳀鱼，去掉鱼头，洗净并剔取鱼肉（见第 694 页），用冷水浸泡 10 分钟后捞出控干
1 枝新鲜平叶欧芹，切碎
1 汤匙白葡萄酒醋

鳀鱼茄子 AUBERGINES WITH ANCHOVIES

在一口平底锅中加热一半用量的橄榄油，加入茄子，根据需要，可以分批加入，用中火加热，煎至两面金黄。煎好后放在厨房纸上控净油，然后放入温热的餐盘中。在一口小号酱汁锅中加热剩余的油，加入大蒜，用小火加热，煸炒至呈褐色，然后取出大蒜丢弃不用。加入鳀鱼，用叉子碾压至近乎泥状。拌入欧芹和白葡萄酒醋，再继续加热几分钟，最后淋到茄子上即可。

油焖茄子 →

MELANZANE ARROSTO
供 4 人食用
制备时间：20 分钟，另加 30 分钟腌制用时和 1 小时静置用时
加热烹调时间：5～10 分钟
3 个茄子，切厚片
3 瓣蒜，切薄片
18 片新鲜罗勒叶
橄榄油，用于淋洒
盐和胡椒

烤茄子 GRILLED AUBERGINES

将茄子片放入过滤器里，撒上盐，静置 30 分钟，控净汁液。预热铁扒炉，将茄子漂洗干净并用厨房纸拭干。两面分别铁扒几分钟。从扒炉上取下，让其冷却。将茄子片分层放入餐盘中，在每一层上分别撒上大蒜、罗勒叶、盐和胡椒，再淋上略多一些的橄榄油。放在阴凉的地方静置 1 小时，待其风味融合即可。

MELANZANE DELLA NONNA
供 4 人食用
制备时间：25 分钟，另加 30 分钟腌制用时
加热烹调时间：25 分钟
4 个茄子，切成两半
2 汤匙橄榄油
2 颗洋葱，切细丝
2 瓣蒜
5 颗番茄，去皮去籽，切丁
1 枝新鲜平叶欧芹，切碎
1 汤匙酸豆，捞出控净汁液，漂洗干净并切碎
1 汤匙黑橄榄，去核，切片
1 汤匙白葡萄酒醋
1 茶匙糖
盐和胡椒

外婆风味茄子 GRANDMOTHER'S AUBERGINES

将茄子中间带籽的部分挖出并丢弃不用，将其余部分的茄子肉切丁。放入过滤器里，撒上盐，静置 30 分钟，控净汁液。将茄子丁漂洗干净并用厨房纸拭干。在一口平底锅中加热油，加入洋葱和大蒜，用小火煸炒 1～2 分钟，直到大蒜变成浅金黄色，然后取出大蒜并丢弃不用。将茄子丁加入锅中，混合均匀，加入番茄，用盐和胡椒调味。不停地翻炒 15 分钟。加入欧芹、酸豆、黑橄榄、白葡萄酒醋和糖，再继续加热几分钟。尝味，应为适中的酸甜口味。如果口味太甜，可以再加少许醋；如果口味太酸，可以多加糖。加热几分钟之后，将锅从火上端离，盛入温热的餐盘中即可。

MELANZANE FARCITE ALLA MOZZARELLA
供 4 人食用
制备时间：40 分钟
加热烹调时间：30 分钟
2 汤匙橄榄油，另加涂刷所需
4 个小茄子，纵切两半
200 克 / 7 盎司马苏里拉奶酪，切丁
2 条盐渍鳀鱼，去掉鱼头，洗净并剔取鱼肉（见第 694 页），用冷水浸泡 10 分钟后捞出控干
120 毫升 / 4 盎司番茄糊
盐和胡椒
新鲜的罗勒，用于装饰（可选）

马苏里拉奶酪酿馅茄子 AUBERGINES STUFFED WITH MOZZARELLA

将烤箱温度预热至 200°C/ 400°F/ 气烤箱刻度 6。在耐热焗盘内涂刷橄榄油。用一把锋利的小刀挖出茄子肉，保持茄子"外壳"完好无损。将挖出的茄子肉切丁，倒入一个碗中，加入马苏里拉奶酪和鳀鱼，混合均匀，用盐和胡椒调味，拌入橄榄油。将混合均匀的茄子肉混合物用勺舀入茄子中，在每个茄子上都淋 1 汤匙的番茄糊。将茄子放入准备好的焗盘内，放入烤箱烘烤 30 分钟。取出后放入温热的餐盘中。如果喜欢，可以用新鲜的罗勒叶装饰。

外婆风味茄子 ➔

MELANZANE GRATINATE
供 4 人食用
制备时间：1 小时，另加 30 分钟腌制用时
加热烹调时间：20 分钟
600 克 / 1 磅 5 盎司茄子，切成 5 毫米 / ¼ 英寸的厚片
2 汤匙橄榄油，另加涂刷所需
2 瓣蒜
2 颗洋葱，切碎
1 枝新鲜平叶欧芹，切碎
500 克 / 1 磅 2 盎司罐装切碎的番茄
80 克 / 3 盎司瑞士多孔奶酪，切丁
50 克 / 2 盎司面包糠
25 克 / 1 盎司黄油
盐和胡椒

焗茄子 AUBERGINES AU GRATIN

将茄子片放入过滤器里，撒上盐，静置约 30 分钟，控净汁液。将铁扒炉预热至高温。将茄子漂洗干净，拭干后刷上少许橄榄油，两面都铁扒至金黄色。用酱汁锅加热橄榄油，加入大蒜和洋葱，用小火加热，煸炒 5 分钟。加入欧芹和番茄，用盐和胡椒调味，搅拌后用小火继续加热约 15 分钟，直到变得浓稠。与此同时，将烤箱预热至 200°C/ 400°F/ 气烤箱刻度 6。在一个耐热焗盘内刷橄榄油。铺上一层茄子片，撒上盐和胡椒，用勺舀入一层番茄泥汁。继续交替着摆茄子片和番茄泥汁，直到将所有的食材全部用完。瑞士多孔奶酪和面包糠混合均匀，撒到茄子上。撒上黄油颗粒，放入烤箱烘烤约 20 分钟，直到烘烤至金黄色。

MELANZANE IMPANATE A SORPRESA
供 4 人食用
制备时间：40 分钟，另加 30 分钟腌制用时
加热烹调时间：20～30 分钟
600 克 / 1 磅 5 盎司圆茄子，切成 5 毫米 / ¼ 英寸厚的片
100 克 / 3½ 盎司意式熏火腿，切丁
120 克 / 4 盎司烟熏斯卡莫扎奶酪（smoked scamorza）、波罗伏洛奶酪、或者其他能拉开的凝乳奶酪，切丁
1 枝新鲜平叶欧芹，切碎
2 汤匙现擦碎的帕玛森奶酪
橄榄油，用于涂刷和煎制
2 颗鸡蛋
80 克 / 3 盎司面包糠
盐和胡椒

香酥茄子夹 SURPRISE AUBERGINES IN BREADCRUMBS

将茄子片放入过滤器里，撒上盐，静置约 30 分钟，控净汁液。与此同时，将意式熏火腿、烟熏斯卡摸扎奶酪、欧芹和帕玛森奶酪在一个碗中混合均匀，用盐和胡椒调味。将铁扒炉预热至高温。茄子漂洗干净，仔细拭干后刷上少许橄榄油。将两面都铁扒至金黄色。在两片茄子中间夹上意式熏火腿和奶酪混合物。鸡蛋加上少许盐在一个浅盘内打散，然后将面包糠撒入另外一个浅盘内。在一口大号平底锅中加热橄榄油。将夹馅茄子片先蘸上蛋液，再裹上面包糠。放入热油中煎至两面呈均匀的褐色。用铲子捞出，放在厨房纸上控净油。再转移到温热的餐盘中即可。

节日茄子 FESTIVE AUBERGINES

MELANZANE IN FESTA

供 4 人食用

制备时间：35 分钟

加热烹调时间：1 小时

橄榄油，用于涂刷和淋洒
4 个小圆茄子
4 颗熟透的大番茄，去籽，切薄片
250 克 / 9 盎司马苏里拉奶酪，切薄片
2 瓣蒜，切细末
1 枝新鲜平叶欧芹，切细末
4 片新鲜的罗勒叶，切细末
盐和胡椒

将烤箱预热至 180℃/ 350℉/ 气烤箱刻度 4。在一个耐热焗盘内刷橄榄油。将茄子蒂切除，然后纵长切片，但是不要切断，让每片茄子在另一端都是连接在一起的。将茄子放入准备好的焗盘内。仔细将番茄片和马苏里拉奶酪片交替塞入茄子片中。大蒜、欧芹和罗勒叶在一个碗中混合均匀，然后撒在茄子上。用盐和胡椒调味，淋上橄榄油。用锡箔纸覆盖，放入烤箱内烘烤 15～20 分钟。小心地将茄子取出，放到温热的餐盘中，将焗盘内的汁淋到茄子上。

烤里考塔奶酪茄子 ROAST AUBERGINES WITH RICOTTA

MEIANZANE IN FORNO ALLA RICOTTA

供 4 人食用

制备时间：1 小时，另加 30 分钟浸泡用时

加热烹调时间：40～50 分钟

50 克 / 2 盎司干蘑菇
橄榄油，用于涂刷和淋洒
4 个小茄子，纵切两半
2 瓣蒜，切碎
1 枝新鲜平叶欧芹，切碎
150 克 / 5 盎司里考塔奶酪
4 汤匙现擦碎的帕玛森奶酪
1 颗鸡蛋，打散
少许干牛至
2 条盐渍鳀鱼，去掉鱼头，洗净并剔取鱼肉（见第 694 页），用冷水浸泡 10 分钟后捞出控干
盐和胡椒

蘑菇放入碗中，加入没过蘑菇的热水，浸泡约 30 分钟。将烤箱预热至 180℃/ 350℉/ 气烤箱刻度 4。在一个耐热焗盘内刷橄榄油。挖出茄子肉放入碗中，但是不要戳破茄子"外壳"。将茄子"外壳"用加了盐的沸水煮 8～9 分钟，捞出扣在厨房纸上控干水分。将一半用量的茄子肉放入这一锅加了盐的水中煮几分钟，然后捞出控干，挤净水之后与大蒜和欧芹混合均匀。里考塔奶酪、帕玛森奶酪、鸡蛋和牛至在一个碗中混合均匀，用盐和胡椒调味。然后拌入茄子肉和大蒜的混合物。捞出蘑菇并挤净水。将蘑菇和鳀鱼切碎，拌入混合物。将搅拌均匀的混合物舀入茄子"外壳"内，放到准备好的焗盘内，淋上橄榄油。放入烤箱烘烤 40～50 分钟，中途用烘烤的汁液淋到混合物上，重复几次。烤好之后趁热食用。

腌茄子 MARINATED AUBERGINES

MELANZANE MARINATE
供 4 人食用
制备时间：30 分钟，另加 30 分钟腌制用时和 6 小时腌泡用时
加热烹调时间：15 分钟
600 克 / 1 磅 5 盎司茄子，切成 5 毫米 / ¼ 英寸厚的片
175 毫升 / 6 盎司橄榄油
1 根新鲜红辣椒，去籽并切碎
3 瓣蒜，切细末
1 汤匙酸豆，捞出控净汁液，漂洗干净并切碎
10 片新鲜的薄荷叶，切碎
盐和胡椒

将茄子片放入过滤器里，撒上盐，静置约 30 分钟，控净汁液。加热一口厚底不粘锅。将茄子片漂洗干净，拭干并刷上一些橄榄油。将茄子片放入不粘锅中煎制，根据需要，可以分批放入，用大火加热至两面金黄。红辣椒、大蒜、酸豆和薄荷一起在一个碗中混合均匀，并用盐和胡椒调味。在一个沙拉碗中铺一层茄子片，洒上 1 汤匙的红辣椒酱汁，继续铺一层茄子片，依次将所有的食材用完。浇入剩余的橄榄油，放在一个凉爽的地方，静置腌泡至少 6 小时。这道菜肴可以在炎热的夏季作为头盘食用。

帕玛森奶酪烤茄子 PARMESAN AUBERGINES

PARMIGIANA DI MELANZANE
供 4 人食用
制备时间：1 小时 15 分钟，另加 1 小时腌制用时
加热烹调时间：30 分钟
700 克 / 1½ 磅茄子，纵切成 5 毫米 / ¼ 英寸的厚片
500 克 / 1 磅 2 盎司番茄，去皮去籽，切丁
半把新鲜的罗勒
少许糖
10 汤匙橄榄油
50 克 / 2 盎司现擦碎的帕玛森奶酪
100 克 / 3½ 盎司马苏里拉奶酪，切薄片或擦碎
2 颗鸡蛋，打散
25 克 / 1 盎司黄油
盐和胡椒
见第 606 页

将茄子片放入过滤器里，撒上盐，静置约 1 个小时，控净汁液。与此同时，将番茄、4～5 片罗勒叶、少许盐、胡椒和糖放入一口酱汁锅中，用大火加热，翻炒 15～20 分钟，将锅从火上端离。将锅中的番茄混合物用食物研磨机研磨碎，或者用网筛过滤到碗中。这样就可以获得 250 毫升 / 9 盎司的番茄泥汁。将烤箱预热至 180°C/ 350°F/ 气烤箱刻度 4。茄子片漂洗干净，拭干。将 ⅓ 的橄榄油在一口平底锅中加热，加入茄子片，分批煎至两面金黄，根据需要，可以加入更多的橄榄油，用铲子取出茄子片，放在厨房纸上控净油。将 ¼ 的番茄泥汁用勺舀入一个 20 厘米 × 20 厘米 / 8 英寸 × 8 英寸的耐热焗盘内，再略微重叠着摆放一层茄子片。撒上少许帕玛森奶酪，覆盖几片马苏里拉奶酪，再撒上几片罗勒叶和 2 汤匙蛋液。继续依次操作，直到将所有的食材用完，在最上层摆一层茄子片、撒上奶酪和番茄泥汁。最后撒上一些黄油颗粒，放入烤箱烘烤 30 分钟。这道菜肴冷食时也非常不错。

←腌茄子

茄子批 AUBERGINE TERRINE

TERRINA DI MELANZANE

供 4 人食用

制备时间：45 分钟

加热烹调时间：1 小时

2 汤匙橄榄油，另加淋洒和涂刷所需
2 个黄甜椒
1 个红甜椒
3 个茄子，切成 5 毫米 / ¼ 英寸厚的片
150 克 / 5 盎司瑞士多孔奶酪
1 枝新鲜的罗勒，切碎
3 颗鸡蛋，打散
3 颗熟透的番茄，去皮去籽并切碎
1 瓣蒜
盐和胡椒

扒炉预热。将烤箱预热至 180°C/ 350°F/ 气烤箱刻度 4。在一个耐热焗盘内刷橄榄油。将甜椒放入一个烤盘内，淋上橄榄油，放入烤箱烘烤，不时翻动一下，直到甜椒外皮变得焦黑。从烤箱内取出，放入塑料袋内，袋口密封，不要关闭烤箱。与此同时，在茄子片上刷橄榄油，铁扒至两面金黄。当甜椒冷却到可以用手来处理的温度时，将甜椒去皮去籽并切碎。在准备好的焗盘内铺一层茄子片。将 50 克 / 2 盎司的瑞士多孔奶酪擦碎，其余的切片。将擦碎的瑞士多孔奶酪、切碎的甜椒、少许罗勒与鸡蛋一起搅拌均匀，用盐和胡椒调味。在茄子片上铺一层瑞士多孔奶酪片，再舀入一些鸡蛋混合物。继续交替着摆放各种食材，直到将所有的食材用完，最上层是鸡蛋混合物。将焗盘放入烤盘内，在烤盘里倒入热水，水深约为烤盘深度的一半，放入烤箱烘烤 1 个小时。与此同时，将番茄、橄榄油和大蒜放入一口小号的酱汁锅中，用盐和胡椒调味，中火加热，不停翻炒 20 分钟。将大蒜取出并丢弃不用，番茄混合物过筛到碗中。将烤好的茄子片从烤箱内取出，扣入温热的餐盘中，搭配番茄泥汁一起食用。

冷茄子塔 COLD AUBERGINE TOWER

TORRE FREDDA DI MELANZANE

供 4 人食用

制备时间：30 分钟，另加 30 分钟腌制用时和 15 分钟静置用时

加热烹调时间：15 分钟

600 克 / 1 磅 5 盎司茄子，切成 5 毫米 / ¼ 英寸厚的片
橄榄油，用于涂刷和淋洒
4 片乡村风味面包片，去边
350 克 / 12 盎司马苏里拉奶酪，切薄片
1 棵青葱，切薄片
10 片新鲜的罗勒叶，另加装饰所需
4 颗熟透的番茄，去皮去籽并切薄片
盐和胡椒

将茄子片放入过滤器里，撒上盐，静置约 30 分钟，控净汁液。将铁扒炉预热好。茄子片洗净并拭干，刷橄榄油，铁扒至两面金黄。面包两面都略微烘烤，放入一个深边餐盘中。在面包片上摆一层茄子片，用盐和胡椒调味。再摆一层马苏里拉奶酪，撒上青葱和罗勒叶，用盐和胡椒调味，然后再摆一层番茄片，并用盐和胡椒调味。继续依序摆放，直到将所有的食材用完。淋上橄榄油，用几片罗勒叶装饰。让其静置 15 分钟即可。

← 帕玛森奶酪烤茄子，见第 605 页

马铃薯

你几乎不可能再找到像马铃薯一样用途如此广泛的蔬菜。马铃薯既适合于制作最简单的菜肴，也适合于制作工艺烦琐的菜肴。甚至可以这样说，几乎没有人不喜欢马铃薯，马铃薯中含有大量的钠、钾、镁、钙和铁等，新鲜马铃薯中还含有丰富的维生素 B1、B2 和维生素 C。只要马铃薯在加热烹调时没有使用过多的油脂或者脂肪，它们就没有你所想象的那样容易使人发胖。肉质为黄色的蜡质马铃薯非常适合于煮，因为它们可以保持外形不变；肉质为白色的粉质马铃薯，可以用来制作马铃薯泥、团子、汤菜和各种造型等。这两种马铃薯都可以用来蒸，因为蒸马铃薯可以保留更多的味道，减少营养损耗。新鲜马铃薯不需要去皮，只需要简单地使用一块茶巾擦拭即可。要制作马铃薯球，可以使用挖球器从一个大个的马铃薯上挖取。马铃薯沙拉可以在上菜前 1 个小时淋上酱汁，在制作酱汁时，可以使用葡萄酒代替醋，但是首先要先询问客人，他们是否喜欢这种独具一格的味道。最后，记住马铃薯一定不要放入冰箱内储存，而是要放置在阴凉、避光的地方储存。

数量和加热烹调的时间

数量

可以按照每人约 200 克 / 7 盎司的用量提供。

煮马铃薯

将整个的、没有去皮的马铃薯浸入一锅冷的淡盐水中，加热煮沸。然后改用小火煮约 45 分钟，捞出控干并去皮。不要让煮好的马铃薯浸泡在水中，以免失去风味。

蒸马铃薯

将马铃薯去皮，切成两半或者切成块，放入沸水锅中的蒸笼里，蒸 20～30 分钟。

煎马铃薯

将马铃薯去皮，切成需要的形状，浸泡在冷水中，以防止它们变黑。在加热之前捞出控干并拭干。

马铃薯圈和菜花 POTATO AND CAULIFLOWER RING

马铃薯蒸 20～25 分钟，然后倒入一个碗中，用马铃薯捣碎器捣成泥，将烤箱预热至 190℃/ 375℉/ 气烤箱刻度 5。在一个环形模具中涂抹黄油。锅中加热一半黄油，加入红葱头，用小火加热，煸炒 5 分钟，然后加入马铃薯、里考塔奶酪和新鲜软奶酪，搅拌均匀，然后将锅从火上端离。蛋黄搅打加入，一次一个。再加入帕玛森奶酪，用盐和胡椒调味。将蛋清在一个无油的碗中搅打至硬性发泡的程度，切拌入马铃薯混合物中。将搅拌好的混合物用勺舀入准备好的环形模具中，放入烤箱烘烤约 30 分钟。与此同时，菜花用加了盐的沸水煮约 15 分钟，直到嫩熟，捞出控干。将剩余的黄油与橄榄油一起在一口平底锅中加热，加入菜花，用小火加热，煸炒约 5 分钟，加入盐和胡椒调味。将马铃薯取出并扣入温热的餐盘中，炒好的菜花放在环形马铃薯的中间即可。

ANELLO DI PATATE E CAVOLFIORE
供 6 人食用
制备时间：1 小时 15 分钟
加热烹调时间：30 分钟
1 千克 / 2¼ 磅粉质马铃薯，切丁
50 克 / 2 盎司黄油，另加涂抹所需
1 颗红葱头，切碎
200 克 / 7 盎司里考塔奶酪，碾碎
200 毫升 / 7 盎司新鲜软奶酪
3 颗鸡蛋，分离蛋清蛋黄
25 克 / 1 盎司帕玛森奶酪，现擦碎
1 颗小菜花，切成小朵
2 汤匙橄榄油
盐和胡椒

马铃薯布里欧修 POTATO BRIOCHES

用大量的盐水将马铃薯煮约 45 分钟，成熟后捞出控干并去皮。放入碗中，用马铃薯捣碎器捣成泥。将烤箱预热至 200℃/ 400℉/ 气烤箱刻度 6。在一个烤盘中抹黄油。牛奶加热至即将煮沸，将锅从火上端离。将黄油、瑞士多孔奶酪、热牛奶加入马铃薯泥中搅拌均匀，然后拌入 1 颗鸡蛋，剩余鸡蛋的蛋清和蛋黄分离。在一个无油碗中将蛋清打发至硬性发泡的程度，切拌入马铃薯混合物中，用盐调味。用勺将马铃薯泥舀取成小的圆形，放到烤盘内，在圆形马铃薯泥上再摆放一个更小一些的圆形马铃薯泥。剩余的蛋黄搅拌打散，涂到烤盘内的圆形马铃薯泥上。放入烤箱烘烤至金黄色即可。

BRIOCHE DI PATATE
供 4 人食用
制备时间：1 小时 30 分钟
加热烹调时间：15～20 分钟
675 克 / 1½ 磅马铃薯，不用去皮
40 克 / 1½ 盎司黄油，软化，另加涂抹所需
250 毫升 / 8 盎司牛奶
80 克 / 3 盎司现擦碎的瑞士多孔奶酪
2 颗鸡蛋
盐

CROCCHETTE DI PATATE ALLA FONTINA
供 4 人食用
制备时间：1 小时 30 分钟
加热烹调时间：30～40 分钟
800 克 / 1¾ 磅粉质马铃薯，不用去皮
3 颗鸡蛋
50 克 / 2 盎司帕玛森奶酪，现擦碎
100 克 / 3½ 盎司芳提娜奶酪，切条
50 克 / 2 盎司熟火腿片，切条
80 克 / 3 盎司面包糠
植物油，用于油炸
盐和胡椒
新鲜的罗勒叶，用于装饰

芳提娜奶酪马铃薯可乐饼 POTATO CROQUETTES WITH FONTINA

用大量的盐水将马铃薯煮约 45 分钟，成熟后捞出控干并去皮。放入碗中，用马铃薯捣碎器捣成泥。将 1 颗鸡蛋的蛋清和蛋黄分离开，将蛋黄和 1 颗全蛋、帕玛森奶酪一起拌入马铃薯泥中。混合均匀并用盐和胡椒调味。将马铃薯泥塑成圆柱形的可乐饼，在每个可乐饼中夹入一条芳提娜奶酪和一条火腿条。将剩余的鸡蛋打入一个浅盘内，加入少许盐搅拌好，将面包糠撒入另外一个浅盘内。在一口大号的锅中加热植物油。将马铃薯可乐饼蘸上蛋液，然后裹上面包糠，放入热油中炸成金黄色。用漏勺捞出后放在厨房纸上控净油，再在温热的餐盘中摆放成金字塔形，最后用罗勒叶装饰即可。

DELIZIA DI PATATE ALLA CREMA DELL'ORTO
供 4 人食用
制备时间：30 分钟
加热烹调时间：40 分钟
675 克 / 1 ½ 磅马铃薯，不用去皮
50 克 / 2 盎司黄油
1 根胡萝卜，切碎
1 根芹菜，切碎
1 颗红葱头，切碎
5 汤匙干白葡萄酒
½ 茶匙普通面粉
1 枝新鲜的平叶欧芹，切碎
4 片新鲜的罗勒叶，切碎
盐和胡椒粉

美味马铃薯配蔬菜酱汁 DELICE OF POTATO WITH VEGETABLE SAUCE

用大量的盐水将马铃薯煮 30～40 分钟。与此同时，在一口锅中加热熔化 40 克 / 1½ 盎司黄油，加入胡萝卜、芹菜和红葱头，用大火加热，煸炒至褐色。加入干白葡萄酒，加热至完全吸收。加入盐和胡椒调味，改用小火继续加热，翻炒至蔬菜呈乳脂状。剩余的黄油与面粉混合成糊状，拌入锅中的混合物内，再继续用小火加热几分钟。将锅从火上端离，拌入欧芹和罗勒叶。马铃薯捞出控干并去皮，切薄片。将马铃薯片呈放射状放到温热的餐盘中，浇上酱汁即可。

芳提娜奶酪马铃薯可乐饼 →

香辣马铃薯沙拉 SPICY POTATO SALAD

用大量的盐水将马铃薯煮约 45 分钟，然后捞出控干并去皮，切薄片。将马铃薯片放入沙拉碗中，让其冷却。煮熟的鸡蛋剥去外壳并纵切两半。挖出蛋黄，用细网筛过滤到一个碗中。鳀鱼切碎，与欧芹、酸豆、泡珍珠洋葱、酸黄瓜和泡甜椒一起放入蛋黄碗中并混合均匀。将白葡萄酒醋、橄榄油和第戎芥末一起在另外一个碗中混合均匀，用盐和胡椒调味。将制作好的酱汁倒入鳀鱼混合物中，搅拌均匀，根据需要，可以加入更多的橄榄油。将鳀鱼酱汁淋到马铃薯上，轻轻搅拌即可。

INSALATA PICANTE DI PATATE
供 4 人食用
制备时间: 50 分钟
加热烹调时间: 55 分钟
700 克 / 1½ 磅蜡质马铃薯，不用去皮
1 颗鸡蛋，煮熟
2 条盐渍鳀鱼，去掉鱼头，洗净并剔取鱼肉（见第 694 页），用冷水浸泡 10 分钟后捞出控干
1 枝新鲜平叶欧芹，切碎
1 汤匙酸豆，控净汁液，并漂洗干净
4 颗泡珍珠洋葱，控净汁液
4 根酸黄瓜，控净汁液并切碎
1 个泡甜椒，控净汁液，切细末
3 汤匙白葡萄酒醋
3 汤匙橄榄油
½ 茶匙第戎芥末
盐和胡椒

火腿马铃薯卷 HAM AND POTATO ROLLS

用大量的盐水将马铃薯煮约 45 分钟，然后捞出控干并去皮。放入一个碗中，用马铃薯捣碎器捣成泥。加入芳提娜奶酪、面包糠和鸡蛋，用盐和胡椒调味并混合均匀。将烤箱预热至 200°C/ 400°F/ 气烤箱刻度 6。在耐热焗盘内涂抹黄油。用加了盐的沸水将韭葱煮 5 分钟，然后捞出控干，冷却后劈切成 8 根条状。火腿片摊开，将马铃薯混合物分别放到火腿片上。卷起并用韭葱条捆好。制作好的火腿马铃薯卷放到准备好的焗盘内，放入烤箱烘烤 10 分钟即可。

INVOLTINI DI PATATE AL PROSCIUTTO
供 4 人食用
制备时间: 1 小时 30 分钟
加热烹调时间: 10 分钟
675 克 / 1½ 磅马铃薯，不用去皮
150 克 / 5 盎司现擦碎的芳提娜奶酪
3 汤匙面包糠
1 颗鸡蛋，打散
黄油，用于涂抹
1 棵韭葱，只取用白色部分
8 片熟火腿
盐和胡椒

马铃薯蛋巢 POTATO NESTS WITH EGGS

将烤箱预热至 200°C/ 400°F/ 气烤箱刻度 6。马铃薯用盐水煮约 10 分钟。捞出控干，顶部切掉，用一把茶匙将肉挖出，留下空的“马铃薯壳”。将“马铃薯壳”放入一个耐热焗盘里，分别打入 1 颗鸡蛋。再在每颗鸡蛋上面摆一片黄油和少许的鳀鱼酱，用盐和胡椒调味，放入烤箱烘烤 10 分钟。

NIDI DI PATATE CON LE UOVA
供 4 人食用
制备时间: 30 分钟
加热烹调时间: 10 分钟
4 个马铃薯，不用去皮
4 颗鸡蛋
25 克 / 1 盎司黄油，切成 4 片
1 茶匙鳀鱼酱
盐和胡椒

← 香辣马铃薯沙拉

酸奶烤马铃薯 POTATOES BAKED IN FOIL WITH YOGURT

FATATE AL CARTOCCIO CON LO YOGURT
供 4 人食用
制备时间：20 分钟
加热烹调时间：40 分钟

8 个马铃薯，不用去皮
65 克 / 2½ 盎司黄油，切丁
4 汤匙低脂原味酸奶
150 毫升 / ¼ 品脱双倍奶油
6 棵香葱，切碎
2 枝新鲜平叶欧芹，切碎
1 颗柠檬，挤出柠檬汁，过滤
盐和胡椒

将烤箱预热至 220°C/ 425°F/ 气烤箱刻度 7。准备一把锋利的小刀，在每个马铃薯的顶部纵切一个小口。将黄油塞入切口中，并用盐和胡椒调味。马铃薯分别用锡箔纸包好，放到一个烤盘内，放入烤箱烘烤约 40 分钟。与此同时，将酸奶、双倍奶油、香葱和欧芹在一个碗中混合均匀，拌入柠檬汁，用盐调味。将烤好的马铃薯放到温热的餐盘中，锡箔纸略微打开，淋 1～2 汤匙的酱汁到马铃薯上，剩余的酱汁单独提供。

芳提娜奶酪风味烤马铃薯 FONTINA POTATO BAKE

PATATE AL FORNO ALLA FONTINA
供 6～8 人食用
制备时间：55 分钟
加热烹调时间：30 分钟

1½ 千克 / 3 ¼ 磅马铃薯，不用去皮
1 瓣蒜
黄油，用于涂抹
200 克 / 7 盎司芳提娜奶酪，切块
100 克 / 3½ 盎司格吕耶尔奶酪，切块
100 克 / 3½ 盎司熟火腿，切条
250 毫升 / 8 盎司双倍奶油
盐和胡椒

用大量的盐水将马铃薯煮约 20 分钟，然后捞出控干，去皮后切薄片。将烤箱预热至 200°C/ 400°F/ 气烤箱刻度 6。在一个耐热焗盘内用大蒜反复涂擦几遍，然后均匀地涂抹黄油。接着在焗盘内摆放一层马铃薯片，然后再摆放一层奶酪，接着摆放一层火腿。继续按照此顺序摆放，直到将所有的食材用完，最上面一层是马铃薯片。将双倍奶油淋到马铃薯片上，用盐和胡椒调味，放入烤箱烘烤 30 分钟。静置 5 分钟之后再上桌。

鲑鱼烤马铃薯 BAKED POTATOES WITH SALMON

PATATE AL FORNO AL SALMONE
供 4 人食用
制备时间：40 分钟
加热烹调时间：40 分钟

8 个马铃薯，不用去皮
1 片烟熏鲑鱼，切碎
200 毫升 / 7 盎司双倍奶油
1 颗柠檬，挤出柠檬汁，过滤
1 把香葱，切碎
50 克 / 2 盎司鲑鱼子
盐和胡椒

将烤箱预热至 200°C/ 400°F/ 气烤箱刻度 6。马铃薯纵切两半，从中间挖出 ⅓ 的马铃薯。将两半马铃薯重新合到一起，分别用锡箔纸包好，放到烤盘内，放入烤箱烘烤约 40 分钟。与此同时，将烟熏鲑鱼、双倍奶油和柠檬汁一起放入食物料理机内，用盐和胡椒调味，搅打至细滑。将马铃薯从烤箱内取出，填入鲑鱼双倍奶油，重新盖好马铃薯，放到温热的餐盘中，撒上香葱和鲑鱼子即可上桌。热的马铃薯和冷的鲑鱼奶油交相呼应，美味可口。这道菜肴也可以作为头盘提供。

马铃薯配白汁 POTATOES IN BÉCHAMEL SAUCE

用大量的盐水将马铃薯煮约 45 分钟，然后捞出控干，去皮后切片。将烤箱预热至 200°C/ 400°F/ 气烤箱刻度 6。在一个耐热焗盘内涂黄油，将马铃薯片放到焗盘里，略微重叠着摆放，用盐和胡椒调味。将双倍奶油拌入白汁中，淋到马铃薯片上并覆盖。加入帕玛森奶酪和熔化的黄油，放入烤箱烘烤至金黄色并开始冒泡，然后从烤箱内取出，趁热食用。这道菜肴也可以作为头盘提供。

PATATE ALLA BESCIAMELLA

供 6 人食用

制备时间: 1 小时 30 分钟

加热烹调时间: 20～25 分钟

1 千克 / 2¼ 磅马铃薯，不用去皮

25 克 / 1 盎司黄油，熔化，另加涂抹所需

100 毫升 / 3½ 盎司双倍奶油

1 份白汁（见第 58 页）

50 克 / 2 盎司帕玛森奶酪，现擦碎

盐和胡椒

诺曼底风味马铃薯 NORMANDY POTATOES

在一个耐热焗盘内或者砂锅中加热熔化黄油，加入洋葱、韭葱和意式培根，转小火加热，煸炒 5 分钟。加入马铃薯，倒入高汤并没过马铃薯。用盐和胡椒调味，转大火加热约 30 分钟。当汤汁熗干后倒入双倍奶油，转小火加热至变得浓稠。从火上端离，即可上桌。

PATATE ALLA NORMANNA

供 4 人食用

制备时间: 4 小时 15 分钟

加热烹调时间: 45～50 分钟

50 克 / 2 盎司黄油

1 颗洋葱，切细丝

2 棵韭葱，清理后切片

100 克 / 3½ 盎司意式培根，切片

675 克 / 1½ 磅马铃薯，切薄片

500 毫升 / 18 盎司牛肉高汤（见第 246 页）

400 毫升 / 14 盎司双倍奶油

盐和胡椒

马铃薯配斯卡莫扎奶酪 POTATOES WITH SCAMORZA

用大量的盐水将马铃薯煮约 45 分钟，然后捞出控干，去皮后切成厚度为 5 毫米 / ¼ 英寸的片。在一个耐热焗盘内抹黄油，交替着将马铃薯和奶酪放到焗盘内。将烤箱预热至 180°C/ 350°F/ 气烤箱刻度 4。在一口酱汁锅中加热熔化黄油，拌入面粉，煸炒几分钟，然后逐渐将牛奶搅拌入酱汁锅中。用小火加热 20 分钟，其间要不停地搅拌。再加入红葱头和咖喱粉，用盐和胡椒调味，混合均匀，继续用小火加热几分钟。将制作好的酱汁淋到马铃薯上，放入烤箱烘烤 15 分钟即可。

PATATE ALLA SCAMORZA

供 4 人食用

制备时间: 1 小时 30 分钟

加热烹调时间: 15 分钟

675 克 / 1½ 磅马铃薯，不用去皮

25 克 / 1 盎司黄油，另加涂抹所需

200 克 / 7 盎司斯卡莫扎奶酪或波罗伏洛奶酪，切薄片

25 克 / 1 盎司普通面粉

500 毫升 / 18 盎司牛奶

2 颗红葱头，切碎

1 茶匙咖喱粉

盐和胡椒

PATATE DUCHESSA
供 4 人食用
制备时间：1 小时 15 分钟
加热烹调时间：15～20 分钟
800 克 / 1¾ 磅马铃薯，不用去皮
150 克 / 5 盎司黄油，另加涂抹所需
4 个蛋黄
盐

公爵夫人马铃薯 DUCHESSE POTATOES

用大量的盐水将马铃薯煮约 45 分钟。将烤箱预热至 200°C/ 400°F/ 气烤箱刻度 6。在一个烤盘内涂抹黄油。捞出马铃薯并去皮。放入碗中，用马铃薯捣碎器将马铃薯捣成泥。倒入干净的酱汁锅中，用小火加热。拌入黄油，加热到完全吸收，将锅从火上端离，加入盐调味，再拌入 3 个蛋黄。将制作好的混合物用勺舀入装有星状裱花嘴的裱花袋内，在准备好的烤盘内挤出“马铃薯蛋白霜”。将剩余的蛋黄刷到马铃薯泥上，放入烤箱烘烤几分钟，呈金黄色即可。

PATATE IN SALSA BIANCA
供 4 人食用
制备时间：25 分钟
加热烹调时间：40 分钟
675 克 / 1½ 磅马铃薯，不用去皮
2 颗红葱头，切碎
100 毫升 / 3½ 盎司干白葡萄酒
150 克 /5 盎司黄油，软化
3 汤匙新鲜平叶欧芹，切碎
4 棵香葱，切细末
盐和胡椒

马铃薯配白色黄油酱汁 POTATOES IN WHITE BUTTER SAUCE

用大量的盐水将马铃薯煮约 40 分钟，然后捞出控干，去皮后切薄片。将马铃薯片放到一个餐碗中并保持温度。将红葱头放入小号的酱汁锅中，加入干白葡萄酒和 1 汤匙水，用中火加热煮沸。然后转小火加热，直到将酱汁锅中的汤汁熇至一半，将锅从火上端离，用盐和胡椒调味，让其稍微冷却。将黄油搅拌进去，重新加热并搅拌，直到锅中的汤汁变得细滑且呈乳脂状。从火上端离，拌入欧芹和香葱，淋到热的马铃薯上即可。

PATATE IN TERRACOTTA CON CIPOLLE
供 4 人食用
制备时间：30 分钟
加热烹调时间：50 分钟
橄榄油，用于涂刷和淋洒
400 克 / 14 盎司马铃薯，切薄片
300 克 / 11 盎司洋葱，切细丝
200 克 / 7 盎司胡萝卜，切薄片
6 片新鲜的罗勒叶，撕碎
50 克 / 2 盎司现擦碎的瑞士多孔奶酪
盐和胡椒

砂锅烤洋葱马铃薯 POTATOES AND ONIONS BAKED IN AN EARTHENWARE DISH

将烤箱预热至 180°C/ 350°F/ 气烤箱刻度 4。在一个砂锅中刷橄榄油。将马铃薯片、胡萝卜和洋葱略微重叠着放到砂锅中。撒上罗勒叶，用盐和胡椒调味，再多淋上一些橄榄油。用锡箔纸盖好，放入烤箱烘烤 40 分钟。去掉锡箔纸，撒上瑞士多孔奶酪，再放回到烤箱内烘烤至奶酪熔化。趁热直接用砂锅上桌即可。

砂锅烤洋葱马铃薯 →

香肠酿馅马铃薯 SAUSAGE STUFFED POTATOES

用盐水将马铃薯煮约 30 分钟，直到刚好成熟，然后捞出控干。纵切两半，挖出马铃薯肉，形成小船形的外壳。将烤箱预热至 180℃/ 350℉/ 气烤箱刻度 4。在一个耐热焗盘里涂抹黄油。将一半黄油放入锅中加热，加入月桂叶、香肠煸炒，直到将香肠煸炒到呈均匀的褐色。加入葡萄酒，继续加热至完全吸收，然后用盐和胡椒调味。取出月桂叶丢弃不用，将香肠、香肠汤汁和熟鸡肉一起用绞肉机绞碎，放入碗中。拌入欧芹和帕玛森奶酪。剩余的黄油加热熔化后从火上端离。将制作好的香肠混合物装入船形马铃薯壳内，放到准备好的焗盘里，撒上面包糠和熔化的黄油，放入烤箱烘烤 45 分钟即可。

PATATE RIPIENE ALLA SALSICCIA

供 4 人食用

制备时间：1 小时 30 分钟

加热烹调时间：45 分钟

8 个小马铃薯

50 克 / 2 盎司黄油，另加涂抹所需

1 片月桂叶

1 根意式香肠，去皮切碎

50 毫升 / 2 盎司干白葡萄酒

100 克 / 3½ 盎司熟鸡肉，切碎

1 枝新鲜平叶欧芹，切碎

3 汤匙现擦碎的帕玛森奶酪

4 汤匙面包糠

盐和胡椒

普罗旺斯风味炒马铃薯 PROVENÇAL SAUTÉED POTATOES

用酱汁锅加热橄榄油，加入大蒜和马铃薯，用盐和胡椒调味，煸炒 20 分钟，直到马铃薯变成金黄色。与此同时，将黄油和藏红花在一个碗中混合均匀。用铲子从锅中盛出马铃薯，放在厨房纸上控净油。然后盛入餐盘中，撒上欧芹和百里香，将藏红花黄油颗粒放到马铃薯上即可。

PATATE SALTATE ALLA PROVENZALE

供 6 人食用

制备时间：25 分钟

加热烹调时间：20 分钟

3 汤匙橄榄油

5 瓣蒜，不用去皮

1 千克 / 2¼ 磅新鲜马铃薯，切丁

50 克 / 2 盎司黄油

半小袋藏红花

1 枝新鲜平叶欧芹，切碎

1 枝新鲜的百里香，切碎

盐和胡椒

番茄炖马铃薯 STEWED POTATOES WITH TOMATO

在一口锅中加热橄榄油，加入红葱头和大蒜，用中火加热，煸炒至呈金黄色。加入马铃薯，用大火加热，煸炒几分钟。加入干白葡萄酒，继续加热至完全吸收，然后转小火加热并加入番茄。撒入牛至，用盐和胡椒调味，加入 150 毫升 / ¼ 品脱的水。盖上锅盖，继续用小火加热，直到马铃薯软烂。盛入温热的餐盘中即可上桌。

PATATE STUFATE AL POMODORO

供 4 人食用

制备时间：20 分钟

加热烹调时间：45 分钟

2 汤匙橄榄油

1 颗红葱头，切碎

1 瓣蒜，切碎

600 克 / 1 磅 5 盎司马铃薯，切丁

5 汤匙干白葡萄酒

3 颗番茄，去皮去籽并切碎

少许干牛至

盐和胡椒

← 番茄炖马铃薯

PATATINE NOVELLA AL ROSMARINO
供 4 人食用
制备时间：10 分钟
加热烹调时间：30~35 分钟
25 克 / 1 盎司黄油
100 毫升 / 3½ 盎司橄榄油
1 枝新鲜的迷迭香
1 瓣蒜
675 克 / 1½ 磅新鲜马铃薯
盐

迷迭香烤新鲜马铃薯 NEW POTATOES WITH ROSEMARY

将黄油和橄榄油放入一口大号的锅中加热，加入迷迭香、大蒜和马铃薯，翻炒之后盖上锅盖，用小火加热至马铃薯呈金黄色。取出大蒜和迷迭香并丢弃不用，撒上盐后即可上桌。

PURÈ DI PATATE CREMOSO
供 4 人食用
制备时间：25 分钟
加热烹调时间：25~30 分钟
675 克 / 1½ 磅马铃薯
50 克 / 2 盎司黄油，软化
100 毫升 / 3½ 盎司牛奶
100 克 / 3½ 盎司马斯卡彭奶酪
120 毫升 / 4 盎司双倍奶油
6 棵香葱，切碎
盐和胡椒

奶油马铃薯泥 CREAMY MASHED POTATO

马铃薯蒸约 20 分钟，去皮后用马铃薯捣碎器捣碎，放入碗中。分次加入黄油搅拌均匀。将牛奶加热至即将沸腾，然后从火上端离。在另外一个碗中将马斯卡彭奶酪和奶油一起搅拌至细滑状，然后拌入热的牛奶，淋到马铃薯上。混合均匀，用盐和胡椒调味，过筛到温热的餐盘中。撒上香葱即可。

迷迭香烤新鲜马铃薯 →

甜 椒

黄色、红色和绿色甜椒的成熟期从 4 月到 10 月。它们富含维生素 C、磷、钙和钾等营养成分。在使用甜椒之前，其蒂、籽和白色的筋脉应先去掉。绿色和红色甜椒非常适合于制作番茄炖甜椒，而黄甜椒则在铁扒或者烘烤之后鲜美异常。酿入肉馅、米饭或者其他材料之后，甜椒甚至可以作为一道主菜供应。

数量和加热烹调的时间

数 量

可以按照每人 200 克 / 7 盎司的用量提供。如果是酿馅，可以按照每人一个甜椒的量提供。

烤甜椒

在烤盘内铺上锡箔纸，摆上甜椒，放入预热至 180°C/ 350°F/ 气烤箱刻度 4 的烤箱内烘烤 1 个小时。从烤箱内取出，用锡箔纸包好，冷却之后再去皮。

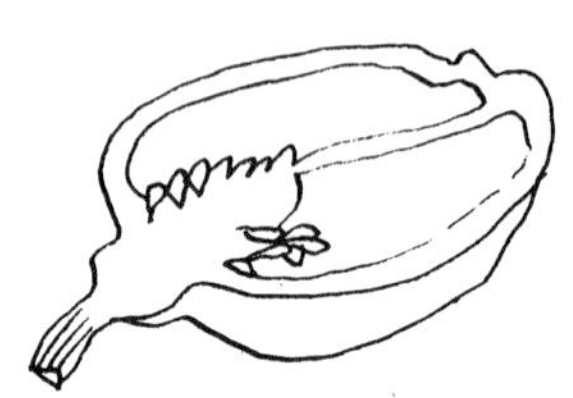

麦米甜椒沙拉 PEPPER AND FARRO SALAD

INSALATA DI PEPERONI E FARRO

供 4 人食用

制备时间：1 小时 15 分钟，另加 1 小时冷藏用时

- 2 个黄甜椒，去籽，切细条
- 1 个红甜椒，去籽，切细条
- 1 个绿甜椒，去籽，切细条
- 3 棵青葱，切片
- 10 颗黑橄榄，去核并切片
- 半瓣蒜，切碎
- 200 克 / 7 盎司麦米，煮熟
- 半颗柠檬，挤出柠檬汁，过滤
- 120 毫升 / 4 盎司橄榄油
- 1 汤匙切碎的欧芹
- 盐和胡椒

将所有的甜椒、青葱、橄榄、大蒜和麦米一起放入沙拉碗中。将柠檬汁和橄榄油在另外一个碗中搅拌均匀，加入少许盐和胡椒调味。将调好的沙拉酱汁淋到甜椒上，撒上欧芹并轻轻拌匀。将搅拌好的沙拉放入冰箱冷藏 1 个小时后再食用，以便让风味充分融合。

美味番茄炖甜椒，见第 624 页 →

INVOLTINI DI PEPERONI AL TONNO
供 4 人食用
制备时间：40 分钟
加热烹调时间：1 小时
1 个红甜椒
1 个黄甜椒
1 个绿甜椒
350 克 / 12 盎司罐装油浸金枪鱼，捞出控净油并掰成小块
1 棵青葱，切碎
3 汤匙油浸蘑菇，捞出控净油
2 茶匙酸豆，漂洗干净并控净水
6 条鳀鱼，捞出控净汁液，漂洗干净并切碎
1 枝新鲜平叶欧芹，切碎
1 汤匙白葡萄酒醋
橄榄油，用于淋洒

甜椒金枪鱼卷 PEPPER AND TUNA ROLLS

将烤箱预热至 180°C/ 350°F/ 气烤箱刻度 4。在一个烤盘内铺上锡箔纸。用叉子在甜椒上戳出一些孔，放入烤盘内，用烤箱烘烤 1 个小时。然后从烤箱内取出，用锡箔纸包好，让其冷却。将甜椒去皮，切成 4 瓣，去籽和筋脉，并用厨房纸拭干。将金枪鱼、青葱、蘑菇、酸豆、鳀鱼和欧芹放入碗中混合均匀，拌入醋。将混合物涂抹到甜椒上，卷紧后放入冰箱冷藏。上菜时，将两种不同颜色的甜椒卷一起放入餐盘中，淋上橄榄油即可。

PEPERONATA DELICATA
供 4 人食用
制备时间：1 小时 15 分钟
加热烹调时间：30 分钟
4 个什锦甜椒
4 汤匙橄榄油
1 瓣蒜
1 颗洋葱，切丝
4 颗番茄，去皮去籽并切碎
盐
见第 623 页

美味番茄炖甜椒 DELICATE PEPERONATA

将烤箱预热至 180°C/ 350°F/ 气烤箱刻度 4。在一个烤盘内铺上锡箔纸。用叉子在甜椒上戳出一些孔，放入烤盘内，用烤箱烘烤 1 个小时。然后从烤箱内取出，用锡箔纸包好，让其冷却。将甜椒去皮，切成两半，去籽和筋脉后切大块。在一口锅中加热橄榄油，放入大蒜。加入甜椒和洋葱，用小火加热，煸炒 10 分钟。加入番茄，用盐调味，继续加热 20 分钟，直到锅中汤汁变得浓稠。上菜之前，将大蒜取出并丢弃不用。

PEPERONI ARROSTO
供 4 人食用
制备时间：30 分钟，另加 1 小时静置用时
加热烹调时间：1 个小时
4 个甜椒
3 瓣蒜，切成两半
12 片新鲜的罗勒叶
橄榄油，用于淋洒
盐和胡椒

烤甜椒 ROAST PEPPERS

将烤箱预热至 180°C/ 350°F/ 气烤箱刻度 4。在一个烤盘内铺上锡箔纸。用叉子在甜椒上戳出一些孔，放入烤盘内，用烤箱烘烤 1 个小时。然后从烤箱内取出，用锡箔纸包好，让其冷却。将甜椒去皮，切成两半，切面朝下，放到厨房纸上，让其控净汁液。去籽和筋脉后将甜椒切成 1½ 厘米 / ¾ 英寸的条，分层放到一个深边餐盘中，在每一层上分别撒上大蒜和罗勒叶，并用盐和胡椒调味。淋上橄榄油，让其在一个凉爽的地方静置 1 个小时后再食用。

烤甜椒 →

PEPERONI CAPRICCIOSI
供 4 人食用
制备时间：30 分钟
加热烹调时间：30 分钟
3 汤匙橄榄油，另加涂刷所需
4 个黄甜椒
6 条盐渍鳀鱼，去掉鱼头，洗净，并剔取鱼肉（见第 694 页），用冷水浸泡 10 分钟后控净水
2 瓣蒜，切细末
1 枝新鲜平叶欧芹，切细末
100 克 / 3½ 盎司绿橄榄，去核并切成细末
6 片新鲜的罗勒叶，切细末
250 克 / 9 盎司番茄，去皮切丁
250 克 / 9 盎司马苏里拉奶酪，切片
盐和胡椒

什锦甜椒 FANCY PEPPERS

将烤箱预热至 200℃/ 400℉/ 气烤箱刻度 6。在一个耐热焗盘内涂橄榄油。将甜椒切成两半，其蒂把也要切成两半，去掉籽和筋脉。将甜椒的切面朝上放到准备好的焗盘内，放入烤箱烘烤 15～20 分钟。与此同时，将鳀鱼肉切碎，放入碗中，加入一半用量的橄榄油，碾压成细滑状。加入大蒜、欧芹、橄榄和罗勒叶。将番茄放入另外一个碗中，拌入剩余的橄榄油，用盐和胡椒调味。将甜椒从烤箱内取出，但是不要关闭烤箱。甜椒里填入番茄，铺上一片马苏里拉奶酪，再加入 1 汤匙的鳀鱼酱汁。放回烤箱内烘烤 10 分钟。

PEPERONI IN AGRODOLCE
供 4 人食用
制备时间：15 分钟
加热烹调时间：35 分钟
3 汤匙橄榄油
4 个甜椒，切成两半，去籽，切厚片
200 毫升 / 7 盎司白葡萄酒醋
2 汤匙糖
盐

酸甜甜椒 SWEET-AND-SOUR PEPPERS

在一口锅中加热橄榄油，加入甜椒，用小火加热，煸炒约 15 分钟。用盐调味后将甜椒从锅中取出，置旁备用。将白葡萄酒醋倒入锅中的汁液中，再加入糖搅拌均匀，转中火加热，搅拌至白葡萄酒醋几乎完全吸收。将甜椒加入锅中，继续加热 2 分钟，盛入温热的餐盘中即可。

PEPERONI RIPIENI D'ESTATE
供 6 人食用
制备时间：45 分钟，另加 30 分钟腌制用时
加热烹调时间：1 个小时
1 个茄子，切成丁
2 条盐渍鳀鱼，去掉鱼头，洗净，并剔取鱼肉（见第 694 页），用冷水浸泡 10 分钟后控净水
2 汤匙橄榄油，另加涂刷所需
150 克 / 5 盎司格吕耶尔奶酪，切丁
100 克 / 3½ 盎司橄榄，去核，切薄片
40 克 / 1½ 盎司新鲜平叶欧芹，切碎
6 片新鲜的罗勒叶，切碎
3 颗番茄，去皮去籽，切碎
2 个马铃薯，切丁
1 汤匙酸豆，捞出控净汁液并漂洗干净
少许干牛至
6 个绿甜椒
盐和胡椒

夏日酿馅甜椒 SUMMER STUFFED PEPPERS

将茄子丁放入过滤器中，撒上盐，腌制 30 分钟并控净汁液。与此同时，将鳀鱼切碎。烤箱预热至 180℃/ 350℉/ 气烤箱刻度 4。在一个耐热焗盘内刷橄榄油。将格吕耶尔奶酪、橄榄、欧芹、罗勒、番茄和马铃薯一起放入一个大碗中。茄子漂洗干净并用厨房纸拭干，连同鳀鱼、酸豆和牛至一起加入碗中。用盐和胡椒调味后搅拌均匀。去掉甜椒蒂把，切掉甜椒的顶部并保留。用一把锋利的小刀和一把茶匙去掉甜椒的籽和筋脉。将馅料填入甜椒中，在每个甜椒中加入 1 茶匙的橄榄油，盖上保留的甜椒顶部，如果需要，可以用根牙签固定。将甜椒放入准备好的焗盘内，放入烤箱烘烤 1 个小时。冷食热食皆宜。

豌　豆

新鲜的、干燥的、罐装的或者是冷冻的豌豆都富含钾、磷、蛋白质和B族维生素。高品质的新鲜豌豆可以通过它们细滑、有弹性且是亮绿色的豆荚而辨认出来。它们适合于许多食谱，可以作为配菜，还可以作为用来制作意大利面和意大利调味饭中的主要食材。嫩豌豆是豌豆中的一种，有着非常薄的可食用豆荚，因此，它们不需要去掉豆荚，只需简单清洗并拭干即可。

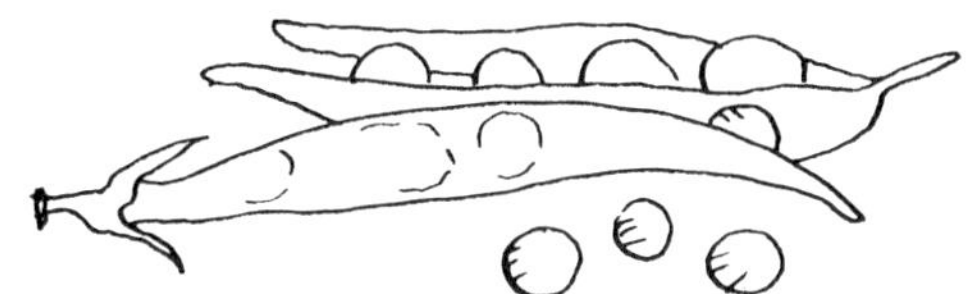

数量和加热烹调的时间

数　量

去壳豌豆可以按照每人80克/3盎司用量供应。1千克/2¼磅的豆荚可以产出约500克/1磅2盎司的豌豆，同样的重量，嫩豌豆可以产出约300克/11盎司。

煎豌豆

早期的豌豆在进行加工处理时必须小心对待。使用小火加热，用黄油或者油脂煎，但是不能让豌豆吸收太多的脂肪，否则豌豆会变得非常油腻而且不易消化吸收。用高温加热会使豌豆变硬，因此，豌豆一定要使用小火加热，并且要在盖上锅盖的平底锅中煎。平底锅在加热的过程中会形成蒸汽，可以防止豌豆吸收太多的脂肪。根据需要，可以在煎豌豆的过程中加入少许热水。

煮豌豆

将豌豆用加了盐的沸水煮15～30分钟，具体加热的时间需要根据豌豆的大小和新鲜程度而定。

MATTONELLA TRICOLORE
供 6 人食用
制备时间：1 小时 30 分钟
加热烹调时间：40 分钟
400 克 / 14 盎司去壳新鲜豌豆
400 克 / 14 盎司胡萝卜，切片，另加装饰所需
200 克 / 7 盎司菠菜
黄油，用于涂抹
3 颗鸡蛋，分离蛋清蛋黄
9 汤匙双倍奶油
25 克 / 1 盎司里考塔奶酪
盐和胡椒
雪维菜，用于装饰

三色豌豆批 THREE-COLOUR TERRINE

分别用加了盐的沸水将豌豆和胡萝卜煮 15～30 分钟，成熟后捞出控干。菠菜加热 5～10 分钟，只需要利用洗净菠菜之后其叶上所带水分即可，然后控净汁液，并将多余的汁液挤出。将烤箱预热至 190°C/ 375°F/ 气烤箱刻度 5。在一个制作肉批的模具或者面包模具中涂抹黄油。将每种蔬菜分别制成蓉泥状，并分别盛入三个不同的碗中，在每个碗中分别加入 1 个蛋黄和 3 汤匙的双倍奶油，用盐和胡椒调味。将里考塔奶酪加入菠菜中，并小心地将每个碗中的食材搅拌均匀。蛋清放入无油碗中搅打至硬性发泡的程度，然后将其分成三份，分别切拌进每种蔬菜蓉泥中。将一半的豌豆蓉泥用勺舀入准备好的肉批模具中或者面包模具中，用一把湿润的抹刀将表面抹至光滑平整，再舀入一半量的胡萝卜蓉泥，涂抹平整。将菠菜蓉泥全部舀入模具中，接着舀入剩余的胡萝卜蓉泥和剩余的豌豆蓉泥，每次都要用湿润的抹刀将表面涂抹光滑。用锡箔纸覆盖好，放入烤箱烘烤 40 分钟。从烤箱内取出后，让其稍微冷却，然后扣入餐盘中。用胡萝卜片和雪维菜装饰。

PISELLI ALLA MENTA
供 4 人食用
制备时间：15 分钟
加热烹调时间：35 分钟
1 千克 / 2¼ 磅新鲜豌豆，去壳
½ 茶匙糖
10 片新鲜的薄荷叶
50 克 / 2 盎司黄油
盐和胡椒

薄荷豌豆 PEAS WITH MINT

将豌豆放入加了盐的沸水中，加上糖和 5 片薄荷叶一起煮 15～30 分钟，直到成熟。捞出控干水分，取出薄荷叶丢弃不用。在一口锅中加热熔化黄油，加入豌豆，翻炒均匀，并用小火加热 5 分钟。然后用盐和胡椒调味，加入剩余的薄荷叶即可。

PISELLI ALLA PANCETTA
供 4 人食用
制备时间：50 分钟
加热烹调时间：15～20 分钟
1 千克 / 2¼ 磅新鲜豌豆，去壳
40 克 / 1½ 盎司黄油
100 克 / 3½ 盎司烟熏意式培根，切条
盐
见第 630 页

意式培根炒豌豆 PEAS WITH PANCETTA

用加了盐的沸水将豌豆煮 15～30 分钟，直到成熟，然后捞出控干。将黄油放入一口锅中加热熔化，加入意式培根，煸炒至呈金黄色。加入豌豆煸炒 5 分钟，盛入温热的餐盘中即可。

三色豌豆批 →

欧芹豌豆 PEAS WITH PARSLEY

用酱汁锅加热橄榄油，加入洋葱，用小火加热，煸炒5分钟。加入豌豆煸炒，盖上锅盖，继续用小火加热10分钟。与此同时将蔬菜高汤放入另外一口锅中加热煮沸。将欧芹撒入豌豆中，倒入足量的蔬菜高汤，以没过豌豆为好。加入糖，用盐和胡椒调味，小火加热至高汤完全吸收即可。

PISELLI AL PREZZEMOLO
供4人食用
制备时间：20分钟
加热烹调时间：30分钟
4汤匙橄榄油
1颗大洋葱，切丝
1千克/2¼磅新鲜豌豆，去壳
100克/3½盎司蔬菜高汤（见第249页）
1枝新鲜平叶欧芹，切碎
少许糖
盐和胡椒

胡萝卜豌豆 PEAS WITH CARROTS

将一半黄油放入一口锅中加热熔化，加入洋葱，用中火加热，煸炒5分钟。加入胡萝卜，继续煸炒约10分钟。加入豌豆、糖和欧芹，用盐和胡椒调味并混合均匀。转小火加热，加入5汤匙的温水，盖上锅盖，继续用小火加热约40分钟。打开锅盖，将锅中剩余的汤汁㸆干，拌入剩余的黄油，盛入温热的餐盘中即可。

PISELLI CON CAROTE
供4人食用
制备时间：20分钟
加热烹调时间：1小时
50克/2盎司黄油
200克/7盎司小洋葱
500克/1磅2盎司小胡萝卜，切片
500克/1磅2盎司鲜豌豆，去壳
1½茶匙糖
2枝新鲜平叶欧芹，切碎
盐和胡椒

生菜豌豆 PEAS WITH LETTUCE

在一口锅中加热熔化黄油，加入青葱，用小火加热，煸炒5分钟，直到青葱变软。加入生菜和豌豆，加入足量的沸水，没过豌豆的一半高度，盖上锅盖，用小火加热20～30分钟，要确保锅中的食材没有变得太干。加入盐调味，将锅从火上端离即可。这是一道精致而美味的菜肴。

PISELLI CON LATTUGA
供4人食用
制备时间：20分钟
加热烹调时间：35分钟
40克/1½盎司黄油
2棵青葱，切薄片
1棵生菜，切条
1千克/2¼磅新鲜豌豆，去壳
盐

家常嫩豌豆 HOME-COOKED MANGETOUTS

将嫩豌豆用加了盐的沸水煮8～10分钟，直到嫩熟，捞出控干。在一口锅中加热橄榄油，加入洋葱，用小火加热，煸炒5分钟。加入大蒜和嫩豌豆，转大火加热，继续煸炒5分钟。将大蒜取出并丢弃不用，加入番茄，用盐和胡椒调味。再转中火继续加热10～15分钟，根据需要调整口味。盛入温热的餐盘中，用罗勒叶装饰即可。

TACCOLE ALLA CASALINGA
供6人食用
制备时间：25分钟
加热烹调时间：25分钟
1千克/2¼磅嫩豌豆，清理备用
4汤匙橄榄油
1颗小洋葱，切丝
2瓣蒜
200克/7盎司番茄，去皮去籽，切丁
盐和胡椒
新鲜的罗勒叶，用于装饰

← 意式培根炒豌豆，见第628页

番 茄

番茄中含有丰富的维生素A、维生素B和维生素C，一个成年人每日食用一颗100克/3½盎司重的成熟番茄就可以满足这些维生素的日常需求。在众多种类的番茄之中，只需要熟悉这两个大家族中的番茄就足够了。细滑的红色番茄，可以用于制作沙拉，制作什锦肉扒，还有煎番茄，而李子番茄是专门用来制作酱汁的。罐装的番茄，如果只是简单的去皮番茄，在加入其他食材中之前，通常会先控净汁液，而其汤汁，如果酱汁变得浓稠的话，可以用来稀释酱汁。切碎的去皮番茄、番茄糊和番茄泥，都有标准型的或者是浓缩型的。切片状的无籽青番茄，裹上面包糠后煎熟会非常美味。当然，你也可以将青番茄中的番茄肉挖出来，加入俄式沙拉中。

数量
和加热烹调的时间

数 量

一份酱汁可以按照500克/1磅2盎司新鲜的番茄或者400克/14盎司罐装的去皮番茄的用量准备。作为开胃菜，可以按照每人半颗到1颗中等大小的番茄提供；作为头盘，可以按照每人1颗大番茄的量提供；作为主菜，可以按照每人2颗中等大小的番茄提供。

番茄沙拉

将番茄切片，不要切成块，因为切片后的番茄可以更长久地保持其质地的硬实。只需在上菜之前撒上少许盐即可。

酿馅番茄

将番茄切成两半，挖出籽，在番茄内撒上盐。切口朝下放到厨房纸上静置10分钟，控净汁液，然后再酿入馅料。

番茄冻配金枪鱼 TOMATO JELLY RING

将洋葱、番茄、醋、番茄泥和大蒜放入一口大号平底锅中，用小火加热，翻炒10～15分钟，直到变软。取出后放入食物料理机内搅打成蓉泥状，然后刮取到一个碗中。根据包装说明制备吉利丁，拌入蔬菜蓉泥中，用盐和胡椒调味。用冰水清洗环形模具，将加了吉利丁的混合物晃动均匀，倒入模具中。放入冰箱冷藏至少2个小时，直至凝固。食用时，将模具的底部在沸水中蘸几秒钟，然后翻扣到餐盘中。将金枪鱼舀入中间位置，生菜在番茄冻四周围上一圈。

ANELLO DI GELATINA AL POMODORO

供4～6人食用

制备时间：25分钟，另加2小时冷藏用时

加热烹调时间：15分钟

1颗洋葱，切碎 • 500克/1磅2盎司李子番茄，去皮去籽，切丁

1汤匙白葡萄酒醋 • 1茶匙番茄泥

1瓣蒜 • 1小袋吉利丁

250克/9盎司罐装油浸金枪鱼，控净汁液，掰成小块 • 叶片宽松的生菜，例如皱叶生菜等 • 盐和胡椒

马苏里拉酥皮番茄 TOMATO AND MOZZARELLA PARCELS

将烤箱预热至200°C/400°F/气烤箱刻度6。在耐热焗盘内涂抹黄油。用一把锋利的小刀在每颗番茄的茎蒂处切出一个圆形的切口，用茶匙将番茄籽挖出，不要戳破番茄的外皮。将马苏里拉奶酪、罗勒叶和欧芹放入碗中，淋上橄榄油。混合均匀并用勺舀入番茄中。撒上盐和胡椒调味。分别在两个碗中搅散蛋清和蛋黄。将酥皮放在撒有一层薄面粉的工作台面上擀开，切成8个方块。分别用一片意式培根将每颗番茄包好，再分别放到每一块酥皮的中间位置上。在酥皮的四周涂刷上蛋清，将酥皮的4个角提起聚拢并捏紧，将番茄包好，然后在酥皮包上涂刷上蛋黄。将包好番茄的酥皮放到准备好的焗盘内，放入烤箱烘烤20分钟即可。

FAGOTTINI DI POMODORI E MOZZARELLA

供4人食用

制备时间：50分钟

加热烹调时间：20分钟

黄油，用于涂抹

8个小番茄

200克/7盎司马苏里拉奶酪，切小丁

4片新鲜的罗勒叶，切碎

1枝新鲜平叶欧芹，切碎

橄榄油，用于淋洒

1颗鸡蛋，分离蛋清蛋黄

300克/11盎司成品千层酥皮面团，如果是冷冻，需解冻

普通面粉，用于淋撒

8片意式培根

盐和胡椒

番茄格吕耶尔奶酪批 TOMATO AND GRUYERE MOULD

将烤箱预热至180°C/350°F/气烤箱刻度4，模具内涂刷橄榄油。在一口小号酱汁锅中加热橄榄油，加入红葱头，用小火加热，煸炒5分钟。加入意大利番茄泥，继续煸炒几分钟，然后将锅从火上端离。将鸡蛋和双倍奶油在一个碗中搅打均匀，拌入番茄泥汁中，加入香草并用盐调味。将番茄混合物倒入模具中，放入烤盘内，在烤盘内加入其边缘一半高度的沸水。放入烤箱烘烤约1个小时。然后从烤箱内取出，将烤箱开关关闭。将模具冷却几分钟，然后倒入一个耐热焗盘内。撒上格吕耶尔奶酪，再放入仍有余热的烤箱内，直到奶酪开始熔化。趁热食用。

FLAN DI POMODORI ALLA GROVIERA

供4人食用

制备时间：40分钟

加热烹调时间：1小时10分钟

3汤匙橄榄油，另加涂刷所需

2颗红葱头，切细末

500毫升/18盎司意大利番茄泥

4颗鸡蛋

1汤匙双倍奶油

6片新鲜的罗勒叶，切碎

1枝新鲜平叶欧芹，切碎

4棵香葱，切碎

80克/3盎司现擦碎的格吕耶尔奶酪

盐

FRITTATA ROSSA DI POMODORI
供 4 人食用
制备时间：20 分钟
加热烹调时间：35 分钟
3 汤匙橄榄油
1 颗红葱头，切碎
半瓣蒜，切碎
300 克 / 11 盎司李子番茄，去皮去籽，切碎
6 颗鸡蛋
4 片新鲜的罗勒叶，切碎
盐和胡椒

番茄蛋饼 RED TOMATO FRITTATA

在一口平底锅中加热橄榄油，加入红葱头和大蒜，用小火加热，煸炒 5 分钟。加入番茄，转中火继续加热，煸炒 5 分钟。然后转小火加热 15 分钟。将鸡蛋、盐、胡椒粉和罗勒叶一起在一个碗中搅打好。将搅打好的蛋液混合物淋到锅中的番茄上，加热至平整而凝固。不要将番茄蛋饼翻面。将制作好的番茄蛋饼从锅中滑落到餐盘中即可。

FRITTELLINE ROSA DI POMODORO
供 4 人食用
制备时间：15 分钟，另加 1 小时静置用时
加热烹调时间：15～20 分钟
130 克 / 4½ 盎司普通面粉
1 颗鸡蛋，打散
½ 茶匙熔化的黄油
4 颗成熟、硬实的番茄
6 片新鲜的罗勒叶，切碎
植物油，用于油炸
盐和胡椒

油炸番茄 TOMATO FRITTERS

将面粉过筛，与少许盐一起放入碗中，加入蛋液、熔化的黄油和足量的水，制成细滑的面糊，静置约 1 个小时。与此同时，将番茄切片，去掉籽，在其两面分别撒上胡椒粉和罗勒叶。在一口大号锅中加热植物油。番茄片裹上面糊，在热油中炸至金黄色。用漏勺捞出，放在厨房纸上控净油。撒上盐即可。

POMODORI AL FORNO
供 4 人食用
制备时间：40 分钟，另加 1 小时腌制用时
加热烹调时间：20 分钟
8 颗番茄，切成两半
1 片厚面包片，去边
4 汤匙牛奶
橄榄油，用于涂刷
200 克 / 7 盎司熟肉，切碎
3 根法兰克福香肠，去皮，切碎
40 克 / 1½ 盎司帕玛森奶酪，现擦碎
1 颗鸡蛋
1 个蛋清
1 枝新鲜平叶欧芹，切碎
1 枝新鲜的罗勒，切碎
1 瓣蒜，切碎
盐和胡椒

烤番茄 BAKED TOMATOES

将番茄籽和一部分的番茄肉用勺挖出，撒上盐，倒扣在厨房纸上 1 个小时，控净汁液。将面包撕成小块，放入碗中，加入牛奶，让其浸泡 10 分钟。将烤箱预热至 180°C/ 350°F/ 气烤箱刻度 4。在一个耐热焗盘内涂橄榄油。将熟肉、法兰克福香肠、帕玛森奶酪、用牛奶浸泡的面包混合物、全蛋、蛋清、欧芹、罗勒和大蒜一起放入食物料理机内，搅打至混合均匀。用盐和胡椒调味，再继续搅打一会儿，混合均匀后填入番茄中。将酿馅番茄放到准备好的焗盘内，放入烤箱烘烤 20 分钟，或者烘烤到呈金黄色即可。

油炸番茄 ➔

POMODORI AL GRATIN
供 4 人食用
制备时间：40 分钟，另加 1 小时腌制用时
加热烹调时间：40 分钟
4 颗番茄，切成两半
3 汤匙橄榄油，另加涂刷和淋洒所需
100 克 / 3½ 盎司面包糠
1 颗洋葱，切碎
3 条鳀鱼，捞出控净汁液，切碎
1 枝新鲜平叶欧芹，切碎
1 汤匙酸豆，捞出控净汁液，漂洗干净并切碎
盐

焗番茄 TOMATOES AU GRATIN

将番茄籽和一部分的番茄肉用勺从番茄内挖出，撒上盐，倒扣在厨房纸上 1 个小时，控净汁液。将烤箱预热至 160℃/ 325℉/ 气烤箱刻度 3。在一个耐热焗盘内涂橄榄油。在一口小号的酱汁锅中加热 1 汤匙的橄榄油，加入 50 克 / 2 盎司的面包糠煸炒，直到将面包糠煸炒成金黄色。将面包糠取出，放到一边备用。剩余的橄榄油在另外一口小号锅中加热，加入洋葱，用小火加热煸炒 5 分钟。加入鳀鱼和欧芹，混合均匀，然后将锅从火上端离。拌入酸豆和煸炒好的面包糠混合均匀，填入番茄中，并放到准备好的焗盘内。撒上剩余的面包糠，淋上橄榄油，放入烤箱烘烤 40 分钟，直到呈金黄色。

POMODORI ALLA MOUSSE DI CETRIOLI
供 4 人食用
制备时间：20 分钟，另加 1 小时腌制用时和 2～3 小时冷藏凝固用时
4 颗番茄
2 根嫩黄瓜，去皮，切碎
200 克 / 7 盎司里考塔奶酪
4 片新鲜的薄荷叶
2 汤匙牛奶
2 个蛋清
4 棵香葱，切细末
盐

番茄黄瓜慕斯 TOMATOES WITH CUCUMBER MOUSSE

将番茄的顶部切下来并保留好。将番茄籽和一部分的番茄肉用勺挖出，撒上盐，倒扣在厨房纸上 1 个小时。与此同时，将黄瓜、里考塔奶酪、薄荷和牛奶一起放入食物料理机内搅打成蓉泥状，刮取到一个碗中。将蛋清在一个没有油脂的碗中搅打至硬性发泡，然后切拌入混合物中。将搅拌好的混合物填入番茄中，撒上香葱，再将顶部切下来的番茄盖上，放入冰箱冷藏 2～3 个小时。上菜前 15 分钟，将番茄从冰箱内取出即可。

POMODORI ALLE MELANZANE
供 4 人食用
制备时间：30 分钟，另加 1 小时腌制用时
加热烹调时间：25 分钟
4 颗番茄
2 汤匙橄榄油
1 个茄子，去皮切丁
1 瓣蒜，切碎
1 棵青葱，切细末
1 汤匙酸豆，捞出控净汁液，漂洗干净并切碎
1 枝新鲜的罗勒，切碎
3 汤匙白葡萄酒醋
盐和胡椒

番茄酿茄子 TOMATOES WITH AUBERGINES

将番茄的顶部切下来并保留好。将番茄籽和一部分的番茄肉用勺挖出，撒上盐，倒扣在厨房纸上 1 个小时。在一口锅中加热橄榄油，加入茄子和大蒜，用大火加热翻炒至茄子呈浅褐色。加入青葱、酸豆和罗勒，并用盐和胡椒调味。倒入白葡萄酒醋，加热至完全吸收。将锅从火上端离，让其冷却。然后将茄子酿入番茄中，盖上番茄的顶部即可。

番茄西葫芦 TOMATOES WITH COURGETTES

将烤箱预热至 180°C/ 350°F/ 气烤箱刻度 4。在一个耐热焗盘内刷橄榄油。将番茄切薄片，不要切断，让其底部保持连接。将西葫芦纵切两半，然后再切细条，塞入切薄片状的番茄之间。将塞好西葫芦的番茄放入准备好的焗盘内，撒上欧芹和大蒜。用盐和胡椒调味并淋上橄榄油，放入烤箱烘烤 30 分钟。将焗盘从烤箱内取出，不要关闭烤箱电源。小心地将马苏里拉奶酪塞入番茄和西葫芦中间，撒上牛至，再放回烤箱里，用烤箱余温烘烤 10 分钟，直到马苏里拉奶酪开始融化并拉丝。取出番茄，放到温热的餐盘中，立刻上桌。

POMODORI ALLE ZUCCHINE
供 4 人食用
制备时间：30 分钟
加热烹调时间：40 分钟
橄榄油，用于涂刷和淋洒
8 颗番茄
2 个西葫芦，清理备用
1 枝新鲜平叶欧芹，切碎
1 瓣蒜
200 克 / 7 盎司马苏里拉奶酪，切片
½ 茶匙干牛至
盐和胡椒

卢比奥拉奶酪番茄 TOMATOES WITH ROBIOLA

将番茄籽和一部分的番茄肉用勺挖出，撒上盐，倒扣在厨房纸上 1 个小时。将卢比奥拉奶酪、戈贡佐拉奶酪和黄油一起放入碗中，加入盐和胡椒调味，搅打至细滑状。加入李子番茄、红辣椒粉和香葱混合均匀，淋入伏特加酒。将制作好的混合物酿入番茄中，放入餐盘中，在阴凉的地方静置至上菜前。这道菜肴可以作为夏日里的头盘食用。

POMODORI CON ROBIOLA
供 4 人食用
制备时间：30 分钟，另加 1 小时腌制用时
加热烹调时间：45 分钟
4 个圆形番茄，切成两半
100 克 / 3½ 盎司卢比奥拉奶酪
50 克 / 2 盎司戈贡佐拉奶酪，制成颗粒状
25 克 / 1 盎司黄油，软化
4 颗李子番茄，去皮并切碎
少许红辣椒粉
4 棵香葱，切碎
2 汤匙伏特加酒
盐和胡椒

焗培根番茄 TOMATOES WITH BACON AU GRATIN

将番茄籽和番茄肉用勺挖出，而不破坏番茄的“外壳”。撒上盐，倒扣在厨房纸上 1 个小时。将烤箱预热至 180°C/ 350°F/ 气烤箱刻度 4。在一个耐热焗盘内涂橄榄油。在一口平底锅中加热橄榄油，放入蘑菇、洋葱和培根，用大火加热，煸炒约 10 分钟。加入百里香、欧芹和墨角兰，用盐和胡椒调味，混合均匀之后将锅从火上端离。拌入鸡蛋，用勺将混合物舀入番茄内。撒上面包糠，放到准备好的焗盘内，淋上橄榄油，放入烤箱烘烤 45 分钟。

POMODORI GRATINATI AL BACON
供 4 人食用
制备时间：20 分钟，另加 1 小时腌制用时
加热烹调时间：45 分钟
4 颗番茄，切成两半
3 汤匙橄榄油，另加涂刷和淋洒所需
150 克 / 5 盎司蘑菇，切细末
1 颗洋葱，切细末
150 克 / 5 盎司培根，切细末
1 枝新鲜的百里香，切碎
1 枝新鲜平叶欧芹，切碎
1 枝新鲜的墨角兰，切碎
1 颗鸡蛋，打散
50 克 / 2 盎司面包糠
盐和胡椒

番茄酿佩科里诺奶酪 TOMATOES STUFFED WITH PECORINO

POMODORI RIPIENI AL ROMANO

供 4 人食用

制备时间：25 分钟，另加 30 分钟腌制用时

加热烹调时间：20 分钟

8 颗番茄

3 汤匙橄榄油，另加涂刷所需

200 克 / 7 盎司温和型佩科里诺奶酪，制成颗粒

100 克 / 3½ 盎司现擦碎的熟化后的佩科里诺奶酪

一大捏干牛至

盐和胡椒

将番茄的顶部切下来。番茄籽和一部分的番茄肉用勺挖出，撒上盐，倒扣在厨房纸上控 30 分钟的汁液。将烤箱预热至 200°C/ 400°F/ 气烤箱刻度 6。在一个耐热焗盘内涂橄榄油。将两种奶酪放入一个碗中并拌入橄榄油。加入牛至，根据需要，可以加入少许胡椒粉和盐调味。将调制好的混合物用勺舀入番茄内，放到准备好的焗盘内，放入烤箱烘烤约 20 分钟。取出静置一会儿后趁热食用。

俄式沙拉酿馅番茄 TOMATOES STUFFED WITH RUSSIAN SALAD

POMODORI RIPIENI D'INSALATA RUSSA

供 4 人食用

制备时间：1 小时 30 分钟，另加 30 分钟腌制和冷却用时

4 颗圆形番茄，切成两半

2 颗鸡蛋，煮熟

1 份俄式沙拉（见第 141 页）

盐

生菜叶，用于装饰

将番茄籽和一部分的番茄肉用勺挖出，撒上盐，倒扣在厨房纸上控至少 30 分钟的汁液。煮熟的鸡蛋剥壳，分别切成 4 瓣。将番茄“外壳”里面拭干，用勺将俄式沙拉舀入番茄中，堆放到中间位置，在每份俄式沙拉上摆 1 瓣煮鸡蛋。放入冰箱冷藏 15 分钟并用生菜叶装饰之后上菜。不要挑选熟透的番茄来制作此道菜肴——风味精致、红绿相间的番茄最适合用来制作这一道菜肴。

番茄酿米饭 TOMATOES STUFFED WITH RICE

POMODORI RIPIENI DI RISO

供 6 人食用

制备时间：40 分钟

加热烹调时间：30 分钟

4 汤匙橄榄油，另加涂刷和淋洒所需

6 颗大番茄

6 汤匙长粒米

1 枝新鲜平叶欧芹，切碎

6 片新鲜的罗勒叶，切碎

少许干牛至

盐和胡椒

将烤箱预热至 180°C/ 350°F/ 气烤箱刻度 4。在一个耐热焗盘内涂橄榄油。将番茄的顶部切下来并保留好。将番茄籽和番茄肉用勺挖出，保留好番茄肉和番茄“外壳”。番茄肉用食物研磨器磨碎到一个碗中。将大米用量多一些的盐水煮 5 分钟，然后捞出控干，拌入番茄肉中。加入欧芹、罗勒叶、牛至和橄榄油，用盐和胡椒调味并混合均匀。用勺舀入番茄壳内，盖上番茄盖，放到准备好的焗盘内。淋上橄榄油，放入烤箱烘烤约 30 分钟，冷食热食皆宜。

← 番茄酿佩科里诺奶酪

金枪鱼酿馅番茄 TOMATOES STUFFED WITH TUNA

将番茄的顶部切下来，番茄籽和番茄肉用勺挖出，保留番茄肉。在番茄“外壳”里撒上盐，倒扣在厨房纸上控 1 小时的汁液。将番茄肉放入一个过滤器内，让其控净汁液。鳀鱼切碎，与金枪鱼、酸豆、酸奶、欧芹、香葱和柠檬汁一起放入食物料理机内。搅打均匀，然后加入番茄肉，用盐和胡椒调味，再继续搅打至混合均匀。用勺将搅打好的混合物填入番茄壳里，用罗勒叶装饰，放入冰箱冷藏至上桌前即可。

POMODORI RIPIENI DI TONNO

供 4 人食用

制备时间：30 分钟，另加 1 小时腌制用时

4 颗番茄

4 条盐渍鳀鱼，去掉鱼头，洗净并剔取鱼肉（见第 694 页），用冷水浸泡 10 分钟后捞出控干

200 克 / 7 盎司罐装油浸金枪鱼，捞出控净汁液

1 汤匙酸豆，捞出控净汁液并漂洗干净

120 毫升 / 4 盎司低脂原味酸奶

1 汤匙切碎的新鲜平叶欧芹

5～6 棵新鲜的香葱，切碎

1 颗柠檬，挤出柠檬汁，过滤

盐和胡椒

新鲜的罗勒叶，用于装饰

乡村番茄派 RUSTIC TOMATO PIE

将烤箱预热至 180°C/ 350°F/ 气烤箱刻度 4。在一个长方形的模具内涂抹黄油。锅中加热橄榄油，放入青葱，用小火加热，煸炒 5 分钟。用盐略微调味，然后将锅从火上端离。用一半的面包铺到模具的底部并覆盖，青葱用勺舀入面包上。将番茄片放到青葱上，撒上牛至，再将剩余的面包摆到上面。将鸡蛋与牛奶一起在碗中搅打均匀，并用盐和胡椒调味。将搅打好的鸡蛋混合液倒在面包上，用佩科里诺奶酪覆盖，放入烤箱烘烤 30 分钟，或者一直烘烤到奶酪熔化并呈金黄色。取出后稍微冷却，扣入餐盘中即可。

TORTINO RUSTICO DI POMODORI

供 6 人食用

制备时间：30 分钟

加热烹调时间：30 分钟

黄油，用于涂抹

3 汤匙橄榄油

3 棵青葱，切细末

12 片薄全麦面包片，去边

500 克 / 1 磅 2 盎司番茄，切片

少许干牛至

1 颗鸡蛋

150 毫升 / ¼ 品脱牛奶

50 克 / 2 盎司佩科里诺奶酪，切薄片

盐和胡椒

← 金枪鱼酿馅番茄

韭 葱

韭葱与大蒜、洋葱同属于一个家族之中，但是其风味更加细腻。一般说来，我们只是食用韭葱中白色的部分，因此，其整个的外层叶片和所有的绿色部分应去掉。韭葱主要用来给其他蔬菜增加风味，也可以用来制作沙拉，用于烘烤，或者煮过后淋上熔化的黄油和奶酪食用。

数量和加热烹调的时间

数 量

1 千克 / 2¼ 磅重的韭葱，作为配菜，足够 4 人食用；如果韭葱与其他食材，像奶酪和白汁等混合之后，相同用量的韭葱也足够制成一道主菜。

煮韭葱

由于韭葱味道非常柔和，只需要用小火加热煮 15 分钟就足够了。

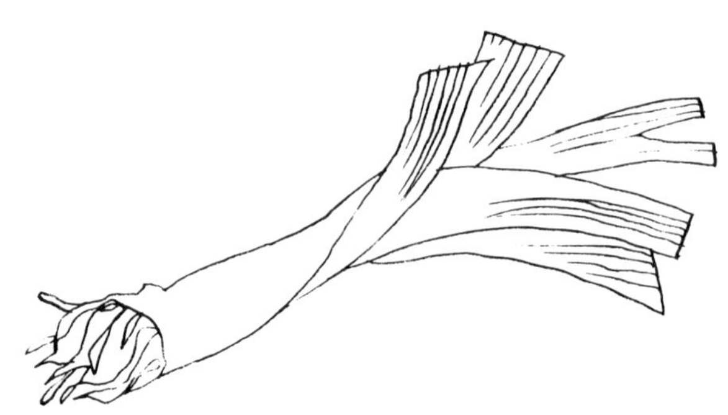

番茄韭葱 LEEKS WITH TOMATO

PORRI AL POMODORO
供 4 人食用
制备时间：15 分钟
加热烹调时间：50 分钟

1 颗红葱头，切碎
3 汤匙橄榄油
4 颗番茄，去皮去籽
1 瓣蒜，切碎
1 枝新鲜的百里香，切碎
175 毫升 / 6 盎司干白葡萄酒
1 千克 / 2¼ 磅韭葱，只取用白色部分，切片
盐和胡椒

酱汁锅中加入橄榄油和 100 毫升 / 3½ 盎司水，加入红葱头，用中火加热约 5 分钟直到红葱头变得柔软。加入番茄、大蒜和百里香，用盐和胡椒调味，再用大火继续加热几分钟。倒入干白葡萄酒，加热至完全吸收，然后改用小火继续加热 15 分钟。韭葱用盐水煮 5 分钟，然后捞出控干，加入番茄混合物中，盖上锅盖，继续用小火加热 15 分钟。打开锅盖，将酱汁锅中剩余的汤汁熥干，盛入温热的餐盘中即可。

焗韭葱，见第 644 页 →

PORRI AL PROSCIUTTO
供 4 人食用
制备时间：40 分钟
加热烹调时间：10 分钟
1 千克 / 2¼ 磅韭葱，只取用白色部分
100 克 / 3½ 盎司熟火腿，切片
100 克 / 3½ 盎司黄油
50 克 / 2 盎司普通面粉
500 毫升 / 18 盎司牛奶
100 克 / 3½ 盎司现擦碎的格吕耶尔奶酪
2 汤匙现擦碎的帕玛森奶酪
盐和胡椒

火腿韭葱 LEEKS WITH HAM

韭葱用盐水煮 5 分钟，然后捞出控干。烤箱预热至 180°C/ 350°F/ 气烤箱刻度 4。将火腿上的肥肉剔下来，与 25 克 / 1 盎司的黄油一起放到一个耐热焗盘里。用中火加热熔化，然后分两次加入韭葱，继续加热，将焗盘内的油时常淋到韭葱上，直到呈浅褐色。加入盐和胡椒调味。与此同时，使用 25 克 / 1 盎司剩余的黄油、面粉和牛奶制成白汁（见第 58 页）。将格吕耶尔奶酪加入制作好的白汁中。将焗盘从火上端离，在表面摆上一层火腿，用勺将白汁淋到火腿上，剩余的黄油颗粒放到白汁上。撒上帕玛森奶酪，放入烤箱烘烤约 10 分钟。

PORRI GRATINATI
供 4 人食用
制备时间：1 小时
加热烹调时间：20 分钟
1 千克 / 2¼ 磅韭葱，只取用白色部分
65 克 / 2½ 盎司黄油，另加涂抹所需
25 克 / 1 盎司普通面粉
350 毫升 / 12 盎司牛奶
2 个蛋黄
50 克 / 2 盎司现擦碎的瑞士多孔奶酪
少许现擦碎的肉豆蔻
50 克 / 2 盎司现擦碎的帕玛森奶酪
4 汤匙面包糠
盐和胡椒
见第 643 页

焗韭葱 LEEKS AU GRATIN

将韭葱用加了盐的沸水煮 15 分钟，然后捞出控干，放在一块茶巾上摊开晾干。将烤箱预热至 180°C/ 350°F/ 气烤箱刻度 4。在耐热焗盘内涂抹黄油。在一口锅中加热熔化 40 克 / 1½ 盎司黄油，加入韭葱，用小火加热，煸炒几分钟，然后倒入准备好的焗盘内。用剩余的黄油、面粉和牛奶制成白汁（见第 58 页）。将制作酱汁的锅从火上端离，打入蛋黄，加入瑞士多孔奶酪、肉豆蔻，用盐和胡椒调味并混合均匀。将酱汁淋到韭葱上，撒上帕玛森奶酪和面包糠，再撒上一些黄油颗粒，放入烤箱烘烤约 20 分钟，直到变成金黄色并且开始冒泡。

PORRI IN SALSA OLANDESE
供 4 人食用
制备时间：20 分钟
加热烹调时间：15 分钟
1 千克 / 2¼ 磅韭葱，只取用白色部分
120 克 / 4 盎司黄油
3 个蛋黄
半颗柠檬，挤出柠檬汁，过滤
盐和胡椒

荷兰酱韭葱 LEEKS IN HOLLANDAISE SAUCE

将韭葱用加了盐的沸水煮约 15 分钟，然后捞出控干放在一块茶巾上摊开晾干。与此同时，用黄油、蛋黄和柠檬汁制作荷兰酱（见第 71 页），并用盐和胡椒调味。将韭葱放入餐盘中，用勺将荷兰酱淋到韭葱上即可。

红菊苣

红菊苣是几种菊苣的通用名称，也是蔬菜大家庭中一个多产的品种。红菊苣中最著名的品种是叶长而红的特雷维索红菊苣，还有红色的维罗纳红菊苣（Verona radicchio）、红白色相间的弗兰科红菊苣（Castelfranco radicchio），以及红色的基奥贾红菊苣（Chioggia radicchio）等。它们别具一格的特点取决于栽培的方法不同。有一些种类的红菊苣会种植在露天的地方，而另外一些红菊苣则会在玻璃暖房中种植。不同的种植方式造就了它们所专属的红色、白色或者红白相间的叶片。这些著名的红菊苣品种，同时也是最美味可口的品种和最常使用的品种。与在传统的沙拉中使用红菊苣一样，几乎所有品种的红菊苣都可以用来烘烤或者铁扒。但是用作意大利调味饭或者用来制作意大利面时，其口味就差别很大了。

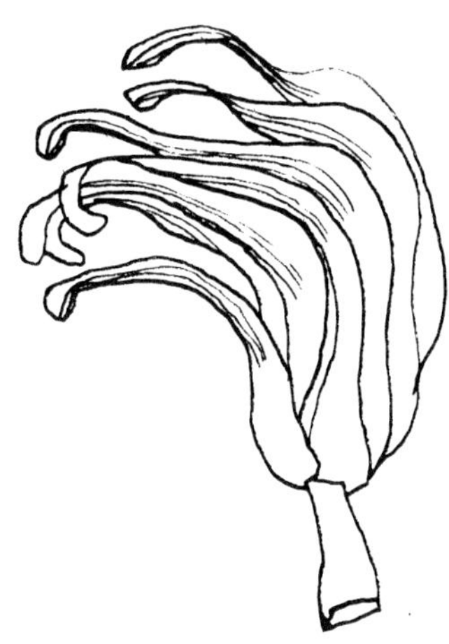

核桃红菊苣卷 RADICCHIO AND WALNUT ROLLS

INVOLTINI DI RADICCHIO ALLE NOCI

供 4 人食用

制备时间：25 分钟

加热烹调时间：15 分钟

黄油，用于涂抹

10 片弗兰科红菊苣叶

100 克 / 3½ 盎司里考塔奶酪

10 个核桃仁，切碎

1 个蛋黄

2 汤匙现擦碎的帕玛森奶酪

盐和胡椒

将烤箱预热至 180°C/ 350°F/ 气烤箱刻度 4。在耐热焗盘内涂抹黄油。将红菊苣叶用沸水焯 2 分钟，然后捞出放在厨房纸上控净水。里考塔奶酪、核桃仁、蛋黄和帕玛森奶酪一起放入碗中混合均匀，用盐和胡椒调味。将调制好的混合物分装入红菊苣叶的中间位置上，卷起并放到准备好的焗盘内，放入烤箱烘烤 15 分钟即可。

RADICCHIO AL FORNO
供 4 人食用
制备时间：10 分钟
加热烹调时间：20 分钟
4 汤匙橄榄油
675 克 / 1½ 磅特雷维索红菊苣，清理备用
半颗柠檬，挤出柠檬汁，过滤
盐和胡椒

烤红菊苣 BAKED RADICCHIO

烤箱预热至 180°C/ 350°F/ 气烤箱刻度 4。将一半橄榄油倒入一个耐热焗盘里，加入红菊苣，洒上剩余的橄榄油，并用盐和胡椒调味。用锡箔纸将焗盘覆盖，放入烤箱烘烤约 20 分钟。然后从烤箱内取出，放到温热的餐盘中，洒上柠檬汁即可。

RADICCHIO AL PARMIGIANO
供 4 人食用
制备时间：15 分钟
加热烹调时间：10～15 分钟
25 克 / 1 盎司黄油，另加涂抹所需
8～10 棵弗兰科红菊苣心
2 汤匙现擦碎的帕玛森奶酪
40 克 / 1½ 盎司帕玛森奶酪，刨片
盐和胡椒

帕玛森奶酪红菊苣 RADICCHIO WITH PARMESAN

将烤箱预热至 180°C/ 350°F/ 气烤箱刻度 4。在耐热焗盘内涂抹黄油。将弗兰科红菊苣叶用沸水焯几分钟，然后从锅中捞出，在一块茶巾上控净水。放到准备好的焗盘内，用盐和胡椒调味，撒上擦碎的帕玛森奶酪和帕玛森奶酪片。再撒上黄油颗粒，放入烤箱烘烤 10～15 分钟即可。

RADICCHIO MIMOSA
供 4 人食用
制备时间：20 分钟
4 棵弗兰科红菊苣，切条
5 汤匙橄榄油
2 汤匙白葡萄酒醋
4 颗煮熟的鸡蛋
盐和胡椒

金银红菊苣 RADICCHIO MIMOSA

将红菊苣条放到一个沙拉碗中。橄榄油和白葡萄酒醋搅打均匀，并用盐和胡椒调味。将制作好的酱汁淋到红菊苣上。煮熟的蛋黄用网筛过滤到沙拉上，轻轻拌和即可。

RADICCHIO ROSSO ALL'ARANCIA
供 4 人食用
制备时间：20 分钟
2 个橙子，挤出橙汁，过滤
3～4 汤匙橄榄油
1 茶匙柠檬汁（可选）
4 棵特雷维索红菊苣，切细条
盐和胡椒

特雷维索红菊苣橙子沙拉 TREVISO RADICCHIO SALAD WITH ORANGE

将橙汁和橄榄油在碗中搅打至混合均匀，加入盐和胡椒调味。如果橙汁口感过甜，可以加入几滴柠檬汁来丰富口感。将红菊苣放到一个碗中，橙汁酱汁呈溪流状淋到红菊苣上，轻拌即可。这道沙拉中与众不同的酸甜混合味道使它非常适合作为煮鱼或者煮什锦肉类的配菜。

特雷维索红菊苣橙子沙拉 →

RADICCHIO ROSSO FRITTO
供 4 人食用
制备时间：20 分钟，另加 30 分钟静置用时
加热烹调时间：30 分钟
2～3 棵特雷维索红菊苣，清理备用
植物油，用于油炸
盐

用于制作面糊
65 克 / 2½ 盎司普通面粉
1 颗鸡蛋
1 汤匙橄榄油
100 毫升 / 3½ 盎司啤酒
1 个蛋清
盐

炸红菊苣 FRIED RADICCHIO

先制作面糊。将面粉过筛，与少许盐一起放入碗中，打入鸡蛋，加入橄榄油。用木勺彻底混合均匀，以防止形成结块，然后拌入啤酒，搅拌均匀。盖好之后让其静置至少 30 分钟。将蛋清在一个无油的碗中搅打至硬性发泡的程度，打好的蛋清切拌入面糊中。去掉红菊苣最外层最大的叶片，将红菊苣心切薄片状。在一口大号锅中加热植物油。将每片红菊苣分别裹上面糊，放入热油中炸，时常翻动，以便让整棵红菊苣都炸成均匀的褐色。重复此操作步骤炸制红菊苣，将炸好的红菊苣捞出，放在厨房纸上控净油。撒上盐之后立刻趁热食用。

RADICCHIO ROSSO IN CROSTA
供 4 人食用
制备时间：25 分钟
加热烹调时间：15～20 分钟
黄油，用于涂抹
4～6 棵特雷维索红菊苣，清理备用
橄榄油，用于涂刷
250～500 克 / 9 盎司～1 磅 2 盎司成品千层酥皮面团，如果是冷冻的，要解冻
普通面粉，用于淋撒
1 个蛋黄
盐和胡椒

酥皮红菊苣 RADICCHIO EN CROÛTE

将烤箱预热至 180°C/ 350°F/ 气烤箱刻度 4。预热扒炉。烤盘中涂抹黄油。在红菊苣上刷橄榄油，铁扒至红菊苣略微收缩，然后用盐和胡椒调味。在撒有一层薄面粉的工作台面上将酥皮面团擀开，切成方块形（每块酥皮搭配 1 棵红菊苣）。将红菊苣分别放到一块酥皮上，酥皮朝上提起，完全包裹住红菊苣。将蛋黄放入碗中，加入 1 茶匙的水并搅散，刷到酥皮上。包好红菊苣的酥皮包放到准备好的烤盘内，放入烤箱烘烤 15～20 分钟至金黄色即可。

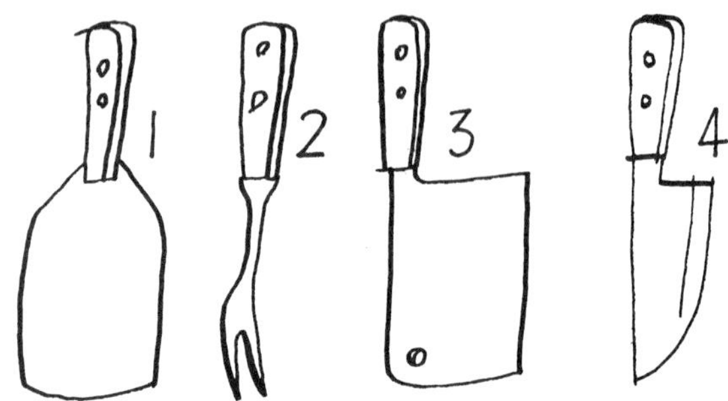

芜　菁

在芜菁最佳状态下享用，有着令人愉悦的美味。购买时要挑选那些个头小的，手感沉重的，非常硬实，并且略呈紫罗兰色的芜菁，否则，它们会带有苦味。芜菁汤清新爽口。将芜菁煮熟之后，拌上用油、醋和盐混合成的酱汁，就是搭配猪肉类菜肴的完美配菜。制备芜菁，先去掉其叶子，再将其头部切掉即可。

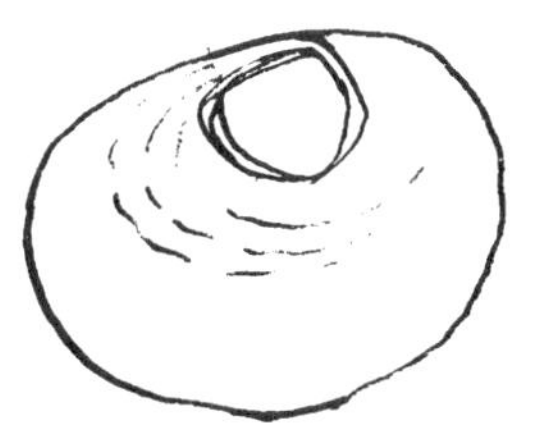

数　量

作为配菜时，可以按照每人2个小芜菁的用量提供，其他情况，可以按照食谱中制定的分量使用。

煮芜菁

如果芜菁较小，可以将芜菁整个浸入水中，而如果芜菁较大，可以切成片状。根据它们的大小不同，放入加了盐的沸水中煮20～40分钟。

数量
和加热烹调的时间

RAPE AL BACON
供 4 人食用
制备时间：15 分钟
加热烹调时间：45 分钟
8 个小芜菁，清理备用
165 克 / 5½ 盎司黄油
80 克 / 3 盎司培根，切条
40 克 / 1½ 盎司普通面粉
400 毫升 / 14 盎司牛奶
盐和胡椒

培根芜菁 TURNIPS WITH BACON

用一把锋利的小刀在每个芜菁的中间位置挖一个洞，在每个洞中分别塞入 15 克 / ½ 盎司的黄油，用盐和胡椒调味，然后将芜菁放到一口深边的酱汁锅中。加入 5 汤匙水，盖上锅盖后加热煮沸，然后改用小火继续加热到芜菁成熟。根据需要，在加热的过程中可以加入适量的沸水。将培根加入一口平底锅中，用小火加热，直到培根中的油脂流淌出来，然后将培根捞出，放在厨房纸上控净油。用剩余的黄油、面粉和牛奶制作白汁（见第 58 页），并用盐和胡椒调味，加入培根。将芜菁从酱汁锅中取出，切片状，放到温热的餐盘中，淋上白汁即可。

RAPE ALLA PANNA
供 4 人食用
制备时间：30 分钟
加热烹调时间：40 分钟
250 毫升 / 8 盎司双倍奶油
10 个芜菁，清理后并切薄片
25 克 / 1 盎司帕玛森奶酪，现擦碎
6 棵香葱，切碎
盐和胡椒

奶油芜菁 TURNIPS IN CREAM

将烤箱预热至 180°C/ 350°F/ 气烤箱刻度 4。在烤盘内铺锡箔纸。将双倍奶油倒入一口酱汁锅中并加热煮沸，然后加入芜菁片并继续加热 2 分钟。用铲子将芜菁捞出，控净汤汁，重叠着在烤盘内摆放成圆形，撒上帕玛森奶酪和香葱，用盐和胡椒调味。放入烤箱烘烤约 40 分钟，烤至浅褐色。盛入温热的餐盘中即可。

RAPE FARCITE
供 6 人食用
制备时间：50 分钟
加热烹调时间：40 分钟
12 个中等大小的芜菁，清理备用
2 汤匙橄榄油
1 小块鸡胸肉，去皮去骨，切碎
40 克 / 1½ 盎司黄油，另加涂抹所需
5 片施佩克火腿片
5 片新鲜的鼠尾草叶
3 个蛋黄
2 汤匙双倍奶油
盐和白胡椒

酿馅芜菁 STUFFED TURNIPS

用加了盐的沸水将芜菁煮熟，然后捞出控干。与此同时，在一口小号的平底锅中加热橄榄油，加入鸡胸肉，用中火加热，不时地翻动，直到将鸡胸肉两面都煎成金黄色，然后用盐调味，取出备用。将烤箱预热至 180°C/ 350°F/ 气烤箱刻度 4。在耐热焗盘内涂抹黄油。将火腿与鼠尾草一起切碎。挖出芜菁的中间肉质，制成“碗状”，并保留好芜菁肉。在每个“芜菁碗”中，填上鸡肉和火腿肉，并放入一些黄油颗粒。填充好的芜菁放到焗盘内，放入烤箱烘烤 40 分钟。将挖出的芜菁肉放入保温锅里保温，或者放入一个耐热碗中隔水保温。酱汁加入蛋黄、双倍奶油，用盐和白胡椒粉调味，继续加热，不停地搅拌，直到酱汁变得浓稠。制作好的酱汁配酿馅芜菁一起食用。

马铃薯烤芜菁 ROAST TURNIPS WITH POTATOES

RAPE IN TEGLIA CON PATATE

供 4 人食用

制备时间：20 分钟

加热烹调时间：45 分钟

4 汤匙橄榄油

1 颗洋葱，切细丝

400 克 / 14 盎司芜菁，清理后切片

350 克 / 12 盎司马铃薯，切片

150 毫升 / ¼ 品脱蔬菜高汤（见第 249 页）

200 克 / 7 盎司马苏里拉奶酪，切丁

少许干牛至

盐和胡椒

将烤箱预热至 200°C/ 400°F/ 气烤箱刻度 6。在一个烤盘内加热橄榄油，加入洋葱，用小火加热，煸炒 5 分钟。加入芜菁和马铃薯，用盐和胡椒调味。混合均匀之后，倒入高汤。放入烤箱烘烤 30 分钟直到液体被完全吸收。在马铃薯和芜菁上撒上马苏里拉奶酪和牛至，再放回到烤箱里继续烘烤 10 分钟即可。

韭葱南瓜烤芜菁 ROAST TURNIPS WITH LEEKS AND PUMPKIN

RAPE IN TEGLIA CON PORRI E ZUCCA

供 4 人食用

制备时间：40 分钟

加热烹调时间：30 分钟

200 克 / 7 盎司南瓜，切片

1 茶匙新鲜的百里香叶

3 汤匙橄榄油，另加淋洒所需

200 克 / 7 盎司韭葱，只取用白色部分，切片

300 克 / 11 盎司芜菁，清理后切片

2 汤匙芝麻

盐

将烤箱预热至 200°C/ 400°F/ 气烤箱刻度 6。将南瓜片放到一张锡箔纸上，撒上盐和百里香叶调味。折叠锡箔纸，完全包裹南瓜，放到烤盘上，放入烤箱烘烤 30 分钟。在一口大号的锅中加热橄榄油，加入韭葱和芜菁，用中火加热，翻炒至成熟。加入南瓜，再继续加热几分钟。撒上芝麻，再淋上橄榄油即可。

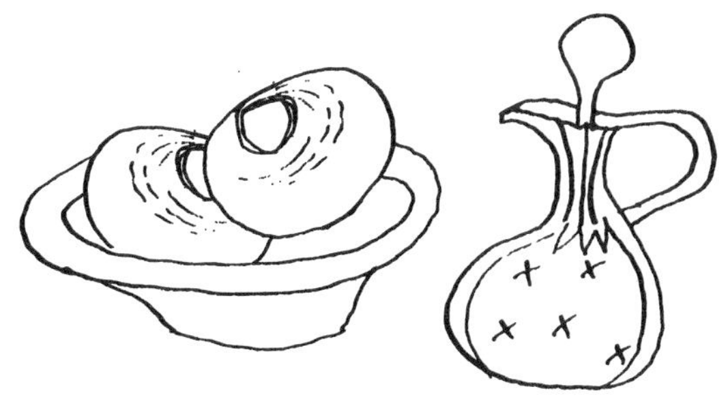

小萝卜

最常见的小萝卜是红萝卜或白萝卜，多是圆形或细长形的。在经过修整并且用小刀将所有的斑点刮除之后可以生食。也可以切片，加入各种沙拉里或者整个用于装饰。当小萝卜本身作为一道菜肴时，只需简单地加入少许盐调味，还可以搭配涂抹淡淡的一层黄油的白面包或者全麦面包一起食用。

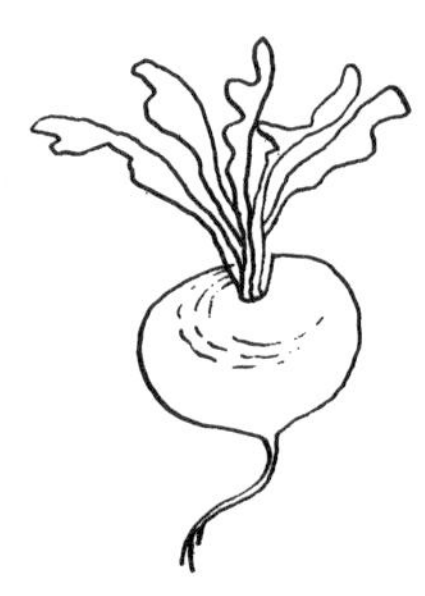

RAVANELLI CON FORMAGGIO
供 4 人食用
制备时间：20 分钟
250 克 / 9 盎司意大利软质奶酪
1 把小萝卜，清理备用
白胡椒粉
烤面包片，用作配餐

奶酪萝卜 RADISHES WITH CHEESE

用木勺将奶酪搅打至细腻且呈乳脂状。将小萝卜切片，然后再切细条。放入奶酪中，加入少许白胡椒，搅拌均匀，配烤好的面包片一起食用。

RAVANELLI GLASSATI
供 4 人食用
制备时间：20 分钟
加热烹调时间：40 分钟
600 克 / 1 磅 5 盎司小萝卜，清理备用
80 克 / 3 盎司黄油
2 汤匙糖
盐

糖渍萝卜 GLAZED RADISHES

将小萝卜切成两半，放入一口酱汁锅中，加入没过小萝卜的水，加入黄油、糖和少许的盐。加热煮沸，然后转小火加热，盖上锅盖，加热至汤汁变得浓稠，如同糖浆般。混合均匀，这样小萝卜上就会均匀地覆盖上一层糖浆。这一道非同寻常的配菜与烤猪肉或者小牛肉是绝佳搭配。

橄榄萝卜沙拉，见第 654 页 →

橄榄萝卜沙拉 RADISH SALAD WITH OLIVES

RAVANELLI IN INSALATA CON LE OLIVE

供 4 人食用

制备时间：20 分钟，另加 10 分钟静置用时

6 个红色小萝卜，制备好

1 颗柠檬，挤出柠檬汁，过滤

100 克 / 3½ 盎司野苣

10 粒去核黑橄榄

橄榄油，用于淋洒

盐

见第 653 页

将小萝卜切成非常薄的片，放入沙拉碗中，洒上柠檬汁。加入野苣和黑橄榄，淋上橄榄油，并用盐调味，轻轻拌和，让其静置 10 分钟即可。

酸奶萝卜沙拉 RADISH SALAD WITH YOGURT

RAVANELLI IN INSALATA CON LE YOGURT

供 4 人食用

制备时间：15 分钟，另加 10 分钟静置用时

2 大根白色萝卜（white radish），切薄片

1 颗青苹果

4 汤匙原味酸奶

盐和白胡椒

将小萝卜放入沙拉碗中，撒上少许的盐，搅拌均匀，并让其静置 10 分钟。将苹果去皮、去核，切成瓣状。使用一把非常锋利的刀，将苹果瓣切成极薄的片，放入小萝卜沙拉碗中。将酸奶和少许的白胡椒在碗中混合均匀，倒入沙拉碗中，轻轻拌和均匀即可。

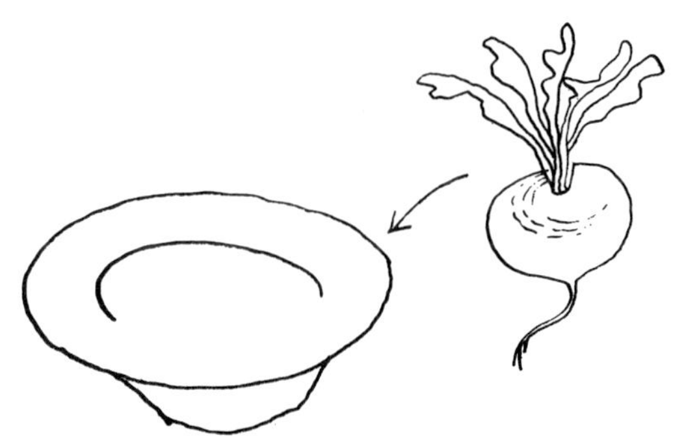

鸦　葱

鸦葱是冬季出产的一种根类蔬菜，有着黄油般颜色的肉质，表面覆盖着一层深褐色的外皮。鸦葱也称为婆罗门参，并且有着与之相类似的味道。但是真正的婆罗门参，也被称为紫背万年青，其颜色会更浅一些，去皮也会更难一些。这里所有的食谱都可以同时应用在鸦葱和婆罗门参上。要制备鸦葱，可以先将鸦葱的两端都切除，刮除其外皮，然后根据食谱说明，将其肉质切小块或者整个使用。如果中间有一个木质硬心，可以将其切除。使用切块的鸦葱，可以将切好的鸦葱块倒入冷水中，加入一点儿醋或者柠檬汁，防止其变色。无论是鸦葱还是婆罗门参，都可以擦碎后拌入用橄榄油和柠檬汁调成的汁中，拌均匀后食用。

数量和加热烹调的时间

数　量

可以按照每人约 150 克 / 5 盎司的用量提供。

煮鸦葱

在淡盐水中加入少许醋或者柠檬汁，煮沸后再煮约 30 分钟。

SCORZONERA AL CREN
供 4 人食用
制备时间：25 分钟，另加冷却用时
1 颗柠檬，挤出柠檬汁，过滤
600 克 / 1 磅 5 盎司鸦葱
1 汤匙普通面粉
200 毫升 / 7 盎司双倍奶油
2 汤匙白葡萄酒醋
2 汤匙擦成细末的辣根
盐和胡椒

辣根鸦葱 SCORZONERA WITH HORSERADISH

在碗中加入半碗水，加入一半的柠檬汁，将鸦葱去皮并切碎，然后浸入碗中的酸性水溶液中。在一口大号锅中加入水，加入面粉、少许的盐、鸦葱，以及剩余的柠檬汁。加热煮沸，然后转小火加热，煮约 30 分钟。捞出鸦葱控净水，让其冷却。与此同时，将双倍奶油搅打至硬性发泡，用盐和胡椒调味，再将白葡萄酒醋和辣根轻轻拌入。鸦葱放入餐盘中，将辣根奶油酱汁淋入鸦葱上即可。

SCORZONERA ALLE ACCIUGHE
供 4 人食用
制备时间：30 分钟
加热烹调时间：30 分钟
1 颗柠檬，挤出柠檬汁，过滤
675 克 / 1½ 磅鸦葱，清理并去皮
120 克 / 4 盎司盐渍鳀鱼，去掉鱼头，洗净并剔取鱼肉（见第 694 页），用冷水浸泡 10 分钟后捞出控干
2 汤匙橄榄油
1 汤匙酸豆，捞出控净汁液，漂洗干净并切碎
1 汤匙白葡萄酒醋
1 枝新鲜平叶欧芹，切碎
盐

鳀鱼鸦葱 SCORZONERA WITH ANCHOVIES

在一口大号锅中加入水，加入柠檬汁和少许的盐，放入鸦葱，加热煮沸，然后转小火加热，煮约 30 分钟。与此同时，将鳀鱼切碎。在一口平底锅中加热橄榄油，加入鳀鱼，用小火加热，用木勺将鳀鱼碾压成糊状。加入酸豆和白葡萄酒醋，继续加热至白葡萄酒醋完全挥发，然后将锅从火上端离。将鸦葱捞出控干并切碎，盛入温热的餐盘中。将鳀鱼酱汁用勺舀入鸦葱上，撒上欧芹即可。

SCORZONERA IN FRICASSEA
供 4 人食用
制备时间：15 分钟
加热烹调时间：40 分钟
2 颗柠檬，挤出柠檬汁，过滤
675 克 / 1½ 磅鸦葱，清理备用
25 克 / 1 盎司黄油
2 个蛋黄
1 枝新鲜平叶欧芹，切碎
盐

油焖鸦葱 SCORZONERA FRICASSÉE

在一口大号锅中加入水，加入一半柠檬汁和少许的盐，加入鸦葱，加热煮沸，然后转小火加热，煮约 30 分钟。捞出鸦葱控净水，将鸦葱切片。在一口锅中加热熔化黄油，加入鸦葱，用小火加热，煸炒 5 分钟。与此同时，将蛋黄与剩余的柠檬汁和少许盐一起在碗中搅打均匀。将锅从火上端离 ，拌入蛋黄混合液后放到火上加热，翻炒至蛋黄略微成熟。再将锅从火上端离，撒上欧芹即可。

鳀鱼鸦葱 →

芹　菜

绿色的芹菜加热熟后可以给肉汤、炖菜、酱汁和煮肉类菜肴调味。白色芹菜（white celery）可以加入沙拉中生食，或者与橄榄油、胡椒和盐拌匀后食用。要制备芹菜，需要将最粗糙的茎秆去掉并丢弃不用，还需要摘除其纤维。芹菜配奶油奶酪，例如戈贡佐拉奶酪等生食时，会非常美味可口。用于芹菜的食谱，同时也可以用于块根芹。这种蔬菜最佳品鉴月份是从每年的 11 月到第二年的 4 月份。

数量和加热烹调的时间

数　量

可以按照每人一棵芹菜心的用量来供应。

煮芹菜

将芹菜茎纵切两半，放入加了盐的沸水中，煮约 20 分钟。

鳀鱼块根芹 CELERIAC CARPACCIO WITH ANCHOVIES

CARPACCIO DI SEDANO ALLE ACCIUGHE

供 4 人食用

制备时间：25 分钟，另加 30 分钟腌制用时

2 个小的块根芹，去皮并切薄片
1 颗柠檬，挤出柠檬汁，过滤
150 毫升 / ¼ 品脱橄榄油
2 汤匙白葡萄酒醋
3 条罐装油浸鳀鱼，捞出控净汁液，切碎
1 汤匙酸豆，捞出控净汁液，漂洗干净，切碎
1 把芝麻菜
50 克 / 2 盎司帕玛森奶酪
盐和胡椒

块根芹放入碗中。将柠檬汁和 4 汤匙的橄榄油混合到一起，然后淋到块根芹上，让其腌制 30 分钟。将剩余的橄榄油和白葡萄酒醋在碗中混合均匀，用盐和胡椒调味，加入鳀鱼和酸豆，混合均匀。芝麻菜分别装入 4 个餐盘中，摆放好块根芹片，淋上制作好的油醋汁，再撒上帕玛森奶酪即可。

戈贡佐拉奶酪芹菜 CELERY WITH GORGONZOLA

SEDANO AL GORGONZOLA

供 4 人食用

制备时间：25 分钟

2 棵白色芹菜，清理备用
80 克 / 3 盎司戈贡佐拉奶酪，掰碎
白葡萄酒醋，适量
盐和胡椒

将芹菜茎纵切两半，放入餐盘中。在碗中将戈贡佐拉奶酪搅打成细滑状，加入几滴白葡萄酒醋，用盐和胡椒调味。将奶酪混合物填入到芹菜茎中即可。

←鳀鱼块根芹

SEDANO ALLA BESCIAMELLA
供 4 人食用
制备时间：45 分钟
加热烹调时间：15 分钟
25 克 / 1 盎司黄油，另加涂抹所需
3 棵白色芹菜，清理备用
1 份白汁（见第 58 页）
40 克 / 1½ 盎司帕玛森奶酪，现擦碎
盐

白汁芹菜 CELERY WITH BÉCHAMEL SAUCE

将烤箱预热至 200°C/ 400°F/ 气烤箱刻度 6。在耐热焗盘内涂黄油。将芹菜茎纵长切成两半，用加了盐的沸水煮 10 分钟，然后捞出控干，放到准备好的焗盘内。将白汁用勺舀入芹菜中，摆放黄油颗粒，并撒上帕玛森奶酪。放入烤箱烘烤约 15 分钟直到呈金黄色，并且奶酪开始冒泡即可。

SEDANO ALLA GRECA
供 4 人食用
制备时间：25 分钟，加上冷藏时间
加热烹调时间：35 分钟
2 汤匙葡萄干
2 汤匙橄榄油
1 棵白色的芹菜，清理后切片
3 颗小洋葱，切碎 • 3 个西葫芦，切片 • 200 毫升 / 7 盎司干白葡萄酒
2 茶匙番茄泥 • 1 颗柠檬，挤出柠檬汁，过滤，另加配餐所需
6 片新鲜的罗勒叶
盐和胡椒粉

希腊风味芹菜 GREEK-STYLE CELERY

将葡萄干放入碗中，倒入温水，让其浸泡 10 分钟，然后捞出控干，并挤出多余的水分。在一口锅中加热橄榄油，加入芹菜，用大火加热，煸炒 5 分钟。加入洋葱和西葫芦，混合均匀后加入干白葡萄酒。加热至完全吸收，然后转小火加热，并放入葡萄干。将番茄泥和 1 汤匙水在一个小碗中混合均匀。倒入锅中，用小火加热约 20 分钟。拌入柠檬汁，用盐和胡椒调味，再继续加热几分钟。然后将制作好的菜肴盛入沙拉碗中，加入罗勒叶，冷却后放入冰箱冷藏 3～4 个小时。冷食时，配准备好的柠檬汁即可。

SEDANO ALLA MOLISANA
供 4 人食用
制备时间：35 分钟
加热烹调时间：15 分钟
2 汤匙橄榄油，另加涂刷所需
1 棵芹菜，清理后切片
8 棵青葱，切薄片
100 克 / 3½ 盎司去核黑橄榄
3 汤匙面包糠
盐和胡椒

莫利塞风味芹菜 MOLISE CELERY

将烤箱预热至 200°C/ 400°F/ 气烤箱刻度 6。在一个耐热焗盘内涂抹橄榄油。将芹菜用加了盐的沸水煮 10 分钟，然后捞出控干，放入一个碗中使其稍微冷却。与此同时，在一口锅中加热橄榄油和 1 汤匙水，加入青葱，用小火加热 5 分钟直到青葱变软，然后加入盐和胡椒调味。将芹菜放到耐热焗盘内，再将青葱放到芹菜上，摆上黑橄榄，撒上面包糠，放入烤箱烘烤 15 分钟即可。

SEDANO ALLE NOCI
供 4 人食用
制备时间：25 分钟
120 克 / 4 盎司白色芹菜，清理备用 • 1 颗青苹果，去皮，去核，切丁 • 1 颗柠檬，挤出柠檬汁，过滤 • 120 克 / 4 盎司低脂托米诺奶酪（low-fat tomino）或者其他半硬质奶酪，切丁 • 1 汤匙新鲜平叶欧芹，切碎 • 50 克 / 2 盎司核桃仁，切碎 • 5 汤匙橄榄油 • 盐和胡椒

芹菜核桃沙拉 CELERY AND WALNUT SALAD

将芹菜茎纵长切成两半，然后再切细条。将芹菜和苹果放入沙拉碗中，拌入一半柠檬汁，加入奶酪、欧芹和一半核桃仁。将橄榄油和剩余的柠檬汁在调料壶内搅拌均匀，用盐和胡椒调味，拌入剩余的核桃仁。将制作好的酱汁淋到沙拉上即可。

芹菜核桃沙拉 ➔

SEDANO AL POMODORO
供 4 人食用
制备时间: 50 分钟
加热烹调时间: 20 分钟
3 汤匙橄榄油
3 棵白色芹菜，清理后切片
3 汤匙番茄酱汁（见第 69 页）
少许糖
盐和胡椒

芹菜配番茄酱汁 CELERY IN TOMATO SAUCE

用酱汁锅加热橄榄油，放入芹菜，用中火加热，煸炒 5 分钟。加入番茄酱汁和糖，用盐和胡椒调味，混合均匀。改用小火继续加热 15 分钟，盛入温热的餐盘中即可。

SEDANO FRITTO
供 4 人食用
制备时间: 30 分钟，另加冷却用时
加热烹调时间: 20～30 分钟
1 个大的块根芹，去皮
1 颗鸡蛋
80 克 / 3 盎司面包糠
3 汤匙橄榄油
25 克 / 1 盎司黄油
盐

煎炸块根芹 FRIED CELERICA

将块根芹放入加了盐的沸水中煮 10 分钟，然后捞出控干，让其稍微冷却。与此同时，鸡蛋中加入少许盐，在一个浅盘内打散，将面包糠撒到另外一个浅盘内。将块根芹切成 5 毫米 / ¼ 英寸厚的片，先蘸上蛋液，然后再裹上面包糠。将橄榄油和黄油放入一口平底锅中加热，加入块根芹，煎炸至呈淡金黄色。用铲子捞出，放在厨房纸上控净油。撒上少许盐即可。

SEDANO GRATINATO
供 4 人食用
制备时间: 1 小时 30 分钟
加热烹调时间: 20 分钟
4 个块根芹，去皮，切薄片
40 克 / 1½ 盎司黄油，另加涂抹所需
2 汤匙橄榄油
1 颗小洋葱，切细丝
500 克 / 1 磅 2 盎司罐装番茄
40 克 / ½ 盎司帕玛森奶酪，现擦碎
1 份白汁（见第 58 页）
盐和胡椒

焗块根芹 CELERIAC AU GRATIN

在块根芹片上撒上盐。在一口大号的锅中加热熔化黄油，放入块根芹，用中火加热，煸炒 5 分钟。加入 100 毫升 / 3½ 盎司水，盖上锅盖，继续加热，其间要不停地翻动，直到块根芹成熟。与此同时，在一个小号的酱汁锅中加热橄榄油，加入洋葱，用小火加热，煸炒 5 分钟，直到洋葱变软。加入番茄，用盐和胡椒调味，盖上锅盖，继续用小火加热约 30 分钟。将烤箱预热至 200℃/ 400℉/ 气烤箱刻度 6。在耐热焗盘内涂抹黄油。将 1 汤匙的帕玛森奶酪拌入白汁中。捞出块根芹，在准备好的焗盘内摆放一层块根芹片。舀一些番茄酱汁淋到块根芹片上，撒上一些剩余的帕玛森奶酪，再淋上白汁。继续按照此顺序操作，直到所有的食材使用完毕，最上面一层是白汁。放入烤箱烘烤约 20 分钟即可。

菠　菜

因为栽培的菠菜品种各不相同，因此一年四季都可以买到菠菜。其叶片应硬实、新鲜而且呈绿色，没有变黄的迹象。要检查菠菜的新鲜程度，可以查看其茎，应坚挺而没有软绵绵的迹象（当然，这些茎部会在使用之前去掉）。菠菜应在购买后的当天食用，但是如果你想储存起来，要将菠菜放入冷藏冰箱的沙拉抽屉层内，保存时间不要超过 24 小时。同样，加热烹调之后剩余的菠菜不应继续保存，因为菠菜从化学肥料中吸收的亚硝酸盐会被氧化成硝酸盐。菠菜中含有非常丰富的维生素 A、钙、磷和铁，但是菠菜中铁的含量比人们普遍认为的要少，而且其中大部分都不能被人体消化系统所吸收。生菠菜味道非常鲜美，但是如果你想生食菠菜，要选择那些带有鲜嫩小叶片的嫩菠菜。奶油菠菜汤和菠菜可乐饼美味可口，菠菜蓉带有香喷喷的味道，而菠菜糕会令人念念不忘。

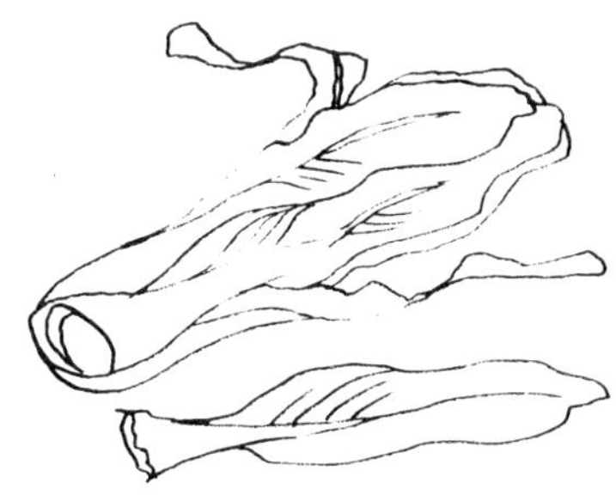

数量和加热烹调的时间

数　量

菠菜在加热烹调的过程中会收缩得非常明显，因此可以按照每人约 250 克 / 9 盎司生菠菜叶的量提供。

煮菠菜

在加热菠菜时，利用洗净菠菜之后其叶片上所保留的水就足够了，将菠菜放入盖有锅盖的锅中加热 5～8 分钟。捞出控净汁液，并将汁液尽可能多地用勺子的背面挤压出去。

CROCCHETTE DI SPINACI
供 6 人食用
制备时间：40 分钟，另加冷却用时
加热烹调时间：30 分钟
50 克 / 2 盎司葡萄干
1 千克 / 2¼ 磅菠菜
40 克 / 1½ 盎司黄油
150 克 / 5 盎司普通面粉，另加淋撒所需
500 毫升 / 18 盎司牛奶
少许现擦碎的肉豆蔻
120 克 / 4 盎司芳提娜奶酪，切薄片
4 汤匙现擦碎的帕玛森奶酪
3 个蛋黄
80 克 / 3 盎司面包糠
植物油，用于油炸
盐和胡椒

菠菜可乐饼 SPINACH CROQUETTES

将葡萄干放入碗中，加入温水没过葡萄干，让其浸泡一会儿。加热烹调菠菜，只需利用洗净菠菜时其叶片上所沾的水即可，加热约 5 分钟，直到菠菜成熟。捞出控净汁液，将多余的汁液挤出，然后切成细末。在一口酱汁锅中加热熔化黄油，加入面粉翻炒，然后逐渐将牛奶搅拌进去。加热至刚开始沸腾时即可，要不停地搅拌，然后用盐和胡椒调味，再加入肉豆蔻。将锅从火上端离，加入芳提娜奶酪和帕玛森奶酪，搅拌至呈细滑的乳脂状，拌入蛋黄，一次一个，持续搅拌均匀。捞出葡萄干并控净水，将多余的水分挤出，加入混合物中，加入切碎的菠菜。在一块大理石板或者大的托盘上涂刷橄榄油，将菠菜混合物倒在上面，用湿润的抹刀将表面抹平后置旁冷却。在一个浅盘内撒上少许面粉，将鸡蛋打入另外一个浅盘内，面包糠撒入第三个浅盘内。将冷却好的菠菜混合物切成方块形，先裹上面粉，然后再蘸上打散的蛋液，最后裹上面包糠。在一口大号的锅中加热植物油，加入菠菜丸子，炸至金黄色。用漏勺捞出，放在厨房纸上控净油，趁热食用。

SPINACI ALLA CREMA
供 4 人食用
制备时间：20 分钟
加热烹调时间：30 分钟
1 千克 / 2¼ 磅菠菜
200 毫升 / 7 盎司双倍奶油
1 茶匙普通面粉
40 克 / 1½ 盎司黄油
少许现擦碎的肉豆蔻
40 克 / 1½ 盎司帕玛森奶酪，现擦碎
盐和胡椒

奶油菠菜 SPINACH IN CREAM

加热烹调菠菜，只需利用洗净菠菜时其叶片上所沾的水即可，加热约 5 分钟，直到菠菜成熟。捞出控净汁液，将多余的汁液挤出。双倍奶油和面粉在碗中混合均匀。在一口锅中加热熔化黄油，加入菠菜，用小火加热，煸炒几分钟，加入肉豆蔻。用盐和胡椒调味，盖上锅盖，用小火加热约 10 分钟。拌入双倍奶油，再继续用小火加热 20 分钟。撒上帕玛森奶酪即可。

SPINACI ALLA GENOVESE
供 4 人食用
制备时间：25 分钟
加热烹调时间：10 分钟
50 克 / 2 盎司葡萄干 • 4 条盐渍鳀鱼，去掉鱼头，洗净并剔取鱼肉（见第 694 页），用冷水浸泡 10 分钟后捞出控干 • 1 千克 / 2¼ 磅菠菜
4 汤匙橄榄油 • 1 汤匙切碎的新鲜平叶欧芹 • 50 克 / 2 盎司松子仁
盐和胡椒

热那亚风味菠菜 GENOESE SPINACH

将葡萄干放入碗中，加入温水没过葡萄干，让其浸泡一会儿。将鳀鱼切碎。加热烹调菠菜，只需利用洗净菠菜时其叶片上所沾的水即可，加热约 5 分钟，直到菠菜成熟。捞出控净汁液，将多余的汁液挤出。在一口锅中加热橄榄油，加入鳀鱼、菠菜和欧芹，混合均匀，然后加入松子仁。将葡萄干捞出控干，并挤出多余的水分，加入锅中。用盐和胡椒调味，继续加热约 10 分钟即可。

菠菜可乐饼 →

SPINACI IN INSALATA CON CHAMPIGNON
供 4 人食用
制备时间：25 分钟
1 颗柠檬，挤出柠檬汁，过滤
150 克 / 5 盎司白蘑菇
1 棵生菜，清理备用
300 克 / 11 盎司嫩菠菜叶，去掉粗茎
4 汤匙橄榄油
1 汤匙第戎芥末
盐

菠菜蘑菇沙拉 SPINACH AND MUSHROOM SALAD

在碗中加入半碗水，加入一半柠檬汁。将蘑菇切薄片，放入碗中的酸性溶液中。将生菜叶撕成小块，与菠菜叶一起放入沙拉碗中。捞出蘑菇控净水，加入沙拉碗中。将盐、橄榄油、第戎芥末和剩余的柠檬汁一起在碗中混合均匀。将制作好的酱汁淋到沙拉碗中的蔬菜上，轻轻拌和均匀即可。

SPINACI IN SALSA BIANCA
供 4 人食用
制备时间：20 分钟
加热烹调时间：30 分钟
1 颗柠檬，切片
1 千克 / 2¼ 磅菠菜
2 颗小红葱头，切碎
100 毫升 / 3½ 盎司干白葡萄酒
150 克 / 5 盎司黄油，熔化
½ 茶匙新鲜的百里香叶
25 克 / 1 盎司帕玛森奶酪，现擦碎
盐和胡椒

菠菜配白色黄油酱汁 SPINACH IN WHITE BUTTER SAUCE

煮沸一锅加了盐的水，加入柠檬和菠菜，加热 5 分钟，直到菠菜成熟。将柠檬片取出并丢弃不用，菠菜捞出控干水分，挤出多余的水分，放入餐盘中并保温。将红葱头、干白葡萄酒和 100 毫升 / 3½ 盎司水一起放入一口小号酱汁锅中用中火煮沸。然后转小火加热，直到将锅中的汤汁熗至一半的程度。将锅从火上端离，用盐和胡椒调味，让其稍微冷却。拌入软化的黄油，然后再放回火上加热，同时不停地搅拌，一直到汤汁变得浓稠，加入百里香。在菠菜上撒帕玛森奶酪，再将制作好的酱汁淋到上面即可。

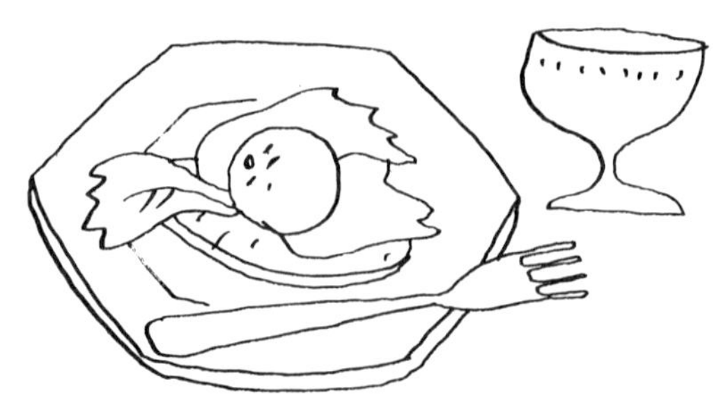

松　露

在意大利，有两个地区以出户白松露而闻名，皮埃蒙特和朗格的阿尔巴（这种珍贵的地下真菌公认的出产地），以及蒙费拉托区的其他地方（亚历山德里亚和波山周围的地区）和马尔凯，最著名的松露产区是阿夸拉尼亚，圣安杰洛-因瓦多，以及佩萨罗省的维索，还有阿斯科利皮切诺省的阿曼多拉、科穆南扎和蒙特莫纳科等地。受到无数人推崇的黑松露的产地是翁布里亚、诺尔恰、斯波莱托、卡夏，以及斯凯吉诺。松露的成熟期是从 10 月到第二年的 4 月，但是其最佳品鉴期和最芳香四溢的时间是在秋天的几个月。不管是白松露还是黑松露，其储存方式都是相同的：包裹上两层湿润的纸张，再包裹上两三层干的纸张，放到冷藏冰箱内最冷的地方，储存不超过一周的时间。清洁松露时，可以轻轻地用刷子刷净，然后用湿布擦拭好。黑松露要加热成熟后食用，而白松露可以生食。白松露可以与宽面、奶酪火锅、生的肉类、意式肉饺子，以及意大利调味饭等搭配。黑松露则可以与煎鸡蛋、克洛斯蒂尼面包，以及菜肉馅煎蛋饼进行搭配。

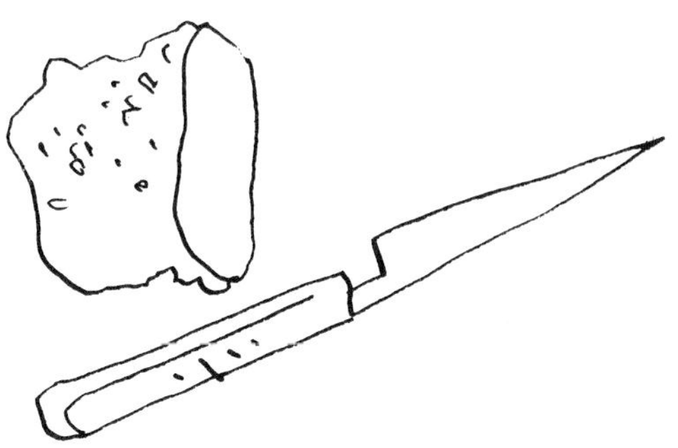

数　量

可以按照每人约 20 克 / ¾ 盎司的用量提供。

经典松露煎蛋饼 CLASSIC TRUFFLE FRITTATA

FRITTATA CLASSICA DI TARTUFI
供 4 人食用
制备时间：20 分钟
加热烹调时间：5～10 分钟
5 颗鸡蛋
100 克 / 3½ 盎司黑松露，切碎
100 毫升 / 3½ 盎司双倍奶油
½～1 颗柠檬，挤出柠檬汁，过滤
2 汤匙橄榄油
盐

在一个浅盘里将鸡蛋打散，加入黑松露、双倍奶油、少许的盐和适量的柠檬汁。在一口平底锅中加热橄榄油，倒入蛋液混合物，中火加热，用木勺不停地翻炒，其间翻一次面。加热至鸡蛋刚好凝固，但是还有些柔软，黑松露略微加热的程度即可。

烤松露马铃薯 ROAST TRUFFLES WITH POTATOES

TARTUFI AL FORNO CON PATATE
供 4 人食用
制备时间：1 小时 30 分钟
加热烹调时间：10～15 分钟
675 克 / 1½ 磅马铃薯，切片
500 毫升 / 18 盎司牛奶
25 克 / 1 盎司黄油，另加涂抹所需
1 颗红葱头，切碎
250 毫升 / 8 盎司双倍奶油
80 克 / 3 盎司黑松露，切成非常薄的片
25 克 / 1 盎司帕玛森奶酪，现擦碎
盐和胡椒

将马铃薯放入一口酱汁锅中，倒入牛奶和 500 毫升 / 18 盎司水，加入少许盐，然后加热 30～45 分钟，直到马铃薯刚好成熟，捞出控干。将烤箱预热至 180°C/ 350°F/ 气烤箱刻度 4。耐热焗盘中涂抹黄油。在一口锅中加热熔化黄油，加入红葱头，用小火加热，煸炒 5 分钟。加入马铃薯和双倍奶油，用盐和胡椒调味，再继续加热几分钟。用铲子将马铃薯捞出，放到一边备用。用小火加热，将锅中的汁液㸆浓。将马铃薯和黑松露略微重叠着放到准备好的焗盘内，用勺舀入㸆浓的汁液，撒上帕玛森奶酪，放入烤箱里，烘烤至金黄色即可。趁热食用。

帕玛森奶酪松露 PARMESAN TRUFFLE

TARTUFI ALLA PARMIGIANA
供 4 人食用
制备时间：20 分钟
加热烹调时间：5 分钟
40 克 / 1½ 盎司黄油
2 块黑松露，切薄片
40 克 / 1½ 盎司帕玛森奶酪，现擦碎

将烤箱预热至 220°C/ 425°F/ 气烤箱刻度 7。在一个耐热焗盘内加热熔化 25 克 / 1 盎司的黄油。将焗盘从火上端离，在焗盘内铺上一层黑松露。撒上帕玛森奶酪，然后继续摆放一层黑松露，再撒上一层帕玛森奶酪，以此顺序制作，直到将所有的食材使用完。将剩余的黄油制成颗粒状，撒到焗盘内。放入烤箱里，烘烤几分钟即可。

菊　芋

这种蔬菜的意大利语名称是 topinambur，可能起源于巴西的 topinamba 部落，而其英文名称在意大利语中的意思可能是指向日葵的一种腐败现象（girasole）。它来自菊芋家族（科），形状类似于带节的马铃薯，而它的味道像极了洋蓟。菊芋有两种，有白皮菊芋和紫皮菊芋之分，但是前者的味道更好。在购买菊芋时，要挑选那些表皮光滑的菊芋。菊芋的热量非常低，因此，对于想减肥的人们来说，菊芋是理想的蔬菜选择。要制备菊芋，可以使用一把小刀将菊芋去皮，然后改刀切片，用冷水浸泡，以防止菊芋变黑。菊芋放入沙拉中生食时，会非常美味可口（可以擦碎，可以切片、切条等）。也可以蒸煮，还可以切片后加入大蒜和欧芹炒熟。

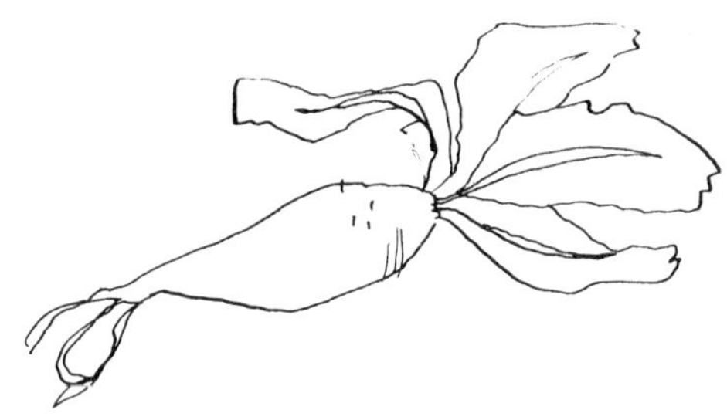

数量和加热烹调的时间

数　量

可以按照每人 150～200 克 / 5～7 盎司的用量提供。

煮菊芋

用淡盐水沸煮 15～30 分钟，或者根据菊芋的大小不同，延长煮制时间。

INSALATA DI TOPINAMBUR CON CARCIOFI
供 4 人食用
制备时间：25 分钟
400 克 / 14 盎司菊芋，去皮，切薄片
4 颗洋蓟心
1 颗柠檬，挤出柠檬汁，过滤
1 根胡萝卜，切细条
4 汤匙橄榄油
盐和胡椒

菊芋沙拉 JERUSALEM ARTICHOKE SALAD

将菊芋放入沙拉碗中。洋蓟心切薄片，淋上一点儿柠檬汁，放入沙拉碗中。再将胡萝卜放入碗中。橄榄油和 2 汤匙剩余的柠檬汁一起在碗中搅打均匀，并用盐和胡椒调味。将制作好的酱汁缓缓淋到沙拉碗中的蔬菜上，轻轻拌和即可。

PURÈ DI TOPINAMBUR E PATATE
供 6 人食用
制备时间：40 分钟
加热烹调时间：10 分钟
400 克 / 14 盎司菊芋
800 克 / 1¾ 磅马铃薯，不用去皮
100 克 / 3½ 盎司黄油
200 毫升 / 7 盎司牛奶
盐

菊芋马铃薯泥 JERUSALEM ARTICHOKE AND POTATO PURÉE

将菊芋和马铃薯分别在锅里煮熟或者蒸熟。根据需要控净水，将两者去皮后用马铃薯捣碎器捣碎，放入一口干净的酱汁锅中。小火加热，并拌入黄油。与此同时在另外一口锅里加热牛奶。当黄油搅拌至被完全吸收后，分次将热牛奶搅拌进去。当菊芋和马铃薯泥呈柔软的乳脂状时，用盐调味，搅拌均匀，将锅从火上端离。趁热配烤肉一起食用。

TOPINAMBUR ALLA PANNA
供 4 人食用
制备时间：15 分钟
加热烹调时间：20 分钟
25 克 / 1 盎司黄油
675 克 / 1½ 磅菊芋，去皮，切薄片
250 毫升 / 8 盎司双倍奶油
1 枝新鲜平叶欧芹，切碎
盐

奶油菊芋 JERUSALEM ARTICHOKES IN CREAM

在一口锅中加热熔化黄油，加入菊芋，倒入双倍奶油，用小火加热 5 分钟，然后加入盐调味，盖上锅盖后，继续加热 10～15 分钟至熟。根据需要在加热的最后阶段，可以打开锅盖，并用大火加热，以便让锅中的酱汁浓稠一些。将锅从火上端离，撒入欧芹并搅拌均匀，然后将制作好的奶油菊芋盛入温热的餐盘中即可。

菊芋沙拉 →

南 瓜

在意大利，有两种南瓜非常受欢迎，其一是在波河三角洲种植的有皱褶的一种绿色南瓜，常见于基奥贾和威尼斯。经过烘烤之后，撒上糖，切片食用。另外一种有着光滑的黄色外皮，可以生长到非常大的个头并且重量惊人。这两种有着厚厚外皮的南瓜里面是深浅不同的橙色肉质，而南瓜子则隐藏在中间。南瓜中富含维生素 A、钾、钙和磷等，它们还有着利尿和让人神清气爽的作用。由于南瓜的重量和大小，通常会切成片状进行售卖。但是值得注意的是，南瓜皮和南瓜子约占到其总重量的 30%。南瓜团子、南瓜饺、南瓜糕、南瓜汤和南瓜调味饭都非常美味可口。南瓜还可以制成印度风味的糖醋酱，使用南瓜、番茄、洋葱、大蒜、葡萄干、糖、盐、胡椒粉和姜等制作而成。糖醋酱有成品售卖，可以配煮肉类菜肴一起食用。

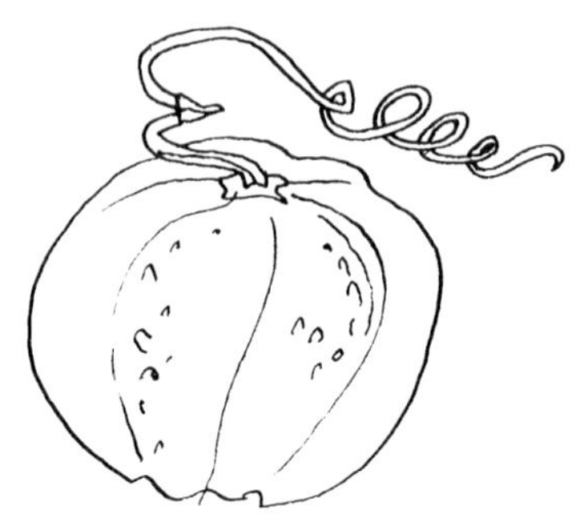

数量和加热烹调的时间

数 量

可以按照每人约 150 克 / 5 盎司的南瓜用量提供。

烤南瓜

将南瓜肉切成 1 厘米 / ½ 英寸厚的片状，放入预热至 200°C/ 400°F/ 气烤箱刻度 6 的烤箱内烤 15 分钟，然后将烤箱温度升至 220°C/ 425°F/ 气烤箱刻度 7，再继续烤 5 分钟。

蒸南瓜

将南瓜切碎，放入蒸锅中，蒸 20～30 分钟。

马苏里拉南瓜三明治 MOZZARELLA PUMPKIN SANDWICH

将烤箱预热至 200°C/ 400°F/ 气烤箱刻度 6。在耐热焗盘内涂黄油。将南瓜片放到一大张锡箔纸上，撒上盐和百里香。用锡箔纸包裹住南瓜，并将锡箔纸的边缘处捏紧密封好。放到一个烤盘内，放入烤箱里烘烤 30 分钟。将南瓜从烤箱内取出，但是不要关闭烤箱。将一片马苏里拉奶酪夹入两片南瓜中，放到准备好的焗盘里。将剩余的南瓜和马苏里拉奶酪按照此方式重复操作。最后撒上帕玛森奶酪碎和黄油颗粒，放入烤箱内继续烘烤约 10 分钟即可。

SANDWICH DI ZUCCA ALLA MOZZARELLA
供 4 人食用
制备时间：1 小时
加热烹调时间：10 分钟
25 克 / 1 盎司黄油，另加涂抹所需
600 克 / 1 磅 5 盎司南瓜肉，切成 1½ 厘米 / ¼ 英寸厚的片
1 枝新鲜的百里香，切碎
300 克 / 11 盎司马苏里拉奶酪，切薄片
40 克 / 1½ 盎司帕玛森奶酪，现擦碎
盐

马铃薯烤南瓜 BAKED PUMPKIN WITH POTATOES

将烤箱预热至 180°C/ 350°F/ 气烤箱刻度 4。在一个耐热焗盘内刷橄榄油。焗盘内交替着分层摆放马铃薯、洋葱和南瓜。在表面撒上番茄丁，淋上橄榄油，用盐和胡椒调味，放入烤箱烘烤 1 小时。取出后静置 5 分钟即可。

ZUCCA AL FORNO CON PATATE
供 4 人食用
制备时间：35 分钟
加热烹调时间：1 小时
橄榄油，用于涂刷和淋洒
4 个蜡质马铃薯，切成 5 毫米 / ¼ 英寸厚的片
1 颗洋葱，切成洋葱圈
400 克 / 14 盎司南瓜肉，切成 1 厘米 / ½ 英寸厚的片
4 颗熟透的番茄，去皮后切丁
盐和胡椒

帕玛森奶酪南瓜 PARMESAN PUMPKIN

在一口酱汁锅中加热 2 汤匙的橄榄油，加入红葱头，用小火加热，煸炒 5 分钟。加入番茄，用盐和胡椒调味，并继续加热煸炒 15 分钟。将烤箱预热至 200°C/ 400°F/ 气烤箱刻度 6。在一个耐热焗盘内刷橄榄油。南瓜片裹上面粉。将剩余的橄榄油在一口平底锅中加热，加入南瓜片，两面都煎炸至浅褐色。用铲子捞出，放在厨房纸上控净油。在准备好的焗盘内摆放好一层南瓜片，撒上一些百里香和番茄酱汁，摆上一些马苏里拉奶酪片，再撒上一些帕玛森奶酪碎。继续交替着按照此顺序进行操作，直到将所有的食材使用完毕。放入烤箱烘烤约 20 分钟，直到呈金黄色并且奶酪开始冒泡。

ZUCCA ALLA PARMIGIANA
供 6 人食用
制备时间：1 小时
加热烹调时间：20 分钟
5 汤匙橄榄油，另加涂刷所需
2 颗红葱头，切碎
400 克 / 14 盎司番茄，去皮并切丁
600 克 / 1 磅 5 盎司南瓜，切片
普通面粉，用于淋撒
2 枝新鲜的百里香，切碎
400 克 / 14 盎司马苏里拉奶酪，切薄片
80 克 / 3 盎司帕玛森奶酪，现擦碎
盐和胡椒

ZUCCA AL ROSMARINO
供 4 人食用
制备时间: 15 分钟
加热烹调时间: 40 分钟
2 汤匙橄榄油
2 瓣蒜
675 克 / 1½ 磅南瓜，切薄片
175 毫升 / 6 盎司干白葡萄酒
1½ 茶匙切成细末的新鲜迷迭香
盐和胡椒

迷迭香南瓜 PUMPKIN WITH ROSEMARY

在一口锅中加热橄榄油，加入大蒜和南瓜，用中火加热，煸炒至大蒜开始变成褐色。然后将大蒜取出并丢弃不用。将干白葡萄酒倒入锅中，继续加热至完全吸收，然后转小火加热，直到南瓜成熟。用盐和胡椒调味，撒上迷迭香，再继续加热几分钟即可。

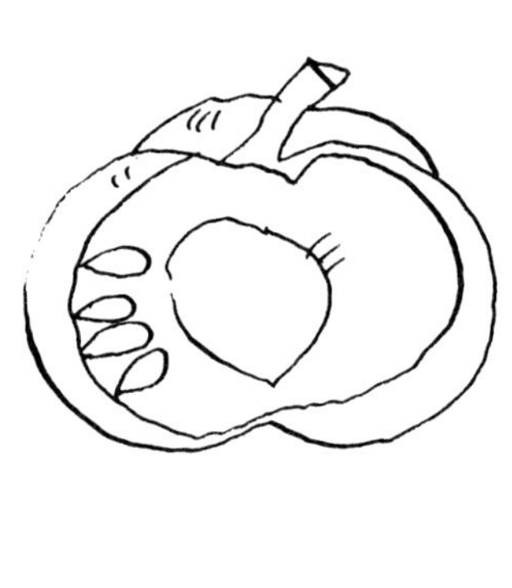

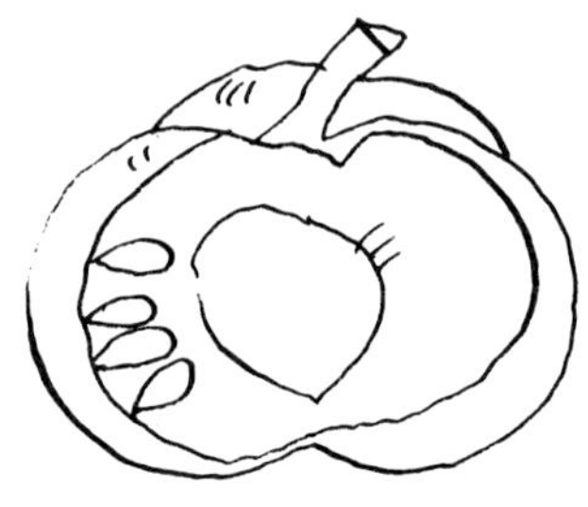

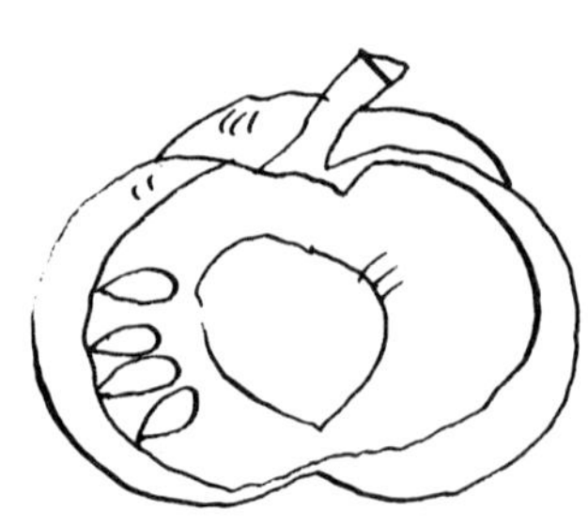

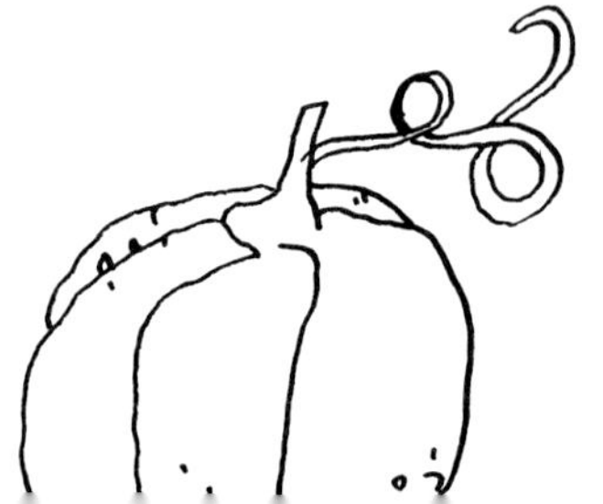

迷迭香南瓜 →

西葫芦

西葫芦清新爽口，柔和淡雅，并且在一年四季里都可以购买到。西葫芦不但有各种深浅不一的绿色经典品种，还有一种略微带刺的品种。因为这种蔬菜非常易于消化，因此可以作为婴幼儿食品。在挑选西葫芦的时候，要记住，长条形的西葫芦不应超过 25～30 厘米 / 10～12 英寸长，而圆形的西葫芦，其直径不应超过 12 厘米 / 4½ 英寸。如果西葫芦太大，会有带苦味的籽。要挑选那些外皮光滑、呈亮绿色的西葫芦，用手触碰时，感觉非常硬实。在加热烹调之前，要先用冷水漂洗干净，并将其两端切除。西葫芦不管是生食还是加热烹调成熟之后食用均美味可口。只需简单煮熟，或者用油、大蒜和欧芹一起炒熟，还可以加入米饭汤菜中、用来制作菜蛋饼等。西葫芦花也可以食用，一开花就要尽快采摘。

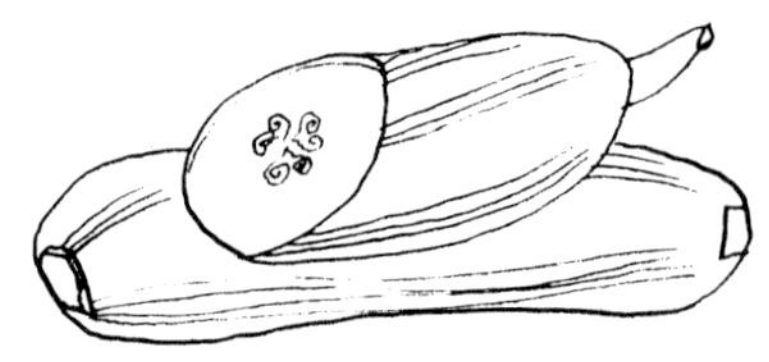

数量和加热烹调的时间

数　量

可以按照每人约 175 克 / 6 盎司的用量提供。

煮西葫芦

用沸水煮 15～20 分钟，不要将西葫芦煮过熟。

蒸西葫芦

小的、整个的西葫芦可以蒸 15 分钟。

西葫芦花

轻轻地将西葫芦花的花萼打开，去掉花蕊，用水快速漂洗一下，酿入馅料之后裹上面糊油炸，还可以加入菜蛋饼和意大利调味饭中。

酿馅西葫芦 STUFFED COURGETTE BARQUETTES

将火腿、欧芹、大蒜、一半意式培根、牛肉馅、帕玛森奶酪和鸡蛋放入碗中混合均匀，并用盐和胡椒调味。用一把锋利的小刀将西葫芦肉挖出，要小心不要戳破其外壳。将制好的馅料酿入西葫芦壳内。在一口锅中加热黄油和橄榄油，加入洋葱和剩余的意式培根，用小火加热，煸炒 5 分钟。加入西葫芦，加热几分钟。将番茄糊与 175 毫升 / 6 盎司的温水在碗中混合均匀，倒入锅中。加入盐调味，盖上锅盖后，用小火加热 20～30 分钟，直到西葫芦和酿入的馅料完全成熟。将西葫芦放到温热的餐盘中，淋上锅中的汁液即可。

BARCHETTE DI ZUCCHINE RIPIENE

供 4 人食用

制备时间：35 分钟

加热烹调时间：40 分钟

100 克 / 3½ 盎司熟火腿，切碎

2 汤匙切碎的欧芹

1 瓣蒜，切碎

50 克 / 2 盎司意式培根，切碎

100 克 / 3½ 盎司瘦牛肉馅

2 汤匙现擦碎的帕玛森奶酪

1 颗鸡蛋，打散成蛋液

4 个大西葫芦，纵切两半

50 克 / 2 盎司黄油

2 汤匙橄榄油 • 1 颗洋葱，切碎

2 汤匙番茄糊 • 盐和胡椒

西葫芦马铃薯夏洛特 COURGETTE AND POTATO CHARLOTTE

用加了盐的沸水将马铃薯煮约 25 分钟，捞出控干，去皮，放入碗中，用马铃薯捣碎器捣成泥。拌入 15 克 / ½ 盎司黄油和帕玛森奶酪，让其稍微冷却。将最大的 2 个西葫芦切细条，用加了盐的沸水煮几分钟，然后捞出控干，并在一块茶巾上摊开。将烤箱预热至 180°C/ 350°F/ 气烤箱刻度 4。在一个耐热模具中涂抹黄油。将剩余的西葫芦切丁。在一口锅中加热剩余的黄油，加入切丁的西葫芦和韭葱，用中火加热，煸炒 5 分钟。用盐和胡椒调味，然后转小火加热，倒入双倍奶油，继续加热至完全吸收。将锅从火上端离，将西葫芦丁拌入马铃薯泥中。在准备好的模具中铺一层西葫芦条，倒入马铃薯泥混合物。将表面抹平整，放入烤箱烘烤约 30 分钟。从模具中翻扣出来之前，先让其冷却一会儿。

CHARLOTTE DI ZUCCHINE E PATATE

供 4 人食用

制备时间：1 小时 30 分钟

加热烹调时间：30 分钟

600 克 / 1 磅 5 盎司马铃薯，不用去皮

40 克 / 1½ 盎司黄油，另加涂抹所需

50 克 / 2 盎司帕玛森奶酪，现擦碎

500 克 / 1 磅 2 盎司西葫芦

1 棵韭葱，只取用白色部分，切片

100 毫升 / 3½ 盎司双倍奶油

盐和胡椒

炸西葫芦花 FRIED COURGETTE FLOWERS

将面粉、橄榄油、葡萄酒和蛋黄一起在碗中混合均匀，并用盐和胡椒调味。加入 150～200 毫升 / 5～7 盎司温水，搅拌成可以流淌的细滑面糊。让其静置 1 小时。蛋清放入一个无油的碗中，搅打至硬性发泡的程度，轻轻地切拌入面糊中。在一口大号的锅中加热植物油。西葫芦花裹面糊，并将多余的面糊抖落，放入热油中炸至金黄色。用漏勺捞出，放在厨房纸上控净油。撒上盐之后立刻趁热食用。

FIORI DI ZUCCHINE FRITTI

供 4 人食用

制备时间：20 分钟，另加 1 小时静置用时

加热烹调时间：10～15 分钟

100 克 / 3½ 盎司普通面粉

2 汤匙橄榄油

5 汤匙干白葡萄酒

1 颗鸡蛋，分离蛋清蛋黄

植物油，用于油炸

12 朵西葫芦花，清理备用

盐和胡椒

酿馅西葫芦花 STUFFED COURGETTE FLOWERS

将奶酪放入碗中，用木勺搅打至细滑状。加入盐调味，然后拌入酸黄瓜和蛋黄。小心地搅拌均匀。将搅拌好的奶酪混合物酿入西葫芦花内，呈星状放入餐盘中即可。

FIORI DI ZUCCHINE RIPIENI
供 4 人食用
制备时间：30 分钟
200 克 / 7 盎司卢比奥拉奶酪，切丁
200 克 / 7 盎司戈贡佐拉奶酪，碾成颗粒状
3 根酸黄瓜，捞出控净汁液，切碎
1 个蛋黄
12 朵西葫芦花，清理备用
盐

炸酿馅西葫芦花 FRIED STUFFED COURGETTE FLOWERS

将面粉、少许盐、蛋黄、葡萄酒和橄榄油一起在碗中混合均匀，加入 150～200 毫升 / 5～7 盎司温水，搅拌成为可以流淌的细滑面糊。让其静置 30 分钟。蛋清在一个无油的碗中搅打至硬性发泡，切拌入面糊中。在每朵西葫芦花内插入一根马苏里拉奶酪条和半条鳀鱼，用牙签扎紧。在一口大号锅中加热植物油。将西葫芦花裹上面糊，放入热油中炸至金黄色，然后用漏勺捞出，放在厨房纸上控净油即可。

FIORI DI ZUCCHINE RIPIENI E FRITTI
供 4 人食用
制备时间：30 分钟，另加 30 分钟静置用时
加热烹调时间：10～15 分钟
12 朵西葫芦花，清理备用
150 克 / 5 盎司马苏里拉奶酪，切条状
6 条油浸鳀鱼，捞出控净汁液，切成两半
植物油，用于油炸

用于制作面糊
100 克 / 3½ 盎司普通面粉
1 颗鸡蛋，分离蛋清蛋黄
5 汤匙干白葡萄酒
2 汤匙橄榄油
盐

鲜嫩西葫芦沙拉 BABY COURGETTE SALAD

将西葫芦放入沙拉碗中，加入帕玛森奶酪、牛至和橄榄油，并用盐和胡椒调味。混合均匀之后放在阴凉的地方静置至少 30 分钟的时间，让其风味充分融合。上桌前加入番茄即可。

INSALATA DI ZUCCHINE NOVELLE
供 4 人食用
制备时间：15 分钟，另加 30 分钟静置用时
6 个鲜嫩的小西葫芦，切薄片
50 克 / 2 盎司帕玛森奶酪，刨成片
少许干牛至
3 汤匙橄榄油
2 颗番茄，去皮后切片
盐和胡椒

← 酿馅西葫芦花

酸甜西葫芦 SWEET-AND-SOUR COURGETTES

ZUCCHINE AGRODOLCI
供 4 人食用
制备时间：30 分钟
加热烹调时间：20 分钟

25 克 / 1 盎司葡萄干
2 条盐渍鳀鱼，去掉鱼头，洗净并剔取鱼肉（见第 694 页），用冷水浸泡 10 分钟后捞出控干水分
20 克 / ¾ 盎司松子仁
2 汤匙橄榄油
6 个西葫芦，切片
1 瓣蒜，切碎
100 毫升 / 3½ 盎司白葡萄酒醋
½ 汤匙糖
盐

将烤箱预热至 180°C/ 350°F/ 气烤箱刻度 4。葡萄干放入碗中，加入沸水没过葡萄干，置旁浸泡。鳀鱼切碎。将松子仁撒入烤盘内，放入烤箱内略微烘烤 5 分钟。在一口平底锅中加热橄榄油，加入西葫芦和大蒜，用大火加热，煸炒 5 分钟。捞出葡萄干并控净水，将多余的水分挤出来。转小火加热，将葡萄干、松子仁、白葡萄酒醋和糖加入锅中，用盐调味，混合均匀之后继续加热几分钟，然后加入鳀鱼，再加热 5～10 分钟即可。

柠檬西葫芦 COURGETTES WITH LEMON

ZUCCHINE AL LIMONE
供 4 人食用
制备时间：25 分钟，另加冷却用时
加热烹调时间：15 分钟

600 克 / 1 磅 5 盎司西葫芦，切成粗条
1 枝新鲜的龙蒿，切碎
1 枝新鲜平叶欧芹，切碎
4 片新鲜的罗勒叶，切碎
4 片新鲜的琉璃苣叶，切碎
橄榄油，用于淋洒
1 颗柠檬，挤出柠檬汁，过滤
盐和胡椒

将西葫芦蒸约 15 分钟。让其稍微冷却，然后放入餐盘中。将香草撒到西葫芦上。淋上橄榄油，用盐和胡椒调味，再洒上柠檬汁。轻轻拌和好，放在阴凉的地方静置一会儿，让其风味充分融合。

烤西葫芦 ROAST COURGETTES

ZUCCHINE ARROSTO
供 4 人食用
制备时间：20 分钟，另加 1 小时静置用时
加热烹调时间：20～25 分钟

8 个西葫芦，纵长切厚片
2 汤匙橄榄油，另加淋洒所需
3 瓣蒜，切薄片
2 汤匙新鲜平叶欧芹，切碎
6 片新鲜的罗勒叶，切碎
盐和胡椒

烤箱预热至 220°C/ 425°F/ 气烤箱刻度 7。将西葫芦放到烤盘内，倒入橄榄油，轻轻拌和，让全部西葫芦片都覆盖上一层橄榄油，然后放入烤箱烘烤 20～25 分钟，其间不时地翻动。将烤好的西葫芦片在餐盘中摆放一层，撒一些大蒜、欧芹和罗勒叶，用盐和胡椒调味，并淋上橄榄油。继续分层摆放西葫芦片和其他调味料，直到将所有的食材用完。放阴凉处静置约 1 小时，让其风味得到充分融合即可。

柠檬西葫芦 ➔

油炸西葫芦奶酪三明治 SURPRISE COURGETTES

ZUCCHINE A SORPRESA
供 8 人食用
制备时间：30 分钟，另加 1 小时腌制用时
加热烹调时间：20～30 分钟
6 个西葫芦，纵向切片
50 克 / 2 盎司普通面粉
2 颗鸡蛋
80 克 / 3 盎司面包糠
½ 茶匙干牛至
200 克 / 7 盎司波罗伏洛奶酪，切片
植物油，用于油炸
盐

在西葫芦片上撒盐，让其腌制约 1 小时，然后用厨房纸拭干。与此同时，将面粉撒入一个浅盘内，在另外一个浅盘内将鸡蛋加上少许盐打散，将面包糠撒到第三个浅盘内。在每片西葫芦上都撒上一点儿干牛至，再将波罗伏洛奶酪放到西葫芦片上，用另外一片西葫芦覆盖到奶酪上。将西葫芦奶酪“三明治”用力按紧，先裹上面粉，再蘸蛋液，最后裹上面包糠。继续按照此法制作，直到将所有的食材用完。在一口平底锅中加热植物油，分批将挂好糊的西葫芦奶酪三明治放入锅中，炸至金黄色。用漏勺捞起，放到厨房纸上控净油即可。

烤酿馅西葫芦 COURGETTES CAPRICCIOSE

ZUCCHINE CAPRICCIOSE
供 4 人食用
制备时间：1 小时
加热烹调时间：20 分钟
3 汤匙橄榄油，另加涂刷所需
6 个西葫芦，纵切两半
4 条盐渍鳀鱼，用水浸泡后捞出控干
1 瓣蒜，切碎
1 枝新鲜平叶欧芹，切碎
1 枝新鲜的罗勒，切碎
100 克 / 3½ 盎司青橄榄，去核
2 颗番茄，去皮去籽后切碎
150 克 / 5 盎司马苏里拉奶酪，切丁
盐和胡椒

将烤箱预热至 200°C/ 400°F/ 气烤箱刻度 6。在一个耐热焗盘内涂橄榄油。用一把锋利的小刀将西葫芦的肉质挖出，要小心不要戳破其外壳。将西葫芦肉切碎，放到一边备用。将西葫芦壳外皮那一面朝上，扣在准备好的焗盘内，放入烤箱烘烤 10 分钟。从烤箱内取出西葫芦外壳，放到一边备用。烤箱温度调低到 180°C/ 350°F/ 气烤箱刻度 4。鳀鱼的鱼皮朝上，用拇指按压其脊骨，然后将鳀鱼翻转过来，去掉脊骨。鳀鱼肉切碎，放入碗中，加入 2 汤匙的橄榄油，用一个木勺搅打至细滑状。将大蒜、欧芹、罗勒、西葫芦肉和青橄榄在另外一个碗中混合均匀，然后再拌入番茄。倒入剩余的橄榄油，加入鳀鱼混合物，用盐和胡椒调味。混合均匀之后用勺舀入西葫芦外壳内。在表面摆上马苏里拉奶酪，放入烤箱烘烤 20 分钟即可。

韭葱鲑鱼烤酿馅西葫芦 COURGETTES CAPRICCIOSE WITH SALMON AND LEEKS

将西葫芦放入加了盐的沸水中煮约15分钟，直到成熟。然后捞出控干，纵切两半，挖出西葫芦肉。将烤箱预热至180°C/350°F/气烤箱刻度4。在一个耐热焗盘内涂上黄油。将黄油放入一口平底锅中加热熔化，加入韭葱，用小火加热，翻炒5分钟。拌入烟熏鲑鱼，然后将锅从火上端离。将鲑鱼混合物用勺舀入西葫芦“外壳”中，放到准备好的焗盘内。用盐调味，淋入双倍奶油，放入烤箱烘烤10分钟。

ZUCCHINE CAPRICCIOSE AL SALMONE E PORRI

供4人食用

制备时间：40分钟

加热烹调时间：10分钟

4个中等大小的西葫芦

25克/1盎司黄油，另加涂抹所需

2棵韭葱，只取用白色部分，切碎

80克/3盎司烟熏鲑鱼，切碎

120毫升/4盎司双倍奶油

盐

西葫芦百里香沙拉 COURGETTE SALAD WITH THYME

将西葫芦和菊苣放入沙拉碗中。欧芹和百里香混合均匀，撒到沙拉碗中的蔬菜上。将白葡萄酒醋和橄榄油混合均匀，用盐和胡椒调味。混合均匀的酱汁淋到沙拉上即可。

ZUCCHINE CON INSALATA BELGA AL TIMO

供4人食用

制备时间：20分钟

6个鲜嫩的小西葫芦，切薄片

2棵菊苣心，切成1厘米/½英寸的条

1枝新鲜平叶欧芹，切碎

3枝新鲜的百里香，切碎

1汤匙白葡萄酒醋

2½汤匙橄榄油

盐和胡椒

西葫芦配鸡蛋酱汁 COURGETTES IN EGG SAUCE

在一口锅中加热黄油和橄榄油，加入西葫芦，用大火加热，翻炒8～10分钟，直到呈金黄色。与此同时，在另外一口锅中加热蔬菜高汤。将热的高汤倒入西葫芦里，转小火加热，用盐和胡椒调味，加热至汤汁变少。将蛋黄、柠檬汁和欧芹一起搅打均匀，淋到西葫芦里。混合均匀，加热至锅中的汤汁变得浓稠即可。

ZUCCHINE IN CREMA D'UOVA

供4人食用

制备时间：15分钟

加热烹调时间：25～30分钟

40克/1½盎司黄油

2汤匙橄榄油

675克/1½磅鲜嫩的小西葫芦，切片

150毫升/¼品脱蔬菜高汤（见第359页）

2个蛋黄

1颗柠檬，挤出柠檬汁，过滤

1枝新鲜平叶欧芹，切碎

盐和胡椒

鱼　类　→

甲壳类　→

贝　类　→

鱼 类

Fish这个词，通常会用来指所有的海鲜类，尽管它们可能被细分为鳍鱼类、甲壳类海鲜（例如螃蟹等）以及贝类海鲜（例如贻贝等）。在本章中，会将海鲜类细分成海鱼类、淡水鱼类、甲壳类和贝类，还有软体海鲜类，包括章鱼、鱿鱼和墨鱼等。一般来说，大部分海鲜品种在一年四季都可以购买到。但是，鳟鱼是个例外，在意大利以外的商业化海鲜市场上，淡水鱼也不常见。最后，在这一章的内容中，还包括了一部分的鱼汤类菜肴，这些鱼汤更像是内容丰富的炖菜，还包括一些制备和烹调加热蜗牛和青蛙等的系列食谱，这些食谱中所使用的食材并不适合用在其他类别的食谱中。虽然很多海鱼类的价格变得越来越昂贵，但你完全没有必要把自己的选择仅仅局限于这些稀有的和贵重的鱼类上面。实际上，一些我们最常见的鱼类也非常美味可口。例如，在意大利，被称为"蓝鳞鱼"的鱼类，像沙丁鱼、鲭鱼等，对于许多真正美味又经济实惠的食谱来说，不失是一种完美的选择。多年以来，营养学家们一直倡导鱼类应优先于许多其他种类的食物，并将它们纳入人们的日常饮食结构中。它们非常容易被人体所消化，是优质蛋白质的来源，并且海鱼中还包含碘和其他许多种的矿物质。而油性鱼类的肉质中包含人体所必需的脂肪酸和脂溶性维生素等，这些成分对身体的健康至关重要。白鱼类，像鳕鱼和鳐鱼，其脂肪含量非常低，甚至是油性鱼类，像鲑鱼和鲱鱼都比肉类和家禽类的脂肪含量少。鱼类是如此受人们推崇，因此，我们建议每周至少吃两次白鱼和一次油性鱼，然而，对孕妇、哺乳期的母亲以及幼童来说，吃某一些种类的鱼会有一些局限。当在白鱼和油性鱼之间做出选择的话，要记住的是，前者的营养价值要比牛肉略微低一些，而后者的营养价值很高。至于海鱼和淡水鱼之间的区别，尽管有些情况下海鱼不易消化，但是更有营养。软体海鲜类和甲壳类海鲜中富含钙、镁、氯化钠、碘等，这其中最重要的是铁。其他的海鲜类中也含有丰富的矿物质。实际上可以说，只要海鲜是新鲜的，经过恰当储存和正确制备之后，对于我们都是非常有益的。

甲壳类

尽管听起来有一个非常硬实的名称，但是在它们的外壳下面，甲壳类海鲜还是非常纤弱的。但其肉质中的风味和芳香是无与伦比的。海螯虾、龙虾、小龙虾、大虾和螃蟹都有着非常美味的肉质，但是在加工处理它们时要小心，只需要简单烹调加热和调味即可，例如使用特级初榨橄榄油，或者使用高品质的食材制作而成的热的或者冷的酱汁。否则的话，你的巨额投资将会被浪费掉。甲壳类海鲜的价格非常昂贵，特别是那些深受人们推崇的品种，例如龙虾。罐装的产品，例如蟹肉，也非常美味，可以用于许多食谱中。

贝　类

该类海鲜包括贻贝、蛤蜊、扇贝、鱿鱼、墨鱼等。贝类必须绝对新鲜，尽管高温能够解决细菌问题，但不会消除任何毒素。如果贝类存放时间过长，则可能产生高温无法消灭的毒素，食用后可能导致中毒。这不是危言耸听，只是为了警告你贝类需要谨慎。如果你不确定它们的新鲜度或它们是否保存妥当的情况下，不要买它们。始终从可靠的供应商处购买，不要食用自己从海边收集的。建议食用当天购买。贝类需要清淡的酱汁，这样才能享受它们精致的味道。

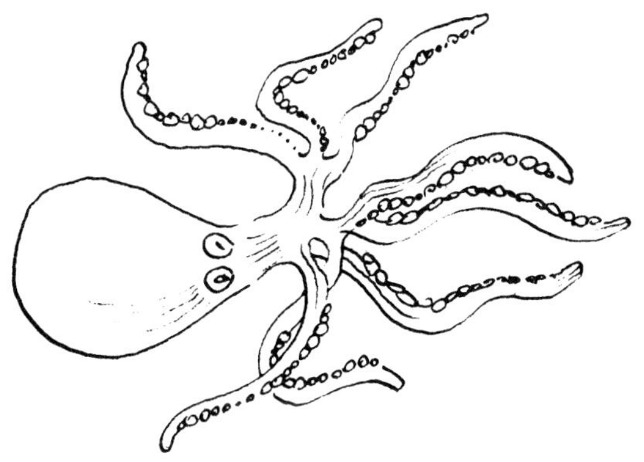

鱼　类

鱼类的品质好坏由其新鲜程度而决定。在购买鱼类的时候，有许多方面的指标需要鉴别。这些包括细腻的芳香，而没有任何氨气的痕迹，或者强烈的“鱼腥味”。外观无破损，鱼身硬实，鱼鳞紧贴在鱼身上，绷紧的鱼皮上呈现自然的色彩，没有发红，并且有生机盎然的鱼眼，呈粉红色或者红色的湿润鱼鳃，鱼骨上没有鱼血的痕迹，并且腹部没有破损。

数　量

有一些鱼类的利用率不高，这就很难判断出每一位客人所需要的正确数量。而所浪费的数量也会影响到你所花费的金额。下面的表格显示的是某一些种类的鱼在去掉内脏之后，其可以食用的鱼肉的数量。

每 1 千克 / 2 ¼ 磅	鱼的种类	浪费	出品
鱼	海鲈鱼	50%	500 克 / 1 磅 2 盎司
	无须鳕鱼	30%	675 克 / 1 ½ 磅
	海鲷鱼	45%	650 克 / 1 磅 7 盎司
	大比目鱼	65%	350 克 / 12 盎司
	鲑鱼	50%	500 克 / 1 磅 2 盎司
	鳎目鱼	55%	450 克 / 1 磅
	红鲻鱼	65%	350 克 / 12 盎司

每人份

每人份可以按照平均 150 克 / 5 盎司的鱼肉，200 克 / 7 盎司的鱼排或者鱼片，以及每人份 250～300 克 / 9～11 盎司（根据鱼的类型而具体决定）的整鱼提供。

随机应变

如果你觉得食谱中所建议使用的鱼价格太贵，可以尝试着用更加经济但与之相类似的鱼类进行替换。例如，更加便宜一些的扁平鱼类，像鳊鱼，可以与鳎目鱼一样进行加热烹调；养殖的海鲷鱼，也可以用来代替鲻鱼，或者在有些情况下用来代替野生的海鲈鱼；而鳕鱼（来自可持续捕捞资源）可以用来代替鲑鱼。

废物利用

鱼头（去掉鱼鳃）和白鱼的鱼骨非常适合于制作鱼汤。不要使用那些油性鱼的鱼头和鱼骨制作鱼汤。

鱼类的加热烹调

尽管我们在食谱中尽可能地给出了精确的烹调时间，但是还是会出现一些情况让菜肴加热烹调的时间有所不同。这些情况包括鱼的大小和厚度不同，所使用的锅和盘子的制作材料不同，以及加热烹调时所使用的燃料不同（煤气、电、木炭等）。另外，鱼的成熟程度如何，也是其口味是否鲜美的一个关键因素。不过，要记住，对海鲜的过度加热烹调，会让其品质有所褪色。例如，加热过度的贝类海鲜，其质地立刻就会变得老韧，而鱼肉则会破碎，或者变成绵软状。根据鱼类的品种不同、大小不同，以及呈现的方式不同，你可以选择使用各种不同的烹调方法。整条的鱼，一般最好是煮或者烤，鱼肉和鱼排可以像小鱼一样铁扒或者煎。要刮除鱼鳞，可以使用刮鱼鳞刀或者小的圆形刀。握住鱼尾，从鱼尾部朝向鱼头处刮除鱼鳞，然后漂洗干净。小的鱼类，例如沙丁鱼，最好是在冷的自来水下刮除鱼鳞。

煮　鱼

大多数的鱼类都可以煮熟后配橄榄油和柠檬汁，或者与调配成各种不同口味的蛋黄酱等一起食用。

煮鱼汤、煮鱼高汤

这是一种芳香型高汤，要制备这种高汤，锅中加入2升/3½品脱的水、一个切成丝的洋葱、半根切片状的胡萝卜、1根芹菜茎、100毫升/3½盎司白葡萄酒醋或者白葡萄酒、几粒胡椒粒和盐，用小火加热45分钟。然后用漏勺过滤，去掉蔬菜，留下煮鱼高汤，让其完全冷却。煮鱼的时候，将鱼放入冷却后的汤内，或者使用小火加热的煮鱼汤中，按照每500克/1磅2盎司的鱼需要煮约10分钟的时间进行加热。

鱼高汤

这是煮鱼时的副产品，用来制作酱汁、意大利调味饭，以及米饭汤等时，效果非常不错。如果你希望使用鱼高汤制作这些菜肴，在煮鱼汤料里就不要加入醋、柠檬汁或者葡萄酒等。

每500克/1磅2盎司的鱼，可以按照10～12分钟的加热时间计算。

将鱼放入冷却后或者是使用小火加热的煮鱼汤中，在这两种情况下，都要继续使用小火加热。

不管是煮鱼汤，还是鱼高汤，都应该在重新使用之前，让其先冷却。

浓缩鱼汤

也称为原味鱼汁，这是使用白鱼的鱼头和鱼骨制作而成的鱼高汤（见第 250 页）。

整条的大鱼

这样的鱼应浸入冷的煮鱼汤中加热。

切成小份的鱼和整条的小鱼

鱼片、鱼排和鱼肉，以及整条的小鱼，应该放入用小火加热的煮鱼汤中。要记住，它们成熟得非常快。

淡水鱼类

这些鱼类需要风味更加浓烈的煮鱼汤，因此要加入更多的蔬菜。

让鱼在煮鱼的汤汁中冷却，然后轻缓地捞出，以避免将鱼肉弄破。

蒸　鱼

你需要一个组合式蒸锅，或者是一个多孔的容器，可以放在普通的酱汁锅上。这种烹调方法可以增强许多鱼类的风味，包括红鲻鱼、海鲈鱼和大多数的鱼肉等。

烧　烤

有着硬实质地的鱼类，像金枪鱼、大个头的鱼，还有海鲷鱼，以及较小一些的鱼块，在经过烧烤后，风味绝美。你可以加入各种香草和香料，并淋上红葡萄酒或者是白葡萄酒、鱼汤等。可以使用带有铰链的金属烤架，这样翻动鱼时会更容易。

烤　鱼

所有大个头的鱼或者中等大小的鱼均可以用来烤。可以加入香草、调味黄油、高汤、葡萄酒，或者在大个头的鱼中酿入馅料进行烤制。小个头的鱼、鱼肉、鱼排等，用锡箔纸包好之后烤也非常鲜美。这样的烤鱼方式，可以避免在餐具中残留鱼腥味的问题，并且可以添加香草、香料的风味。这是一种快速的加热烹调方式，可以让鱼肉变得更加鲜嫩可口。

铁扒鱼

在铁扒之前不要刮除鱼鳞，因为鱼鳞可以有效地保护细嫩的鱼肉免于高温的直接冲击。

➔ 在将鱼放入铁扒架上之前，一定要拭干，特别是那些事先腌制过的鱼。

➔ 小心不要过度加热。例如沙丁鱼，每面铁扒 1 分钟即可。小个头的海鲈鱼，每面需要铁扒 10 分钟，而金头鲷鱼每面需要铁扒 15 分钟。

➔ 铁扒大个头的鱼时，要使用低温，并不时地涂上油。

煎　鱼

这种加热的方式适合于整条的扁平鱼类，例如鳎目鱼，也同样适合于剔取的鱼肉和切片状的鱼。用中大火加热，在加了少许熔化黄油的平底锅中快速将鱼的两面煎至金黄色，然后改用小火继续加热，将鱼煎熟，这样就可以很容易地将鱼肉分离开。一般说来，几乎所有的鱼都可以在撒上少许盐裹上面粉之后煎熟。每面煎的时间 2～3 分钟不等。

炸　鱼

小个头的整条鱼和较大一些的鱼切小块后，都非常适合用来油炸，至于白鱼，例如鳕鱼、金头鲷鱼和鳎目鱼等，一定要先将它们拭干，然后先拍上面粉，并将多余的面粉抖落掉，再裹上一点儿细的面包糠。准备一口大号的锅或者炸锅，将油加热至 180～190°C/350～375°F。或者可以将一个面包丁在 30 秒内炸至金黄色的温度。这是一种快速加热烹调的方式，所以不要让鱼在锅中炸的时间过长。炸好之后，用一把漏勺将鱼捞出，放到厨房纸上控净油。只需撒上盐调味即可。在意大利，花生油和橄榄油（不需要使用特级初榨橄榄油），都是人们喜欢使用的炸油。在英国，使用橄榄油炸鱼是一种相当奢侈的选择，并且它的燃点很低，这使得它更容易着火。最后一条建议：在炸过鱼之后，无论是哪种油，都不要再重复使用。

最适合鱼类的配菜

不要仅仅使用米饭作为鱼类的配菜，马铃薯和其他蒸熟的蔬菜与鱼类菜肴也非常匹配，使用黄油加热成熟的新鲜蔬菜与鱼类菜肴也很搭。

➔ 胡萝卜和四季豆可以搭配鳎目鱼和鳕鱼肉。

➔ 块根芹蓉泥非常适合于搭配鳕鱼。

➔ 西葫芦，无论是切片状还是切细条状，是蒸熟或者加上橄榄油和黄油炒熟，都可以作为鱼类美味的配菜，特别适合搭配鳎目鱼。

➔ 黄瓜，在经过去皮并切丁之后，是对风味温和的鱼肉的良好补充。

➔ 韭葱、胡萝卜和樱桃萝卜，与烤或者蒸金头鲷鱼是完美的组合。

➔ 蛋黄酱对于所有的煮鱼类来说，都是美味的调味料，特别是加上酸豆、切成细末的酸黄瓜、稀薄的番茄酱汁（变成浅粉色）、切碎的黑橄榄或者青橄榄之后。

➔ 杂菜丁与金枪鱼是绝配。

➔ 在水中加入一点儿咖喱粉来制作米饭，可以增添色彩和增加风味。类似的效果，也可以通过增加少量的藏红花来实现。

➔ 菠菜、叶用甜菜、生菜和酸模草对几乎所有的鱼类来说都具有天然的亲和力。

➔ 番茄、茄子和甜椒都非常适合于搭配烤鱼类。

合适的香草、香料和风味调味料

罗勒、鼠尾草和牛至可以适量地加入酱汁中、煮鱼的汤汁中，以及炖鱼中。

➔ 芹菜可以与百里香、月桂叶组成香草束，用来制作煮鱼汤料。

➔ 香菜籽常会用在腌制鱼类时，也会在制作煮鱼汤时使用。

➔ 莳萝有着茴香般的风味，腌制鲱鱼和制作生鱼片时常会用到。

➔ 茴香籽能够给铁扒海鲈鱼和其他的鱼类增添一种让人喜爱的味道。

➔ 大蒜在制作鱼汤、普罗旺斯风味鳕鱼和烤鱼等菜肴中是不可或缺的食材。

➔ 洋葱，不管是生的，还是切成洋葱圈，或者是腌珍珠洋葱，都是蒸鱼类菜肴的完美搭配。

➔ 龙蒿常用来腌制鱼类，还可以为铁扒鱼类，特别是鲑鱼增添风味。

➔ 百里香可以在烤鱼肉的时候多撒上一些，与少许盐混合到一起之后风味更加突出。

去掉鱼腥味

➔ 为了去除或减少鱼腥味，可以用少许的盐涂擦锅沿，然后将 100 毫升 /3½ 盎司醋倒入锅中煮沸，最好让这个锅专门用于加热烹调鱼类。

➔ 在处理鱼时，可以不时地用柠檬汁或者非常咸的盐水涂抹到手上，帮助去除鱼腥味。

➔ 将一块方糖放入厨房餐盘中并引燃。这样会有效地限制鱼腥味。

➔ 用锡箔纸烤鱼比普通的烤鱼方式更好一些，因为在烤鱼的过程中不会逸出令人不愉快的鱼腥味。

鱼类菜肴的保温

要想将制好的鱼保温一段时间，可以在鱼上覆盖锡箔纸，另外还可以记住下面这些规则。

➔ 如果是烤鱼，在烤好之前，可以关闭热源，盖上锡箔纸，以防止鱼肉变得干燥，将鱼留在烤箱内保温。

➔ 如果是煮鱼、煎鱼或者是蒸鱼，将其放到餐盘中（盖好，或者不用覆盖），放置到一锅刚煮沸的热水上，并将火关闭。

鳀鱼

海水鱼类

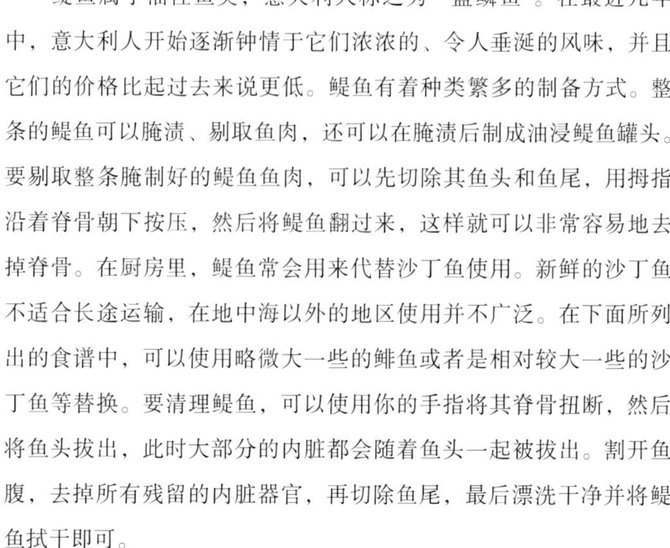

鳀鱼属于油性鱼类，意大利人称之为“蓝鳞鱼”。在最近几年中，意大利人开始逐渐钟情于它们浓浓的、令人垂涎的风味，并且它们的价格比起过去来说更低。鳀鱼有着种类繁多的制备方式。整条的鳀鱼可以腌渍、剔取鱼肉，还可以在腌渍后制成油浸鳀鱼罐头。要剔取整条腌制好的鳀鱼鱼肉，可以先切除其鱼头和鱼尾，用拇指沿着脊骨朝下按压，然后将鳀鱼翻过来，这样就可以非常容易地去掉脊骨。在厨房里，鳀鱼常会用来代替沙丁鱼使用。新鲜的沙丁鱼不适合长途运输，在地中海以外的地区使用并不广泛。在下面所列出的食谱中，可以使用略微大一些的鲱鱼或者是相对较大一些的沙丁鱼等替换。要清理鳀鱼，可以使用你的手指将其脊骨扭断，然后将鱼头拔出，此时大部分的内脏都会随着鱼头一起被拔出。割开鱼腹，去掉所有残留的内脏器官，再切除鱼尾，最后漂洗干净并将鳀鱼拭干即可。

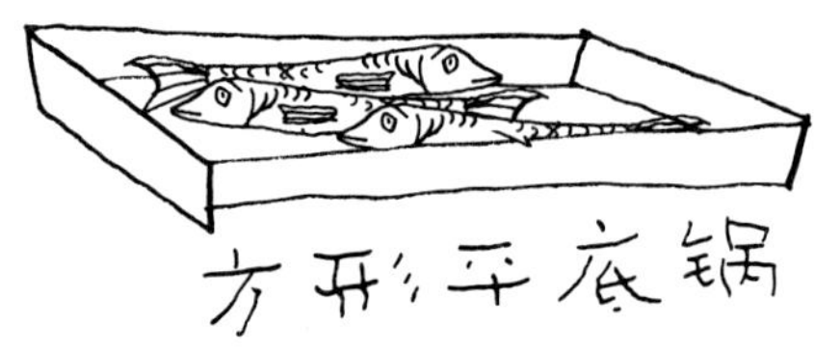

ACCIUGHE FRITTE
供 4 人食用
制备时间：15 分钟，另加 30 分钟浸泡用时
加热烹调时间：6～9 分钟
675 克 /1½ 磅鳀鱼，洗净
300 毫升 / ½ 品脱牛奶
普通面粉，用于淋撒
植物油，用于油炸
盐

用于制作装饰
1 颗柠檬，切成角
6 枝新鲜平叶欧芹

炸鳀鱼 FRIED ANCHOVIES

将鳀鱼放入一个盆内，加入牛奶，让其浸泡 30 分钟。在一个浅盘内撒上面粉。在一口大号的锅中加热植物油。将鳀鱼捞出控净牛奶，裹上面粉，放入热油中炸至金黄色（见第 691 页），用漏勺捞出，放在厨房纸上控净油，用盐调味。将炸好的鳀鱼放到温热的餐盘中，并用柠檬角和欧芹枝装饰。

ACCIUGHE GRATINATE
供 4 人食用
制备时间：20 分钟
加热烹调时间：15 分钟
4～5 汤匙橄榄油，另加涂刷所需
800 克 /1¾ 磅鳀鱼，洗净
50 毫升 /2 盎司白葡萄酒醋
½ 茶匙干牛至
1 瓣蒜，切碎
盐和胡椒

焗鳀鱼 ANCHOVIES AU GRATIN

将烤箱预热至 200°C/400°F/ 气烤箱刻度 6。在一个耐热焗盘内刷橄榄油。将鳀鱼的鱼皮朝上摆放好，用拇指沿着其脊骨朝下按压，然后将鳀鱼翻转过来，去掉脊骨，保持鳀鱼脊背连在一起。将鳀鱼放到准备好的焗盘内。将白葡萄酒醋、橄榄油、牛至和大蒜在碗中混合均匀，并用盐和胡椒调味。将混合均匀的酱汁淋到鳀鱼上，放入烤箱烘烤 15 分钟。取出后，放入餐盘中，冷食热食皆宜。

炸鳀鱼 →

ACCIUGHE TARTUFATE
供 4 人食用
制备时间：30 分钟，另加 2～3 天静置用时

600 克 / 1 磅 5 盎司盐渍鳀鱼，去掉鱼头和鱼尾，洗净后剔取鱼肉（见第 694 页），漂洗干净并控干水分
1 块白松露，切薄片
橄榄油

松露鳀鱼 ANCHOVIES WITH TRUFFLES

将鳀鱼拭干。在一个玻璃罐内摆放一层鳀鱼，上面覆盖一层松露，并淋上一些橄榄油。继续交替着按照此顺序分层摆放，直到将所有的食材使用完毕。在罐内倒入大量的橄榄油，放在阴凉处腌制 2～3 天，让其风味融合到一起。

FRITTO MISTO DI PESCI AZZURRI
供 4 人食用
制备时间：20 分钟
加热烹调时间：25～30 分钟

普通面粉，用于淋撒
1 千克 / 2¼ 磅油性什锦小杂鱼，例如鳀鱼、沙丁鱼和鲱鱼等，洗净
植物油，用于油炸
4 片新鲜的鼠尾草叶，另加装饰所需
盐和胡椒
1 颗柠檬，切成柠檬角，用于装饰

什锦炸鱼 MIXED FISH FRY

在一个浅盘内撒入面粉。将鱼均匀裹面粉，并将多余的面粉抖落掉。在一口大号的锅中加热植物油，加入鼠尾草叶炸，然后取出鼠尾草叶，用热油将较大的鱼炸至金黄色。然后再炸小个头的鱼。当鱼炸好之后，用漏勺捞出，放在厨房纸上控净油（见第 691 页）。在接着炸鱼的过程中，将已经炸好的鱼做好保温，放到温热的餐盘中，用柠檬角和鼠尾草叶装饰，撒上盐和胡椒调味。

TEGLIA D'ACCIUGHE E PATATE
供 4 人食用
制备时间：45 分钟
加热烹调时间：1 小时

橄榄油，用于涂刷和淋洒
600 克 / 1 磅 5 盎司鳀鱼，去掉鱼头和鱼尾，清理干净（见第 694 页），漂洗干净并控干水分
1 枝新鲜平叶欧芹，切碎
1 瓣蒜，切碎
10 片薄荷叶，切碎
2 颗柠檬，挤出柠檬汁，过滤
600 克 / 1 磅 5 盎司马铃薯，切薄片
50 克 / 2 盎司面包糠
200 毫升 / 7 盎司干白葡萄酒
盐和胡椒

千层鳀鱼马铃薯 LAYERED ANCHOVIES AND POTATOES

将烤箱预热至 180°C/ 350°F/ 气烤箱刻度 4。在一个耐热焗盘内涂橄榄油。鳀鱼去骨，但是保持鳀鱼脊背相连。将欧芹、大蒜和一半薄荷在碗中混合均匀。在准备好的焗盘内摆放一层鳀鱼，撒上一些香草混合物，用盐和胡椒调味，倒入一些柠檬汁，并淋上一些橄榄油。再覆盖上一层马铃薯，多撒上一些香草混合物，用盐和胡椒调味。继续交替着依次分层摆放，直到将所有的食材使用完。将剩余的薄荷和面包糠在碗中混合均匀。将葡萄酒倒在最上层的马铃薯上，并淋上薄荷风味面包糠。放入烤箱烘烤 1 小时。

千层鳀鱼马铃薯 →

西 鲱

如同鲑鱼一样，西鲱（shad）是海水鱼，洄游到上游去产卵。在意大利的科莫湖、加尔达湖和马焦雷湖内都可以见到它们的身影。但是在英国，通常会在河口捕捞到它们。西鲱一般有25～30厘米/10～12英寸长。它们不在最受欢迎的鱼类之列，这也许是因为它们的鱼骨特别硬，但是西鲱肉非常美味，煎、腌渍或者铁扒都能让西鲱妙不可言。

鼠尾草西鲱 SHAD WITH SAGE

AGONI ALLA SALVIA
供4人食用
制备时间：20分钟，另加10分钟浸泡用时
加热烹调时间：14分钟

800克/1¾磅西鲱，刮除鱼鳞，并洗净
300毫升/½品脱牛奶
普通面粉，用于淋撒
4汤匙橄榄油
40克/1½盎司黄油
6片新鲜的鼠尾草叶片
盐

将西鲱放入一个盆内，加入牛奶，让其浸泡10分钟。然后捞出控净牛奶，并用厨房纸拭干，再裹上薄薄一层面粉。在一口平底锅中加热橄榄油和黄油，放入鼠尾草叶片，煎炸至呈淡褐色。加入西鲱，每面煎7分钟。用盐调味，用一把漏勺将西鲱捞出，放在厨房纸上控净油之后即可。

西鲱配番茄酱汁 SHAD WITH TOMATO SAUCE

AGONI AL POMODORO
供 4 人食用
制备时间：25 分钟
加热烹调时间：40 分钟
800 克 / 1¾ 磅西鲱，刮除鱼鳞，洗净
4 汤匙橄榄油
1 根胡萝卜，切细末
1 颗洋葱，切细末
1 瓣蒜，切细末
1 根芹菜茎，切细末
1 枝新鲜平叶欧芹，切细末
6 颗李子番茄，去皮去籽，切碎
1 汤匙酸豆，捞出控净汁液并漂洗
盐

每条西鲱分别切成三段。用酱汁锅加热橄榄油，加入胡萝卜、洋葱、大蒜、芹菜和欧芹，用小火加热，煸炒 10 分钟，直到变成淡褐色。加入番茄，盖上锅盖，继续用小火加热约 10 分钟，直到锅中的汤汁变得略微浓稠。加入鱼块和酸豆，用盐调味，再继续加热约 20 分钟，直到鱼肉可以非常容易地分离成瓣状。这道食谱可以适用于大部分的鱼类。

煎西鲱 FRIED SHAD

AGONI FRITTI
供 4 人食用
制备时间：20 分钟，另加 10 分钟浸泡用时
加热烹调时间：8～10 分钟
800 克 / 1¾ 磅西鲱，刮除鱼鳞，并洗净
300 毫升 / ½ 品脱牛奶
普通面粉，用于淋撒
7 汤匙橄榄油
1 颗柠檬，切片
盐

将西鲱放入一个盆内，加入牛奶，让其浸泡 10 分钟。然后捞出控净牛奶，并用厨房纸拭干，裹上薄薄一层面粉。在一口平底锅中加热橄榄油，加入西鲱，两面都煎几分钟，直到变成金黄色。用漏勺捞出，放在厨房纸上控净油，用盐调味，放到温热的餐盘中，周围用柠檬片装饰。

醋腌西鲱 SOUSED SHAD

AGONI IN CARPIONE
供 4 人食用
制备时间：40 分钟，另加 24 小时静置用时
加热烹调时间：30 分钟
800 克 / 1¾ 磅西鲱，刮除鱼鳞，并洗净
普通面粉，用于淋撒
120 毫升 / 4 盎司橄榄油
1 颗洋葱，切细丝
1 根芹菜茎，切碎
1 瓣蒜，切薄片
4 片新鲜的鼠尾草叶片
1 片月桂叶
1 枝迷迭香
6 粒胡椒粒
300 毫升 / ½ 品脱红葡萄酒醋
盐

将西鲱裹上面粉，并将多余的面粉都抖落掉。在一口平底锅中加热 7 汤匙的橄榄油，将鱼放入锅中煎，每次放入几条，两面都煎几分钟，直到变成金黄色。用漏勺将煎好的西鲱捞出，放到厨房纸上控净油，用盐调味后放到一个盆里。将洋葱、芹菜、大蒜、鼠尾草叶片、月桂叶、迷迭香、胡椒粒、红葡萄酒醋，以及剩余的橄榄油和少许的盐一起放入一口锅中。加热煮沸，然后改用小火继续加热一会儿，将锅从火上端离。将煮沸的混合物倒入鱼盆内，让其在一个凉爽的地方腌制 24 小时后即可。

鲱 鱼

鲱鱼（herring）生活在北大西洋和北极的水域之中。最珍贵的鲱鱼品种是挪威鲱鱼，而在这之中，幼年鲱鱼品质最佳。意大利没有新鲜的鲱鱼出售，但是可以进口腌制好的鲱鱼。最常见的腌制鲱鱼是腌制后再烟熏成金色的鲱鱼。要制备烟熏鲱鱼，先去掉鱼皮和鱼头，将鲱鱼从其脊背处片开，在不将鱼子弄破损的情况下去掉脊骨。将剔骨后的鱼肉放入用水和醋调配成的混合液中浸泡 4 小时，以去掉其盐味。然后控干水分，撒上大蒜、牛至和辣椒，可以再加上洋葱碎和欧芹碎。如果你喜欢更加精致的味道，可以用牛奶浸泡，然后淋上油和混合香草。另外一种在意大利可以很容易找到的鲱鱼是腌制鲱鱼，其风味非常浓郁，因此，如果你想将腌制鲱鱼加入蔬菜沙拉中或者马铃薯沙拉里时，要小心控制它们的用量。

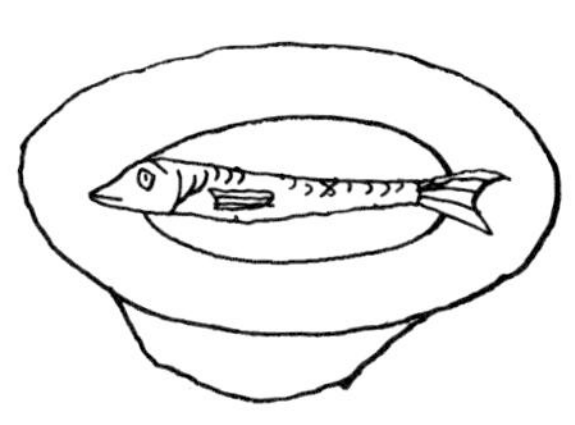

烟熏鲱鱼配葡萄柚酱汁 KIPPERS WITH GRAPEFRUIT

ARINGHE AL POMPELMO
供 4 人食用
制备时间：40 分钟，另加 15 分钟腌制用时

1 个葡萄柚，挤出葡萄柚汁，过滤
半颗柠檬，挤出柠檬汁，过滤
4 汤匙橄榄油
½ 茶匙香草风味芥末酱
1 个圆形茴香块根，切薄片
8 条烟熏鲱鱼，去皮并剔除鱼骨
1 茶匙切碎的新鲜莳萝
盐和胡椒

将葡萄柚汁、柠檬汁、橄榄油和芥末酱在碗中混合均匀，并用盐和胡椒调味。将茴香片放入餐盘中，在上面摆放烟熏鲱鱼，将制作好的葡萄柚酱汁淋到烟熏鲱鱼上，撒上莳萝。放入冰箱冷藏腌制 15 分钟即可。

鲱鱼菜花沙拉 HERRING AND CAULIFLOWER SALAD

INSALATA D'ARINGHE CON CAVOLFIORI
供 4 人食用
制备时间：25 分钟
加热烹调时间：5 分钟

1 颗菜花，切成小瓣 • 1 罐（约 120 克 /4 盎司）油浸鲱鱼肉，捞出控净汁液，纵切两半 • 175 毫升 /6 盎司双倍奶油 • 1 汤匙第戎芥末 • 1 汤匙红葡萄酒醋 • 3 汤匙橄榄油 • 1 颗小洋葱，切碎 • 1 棵松叶生菜，例如红叶生菜，切碎 • 1 颗紫皮洋葱，切细丝 • 盐和胡椒

用一锅加了盐的沸水将菜花煮 5 分钟。捞出菜花后用冷水过凉。将鲱鱼肉卷起来，并用牙签固定。将双倍奶油、第戎芥末、红葡萄酒醋、橄榄油，以及小洋葱在碗中混合均匀，加入盐和胡椒调味。将生菜和紫皮洋葱放到一个大号的沙拉碗中，再摆上菜花和鲱鱼卷。将酱汁淋到沙拉上，放在阴凉处腌制至上桌前。

← 烟熏鲱鱼配葡萄柚酱汁

腌鳕鱼

在意大利，同一种鳕鱼，有两种或者说三种不同的名称，在其非常新鲜时（见第 734 页）叫 merluzzo(鳕鱼)，当将鳕鱼切小块后，用盐腌制之后叫 baccala（腌鳕鱼），而当其干燥后整个售卖时，叫作 stocafisso（鳕鱼干）。

腌鳕鱼有着洁白的肉质和黑色的鱼皮。将其鱼皮面朝上，用冷水冲洗 18～24 小时，以缓释出所吸收的所有盐分。同样，也可以用冷水浸泡 24 小时，要多次更换水。要加热的时候，可以将腌鳕鱼放入一口锅中，加入没过鳕鱼的冷水，用中火加热至刚好沸腾，然后盖上锅盖，改用小火继续加热 10 分钟，不要加热过度，否则其鱼肉就会变老。鳕鱼干非常干且硬，要使其回软，可以先敲打鳕鱼干，然后浸泡 2 天时间，再用水煮 3 小时以上的时间。

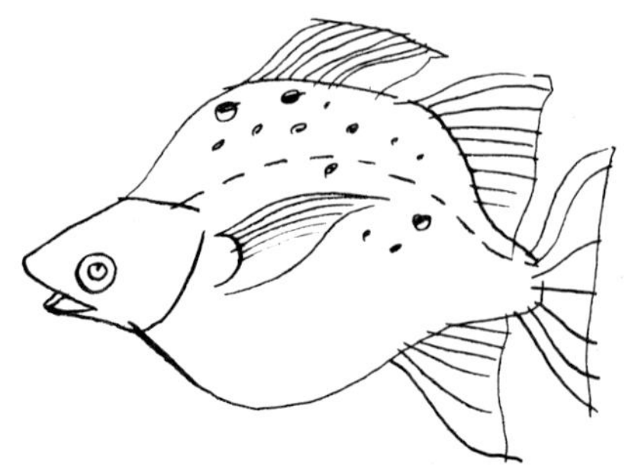

焗腌鳕鱼 SALT COD AU GRATIN

烤箱预热至 180°C/350°F/ 气烤箱刻度 4。将腌鳕鱼切大块，并去掉鱼皮和鱼骨。在一个烤盘内加热 4 汤匙的橄榄油，加入洋葱和大蒜，用小火加热，不停翻炒 5 分钟。加入腌鳕鱼，煎至两面都呈金黄色，然后倒入牛奶，并用盐和胡椒调味。用锡箔纸盖上烤盘，放入烤箱烘烤约 2 小时，或者一直烤到牛奶几乎被完全吸收。将焗炉预热好。将鳀鱼柳和剩余的橄榄油放入一口小号酱汁锅中，用小火加热，并用木勺将鳀鱼碾压成糊状。将鳀鱼酱汁淋在腌鳕鱼上，撒上欧芹并略微混合。再撒上帕玛森奶酪，放入焗炉里，焗至金黄色即可。

BACCALÀ AL GRATIN

供 4 人食用

制备时间：25 分钟，另加 24 小时浸泡用时

加热烹调时间：2 小时 30 分钟

800 克 /1¾ 磅腌鳕鱼，浸泡后捞出控干水分

7 汤匙橄榄油

1 颗洋葱，切碎

2 瓣蒜

1 升 /1¾ 品脱牛奶

4 条罐头装油浸鳀鱼柳，捞出控净汁液

1 枝新鲜平叶欧芹，切碎

50 克 /2 盎司帕玛森奶酪，现擦碎

盐和胡椒

见第 704 页

里窝那风味腌鳕鱼 SALT COD LIVORNO-STYLE

将番茄放入食物料理机内搅打成泥状。腌鳕鱼切大块，拭干水分，裹上薄薄一层面粉。在一口大号平底锅中加热橄榄油，放入腌鳕鱼块，煎至两面都呈淡褐色。加入番茄泥，用盐和胡椒调味，继续用中火加热几分钟。撒上欧芹和大蒜，再用小火加热 5 分钟即可。可以热食或者放凉以后食用。

BACCALÀ ALLA LIVORNESE

供 4 人食用

制备时间：20 分钟，另加 24 小时浸泡用时

加热烹调时间：20 分钟

500 克 /1 磅 2 盎司罐装番茄

675 克 /1½ 磅腌鳕鱼，浸泡后捞出控干水分

普通面粉，用于淋撒

100 毫升 /3½ 盎司橄榄油

1 枝新鲜平叶欧芹，切碎

1 瓣蒜，切碎

盐和胡椒

橄榄酸豆腌鳕鱼 SALT COD WITH OLIVES AND CAPERS

将腌鳕鱼切大块，鳀鱼肉剁碎。在一口锅中加热橄榄油，加入鳀鱼，小火加热，用木勺将鳀鱼碾压成泥状。加入洋葱，继续煸炒 5 分钟。加入腌鳕鱼，每面煎 5 分钟。倒入干白葡萄酒，并加入酸豆和黑橄榄。根据口味需要，可以加入盐调味，然后用小火加热，不停翻动，加热 10～15 分钟即可。

BACCALÀ CON OLIVE E CAPPERI

供 4 人食用

制备时间：30 分钟，另加 24 小时浸泡用时

加热烹调时间：40 分钟

800 克 /1¾ 磅腌鳕鱼，浸泡后捞出控干水分 • 2 条盐渍鳀鱼，去掉鱼头，洗净后剔取鱼肉（见第 694 页），用冷水浸泡 10 分钟之后捞出控干

2 汤匙橄榄油 • 1 颗洋葱，切碎

175 毫升 /6 盎司干白葡萄酒

1 汤匙酸豆，捞出控净汁液并漂洗干净 • 100 克 /3½ 盎司黑橄榄，去核并切碎 • 盐

马铃薯甜椒腌鳕鱼 SALT COD WITH POTATOES AND PEPPERS

将腌鳕鱼切大块，在一口大号平底锅中加热一半橄榄油，放入腌鳕鱼块，煎至两面都呈淡褐色。将剩余的橄榄油倒入另外一口锅中加热，放入洋葱和甜椒，煸炒 5 分钟，然后加入番茄和马铃薯，继续加热 10 分钟。在一个耐热焗盘内将腌鳕鱼块和炒好的蔬菜分层摆放好。撒上辣椒粉、胡椒粒和百里香，加入欧芹和月桂叶，倒入葡萄酒后，用小火加热 50 分钟。取出月桂叶和欧芹丢弃不用，加入橄榄，再继续加热 10 分钟即可。

BACCALÀ CON PATATE E PEPERONI
供 4 人食用
制备时间：45 分钟，另加 24 小时浸泡用时
加热烹调时间：1 小时

800 克 / 1¾ 磅腌鳕鱼，浸泡后捞出控干水分 • 120 毫升 /4 盎司橄榄油
1 颗洋葱，切丝 • 1 个绿甜椒，切成两半，去籽后切条 • 1 个红甜椒，切成两半，去籽后切条 • 4 颗番茄，去皮后切片
300 克 /11 盎司马铃薯，切片 • 少许卡宴辣椒粉 • 5 粒黑胡椒粒
1 枝新鲜的百里香，切碎
1 枝新鲜平叶欧芹，切碎
1 片月桂叶 • 175 毫升 /6 盎司干白葡萄酒 • 100 克 /3½ 盎司黑橄榄

见第 706 页

炸腌鳕鱼 FRIED SALT COD

将腌鳕鱼切大块，拭干水分。在一口大号平底锅中加热足量的植物油。腌鳕鱼均匀裹面糊，放入油锅中，分批炸制，每面炸 5 分钟。然后捞出，放在厨房纸上控净油，用盐略微调味后即可食用。

BACCALÀ FRITTO
供 4 人食用
制备时间：50 分钟，另加 24 小时浸泡用时
加热烹调时间：20～30 分钟

800 克 / 1¾ 磅腌鳕鱼，浸泡后捞出控干水分
植物油，用于油炸
1 份面糊（见第 1179 页）
盐

地中海风味鳕鱼干 MEDITERRANEAN STOCKFISH

将鳕鱼干切大块，鳀鱼剁碎。在一口锅中加热橄榄油，放入洋葱、大蒜和欧芹，用小火加热，煸炒 5 分钟。再加入鳕鱼干，每面都加热 5 分钟。倒入番茄，用盐和胡椒调味后继续加热 10 分钟。加入鳀鱼，用木勺捣碎，再继续加热 5 分钟。加入酸豆，加热 1 分钟即可。

STOCCAFISSO ALLA MEDITERRANEA
供 4 人食用
制备时间：30 分钟，另加 48 小时浸泡用时
加热烹调时间：35 分钟

800 克 / 1¾ 磅鳕鱼干，浸泡后捞出控干水分
80 克 /3 盎司盐渍鳀鱼，去掉鱼头，洗净后剔取鱼肉（见第 694 页），用冷水浸泡 10 分钟之后捞出控干
100 毫升 /3½ 盎司橄榄油
1 颗洋葱，切碎
1 瓣蒜，切碎
1 枝新鲜平叶欧芹，切碎
250 克 /9 盎司番茄，去皮后切碎
1 汤匙酸豆，捞出控净汁液并漂洗干净
盐和胡椒

← 焗腌鳕鱼，见第 703 页

威尼托风味奶油鳕鱼干 VENETO-STYLE CREAMED STOCKFISH

STOCCAFISSO MANTECATO ALLA VENETA
供 4 人食用
制备时间：40 分钟，另加 48 小时浸泡用时
加热烹调时间：1 小时 15 分钟

600 克 / 1 磅 5 盎司鳕鱼干，浸泡后捞出控干水分
150 毫升 / ¼ 品脱橄榄油
半颗洋葱，切碎
100 毫升 / 3½ 盎司牛奶
盐和胡椒
玉米糊，用作配餐

将鳕鱼干放入一口酱汁锅中，加入没过鳕鱼干的水，并加热煮沸，然后转小火加热 25～35 分钟。将锅从火上端离，让鳕鱼干在锅中的汤汁中冷却。冷却之后，将鳕鱼干捞出并控净汤汁，去掉鱼皮和鱼骨，切小块。在一口锅中加热 4 汤匙的橄榄油，加入洋葱，用小火加热，煸炒 5 分钟。与此同时，将牛奶倒入另一口酱汁锅中，用小火加热到快要沸腾时，将鳕鱼干放入洋葱锅中，然后将牛奶缓缓倒入锅中，并将剩余的橄榄油也加入进去，搅拌均匀。用小火加热 1 小时，直到变得洁白、有泡沫并呈乳脂状。用盐和胡椒调味，配玉米糊一起食用。

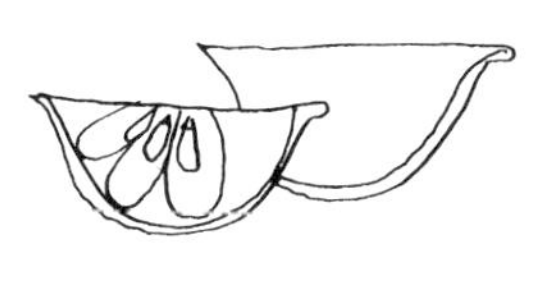

← 马铃薯甜椒腌鳕鱼，见第 705 页

银 鱼

在利古里亚烹调中，银鱼指的是一种炸鳀鱼和沙丁鱼。它们个头非常小、易碎、颜色洁白，可以在2月至3月间享用，并且以其美味而广受人们赞誉。要小心清洗，以去除所有的沙子或者其他杂质。它们非常容易成熟，在沸水中只需加热几分钟，淋上橄榄油和柠檬汁之后就可以食用。银鱼也可以用来制作菜蛋饼和其他比较简单的菜肴。

BIANCHETTI ALLA CREMA D'UOVA
供4人食用
制备时间：15分钟
加热烹调时间：10分钟
4颗鸡蛋
5汤匙橄榄油
1颗洋葱，切细末
400克/14盎司银鱼，洗净并控干水分
1颗柠檬，挤出柠檬汁，过滤
盐和胡椒

银鱼鸡蛋糊 WHITEBAIT IN EGG CREAM

鸡蛋加入碗中，加入1汤匙的沸水、盐和胡椒搅打成蛋液。在一口锅中加热橄榄油，放入洋葱，用小火加热，煸炒5分钟。加入银鱼并倒入蛋液。继续加热，不停地搅拌，保持蛋液流淌且略呈乳脂状。洒上柠檬汁，混合均匀即可。

BIANCHETTI ALL'OLIO E LIMONE
供4人食用
制备时间：10分钟
加热烹调时间：2～3分钟
300克/11盎司银鱼，洗净并控干水分
150毫升/¼品脱橄榄油
1颗柠檬，挤出柠檬汁，过滤
1茶匙第戎芥末
盐

柠檬橄榄油银鱼 WHITEBAIT WITH OLIVE OIL AND LEMON

用加了盐的沸水将银鱼煮2～3分钟。捞出控干，并让其冷却。将橄榄油、柠檬汁和第戎芥末一起在碗中搅拌均匀，再淋到银鱼上即可。

海鲈鱼

海鲈鱼在地中海一带使用非常广泛，并且这个大家族中的鱼类在世界各地都可以见到。大多数的海鲈鱼约 40 厘米 / 16 英寸长，重量在 1 千克 / 2¼ 磅左右，但是也有更大一些的海鲈鱼品种。它们以其洁白、不油腻的精致肉质而备受推崇。养殖的海鲈鱼味道也非常鲜美。澳大利亚南极石首鱼在质地上与海鲈鱼非常相似，也是不错的替代品。

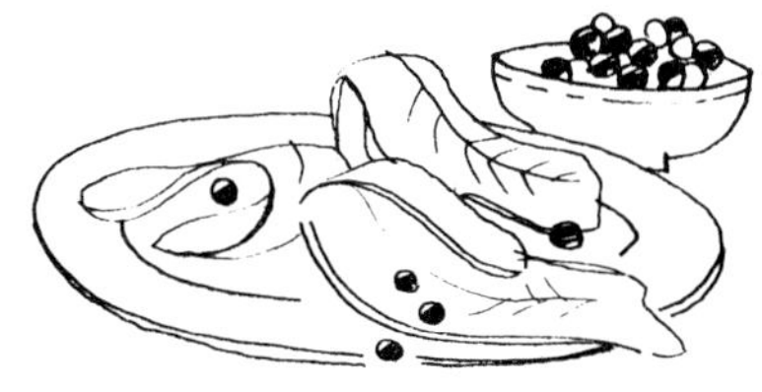

纸包烤海鲈鱼 SEA BASS BAKED IN A PARCEL

BRANZINO AL CARTOCCIO

供 4 人食用

制备时间：20 分钟

加热烹调时间：15 分钟

橄榄油，用于涂刷和配餐

1 枝新鲜的迷迭香

2 瓣蒜

1 × 1 千克 / 2¼ 磅的海鲈鱼，去掉脊刺，刮除鱼鳞，洗净

1 枝新鲜平叶欧芹，切碎

1 颗柠檬，切片，另加配餐所需

1 颗洋葱，切成洋葱圈

2 棵青葱，切片

5 汤匙干白葡萄酒

盐和胡椒

见第 710 页

将烤箱预热至 200°C/ 400°F/ 气烤箱刻度 6。准备一张烘焙纸，涂刷橄榄油。将迷迭香枝和 1 瓣蒜塞入海鲈鱼的鱼腹内，用盐和胡椒调味，放到烘焙纸上。剩余的大蒜切片。在鱼身上撒上欧芹，并覆盖上柠檬片、洋葱圈、青葱和大蒜片。将葡萄酒用勺淋到鱼身上，折叠烘焙纸并捏紧，外沿同样密封。放到一个烤盘内，放入烤箱烘烤 15 分钟。搭配橄榄油、柠檬片和盐一起享用。

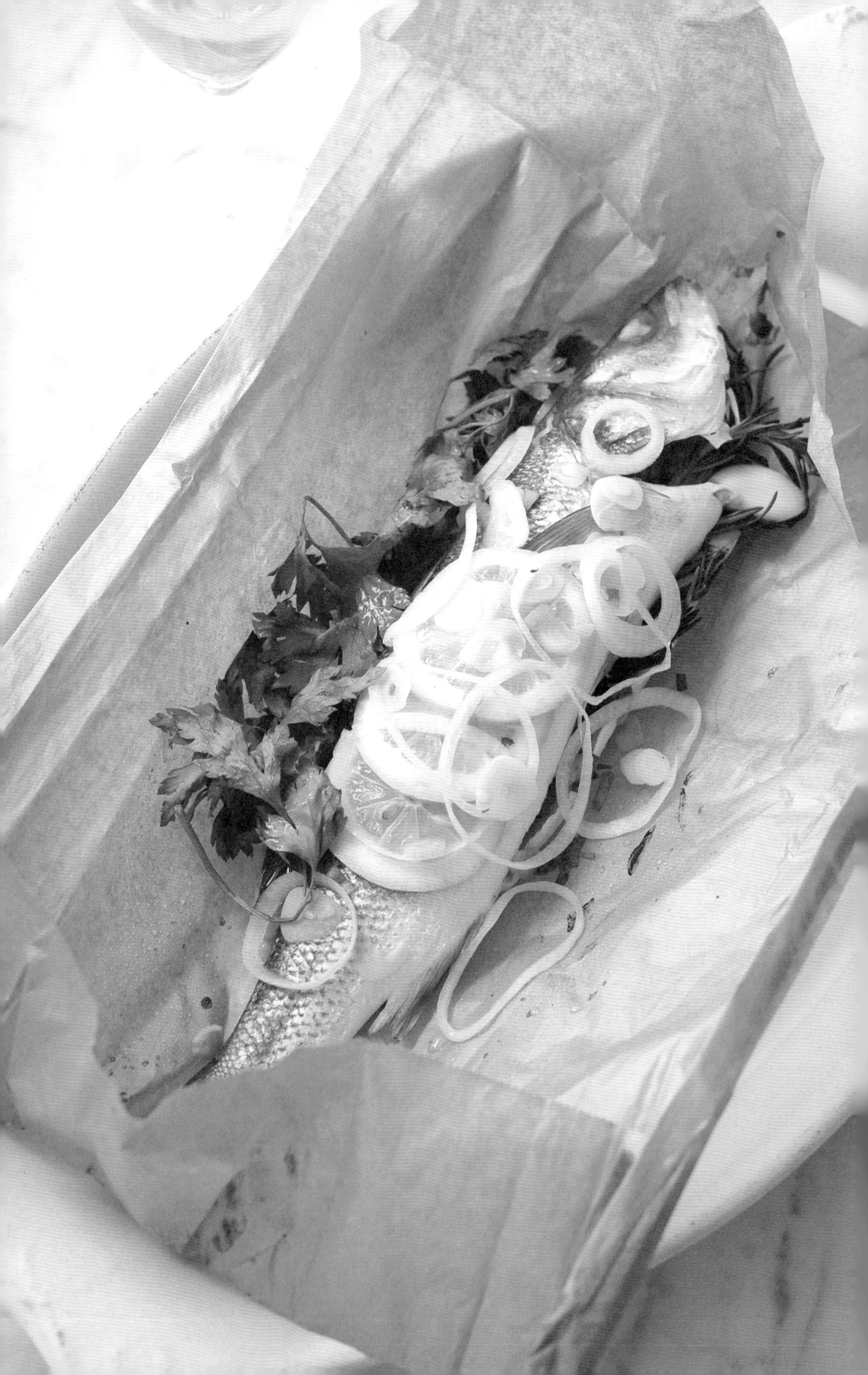

茴香块根海鲈鱼 SEA BASS WITH FENNEL

BRANZINO AL FINOCCHIO
供 4 人食用
制备时间：30 分钟
加热烹调时间：25 分钟
一大把干茴香
1×1 千克 /2¼ 磅重的海鲈鱼，去掉脊刺、刮除鱼鳞并洗净
橄榄油，用于涂刷
新鲜的茴香片，用作配餐
50 毫升 /2 盎司白兰地
盐和胡椒

将烤箱预热至 180°C/350°F/ 气烤箱刻度 4。将干茴香塞入鱼腹内。在鱼身两侧分别切出几个菱形花刀，涂刷橄榄油，放入烤箱烘烤，中途翻身，再涂上更多一些的橄榄油，烘烤约 20 分钟。用盐和胡椒调味。在一个餐盘中，用新鲜的茴香片铺底，将烤好的海鲈鱼放到茴香片上面。将白兰地酒倒入汤匙内，用小火加热，然后淋到鱼身上并引燃。当火焰熄灭后即可食用。

海鲈鱼冻 JELLIED SEA BASS

BRANZINO IN GELATINA
供 4 人食用
制备时间：1 小时 45 分钟，另加冷藏用时
加热烹调时间：40 分钟
1×1 千克 /2¼ 磅重的海鲈鱼，去掉脊刺、刮除鱼鳞并洗净
1 份煮海鲜汤（见第 689 页）
500 毫升 /18 盎司速溶吉利丁
1 汤匙雪莉酒或者白葡萄酒
1 根胡萝卜，切片
1 颗鸡蛋，煮熟，去壳并切片
1 份蛋黄酱（见第 77 页）
盐

将海鲈鱼放入鱼锅中或者一口大锅中，倒入煮海鲜汤，加热至刚刚沸腾，然后转小火加热，煮约 20 分钟。将锅从火上端离，并让海鲈鱼在汤汁中冷却。根据吉利丁包装使用说明制备吉利丁，并拌入雪莉酒或者白葡萄酒。用加了盐的沸水将胡萝卜煮 15～20 分钟，直到成熟，然后捞出控干。将海鲈鱼捞出控净汤汁，用厨房纸拭干。当吉利丁冷却之后，在一个餐盘中倒入一层吉利丁，将海鲈鱼放到吉利丁上。用胡萝卜、煮鸡蛋片和蛋黄酱装饰。将剩余的吉利丁小心地淋到鱼身上，然后放入冰箱冷藏至凝固。

烤腌制海鲈鱼 BAKED MARINATED SEA BASS

BRANZINO MARINATO AL FORNO
供 4 人食用
制备时间：20 分钟，另加 1 小时腌制用时
加热烹调时间：20 分钟
5 汤匙橄榄油
1 颗洋葱，切细丝
1 片月桂叶
1 枝新鲜的百里香
1 枝新鲜平叶欧芹
1×1 千克 /2¼ 磅重的海鲈鱼，去掉脊刺、刮除鱼鳞并洗净
盐和胡椒
煮马铃薯或者蒸马铃薯，用作配餐

将橄榄油倒入一个盆内，加入洋葱、月桂叶、百里香和欧芹。将海鲈鱼放入盆内，翻动鱼身，让其蘸满调味料，并继续腌制，不时地翻动一下鱼身，腌制约 1 小时。将烤箱预热至 200°C/400°F/ 气烤箱刻度 6。将海鲈鱼从盆内取出，去掉香草，放到一个耐热焗盘内或者一个烤盘内，用盐和胡椒调味，并涂上一些腌泡汁。放入烤箱烘烤，其间要不时地涂上一些腌泡汁，约烘烤 20 分钟。可搭配煮马铃薯，最好是蒸马铃薯一起食用。

← 纸包烤海鲈鱼，见第 709 页

鲻 鱼

鲻鱼（grey mullet）在意大利沿海分布非常广泛，其洁白的肉质味道特别鲜美，然而没有受到足够的重视。鲻鱼可以生长到 50～60 厘米 /20～24 英寸长，其重量可以达到 6 千克 /13¼ 磅。平均来说，其重量在 675～900 克 /1½～2 磅。通常会整条用于烧烤，但是煮熟之后也非常可口。腌鲻鱼卵是使用经过压榨、硫化之后的鲻鱼卵制作而成的。腌鲻鱼卵看起来像一根非常硬实的、浅褐色的香肠，切开之后会碎。可以制成适口的开胃菜，也可以用来给意大利面条调味（见第 364 页）。鲻鱼在澳大利亚和新西兰被称为钻石级鲻鱼或海鲻鱼。

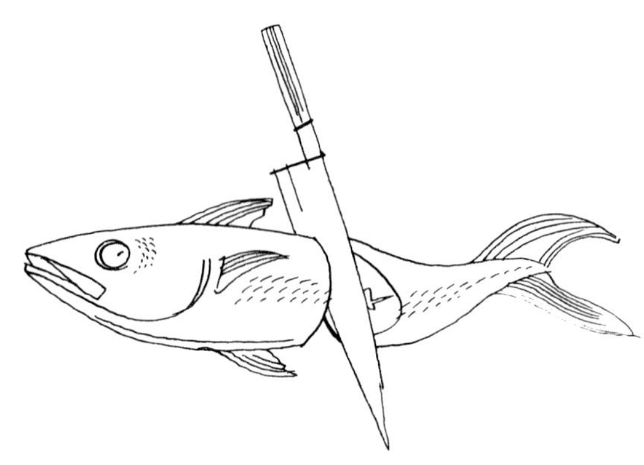

CEFALO AL PREZZEMOLO

欧芹鲻鱼 GREY MULLET WITH PARSLEY

供 4 人食用

制备时间：15 分钟

加热烹调时间：20 分钟

3 汤匙橄榄油
1 瓣蒜
4 条鲻鱼，刮除鱼鳞，清洗干净
1 枝新鲜平叶欧芹，切碎
盐和胡椒
1 颗柠檬，切成角状，用于装饰

在一口锅中加热橄榄油，加入大蒜，煸炒至变成褐色，然后取出大蒜并丢弃不用。将鱼放入锅中，用盐和胡椒调味，用中火加热，煎约 15 分钟。撒上欧芹，放到温热的餐盘中，将锅中的汤汁淋到鱼身上，并用柠檬角装饰。

欧芹鲻鱼 →

CEFALO ALL'ACETO
供 4 人食用
制备时间：15 分钟
加热烹调时间：40 分钟
3 汤匙橄榄油
1 瓣蒜
4 条鲻鱼，刮除鱼鳞，清洗干净
175 毫升 /6 盎司白葡萄酒醋
25 克 /1 盎司黄油
½ 茶匙玉米淀粉
盐和胡椒

醋渍鲻鱼 GREY MULLET IN VINEGAR

在一口锅中加热橄榄油，加入大蒜，煸炒至变成褐色，然后取出大蒜并丢弃不用。将鱼放入锅中，煎至两面都呈褐色。然后加入白葡萄酒醋，继续加热至完全吸收。用盐和胡椒调味，继续用中火加热 15 分钟。将黄油和玉米淀粉混合成面糊状，拌入锅中的汁液中，使其变得浓稠。再继续加热几分钟即可。

CEFALO IN CARTOCCIO ALL'ANETO
供 4 人食用
制备时间：25 分钟
加热烹调时间：10 分钟
橄榄油，用于涂刷
4 条鲻鱼，刮除鱼鳞，清洗干净
4 枝新鲜的莳萝
1 颗洋葱，切碎
1 瓣蒜，切碎
1 颗柠檬，切片
175 毫升 /6 盎司干白葡萄酒
4 茶匙白兰地
盐和胡椒

莳萝风味锡箔纸包鲻鱼 GREY MULLET AND DILL PARCELS

将烤箱预热至 200°C/400°F/ 气烤箱刻度 6。准备 4 张锡箔纸，每张的大小足以包裹鲻鱼，在锡箔纸上涂刷橄榄油。在鲻鱼的鱼腹内撒入盐和胡椒，并分别放入 1 枝莳萝。将每条鲻鱼分别放到一张锡箔纸上，将洋葱和大蒜分别撒到鱼身上，再在每条鱼身上摆放几片柠檬片，淋上葡萄酒和白兰地酒。锡箔纸朝上折叠，以完全包裹住鲻鱼。将包好的鲻鱼放入一个烤盘内，放入烤箱烘烤约 10 分钟。从烤箱内取出后，放到温热的餐盘中，在上菜之前打开锡箔纸包即可。

CEFALO RIPIENO IN SALSA D'OLIVE
供 4 人食用
制备时间：25 分钟
加热烹调时间：30 分钟
4 片意式培根
8 片新鲜的鼠尾草叶，切碎
4 条鲻鱼，刮除鱼鳞，清洗干净
5 汤匙橄榄油
1 枝新鲜平叶欧芹，切碎
5 汤匙干白葡萄酒
20 颗青橄榄和黑橄榄的混合橄榄，去核，切碎
盐和胡椒

酿馅鲻鱼配橄榄酱汁 STUFFED GREY MULLET IN OLIVE SAUCE

每条鱼分别塞入 1 片意式培根片和 1 片鼠尾草叶，并用盐和胡椒略微调味。在一口锅中加热橄榄油，放入欧芹和剩余的鼠尾草叶，加热几分钟，然后将锅从火上端离，让其冷却。将鱼放入锅中，然后放回火上重新加热，盖上锅盖，每面加热 5～6 分钟。加入葡萄酒后再继续加热约 10 分钟，直到汤汁被完全吸收。将橄榄轻轻地拌入锅中，再加热 2 分钟即可。

莳萝风味锡箔纸包鲻鱼 →

石斑鱼

石斑鱼（grouper）因为其洁白的肉质鲜美而细嫩，因此跻身最珍贵的海鱼之列，最好是使用简单至极的方式进行加热处理。例如，煮（鱼汤美味可口）或者烤。另外，可以彰显出其风味的烹调方式是焖石斑鱼，用来配意大利面时，其味道无与伦比。许多石斑鱼超过 80 厘米 /31 英寸长，并且许多石斑鱼家族中的成员可以超过 150 厘米 /5 英尺长、50 千克 /110 磅重。大个头的石斑鱼通常会切成鱼排进行售卖，而较小的石斑鱼，如果整条供应的话，足够给 2～4 人食用。如果你很难购买到石斑鱼，可以用海鲈鱼或者海鳟鱼替代。在澳大利亚，石斑鱼家族中的成员也被称为岩鱼。

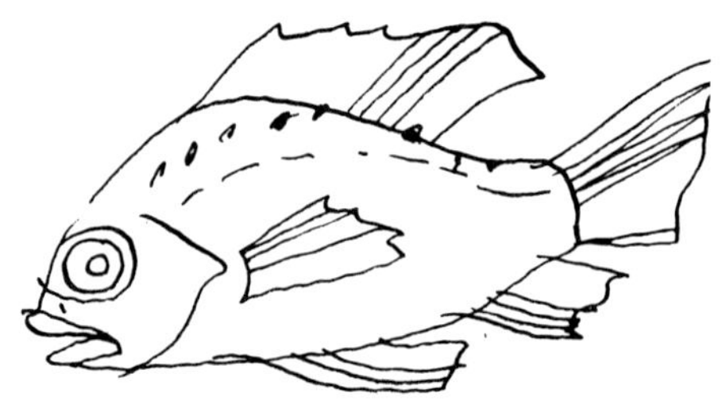

烤石斑鱼 BAKED GROUPER

CENNIA AL FORNO

供 4 人食用

制备时间：25 分钟

加热烹调时间：45 分钟

- 3 汤匙橄榄油，另加涂刷所需
- 1 × 1 千克 /2¼ 磅重的石斑鱼，去掉鱼鳍并洗净
- 175 毫升 /6 盎司白葡萄酒
- 半颗柠檬，挤出柠檬汁，过滤
- 2 汤匙酸豆，捞出控净汁液并漂洗干净
- 1 根新鲜红辣椒，去籽切碎
- 盐和胡椒

将烤箱预热至 180°C/350°F/ 气烤箱刻度 4。在一个耐热焗盘内刷橄榄油。用盐和胡椒将石斑鱼里外都稍加腌制，然后放到耐热焗盘内。在鱼身上涂橄榄油，并淋上白葡萄酒和柠檬汁。放入烤箱烘烤 15 分钟，然后加入酸豆和红辣椒。继续加热，并不时地淋上汤汁，再继续烘烤 30 分钟直到完全成熟。将烤好的石斑鱼放到温热的餐盘中，将酱汁淋到鱼身上即可。

橄榄石斑鱼，见第 718 页 →

CERNIA ALL'AVOCADO

供 4 人食用

制备时间：30 分钟，另加冷却用时和 3 小时冷藏用时

加热烹调时间：30 分钟

1 颗红葱头，切片
1 根胡萝卜，切片
1 根芹菜茎，切碎
1 瓣蒜
1 枝新鲜平叶欧芹
1 枝新鲜的百里香
1 颗柠檬，挤出柠檬汁，过滤
4 粒黑胡椒粒
1 × 1 千克 / 2¼ 磅重的石斑鱼，去掉鱼鳍并洗净
盐

用于制作酱汁
2 个鳄梨
3 汤匙橄榄油
3～4 汤匙柠檬汁，过滤
半颗洋葱，切碎
盐和胡椒

用于装饰
柠檬片
新鲜平叶欧芹叶

鳄梨石斑鱼 GROUPER WITH AVOCADO

将 2 升 / 3½ 品脱水加入一口大号的锅中，放入红葱头、胡萝卜、芹菜、大蒜、欧芹、百里香、柠檬汁、黑胡椒粒和少许的盐，加热煮沸。然后转小火加热，盖上锅盖后再继续加热约 30 分钟。将锅从火上端离，让煮海鲜汤冷却。将鱼放入冷却后的高汤中，加热至刚刚煮沸的程度，再改用小火煮 30 分钟。将鱼捞出放入餐盘中，让其冷却，然后放入冰箱冷藏至少 3 小时。在上菜之前再制作酱汁。将鳄梨切成两半，去掉鳄梨核，鳄梨肉用勺挖出，放入食物料理机内。加入橄榄油、柠檬汁和洋葱，用盐和胡椒调味，搅打成蓉泥状。制作好的酱汁应如同蛋黄酱一样的浓稠程度，如果过于浓稠，可以加入一些柠檬汁进行稀释。将鱼放入餐盘中，涂抹适量的鳄梨酱汁，鱼头和鱼尾处不要涂抹鳄梨酱汁，用柠檬片和欧芹叶装饰，剩余的酱汁一起上桌即可。

CERNIA ALLE OLIVE

供 4 人食用

制备时间：15 分钟

加热烹调时间：50 分钟

4 块石斑鱼排
普通面粉，用于淋撒
2 汤匙橄榄油
1 颗洋葱，切细末
400 克 / 14 盎司李子番茄，去皮、去籽并切丁
150 克 / 5 盎司绿橄榄或者黑橄榄，去核
盐和胡椒

见第 717 页

橄榄石斑鱼 GROUPER WITH OLIVES

鱼排裹上薄薄一层面粉。在一口锅中加热橄榄油，放入洋葱，用小火加热，翻炒 5 分钟。加入番茄，继续用小火加热 10 分钟。放入鱼排，加入 2 汤匙的沸水和橄榄，并用盐和胡椒调味。盖上锅盖后用小火加热约 30 分钟。打开锅盖，如果锅中的汁液太过稀薄，可以转中火加热几分钟，直到汁液变得浓稠。将鱼连同酱汁一起盛入温热的餐盘中即可。

鮟鱇鱼

在意大利，鮟鱇鱼（monkfish）被称为 coda di rospo（蟾蜍的尾巴），因为它们只有长长的、肉质饱满的鱼尾售卖。在威尼托，大而丑陋的鮟鱇鱼头也会被分开售卖，可以用来制作美味的鱼汤和胶冻。鮟鱇鱼的另一个名字是琵琶鱼。在澳大利亚和新西兰，与之相类似的鱼类也可以称为鮟鱇鱼或者胆星鱼。鮟鱇鱼尾几乎都是去皮之后售卖的，方便进行制备。但是你可能仍然需要自己去掉那些覆盖在鱼肉上的浅灰色的透明膜，只需要将其快速冲洗并拭干即可。当加热成熟之后，其芳香四溢的粉红色鱼肉会变成白色，虽然鱼肉中会带有一些纤维，但是非常鲜嫩。另外，由于鮟鱇鱼几乎完全没有鱼刺，因此浪费很少。在加热的过程中，鮟鱇鱼的体积会缩减，在计算其用量的时候，必须充分地考虑到这一点。鮟鱇鱼可以用来制作许多美味菜肴。

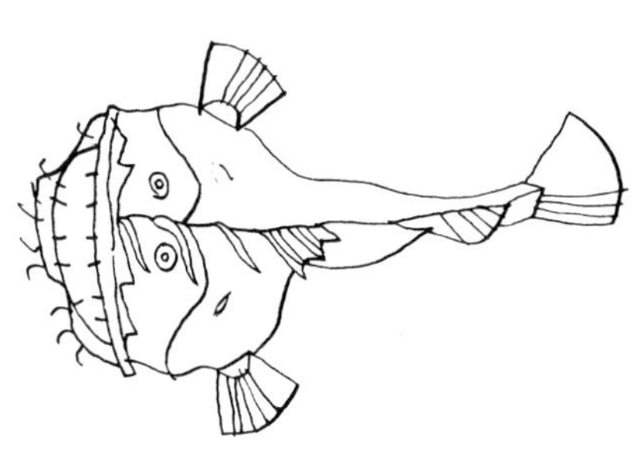

柠檬鮟鱇鱼 MONKFISH WITH LEMON

CODA DI ROSPO AL LIMONE
供 4 人食用
制备时间：25 分钟
加热烹调时间：50 分钟
1 千克 /2¼ 磅鮟鱇鱼
1 瓣蒜，切成非常薄的片
2 颗柠檬
175 毫升 /6 盎司橄榄油
盐

将烤箱预热至 220°C/425°F/ 气烤箱刻度 7。将鮟鱇鱼肉上的膜去掉，折断脊骨。在鱼肉上切出一些小的切口，将蒜片从切口处塞入。用盐调味后放到一个耐热焗盘里。将 1 颗柠檬切成两半，挤出半颗柠檬的汁。将剩余的柠檬与半颗柠檬一起去皮，去掉柠檬上的所有白色的筋络后切薄片。用柠檬片将鮟鱇鱼覆盖好。淋上一半橄榄油，将焗盘放入烤箱烘烤，如焗盘内有过多的汁液，小心地将其倒掉。加入剩余的橄榄油和柠檬汁。将烤箱温度下调到 180°C/350°F/ 气烤箱刻度 4，继续烘烤约 40 分钟。取出后放入温热的餐盘中即可。

CODA DI ROSPO AL VINO ROSSO
供 4 人食用
制备时间：25 分钟
加热烹调时间：1 小时 15 分钟
50 克 / 2 盎司黄油
1 颗红葱头，切碎
1 根胡萝卜，切碎
2 汤匙白兰地
350 毫升 / 12 盎司红葡萄酒
4 片新鲜的鼠尾草叶片
1 枝新鲜的百里香，只用叶片
1 汤匙红葡萄酒醋
1 × 1 千克 / 2¼ 磅重的鮟鱇鱼肉，切块
1 汤匙普通面粉
2 汤匙橄榄油
100 克 / 3½ 盎司小洋葱，切碎
100 克 / 3½ 盎司蘑菇
盐和胡椒

红酒鮟鱇鱼 MONKFISH IN RED WINE

在一口锅中加热一半黄油，放入红葱头和胡萝卜，用小火加热，煸炒 10 分钟，直到变成浅褐色。加入白兰地酒，加热至完全吸收。加入葡萄酒、鼠尾草、百里香和红葡萄酒醋，并用盐和胡椒调味。盖上锅盖，用小火加热约 20 分钟。将锅中的酱汁过滤后倒回锅中，并重新热透。锅中放入鱼块，继续加热 10 分钟。用漏勺将鱼块从锅中捞出并保温。转大火加热酱汁。与此同时，将剩余的黄油和面粉混合成面糊，拌入酱汁中，使其变得浓稠，继续加热，并不停地搅拌 10 分钟。在另外一口锅中加热橄榄油，放入洋葱，煸炒至变软。加入蘑菇并拌入酱汁，然后将鱼块加入，用小火加热 5 分钟。盛入温热的餐盘中即可。

CODA DI ROSPO CON CAVOLFIORE E CIPOLLE
供 4 人食用
制备时间：25 分钟
加热烹调时间：40 分钟
1 把青葱
1 颗菜花，切成小瓣
100 克 / 3½ 盎司黄油
1 颗柠檬，挤出柠檬汁，过滤
1 千克 / 2¼ 磅鮟鱇鱼肉，切厚片
350 毫升 / 12 盎司干白葡萄酒
3 汤匙双倍奶油
1 汤匙新鲜平叶欧芹，切碎
盐和胡椒

菜花青葱鮟鱇鱼 MONKFISH WITH CAULIFLOWER AND SPRING ONIONS

将青葱的白色部分和绿色部分分别剁碎。菜花用加了盐的沸水焯 5 分钟，然后捞出用冷水过凉。在一口锅中加热熔化一半黄油，放入青葱的白色部分，用小火加热，煸炒至变软。加入菜花、柠檬汁和绿色部分的青葱，用小火继续加热 10 分钟。将剩余的黄油在另外一口锅中加热熔化，放入鱼片，每面煎 3 分钟。倒入葡萄酒，盖上锅盖，用中火加热约 15 分钟。将双倍奶油缓慢地搅拌进去，用盐和胡椒调味，再继续加热几分钟直到变得更加浓稠。将鱼盛入温热的餐盘中，四周摆放菜花和青葱，淋入锅中的酱汁，撒上欧芹即可。

菜花青葱鮟鱇鱼 →

CODA DI ROSPO CON SALSA D'ACCIUGHE
供 4 人食用
制备时间：50 分钟
加热烹调时间：30 分钟
黄油，用于涂抹
4 片鮟鱇鱼
1 颗柠檬
1 颗红葱头，切细末
1 枝新鲜平叶欧芹，切碎
7 汤匙橄榄油
5 汤匙白葡萄酒
4 条盐渍鳀鱼，去掉鱼头，洗净后剔取鱼肉（见第 694 页），用冷水浸泡 10 分钟后捞出控干
2 颗鸡蛋，煮熟
盐和胡椒
蒸马铃薯块，用作配餐

鳀鱼酱鮟鱇鱼 MONKFISH WITH ANCHOVY SAUCE

将烤箱预热至 200°C/400°F/ 气烤箱刻度 6。在一个耐热焗盘内涂黄油，将鱼放到焗盘内。刮取柠檬外皮，与红葱头和欧芹一起撒到鱼上。再加入 2 汤匙的橄榄油和葡萄酒，用盐和胡椒调味，放入烤箱烘烤 30 分钟。鳀鱼切碎，放入一个碗中捣成泥。将半颗柠檬的柠檬汁挤出并过滤。煮熟的鸡蛋剥壳，纵长切开，挖出蛋黄。将蛋黄、柠檬汁与鳀鱼一起搅拌均匀，并将剩余的橄榄油逐渐搅拌进去，制成一种非常浓稠的酱汁。将鮟鱇鱼片取出放到温热的餐盘中，淋上酱汁。配蒸马铃薯一起食用。

INVOLTINI DI CODA DI ROSPO CON GAMBERETTI
供 6 人食用
制备时间：1 小时 45 分钟
加热烹调时间：55 分钟
1⅓ 千克 /2½ 磅鮟鱇鱼肉
200 克 /7 盎司熟大虾，去壳去虾线
2 汤匙橄榄油
3 个长茄子，纵长切薄片
25 克 /1 盎司普通面粉
5 汤匙干白葡萄酒
1 颗柠檬，挤出柠檬汁，过滤
少许伍斯特沙司
150 毫升 / ¼ 品脱浓缩鱼肉高汤（见第 250 页）
4 颗红葱头，切碎
1 瓣蒜，切碎
50 克 /2 盎司黑橄榄，去核，切碎
半把芝麻菜，切碎
盐和胡椒

大虾鮟鱇鱼卷 MONKFISH AND PRAWN ROULADES

将烤箱预热至 180°C/350°F/ 气烤箱刻度 4。鮟鱇鱼切片，在鱼片上割出一些切口，将大虾塞进去。在一口小号的不粘锅中加热一半橄榄油，加入茄子片，用中火加热，煎至两面都呈浅金黄色。将茄子片从锅中取出。将鮟鱇鱼片放到茄子片上，用茄子片卷起来，并用棉线捆好。将茄子卷放入一个烤盘内，放入烤箱烘烤 25 分钟。烤好后用叉子在茄子卷上戳出一些孔，让其静置 5 分钟，然后放入餐盘中保温。烤盘用小火加热，加入面粉，然后倒入葡萄酒、柠檬汁和伍斯特沙司。时常搅拌烤盘内的汤汁，并继续加热，直到烤盘内的汤汁变得浓稠。在一口小号酱汁锅中加热剩余的橄榄油，加入红葱头和大蒜，用小火加热，煸炒 5 分钟，加入橄榄、芝麻菜和高汤，用盐和胡椒调味，再继续加热 5 分钟。茄子卷切厚片，放到温热的餐盘中，淋上热酱汁即可。

炖鮟鱇鱼配黄姜米饭 MONKFISH STEW WITH TURMERIC RICE

SPEZZATINO DI CODA DI ROSPO CON RISO ALLA CURCUMA
供 6 人食用
制备时间：20 分钟
加热烹调时间：30 分钟
900 克 / 2 磅鮟鱇鱼肉，切块
普通面粉，用于淋撒
2 汤匙橄榄油
40 克 / 1½ 盎司黄油
2 颗洋葱，切细末
175 毫升 / 6 盎司干白葡萄酒
1 个橙子的皮，切细条
1 颗柠檬的皮，切细条
2½ 厘米 / 1 英寸长的鲜姜，切条
少许塔瓦斯科辣椒酱
1 颗番茄，去皮去籽后切丁
1 枝新鲜平叶欧芹，切碎
200 克 / 7 盎司长粒米
½～1½ 茶匙黄姜粉
盐和胡椒

鮟鱇鱼裹上薄薄一层面粉。在一口锅中加热橄榄油和 25 克 / 1 盎司黄油，加入洋葱，用小火加热，煸炒 5 分钟。加入鮟鱇鱼煎 2 分钟，然后加入干白葡萄酒，加热至完全吸收，再加入橙子皮、柠檬皮、姜和辣椒酱，用盐和胡椒调味，继续加热 10 分钟，然后加入番茄和欧芹。与此同时，将大米放入锅中，加入冷水没过大米，加入少许盐和足量的黄姜粉，让水变成亮黄色。加热煮沸，盖上锅盖，用小火加热 15 分钟。将米饭盛出，摊开在温热的餐盘中，搅拌加入剩余的黄油颗粒，配热的炖鮟鱇鱼一起进食。

海鲷鱼

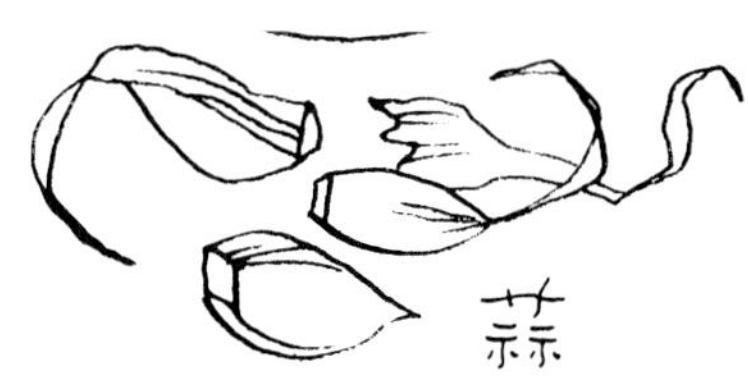

海鲷鱼（sea bream）是在世界上许多地方都可以见到的鱼类大家族中的成员。真鲷（红鲷）和黑鲷鱼是在意大利以外的地方最常见到的鲷鱼品种，当然也有其他品种的鲷鱼，包括牙鲷鱼和金鲷鱼（金头鲷鱼）。真鲷在圆形鱼类家族中是一种非常优质的鱼类，在寻获不到其他鱼类的情况下，可以用真鲷来替代海鲷鱼，海鲈鱼也是一种非常不错的替代品。黑鲷鱼和黄鳍鲷鱼是澳大利亚和新西兰水域之中最常见的近亲鱼类。在意大利最受欢迎的三个鲷鱼品种是牙鲷、金鲷鱼和白鲷鱼。在地中海的鲷鱼家族中，牙鲷可能是最大的——超过了 1 米 / 3¼ 英尺长，约 12 千克 / 26½ 磅重。这也是鲷鱼通常都会剔成鱼肉售卖的原因。金鲷鱼，有时候也会称呼它们的法语名字 daurade，主要是在大西洋海岸的东部和地中海沿岸的欧洲水域中进行捕捞。因为鲷鱼独特的风味，它们同样跻身于最珍贵的海鱼之列。鲷鱼大小各异，从 30～60 厘米 / 12～24 英寸长不等。而其重量，在个别情况下可以达到 10 千克 / 22 磅重。白鲷鱼，与金鲷鱼类似，但是个头会更大。它们有着颜色较深、风味也更浓郁的肉质，可以通过在其鱼尾四周的黑色的大圆圈来进行辨别。白鲷鱼特别适合用来给鱼汤增添风味。白鲷鱼一般都会超过 1½ 千克 / 3¼ 磅，但是，如果是整条用来烹调加热的话，其重量最好是在 1 千克 / 2¼ 磅左右。鲷鱼的烹调方法和所使用的食谱与石斑鱼（见第 716 页）的食谱大同小异。

盐焗海鲷鱼，见第 726 页 →

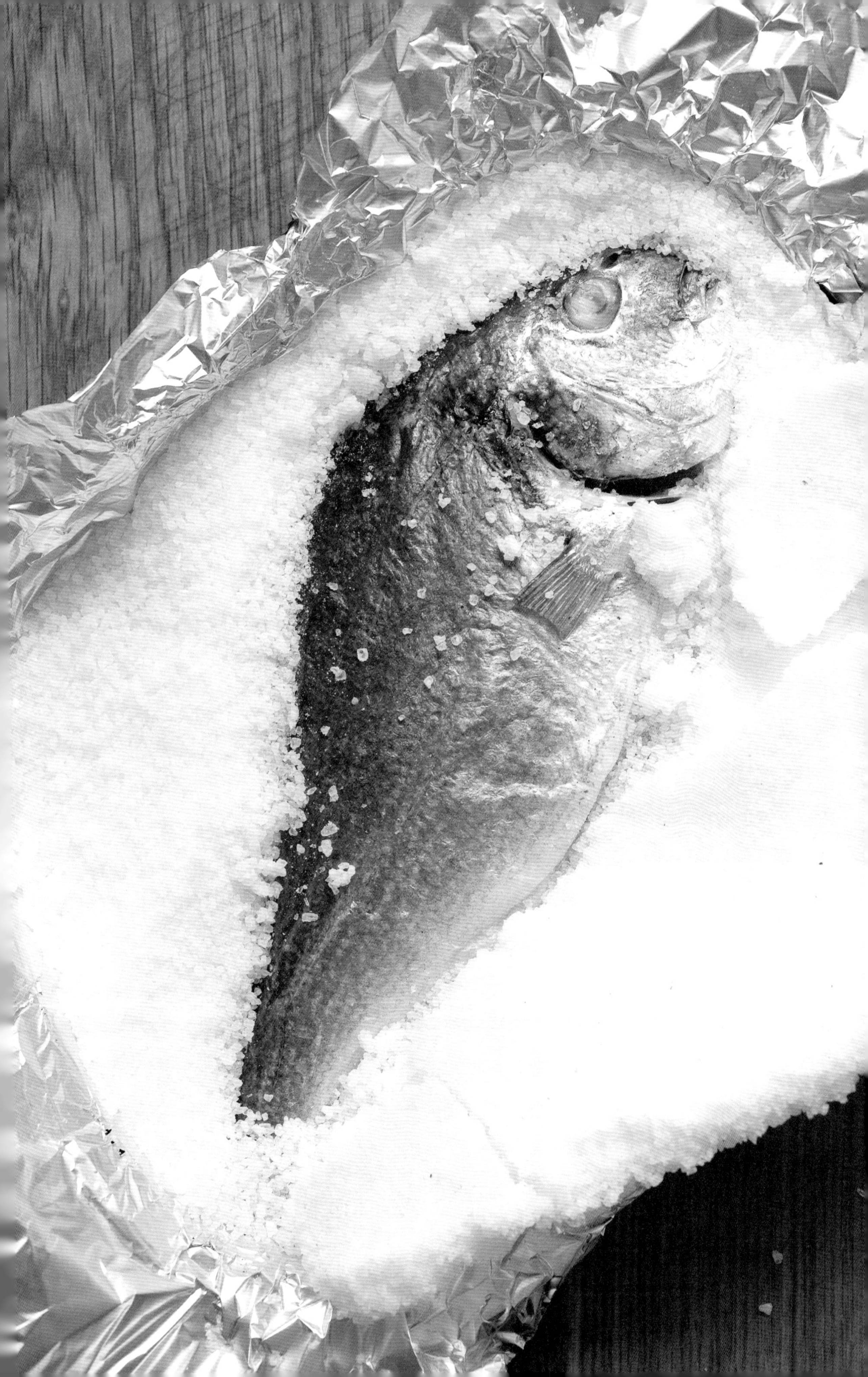

DENTICE AL SALE
供 6 人食用
制备时间：15 分钟
加热烹调时间：45 分钟
1 × 1½ 千克 /3¼ 磅重的牙鲷，刮除鱼鳞并清洗干净
1.8 千克 /4 磅粗海盐
橄榄油，用于淋洒
1 颗柠檬，挤出柠檬汁，过滤
盐和胡椒
见第 725 页

盐焗海鲷鱼 SEA BREAM BAKED IN A SALT CRUST

将烤箱预热至 200°C/400°F/ 气烤箱刻度 6。在鱼腹内撒入盐和胡椒腌制。烤盘内铺锡箔纸，撒上 400 克 /14 盎司海盐，将鱼放到海盐上。用剩余的海盐覆盖鱼身，放入烤箱烘烤 45 分钟（可以按照每 500 克 /1 磅 2 盎司鱼重需要烘烤 15 分钟的时间计算）。烤好的鱼从烤箱内取出，将盐层脆皮敲碎，取出鱼。去掉鱼皮并丢弃不用，将鱼放到温热的餐盘中，淋上橄榄油和柠檬汁即可。

DENTICE BRASATO
供 4 人食用
制备时间：20 分钟
加热烹调时间：35 分钟
半颗洋葱，切碎
1 根胡萝卜，切碎
1 根芹菜茎，切碎
1 × 1 千克 /2¼ 磅重的牙鲷，刮除鱼鳞并清洗干净
橄榄油，用于淋洒
350 毫升 /12 盎司白葡萄酒
盐和胡椒

焖海鲷鱼 BRAISED SEA BREAM

将烤箱预热至 180°C/350°F/ 气烤箱刻度 4。将洋葱、胡萝卜和芹菜混合到一起，撒到一个烤盘里。将鱼，可以是整条的，也可以切片状，放到蔬菜上，用盐和胡椒调味。淋上橄榄油，倒入白葡萄酒，并加入足量的、几乎要没过鱼的水。用中火加热煮沸，然后放入烤箱烘烤，烘烤期间要不时地将汤汁淋到鱼身上，约 30 分钟（可以按照每 500 克 /1 磅 2 盎司烘烤 15 分钟的时间计算）。

DENTICE IN GELATINA
供 4 人食用
制备时间：1 小时 30 分钟，另加冷却和冷藏用时
加热烹调时间：45 分钟
1 × 1 千克 /2¼ 磅重的牙鲷，刮除鱼鳞并清洗干净
1 份海鲜高汤（见第 689 页）
500 毫升 /18 盎司速溶吉利丁
1 汤匙雪莉酒或者干白葡萄酒
1 根胡萝卜，切片
1 颗鸡蛋，煮熟，去壳后切片
1 份蛋黄酱（见第 77 页）
盐

海鲷鱼冻 JELLIED SEA BREAM

将牙鲷鱼放入鱼锅或者大锅中，倒入煮海鲜汤，加热至刚好沸腾时，然后转小火加热，煮约 20 分钟。将锅从火上端离，让鱼在汤汁中冷却。根据吉利丁包装袋上的使用说明制备吉利丁，将雪莉酒或者葡萄酒拌入吉利丁中。用加了盐的沸水将胡萝卜煮 15～20 分钟，然后捞出控干。将鱼捞出，并用厨房纸将鱼拭干。当吉利丁冷却之后，在一个餐盘中铺上薄薄一层的吉利丁，将鱼放到吉利丁上。用胡萝卜、鸡蛋片和蛋黄酱装饰。将剩余的吉利丁倒入并覆盖鱼身，然后放入冰箱冷藏至凝固即可。

焗金鲷鱼 GRILLED SEA BREAM

将橄榄油、柠檬汁和欧芹放入盆中混合均匀，用盐和胡椒调味，放入金鲷鱼，翻动使其裹均匀调味料，放在阴凉处腌制 3 小时。将焗炉预热。捞出金鲷鱼，控净汤汁，保留腌泡汁。在鱼身上撒上面包糠，用手指按压。放入焗炉内，不时地翻动并涂两三次腌泡汁，焗约 15 分钟，直到鱼肉呈瓣状。

ORATA AI FERRI
供 4 人食用
制备时间：35 分钟，另加 3 小时腌制用时
加热烹调时间：15 分钟
4 汤匙橄榄油
1 颗柠檬，挤出柠檬汁，过滤
1 枝新鲜平叶欧芹，切碎
4 × 250～300 克 /9～11 盎司重的金鲷鱼，刮除鱼鳞并清洗干净
175～225 克 /6～8 盎司细面包糠
盐和胡椒

茴香块根金鲷鱼 SEA BREAM WITH FENNEL BULBS

将烤箱预热至 180°C/350°F/ 气烤箱刻度 4。用加了盐的沸水将茴香块根煮 10 分钟，然后捞出控干。将百里香放入鱼腹中并用盐和胡椒调味。将鱼放到一个耐热焗盘里，放入大蒜，淋上橄榄油，用盐和胡椒调味，再将茴香块根放到鱼身的四周。放入烤箱烘烤，中途将鱼翻面一次，一直烘烤约 30 分钟。在鱼身上淋上柠檬汁即可。

ORATA AI FINOCCHI
供 4 人食用
制备时间：40 分钟
加热烹调时间：30 分钟
4 个茴香块根，清理后切成两半
1 枝新鲜的百里香
1 × 1 千克 /2¼ 磅金鲷鱼，刮除鱼鳞并清洗干净
1 瓣蒜
橄榄油，用于淋洒
2 颗柠檬，挤出柠檬汁，过滤
盐和胡椒
见第 728 页

烤金鲷鱼 BAKED SEA BREAM

将烤箱预热至 200°C/400°F/ 气烤箱刻度 6。将洋葱撒到一个耐热焗盘里，鱼放到洋葱上。番茄放到鱼身四周，并将柠檬片放到番茄上。用盐和胡椒调味，倒入橄榄油和葡萄酒，放上月桂叶。放入烤箱烘烤约 20 分钟。在上菜之前，撒上欧芹和百里香。

ORATA AL FORNO
供 4 人食用
制备时间：30 分钟
加热烹调时间：20 分钟
2 颗洋葱，切细丝
1 × 1 千克 /2¼ 磅金鲷鱼，刮除鱼鳞并清洗干净
3 颗番茄，切成瓣状并去籽
2 颗柠檬，切薄片
1 汤匙橄榄油
200 毫升 /7 盎司干白葡萄酒
1 片月桂叶
1 枝新鲜的百里香
1 枝新鲜平叶欧芹，切碎
盐和胡椒

橄榄风味金鲷鱼 SEA BREAM WITH OLIVES

将烤箱预热至180°C/350°F/气烤箱刻度4。在一口锅中加热黄油和橄榄油，加入红葱头，用小火加热，煸炒5分钟。加入番茄、甜椒和香草，用盐和胡椒调味，继续小火加热煸炒。倒入葡萄酒，加入绿橄榄和黑橄榄。在鱼腹内撒入盐和胡椒，放到一个耐热焗盘内，淋上橄榄酱汁。放入烤箱烘烤约30分钟。

ORATA ALLE OLIVE
供4人食用
制备时间：35分钟
加热烹调时间：30分钟
25克/1盎司黄油 • 2汤匙橄榄油
3颗红葱头，切碎 • 2颗番茄，去皮去籽，切碎 • 1个黄甜椒，切成两半，去籽，切条 • 1枝新鲜的百里香，切碎 • 1枝新鲜的雪维菜，切碎 • 350毫升/12盎司干白葡萄酒 • 80克/3盎司去核绿橄榄 • 80克/3盎司去核黑橄榄 • 1×1千克/2¼磅金鲷鱼，刮除鱼鳞并清洗干净 • 盐和胡椒

见第730页

白鲷鱼配西葫芦 SEA BREAM WITH COURGETTES

将红葱头、胡萝卜、香草束和咖喱粉放入一口酱汁锅中，加入500毫升/18盎司水，加入葡萄酒，并用盐和胡椒调味。加热煮沸，然后改用小火继续加热30分钟。与此同时，将西葫芦蒸15分钟，然后切成适当厚度的片。将烤箱预热至180°C/350°F/气烤箱刻度4。蛋黄、芥末和少许的盐在碗中混合均匀，然后逐渐将橄榄油搅拌进去，再将酸奶也搅拌进去。在一张锡箔纸上刷橄榄油，鱼放到锡箔纸上。放入烤箱烘烤30分钟，当鱼皮烤干之后淋上煮好的咖喱风味高汤。将烤好的鱼从烤箱内取出，并让其稍微冷却。放到温热的餐盘中，四周围上西葫芦，并撒上雪维菜。配酸奶酱汁一起食用。

SARAGO ALLE ZUCCHINE
供4人食用
制备时间：1小时
加热烹调时间：35分钟
1颗红葱头 • 1根胡萝卜
1个香草束 • 少许咖喱粉
375毫升/13盎司干白葡萄酒
4个西葫芦 • 2个蛋黄
1茶匙第戎芥末 • 200毫升/7盎司橄榄油，另加涂刷所需
120毫升/4盎司原味酸奶
1×1千克/2¼磅白鲷鱼，刮除鱼鳞并清洗干净 • 1枝新鲜的雪维菜，切碎
盐和胡椒

香草风味白鲷鱼 AROMATIC SEA BREAM

将烤箱预热至180°C/350°F/气烤箱刻度4。将1瓣蒜与迷迭香、欧芹和百里香一起切碎，加入少许盐。接着撒入鱼腹中，将鱼放到一个耐热焗盘内。用盐和胡椒调味，并撒上面包糠。将橄榄油、柠檬汁、2汤匙水和剩余的大蒜在碗中混合均匀，倒在鱼身上，放入烤箱烘烤20分钟即可。

SARAGO AROMATICO
供4人食用
制备时间：30分钟
加热烹调时间：20分钟
2瓣蒜
1汤匙新鲜的迷迭香叶
1枝新鲜平叶欧芹
1枝新鲜的百里香
1×1千克/2¼磅白鲷鱼，刮除鱼鳞并清洗干净
40克/1½盎司面包糠
6汤匙橄榄油
1颗柠檬，挤出柠檬汁，过滤
盐和胡椒

← 茴香块根金鲷鱼，见第727页

烤白鲷鱼 ROAST SEA BREAM

将烤箱预热至180°C/350°F/气烤箱刻度4。在鱼身上较厚的部位切出一些小口，将肥培根条和鳀鱼条塞入切口内。在一张锡箔纸上涂刷橄榄油，放上白鲷鱼，将锡箔纸折叠并完全包裹住鱼。放到一个烤盘内，放入烤箱烘烤30分钟。将烤好的鱼从烤箱内取出，打开锡箔纸，将烤鱼汁液倒入一口小号的平底锅中。将鱼包裹好并保温。平底锅中倒入葡萄酒，用大火加热，将锅中的汤汁熇去⅓。将锅从火上端离，逐渐搅拌加入黄油。将鱼放到温热的餐盘中，配制作好的酱汁一起食用。

SARAGO ARROSTO
供4人食用
制备时间：30分钟
加热烹调时间：45分钟
1 × 1½千克/3¼磅白鲷鱼，刮除鱼鳞并清洗干净
25克/1盎司肥培根，切条
50克/2盎司罐头装油浸鳀鱼，捞出，控净汁液，切条
橄榄油，用于涂刷
350毫升/12盎司白葡萄酒
80克/3盎司黄油，切成小片
见第732页

白鲷鱼配蘑菇 SEA BREAM WITH MUSHROOMS

将葡萄酒和750毫升/1¼品脱水放入一口酱汁锅中，加入洋葱、柠檬汁、香草和黑胡椒粒，并用盐和胡椒调味。加热煮沸，然后转小火加热15分钟。将鱼放入锅中煮20分钟，然后捞出鱼，并将锅中的汤汁过滤。将烤箱预热至180°C/350°F/气烤箱刻度4。鱼去皮去骨，鱼肉切成块状，放入一个耐热焗盘内，周围摆一圈蘑菇。将玉米淀粉与2汤匙的煮鱼高汤在碗中混合均匀。将500毫升/18盎司高汤煮沸，拌入玉米淀粉，不停地搅拌，直到高汤变得浓稠。用盐和胡椒调味，并将双倍奶油搅拌进去。将酱汁淋到鱼肉和蘑菇上，放入烤箱烘烤约10分钟即可。

SARAGO CON FUNGHI
供4人食用
制备时间：1小时15分钟
加热烹调时间：10分钟
350毫升/12盎司白葡萄酒
1颗洋葱，切丝
1颗柠檬，挤出柠檬汁，过滤
1枝新鲜的百里香
6片罗勒叶
1枝新鲜的雪维菜
5粒黑胡椒粒
1 × 800克/1¾磅白鲷鱼，刮除鱼鳞并清洗干净
250克/9盎司蘑菇
2茶匙玉米淀粉
1汤匙双倍奶油
盐和胡椒

鞑靼金鲷鱼和猕猴桃 FISH TARTARE WITH KIWI FRUIT

将柠檬汁、青柠汁、橄榄油和胡椒碎放入一个盆内，用盐调味。用一把非常锋利的刀将金鲷鱼和沙丁鱼片成非常薄的片状。将这些鱼片和鲑鱼放入盆内，轻轻拌和。放阴凉处腌制1小时，不要将它们放入冰箱冷藏。将鱼片捞出，并用厨房纸拭干。将每种鱼片分别放到餐盘的中间，在每个餐盘中，都用猕猴桃片，摆成一朵花的造型进行装饰。

TARTARA DI PESCI AI KIWI
供4人食用
制备时间：1小时，另加1小时腌制用时
5颗柠檬，挤出柠檬汁，过滤
2颗青柠，挤出青柠汁，过滤
4汤匙橄榄油
4粒黑胡椒粒，碾碎
1 × 800克/1¾磅金鲷鱼，剔取鱼肉
3条沙丁鱼，剔取鱼肉
2片烟熏鲑鱼片，切条
盐
4颗猕猴桃，去皮切片，用于装饰

← 橄榄风味金鲷鱼，见第729页

腌海鲷鱼 MARINATED SEA BREAM

将柠檬汁、2汤匙的橄榄油、大蒜、薄荷、百里香、牛至和欧芹放入盆内混合均匀。放入鱼肉，翻动几次使其裹匀调味汁，放在阴凉的地方，腌制3小时。然后将鱼肉捞出，控净腌泡汁，保留好腌泡汁。将剩余的橄榄油在一口平底锅中加热，放入鱼，用高温加热，两面都煎几分钟，撒上2汤匙保留的腌泡汁，然后将鱼翻面。再继续加热几分钟，直到鱼肉呈瓣状，用盐和胡椒调味。小心地将鱼肉用漏勺盛入温热的餐盘中即可。

TRANCE DI DENTICE MARINATE
供4人食用
制备时间：35分钟，另加3小时腌制用时
加热烹调时间：10分钟
3颗柠檬，挤出柠檬汁，过滤
6汤匙橄榄油
1瓣蒜，切细末
1枝新鲜的薄荷，切细末
1枝新鲜的百里香，切细末
少许干牛至
1枝新鲜平叶欧芹，切细末
4块牙鲷鱼肉
盐和胡椒

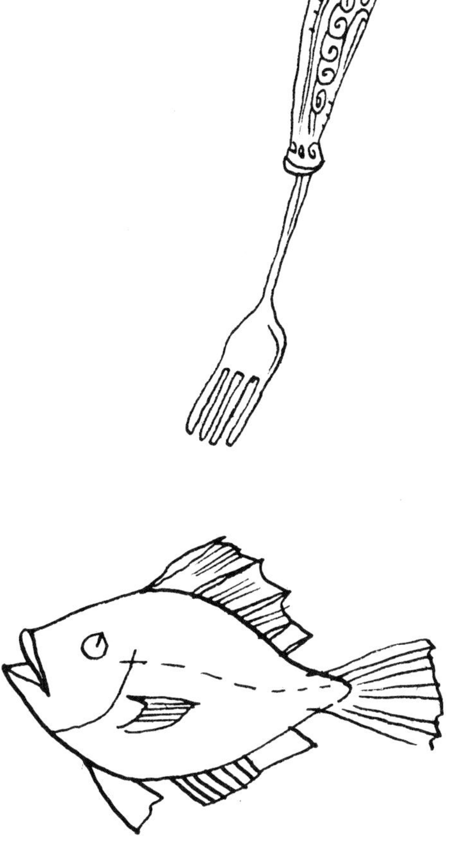

← 烤白鲷鱼，见第731页

鳕 鱼

鳕鱼（cod）产自北大西洋，味道鲜美，色泽洁白。在意大利，干制的鳕鱼和干咸鳕鱼（见第 702 页）也非常受欢迎。鳕鱼可以生长至相当大的程度，超过 1½ 米 /5 英尺，因此，通常会切成鱼排或者剔取鱼肉后售卖。鳕鱼曾经是一种价格十分便宜的鱼类，但是由于过度捕捞，其价格上涨。澳大利亚燕尾鱼，适用于所有使用鳕鱼的食谱，是一个不错的代替品。

MERLUZZO AI PORRI
供 4 人食用
制备时间：45 分钟
加热烹调时间：10 分钟
50 克 /2 盎司黄油
4 棵韭葱，只取用其白色的部分，切片
50 克 /2 盎司普通面粉
1 颗鸡蛋
50 克 /2 盎司面包糠
植物油，用于油炸
4 块均为 150 克 /5 盎司鳕鱼肉
盐和胡椒

韭葱鳕鱼 COD WITH LEEKS

在一口酱汁锅中加热熔化黄油，放入韭葱，用中火加热，煸炒 5 分钟。转小火加热，盖上锅盖，继续加热 15 分钟，然后用盐和胡椒调味。与此同时，将面粉撒入一个浅盘内，在另外一个浅盘内打散鸡蛋，将面包糠撒到第三个浅盘内。在一口大号锅中将油烧热。鳕鱼先蘸上面粉，再蘸上蛋液，最后再裹上面包糠。放入热油中炸，在炸的过程中要时常翻动，炸制 10 分钟，直到变成金黄色且完全成熟（见第 691 页）。用漏勺捞出，放到厨房纸上控净油，再用盐调味。最后放到温热的餐盘中，四周围上炒好的韭葱即可。

MERLUZZO AL CURRY
供 4 人食用
制备时间：1 小时 15 分钟
加热烹调时间：30 分钟
800 克 /1¾ 磅鳕鱼肉
1 汤匙橄榄油
1 颗洋葱，切细丝
175 毫升 /6 盎司鱼肉高汤（见第 248 页）
1 茶匙咖喱粉
少许藏红花粉
1 个蛋黄
盐和胡椒

咖喱酱鳕鱼 COD IN CURRY SAUCE

将鳕鱼放入一口锅中，加入没过鳕鱼的水和少许的盐，加热至刚好沸腾时，转小火加热 15 分钟。将煮好的鳕鱼用漏勺捞出，控干水分并保温。在一口锅中加热橄榄油，放入洋葱，用小火加热，煸炒 5 分钟。加入 150 毫升 / ¼ 品脱的高汤，撒入咖喱粉和藏红花粉，再继续用小火加热 2 分钟。将蛋黄与剩余的高汤一起搅拌均匀，倒入锅中，继续加热至酱汁变得浓稠。用盐和胡椒调味，将酱汁淋到鳕鱼上即可。

蔬菜烤鳕鱼 BAKED COD WITH VEGETABLES

将烤箱预热至200°C/400°F/气烤箱刻度6。在鳕鱼肉上淋上柠檬汁，并用盐调味，然后用意式培根片包好。在一口耐热砂锅中加热熔化黄油，放入番茄、韭葱、胡萝卜和洋葱，加热煸炒约10分钟，然后用盐和胡椒调味。放入鳕鱼，盖上锅盖，放入烤箱烘烤约25分钟。将烤箱炉温降至180°C/350°F/气烤箱刻度4。将牛奶倒入砂锅中，再放回烤箱内烘烤15分钟。取出后盛入温热的餐盘中，淋上砂锅中热的汤汁即可。

MERLUZZO AL FORNO CON VERDURE
供4人食用
制备时间：20分钟
加热烹调时间：50分钟
4块鳕鱼肉 • 1颗柠檬，挤出柠檬汁，过滤 • 80克/3盎司意式培根，切片
50克/2盎司黄油 • 4颗番茄，去皮后切碎 • 1棵韭葱，只取用白色部分，切薄片 • 2根胡萝卜，切片 • 1颗洋葱，切细丝 • 200毫升/7盎司牛奶
盐和胡椒

普罗旺斯风味鳕鱼 PROVENÇAL COD

将鳕鱼放入一口锅中，加入没过鳕鱼的水、少许的盐、白葡萄酒醋和百里香，加热至刚好沸腾时，转小火加热约10分钟。将锅从火上端离，让鳕鱼在锅中的汤汁中冷却。与此同时，用淡盐水将马铃薯煮约30分钟，成熟后捞出控干，去皮并制成马铃薯泥。将煮好的鳕鱼用漏勺捞出，控净汤汁，剔取鱼肉，去掉所有的小细刺。将鱼肉放入一个大号的耐热碗中或者放入保温锅中。用胡椒调味，淋上橄榄油，加上牛奶、马铃薯泥、红葱头和黄油，混合均匀。将碗放在仅仅用小火加热的一锅热水上，隔水加热，使其热透。放入柠檬汁和欧芹，配烤面包丁一起食用。

MERLUZZO ALLA PROVENZALE
供4人食用
制备时间：1小时15分钟，另加冷却用时
加热烹调时间：15分钟
800克/1¾磅鳕鱼肉
100毫升/3½盎司白葡萄酒醋
1枝新鲜的百里香
2个马铃薯，不用去皮
橄榄油，用于淋洒
50毫升/2盎司牛奶
2颗红葱头，切碎
25克/1盎司黄油
1颗柠檬，挤出柠檬汁，过滤
1枝新鲜平叶欧芹，切碎
盐和胡椒
烘烤的面包丁，用作配餐

西西里风味鳕鱼 SICILIAN COD

将烤箱预热至200°C/400°F/气烤箱刻度6。在一个耐热焗盘内涂橄榄油。将鳀鱼切碎。在一口酱汁锅中加热2汤匙的橄榄油，放入鳀鱼，加热并用木勺碾碎至几乎呈泥状。将适量鳀鱼混合物填入鳕鱼鱼腹内，再塞入迷迭香、罗勒叶和剩余的橄榄油，将鱼腹密封好。将剩余的鳀鱼混合物放入准备好的焗盘内，摆放鳕鱼，撒上切碎的迷迭香和罗勒叶，接着撒面包糠，用盐和胡椒调味，放入烤箱烘烤30分钟。四周摆放橄榄即可。

MERLUZZO ALLA SICILIANA
供4人食用
制备时间：20分钟
加热烹调时间：40分钟
3汤匙橄榄油，另加涂刷所需
100克/3½盎司盐渍鳀鱼，去掉鱼头，洗净并剔取鱼肉（见第694页），用冷水浸泡10分钟后捞出控干
1×1千克/2¼磅鳕鱼，洗净并去骨
1枝新鲜的迷迭香，多备一些，切碎
2片新鲜的罗勒叶，多备几片，切碎
50克/2盎司面包糠
盐和胡椒
100克/3½盎司去核黑橄榄，用于装饰
见第736页

橄榄酸豆炖鳕鱼 COD STEW WITH OLIVES AND CAPERS

将西葫芦裹上薄薄的一层面粉，多余的面粉抖落掉。在一口平底锅中加热一半橄榄油，放入西葫芦片煎，可以分批煎制，将西葫芦片的两面都煎成金黄色。用漏勺捞出，并放在厨房纸上控净油，然后撒上盐并保温。将剩余的橄榄油在一口锅中加热，放入洋葱和芹菜，用小火加热，翻炒 5 分钟。加入番茄糊、酸豆和橄榄，用小火加热约 10 分钟。然后转大火继续加热，加入鳕鱼，再继续加热几分钟。用盐和胡椒调味，加入西葫芦，转小火加热，盖上锅盖后再用小火加热 30 分钟即可。

SPEZZATINO DI MERLUZZO CON OLIVE E CAPPERI
供 4 人食用
制备时间：30 分钟
加热烹调时间：45 分钟
4 个西葫芦，切薄片
普通面粉，用于淋撒
6 汤匙橄榄油
1 颗洋葱，切碎
1 根芹菜茎，切碎
200 毫升 /7 盎司番茄糊
1 汤匙酸豆，控净汁液，漂洗干净并切碎
100 克 /3½ 盎司绿橄榄，去核后切碎
600 克 /1 磅 5 盎司鳕鱼肉，切成粗粒
盐和胡椒

鳕鱼核桃批 COD AND WALNUT TERRINE

将烤箱预热至 140℃/275℉/ 气烤箱刻度 1。在一个肉批模具内或者面包模具内铺烘焙纸。鳕鱼用盐调味，在模具中铺上一层鳕鱼肉。将欧芹、雪维菜和面包糠在碗中混合均匀。在鱼肉上撒入一些欧芹混合物，然后再撒上一些核桃仁、酸豆、芝麻菜叶和少许的百里香叶。继续按照此顺序将所有的食材使用完，最上层为鳕鱼。多洒上一些橄榄油，用锡箔纸覆盖好，放入一个烤盘内。在烤盘内注入约烤盘一半高度的沸水，烘烤 40 分钟。将鳕鱼核桃批从烤箱内取出，放到一边静置一会儿，不要揭掉锡箔纸，待其冷却后翻扣到一个餐盘中并取走模具。将醋和橄榄油在碗中搅拌好，拌入酸豆和大蒜，并用盐和胡椒调味。鳕鱼核桃批配上酱汁一起食用即可。

TERRINE DI MERLUZZO CON LE NOCI
供 4 人食用
制备时间：35 分钟，另加冷却用时
加热烹调时间：40 分钟
600 克 /1 磅 5 盎司鳕鱼肉
1 枝新鲜平叶欧芹，切碎
1 枝新鲜的雪维菜，切碎
100 克 /3½ 盎司面包糠
50 克 /2 盎司核桃仁，切碎
2 汤匙腌渍酸豆，漂洗干净
1 把芝麻菜
1 枝新鲜的百里香
橄榄油，用于淋洒
盐

用于制作酱汁
1 汤匙香脂醋
4～5 汤匙橄榄油
1 汤匙酸豆，控净汁液并漂洗干净
半瓣蒜，切碎
盐和胡椒

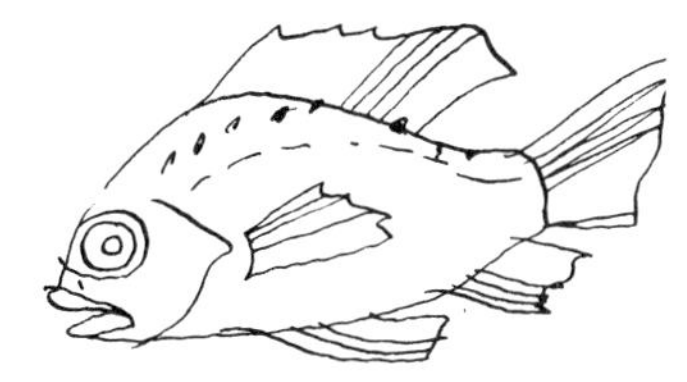

← 西西里风味鳕鱼，见第 735 页

无须鳕鱼

无须鳕鱼（hake）是一种与鳕鱼类似的鱼类，但是，与鳕鱼不同的是，无须鳕鱼生活在地中海一带。它可以生长到超过 1 米 / 3¼ 英尺长，因此，无须鳕鱼几乎都是切分后售卖的。其精致美味、容易消化的肉质，煮熟之后配橄榄油和柠檬汁，或者配蛋黄酱一起食用鲜美无比。无须鳕鱼去骨非常容易，你也可以购买冷冻的无须鳕鱼。来自新西兰的蓝鳕鱼，可以与欧洲的近亲使用完全相同的方式进行加热烹调。

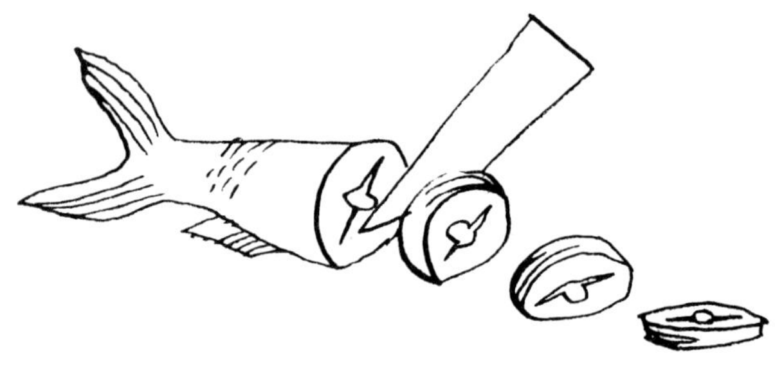

马铃薯无须鳕鱼 HAKE WITH POTATOES

NASELLO CON PATATE
供 4 人食用
制备时间：30 分钟
加热烹调时间：30 分钟

橄榄油，用于涂刷和淋洒
4 个马铃薯，切薄片
800 克 / 1¾ 磅无须鳕鱼肉
1 枝新鲜的百里香
1 枝新鲜的迷迭香
盐和胡椒

将烤箱预热至 200°C/ 400°F/ 气烤箱刻度 6。在一个耐热焗盘内涂橄榄油，将一半的马铃薯摆在焗盘底部。将鱼肉放到上面，加上百里香和迷迭香，用盐和胡椒调味，再覆盖上剩余的马铃薯片，淋上橄榄油，放入烤箱烘烤 30 分钟。

绿酱无须鳕鱼 HAKE IN GREEN SAUCE

NASELLO IN SALSA VERDE
供 4 人食用
制备时间：15 分钟
加热烹调时间：10 分钟

2 汤匙橄榄油，另加涂刷所需
4 块无须鳕鱼排
1 颗洋葱，切碎
1 枝新鲜平叶欧芹，切碎
1 根芹菜茎，切碎，多备几片芹菜叶
1 颗柠檬，挤出柠檬汁，过滤
盐和胡椒

将烤箱预热至 200°C/ 400°F/ 气烤箱刻度 6。在一个耐热焗盘内涂橄榄油，将鱼排放到焗盘内，放入烤箱烘烤约 10 分钟。与此同时，用酱汁锅加热橄榄油，放入洋葱，用小火加热，煸炒 5 分钟，直到洋葱变软。用盐和胡椒调味，将洋葱取出并保温。接着拌入欧芹、芹菜、芹菜叶和柠檬汁。无须鳕鱼配制作好的绿酱汁一起食用即可。

绿酱无须鳕鱼 ➔

NASELLO INSPORITO AGLI SCALOGNI
供 4 人食用
制备时间：20 分钟
加热烹调时间：20 分钟
2 颗柠檬，挤出柠檬汁，过滤
2 汤匙橄榄油
600 克 /1 磅 5 盎司无须鳕鱼肉，切块
25 克 /1 盎司黄油
2 颗红葱头，切细末
100 毫升 /3½ 盎司干白葡萄酒
盐和胡椒

无须鳕鱼配红葱头酱汁 HAKE IN SHALLOT SAUCE

将扒炉预热好，柠檬汁和橄榄油混合均匀。用盐和胡椒腌制鱼肉，并淋上混合均匀的柠檬汁和橄榄油。铁扒 8 分钟，然后放入餐盘中并保温。在一口锅中加热熔化黄油，加入红葱头，用小火加热，煸炒 5 分钟。然后转中火加热，放入葡萄酒，继续加热 5 分钟。用盐和胡椒调味，将制作好的酱汁淋到鱼肉上即可。

NASELLO IN TEGAME
供 4 人食用
制备时间：20 分钟
加热烹调时间：1 小时
4 汤匙橄榄油
2 颗红葱头，切细丝
1 棵韭葱，只取用白色部分，切薄片
1 根芹菜茎，切碎
2 根胡萝卜，切碎
1 瓣蒜，切碎
1 枝新鲜的百里香，切碎
100 毫升 /3½ 盎司干白葡萄酒
200 克 /7 盎司番茄，去皮，去籽后切碎
1 茶匙番茄泥
1 汤匙酸豆，控净汁液，漂洗干净
10 粒去核黑橄榄
2 根酸黄瓜，控净汁液并切片
1 茶匙第戎芥末
1 千克 /2¼ 磅无须鳕鱼排
盐和胡椒

煎无须鳕鱼 FRIED HAKE

用中火加热一半橄榄油，加入红葱头、韭葱、芹菜、胡萝卜、大蒜和香草，翻炒约 10 分钟。倒入葡萄酒，加热至完全吸收，然后加入番茄，并用盐和胡椒调味。将番茄泥和 1 汤匙的沸水在一个小碗中混合均匀，拌入锅中。继续用中火加热，翻炒约 20 分钟。拌入酸豆、黑橄榄、酸黄瓜和第戎芥末，再继续加热 5 分钟。与此同时，在一口不粘锅中将剩余的橄榄油加热，放入鱼排，用中火加热，煎至两面都呈淡褐色。用盐和胡椒调味，将煎好的鱼排放入蔬菜锅中，继续加热 10 分钟即可。

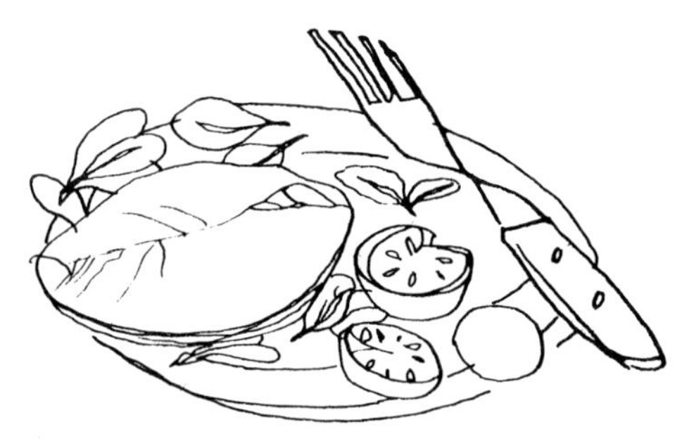

星　鲨

在意大利的一些地方，星鲨（huss）肉被称为“海中小牛肉”，在英国被称为“岩石鲑鱼”，这种鱼类其实叫作狗鱼，是鲨鱼家族中的一个成员。它们都是剔取鱼肉后售卖的，没有任何的浪费。尽管星鲨肉营养丰富，脂肪含量非常低，并且易于被人体所消化吸收，但是其价值并不高。星鲨肉非常适合于炖，这也让星鲨肉适合于那些用于金枪鱼和剑鱼的烹调方法。

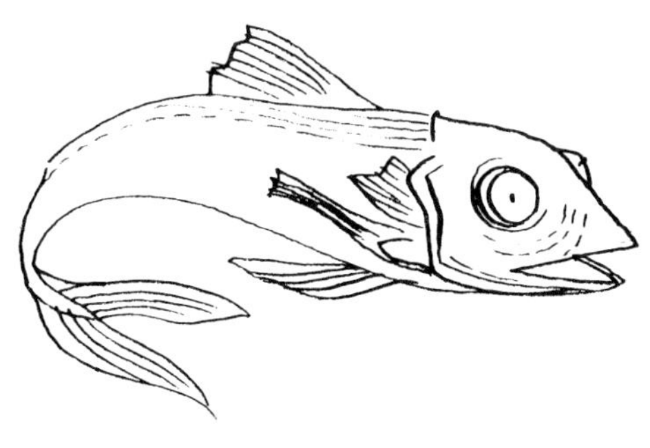

蔬菜星鲨 HUSS WITH VEGETABLES

在一口酱汁锅中或者一口耐热砂锅中加热橄榄油。加入洋葱翻炒，然后加入茄子、胡萝卜和西葫芦，略加翻炒，加入番茄，继续翻炒 10 分钟。将星鲨肉放到蔬菜上，用盐和胡椒调味，再继续加热 20 分钟。将制作好的星鲨肉和蔬菜盛入温热的餐盘中，用罗勒叶装饰即可。

PALOMBO ALLE VERDURE
供 4 人食用
制备时间：20 分钟
加热烹调时间：30 分钟

3 汤匙橄榄油
2 颗洋葱，切细丝
1 个茄子，切丁
3 根胡萝卜，切丁
3 个西葫芦，切丁
4 颗番茄，切丁
4 块星鲨肉
盐和胡椒
新鲜的罗勒叶，用于装饰

PALOMBO AL SEDANO
供 4 人食用
制备时间：15 分钟
加热烹调时间：40 分钟
3 汤匙橄榄油
4 块星鲨肉
4 颗番茄，去皮去籽并切碎
1 根芹菜茎，切碎
少许辣椒粉
4 片新鲜的罗勒叶，切碎
50 克 /2 盎司去核黑橄榄
盐和胡椒

芹菜星鲨 HUSS WITH CELERY

在一口锅中加热橄榄油，放入鲨鱼肉，将两面都煎至淡褐色。放入番茄、芹菜、辣椒粉和罗勒叶，用盐和胡椒调味，混合均匀。盖上锅盖，继续加热约 30 分钟。加入黑橄榄，再加热几分钟即可出锅。

PALOMBO CON PATATE AL GRATIN
供 4 人食用
制备时间：40 分钟
加热烹调时间：40 分钟
50 克 /2 盎司黄油，另加涂抹所需
4 个马铃薯，切薄片
800 克 /1¾ 磅星鲨肉
1 份白汁（见第 58 页）
40 克 /1½ 盎司帕玛森奶酪，现擦碎
盐和胡椒

马铃薯焗星鲨 HUSS WITH POTATOES AU GRATIN

将烤箱预热至 180°C/350°F/ 气烤箱刻度 4。在一个耐热焗盘内涂抹黄油，将一半的马铃薯放到焗盘内。平底锅中加热熔化黄油，放入鱼肉，煎至两面都呈金黄色。用一把漏勺将煎好的鲨鱼肉放入焗盘内的马铃薯上，用盐和胡椒略微调味，再摆放剩余的马铃薯。淋上白汁，撒上帕玛森奶酪，放入烤箱烘烤约 30 分钟。

PALOMBO CON POMODORI VERDI
供 4 人食用
制备时间：30 分钟
加热烹调时间：30 分钟
4 块星鲨肉
3～4 颗绿番茄，去皮去籽，切丁
1 颗洋葱，切细丝
1 汤匙切碎的牛至
橄榄油，用于淋洒
50 克 /2 盎司面包糠
盐和胡椒

绿番茄星鲨 HUSS WITH GREEN TOMATOES

将烤箱预热至 180°C/350°F/ 气烤箱刻度 4。将鲨鱼肉放到一个耐热焗盘内，用盐和胡椒调味，在鱼肉上摆放绿番茄、洋葱和牛至，并淋上橄榄油。再在表面撒上面包糠，用锡箔纸覆盖好，放入烤箱烘烤 30 分钟。

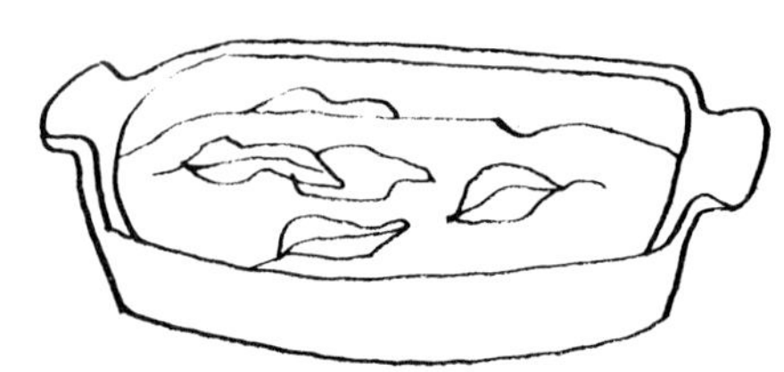

剑　鱼

剑鱼（swordfish）是西西里菜肴的特色之一，它们质地硬实，滋味鲜美，在欧洲（尽管在澳大利亚评价不高）极受重视，是制作许多菜肴的理想选择，许多食谱的制作方法也适合于新鲜的金枪鱼。剑鱼生活在温带海洋中，可以生长到超过 4 米 /13 英尺长。剑鱼多以鱼排的形式售卖。

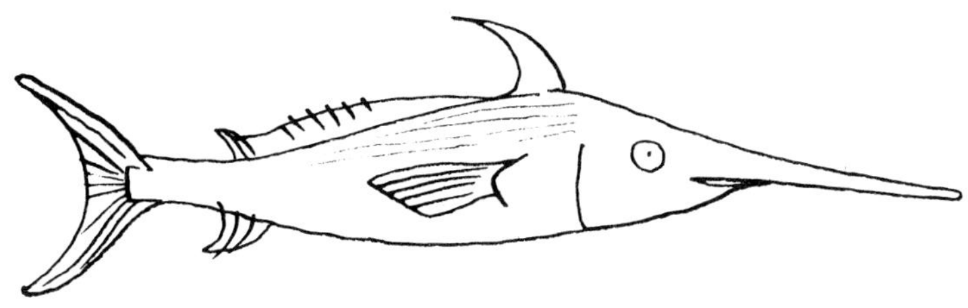

美味熏剑鱼 FABULOUS SMOKED SWORDFISH

FESCE SPADA AFFUMICATO IN FANTASIA
供 6 人食用
制备时间：35 分钟
2 棵红菊苣
12 片烟熏剑鱼
150 克 /5 盎司芹菜，切细条

用于制作酱汁
200 克 /7 盎司茴香块根，煮熟，捞出控干水分并切碎
150 克 /5 盎司马斯卡彭奶酪
50 毫升 /2 盎司橄榄油
1 个蛋黄
1 茶匙白葡萄酒醋
1 汤匙香脂醋
盐和胡椒

制作酱汁：将茴香块根、马斯卡彭奶酪、橄榄油和蛋黄放入食物料理机内，搅打成细腻而浓稠的蓉泥状。加入 1 汤匙的热水、白葡萄酒醋和香脂醋，用盐和胡椒调味，再继续搅打至混合均匀。将红菊苣呈花环状放入餐盘中，烟熏剑鱼片放到花环中间，撒上一些芹菜条。在中间位置舀适量酱汁即可。

烤剑鱼 BAKED SWORDFISH

FESCE SPADA AL FORNO
供 4 人食用
制备时间：15 分钟
加热烹调时间：30 分钟
1 颗洋葱，切碎
1 瓣蒜，切碎
3 汤匙切碎的新鲜平叶欧芹
4 块剑鱼排
175 毫升 /6 盎司橄榄油
175 毫升 /6 盎司白葡萄酒
盐和胡椒

将烤箱预热至 180°C/350°F/ 气烤箱刻度 4。将洋葱、大蒜和欧芹在碗中混合均匀，一半倒入耐热焗盘里，将鱼放到上面。用盐和胡椒调味，并将另外一半混合物覆盖到鱼上。淋上橄榄油和葡萄酒。放入烤箱烘烤，其间要不时地将汤汁淋到鱼肉上，烘烤 30 分钟即可。

PESCE SPADA IN CARTOCCIO
供 4 人食用
制备时间：1 小时
加热烹调时间：10 分钟
250 克 /9 盎司贻贝，清理干净
250 克 /9 盎司海蛤，洗净
150 毫升 / ¼ 品脱橄榄油，另加淋洒所需
1 瓣蒜
150 克 /5 盎司生大虾，剥除外壳并去掉虾线
2 颗番茄，切碎
1 个黄甜椒，切成两半，去籽，切大块
6 片新鲜的罗勒叶，切碎
1 根鲜辣椒，去籽，切碎
4 块剑鱼排
1 枝新鲜平叶欧芹，切碎
盐和胡椒

锡箔纸包烤剑鱼 SWORDFISH PARCELS

将烤箱预热至 200°C/400°F/ 气烤箱刻度 6。切出 4 大张锡箔纸。将那些在快速拍打时没有立刻闭合的贻贝和海蛤都拣出来并丢弃不用。然后将贝类海鲜放入一口锅中，加入 3 汤匙的橄榄油和大蒜，用大火加热约 5 分钟，直到完全开口。将还没有开口的贝类海鲜丢弃不用。捞出控净汤汁，并保留好汤汁。在另外一口锅中加热剩余的 2 汤匙橄榄油，加入大虾，加热几分钟。再加入带壳的贻贝和海蛤，加入番茄、黄甜椒、罗勒、辣椒和保留的贝类海鲜汤汁，用小火加热 5 分钟。将剩余的橄榄油在一口平底锅中加热，加入剑鱼排，每面都煎 5 分钟，将剑鱼分别放到锡箔纸上，用盐和胡椒调味，并将制作好的海鲜混合物放在剑鱼排上。撒上欧芹，并淋上橄榄油。将锡箔纸四周抬起，捏紧密封好，放到一个烤盘内，放入烤箱烘烤约 10 分钟。将烘烤好的剑鱼排锡箔纸包放到温热的餐盘中，慢慢打开锡箔纸包即可。

PESCE SPADA IN UMIDO
供 4 人食用
制备时间：35 分钟
加热烹调时间：1 小时
4 块剑鱼排
1 片月桂叶
1 瓣蒜
1 枝新鲜的雪维菜，切碎
6 片新鲜的罗勒叶，切碎
2 汤匙橄榄油，另加淋洒所需
120 毫升 /4 盎司干白葡萄酒
1 颗洋葱，切碎
1 根芹菜茎，切碎
1 根胡萝卜，切碎
300 克 /11 盎司罐装番茄碎
15 克 /½ 盎司酸豆，控净汁液，漂洗干净
50 克 /2 盎司黑橄榄，去核
40 克 /1½ 盎司帕玛森奶酪，现擦碎
盐和胡椒

焖剑鱼 BRAISED SWORDFISH

将剑鱼排与月桂叶、大蒜放入一口耐热砂锅中，撒上雪维菜和罗勒叶，多淋上一些橄榄油，用盐和胡椒调味。中火加热，不时地翻动剑鱼排，加热 30 分钟。与此同时，将烤箱预热至 180°C/350°F/ 气烤箱刻度 4。砂锅放入烤箱内继续烘烤，在烘烤至 15 分钟时，倒入葡萄酒。将橄榄油在一口锅中加热，放入洋葱、芹菜和胡萝卜，用小火加热，翻炒 5 分钟。加入番茄、酸豆和橄榄，再继续用小火加热约 10 分钟，根据需要，在加热的过程中，可以加入少许水。将制作好的酱汁淋到砂锅中的鱼上，撒上帕玛森奶酪，再放回烤箱内烘烤约 15 分钟。取出之后，先静置几分钟之后再上桌。

锡箔纸包烤剑鱼 →

PESCE SPADA MARINATO
供 4 人食用
制备时间：30 分钟，另加 2 小时腌制用时
300 克 / 11 盎司剑鱼，切成非常薄的片
橄榄油，用于淋洒
2 颗柠檬，挤出柠檬汁，过滤
100 克 / 3½ 盎司芝麻菜，切碎
100 克 / 3½ 盎司阔叶菊苣，切碎
2 枝雪维菜，摘下叶片
盐和胡椒
1 颗柠檬，切片，用于装饰

腌剑鱼 MARINATED SWORDFISH

将剑鱼肉放到一个盘内，淋上橄榄油和柠檬汁，并用盐和胡椒调味。覆盖密封后放入冰箱冷藏约 2 小时。芝麻菜、阔叶菊苣和雪维菜在碗中混合均匀。剑鱼肉控净汁液，保留好腌泡汁。将腌制好的剑鱼肉在餐盘中摆成一个环形，然后将混合均匀的沙拉蔬菜叶放到中间。淋上保留的腌泡汁，用柠檬片装饰即可。

TRANCE DI PESCE SPADA ALL'ACETO BALSAMICO
供 4 人食用
制备时间：10 分钟
加热烹调时间：20 分钟
4 块剑鱼排
100 毫升 / 3½ 盎司牛奶
普通面粉，用于淋撒
200 克 / 7 盎司黄油
½ 茶匙肉桂粉
1 粒丁香
100 毫升 / 3½ 盎司苹果醋
2 汤匙香脂醋
盐和胡椒

香脂醋风味剑鱼排 SWORDFISH STEAKS IN BALSAMIC VINEGAR

将剑鱼放到一个盆内，加入牛奶，置旁浸泡 10 分钟。捞出剑鱼，控净牛奶，并裹上面粉。在一口平底锅中加热熔化一半黄油，放入剑鱼，用中火加热，煎至两面都呈金黄色。用盐和胡椒调味。用漏勺捞出，放到厨房纸上控净油，再放入餐盘中并保温。将剩余的黄油在锅中加热熔化，加入肉桂粉、丁香、苹果醋和香脂醋，用小火加热约 10 分钟，直到酱汁变得相当浓稠。将酱汁淋到剑鱼上即可。

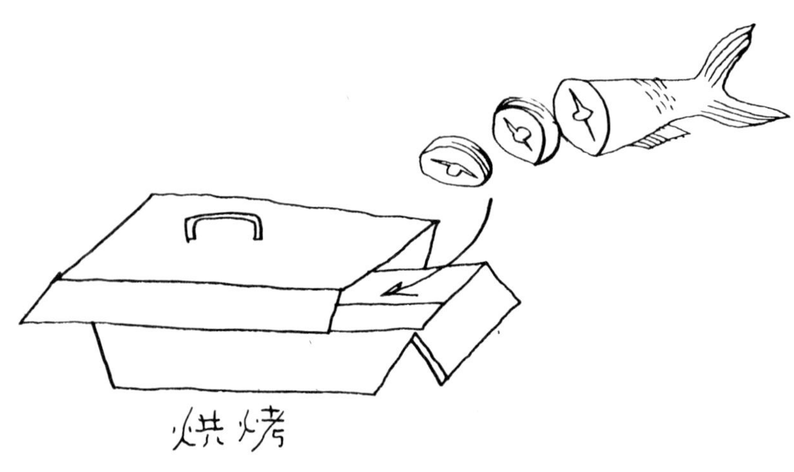

鳐　鱼

鳐鱼（skate）与魔鬼鱼几乎是可以画等号的。它们都是风筝的形状，软骨、扁平形，有着扁而长的鱼尾。鱼翅上的肉是瘦肉，有着非常细腻的风味。尽管鳐鱼在意大利不是很受重视，但是在其他地方却非常受欢迎。

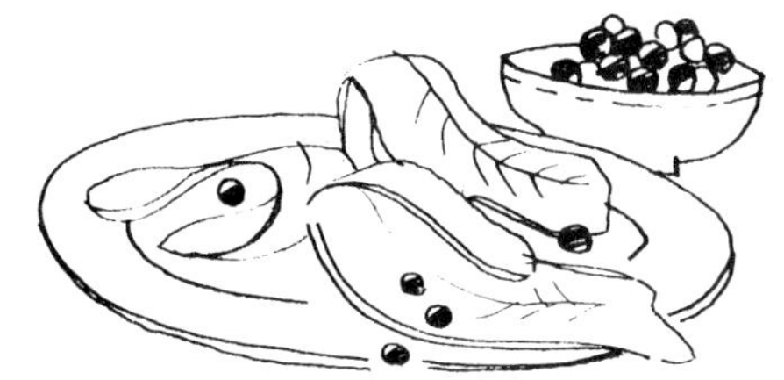

酸豆鳐鱼 SKATE WITH CAPERS

RAZZA AI CAPPERI
供 4 人食用
制备时间：20 分钟
加热烹调时间：50 分钟
1 千克 /2¼ 磅鳐鱼鱼翅
4 汤匙橄榄油
1 颗洋葱，切碎
1 瓣蒜
1 枝新鲜平叶欧芹，切碎
800 克 /1¾ 磅番茄，去皮后切碎
1 汤匙酸豆，控净汁液，并漂洗干净
盐和胡椒

将鳐鱼的鱼翅切大块。在一口锅中加热橄榄油，放入洋葱、大蒜和欧芹，用小火加热，煸炒约 10 分钟，直到洋葱变成浅褐色。加入番茄和酸豆，用盐和胡椒调味，不停地搅拌 10 分钟左右。将鱼翅放入锅中，根据需要，可以加入 2～3 汤匙的热水，再加热约 30 分钟即可。

尼斯风味鳐鱼 SKATE NIÇOISE

RAZZA ALLA NIZZARDA
供 4 人食用
制备时间：15 分钟
加热烹调时间：30 分钟
2 颗洋葱
1 根胡萝卜，切片
1 根芹菜茎
100 毫升 /3½ 盎司干白葡萄酒
100 毫升 /3½ 盎司白葡萄酒醋
1 枝新鲜的百里香
800 克 /1¾ 磅鳐鱼鱼翅
2 汤匙橄榄油
1 颗红葱头，切碎
1 枝新鲜平叶欧芹，切碎
盐

将 1 升 /1¾ 品脱水放入一口锅中，加入 1 颗洋葱、胡萝卜、芹菜、葡萄酒、醋和百里香，并用盐调味。加热至刚好沸腾时，转小火加热 15 分钟。加入鳐鱼，继续小火加热 5 分钟。取出鳐鱼，控干水分，小心地去掉鱼皮（这一步骤不是必需的，因为鳐鱼鱼翅在售卖时，通常都会去掉鱼皮），将鳐鱼放入餐盘中并保温。剩余的洋葱切碎。在一口锅中加热橄榄油，放入洋葱、红葱头和欧芹，用小火加热，煸炒 5 分钟。将炒好的混合物放到鳐鱼上即可。

比目鱼

这种鱼的意大利名字是 rombo，意思是菱形，源于这种鱼类的形状，类似于鳎目鱼和海鲂鱼，它们的食谱也可以共享。不管是鳊鱼还是比目鱼，都叫作菱形鱼。出乎人们意料的是，前者在意大利会更受欢迎。鳊鱼可以生长到 25～75 厘米 / 10～30 英寸长，生活在地中海和欧洲大西洋沿岸的海域中。它们以质地硬实而洁白美味的肉质而著称，非常容易被人体消化吸收。不需要去皮，也没有鱼鳞可去。需要通过专业技法剔取鱼肉从而避免损伤鱼肉。在煮比目鱼或者鳊鱼时，建议整个放入淡淡的煮海鲜汤中煮，煮海鲜汤可以使用牛奶代替水。

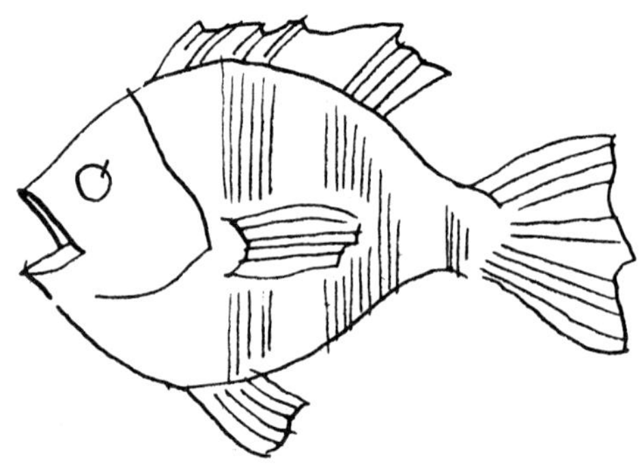

比目鱼配蔬菜 TURBOT FILLETS WITH VEGETABLES

FILETTO DI ROMBO CON VERDURE
供 4 人食用
制备时间：20 分钟
加热烹调时间：25 分钟

- 1 颗白洋葱，切细丝
- 1 根胡萝卜，切片
- 1 根芹菜茎，切细条
- 200 克 /7 盎司蘑菇，切薄片
- 175 毫升 /6 盎司干白葡萄酒
- 4 条比目鱼排或者鳊鱼排
- 3 汤匙双倍奶油
- 盐和胡椒

将洋葱、胡萝卜、芹菜和蘑菇放入一口大号的酱汁锅中，加入葡萄酒和 250 毫升 /8 盎司水，盖上锅盖，用小火加热约 15 分钟，或者一直加热到汤汁开始减少。放入鱼排，盖上锅盖，继续加热 3～4 分钟。将锅从火上端离，将鱼盛入餐盘中并保温。将双倍奶油拌入蔬菜中，用盐和胡椒调味，再继续加热几分钟。将蔬菜酱汁用勺舀入鱼排上即可。

比目鱼配马铃薯 TURBOT FILLETS WITH A POTATO TOPPING

FILETTO DI ROMBO VESTITO DI PATATE
供 6 人食用
制备时间：40 分钟
加热烹调时间：20 分钟
80 克 /3 盎司黄油，另加涂抹所需
3 个马铃薯，切出薄片
6 片比目鱼排或者鳊鱼排
1 颗鸡蛋，打散成蛋液
5 汤匙干白葡萄酒
175 毫升 /6 盎司蔬菜高汤（见第 249 页）
6 颗红葱头，切碎
4 片新鲜的罗勒叶
盐和胡椒

用于装饰
半把新鲜的香葱，切碎
3 颗番茄，去皮切丁

将烤箱预热至 200°C/ 400°F/ 气烤箱刻度 6。在耐热焗盘内涂抹黄油。用淡盐沸水将马铃薯煮 10～15 分钟，直到刚好成熟，然后捞出控干并用冷水过凉。将鱼放到准备好的焗盘内，马铃薯片在鱼身上摆成鱼鳞状造型。涂上蛋液，用盐和胡椒调味，放入烤箱烘烤 15～20 分钟。与此同时，将葡萄酒和高汤倒入一口酱汁锅中，加入红葱头，用中火加热，直到将汤汁熽至非常浓稠。将锅从火上端离，让其稍微冷却，然后放入食物料理机内，加入罗勒，搅打成蓉泥状，倒入一个碗中并保温。黄油在碗中打发，然后将红葱头混合物搅打进去。将鱼从烤箱内取出，用香葱和番茄装饰，配酱汁一起食用。

烤比目鱼配小扁豆酱 BAKED TURBOT WITH LENTIL SAUCE

ROMBO AL FORNO CON SUGO DI LENTICCHIE
供 6 人食用
制备时间：2 小时 15 分钟
加热烹调时间：25～30 分钟
250 克 /9 盎司小扁豆
3 片月桂叶
175 毫升 /6 盎司橄榄油
2 颗红葱头，切碎
50 克 /2 盎司培根，切丁
175 毫升 /6 盎司干白葡萄酒
250 毫升 /8 盎司浓缩鱼肉高汤（见第 250 页）
1 × 2 千克 /4½ 磅比目鱼或者鳊鱼，剔取鱼肉
少许咖喱粉
40 克 /1½ 盎司黄油，切成小片
1 枝新鲜的墨角兰，切碎
盐

将小扁豆和 1 片月桂叶放入一口锅中，加入没过小扁豆的水，加热煮沸，然后改用小火继续加热 30～45 分钟，直到小扁豆成熟。捞出控干，去掉月桂叶。将烤箱预热至 180°C/ 350°F/ 气烤箱刻度 4。在一口酱汁锅中加热 2 汤匙的橄榄油，加入 ¼ 用量的红葱头、培根和 1 片月桂叶，用小火加热，煸炒 5 分钟。加入小扁豆、50 毫升 /2 盎司葡萄酒和 5 汤匙的高汤，用小火加热约 5 分钟。将锅从火上端离，将其中一半的混合物放入食物料理机内搅打成蓉泥状，然后刮取到一口干净的锅中。将剩余的橄榄油、高汤、葡萄酒、月桂叶和切碎的红葱头放入一个烤盘内。鱼肉用盐略微调味，放入烤盘内，加热 5 分钟，然后放入烤箱烘烤 15 分钟。将烤盘从烤箱内取出，鱼肉盛入餐盘中并保温。将烤盘内的汁液过滤到一个碗中，拌入咖喱粉，加入小扁豆蓉泥内，用小火加热，逐渐搅拌加入黄油。鱼肉上撒墨角兰，配小扁豆混合物和酱汁一起食用。

ROMBO ALL'ARANCIA
供 4 人食用
制备时间：20 分钟
加热烹调时间：30 分钟
2 个橙子
1 汤匙橄榄油
4 块比目鱼排或者鳊鱼排
2 汤匙糖
盐
橙子片，用于装饰

橙汁风味比目鱼 TURBOT IN ORANGE SAUCE

将 1 个橙子的外皮薄薄地削下来，去掉所有的白色筋络，切成非常细的末。然后将橙子的汁液挤出，过滤到一个量杯内。在一口锅中加热橄榄油，放入鱼肉，用盐略微调味，倒入一半橙汁，用中火加热 15 分钟，不时地翻动鱼肉。将 2 汤匙水放入一口酱汁锅中，加入橙皮和糖，加热 2～3 分钟，拌入剩余的橙汁。将制作好的酱汁淋到鱼肉上，再继续加热 10 分钟。盛入温热的餐盘中，用橙片装饰即可。

ROMBO ALLO SPUMANTE
供 4 人食用
制备时间：15 分钟
加热烹调时间：30 分钟
65 克 /2½ 盎司黄油
1 颗红葱头，切碎
100 克 /3½ 盎司蘑菇，切细末
4 块均为 150 克 /5 盎司的比目鱼排或者鳊鱼排
200 毫升 /7 盎司干起泡葡萄酒
2 汤匙双倍奶油
1 茶匙玉米淀粉
盐和胡椒

起泡葡萄酒风味比目鱼 TURBOT IN SPARKLING WINE

在一口平底锅中加热一半黄油，加入红葱头，用小火加热，煸炒 5 分钟。拌入蘑菇，继续煸炒至呈淡褐色。将其余的黄油在另外一口平底锅中加热熔化，加入鱼肉，煎至两面都呈淡褐色。用漏勺将鱼肉盛出，放入蘑菇锅中。加入一半起泡葡萄酒，加热 5 分钟，然后用盐和胡椒调味。用漏勺将鱼捞出，放入一个餐盘中并保温。将双倍奶油拌入蘑菇混合物中，并用小火加热。玉米淀粉用 1 汤匙的温水搅拌成糊状，然后拌入锅中，转中火加热几分钟，直到汤汁变得浓稠。加入剩余的起泡葡萄酒，继续加热，同时不停地搅拌，直到开始冒泡。将制作好的酱汁淋到鱼肉上即可。

海蛤酱藏红花比目鱼，见第 752 页 →

海蛤酱藏红花比目鱼 TURBOT WITH SAFFRON IN CLAM SAUCE

ROMBO ALLO ZAFFERANO CON SUGO DI VONGOLE
供 6 人食用
制备时间：1 小时，另加冷却用时
加热烹调时间：20 分钟

500 克 /1 磅 2 盎司海蛤，洗净
4 汤匙橄榄油，另加涂刷所需
250 毫升 /8 盎司干白葡萄酒
1 瓣蒜
1 颗红葱头，切碎
3 个马铃薯，切丁
150 毫升 /¼ 品脱浓缩鱼肉高汤（见第 250 页）
1 颗番茄，去皮去籽后切丁
1 × 2 千克 /4½ 磅比目鱼或者鳊鱼，剔取鱼肉
80 克 /3 盎司黄油，软化
10 根藏红花丝
少许辣椒粉
1 汤匙切碎的新鲜平叶欧芹
盐和胡椒

见第 751 页

将那些快速拍打外壳时，无法快速闭合的海蛤都拣出来并丢弃不用。将一半橄榄油和一半葡萄酒放入一口平底锅中加热，放入大蒜和海蛤，用大火加热约 15 分钟，直到海蛤完全张口。将那些没有开口的海蛤拣出来并丢弃不用。海蛤控净汤汁，保留好这些汤汁，让其冷却，然后将海蛤肉从其壳内取出。煮海蛤的汤汁过滤到一个碗中。剩余的橄榄油放入一口酱汁锅中，加入红葱头，用小火加热，煸炒 5 分钟。加入马铃薯，倒入剩余的葡萄酒，加热至完全吸收。加入高汤和约一半保留的汤汁，用小火加热至马铃薯成熟。与此同时，将烤箱预热至 180°C/350°F/ 气烤箱刻度 4。在一个耐热焗盘内涂橄榄油。将一半马铃薯混合物舀入食物料理机内，搅打成泥蓉状，然后将搅打好的泥蓉倒回到锅中。加入海蛤肉和番茄，并用盐和胡椒调味。鱼肉用盐和胡椒调味，放到准备好的焗盘内，放入烤箱烘烤 20 分钟。将黄油、藏红花和辣椒粉在碗中打发至彻底混合均匀，舀入鱼肉中，撒上欧芹，配马铃薯和海蛤混合物一起食用。

比目鱼配橄榄酱汁 TURBOT WITH OLIVE SAUCE

ROMBO CON SALSA DI OLIVE
供 6 人食用
制备时间：30 分钟
加热烹调时间：20 分钟

25 克 /1 盎司黄油，另加涂抹所需
1 条盐渍鳀鱼，去掉鱼头，洗净并剔取鱼肉（见第 694 页），用冷水浸泡 10 分钟后捞出控干，或者 2 条罐装鳀鱼柳，漂洗干净
25 克 /1 盎司松子仁
100 克 /4 盎司黑橄榄，去核
¼ 把新鲜平叶欧芹，切碎
1 颗红葱头，切碎
½ 汤匙浓缩鱼肉高汤（见第 250 页）
75 毫升 /2 盎司橄榄油
1⅓ 千克 /2½ 磅比目鱼或者鳊鱼，剔取鱼肉，或者 6 块均为 225 克 /8 盎司重的比目鱼排
盐和胡椒

将烤箱预热至 200°C/400°F/ 气烤箱刻度 6。在耐热焗盘内涂抹黄油。鳀鱼肉切碎。黄油放入一口平底锅中加热，加入松子仁，用小火加热，翻炒几分钟至呈金黄色。盛出之后，倒在厨房纸上控净油，放到一边备用。将鳀鱼、橄榄、欧芹、红葱头和高汤放入食物料理机内搅打成蓉泥状，然后刮取到一个碗中，并搅拌进去足量的橄榄油，制成细滑的酱汁。将鱼放到准备好的焗盘内，用盐和胡椒调味，在鱼肉表面涂抹酱汁，放入烤箱烘烤 20 分钟。取出后放到温热的餐盘中，撒上松子仁。将马铃薯煮熟或者蒸熟，制成美味的配菜。

比目鱼配橄榄酱汁 →

鲑 鱼

鲑鱼是最受推崇的鱼类之一，尽管它们生活在海洋里，却是逆流而上洄游到它们出生的河流中繁殖。鲑鱼可以生长到1½米/5英尺长，而其体重可以达到36千克/79磅，但是正常情况下，重量会在1½～9千克/3¼～19¼磅之间。意大利会进口大量的鲑鱼，通常是烟熏鲑鱼，但是有时候也有冷冻的鲑鱼。有一些地方，也可以购买到新鲜的鲑鱼，有鱼肉、鱼排或者整条的。鲑鱼是一种油性鱼，有着鲜美的粉红色硬实肉质。

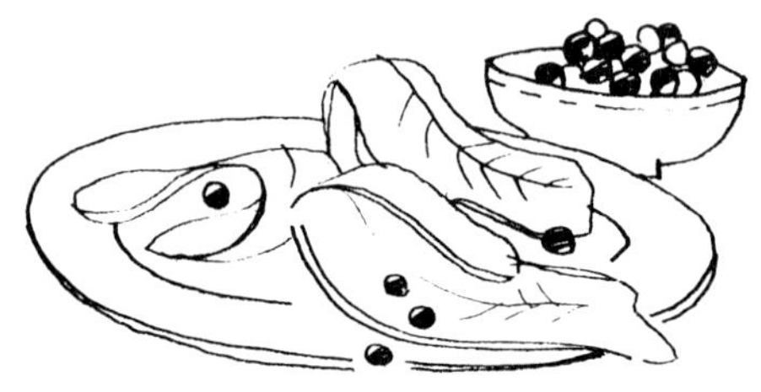

BOCCONCINI DI SALMONE CON BACON
供4人食用
制备时间：25分钟
加热烹调时间：10～15分钟
黄油，用于涂抹
2枝新鲜的鼠尾草
675克/1½磅鲑鱼肉，切块状
150克/5盎司培根片，切成两半
盐和胡椒

鲑鱼培根卷 SALMON AND BACON BITES

将烤箱预热至200°C/400°F/气烤箱刻度6。在耐热焗盘内涂抹黄油。将鼠尾草叶摘下来，切成两半。鲑鱼块用盐和胡椒调味，分别用一小片培根和半片鼠尾草包裹好。用牙签固定住，放到准备好的焗盘内。放入烤箱烘烤，不时地翻动一下，烘烤10～15分钟即可。

FAGOTTINI DI SALMONE CON INDIVIA
供4人食用
制备时间：30分钟，另加2小时腌制用时
加热烹调时间：30分钟
5汤匙橄榄油
5汤匙干白葡萄酒
4块鲑鱼排
1棵菊苣，切条状
1瓣蒜，切碎
400克/14盎司成品酥皮，如果是冷冻的，需要解冻
普通面粉，用于淋撒
1个蛋黄，搅散
盐和胡椒

鲑鱼菊苣酥盒 SALMON AND CHICORY PARCELS

将3汤匙的橄榄油和葡萄酒放入盆中混合均匀，用盐和胡椒调味。放入鲑鱼，翻动使其裹匀调味料，让其腌制2小时。将烤箱预热至200°C/400°F/气烤箱刻度6。剩余的橄榄油在一口锅中加热，加入菊苣和大蒜，煸炒5分钟。将酥皮分成4块，在撒有薄薄一层面粉的工作台分别擀开。将鲑鱼捞出，分别放到酥皮上。炒好的菊苣也放到鲑鱼上，然后将酥皮抬起，边缘部分捏紧，包好并密封。用叉子戳出几个洞。放到一个烤盘上，涂上蛋黄，放入烤箱烘烤约30分钟。

鲑鱼菊苣酥盒 →

SVIZZERE DI SALMONE
供 4 人食用
制备时间：1 小时 45 分钟，另加 10 分钟浸泡用时
加热烹调时间：8 分钟
100 克 /3½ 盎司面包，去边
200 毫升 /7 盎司牛奶
1 颗柠檬
400 克 /14 盎司鲑鱼肉，切碎
65 克 /2½ 盎司黄油，软化
80 克 /3 盎司面包糠
25 克 /1 盎司澄清黄油（见第 106 页）
盐和胡椒

鲑鱼饼 SALMON FISHCAKES

将面包撕成小块，放入碗中，加入牛奶没过面包并浸泡 10 分钟，然后捞出面包，挤出多余的牛奶。擦取半颗柠檬的外皮，另外一半柠檬去皮，两半柠檬上所有白色的筋络都去掉，切薄片。将鲑鱼、浸泡好的面包和黄油在碗中混合均匀，用盐和胡椒调味。混合均匀的鲑鱼分成 4 份，塑成圆球形，然后轻轻用手压扁成鱼饼。剩余的牛奶倒入一个浅盘内，面包糠和柠檬外皮混合均匀，放入另外一个浅盘内。在一口平底锅中加热熔化澄清黄油。鱼饼先蘸上牛奶，然后再裹上面包糠的混合物，放入平底锅中，每面煎 4 分钟。用一把漏勺捞出，放在厨房纸上控净油。放到温热的餐盘中，用柠檬片装饰。

TARTARA DI SALMONE
供 4 人食用
制备时间：30 分钟，另加 20 分钟松弛用时
3 颗柠檬
5 汤匙橄榄油
少许塔瓦斯科辣椒酱
600 克 /1 磅 5 盎司鲑鱼肉，切丁
2 个黄甜椒，切成两半，去籽后切成小方块
50 克 /2 盎司酸豆，控净汁液，漂洗干净
8 颗绿橄榄，去核后切碎
4 个蛋黄
盐和胡椒
1 汤匙新鲜平叶欧芹，切碎，用于装饰

鲑鱼鞑靼 SALMON TARTARE

将一颗柠檬的外皮削下，去掉所有的白色筋络，柠檬肉切碎。剩余的柠檬挤出柠檬汁。将橄榄油、柠檬汁和塔瓦斯科辣椒酱在碗中混合均匀，并用盐和胡椒调味。鲑鱼、黄甜椒、酸豆、绿橄榄和切碎的柠檬放入盆中混合均匀，加入柠檬酱汁，混合均匀并让其腌制 20 分钟。然后将混合均匀的鲑鱼鞑靼分装到 4 个盘内，鲑鱼中间位置放蛋黄。用欧芹装饰即可。

TERRINA DI DALMONE AFFUMICATO
供 6 人食用
制备时间：30 分钟，另加 6 小时冷却用时
200 克 /7 盎司烟熏鲑鱼，切碎
200 克 /7 盎司烟熏鳟鱼，切碎
100 毫升 /3½ 盎司双倍奶油
1 瓶（40～50 克 /1½～2 盎司）圆鳍鱼子（lumpfish roe）

烟熏鲑鱼批 SMOKED SALMON TERRINE

将鲑鱼放入食物料理机内，搅打成泥蓉状，刮取到一个碗中。清理食物料理机，再将鳟鱼放入，搅打至泥蓉状，刮取到另外一个碗中。搅打好双倍奶油，分成两半，分别放入鲑鱼和鳟鱼泥蓉中。在一个方形的蛋糕模具中铺保鲜膜，保鲜膜要超出模具的外沿一些。将鲑鱼混合物均匀地涂抹在模具的底部，撒上圆鳍鱼子，上面再覆盖上鳟鱼混合物。将多出的保鲜膜折叠过来，覆盖模具内的混合物，放入冰箱冷藏约 6 小时。翻扣到餐盘中即可。

海鲂鱼

海鲂鱼（John Dory）是广受赞誉、有着鲜美肉质且没有细小鱼刺的薄身形的鱼类。它们可以非常容易地切出 4 块鱼柳，并且适合于许多鳎目鱼、比目鱼和鳊鱼所使用的食谱。铁扒整条的海鲂鱼时，味道非常鲜美。一条 1½ 千克 / 3¼ 磅重的海鲂鱼，足够 4 人享用。在澳大利亚和新西兰水域中生活的鲣鱼，非常类似于海鲂鱼。

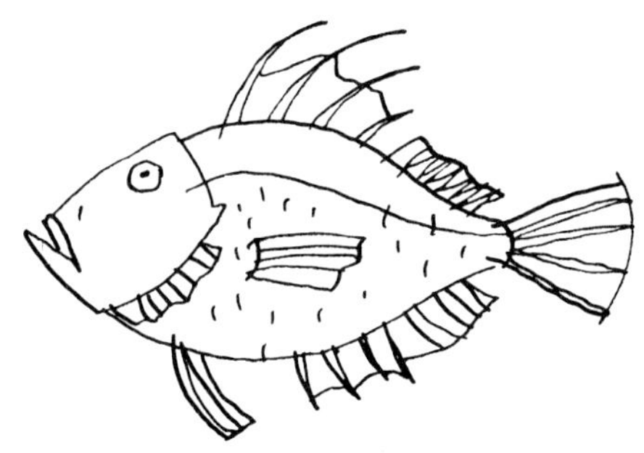

煮海鲂鱼排配酱汁 JOHN DORY FILLETS IN SAUCE

FILETTI DI SAN PIETRO IN SALSA
供 4 人食用
制备时间：25 分钟
加热烹调时间：15 分钟
800 克 / 1¾ 磅海鲂鱼排
1 颗洋葱
1 根胡萝卜，切片
1 枝新鲜平叶欧芹
1 汤匙白葡萄酒醋
4 汤匙番茄酱
1 汤匙白兰地
1 份蛋黄酱（见第 77 页）
盐和胡椒

将海鲂鱼排放入锅中，倒入 1 升 / 1¾ 品脱水，加入洋葱、胡萝卜、欧芹和醋，并用盐和胡椒调味。加热至刚好沸腾时，然后转小火加热煮 10 分钟。将番茄酱和白兰地酒在碗中混合均匀，拌入蛋黄酱。捞出鱼肉，控净汁液，盛入温热的餐盘中，配酱汁一起食用。

FILETTI DI SAN PIETRO IN SALSA BESCIAMELLA
供 4 人食用
制备时间：30 分钟，另加 30 分钟浸泡用时
加热烹调时间：45 分钟
1 汤匙橄榄油
25 克 /1 盎司黄油
1 根芹菜茎，切碎
1 根胡萝卜，切碎
4 块海鲂鱼排
5 汤匙干白葡萄酒
25 克 /1 盎司干蘑菇，用温水浸泡 30 分钟后捞出控干水分
1 个蛋黄
250 毫升 /8 盎司白汁（见第 58 页）
1 枝新鲜平叶欧芹，切碎
盐和胡椒

海鲂鱼排配白汁 JOHN DORY FILLETS IN BÉCHAMEL SAUCE

在一口耐热砂锅中加热橄榄油和黄油，加入红葱头、芹菜和胡萝卜，用小火加热，煸炒 5 分钟。加入海鲂鱼，煎至两面都呈浅褐色。加入葡萄酒，用盐调味，加入蘑菇，继续加热 15 分钟。与此同时，将烤箱预热至 180°C/350°F/ 气烤箱刻度 4。将蛋黄搅拌入白汁中，再拌入欧芹，用胡椒粉调味。调制好的白汁淋到鱼肉上，放入烤箱烘烤约 15 分钟即可。

INVOLTINI DI SAN PIETRO AL FORNO
供 4 人食用
制备时间：35 分钟
加热烹调时间：15 分钟
1 汤匙橄榄油，另加涂刷所需
2 条鳀鱼，去掉鱼头，洗净，并剔取鱼肉（见第 694 页），用冷水浸泡 10 分钟后，捞出控干
2 汤匙面包糠
1 枝新鲜平叶欧芹，切碎
1 瓣蒜，切碎
50 克 /2 盎司松子仁
50 克 /2 盎司帕玛森奶酪，现擦碎
600 克 /1 磅 5 盎司海鲂鱼排
1 枝新鲜的百里香，切碎
1 枝新鲜的迷迭香，切碎
1 颗柠檬，挤出柠檬汁，过滤
盐和胡椒

烤海鲂鱼卷 BAKED JOHN DORY ROULADES

将烤箱预热至 180°C/350°F/ 气烤箱刻度 4。在一个耐热焗盘内涂橄榄油。鳀鱼切碎。将橄榄油在一口锅中加热，加入鳀鱼，边加热，边用木勺碾压鳀鱼，直到碾压至几乎呈泥状，加入面包糠、欧芹、大蒜、松子仁和帕玛森奶酪。用盐和胡椒调味，混合均匀。如果混合物太干燥，可以滴入几滴橄榄油。用盐和胡椒腌制海鲂鱼排，将鳀鱼混合物分别放到海鲂鱼排上并将鱼肉卷起。用牙签插好定型，放到准备好的焗盘内，然后放上百里香、迷迭香和柠檬汁，放入烤箱烘烤约 15 分钟即可。

SAN PIETRO CON TACCOLE
供 4 人食用
制备时间：45 分钟
加热烹调时间：10～15 分钟
100 克 /3½ 盎司黄油
500 克 /1 磅 2 盎司嫩豌豆，清理备用
1 × 1½ 千克 /3¼ 磅海鲂鱼，剔取鱼肉
普通面粉，用于淋撒
盐和胡椒
新鲜的茴香苗，用于装饰

海鲂鱼配嫩豌豆 JOHN DORY WITH MANGETOUTS

将黄油放入锅中加热熔化，加入嫩豌豆，用小火加热，煸炒约 5 分钟，然后用盐和胡椒调味。加入 150 毫升 /¼ 品脱水，盖上锅盖，用小火继续加热 30 分钟。将海鲂鱼肉裹上薄薄一层面粉，并将多余的面粉抖落掉。剩余的黄油放入一口平底锅中加热熔化，加入海鲂鱼肉，用中火加热，煎至两面都呈金黄色并完全成熟。嫩豌豆捞出控干水分，与海鲂鱼一起盛入温热的餐盘中，用茴香苗装饰即可。

沙丁鱼

沙丁鱼和皮尔彻德鱼（pilchards）都是物美价廉、美味可口、营养丰富的鱼类，这就解释清楚了为什么这些鱼类，在意大利海域之中，是如此受欢迎。皮尔彻德鱼指的是成年的沙丁鱼，在英国，它们被重新命名为康沃尔沙丁鱼，与罐装的沙丁鱼没有关系。沙丁鱼在加热烹调之前必须刮除鱼鳞并清洗干净，在某些情况下，你还需要去掉它们的鱼头和鱼骨。要做到这一点，可以将鱼片开，鱼皮面朝上摆放好，并用拇指沿着其脊骨朝下按压，然后将鳀鱼翻转过来，切断并去掉鱼骨。漂洗干净并用厨房纸拭干即可。

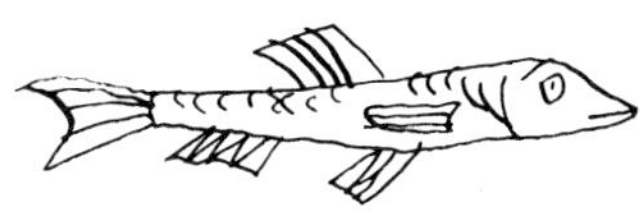

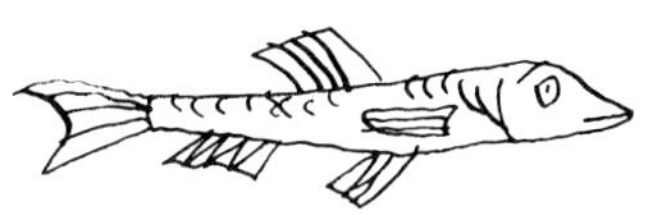

沙丁鱼卷 SARDINE ROLLS

将烤箱预热至 180°C/350°F/ 气烤箱刻度 4。在一个耐热焗盘内涂橄榄油。用盐和胡椒腌制沙丁鱼，将每一条沙丁鱼用 1 片意式培根包裹好，并用牙签固定。将沙丁鱼卷放到准备好的焗盘内，加入月桂叶和百里香，淋上柠檬汁和橄榄油。放入烤箱烘烤约 15 分钟。

INVOLTINI DI SARDINE

供 4 人食用

制备时间：30 分钟

加热烹调时间：15 分钟

1～2 汤匙橄榄油，另加涂刷所需

800 克 /1¾ 磅沙丁鱼，刮除鱼鳞，洗净并剔除鱼骨

120 克 /4 盎司烟熏意式培根，切薄片

2 片月桂叶

1 枝百里香

1 颗柠檬，挤出柠檬汁，过滤

盐和胡椒

铁扒沙丁鱼 GRILLED SARDINES

将铁扒炉预热。在沙丁鱼上涂刷橄榄油。沙丁鱼展开，放到铁扒炉架上，铁扒 4～5 分钟。将橄榄油、柠檬汁、辣椒、大蒜和伍斯特沙司在碗中混合均匀，用盐和胡椒调味。铁扒好的沙丁鱼配酱汁一起食用。

SARDINE ALLA GRIGLIA

供 4 人食用

制备时间：25 分钟

加热烹调时间：4～5 分钟

800 克 /1¾ 磅沙丁鱼，刮除鱼鳞，洗净并剔除鱼骨

5 汤匙橄榄油，另加涂刷所需

1 颗柠檬，挤出柠檬汁，过滤

半根红辣椒，去籽后切碎

半瓣蒜，切碎

1 茶匙伍斯特沙司

盐和胡椒

SARDINE ALLA MARINARA
供 4 人食用
制备时间：25 分钟，另加冷却用时
加热烹调时间：15 分钟
橄榄油，用于涂刷和淋洒
800 克 / 1¾ 磅沙丁鱼，刮除鱼鳞，洗净并剔取鱼肉（见第 759 页）
3 枝新鲜的迷迭香，切碎
1 瓣蒜，切碎
少许干牛至
1 汤匙白葡萄酒醋
盐

海员沙丁鱼 SARDINES MARINARA

在一口深边锅中涂一些橄榄油，摆放两层沙丁鱼，在沙丁鱼之间摆放迷迭香和大蒜。撒上牛至，用盐调味，并多淋上一些橄榄油。用中小火加热 15 分钟。洒上白葡萄酒醋，继续加热至沙丁鱼肉呈瓣状且可以分离的程度。制作好的沙丁鱼可以冷食。

SARDINE ALLO SCALOGNO
供 4 人食用
制备时间：30 分钟
加热烹调时间：5～8 分钟
普通面粉，用于淋撒
1 颗鸡蛋
175 毫升 / 6 盎司橄榄油
800 克 / 1¾ 磅沙丁鱼，刮除鱼鳞，洗净并剔取鱼肉
4 颗红葱头，切细末
1 枝新鲜平叶欧芹，切细末
5 汤匙白葡萄酒醋
盐和胡椒

红葱头沙丁鱼 SARDINES WITH SHALLOTS

在一个浅盘内撒入面粉，在另外一个浅盘内打入鸡蛋并搅散，在一口大号平底锅中加热橄榄油。沙丁鱼先蘸上面粉，然后再裹上蛋液，放入平底锅中煎 5 分钟或更长一些的时间，要根据沙丁鱼的大小而定。将红葱头、欧芹和白葡萄酒醋在碗中混合均匀，用盐和胡椒调味。沙丁鱼用漏勺捞出，放在厨房纸上控净油。放到温热的餐盘中，配红葱头酱汁即可。

SARDINE IMPANATE
供 4 人食用
制备时间：30 分钟
加热烹调时间：7～10 分钟
50 克 / 2 盎司普通面粉
1 颗鸡蛋
80 克 / 3 盎司面包糠
植物油，用于油炸
800 克 / 1¾ 磅沙丁鱼，刮除鱼鳞，洗净并剔取鱼肉
盐
柠檬角，用作配餐

香酥沙丁鱼 SARDINES IN BREADCRUMBS

在一个浅盘内撒入面粉，在另外一个浅盘内打入鸡蛋，并加入少许盐一起搅散，在第三个浅盘内撒入面包糠。加热植物油。沙丁鱼先蘸上面粉，然后再蘸上蛋液，最后裹上面包糠。放入热油中炸约 7 分钟，其间翻动几次（见第 691 页）。将炸好的沙丁鱼从锅中取出，放到厨房纸上控净油。配柠檬角一起食用。

酿馅沙丁鱼，见第 762 页 →

SARDINE IN BELLAVISTA
供 4 人食用
制备时间：45 分钟
加热烹调时间：20 分钟
25 克 /1 盎司黄油
2 汤匙橄榄油，另加涂刷所需
1 颗洋葱，切碎
250 克 /9 盎司牛肝菌，切碎
1 枝新鲜平叶欧芹，切碎
2 汤匙番茄泥
600 克 /1 磅 5 盎司沙丁鱼，去骨，刮除鱼鳞并洗净（见第 759 页）
2 个黄甜椒
10 条罐装油浸鳀鱼肉，捞出控净汤汁
盐和胡椒

美景沙丁鱼 SARDINES BELLAVISTA

在一口锅中加热黄油和橄榄油，放入洋葱，用小火加热，煸炒 5 分钟。加入牛肝菌，继续加热煸炒，直到将锅中所有的汤汁全部熗干。用盐和胡椒调味，拌入欧芹和番茄泥，加热至变得浓稠。与此同时，将烤箱预热至 180°C/350°F/ 气烤箱刻度 4，铁扒炉预热。在耐热焗盘中涂抹橄榄油。沙丁鱼保持展开的形状，放到准备好的耐热焗盘内，舀入牛肝菌酱汁，放入烤箱烘烤 20 分钟。与此同时，铁扒黄甜椒，然后去皮去籽，切条状。将烤好的沙丁鱼放到温热的餐盘中，四周交替着摆上鳀鱼肉和黄甜椒条。

SARDINE RIPIENE
供 4 人食用
制备时间：35 分钟
加热烹调时间：5～6 分钟
半把新鲜平叶欧芹
1 枝新鲜的佛手柑
1 瓣蒜
3 颗鸡蛋
2 汤匙面包糠
1 汤匙现擦碎的帕玛森奶酪
800 克 /1¾ 磅沙丁鱼，刮除鱼鳞，洗净并剔取鱼肉（见第 759 页）
普通面粉，用于淋撒
5 汤匙橄榄油
盐和胡椒
见第 761 页

酿馅沙丁鱼 STUFFED SARDINES

欧芹、佛手柑和大蒜一起切碎，放入碗中，加入鸡蛋混合均匀。加入面包糠和帕玛森奶酪，用盐和胡椒调味，混合均匀。将制作好的混合物涂抹到展开的沙丁鱼上，然后再将沙丁鱼恢复原样。裹上面粉，并将多余的面粉抖落掉。在一口平底锅中加热橄榄油，放入沙丁鱼煎 5～6 分钟，其间翻动一次。将煎好的沙丁鱼用漏勺捞出，放到厨房纸上控净油。用盐调味即可。

SARDINE SAPORITE
供 4 人食用
制备时间：40 分钟
加热烹调时间：20 分钟
800 克 /1¾ 磅沙丁鱼，刮除鱼鳞，洗净并剔取鱼肉（见第 759 页）
普通面粉，用于淋撒
3 汤匙橄榄油
1 瓣蒜
1 枝新鲜的迷迭香
1 片月桂叶
175 毫升 /6 盎司白葡萄酒
盐和胡椒

多汁沙丁鱼 SUCCULENT SARDINES

将烤箱预热至 180°C/350°F/ 气烤箱刻度 4。沙丁鱼裹上面粉。将橄榄油在一口锅中加热，放入大蒜、迷迭香和月桂叶，放入沙丁鱼，煎几分钟，直到沙丁鱼两面都呈浅褐色。用盐和胡椒调味，将煎好的沙丁鱼取出，放到一个耐热焗盘内。从锅中取出香草和大蒜，丢弃不用，倒入白葡萄酒。混合均匀后用大火加热，将锅中的汤汁熗至剩余一半，然后将汤汁淋到沙丁鱼上，放入烤箱烘烤约 20 分钟即可。

蝎子鱼

蝎子鱼（scorpion fish）有几个不同品种，有时也用其法语名称 rascasse，褐色的蝎子鱼，实际上是灰色的，比起那些普通的红色蝎子鱼品种来说，风味要更加鲜美。蝎子鱼长相非常丑陋，它们的背部肉质最厚实，脊背上的体刺粗壮，小心刺伤手指。但是，蝎子鱼质地硬实、色泽洁白的肉质鲜美可口，有众多的制作方式。蝎子鱼的传统制作方式是用来制作汤菜和炖菜。褐色的蝎子鱼相当小，只有 20～30 厘米 /8～12 英寸长。因为其头部巨大，所以大部分都会浪费掉。红色的蝎子鱼可以生长到约 50 厘米 /20 英寸长。

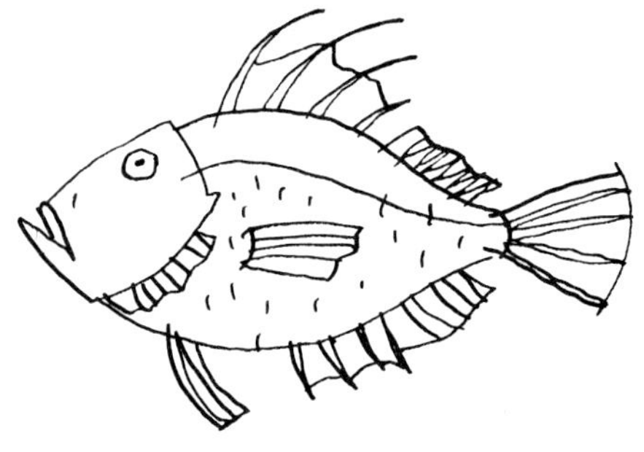

CAPPON MAGRO
供 12 人食用
制备时间：2 小时 15 分钟
加热烹调时间：45 分钟
6～8 块全麦饼干
2 瓣蒜
2～3 汤匙白葡萄酒醋
175 毫升 /6 盎司橄榄油，另加淋洒所需
1½ 千克 /3¼ 磅蝎子鱼，去掉脊刺，洗净
1 颗柠檬，挤出柠檬汁，过滤
1 只鲜活的大鳌虾
200 克 /7 盎司盐渍鳀鱼，去掉鱼头，洗净并剔取鱼肉（见第 694 页），用冷水浸泡 10 分钟后捞出控干
3 个蛋黄
50 克 /2 盎司酸豆，捞出控净汁液，漂洗干净
200 克 /7 盎司绿橄榄，去核
1 枝新鲜平叶欧芹，切碎
50 克 /2 盎司松子仁
2 片面包，去边
12 个牡蛎
150 克 /5 盎司咸味金枪鱼肉干
500 克 /1 磅 2 盎司四季豆，煮熟（见第 552 页）
400 克 /14 盎司马铃薯，煮熟后切片（见第 608 页）
300 克 /11 盎司鸦葱，煮熟后切片（见第 655 页）
5 颗洋蓟，切块状，煮熟（见第 487 页）
4 根胡萝卜，切片并煮熟（见第 503 页）
1 颗菜花，切成小朵并煮熟（见第 512 页）
1 个甜菜，烤熟或蒸熟后切片（见第 477 页）
1 棵芹菜心，煮熟后切片（见第 659 页）
120 克 /4 盎司油浸小蘑菇，捞出控净汤汁
10 只熟大虾，去掉外壳和虾线
6 颗鸡蛋，煮熟，去壳后切片
盐和胡椒

热那亚风味海鲜蝎子鱼沙拉 GENOESE SALAD

用 1 瓣蒜涂抹饼干，放入碗中，加水没过饼干，再加入 1 汤匙的醋，然后将饼干捞出控干，放入一个大的餐盘中。淋上橄榄油，用盐和胡椒调味后，放到一边备用。用小火将蝎子鱼煮 20～30 分钟，直到鱼肉可以很容易地剥下来。捞出控净汤汁，去掉蝎子鱼的鱼皮和鱼骨。将鱼肉切成块状，放入一个盘内，淋上橄榄油和一半柠檬汁，用盐调味，让其完全冷却。将大鳌虾放入沸水中，盖上锅盖后煮 10～15 分钟，加热的时间根据大鳌虾的大小确定。然后将大鳌虾捞出，取肉（见第 803 页），放到一个盘内，淋上橄榄油和剩余的柠檬汁，用盐调味，让其完全冷却。与此同时，将鳀鱼切碎，连同蛋黄、酸豆、一半橄榄、欧芹、松子仁、剩余的大蒜和面包一起放入食物料理机内，搅打成泥蓉状。刮取到一个碗中，拌入橄榄油和剩余的醋。将牡蛎外壳打开（见第 833 页）。在饼干上摆放一层咸味金枪鱼肉干，舀入一点儿鳀鱼酱汁，再交替着分层摆上各种烹熟的蔬菜，加入更多的鳀鱼酱汁，鱼肉和大鳌虾肉。将所有的食材堆放成一个金字塔造型，直到食材全部用完。将剩余的橄榄、蘑菇和大虾交替着穿在 4 根或者 5 根长木签上，插到金字塔的顶端。用鸡蛋片、牡蛎、剩余的大虾和其他剩余的食材装饰。将剩余的酱汁淋到金字塔上，放在阴凉处，直到食用时。

烤蘑菇风味蝎子鱼 SCORPION FISH WITH MUSHROOMS

SCORFANO AI PUNGHI
供 4 人食用
制备时间：25 分钟
加热烹调时间：20～30 分钟
50 克 /2 盎司黄油，另加涂抹所需
150 克 /5 盎司蘑菇，切薄片
800 克 /1¾ 磅蝎子鱼，去掉脊刺，洗净
3 片柠檬
175 毫升 /6 盎司干白葡萄酒
盐和胡椒

烤箱预热至 180°C/350°F/ 气烤箱刻度 4。在耐热焗盘内涂抹黄油。将蘑菇撒到焗盘内，用盐和胡椒给蝎子鱼调味，放到焗盘内的蘑菇上。放上黄油颗粒，再在鱼身上摆放柠檬片，淋上葡萄酒。放入烤箱烘烤约 20～30 分钟。其间要不时地将汤汁淋到鱼身上。

百里香蝎子鱼 SCORPION FISH WITH THYME

SCORFANO AL TIMO
供 4 人食用
制备时间：25 分钟
加热烹调时间：20～30 分钟
4 条蝎子鱼，去掉脊刺，洗净
半把新鲜的百里香，切碎
4 汤匙橄榄油
1 颗柠檬，挤出柠檬汁，过滤
100 克 /3½ 盎司盐渍鳀鱼，去掉鱼头，洗净并剔取鱼肉（见第 694 页），用冷水浸泡 10 分钟后捞出控干
100 克 /3½ 盎司黄油，软化
盐和胡椒

将烤箱预热至 180°C/350°F/ 气烤箱刻度 4。在蝎子鱼腹内撒入盐和胡椒，并塞入一些百里香。将剩余的百里香撒在耐热焗盘内，放入蝎子鱼，并用盐和胡椒调味。橄榄油和柠檬汁混合均匀，淋到鱼身上。放入烤箱烘烤 20～30 分钟，其间要不时地将汤汁淋到鱼身上。与此同时，将鳀鱼切碎，过筛到碗中，与黄油混合均匀。烤好的蝎子鱼配鳀鱼黄油一起食用。

白葡萄酒藏红花风味蝎子鱼 SCORPION FISH IN WHITE WINE AND SAFFRON

SCORFANO AL VINO BIANCO E ZAFFERANO
供 4 人食用
制备时间：25 分钟，另加冷却用时
加热烹调时间：15～20 分钟
2×300 克 /11 盎司重的蝎子鱼，去掉脊刺，洗净
3 汤匙橄榄油
400 克 /14 盎司番茄，去皮去籽后切丁
1 瓣蒜
少许藏红花丝
500 毫升 /18 盎司干白葡萄酒
盐和胡椒

将蝎子鱼放入一口耐热砂锅中，放入橄榄油，撒上番茄。用盐和胡椒调味，再加入大蒜和藏红花，倒入白葡萄酒。加热煮沸，盖上锅盖，用中火加热 15～20 分钟。将砂锅从火上端离，让其在原汁中冷却。冷却后的蝎子鱼配白葡萄酒和藏红花酱汁一起食用即可。

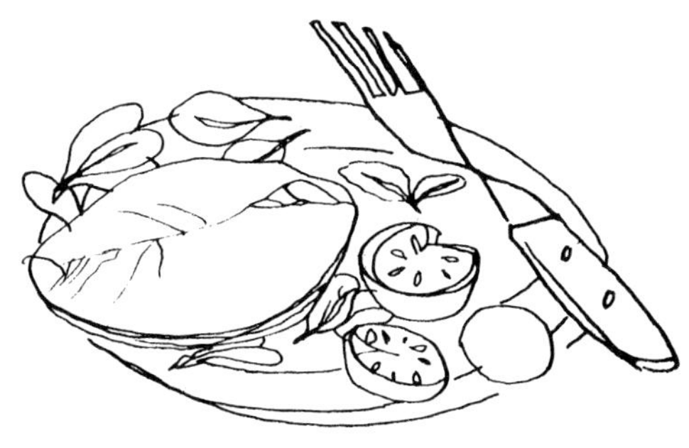

鲭鱼

与沙丁鱼和皮尔彻德鱼一样，鲭鱼在意大利也属于“蓝鳞鱼”家族。它们的长度从25～45厘米/10～18英寸不等。它们盛产于地中海水域（在澳大利亚和新西兰水域中的蓝色鲭鱼也是如此），鲭鱼灰色的肉质并不是非常受人们欢迎。但是，其结实的肉质中有着一股独特的美味。鲭鱼用于烧烤或者用油煎熟非常美味。如果鲭鱼是刚刚捕获上岸的，并且其重量超过500克/1磅2盎司，最好是将它们在冰箱内冷藏储存一天之后再加热烹调。

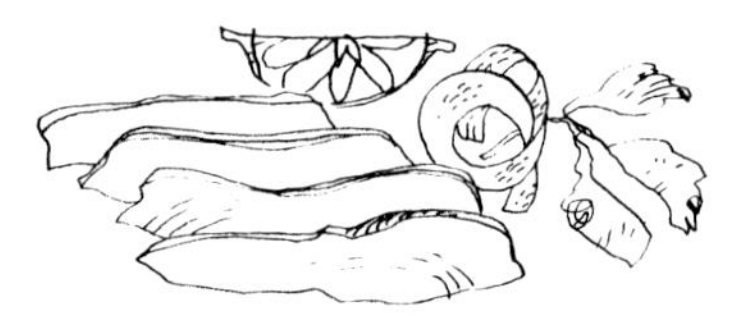

SGOMBRI AI FAGIOLINI
供4人食用
制备时间：25分钟
加热烹调时间：40分钟
5汤匙橄榄油
1颗洋葱，切丝
1根胡萝卜，切碎
1枝新鲜平叶欧芹，切碎
1枝新鲜的百里香，切碎
150克/5盎司四季豆，制备好
1颗番茄，去皮去籽后切碎
2汤匙酸豆，捞出控净汁液，漂洗干净
4条鲭鱼，洗净
普通面粉，用于淋撒
盐和胡椒

四季豆鲭鱼 MACKEREL WITH FRENCH BEANS

在一口锅中加热2汤匙的橄榄油，放入洋葱、胡萝卜、欧芹和百里香，用小火加热，煸炒5分钟。加入四季豆，继续加热，翻炒15分钟。加入番茄和酸豆，用盐和胡椒调味，再继续翻炒5分钟。将鲭鱼裹上面粉，多余的面粉抖落掉。剩余的橄榄油放入平底锅中加热，放入鲭鱼，煎至金黄色，直至鱼肉呈瓣状，可以非常容易地用叉子分离开。用一把漏勺捞出，放入蔬菜锅中，再继续加热5分钟。尝味后，根据需要再调味即可。

SGOMBRI AL BURRO
供4人食用
制备时间：25分钟
加热烹调时间：10分钟
4条鲭鱼，洗净
普通面粉，用于淋撒
25克/1盎司黄油
1份鼠尾草黄油（见第105页）
1颗柠檬，挤出柠檬汁，过滤
盐

鼠尾草黄油鲭鱼 MACKEREL WITH SAGE BUTTER

在鲭鱼两侧各切出一些菱形花刀，然后裹上面粉，并将多余的面粉都抖落掉。在一口平底锅中加热黄油，放入鲭鱼，用中火加热，每面煎约5分钟。用盐调味，然后将煎好的鲭鱼取出放入温热的餐盘中。在每条鲭鱼上摆放一些鼠尾草黄油，再洒上柠檬汁即可。

四季豆鲭鱼 ➔

SGOMBRI ALLA GRECA
供 4 人食用
制备时间：25 分钟
加热烹调时间：30 分钟
2 汤匙橄榄油，另加涂刷和淋洒所需
2 颗小洋葱，切碎
4 条鲭鱼，洗净
2 片新鲜的鼠尾草叶
1 汤匙新鲜平叶欧芹，切碎
1 枝新鲜的百里香
1 颗柠檬，挤出柠檬汁，过滤
100 克 /3½ 盎司黑橄榄，去核
盐和胡椒

希腊风味鲭鱼 GREEK MACKEREL

将烤箱预热至 180℃/350℉/ 气烤箱刻度 4。耐热焗盘中涂抹橄榄油。将橄榄油在一口小号的平底锅中加热，放入洋葱，用小火加热，煸炒 5 分钟。鲭鱼放到准备好的焗盘内，撒上炒好的洋葱。淋上橄榄油，放上鼠尾草、欧芹和百里香。淋上柠檬汁，并用盐和胡椒调味，再摆上黑橄榄，用锡箔纸覆盖。放入烤箱烘烤 30 分钟。

SGOMBRI AL RIBES
供 4 人食用
制备时间：30 分钟
加热烹调时间：20 分钟
350 克 /12 盎司葡萄干
4 条鲭鱼，洗净
25 克 /1 盎司黄油
1 颗洋葱，切碎
1 瓣蒜
175 毫升 /6 盎司干白葡萄酒
1 茶匙糖
盐和胡椒

葡萄干鲭鱼 MACKEREL WITH CURRANTS

将烤箱预热至 180℃/350℉/ 气烤箱刻度 4。葡萄干放入碗中，加入热水没过葡萄干，让其浸泡一会儿。在鱼身两侧切出菱形花刀，放到一个耐热焗盘里。黄油放入锅中加热熔化，放入洋葱和大蒜，用小火加热，翻炒约 10 分钟。葡萄干捞出，保留浸泡葡萄干的温水。取出 120 克 /4 盎司葡萄干放到一边备用，将剩余的葡萄干中的水分挤到浸泡葡萄干的碗中，然后留作他用。将葡萄酒和浸泡葡萄干的水放入一口锅里，加入糖，用盐和胡椒调味。将加热好的液体倒在鱼上。放入烤箱烘烤约 10 分钟，加入保留的葡萄干，再继续烘烤 10 分钟，配酱汁一起食用。

TERRINA DI SGOMBRI AL VINO BIANCO
供 4 人食用
制备时间：30 分钟，另加 1 小时静置用时和 1 小时冷藏用时
加热烹调时间：15 分钟
1 根胡萝卜，切片
1 颗洋葱，切片
半颗柠檬，切片
1 枝新鲜平叶欧芹
1 枝新鲜的百里香
375 毫升 /13 盎司白葡萄酒
100 毫升 /3½ 盎司白葡萄酒醋
6 粒黑胡椒粒
4 条鲭鱼，洗净
盐

鲭鱼配白葡萄酒批 MACKEREL AND WHITE WINE TERRINE

将胡萝卜、洋葱、柠檬、欧芹、百里香、葡萄酒、白葡萄酒醋、黑胡椒粒和少许盐放入一口锅中，加热煮沸，用小火煮几分钟，然后将锅从火上端离，让其静置 1 小时。在鲭鱼两侧分别切出一些菱形花刀。将葡萄酒混合物重新加热煮沸，再转小火加热，加入鲭鱼，继续加热 5 分钟。取出柠檬片，放入一个碗中。将鲭鱼捞出，放到柠檬片上。用大火将锅中的汁液加热 5 分钟，直到熗浓，然后将香草取出并丢弃不用。将锅中的混合物倒入食物料理机内，搅打成蓉泥状。将其淋到鲭鱼上，让其冷却，再放入冰箱冷藏约 1 小时即可。

鳎目鱼

意大利鳎目鱼（sole）约 20 厘米 /8 英寸长，而生活在北海（northern seas）的鳎目鱼则可以生长到 40～45 厘米 /16～18 英寸。鳎目鱼肉质硬实，有着精美的风味，并且非常容易被人体消化吸收。它们是扁平鱼类，生活在海底，鱼身被一圈“褶边”所包围，这些褶边可以切除掉。鳎目鱼的上面鱼身是一层特色鲜明的黑色鱼皮，可以在靠近鱼尾处切出一个切口，将这一层黑色鱼皮用力撕除。而在下面鱼身的鱼皮则是浅白色，并覆盖着一层特别细小的鱼鳞。你可以将这一层鱼鳞刮除，或者按照上面去掉鱼皮同样的方式直接去掉这一层鱼皮。如果鳎目鱼需要整条制备加工，分别位于鱼身上不同位置的几个脊刺必须除掉，这样在整个加热烹调的过程中才能保持住其扁平鱼身不变形。而如果要剔取鱼肉，一般来说，最好是请鱼贩来帮你完成。

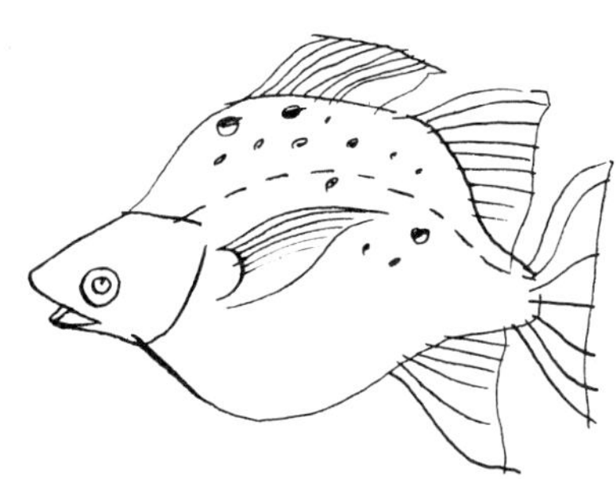

扁桃仁鳎目鱼 ALMOND-COATED SOLE FILLETS

将鳎目鱼蘸上薄薄的一层面粉。鸡蛋加少许盐和胡椒，在一个浅盘内打散，扁桃仁放入另外一个浅盘内。黄油放入一口平底锅中加热。鳎目鱼先裹上蛋液，然后再铺满扁桃仁。放入平底锅中，每面煎几分钟。将煎好的鳎目鱼放到温热的餐盘中，用欧芹枝叶装饰。

FILETTI DI SOGLIOLE ALLE MANDORLE

供 4 人食用

制备时间：25 分钟

加热烹调时间：10～15 分钟

8 片鳎目鱼排，去皮

普通面粉，用于淋撒

2 颗鸡蛋

120 克 /4 盎司扁桃仁，切成粗粒状

80 克 /3 盎司黄油

盐和胡椒

几枝新鲜平叶欧芹，用于装饰

见第 770 页

鳎目鱼沙拉 SOLE SALAD

将鳎目鱼放入一个盆内，淋上柠檬汁，并盖上锡箔纸。放入冰箱冷藏2小时。将甜椒、胡萝卜、黄瓜和番茄放入沙拉碗中。橄榄油、迷迭香和醋在碗中搅拌好，用盐和胡椒调味，将调制好的沙拉汁淋到沙拉碗中的蔬菜上。取出鱼肉，切丁，然后加入沙拉里并轻轻拌和。用盐略微调味即可。

FILETTI DI SOGLIOLE IN INSALATA
供4人食用
制备时间：40分钟，另加2小时冷藏用时
8片大鳎目鱼排，去皮
2颗柠檬，挤出柠檬汁，过滤
2个绿甜椒，切成两半，去籽后切丁
1个黄甜椒，切成两半，去籽后切丁
1根胡萝卜，切薄片
1根黄瓜，切薄片
2颗番茄，去皮去籽后切丁
4～5汤匙的橄榄油
1汤匙新鲜的迷迭香叶，切碎
1汤匙白葡萄酒醋
盐和胡椒

鳎目鱼大虾卷 SOLE AND PRAWN ROULADES

在一口锅中加热熔化25克/1盎司黄油，放入大虾煎2分钟，其间不断翻炒。用盐和胡椒调味，然后用漏勺将大虾捞出，让其稍微冷却。将每只大虾分别放到一片鳎目鱼排上，卷起并用一根牙签固定。将剩余的黄油在一口锅中加热，加入鳎目鱼大虾卷，煎10分钟左右，直到呈浅金黄色。用盐略微调味，倒入干白葡萄酒，加热至完全吸收。将香葱、双倍奶油和柠檬汁在碗中混合均匀。煎好的鳎目鱼排和大虾卷放到温热的餐盘中，将酱汁舀入大虾卷上即可。

INVOLTINI DI SOGLIOLE CON I GAMBERI
供4人食用
制备时间：25分钟
加热烹调时间：15～20分钟
80克/3盎司黄油
8只生的地中海大虾或者斑节大虾，去虾壳和虾线
8片鳎目鱼排，去皮
4汤匙干白葡萄酒
半把新鲜的香葱，切碎
100毫升/3½盎司双倍奶油
半颗柠檬，挤出柠檬汁，过滤
盐和胡椒

蘑菇鳎目鱼 SOLE WITH MUSHROOMS

在一口平底锅中加热2汤匙的橄榄油，放入牛肝菌，用中小火加热煸炒。与此同时，将鳎目鱼放入一口酱汁锅中，倒入葡萄酒和白兰地酒，加入大蒜和迷迭香，并用盐和胡椒调味。加热至刚好沸腾时转小火加热15分钟。将煮好的鱼放入平底锅中并保温。将酱汁锅中的汤汁过滤到一口干净的锅中，用大火加热煮沸并㸆浓。然后转小火加热，放入蛋黄、剩余的橄榄油和柠檬汁，快速搅拌，当鸡蛋开始变凝固，将锅从火上端离。将鱼放到温热的餐盘中，用牛肝菌装饰并用勺舀入酱汁。

SOGLIOLE AI FUNGHI
供4人食用
制备时间：20分钟
加热烹调时间：35分钟
6汤匙橄榄油
200克/7盎司牛肝菌，切薄片
8片鳎目鱼排，去皮
100毫升/3½盎司干白葡萄酒
50毫升/2盎司白兰地酒
1瓣蒜
1枝新鲜的迷迭香
2个蛋黄
半颗柠檬，挤出柠檬汁，过滤
盐和胡椒

← 扁桃仁鳎目鱼，见第769页

SOGLIOLE ALLA GRIGLIA
供 4 人食用
制备时间：10 分钟
加热烹调时间：15～20 分钟
4 条鳎目鱼，清理干净并剔除鱼皮
橄榄油，用于涂刷
盐和胡椒
柠檬角，用作配餐

铁扒鳎目鱼 GRILLED SOLE

铁扒炉预热。用盐和胡椒腌制鳎目鱼，并涂刷橄榄油。将鳎目鱼放到铁扒炉架上，不时地涂刷橄榄油，每面铁扒 7～8 分钟。铁扒好的鳎目鱼放到温热的餐盘中，配柠檬角一起食用。

SOGLIOLE AL SIDRO
供 4 人食用
制备时间：20 分钟
加热烹调时间：35 分钟
25 克 /1 盎司黄油
1 颗洋葱，切细丝
1 瓣蒜
80 克 /3 盎司烟熏意式培根，切块
1 汤匙普通面粉
350 毫升 /12 盎司苹果酒
1 片月桂叶
8 片鳎目鱼排，去掉鱼皮
1 个蛋黄，打散
3 汤匙双倍奶油
盐和胡椒
炸面包片，用作配餐

苹果酒风味鳎目鱼 SOLE IN CIDER

在一口锅中加热熔化黄油，加入洋葱、大蒜和意式培根，用小火加热，煸炒 5 分钟。撒入面粉后继续加热煸炒几分钟。倒入苹果酒，用盐和胡椒调味，加入月桂叶，转中火加热 15 分钟，直到将汁液熗浓。再转小火加热，放入鳎目鱼，继续加热 7～8 分钟。将制作好的鳎目鱼盛入温热的餐盘中。取出大蒜和月桂叶并丢弃不用。将蛋黄和双倍奶油拌入锅中的汁液中，再继续加热几分钟，然后将酱汁淋到鱼肉上。搭配用黄油炸酥的厚面包片一起食用。

SOGLIOLE AL TIMO
供 4 人食用
制备时间：25 分钟
加热烹调时间：15 分钟
4 条鳎目鱼，清理干净并剔除鱼皮
120～150 毫升 /4～5 盎司橄榄油，另加淋洒所需
半颗柠檬，挤出柠檬汁，过滤
3 汤匙新鲜的百里香叶
盐和白胡椒

百里香风味鳎目鱼 SOLE WITH THYME

这是一道制作非常简单的菜肴。将鳎目鱼放入一口锅中，加水没过鱼身，加入少许的盐，加热至刚好沸腾，然后转小火加热煮熟。捞出鳎目鱼，放入餐盘中。淋上橄榄油和柠檬汁。将百里香叶、少许盐和少许的白胡椒在碗中混合均匀，淋在鱼肉上。上桌前放在阴凉处。

百里香风味鳎目鱼 →

SOGLIOLE CON BURRO FUSO
供 4 人食用
制备时间：15 分钟，另加 15 分钟浸泡用时
加热烹调时间：20 分钟
4 条鳎目鱼，清理干净并剔除鱼皮
300 毫升 / ½ 品脱牛奶
普通面粉，用于淋撒
150 克 /5 盎司黄油
盐

黄油风味鳎目鱼 SOLE IN MELTED BUTTER

将鳎目鱼放入一个盆内，加入牛奶，让其浸泡至少 15 分钟，然后捞出控净牛奶，并用厨房纸拭干，再裹上薄薄一层面粉。在一口平底锅中加热熔化 50 克 /2 盎司黄油，加入鳎目鱼，用中小火加热，鱼的两面分别煎约 5 分钟，直到呈金黄色并成熟。用盐调味后放入一个餐盘中。将剩余的黄油隔水加热熔化，或者放入一个耐热碗中，置于一锅微开的水上，继续搅拌至黄油起泡沫，然后淋到鳎目鱼上。立刻上桌。

SOGLIOLE IN SALSA PICCANTE
供 4 人食用
制备时间：25 分钟
加热烹调时间：15 分钟
2 条盐渍鳀鱼，去掉鱼头，洗净并剔取鱼肉（见第 694 页），用冷水浸泡 10 分钟后捞出控干
4 条鳎目鱼，清理干净并剔除鱼皮
普通面粉，用于淋撒
80 克 /3 盎司黄油
2 颗柠檬，挤出柠檬汁，过滤
2 汤匙酸豆，控净汁液，漂洗干净
2 汤匙切碎的新鲜平叶欧芹

辣酱鳎目鱼 SOLE IN PIQUANT SAUCE

鳀鱼切碎。将鳎目鱼裹上薄薄一层面粉。将一半黄油放入一口平底锅中加热熔化，放入鳎目鱼，两面都煎至褐色。淋上柠檬汁，放入一个餐盘中并保温。将剩余的黄油在一口小号的酱汁锅中加热熔化，加入鳀鱼和酸豆，用中火加热煸炒，然后倒入鱼中。撒上欧芹即可。

辣酱鳎目鱼 →

鲟 鱼

鲟鱼在早春时节洄游到河里产卵。常见的鲟鱼可以生长到3米/10英尺长。它们的鱼卵常用来制作鱼子酱，它们的鱼鳔可以用来制作鱼胶（吉利丁）。色泽洁白、质地硬实、美味可口的肉质广受赞誉，非常适合于煮、铁扒或者煎。鲟鱼可以购买到新鲜的或者冷冻的鱼排，也有干制的、烟熏的或者罐装的。在意大利以外的地方，鲟鱼并没有被广泛使用，并且其价格非常昂贵。过度捕捞和栖息地被人为地破坏，造成它们数量的严重减少。不过，白色鲟鱼在意大利已经养殖好多年了。这里的食谱，你可以用一种肉质硬实而洁白的鱼类来代替它们，例如比目鱼等。

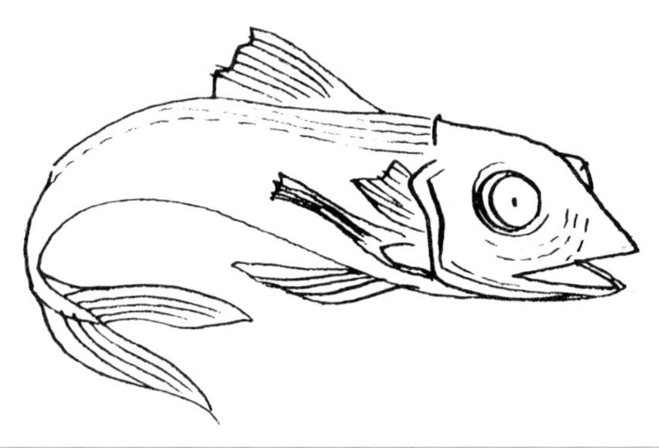

酸甜酱鲟鱼排 STURGEON IN SWEET-AND-SOUR SAUCE

SCALOPPE DI STORIONE AGRODOLCI
供4人食用
制备时间：15分钟
加热烹调时间：20分钟
200毫升/7盎司牛奶
600克/1磅5盎司鲟鱼排，切薄片
普通面粉，用于淋撒
25克/1盎司黄油
2汤匙橄榄油
盐和胡椒

用于制作酱汁
80克/3盎司黄油
1茶匙糖
2½厘米/1英寸长的肉桂棒
1粒丁香
200毫升/7盎司香脂醋
盐

将牛奶倒入一个盆内，用盐和胡椒给鱼调味，然后浸泡在牛奶中。捞出后控净牛奶，并裹上面粉。在一口平底锅中加热黄油和橄榄油，放入鱼，每面煎4分钟，直到呈均匀的褐色。用漏勺捞出，放到厨房纸上控净油，然后放到一个盘内，覆盖并保温。制作酱汁：将黄油用小火加热熔化，加入糖、肉桂、丁香和少许盐，混合均匀。倒入香脂醋并加热搅拌，直到变得浓稠。取出肉桂和丁香，丢弃不用。将酱汁淋到温热的餐盘中，鲟鱼片放到盘内的酱汁上即可。

鳀鱼酱鲟鱼排 STURGEON IN ANCHOVY SAUCE

将 1 升 / 1¾ 品脱水倒入一口酱汁锅中，加入葡萄酒、月桂叶和少许盐。加热煮沸，加入鱼片，再继续加热 10 分钟。鱼片捞出控净汤汁，保留约 1 汤匙的煮鱼汤汁。鱼片放入餐盘中覆盖并保温。与此同时，在一口小号的酱汁锅中加热橄榄油，放入鳀鱼，用中火加热，用叉子碾压鳀鱼至几乎成泥蓉状。拌入 1～2 茶匙保留的汤汁，加入醋并混合均匀。将锅从火上端离，拌入酸豆。将制作好的酱汁淋到鱼片上即可。

SCALOPPE DI STORIONE ALLE ACCIUGHE
供 4 人食用
制备时间：20 分钟
加热烹调时间：25 分钟
200 毫升 / 7 盎司干白葡萄酒
1 片月桂叶
4 薄片鲟鱼肉
盐

用于制作酱汁
3～4 汤匙橄榄油
6 条罐装油浸鳀鱼，捞出控净汁液并切碎
1 汤匙香脂醋
1 汤匙酸豆，控净汁液并漂洗干净

香脂醋风味鲟鱼 STURGEON IN BALSAMIC VINEGAR

将洋葱、芹菜和 ⅔ 大蒜放入一个碗中搅拌均匀。分出一半搅拌好的混合物，放入一个盆内，将鱼排放到上面，另外一半撒到鱼排上。用盐和胡椒调味，淋上醋和葡萄酒。让其腌制约 2 小时。鳀鱼切碎。在一口平底锅中加热橄榄油，放入鳀鱼，加热翻炒，用木勺将鳀鱼碾碎成蓉泥状。剩余的大蒜和欧芹加入锅中，放入鱼排，加热至两面都呈金黄色即可。

STORIONE ALL'ACETO BALSAMICO
供 4 人食用
制备时间：25 分钟，另加 2 小时腌制用时
加热烹调时间：15～20 分钟
1 颗洋葱，切碎
1 根芹菜茎，切碎
1.5 瓣蒜，切碎
4 块鲟鱼排
1 汤匙香脂醋
4 汤匙干白葡萄酒
4 条盐渍鳀鱼，去掉鱼头，洗净并剔取鱼肉（见第 694 页），用冷水浸泡 10 分钟后捞出控干
3 汤匙橄榄油
1 枝新鲜平叶欧芹，切碎
盐和胡椒

铁扒鲟鱼 GRILLED STURGEON

将橄榄油、葡萄酒、柠檬汁、百里香、1 枝迷迭香和欧芹放入一个盆内，用盐和胡椒调味。将鱼排放入盆内，翻动鱼排，让其裹匀调味料并腌制 1 小时。预热铁扒炉。将鱼排捞出控净汁液，保留好腌泡汁，在鱼肉上切出一些小的切口。将蒜片和从剩余的迷迭香枝上摘下的迷迭香叶塞入切口中。用铁扒炉加热使其成熟。在加热的过程中，要不时地将腌泡汁涂刷到鱼排上，加热 25 分钟即可。

STORIONE ALLA GRIGLIA
供 4 人食用
制备时间：20 分钟，另加 1 小时腌制用时
加热烹调时间：25 分钟
175 毫升 / 6 盎司橄榄油
3 汤匙干白葡萄酒
1 颗柠檬，挤出柠檬汁，过滤
1 枝新鲜的百里香
2 枝新鲜的迷迭香
1 枝新鲜平叶欧芹
4 块鲟鱼排
1 瓣蒜，切片
盐和胡椒

洋蓟鲟鱼 STURGEON WITH ARTICHOKES

STORIONE CON CARCIOFI
供 4 人食用
制备时间：1 小时 15 分钟
加热烹调时间：10 分钟

- 4 颗洋蓟
- 6 汤匙橄榄油
- 2 瓣蒜
- 1 枝佛手柑
- 4 块鲟鱼排
- 4 颗番茄，切成两半并去籽
- 盐和胡椒

将洋蓟茎切除，外层粗糙的叶片去掉，剩余部分处理好，中间的绒状物挖出并丢弃不用，然后将洋蓟直立着放到一口小号的酱汁锅中。倒入足量的水，没过洋蓟一半的高度，加入橄榄油、1 瓣蒜、佛手柑、少许的盐和少许的胡椒。盖上锅盖后用中小火加热约 40 分钟，直到锅中的汤汁几乎被完全吸收。将烤箱预热至 180°C/350°F/气烤箱刻度 4。剩余的橄榄油在一口平底锅中加热，放入鲟鱼排，每面煎 3～4 分钟。剩余的大蒜切碎，撒到番茄上，放到一个烤盘内，放入烤箱烘烤 5～6 分钟。将洋蓟切成两半，在温热的餐盘中摆放成一个环状，然后将煎好的鱼放在中间，略微重叠着摆放，番茄放到洋蓟的中间即可。

鲟鱼配红甜椒酱汁 STURGEON WITH RED PEPPER SAUCE

STORIONE CON SALSA AI PEPERONI
供 4 人食用
制备时间：50 分钟
加热烹调时间：30 分钟

- 3 汤匙橄榄油，另加涂刷所需
- 1 颗洋葱，切碎
- 800 克 /1¾ 磅红甜椒，切成两半，去籽切片
- 1 × 800 克 /1¾ 磅重的鲟鱼排
- 1 枝新鲜的雪维菜，切碎
- 1 枝新鲜的龙蒿，切碎
- 1 瓣蒜，切碎
- 1 片月桂叶
- 5 汤匙干白葡萄酒
- 盐和胡椒

将烤箱预热至 180°C/350°F/ 气烤箱刻度 4。在一个耐热焗盘内涂橄榄油。将橄榄油在一口锅中加热，放入洋葱，用小火加热，翻炒 5 分钟。加入红甜椒，转中火加热，用盐和胡椒调味，盖上锅盖后继续加热约 30 分钟。在加热的过程中可以加入 2～3 汤匙的沸水。与此同时，将鲟鱼肉放入准备好的焗盘内，涂刷橄榄油，放入雪维菜、龙蒿、大蒜和月桂叶。用盐和胡椒调味，放入烤箱烘烤约 30 分钟，在烘烤的过程中，将干白葡萄酒倒在鱼肉上。当红甜椒烹熟以后，放入食物料理机内，搅打成泥蓉状，如果看起来不够浓稠，可以用大火加热将其燥浓，如果搅打好的泥蓉过于浓稠，可以加入少许温水。将酱汁淋到温热的餐盘中，再将鱼放到上面即可。

金枪鱼

在地中海水域捕捞金枪鱼效益可观，因为人们对金枪鱼喜爱有加，需求量非常大。金枪鱼很容易就可以生长到2½米/8¼英尺的长度，但更大一些的金枪鱼，超过4.5米/14¾英尺长，重量超过600千克/1322磅的，也有捕获记录。在意大利人家的餐桌上，也会经常见到罐装金枪鱼，但是新鲜的金枪鱼却越来越少见到了，因为其价格非常昂贵。金枪鱼排可以像肉类一样加热成熟，炖、焖或者烤都不错。

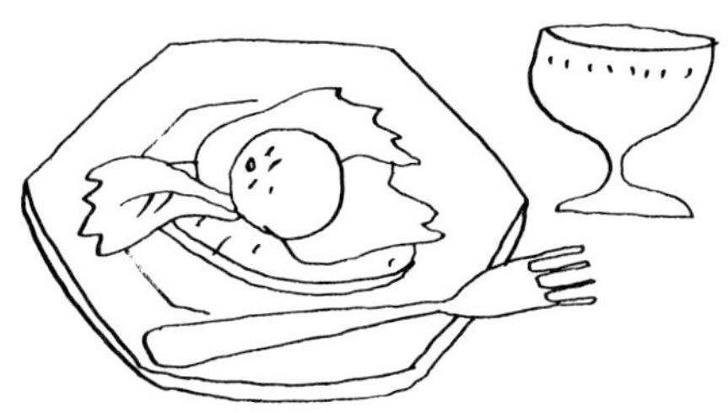

醋汁金枪鱼 TUNA IN VINEGAR

在一口大号的浅锅中加热橄榄油，加入大蒜煸炒几分钟，然后加入金枪鱼排和2汤匙水。用盐和胡椒调味，撒上欧芹。盖上锅盖，用小火加热约20分钟。加入醋，继续加热至完全吸收即可。

TONNO ALL'ACETO
供4人食用
制备时间：10分钟
加热烹调时间：30分钟

3汤匙橄榄油
1瓣蒜，切片
4块金枪鱼排
1枝新鲜平叶欧芹，切碎
2汤匙白葡萄酒醋
盐和胡椒

TONNO AL SEDANO
供 4 人食用
制备时间：30 分钟
加热烹调时间：30 分钟
2 汤匙橄榄油
25 克 /1 盎司黄油
900 克 /2 磅金枪鱼排，切块
4 颗番茄，去皮，去籽后切丁
4 片新鲜的罗勒叶，切碎
1 棵芹菜心，切碎
少许辣椒粉
50 克 /2 盎司黑橄榄，去核
盐和胡椒

芹菜金枪鱼 TUNA WITH CELERY

在一口锅中加热橄榄油和黄油，加入金枪鱼，煸炒至呈淡褐色。加入番茄、罗勒、芹菜和辣椒粉，用盐和胡椒调味。盖上锅盖，用中火加热 30 分钟。拌入黑橄榄。加热至橄榄热透即可。

TONNO IN INSALATA CON FAGIOLINI
供 4 人食用
制备时间：1 小时 30 分钟
加热烹调时间：20 分钟
1 千克 /2¼ 磅新鲜的意大利白豆，去壳
1 × 400 克 /14 盎司重的金枪鱼排
橄榄油，用于涂刷和淋洒
1 瓣蒜，切成两半
10 片新鲜的罗勒叶，切碎
40 克 /1½ 盎司松子仁
4 棵韭葱，只取用白色部分，切薄片
1 颗番茄，去籽后切片
1 棵阔叶菊苣
盐和胡椒

金枪鱼豆子沙拉 TUNA AND BEAN SALAD

将白豆放入一锅沸水中煮 40～60 分钟，直到成熟，然后捞出控干水分。预热铁扒炉。在金枪鱼排上多涂几遍橄榄油，放到铁扒架上铁扒，不时地涂橄榄油，每面铁扒 10 分钟。然后将金枪鱼切成块状。准备一个沙拉碗，用大蒜涂抹，将罗勒和松子仁放入沙拉碗中。用盐和胡椒调味，淋上橄榄油后混合均匀。加入白豆、韭葱、番茄、阔叶菊苣和金枪鱼块，趁着金枪鱼还热时立刻上桌。

TONNO STUFATO
供 4 人食用
制备时间：20 分钟
加热烹调时间：55 分钟
2 汤匙橄榄油
4 块金枪鱼排
1 颗红葱头，切碎
200 克 /7 盎司胡萝卜，切碎
200 克 /7 盎司萝卜，切碎
200 克 /7 盎司四季豆，切成两半
1 枝新鲜的百里香
1 枝新鲜的迷迭香
100 毫升 /3½ 盎司白葡萄酒
盐和胡椒

慢炖金枪鱼 SLOW-COOKED TUNA

在大号的浅锅中加热橄榄油，放入金枪鱼，用大火加热，煎至两面都呈褐色。将金枪鱼从锅中取出，撇去多余的脂肪，然后加入红葱头，煸炒 5 分钟。再加入胡萝卜、萝卜、四季豆、百里香和迷迭香，用盐和胡椒调味，中火加热，翻炒约 10 分钟。将金枪鱼放到蔬菜上面，倒入白葡萄酒和 150 毫升 /¼ 品脱的温水，转小火加热，盖上锅盖，继续加热约 30 分钟。将香草从锅中取出并丢弃不用，金枪鱼和蔬菜盛入温热的餐盘中即可。

慢炖金枪鱼 →

13.5% vol

红鲻鱼

红鲻鱼（red mullet）广受赞誉，并有着独具一格的颜色，特别是条纹状的红鲻鱼，令人困惑不解的是，它们有时候会被称为“金鲻鱼”。真正的金鲻鱼是一种个头更大一些的鲻鱼，可以超过300克/11盎司。其硬实的肉质非常美味可口，但可惜的是，在其鱼肉中有着太多的鱼刺。小个头的，非常容易碎的红鲻鱼适合于简单炸制，但是金鲻鱼可以使用更多的方式进行加热烹调，例如，它们非常适合于烤或者纸包烘烤。在澳大利亚，红鲻鱼通常被称为鲱鲤。鲻鱼也是用来制作鱼类汤菜的一种重要的食材。在加热烹调的过程中，应尽量少触碰它们，只可以轻轻操作，因为鲻鱼鲜嫩的肉质非常容易碎裂。

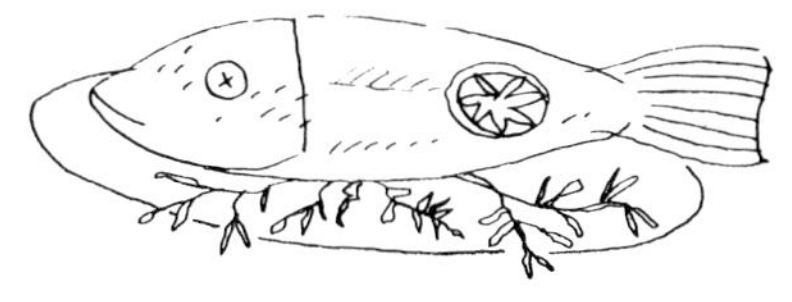

茴香风味红鲻鱼 RED MULLET WITH FENNEL

TRIGLIE AL FINOCCHIO

供4人食用

制备时间：25分钟

加热烹调时间：30分钟

2个新鲜的茴香块根，切碎

1千克/2¼磅红鲻鱼，刮除鱼鳞并清洗干净

2颗柠檬，挤出柠檬汁，过滤

175毫升/6盎司干白葡萄酒

200毫升/7盎司橄榄油

1颗红葱头，切碎

1根干红辣椒，压碎

1汤匙香草芥末酱

1颗煮熟的鸡蛋黄，捣成泥

盐和胡椒

将烤箱预热至180°C/350°F/气烤箱刻度4。将茴香块根撒在一个耐热焗盘的底部。用盐和胡椒腌制红鲻鱼的腹腔，放到焗盘内的茴香块根上，淋上柠檬汁、葡萄酒和4汤匙的橄榄油。放入烤箱烘烤约30分钟，其间要不时地将汤汁淋到鱼身上。与此同时，将红葱头、辣椒、芥末酱、蛋黄和少许的盐在碗中混合均匀，然后逐渐将剩余的橄榄油搅拌进去。烤好的红鲻鱼直接用焗盘上桌，配酱汁一起食用。

← 茴香风味红鲻鱼

TRIGLIE ALLA LIVORNESE
供 4 人食用
制备时间：20 分钟
加热烹调时间：30 分钟
4 汤匙橄榄油
1 枝新鲜平叶欧芹，切碎，另加装饰所需
半瓣蒜，切碎
200 毫升 /7 盎司番茄糊
1 千克 /2¼ 磅红鲻鱼，刮除鱼鳞并清洗干净
盐和胡椒

里窝那风味红鲻鱼 RED MULLET LIVORNO-STYLE

在一口大号平底锅中加热橄榄油，加入欧芹和大蒜，用小火加热，煸炒几分钟。加入番茄糊，用盐和胡椒调味，继续小火加热 5 分钟。将红鲻鱼放入酱汁中，继续小火加热，不时地晃动一下锅，加热 20 分钟。不要将鱼翻面，以免将鱼身弄碎，撒上欧芹即可。

TRIGLIE ALLE ERBE AROMATICHE
供 4 人食用
制备时间：25 分钟
加热烹调时间：15 分钟
3 汤匙橄榄油
1 千克 /2¼ 磅红鲻鱼，剔取鱼肉
1 颗柠檬，挤出柠檬汁，过滤
2 汤匙双倍奶油
1 枝新鲜平叶欧芹，切碎
1 枝新鲜的百里香，切碎
1 枝新鲜的雪维菜，切碎
盐和胡椒

香草红鲻鱼 RED MULLET WITH HERBS

在一口平底锅中加热橄榄油，将鱼放入锅中，鱼皮面朝下，煎 3～4 分钟，然后小心地将鱼肉翻面，再继续煎约 1 分钟。用漏勺将鱼从平底锅中取出并保温。将锅中的汤汁撇净油，拌入柠檬汁，加热至微开的状态。拌入双倍奶油，加热至变得浓稠，用盐和胡椒调味，拌入香草。将鱼放到温热的餐盘中，淋上热酱汁即可。

TRIGLIE CON FAGIOLI
供 4 人食用
制备时间：1 小时 30 分钟，另加整晚浸泡用时
加热烹调时间：10 分钟
200 克 /7 盎司意大利白豆，用冷水浸泡过夜，然后控净水
1 颗洋葱
2 片新鲜的鼠尾草
1 枝新鲜的龙蒿
1 枝新鲜的雪维菜
1 千克 /2¼ 磅红鲻鱼，刮除鱼鳞并洗净
普通面粉，用于淋撒
6 汤匙橄榄油
1 汤匙白葡萄酒醋
1 颗红葱头，切细末
盐和胡椒

豆子红鲻鱼 RED MULLET WITH BEANS

将意大利白豆放入一口酱汁锅中，加入水没过白豆，加入洋葱、鼠尾草、龙蒿和雪维菜，加热煮沸，然后转小火煮 1～2 小时，直到白豆成熟。将白豆捞出，洋葱和香草拣出来并丢弃不用。红鲻鱼裹上薄薄一层面粉，在一口平底锅中加热一半橄榄油，将红鲻鱼放入锅中，每面煎约 4 分钟。将剩余的橄榄油和白葡萄酒醋在碗中搅打混合，拌入红葱头，用盐和胡椒调味。将制作好的酱汁淋到意大利白豆上，轻轻拌匀。煎好的鱼放到温热的餐盘中，四周围上意大利白豆。

鳗 鱼

淡水鱼

在意大利，鳗鱼（eel）生活在博尔塞纳湖和科马基奥沼泽中，那里以养殖和加工鳗鱼而著称。但鳗鱼会长途跋涉，不辞劳苦，在世界各地都能够见到它们的身影。它们看起来像蛇一样，因为鳗鱼的生命力持久，所以当它们到达鱼贩的摊位时，通常还会游动。在意大利，幼小的鳗鱼煎熟之后叫作 cieche，意思是失明。当它们成年之后，通常需要 4～5 年的时间，有些鳗鱼可以新鲜食用，而另外一些是腌制后食用，如科马基奥的特色风味烟熏鳗鱼。雌性鳗鱼在意大利中南部地区被称为 capitoni，在威尼托被称为 bisati，比雄性鳗鱼要大一些。有时候可以长到 1 米 /3¼ 英尺长，深受欢迎。在一些食谱中，鳗鱼必须要剥除外皮，而最好是让鱼贩帮你剥除。或者使用一把锋利的小刀，在鱼头的后部切出一个 T 形切口，握住切口的两端，将鱼皮朝下拉下来。由于鳗鱼鱼身特别黏滑，最好使用毛巾将鳗鱼握紧。

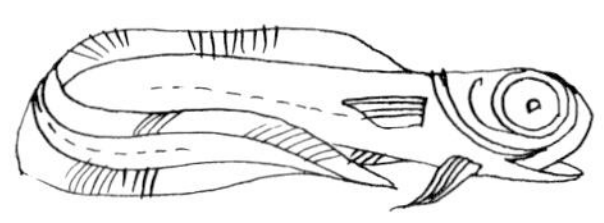

布列塔尼风味鳗鱼 BRETON EEL

ANGUILLE ALLA BRETONE
供 4 人食用
制备时间：15 分钟，另加冷却用时
加热烹调时间：1 小时

175 毫升 /6 盎司干白葡萄酒
1 根胡萝卜
1 颗洋葱
1 枝百里香
800 克 /1¾ 磅鳗鱼，去掉鱼皮，洗净，切成 4 厘米 /1½ 英寸的段
2 汤匙橄榄油
200 克 /7 盎司蘑菇，切片
100 克 /3½ 盎司烟熏意式培根，切丁
半瓣蒜，切碎
1 汤匙番茄泥
盐和胡椒

将葡萄酒和 500 毫升 /18 盎司水倒入一口酱汁锅中，加入胡萝卜、洋葱和百里香，用盐和胡椒调味，加热煮沸，然后转小火加热 15 分钟。将鳗鱼放入锅中，继续用小火加热 15 分钟，然后将锅从火上端离，让鳗鱼在汤汁中冷却。将橄榄油在一口锅中加热，放入蘑菇、意式培根和大蒜，用小火加热，煸炒约 10 分钟，直到变成褐色。拌入番茄泥，并加入 150 毫升 /¼ 品脱煮鳗鱼的汤汁，用盐和胡椒调味，小火加热 20 分钟。将鳗鱼段放到温热的餐盘中，淋上热的酱汁即可。

ANGUILLE ARROSTO
供 4 人食用
制备时间：5 分钟
加热烹调时间：40 分钟
1×1 千克 /2¼ 磅鳗鱼，去掉鱼皮，洗净
4 片月桂叶
盐

烤鳗鱼 ROAST EEL

将烤箱预热至 180°C/350°F/ 气烤箱刻度 4。将鳗鱼的背面切开后，盘起鳗鱼，放入一个砂锅中，加入月桂叶和盐。放入烤箱烘烤至少 40 分钟，鳗鱼会利用自身的脂肪烘烤成熟。将烤好的鳗鱼取出，放到温热的餐盘中即可。

ANGUILLE CON LE VERZE
供 4 人食用
制备时间：20 分钟
加热烹调时间：1 小时
1 小颗皱叶甘蓝，去核后切成 4 瓣
25 克 /1 盎司黄油
2 汤匙橄榄油
4 颗红葱头，切碎
2 根胡萝卜，切片
100 克 /3½ 盎司烟熏意式培根，切块
5 汤匙干白葡萄酒
5 汤匙白葡萄酒醋
1 片月桂叶
800 克 /1¾ 磅鳗鱼，去掉鱼皮，洗净，切成段
盐和胡椒

皱叶甘蓝鳗鱼 EEL WITH SAVOY CABBAGE

将皱叶甘蓝用加了盐的沸水煮 10 分钟，然后捞出控干。在一口酱汁锅中加热黄油和橄榄油，加入红葱头、胡萝卜和意式培根，用小火加热，煸炒 10 分钟。加入葡萄酒、白葡萄酒醋和月桂叶，并用盐和胡椒调味。放入皱叶甘蓝，盖上锅盖后继续加热 30 分钟。将鳗鱼放入锅中，盖上锅盖，继续加热，并不时地晃动酱汁锅，加热 20 分钟。将月桂叶取出并丢弃不用，菜肴盛入温热的餐盘中即可。

ANGUILLE IN SALSA VERDE
供 4 人食用
制备时间：15 分钟
加热烹调时间：30 分钟
25～40 克 /1～1½ 盎司黄油
900 克 /2 磅鳗鱼，去掉鱼皮，洗净并切成段
1 枝新鲜平叶欧芹，切碎
1 枝新鲜的酸模草，切碎
1 枝新鲜的雪维菜，切碎
1 汤匙新鲜的迷迭香叶，切碎
1 颗洋葱，切碎
175 毫升 /6 盎司干白葡萄酒
1 个蛋黄，搅散
少许马铃薯粉
1 颗柠檬，挤出柠檬汁，过滤
盐和胡椒

绿酱鳗鱼 EEL IN GREEN SAUCE

将 25 克 /1 盎司黄油放入锅中加热熔化，放入鳗鱼，用中火加热，煸炒 15 分钟。用盐和胡椒调味，将炒好的鳗鱼从锅中取出，放到一边备用。将欧芹、酸模草、雪维菜、迷迭香和洋葱放入锅中，用小火加热，煸炒 5 分钟，如果有剩余的黄油，此时加入锅中。倒入葡萄酒，再将鳗鱼放入锅中，继续加热 5 分钟。拌入蛋黄、马铃薯粉和柠檬汁，加热至酱汁变得浓稠即可。

烧鳗鱼 BRAISED EEL

在一口锅中加热橄榄油，加入洋葱、大蒜和欧芹，用小火加热，煸炒 5 分钟。加入番茄，用盐和胡椒调味，并继续用小火加热，翻炒 10 分钟。加入鳗鱼，再继续加热几分钟，然后倒入葡萄酒。用文火加热 30 分钟直到鳗鱼煮熟，根据需要，在加热的过程中可以添加少量水。最后撒入欧芹即可。

ANGUILLE IN UMIDO
供 4 人食用
制备时间：10 分钟
加热烹调时间：50 分钟
3 汤匙橄榄油
1 颗洋葱，切碎
1 瓣蒜
1 枝新鲜平叶欧芹，切碎，另加淋撒所需
400 克 /14 盎司番茄，去皮去籽后切碎
900 克 /2 磅鳗鱼，去掉鱼皮，洗净并切厚片
175 毫升 /6 盎司红葡萄酒或者白葡萄酒
盐和胡椒

鳗鱼卡博串 EEL KEBABS

将橄榄油、醋、柠檬汁和 1 片月桂叶放入盆中混合均匀，用盐和胡椒调味，放入鳗鱼，翻动使其全部混合均匀。将鳗鱼放在阴凉处腌制 1 小时 30 分钟。将烤箱预热至 180℃/350℉/ 气烤箱刻度 4。捞出鳗鱼，控净汤汁，保留好腌泡汁，将鳗鱼、月桂叶和面包丁交替着穿在钎子上。穿好的鳗鱼串放到一个烤盘内，淋上腌泡汁，放入烤箱烘烤，不时地涂刷橄榄油，烤 20 分钟即可。

SPIEDINI D'ANGUILLA
供 4 人食用
制备时间：30 分钟，另加 1 小时 30 分钟腌制用时
加热烹调时间：20 分钟
150 毫升 /¼ 品脱橄榄油，另加涂刷所需
50 毫升 /2 盎司红葡萄酒醋
1 颗柠檬，挤出柠檬汁，过滤
17 片月桂叶
800 克 /1¾ 磅鳗鱼，去掉鱼皮，洗净，切成 3 厘米 /1¼ 英寸的段
1 条白面包，去边，切丁
盐和胡椒

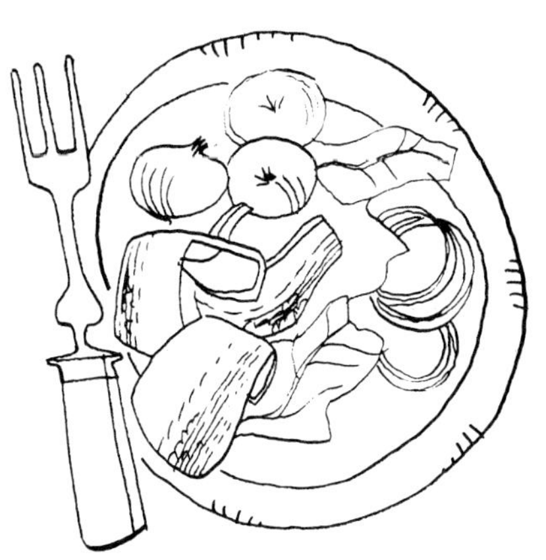

鲤 鱼

鲤鱼生活在静水中或者有着泥泞河床且流速缓慢的河流中。鲤鱼的肉质非常受欢迎，但是非常遗憾的是，其肉中有很多的鱼刺。它们可以很轻松生长到50～60厘米/20～24英寸长，并达到2～3千克/4½～6½磅的重量。在制备鲤鱼的时候，一定要在流动的自来水下冲洗，或者在加了少许醋的酸性水中浸泡几小时，这样就会将它们本身所带有的泥腥味去掉。

经理黄油鲤鱼 CARP WITH MAÎTRE D'HÔTEL BUTTER

CARPA ALLA MAÎTRE D'HÔTEL

供4人食用

制备时间：20分钟，另加浸泡用时和冷却用时

加热烹调时间：15～20分钟

50克/2盎司黄油，软化

1颗柠檬，挤出柠檬汁，过滤

1汤匙切碎的欧芹

4条鲤鱼，洗净并用加了醋的水浸泡过

橄榄油，用于涂刷

盐

将黄油、3汤匙的柠檬汁、欧芹和少许的盐一起在碗中搅打至彻底混合均匀。将黄油混合物塑成块状，放入冰箱冷藏，需要使用时再取出。预热焗炉。将鲤鱼涂刷橄榄油和剩余的一些柠檬汁，放入焗炉里，焗至鱼肉呈瓣状。搭配制作好的黄油块一起食用即可。

橄榄风味鲤鱼 CARP WITH OLIVES

将烤箱预热至180°C/350°F/气烤箱刻度4。在一个耐热焗盘内涂橄榄油。大蒜和欧芹在碗中混合均匀，用盐和胡椒调味，酿入鱼腹中。将鲤鱼放到准备好的焗盘内，在每条鱼身上淋1汤匙的醋，并撒上橄榄。放入烤箱烘烤约40分钟。将烤好的鲤鱼取出，放到温热的餐盘中，淋上烤盘内的汁液即可。

CARPA ALLE OLIVE
供4人食用
制备时间：15分钟，另加浸泡用时
加热烹调时间：40分钟
橄榄油，用于涂刷
2瓣蒜，切碎
1枝新鲜平叶欧芹，切碎
4条鲤鱼，洗净并用加了醋的水浸泡过
4汤匙白葡萄酒醋
12粒绿橄榄，去核后切碎
盐和胡椒

东方风味鲤鱼 ORIENTAL CARP

将葡萄干放入碗中，加入没过葡萄干的水，浸泡30分钟，然后捞出并挤干水分。与此同时，鲤鱼撒上盐，腌制30分钟，然后用水漂洗干净，切成厚一些的鱼块。将洋葱和扁桃仁铺在一口酱汁锅底上，撒上葡萄干，再将鲤鱼放入酱汁锅中。加入刚好没过鲤鱼的水，加入方糖，用盐和胡椒调味。盖上锅盖，小火加热1小时。然后将鱼块轻轻地捞出，放入餐盘中，锅中的汤汁过滤到一个碗中，用勺子的背面反复挤压漏勺内的混合物，以便挤压出更多的汤汁。过滤好的汤汁淋到鱼身的四周，待其冷却。

CARPA ALL'ORIENTALE
供4人食用
制备时间：25分钟，另加30分钟浸泡用时和30分钟腌制用时
加热烹调时间：1小时
15克/½盎司葡萄干
1×1千克/2¼磅鲤鱼，洗净并用加了醋的水浸泡过
盐，用于淋撒
400克/14盎司洋葱，切碎
12粒扁桃仁，切碎
2块方糖
盐和胡椒

葡萄酒风味鲤鱼 CARP IN WINE

在一口锅中加热橄榄油和一半黄油，加入胡萝卜、洋葱和芹菜，用小火加热，翻炒15分钟。加入鲤鱼，用盐和胡椒调味，倒入葡萄酒和5汤匙水。加热煮沸，然后盖上锅盖，用小火加热45分钟。将鲤鱼捞出，放入一个餐盘中。锅中的蔬菜用食品研磨机研磨碎，倒回到锅中，加上原来煮鱼的汤汁，加热至变得浓稠，再将剩余的一半黄油拌入。搭配鲤鱼一起食用。

CARPA AL VINO
供4人食用
制备时间：15分钟，另加浸泡用时
加热烹调时间：1小时15分钟
2汤匙橄榄油
50克/2盎司黄油
2根胡萝卜，切碎
2颗洋葱，切碎
1根芹菜茎，切碎
1×1千克/2¼磅鲤鱼，洗净并用加了醋的水浸泡过
500毫升/18盎司葡萄酒
盐和胡椒

红点鲑

红点鲑（char），有时候也拼写成 charr，几乎在意大利所有的湖泊中都能捕获到，它们是在 20 世纪初期时从北欧引进意大利的。红点鲑平均可以生长到 15～40 厘米 /6～16 英寸长，500～3000 克 /1 磅 2 盎司～6½ 磅重，当然也有更小一些的红点鲑。红点鲑有着硬实而洁白的肉质，可以与类似的鳟鱼使用相同的加热烹调方式。如果给红点鲑喂食甲壳类海鲜，那么它们的肉质中就会呈现些许的粉色。红点鲑在英国不常见，因此花费点心思与一位热心的渔夫交好是物有所值的。他们也有可能向你提供与之类似的河鳟鱼。

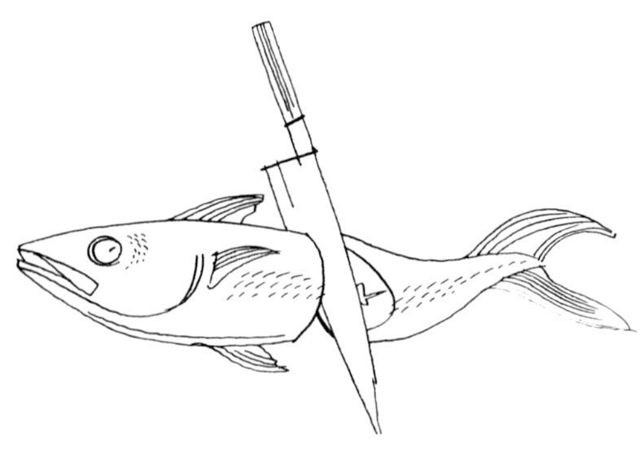

香草风味红点鲑 CHAR WITH HERBS

LAVARELLI ALLE ERBE

供 4 人食用

制备时间：25 分钟

加热烹调时间：20～25 分钟

- 4 条均为 200 克 /7 盎司红点鲑，清洗干净
- 1 枝新鲜的佛手柑，切碎
- 1 枝新鲜的墨角兰，切碎
- 1 枝新鲜的迷迭香，切碎
- 1 汤匙酸豆，捞出控净汤汁并漂洗干净
- 5 汤匙橄榄油
- ¼ 颗柠檬，挤出柠檬汁，过滤
- 普通面粉，用于淋撒
- 5 汤匙干白葡萄酒
- 盐和胡椒

将鱼如同书本一样打开，鱼皮面朝上摆放，用拇指顺着鱼的脊骨按压，然后将鱼翻转过来，用一把刀将脊刺从鱼肉中挑起并去除。将佛手柑、墨角兰、迷迭香和酸豆放入一个碗中混合均匀。加入 1 汤匙的橄榄油和柠檬汁，并用盐和胡椒调味。将调制好的香草混合物撒在打开的鱼肉里面，然后将两片鱼肉合起来，并用手指将鱼肉压紧，裹上少许面粉。将剩余的橄榄油在一口平底锅中加热，鱼放入锅中煎至两面都呈褐色。倒入葡萄酒，加热至完全吸收，并且鱼肉可以很容易地分离成瓣状。撒上少许盐，从锅中取出即可。

煎红点鲑 FRIED CHAR

将鱼放入一个盆内，加入牛奶，让其浸泡15分钟。然后捞出控净牛奶，拭干后裹上面粉。在一口平底锅中加热橄榄油，将鱼放入锅中，用中火加热，每面煎8分钟，直到变成褐色。用漏勺将鱼盛出，放在厨房纸上控净油，撒上盐。在煎鱼时，加入少许黄油会更加美味可口。

LAVARELLI FRITTI
供4人食用
制备时间：20分钟，另加15分钟浸泡用时
加热烹调时间：20分钟
4×200克/7盎司红点鲑，清洗干净
300毫升/½品脱牛奶
普通面粉，用于淋撒
6汤匙橄榄油
盐

辣根酱汁煮红点鲑 POACHED CHAR WITH HORSERADISH SAUCE

将鱼放入鱼锅中或者一口大号的锅中，加入煮海鲜汤，加热至刚好煮沸，然后转小火加热约20分钟，直到鱼肉可以很容易地分离成瓣状。将锅从火上端离，让鱼在汤中自然冷却。蛋黄酱、辣根、英式芥末、少许的盐和1汤匙冷却后的煮海鲜汤一起搅拌均匀。将鱼捞出控净汤汁，去掉鱼骨，小心地放入餐盘中，淋上酱汁即可。

LAVARELLI LESSATI CON SALSA AL RAFANO
供4人食用
制备时间：1小时45分钟，另加冷却用时
加热烹调时间：20分钟
1×1千克/2¼磅红点鲑，清洗干净
1份煮海鲜汤（见第689页）
1份蛋黄酱，使用1颗鸡蛋制作而成（见第77页）
2汤匙擦碎的辣根
½茶匙英式芥末
盐

红点鲑马铃薯派 CHAR AND POTATO PIE

将烤箱预热至180°C/350°F/气烤箱刻度4。在烤盘内涂抹橄榄油。在每条鱼的鱼身两侧切出一些十字花刀。将马铃薯在烤盘内分层叠放，淋上橄榄油，再撒上大蒜，并用盐和胡椒调味。将鱼放到马铃薯上，撒上香草，淋上橄榄油。放入烤箱烘烤约30分钟，盛入温热的餐盘中即可。

TORTINO DI LAVARELLI CON PATATE
供4人食用
制备时间：25分钟
加热烹调时间：30分钟
橄榄油，用于涂刷和淋洒
4×200克/7盎司红点鲑，清洗干净
3～4个马铃薯，切薄片
1瓣蒜，切碎
1枝新鲜的百里香，切碎
1枝新鲜的墨角兰，切碎
盐和胡椒

梭子鱼

梭子鱼（pike）可以从意大利中北部的淡水中捕获，并以其硬实而洁白的肉质而著称，但其鱼肉中有相当多的鱼刺。雌性梭子鱼可以生长到 1 米 /3½ 英尺长。最好是将大梭子鱼在冰箱内冷藏 24 小时。梭子鱼子应丢弃不用，因为一般来说，都会带有毒性。

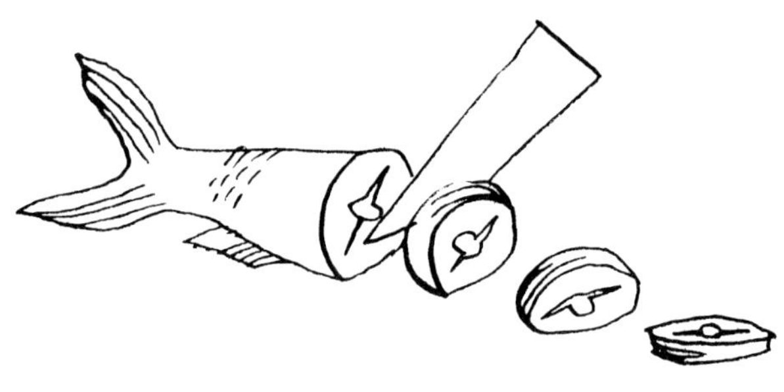

LUCCIO AL BURRO BIANCO
供 4 人食用
制备时间：20 分钟
加热烹调时间：30 分钟
1 × 1 千克 /2¼ 磅梭子鱼，清洗干净
1 颗小洋葱，切丝
1 枝新鲜平叶欧芹
1 瓣蒜
40 克 /1½ 盎司黄油，熔化
盐和胡椒

用于制作黄油酱汁
3 颗红葱头，切细末
1 汤匙白葡萄酒醋
1 汤匙干白葡萄酒
200 克 /7 盎司黄油，软化后切成小片状
半颗柠檬，挤出柠檬汁，过滤
盐和白胡椒

梭子鱼配黄油酱汁 PIKE IN BEURRE BLANC

将烤箱预热至 180°C/350°F/ 气烤箱刻度 4。在梭子鱼的腹腔内撒入盐和胡椒，并塞入洋葱、欧芹和大蒜，然后用盐和胡椒调味。在鱼身上涂上一些熔化的黄油。放到一个耐热焗盘内，放入烤箱烘烤 30 分钟，每隔 5 分钟，就涂刷一遍熔化的黄油。与此同时，制作黄油酱汁。将红葱头、醋和葡萄酒放入一口酱汁锅中，用中大火加热，直到熗浓。将锅从火上端离，黄油搅拌加入，一次一点儿，直到完全搅拌好。每次加入黄油之后，将锅再放回火上加热几秒钟。最后拌入柠檬汁，用盐和白胡椒调味。黄油酱汁搭配梭子鱼一起食用。

传统风味梭子鱼 OLD-FASHIONED PIKE

在一口平底锅中加热橄榄油。在梭子鱼肉的两面撒上盐和胡椒，放入锅中，用大火煎至两面金黄。将煎好的鱼肉盛出，放入一个餐盘中并保温。将葡萄酒倒入锅中，加入洋葱和大蒜，加热煸炒，直到将锅中的汤汁熥至一半。分次加入黄油，每次加入一点儿，搅拌均匀。最后，再拌入 3 汤匙的温水和柠檬汁。用慢火加热保温。将意式培根放入另外一口锅中，加热至脂肪流淌的程度，然后用漏勺盛出。将鱼肉放入黄油酱汁中，加入意式培根，并用小火加热 10～15 分钟。用欧芹装饰梭子鱼肉即可。

LUCCIO ALL'ANTICA
供 4 人食用
制备时间：30 分钟
加热烹调时间：30～35 分钟
2 汤匙橄榄油
1 × 1 千克 / 2¼ 磅梭子鱼，清洗干净并剔取鱼肉
5 汤匙干白葡萄酒
1 颗洋葱，切细丝
半瓣蒜，切碎
50 克 / 2 盎司黄油，软化后切片状
半颗柠檬，挤出柠檬汁，过滤
100 克 / 3½ 盎司烟熏意式培根，切丁
盐和胡椒
切碎的新鲜平叶欧芹，用于装饰

浓汤梭子鱼 PIKE BLANQUETTE

将鱼块裹上薄薄一层面粉。在一口锅中加热熔化黄油，当黄油开始变成淡金黄色时，将鱼块放入锅中，煎至呈均匀的褐色。再加入蘑菇，并用盐和胡椒调味，小火加热约 20 分钟。与此同时，将蛋黄和双倍奶油在一个小碗中搅拌均匀，用盐略微调味。将锅从火上端离，蛋黄混合液倒入锅中。再将锅用慢火热透。鱼块盛入温热的餐盘中，淋上酱汁即可。

LUCCIO IN BLANQUETTE
供 4 人食用
制备时间：25 分钟
加热烹调时间：30～35 分钟
1 × 1 千克 / 2¼ 磅梭子鱼，清洗干净后切成块状
普通面粉，用于淋撒
50 克 / 2 盎司黄油
200 克 / 7 盎司蘑菇，切薄片
2 个蛋黄
200 毫升 / 7 盎司双倍奶油
盐和胡椒

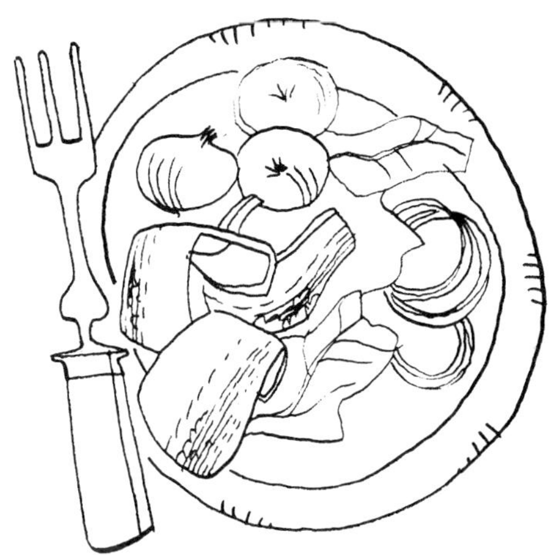

鲈 鱼

鲈鱼（perch）是一种非常受欢迎的淡水鱼。它们生活在意大利中部和北部地区的湖泊和缓慢流动的河流中，在西西里、欧洲其他地方和北美的很多地方都有发现。它们平均能够生长到20～35厘米/8～14英寸长，有些可以生长到60厘米/24英寸长。它们硬实而洁白的肉质中有着细腻而精美的风味，其鱼肉可以非常容易地剔取下来。鲈鱼可以与鳟鱼共享许多食谱，用橄榄油煎熟或者用黄油炒熟都非常美味。

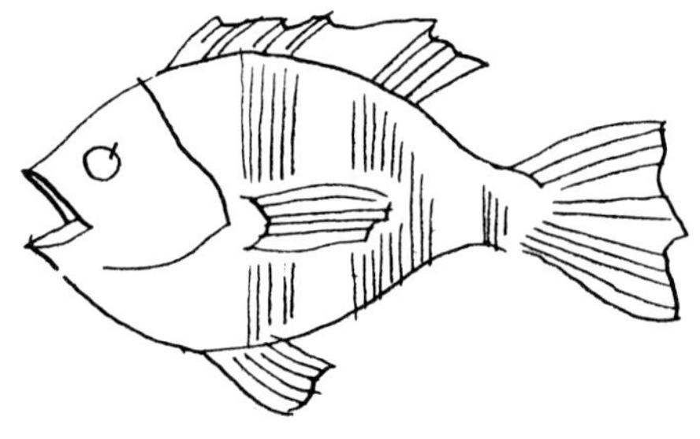

烤鲈鱼配香草奶油酱汁 PERCH BAKED IN CREAMY HERB SAUCE

PESCE PERSICO IN TEGLIA ALLA CREMA VERDE

供4人食用

制备时间：15分钟

加热烹调时间：10～15分钟

8块鲈鱼排

50克/2盎司黄油

3枝新鲜的雪维菜，切碎

8片新鲜的罗勒叶，切碎

200毫升/7盎司干白葡萄酒

200毫升/7盎司双倍奶油

50克/2盎司面包糠

盐和胡椒

将烤箱预热至180℃/350°F/气烤箱刻度4。将鲈鱼放入一个耐热焗盘里。撒上黄油颗粒，再撒上雪维菜和罗勒叶，并用盐和胡椒调味。倒入葡萄酒和双倍奶油，再撒上面包糠。放入烤箱烘烤10～15分钟，直接上桌即可。

米兰风味鲈鱼 MILANESE PERCH

将柠檬汁和橄榄油放入盆中混合均匀，放入鲈鱼，翻动鱼身，使其裹满汁液，腌制 1 小时。将面粉撒在一个浅盘内，在另外一个浅盘内打散鸡蛋，加上少许盐，将面包糠撒入第三个浅盘内。将鱼捞出，裹上薄薄的一层面粉，多余的面粉都抖落掉，然后蘸上蛋液，最后再裹上面包糠。将黄油放入一口平底锅中，用中火加热熔化，放入鱼排，两面分别煎 3～4 分钟，直至呈淡金黄色。用漏勺将煎好的鱼捞出，放在厨房纸上控净油。放到温热的餐盘中，撒上盐即可。

PESCE PERSICO ALLA MILANESE
供 4 人食用
制备时间：25 分钟，另加 1 小时腌制用时
加热烹调时间：6～8 分钟

1 颗柠檬，挤出柠檬汁，过滤
4 汤匙橄榄油
600 克 /1 磅 5 盎司鲈鱼排
50 克 /2 盎司普通面粉
1 颗鸡蛋
80 克 /3 盎司面包糠
50 克 /2 盎司黄油
盐

鼠尾草鲈鱼 PERCH WITH SAGE

将鱼排裹上薄薄的一层面粉，多余的面粉抖落掉。将黄油与鼠尾草放入一口平底锅中，放入鱼排，用中火加热，每面煎 3～4 分钟，直至呈淡金黄色。用盐和胡椒调味即可。

PESCE PERSICO ALLA SALVIA
供 4 人食用
制备时间：10 分钟
加热烹调时间：6～8 分钟

600 克 /1 磅 5 盎司鲈鱼排
普通面粉，用于淋撒
50 克 /2 盎司黄油
8 片新鲜的鼠尾草叶
盐和胡椒

鳀鱼风味鲈鱼 PERCH WITH ANCHOVIES

鳀鱼肉切丁。鲈鱼排裹上薄薄的一层面粉，多余的面粉抖落掉。将 2 汤匙的橄榄油放入一口平底锅中加热，放入鲈鱼，每面煎 3～4 分钟，直至呈淡金黄色。将鳀鱼、大蒜、欧芹、柠檬汁、辣椒粉、剩余的橄榄油和葡萄酒在碗中混合均匀，淋到鲈鱼上。用盐调味，小火加热约 15 分钟即可。

PESCE PERSICO ALLE ACCIUGHE
供 4 人食用
制备时间：30 分钟
加热烹调时间：25 分钟

3 条盐渍鳀鱼，去掉鱼头，洗净并剔取鱼肉（见第 694 页），用冷水浸泡 10 分钟后捞出控干水分
600 克 /1 磅 5 盎司鲈鱼排
普通面粉，用于淋撒
3 汤匙橄榄油
1 瓣蒜，切碎
1 枝新鲜平叶欧芹，切碎
半颗柠檬，挤出柠檬汁，过滤
少许辣椒粉
5 汤匙干白葡萄酒
盐

丁 鲷

作为鲤鱼家族中的一个成员，丁鲷（tench）同样是一种多刺的淡水鱼。丁鲷来自河流中，却没有太多的泥腥味道。如果你对此有所担心，可以将鱼肉放入一碗加了一点儿醋的水里，浸泡 15 分钟后使用。丁鲷应清理干净并洗净，但是不要去掉鱼鳞。小个头的丁鲷经过油煎之后非常美味。

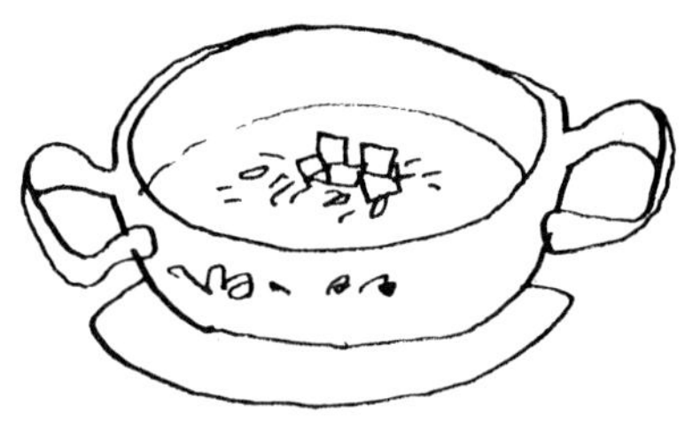

香草风味丁鲷 TENCH WITH HERBS

TINCA ALLE ERBE
供 4 人食用
制备时间：40 分钟
加热烹调时间：40 分钟
4 × 250 克 /9 盎司丁鲷，洗净
3 汤匙橄榄油
2 颗红葱头，切碎
1 根胡萝卜，切碎
1 根芹菜茎，切碎
1 枝新鲜平叶欧芹，切碎
4 片新鲜的罗勒叶，切碎
1 枝新鲜的百里香，切碎
1 枝新鲜的墨角兰，切碎
5 汤匙干白葡萄酒
50 克 /2 盎司绿橄榄，去核
1 颗柠檬，挤出柠檬汁，过滤
盐和胡椒

将丁鲷鱼肉上的鱼刺尽可能地去掉。在一口平底锅中加热橄榄油，鱼放入锅中，煎至两面都呈淡金黄色，然后将鱼从锅中捞出。加入红葱头、胡萝卜、芹菜和香草，用小火加热约 10 分钟，再将丁鲷放回到锅中，倒入葡萄酒，用盐和胡椒调味。用小火加热约 30 分钟。如果锅中的汤汁过少，可以加入适量水。在加热的最后时刻，放入绿橄榄。将鱼盛入一个餐盘中并保温。锅中其他食材都倒入食物料理机内，加入柠檬汁，搅打至泥蓉状。将搅打好的泥蓉略微加热，淋到鱼身上即可。

香草醋汁丁鲷 SOUSED TENCH WITH HERBS

TINCA IN CARPIONE ALLE ERBE
供 4 人食用
制备时间：30 分钟，另加 6～7 小时腌制用时
加热烹调时间：20 分钟
4×250 克 /9 盎司丁鲷，洗净
普通面粉，用于淋撒
150 毫升 /¼ 品脱橄榄油
1 颗大洋葱，切碎
1 根胡萝卜，切碎
半瓣蒜，切碎
1 枝新鲜平叶欧芹，切碎
4 片新鲜的鼠尾草，切碎
1 枝新鲜的迷迭香，切碎
5 汤匙白葡萄酒醋
盐和胡椒

丁鲷裹上一层面粉，并将多余的面粉抖落掉。将 4 汤匙的橄榄油放入一口平底锅中加热，放入丁鲷，煎 10 分钟，然后捞出放入一个餐盘中。将剩余的橄榄油在另外一口锅中加热，加入洋葱、胡萝卜、大蒜、欧芹、鼠尾草和迷迭香，用小火加热，翻炒 10 分钟。用盐和胡椒调味，加入醋，煮沸。将制作好的混合物淋到鱼身上，放在阴凉处腌制 6～7 小时，但是不要放在冰箱里腌制。

盐焗丁鲷 TENCH IN A SALT CRUST

TINCA IN CROSTA DI SALE
供 4 人食用
制备时间：35 分钟
加热烹调时间：35 分钟
1×1 千克 /2¼ 磅丁鲷，洗净
1 把混合香草，切碎
3～4 千克 /6½～9 磅粗海盐
1 瓣蒜，切碎
1 枝新鲜平叶欧芹，切碎
100 毫升 /3½ 盎司橄榄油
1 颗柠檬，挤出柠檬汁，过滤
盐和胡椒

将烤箱预热至 240°C/ 475°F/ 气烤箱刻度 9。将混合香草塞入鱼腹中。烤盘内铺锡箔纸，在锡箔纸上放 2 厘米 /¾ 英寸厚的一层粗盐。将丁鲷放到粗盐上，剩余的粗盐盖到鱼身上。放入烤箱烘烤约 35 分钟，然后从烤箱内取出，让其静置 10 分钟。与此同时，将大蒜、欧芹、橄榄油和柠檬汁在碗中混合均匀，用盐和胡椒调味。上菜时，敲碎盐层，小心地将丁鲷取出。揭开并去掉鱼皮，将鱼身切成两半，剔取鱼肉。搭配酱汁一起食用。

酿馅丁鲷 STUFFED TENCH

TINCA RIPIENA
供 4 人食用
制备时间：30 分钟
加热烹调时间：1 小时
黄油，用于涂抹
50 克 /2 盎司面包糠
4 汤匙现擦碎的帕玛森奶酪
2 瓣蒜，切碎
2 汤匙切碎的新鲜平叶欧芹
1 汤匙橄榄油
4×250 克 /9 盎司丁鲷，洗净
3 片月桂叶
盐和胡椒

将烤箱预热至 180°C/ 350°F/ 气烤箱刻度 4。在耐热焗盘内涂抹黄油。将 4 汤匙的面包糠、帕玛森奶酪、大蒜、欧芹和橄榄油在碗中混合均匀，并用盐和较多的胡椒调味。将混合均匀的馅料填入鱼腹之中。月桂叶放到准备好的焗盘里，丁鲷放在月桂叶上面，撒上剩余的面包糠，放入烤箱烘烤 1 小时，其间要不时地将焗盘内的汤汁淋到鱼身上。可以搭配众多美味可口的酱汁，还可以搭配玉米糊或者马铃薯泥一起享用。

鳟 鱼

鳟鱼（trout）的种类繁多。在意大利的湖泊和河流中，最常见到的鳟鱼是褐鲑鱼（棕鳟）。这些鳟鱼平均长 20～40 厘米 /8～16 英寸，重 600～3000 克 /1 磅 5 盎司～6½ 磅。虹鳟鱼最早是从美国进口的，现在已经开始养殖。鳟鱼非常容易被人体消化吸收，广受赞誉，特别是海鳟鱼，还有让人一眼就能辨别的粉红色的肉质。市场中，鳟鱼有新鲜的和冷冻的两种供应（后一种通常都会是养殖的）。

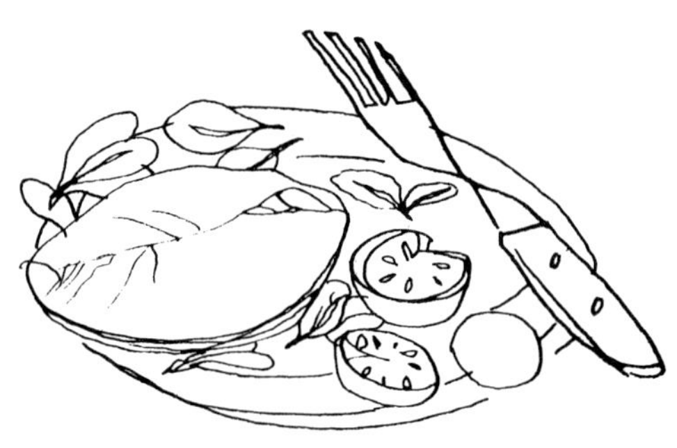

ROTOLO DI TROTA SALMONATA
供 4 人食用
制备时间：35 分钟，另加 4 小时冷却用时
加热烹调时间：15 分钟

4 块鳟鱼排
2 片吉利丁
200 毫升 /7 盎司双倍奶油
2 茶匙擦碎的辣根
1 颗柠檬，挤出柠檬汁，过滤
1 瓶（约 40 克 /1½ 盎司）海鳟鱼子（sea trout roe）
盐和白胡椒
芝麻菜，用于装饰

海鳟鱼卷 SEA TROUT ROLL

去掉鳟鱼肉上面的所有鱼刺，将鱼肉放到一个浅盘内，用沸水蒸 10 分钟。将吉利丁放入碗中，加入没过吉利丁的水，让其静置 5 分钟。双倍奶油隔水加热并保温。将吉利丁捞出并挤净水分，放入双倍奶油中搅拌均匀。剔下蒸好的鱼肉，放入碗中，加入双倍奶油混合物、辣根和柠檬汁，用盐和白胡椒调味并搅拌均匀。将搅拌好的混合物放入食物料理机内，搅打呈细腻状并完全混合均匀。搅打好的混合物塑成卷状，然后用锡箔纸紧紧卷起，放入冰箱冷藏约 4 小时，待其凝固定型。将鱼肉卷切成薄片，放入餐盘中，四周围绕海鳟鱼子，并用芝麻菜装饰。

蜜瓜熏鳟鱼 SMOKED TROUT WITH MELON

将蜜瓜切成两半，籽挖出并丢弃不用，蜜瓜肉切细条。4 颗洋葱切成细丝，剩余洋葱切末。将酸奶倒入沙拉碗中，加入洋葱末、双倍奶油和白葡萄酒醋，并用盐和胡椒调味。混合均匀之后加入洋葱丝。将鳟鱼分装到 4 个餐盘中，盛入一些蜜瓜条，淋上酱汁，用黄瓜片装饰。

TROTA AFFUMICATA AL MELONE

供 4 人食用

制备时间：30 分钟

1 个小蜜瓜

5 颗小白洋葱

250 毫升 /8 盎司原味酸奶

2 汤匙双倍奶油

1 汤匙白葡萄酒醋

4 块烟熏鳟鱼排

盐和胡椒

半根黄瓜，切片，用于装饰

杜松子海鳟鱼 SEA TROUT WITH JUNIPER BERRIES

将月桂叶、胡萝卜、百里香和欧芹放入一口锅中，倒入 500 毫升 /18 盎司水，加热煮沸。将鱼放入蒸笼里，盖上锅盖后蒸 10 分钟，取出后拭干并放入餐盘中。将锅中的汤汁加热煮沸，用大火继续加热一会儿，然后加入葡萄酒、白葡萄酒醋和杜松子，用盐调味，重新加热煮沸。将汤汁淋到鱼上，让其冷却到室温下即可。

TROTA AL GINEPRO

供 4 人食用

制备时间：15 分钟，另加煎熟冷却的时间

加热烹调时间：30 分钟

1 片月桂叶

1 根胡萝卜，切片

1 枝新鲜的百里香，切碎

1 枝新鲜平叶欧芹，切碎

8 块海鳟鱼排

175 毫升 /6 盎司干白葡萄酒

175 毫升 /6 盎司白葡萄酒醋

4 粒杜松子

盐

普罗旺斯风味鳟鱼 PROVENÇAL TROUT

马铃薯用葡萄酒和 500 毫升 /18 盎司水煮 10 分钟。捞出控干，用盐和胡椒调味。在一口平底锅中加热 4 汤匙的橄榄油，加入马铃薯，煎炒至熟。将番茄和红甜椒放入另一口酱汁锅中，用小火加热，不要加入任何的油脂或者脂肪，然后将黄油分别放入两个锅中。将剩余的橄榄油在一口干净的平底锅中加热，加入鳟鱼，每面煎 10 分钟。用漏勺将鱼从锅中取出，去掉鱼皮并丢弃不用。将番茄用勺舀入温热的餐盘中，在中间摆上鳟鱼，四周环绕着黑橄榄和红甜椒。

TROTA ALLA PROVENZALE

供 4 人食用

制备时间：30 分钟

加热烹调时间：40 分钟

3 个马铃薯，切片

350 毫升 /12 盎司白葡萄酒

6 汤匙橄榄油

4 颗番茄，去皮后切碎

1 个红甜椒，切成两半，去籽，切条

50 克 /2 盎司黄油

4 条小鳟鱼，洗净

100 克 /3½ 盎司黑橄榄，去核

盐和胡椒

TROTA CON FUNGHI E COZZE
供 4 人食用
制备时间：35 分钟
加热烹调时间：25 分钟
25 克 /1 盎司黄油，另加涂抹所需
25 克 /1 盎司干蘑菇
4 条小鳟鱼，洗净
1 汤匙切碎的新鲜百里香
橄榄油，用于涂刷
半颗洋葱，切碎
1 根胡萝卜，切碎
1 根芹菜茎，切碎
350 毫升 /12 盎司干白葡萄酒
12 个贻贝，烹熟后剥去外壳（见第 830 页）
盐和胡椒

蘑菇贻贝鳟鱼 TROUT WITH MUSHROOMS AND MUSSELS

将烤箱预热至 180°C/350°F/ 气烤箱刻度 4。在耐热焗盘内涂抹黄油。将蘑菇放入碗中，加入没过蘑菇的温水，让其浸泡一会儿。用盐和胡椒腌制鱼的腹腔，再塞入百里香。鱼身刷橄榄油，放到准备好的焗盘内，加上洋葱、胡萝卜和芹菜。撒上黄油颗粒，覆盖上锡箔纸，然后烘烤 10 分钟。将蘑菇捞出并挤净水分。将锡箔纸从焗盘上揭开，加入葡萄酒和蘑菇，再继续烘烤 10 分钟。加入贻贝，再烘烤几分钟至热透即可。

TROTA PIROFILA CON VERDURE
供 6 人食用
制备时间：45 分钟
加热烹调时间：40 分钟
50 克 /2 盎司黄油，另加涂抹所需
2 颗鸡蛋，分离蛋清蛋黄
200 克 /7 盎司烟熏海鳟鱼，剔取鱼肉
1 份白汁（见第 58 页）
500 克 /1 磅 2 盎司菠菜
500 克 /1 磅 2 盎司红酸模草（red sorrel）
4 汤匙双倍奶油
2 汤匙切碎的扁桃仁
盐和胡椒

烟熏海鳟鱼炖蔬菜 SMOKED SEA TROUT AND VEGETABLE CASSEROLE

将烤箱预热至 220°C/425°F/ 气烤箱刻度 7。在 6 个耐热焗盘或者模具中涂抹黄油。在无油的碗中，将蛋黄打散，将蛋清打发至硬性发泡。将蛋黄和鱼肉拌入冷却后的白汁中，再将打发好的蛋清切拌入白汁中，用盐和胡椒调味。将搅拌好的混合物分装到模具内，放到烤盘内，加入约烤盘一半高度的沸水，放入烤箱烘烤 25 分钟。与此同时，在一口锅中加热熔化黄油，加入菠菜和酸模草，用小火加热，翻炒至变软。用盐和胡椒调味，拌入 1 汤匙双倍奶油，将混合物用勺舀入一个耐热焗盘里。将烤盘从烤箱内取出，烤箱温度降低至 180°C/350°F/ 气烤箱刻度 4。将模具倒扣在菠菜和酸模草上，取走模具，淋上剩余的奶油，撒上扁桃仁。再继续烘烤 15 分钟即可。

UOVA DI TROTA E PATATE
供 4 人食用
制备时间：20 分钟
加热烹调时间：50 分钟
4 个马铃薯，不要去皮
50 克 /2 盎司黄油，软化
1 汤匙切碎的新鲜雪维菜
2 汤匙双倍奶油
1 瓶（约 40 克 /1½ 盎司）海鳟鱼子
盐
柠檬片，用于装饰

海鳟鱼子配马铃薯 SEA TROUT ROE WITH POTATOES

将烤箱预热至 180°C/350°F/ 气烤箱刻度 4。马铃薯分别用锡箔纸包好，放入烤箱内，烘烤约 50 分钟。打开锡箔纸，将马铃薯去皮，然后切成两半，放到温热的餐盘中。黄油打发，将雪维菜、奶油和少许的盐搅拌进去，再涂抹到马铃薯上。放上海鳟鱼子，用柠檬片装饰即可。

蘑菇贻贝鳟鱼 →

甲壳类

甲壳类海鲜家族十分庞大，特别是当你想搞清楚有多少种的大虾和小虾的时候，所有的甲壳类海鲜都有着相对细长的身体，其身体前端覆盖着一层甲壳，这一层硬度不同的外壳保护着其头部和身体的前部位置，也就是内脏的位置。它们还有眼睛、触须和五双足脚。靠近嘴部的一双足脚通常会进化成巨大的爪子或者钳爪，用来抓取食物和进行防御。其身体的末端，通常称为尾巴，实际上是其腹部，从烹饪的角度来看，这是其精华部位，被分成段状的外壳所保护。真正的尾巴，会如同扇子一样打开，从学术角度来讲，叫作尾节。所有的甲壳类海鲜都有着密实的肉质，味道温和而独具一格。在理想的情况下，会有一丝令人愉悦的甘美风味。在购买的时候，这些海鲜应该还是活着的，传统做法是将它们投入沸水中，其外壳会保护内部的肉质不受高温的剧烈影响，并保持着肉质柔软和娇嫩。而更加人道的方式是将螃蟹和龙虾放入冷冻冰箱内冷冻几小时，以便在煮它们之前降低其体温。在煎炸和铁扒时，其外壳也会保护肉质。要记住，最鲜嫩的肉在其腿部和钳爪里，多刺龙虾和欧洲龙虾都是甲壳类海鲜中顶级的美味，但没有人能回答哪一种龙虾更受人推崇这个非常考究的烹饪上的问题。而那些更加常见的甲壳类海鲜同样非常美味。

龙　虾

多刺龙虾和欧洲龙虾都深受美食家们推崇，尽管后者的肉质更加温和、更加鲜嫩。这两种龙虾都需要按照每 1 千克 /2¼ 磅的重量煮 15 分钟的时间加热煮熟，龙虾的重量每增加 200 克 /7 盎司，则需要增加 5 分钟的加热时间。小的多刺龙虾 300 克 /11 盎司应煮 5 分钟，而 800 克 /1¾ 磅的多刺龙虾应该煮 10 分钟。最好的多刺龙虾是中等大小的雌性龙虾。考虑到龙虾中的 70% 无法食用，1 千克 /2¼ 磅的多刺龙虾可供 2 人食用。活龙虾要放入一口大深锅中煮，盖紧锅盖，加热一分钟，以防止龙虾从锅中跳出，最明智的是将龙虾的尾部捆绑在一根木棍上。要剔取龙虾肉，可以将龙虾放到菜板上，纵切两半，打开外壳，将龙虾肉从切成两半的尾部分别取出。用刀尖将深色的虾线（虾肠）移除并丢弃不用。如果是欧洲龙虾，就将钳爪拆下来，打碎并取出钳爪肉。其柔软的绿色虾肝和珊瑚状的虾子同样是美味。如果你打算用龙虾壳盛放龙虾肉，要将其胃囊取出并丢弃不用。

克里奥尔风味多刺龙虾 CREOLE SPINY LOBSTER

ARAGOSTA ALLA CREOLA
供 4 人食用
制备时间：1 小时 45 分钟，另加冷却用时
加热烹调时间：40 分钟

2 颗洋葱，切成两半
1 根芹菜，切成两半
2 根胡萝卜，切割两半
1 片月桂叶
半把新鲜平叶欧芹
8 粒杜松子
1 瓣蒜
6 粒黑胡椒粒
2 × 800 克 /1¾ 磅鲜活多刺龙虾
盐

用于制作酱汁
50 克 /2 盎司黄油
1 颗洋葱，切末
100 毫升 /3½ 盎司白兰地
25 克 /1 盎司普通面粉
少许咖喱粉

将一大锅加了洋葱、芹菜、胡萝卜、香草、杜松子、大蒜、黑胡椒粒和少许盐的水煮沸，用小火熬煮 20 分钟。然后重新煮沸，将龙虾放入沸水中，盖上锅盖，再煮 10 分钟，将锅从火上端离，让龙虾在汤汁中冷却。然后将龙虾捞出控净汁液，煮龙虾的汤汁保留备用。切开龙虾并取出龙虾肉（见上文中的内容），保留好虾子。将煮龙虾的汤汁煮沸，煮至剩余约 500 毫升 /18 盎司，然后将汤汁过滤到一个碗中。制作酱汁：在一口锅中加热熔化黄油，加入洋葱，用小火加热，煸炒约 10 分钟，直到将洋葱煸炒成浅褐色。加入白兰地酒，继续用小火加热，汤汁㸆至剩余一半，然后将汤汁过滤。将剩余的黄油在另一口酱汁锅中加热熔化，拌入面粉和咖喱粉，并逐渐将煮龙虾的汤汁搅拌入酱汁锅中。继续加热，并且不停地搅拌，直至汤汁变得浓稠而细滑，然后加入虾子㸆浓的白兰地汁液。制作好的酱汁配龙虾一起食用。

ARAGOSTA ALLE SPEZIE
供 4 人食用
制备时间：10 分钟
加热烹调时间：10 分钟
4 只多刺龙虾尾，如果是冷冻的，要提前解冻
80 克 /3 盎司黄油
½ 茶匙的姜粉
½ 茶匙的咖喱粉
1 茶匙香菜粉
1 颗柠檬，挤出柠檬汁，过滤
盐和胡椒
柠檬片，用于装饰

百香龙虾 SPICY LOBSTER

将焗炉预热。在龙虾尾背面硬质外壳上深深地切一刀。在一口酱汁锅中加热熔化黄油，当黄油熔化之后立刻将锅从火上端离，拌入姜粉、咖喱粉、香菜粉和柠檬汁，并用盐和胡椒调味。龙虾尾的背部外壳朝上，放到一个烤盘内，放入焗炉里焗 3 分钟，然后翻面，将调味黄油从背面切开处倒入龙虾中，再继续焗 3～4 分钟。撒上胡椒，并用柠檬片装饰。

ARAGOSTA IN SALSA DI DRAGONCELLO
供 4 人食用
制备时间：25 分钟
加热烹调时间：30～35 分钟
2 × 800 克 /1¾ 磅多刺龙虾，煮熟
100 克 /3½ 盎司黄油
1 颗洋葱，切细末
1 根芹菜，切细末
1 根胡萝卜，切细末
50 毫升 /2 盎司白兰地
1 茶匙香草芥末
1 枝新鲜的龙蒿，切细末
175 毫升 /6 盎司干白葡萄酒
半颗柠檬，挤出柠檬汁，过滤
盐和胡椒

龙蒿酱龙虾 LOBSTER IN TARRAGON SAUCE

将龙虾切开，取出龙虾肉（见第 803 页），保留虾肝和虾子。在一口锅中加热熔化 50 克 /2 盎司黄油，加入洋葱、芹菜和胡萝卜，用小火加热煸炒 5 分钟。加入龙虾肉，煸炒至上色，然后调味。加入一半的白兰地酒，加热至完全吸收，然后加入芥末和龙蒿。再倒入葡萄酒，盖上锅盖后用小火加热 10 分钟。将锅从火上端离，取出龙虾肉，放入餐盘中保温。将锅中的汁液过滤到一口干净的锅中。虾肝和虾子切碎，与剩余的黄油、剩余的白兰地酒和柠檬汁一起加入锅中。用中火加热至汤汁略微变得浓稠，然后调味。将制作好的酱汁淋到龙虾肉上即可。

ASTICI ALL'ARMORICANA
供 4 人食用
制备时间：40 分钟
加热烹调时间：45 分钟
1½ 千克 /3¼ 磅活的欧洲龙虾
2 颗洋葱，切细末
半瓣蒜，切细末
50 克 /2 盎司黄油
2 汤匙橄榄油
5 汤匙白兰地
1 汤匙新鲜平叶欧芹，切末
300 克 /11 盎司罐装番茄碎
250 毫升 /8 盎司干白葡萄酒
盐
黄瓜片、柠檬片，用于装饰

阿摩里克龙虾 ARMORICAN LOBSTER

将一大锅的水煮沸，加入龙虾，盖紧锅盖，煮 2 分钟。捞出控干，切开龙虾，取出龙虾肉（见第 803 页），然后将龙虾肉切成均等的大块。洋葱和大蒜放入盐水中煮软，捞出控干，保留煮洋葱和大蒜的水，将洋葱和大蒜放入食物料理机内搅打成蓉状。在一口酱汁锅中加热黄油和橄榄油，加入龙虾肉，煎至浅褐色。取出放入另外一口锅中，加入一半的白兰地酒并引燃。将搅打成蓉状的洋葱和大蒜取出，放回到保留的水中，拌入欧芹和番茄碎，并用小火加热。加热到足够热后，将酱汁倒入龙虾肉中搅拌均匀。加入葡萄酒并调味，用中火加热 20 分钟的时间。剩余的白兰地酒加热煮沸，然后转小火加热，盖上锅盖，继续加热约 5 分钟。将锅从火上端离，盛入温热的餐盘中，用切成片状的黄瓜和柠檬装饰。

龙蒿酱龙虾 ➔

ASTICI IN INSALATA CON MAZZANCOLLE
供 6 人食用
制备时间：40 分钟
加热烹调时间：30 分钟
1 根胡萝卜
1 颗洋葱
1 颗柠檬
175 毫升 /6 盎司白葡萄酒
1 汤匙白葡萄酒醋
5 只活的欧洲龙虾
40 只生地中海大虾，去壳去虾线
6 片新鲜的罗勒叶，切碎
5 颗番茄，切碎
1 根芹菜，切碎
175 毫升 /6 盎司橄榄油
半颗柠檬，挤出柠檬汁，过滤
盐和胡椒
25 克 /1 盎司橄榄，用于装饰

龙虾和大虾沙拉 LOBSTER AND PRAWN SALAD

将胡萝卜、洋葱、柠檬、白葡萄酒和白葡萄酒醋放入一口大的酱汁锅中，加热煮沸，然后改用小火慢慢熬煮 15 分钟，再次煮沸，放入龙虾，盖上锅盖，继续加热 7 分钟，然后加入大虾，再继续加热 3 分钟。捞出控干，切开龙虾，取出龙虾肉（见第 803 页），切大块。将罗勒、番茄和芹菜放入碗中，加入龙虾肉和大虾。在另外一个碗中将橄榄油和柠檬汁一起搅打均匀，用盐和胡椒调味。将搅拌好的酱汁淋到沙拉上，轻轻拌匀，分装到 6 个餐盘中，用橄榄装饰。

MEDAGLIONI DI ARAGOSTA IN BELLAVISTA
供 4 人食用
制备时间：2 小时 15 分钟，另加冷却用时和冷藏用时
加热烹调时间：30 分钟
1 份煮鱼汤（见第 689 页）
1 × 1 千克 /2¼ 磅活的多刺龙虾
300 毫升 /½ 品脱速溶吉利丁
1 个面包，切片，去皮
40 克 /1½ 盎司黄油
少许芝麻菜
蛋黄酱（见第 77 页），用作配餐

大奖章龙虾 MAGNIFICENT MEDALLIONS OF LOBSTER

在一口大酱汁锅中将煮鱼汤煮沸，加入龙虾，盖上锅盖煮 15 分钟。将锅从火上端离，让龙虾在汤中冷却。捞出龙虾，控净汁液，切开并取出完整的龙虾肉（见第 803 页），将龙虾肉切成厚的圆片。根据包装说明准备好吉利丁。将龙虾肉放到餐盘中，在龙虾肉上刷几遍吉利丁溶液，冷藏至吉利丁凝固。切出与龙虾肉数量和大小相同的面包片。平底锅中加热熔化黄油，放入面包片，两面煎至金黄色。用漏勺捞出并放在厨房纸上控净油。放到餐盘中，将龙虾肉放到面包上，周围摆放芝麻菜，搭配蛋黄酱一起食用。

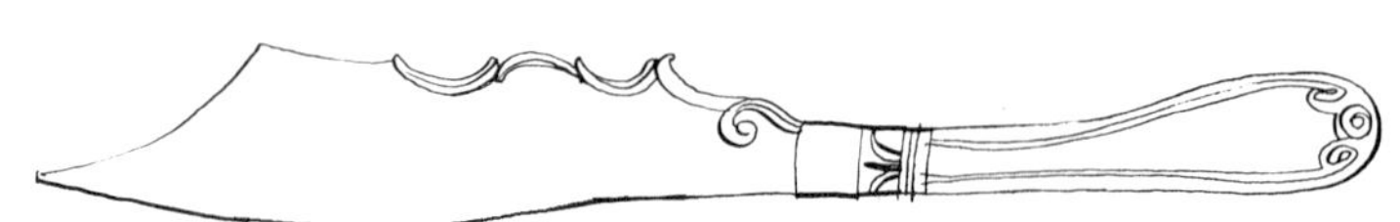

龙虾和大虾沙拉 →

大 虾

大虾和小虾的品种、颜色、大小皆不同。在意大利烹饪中，有三种虾特别有名。地中海大虾（Mediterranean prawn），长 23 厘米 / 9 英寸，呈灰褐色，有着条纹和些许的紫色。其肉在加热的过程中会变成粉红色，非常鲜嫩。粉红色和红色大虾，来自地中海，可以生长到约 21 厘米 /8½ 英寸长，而那些来自大西洋的大虾，长达 33 厘米 /13 英寸。这些大虾的颜色从红色到粉红色不等。“小”虾，长 10 厘米 /4 英寸，颜色有粉色或者灰色，有着一丝甘美的风味。通常在成熟之后再剥去大虾和小虾的壳，效果会更好，这样可以保护其鲜嫩的肉质。最后，淡水螯虾（淡水小龙虾）也应该了解。这些淡水螯虾曾经都可以在意大利的河流中捕捞到，但是现在几乎都是从亚洲进口。

ASPARAGI E GARBERI
供 4 人食用
制备时间：25 分钟，加上冷却时间
加热烹调时间：20～25 分钟

2 汤匙白葡萄酒醋
20 只生的地中海大虾，去虾壳和虾线
800 克 /1¾ 磅芦笋，清理干净
1 根胡萝卜，切薄片
1 个芹菜心，切薄片
橄榄油，用于淋洒
半颗柠檬，挤出柠檬汁，过滤
盐和胡椒

芦笋大虾 ASPARAGUS AND PRAWNS

将一锅加了盐的水煮沸，加入白葡萄酒醋，放入大虾，煮 2 分钟，然后捞出控干水分。将芦笋用棉线捆好，煮沸一锅加了盐的水，芦笋头朝上放入盐水中，煮 15～20 分钟，捞出控干并使其冷却。将胡萝卜和芹菜心放入餐盘中，上面再放大虾和芦笋。淋上橄榄油。用盐和胡椒调味，再淋上柠檬汁。轻轻搅拌均匀之后立刻上菜。

芦笋大虾 →

CODE DI GAMBERI FRITTE IN SALSA ROSA

供 4 人食用

制备时间：30 分钟，另加 1 小时腌制用时

加热烹调时间：15～20 分钟

4 汤匙番茄泥

3 汤匙双倍奶油

半颗柠檬，挤出柠檬汁，过滤

350 毫升 / 12 盎司干白葡萄酒

1 茶匙擦碎的鲜姜末

1 瓣蒜

16 只生的地中海大虾，去壳和虾线

2 个蛋清

植物油，用于油炸

普通面粉，用于淋撒

盐和胡椒

粉酱炸大虾 FRIED PRAWNS IN PINK SAUCE

将番茄泥、双倍奶油和柠檬汁放入碗中，用盐和胡椒调味，放到一边腌制一会儿。葡萄酒倒入一个盆内，加入少许盐、姜末和大蒜。放入大虾混合均匀，并腌制约 1 小时。在一个无油的碗中将蛋清打发至硬性发泡的程度。将虾捞出控净汁液，拌入打发好的蛋清中。用一口大锅将油烧热。将面粉撒到一个浅盘内。拿着大虾的虾尾，蘸满面粉，然后放入热油锅中炸至金黄色。用漏勺捞出，放到厨房纸上控净油。用盐调味，搭配粉红色的番茄酱汁一起食用。

GAMBERI DI SPUMA DI SALMONE

供 4 人食用

制备时间：30 分钟，另加 2 小时冷却用时

加热烹调时间：9 分钟

275 克 / 10 盎司生大虾，去壳和虾线

500 毫升 / 18 盎司速溶吉利丁

3 块鲑鱼排

100 毫升 / 3½ 盎司双倍奶油

2 汤匙白兰地酒

盐和胡椒

大虾配鲑鱼慕斯 PRAWNS WITH SALMON MOUSSE

将大虾放入煮沸的盐水中煮 4 分钟，然后捞出控干。根据包装使用说明制备吉利丁。在一个模具的底部涂几遍吉利丁，放入冰箱冷藏至凝固。与此同时，在一口不粘锅中煎鲑鱼排，不时地翻动，煎约 5 分钟。然后将鲑鱼排用铲子从锅中取出，剔取鱼肉，去掉所有的鱼刺和鱼骨，放入食物料理机内，加入双倍奶油和白兰地酒。搅打成细腻的泥蓉状，用盐和胡椒调味。留几只大虾做装饰，将其余的大虾放到模具的底部。鲑鱼泥用勺子舀入模具中，表面再覆盖上一层薄薄的吉利丁，放入冰箱冷藏 2 小时。食用时，将模具内的鲑鱼慕斯倒入餐盘中，用预留的大虾装饰即可。

GAMBERI IN INSALATA CON FAGIOLI

供 4 人食用

制备时间：15 分钟，另加冷却用时

加热烹调时间：5～10 分钟

1 片柠檬

500 克 / 1 磅 2 盎司生大虾，去壳和虾线

200 克 / 7 盎司熟白豆（见第 545 页）或者罐装白豆，捞出控干汁液并漂洗干净

2 汤匙白葡萄酒醋

5 汤匙橄榄油

1 枝新鲜平叶欧芹，切碎

盐和胡椒

白豆大虾沙拉 PRAWN SALAD WITH BEANS

将 1 升 / 1¾ 品脱的盐水放入一口酱汁锅中，加入柠檬片煮沸。放入大虾煮 5～6 分钟，捞出控干。放入碗中，待其冷却。当大虾冷却后，加入白豆。将醋和橄榄油在碗中搅拌均匀，加入盐和胡椒调味。将调制好的酱汁倒入沙拉里，轻拌并混合均匀。撒上欧芹末即可。

粉酱炸大虾 ➔

GAMBERI IN SALSA DOLCEFORTE
供 6 人食用
制备时间：2 小时 45 分钟
加热烹调时间：10 分钟
24 只生的地中海大虾，去壳和虾线
5 汤匙橄榄油
2 根胡萝卜，切细末
2 根芹菜茎，切细末
半颗洋葱，切细末
1 棵韭葱，切细末
50 毫升 /2 盎司白兰地
175 毫升 /6 盎司干白葡萄酒
200 毫升 /7 盎司浓缩鱼肉高汤（见第 250 页）
1 枝新鲜百里香
1 片月桂叶
2 颗熟透的番茄，去皮去籽，切碎
2 颗柠檬
1 汤匙糖
普通面粉，用于淋撒
½ 茶匙肉桂粉
50 克 /2 盎司葡萄干
1 汤匙松子仁
盐和胡椒

大虾配香浓甘甜酱汁 PRAWNS IN STRONG SWEET SAUCE

大虾去掉虾头和虾皮，保留虾头和虾皮备用。在一口锅中加热 3 汤匙的油，加入虾头、虾皮、胡萝卜、芹菜、洋葱和韭葱，用小火翻炒 5 分钟。加入白兰地酒，完全吸收后倒入干白葡萄酒，加热煮沸。加入鱼肉高汤、百里香、月桂叶和番茄，继续用小火熬煮，直到变得浓稠。将煮好的高汤过滤到一口干净的锅里，再放回火上，继续用小火加热熥至剩下约 5 汤匙的量。将锅从火上端离。将柠檬的外皮削下来薄薄的一层，不带任何白色的外皮部分，切成非常细的丝。用三锅煮沸的水烫三次，然后捞出控干，放入一口小号的酱汁锅中，加入糖和 2 汤匙水。煮沸，搅拌至糖完全溶化，然后再次煮开，不要搅拌，直到柠檬皮都挂上一层糖浆，将锅从火上端离。与此同时，挤出柠檬汁，过滤。将大虾裹上薄薄的一层面粉。将剩余的油在一口平底锅中加热，加入大虾，用盐和胡椒调味，煎炒大虾，直到呈淡褐色。撒入肉桂粉，加入保留的高汤、柠檬汁、柠檬皮、葡萄干和松子仁，混合均匀。根据口味需要再加入盐即可。

ZHUCCHINE AI GAMBERETTI
供 4 人食用
制备时间：25 分钟
加热烹调时间：10 分钟
8 个西葫芦
1 份蛋黄酱（见第 77 页）
1 颗洋葱，切细末
少许塔瓦斯科辣椒酱
1 汤匙番茄酱
200 克 /7 盎司熟的去壳大虾
盐

西葫芦大虾 COURGETTES WITH PRAWNS

将西葫芦放入煮沸的盐水中煮约 8 分钟，然后捞出控干，让其稍微冷却。将蛋黄酱、洋葱、塔瓦斯科辣椒酱和番茄酱在碗中混合均匀。西葫芦纵切两半，挖出西葫芦肉，不要损伤西葫芦的“外壳”。在西葫芦壳内填入蛋黄酱混合物和大虾。趁热食用。

蜘蛛蟹

蜘蛛蟹是生活在亚得里亚海的大螃蟹，在其他许多地方，如威尼斯，人们非常擅长烹饪它们。它们风味鲜美，广受赞誉的是蟹肉和钳爪肉，但蟹子，被称为珊瑚，更加美味。只需简单地用橄榄油和柠檬汁调味即可。如果是大的活蜘蛛蟹，需要投入沸水中煮约 30 分钟；如果是小的蜘蛛蟹，只需煮 20 分钟。这些螃蟹需要留在煮汁中冷却，然后取出并打开外壳，剔取蟹肉。在剔取蟹肉时，需要掰断蟹腿和钳爪，使用厨刀或者厨用剪刀将圆形蟹壳切开，取出并去掉蟹鳃，挖出蟹肉，保留好蟹子。用蟹钳或者砍刀的刀柄将钳爪敲碎，小心不要将软骨弄碎，否则会混入蟹肉里。剔取的蟹肉通常会摆放在蟹壳内上桌，在这样的情况下，你还应该将蟹嘴部位和胃囊去掉。

橄榄油柠檬蜘蛛蟹 SPIDER CRAB IN OLIVE OIL AND LEMON

GRANCEOLA ALL'OLIO E LIMONE
供 4 人食用
制备时间：30 分钟
加热烹调时间：10 分钟
4 只鲜活蜘蛛蟹
4~8 片生菜叶
4 汤匙橄榄油
1 颗柠檬，挤出柠檬汁，过滤
新鲜平叶欧芹，切碎（可选）
1 瓣蒜（可选）
盐和胡椒

将一大锅的盐水煮沸。加入蜘蛛蟹，盖上锅盖，加热 10 分钟。让其在水中冷却。将蟹壳打开，剔取蟹肉（见上面内容），以及珊瑚鱼子（如果有的话）。将蟹壳里面彻底清洗干净并拭干，在蟹壳内铺上一两片生菜叶，再放入蟹肉。在碗中将橄榄油和柠檬汁混合均匀，加入欧芹和大蒜，并用盐和胡椒调味。将调好的酱汁淋到蟹肉上。如果有珊瑚鱼子，可以与少许橄榄油混合均匀，用于装饰蟹肉。

蛋黄酱蜘蛛蟹 SPIDER CRAB WITH MAYONNAISE

GRANCEOLA CON MAIONESE
供 4 人食用
制备时间：40 分钟
加热烹调时间：15 分钟
1 枝新鲜百里香
1 枝新鲜墨角兰
4 只活蜘蛛蟹
4~8 片生菜叶
1 份蛋黄酱（见第 77 页）
盐和胡椒
100 克 /3½ 盎司熟的去壳大虾，用作装饰

将加了少许盐和胡椒，以及百里香和墨角兰的一大锅水煮沸。加入蜘蛛蟹，盖紧锅盖，煮 10 分钟。将锅从火上端离，让蜘蛛蟹在锅中的水中稍微冷却，然后捞出控干。切开蟹壳并剔取蟹肉（见第 813 页）。将蟹壳里面彻底清洗干净并拭干，在蟹壳内铺上一两片生菜叶。蟹肉与蛋黄酱轻轻搅拌好，然后用勺舀入蟹壳内，用大虾装饰。上桌前放在阴凉的地方，但是不要冷藏。

金银蜘蛛蟹 SPIDER CRAB MIMOSA

GRANCEOLA MIMOSA
供 4 人食用
制备时间：1 小时 15 分钟
加热烹调时间：10 分钟
1 份煮鱼汤（见第 689 页）
4 只活蜘蛛蟹
3 个煮熟的鸡蛋黄
4 汤匙橄榄油
1 颗柠檬，挤出柠檬汁，过滤
1 汤匙新鲜平叶欧芹，切碎
盐和白胡椒

将煮鱼汤在一口大号酱汁锅中煮沸，加入蜘蛛蟹，盖上锅盖，煮 10 分钟。将锅从火上端离，让蜘蛛蟹在锅中稍微冷却，然后捞出控干。切开蟹壳并剔取蟹肉（见第 813 页）。将白色蟹肉切碎，与褐色蟹肉在碗中混合均匀。蛋黄用一个细眼网筛过滤，将 ⅔ 的蛋黄加入蟹肉中，用盐和胡椒调味，与橄榄油和柠檬汁轻轻搅拌均匀。将蟹壳里面彻底清洗干净并拭干，然后将混合均匀的蟹肉用勺舀入蟹壳内。放上剩余的蛋黄，撒入欧芹，上桌。

螃　蟹

在意大利有两种广为人知且广受赞誉的螃蟹品种。青蟹（在威尼斯叫毛利卡），生活在池塘内，有着鲜嫩美味的蟹肉；另一种是食草蟹（在意大利叫作萨比亚蟹），它们生活在河流附近的浅水里，也是极佳的美食。澳大利亚和新西兰有着种类繁多的本地螃蟹品种，味道特别鲜美。来自北海的蟹肉罐头使用非常广泛，用油和柠檬汁拌匀，或者与番茄酱汁混合均匀之后配意大利面条，美味可口。要从熟螃蟹中取出蟹肉，可以让螃蟹背面朝上，将蟹腿和蟹爪掰断，然后将蟹尾掰断。将刀从后壳的缝隙处插入壳里，转动刀尖，用拇指将蟹壳撬开，取出并去掉“死者的手指”（蟹鳃）。使用勺子，挖出褐色的蟹肉，放入碗中。将螃蟹用一把锋利的刀切成两半，将剩余的白色蟹肉仔细挖出来。蟹爪和蟹腿敲碎，仔细将蟹肉捡拾出来。最后，挤压眼睛后面的背壳位置，将蟹嘴和胃囊取出并丢弃。剩下的褐色蟹肉也要全部挖出。

樱桃番茄酿蟹肉 CHERRY TOMATOES STUFFED WITH CRAB

CILIEGINE RIPIENE DI GRANCHIO

供4人食用

制备时间：35分钟，另加1小时控净汁液用时

12颗樱桃番茄

250克/9盎司罐装蟹肉，控净汁液

4汤匙蛋黄酱（见第77页）

盐和胡椒

12颗黑橄榄

见第816页

将樱桃番茄的顶端切除，挖出少许番茄肉，但不要戳破其“外壳”，番茄里面撒入少许盐。然后在厨房纸上倒扣1小时，以滴净汁液。挑选蟹肉，去掉所有的软骨。在碗中将蟹肉与蛋黄酱混合，加盐和胡椒调味。将制作好的蟹肉酿入樱桃番茄中，并用橄榄装饰每颗樱桃番茄。

鳄梨蟹肉 CRAB WITH AVOCADO

鳄梨去皮、去核并切片，然后洒上柠檬汁。平底锅中加热熔化黄油，放入鳄梨，小火翻炒 10 分钟。加盐和胡椒调味，盛入一个餐盘中。挑选蟹肉，去掉所有的软骨。然后加入平底锅中，拌入双倍奶油、大虾鸡尾酒酱汁和塔瓦斯科辣椒酱。用小火加热几分钟至呈浓稠状。将其倒在餐盘中的鳄梨上即可。

GRANCHIO CON AVOCADO
供 4 人食用
制备时间：20 分钟
加热烹调时间：15 分钟
2 个鳄梨
1 颗柠檬，挤出柠檬汁，过滤
25 克 /1 盎司黄油
120 克 /4 盎司罐装蟹肉，控净汁液
100 克 /3½ 盎司双倍奶油
2 汤匙瓶装大虾鸡尾酒酱汁（prawn cocktail sauce）
少许塔瓦斯科辣椒酱
盐和胡椒

蟹肉沙拉 CRAB SALAD

在一口大号酱汁锅中将煮鱼汤煮沸，加入螃蟹，盖上锅盖煮 20 分钟，然后捞出控净汁液。将蟹壳撬开（见第 815 页），螃蟹内所有的蟹肉仔细剔出来并将白色蟹肉切碎。给蟹肉调味，菊苣和棕榈心淋上一点儿橄榄油、一点儿白葡萄酒醋，撒少许盐和一点儿白胡椒。取一个大号沙拉碗，用菊苣铺底，摆放蟹肉和棕榈心，撒上酸黄瓜。将极光酱呈螺旋状淋在表面。

GRANCHIO IN INSALATA
供 4 人食用
制备时间：3 小时
加热烹调时间：20 分钟
1 份煮鱼汤（见第 689 页）
1 只鲜活螃蟹
1 棵红菊苣，切条
300 克 /11 盎司罐装棕榈心，捞出控净汁液并漂洗干净，切片
橄榄油，用于淋洒
白葡萄酒醋，用于淋洒
2 根酸黄瓜，捞出控净汁液，切碎
1 份极光酱（见第 73 页）
盐和白胡椒
见第 818 页

蟹肉卷 CRAB ROLLS

预热扒炉。将煮鱼汤放入一口大号酱汁锅中煮沸，加入螃蟹，盖上锅盖并煮 20 分钟。与此同时，在茄子片上刷橄榄油，在扒炉上将两面都扒成金黄色。从扒炉上取下，让其冷却。将螃蟹捞出，控净汁液并撬开蟹壳（见第 815 页），将螃蟹内所有的蟹肉仔细剔出来并将白色蟹肉切碎。平底锅中加热熔化黄油，加入红葱头，小火煸炒 5 分钟。切碎的蟹肉加入锅中，再加入葡萄酒，加热至完全吸收。用盐略微调味。将蟹肉分别放到茄子片上，卷紧并用牙签固定。在一口锅中涂橄榄油，放入茄子卷，用中火加热至茄子卷完全热透。放到温热的餐盘中即可。

INVOLTINI DI GRANCHIO RIPIENI
供 4 人食用
制备时间：1 小时 40 分钟
加热烹调时间：20 分钟
1 份煮鱼汤（见第 689 页）
1 只鲜活螃蟹
8 片大茄子
橄榄油，用于涂刷
50 克 /2 盎司黄油
1 颗红葱头，切碎
100 毫升 /3½ 盎司干白葡萄酒
盐

← 樱桃番茄酿蟹肉，见第 815 页

海鳌虾

意大利人对于虾的大小区分有明确标准，那些长度小于 20 厘米 /8 英寸的叫作斯坎匹（scampi），而更大一些的叫作斯坎普尼（scamponi）。在英国，等同于他们的海鳌虾、都柏林湾大虾或者挪威龙虾，尽管油炸面包大虾尾有时候也被称为斯坎匹（在澳大利亚和新西兰也有大量的类似品种）。都柏林湾大虾有着比海鳌虾更厚一些的甲壳，其他方面都非常相似。这两者都需要在其非常新鲜时食用，因为它们的肉质很快就会变质。唯一可食用的部分是尾巴上的虾肉，味道鲜美可口，可以与龙虾相媲美。不管是整只的海鳌虾还是只有尾部的虾，都可以在成熟后再去壳和虾线，也就是去掉黑色的虾肠。而烹调加热的时间根据其大小不同而各不相同。在将它们放入沸水中并重新煮沸后，需要再继续加热 5 分钟的时间。而如果放入冷水中，煮沸后需要再继续加热 3 分钟。

番茄海鳌虾 LANGOUSTINES WITH TOMATOES

SCAMPI AI POMODORI
供 4 人食用
制备时间：25 分钟
加热烹调时间：20～25 分钟
50 克 /2 盎司黄油
1 颗洋葱，切细末
300 克 /11 盎司番茄，去皮去籽，切块
1 汤匙番茄泥
20 个海鳌虾或者都柏林湾大虾，去壳
100 毫升 /3½ 盎司双倍奶油
盐和胡椒
见第 820 页

在一口平底锅中加热熔化黄油，加入洋葱，小火煸炒 5 分钟，然后加入番茄。将番茄泥与 2 汤匙的热水混合均匀，倒入锅中，用小火继续加热 10 分钟。将混合物倒入食物料理机内搅打成蓉泥状，然后倒回锅里。加入盐和胡椒调味。放入海鳌虾或者大虾，继续加热，不时翻炒 2～3 分钟。加入奶油，继续加热至锅中的酱汁变得浓稠。将海鳌虾或者大虾放到温热的餐盘中，淋上锅中的酱汁即可。

← 蟹肉沙拉，见第 817 页

咖喱酱海螯虾 LANGOUSTINES WITH CURRY SAUCE

准备一大锅的水，加上香草、胡萝卜和洋葱煮沸。加入海螯虾或者大虾，加热煮沸并继续加热5分钟，然后捞出控净汁液，去掉外壳和虾线。在一口锅中加热黄油，放入红葱头，小火加热煸炒5分钟。加入咖喱粉，继续煸炒，然后倒入葡萄酒，加热熇至剩余一半的量。拌入双倍奶油，并用盐和胡椒调味。将海螯虾或者大虾放到温热的餐盘中，淋上柠檬汁和酱汁。

SCAMPI ALLA SALSA DI CURRY
供4人食用
制备时间：15分钟
加热烹调时间：20分钟
半把新鲜平叶欧芹
半把新鲜百里香
1根胡萝卜（可选）
1颗洋葱（可选）
20只海螯虾或者都柏林湾大虾
40克/1½盎司黄油
2颗红葱头，切细末
1茶匙咖喱粉
100毫升/3½盎司干白葡萄酒
100毫升/3½盎司双倍奶油
1颗柠檬，挤出柠檬汁，过滤
盐和胡椒

鼠尾草风味海螯虾 LANGOUSTINES WITH SAGE

将海螯虾或者大虾放入一个盆里，用盐和胡椒调味，倒入柠檬汁，腌制约1小时。预热好铁扒炉。捞出海螯虾或者大虾，控净并保留腌泡汁。将虾分别用烟熏意式培根片和鼠尾草叶包起来，用牙签固定。涂上薄薄一层橄榄油，放到铁扒炉架上铁扒。其间翻转两次，并不时地淋上一些腌泡汁，铁扒10～12分钟即可。

SCAMPI ALLA SALVIA
供4人食用
制备时间：25分钟，另加1小时腌制用时
加热烹调时间：20分钟
20只海螯虾或者都柏林湾大虾
2颗柠檬，挤出柠檬汁，过滤
20片烟熏意式培根
20片新鲜鼠尾草小叶片
橄榄油，用于涂刷
盐和胡椒

焗海螯虾 GRILLED LANGOUSTINES

将海螯虾或者大虾放到一个大盆里，撒上香草，加入柠檬汁和橄榄油，并用盐和胡椒调味。搅拌均匀后腌制约45分钟。将铁扒炉预热。在焗盘里铺锡箔纸并涂刷橄榄油。捞出海螯虾或者大虾，控净并保留好腌泡汁，放到锡箔纸上，放入铁扒炉。其间翻转两次，并不时地淋上一些腌泡汁，需要约12分钟。

SCAMPI GRIGLIATI
供4人食用
制备时间：20分钟，另加45分钟腌制用时
加热烹调时间：12分钟
20只海螯虾或者都柏林湾大虾，去壳
1枝新鲜平叶欧芹，切细末
1枝新鲜雪维菜，切细末
1枝新鲜墨角兰，切细末
1颗柠檬，挤出柠檬汁，过滤
4汤匙橄榄油，另加涂抹所需
盐和胡椒
见第822页

← 番茄海螯虾，见第819页

贝　类

外壳呈疣状的金星蛤（warty venus clam）、外壳光滑的金星蛤（smooth venus clam）、贻贝、蛏子（razor clam）、花蛤（carpet shell clam）、女王扇贝（queen scallop）、海螺、巨海扇蛤（great scallop）等，不胜枚举，从学科上来说，软体动物被分为八大类，有八千种不同的品种。但是，在厨房内常用到的只有三大类。首先是头足类，没有外壳，例如章鱼和墨鱼；其次是腹足类，有着一个单壳，例如海螺、骨螺（murex）和其他的海洋蜗牛等；最后是有着两个外壳的双壳类，例如蛤蜊、扇贝、贻贝等。鱼类的新鲜度可以通过观察鱼眼睛的鲜活度、鱼鳞的光泽程度和鱼肉的质地来进行判断。而判断软体动物的新鲜程度，需要更加集中精力，并不是每个人都知道该从何入手。以下是购买时要遵循的主要规则。其外壳应富有光泽，并且完全闭合。它们外壳开得越大，就表示它们离开海水的时间越长。它们应带有一股温和的、令人愉悦的气味，如果味道过于浓烈，那么就表明它们的新鲜程度已经达到了极限。贝类海鲜需要用大量的自来水进行仔细清洗。如果不打算马上食用它们，应该将它们加热成熟，并且在原汁中储存，冷藏不要超过 24 小时。

← 焗海鳌虾，见第 821 页

鱿 鱼

最美味的鱿鱼是个头小且鲜嫩的品种，可以整个加热成熟。较大一些的鱿鱼品种会有点老，并且需要切成鱿鱼圈状。在澳大利亚，有时候也会用到它们的意大利名字 calamari。要制备鱿鱼，需要将其漂洗干净，头部和身体分开，切断触须，然后将鱿鱼嘴挤出来并丢弃不用。头上的其他部分也丢弃不用。从鱿鱼身上取出并去掉墨囊，再去掉所有的膜（鱿鱼的大部分内脏器官都会在其头部位置）。将鱿鱼身漂洗干净，剥去其外皮。墨鱼汁可以加入意大利调味饭和意大利面条酱汁中，给它们增添一种非同寻常的颜色和浓郁的海洋风味。

马尔凯风味鱿鱼 MARCHE-STYLE SQUID

CALAMARI ALLA MARCHIGIANA
供 4 人食用
制备时间：25 分钟
加热烹调时间：30 分钟

- 2 条盐渍鳀鱼，去掉鱼头，洗净并剔取鱼肉（见第 694 页），用冷水浸泡 10 分钟后，捞出控干水分
- 5 汤匙橄榄油
- 1 瓣蒜
- 1 枝新鲜平叶欧芹，切碎
- 800 克 /1¾ 磅小鱿鱼，洗净
- 5 汤匙白葡萄酒
- 盐和胡椒

将鳀鱼肉切碎。在一口锅中加热橄榄油，放入大蒜和欧芹煸炒。加入鱿鱼和鳀鱼，用盐和胡椒略微调味。小火加热 10 分钟，然后倒入白葡萄酒和 2～3 汤匙水。慢火煮约 20 分钟，直到鱿鱼成熟。

铁扒酿馅鱿鱼，见第 826 页 →

CALAMARI FRITTI
供 4 人食用
制备时间：25 分钟
加热烹调时间：10 分钟
800 克 /1¾ 磅小鱿鱼，洗净
普通面粉，用于制作面糊
6 汤匙橄榄油
盐

炸鱿鱼 FRIED SQUID

将鱿鱼裹上面粉。在一口平底锅中加热橄榄油，加入鱿鱼，炸至金黄色。用漏勺捞出，放在厨房纸上控净油，然后撒盐略微调味。以这种方式制作好的鱿鱼，通常都会搭配炸海螯虾或者其他美味的炸海鲜一起食用。

CALAMARI RIPIENI AI GAMBERETTI
供 4 人食用
制备时间：1 小时 45 分钟
加热烹调时间：35 分钟
1 个马铃薯，不用去皮
4 只大鱿鱼，洗净
300 克 /11 盎司熟大虾，去壳，切碎
2 个蛋黄，略微打散
4 汤匙橄榄油
1 瓣蒜
4 汤匙双倍奶油
250 毫升 /8 盎司番茄糊
1 枝新鲜平叶欧芹，切碎
盐和胡椒

鱿鱼酿虾仁 SQUID STUFFED WITH PRAWNS

将马铃薯用盐水煮 20～30 分钟，然后捞出控干，去皮后用马铃薯捣碎器捣成泥。鱿鱼须放入加了盐的沸水中煮 3 分钟，然后捞出控干并切碎。将马铃薯泥、鱿鱼须、虾仁和蛋黄放入碗中，用盐和胡椒调味并搅拌。将混合物填入鱿鱼身中，注意不要装得太满，用牙签将鱿鱼开口处扎紧。在一口大号平底锅中将油烧热，加入大蒜炸几分钟，直到大蒜变成褐色，取出大蒜并丢弃不用，放入鱿鱼，用小火煎炸约 30 分钟。番茄糊中拌入双倍奶油，撒入欧芹，倒入鱿鱼锅中。用大火煮沸后即可上桌。

CALAMARI RIPIENI ALLA GRIGLIA
供 4 人食用
制备时间：30 分钟
加热烹调时间：10 分钟
4 只鱿鱼，洗净
1 枝新鲜平叶欧芹，切碎，另加装饰所需
半瓣蒜
50 克 /2 盎司面包糠
橄榄油，用于淋洒和涂抹
盐和胡椒
柠檬角，用于装饰
见第 825 页

铁扒酿馅鱿鱼 GRILLED STUFFED SQUID

将铁扒炉预热至高温。鱿鱼须、欧芹和大蒜一起切碎，放入一个碗中混合均匀，加入面包糠，淋上橄榄油，并用盐和胡椒调味。将混合均匀的馅料用勺装入鱿鱼身中，并用牙签将鱿鱼口扎紧。在鱿鱼身上刷橄榄油，用盐和胡椒调味，放到铁扒架上，不时地翻动，直到铁扒至金黄色并成熟。用柠檬角和欧芹装饰后趁热食用。

扇　贝

扇贝有着非常扁平的底壳，以及一个明显凸起的上壳。肉质呈米白色，通常会带有些粉色和栗色。扇贝是最珍贵的甲壳类海鲜之一，有售卖鲜活的，也有带壳售卖的。扇贝由三个部分组成，硬质的白色肌肉，黄色或者橙色的“珊瑚”，以及褐色的须部分，也叫裙边，这部分不可以食用。扇贝的最佳个头为直径 10～15 厘米 /4～6 英寸。扇贝类菜肴通常会原壳上菜，所以即便你是购买的制备好的扇贝，询问一下，鱼商提供给你扇贝上壳也是可以的。要打开扇贝的外壳，先将扁平面的扇贝外壳朝上摆好，在扇贝外壳缝隙之间插入刀尖，将粘连在上壳上的肌肉切断。小心地将上壳揭掉，然后将扇贝肌肉的下方切断。将扇贝的裙边和黑色的胃囊丢弃不用。享用扇贝最简单的方式是煮扇贝。将扇贝柱（肌肉）和“珊瑚”用冷水浸泡 15 分钟，以去掉所有残留的沙。在用小火加热的盐水中煮 10 分钟，待冷却之后，可以切片或者整个食用。可以配蛋黄酱或者配油和柠檬汁一起享用，或者与生菜和水芥菜沙拉一起食用。

CAPPESANTE AL FORNO
供 4 人食用
制备时间：20 分钟
加热烹调时间：4 分钟
12 个扇贝，去壳（见第 827 页）
4 汤匙橄榄油，另加淋洒所需
1 瓣蒜
1 颗柠檬，挤出柠檬汁，过滤
6 片新鲜的罗勒叶，切碎
盐和白胡椒

烤扇贝 BAKED SCALLOPS

将凹形的扇贝半壳擦洗干净，放入低温烤箱内保温。在一口平底锅中加热橄榄油和大蒜，加入扇贝煸炒 4 分钟。用盐调味后从火上端离，将扇贝盛入扇贝半壳内。在每个扇贝上淋 ½ 茶匙锅中的汤汁，再加入橄榄油和少许白胡椒。最后加入柠檬汁和罗勒即可。

CAPPESANTE IN INSALATA
供 4 人食用
制备时间：20 分钟
加热烹调时间：4 分钟
7 汤匙橄榄油
8 个扇贝，去壳（见第 827 页）
200 克 /7 盎司生菜，切丝
1 棵芝麻菜
3 颗番茄，去皮去籽，切丁
2 汤匙白葡萄酒醋
盐和胡椒

扇贝沙拉 SCALLOP SALAD

在锅中加热 2 汤匙的橄榄油，加入扇贝，每面煎约 2 分钟。将生菜、芝麻菜和番茄放入沙拉碗中。醋、少许盐和剩余的橄榄油在碗中搅拌好，用胡椒调味，淋到蔬菜沙拉上。加入扇贝拌匀。

CAPPESANTE IN SALSA DI ZAFFERANO
供 4 人食用
制备时间：25 分钟
加热烹调时间：25 分钟
12 个扇贝，去壳（见第 827 页）
1 根胡萝卜，切丁
1 棵青葱，切薄片
175 毫升 /6 盎司干白葡萄酒
50 克 /2 盎司黄油，切小块
1 汤匙双倍奶油
少许藏红花丝
盐

扇贝配藏红花酱汁 SCALLOPS WITH SAFFRON SAUCE

将凹形的扇贝半壳擦洗干净，用厨房纸拭干。将胡萝卜、青葱、白葡萄酒、少许盐和 4 汤匙水放入一口锅中，用小火煮沸后继续加热 10 分钟。将扇贝放入锅中，继续加热 4 分钟。将扇贝捞出，切成两半，放入半壳内并保温。将锅中的汤汁熗浓，拌入黄油、双倍奶油和藏红花。将制作好的热酱汁淋到扇贝上即可。

扇贝配藏红花酱汁 →

贻 贝

这些软体海鲜类在意大利有几个不同的名字，cozze、muscoli、peoci 和 mitili 等。目前，绝大多数市面上销售的贻贝都是养殖的，这样就保证了它们的洁净程度。但是，它们仍然需要在自来水下彻底清洗，切记不要在水中浸泡。使用一把短而锋利的小刀，将贻贝的须线拽出，使用刀柄将外壳上所有的藤壶都敲掉。将外壳碎裂的贻贝，或者用手拍打外壳时不会迅速闭合的贻贝都拣出来并丢弃不用。要打开贻贝的外壳，可以将贻贝放入一口平底锅中，大火加热几分钟。将所有没有开口的贻贝取出并丢弃不用。贻贝非常容易消化，将其原汁添加到汤菜、酱汁和意大利调味饭中同样美味可口。

COZZE ALLA CREMA
供 4 人食用
制备时间：45 分钟
加热烹调时间：5 分钟
1½ 千克 / 3¼ 磅贻贝，清理备用
3 汤匙橄榄油
1 瓣蒜
半颗柠檬，挤出柠檬汁，过滤
1 份蛋黄酱（见第 77 页）
胡椒

用于装饰
8 片新鲜的罗勒叶
1 颗番茄，切丁

奶油贻贝 CREAMY MUSSELS

将贻贝、橄榄油、大蒜和柠檬汁放入一口锅中，盖上锅盖并用大火加热，在加热的过程中要不时地晃动一下锅。加热约 5 分钟，直到贻贝张口。捞出控净汁液，保留好汤汁。将仍然是闭口的，以及空的贻贝丢弃不用。将贻贝放入餐盘中。蛋黄酱与 1～2 汤匙保留的汤汁混合均匀，淋到贻贝肉上。撒上胡椒，并用罗勒叶和番茄丁装饰。

COZZE ALLA MARINARA
供 4 人食用
制备时间：25 分钟
加热烹调时间：5 分钟
1½ 千克 / 3¼ 磅贻贝，清理备用
3 汤匙新鲜平叶欧芹，切细末
胡椒

海员贻贝 MUSSELS MARINARA

将贻贝放入一口锅中，加入大量的胡椒，不加水，用大火加热约 5 分钟，直到它们张口。将没有开口的贻贝取出并丢弃不用。捞出控净汁液，保留好锅中的汤汁，将贻贝放入一个汤盘内。将汤汁用垫有一块棉布的细眼网筛过滤到碗中，拌入欧芹，倒入贻贝中即可。

海员贻贝 →

COZZE CON PEPERONI WERDI
供 4 人食用
制备时间：40 分钟
加热烹调时间：12～15 分钟
1 千克 /2¼ 磅贻贝，清理备用
3 汤匙橄榄油
2 瓣蒜
2～3 个绿甜椒，切成两半，去籽，切块
2 枝新鲜的百里香，切碎
盐

甜椒贻贝 MUSSELS WITH GREEN PEPPERS

将贻贝放入一口平底锅中，加入 1 汤匙的橄榄油和 1 瓣蒜，用大火加热约 5 分钟，直到贻贝张口。将所有没有开口的贻贝取出并丢弃不用。将贻贝肉从其壳内取出，放到一边备用。剩余的大蒜切碎。在一口平底锅中加热剩余的橄榄油，加入甜椒和大蒜，用中火加热煸炒 10 分钟。用盐调味，加入贻贝肉继续翻炒几分钟。然后倒入温热的餐盘中，撒上百里香即可。

COZZE GRATINATE
供 4 人食用
制备时间：30 分钟
加热烹调时间：5 分钟
1 千克 /2¼ 磅贻贝，清理备用
3 汤匙切碎的新鲜平叶欧芹
2 瓣蒜，切碎
1 大捏牛至
橄榄油，用于淋洒
80 克 /3 盎司面包糠
盐和胡椒
1 颗柠檬，切成角状，用于装饰

焗贻贝 MUSSELS AU GRATIN

将烤箱预热至 200℃/400℉/ 气烤箱刻度 6。贻贝放入一口平底锅中，用大火加热约 5 分钟，直到张口。从平底锅中取出，将带有贻贝肉的半壳放到一个烤盘内。将没有开口的贻贝和空壳拣出来并丢弃不用。在贻贝上撒欧芹、大蒜和牛至，用盐调味，多淋上一些橄榄油和面包糠。放入烤箱烘烤 5 分钟，然后取出放到温热的餐盘中。用胡椒调味，加入柠檬角装饰。

IMPEPATA DI COZZE
供 4 人食用
制备时间：20 分钟
加热烹调时间：5 分钟
2 千克 /4½ 磅贻贝，清理备用
3 汤匙切碎的新鲜平叶欧芹
胡椒

胡椒风味贻贝 PEPPERED MUSSELS

将贻贝放入一口平底锅中，撒上多一些的胡椒，用大火加热约 5 分钟，直到张口。将没有开口的贻贝丢弃不用。在贻贝上撒欧芹，将锅从火上端离，装盘即可。

牡　蛎

牡蛎是最挑剔的美食家也会喜欢的开胃菜，但是哪种类型的牡蛎是最好的？是扁平状的还是凹形（碗状）的？扁平状的牡蛎很光滑，通常都是圆形的外壳，通常有两个品种：白色肉质的贝隆尼和绿色肉质的马润尼。贝隆尼以其饱满圆润的肉质而被称为“牡蛎中的女王”，其长度为 13～15 厘米 /5～6 英寸。凹形的牡蛎更长一些，外壳也会更凹陷一些。牡蛎送达厨房之后必须是鲜活的。这就是说，在打开牡蛎的外壳之前，其外壳必须是紧闭的，并且使用特制的刀将牡蛎外壳撬开后，用手轻轻触碰牡蛎肉时，它们应立刻收缩。要撬开牡蛎外壳，可以将其扁平状外壳的那一面朝上，用一只手掌稳稳地握牢，先用一块茶巾将你的手包裹好会更加安全，这样可以避免刀滑动而造成误伤。将一把厚刃刀，最好是一把牡蛎刀，从外壳的缝隙处插入，转动刀刃，撬开外壳。将与上部外壳连接的肌肉切断，并将上部外壳抬起，然后将连接下部外壳的肌肉切断。将下部外壳中的汁液倒入碗中并过滤。将牡蛎肉保留在壳中，放到冰块上 30 分钟，以让其原汁能够渗透出来。这就是为什么其味道令人难以忘怀。要为你的客人提供合适的金属餐叉，以便将牡蛎从其半壳中取出来。切记，银餐叉会变黑。根据业内行家介绍，牡蛎应该生吃，不添加任何调味汁，最多只加上一点儿柠檬汁。有一些人会将牡蛎与涂抹淡淡黄油的黑麦面包片搭配享用。牡蛎的食用方式不限于此，也可以炸和腌制，或者按照美式风格进行制作。每人食用多少牡蛎比较合适？专家们也是各抒己见，建议在 6～9 只牡蛎之间。我们认为当食用牡蛎时，如果搭配上制作简单的热酱汁或者冷酱汁的话，每人 6 只比较合适。在海鲜餐厅内，牡蛎通常按打（12 只）供应给客人。

OSTRICHE ALLA GRECA
供 4 人食用
制备时间：30 分钟
24 只活牡蛎
2 颗柠檬，挤出柠檬汁，过滤
100 毫升 /3½ 盎司橄榄油
1 枝新鲜平叶欧芹，切碎
碎冰
盐和胡椒

希腊风味牡蛎 GREEK OYSTERS

将牡蛎外壳撬开（见第 833 页），上壳丢弃不用，下壳放到一个托盘内。将柠檬汁和橄榄油在一个酱汁碗中混合均匀，用盐和胡椒调味，并将欧芹混入拌匀。餐盘中用碎冰铺底，将牡蛎摆放在碎冰上。酱汁单独提供。

OSTRICH ALL 'AMERICANA
供 4 人食用
制备时间：30 分钟
加热烹调时间：5 分钟
24 只活牡蛎
少许柠檬汁
少许卡宴辣椒粉
2～3 片陈面包，去边
40 克 /1½ 盎司黄油，熔化
盐

美式牡蛎 AMERICAN OYSTERS

将烤箱预热至 240°C/475°F/ 气烤箱刻度 9。将牡蛎外壳撬开（见第 833 页），上壳丢弃不用，加少许盐、几滴柠檬汁和少许辣椒粉略微调味。面包搓碎撒到牡蛎上，淋上熔化的黄油。放入烤箱烘烤 5 分钟即可。

OSTRICHE CALDE AL BURRO BIANCO
供 4 人食用
制备时间：30 分钟
加热烹调时间：45 分钟
2 颗红葱头，切末
3 汤匙干白葡萄酒
1 汤匙白葡萄酒醋
1 汤匙双倍奶油
150 克 /5 盎司黄油，冻硬，切小块
1 颗洋葱，切末
24 只活牡蛎
粗粒海盐
盐和胡椒

牡蛎配热黄油酱汁 HOT OYSTERS IN BEURRE BLANC

将烤箱预热至 110°C/225°F/ 气烤箱刻度 ¼。将红葱头、一半葡萄酒和白葡萄酒醋放入一口锅中，用盐和胡椒调味，中火加热，直到将汁液熗去 ⅔。加入双倍奶油，重新加热煮沸。再分次拌入黄油，一次加入少许黄油，直至搅拌均匀。将锅从火上端离，用盐和胡椒调味，并拌入洋葱。再重新将锅加热保温，其间要不时搅拌，但是不要将锅煮沸。将牡蛎外壳撬开（见第 833 页），上壳丢弃不用，壳内的原汁倒入一口酱汁锅中，将牡蛎肉从半壳内取出。将剩余的葡萄酒倒入酱汁锅中的原汁中，加入盐和胡椒调味，用小火加热煮沸并熗去 ⅔ 的汁液。将空的牡蛎半壳彻底清洗干净，擦干并放到铺满海盐的耐热焗盘内。放入烤箱烘烤 10 分钟。将牡蛎肉放入熗浓的原汁和葡萄酒热混合液中，然后放到热的半壳中。锅中的原汁和葡萄酒混合液过滤到黄油酱汁中，淋到牡蛎上即可。

牡蛎配咸味沙巴翁酱汁，见第 836 页 →

咖喱牡蛎 CURRIED OYSTERS

OSTRICHE CALDE AL CURRY
供 4 人食用
制备时间：30 分钟
加热烹调时间：30 分钟

16 只活牡蛎
400 克 / 14 盎司菠菜
6 汤匙双倍奶油
100 克 / 3½ 盎司黄油
1 茶匙咖喱粉
2 个蛋黄
盐和胡椒

将牡蛎外壳撬开（见第 833 页），上壳丢弃不用，壳内的原汁倒入一个碗中，牡蛎肉从半壳内取出。菠菜蒸约 5 分钟，然后控干水分，用力挤出多余水分，然后用食品研磨机磨碎。将菠菜蓉放入一口锅中，加入 4 汤匙的双倍奶油和少许盐一起加热。将制作好的菠菜蓉分别装入牡蛎半壳内。将牡蛎原汁过滤到一口小号酱汁锅中，用小火加热，然后加入牡蛎肉，用小火煮 5 分钟。捞出牡蛎肉，控净汁液，放入半壳内的菠菜上面。黄油和咖喱粉混合均匀，放到一边备用。将蛋黄和剩余的双倍奶油隔水加热，打发至蓬松状。拌入咖喱黄油中，加热几分钟，用盐和胡椒调味。将制作好的咖喱黄油酱汁淋到牡蛎上即可。

牡蛎配咸味沙巴翁酱汁 OYSTERS IN SALTED SABAYON SAUCE

OSTRICHE CON LO ZABAIONE SALATO
供 4 人食用
制备时间：30 分钟
加热烹调时间：25 分钟

16 只活牡蛎
200 克 / 7 盎司西葫芦，切片
50 克 / 2 盎司黄油，切小块
4 个蛋黄
1 颗红葱头，切细末
100 毫升 / 3½ 盎司起泡干白葡萄酒
粗粒海盐
盐和胡椒

见第 835 页

将烤箱预热至 220°C/425°F/ 气烤箱刻度 7。将牡蛎外壳撬开（见第 833 页），牡蛎肉从壳内取出，放入一个餐盘中。上壳丢弃不用，下壳用清水洗刷干净。将西葫芦放入加了盐的沸水中煮 5 分钟，然后捞出控干水分，放入食物料理机内搅打成蓉泥。放入一口小号酱汁锅中，用小火加热，同时加上少许黄油和少许盐。隔水加热并打发蛋黄和红葱头，然后拌入葡萄酒。将隔水加热打发蛋黄的锅用中火加热，并继续搅打约 10 分钟，直到变得浓稠。注意不要让锅煮沸。将打发好的酱汁从锅中取出，并拌入剩余的黄油、少许盐和少许胡椒。在一个烤盘内撒上粗盐做底，将牡蛎半壳放到粗盐上。在每个牡蛎壳内舀入一勺西葫芦蓉泥，上面摆放一个牡蛎肉，再淋上 1 汤匙的酱汁。放入烤箱烘烤 4～5 分钟即可。

章　鱼

章鱼是头足纲动物，具有很高的食用价值，但是其肉质较老，需要精心烹制才可以让章鱼肉质变得鲜嫩。在它们被捕捞之后就应彻底敲打，然后放入一个盖上锅盖的锅中慢火加热。雄性小章鱼味道最好，也最鲜嫩。清洗章鱼要先去掉其眼睛、嘴和章鱼骨，然后把里面的囊打开并清空。经过这样清理之后的章鱼，所有的部分都是可以食用的了。意大利人也会使用非常小的章鱼做菜。通常有两种类型：一种是麝香章鱼（musky octopuse），有着一种独具一格的芳香；另一种是卷曲章鱼（curled octopuse），质地更老一些，并且缺乏麝香的气味。它们的意大利名字叫 moscardini，是利古里亚语，在意大利其他地区也多叫这个名字，但是在那不勒斯，它们被称为 polpetelli；而在威尼托，被称为 polpetti。它们是非常娇小的章鱼，有着鲜美的肉质，非常容易被人体所消化吸收。使用前必须要彻底清洗干净，如果这些章鱼真的是非常小的话，可以整个使用。否则，要先将其嘴和眼睛去掉。麝香章鱼只需简单煮熟，淋上用橄榄油和柠檬汁制作而成的酱汁，非常美味。它们的制备方式，在一般情况下与墨鱼和小鱿鱼的制备方式相同，并且本书中的食谱，它们之间也可以相互替代。同样的道理，你可以使用其他种类的章鱼中非常小的品种替代。

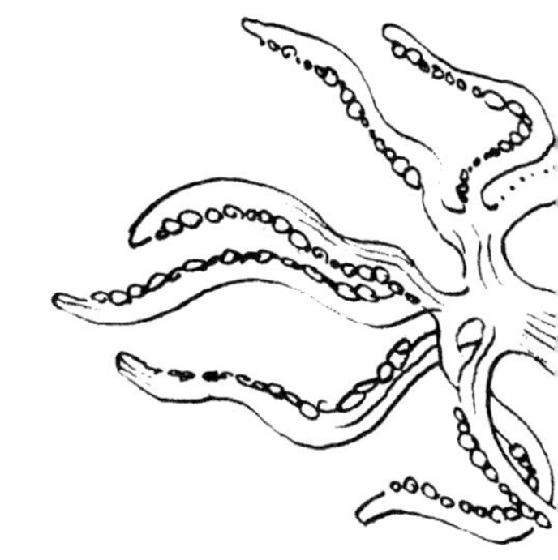

章鱼马铃薯沙拉 OCTOPUS AND POTATO SALAD

INSALATA DI POLPI E PATATE

供 4 人食用

制备时间：30 分钟，另加冷却用时

加热烹调时间：45 分钟

1 × 1 千克 /2¼ 磅章鱼，洗净

4 个马铃薯，不要去皮

1 汤匙干白葡萄酒

少许新鲜的迷迭香叶

橄榄油，用于淋洒

盐和胡椒

将章鱼放入一口大号锅中，加水没过章鱼，加入少许盐。将锅煮沸，然后转小火加热，盖上锅盖，炖 30 分钟至章鱼成熟。将锅从火上端离，让章鱼在原汁中冷却，然后捞出控净汁液，去皮切块。与此同时，用盐水将马铃薯煮 30 分钟，然后捞出控干，去皮后切丁。将它们放入沙拉碗中，淋上干白葡萄酒。放入章鱼，用盐和胡椒调味，撒上迷迭香叶，再淋上橄榄油即可。

MOSCAROINI ALLA LIGURE
供 4 人食用
制备时间：30 分钟
加热烹调时间：55 分钟
1½ 千克 /3¼ 磅麝香章鱼，洗净
3 颗洋葱
1 升 /1¾ 品脱白葡萄酒醋
4 汤匙橄榄油
1 瓣蒜
1 枝新鲜鼠尾草
1 片月桂叶
盐和胡椒

利古里亚风味章鱼 LIGURIAN MUSKY OCTOPUS

将章鱼切成块，如果个头较小可以不用切。将一锅淡盐水煮沸，加入 1 颗洋葱和 2～3 汤匙的白葡萄酒醋，加入章鱼，用小火加热煮 10～15 分钟。捞出控干，放到一边备用。将剩余的洋葱切成细丝。在一口锅中加热橄榄油，加入洋葱、大蒜、鼠尾草和月桂叶，用小火加热煸炒约 10 分钟。加入剩余的白葡萄酒醋，取出大蒜并丢弃不用，继续用小火加热约 30 分钟。用盐和胡椒调味。将章鱼装入一个广口瓶内，趁热将白葡萄酒醋酱汁倒入广口瓶并覆盖章鱼。瓶盖拧紧，放在阴凉的地方。以这种方式制作的麝香章鱼可以保存相当长的一段时间。

MOSCARDINI ALLA NAPOLETANA
供 4 人食用
制备时间：25 分钟，另加 1 小时静置用时
加热烹调时间：10 分钟
1 千克 /2¼ 磅章鱼，洗净
6 汤匙橄榄油
2 汤匙切碎的新鲜平叶欧芹
1 瓣蒜，切碎
1 颗柠檬，挤出柠檬汁，过滤
盐和胡椒

那不勒斯风味章鱼 MUSKY OCTOPUS NAPOLETANA

根据章鱼的大小不同，将章鱼放入加了盐的沸水中煮 10 分钟或者更长一些的时间。捞出章鱼后控净水切块，放入一个餐盘中。将橄榄油、欧芹、大蒜和柠檬汁在调料壶内混合均匀，用盐和胡椒调味，淋到章鱼上。放在阴凉的地方腌制 1 小时，让其风味充分混合均匀即可。

MOSCARDINI IN UMIDO
供 4 人食用
制备时间：15 分钟
加热烹调时间：30～35 分钟
3 汤匙橄榄油
1 瓣蒜，切碎
½ 根新鲜红辣椒，去籽，切碎
1 千克 /2¼ 磅麝香章鱼，洗净
3 颗番茄，去皮去籽，切碎
2 汤匙切碎的新鲜平叶欧芹
盐和胡椒

炖章鱼 BRAISED MUSKY OCTOPUS

在一口锅中加热橄榄油，放入大蒜和红辣椒，加入章鱼，煸炒至呈金黄色，然后从锅中盛出。将番茄加入锅中，用小火继续煸炒 5 分钟。用盐和胡椒调味，再继续煸炒 10 分钟。将章鱼倒回锅中，撒上欧芹，加热至热透即可。

海员章鱼，见第 840 页 →

POLPI AFFOGATI
供 4 人食用
制备时间：25 分钟
加热烹调时间：30 分钟
900 克 /2 磅章鱼，洗净
150 毫升 /¼ 品脱橄榄油
400 克 /14 盎司番茄，去皮去籽，切片
3 汤匙切碎的新鲜平叶欧芹
1 瓣蒜，切碎
盐

水煮章鱼 POACHED OCTOPUS

将章鱼放入一口耐热砂锅中，加入橄榄油、番茄、欧芹和大蒜，不要加盐或者水。盖上锅盖，用小火加热 30 分钟。在加热的过程中不要打开锅盖。用盐调味后，如果砂锅中留有较多汤汁，可以配着这些营养丰富的原汁一起食用。

POLPI AL VINO ROSSO
供 4 人食用
制备时间：25 分钟
加热烹调时间：1 小时 40 分钟
3 汤匙橄榄油
1 颗洋葱，切碎
1 瓣蒜
1 片鼠尾草叶片
1 枝新鲜的迷迭香
1 × 1 千克 /2¼ 磅章鱼，洗净
5 汤匙红葡萄酒
2 片月桂叶
盐和胡椒

红酒章鱼 OCTOPUS IN RED WINE

用酱汁锅加热橄榄油，加入洋葱、大蒜、鼠尾草和迷迭香，小火翻炒 5 分钟。加入章鱼，继续翻炒几分钟。然后倒入红葡萄酒，加入月桂叶，并用盐和胡椒调味。用慢火炖 1 小时 30 分钟，冷食热食皆宜。

POLPI DEL MARINAIO
供 4 人食用
制备时间：20 分钟
加热烹调时间：2 小时
1 × 1 千克 /2¼ 磅章鱼，洗净
1 瓣蒜，拍碎
1 颗洋葱，切细丝
橄榄油，用于淋洒
1 颗番茄，去皮去籽，切碎
5 汤匙白葡萄酒
盐和胡椒
见第 839 页

海员章鱼 MARINER'S OCTOPUS

将章鱼放入一口耐热砂锅中，加入大蒜和洋葱，用盐和胡椒调味，并淋上橄榄油。盖上锅盖，用小火焖 1 小时。加入番茄和白葡萄酒，继续焖 1 个多小时，直到章鱼成熟。将章鱼从砂锅中取出，切块状，与砂锅中的原汁一起食用。其中原汁应略浓稠，如果过于浓稠，可以加入少许热水稀释。

墨　鱼

墨鱼是头足纲动物，有着长长的触须和特色鲜明的椭圆形鱼骨。最受推崇的是小墨鱼，10～12 厘米 /4～4½ 英寸长，肉质最鲜嫩，容易消化，加热烹调之后也最容易成熟。成年后的墨鱼肉质较老，需要更长的加热烹调时间。墨鱼的制备加工非常简单，只需在眼睛的前方将触须切下来，将中间位置的墨鱼嘴去掉，触须切开并去掉外皮，再将墨鱼身上的外皮剥离。沿着墨鱼的背部切开，取出墨鱼骨，去掉墨囊。取出并去掉内脏和墨鱼头。将墨鱼身切成两半后洗净，如果你要制作酿馅墨鱼，可以不用切开。墨鱼汁可以用来给意大利面酱汁或者意大利调味饭增添风味和颜色。

芦笋墨鱼温沙拉 WARM CUTTLEFISH SALAD WITH GREEN ASPARAGUS

INSALATA TIEPIDA DI SEPPIE CON ASPARAGI VERDI
供 6 人食用
制备时间：30 分钟
加热烹调时间：15～20 分钟
300 克 /11 盎司绿芦笋，切成 5 厘米 /2 英寸长的段
3 汤匙橄榄油
500 克 /1 磅 2 盎司中等大小的墨鱼，洗净，切细条
1 汤匙新鲜平叶欧芹，切碎
1 瓣蒜，切碎
1 茶匙香菜籽
盐和胡椒

将芦笋纵向片开，然后用盐水煮约 5 分钟。捞出控干水分，并用冷水过凉。在一口平底锅中加热橄榄油，加入墨鱼，煸炒至呈淡褐色。用盐和胡椒调味，加入欧芹、大蒜、香菜籽和芦笋混合均匀。将锅从火上端离，倒入温热的餐盘中即可。

菠菜墨鱼 CUTTLEFISH WITH SPINACH

SEPPIE AGLI SPINACI
供 4 人食用
制备时间：25 分钟
加热烹调时间：50 分钟
250 克 /9 盎司菠菜
2 汤匙橄榄油
1 颗洋葱，切细丝
1 瓣蒜
800 克 /1¾ 磅小墨鱼，洗净并切成两半
175 毫升 /6 盎司干白葡萄酒
250 毫升 /8 盎司番茄糊
20 克 /¾ 盎司松子仁
盐和胡椒
见第 842 页

在锅中加热菠菜，只需利用清洗菠菜时留下的水分即可，约 5 分钟，然后控干水分，并将菠菜中的水分尽可能地挤出来，然后将菠菜切碎。在一口锅中加热橄榄油，加入洋葱和大蒜，煸炒至大蒜变成褐色，取出大蒜丢弃不用，加入墨鱼煸炒，然后用盐和胡椒调味，倒入干白葡萄酒。加热至完全吸收，盖上锅盖，用小火焖约 10 分钟。加入墨鱼和番茄糊，继续用小火焖约 30 分钟。与此同时，将烤箱预热至 160°C/325°F/ 气烤箱刻度 3。松子仁撒在烤盘上，放入烤箱烘烤至金黄色，要不时地晃动烤盘，以便烘烤均匀。在加热烹调的最后几分钟将松子仁拌入墨鱼中即可。

豌豆墨鱼 CUTTLEFISH WITH PEAS

用酱汁锅加热橄榄油，加入大蒜，煸炒至褐色，然后取出大蒜并丢弃不用。将墨鱼加入锅中，用盐和胡椒调味，煸炒几分钟，加入干白葡萄酒，继续加热至完全吸收。再加入足量的水，以几乎没过墨鱼为宜，加热煮沸。改用小火继续加热，盖上锅盖，加热约 1 小时。加入豌豆，继续加热约 30 分钟，直到完全成熟。

SEPPIE AL PISELLI
供 4 人食用
制备时间：25 分钟
加热烹调时间：1 小时 45 分钟
4 汤匙橄榄油
1 瓣蒜
800 克 /1¾ 磅墨鱼，洗净并切条
175 毫升 /6 盎司干白葡萄酒
675 克 /1½ 磅豌豆粒或者罐装豌豆，控净汁液，漂洗干净
盐和胡椒

洋蓟墨鱼 CUTTLEFISH WITH ARTICHOKES

在一口锅中加热橄榄油并放入大蒜，煸炒到大蒜变成褐色，然后取出大蒜并丢弃不用。将墨鱼放入锅中，用盐和胡椒调味，混合均匀并继续煸炒几分钟，然后加入干白葡萄酒，继续加热至完全吸收。再加入足量的水，以几乎没过墨鱼为宜，加热煮沸。改用小火继续加热，盖上锅盖加热 30～40 分钟。加入洋蓟，并继续用小火加热 15 分钟，直到完全成熟。用盐和胡椒调味即可。

SEPPIE CON I CARCIOFI
供 4 人食用
制备时间：30 分钟
加热烹调时间：1 小时
4 汤匙橄榄油 • 1 瓣蒜
800 克 /1¾ 磅墨鱼，洗净并切条
175 毫升 /6 盎司干白葡萄酒
6 颗洋蓟，清理后切块
盐和胡椒

酿馅墨鱼 STUFFED CUTTLEFISH

将烤箱预热至 180°C/350°F/ 气烤箱刻度 4。将鱿鱼、酸豆、松子仁、欧芹和鸡蛋在碗中混合均匀，面包卷碾碎后放入，混合均匀，用盐和胡椒调味。将制作好的混合物塞入墨鱼中。将墨鱼不重叠地放到一个耐热焗盘中，淋上橄榄油，并用盐和少许胡椒调味。放入烤箱烘烤 30 分钟即可。

SEPPIE FARCITE
供 4 人食用
制备时间：35 分钟
加热烹调时间：30 分钟
300 克 /11 盎司小鱿鱼，洗净（见第 824 页）并切碎
1 汤匙酸豆，控净汁液，漂洗干净并切碎 • 1 汤匙松子仁 • 1 枝新鲜平叶欧芹，切碎 • 2 颗鸡蛋，打散
2～3 个面包卷，去边 • 4 只大墨鱼，洗净 • 3～4 汤匙橄榄油 • 盐和胡椒

焗墨鱼 CUTTLEFISH AU GRATIN

在一口耐热砂锅中加热橄榄油，加入大蒜和墨鱼，用大火煸炒至呈金黄色。用盐和胡椒调味，加入酸豆和绿橄榄，转小火加热，盖上锅盖，焖约 45 分钟。将烤箱预热至 180°C/350°F/ 气烤箱刻度 4。欧芹和面包糠混合均匀，撒到墨鱼混合物上。再淋上橄榄油，放入烤箱烘烤约 10 分钟即可。

SEPPIE GRATINATE
供 6 人食用
制备时间：1 小时 30 分钟
加热烹调时间：10 分钟
6 汤匙橄榄油，另加淋洒所需
2 瓣蒜，切碎
1 千克 /2¼ 磅墨鱼，洗净并切条
1 汤匙酸豆，控净汁液并漂洗干净
50 克 /2 盎司绿橄榄，去核并切碎
1 枝新鲜平叶欧芹，切碎
50 克 /2 盎司面包糠
盐和胡椒

← 菠菜墨鱼，见第 841 页

鱼 汤

我们要万分感谢渔民们带给我们鲜美的鱼汤，他们最初制作鱼汤是为了避免浪费当天捕捞到的而没有售卖出去的鱼。他们只是简单地把所有的食材都一起放进一口大锅里，加热成熟之后再享用。一开始的时候，使用的是价格最便宜且利用价值最低的鱼，但是这道简单的菜肴逐渐地流行起来并进行了改良。时至今日，我们既有制作简单的鱼汤，也有制作精美的炖汤，里面通常会包括一些品质优良的鱼类、甲壳类海鲜和贝类海鲜等。沿着意大利 7000 公里 / 4350 英里海岸线，有许多种类的鱼汤，它们都有着不同的名字，例如 brodetto（布罗代托鱼汤）、cacciucco（卡其库炖鱼汤）、buridda（利古里亚布瑞达海鲜汤）和 ciuppin（番茄海鲜汤）等。

数量和加热烹调的时间

➔ 如果是供 6 人食用，可以准备 2½～3 千克 /5 ½～6 ½ 磅的鱼汤，包含 5 种或者 6 种不同品种的鱼，还有只使用一种鱼制作而成的鱼汤。蝎子鱼几乎可以为鱼汤增添更多的风味。

➔ 一般来说，一道鱼汤中至少要包含 3 种不同的鱼：一种制作鱼汤的鱼，例如蝎子鱼；一种制作酱汁的鱼，例如红鲻鱼；还有一种是可以剔取鱼肉的鱼，例如鲨鱼肉。

➔ 大个头的鱼应切成鱼块，而小个头的鱼可以整条使用。

➔ 先将肉质硬实的鱼加入汤中，然后再加入肉质细嫩的鱼。

➔ 使用大火加热约 20 分钟，然后趁热食用。不要将鱼加热过度。

➔ 只需加入少量的番茄。另外，胡椒可以多加些。如果你喜欢，可以将自制面包片略微烘烤一下，使用大蒜轻轻涂抹一下后作为配餐。同样，可以将面包放入汤盘的底部，再将鱼汤用勺舀入其中。

马尔凯风味鱼汤 MARCHE-STYLE FISH SOUP

在亚得里亚海沿岸，有着众多的制作鱼汤的食谱。这里所使用的食谱版本是马尔凯的圣贝内代托-德尔特龙托的传统食谱。将破壳的，以及快速拍打时不能立刻闭合的所有贻贝和海蛤拣出来丢弃不用。剩下的分别装入两口平底锅中，用大火加热，直到它们完全开口。将那些没有开口的贻贝和海蛤拣出来并丢弃不用。将部分贻贝和海蛤的肉从其壳内剥出，其余的则原样保留。在一口大号耐热砂锅中加热橄榄油，加入洋葱，用小火煸炒 5 分钟。加入大个的墨鱼，继续煸炒 10 分钟，然后加入甜椒，用盐和胡椒调味并混合均匀。再继续用小火加热 10 分钟。加入番茄、辣椒和醋，加热至醋完全吸收。分次加入鱼和贝类海鲜，从最不易碎裂的海鲜开始，接着是贻贝、螳螂虾、琵琶虾或者小龙虾。盖上锅盖，用小火再加热约 20 分钟即可。

BRODETTO MARCHIGIANO

供 8～10 人食用

制备时间：50 分钟

加热烹调时间：1 小时

300 克 / 11 盎司贻贝，洗净，去掉线须
300 克 / 11 盎司海蛤，洗净
4～5 汤匙橄榄油
1 颗洋葱，切细末
300 克 / 11 盎司大墨鱼，洗净
1 个绿甜椒，切成两半，去籽，切块
5 颗刚成熟的番茄，去皮去籽，切碎
1 根新鲜红辣椒，去籽，切碎
100 毫升 / 3½ 盎司白葡萄酒醋
2½ 千克 / 5½ 磅杂鱼，例如蝎子鱼、鮟鱇鱼、鲭鱼和红鲻鱼等，洗净并根据需要切成块状
300 克 / 11 盎司螳螂虾、琵琶虾或者小龙虾
300 克 / 11 盎司小墨鱼，洗净
盐和胡椒

里窝那风味鱼汤 LIVORNO-STYLE FISH SOUP

制作这一道独具特色的第勒尼安海岸风味鱼汤，你需要几片鮟鱇鱼肉、一条海鳗或者淡水鳗鱼、几只鱿鱼或者墨鱼，以及一些贻贝。在一口耐热砂锅中加热橄榄油，最好是使用陶制砂锅，加入洋葱、欧芹、大蒜和辣椒，用盐和胡椒调味，小火加热煸炒约 10 分钟，直到洋葱变成金黄色。加入葡萄酒，再继续煸炒 10 分钟左右，然后加入番茄，小火继续加热 10 分钟。将肉质硬实的鱼块加入砂锅中，倒入少许热水或者鱼汤，用大火加热 10 分钟。逐渐将肉质较嫩的鱼块加入砂锅中，最后加入贻贝（将破壳的贻贝、拍打外壳时不能马上闭合的贻贝，以及煮熟之后没有开口的贻贝舍弃）。加入鱼肉之后，剩余的加热时间约是 30 分钟。搭配涂抹有大蒜的烤面包片一起食用。

CACCIUCCO

供 8 人食用

制备时间：1 小时

加热烹调时间：1 小时 10 分钟

175 克 / 6 盎司橄榄油
1 颗洋葱，切碎
1 枝新鲜平叶欧芹，切碎
2 瓣蒜，切碎
1 个小的鲜红辣椒，去籽，切碎
500 毫升 / 18 盎司红葡萄酒或者白葡萄酒
300 克 / 11 盎司番茄，去皮去籽，切碎
2½ 千克 / 5½ 磅杂鱼，洗净，根据需要切成块状
鱼高汤（见第 248 页），可选
500 克 / 1 磅 2 盎司贻贝，洗净，去掉线须
盐和胡椒
涂抹有大蒜的烤面包片，用作配餐

见第 846 页

渔夫鱼汤 FISHERMAN'S SOUP

ZUPPA DI PESCE DEL PESCATORE
供 4 人食用
制备时间：1 小时 30 分钟
加热烹调时间：30 分钟

1 颗洋葱
1 粒丁香
5 根胡萝卜
1 根芹菜，切碎
400 克 /14 盎司海鲈鱼，洗净
500 克 /1 磅 2 盎司鮟鱇鱼，剔取鱼肉
400 克 /14 盎司鲂鱼，洗净
1 小把混合香草
4 个马铃薯
4 棵韭葱
4 个西葫芦
1 千克 /2¼ 磅贻贝，洗净，去掉线须
盐和胡椒
1 份油醋汁（见第 93 页），用作配餐

将丁香插到洋葱上，1 根胡萝卜切片。将洋葱、胡萝卜片、芹菜、所有鱼的下脚料和香草等放入一口大号的锅中，用盐和胡椒调味，加入 2½ 升 /4¼ 品脱水。加热煮沸，然后转小火加热，盖上锅盖，继续加热 30 分钟，制成煮海鲜的汤。与此同时，将马铃薯放入冷的盐水中，加热煮沸。加入剩余的胡萝卜和其他蔬菜，继续加热约 20 分钟，然后捞出控干，切片状。将所有破壳的贻贝或者拍打外壳时不能马上闭合的贻贝丢弃不用。将贻贝放入一口平底锅中，用大火加热至所有的壳张开。没有开口的贻贝丢弃不用。将鱼放入一口大号的锅中，煮海鲜汤淋到鱼上，加热煮沸，用中火加热约 30 分钟。将鱼取出，放入温热的餐盘中，贻贝放到鱼的一边，蔬菜放到另外一边。鱼汤与油醋汁一起上桌。

海盗鱼汤 PIRATE'S FISH SOUP

ZUPPA DI PESCE DEL PIRATA
供 6 人食用
制备时间：45 分钟
加热烹调时间：45 分钟

1 个红甜椒，切成两半，去籽，切块
1 个绿甜椒，切成两半，去籽，切块
2 根干红辣椒，去籽，碾碎
4 瓣蒜，切碎
1 把新鲜的混合香草，例如墨角兰、百里香、罗勒、鼠尾草和香葱等
200 毫升 /7 盎司橄榄油
200 毫升 /7 盎司红葡萄酒
300 克 /11 盎司章鱼，洗净
300 克 /11 盎司墨鱼，洗净
300 克 /11 盎司麝香章鱼或者卷曲章鱼，洗净
100 毫升 /3½ 盎司白朗姆酒
500 克 /1 磅 2 盎司贻贝，洗净，去掉线须
300 克 /11 盎司海蛤，洗净
少许现擦碎的肉豆蔻（可选）
盐和胡椒

见第 848 页

将甜椒、辣椒、大蒜、香草、橄榄油和葡萄酒放入一口耐热砂锅中，用中火加热 10 分钟。加入章鱼和墨鱼，用小火加热 20 分钟。加入麝香章鱼或卷曲章鱼和白朗姆酒，再继续加热 10 分钟。将贻贝和海蛤中破壳的，以及拍打外壳时不能马上闭合的贻贝和海蛤拣出来并丢弃不用。将贻贝和海蛤放入砂锅中，混合均匀，盖上锅盖，继续加热 5～10 分钟，直到其壳全部张开。没有开口的贻贝和海蛤丢弃不用。用盐和胡椒调味，如果使用肉豆蔻，可以在此时加入。

← 里窝那风味鱼汤，见第 845 页

橙味什锦鱼汤 MIXED FISH SOUP WITH ORANGE

将韭葱、胡萝卜、葡萄酒和所有的鱼下脚料放入一口大号酱汁锅中，用盐调味，加入 2 升 / 3½ 品脱水。加热煮沸，然后改用小火继续加热 30 分钟。过滤，保留 1½ 升 / 2½ 品脱的汤汁。在一口耐热砂锅中加热橄榄油，加入洋葱，用小火加热，煸炒 5 分钟。将留出汤汁的一半加入砂锅中，用小火加热 20 分钟，或者一直加热到洋葱几乎软烂。将无须鳕鱼、灰鲻鱼、蝎子鱼、鲻目鱼、鳕鱼、鱿鱼和墨鱼放入一口大号的锅中，剩余的汤汁倒入锅中，用盐调味，加热熬煮 30 分钟。将海蛤中破壳的，以及拍打外壳时不能马上闭合的取出并丢弃不用。将洋葱混合物、橙汁、海螯虾或者大虾、海蛤、番茄和罗勒一起加入锅中，用盐和胡椒调味，盖上锅盖，继续加热约 3 分钟，直到海蛤的壳全部张开。将未开口的海蛤全部取出并丢弃不用。搭配油炸面包丁一起食用。

ZUPPA DI PESCE MISTO ALL'ARANCIA

供 6 人食用

制备时间：1 小时 15 分钟

加热烹调时间：55 分钟

1 棵韭葱
2 根胡萝卜
5 汤匙干白葡萄酒
1 条无须鳕鱼，洗净，切块
1 条灰鲻鱼，洗净切块
1 条蝎子鱼，洗净，切块
1 条鲻目鱼，洗净，切块
2 汤匙橄榄油
1 颗洋葱，切细末
500 克 / 1 磅 2 盎司鳕鱼肉，切块
3 只鱿鱼，洗净
3 只墨鱼，洗净，如果是大个头的，切成两半
400 克 / 14 盎司海蛤，洗净
175 毫升 / 6 盎司橙汁，过滤
10 只海螯虾，或者都柏林湾大虾
1 颗番茄，去皮去籽，切块
8 片新鲜的罗勒叶，切碎
盐和胡椒
油炸面包丁，用作配餐

什锦贝类海鲜汤 MIXED SHELLFISH SOUP

将贻贝、乌蛤和海蛤中破壳的，以及拍打外壳时不能马上闭合的拣出来并丢弃不用。将葡萄酒倒入一口大号的锅中，加入欧芹、芹菜叶、洋葱、柠檬外皮、扇贝，以及其他所有的贝类海鲜。盖上锅盖，用中火加热至所有的贝壳全部张口。将没有开口的贝类海鲜全部取出并丢弃不用。加入较多的胡椒调味，但是在加盐之前一定要先尝味，因为贝类海鲜本身有咸味。用柠檬片装饰后即可上桌。

ZUPPA DI FESCE MISTO DI CONCHIGLIE

供 4 人食用

制备时间：30 分钟

加热烹调时间：10 分钟

12 个贻贝，洗净，去掉线须
12 个乌蛤，洗净
12 个花蛤，洗净
12 个金星蛤，洗净
150 毫升 / ¼ 品脱干白葡萄酒
1 枝新鲜平叶欧芹，大致切碎
1 根芹菜茎，取叶，大致切碎
2 颗洋葱，切细丝
半颗柠檬，擦取柠檬外皮
12 个扇贝，去壳
盐和胡椒
1 颗柠檬，切片，用于装饰

← 海盗鱼汤，见第 847 页

蜗　牛

蜗牛备受推崇，是用来制作著名的勃艮第食谱的重要食材，也被称为 vineyard snails（葡萄园蜗牛），在皮埃蒙特和伦巴第非常普遍。其他品种的蜗牛几乎都是人工养殖的。净蜗牛、即煮蜗牛、冷冻蜗牛，或者罐装蜗牛均可以使用。如果你获得了新鲜的蜗牛，也就是说，活的蜗牛，让它们变得可以食用的制备工作非常花费时间且烦琐，因需要使用一种非常残忍的手段，而这并不是每个人都能够下得去手的工作。但也许会有需要，下面给出了制备活蜗牛的大致做法。

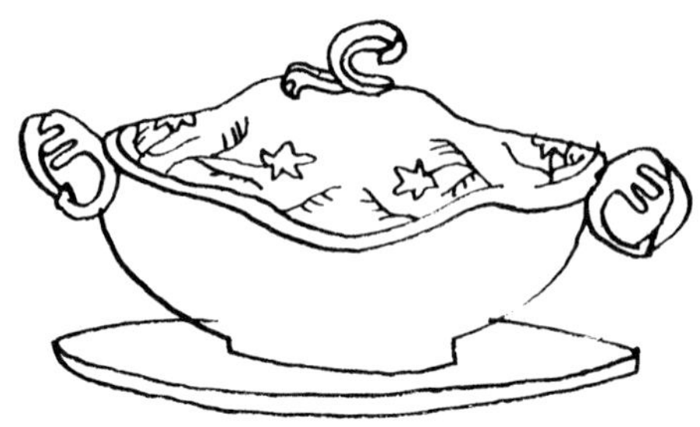

➔ 将蜗牛放入一个足够大且带盖和通风的箱子里，用粗盐覆盖并腌制 24 小时。

➔ 用水、醋和盐洗几遍，直到水里没有了任何黏滑的痕迹。

➔ 反复用玉米粉和冷水漂洗几次。

➔ 用沸水烫煮 5 分钟。

➔ 十分小心地将蜗牛肉从其壳内取出，并将其褐色的尾部肉去掉。

➔ 放入用胡萝卜、洋葱、百里香、月桂叶和欧芹煮成的汤中，用小火煮 4 小时。

➔ 捞出控干，根据所使用的食谱要求进行制备。

➔ 作为开胃菜，可以按照每人 6 个提供；作为主菜，可以按照每人 12 个提供。

红酒炖蜗牛 BOURGUIGNONNE SNAILS

LUMACHE ALLA BOURGUIGNONNE
供 4 人食用
制备时间：20 分钟
加热烹调时间：10 分钟
350 克 /12 盎司黄油，软化
1 枝新鲜平叶欧芹，切细末
2 瓣蒜，切细末
2 颗红葱头，切细末
48 个制备好的蜗牛及蜗牛壳
盐和胡椒

将烤箱预热至 190℃/375℉/ 气烤箱刻度 5。将黄油、欧芹、大蒜和红葱头在碗中混合均匀，用盐和胡椒调味，搅打至细滑。将少许搅拌好的黄油混合物放入蜗牛壳中，然后放入蜗牛肉，再在蜗牛肉上多放一些黄油混合物。将这些装好蜗牛肉和香草黄油的蜗牛壳放入一个耐热焗盘内，放入烤箱烘烤约 10 分钟即可。

利古里亚风味蜗牛 LIGURIAN SNAILS

LUMACHE ALLA LIGURE
供 4 人食用
制备时间：15 分钟，加上 2 小时的浸泡时间
加热烹调时间：1 小时
10 克 /¼ 盎司干蘑菇
3 汤匙橄榄油
1 颗洋葱，切碎
1 瓣蒜，切碎
1 枝新鲜平叶欧芹，切碎
1 茶匙新鲜的迷迭香末
½ 茶匙干牛至
48 个制备好的蜗牛
5 汤匙干白葡萄酒
400 毫升 /14 盎司番茄糊
盐和胡椒

将蘑菇放入碗中，加入热水没过蘑菇，浸泡 2 小时。在一口锅中加热橄榄油，加入洋葱、大蒜和欧芹，用小火加热，煸炒 5 分钟。捞出蘑菇，控干水分，并尽可能地将水分挤出，然后切碎。将蘑菇、迷迭香和牛至放入锅中，继续加热 5 分钟。加入蜗牛，再煸炒几分钟。然后加入葡萄酒，加热至完全吸收。再加入番茄糊，用盐和胡椒调味，盖上锅盖，小火加热 45 分钟。如果锅中的汁液快要煮干，可以加入少许水。

伦巴第风味蜗牛 LOMBARD SNAILS

LUMACHE ALLA LOMBARDA
供 4 人食用
制备时间：20 分钟
加热烹调时间：1 小时 10 分钟
50 克 /2 盎司盐渍鳀鱼，去掉鱼头，洗净并剔取鱼肉（见第 694 页），用冷水浸泡 10 分钟后捞出控干水分
3 汤匙橄榄油
1 瓣蒜
50 克 /2 盎司黄油
1 枝新鲜平叶欧芹，切碎
¼ 颗洋葱，切碎
1 汤匙普通面粉
48 个制备好的蜗牛
175 毫升 /6 盎司干白葡萄酒
盐和胡椒

鳀鱼切碎。在一口锅中加热橄榄油和大蒜，直到大蒜变成褐色，取出丢弃不用。加入鳀鱼、黄油、欧芹和洋葱，用小火加热，将鳀鱼碾碎成糊状。拌入面粉，然后加入蜗牛，继续加热几分钟。倒入葡萄酒，用盐和胡椒调味。盖上锅盖，小火加热约 1 小时。趁热食用。

青 蛙

青蛙肉质精瘦而洁白，风味细腻，受到美食家们的高度赏识。它们主要常见于皮埃蒙特和伦巴第等地。青蛙通常会洗净和去皮之后售卖。一般只食用青蛙腿，但是青蛙美食迷们常常会整只食用，甚至连骨头一起。食用青蛙腿时的标准分量是每人一打（12 只）。

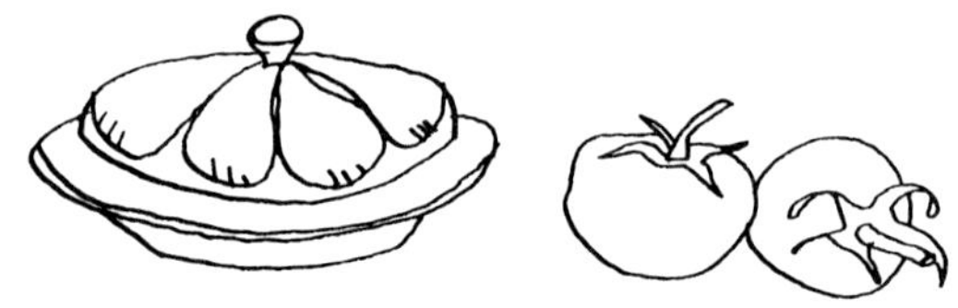

RANE ALLA GENOVESE
供 4 人食用
制备时间：15 分钟，另加 30 分钟腌制用时
加热烹调时间：20～30 分钟
1 颗洋葱，切碎
1 枝新鲜平欧芹，切碎
少许干牛至
1 片月桂叶
175 毫升 /6 盎司白葡萄酒醋
1 千克 /2¼ 磅青蛙腿
普通面粉，用于面糊
5 汤匙橄榄油
盐和胡椒

热那亚风味蛙腿 GENOESE FROGS' LEGS

将洋葱、欧芹、牛至、月桂叶和白葡萄酒醋在碗中混合均匀，用盐和胡椒调味，加入青蛙腿腌制 30 分钟。然后捞出青蛙腿裹上面粉。在一口平底锅中加热橄榄油，加入青蛙腿，煸炒至金黄色。撒上盐即可。

RANE AL VINO BIANCO
供 4 人食用
制备时间：15 分钟
加热烹调时间：30 分钟
250 毫升 /8 盎司白葡萄酒
1 颗洋葱，切丝
1 枝新鲜平叶欧芹，切碎
1 千克 /2¼ 磅青蛙腿
25 克 /1 盎司黄油
1 茶匙普通面粉
1 个蛋黄
1 颗柠檬，挤出柠檬汁，过滤
盐和胡椒

白葡萄酒风味蛙腿 FROGS' LEGS IN WHITE WINE

将白葡萄酒、洋葱和欧芹放入一口酱汁锅中，加入盐和胡椒调味，加热煮沸。加入青蛙腿，用中火加热 10 分钟。捞出青蛙腿，然后将酱汁锅中的汁液熗至剩余 ⅔。在一口锅中加热熔化黄油，拌入面粉煸炒，然后将炒好的面粉加入熗浓的汁液中，用食物研磨机研磨到另外一口锅中，重新加热煮沸。加入青蛙腿，再继续加热 5 分钟。与此同时，将蛋黄和柠檬汁在碗中搅打均匀。将锅沿移到炉火的一侧，拌入蛋黄混合物即可。

煎蛙腿配番茄酱汁 FRIED FROGS'LEGS IN TOMATO SAUCE

RANE FRITTE IN SALSA
供 4 人食用
制备时间：20 分钟
加热烹调时间：35 分钟

7 汤匙橄榄油
500 克 /1 磅 2 盎司番茄，去皮去籽，切碎
25 克 /1 盎司黄油
1 瓣蒜，切碎
1 汤匙柠檬汁
1 千克 /2¼ 磅青蛙腿
普通面粉，用于面糊
200 毫升 /7 盎司双倍奶油
盐

在一口锅中加热 2 汤匙的橄榄油，加入番茄和少许盐，用中火加热，煸炒 10 分钟。在另外一口锅中加热熔化黄油，加入大蒜，用小火加热煸炒几分钟，然后倒入番茄锅中，拌入柠檬汁。将剩余的橄榄油在一口平底锅中加热，青蛙腿先裹上面粉，再蘸上双倍奶油，然后放入热油锅中煎至金黄色。盛入温热的餐盘中，将番茄酱汁淋到青蛙腿上即可。

炸面包糠蛙腿 FROGS'LEGS IN BREADCRUMBS

RANE IMPANATE
供 4 人食用
制备时间：30 分钟
加热烹调时间：25 分钟

50 克 /2 盎司普通面粉
2 颗鸡蛋
50 克 /2 盎司面包糠
1 千克 /2¼ 磅青蛙腿
3 汤匙橄榄油
40 克 /1½ 盎司黄油
半把新鲜平叶欧芹，切碎
1 颗柠檬，去皮，切片
盐和胡椒

将面粉撒入一个浅盘内，鸡蛋加入少许盐，在另外一个浅盘内搅散，将面包糠撒入第三个浅盘内。在青蛙腿上撒盐和胡椒。青蛙腿先蘸上面粉，然后再蘸上蛋液，最后裹上面包糠。将橄榄油和黄油放入一口平底锅中加热，放入青蛙腿，分批炸至金黄色。将炸好的青蛙腿从锅中取出，放在厨房纸上控净油，转到盘内，撒上盐。再撒上欧芹，四周摆上柠檬即可。

炸蛙肉 FROGS IN BATTER

RANE IN PASTELLA
供 4 人食用
制备时间：20 分钟，另加 3 小时浸泡用时
加热烹调时间：30 分钟

1 千克 /2¼ 磅青蛙
500 毫升 /18 盎司白葡萄酒醋
1 枝新鲜平叶欧芹，切碎
100 克 /3½ 盎司普通面粉
1 颗鸡蛋
1 个蛋黄
5 汤匙白葡萄酒
1 汤匙橄榄油
植物油，用于炸油
盐和胡椒
1 颗柠檬，切角，用作配餐

将青蛙用冷水浸泡 3 小时。醋、欧芹和略多的胡椒在碗中混合均匀。捞出青蛙，放入醋碗中，让其浸泡一会儿。将面粉、鸡蛋、蛋黄和少许的盐在另外一个碗中混合均匀，拌入葡萄酒和橄榄油，混合成细滑的面糊。在 ·口大号的锅中加热植物油。捞出青蛙，控净汤汁，蘸上面糊，放入热油中炸。炸好之后用漏勺捞出，放在厨房纸上控净油，并用盐略微调味。搭配柠檬角一起食用。

肉　类　→

内　脏　→

肉　类

肉类？没错，但是一定要是高品质的肉类。自 20 世纪 50 年代，在意大利，这种富含蛋白质的美味的消耗量显著增加。今天的肉类比以往任何时候都更加细腻、精瘦，更加鲜嫩和美味可口。这是为了适应消费者们的需求，他们期望获得高品质肉类。现代肉类中的营养价值，意味着它们甚至可以出现在一些减肥食谱中，但是你需要精挑细选。当然了，你一眼就可以辨别出肉类的质量。这其中非常重要的一点是，你要了解如何去挑选出肉类中最好的切割部位，来用于不同的食谱中。这对家庭预算也非常重要，因为肉类不会自然而然地遵循着最珍贵的和价格最昂贵的切割部位也是最有营养和最美味的这样的规律。同样的道理，每次购买肉类，都要求切出肉排也不现实。例如，使用价格不是太过昂贵的切割肉块制作炖焖类菜肴，同样不会缺失风味。

肉类的分类

在意大利，肉类按照不同的方式进行各种分类。它们可以分成：

屠宰动物类

牛肉、小山羊肉、羔羊肉、绵羊肉、猪肉、小牛肉、马肉等。

家畜类

鸡肉、鸭肉、鹅肉、珍珠鸡肉、鸽肉、火鸡肉和兔肉等。

野味类

岩羚羊（chamois，产自阿尔卑斯山，像鹿一样的动物）、野兔、野鸡、鹌鹑和野猪。其肉类也可以分成：红肉类（牛肉、马肉和羊肉）；白肉类（小山羊肉、羔羊肉、小牛肉和家禽肉）；黑肉（野味类）。

最后，还有两个分类要记住。

肉类的衍生产品

肉汁和浓缩固体汤料。

香肠和腌制的肉类

整块的肉或者肉馅，在填入天然肠衣或者人造肠衣里之前，通常都会与肥肉、香草和各种调味品混合均匀。绝大多数香肠和腌制的肉类使用猪肉制作，可以分成熟制品（熏猪肉香肠、火腿等）和生肉制品（萨拉米、香肠等）。

注意，在这一版中，兔肉包括在野味中（见第1090～1137页），但是在所有其他家畜类的食谱中，例如鸡肉和鸭肉等会出现在家禽类中（见第1009～1089页）。

肉类的保存

时间对于我们来说越来越宝贵，而我们的生活方式却是越来越悠闲，所有人都非常重视自己的健康，因此，适当储存食物就变得更加重要。因为人们很少有时间去购物和烹饪，冷藏冰箱和冷冻冰箱就变得必不可少了。在将肉类进行冷藏或者冷冻之前，最好是将肉用锡箔纸或者保鲜膜包起来，或者放在食品袋、玻璃器皿里。这一层包装应该是紧密且密封好的，以避免肉类接触到空气，从而保护其风味和营养成分。还可以防止肉类在冰箱里交叉污染。储存生的肉类时，至关重要的是，其汁液不能滴到熟肉上或其他食材上。肉类通常会储存在冰箱里的最底层。许多现代冰箱都可以做到多温储存。这就是说冰箱里的内部空间被划分为不同的“隔间”，根据其所储存食物的不同，提供不同的储存温度。这个温度范围从熟化后的奶酪、萨拉米和熟猪肉所需要的7～8℃/45～46℉，以及储存软质奶酪、酸奶和酱汁所需要的5℃/41℉，到储存肉类、鱼类和一些清淡食品所需要的0℃/32℉。以这种方式储存食物，可以确保它们保持新鲜的时间要比使用传统冰箱储存的时间长3～4倍。这是通过无霜技术从而成为可能，其最佳的储存温度是通过冰箱内部空气循环系统而达到的。这也是防止冰箱内结冰的额外福利，也就没有必要给冰箱除霜了。

内　脏

内脏非常美味，且以多种形式存在，可以使用多种不同的制作方法。在意大利，最有食用价值的内脏是脑髓、骨髓和胰腺。接下来是肝、腰、心和膀胱，也包括在内脏之中，但是由于其味道过于浓烈，更加适合于制作味道浓厚的菜肴，此外还有舌头、小牛头和蹄子等。

羔羊肉

像羔羊肉一样鲜嫩的肉质，在意大利语中被称为柔软。这种鲜嫩的肉质来自未满一周岁且只靠母乳喂养的动物。小羔羊（baby lamb），在拉齐奥称为abbacchio，是更加年幼的羊，只有5～6周龄。然而，在意大利之外，母乳喂养的羔羊并不常见，一般来说，大多数羔羊肉来自放牧养殖的，生长期在4个月到1年之间，更加年幼的羔羊肉被称为春季羔羊肉。1岁以上的绵羊所产出的肉称为好给特（hogget）或者好给特羔羊肉（hogget lamb）。2年以上的羊所产出的羊肉称为羊肉（mutton）。羔羊肉的肉质呈浅色，鲜嫩而肥腻。最好是在10月到来年的6月之间的时间段内食用。

加热烹调方法

➔ 因为羔羊肉在加热烹调的过程中会收缩，在购买时，量要多一些，可以多买一份。

➔ 羔羊肉使用白葡萄酒和一滴醋腌制之后，在肉上切一些小口，塞入大蒜，加入香草，像迷迭香、百里香、鼠尾草和薄荷，其最常见的制作方法是烤或者炖。

➔ 烧烤羊排非常美味，酥皮香草烤羊腿在重要的宴会上是一道能够给人留下深刻印象的佳肴。

烤羔羊肉

烤羔羊肉首选羊腿肉，特别是能够包括羊腰在内，一直到第一根肋骨位置的带有一半羊肉的羊腿肉。然后是羊马鞍（羊脊肉），接着是羊肩部肉。羊肩肉也比较鲜嫩，但是相对来说比较肥腻，并且难以切割齐整。最好是用烤箱烘烤，使用原锅烘烤的羊肉同样美味可口。

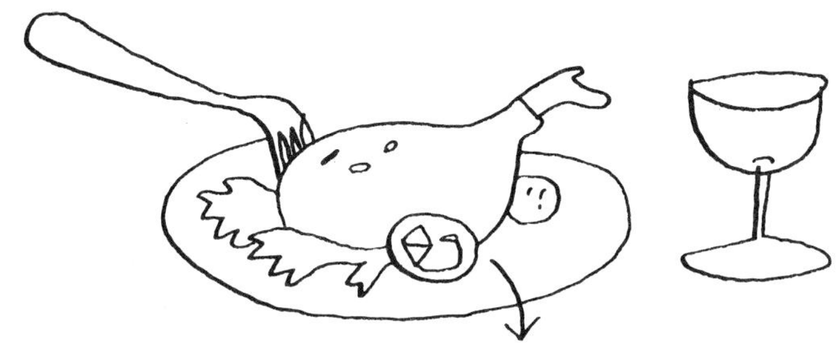

焖、炖、白汁炖和咖喱羊肉

羔羊的前半部位肉特别适合用来与各种蔬菜和早上市的季节性蔬菜，像青豌豆、洋蓟和小洋葱等，一起炖或者焖。羔羊肉也适合于制作咖喱羊肉、白汁烩羊肉（肉必须保持白色），以及在鸡蛋酱汁中加热烹调（混合了黄油和双倍奶油）或者与柠檬汁混合均匀。

羊　排

从羊腰肉上切下来的小羊排特别鲜嫩。需要使用特别快速的加热烹调方法，每面只需加热2～3分钟。羊排先蘸上蛋液，再裹上面包糠后用黄油煎炸成熟，非常美味可口，特别是使用澄清后的黄油来制作，更是如此。

羔羊肉的意大利切割方式和加热烹调技法

1 颈肉 collo
可以炖和焖。

2 肩部肉 spalla
可以烤和炖。

3 肋部肉 carre
铁扒是最佳方式。

4 胸部肉 petto
适合于炖。

5 羊脊肉 sella
烤是最佳方式。

6 羊腿肉 cosciotto
用来烤的最佳部位。

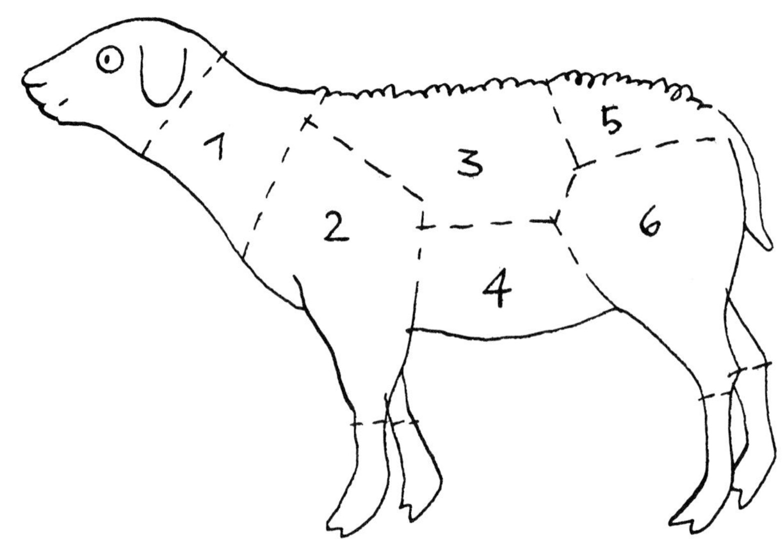

羔羊肉的英式切割方式和加热烹调技法

如果你不是十分确定要选择哪个切割部位的羊肉，或者这里列出的内容中没有你所需要购买的切割部位，可以询问有信誉的肉铺老板，听取他们的建议。

1 颈根部肉 scrag end of neck

可以炖和焖。

2 颈肉 middle neck

可以炖和砂锅煲。

3 肩部肉 shoulder

可以烤、烧烤、做羊肉串、砂锅煲。

3b 前腿肉 fore shank

可以焖。

4 羊脊肉 best end of neck

也称为羊肋排。可以烤，也可以切割成羊排，用来铁扒和炖。

5 羊腰肉 loin

可以烤，包括整条的羊脊肉，切成羊排后铁扒或者煎。还可以切成羊里脊排或者切成羊肉片。

6 臀部排骨肉 chump

可以烤，或切成羊排后铁扒或者煎。

7 羊腿肉 leg

可以烤，或切成羊腿排用来铁扒。

7b 后腿肉 hind shank

可以炖。

8 羊胸肉 breast

可以剔骨后做成羊肉卷，用来烤或者炖。

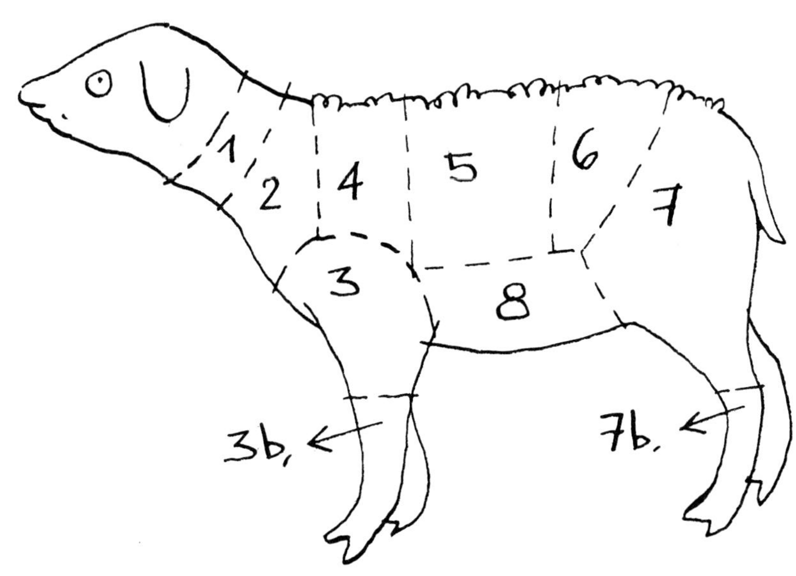

罗马风味春日羔羊肉 ROMAN SPRING LAMB

ABBACCHIO ALLA ROMANA
供 4 人食用
制备时间：30 分钟
加热烹调时间：50 分钟

- 1×1 千克 /2¼ 磅羊腿肉
- 普通面粉，用于面糊
- 3 汤匙橄榄油
- 3 枝新鲜的迷迭香
- 4 片鼠尾草叶，切碎
- 1 瓣蒜，拍碎
- 175 毫升 /6 盎司白葡萄酒
- 5 汤匙白葡萄酒醋
- 4 个马铃薯，切片
- 盐和胡椒

将羊腿肉切成块，或者在购买时，直接让肉铺老板帮忙切好。将烤箱预热至 180°C/350°F/ 气烤箱刻度 4。羊腿肉块裹上面粉。在一个宽边烤盘内加热橄榄油，加入羊腿肉块，用大火加热，翻动肉块，需要加热约 10 分钟，直到将肉块煎至褐色。加入盐和胡椒调味，加入迷迭香，并撒上鼠尾草和大蒜。翻动几次肉块，以便让所有的肉块都吸收风味。将葡萄酒和白葡萄酒醋混合到一起，倒入烤盘内，加热至汁液几乎被完全吸收。加入 150 毫升 /¼ 品脱沸水和马铃薯，盖上盖，放入烤箱烘烤 30 分钟或者一直烘烤至成熟。如果烤盘内的肉汁快烤干了，可以加入少许沸水，与白葡萄酒醋混合均匀。将羊腿肉块盛入温热的餐盘中，趁热上菜。要制作更加美味诱人的羊腿肉块，可以去掉马铃薯，当羊腿肉块快要成熟的时候，将 2～3 汤匙的烤羊腿肉块烤盘内的肉汁舀出，放入一口小号的锅中，加入 3 条去掉鱼骨并剁碎的盐渍鳀鱼（见第 694 页），小火加热，用木勺将鳀鱼碾碎呈泥状。混合均匀，将制作好的鳀鱼酱汁淋到羊腿肉块上，再继续烘烤几分钟即可。

蘑菇羊肉 LAMB WITH MUSHROOMS

AGNELLO AI FUNGHI
供 4 人食用
制备时间：25 分钟
加热烹调时间：1 小时 30 分钟

- 1×1 千克 /2¼ 磅羊前腿肉或羊肩肉，去骨并制成羊肉卷
- 4 汤匙橄榄油，另加涂刷所需
- 500 克 /1 磅 2 盎司牛肝菌
- 250 毫升 /8 盎司双倍奶油
- 25 克 /1 盎司黄油
- 2 瓣蒜
- 1 枝新鲜平叶欧芹，切碎
- 盐和胡椒

将烤箱预热至 200°C/400°F/ 气烤箱刻度 6。羊肉用盐和胡椒调味，并用橄榄油将其全部涂刷一遍。放到一个烤盘内，与橄榄油一起烤 1 小时。与此同时，将牛肝菌的菌柄和伞盖分离，然后将伞盖切片，100 克 /3½ 盎司的菌柄切碎。将羊肉从烤箱内取出，覆盖锡箔纸保温。将 175 毫升 /6 盎司温水和双倍奶油一起倒入一口锅中，加入切碎的菌柄，用小火加热煮 15 分钟。与此同时，在一口平底锅中加热熔化黄油，加入牛肝菌伞盖，用大火加热，煸炒至牛肝菌呈淡褐色。加入大蒜，用盐和胡椒调味，然后转中火加热，继续煸炒 15 分钟。取出大蒜丢弃不用，加入欧芹。羊肉切片，放到温热的餐盘中，淋上热酱汁，四周放牛肝菌伞盖。

罗马风味春日羔羊肉 →

AGNELLO ALL`ARABA
供 4 人食用
制备时间：25 分钟
加热烹调时间：1 小时 15 分钟
4 汤匙橄榄油
3 颗洋葱，切细丝
1 × 1 千克 /2¼ 磅重的羊脊肉，去骨，切成 5 厘米 /2 英寸的块
2 汤匙蜂蜜
1 小袋藏红花
少许小茴香粉
少许姜粉
250 毫升 /8 盎司热牛肉高汤（见第 248 页）或者水
80 克 /3 盎司绿橄榄，去核
80 克 /3 盎司扁桃仁
1 把香菜，切末
盐和胡椒

阿拉伯风味羊肉 ARABIAN LAMB

将烤箱预热至 200°C/400°F/ 气烤箱刻度 6。在一个烤盘内加热橄榄油，加入洋葱，小火加热煸炒 5 分钟，然后从烤盘内取出。加入羊肉，煸炒 5 分钟，直到变成褐色。再将洋葱放回烤盘内。将蜂蜜、藏红花、茴香粉、姜粉和热高汤放入盆中混合均匀，加入盐和胡椒调味。将混合液倒入羊肉中，烤盘用锡箔纸盖好，放入烤箱烘烤 1 小时。与此同时，用沸水将橄榄煮 5 分钟，然后捞出控干。在一口厚底平底锅中干烘扁桃仁片，翻炒几分钟。在羊肉出烤箱之前 10 分钟，加入橄榄和扁桃仁片，混合均匀，再继续烘烤至所需要的时间。将烤好的羊肉盛入温热的餐盘中，撒上香菜即可。作为配菜，我们建议使用新鲜的蚕豆，用水煮 15 分钟，然后与黄油拌匀。

COSCIOTTO ALLA PERIGORDINA
供 6 人食用
制备时间：50 分钟
加热烹调时间：5 小时 30 分钟
3 汤匙橄榄油
20 克 /¾ 盎司黄油
1 块 2 千克 /4½ 磅重的羊腿，去皮
2 汤匙白兰地
6 瓣蒜
1 颗洋葱，切碎
1 棵韭葱，切碎
1 枝新鲜的百里香，切碎
1 枝新鲜平叶欧芹，切碎
1 根芹菜，切碎
1 粒丁香
1 瓶（750 毫升 /1¼ 品脱）干白葡萄酒
盐和胡椒

佩里戈尔风味羊腿 LEG OF LAMB À LA PÉRIGOURDINE

将烤箱预热至 150°C/300°F/ 气烤箱刻度 2。在一个烤盘内加热橄榄油和黄油，加入羊腿，用中火加热，反复翻动，直到将羊腿煎成褐色。加入白兰地，再继续加热几秒钟，然后引燃白兰地，并用一个大号的锅盖或者另外一个烤盘盖住烤盘，让火苗熄灭。将大蒜放到羊腿的四周，加上洋葱、韭葱、百里香、欧芹、芹菜和丁香，用盐和胡椒调味，倒入葡萄酒。盖上盖子，放入烤箱烘烤 5 小时。取出后小心地将羊腿放到温热的餐盘中。从烤盘内取出大蒜丢弃不用，将烤盘内的烤羊腿肉汁倒入酱汁碗中。这道菜肴非常适合搭配西葫芦泥或者马铃薯泥一起食用。

烤羊腿 ROAST LEG OF LAMB

将烤箱预热至200°C/400°F/气烤箱刻度6。在一个烤盘内涂抹黄油，将意式培根嵌入羊腿中。用刀尖在羊腿表面上切出一些小口，将鼠尾草和部分迷迭香塞入这些切口中。在羊腿上涂上一层橄榄油，放入准备好的烤盘内，用盐和胡椒腌制。表面撒上大蒜和剩余的迷迭香，倒入醋和葡萄酒，放入烤箱烘烤1小时30分钟。中途要将羊腿翻面一次，并不时地将烤盘内滴落的肉汁涂抹到羊腿上。配嫩菠菜沙拉一起食用。

COSCIOTTO ARROSTO
供6人食用
制备时间：20分钟
加热烹调时间：1小时30分钟

80克/3盎司黄油
1×2千克/4½磅重的羊腿肉
80克/3盎司意式培根，切条
6片新鲜的鼠尾草叶，切条
1汤匙迷迭香
橄榄油，用于涂刷
4瓣蒜，切碎
5汤匙白葡萄酒醋
5汤匙白葡萄酒
盐和胡椒
嫩菠菜沙拉，用作配餐

香草风味烤羊腿 ROAST LEG OF LAMB IN A HERB CRUST

将烤箱预热至240°C/475°F/气烤箱刻度9。将百里香、牛至、欧芹和迷迭香在碗中混合均匀，加入橄榄油和面包糠，用盐和胡椒调味并混合均匀。将羊腿放入一个大的烤盘内，涂抹香料混合物，放入烤箱烘烤15分钟。将烤箱温度下调至180°C/350°F/气烤箱刻度4，并且在烤盘内加入150毫升/¼品脱的温水，再继续烘烤15分钟。将羊腿从烤盘内取出，盖上锡箔纸，让其静置10分钟。切分羊腿，放到温热的餐盘中。制作配菜，将一些番茄切成两半并去籽，填入面包糠和切碎的牛至，淋上橄榄油，用盐和胡椒调味，烘烤15分钟即可。

COSCIOTTO IN CROSTA D'ERBE
供6人食用
制备时间：25分钟，另加10分钟静置用时
加热烹调时间：30分钟

1汤匙切碎的新鲜百里香
1汤匙切碎的新鲜牛至
1汤匙切碎的新鲜平叶欧芹
1汤匙切碎的新鲜迷迭香叶
4汤匙橄榄油
2汤匙面包糠
1×2千克/4½磅重的羊腿
番茄，按需准备
盐和胡椒

见第866页

鳀鱼黄油羊排 LAMB CUTLETS WITH ANCHOVY BUTTER

将扒炉预热。羊肉两面刷橄榄油，根据你喜欢的成熟程度，将每面铁扒4～6分钟，用盐调味。将铁扒后的羊排装入一个餐盘中，撒上鳀鱼黄油颗粒即可。

COSTOLETTE AL BURRO D'ACCIUGA
供4人食用
制备时间：20分钟
加热烹调时间：8～12分钟

8块羊排
橄榄油
1份鳀鱼黄油（见第103页）
盐

醋汁羊排 LAMB CUTLETS COOKED IN VINEGAR

将醋、一半橄榄油、洋葱、欧芹和丁香一起放入盆中混合均匀，并用盐和胡椒调味。加入羊排，让其腌制 1 小时。将剩余的橄榄油在一口平底锅中加热，捞出羊排，放入平底锅中，将羊排的每面分别煎 2 分钟，直到羊排变成金黄色。放到温热的餐盘中即可。

COSTOLETTE ALL'ACETO
供 4～6 人食用
制备时间：15 分钟，另加 1 小时腌制用时
加热烹调时间：4 分钟
175 毫升 /6 盎司白葡萄酒醋
6 汤匙橄榄油
1 颗洋葱，切丝
1 枝新鲜平叶欧芹，切碎
2 粒丁香
8～12 块羊排
盐和胡椒

薄荷羊排 LAMB CUTLETS WITH MINT

将柠檬汁、3 汤匙的橄榄油和薄荷放入盆中混合均匀，加入羊排腌制，不时地翻动羊排，让其腌制 1～2 小时。在一口平底锅中加热黄油和剩余的橄榄油。将羊排捞出控净汁液，放入平底锅中，两面各煎 2 分钟，用盐和胡椒调味，配豌豆或者西葫芦一起食用。

COSTOLETTE ALLA MENTA
供 4 人食用
制备时间：15 分钟，另加 1～2 小时腌制用时
加热烹调时间：4 分钟
1 颗柠檬，挤出柠檬汁，过滤
5 汤匙橄榄油
1 枝新鲜的薄荷，切碎
8 块羊排
20 克 /¾ 盎司黄油
盐和胡椒
豌豆或者西葫芦，用黄油炒熟，用作配餐

见第 868 页

斯科塔蒂托羊肉 LAMB CUTLETS SCOTTADITO

在羊排上刷橄榄油，用盐和胡椒调味。覆盖并让其在一个凉爽的地方静置腌制 15 分钟。与此同时，将扒炉预热至高温。捞出羊排，并小心地将多余的调味料抖落掉，然后将羊排的每面铁扒约 1 分钟。同样，你也可以在一口不粘锅中刷一点儿油，用大火将羊排两面各煎 1 分钟，在翻面之后，用盐和胡椒调味。如果你喜欢的话，可以在将羊排出锅之前淋上柠檬汁。盛入温热的餐盘中即可。

COSTOLETTE A SCOTTADITO
供 4～6 人食用
制备时间：10 分钟，另加 15 分钟静置时间
加热烹调时间：2～4 分钟
8～12 块羊排
5 汤匙橄榄油
盐和胡椒
1 颗柠檬，挤出柠檬汁，过滤（可选）

← 香草风味烤羊腿，见第 865 页

洋葱炖羊肉 LAMB FRICASSÉE WITH ONIONS

可以寻求肉商的帮助，让他将羊腿肉切成相对较小的块状。在一口酱汁锅中加热黄油和橄榄油，加入羊肉，煸炒至金黄色。将煎好的羊肉从锅中取出并保温。将洋葱加入锅中，用中火加热，煸炒约 10 分钟直到变成金黄色。羊肉倒回锅中，加入盐和胡椒调味，并倒入葡萄酒。盖上锅盖，用中火加热 40 分钟。蛋黄与柠檬汁一起在碗中搅打均匀。将锅端到炉边上，倒入蛋黄混合液。立刻快速搅拌，让混合液变得浓稠并且包裹在羊肉块上。将制作好的羊肉盛入温热的餐盘中即可。

FRICASSEA CON CIPOLLINE
供 4 人食用
制备时间：20 分钟
加热烹调时间：1 小时
1 × 800 克 / 1¾ 磅重的羊腿
40 克 / 1½ 盎司黄油
3 汤匙橄榄油
400 克 / 14 盎司小洋葱
500 毫升 / 18 盎司干白葡萄酒
2 个蛋黄
1 颗柠檬，挤出柠檬汁，过滤
盐和胡椒

羊肉丸配茄子 LAMB MEATBALLS WITH AUBERGINE

将烤箱预热至 180°C/ 350°F/ 气烤箱刻度 4。茄子用锡箔纸包好，放到一个烤盘内，放入烤箱烘烤约 30 分钟。取出后，不要打开锡箔纸，让茄子稍微冷却。然后将茄子切成两半，用一把茶匙将茄子肉挖出。将羊肉馅、茄子肉、牛至、蛋黄和欧芹在碗中混合均匀，并用盐和胡椒调味。将羊肉混合物制成小的丸子状。在一口平底锅中将橄榄油烧热，加入肉丸，用中火加热，翻炒并煎至呈金黄色。成熟后盛入温热的餐盘中即可。

POLPETTE ALLE MELANZANE
供 4 人食用
制备时间：1 小时
加热烹调时间：10~15 分钟
2 个茄子
500 克 / 1 磅 2 盎司瘦羊肉馅
少许干牛至
2 个蛋黄
1 枝新鲜平叶欧芹，切碎
4 汤匙橄榄油
盐和胡椒

烤纸包羊肩肉 SHOULDER OF LAMB IN A PARCEL

将烤箱预热至 200°C/ 400°F/ 气烤箱刻度 6。在一大张烘焙纸上多涂一些橄榄油。将羊肩肉的两面都撒上盐和胡椒调味，将调好味的羊肩肉放到烘焙纸的中间位置上。再撒上香草，摆上月桂叶。倒上干白葡萄酒和柠檬汁，小心包好，不要让汤汁洒出来。放到烤盘上，放入烤箱烘烤 1 小时，或者一直烘烤到羊肩肉彻底成熟。将烘焙纸略微打开一些，让烘焙纸中的蒸汽逸出，然后即可上桌。

SPALLA AL CARTOCCIO
供 6 人食用
制备时间：30 分钟
加热烹调时间：1 小时
橄榄油，用于涂刷
1 × 1 千克 / 2¼ 磅去骨羊肩肉，去掉脂肪
1 枝新鲜平叶欧芹，切碎
1 枝新鲜雪维菜，切碎
1 枝新鲜牛至，切碎
1 片月桂叶
175 毫升 / 6 盎司干白葡萄酒
半颗柠檬，挤出柠檬汁，过滤
盐和胡椒

← 薄荷羊排，见第 867 页

SPALLA ALLA PORNAIA
供 6 人食用
制备时间：4 小时 15 分钟，另加 10 分钟静置用时
加热烹调时间：1 小时~1 小时 15 分钟
25 克 /1 盎司黄油，另加涂抹所需
1 千克 /2¼ 磅马铃薯，切薄片
1 汤匙切碎的新鲜百里香
500 克 /1 磅 2 盎司洋葱，切细丝
2 瓣蒜，切薄片
1 × 1 千克 /2¼ 磅的去骨羊肩肉
500 毫升 /18 盎司牛肉高汤或者蔬菜高汤（见第 248~249 页）
盐和胡椒

面包师烤羊肩肉 SHOULDER OF LAMB À LA BOULANGÈRE

将烤箱预热至 200°C/400°F/ 气烤箱刻度 6。在耐热焗盘内涂抹黄油。在焗盘内摆上一层马铃薯片，用盐和胡椒调味，再撒上一点儿百里香，然后再覆盖一层洋葱和大蒜。继续按照这个顺序摆放马铃薯、洋葱、大蒜，直到将食材使用完毕。使用一把锋利的小刀在羊肉上切出一些小口，放到焗盘内的蔬菜上，用盐和胡椒调味。将高汤倒入焗盘内，在羊肉上摆放一些黄油颗粒，放入烤箱烘烤。在烘烤的过程中，要时常将焗盘内的汤汁淋到马铃薯上，烘烤 30 分钟。将焗盘从烤箱内取出，覆盖锡箔纸，再放回烤箱内继续烘烤 30～45 分钟。取出后，去掉锡箔纸，让羊肩肉静置约 10 分钟。

SPALLA AL MIRTO
供 4 人食用
制备时间：15 分钟
加热烹调时间：1 小时
1 × 1⅓ 千克 /2½ 磅羊肩肉
3 瓣蒜
2 汤匙橄榄油，另加涂刷所需
5 汤匙干白葡萄酒
50 毫升 /2 盎司米尔托（香桃木利口酒）或者金酒
盐和胡椒

米尔托风味羊肩肉 SHOULDER OF LAMB WITH MIRTO

将烤箱预热至 200°C/400°F/ 气烤箱刻度 6。用 1 瓣蒜反复涂擦羊肉，然后将大蒜切成两半，蘸上盐。用一把小刀在羊肉上切出 6 个相对深一些的切口，分别将蒜瓣塞入切口中。在肉上刷一层橄榄油，用盐和胡椒调味。然后将羊肉放入一个烤盘内。加入橄榄油、半瓶葡萄酒和半瓶米尔托或者金酒，放入烤箱内烤 30 分钟。将羊肉翻面，剩余的葡萄酒和米尔托或者金酒淋到肉上，烤盘内的汤汁反复地淋到羊肉上，再继续烘烤 30 分钟。

面包师烤羊肩肉 ➔

SPEZZATINO ALLE CAROTE
供 6 人食用
制备时间：15 分钟
加热烹调时间：25 分钟
4 汤匙橄榄油
50 克 /2 盎司黄油
500 克 /1 磅 2 盎司胡萝卜，切细条
1 颗红葱头，切细末
1 千克 /2¼ 磅去骨羊肩肉，切块
1 颗洋葱，切碎
1 瓣蒜，切碎
少许干牛至
10 片芹菜叶，切碎
盐和胡椒

胡萝卜羊肉 CHOPPED LAMB AND CARROTS

在一口锅中加热一半橄榄油和一半黄油，加入胡萝卜和红葱头，用小火加热，煸炒 20 分钟。与此同时，在另外一口锅中加热剩余的橄榄油和黄油，加入羊肉，用大火加热，煸炒至呈褐色。加入盐和胡椒调味，继续加热煸炒几分钟。加入洋葱、大蒜、牛至和芹菜叶，转中火加热 10 分钟。当胡萝卜几乎熟透时，将它们倒入羊肉锅中，再继续加热 5 分钟即可。

小山羊肉

在意大利，最好的山羊品种是根塔纳山羊、普利亚山羊、阿尔卑斯山羊和撒丁岛山羊。一只重量在6～12千克/13¼～26½盎司的哺乳期的小山羊是最理想的烹饪食材。小山羊的营养价值和羔羊肉类似，但是其漂亮的浅粉红色肉质的味道没有羔羊肉那么鲜美，因此需要加入更多的调味料。所以，绝大多数的小山羊肉食谱中都会包括各种香草和葡萄酒。在烤小山羊肉时，可以按照每1千克/2¼磅需要烘烤1小时的时间来计算。因为小山羊肉在意大利以外的地方很难获得，许多食谱可以使用羔羊肉替代，值得去尝试。这两种羊肉中最好的部位是羊腿肉、羊肩肉和腰肉。

小山羊腿配奶油松露 LEG OF KID WITH TRUFFLE CREAM

COSCIOTTO ALLA CREMA TARTUFATA
供4人食用
制备时间：30分钟，另加12小时腌制用时
加热烹调时间：1 小时15分钟
1汤匙新鲜的迷迭香叶，切碎
3片新鲜的鼠尾草叶片，切碎
2瓣蒜，切碎
2汤匙橄榄油
175毫升/6盎司白兰地
1×1千克/2¼磅小山羊腿
25克/1盎司黄油，切小块
1汤匙松露酱
250毫升/8盎司双倍奶油
盐和胡椒

将橄榄油、一半白兰地酒、少许盐和胡椒，连同迷迭香、鼠尾草和大蒜放入一口大号的锅中（不要使用铝锅），加入羊腿肉腌制一晚上的时间。第二天，用中火加热，加入黄油块，继续加热并搅动1小时。将剩余的白兰地淋到锅中并引燃，待火焰熄灭，将羊腿从锅中取出，切下羊肉。将锅中的汁液过滤，保留175毫升/6盎司的汁液。将保留的汁液与松露酱、双倍奶油混合均匀。将切下来的羊肉放入锅中，加入调制好的酱汁，用小火加热约10分钟。盛入温热的餐盘中即可。

COSCIOTTO ALLA PIEMONTESE
供 4 人食用
制备时间：35 分钟
加热烹调时间：2 小时 15 分钟
1 × 1 千克 /2¼ 磅重的小山羊腿
100 克 /3½ 盎司意式培根，切条
3 汤匙橄榄油
1 颗洋葱，切碎
1 瓣蒜，切碎
1 根胡萝卜，切片
1 根芹菜茎，切片
1 枝新鲜迷迭香
500 毫升 /18 盎司干白葡萄酒
3 汤匙番茄泥
盐和胡椒

皮埃蒙特风味小山羊腿 PIEDMONTESE LEG OF KID

将意式培根塞入羊腿肉里。在一口锅中倒入橄榄油，用大火加热，将羊腿放入锅中，反复翻动，煎至褐色。用盐和胡椒调味，加入洋葱、大蒜、胡萝卜、芹菜和迷迭香，继续加热几分钟。加入葡萄酒、番茄泥和 5 汤匙水，用小火加热 1 小时。取出迷迭香丢弃不用，将蔬菜放入食物料理机内，搅打成蓉泥状。从羊腿上切下羊肉，放到温热的餐盘中，蔬菜蓉泥用勺舀到羊肉上即可。

COSCIOTTO PASQUALE
供 4 人食用
制备时间：30 分钟
加热烹调时间：1 小时
1 × 1 千克 /2¼ 磅重的羊腿
1 枝新鲜的迷迭香，切碎
4 片新鲜的鼠尾草叶，切碎
1 瓣蒜，切碎
5 汤匙橄榄油
800 克 /1¾ 磅新鲜马铃薯，切丁
500 克 /1 磅 2 盎司胡萝卜，切细条
400 克 /14 盎司小洋葱
1 枝新鲜平叶欧芹，切碎
盐和胡椒

复活节小山羊腿 EASTER LEG OF KID

将烤箱预热至 180°C/350°F/ 气烤箱刻度 4。羊腿放入一个烤盘内，加入盐和胡椒腌制，并撒上迷迭香、鼠尾草和大蒜。将橄榄油淋到羊腿上，放入烤箱烘烤，其间要不时地将烤盘内的汤汁淋到羊腿上，烘烤约 1 小时。与此同时，将马铃薯、胡萝卜和洋葱在另外一口锅中煮约 10 分钟，然后捞出控干，放入烤羊腿的烤盘内。羊腿烘烤好之后，将羊肉切下来，放到温热的餐盘中。四周摆放蔬菜，撒上欧芹。

COSTOLETTE ALLA PANNA
供 4 人食用
制备时间：10 分钟
加热烹调时间：25 分钟
20 克 /¾ 盎司黄油
1 汤匙橄榄油
12 块小山羊排
250 毫升 /8 盎司双倍奶油
1 颗柠檬，挤出柠檬汁，过滤
2 枝新鲜平叶欧芹，切碎
盐和胡椒
柠檬片，用于装饰

奶油小山羊肉片 KID CUTLETS WITH CREAM

在一口平底锅中加热黄油和橄榄油，加入小山羊排，用高温将每面各煎 2 分钟。加入盐和胡椒调味，然后转小火加热，加入双倍奶油，继续加热 15 分钟。倒入柠檬汁，再加热 5 分钟。将欧芹末撒在羊排上，盛入温热的餐盘中，用柠檬片装饰。

复活节小山羊腿 ➔

猪肉、培根和火腿

众所周知，猪身上的任何部位都不会被丢弃，浑身都是宝，每个部位都可以在厨师的妙手烹调之下转化为既美味可口又富有营养的佳肴，让味蕾尽享愉悦，为许多菜肴增添风味。在意大利，和许多其他的国家一样，瘦肉猪是最受欢迎的。这些瘦肉来自精心繁殖的猪品种，所出产的猪肉比起过去所繁殖的猪肉品种所含有的脂肪要低得多。猪肉中只有部分的切块肉是作为新鲜的肉类出售的，而其余的部分则可以用来制成萨拉米、腌肉、香肠和其他各种肉类制品。高品质的新鲜猪肉可以从其呈细粒状的、粉红色且略带由脂肪形成的大理石花纹而进行辨认。

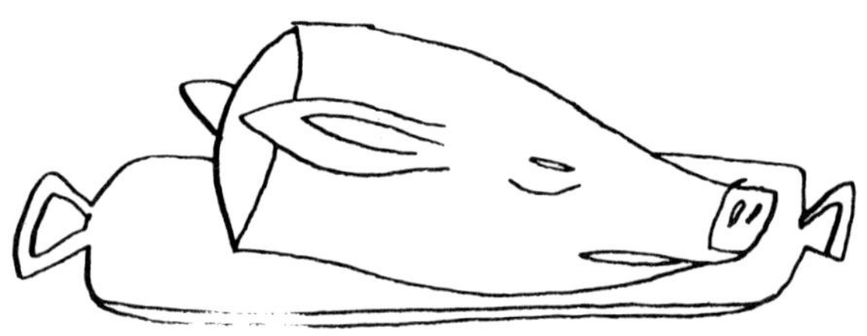

加热烹调方法

猪肉需要相当长的烹饪时间，每500克/1磅2盎司猪肉需要加热约25分钟。

烤猪肉

猪腰肉要使用烤箱低温到中温进行烘烤，这样就可以在其表面形成硬皮之前，让温度渗透进肉质的中间位置。

网　油

这是一层包裹在猪肚上的网状膜，也称为脂油，可以用来包裹或者盛放其他食材。在意大利，可以从熟食店内购买。在温水中浸泡3分钟之后，就可以使用了。

烤猪里脊，第880页→

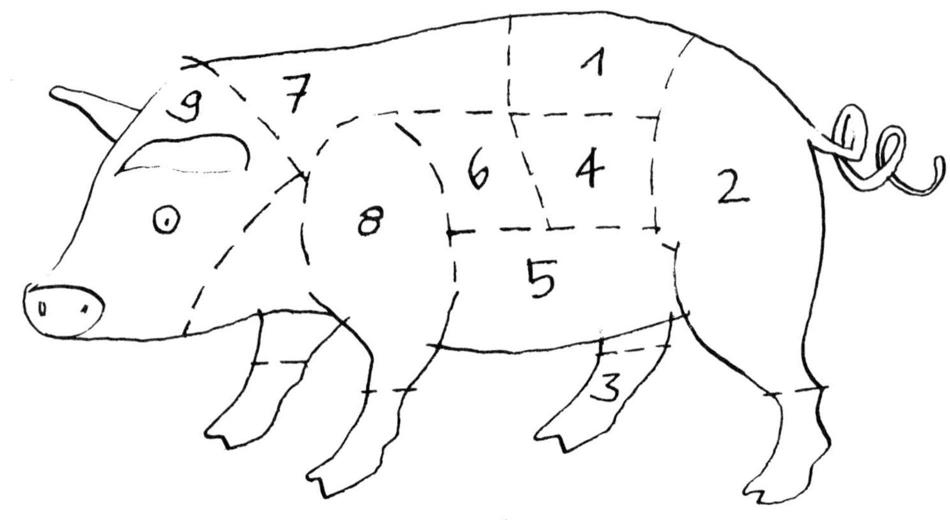

猪肉的意大利切割方式和烹调技法

1 肋排 lonza

最适合用来烤。

2 后腿 cosciotto

这一部分的肉，可以用来制作火腿。

3 猪手 piedini

可以用来煮或者煎。

4 胸部肉 puntine costine

可以用来炖或者焖。

5 腹部肉、五花肉 pancetta, guanciale

用来制作肉馅或者肥肉，或者用来包裹在瘦肉上。

6 腰肉 filetto, lombo

建议用来烤和铁扒。

7 前肘 carré

可以制作美味的猪排。

8 肩肉 spalla

可以用来烤和炖。

9 上脑 testa

可以用来煮。

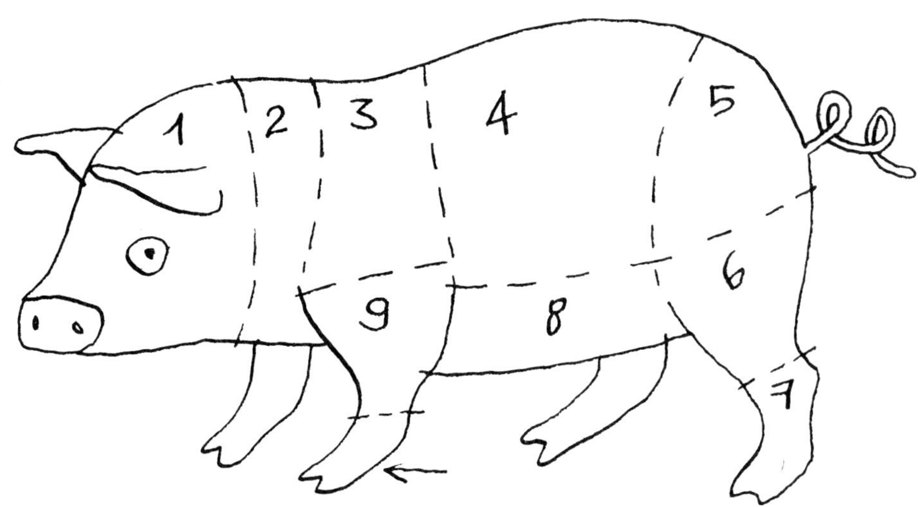

猪肉的英国式切割方式和烹调技法

1 猪头 head

可以用来制作腌肉和宠物食品。

2 颈部肉 spare rib

可以切成肋排，用来铁扒或者煎，可以切片用来炒。

3 前部肩肉 blade

可以用来烤和焖。

4 腰部肉 loin

可以用来烤，切成里脊用于烤、煎和制成肉排，还可以用来铁扒。

5 后臀和腿肉（里脊肉）chump and leg（fillet end）

可以用来烤，切成猪排用来铁扒和焖。

6 猪腿（后肘）leg（knuckle end）

可以用来烤。

7 猪腿 hock

可以用来焖。

8 腹部肉（五花肉）belly（flank）

可以用来酿馅和烤，也可以制成肉馅用来制作肉批，给煲类菜肴提味，还可以制成肋排。

9 猪腿 hand

用于焖。

10 猪手 trotter

用于焖。

如果你对选择哪一块切割肉拿不定主意，或者这里所列出的部位中没有你所需要的部位，可以询问信誉良好的肉商，听取他们的建议。

ARISTA AL FORNO
供6人食用
制备时间：15分钟，另加10分钟静置用时
加热烹调时间：1小时15分钟
25克/1盎司黄油 • 3汤匙橄榄油
1枝新鲜的迷迭香 • 1×1千克/2¼磅后腿里脊肉，去掉脊骨 • 175毫升/6盎司干白葡萄酒 • 4～5汤匙热牛奶 • 盐和胡椒 • 煮熟的托斯卡纳豆或者意大利白豆，用作配餐

见第877页

烤猪里脊 ROAST LOIN OF PORK

将烤箱预热至180℃/350℉/气烤箱刻度4。将黄油、橄榄油和迷迭香放在一个烤盘内加热，加入猪肉煎，不时地翻动一下，需要煎5～10分钟，至猪肉呈褐色。加入干白葡萄酒，加热至完全吸收，然后调味。放入烤箱烘烤，在烘烤的过程中要时常翻动，并用热牛奶反复地淋到猪肉上，需要烘烤1小时或者一直烘烤到猪肉成熟。从烤箱内取出后，让其静置10分钟，然后切分，搭配用特级初榨橄榄油、盐和胡椒调味的煮熟的托斯卡纳豆或者意大利白豆一起食用。

ARROSTO ALL'ARANCIA
供6人食用
制备时间：15分钟
加热烹调时间：1小时30分钟
40克/1½盎司黄油 • 350毫升/12盎司橙汁，过滤 • 1茶匙擦碎的橙皮
1瓣蒜 • 少许辣椒粉
少许干牛至 • 1×1千克/2¼磅重的猪里脊，去骨 • 盐和胡椒

橙味烤猪肉 ROAST PORK WITH ORANGE

将烤箱预热至180℃/350℉/气烤箱刻度4。在一口锅中加热熔化黄油，加入橙汁、橙皮、大蒜、辣椒粉和牛至，用盐和胡椒调味，混合均匀。用盐和胡椒涂抹里脊肉，放到一个烤盘内。将橙汁混合液倒入烤盘内，放入烤箱烘烤，不时地将橙汁混合液淋到里脊肉上，烤约1小时30分钟。取出后切分，配烤盘内的橙味肉汁一起食用。

ARROSTO ALL'UVA
供6人食用
制备时间：10分钟
加热烹调时间：1小时40分钟
1×1千克/2¼磅重的猪里脊
6汤匙橄榄油，另加涂刷所需
250毫升/8盎司葡萄汁
盐和胡椒

葡萄汁烤猪肉 ROAST PORK IN GRAPE JUICE

用棉线将里脊肉整齐地捆好，刷上一些橄榄油。将剩余的橄榄油放入一口深边锅中，加入里脊肉，用大火加热，时常翻动，将里脊肉煎至褐色。加入葡萄汁，然后转小火加热，盖上锅盖，加热约1小时30分钟，直到猪里脊肉成熟，并且酱汁变得浓稠。用盐和胡椒调味。将肉捞出，去除棉线，切成片状。放到温热的餐盘中，酱汁用勺淋到肉上即可。

ARROSTO CON IL ROSMARINO
供6人食用
制备时间：20分钟，另加10分钟静置用时
加热烹调时间：1小时45分钟
1～2枝新鲜迷迭香叶
1×1千克/2¼磅重的猪里脊，去骨
25克/1盎司黄油 • 6汤匙橄榄油
1瓣蒜，拍碎 • 半颗洋葱，切碎
175毫升/6盎司干白葡萄酒
1汤匙白葡萄酒醋 • 1茶匙第戎芥末
盐和胡椒

迷迭香烧猪肉 BRAISED PORK WITH ROSEMARY

将一半的迷迭香叶片按压到里脊肉上，用棉线将里脊肉整齐地捆好。在一口锅中加热黄油和4汤匙的橄榄油，放入猪肉煎，要不时地翻面，直到将里脊肉煎至金黄色。加入大蒜、洋葱和剩余的迷迭香。然后倒入干白葡萄酒，加热至完全吸收。调味后盖上锅盖，用小火继续加热约1小时30分钟。将里脊肉从锅中取出，让其静置10分钟，解开棉线，切成非常厚的片，放到温热的餐盘中。与此同时，将白葡萄酒醋、剩余的橄榄油、第戎芥末和少许的胡椒放入锅中，混合均匀，倒入汁碗（酱汁碗）内，配切割好的肉一起食用。

迷迭香烧猪肉 ➔

ARROSTO CON LE MELE
供 6 人食用
制备时间：30 分钟
加热烹调时间：1 小时 30 分钟

1 × 1 千克 / 2¼ 磅重的猪里脊，去骨
2 汤匙橄榄油
350 毫升 / 12 盎司红葡萄酒
175 毫升 / 6 盎司蔬菜高汤（见第 249 页）
4 粒丁香
½ 汤匙芥末粉
2 汤匙糖
10 粒黑胡椒粒，拍碎
2 颗青苹果，去皮，去核，切块
盐和胡椒

苹果烤猪肉 ROAST PORK WITH APPLES

将烤箱预热至 200°C/400°F/ 气烤箱刻度 6。用盐和胡椒将里脊肉略微调味，卷紧并用棉线捆好。在一口锅中加热橄榄油，加入里脊肉煎，不时地翻动，直到煎至褐色。与此同时，将红葡萄酒和蔬菜高汤倒入另外一口锅里，加入丁香、芥末粉、糖和黑胡椒碎，用盐调味，加热煮沸。将煎好的猪里脊肉放到一个耐热焗盘内，用盐和胡椒调味，四周摆上苹果。将热的葡萄酒混合液淋到里脊肉上。用锡箔纸盖好，放入烤箱内烤 20 分钟，然后将温度降低至 180°C/350°F/ 气烤箱刻度 4，不时地将汤汁淋到里脊肉上，再继续烤 45 分钟。去掉锡箔纸，将猪肉放回烤箱里烤 15 分钟或者一直烤到里脊成熟。烤好的里脊肉取出，让其静置一会儿。将酱汁过滤到一口锅中，用勺子挤压苹果。大火加热酱汁，直到变得浓稠并呈焦糖色，然后用盐和胡椒调味。解开里脊肉上捆缚的棉线，将肉切成片状。放到温热的餐盘中，淋上热的酱汁即可。

ARROSTO CON LIMONE CARAMELLATO
供 6 人食用
制备时间：25 分钟，另加 2 小时腌制用时
加热烹调时间：2 小时

1 × 1 千克 / 2¼ 磅重的猪里脊，去骨
2 汤匙新鲜的迷迭香叶片，切碎
175 毫升 / 6 盎司干白葡萄酒
50 克 / 2 盎司糖
5 汤匙柠檬汁，过滤
1 汤匙白兰地酒
1 颗柠檬，切片
盐和胡椒

柠檬烤猪肉 ROAST PORK WITH LEMON

顺着里脊纤维的方向，切出几个切口。在每个切口中都塞入一些迷迭香叶片，直到用掉一半迷迭香。将猪里脊放到一个深碗中，倒入干白葡萄酒，加入剩余的迷迭香。让其在阴凉处腌制，时常翻动，需要腌制 2 小时。将烤箱预热至 230°C/450°F/ 气烤箱刻度 8。控净里脊肉上的汤汁，保留好腌肉汁，将里脊肉用棉线整齐地捆好。将肉放到一个烤盘内，放入烤箱里烤 15 分钟，然后将烤箱温度降低至 180°C/350°F/ 气烤箱刻度 4，再继续烤 30 分钟。将保留的腌肉汁淋到里脊肉上，用盐和胡椒调味。再放回烤箱里继续烤约 1 小时以上。与此同时，用柠檬汁和白兰地将糖溶解。将烤盘从烤箱内取出，用一把汤匙撇去表面的油脂。将柠檬混合物淋到猪里脊肉上，再放回烤箱里烤，每隔 10 分钟将汤汁淋到猪里脊肉上，直到酱汁变得浓稠，肉烤至深色并富有光泽。将猪肉取出并静置一会儿，然后解开捆缚的棉线，切成片状。放到温热的餐盘中，周围摆放柠檬片，再将烤肉的汤汁淋到肉上。

柠檬烤猪肉 ➔

BISTECCHE DI FILETTO
供 4 人食用
制备时间：15 分钟
加热烹调时间：10 分钟
4 片猪里脊肉，1 厘米 / ½ 英寸厚
普通面粉，用于淋撒
25 克 /1 盎司黄油
175 克 /6 盎司干白葡萄酒
1 枝新鲜平叶欧芹，切碎
盐

煎猪里脊 PAN-FRIED PORK FILLET

将猪里脊肉裹上面粉，并将多余的面粉抖落掉。在一口锅中加热熔化黄油，加入里脊肉，用大火加热，每面煎 2 分钟。煎的过程中将猪里脊肉翻动几次，然后倒入干白葡萄酒，盖上锅盖后继续加热 5 分钟。打开锅盖，加盐调味，根据需要可以再加热一会儿，直到锅中的汁液变得浓稠。将肉取出，放入温热的餐盘中，将锅中的汁液淋到肉上，并撒上欧芹。将马铃薯制成马铃薯泥或者烤熟，用迷迭香调味后作为配菜。

BOTTAGGIO ALLA MILANESE
供 8 人食用
制备时间：4 小时 20 分钟
加热烹调时间：1 小时 45 分钟
5 汤匙橄榄油
50 克 /2 盎司黄油
1 颗洋葱，切碎
160 克 /5 盎司猪皮
1 个猪蹄，剁碎
1 份牛肉高汤（见第 248 页）
1 千克 /2¼ 磅猪排骨
3 根胡萝卜，切细条
1 根芹菜茎，切碎
1 棵皱叶甘蓝
4 根口味柔和的萨拉米香肠或者意式香肠
盐和胡椒

米兰式香肠炖肉 CASSOEULA

在一口大号的锅中加热橄榄油和黄油，加入洋葱，用小火加热，翻炒 10 分钟。加入猪皮和猪蹄，不停地翻炒，直到全部变成褐色。用盐和胡椒调味，倒入足量的高汤，没过锅中的食材，继续加热，将锅中的高汤㸆至剩余一半的程度。加入排骨，继续加热约 10 分钟，然后加入胡萝卜和芹菜，盖上锅盖后，用小火加热 30 分钟。与此同时，皱叶甘蓝焯水，用冷水过凉，放入锅中，再将锅盖盖上，继续用小火加热 20 分钟，可以根据需要加入更多的高汤。用叉子将萨拉米香肠或者意式香肠的外皮戳破，放入锅中，盖上锅盖后用小火加热 20 分钟。因为加入了猪皮和猪蹄，菜肴会带有一点儿黏性。

BRACIOLE AI MIRTILLI
供 4 人食用
制备时间：15 分钟，另加 10 分钟静置用时
加热烹调时间：30 分钟
4 块肋骨猪排
普通面粉，用于淋撒
25 克 /1 盎司黄油
3 汤匙橄榄油
175 毫升 /6 盎司红葡萄酒
300 克 /11 盎司蓝莓
100 克 /3½ 盎司蜂蜜
盐

蓝莓猪排 PORK CHOPS WITH BLUEBERRIES

将烤箱预热至 200°C/ 400°F/ 气烤箱刻度 6。将猪排裹上面粉。在一口小号的耐热砂锅中加热黄油和橄榄油，加入猪排，不时地翻动，直到变成褐色。倒入红葡萄酒，加热至部分吸收，然后用盐调味。将蓝莓用食物研磨器研磨碎，与蜂蜜在碗中混合均匀。将调制好的蓝莓蜂蜜混合物涂抹到猪排上，然后将砂锅的盖盖上，放入烤箱烘烤 15 分钟。取出后静置 10 分钟即可。

米兰式香肠炖肉 →

BRACIOLE AL CURRY
供 4 人食用
制备时间：15 分钟
加热烹调时间：40 分钟
25 克 /1 盎司黄油 • 2 汤匙橄榄油
4 块肋骨猪排
50 毫升 /2 盎司白兰地
1 茶匙咖喱粉 • 1 汤匙双倍奶油
2 汤匙热的蔬菜高汤（见第 249 页）

咖喱猪排 CURRIED PORK CHOPS

在一口锅中加热黄油和橄榄油，加入猪排，两面煎至褐色。加入白兰地酒，继续加热至全部吸收。将咖喱粉、双倍奶油和蔬菜高汤在碗中混合均匀，加入锅中。盖上锅盖，用小火加热 15～20 分钟。盛入温热的餐盘中即可。

BRACIOLE AL GORGONZOLA
供 4 人食用
制备时间：10 分钟
加热烹调时间：25 分钟
25 克 /1 盎司黄油 • 4 块肋骨猪排
5 汤匙干白葡萄酒
100 克 /3½ 盎司淡味戈贡佐拉奶酪
盐

戈贡佐拉奶酪猪排 PORK CHOPS IN GORGONZOLA

将黄油放入一口平底锅中加热熔化，加入猪排，用大火加热，每面煎 6 分钟。然后盛入温热的餐盘中。待平底锅冷却，然后倒入干白葡萄酒，用小火加热至完全吸收。奶酪碾碎呈颗粒状，放入锅中，用小火加热至熔化。用盐调味，将制作好的酱汁淋到猪排上即可。

BRACIOLE ALLA PANNA
供 4 人食用
制备时间：10 分钟
加热烹调时间：25 分钟
4 块肋骨猪排
25 克 /1 盎司黄油
1 汤匙橄榄油
175 毫升 /6 盎司波特酒
250 毫升 /8 盎司双倍奶油
1 茶匙普通面粉
盐和胡椒

奶油猪排 PORK CHOPS IN CREAM

轻轻敲打猪排。在一口平底锅中加热黄油和橄榄油，加入猪排，每面煎 6 分钟。用盐和胡椒调味，然后从锅中取出，控净油后保温。将波特酒倒入锅中，用小火加热，将锅中煎猪排时残留的沉淀物溶解，并且将锅中的汁液㸆至剩余一半的程度。双倍奶油和面粉混合均匀，拌入锅中，并用盐和胡椒略微调味。继续用小火加热 5 分钟，然后将酱汁淋到猪排上即可。

CARRÉ ALLE PRUGNE
供 6 人食用
制备时间：25 分钟，加上松弛时间
加热烹调时间：1 小时 30 分钟
1 × 1 千克 /2¼ 磅重的猪肘，去掉肘子骨，露出肋骨
150 克 /5 盎司西梅，去核
50 克 /2 盎司黄油
2 汤匙橄榄油
1 颗红葱头，切碎
2 汤匙白兰地
盐和胡椒

西梅猪肘 PORK SHOULDER WITH PRUNES

将烤箱预热至 200℃/400℉/ 气烤箱刻度 6。将猪肘片切开，如同书本一样打开，在接缝处撒上一行西梅。剩余的西梅切碎。猪肘卷起，用棉线穿过肋骨捆好，然后用盐和胡椒调味。将橄榄油和一半黄油在一个烤盘内加热，然后将烤盘从火上端离，放入猪肘，放入烤箱烘烤，不时地将烤盘内的汁液淋到猪肘上，烤约 1 小时 15 分钟。将剩余的黄油放入锅中加热熔化，加入红葱头，用小火加热煸炒 5 分钟。加入切碎的西梅，再继续加热煸炒 5 分钟。倒入白兰地酒并引燃。将烤好的猪肘从烤箱内取出，让其静置一会儿。将烤盘内烤肉汁液表面的油脂撇掉，并将汁液过滤到西梅酱汁中。解开捆缚猪肘的棉线，将猪肉切成片状，配西梅酱汁一起食用。

猪肋排配玉米糊，见第 888 页 →

CARRÉ CON I CARDI
供 4 人食用
制备时间：30 分钟
加热烹调时间：45 分钟

3 粒丁香
1 × 800 克 / 1¾ 磅重的猪肘，去骨
少许干迷迭香
少许干鼠尾草
1 颗洋葱，切碎
6 粒黑胡椒粒
40 克 / 1½ 盎司黄油
2 汤匙橄榄油
175 毫升 / 6 盎司红葡萄酒
50 克 / 2 盎司意式培根，切碎
1 瓣蒜，切碎
200 克 / 7 盎司罐头装番茄
1½ 千克 / 3¾ 磅刺菜蓟，清理后切碎（见第 498 页）
盐

猪肘配刺菜蓟 PORK SHOULDER WITH CARDOONS

将丁香用力按压到猪肘肉中。迷迭香、鼠尾草和少许盐在碗中混合均匀，然后将调制好的香草和盐涂抹到猪肘上，接着用棉线将猪肘捆好。将一半洋葱放入一口酱汁锅中，加入黑胡椒粒、一半的黄油和一半橄榄油，用小火加热。将猪肘放入酱汁锅中，煎至两面都呈褐色。倒入红葡萄酒，煒至剩余一半的量。用盐调味，继续用小火加热。将剩余的黄油和橄榄油在另外一口锅中加热，放入意式培根、大蒜和剩余的洋葱，用小火加热，煸炒 5 分钟。加入番茄和 150 毫升 / ¼ 品脱的沸水，加热至汤汁几乎完全吸收。用加了盐的沸水将刺菜蓟煮约 30 分钟，直到成熟，但是咬起来的时候还有些硬质的程度。捞出控干，加入锅中的酱汁中。将烤好的猪肘从烤盘内取出，解开棉线，切成片状。放到温热的餐盘中，将烤肉的汤汁用勺淋到烤肉上，配刺菜蓟一起食用。

COSTINE CON POLENTA
供 4 人食用
制备时间：1 小时 15 分钟
加热烹调时间：1 小时 15 分钟

50 克 / 2 盎司黄油
1 颗洋葱，切碎
1 瓣蒜
800 克 / 1¾ 磅重的猪肋排
175 毫升 / 6 盎司红葡萄酒
400 克 / 14 盎司罐装番茄
1 个红辣椒，去籽并切碎
6 片新鲜的罗勒叶，切碎
盐和胡椒
玉米糊（见第 367 页），用作配餐

见 887 页

猪肋排配玉米糊 SPARE RIBS WITH POLENTA

在一口锅中加热黄油，加入洋葱和大蒜，用小火加热，煸炒 10 分钟至金黄色。取出大蒜并丢弃不用。将猪肋排放入锅中，倒入红葡萄酒，加热至完全吸收。再加入番茄、红辣椒和罗勒叶，并用盐和胡椒调味。用小火加热 1 小时，且猪肉开始从排骨上脱落。根据需要，可以加入少许热水和红葡萄酒，以防止在加热的过程中干锅。配柔软的玉米糊一起食用。

COSTOLETTE AL BURRO E SALIA
供 4 人食用
制备时间：10 分钟
加热烹调时间：15 分钟

4 块里脊猪排
40 克 / 1½ 盎司黄油
6 片新鲜的鼠尾草
盐和胡椒粉

黄油鼠尾草风味煎猪排 PORK CHOPS IN BUTTER AND SAGE

处理肋骨，猪排用肉锤略微敲打，使其平整。在一口锅中加热黄油，加入鼠尾草，煸炒至呈浅金黄色。加入猪排煎，每面煎 5 分钟，直到煎至完全成熟。用盐和胡椒略微调味。

黄油鼠尾草风味煎猪排 →

COSTOLETTE AL CAVOLO NERO
供 4 人食用
制备时间：40 分钟
加热烹调时间：25 分钟
400 克 /14 盎司托斯卡纳卷心菜，切丝
4 汤匙橄榄油
2 瓣蒜
4 块里脊猪排
175 毫升 /6 盎司红葡萄酒
1 枝新鲜平叶欧芹，切碎
盐和胡椒

猪排配托斯卡纳卷心菜 PORK CHOPS WITH TUSCAN CABBAGE

将卷心菜用加了盐的沸水煮约 30 分钟，然后捞出控干。与此同时，将橄榄油在一口平底锅中加热，放入大蒜，煸炒至呈金黄色，然后将大蒜捞出并丢弃不用。将猪排放入锅中煎，倒入红葡萄酒，用盐和胡椒调味。小火加热至葡萄酒全部吸收。将猪排从锅中取出并保温。卷心菜和欧芹加入锅中，用小火加热，翻炒 10 分钟。将猪排放回锅中，加热几分钟使其热透即可。

COSTOLETTE CON PEPERONI
供 4 人食用
制备时间：15 分钟
加热烹调时间：35 分钟
25 克 /1 盎司黄油
1 汤匙橄榄油
4 块里脊猪排
4 个黄甜椒，切成两半，去籽并切条
1 瓣蒜，拍碎（可选）
盐

猪排配黄甜椒 PORK CHOPS WITH YELLOW PEPPERS

在一口平底锅中加热黄油和橄榄油，放入猪排煎，用盐调味，两面都煎至金黄色。加入黄甜椒，转小火加热，煸炒 15 分钟。如果使用大蒜，在加热一半的时候加入。

CROSTONI DI FILETTO AL FOIE GRAS
供 4 人食用
制备时间：10 分钟
加热烹调时间：15 分钟
80 克 /3 盎司黄油
4 片猪里脊肉
4 片面包片，去边
5 汤匙马尔萨拉白葡萄酒
100 克 /3½ 盎司鹅肝酱
盐和胡椒

猪里脊鹅肝酱烤面包片 CROÛTES WITH PORK FILLET AND PÂTÉ DE FOIE GRAS

将一半黄油放入一口平底锅中加热，放入猪肉煎，每面煎 3 分钟。用盐和胡椒调味，然后将煎好的猪肉从锅中取出并保温。将剩余的黄油在另外一口平底锅中加热，放入面包片煎至两面金黄，用铲子捞出，放到厨房纸上控净油，然后放到温热的餐盘中。将煎好的猪肉片分别放到面包片上。将马尔萨拉白葡萄酒倒入煎猪肉片的锅中，小火加热，用木勺将锅中的沉淀物铲起并溶解。一直加热至汤汁略微减少的程度，在每片猪肉上都涂抹鹅肝酱，将热的马尔萨拉白葡萄酒酱汁淋到上面即可。

猪排配黄甜椒 →

酥皮猪排 PORK EN CROÛTE

在一口锅中加热黄油和橄榄油，加入洋葱，用小火煸炒 10 分钟。加入蘑菇，继续加热煸炒几分钟，然后加入 1 汤匙的柠檬汁、柠檬皮、欧芹和面包糠，混合均匀。用盐和胡椒调味。将锅从火上端离，让其冷却。将烤箱预热至 200°C/400°F/ 气烤箱刻度 6。将肉上的所有油脂都去掉，然后在里脊肉上纵长切出一个较深切口，不要将里脊肉切透。每块里脊肉都朝外像书本一样翻开，用肉锤敲打平整。用盐和胡椒调味，并将剩余的柠檬汁淋到肉上。将一半蘑菇馅料涂抹到肉上，然后将里脊肉合上，并朝下压紧，这样里脊就会形成一个整体的肉块。将酥皮在撒有薄薄一层面粉的工作台面上擀开，比肉块长 5 厘米 /2 英寸，宽 3 倍的方形。将里脊肉放到酥皮的中间位置，在酥皮的外沿涂上一点儿水，向中间的里脊肉覆盖，两侧的酥皮也重复此操作步骤。将酥皮的接缝处捏紧。你可以使用剩余的酥皮，制成各种喜欢的装饰，并涂上蛋液。将包好里脊肉的酥皮放到烤盘内，放入烤箱烘烤 30 分钟。然后将烤箱温度下调为 180°C/350°F/ 气烤箱刻度 4，再继续烘烤 45 分钟。如果酥皮在烘烤的过程中上色太快，可以覆盖锡箔纸，以防止烤焦。将烤好的酥皮猪里脊从烤箱内取出，静置 10 分钟，然后切片状，按照原样放入餐盘中。

FILETTO FARCITO IN CROSTA
供 4 人食用
制备时间：45 分钟，另加 10 分钟静置用时
加热烹调时间：1 小时 35 分钟

25 克 /1 盎司黄油
1 汤匙橄榄油
半颗洋葱，切碎
225 克 /8 盎司蘑菇
1 颗柠檬，挤出柠檬汁，擦取柠檬皮
1 枝新鲜平叶欧芹，切碎
2 个面包卷，去皮，搓成面包糠
1 × 800 克 /1¼ 磅重的猪里脊，切成两半
375 克 /13 盎司成品千层酥皮面团，如果是冷冻的，要提前解冻
普通面粉，用于淋撒
1 颗鸡蛋，打散成蛋液
盐和胡椒

杏子猪肉卷 PORK ROULADES WITH APRICOTS

将杏脯放到一个碗中，加入热水没过杏脯，让其浸泡 10 分钟。猪肉片用肉锤敲打至非常薄的程度。撒上盐和胡椒调味。捞出杏脯，切细末。将杏脯和意式培根放入一口酱汁锅中加热煸炒，直到意式培根变成浅黄色，然后使用盐和胡椒调味。将杏脯混合物均匀涂在猪肉片上，卷起猪肉片，用棉线捆好，或者用一根牙签固定。在一口平底锅中加热橄榄油，烧热之后加入黄油。当黄油加热到不再冒出泡沫时，将捆好的猪肉卷放入锅中煎至褐色。加入白兰地，盖上锅盖并继续加热约 10 分钟，或者一直加热到猪肉完全成熟。去掉棉线或者牙签，上菜时将肉汁淋到猪肉上即可。

INVOLTINI ALLE ALBICOCCHE
供 4 人食用
制备时间：15 分钟，另加 10 分钟浸泡用时
加热烹调时间：30 分钟

100 克 /3½ 盎司杏脯
8 片薄猪里脊肉
100 克 /3½ 盎司意式培根，切条
2 汤匙橄榄油
25 克 /1 盎司黄油
50 毫升 /2 盎司白兰地
盐和胡椒

← 酥皮猪排

猪排配金枪鱼酱汁 LOIN OF PORK WITH TUNA SAUCE

LOMBO TONNATO
供 4 人食用
制备时间：45 分钟，另加冷藏用时
加热烹调时间：1 小时

1 × 800 克 / 1¾ 磅重的猪里脊，去骨
250 毫升 / 8 盎司干白葡萄酒
2 根胡萝卜，切细条
1 根芹菜茎，切碎
1 颗洋葱
1 汤匙黑胡椒粒
1 汤匙橄榄油
盐
1 颗柠檬，切片，用于装饰

用于制作酱汁
3 颗煮熟的鸡蛋
1 汤匙第戎芥末
1 汤匙白葡萄酒醋
175 毫升 / 6 盎司橄榄油
2 汤匙酸豆，捞出控净汁液，漂洗干净并切碎
4 条油浸鳀鱼，捞出控净汁液并切碎
200 克 / 7 盎司油浸金枪鱼，捞出控净汁液并切碎
盐

将猪肉用棉线整齐地捆好，放入一口适当的锅里。倒入干白葡萄酒，加入水，没过猪肉，加入胡萝卜、芹菜、洋葱、少许的盐、黑胡椒粒和橄榄油，加热煮沸，然后转小火加热，盖上锅盖，继续加热 1 小时。将锅从火上端离，让猪肉在锅中冷却。捞出猪肉控净汁液，保留好锅中的蔬菜，将肉放到一个盘内，用保鲜膜盖好，压上重物（例如几罐番茄泥），放入冰箱冷藏。与此同时，制作酱汁。在碗中将蛋黄捣成泥，然后搅入芥末、盐和醋，直到均匀细滑。再逐渐将橄榄油呈细流状搅拌进去。拌入酸豆、鳀鱼和金枪鱼。将保留的蔬菜放入食物料理机内，搅打成蓉泥状，拌入酱汁中。去掉覆盖猪肉的保鲜膜，将猪肉切成薄片，略微重叠着在一个餐盘中摆成同心圆形。将酱汁淋到猪肉上，完全覆盖住猪肉。用柠檬片装饰即可。

杜松子风味猪里脊 LOIN OF PORK WITH JUNIPER

LONZA AL GINEPRO
供 4 人食用
制备时间：20 分钟，另加 2 小时腌制用时
加热烹调时间：1 小时

1 × 800 克 / 1¾ 磅重的猪里脊，去骨
1 颗红葱头，切碎
1 颗洋葱，切碎
10～15 粒杜松子，轻轻压碎
2 片月桂叶
5 汤匙白葡萄酒
5 汤匙橄榄油
100 克 / 3½ 盎司意式培根，切片
盐和胡椒

在猪肉上切出一些小口，将红葱头嵌入这些切口里。将洋葱、杜松子、月桂叶、葡萄酒和一半橄榄油放入一个盆里，并用盐和胡椒调味。将猪肉放入盆内，翻动猪肉，让其均匀裹满调味料，并腌制 2 小时。将烤箱预热至 180°C/ 350°F/ 气烤箱刻度 4。捞出猪肉控净汁液，保留好腌泡汁，用意式培根片包裹住猪肉，并用棉线捆好。将捆好的猪肉与剩余的橄榄油放入一个烤盘内，放入烤箱烘烤。保留的腌泡汁在烘烤的过程中时常淋到猪肉上，烘烤约 1 小时，直到猪肉完全成熟。将猪肉从烤箱内取出，去掉棉线，切片状，放到温热的餐盘中。烤盘内的烤肉汁用勺淋到盘内的猪肉上即可。

培根马铃薯派 BACON AND POTATO PIE

PASTICCIO DI BACON E PATATE
供 4 人食用
制备时间：30 分钟
加热烹调时间：45 分钟
8 片培根，切碎
半颗洋葱，切碎
300 克 / 11 盎司马铃薯，切细条
1 汤匙普通面粉
2 颗鸡蛋
5 汤匙牛奶
40 克 / 1½ 盎司黄油
盐和胡椒

将烤箱预热至 200°C/ 400°F/ 气烤箱刻度 6。培根与洋葱在一个大碗中混合均匀，加入马铃薯，撒入面粉并混合均匀。将鸡蛋与少许盐和胡椒在另外一个碗中打散，拌入牛奶，倒入培根碗中，搅拌至充分混合。在一个烤盘内加热熔化黄油，当黄油变成金黄色之后，将培根混合物倒入烤盘内，表面涂抹平整，并用餐叉刻画出花纹。放入烤箱烘烤约 45 分钟，取出后切成块状，趁热食用。

烤火腿 BAKED HAM

PROSCIUTTO AL FORNO
供 10 人食用
制备时间：30 分钟，另加 20 分钟静置用时
加热烹调时间：3 小时 15 分钟
1 × 3 千克 / 6½ 磅重的生腌火腿
250 毫升 / 8 盎司干白葡萄酒
50 克 / 2 盎司黄油
25 克 / 1 盎司糖
2 汤匙红葡萄酒醋
1 颗紫甘蓝，切丝
4 汤匙红醋栗果胶
2 颗苹果，去皮去核并切碎
海盐
盐和胡椒

将烤箱预热至 240°C/ 475°F/ 气烤箱刻度 9。使用一把锋利的刀，在火腿外皮上切出菱形花刀。将略多的海盐和胡椒在一个小碗中混合均匀，涂抹到火腿上，特别要沿着切口涂抹，这样味道会更容易渗透进火腿中。将火腿放到烤盘内的烤架上，在烤盘内加入葡萄酒和 350 毫升 / 12 盎司水。放入烤箱烘烤 15 分钟，然后将烤箱的温度下调至 150°C/ 300°F/ 气烤箱刻度 2。继续烘烤 3 小时，在烤火腿的中途，将火腿翻面一次。不要将烤盘内的汁液淋到火腿外皮上，因为烤好的火腿应是香酥脆嫩。与此同时，将黄油、175 毫升 / 6 盎司水、糖、醋、盐和胡椒放入一口锅中，加热煮沸。加入紫甘蓝，盖上锅盖，转小火加热 15 分钟。加入红醋栗果胶和苹果，盖上锅盖，再继续加热 40 分钟。根据需要，在加热的最后时间，可以打开锅盖，这样可以将锅中多余的汤汁熗干。当火腿成熟之后，关掉烤箱开关，打开烤箱门，让其在烤箱内静置 20 分钟。将火腿切成片状，放到温热的餐盘中，周围环绕一圈紫甘蓝。将 150 毫升 / ¼ 品脱的温水拌入烤盘内的汁液中，盛入酱汁碗中，配火腿一起食用。

PROSCIUTTO AL MARSALA
供 10 人食用
制备时间：25 分钟，另加 6 小时腌制用时
加热烹调时间：2 小时 30 分钟
1 × 3 千克 /6½ 磅重的布拉格火腿或者其他种类的烟熏火腿
500 毫升 /18 盎司马尔萨拉白葡萄酒
6 汤匙橄榄油 • 80 克 /3 盎司黄油
1 颗洋葱，切丁 • 2 根胡萝卜，切丁
2 根芹菜茎，切丁
1 枝新鲜平叶欧芹，切碎 • 盐和胡椒

用于制作酱汁
200 毫升 /7 盎司热牛肉高汤（见第 248 页）或者热水
1 茶匙玉米淀粉
100 毫升 /3½ 盎司马尔萨拉干白葡萄酒
25 克 /1 盎司黄油

马尔萨拉风味烟熏火腿 SMOKED HAM WITH MARSALA

将火腿的外皮和部分的肥肉切掉，放入一口大小适当的锅中。加入马尔萨拉白葡萄酒，让其腌制 6 小时。将烤箱预热至 180°C/ 350°F/ 气烤箱刻度 4。捞出火腿，控净汁液，保留好腌泡汁，用棉线将火腿整齐地捆好。在一个大的烤盘内加热橄榄油和黄油，加入火腿煎，小心地翻动火腿，直到将火腿煎至浅褐色。加入蔬菜和欧芹，用盐和胡椒调味。放入烤箱烘烤，在烘烤的过程中时常将烤肉时滴落的肉汁和腌泡汁淋到火腿上，烘烤 2 小时。将火腿从烤盘内取出并保温。制作酱汁：将蔬菜和烤火腿的汁液用食物研磨机研磨到一口锅中，加入所有剩余的腌泡汁，加入高汤或者水，加热煮沸，熥至汤汁略微减少。玉米淀粉加入 2 汤匙的冷水，在碗中搅拌呈糊状，再拌入酱汁中，搅拌加热，直到酱汁变得浓稠，然后将锅从火上端离。拌入马尔萨拉干白葡萄酒和黄油。解开捆缚火腿的棉线，将火腿切成较厚的片状，放到温热的餐盘中，淋上酱汁即可。

PROSCIUTTO AL VINO BIANCO
供 4 人食用
制备时间：10 分钟
加热烹调时间：3 小时 15 分钟
黄油，用于涂抹
8 片厚熟火腿
350 毫升 /12 盎司干白葡萄酒
300 克 /11 盎司蘑菇，切片
1 颗小红葱头，切碎
175 毫升 /6 盎司双倍奶油
1 汤匙白波特酒（white port）
盐

白葡萄酒风味火腿 HAM IN WHITE WINE

将烤箱预热至 150°C/ 300°F/ 气烤箱刻度 2。在一口较大的耐热焗盘内涂抹黄油，将火腿放到焗盘内，倒入一半葡萄酒，用锡箔纸盖好，烘烤 3 小时，要确保焗盘内的汤汁不要沸腾。将蘑菇、红葱头和剩余的葡萄酒放入一口锅中，加热煮沸，拌入双倍奶油，继续用小火加热。加入烤火腿时的汤汁，熥至适当的浓稠程度。拌入白波特酒，用盐调味。将火腿片放到温热的餐盘中，淋上酱汁即可。

PUNTINE AL VINO BIANCO
供 4 人食用
制备时间：25 分钟
加热烹调时间：40 分钟
2 汤匙橄榄油
40 克 /1½ 盎司黄油
4 片新鲜的鼠尾草叶
12 块排骨
175 毫升 /6 盎司干白葡萄酒
盐和胡椒

白葡萄酒风味排骨 SPARE RIBS IN WHITE WINE

在一口较大的锅中加热橄榄油、黄油和鼠尾草叶，直到鼠尾草叶变成浅金黄色。加入排骨，用大火加热，煎几分钟。不时地翻动，直到排骨变成均匀的褐色。改用小火继续加热 20 分钟。用盐和胡椒调味，在加热的过程中，要时常将葡萄酒淋到排骨上，持续加热 40 分钟（不要一次性将葡萄酒全部倒入）。将制作好的排骨盛入温热的餐盘中即可。

白葡萄酒风味火腿 →

PUNTINE IN AGRODOLCE
供 6 人食用
制备时间：20 分钟
加热烹调时间：55 分钟
12 块排骨
3 汤匙橄榄油
1 棵青葱，切片
半个菠萝，去皮，去核，切碎
1 个黄甜椒，切成两半，去籽，切成方块
1 个绿甜椒，切成两半，去籽，切成方块
1 个红甜椒，切成两半，去籽，切成方块
2 汤匙糖
盐和胡椒

酸甜排骨 SWEET-AND-SOUR SPARE RIBS

将烤箱预热至 200°C/400°F/ 气烤箱刻度 6。用盐和胡椒腌制排骨，倒入一个烤盘内，放入烤箱烘烤 20 分钟，中途翻动一次。与此同时，预热焗炉，将烤盘放入焗炉里焗 10 分钟。在一口锅中加热橄榄油，加入青葱，用小火加热，煸炒 5 分钟。加入菠萝和甜椒，用小火煸炒约 10 分钟，根据需要，可以加入适量水。撒入糖，用盐和胡椒调味，混合均匀，再用小火加热 10 分钟。加入排骨，继续加热几分钟即可。

SPEZZATINO CON LE PRUGNE
供 6 人食用
制备时间：20 分钟，另加 12 小时浸泡用时
加热烹调时间：20 分钟
300 克 /11 盎司西梅干
500 毫升 /18 盎司波特酒或者马尔萨拉白葡萄酒
500 克 /1 磅 2 盎司猪里脊，切丁
普通面粉，用于淋撒
50 克 /2 盎司黄油
1 颗红葱头，切细末
2 汤匙双倍奶油
盐和胡椒

西梅猪肉块 CHOPPED PORK WITH PRUNES

将西梅放入碗中，加入波特酒或者马尔萨拉白葡萄酒，浸泡一个晚上。将烤箱预热至 180°C/350°F/ 气烤箱刻度 4。捞出西梅，控净汁液，保留好波特酒或者马尔萨拉白葡萄酒。西梅去核，然后放到一个耐热焗盘内，放入烤箱内烘 6 分钟。将猪肉用盐和胡椒调味，略微裹上一些面粉。在一口平底锅中加热熔化黄油，加入猪肉，煎炒 5 分钟。将猪肉从锅中取出并保温。在锅中加入红葱头，用小火加热，煸炒 10 分钟直到变成浅褐色。将保留的波特酒或者马尔萨拉白葡萄酒倒入锅中，加热至完全吸收。将双倍奶油拌入。将猪肉放到温热的餐盘中，淋上酱汁并将西梅摆到猪肉的四周。

SPEZZATINO CON SALSICCIA AFFUMICATA
供 4 人食用
制备时间：25 分钟
加热烹调时间：1 小时 25 分钟
1 颗皱叶甘蓝，将叶片掰下来
200 克 /7 盎司胡萝卜，切片
400 克 /14 盎司去骨猪肉，切大块
400 克 /14 盎司去骨猪肩肉，切大块
2 根意大利烟熏香肠
盐和胡椒

熏香肠炖猪肉 PORK STEW WITH SMOKED SAUSAGES

用加了盐的沸水将皱叶甘蓝叶煮 5 分钟，然后捞出控干，放入一口大号的锅中。加入胡萝卜和所有的猪肉块，用盐和胡椒调味。盖上锅盖，用小火加热 1 小时 15 分钟。将香肠用叉子戳出一些洞，放入锅中，再继续加热 10 分钟。混合均匀之后，盛入温热的餐盘中即可。

酸甜炖猪肉 SWEET-AND-SOUR PORK STEW

将白兰地酒和老抽一起放入盆中混合均匀，加入猪肉，腌制约2小时。与此同时，制作酱汁。将一半黄油和一半橄榄油在一口平底锅中加热，放入所有的蔬菜，炒几分钟。加入5汤匙水和红葡萄酒醋，撒入糖，加入番茄酱，并用盐和胡椒调味。用小火加热约20分钟。将猪肉捞出，控净汤汁。在一口锅中加热剩余的黄油和剩余的橄榄油，加入猪肉，用中火加热，煸炒至呈褐色。将酱汁淋到猪肉上，拌匀之后继续用小火加热30分钟。炖好的猪肉可以配煮熟的米饭一起食用。

SPEZZATINO IN AGRODOLCE
供4人食用
制备时间：25分钟，另加2小时腌制用时
加热烹调时间：55分钟
50毫升/2盎司白兰地
4汤匙老抽
600克/1磅5盎司去骨猪肩肉，切块
50克/2盎司黄油
4汤匙橄榄油
3个绿甜椒，切成两半，去籽，切细末
3个红甜椒，切成两半，去籽，切细末
1颗洋葱，切细末
4根酸黄瓜，控净汁液，切细末
1汤匙红葡萄酒醋
25克/1盎司糖
1汤匙番茄酱
盐和胡椒
煮熟的米饭，用作配餐

豌豆炖猪肉 PORK STEW WITH PEAS

将番茄连同其罐头中的汁液一起放入食物料理机内，搅打成泥蓉状。在一口锅中加热黄油和橄榄油，加入洋葱和大蒜，用小火加热，煸炒5分钟。加入猪肉，继续煸炒，直到猪肉呈褐色，然后用盐和胡椒调味。加入红葡萄酒，加热至完全吸收，然后加入番茄泥和豌豆，再用小火加热约1小时。将炖好的豌豆猪肉盛入温热的餐盘中即可。

SPEZZATINO CON PISELLI
供4人食用
制备时间：25分钟
加热烹调时间：1小时15分钟
200克/7盎司罐装番茄
40克/1½盎司黄油
2汤匙橄榄油
1颗洋葱，切碎
1瓣蒜，切碎
600克/1磅5盎司去骨猪肩肉，切块
175毫升/6盎司红葡萄酒
1千克/2¼磅新鲜豌豆，去壳
盐和胡椒

百香炖猪肉 SPICY PORK STEW

在一口锅中加热黄油，加入猪肉，用中火加热，煎至呈褐色。倒入一半干白葡萄酒，加入小茴香粉和大蒜，并用盐和较多的胡椒调味。混合均匀之后用小火炖30分钟，直到成熟。将剩余的干白葡萄酒和柠檬加入锅中，转中火加热，不时地翻动，直到汤汁变得浓稠。拌入香菜粉即可。

SPEZZATINO SPEZIATO
供6人食用
制备时间：20分钟
加热烹调时间：55分钟
50克/2盎司黄油
1千克/2¼磅去骨猪肩肉，切块
350毫升/12盎司干白葡萄酒
1茶匙小茴香粉
1瓣蒜，切碎
5片柠檬，切碎
2汤匙香菜粉
盐和胡椒

SPIEDINI ALLE PRUGNE
供 4 人食用
制备时间：20 分钟
加热烹调时间：25 分钟
500 克 /1 磅 2 盎司去骨猪里脊，切成24 块
24 颗即食西梅
普通面粉，用于淋撒
25 克 /1 盎司黄油
50 毫升 /2 盎司干白马尔萨拉酒
50 毫升 /2 盎司干白葡萄酒
盐和胡椒

西梅猪肉串 PORK KEBABS WITH PRUNES

将 3 块猪肉与 3 颗西梅交替着穿到 8 根钎子上，然后将穿好的猪肉串裹上面粉。在一口平底锅中加热黄油，加入猪肉串煎，不时地翻动一下，直到将猪肉串煎至褐色。用盐和胡椒调味，倒入马尔萨拉酒，加热至完全吸收。再倒入葡萄酒，转小火加热，盖上锅盖，将锅中的汤汁不时地淋到猪肉串上，加热约 15 分钟即可。

STINCO CON VERDURE
供 4 人食用
制备时间：15 分钟
加热烹调时间：2 小时
2 个猪肘
4 根胡萝卜，切厚片
2 颗大洋葱，切细丝
4 个马铃薯，切成四瓣
1 颗小皱叶甘蓝，切丝
盐和胡椒

蔬菜炖猪肘 PORK HOCK WITH VEGETABLES

将猪肘放入一口大锅中，加入没过猪肘的水，加热煮沸。然后转小火加热，盖上锅盖，炖约 1 小时 30 分钟。用盐和胡椒调味，加入胡萝卜、洋葱和马铃薯，再继续加热 15 分钟。加入皱叶甘蓝，加热至所有的蔬菜成熟，但是吃起来还有一点儿硬即可。

TENERELLE
供 4 人食用
制备时间：45 分钟
加热烹调时间：20～25 分钟
20 克 /¾ 盎司干蘑菇
4 汤匙橄榄油
100 克 /3½ 盎司烟熏意式培根，切丁
1 颗洋葱，切细末
1 根芹菜茎，切细末
1 根胡萝卜，切细末
600 克 /1 磅 5 盎司去骨猪里脊，切末
150 毫升 /¼ 品脱热的牛肉高汤（见第 248 页）
1 瓣蒜
5 汤匙干白葡萄酒
2 汤匙番茄泥
新鲜平叶欧芹，切碎
盐和胡椒

猪肉丸子 PORK TENERELLE

将蘑菇放入碗中，加入沸水没过蘑菇，浸泡 20 分钟，然后捞出控干，并将多余的水分挤出。与此同时，在一口锅中加热 2 汤匙的橄榄油，加入意式培根，用中火加热，煸炒 5 分钟。加入洋葱、芹菜和胡萝卜，混合均匀之后加入猪肉，然后用盐和胡椒调味。继续加热，不停煸炒，直到猪肉变成褐色。根据需要，加热的时候可以添加少许高汤。将锅从火上端离。将剩余的橄榄油和大蒜在另外一口锅中加热，加入蘑菇、葡萄酒和番茄泥，并用盐和胡椒调味，小火煒至剩余一半的程度，然后撒入欧芹。与此同时，将猪肉混合物制成小的肉丸，并轻轻按压呈扁平状。将肉丸放入蘑菇酱汁中，再继续用小火加热几分钟，盛入热的餐盘中即可。

猪肉丸子 ➔

牛 肉

牛肉味道鲜美，营养丰富。它的鲜嫩程度取决于牛饲养的时间，饲养时所喂食的饲料类型，以及悬挂起来使其熟化的时间长短。近年来，有一些意大利牛饲养者已经开始使用牛肉原产地证明——这是一种牛肉身份证明卡，它可以让牛肉的来源变得具有可追溯性，并且可以显示出牛肉的品质。其目的是为消费者提供更多的保障。这种专业认证完全是自愿的，没有法律规定牛的饲养者必须提供这样的信息。时至今日，意大利牛肉与世界上其他著名的优质牛肉已经形成鼎足之势。从 1993、1994 年起，欧盟已经成立了基金会，由此，其成员国可以出口高品质的牛肉，但要经过严格的检验和认证。而只有获得欧盟认可的牛肉才可以使用欧洲高品质牛肉的标志（EQB）。

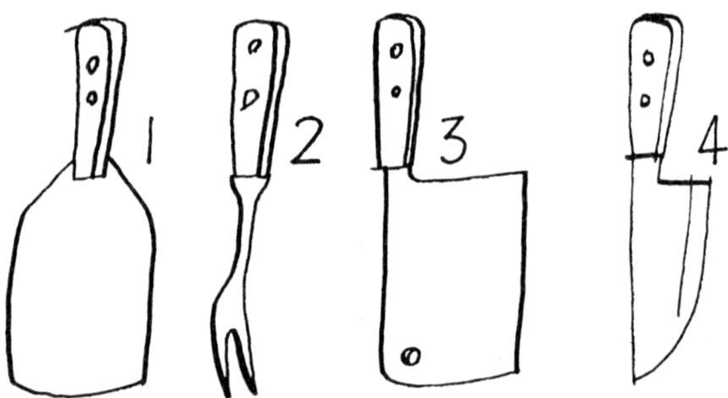

米兰风味煮什锦牛肉，见第 913 页 →

加热烹调方法

➔ 在制备内容的过程中，防止生牛肉的汁液流失是非常重要的。因此，最好是将生牛肉放入一个盘子内，而不要摆放在木菜板上。

➔ 出于同样的理由，最好是在牛肉变成褐色之后再加盐调味。在加热牛肉的过程中，要避免用叉子“戳”肉，用一把漏勺或者金属铲子来翻转牛肉。

➔ 牛肉在加热烹调的过程中，只会流失很少的一部分营养成分。唯一的例外是用盐水炖肉，在这种情况下，牛肉会将其可溶性成分释放到水中（主要是矿物质），从而成就味道鲜美的高汤。

➔ 如果在加热烹调的中途要加入水或者高汤，必须是热的。葡萄酒应顺着锅沿倒入锅中，以防止造成温度快速变化。将黄油拌入肉馅中制作馅料时，要先将黄油熔化。

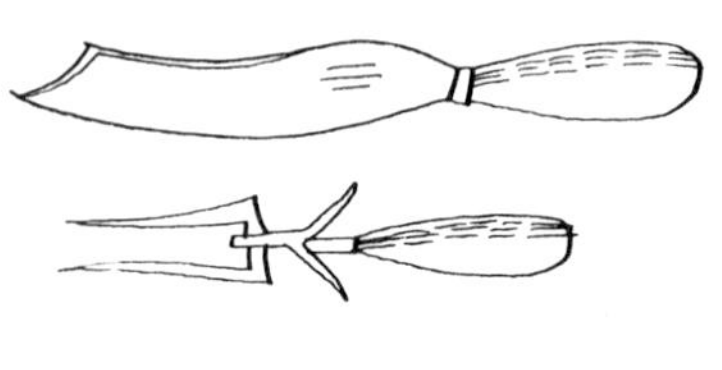

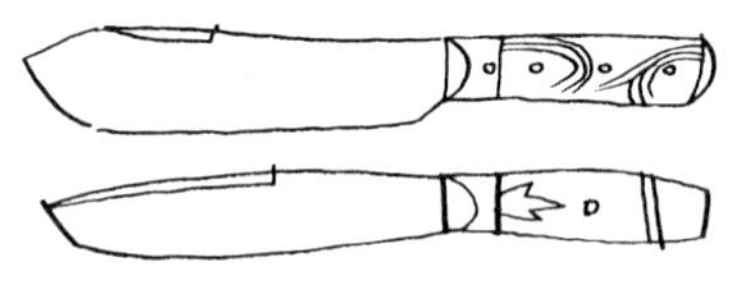

烤牛肉

最好的烤牛肉的技法是叉烤（明火烤）。明火的热量会在牛肉周围形成一层保护层，以帮助牛肉留住其汁液。

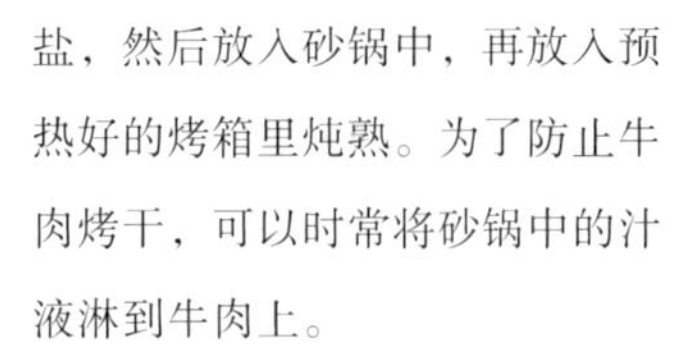

➔ 原锅烤可以在烤箱内烤熟，或者在炉灶上加热成熟。不管在什么情况下，它们都必须先在炉灶上进行加热处理，让牛肉外皮变得焦黄，以保留住其汁液。经过煎制之后，可以加入盐，然后放入砂锅中，再放入预热好的烤箱里炖熟。为了防止牛肉烤干，可以时常将砂锅中的汁液淋到牛肉上。

➔ 中等大小的和大块的牛肉，一起加热效果会很好。这就是为什么我们始终建议，在我们的食谱里，可以用一些细而结实的棉线，把它们整齐地系到一起，这样在肉上就不会留下明显的痕迹。

牛 排

一般来说，牛排是经过熟化之后的大片牛肉（腰肉、里脊、西冷、T 骨、肩肉或者臀肉），重量 120～150 克 /4～5 盎司，需要加上油或者黄油大火快速加热烹调。

煮牛肉

臀尖、腹部肉、胸部肉、颈部肉等，用来煮牛肉时，都是理想的切块肉。需要用大量的盐水加热，并且可以加入各种蔬菜调味，例如芹菜、胡萝卜和洋葱等。

➔ 如果你想制作一份高品质的高汤，可以将肉放入加了少许盐的冷水中，逐渐地将其加热煮沸。

➔ 如果你想制作一份高品质的煮肉，可以将肉放入沸水锅中加热，这样肉中的蛋白质和肌肉纤维就会被密封住，让肉变得鲜嫩而滋润。

➔ 由于制作高汤需要花费较长的时间，要多制备一些，并且要将剩余的高汤放入冰格内。这样你就可以获得随时可以使用的冷冻高汤块了。

焖和炖

最适合焖的牛肉部位是臀尖、肩胛肉、颈肉等。将牛肉煎至褐色之后，加上水或者葡萄酒，然后用小火加热，盖上锅盖，继续加热较长时间。

➔ 在砂锅中，一般会加入几种蔬菜、香草和香料等，例如洋葱、胡萝卜、芹菜和大蒜等。

➔ 炖和焖的烹调技法相类似，后者通常都会添加包括番茄在内的蔬菜，汤汁也非常少。

白汁炖

这是一种炖白汁肉块的烹调技法。将双倍奶油和鸡蛋、柠檬汁混合加入菜肴中，或者将鸡蛋和柠檬汁混合均匀之后，在菜肴快要出锅时加入进去。

煎

对于煎来说，没有比橄榄油更好的油了，其颜色较浅，但温度非常高，可以给所有的食物增添风味。这里有几条需要记住的事项：

➔ 煎有两种主要的方式：煎和炸。

➔ 煎的过程中，当油温进入到所煎食物约一半的厚度时，就要使用漏铲翻面，让其上色并且煎得均匀而彻底。

➔ 炸的过程中，要将食物浸入大量的油中，让食物完全被油所覆盖。

➔ 在煎的过程中，油不可以加热至冒烟的程度。

➔ 要判断油的温度，可以将一块陈面包放入锅中：如果油温是中等热度的话，面包会在40秒之内变成褐色；如果是高温的话，会在30秒之内变成金色；如果是特别热的高温，会在25秒之内就变成金色。

➔ 如果食物需要长时间煎的话，可以使用不粘锅，这样就可以适当地减少一些用油量。

➔ 煎制食物时，必须在煎好之后再撒盐，或者在煎之前用盐略微调味，否则会有一定的风险（例如米兰式小牛肉排），面包糠可能脱落，或者难以形成香酥的脆皮。

➔ 煎炸之后的油，最好不要重复使用。

➔ 蘸上面粉：通常会蘸上一层面粉，并且要将多余的面粉抖落干净。

➔ 上色：先蘸上面粉，然后再裹上咸味的蛋液。

➔ 面包糠：先蘸上面粉，然后再蘸上蛋液，最后再裹上面包糠。

➔ 面糊：面糊是使用面粉和各种各样的液体一起制作而成的。面糊在接触到热油之后会变成固体，从而形成一层脆皮或者让食物变得蓬松。

原锅炖

在这种类型的炖菜中，肉块需夹杂肥肉，煎至表面呈淡褐色，然后加入葡萄酒、高汤或者水让其滋润。所加入的液体随后会用小火加热3～4小时。当菜肴成熟之后，汤汁浓稠而味道浓郁。

意大利式切割和烹调加热牛肉的技法

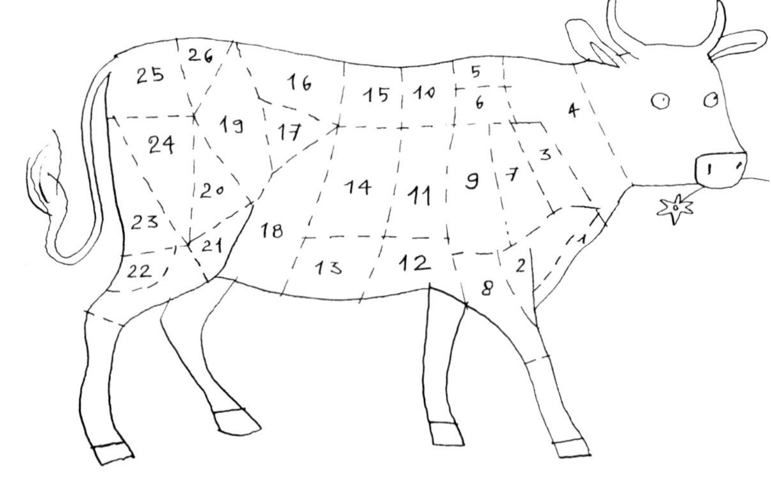

1 菲奥科 fiocco

用于煮。

2 布廖内 brione

用于炖和煮。

3 菲斯洛 fusillo

非常瘦，可以用于炖、煮，制作肉卷和肉排。

4 克洛 collo

用于煮和炖。

5 瑞利 reale

用于煮和焖。

6 比卡斯塔托 biancostato di reale

用于煮。

7 卡佩罗 cappello del prete

这个意大利名字的意思是牧师的帽子，源自其略微呈三角形的造型。非常柔软且呈胶质状，可以用于焖、炖和煮。

8 杰瑞托 geretto

用于煮、焖和炖。

9 佛索尼 fesone di spalla

可以制作成牛排，用于煮、肉卷、肉排和薄肉片。

10 科斯特 coste della croce

用于煮。

11 比卡斯塔托克罗斯 biancostato di croce

用于做汤。

12 潘达 punta di petto

用于煮和炖。

13 苯宝利诺潘达 pancia o bamborino

用于制作汤菜、炖和肉丸。

14 比卡斯塔托喷卡 biancostato di pancia

用于制作高汤和煮。

15 科斯塔塔 costata

16 蓝巴塔 controfiletto（lmobata）

用于制作牛排和佛罗伦萨牛排。

17 菲莱托 filetto

最鲜嫩，也是最美味的块切牛肉。用于烤和铁扒。

18 斯卡里夫 scalfo

用于炖。

19 司卡摩尼 scamone

非常鲜嫩的牛肉部位，可以大块烤。

20 诺斯 noce

非常鲜嫩，可以制作成大片牛肉、牛肉片、牛排和烤肉。

21 斯班耐克诺 spinacino

可以制作成酿馅烤肉。

22 皮斯科 pesce o piccione

用于煮。

23 杰瑞奥 girello

可以制作牛排、大片牛肉、烤、炖和煮，还可以制成生食的生牛肉片。

24 罗萨 rosa

可以制作牛排和牛肉片。

25 克拉斯诺 culaccio o scamone

可以烤、煮、焖和铁扒。

26 柯多妮 codone

可以炖和煮。

英式切割和烹调加热牛肉的技法

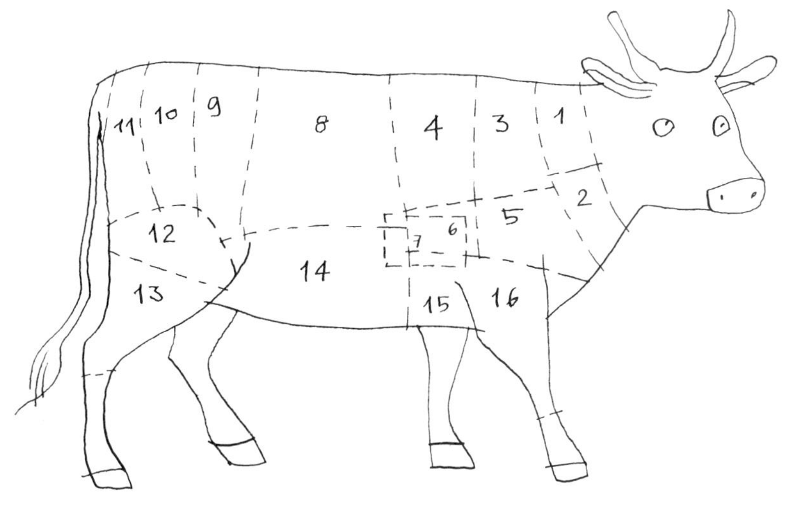

1 颈部肉 neck

用于炖。

2 下颈部肉 clod

用于炖。

3 肩胛肉和上脑肉 chuck and blade

用于焖和炖。

4 前肋排 fore rib

用于烤。

5 肩胛肋部肉 thick rib

用于烤。

6 薄肋排、小肋排 thin rib

用于烤。

7 肋排卷 rolled ribs

用于烤。

8 西冷牛肉 sirloin

用于烤或切成牛排、里脊排。

9 臀部腰肉 rump

用于烤和切成牛排。

10 臀部肉 silverside

用于烤、焖。

11 臀尖肉 topside

用于焖和烤。

12 后腿肉 thick flank

用于原锅炖和焖，或者切片后用小火煎熟。

13 腿肉 leg

用于炖、砂锅。

14 腹部肉 flank

用于炖，以及制成肉馅用于制作馅饼。

15 胸部肉、牛腩 brisket

用于煮、焖、原锅炖，以及制作咸牛肉。

16 腿骨肉、胫骨肉 shin

用于炖、砂锅。

如果你对于挑选哪一个部位的牛肉举棋不定，或者这个列表中没有你所需要的部位，可以询问有信誉的肉商，听取他们的建议。

白兰地葡萄柚风味原锅炖牛肉 POT-ROAST BEEF WITH BRANDY AND GRAPEFRUIT

ARROSTO AL BRANDY E POMPELMO
供 6 人食用
制备时间：20 分钟
加热烹调时间：1 小时 40 分钟
1 × 800 克 / 1¾ 磅臀尖肉
40 克 / 1½ 盎司黄油
3 汤匙橄榄油
175 毫升 / 6 盎司干白葡萄酒
50 毫升 / 2 盎司白兰地
1 个葡萄柚，榨取汁液，过滤
2 个黄色葡萄柚，去皮，掰成瓣状
盐和胡椒

将牛肉用棉线捆好。在一口耐热砂锅中加热黄油和橄榄油，加入牛肉煎，不时地翻动，直到将牛肉煎成褐色。将葡萄酒和白兰地混合均匀，淋到肉块上。加热至汤汁完全熗干，然后用盐和胡椒调味。转小火加热 1 小时 15 分钟，逐渐将葡萄柚汁加入锅中。将锅中的汤汁取出 3～4 汤匙，放入一口锅中，葡萄柚瓣加入这口锅中，用小火慢慢加热并使其受热均匀。将牛肉上面的棉线解开，切成片状，放到温热的餐盘中，周围摆放葡萄柚瓣并淋上肉汁。

奶油原锅炖牛肉 POT-ROAST BEEF IN CREAM

ARROSTO ALLA PANNA
供 6 人食用
制备时间：10 分钟，另加 10 分钟静置用时
加热烹调时间：2 小时 30 分钟
40 克 / 1½ 盎司黄油
2 汤匙橄榄油
1 颗洋葱，切细丝
1 × 800 克 / 1¾ 磅臀尖肉
3 汤匙白葡萄酒醋
200 毫升 / 7 盎司双倍奶油
盐和胡椒

在一个椭圆形的耐热砂锅中加热黄油和橄榄油，加入洋葱，煸炒 10 分钟，直到变成金黄色。将牛肉用棉线捆好，放入砂锅中煎，转大火加热，不时地翻动牛肉，直到将牛肉煎成褐色。用盐和胡椒调味，加入白葡萄酒醋，然后转小火加热，盖上盖，焖约 2 小时，如果中途快要干锅，可以加入少许水。牛肉全部焖熟之后取出，让其在一个温暖的地方静置 10 分钟。将双倍奶油拌入砂锅中的汁液中，加热至变得浓稠。将捆缚牛肉的棉线解开，切成片状，放到温热的餐盘中，淋上酱汁即可。

鳀鱼番茄风味原锅炖牛肉 POT-ROAST BEEF WITH ANCHOVIES AND TOMATO

ARROSTO ALLE ACCIUGHE E POMODORO
供 6 人食用
制备时间：30 分钟，另加 10 分钟静置用时
加热烹调时间：2 小时 30 分钟
4 条盐渍鳀鱼，去掉鱼头，洗净，并剔取鱼肉（见第 694 页），用冷水浸泡 10 分钟后捞出控干
2 汤匙橄榄油
40 克 / 1½ 盎司黄油
1 颗洋葱，切碎
150 克 / 5 盎司意式香肠，去皮切碎
800 克 / 1¾ 磅臀尖肉
普通面粉，用于淋撒
5 汤匙干白葡萄酒
4 颗番茄，去皮后切丁
盐和胡椒

鳀鱼切碎。在一口锅中加热黄油和橄榄油，加入洋葱，用小火加热，煸炒 5 分钟。加入鳀鱼继续煸炒，并用木勺将其碾碎成泥状，然后加入意式香肠。将牛肉用棉线捆好，裹上少许面粉，放入锅中煎。转大火加热，不时地翻动，直到将牛肉全部煎成褐色，然后用盐和胡椒调味。倒入白葡萄酒，加热至完全吸收。加入番茄，盖上锅盖，用小火加热约 2 小时。将牛肉从锅中取出，让其静置 10 分钟。解开捆缚牛肉的棉线，切成片状，配锅中的原汁一起食用即可。

胡萝卜烤牛肉，见第 910 页 →

ARROSTO ALLE CAROTE
供 6 人食用
制备时间：20 分钟
加热烹调时间：2 小时 30 分钟
150 克 /5 盎司意式培根，切碎
3 汤匙橄榄油
1 千克 /2¼ 磅胡萝卜，切片
1 瓣蒜，切碎
1 枝新鲜的百里香，切碎
少许现擦碎的肉豆蔻
1 × 800 克 /1¾ 磅牛腿肉
2 汤匙白兰地
4～5 片芹菜叶
盐和胡椒
见第 909 页

胡萝卜烤牛肉 ROAST BEEF WITH CARROTS

将烤箱预热至 120°C/250°F/ 气烤箱刻度 ½。将 ⅔ 的意式培根铺在一个烤盘内。用酱汁锅加热橄榄油，加入胡萝卜、大蒜和百里香，用中大火加热，翻炒至呈淡褐色。用盐调味，撒入肉豆蔻，然后盛入一个盆内保温。用棉线将牛腿肉捆好，放入锅中煎，不断翻动，直到牛腿肉变成褐色。用盐调味，加入白兰地酒，加热至完全吸收。将牛腿肉放到烤盘内，舀入胡萝卜混合物，将芹菜叶围在边上，剩余的意式培根放到表面。盖上盖后，放入烤箱烘烤 2 小时，至胡萝卜变成焦糖色。将牛腿肉从烤盘内取出，解开棉线，切成片状，用胡椒调味。与蔬菜一起放到温热的餐盘中。

ARROSTO MARINATO
供 6 人食用
制备时间：10 分钟，另加 6 小时腌制用时
加热烹调时间：1 小时 45 分钟
1 × 900 克 /2 磅牛腿肉
2 汤匙橄榄油
50 克 /2 盎司黄油
15 克 /½ 盎司普通面粉
盐

用于制作腌泡汁
200 毫升 /7 盎司橄榄油
1 颗洋葱，切丝
半把混合香草，包括欧芹
6 粒黑胡椒粒

原锅烤牛肉 POT-ROAST MARINATED BEEF

将腌泡汁的所有食材混合在一个盆内，加入牛肉，翻动几次，让牛肉裹均匀腌泡汁，腌制 6 小时。捞出牛肉，控净汤汁，保留好腌泡汁。在一口耐热砂锅中加热橄榄油和一半黄油，加入牛肉煎炒，不断翻动牛肉，直到牛肉完全变成褐色。用盐调味，继续用小火加热 1 小时 30 分钟或者一直加热到牛肉完全成熟。将牛肉从砂锅中取出，静置一会儿。与此同时，将剩余的黄油和面粉混合到一起，制成面糊，拌入汤汁中，继续加热，并不停地搅拌，让汤汁变得浓稠。然后过滤少许腌泡汁到汤汁中。切分牛肉，配酱汁一起食用。

BISTECCHE AI FUNGHI
供 4 人食用
制备时间：10 分钟
加热烹调时间：25 分钟
50 克 /2 盎司黄油
1 颗红葱头，切细末
250 克 /9 盎司蘑菇，切片
5 汤匙干白葡萄酒
1 汤匙番茄泥
3 汤匙橄榄油
4 片厚面包片，去边
4 块牛里脊排
1 枝新鲜平叶欧芹，切碎
盐

蘑菇牛排 STEAK WITH MUSHROOMS

在一口锅中加热熔化一半黄油，加入红葱头，用小火加热，煸炒 5 分钟。加入蘑菇，混合均匀，然后加入葡萄酒，加热至完全吸收。将番茄泥与 3 汤匙的温水搅拌均匀，倒入锅中，略微用盐调味。盖上盖，将汤汁㸆至剩余一半的程度。在一口平底锅中加热橄榄油，放入面包片，煎至两面都呈金黄色。煎好后放在厨房纸上控净油。将剩余的黄油在另外一口平底锅中加热熔化，放入牛排煎，每面煎 2～3 分钟，用盐略微调味。将煎好的牛排分别放到面包片上，淋上蘑菇酱汁，撒上欧芹即可。

蘑菇牛排 →

BISTECCHE ALL'ACETO BALSAMICO
供 4 人食用
制备时间：10 分钟
加热烹调时间：25 分钟
25 克 /1 盎司黄油
2 汤匙橄榄油
4 块肉眼牛排
1 颗红葱头，切碎
2 茶匙香脂醋
1 枝新鲜平叶欧芹，切碎
盐

香脂醋牛排 STEAK IN BALSAMIC VINEGAR

在一口平底锅中加热 20 克 /¾ 盎司黄油和橄榄油。加入肉眼牛排，确定你自己所喜欢的成熟程度，用大火加热，每面煎 2～4 分钟。用盐调味，放入餐盘中并保温。在锅中加入红葱头，用小火加热，煸炒 5 分钟。加入剩余的黄油，煒一会儿，然后拌入香脂醋。将锅从火上端离。牛排上淋酱汁，撒上欧芹即可。

BISTECCHE ALLA PIZZAIOLA
供 4 人食用
制备时间：10 分钟
加热烹调时间：20～25 分钟
2 汤匙橄榄油
25 克 /1 盎司黄油
2 瓣蒜
4 块牛腿排
600 克 /1 磅 5 盎司熟番茄，去皮后切丁
少许干牛至
盐和胡椒

比萨师牛排 STEAK PIZZAIOLA

在一口平底锅中加热橄榄油和黄油，放入大蒜，煸炒至变成褐色，然后取出大蒜丢弃不用。放入牛排，用大火加热，每面煎 1 分钟。用盐和胡椒调味，放入餐盘中保温。在锅中加入番茄和牛至，用小火加热 10 分钟，直至汤汁变得浓稠、软烂。将牛排放回锅中，一直加热到你所希望的成熟程度即可。

BISTECCHE ALLA SENAPE
供 4 人食用
制备时间：10 分钟
加热烹调时间：20 分钟
3 汤匙橄榄油
25 克 /1 盎司黄油
4 块牛腿排
1 汤匙白兰地
200 毫升 /7 盎司双倍奶油
4 汤匙第戎芥末
盐

芥末牛排 STEAK WITH MUSTARD

在一口平底锅中加热橄榄油和黄油，放入牛排，用大火加热，根据你所喜欢的成熟程度，每面煎 2～4 分钟。在牛排的两面都撒上盐，放入餐盘中保温。将白兰地酒倒入锅中，继续加热，用铲子将锅底的沉淀物铲起并溶解，直到液体被完全吸收。拌入双倍奶油，根据需要，用盐调味，加热至酱汁变得浓稠。最后拌入芥末，淋到牛排上即可。

牛肉饼配奶油蘑菇 BEEF PATTIES WITH CREAM AND MUSHROOMS

BISTECCHE TRITATE CON PANNA E FUNGHI

供 4 人食用

制备时间：45 分钟，另加 1 小时的浸泡用时

加热烹调时间：7～8 分钟

50 克 /2 盎司干蘑菇

65 克 /2½ 盎司黄油

1～2 片面包，去边

150～175 毫升 /5～6 盎司牛奶

200 毫升 /7 盎司双倍奶油

500 克 /1 磅 2 盎司瘦牛肉馅

普通面粉，用于淋撒

盐

将蘑菇放入碗中，加入热水没过蘑菇，让其浸泡 1 小时，然后捞出蘑菇并控净水，挤出多余的水分并切碎。在一口锅中加热熔化 40 克 /1½ 盎司黄油，加入蘑菇，用小火加热，煸炒 20～30 分钟。与此同时，将面包撕成小块，放入碗中，加入牛奶，没过面包并浸泡一会儿。当蘑菇炒好之后，用铲子盛入食物研磨器内研磨碎，然后放回锅中。拌入双倍奶油，加热至变得浓稠。将面包捞出，挤出多余的牛奶，在碗中与牛肉馅混合均匀。将牛肉混合物制成圆形，裹上少许面粉，按压成扁平状。剩余的黄油放入一口平底锅中加热，放入牛肉饼，煎 7～8 分钟，不时地翻动。用盐调味，将煎好的牛肉饼放入温热的餐盘中，淋上蘑菇酱汁即可。

皮埃蒙特风味炖牛肉 PIEDMONTESE BOILED MEAT

BOLLITO ALLA PIEMONTESE

供 8 人食用

制备时间：15 分钟

加热烹调时间：5 小时 10 分钟

1 根芹菜茎 • 1 颗洋葱

1 根胡萝卜

1 × 1 千克 /2¼ 磅牛柳（牛里脊）

1 × 1 千克 /2¼ 磅去骨小牛胸肉

半只老母鸡 • 1 个小的牛舌

1 × 1 千克 /2¼ 磅牛头

1 根小的熏猪肉香肠（cotechino sausage）

盐

煮马铃薯和绿酱（见第 93 页），用作配餐

将 5 升 /8¾ 品脱的盐水放入一口大号锅中，与芹菜、洋葱和胡萝卜一起加热煮沸。加入牛肉，然后转中火加热，煮 1 小时。再加入小牛肉、老母鸡和牛舌，煮 2 小时。牛头单独加热制作（见第 1003 页）。与此同时，熏猪肉香肠的外皮用针戳出一些洞，浸入一锅冷水中，加热煮沸，并用小火煮约 2 小时。将锅从火上端离，让熏猪肉香肠在锅中浸泡 10 分钟，然后捞出，控干水分。将各种肉类捞出，放到一个温热的大餐盘中，配煮马铃薯和绿酱一起食用。

米兰风味煮什锦牛肉 MILANESE MIXED BOILED MEAT

BOLLITO MISTO ALLA MILANESE

供 6 人食用

制备时间：45 分钟

加热烹调时间：3 小时

1 颗洋葱

1 根芹菜茎

2 根胡萝卜

1 × 800 克 /1¾ 磅臀尖肉

1 × 500 克 /1 磅 2 盎司去骨小牛胸肉

1 根熏猪肉香肠（可选）

1 × 500 克 /1 磅 2 盎司牛头

绿酱（见第 93 页）和克雷莫纳芥末，用作配餐

见第 903 页

在一口大号酱汁锅中加入半锅水，放入洋葱、芹菜和胡萝卜，加热煮沸。加入牛肉和小牛肉，用小火加热 2 小时。如果使用熏猪肉香肠，需要使用针将其外皮戳出一些洞，放入另外一锅水里，加热煮沸，并用小火煮 2 小时。将牛头放入一口锅中，加入刚好没过牛头的水，加热煮沸，并用小火煮 1 小时 30 分钟，捞出控净汤汁。分别将牛肉、小牛肉和牛头肉切片，放到温热的餐盘中。四周围上熏猪肉香肠片，配绿酱和克雷莫纳芥末一起食用。煮牛肉和小牛肉的汤过滤后，可搭配肉类一起食用。

BRASATO
供 6 人食用
制备时间：4 小时 30 分钟
加热烹调时间：2 小时

1×1 千克/2¼ 磅臀尖肉或者其他非常瘦的切块肉
50 克/2 盎司黄油
3 汤匙橄榄油
1 颗洋葱，切细末
2 根胡萝卜，切细末
1 根芹菜茎，切细末
175 毫升/6 盎司红葡萄酒
1 颗熟透的番茄，去皮后切碎
4 个罐装番茄，切碎
1 汤匙番茄泥
1 份牛肉高汤（见第 248 页）
盐和胡椒

焖牛肉 BRAISED BEEF

用棉线将牛肉捆缚规整。在一口大号的酱汁锅中加热黄油和橄榄油，放入洋葱、胡萝卜和芹菜，用小火加热，煸炒 10 分钟。加入牛肉煎，同时不停翻动，直到将牛肉煎至淡褐色。用盐和胡椒调味。加入红葡萄酒，继续加热至完全吸收，然后加入新鲜的番茄和罐装的番茄。将番茄泥与 5 汤匙的热水在碗中混合均匀，倒入锅中，再继续加热几分钟。加入足量的高汤，没过牛肉一半的高度，加热煮沸，转小火加热，盖上锅盖后焖约 1 小时 30 分钟，其间可以根据需要，添加更多的高汤。将焖好的牛肉取出，去掉捆缚的棉线，切成片状。放到温热的餐盘中，锅中的汤汁过滤，淋到牛肉上。焖好的热牛肉可以配切片铁扒的玉米糕或者玉米糊一起享用。

BRASATO AL BAROLO
供 6 人食用
制备时间：15 分钟，另加 6～7 小时腌制用时
加热烹调时间：1 小时 40 分钟

1×1 千克/2¼ 磅臀尖肉或者其他非常瘦的切块肉
3 汤匙橄榄油
40 克/1½ 盎司黄油
25 克/1 盎司意式熏火腿肥肉部分，切碎
少许可可粉
1 茶匙朗姆酒（可选）
盐

用于制作腌泡汁
1 瓶（750 毫升/1¼ 品脱）巴罗洛葡萄酒
2 根胡萝卜，切片
2 颗洋葱，切丝
1 根芹菜茎，切碎
4 片新鲜的鼠尾草叶
1 枝新鲜的迷迭香
1 片月桂叶
10 粒黑胡椒粒
盐

巴罗洛葡萄酒炖牛肉 BRAISED BEEF WITH BAROLO

用棉线将牛肉捆缚规整。放入一个盆内，倒入葡萄酒，加入胡萝卜、洋葱、芹菜、鼠尾草、迷迭香、月桂叶、黑胡椒粒和少许的盐，腌制 6～7 小时。将腌制好的牛肉取出并控净汤汁，保留好腌泡汁，用厨房纸将牛肉拭干。在一口酱汁锅中加热橄榄油、黄油和意式熏火腿肥肉，加入牛肉，用大火加热，不停翻动，将牛肉煎至呈褐色。用盐调味，将腌泡汁倒入锅中，转小火加热煮沸，盖上锅盖，用小火继续加热 1 小时 30 分钟，直到牛肉成熟。将制作好的牛肉从锅中捞出，解开捆缚的棉线，切成片状，略微重叠着放到温热的餐盘中。将锅中的香草取出并丢弃不用，汤汁和蔬菜一起研磨碎，然后拌入可可粉，加入朗姆酒（如果使用的话）。将制作好的酱汁淋到牛肉上即可。

巴罗洛葡萄酒炖牛肉 →

BUE ALLA STROGONOFF
供 6 人食用
制备时间：20 分钟
加热烹调时间：35 分钟
120 克 /4 盎司黄油
4 颗洋葱，切细丝
120 克 /4 盎司蘑菇，切片
1 颗柠檬，挤出柠檬汁，过滤
20 克 /¾ 盎司普通面粉
250 毫升 /8 盎司双倍奶油
1 茶匙糖
1 汤匙芥末酱
1 汤匙橄榄油
800 克 /1¾ 磅切薄片的西冷牛肉或者腿部牛肉，切细条
盐和胡椒

俄式炒牛肉 BEEF STROGANOFF

在一口锅中加热 100 克 /3½ 盎司黄油，加入洋葱，用小火加热，煸炒 10 分钟，直到洋葱变成金黄色。加入蘑菇和柠檬汁，盖上锅盖，用小火加热，同时要不时地晃动锅，加热 10 分钟。在另外一口锅中加热剩余的黄油，拌入面粉，煸炒 2 分钟，再拌入双倍奶油和糖，继续加热翻炒 7～8 分钟。用盐和胡椒调味，将锅从火上端离，拌入芥末。将条状牛肉切成方块状。在一口平底锅中大火加热橄榄油。加入牛肉，煸炒几分钟至成熟。将炒好的牛肉放入蘑菇和洋葱混合物的锅中，淋上酱汁，盛入温热的餐盘中即可。

BRASATO ALLE CIPOLLE
供 6 人食用
制备时间：30 分钟
加热烹调时间：2 小时
1 × 1 千克 /2¼ 磅臀尖肉或者其他非常瘦的切块肉
25 克 /1 盎司意式培根，切细条
1 千克 /2¼ 磅洋葱，切粗丝
盐和胡椒

洋葱焖牛肉 BRAISED BEEF WITH ONIONS

将牛肉用意式培根包好，然后用棉线捆缚整齐。将洋葱放入一口大号的锅中，放入牛肉，盖上锅盖，用最小火加热 1 小时。然后将肉翻面，用盐和胡椒调味，再盖上锅盖，其间要翻动几次牛肉，加热 1 小时或者直到牛肉成熟。将牛肉从锅中取出，解开捆缚的棉线，切成较厚的片状。切好的牛肉片略微重叠着放到温热的餐盘中，将洋葱酱汁淋到牛肉上。如果你想让酱汁变得更浓郁，可以先将酱汁用食品研磨机研磨。这道菜肴非常适合配软玉米糊一起食用。

CARPACCIO
供 4 人食用
制备时间：25 分钟
400 克 /14 盎司西冷牛肉，切成非常薄的片
1 份蛋黄酱（见第 77 页）
1 汤匙伍斯特沙司
1 汤匙柠檬汁
3 汤匙牛奶
盐和白胡椒

薄切牛肉 CARPACCIO

将牛肉片放入餐盘中。蛋黄酱、伍斯特沙司、柠檬汁和牛奶放入一个碗中混合均匀，用盐和白胡椒调味。将调制好的混合物用勺舀入牛肉片上。这是最原始版本的生牛肉片，由阿里戈·奇普里亚尼发明，在世界著名的威尼斯餐厅里提供给客人，但现在有了很多变化。例如，在蛋黄酱中可以加入少许芥末。牛排可以淋上橄榄油和柠檬汁，用盐和胡椒调味，然后覆盖上一层帕玛森奶酪刨片和松露刨片，或者淋上橄榄油、胡椒粉和柠檬汁的生蘑菇薄片。还有一种更具异国情调的生牛肉片版本，使用橄榄油、柠檬汁、盐和胡椒调制牛肉片，再覆盖上棕榈心片和帕玛森奶酪刨片。

薄切牛肉 ➔

佛罗伦萨风味 T 骨牛排 FLORENTINE T-BONE STEAK

COSTATA ALLA FIORENTINA
供 4 人食用
制备时间：5 分钟
加热烹调时间：10 分钟
2 × 600 克 /1 磅 5 盎司 T 骨牛排
橄榄油，用于淋洒
盐和胡椒

如果想要制作纯正的佛罗伦萨风味 T 骨牛排，应该遵循佛罗伦萨 T 骨牛排学院协会章程中的规定，这些规定是由成立于 1991 年的佛罗伦萨屠宰协会的代表们所共同制定的。200 多年以来，佛罗伦萨牛排指从一头契安尼娜牛身上切割下来的一份 T 骨牛排，并且悬挂 5～6 天的时间（排酸和熟化。——译者注）。T 骨牛排必须是从牛腰肉上切割下来的，带着牛里脊肉和西冷牛肉，中间则是 T 骨。牛排必须有 2～3 厘米 /¾～1¼ 英寸厚，重量在 600～800 克 /1 磅 5 盎司～1¾ 磅。在没有加任何调味料的情况下，炭火加热 5 分钟，最好是使用橡木木炭，其火苗在 20 厘米 /8 英寸左右。牛排在加热的过程中必须用铲子翻动一次，并且只能在加热成熟之后再调味。其肉质应外焦嫩而里略生。上桌时，在温热的餐盘中先淋上一些橄榄油，再将调好味的牛排放到上面。

咸味 T 骨牛排配酱汁 SALTED T-BONE STEAK IN SAUCE

COSTATA DI BUE AL SALE CON SALSA
供 6 人食用
制备时间：15 分钟
加热烹调时间：40 分钟
1 × 2½ 千克 /5½ 磅 T 骨牛排
80 克 /3 盎司黄油
盐和胡椒

用于制作酱汁
40 克 /1½ 盎司黄油
2 汤匙橄榄油
6 颗红葱头，切碎
5 汤匙干白葡萄酒
2 个蛋黄
1 汤匙新鲜平叶欧芹，切碎
1 汤匙白葡萄酒醋
盐和胡椒

将烤箱预热至 200℃/400℉/ 气烤箱刻度 6。在牛排上涂抹一半黄油，并用盐和胡椒调味。将剩余的一半黄油涂抹到一口平底锅中，用中高火加热，放入牛排，每面煎 2 分钟。将平底锅直接放入烤箱内，烘烤 15～20 分钟，直到牛排成熟（如果平底锅是木柄锅把，可以用锡箔纸将木柄锅把覆盖）。将制作好的牛排放入温热的餐盘中，用锡箔纸覆盖，让其静置 10 分钟后再切割。与此同时，制备酱汁。在一口锅中加热黄油和橄榄油，放入红葱头，用小火加热，煸炒 5 分钟。加入葡萄酒，加热至完全吸收，然后用盐和胡椒调味。将锅从火上端离，拌入蛋黄，一次一个，搅拌均匀。加入欧芹和白葡萄酒醋。再将锅放回火上加热几分钟，但是不要将酱汁煮沸。将牛排切成相对厚一些的片，配酱汁一起食用。

佛罗伦萨风味 T 骨牛排 ➔

FILETTO IN CROSTA AL PÂTÉ
供 6 人食用
制备时间：35 分钟，另加 5 分钟的静置用时
加热烹调时间：20 分钟
橄榄油，用于涂刷
1 × 1 千克 /2¼ 磅牛排
100 克 /3½ 盎司意式培根，切片
250 克 /9 盎司成品千层酥皮面团，如果是冷冻的，需要提前解冻
普通面粉，用于淋撒
100 克 /3½ 盎司松露酱
1 个蛋黄
1 汤匙牛奶

威灵顿牛排 BEEF WELLINGTON

将烤箱预热至 220°C/ 425°F/ 气烤箱刻度 7。在一个椭圆形的耐热焗盘内刷橄榄油。用意式培根片将牛排包裹好，并用棉线捆缚整齐，然后放入准备好的焗盘内。盖上盖后，放入烤箱烘烤 10 分钟，然后从烤箱内取出，让其稍微冷却。将烤箱炉温调整到 200°C/ 400°F/ 气烤箱刻度 6。与此同时，在撒有薄薄一层面粉的工作台面上，将酥皮面团擀开。解开牛排棉线，去掉意式培根。将松露酱仔细涂抹到整块牛排上，然后将牛排放到酥皮面团上，用酥皮面团将牛排包裹好并密封住，边缘部分卷起捏紧。在碗中将蛋黄和牛奶一起搅打均匀，涂刷到酥皮面团上。在酥皮上戳出两个小洞，以便让蒸汽在烘烤的过程中能够逸出。将包好酥皮的牛排放到烤盘内，放入烤箱中烘烤 20 分钟，至呈金黄色。取出后先静置 5 分钟，然后再切成片状，放到温热的餐盘中。

FONDUE BOURGUIGNONNE
供 4 人食用
制备时间：15 分钟
加热烹调时间：10 分钟
800 克 /1¾ 磅瘦的嫩牛肉
各种酱汁（见制作方法）
500 毫升 /18 盎司橄榄油
盐

勃艮第风味牛肉火锅 FONDUE BOURGUIGNONNE

将牛肉切成丁状，放入餐盘中。各种酱汁分别盛入小碗中。火锅放到餐桌上，锅中放入橄榄油和少许的盐，点燃加热器。每位客人用火锅叉叉一块牛肉，根据自己的口味需要在橄榄油中将牛肉加热到合适的成熟程度。然后蘸喜欢的酱汁食用。可以根据不同的特点和风味提供各种不同种类的酱汁。这些酱汁可以是热的、辣的或冷的等，例如蛋黄酱、咖喱酱、鞑靼酱、蒜泥蛋黄酱、热奶油酱汁、芥末酱汁等（见酱汁章节中的内容，第 52～107 页）。

火腿汉堡排 HAMBURGERS WITH HAM

将牛肉和火腿在碗中混合均匀，拌入蛋黄和欧芹，并加入一点儿胡椒调味。将调制好的牛肉馅分成4份，塑成圆形，轻轻按压呈扁平状。在一口平底锅中加热橄榄油，放入汉堡肉饼，用中大火加热，两面分别煎3分钟，直到表面呈褐色，但内部是半熟的程度。用盐调味即可。

HAMBURGER CON PROSCIUTTO
供4人食用
制备时间：25分钟
加热烹调时间：6分钟
400克/14盎司瘦牛肉，切碎
50克/2盎司烟熏熟火腿，切碎
4个蛋黄，打散
1枝新鲜平叶欧芹，切碎
2汤匙橄榄油
盐和胡椒

牛肉菠菜卷 BEEF AND SPINACH ROULADES

加热制作菠菜：将洗净之后的菠菜直接加热煸炒约5分钟，直到变软，然后取出并控净汤汁，要尽可能地将菠菜中的汁液挤出。在一口平底锅中加热熔化一半黄油，放入菠菜，用小火加热，翻炒5分钟。将牛肉片展开，用肉锤敲打成非常薄且厚度均匀的大片，各放一片奶酪，将⅔用量的胡萝卜和⅔用量的菠菜放到牛肉片上。卷起并用棉线捆好。在一口平底锅中加热橄榄油和剩余的黄油，放入牛肉卷，煎至呈浅褐色。加入葡萄酒，加热至全部吸收，然后加入红葱头和番茄，并用盐和胡椒调味。盖上锅盖，用小火加热20分钟。将剩余的胡萝卜加入锅中，继续加热5分钟。然后将剩余的菠菜放入锅中，再加热5分钟。解开捆缚肉卷的棉线，配锅中的原汁食用即可。

INVOLTINI AGLI SPINACI
供4人食用
制备时间：40分钟
加热烹调时间：45分钟
400克/14盎司菠菜
50克/2盎司黄油
8片薄的瘦牛肉片
8片薄的格吕耶尔奶酪
3根胡萝卜，切碎
1汤匙橄榄油
5汤匙干白葡萄酒
2颗红葱头，切碎
1颗番茄，去皮后切丁
盐和胡椒

INVOLTINI CON BRESAOLA
供 4 人食用
制备时间：20 分钟
加热烹调时间：40 分钟
400 克 /14 盎司瘦牛肉，切成 4 片
8 片意大利风干牛肉
普通面粉，用于淋撒
40 克 /1½ 盎司黄油
175 毫升 /6 盎司干白葡萄酒
150 毫升 /¼ 品脱牛肉高汤（见第 248 页）
4 汤匙双倍奶油
8 粒杜松子
盐

布雷索拉牛肉卷 BEEF AND BRESAOLA ROULADES

将牛肉片用肉锤敲打成非常薄且厚度均匀的片状，每片牛肉上放 2 片风干牛肉。卷起并用棉线捆好，裹上面粉。在一口平底锅中加热黄油，放入牛肉卷，翻动并煎至全部呈褐色。加入葡萄酒，加热至全部吸收，然后再加入牛肉高汤，盖上锅盖，用小火加热 15 分钟。加入双倍奶油和杜松子，加热至汤汁变得浓稠。根据需要，可以用盐调味。去掉捆缚肉卷的棉线，将制作好的肉卷放到温热的餐盘中，淋上锅中的酱汁即可。

INVOLTINI GUSTOSI
供 4 人食用
制备时间：20 分钟
加热烹调时间：25 分钟
100 克 /3½ 盎司萨拉米香肠，切碎
6 片新鲜的罗勒叶，切碎
半瓣蒜，切碎
25 克 /1 盎司黄油，软化
8 片瘦牛肉
3 汤匙橄榄油
1 枝新鲜的迷迭香
半颗洋葱，切碎
盐和胡椒

美味牛肉卷 TASTY ROULADES

将萨拉米、罗勒、大蒜和黄油在碗中混合均匀。将混合均匀的食材涂抹到牛肉片上，撒上盐和胡椒调味，卷起并用棉线捆好。在一口平底锅中加热橄榄油，放入迷迭香、洋葱和牛肉卷，不停翻动牛肉卷，直至将牛肉卷煎至褐色。转小火加热，盖上锅盖，继续加热 15 分钟。取出后去掉棉线即可。

LESSO CASALINGO
供 6 人食用
制备时间：10 分钟，另加 10 分钟的静置用时
加热烹调时间：2 小时 30 分钟
1 千克 /2¼ 磅牛肉，或者 500 克 /1 磅 2 盎司牛肉和 500 克 /1 磅 2 盎司小牛肉
1 颗洋葱
1 根芹菜茎
1 根胡萝卜
盐

简易水煮牛肉 SIMPLE POACHED BEEF

最适合用来煮的是牛肩胛肉和牛肩肉，或者牛胸肉。当然你也可以加入小牛胸肉。尽管这是一道制作方式非常简单的家常食谱，但食谱中需要使用一块相当大的瘦肉块。要确保将肉煮得滋味鲜美，一定要将牛肉放入煮过 20 分钟蔬菜的沸水里。用盐调味后继续用小火煮约 2 小时。然后将牛肉从锅中取出，让其静置 10 分钟，再切成片状，放到温热的餐盘中。如果你喜欢，可以配绿酱（见第 93 页）和煮马铃薯一起食用。将锅中的汤汁过滤，煮开后配牛肉一起食用，或者用来制作意大利调味饭，也可以用来制作面花汤（见第 282 页）。

简易水煮牛肉沙拉 SIMPLE POACHED BEEF SALAD

让煮好的牛肉冷却，然后切碎。将切碎的牛肉放入沙拉碗中，撒上青葱和欧芹，再放入酸豆和酸黄瓜。将橄榄油、醋、芥末和少许的盐在碗中混合均匀。将调制好的酱汁倒入沙拉碗中，轻轻拌匀，放到一边静置1小时，让其风味融合到一起。将鸡蛋去壳，切块或者切片。用鸡蛋装饰沙拉，将1粒青胡椒粒放到每个蛋黄的中间。你也可以使用剩余的熟牛肉制作沙拉。

LESSO IN INSALATA

供4人食用

制备时间：3小时15分钟，另加1小时静置用时

500克/1磅2盎司煮熟的牛肉（见上页）• 1棵青葱，切细末 • 1枝新鲜平叶欧芹，切碎 • 2汤匙酸豆，捞出控净汁液并漂洗干净 • 5根酸黄瓜，捞出控净汁液后切片 • 100毫升/3½盎司橄榄油 • 3汤匙红葡萄酒醋 • 1汤匙第戎芥末 • 盐 • 2颗鸡蛋，煮熟 绿胡椒粒，用于装饰

迷迭香简易水煮牛肉 SIMPLE POACHED BEEF WITH ROSEMARY

在一口锅中加热橄榄油，加入牛肉，加热几分钟。将大蒜和迷迭香切碎放入碗中，拌入醋后淋到肉上。盖上锅盖，用小火加热5～10分钟，用盐调味。盛入温热的餐盘中，配煮马铃薯或者煮甜菜食用。

LESSO INSAPORITO AL ROSMARINO

供4人食用

制备时间：10分钟

加热烹调时间：15分钟

2汤匙橄榄油

4片剩余的煮牛肉（见上页）

1瓣蒜 • 1枝新鲜的迷迭香

5汤匙白葡萄酒醋 • 盐

煮马铃薯或者煮甜菜，用作配餐

鼠尾草风味牛排 STEAK WITH SAGE

将西冷牛排裹上薄薄的一层面粉。黄油放入一口平底锅中加热熔化，放入牛排，煎至两面金黄。加入鼠尾草，继续加热几分钟，用盐调味。煮熟的马铃薯用几汤匙的橄榄油和少许的胡椒煸香，可以作为配菜食用。

LOMBATE ALLA SALVIA

供4人食用

制备时间：10分钟

加热烹调时间：10分钟

4块西冷牛排

普通面粉，用于淋撒

25克/1盎司黄油

4片新鲜的鼠尾草叶

盐

白葡萄酒风味牛排 STEAK IN WHITE WINE

在一口平底锅中加热黄油，放入西冷牛排，煎至两面都呈淡褐色。盛入餐盘中并保温。将洋葱和胡萝卜加入锅中，用小火加热，煸炒5分钟。将牛排放回锅中，加入白葡萄酒，加热至全部吸收，然后加入番茄糊，并用盐和胡椒调味。盖上锅盖，用小火加热15分钟。关掉火源，带盖静置几分钟。配白芜菁一起食用。

LOMBATE AL VINO BIANCO

供4人食用

制备时间：15分钟

加热烹调时间：30分钟

40克/1½盎司黄油

4块西冷牛排

2颗洋葱，切细丝

2根胡萝卜，切细条

175毫升/6盎司干白葡萄酒

2汤匙番茄糊

盐和胡椒

白芜菁，用作配餐

POLPETTE AL BRANDY
供 4 人食用
制备时间：40 分钟
加热烹调时间：30 分钟
400 克 /14 盎司瘦牛肉馅
50 克 /2 盎司熟火腿，切碎
2 个蛋黄
50 克 /2 盎司现擦碎的帕玛森奶酪
1 枝新鲜平叶欧芹，切碎
3～4 汤匙白汁（见第 58 页）
普通面粉，用于淋撒
50 克 /2 盎司黄油
1 汤匙橄榄油
1 颗小洋葱，切碎
1 汤匙白兰地
盐和胡椒

白兰地牛肉丸 MEATBALLS IN BRANDY

将牛肉馅、火腿、蛋黄、帕玛森奶酪、欧芹和白汁在一个盆内搅拌均匀，加上盐和胡椒调味。将调制好的牛肉馅混合物制成肉丸，裹上面粉。在一口锅中加热黄油和橄榄油，放入洋葱，用小火加热，煸炒 5 分钟。然后转大火加热，放入肉丸，每面煎 1 分钟。然后转小火加热，煎约 15 分钟。将煎熟的肉丸盛入餐盘中并保温。将 2～3 汤匙热水和白兰地酒倒入锅中，加热至变得浓稠。将锅从火上端离，淋到肉丸上，立刻上桌。

POLPETTE ALLE ACCIUGHE
供 4 人食用
制备时间：30 分钟
加热烹调时间：12 分钟
2 个面包卷，去皮
150 毫升 /¼ 品脱牛奶
1 枝新鲜平叶欧芹，切细末
1 瓣蒜，切细末
2 罐油浸鳀鱼，捞出控净汤汁，切碎
400 克 /14 盎司瘦牛肉馅 • 1 个蛋黄
2 汤匙现擦碎的帕玛森奶酪
50 克 /2 盎司细面包糠
橄榄油，用于涂刷 • 盐和胡椒
黄油炒菠菜，用作配餐

鳀鱼牛肉丸 MEATBALLS WITH ANCHOVIES

将面包撕成小块，放入碗中，加入牛奶，让其浸泡 10 分钟，然后捞出并挤净牛奶。将欧芹、大蒜、鳀鱼和牛肉馅放入盆中混合均匀，拌入蛋黄、浸泡好的面包和帕玛森奶酪，并用盐和胡椒调味。将肉馅制成 8～10 个肉丸，略微按压呈扁平状。在一个浅盘内撒入面包糠，让牛肉丸在面包糠中滚过，裹均匀面包糠。在一口平底锅中刷少许橄榄油，放入肉丸，用大火加热，两面分别煎 1 分钟。然后转小火加热 10 分钟。煎好的肉饼配黄油炒菠菜一起食用。

POLPETTE ALLE PATATE
供 4 人食用
制备时间：50 分钟
加热烹调时间：20 分钟
2 个马铃薯，煮熟并控干水分
300 克 /11 盎司瘦牛肉，切细末
2 片意式肉肠，切细末
1 颗鸡蛋，打散
1 汤匙现擦碎的帕玛森奶酪
1 枝新鲜平叶欧芹，切碎
50 克 /2 盎司面包糠
2 汤匙橄榄油
盐和胡椒

马铃薯牛肉丸 MEATBALLS WITH POTATO

趁热将马铃薯在碗中捣成泥，与牛肉、意式肉肠和鸡蛋混合均匀。拌入帕玛森奶酪和欧芹，并用盐和胡椒调味。将肉馅制成 8 个肉丸。面包糠撒入一个浅盘内，将肉丸在面包糠中滚过，裹均匀面包糠。在一口平底锅中加热橄榄油，加入肉丸，煎至金黄色并完全成熟。放在厨房纸上控净油即可。

马铃薯牛肉丸 →

POLPETTE AL LIMONE
供 4 人食用
制备时间：40 分钟
加热烹调时间：25 分钟
400 克 /14 盎司瘦牛肉馅
50 克 /2 盎司现擦碎的帕玛森奶酪
4 汤匙白汁（见第 58 页）
少许伍斯特沙司
40 克 /1½ 盎司黄油
4 汤匙双倍奶油
半颗柠檬，挤出柠檬汁，过滤
1 茶匙面包糠
盐

柠檬牛肉丸 MEATBALLS IN LEMON

将牛肉、帕玛森奶酪、白汁和伍斯特沙司放入盆中混合均匀，并用盐调味。将调制好的牛肉馅制成 8 个丸子，然后略微按压呈扁平状。在一口锅中加热熔化黄油，当黄油加热到金黄色时，放入肉丸。用中火加热，煎约 15 分钟。盛入餐盘中并保温。将双倍奶油倒入锅中，加入柠檬汁和面包糠，翻炒至变得浓稠。将酱汁淋到肉丸上即可。

POLPETTE CON SPINACI
供 4 人食用
制备时间：45 分钟
加热烹调时间：25～30 分钟
250 克 /9 盎司菠菜
250 克 /9 盎司瘦牛肉馅
120 毫升 /4 盎司白汁（见第 58 页）
25 克 /1 盎司现擦碎的帕玛森奶酪
1 颗鸡蛋，略微打散
普通面粉，用于淋撒
25 克 /1 盎司黄油
2 汤匙橄榄油
盐

菠菜牛肉丸 MEATBALLS WITH SPINACH

加热菠菜，仅利用洗净菠菜后叶片上所残留的水分，在锅中翻炒 5 分钟，然后取出控净汁液，将菠菜汤汁尽可能地挤出后切碎。将菠菜、牛肉、白汁、帕玛森奶酪和鸡蛋放入盆中混合均匀，用盐调味，制成 8 个丸子，裹上面粉。在一口平底锅中加热黄油和橄榄油，放入肉丸，煎至呈褐色并完全成熟。用铲子盛出，放在厨房纸上控净油即可。

POLPETTE SAPORITE
供 4 人食用
制备时间：25 分钟
加热烹调时间：25～30 分钟
65 克 /2½ 盎司黄油
1 颗大洋葱，切丝
400 克 /14 盎司瘦牛肉
2 个蛋黄
盐和胡椒

美味洋葱牛肉丸 MEATBALLS WITH A TASTY ONION GARNISH

将一半黄油放入锅中加热熔化，放入洋葱，用小火加热，煸炒 10 分钟，然后用盐调味。将一半洋葱、牛肉和蛋黄放入盆中混合均匀，用盐和胡椒调味。制成 8 个丸子。将剩余的黄油放入一口平底锅中加热，放入丸子，用大火加热，不时地翻动，煎至呈褐色并且完全成熟。盛入一个餐盘中，将锅中的汤汁用勺淋到肉丸上，并用剩余的洋葱装饰。

烤牛肉 ROAST BEEF

将烤箱预热至200°C/400°F/气烤箱刻度6。在一个烤盘内加入黄油和1汤匙的橄榄油。用棉线将牛肉捆好，涂上剩余的橄榄油，放入烤盘内，用大火加热，不时地翻动，直到牛肉煎成褐色。用盐和胡椒调味，盖好后放入烤箱内，根据个人所喜欢的成熟程度，烘烤30分钟或者更长的时间。可以通过在肉上插入一根钎子的方法来测试烤牛里脊的成熟程度。如果流出的汤汁是红色的，就是三成熟；如果是粉红色的，是半熟；而如果没有汤汁流出，就是全熟。将烤好的牛里脊从烤盘内取出，解开棉线并进行切割之前，先静置5分钟。烤盘用小火加热并拌入150毫升/¼品脱沸水，将烤盘内底部的沉淀物铲起加热溶解，如果烤盘内的肉汁太稀薄，可以拌入一小块蘸过面粉的黄油，加热至变得浓稠。将制作好的酱汁盛入酱汁碗中，配烤牛里脊一起食用。

ROAST-BEEF
供6人食用
制备时间：10分钟，另加5分钟静置用时
加热烹调时间：45～60分钟
40克/1½盎司黄油，切小块，多备一些，用于肉汁（可选）
2汤匙橄榄油
1×1千克/2¼磅牛里脊
普通面粉，制作肉汁（可选）
盐和胡椒

栗子烤牛肉 ROAST BEEF WITH CHESTNUTS

将烤箱预热至200°C/400°F/气烤箱刻度6。用棉线将牛肉捆好。在烤盘内加热黄油和橄榄油，将捆好的牛肉放入烤盘内，不时地翻动，直到牛肉变成褐色。用盐和胡椒调味，加入芹菜、洋葱、胡萝卜和迷迭香，继续加热煸炒10分钟。倒入葡萄酒，加热至完全吸收。用锡箔纸覆盖，根据个人喜欢的牛肉成熟程度，放入烤箱烘烤30～40分钟。烘烤30分钟之后，牛肉约三成熟；40分钟之后约半熟。与此同时，用沸水将栗子煮熟，然后捞出控干，用网筛压到一个碗中。将烤好的牛肉从烤盘内取出，让其先静置约10分钟，然后解开棉线并切割。烤盘用小火加热，拌入双倍奶油和栗子蓉，翻炒至略微浓稠。将酱汁盛入酱汁碗中，配烤牛肉一起食用。

ROAST-BEEF CON LE CASTAGNE
供6人食用
制备时间：15分钟，另加6小时浸泡用时和10分钟静置用时
加热烹调时间：1小时～1小时15分钟
1×1千克/2¼磅牛里脊
25克/1盎司黄油
1汤匙橄榄油
1根芹菜茎，切碎
1颗洋葱，切碎
1根胡萝卜，切碎
1枝新鲜的迷迭香，切碎
5汤匙干白葡萄酒
100克/3½盎司干栗子肉，用温水浸泡6小时后捞出控干
3汤匙双倍奶油
盐和胡椒
见第928页

芝麻菜速烤牛肉 RAPID ROAST WITH ROCKET

将烤箱预热至240°C/475°F/气烤箱刻度9。牛肉放入一个耐热焗盘内，用芝麻菜完全覆盖。淋上橄榄油，并用盐和胡椒调味。放入烤箱烘烤约1分钟。可以使用红菊苣代替芝麻菜，但是其苦味会略微重一些。

'SCOTTATA' ALLA RUCOLA
供6人食用
制备时间：15分钟
加热烹调时间：1分钟
600克/1磅5盎司牛里脊，切薄片
100克/3½盎司芝麻菜，切碎
橄榄油，用于淋洒
盐和胡椒

炖牛肉 BEEF STEW

SPEZZATINO DI MANZO
供 4 人食用
制备时间：20 分钟
加热烹调时间：1 小时 25 分钟
2 汤匙橄榄油
25 克 /1 盎司黄油
半颗洋葱，切碎
1 根芹菜茎，切碎
1 根胡萝卜，切碎
600 克 /1 磅 5 盎司瘦牛排肉，切块
5 汤匙干白葡萄酒
2 颗番茄，去皮后切丁，或者使用
2～3 听罐装番茄
盐和胡椒

在一口锅中加热橄榄油和黄油，放入洋葱、芹菜和胡萝卜，用小火加热，煸炒 10 分钟。加入牛肉，继续加热煸炒，直到牛肉变成褐色。倒入葡萄酒，加热至完全吸收，然后用盐和胡椒调味。将番茄放入食物料理机内，搅打成蓉泥状，然后加入锅中，再加入 150 毫升 /¼ 品脱的热水。盖上锅盖，用小火加热，不时地翻动，需要炖约 1 小时。

咖啡炖牛肉 BEEF STEW WITH COFFEE

SPEZZATINO AL CAFFÉ
供 4 人食用
制备时间：20 分钟
加热烹调时间：1 小时 30 分钟
2 汤匙橄榄油
600 克 /1 磅 5 盎司瘦牛肉，切块
2 颗洋葱，切细丝
1 瓣大蒜，切碎
2 个绿甜椒，切成两半，去籽后切成块
25 克 /1 盎司普通面粉
5 汤匙干白葡萄酒
5 汤匙煮好的咖啡
盐和胡椒

这是一道巴西风味菜肴。将橄榄油放入一口锅中加热，放入牛肉，煸炒至呈褐色。用铲子将肉取出，盛入一个盘内并保温。将洋葱、大蒜和甜椒加入锅中，用小火加热，煸炒 10 分钟。撒入面粉后继续煸炒 2～3 分钟。将葡萄酒和咖啡逐渐搅拌入锅中，并加热煮沸。其间不时地搅拌。将牛肉放入锅中，用盐和胡椒调味，盖上锅盖，加热 1 小时，或者直至将牛肉炖熟。

红酒洋葱炖牛肉 BEEF STEW WITH WINE AND ONIONS

SPEZZATINO AL VINO E CIPOLLE
供 4 人食用
制备时间：20 分钟
加热烹调时间：2 小时
65 克 /2½ 盎司黄油
800 克 /1¾ 磅洋葱，切细末
150 克 /5 盎司意式培根，切丁
600 克 /1 磅 5 盎司瘦牛肉，切块
25 克 /1 盎司普通面粉
375 毫升 /13 盎司干白葡萄酒
375 毫升 /13 盎司红葡萄酒
盐和胡椒

将黄油放入锅中加热熔化，加入洋葱和意式培根，用小火加热，煸炒 10 分钟。加入牛肉煸炒，撒入面粉，继续加热煸炒 2 分钟。将白葡萄酒和红葡萄酒缓缓加入锅中，用小火继续加热至锅中的汤汁几乎被完全吸收，用盐和胡椒调味后即可。

← 栗子烤牛肉，见第 927 页

STRACOTTO ALLA FIORENTINA
供 6 人食用
制备时间：30 分钟
加热烹调时间：2 小时 15 分钟
3 根胡萝卜
1 × 1 千克 /2¼ 磅瘦牛肉，例如臀尖肉
40 克 /1½ 盎司意式培根，切条
1 根芹菜茎，切碎
半颗洋葱，切碎
4 汤匙橄榄油
175 毫升 /6 盎司红葡萄酒
500 克 /1 磅 2 盎司番茄，去皮去籽后切碎
盐和胡椒

佛罗伦萨风味炖牛肉 FLORENTINE BEEF STEW

从 1 根胡萝卜上切出一些胡萝卜条，其余的胡萝卜全部切碎。将胡萝卜条和意式培根穿入牛肉中，并用盐和胡椒涂抹均匀。牛肉用棉线捆好。将芹菜、洋葱和切碎的胡萝卜放入一口酱汁锅中，加入牛肉和橄榄油。用大火加热，翻动肉块，煎至呈褐色。倒入葡萄酒，继续加热至完全吸收。加入番茄，转小火加热，盖上锅盖后继续加热约 2 小时。将牛肉从锅中取出，解开棉线，切片状，放到温热的餐盘中。将锅中的汤汁和蔬菜用食物研磨器研磨碎，淋到牛肉上即可。

STRACOTTO AL VINO BIANCO
供 6 人食用
制备时间：25 分钟
加热烹调时间：2 小时
1 × 1 千克 /2¼ 磅瘦牛肉，例如臀尖肉
100 克 /3½ 盎司意式培根，切条
100 克 /3½ 盎司猪肥肉，切碎
500 克 /1 磅 2 盎司洋葱，切细丝
1 千克 /2¼ 磅胡萝卜，切片
500 毫升 /18 盎司干白葡萄酒
盐和胡椒
奶油马铃薯泥（见第 620 页），用作配餐

白葡萄酒炖牛肉 BEEF STEW WITH WHITE WINE

用针将意式培根穿入牛肉中。将猪肥肉、一半的洋葱和 3 根胡萝卜放入一口深边酱汁锅中，最好使用砂锅，并用盐和胡椒调味。将肉放到蔬菜上，再放上剩余的洋葱和胡萝卜。倒入葡萄酒，盖上锅盖后用小火加热 2 小时，或者一直加热到汤汁几乎收干。配奶油马铃薯泥一起食用。

SVIZZERE
供 4 人食用
制备时间：25 分钟
加热烹调时间：6～8 分钟
1 片面包，切边
150 毫升 /¼ 品脱牛奶
450 克 /1 磅瘦牛肉馅
1 汤匙切碎的新鲜平叶欧芹
普通面粉，用于淋撒
2 汤匙橄榄油
25 克 /1 盎司黄油
盐

牛肉汉堡 BEEFBURGERS

将面包撕成小块，放入碗中，加入牛奶，让其浸泡 10 分钟，然后捞出并挤净牛奶。将牛肉馅、浸泡好的面包和欧芹在碗中混合均匀，制成丸子状，略微按压呈扁平状，裹上薄薄一层面粉。在一口平底锅中加热橄榄油和黄油，加入肉饼煎 6～8 分钟，直到熟透，或者煎至你所喜欢的程度。用盐调味后即可上桌。

鞑靼牛肉，见第 932 页 →

TARTARA DI MANZO
供 4 人食用
制备时间：30 分钟
450 克 /1 磅瘦牛肉馅
4 个蛋黄
1 颗洋葱，切细丝
1 汤匙酸豆，控净汤汁并漂洗干净
2 汤匙切碎的新鲜平叶欧芹
2 条油浸鳀鱼，控净汤汁并切碎
口味温和，或者中度口味的法国芥末（可选）
橄榄油和柠檬角，用于装饰
见第 931 页

鞑靼牛肉 STEAK TARTARE

将牛肉馅分装到 4 个餐盘中，分别整理成堆。在中间压出一个浅窝形，并放入一个生的蛋黄。在牛肉馅的四周摆上洋葱、酸豆、欧芹和鳀鱼。如果你喜欢，也可以加入少许芥末，给牛肉馅增加风味。搭配橄榄油和柠檬角一起食用。食客可以自行调制鞑靼牛肉的口味，并用餐叉将围边的食材与牛肉馅混合后食用。

TOURNEDOS ALLA ROSSINI
供 6 人食用
制备时间：10 分钟
加热烹调时间：15～20 分钟
6 块 3 厘米 /1¼ 英寸厚的托尔尼多牛脊排，制备好
40 克 /1½ 盎司黄油
100 毫升 /3½ 盎司马德拉葡萄酒或者马尔萨拉白葡萄酒
6 汤匙双倍奶油
50 克 /2 盎司松露酱
盐

用于装饰（可选）
6 片黑松露
6 片白松露

罗西尼风味牛排 TOURNEDOS ROSSINI

托尔尼多牛脊排是从牛脊中间部位切下来的牛排。牛排通常有 3～5 厘米 /1¼～2 英寸厚，重量在 100～150 克 /3½～5 盎司之间。用棉线将托尔尼多牛排捆好，以便在加热烹调的过程中能够保持圆形。在一口平底锅中加热黄油，当黄油变成浅褐色时，放入牛排，用大火将每面煎 1 分钟。用铲子将其翻面。然后转中火加热，继续煎 7～8 分钟至三分熟，或者煎 10 分钟至半熟。倒入马德拉葡萄酒或者马尔萨拉白葡萄酒，将锅抬起使其倾斜，点燃葡萄酒。当火焰熄灭后，将牛排盛入温热的餐盘中，并解开捆缚的棉线。将双倍奶油倒入锅中的汁液中，加入松露酱和少许的盐混合均匀。用中火加热至酱汁变得浓稠。将制作好的酱汁淋到牛排上即可。如果喜欢，可以用黑松露片和白松露片装饰。

绵羊肉

绵羊肉深受人们喜爱，其肉味美且呈深红色。绵羊肉来自饲养了两年以上的羊。严格意义上讲，羔羊肉是在一岁到两岁之间屠宰的羊肉，叫作 hogget lambs（一岁以上的羔羊），但是它们可以用到绵羊食谱中，并且在相当多的肉铺中，对羔羊肉和绵羊肉不加区分。意大利最好的牧羊场在皮埃蒙特、拉齐奥和普利亚。欧洲的其他国家，如英国和爱尔兰，它们都有久负盛名的牧羊场，羊肉常用来制作美味的羊肉排和闻名遐迩的爱尔兰炖肉等。新西兰是世界上最大的羊肉生产国，紧随其后的是澳大利亚。从另一方面讲，法国以出产 présalé 羊肉而闻名，这种羊在海边的牧场里长大，它们的肉质特别鲜美。羊肉目前受人们喜爱的程度正在逐步提升，经常出现在时尚餐厅的特色菜单中。

加热烹调方法

绵羊肉和羔羊肉的味道相当浓郁，因此使用加了少许醋、盐、胡椒、蔬菜和香草（芹菜、胡萝卜、洋葱、欧芹、百里香和月桂叶等）的葡萄酒腌制几小时是非常值得的。不要在冰箱内冷藏腌制，只需放在阴凉处腌制即可。

在选择要加入的油或者油脂时，要记住羊肉是一种含有脂肪非常多的肉类，因此要避免使用过多的油和黄油等，否则可能变得油腻感更重。要想充分地享受到羊肉的鲜美风味，应将其制成三分熟并趁热食用。在制作羊肉时，使用的最为传统的和最芳香的香草是迷迭香、薄荷和茴香，但香桃木和百里香也非常适合。

烤羊肉

在烤羊肉时，最好选择羊腿肉，因为羊腿是最适合切割的部位，也是易于拼摆装盘的部位。

如果想将羊肉制成三分熟，可以将每1千克/2¼磅的羊肉加热18～20分钟。如果你喜欢半熟或者全熟的羊肉，只需根据口味需要，简单地增加烹调加热的时间即可（但是不要增加得太多）。意大利人通常更喜欢全熟的羊肉。

焖和炖

这些烹调方法约需要花费1小时30分钟，如果是大块肉的情况下，甚至需要2小时。

羊肉应切成块状，并且与蔬菜，例如胡萝卜、芹菜和洋葱等一起加热烹调。

其他种类的蔬菜，能够与羊肉相互搭配的是皱叶甘蓝和茄子，因为这些蔬菜有助于降低菜肴中的油脂含量。

羊　排

品质最佳和最美味的羊排是从羊里脊上切下来的厚羊排。在涂刷橄榄油、用胡椒调味之后铁扒，味道鲜美可口。

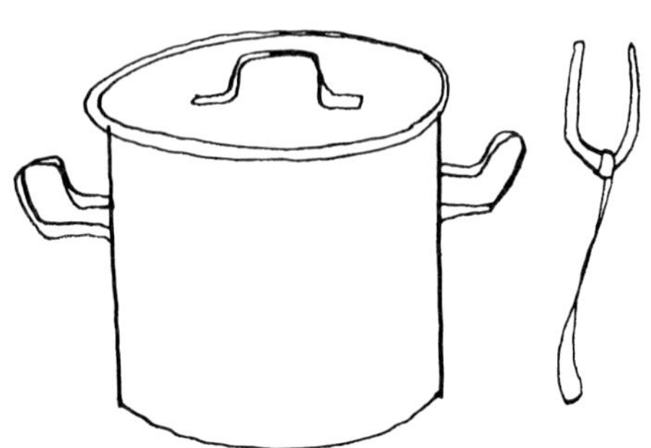

伏特加酒羊腿 LEG OF MUTTON IN VODKA

在一口大号的锅中煮沸高汤，加入羊腿肉，用小火加热约40分钟。与此同时，将西梅放入碗中，加入热水没过西梅并浸泡至少30分钟，然后捞出控干水分。在一口锅中加热黄油，当黄油开始发出嗞嗞声时，拌入番茄糊，然后加入洋葱、大蒜、芹菜和月桂叶，加热翻炒约5分钟。倒入伏特加酒，用盐和红甜椒粉调味，继续加热翻炒几分钟。分次加入热的高汤，每次加入一点儿，搅拌均匀后再加入羊肉、调味饭和西梅。继续加热，不时地搅拌，约20分钟。将月桂叶取出并丢弃不用，羊肉菜肴盛入有一定深度的温热餐盘中，配涂抹有黄油的烤面包片一起食用。

COSCIOTTO ALLA VODKA
供4人食用
制备时间：5小时
加热烹调时间：35分钟
1升/1¾品脱牛肉高汤（见第248页）
1×800克/1¾磅羊腿肉，切块
12个西梅，去核
100克/3½盎司黄油
2汤匙番茄糊
1颗洋葱，切碎
1瓣蒜，切碎
1棵芹菜心，切片
1片月桂叶
50毫升/2盎司伏特加酒
1大捏红甜椒粉
100克/3½盎司意大利调味饭
盐
烤好的面包片，涂抹黄油，用作配餐

芜菁羊腿 LEG OF MUTTON WITH TURNIPS

用棉线将羊腿肉捆好，然后放入一口厚底锅中，在不加入任何油脂的情况下加热，不时地翻动，至羊腿肉全部呈褐色。撒入面粉，再翻动几次之后，加入洋葱、大蒜、迷迭香、百里香和芹菜。加入150毫升/¼品脱的高汤或者水，转小火加热。与此同时，在一口平底锅中加热熔化黄油，放入芜菁，用中火加热，翻炒至全部变成褐色。捞出控净后放入羊腿肉中，用盐和胡椒调味。盖上锅盖，继续加热1小时30分钟，根据需要，可以添加更多的高汤或者水。将制作好的羊腿从锅中捞出，解开棉线，切成片状。放到温热的餐盘中，四周围上芜菁即可。

COSCIOTTO CON LE RAPE
供6人食用
制备时间：4 小时15分钟
加热烹调时间：2小时
1×1千克/2¼磅羊腿肉，去骨
2汤匙普通面粉
2颗洋葱，切细丝
1瓣蒜
1枝新鲜的迷迭香
1枝新鲜的百里香
1根芹菜茎
500毫升/18盎司牛肉高汤（见第248页）或者水
25克/1盎司黄油
1千克/2¼磅芜菁，切成4瓣
盐和胡椒
见第936页

英式带骨羊排 ENGLISH MUTTON CHOPS

这些闻名遐迩的羊排通常都会切成较厚的片状，英式羊排就是指这样的切割方式。将铁扒炉预热至高温。与此同时，将黄油加热熔化，涂抹到羊排上。羊排每面铁扒5～6分钟，其间要不时地涂上更多熔化的黄油。用盐和胡椒调味即可。

COSTOLETTE ALL'INGLESE
供4人食用
制备时间：5分钟
加热烹调时间：10～12分钟
40克/1½盎司黄油
4块带骨羊排
盐和胡椒

柑橘汁炖羊肉 MUTTON STEWED IN CITRUS JUICE

在一口锅中加热橄榄油和黄油，放入洋葱，用小火加热，煸炒约 10 分钟。加入羊肉，煸炒至呈褐色。再加入马铃薯和 150 毫升 / ¼ 品脱的热水，加热 20 分钟，然后用盐和胡椒调味，继续加热 20 分钟。加入佩科里诺奶酪，再加热 20 多分钟，然后倒入柠檬汁和橙汁，加热至将汤汁㸆浓。

SPEZZATINO AL SUCCO DI AGRUMI
供 4 人食用
制备时间：40 分钟
加热烹调时间：1 小时 15 分钟
2 汤匙橄榄油
25 克 / 1 盎司黄油
1 颗洋葱，切丝
600 克 / 1 磅 5 盎司去骨羊肩肉，切成颗粒状
500 克 / 1 磅 2 盎司新鲜马铃薯
80 克 / 3 盎司佩科里诺奶酪
1 颗柠檬，挤出柠檬汁，过滤
2 个橙子，挤出橙汁，过滤
盐和胡椒

豆子炖羊肉 MUTTON AND BEAN STEW

将黄油在一口锅中加热，放入羊肉，翻炒至呈褐色。加入胡萝卜、洋葱、大蒜、百里香和迷迭香，并用盐和胡椒调味。继续加热，煸炒 10 分钟，然后倒入 150 毫升 / ¼ 品脱水，盖上锅盖后用中火加热 30 分钟。加入豆类，再盖上锅盖，用小火继续加热 45 分钟。上菜之前取出大蒜和迷迭香并丢弃不用。

SPEZZATINO CON FAGIOLI
供 4 人食用
制备时间：30 分钟
加热烹调时间：1 小时 30 分钟
25 克 / 1 盎司黄油
600 克 / 1 磅 5 盎司去骨羊肩肉，切块状
2 根胡萝卜，切薄片
2 颗洋葱，切细丝
2 瓣蒜
1 枝新鲜的百里香，切碎
1 枝新鲜的迷迭香
600 克 / 1 磅 5 盎司新鲜的熟豆类或者罐装的豆类，例如蚕豆等
盐和胡椒

马铃薯炖羊肉 MUTTON AND POTATO STEW

用酱汁锅加热橄榄油，加入羊肉，煸炒几分钟至变成褐色。加入洋葱和大蒜，用盐和胡椒调味，继续煸炒 10 分钟，加入番茄。将马铃薯放入另外一口锅中，加入沸水没过马铃薯，用中火加热 25～30 分钟，直到马铃薯成熟。捞出控干，用盐略微调味，撒上欧芹。将羊肉锅中的汤汁煮沸，用大火加热几分钟，将汤汁㸆浓。将羊肉盛入温热的餐盘中，四周围上马铃薯。㸆浓的汤汁用勺淋到羊肉和马铃薯上即可。

SPEZZATINO CON PATATE
供 4 人食用
制备时间：30 分钟
加热烹调时间：55 分钟
2 汤匙橄榄油
600 克 / 1 磅 5 盎司去骨羊肉，切块状
2 颗洋葱，切细丝
2 瓣蒜，切碎
4 颗番茄，去皮后切丁
500 克 / 1 磅 2 盎司马铃薯，切成四瓣
1 枝新鲜平叶欧芹，切碎
盐和胡椒

← 芜菁羊腿，见第 935 页

SPEZZATINO CON PRUGNE
供 4 人食用
制备时间：20 分钟
加热烹调时间：1 小时 30 分钟
200 克 /7 盎司西梅，去核
300 毫升 /½ 品脱干白葡萄酒
600 克 /1 磅 5 盎司去骨羊胸肉，切块状
1 颗洋葱，切细丝
1 瓣蒜
50 克 /2 盎司黄油
2 汤匙番茄糊
盐和胡椒

西梅羊排 CHOPPED MUTTON WITH PRUNES

将西梅放入碗中，倒入葡萄酒，置旁浸泡。羊肉放入一口锅中，加入冷水没过羊肉，加热至沸腾。加入洋葱和大蒜，盖上锅盖后用中火加热，炖约 1 小时，然后用盐和胡椒调味，捞出控净汤汁。保留好锅中的汤汁。在另外一口锅中加热熔化黄油，加入番茄糊和羊肉，用大火加热，煸炒几分钟，然后转小火加热。将西梅捞出，放入锅中。用小火继续加热约 20 分钟。如果羊肉看起来比较干，可以倒入一些保留的汤汁。将制作好的羊肉盛入温热的餐盘中即可。

SPIEDINI MARINATI
供 4 人食用
制备时间：15 分钟，另加 1 小时腌制用时
加热烹调时间：3 分钟
5 汤匙橄榄油
1 瓣蒜
1 枝新鲜的百里香
6 粒黑胡椒粒
500 克 /1 磅 2 盎司去骨羊腿肉，切块状
盐

羊肉串 MARINATED MUTTON KEBABS

将橄榄油、大蒜、百里香和胡椒粒放入一个盆内，加入盐调味，然后放入羊肉。混合均匀之后腌制 1 小时。捞出羊肉，将其分别穿到 4 根金属钎子上。穿好的羊肉串可以用烧烤、焗或者铁扒的方式制作——所有使用非常高的温度的烹调方法。边加热，边翻动。加热 3 分钟，直到外表焦香，而羊肉的中间位置还非常鲜嫩的程度即可。

小牛肉

Veal（小牛肉）是鲜嫩肉质的代名词。这是因为小牛肉饲龄只有5～7个月大或者更小，体重不是很重，130～150千克/300～350磅重，且完全用配方奶喂养长大。这也就解释了为什么小牛肉的颜色为精致的浅粉色，也有喂养青草的小牛肉。小牛肉是一种逐渐受到大众欢迎的牛肉，尽管很难购买到，且在一些国家里，小牛肉的价格非常高，例如澳大利亚。小牛肉易于被人体消化吸收，并且可以快速加热成熟。因为其肉质非常干燥且非常瘦，在加热烹调的时候，可以酿入意式培根条或者培根条等。有一些切块的小牛肉，例如小牛胸肉，可以加工制成“口袋”造型，然后酿入混合鸡蛋、擦碎的奶酪和各种香料的肉馅。牛肉的各种加热烹调方法也都能够用于小牛肉。

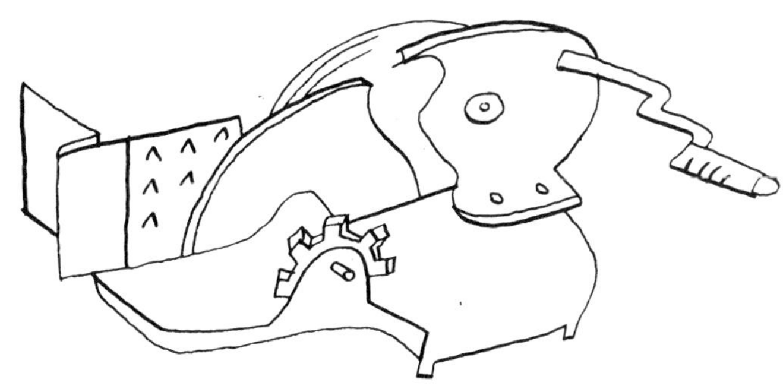

小牛肉的意大利式切割和加热烹调技法

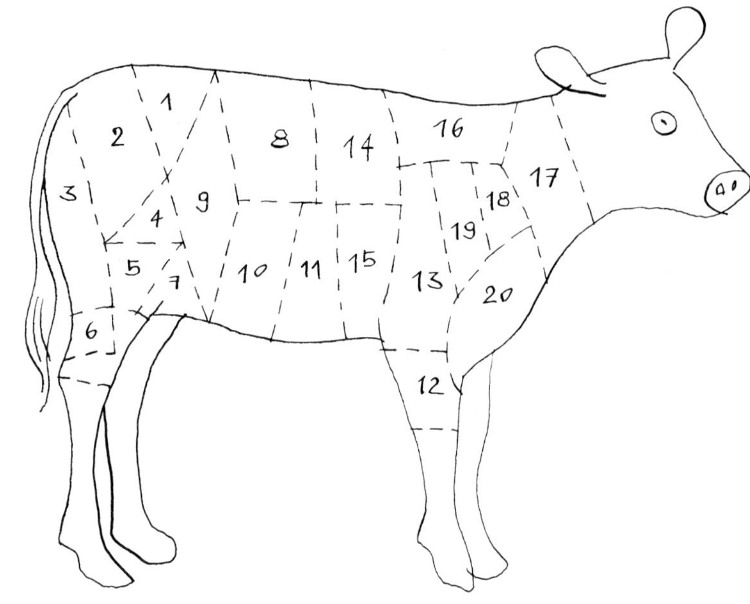

1 上臀部位肉 codone o codoncino

适合于烤。

2 臀部肉 sottofesa

适合于烤、铁扒，或切片后制作小牛肉卷。

3 后大腿肉 girello

适合于烤和切片后制成薄的大片肉。

4 下臀腰肉 fesa francese

适用于铁扒，以及切片后制成肉卷、酿馅和薄的大片肉。

5 粗米龙 noce

适用于烤、制成牛排，或切片后制成薄的大片肉。

6 牛腿肉 pesce o piccione

适用于煮和炖。

7 尾部胸肉 spinacino

适用于制作肉卷和酿馅后卷起，还可以制成口袋状。

8 上腰肉 nodini

适用于煮。

9 臀部腰肉 scamone

适用于烤。

10 五花肉 pancetta

适用于制成口袋状后酿馅。

11 胸肉 punta di petto

适用于煮和炖。

12 牛膝 geretto

适用于煮和制成带有髓骨的牛排。

13 后颈肉 fesa di spalla

是切片之后制作酿馅并卷起的理想部位。

14 颈部肋条 costolette

适用于铁扒和制成牛排，或制成薄的大片肉。

15 雪花肉 fiocco

适用于炖和焖。

16 中上颈脖肉 reale

适合于烤、煮、炖和焖。

17 颈脖肉 collo

适合于煮和炖。

18 前颈脖肉 fusillo

适合于烤、焖、煮和切片。

19 中颈脖肉 cappello del prete

适合于煮、炖和焖。

20 中下颈脖肉 brione

适合于煮、炖和焖。

小牛肉的英式切割和加热烹调技法

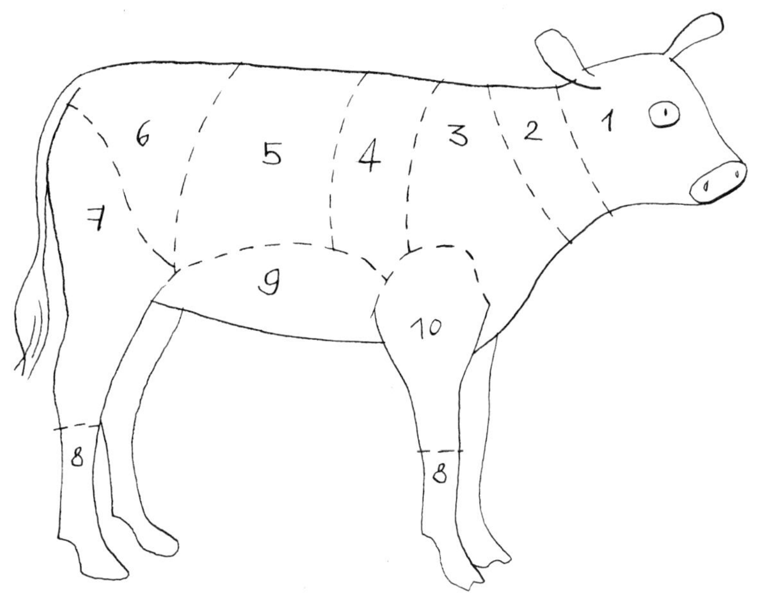

1 小牛头 head

适合于炖。

2 颈部肉 scrag end

适合于砂锅炖和制作高汤，以及切成牛排，或者制成肉馅，用来制作馅饼。

3 中部颈肉 middle neck

适合于砂锅炖和制作高汤，以及切成牛排，或者制成肉馅，用来制作馅饼。

4 颈部肋条肉 best end

适合于烤，或者切成肉片用于铁扒和煎。

5 腰肉 loin

适合于烤，或者切成圆形的牛排，用于铁扒和煎。

6 臀部肉 rump

适合于烤，或者切成牛排用于铁扒和煎。

7 腿肉、臀肉、米龙 leg，silverside，topside

适合于烤、原锅炖，或者切成大片后用于铁扒和煎。

8 肘子、胫骨 knuckle，shin

适合于炖和切碎后制作馅饼。

9 胸肉 breast

适合于烤、焖、炖和制作肉馅。

10 肩肉 shoulder

适合于烤。

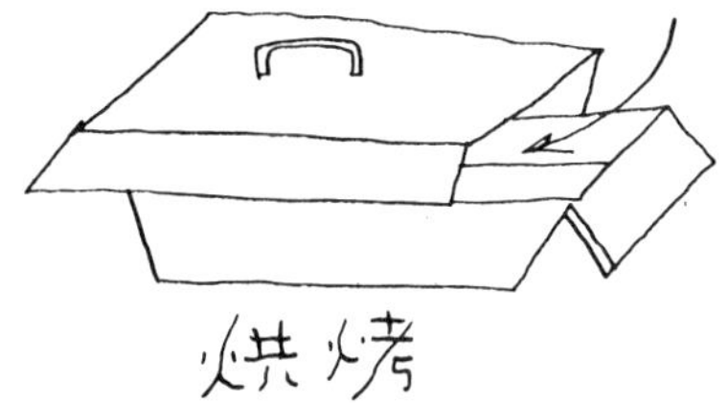

如果你对挑选哪一种切块肉有疑问，或者在这个列表中没有找到你所需要的切块肉部位，可以询问信誉良好的肉商，听取他们的建议。

ARROSTO AL LATTE
供6人食用
制备时间：15分钟，另加10分钟静置用时
加热烹调时间：1小时10分钟
1×800克/1¾磅去骨小牛胸肉
普通面粉，用于淋撒
3汤匙橄榄油
40克/1½盎司黄油
约1升/1¾品脱牛奶
盐和胡椒

牛奶锅烤小牛肉 MILK POT ROAST

将小牛胸肉用棉线规整地捆好，裹上薄薄一层面粉。在一个椭圆形酱汁锅中加热橄榄油和黄油，放入小牛胸肉，煎至全部呈褐色。与此同时，加热175毫升/6盎司牛奶至温热。用盐和胡椒给小牛胸肉调味，倒入热牛奶，加热至刚好煮沸，然后加入足够没过小牛胸肉的牛奶。用中火加热约1小时，取出小牛肉，静置10分钟上，解开棉线，将小牛胸肉切片。放到温热的餐盘中，用勺将锅中的牛奶汤汁淋到肉上。

ARROSTO AL LATTE E PROSCIUTTO
供6人食用
制备时间：15分钟
加热烹调时间：1小时15分钟
40克/1½盎司黄油
2汤匙普通面粉
2片意式熏火腿，切细条
1×800克/1¾磅去骨小牛胸肉
900毫升/1½品脱牛奶
盐

牛奶火腿烧小牛肉 VEAL BRAISED IN MILK WITH PROSCIUTTO

在一口锅中加热熔化黄油，拌入面粉，然后加入意式熏火腿，煸炒至呈褐色。将小牛胸肉用棉线规整地捆好，放入锅中，用大火加热，不时地翻动，煎至全部呈褐色。用盐调味，加入175毫升/6盎司的牛奶，加热至完全吸收。重复三遍此操作步骤，在此过程中不要盖上锅盖。最后，将剩余的牛奶加入锅中，加热至完全吸收。将小牛肉从锅中取出，解开捆缚的棉线，切成片状，配锅中的汤汁一起食用。

ARROSTO ALLE NOCI
供6人食用
制备时间：20分钟，加上静置用时
加热烹调时间：1小时
50克/2盎司黄油
4汤匙橄榄油
1×800克/1¾磅去骨小牛胸肉
50克/2盎司核桃仁，切碎
1颗柠檬，挤出柠檬汁，过滤
175毫升/6盎司双倍奶油
175毫升/6盎司牛肉高汤（见第248页）
盐和胡椒

核桃锅烤小牛肉 POT-ROAST VEAL WITH WALNUTS

在一口锅中加热黄油和橄榄油，放入小牛肉，煎炒15分钟，直到全部变成褐色。加入核桃仁、柠檬汁、双倍奶油和高汤，并用盐和胡椒调味。盖上锅盖后用小火加热45分钟，要确保小牛肉不会粘连锅底。根据需要，可以多加一点儿高汤。将制作好的小牛肉从锅中取出，让其静置一会儿。将锅中的汤汁倒入食物料理机内，搅打成蓉泥状。小牛肉切成片状，放到温热的餐盘中，将蓉泥状的汤汁淋到小牛肉上即可。

橄榄烧小牛肉 BRAISED VEAL WITH OLIVES

用一把锋利的小刀在小牛肉上切出一些小的切口，塞入切成两半的橄榄，用棉线将小牛肉捆好。将橄榄油和黄油放入一口锅中加热，放入洋葱、胡萝卜、迷迭香和芹菜，用小火加热，煸炒10分钟。加入小牛肉，继续煸炒至呈褐色。倒入葡萄酒，加热至全部吸收，然后用盐和胡椒调味。用小火加热，不时地翻动，并根据需要添加适量热水，需要加热约1小时。从锅中取出小牛肉，静置10分钟。将捆缚小牛肉的棉线解开，切片状，放到温热的餐盘中。锅中的汤汁用食物研磨器搅碎到一个碗中。如果过于浓稠，可以加入少许热的高汤稀释一下；而如果太稀薄，加入少许使用等量的黄油和普通面粉调制而成的面团，加热使其变稠。将制作好的汤汁淋到小牛肉上即可。

ARROSTO ALLE OLIVE
供6人食用
制备时间：35分钟，另加10分钟静置用时
加热烹调时间：1小时25分钟
1×800克/1¾磅臀尖肉
200克/7盎司绿橄榄，去核后切成两半
2汤匙橄榄油
50克/2盎司黄油
1颗洋葱，切碎
1根胡萝卜，切碎
1枝新鲜的迷迭香，切碎
1根芹菜茎，切碎
175毫升/6盎司干白葡萄酒
盐和胡椒

柠檬烧小牛肉 BRAISED VEAL WITH LEMON

将橄榄油和柠檬汁在一个盆内搅打均匀，加入盐和胡椒调味，放入小牛肉，翻动几次，让其均匀裹满调味料，腌制3小时，其间要再翻动几次。将小牛肉和腌泡汁倒入一口酱汁锅中，加入150毫升/¼品脱水，加热煮沸，然后转小火加热约1小时。将小牛肉从锅中取出，切成片状，放到温热的餐盘中。将锅中的汤汁煮沸并略微熇浓，然后倒入一个酱汁碗中，配小牛肉一起上桌。

ARROSTO AL LIMONE
供4人食用
制备时间：15分钟，另加3小时腌制用时
加热烹调时间：1小时10分钟
6汤匙橄榄油
1颗柠檬，挤出柠檬汁，过滤
1×800克/1¾磅臀尖肉
盐和胡椒

锅烤小牛肉和小牛腰 POT-ROAST VEAL WITH KIDNEY

在小牛肉上切几刀，切口处塞入几粒海盐，然后用棉线将小牛肉整齐地捆好。在一口锅中加热熔化黄油，放入小牛肉，煎至全部呈褐色。倒入双倍奶油，盖上锅盖并用小火加热1小时。将小牛肉从锅中取出，让其静置一会儿。将小牛腰片加入锅中，盖上锅盖后继续加热15分钟。解开捆缚小牛肉的棉线，切成片状，放到温热的餐盘中。将腰片和酱汁一起淋在小牛肉上即可。

ARROSTO CON ROGNONE
供6人食用
制备时间：20分钟
加热烹调时间：1小时25分钟
1×800克/1¾磅去骨小牛胸肉
40克/1½盎司黄油
175毫升/6盎司双倍奶油
1个小牛腰，清理后切片
海盐

ARROSTO DI GIRELLO
供 6 人食用
制备时间：30 分钟，另加 10 分钟静置用时
加热烹调时间：1 小时 40 分钟
1 × 800 克 / 1¾ 磅臀尖肉
50 克 / 2 盎司黄油
25 克 / 1 盎司意式培根，切片
1 颗洋葱，切细丝
3 根胡萝卜，切薄片
1 把新鲜的香草，切碎
175 毫升 / 6 盎司干白葡萄酒
盐和胡椒

焖小牛臀尖肉 BRAISED VEAL TOPSIDE

用棉线将小牛肉规整地捆好。在一口酱汁锅中加热熔化黄油，放入小牛肉，不时地翻动，煎约 10 分钟，至全部呈褐色。用盐和胡椒调味，将煎好的小牛肉从锅中取出。意式培根放入锅底部，再将小牛肉放回锅中，用洋葱、胡萝卜和香草覆盖小牛肉。加入 175 毫升 / 6盎司的热水和葡萄酒，盖上锅盖，用小火加热约 1 小时 30 分钟。将烹熟后的小牛肉捞出，让其静置约 10 分钟。锅中的汤汁倒入食物料理机内，搅打成蓉泥状。解开捆缚小牛肉的棉线，切成片状，放到温热的餐盘中，将制作好的蓉泥淋到小牛肉上即可。

ARROSTO SEMPLICE
供 6 人食用
制备时间：15 分钟，另加 10 分钟静置用时
加热烹调时间：1 小时 10 分钟
1 × 800 克 / 1¾ 磅臀尖肉
3 汤匙橄榄油
40 克 / 1½ 盎司黄油，另加涂抹所需
盐和胡椒
150 毫升 / ¼ 品脱热的牛肉高汤（见第 248 页）或者水（可选）

简易烤小牛肉 SIMPLE ROAST VEAL

将烤箱预热至 120°C/ 250°F/ 气烤箱刻度 ½。用棉线将小牛肉规整地捆好。在一口耐热砂锅中加热橄榄油和黄油，放入小牛肉，煸炒至呈褐色。加入盐和胡椒调味，用烘焙纸覆盖砂锅，放入烤箱烘烤 1 小时，其间要不时地翻动小牛肉。在烘烤的过程中，如果砂锅中的汤汁过少，可以加入热的高汤或者热水。将小牛肉从砂锅中取出，让其静置 10 分钟，然后解开棉线，切成片状。将砂锅中的汤汁用勺盛入温热的餐盘中，小牛肉片放到汤汁上即可。

ARROSTO TARTUFATO
供 6 人食用
制备时间：25 分钟，另加 10 分钟静置用时
加热烹调时间：1 小时 10 分钟
1 × 1 千克 / 2¼ 磅小牛腰肉，去骨
100 克 / 3½ 盎司意式培根，切丁
1 块黑松露，切片
5 汤匙橄榄油
25 克 / 1 盎司黄油
盐和胡椒

松露烧小牛肉 BRAISED VEAL WITH TRUFFLE

用一把锋利的刀在小牛肉上切出一些切口。在切口处撒上盐和胡椒，并分别插入 1 片意式培根和 1 小片黑松露。用棉线规整地捆好。在一口锅中加热橄榄油和黄油，放入小牛肉，煎至全部呈褐色，其间要不时地翻动。转小火加热，盖上锅盖，继续加热约 1 小时，根据需要，在加热的过程中，可以加入少许热水。将小牛肉从锅中取出，让其静置 10 分钟。解开捆缚的棉线，切成片状，放到温热的餐盘中。将锅中的汤汁用勺淋到小牛肉上即可。

洋蓟小牛排 VEAL CUTLETS WITH ARTICHOKES

在碗中加入半碗水，拌入柠檬汁。将洋蓟的外层老叶切除，去掉茸毛，将切成4瓣的洋蓟放入碗中的柠檬水中。将一锅淡盐水加热煮沸，捞出洋蓟，放入沸水中，煮5分钟，然后捞出。将火腿与15克/½盎司黄油在碗中混合均匀，涂抹到切成瓣状的洋蓟上。用肉锤将小牛肉片敲打成厚薄均匀的大片，用盐和胡椒调味。在每片小牛肉上放一瓣洋蓟，卷起后用棉线捆好。在一口平底锅中加热橄榄油和剩余的黄油，放入洋葱，用小火加热，煸炒5分钟。将小牛肉卷放入锅中，煸炒至呈金黄色。加入150毫升/¼品脱的沸水，用小火继续加热约10分钟，直到小牛肉卷完全成熟即可。

BRACIOLINE CON CARCIOFI
供6人食用
制备时间：35分钟
加热烹调时间：25分钟
1颗柠檬，挤出柠檬汁，过滤
2个鲜嫩的洋蓟
50克/2盎司熟火腿，切碎
50克/2盎司黄油
8片颈部肋条肉，去骨
1汤匙橄榄油
1颗小洋葱，切碎
盐和胡椒

烧小牛肉 BRAISED VEAL

将意式培根条酿入小牛肉中，并用棉线将小牛肉规整地捆好。用酱汁锅加热橄榄油，放入意式培根肥油、洋葱和胡萝卜，用中火加热，煸炒10分钟至意式培根呈褐色。加热小牛肉，用盐和胡椒调味，继续煸炒约10分钟，至小牛肉变成褐色。加入一半葡萄酒，转大火加热至葡萄酒被完全吸收。再继续加热10分钟，然后倒入剩余的葡萄酒，再继续加热至完全吸收。倒入热的高汤后，转中火加热，盖上锅盖后再焖1小时30分钟。将小牛肉从锅中取出，解开捆缚的棉线后切片状。锅中的汤汁用食物研磨机研磨碎。将切片状的小牛肉放到温热的餐盘中，研磨好的汤汁用勺淋到小牛肉上即可。

BRASATO
供6人食用
制备时间：4小时30分钟
加热烹调时间：2小时15分钟
1×1千克/2¼磅臀尖肉
40克/1½盎司意式培根，切条状
2汤匙橄榄油
50克/2盎司意式培根肥油
2颗洋葱，切细丝
2根胡萝卜，切薄片
350毫升/12盎司干白葡萄酒
1升/1¾品脱热的牛肉高汤（见第248页）
盐和胡椒

夏日小牛肉 SUMMER VEAL

将加了芹菜、胡萝卜和洋葱的一锅水加热煮沸。小牛肉用棉线规整地捆好，放入锅中，用小火加热煮2小时。将锅从火上端离，让小牛肉在汤内冷却。捞出小牛肉，解开捆缚的棉线，切成非常薄的片状。放入餐盘中，撒上酸豆。将橄榄油和柠檬汁在碗中搅拌均匀，加入盐调味，淋到盘内的小牛肉上。让其腌制30分钟后即可。

CARNE ESTIVA
供6人食用
制备时间：20分钟，另加冷却用时和30分钟腌制用时
加热烹调时间：2小时15分钟
1根芹菜茎
1根胡萝卜
1颗洋葱
1×1千克/2¼磅臀尖肉
100克/3½盎司酸豆，捞出控净汤汁后漂洗干净
100毫升/3½盎司橄榄油
4颗柠檬，挤出柠檬汁，过滤
盐

CIMA ALLA GENOVESE
供 6 人食用
制备时间：1 小时，另加冷却用时
加热烹调时间：2 小时 15 分钟
1 × 1 千克 /2¼ 磅去骨小牛胸肉
1 颗洋葱
1 根胡萝卜
2 片月桂叶
盐

用于制作酿馅
50 克 /2 盎司面包片，去边
200 克 /7 盎司小牛肉馅
100 克 /3½ 盎司小牛胰腺或者小牛脑，烫过之后切丁
40 克 /1½ 盎司猪肥肉，切碎或者切片
200 克 /7 盎司叶用甜菜，煮熟，控干水分，切碎
少许现擦碎的肉豆蔻
2 汤匙切碎的新鲜墨角兰
2 颗鸡蛋，打散
2 汤匙现擦碎的帕玛森奶酪
盐和胡椒

热那亚风味酿馅小牛胸肉 GENOESE STUFFED BREAST OF VEAL

先制作酿馅用料。将面包撕成小块，放入碗中，加入没过面包的水，让其浸泡 10 分钟，然后捞出并将面包中的水分尽可能地挤干净。将小牛肉馅放入一个盆里，加入小牛胰腺或者小牛脑，接着加入猪肥肉或者肥肉片，叶用甜菜和浸泡好的面包也一起放入。搅拌均匀，再拌入肉豆蔻和墨角兰，用盐和胡椒调味。加入蛋液和帕玛森奶酪。小牛胸肉沿着其长边水平地片开，制作一个“口袋”。将制作好的香料装入“口袋”里，切口缝合，然后用棉线规整地将小牛胸肉捆好。将一大锅加了洋葱、胡萝卜和月桂叶的淡盐水加热煮沸，放入酿好馅料的小牛胸肉，用小火加热约 2 小时。然后将成熟后的小牛胸肉捞出，放入一个餐盘中。盖好之后，在小牛胸肉上放上一个重物，压住小牛胸肉。待其冷却，解开捆缚的棉线，切成片状。放入餐盘中即可。

CODINO ARROSTO
供 4 人食用
制备时间：25 分钟，另加 10 分钟静置用时
加热烹调时间：2 小时
1 × 850 克 /1 磅 14 盎司小牛臀部肉
1 汤匙腌肉调味料
25 克 /1 盎司黄油
4 汤匙橄榄油
1 枝新鲜平叶欧芹，切细末
1 枝新鲜的迷迭香，切细末
4 片鼠尾草叶片，切细末
2 棵青葱，只取用白色的部分，切碎
1 根胡萝卜，切薄片
175 毫升 /6 盎司干白葡萄酒
盐和胡椒

锅烤小牛肉 POT-ROAST CODINO OF VEAL

将烤箱预热至 200°C/400°F/ 气烤箱刻度 6。将腌肉调味料均匀涂抹到小牛肉上，用棉线规整地捆好。在一口耐热砂锅中加热黄油和橄榄油，放入小牛肉，不停翻动，煎至呈褐色。加入欧芹、迷迭香和鼠尾草，混合均匀，然后加入青葱和胡萝卜。加热至呈淡褐色。倒入葡萄酒，加热至完全吸收。用盐和胡椒调味，加入 5 汤匙的沸水。将耐热砂锅放入烤箱烘烤约 1 小时 30 分钟，根据需要，在烘烤的过程中，可以加入几勺热水，以防止小牛肉变干。将小牛肉从砂锅中取出，让其静置 10 分钟。与此同时，将砂锅中的汤汁放入食物料理机内，搅打至非常细滑。解开捆缚小牛肉的棉线，切成片状，放到温热的餐盘中，用勺淋上酱汁即可。

热那亚风味酿馅小牛胸肉 →

米兰风味小牛排 MILANESE VEAL CHOPS

以前只能使用小牛排来制作这一道菜肴，但是现在通常使用切厚片的小牛臀肉制作。将小牛肉用肉锤敲打成厚度均匀的片状。在一个浅盘内，将鸡蛋和少许盐打散，面包糠撒入另外一个浅盘内。在一口平底锅中加热熔化澄清黄油。先将小牛肉片裹上蛋液，再裹上面包糠，用手指按压平整。放入锅中，用小火加热，每面煎炸约10分钟，直到呈金黄色，盛入温热的餐盘中。黄油蔬菜类或者新鲜的沙拉类都是米兰风味小牛排非常不错的配菜。

COSTOLETTE ALLA MILANESE
供4人食用
制备时间：1小时30分钟
加热烹调时间：20分钟

4片小牛排，去骨
1颗鸡蛋
80克/3盎司细面包糠
50克/2盎司澄清黄油（见第106页）
盐

瓦莱达奥斯塔风味小牛排 VALLE D'AOSTA VEAL CHOPS

从每块小牛排的中间位置水平片开，骨头处不切断，让其连接在一起，如同书本一样打开。在两片小牛排中间位置上放一片芳提娜奶酪和几片松露刨片，然后将其重新合上，沿着边缘处按压紧。用2根牙签插牢固，并用盐和胡椒调味。在一个浅盘内将鸡蛋和少许盐打散。将面包糠撒入另外一个浅盘内。将小牛排先蘸上面粉，然后再蘸上蛋液，最后裹上面包糠。在一口平底锅中加热黄油和橄榄油，放入小牛排，每面煎炸约10分钟，直到呈褐色。捞出控净油，去掉牙签即可。

COSTOLETTE ALLA VALDOSTANA
供4人食用
制备时间：25分钟
加热烹调时间：20分钟

4×150克/5盎司小牛排
4片芳提娜奶酪
1块白松露，刨成薄片
2颗鸡蛋
80克/3盎司面包糠
普通面粉，用于淋撒
40克/1½盎司黄油
2汤匙橄榄油
盐和胡椒

维勒鲁瓦风味小牛排 VILLEROY VEAL CUTLETS

在一个浅盘内，加入少许盐打散鸡蛋。将面包糠撒入另外一个浅盘内。将小牛排裹上薄薄一层面粉。在一口平底锅中加热一半澄清黄油，放入小牛排，煎炸至两面都呈浅褐色。用盐和胡椒调味。蛋黄和肉豆蔻拌入白汁中。将小牛排浸入白汁中，然后取出，多余的白汁去掉。再裹上面粉，蘸上蛋液，最后裹上面包糠。将剩余的黄油放入一口平底锅中加热，放入小牛排，煎炸至两面都呈褐色。用铲子捞起，放在厨房纸上控净油即可。

COSTOLETTE ALLA VILLEROY
供4人食用
制备时间：1小时45分钟
加热烹调时间：20分钟

1颗鸡蛋
80克/3盎司面包糠
4块小牛排
普通面粉，用于淋撒
100克/3½盎司澄清黄油（见第106页）
2个蛋黄
少许现擦碎的肉豆蔻
1份热的白汁（见第58页）
盐和胡椒

← 米兰风味小牛排

COTOLETTE AL 'CONSUMATO DI BRODO'
供 4 人食用
制备时间：1 小时 20 分钟
加热烹调时间：30 分钟
500 克 /1 磅 2 盎司小牛肉片
2 颗鸡蛋
80 克 /3 盎司面包糠
普通面粉
40 克 /1½ 盎司澄清黄油（见第 106 页）
1 汤匙白葡萄酒醋
200 毫升 /7 盎司热的牛肉高汤（见第 248 页）
盐

"浓汁"小牛肉 VEAL IN 'REDUCED STOCK'

用肉锤轻轻敲打小牛肉片。将鸡蛋和少许盐在一个浅盘内搅散。将面包糠撒入另外一个浅盘内。先将小牛肉片裹上面粉，蘸上蛋液后裹上面包糠，并将多余的面包糠抖落掉。在一口锅中加热澄清黄油，放入小牛肉片，煎炸至两面都呈淡褐色。倒入热的高汤，盖上锅盖后用小火加热至高汤完全吸收。转大火加热，倒入白葡萄酒醋，加热至完全吸收。将小牛肉片盛入温热的餐盘中即可。

COTOLETTE ALLA BOLOGNESE
供 4 人食用
制备时间：1 小时 15 分钟
加热烹调时间：20 分钟
1 颗鸡蛋
80 克 /3 盎司面包糠
4 片小牛肉
80 克 /3 盎司黄油
4 片意式熏火腿
100 克 /3½ 盎司格拉娜帕达诺奶酪，刨成片
1 小块黑松露，切片
200 毫升 /7 盎司牛肉高汤（见第 248 页）
25 克 /1 盎司澄清黄油（见第 106 页）
盐和胡椒

博洛尼亚风味小牛肉 VEAL BOLOGNESE

鸡蛋加入少许盐和一点儿胡椒，在一个浅盘内搅散。将面包糠撒入另外一个浅盘内。用金属肉锤将小牛肉片敲打得厚薄均匀。先蘸上蛋液，然后再裹上面包糠。将黄油放入一口平底锅中加热熔化，放入小牛肉片，煎炸至两面都呈金黄色。在每片小牛肉上摆放一片意式熏火腿、格拉娜帕达诺奶酪刨片和 2～3 片松露。倒入高汤，盖上锅盖，加热至意式熏火腿和奶酪变成透明状。在上菜之前，将澄清黄油淋到小牛肉片上。这道传统菜肴清淡一些的版本，制作过程如上，但是略去裹上面包糠的步骤。

FETTINE ALL'ACETO
供 4 人食用
制备时间：10 分钟，另加 1 小时腌制用时
加热烹调时间：10 分钟
400 克 /14 盎司小牛排
100 毫升 /3½ 盎司橄榄油
200 毫升 /7 盎司白葡萄酒醋
40 克 /1½ 盎司黄油
盐和胡椒

醋汁小牛排 VEAL STEAKS IN VINEGAR

用肉锤将小牛排敲打至厚薄均匀状。将橄榄油、醋、盐和胡椒混合均匀。加入牛排，让其腌制 1 小时。然后捞出，控净汤汁。平底锅中加热熔化黄油，放入牛排，用中火加热，将牛排的两面分别煎 5 分钟。用盐调味，然后盛入温热的餐盘中。这种牛排有着美妙的香气和一种非同寻常的风味。

鸡蛋柠檬小牛排 VEAL STEAKS WITH EGG AND LEMON

将小牛排裹上面粉。平底锅中加热熔化黄油，加入小牛排煎5分钟。用盐调味，从锅中取出后保温。将蛋黄和柠檬汁在碗中搅打均匀。锅中倒入2汤匙水并加热，将锅中煎小牛排的沉淀物从锅底铲起。加入蛋黄混合物，快速混合均匀。将鸡蛋酱汁用勺淋在小牛排上，撒上欧芹。

FETTINE ALL'UOVO E LIMONE
供4人食用
制备时间：10分钟
加热烹调时间：15分钟
500克/1磅2盎司小牛排
普通面粉，用于淋撒
40克/1½盎司黄油
2个蛋黄
1颗柠檬，挤出柠檬汁，过滤
1枝新鲜平叶欧芹，切碎
盐

小牛肉结 VEAL KNOTS

在一口平底锅中加热橄榄油和黄油，加入迷迭香、鼠尾草、大蒜和洋葱，用小火加热，煸炒5分钟。在每根肉条上系一个结，裹上面粉，放入锅中煎。不时地翻动，直到煎至褐色。用盐和胡椒调味，盖上锅盖后继续加热20分钟。打开锅盖，用大火加热，将锅中的汤汁熗浓，然后加入马尔萨拉干白葡萄酒，加热至全部吸收。撒入欧芹即可。

FETTINE ANNODATE
供4人食用
制备时间：20分钟
加热烹调时间：45分钟
2汤匙橄榄油
25克/1盎司黄油
1枝新鲜的迷迭香，切碎
4片新鲜的鼠尾草叶，切碎
1瓣蒜，切碎
1颗洋葱，切碎
500克/1磅2盎司薄小牛肉片，切条状
普通面粉，用于淋撒
5汤匙马尔萨拉干白葡萄酒
1枝新鲜平叶欧芹，切碎
盐和胡椒

小牛排配橄榄酱汁 VEAL STEAKS IN OLIVE SAUCE

在一口平底锅中加热黄油和橄榄油。小牛排裹上面粉，放入锅中，煎至全部呈褐色。用盐和胡椒调味，将煎好的小牛排从锅中取出并保温。将葡萄酒倒入锅中，加热至完全吸收。再加入3汤匙水并加热，用木勺将锅底的沉淀物全部刮起来，然后加入橄榄油和甜椒。将小牛排放回锅中，用大火加热几分钟。

FETTINE IN SALSA D'OLIVE
供4人食用
制备时间：15分钟
加热烹调时间：20分钟
40克/1½盎司黄油
3汤匙橄榄油
500克/1磅2盎司小牛排
普通面粉，用于淋撒
5汤匙干白葡萄酒
12粒去核绿橄榄
1片瓶装油浸红甜椒，捞出控净汤汁并切碎
盐和胡椒

'FETTUCCINE' DI CARNE
供 4 人食用
制备时间：20 分钟
加热烹调时间：30 分钟
500 克 /1 磅 2 盎司小牛排，切条
3 汤匙橄榄油
1 汤匙切碎的新鲜平叶欧芹
4 片新鲜的鼠尾草叶，切碎
1 汤匙切碎的新鲜百里香
10 颗小洋葱
100 毫升 /3½ 盎司马尔萨拉白葡萄酒
25 克 /1 盎司黄油
盐和胡椒

丝带小牛肉 VEAL RIBBONS

将小牛肉条、橄榄油和香草放入一口锅中，用盐和胡椒调味，小火加热翻炒，不时地加入一点儿沸水，直到小牛肉变成褐色。将洋葱用加了盐的沸水煮 10 分钟，然后捞出控干，放入小牛肉锅里。加热的同时，逐渐将马尔萨拉白葡萄酒加入锅中，直到小牛肉变得鲜嫩且完熟。拌入黄油即可。

FILETTO IN CONZA
供 6 人食用
制备时间：40 分钟，另加 24 小时冷藏用时
500 克 /1 磅 2 盎司小牛排
1 枝新鲜的迷迭香
8 片新鲜的鼠尾草叶，切碎
8 片新鲜的罗勒叶，切碎
1 颗洋葱，切细丝
刮取 1 颗柠檬的外皮，切条状
120～150 毫升 /4～5 盎司橄榄油
2 颗柠檬，挤出柠檬汁，过滤
盐和胡椒

坎扎小牛排 FILLET OF VEAL IN CONZA

将小牛肉切成非常薄的片。在碗中铺上一层小牛肉片，再覆盖上一层迷迭香叶、鼠尾草叶、罗勒叶、洋葱丝和柠檬皮。淋上橄榄油和柠檬汁，用盐和胡椒调味。继续按照此顺序交替摆放，直到所有的食材使用完，最上层是香草、洋葱和柠檬皮。多淋上一点儿橄榄油，用保鲜膜全盖，放入冰箱冷藏 24 小时。

FLAN DI CARNE
供 4 人食用
制备时间：50 分钟
加热烹调时间：40 分钟
25 克 /1 盎司黄油，另加涂抹所需
40 克 /1½ 盎司面包糠
250 克 /9 盎司小牛肉馅
50 克 /2 盎司熟火腿，切碎
1 份白汁（见第 58 页）
1 个蛋黄
2～3 汤匙现擦碎的帕玛森奶酪
盐和胡椒

肉糜糕 MEAT MOULD

将烤箱预热至 180°C/350°F/ 气烤箱刻度 4。在一个舒芙蕾盘或者 4 个小焗盅内涂抹黄油，撒上面包糠，拍打几下，将多余的面包糠倒出。平底锅中加热熔化黄油，加入小牛肉，煸炒至呈褐色。将小牛肉盛入一个碗中，加入火腿。用盐和胡椒给白汁调味，将蛋黄、小牛肉混合物和足量的帕玛森奶酪拌入白汁中，调整到所需要的浓稠程度。将搅拌好的混合物倒入准备好的舒芙蕾盘内或者焗盅里，撒上少许面包糠，放入烤箱烘烤约 40 分钟，直到呈金黄色。

坎扎小牛排 ➔

INVOLTINI AI TARTUFI
供 4 人食用
制备时间：30 分钟
加热烹调时间：10 分钟
450 克 /1 磅小牛肉排
1 块白松露，刨成薄片
25 克 /1 盎司帕玛森奶酪，刨成薄片
2 颗鸡蛋 • 80 克 /3 盎司面包糠
40 克 /1½ 盎司黄油 • 盐

松露小牛肉卷 VEAL BUNDLES WITH TRUFFLES

用肉锤将小牛肉排敲打成厚度均匀的薄片，用盐调味，并撒上少许松露片和帕玛森奶酪片。将小牛肉片对折，边缘处朝下按压好。将鸡蛋与少许盐在一个浅盘内搅打均匀。面包糠撒入另外一个浅盘内。小牛肉卷先蘸上蛋液，然后再裹上面包糠。平底锅中加热熔化黄油，放入小牛肉卷，不时地翻动，煎炸 10 分钟。

INVOLTINI ALLE VERDURE
供 4 人食用
制备时间：30 分钟
加热烹调时间：45 分钟
450 克 /1 磅小牛肉片 • 2 根胡萝卜，切细条 • 1 根芹菜茎，切细条
40 克 /1½ 盎司黄油
3 汤匙橄榄油 • 5 汤匙干白葡萄酒
4 汤匙番茄糊 • 盐和胡椒

蔬菜小牛肉卷 VEAL ROULADES WITH VEGETABLES

用一个肉锤敲打小牛肉片，使其厚薄均匀。将胡萝卜和芹菜放在小牛肉片上，然后卷起，并用棉线捆好。在一口平底锅中加热黄油和橄榄油，加入小牛肉卷，不时地翻动，煎至褐色。倒入葡萄酒，并加热至完全吸收，然后用盐和胡椒调味。加入番茄糊，盖上锅盖，用小火加热 30 分钟即可。

LESSO SEMPLICE
供 4 人食用
制备时间：5 分钟
加热烹调时间：2 小时 15 分钟
1 根胡萝卜 • 1 根芹菜茎
1 颗洋葱 • 1×1 千克 /2¼ 磅去骨小牛胸肉 • 盐

简易水煮小牛肉 SIMPLE POACHED VEAL

将 4 升 /7 品脱水倒入一口酱汁锅中，加入少许盐、胡萝卜、芹菜和洋葱，加热煮沸。加入小牛肉，转小火加热，盖上锅盖后继续用小火加热约 2 小时。捞出小牛肉，趁热搭配芥末酱汁或者自己所选择的酱汁食用。

MESSICANI IN GELATINA
供 6 人食用
制备时间：40 分钟，另加冷却用时
加热烹调时间：35 分钟
1 片面包，去边
150 克 /5 盎司牛肉馅
50 克 /2 盎司意式熏火腿，切碎
50 克 /2 盎司现擦碎的帕玛森奶酪
1 颗鸡蛋
1 个蛋黄
500 克 /1 磅 2 盎司小牛肉排
4 汤匙橄榄油
25 克 /1 盎司黄油
4～5 片新鲜的鼠尾草叶
175 毫升 /6 盎司干白葡萄酒
1 升 /1¾ 品脱吉利丁
盐和胡椒

肉冻小牛肉卷 VEAL ROULADES IN ASPIC

将面包撕成小块，放入碗中，加入水没过面包，让其浸泡 10 分钟，然后捞出挤净水分。将牛肉馅、浸泡好的面包、意式熏火腿和帕玛森奶酪一起放入盆中混合均匀。拌入鸡蛋和蛋黄，调味。用一个肉锤将小牛肉排敲打成薄片，将调制好的馅料分别放到小牛肉片上。卷起并用棉线捆好。在一口锅中加热橄榄油和黄油，加入鼠尾草和小牛肉卷，煎至全部呈褐色。预留出 1 汤匙的葡萄酒，将其余的葡萄酒全部倒入锅中，加热至完全吸收。再倒入 150 毫升 /¼ 品脱水，加热 15 分钟。加入 2～3 汤匙水，转大火加热 1 分钟。将锅从火上端离，解开捆缚的棉线，放入餐盘中。根据包装说明制备吉利丁，加入剩余的葡萄酒，淋到肉卷上并完全覆盖。放入冰箱冷藏几小时至凝固。

黄油、鼠尾草和迷迭香风味小牛肉 VEAL NOISETTES IN BUTTER, SAGE AND ROSEMARY

NODINI AL BURRO, SALVIA E ROSMARINO
供 4 人食用
制备时间：20 分钟
加热烹调时间：45 分钟
4 片小牛肉 • 80 克 /3 盎司黄油，切片状 • 2 枝新鲜的迷迭香，切碎
8 片新鲜的鼠尾草叶，切碎
5 汤匙白葡萄酒 • 300 毫升 /½ 品脱牛肉高汤（见第 248 页）• 盐和胡椒

用肉锤轻轻敲打小牛肉片，与黄油一起放入一口锅中。撒上迷迭香和鼠尾草，用中火加热，两面分别煎 4 分钟。用盐和胡椒调味，倒入葡萄酒，继续加热至完全吸收。加入高汤，转小火加热，盖上锅盖，继续加热 30 分钟。根据需要，可以加入更多的高汤。

金融家小牛肉 VEAL NOISETTES A LA FINANCIERE

NODINI ALLA FINANZIERA
供 4 人食用
制备时间：40 分钟
加热烹调时间：30 分钟
100 克 /3½ 盎司黄油 • 100 克 /3½ 盎司蘑菇，切片
2 汤匙冷冻豌豆
150 克 /5 盎司牛胰腺和骨髓，切碎
5 汤匙马尔萨拉干白葡萄酒
4 片小牛肉
普通面粉，用于淋撒
300 毫升 /½ 品脱牛肉高汤（见第 248 页）
盐和胡椒

在一口平底锅中加热一半黄油，加入蘑菇，用小火加热，煸炒 20 分钟。加入豌豆、牛胰腺和骨髓，倒入马尔萨拉干白葡萄酒，加热至完全吸收。用盐和胡椒调味，再继续加热几分钟。将剩余的黄油在另外一口平底锅中加热熔化。小牛肉片裹上面粉，放入锅中，两面分别煎 4 分钟。倒入高汤，盖上锅盖，用小火加热至熟。将小牛肉片盛入温热的餐盘中，淋上酱汁即可。

米兰风味烩小牛膝 MILANESE OSSO BUCO

COOIBUCHI ALLA MILANESE
供 4 人食用
制备时间：20 分钟
加热烹调时间：1 小时
80 克 /3 盎司黄油
半颗洋葱，切碎
4 块小牛膝骨肉（5 厘米 /2 英寸厚的圆形小牛肘子骨肉）
普通面粉，用于淋撒
5 汤匙干白葡萄酒
175 毫升 /6 盎司牛肉高汤（见第 248 页）
1 根芹菜茎，切碎
1 根胡萝卜，切碎
2 汤匙番茄泥
盐和胡椒

用于制作意大利调味料（格莱莫拉塔风味调味料）
刮取半颗柠檬的外皮，切细末
1 枝新鲜平叶欧芹，切细末

见第 956 页

在一口酱汁锅中加热熔化黄油，加入洋葱，用小火加热，煸炒 5 分钟。小牛膝骨裹上面粉，放入锅中，用大火加热，煎炒至全部呈褐色。用盐和胡椒调味，继续加热几分钟，然后倒入葡萄酒，加热至完全吸收。再加入高汤、芹菜和胡萝卜，转小火加热，盖上锅盖后加热 30 分钟。其间根据需要，可以加入更多的高汤。1 汤匙的沸水和番茄泥在碗中混合均匀，拌入锅中。制作意大利调味料（格莱莫拉塔风味调味料）。柠檬皮和欧芹在碗中混合均匀，倒入锅中，小心地翻动小牛膝，继续加热 5 分钟即可。

豌豆小牛膝 VEAL OSSO BUCO WITH PEAS

OSSIBUCHI CON PISELLI
供 4 人食用
制备时间：15 分钟
加热烹调时间：1 小时 15 分钟
4 块小牛膝，5 厘米 /2 英寸厚
普通面粉，用于淋撒
80 克 /3 盎司黄油
1 颗洋葱，切碎

将面粉轻轻撒在小牛膝上。煎锅中加热熔化黄油，加入洋葱、胡萝卜和小牛膝，用大火煎，不时搅拌、翻面，直到小牛肉全部变黄。倒入干白葡萄酒，煮至蒸发。将罐装番茄放入食品料理机中，加工成泥状，同豌豆和 150 毫升 /1/4 品脱水一起加入锅中。用盐和胡椒调味，调低火力，盖上盖子，炖约 1 小时即可。

肉派 MEAT PIE

PASTICCIO DI CARNE
供 6~8 人食用
制备时间：30 分钟，另加 1 小时静置用时和冷却用时
加热烹调时间：2 小时
4 厚片瘦的小牛肉
2 汤匙现擦碎的帕玛森奶酪
4 厚片意式肉肠
4 片熟火腿
4 颗鸡蛋，打散
盐

将小牛肉用肉锤敲打至厚薄均匀的程度。取一片敲打好的小牛肉薄片，铺到一个深边的耐热焗盘的盘底（应该正好铺满焗盘的底部）。撒上一点儿帕玛森奶酪和少许的盐，然后铺上一片意式肉肠，再铺上一片火腿，淋上少许蛋液。然后继续按照此顺序分层摆放，直到将所有的食材使用完，最上面淋蛋液。将焗盘放入酱汁锅中，在酱汁锅中加入约半锅的水。加热至刚好沸腾，然后转小火加热 2 小时。将成熟后的肉派扣入一个餐盘中，此时应该非常容易滑落到餐盘中。在其上放置重物，让其静置约 1 小时。将流淌出的吉利丁状的汤汁过滤并用于装饰。放入冰箱冷藏，然后切片装盘。这种肉派可以留到第二天食用。

烤小牛胸肉 ROAST BREAST OF VEAL

PETTO AL FORNO
供 6 人食用
制备时间：15 分钟，另加 10 分钟静置用时
加热烹调时间：1 小时 30 分钟
50 克 /2 盎司黄油，另加涂抹所需
1 × 800 克 / 1¾ 磅去骨小牛胸肉
2 厚片意式熏火腿
1 枝新鲜的迷迭香，切碎
4 片新鲜的鼠尾草叶，切碎
2 汤匙橄榄油
盐和胡椒

可以请肉商帮忙将小牛胸肉敲打成非常大的片状。将烤箱预热至 180°C/350°F/ 气烤箱刻度 4。在一个烤盘内涂抹黄油。用盐和胡椒腌制小牛肉，将意式熏火腿放到小牛肉上，撒上迷迭香和鼠尾草，卷起并用棉线捆好。将小牛肉卷放到烤盘内，摆上黄油颗粒，淋上橄榄油，放入烤箱烘烤，其间不时地将烤盘内的汤汁淋到小牛肉卷上，并不时地翻动小牛肉卷，烘烤约 1 小时 30 分钟。取出后先让其静置约 10 分钟，然后解开捆缚的棉线，切片装盘即可。

← 米兰风味烩小牛膝，见第 955 页

PETTO ALLA MAIONESE
供 4 人食用
制备时间：30 分钟，另加 3 小时冷藏用时
加热烹调时间：20～30 分钟
1 × 500 克 /1 磅 2 盎司去骨小牛胸肉
25 克 /1 盎司黄油
6 汤匙蛋黄酱（见第 77 页）
3 根酸黄瓜，捞出控净汤汁并切碎
10 颗黑橄榄，去核后切成 4 瓣
盐和胡椒

蛋黄酱小牛胸肉卷 BREAST OF VEAL WITH MAYONNAISE

在小牛肉的两面都撒上盐和胡椒调味。平底锅中加热熔化黄油，放入小牛肉，煎至完全成熟，并且两面都呈金黄色。将小牛肉从锅中取出，让其冷却。蛋黄酱、酸黄瓜和橄榄在碗中混合均匀，涂抹到小牛肉上。将小牛肉卷起并用锡箔纸紧紧包好。放入冰箱冷藏 3 小时，然后取出切片装盘即可。

PETTO ALLA ERBE
供 6 人食用
制备时间：4 小时 45 分钟，另加 10 分钟静置用时
加热烹调时间：1 小时 45 分钟
3 颗鸡蛋
4 汤匙现擦碎的帕玛森奶酪
1 × 1 千克 /2¼ 磅去骨小牛胸肉
300 克 /11 盎司叶用甜菜
1 枝新鲜平叶欧芹，切碎
1 枝新鲜的罗勒，切碎
3 片熟火腿
1 瓣蒜，切碎（可选）
2 汤匙橄榄油
40 克 /1½ 盎司黄油
500 毫升 /18 盎司牛肉高汤（见第 248 页）
盐和胡椒

香草风味小牛胸肉卷 BREAST OF VEAL WITH HERBS

将鸡蛋在碗中打散，加入帕玛森奶酪，用盐调味，制成一个小的奶酪馅煎蛋饼（见第 452 页）。将小牛肉展开，奶酪馅煎蛋饼放到小牛肉上。叶用甜菜用加了盐的沸水煮几分钟，然后捞出控干切碎。将叶用甜菜、欧芹、罗勒、火腿和大蒜混合均匀。撒在煎蛋饼上，用盐和胡椒调味。将小牛肉卷起，并用棉线捆好。在一口平底锅中加热橄榄油和黄油，放入小牛肉卷，煎至呈金黄色，然后加入盐调味。倒入高汤，盖上锅盖，用小火加热，不时地翻动一下小牛肉，并将锅中的汤汁不时地淋到小牛肉卷上。需要加热 1 小时 30 分钟。将制作好的小牛肉卷从锅中取出，静置 10 分钟，然后解开棉线，切片状即可。

PETTO ALLA SALSICCE
供 6 人食用
制备时间：4 小时 30 分钟
加热烹调时间：1 小时 45 分钟
6 根小的意式香肠
4 汤匙陈面包丁
1 颗洋葱，切碎
300 毫升 /½ 品脱牛肉高汤（见第 248 页）
1 × 1 千克 /2¼ 磅去骨小牛胸肉
4 汤匙橄榄油，另加涂抹所需
50 克 /2 盎司黄油

小牛胸肉酿香肠 BREAST OF VEAL WITH SAUSAGES

平底锅中不加入任何油脂，煸炒意式香肠，直到变成褐色并完全成熟。然后将意式香肠去皮，捣碎后放入一个碗中。加入面包和洋葱混合均匀。如果混合物过于干燥，可以拌入一点儿高汤。小牛肉沿着其一侧的长边水平片开，以制作一个“口袋”造型。将制作好的香肠混合物用勺塞入“口袋”里，并将切口缝合好。在小牛肉上涂刷橄榄油，放入一口锅中，加入橄榄油和黄油，用中火加热，煎至全部呈褐色，中间要不时翻动。盖上锅盖后转小火加热，还需要不时地翻动，根据需要，在加热的过程中，逐渐加入高汤，加热 1 小时 30 分钟。熟后的小牛肉切片状，将汤汁淋到小牛肉上即可。

小牛胸肉酿香肠 ➔

焖小牛胸肉 BRAISED BREAST OF VEAL

将小牛胸肉尽量朝外掰开，在其表面切出一些浅的切口。每个切口中塞入迷迭香叶、一片大蒜及一块蘸有胡椒粉和少许盐的意式培根。将肉卷起，并用棉线捆好。在一口锅中加热黄油和橄榄油，将小牛胸肉放入锅中，反复翻动，直到煎至褐色。盖上锅盖，用小火加热，逐渐将马尔萨拉干白葡萄酒倒入锅中，加热1小时，或者一直加热到小牛胸肉完全成熟。将牛胸肉从锅中取出，让其静置一会儿。根据需要，可以在锅中加入1～2汤匙的沸水，以稀释锅中的汤汁。将捆缚小牛胸肉的棉线解开，肉切成片状，放到温热的餐盘中，淋上汤汁。你可以用黄油炒菠菜作为这道菜的配菜。

PETTO ARROSTO
供6人食用
制备时间：25分钟
加热烹调时间：1 小时15分钟
1千克/2½磅去骨小牛胸肉
1枝新鲜的迷迭香
1瓣蒜，切片
50克/2盎司意式培根，切碎
25克/1盎司黄油
3汤匙橄榄油
175毫升/6盎司马尔萨拉干白葡萄酒
盐和胡椒

柠檬风味小牛肉片 VEAL ESCALOPES IN LEMON

用一把肉锤轻轻敲击大片小牛肉，将肉片裹上一点儿面粉。在一口平底锅中加热熔化65克/2½盎司的黄油，放入肉片，用大火加热5分钟，其间翻动几次，然后用盐调味。将柠檬汁与4汤匙水混合均匀，淋到锅中，继续加热至汤汁略微减少。将欧芹撒入锅中，剩余的黄油也加入锅中，当黄油全部熔化之后，将锅从火上端离。搭配酱汁一起上桌即可。

PICCATA AL LIMONE
供4人食用
制备时间：15分钟
加热烹调时间：20分钟
500克/1磅2盎司大片小牛肉
普通面粉，用于淋撒
80克/3盎司黄油
1颗柠檬，挤出柠檬汁，过滤
1枝新鲜平叶欧芹，切碎
盐

马尔萨拉风味小牛肉片 VEAL ESCALOPES WITH MARSALA

将大片小牛肉裹上面粉。在一个大号的平底锅中加热熔化黄油，当加热至黄油变成浅褐色时，放入小牛肉片，用大火将每面煎5分钟。转小火加热，用盐调味，再继续加热几分钟，从锅中取出并保温。将马尔萨拉干白葡萄酒倒入锅中，用小火加热，用木勺将锅底的沉淀都铲起并加热溶解。小牛肉放到温热的餐盘中，淋上酱汁即可。

PICCATA AL MARSALA
供4人食用
制备时间：10分钟
加热烹调时间：20分钟
500克/1磅2盎司大片小牛肉
普通面粉，用于淋撒
80克/3盎司黄油
250毫升/8盎司马尔萨拉干白葡萄酒
盐

← 柠檬风味小牛肉片

POLPETTONE CASALINGO
供 4 人食用
制备时间：30 分钟
加热烹调时间：1 小时 30 分钟
500 克 /1 磅 2 盎司小牛肉臀尖部肉馅
100 克 /3½ 盎司熟火腿，切碎
2 颗鸡蛋，打散
少许现磨碎的肉豆蔻
普通面粉，用于淋撒
50 克 /2 盎司黄油
2 汤匙橄榄油
1 颗洋葱，切碎
1 根胡萝卜，切碎
1 根芹菜茎，切碎
2 茶匙番茄泥
盐和胡椒

小牛肉卷 VEAL MEATLOAF

将小牛肉馅、火腿、鸡蛋和肉豆蔻在碗中混合均匀，用盐和胡椒调味。用调制好的肉馅塑成一个蛋形的大肉饼，并裹上面粉。在一口锅中加热黄油和橄榄油，放入洋葱、胡萝卜和芹菜，用小火加热，翻炒 10 分钟，放入小牛肉饼，小心地翻动，一直煎至变成褐色。番茄泥加上 2 汤匙的温水混合均匀，拌入锅中。盖上锅盖，用小火加热约 1 小时。将小牛肉饼从锅中捞出，切成较厚的片，放到温热的餐盘中，将锅中的汁液舀到肉上即可。

SALTIMBOCCA ALLA ROMANA
供 4 人食用
制备时间：20 分钟
加热烹调时间：20 分钟
100 克 /3½ 盎司意式培根片，切成两半
500 克 /1 磅 2 盎司大片小牛肉
8～10 片新鲜的鼠尾草叶
50 克 /2 盎司黄油
100 毫升 /3½ 盎司干白葡萄酒
盐

罗马风味煎小牛肉火腿卷 ROMAN SALTIMBOCCA

这是意大利菜中唯一一道经过官方批准并正式颁布的主菜。1962 年由权威大厨团队在威尼斯经过磋商而确定下来的食谱。顺便讲一下，Saltimbocca，意思是“一口咽下”。将半片意式培根放到小牛肉上，放上一片鼠尾草叶，用一根牙签插住。平底锅中加热熔化黄油，放入小牛肉片，用大火加热，两面煎炸成金黄色。用盐调味，倒入葡萄酒，加热至完全吸收。然后去掉牙签即可。

SCALOPPINE AL FUNGHI
供 4 人食用
制备时间：15 分钟
加热烹调时间：45 分钟
120 毫升 /4 盎司橄榄油
50 克 /2 盎司黄油
300 克 /11 盎司蘑菇，切片
1 瓣蒜
1 枝新鲜平叶欧芹，切碎
4 大片小牛肉
普通面粉，用于淋撒
盐和胡椒

蘑菇风味小牛肉片 VEAL ESCALOPES WITH MUSHROOMS

将一半橄榄油和 20 克 /¾ 盎司的黄油一起加入一口平底锅中，放入蘑菇和大蒜，用小火加热，翻炒 20 分钟。将锅从火上端离，取出大蒜并丢弃不用，用盐给蘑菇调味，撒入欧芹。将大片的小牛肉裹上面粉。剩余的橄榄油和剩余的黄油一起在一口锅中加热，放入小牛肉片，用大火加热，每面煎 10 分钟至金黄色。用盐和胡椒调味，将牛肉片从锅中取出并保温。锅中加入 2～3 汤匙的沸水，混合均匀之后倒入蘑菇锅中。将小牛肉片放到温热的餐盘中，盛入制作好的蘑菇即可。

罗马风味煎小牛肉火腿卷 ➔

SCALOPPINE ALLA PIZZAIOLA
供 4 人食用
制备时间：20 分钟
加热烹调时间：25 分钟
4 大片小牛肉
普通面粉，用于淋撒
3 汤匙橄榄油
40 克 /1½ 盎司黄油
半颗洋葱，切碎
1 瓣蒜
4 颗熟透的番茄，去皮后切碎
2 汤匙酸豆，捞出控净汤汁并漂洗干净
10 粒绿橄榄，去核
盐和胡椒

比萨师小牛肉片 VEAL ESCALOPES PIZZAIOLA

将大片的小牛肉裹上面粉。将橄榄油和黄油放入一口平底锅中加热，放入洋葱和大蒜，用小火加热，煸炒 5 分钟。放入小牛肉片，转大火加热，每面煎 5 分钟。用盐和胡椒调味。将番茄加入锅中，再继续加热几分钟。大蒜取出并丢弃不用，加入酸豆和绿橄榄，并用盐和胡椒略微调味。再继续加热 5 分钟，然后将小牛肉盛入温热的餐盘中，淋上锅中的汤汁即可。

SCALOPPINE ALLA SENAPE
供 4 人食用
制备时间：15 分钟
加热烹调时间：20 分钟
4 大片小牛肉
普通面粉，用于淋撒
40 克 /1½ 盎司黄油
2 汤匙橄榄油
1 汤匙第戎芥末
1 枝新鲜平叶欧芹
1 枝新鲜的百里香
4 棵香葱
盐

芥末风味小牛肉片 VEAL ESCALOPES WITH MUSTARD

将大片的小牛肉裹上面粉。将黄油和橄榄油在一口大号的平底锅中加热，放入小牛肉，用中火加热，煎 8～10 分钟，直到两面都呈金黄色。用盐调味，将小牛肉从平底锅中取出并保温。锅中加入 1～2 汤匙的沸水，加入芥末混合均匀，加热至完全吸收。欧芹、百里香和香葱一起切碎，加入锅中，再继续加热几分钟。将制作好的酱汁淋到小牛肉上即可。

SCALOPPINE AL LATTE
供 4 人食用
制备时间：20 分钟
加热烹调时间：30 分钟
4 大片小牛肉
普通面粉，用于淋撒
1 颗鸡蛋
50 克 /2 盎司面包糠
25 克 /1 盎司黄油
500 毫升 /18 盎司牛奶
1 汤匙酸豆，捞出控净汁液，漂洗干净并切碎
盐和胡椒

牛奶风味小牛肉片 VEAL ESCALOPES WITH MILK

用肉锤轻轻敲击大片小牛肉，裹上面粉。在一个浅盘内打散鸡蛋，加上少许盐和胡椒搅拌。将面包糠撒入另外一个浅盘内。先将小牛肉蘸上蛋液，然后裹上面包糠，将多余的面包糠抖落掉。在一口平底锅中加热黄油，将小牛肉放入锅中，每面煎 3 分钟。倒入牛奶，盖上锅盖后用小火加热约 20 分钟，直到小牛肉成熟。将制作好的小牛肉盛入温热的餐盘中。酸豆拌入锅中的热汤汁内，淋到小牛肉上即可。

香草风味小牛肉片 VEAL ESCALOPES WITH HERBS

在一口平底锅中加热黄油和橄榄油，加入洋葱，用小火加热，煸炒 10 分钟，要确保洋葱没有变形，然后将洋葱从锅中倒出。将小牛肉放入锅中，用大火加热，每面煎 2 分钟。然后转小火加热，并用盐和胡椒调味。加入迷迭香、鼠尾草和百里香，再继续加热几分钟。倒入葡萄酒后用中火加热约 10 分钟，直到小牛肉成熟。将小牛肉从锅中盛出。锅中加入 1～2 汤匙的沸水，继续加热，并用木勺将锅底的沉淀物铲起并加热溶解。然后将其淋到小牛肉上即可。

SCALOPPINE ALLE ERBE
供 4 人食用
制备时间：10 分钟
加热烹调时间：30 分钟

50 克 /2 盎司黄油
1 汤匙橄榄油
¼ 颗洋葱，保持完整
4 大片小牛肉
1 枝新鲜的迷迭香，切碎
1 枝新鲜的鼠尾草，切碎
1 枝新鲜的百里香，切碎
5 汤匙干白葡萄酒
盐和胡椒

葡萄柚风味小牛肉片 VEAL ESCALOPES WITH GRAPEFRUIT

将黄油放入一口平底锅中加热熔化，加入百里香。小牛肉片裹上薄薄的一层面粉，放入锅中，用大火加热至两面都呈金黄色。将葡萄酒和葡萄柚汁混合均匀，倒入锅中。盖上锅盖，用小火继续加热 15 分钟，直到汤汁变得浓稠。用盐和胡椒调味。将小牛肉片盛入温热的餐盘中，锅中的汁液用勺舀起淋到小牛肉上，取出百里香并丢弃不用。用葡萄柚片装饰即可。

SCALOPPINE AL POMPELMO
供 4 人食用
制备时间：10 分钟
加热烹调时间：25 分钟

40 克 /1½ 盎司黄油
1 枝新鲜的百里香
4 大片小牛肉
普通面粉，用于淋撒
5 汤匙干白葡萄酒
半个葡萄柚，挤出葡萄柚汁，过滤
盐和胡椒
葡萄柚片，用于装饰

香酥小牛肉馅饼 VEAL FRITTERS

将洋葱、大蒜、红辣椒和小牛肉馅在碗中混合均匀。平底锅中加热熔化黄油，放入小牛肉馅，加热煸炒，直到全部变成褐色。从锅中盛出，使其冷却。拌入鸡蛋、橄榄、葡萄干和牛至，用盐和胡椒调味。将千层酥皮面团在撒有薄薄一层面粉的工作台面上擀开，切出 4 个均为 10 厘米 /4 英寸的圆片，将少许小牛肉馅料放入圆形酥皮的中间位置上，酥皮的外沿涂上蛋液。将酥皮圆片对折，边缘位置捏紧密封。在一口大号的锅中加热植物油，将小牛肉馅饼放入油锅中炸成金黄色。用铲子捞起，控净油后即可。

SGONFIOTTI DI CARNE
供 4 人食用
制备时间：45 分钟，另加冷却用时
加热烹调时间：20 分钟

2 颗洋葱，切碎
1 瓣蒜，切碎
1 根红辣椒，去籽并切碎
250 克 /9 盎司小牛肉馅
50 克 /2 盎司黄油
2 颗鸡蛋，煮熟并切碎
8 粒绿橄榄，去核后切碎
50 克 /2 盎司葡萄干
少许干牛至
250 克 /9 盎司成品千层酥皮面团，如果是冷冻的，需要提前解冻
普通面粉，用于淋撒
1 颗鸡蛋，打散
植物油，用于油炸
盐和胡椒

SPEZZATINO AI SEI PROFUMI
供 4 人食用
制备时间：30 分钟，另加 2 小时腌制用时
加热烹调时间：50 分钟
800 克 / 1¾ 磅去骨小牛肩肉，切块状 • 1 瓣蒜，切碎
1 枝新鲜平叶欧芹，切碎
1 枝新鲜的罗勒，切碎
1 颗柠檬，挤出柠檬汁，过滤
1 个橙子，挤出橙汁，过滤
擦取 1 颗青柠的外皮
1 汤匙茴香籽 • 3 汤匙橄榄油
40 克 / 1½ 盎司黄油 • 盐和胡椒

六香炖小牛肉 SIX-AROMA VEAL STEW

将小牛肉用盐和胡椒调味，放入碗中，与大蒜、欧芹和罗勒叶一起搅拌。加入柠檬汁和橙汁，再加入青柠皮和茴香籽，翻拌均匀，让其腌制 2 小时。在一口酱汁锅中加热橄榄油和黄油。将小牛肉捞出控净汤汁，保留好腌泡汁，将腌制好的小牛肉加入锅中，翻炒约 5 分钟。将保留的腌泡汁过滤到锅中，盖上锅盖并用小火加热 45 分钟，根据需要可以加入适量热水。

SPEZZATINO AL CURRY
供 4 人食用
制备时间：15 分钟
加热烹调时间：1 小时 15 分钟
2 汤匙橄榄油 • 25 克 / 1 盎司黄油
2 颗洋葱，切碎 • 600 克 / 1 磅 5 盎司去骨小牛肩肉，切块状
普通面粉，用于淋撒
2 汤匙咖喱粉 • 1 枝新鲜的百里香叶
1 枝新鲜平叶欧芹，切碎
盐和胡椒

咖喱小牛肉 CURRIED VEAL

在一口酱汁锅中加热橄榄油和黄油，加入洋葱，用小火加热，翻炒 5 分钟。将小牛肉裹上薄薄的一层面粉，放入锅中，转大火加热，煎炒 5 分钟，或者一直煎至完全呈褐色。用盐和胡椒调味。在碗中将咖喱粉与 2～3 汤匙的温水混合到一起，倒入小牛肉锅中。搅拌均匀。盖上锅盖后用中火炖 1 小时。加入百里香和欧芹，然后将制作好的小牛肉盛入温热的餐盘中。这道咖喱小牛肉菜肴可配肉饭或者白米饭，美味可口。

SPEZZATINO CON VERDURE
供 4 人食用
制备时间：20 分钟
加热烹调时间：1 小时 15 分钟
2 汤匙橄榄油
25 克 / 1 盎司黄油
1 颗洋葱，切细末
1 根芹菜茎，切细末
600 克 / 1 磅 5 盎司去骨小牛肩肉，切块状
普通面粉，用于淋撒
3 根胡萝卜，切细条
100 毫升 / 3½ 盎司番茄糊
3 个西葫芦，切细条
盐和胡椒

蔬菜炖小牛肉 VEAL AND VEGETABLE STEW

在一口锅中加热橄榄油和黄油，加入洋葱和芹菜，用小火加热，翻炒 5 分钟。将小牛肉裹上一层面粉，放入锅中，转大火加热，煎炒至完全呈褐色。用盐和胡椒调味，再继续加热 5 分钟，然后加入胡萝卜和番茄糊。盖上锅盖，用小火加热约 45 分钟，如果锅中的汁液过少，可以不时地加入 2～3 汤匙的温水。放入西葫芦，再盖上锅盖，继续加热 15 分钟即可。

洋蓟心小牛胸肉 BREAST OF VEAL WITH ARTICHOKE HEARTS

SPINACINO AI CARCIOFI
供 8 人食用
制备时间：40 分钟，另加 10 分钟静置用时
加热烹调时间：1 小时
1 × 1⅓ 千克 /2½ 磅去骨小牛胸肉
300 克 /11 盎司肉馅
50 克 /2 盎司现擦碎的帕玛森奶酪
1 颗鸡蛋，打散成蛋液
3 个非常鲜嫩的洋蓟心
4 汤匙橄榄油
半颗柠檬，挤出柠檬汁，过滤
25 克 /1 盎司黄油
盐

用一把锋利的刀，将小牛肉上切出一个深深的“口袋”状。肉馅、帕玛森奶酪和鸡蛋在碗中混合均匀，用盐调味。将 2～3 汤匙混合均匀的肉馅塞入口袋形的切口中，并轻轻推到底部。将一颗洋蓟心的底部朝外塞入切口处。再将 2～3 汤匙的肉馅塞入切口里，然后再塞入一颗洋蓟心。再次塞入 2～3 汤匙的肉馅，将剩余的洋蓟心塞入切口里。最后，将剩余的肉馅全部塞入切口里。用棉线将切口处缝合好。将 1 汤匙的橄榄油与柠檬汁混合均匀，涂刷到小牛肉上。在一口大号的锅中或者一口耐热砂锅中加热黄油和剩余的橄榄油，放入小牛肉，盖上锅盖，用小火加热约 1 小时。在加热 30 分钟后，开始不时地翻动小牛肉。在结束加热前约 5 分钟时，打开锅盖，转大火加热，不时地翻动小牛肉，直到小牛肉变成褐色。将锅从火上端离，让小牛肉静置 10 分钟，再切成片状。将切好的小牛肉片放入餐盘中，淋上锅中的汁液即可。

苹果酒风味小牛腿肉 SHIN OF VEAL IN CIDER

STINCO AL SIDRO
供 6 人食用
制备时间：10 分钟
加热烹调时间：2 小时
150 克 /5 盎司黄油
4 颗红葱头，切细丝
1 条小牛腿肉
1 汤匙卡尔瓦多斯苹果酒（Calvados）
750 毫升 /1¼ 品脱苹果白兰地
300 克 /11 盎司小洋葱
4 颗红皮苹果，去核后切碎
250 毫升 /8 盎司双倍奶油
1 个蛋黄
盐和胡椒

在一口锅中加热熔化 50 克 /2 盎司的黄油，加入红葱头，用小火加热，煸炒 10 分钟。然后转大火加热，将小牛腿肉放入锅中，反复煎 10 分钟，直到全部呈褐色。用盐和胡椒调味，加入卡尔瓦多斯苹果酒，加热至完全吸收。再倒入苹果白兰地，加入少许盐，转小火加热，盖上锅盖后加热约 1 小时 30 分钟。与此同时，在另外一口锅中加热熔化剩余黄油中的 50 克 /2 盎司，放入洋葱，用小火加热，煸炒 15 分钟。将剩余的黄油在另外一口锅中加热，放入苹果，用小火加热，翻炒至刚好熟。将小牛腿肉从锅中取出并保温。将双倍奶油拌入锅中的汁液中，然后再拌入蛋黄，用慢火加热，不要让锅中的汁液煮沸。小牛肉切成片状，放到温热的餐盘中，淋上酱汁，四周围上苹果和洋葱即可。

STINCO ARROSTO
供 6 人食用
制备时间：15 分钟
加热烹调时间：2 小时 20 分钟
3 汤匙橄榄油
40 克 /1½ 盎司黄油
1 枝桃金娘（myrtle）或者 6 粒杜松子
1 枝新鲜的迷迭香
2 颗红葱头，切细末
1 条小牛腿肉
175 毫升 /6 盎司红葡萄酒
盐和胡椒

烤小牛腿 ROAST SHIN OF VEAL

将烤箱预热至 190°C/375°F/ 气烤箱刻度 5。橄榄油、黄油、桃金娘（或者杜松子）、迷迭香和红葱头放入一个烤盘内，用小火加热，煸炒 10 分钟。加入小牛腿肉，煎至全部呈金黄色。用盐和胡椒调味，然后放入烤箱烘烤约 1 小时。倒入葡萄酒，将烤盘放回烤箱里，继续烘烤 1 小时，其间要不时地将烤盘内的汤汁淋到小牛腿肉上。根据需要，可以往烤盘内加入 1 勺的沸水。小牛腿肉取出，切成片状，放到温热的餐盘中，将烤盘内的汤汁淋到肉片上即可。

VITELLO TONNATO CALDO
供 6 人食用
制备时间：30 分钟
加热烹调时间：1 小时 50 分钟
40 克 /1½ 盎司黄油 • 3 汤匙橄榄油
1 × 800 克 /1¾ 磅小牛臀尖肉
175 毫升 /6 盎司干白葡萄酒
1 根胡萝卜 • 1 根芹菜茎
2 条盐渍鳀鱼，去掉鱼头，洗净并剔取鱼肉（见第 694 页），用冷水浸泡 10 分钟，捞出控干并漂洗干净
100 克 /3½ 盎司罐装油浸金枪鱼，捞出控净汤汁，掰碎 • 4 根酸黄瓜，捞出控净汤汁，切碎 • 1 颗柠檬，挤出柠檬汁，过滤 • 盐和胡椒

热食小牛肉配金枪鱼酱汁 HOT VEAL IN TUNA SAUCE

在一口酱汁锅中加热黄油和橄榄油，加入小牛肉，煎至全部变成褐色。用盐和胡椒调味，再继续煎 5 分钟，然后倒入葡萄酒，加热至全部吸收。加入胡萝卜和芹菜，倒入 175 毫升 /6 盎司水。盖上锅盖后用小火加热 1 小时 30 分钟，其间要不时地翻动一下小牛肉。与此同时，将鳀鱼切碎。将鳀鱼、金枪鱼、酸黄瓜和柠檬汁在碗中混合均匀。小牛肉煮熟后，从锅中取出。将胡萝卜和芹菜取出，锅中倒入金枪鱼混合物，与锅中的汤汁混合均匀。将小牛肉切成非常薄的片，放到温热的餐盘中，将热的金枪鱼酱汁淋到小牛肉上即可。

VITELLO TONNATO FREDDO
供 6 人食用
制备时间：20 分钟，另加冷却和静置用时
加热烹调时间：2 小时
1 × 800 克 /1¾ 磅小牛臀尖肉
1 根胡萝卜 • 1 颗洋葱
1 根芹菜茎 • 1 汤匙白葡萄酒醋
1 汤匙橄榄油 • 盐

用于制作酱汁
200 克 /7 盎司罐装油浸金枪鱼，捞出控净汤汁 • 3 条罐装油浸鳀鱼，捞出控净汤汁 • 2 汤匙酸豆，捞出控净汤汁，漂洗干净 • 2 个煮熟的蛋黄
3 汤匙橄榄油
1 颗柠檬，挤出柠檬汁，过滤

冷食小牛肉配金枪鱼酱汁 COLD VEAL IN TUNA SAUCE

将小牛肉用棉线捆好。将一锅加了盐的水煮沸，放入小牛肉、胡萝卜、洋葱、芹菜、醋和橄榄油。盖上锅盖后用小火加热 2 小时，直到小牛肉熟透。将锅从火上端离，让小牛肉在汤汁中冷却。制作酱汁：将金枪鱼、鳀鱼、酸豆和蛋黄用绞肉机搅碎，或者用食物料理机搅打。拌入橄榄油、2～3 汤匙的汤汁和柠檬汁。解开捆缚小牛肉的棉线，切成片状，放入餐盘中。将酱汁用勺淋到肉片上，在上菜之前几小时的时间内，让其滋味充分混合均匀。

冷食小牛肉配金枪鱼酱汁 →

香 肠

意式香肠包括熏猪肉香肠、卡佩罗香肠（cappello del prete）、酿猪蹄和萨拉米香肠等。尽管意式香肠中用于加热烹调的香肠种类远没有生食的香肠种类多，但是具有鲜明特色的食材，独居一格的风味和扑鼻而来的芳香，使它们成为了真正意义上的美味佳肴。尤其是在寒冷的冬天，在严酷的气候条件下给人们带来舒适的享受，创造出令人愉悦的氛围。意式香肠不仅形状和大小令人目不暇接，而且还包括种类繁多的食材。例如，在制作熏猪肉香肠时，猪鼻肉是其主要成分；在制作去骨猪蹄时，会使用加了多种香料调味的许多粗粒肉馅。在瘦肉占主要成分的香肠中，会以长度或者以根的形式售卖，制作香肠所使用的各种食材必须充分混合均匀。苏戈萨拉米的切割方式被视为一种珍贵的技艺，在世界上任何地方都没有与之相类似的香肠——就如同牛柳、瘦肉和牛舌一样。在意大利，从伦巴第和托斯卡纳到威尼托、艾米利亚-罗马涅区、坎帕尼亚等地，都拥有独具特色的香肠品种。最后，在意大利，象征着新年到来的美食标志是摩德纳（Modena）的酿猪蹄，这已经成为了意大利传统烹饪的一部分。

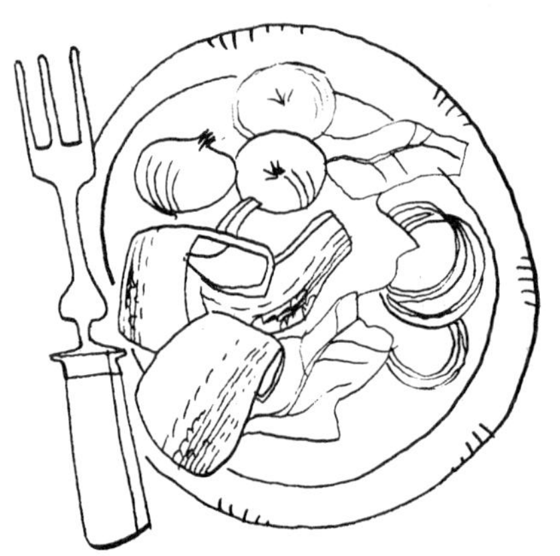

烤酥皮卡佩罗香肠 CAPPELLO DEL PRETE EN CROÛTE

CAPELLO DEL PRETE IN CROSTA
供 4 人食用
制备时间：1 小时 50 分钟
加热烹调时间：40 分钟

1 根卡佩罗香肠
500 克 /1 磅 2 盎司甜菜
25 克 /1 盎司黄油
1 瓣蒜，切细末
2 汤匙现擦碎的帕玛森奶酪
300 克 /11 盎司成品千层酥皮面团，如果是冷冻的，要提前解冻
普通面粉，用于淋撒
1 个蛋黄，打散
盐

在肠衣上戳出一些洞。用锡箔纸包好，水煮 1 小时 30 分钟。与此同时，用加了盐的沸水将甜菜煮约 15 分钟，直到成熟。捞出控干，并尽可能地将多余的水分挤出，然后与黄油、大蒜和帕玛森奶酪混合均匀。捞出卡佩罗香肠并剥除外皮。将烤箱预热至 200°C/400°F/ 气烤箱刻度 6。在一个撒有薄薄一层面粉的工作台面上，将酥皮擀成一张足够包起卡佩罗香肠的三角形面皮。将一半甜菜撒到酥皮上，卡佩罗香肠放到甜菜上，再将剩余的甜菜覆盖到香肠上。抬起酥皮的角，越过中间位置密封好。放到一个烤盘内，涂上蛋黄，放入烤箱烘烤 40 分钟，呈金黄色即可。

熏猪肉香肠 COTECHINO

COTECHINO
供 4 人食用
制备时间：10 分钟
加热烹调时间：2 小时

1 根 600 克 /1 磅 5 盎司重的熏猪肉香肠

在熏猪肉香肠外皮上戳出一些洞。用锡箔纸包好，这样在煮的过程中就不会爆裂。放入一口大号的锅中，加入没过香肠的水，加热至刚好沸腾，然后转小火加热，煮约 2 小时。将煮好的香肠在锅中浸泡 10 分钟，捞出控干水分并切片。值得注意的是，在意大利以外的地方所销售的熏猪肉香肠绝大多数会提前制作，这样的话，这一道熏猪肉香肠食谱就无用武之地了。但是，你需要做的是，将熏猪肉香肠加入其他食材中前，或者直接上桌之前，将其再次加热。

熏猪肉香肠菠菜卷 WRAPPED COTECHINO

COTECHINO ARROTOLATO
供 6 人食用
制备时间：30 分钟，另加 10 分钟静置用时
加热烹调时间：1 小时

250 克 /9 盎司菠菜
50 克 /2 盎司黄油
1 瓣蒜，拍碎
1 × 675 克 /1½ 磅小牛臀部肉
50 克 /2 盎司现擦碎的帕玛森奶酪
1 根 600 克 /1 磅 5 盎司重的熟熏猪肉香肠，剥除肠衣
3 汤匙橄榄油
1 枝新鲜的迷迭香，切碎
6 片新鲜的鼠尾草叶，切碎
175 毫升 /6 盎司干白葡萄酒
盐和胡椒

将烤箱预热至 190°C/375°F/ 气烤箱刻度 5。将刚洗完带着一点儿水分的菠菜放入锅中加热约 5 分钟，然后捞出控净汁液，多余的汁液尽可能地都挤出并切碎。菠菜与一半黄油和大蒜混合均匀，用盐和胡椒调味。将混合均匀的菠菜放在小牛肉上，再撒上帕玛森奶酪，熟熏猪肉香肠放到中间。将小牛肉卷起并用棉线捆好。在一口耐热砂锅中，加热橄榄油和剩余的黄油，放入迷迭香和鼠尾草，煸炒几分钟，然后将小牛肉放入，不停翻动，加热煎至全部都呈褐色。倒入葡萄酒，加热至完全吸收，然后用盐和胡椒调味，放入烤箱烘烤约 1 小时。将烤好的小牛肉从烤箱内取出，让其静置 10 分钟，然后解开捆缚的棉线，切成片状即可。

COTECHINO CON LENTICCHIE
供 4 人食用
制备时间：20 分钟
加热烹调时间：1 小时
400 克 /14 盎司小扁豆
1 颗洋葱，切成两半
2 根芹菜茎
2 汤匙橄榄油
20 克 /¾ 盎司黄油
1 × 600 克 /1 磅 5 盎司熟熏猪肉香肠，去掉肠皮，切片状并热透
盐和胡椒

熏猪肉香肠配小扁豆 COTECHINO WITH LENTILS

将小扁豆、半颗洋葱和 1 根芹菜茎放入一口大锅中，加入冷水没过小扁豆，加热煮沸，然后转小火加热 45～50 分钟，直到小扁豆煮熟。与此同时，将剩余的半颗洋葱和芹菜切碎。在一口锅中加热橄榄油和黄油，放入切碎的洋葱和芹菜，用小火加热，煸炒 5 分钟。将小扁豆捞出控干。去掉洋葱和芹菜，将小扁豆倒入锅中。用小火加热，不停翻炒。用盐和胡椒调味，将炒好的小扁豆盛入温热的餐盘中，熏猪肉香肠放到小扁豆上即可。

COTECHINO CON SALSA DI FUNGHI
供 6 人食用
制备时间：25 分钟
加热烹调时间：25 分钟
2 汤匙橄榄油
1 颗红葱头，切碎
600 克 /1 磅 5 盎司蘑菇，切薄片
200 毫升 /7 盎司双倍奶油
12 片切片白面包
熔化的黄油，用于涂刷
5 汤匙牛奶
1 × 600 克 /1 磅 5 盎司的熟熏猪肉香肠，去掉肠衣，切片并热透
盐和胡椒

熏猪肉香肠配蘑菇酱汁 COTECHINO WITH MUSHROOM SAUCE

将烤箱预热至 200°C/ 400°F/ 气烤箱刻度 6。将橄榄油在一口锅中加热，放入红葱头，用小火加热，煸炒 5 分钟。加入蘑菇和双倍奶油，用盐和胡椒调味，翻炒 10～20 分钟至蘑菇成熟。与此同时，用圆形模具在切片面包上分别切出 12 个圆形的面包片，涂上熔化的黄油，放到一个烤盘里，放入烤箱烘烤至金黄色。将牛奶在一口小号酱汁锅中加热至沸腾。将炒好的蘑菇放入食物料理机内，倒入热牛奶，搅打至细腻状。熏猪肉香肠片分别放到圆形面包片上，在圆形面包片的四周围上一圈蘑菇酱汁即可。

COTECHINO VESTITO
供 4 人食用
制备时间：40 分钟
加热烹调时间：1 小时 15 分钟
50 克 /2 盎司干蘑菇
1 × 300 克 /11 盎司瘦小牛肉
1 × 400 克 /14 盎司的熟熏猪肉香肠，去掉肠衣
20 克 /¾ 盎司黄油
¼ 盎司洋葱，切细末
1 根芹菜茎，切细末
1 根胡萝卜，切细末
50 克 /2 盎司意式培根，切碎

熏猪肉香肠小牛肉蘑菇卷 COTECHINO IN A JACKET

将蘑菇放入碗中，加入热水没过蘑菇，浸泡 15～30 分钟，然后捞出控干，并挤净水分。用肉锤将小牛肉敲打成非常薄且均匀的片，熏猪肉香肠放到中间，然后卷起，并用棉线捆好。将黄油在一口锅中加热，放入洋葱、芹菜、胡萝卜和意式培根，用小火加热，翻炒约 5 分钟。放入牛肉卷，转中火加热，翻动牛肉卷，直到将牛肉卷煎至褐色。加入没过牛肉卷一半高度的水，加入蘑菇，小火加热约 1 小时。将牛肉卷从锅中取出，解开棉线，切好之后配锅中的原汁一起食用。

熏猪肉香肠配小扁豆 →

SALSICCE ALLE DIECI ERBE
供 4 人食用
制备时间：30 分钟
加热烹调时间：20 分钟
8 根意式香肠
新鲜的迷迭香叶，切碎
新鲜的鼠尾草叶，切碎
新鲜的罗勒叶，切碎
新鲜的百里香叶，切碎
新鲜平叶欧芹，切碎
新鲜墨角兰叶，切碎
新鲜的薄荷叶，切碎
新鲜的龙蒿叶，切碎
芹菜茎，切碎
红葱头，切碎
100 毫升 /3½ 盎司干白葡萄酒

十香香肠 TEN-HERB SAUSAGES

所使用的各种香草、芹菜和红葱头的具体用量，可以根据个人口味喜好而决定，但是最好是与味道浓郁的香草搭配，例如迷迭香等。在香肠的外皮上戳出一些洞，与 2 汤匙水一起放入一口锅中，加热约 10 分钟，不时地翻动，直到呈金黄色。加入香草、芹菜和红葱头，继续加热几分钟。倒入葡萄酒，加热至完全吸收，取出后装盘即可。

SALSICCE AL POMODORO
供 4 人食用
制备时间：10 分钟
加热烹调时间：30 分钟
8 根意式香肠
100 毫升 /3½ 盎司干白葡萄酒
250 毫升 /8 盎司番茄糊
盐和胡椒

番茄风味香肠 SAUSAGES IN TOMATO

用叉子在香肠的外皮上戳出一些洞，放入一口锅中，加入 2 汤匙水，用小火加热 10 分钟，不时地翻动，直到呈金黄色。倒入葡萄酒，加热至完全吸收。加入番茄糊，并用盐和胡椒调味。盖上锅盖后用小火继续加热 15 分钟，配酱汁一起食用即可。

SALSICCE CON CAROTE
供 4 人食用
制备时间：15 分钟
加热烹调时间：30 分钟
40 克 /1½ 盎司黄油
8 根胡萝卜，切细条
500 克 /1 磅 2 盎司香肠，切块状
盐和胡椒

胡萝卜香肠 SAUSAGES WITH CARROTS

在一口锅中加热熔化 25 克 /1 盎司黄油，加入胡萝卜，用小火加热，翻炒 10 分钟。将香肠放入一口锅中，加入 2～3 汤匙水，加热翻炒约 10 分钟，直到香肠变成褐色。将翻炒好的胡萝卜和剩余的黄油倒入盛放香肠的锅中，用盐和胡椒调味，继续加热几分钟即可。

十香香肠 ➔

SALSICCE CON PORRI AL GRATIN
供 4 人食用
制备时间：4 小时 20 分钟，另加冷却用时
加热烹调时间：10～15 分钟
3 棵韭葱，清理后切薄片
1 份牛肉高汤（见第 248 页）
黄油，用于涂抹
8 根小的意式香肠
150 毫升 /¼ 品脱双倍奶油

焗韭葱香肠 SAUSAGES WITH LEEKS AU GRATIN

将韭葱放入一口小号的酱汁锅中，倒入没过韭葱的高汤，加热煮沸，然后转小火加热约 15 分钟，至韭葱熟。捞出控干，让其冷却。将烤箱预热至 200°C/ 400°F/ 气烤箱刻度 6。在一个耐热焗盘内涂抹黄油。在香肠外皮上戳出一些洞，放入一口锅中，加热并翻动，直至变成褐色。将韭葱放入准备好的焗盘内，香肠放到韭葱上。将双倍奶油用勺淋到香肠上，放入烤箱烘烤至开始冒泡即可。

SALSICCE CON TORTA DI PATATE
供 4 人食用
制备时间：1 小时
加热烹调时间：15～20 分钟
6 个马铃薯，不要去皮
300 克 /11 盎司意式香肠
3 汤匙橄榄油
2 颗洋葱，切细丝
盐和胡椒

香肠马铃薯挞 SAUSAGES WITH POTATO TART

用淡盐水将马铃薯煮 25～30 分钟至熟。捞出控干，去皮后用叉子碾碎呈泥状，在香肠的外皮上戳出一些洞，放入一口锅中，加入 2 汤匙水，不时地翻动并加热约 10 分钟，直至呈褐色。在另一口锅中加热橄榄油，放入洋葱，用小火加热，翻炒约 5 分钟。加入马铃薯泥，用盐和胡椒调味并混合均匀。用一把抹刀将马铃薯泥塑成厚度为 2½ 厘米 /1 英寸的圆形。用大火加热，将两面煎至褐色且香脆。将制作好的马铃薯馅饼盛入温热的餐盘中，四周围上热的香肠。

SALSICCE E RAPE
供 4 人食用
制备时间：15 分钟
加热烹调时间：50 分钟
400 克 /14 盎司意式香肠，切块
1 枝新鲜的迷迭香
1 瓣蒜，切碎
600 克 /1 磅 5 盎司芜菁，切片
盐和胡椒

芜菁香肠 SAUSAGES AND TURNIPS

将香肠、迷迭香和大蒜放入一口锅里，加热并翻动，直到香肠变成褐色。将香肠从锅中取出，放入芜菁，加热并煸炒 5 分钟。用盐和胡椒略微调味，盖上锅盖后，继续加热约 30 分钟。如果在临出锅时芜菁中水分有点多，可以打开锅盖，加热并将这些水分熥尽。将香肠放入锅中，加热几分钟后，盛入温热的餐盘中即可。

SALSICCE IN TEGAME
供 4 人食用
制备时间：10 分钟
加热烹调时间：15 分钟
8 根意式香肠
100 毫升 /3½ 盎司干白葡萄酒

煎香肠 FRIED SAUSAGES

在香肠的外皮上戳出一些洞，将香肠放入一口厚底锅中，用中大火加热，翻炒至呈褐色。倒入干白葡萄酒，加热至完全吸收。这些香肠可搭配使用大蒜风味橄榄油与切条状的皱叶甘蓝制作的配菜。

法兰克福香肠配皱叶甘蓝 FRANKFURTERS WITH SAVOY CABBAGE

在一口锅中加热橄榄油，放入皱叶甘蓝，用盐和胡椒调味，中火加热，翻炒 5 分钟。然后转小火加热，盖上锅盖，再继续加热 1 小时。淋上白葡萄酒醋并拌匀。然后从锅中盛入温热的餐盘中。与此同时，用小火将法兰克福香肠水煮 10 分钟，捞出控干水分。放到盘内的皱叶甘蓝上即可。

WÜRSTEL CON VERZA
供 4 人食用
制备时间：15 分钟
加热烹调时间：1 小时 10 分钟
5 汤匙橄榄油
1 颗皱叶甘蓝，切丝
白葡萄酒醋，用于淋洒
8 根法兰克福香肠
盐和胡椒

酿猪蹄 ZAMPONE

用一根大号的针在酿猪蹄外皮上戳出一些洞。用纱布包好，放入一口锅中，加入足以没过酿猪蹄的水，加热煮沸。然后转小火加热 3 小时（加热的时间根据每增加 500 克 /1 磅 2 盎司的酿猪蹄，需要增加约 30 分钟加热的时间来计算）。将煮好的酿猪蹄放入锅中浸泡 10 分钟，然后捞出切片。酿猪蹄与马铃薯泥或者炖小扁豆是最佳搭配。

ZAMPONE
供 4～6 人食用
制备时间：5 分钟，另加整晚浸泡用时和 10 分钟静置用时
加热烹调时间：3 小时
1 × 1 千克 /2¼ 磅酿猪蹄，用冷水浸泡一晚上后捞出控干

内 脏

鹅肝酱是法国烹饪中标志性的美味佳肴之一。其令人难忘的味道将肝脏的名声提到了非常高的地位。实际上，肝脏是这个种类繁多的内脏大家庭中最受推崇的成员之一，在这个大家庭中，还包括心脏、腰子、大脑、胸腺、骨髓、肚、舌头，还有蹄子和尾巴。腰子是用来制作一些非常美味的食谱所需要的最基本食材。心脏和肝脏可以用来制作许多常见的食谱。肺脏，是最不受欢迎的和价格最便宜的一种内脏，然而它却是制作原汁原味的汤菜必不可少的食材。大脑、胸腺和骨髓味道非常鲜美而淡雅。新鲜的、腌制的或者烟熏的舌头，可以用来制作一系列美味可口的菜肴。小牛头也是这个内脏大家庭之中的一员。蹄子的制备工作费时费力，但却是制作著名的美味佳肴 nervetti（牛蹄筋）的主要食材。并不是每一位厨师都会喜欢内脏这类食材，但它们却是构成意大利肉类烹调的重要组成部分，为意大利烹饪贡献许多美味的菜肴。

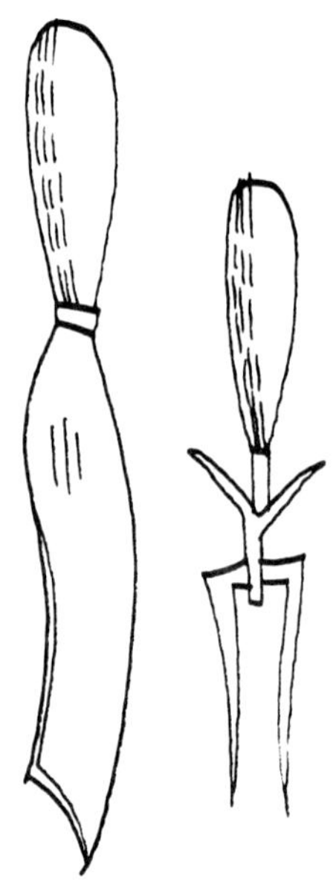

小牛胸腺

尽管羔羊胸腺偶尔也会用到，但是胸腺，通常是指来自小牛的胸腺。胸腺非常美味可口，并且有着极高的营养价值。能够彰显出它们最佳风味的最经典的做法是用黄油煎。裹上面包糠之后煎炸也会非常美味。它们被强烈推荐用于增稠和用来制成柔软的馅料，能够给菜肴带来一丝醇厚的风味。

数量和加热烹调的时间

➔ 可以按照每人约 120 克 / 4 盎司的量提供。

➔ 将小牛胸腺用大量的冷水浸泡，至少每隔 3～4 小时需要更换一次冷水。

➔ 用淡盐沸水先煮 5～6 分钟，然后捞出控干，并使其冷却。

➔ 仔细地将所有的筋膜摘除，注意不要损坏其柔嫩的质地。

小牛胸腺配水田芥 SWEETBREADS WITH WATERCRESS

ANIMELLE AL CRESCIONE
供 6 人食用
制备时间：1 小时，另加浸泡用时
加热烹调时间：35 分钟

- 2 根胡萝卜
- 1 枝新鲜平叶欧芹
- 1 枝新鲜的百里香
- 800 克 / 1¾ 磅小牛胸腺，浸泡后捞出控干水分
- 65 克 / 2½ 盎司黄油
- 1 颗洋葱，切细末
- 1 汤匙普通面粉
- 100 毫升 / 3½ 盎司马德拉葡萄酒
- 350 毫升 / 12 盎司白葡萄酒
- 1 汤匙双倍奶油
- 1 把水田芥
- 盐和胡椒

将 1 根胡萝卜、欧芹和百里香放入一口锅中，加入约 1 升 / 1¾ 品脱水，加热煮沸，然后用小火加热 30 分钟。剩余的胡萝卜切成细末。将制作好的汤从火上端下来，让其稍微冷却，然后加入小牛胸腺，再继续加热煮沸。转小火加热煮 10 分钟，然后捞出，控净水，并去掉所有的筋膜。在一口锅中加热熔化黄油，放入切碎的胡萝卜和洋葱，用小火加热，煸炒 5 分钟。加入小牛胸腺，再继续加热几分钟，然后用盐和胡椒调味。拌入面粉，再倒入马德拉葡萄酒和白葡萄酒，加热至完全吸收。加入双倍奶油，加热至变得浓稠。将制作好的小牛胸腺盛入温热的餐盘中。水田芥叶和最嫩的茎放入锅中，用小火加热 10 分钟。将制作好的水田芥酱汁放入食物料理机内，搅打呈蓉泥状，淋到小牛胸腺上即可。

焗小牛胸腺配豌豆 SWEETBREADS AU GRATIN WITH PEAS

用淡盐沸水先将小牛胸腺煮 5～6 分钟，然后捞出控干水分。让其稍微冷却，并将所有的筋膜摘除。在一口锅中加热熔化 25 克 /1 盎司黄油，加入胡萝卜和洋葱，用小火加热，煸炒 5 分钟。加入百里香，并用盐和胡椒调味。再将小牛胸腺放入锅中，加入葡萄酒和 150 毫升 /¼ 品脱水，加热 5 分钟。将小牛胸腺从锅中捞出，切薄片并保温。锅中的汤汁和蔬菜一起用食物研磨器研磨碎。在一口平底锅中加热熔化 50 克 /2 盎司黄油，拌入面粉，加入研磨成蓉泥状的汤汁。用小火加热约 10 分钟。将烤箱预热至 180°C/350°F/ 气烤箱刻度 4。在一个耐热焗盘内涂黄油。与此同时，在一口锅中加热剩余的黄油，加入 2 汤匙的热水，加热煸炒豌豆。在另外一口锅中，将制作好的泥蓉状酱汁与双倍奶油、豌豆混合均匀，用盐调味，中火加热，直到酱汁变得浓稠。将小牛胸腺放到准备好的焗盘内，舀入豌豆酱汁，再撒上帕玛森奶酪，放入烤箱烘烤约 10 分钟，直到变成金黄色，取出后直接上桌即可。

ANIMELLE AL GRATIN CON PISELLI
供 6 人食用
制备时间：1 小时，加上浸泡时间
加热烹调时间：10 分钟
675 克 /1½ 磅小牛胸腺，浸泡后捞出控干水分
120 克 /4 盎司黄油，另加涂抹所需
2 根胡萝卜，切碎
2 颗小洋葱，切碎
1 枝百里香
175 毫升 /6 盎司干白葡萄酒
40 克 /1½ 盎司普通面粉
250 克 /9 盎司冷冻豌豆
1 汤匙双倍奶油
25 克 /1 盎司帕玛森奶酪，现擦碎
盐和胡椒

小牛胸腺配奶油蘑菇 SWEETBREADS WITH CREAM AND MUSHROOMS

将小牛胸腺裹上薄薄的一层面粉，多余的面粉抖落掉。在一口锅中加热熔化 50 克 /2 盎司黄油，加入小牛胸腺，煎约 10 分钟，同时不时地翻动，用盐和胡椒调味。将双倍奶油和柠檬汁在碗中混合均匀淋到小牛胸腺上，盖上锅盖，用中火加热至变得浓稠。与此同时，将剩余的黄油和橄榄油一起放入另一口酱汁锅中加热，加入蘑菇，用慢火加热，翻炒 20 分钟。将炒好的蘑菇轻轻地拌入小牛胸腺中，用盐调味，盛入温热的餐盘中即可。

ANIMELLE ALLA PANNA E FUNGHI
供 4 人食用
制备时间：15 分钟，另加浸泡用时
加热烹调时间：35 分钟
500 克 /1 磅 2 盎司小牛胸腺，浸泡后捞出控干水分，切薄片
普通面粉，用于淋撒
80 克 /3 盎司黄油
200 毫升 /7 盎司双倍奶油
半颗柠檬，挤出柠檬汁，过滤
2 汤匙橄榄油
300 克 /11 盎司蘑菇，切薄片
盐和胡椒

← 焗小牛胸腺配豌豆

ANIMELLE AL MADERA
供 4 人食用
制备时间：20 分钟，另加浸泡用时
加热烹调时间：25 分钟
600 克 /1 磅 5 盎司小牛胸腺，浸泡后捞出控干水分
普通面粉，用于淋撒
40 克 /1½ 盎司黄油
175 毫升 /6 盎司马德拉葡萄酒
盐和胡椒

马德拉葡萄酒风味小牛胸腺 SWEETBREADS WITH MADEIRA

用淡盐沸水将小牛胸腺煮 5～6 分钟，然后捞出控干水分。让其稍微冷却，用一把锋利的小刀仔细地将所有的筋膜清除，然后切成大小均匀的块状并裹上薄薄的一层面粉。在一口锅中加热黄油，放入小牛胸腺，用小火加热，不时地晃动锅，将小牛胸腺煎至金黄色。用盐和胡椒略微调味，再继续加热 10 分钟。倒入马德拉葡萄酒，加热至刚好沸腾，不停地翻炒，直到锅中的汁液变得浓稠。盛入温热的餐盘中即可。

ANIMELLE AL VINO BIANCO
供 4 人食用
制备时间：1 小时，另加浸泡用时
加热烹调时间：20 分钟
600 克 /1 磅 5 盎司小牛胸腺，浸泡后捞出控干水分
普通面粉，用于淋撒
40 克 /1½ 盎司黄油
2 汤匙橄榄油
1 瓣蒜
175 毫升 /6 盎司干白葡萄酒
1 枝新鲜平叶欧芹，切碎
盐

白葡萄酒风味小牛胸腺 SWEETBREADS IN WHITE WINE

用淡盐沸水将小牛胸腺煮 5～6 分钟，然后捞出控干水分。让其稍微冷却，仔细地将所有的筋膜清除，然后切薄片，裹上薄薄的一层面粉。在一口锅中加热黄油和橄榄油，加入大蒜，加热至变成褐色，然后取出大蒜并丢弃不用，放入小牛胸腺，煎至两面都呈金黄色。倒入葡萄酒，加热至完全吸收，然后转小火加热 10 分钟。用盐调味，撒入欧芹即可。

ANIMELLE CON I CARCIOFI
供 4 人食用
制备时间：1 小时，另加浸泡用时
加热烹调时间：20 分钟
半颗柠檬，挤出柠檬汁，过滤
4 颗洋蓟
50 克 /2 盎司黄油
1 汤匙橄榄油
500 克 /1 磅 2 盎司小牛胸腺，浸泡后捞出控干水分
100 克 /3½ 盎司意式熏火腿，切条
175 毫升 /6 盎司干白葡萄酒
盐和胡椒

洋蓟小牛胸腺 SWEETBREADS WITH GLOBE ARTICHOKES

在碗中倒入半碗水，加入柠檬汁搅拌均匀。将洋蓟的茎秆掰断，去掉外层较老的叶片和茸毛，放入碗中的酸性水溶液里，防止其变色。然后将洋蓟捞出，切薄片。在一口锅中加热 40 克 /1½ 盎司的黄油和橄榄油，放入洋蓟和 5 汤匙水，用小火加热约 30 分钟。用淡盐沸水先将小牛胸腺煮 5～6 分钟，然后捞出控干水分。让其稍微冷却，仔细地将所有的筋膜清除，然后切碎。在一口平底锅中加入剩余的黄油和意式熏火腿，加入小牛胸腺，用盐和胡椒略微调味，加热 10 分钟。加入熟的洋蓟，淋入葡萄酒，一直加热至汤汁被完全吸收。盛入温热的餐盘中即可。

菊芋小牛胸腺 SWEETBREADS WITH JERUSALEM ARTICHOKES

ANIMELLE CON I TOPINAMBUR
供 4 人食用
制备时间：2 小时，另加浸泡用时
加热烹调时间：10 分钟
500 克 /1 磅 2 盎司小牛胸腺，浸泡后捞出控干水分
50 克 /2 盎司黄油，另加涂抹所需
1 颗小洋葱，切成非常细的末
100 毫升 /3½ 盎司马尔萨拉干白葡萄酒
1 汤匙普通面粉
1 份蔬菜高汤（见第 249 页）
400 克 /14 盎司菊芋
2 汤匙帕玛森奶酪，现擦碎
盐和胡椒

用淡盐沸水先将小牛胸腺煮 5～6 分钟，然后捞出控干水分。让其稍微冷却，仔细地将所有的筋膜清除，然后切薄片。在一口平底锅中加热黄油，放入洋葱，用小火加热，翻炒约 10 分钟。撒入马尔萨拉干白葡萄酒和面粉，用盐和胡椒调味，加热至汤汁被完全吸收。加入小牛胸腺，再加热 10 分钟，分次加入高汤，每次一勺，当被吸收完之后再加入下一勺（你可能不需要将高汤全部加入）。将烤箱预热至 180℃/350℉/ 气烤箱刻度 4。在一个耐热焗盘里，多涂抹一些黄油。菊芋煮 10 分钟，然后捞出控干并切片，放到焗盘内，撒上帕玛森奶酪，在菊芋上放小牛胸腺。将锅中的汤汁淋到小牛胸腺上。再淋上 5 汤匙剩余的高汤，放入烤箱烘烤 10 分钟。取出后直接上桌即可。

炸香酥面包糠小牛胸腺 SWEETBREADS IN BREADCRUMBS

ANIMELLE IMPANATE
供 4 人食用
制备时间：1 小时 20 分钟，另加浸泡用时
加热烹调时间：5～6 分钟
600 克 /1 磅 5 盎司小牛胸腺，浸泡后捞出控干水分
普通面粉，用于淋撒
1 颗鸡蛋
80 克 /3 盎司面包糠
50 克 /2 盎司澄清黄油（见第 106 页）
盐
米兰调味饭（见第 394 页），用作配餐

用淡盐沸水先将小牛胸腺煮 5～6 分钟，然后捞出控干水分。让其稍微冷却，仔细地将所有的筋膜清除，然后切薄片，裹上面粉，多余的面粉都抖落掉。鸡蛋加入少许盐，在一个浅盘内打散，将面包糠撒入另外一个浅盘内。小牛胸腺蘸上蛋液，然后裹上面包糠。在一口平底锅中加热澄清黄油，放入小牛胸腺，煎炸 5～6 分钟至呈金黄色。用盐调味，放到厨房纸上控净油。转移到餐盘中的米兰调味饭上即可。

大 脑

大脑味美且有非常高的营养价值。大脑只有在非常新鲜的时候才可以食用。它们主要用来制作快速而简单的菜肴，例如用黄油煎熟、裹上面包糠之后煎炸，或者用来将肉类和蔬菜类的酿馅材料变得柔软、浓稠。其风味与芳香四溢的松露是绝佳搭配。几乎在所有使用牛胸腺的食谱中，均可使用大脑替代。在意大利之外的地方，羔羊脑和绵羊脑是最受欢迎的。牛脑和小牛脑有时候也可以见到，但是，人们对疯牛病还是有所顾虑。有些国家可以购买到冷冻的大脑。牛脑和小牛脑重量为 300～400 克 /11～14 盎司，羔羊脑重约 120 克 /4 盎司，而绵羊脑则约 150 克 /5 盎司。

数量和加热烹调的时间

➔ 一般来讲，可以按照每人约 150 克 /5 盎司的量提供。

➔ 用温水将大脑浸泡 30 分钟。准备一把锋利的小刀，非常轻缓地去掉大脑上所有的筋膜和血管。

➔ 用冷水浸泡，其间要更换几遍水，直到大脑变成白色为止。

➔ 食谱中如果要求先将大脑煮一下，用大量的水加上 1 汤匙的醋和半颗柠檬的柠檬汁一起煮沸，将牛脑浸入水中，小火煮几分钟即可。小牛脑煮的时间要略微短一些。捞出之后用冷水过凉。

➔ 在煮大脑时，首先要制备一锅浓郁的蔬菜高汤（见第 249 页），将高汤过滤之后让其稍微冷却。然后将大脑浸入高汤中，加热煮沸，再用慢火加热约 10 分钟。

羊脑配番茄酱汁 BRAINS WITH TOMATO SAUCE

将羊脑用冷水浸泡10分钟。与此同时，制备酱汁。将番茄、洋葱、大蒜和罗勒叶放入碗中，用手持式电动搅拌器搅打，拌入少许塔瓦斯科辣椒酱。用盐和胡椒调味，放在阴凉的地方静置一会儿。将羊脑捞出控干，用一把锋利的小刀切成中等大小的块状。鸡蛋加上少许盐，在一个浅盘内搅散成蛋液。将玉米淀粉与柠檬皮在另外一个浅盘内混合均匀，面包糠撒入第三个浅盘内。先将羊脑裹上玉米淀粉混合物，再蘸上蛋液，最后裹上面包糠。在一口平底锅中加热橄榄油和黄油，放入羊脑，用中火加热，煎炸4～5分钟，其间翻动一次，直至呈金黄色。用盐调味后，盛入温热的餐盘中，配番茄酱汁一起食用。

BOCCONCINI DI CERVELLA
供4人食用
制备时间：40分钟，另加浸泡用时
加热烹调时间：4～5分钟
600克/1磅5盎司羔羊脑，洗净
1颗鸡蛋 • 3汤匙玉米淀粉
1茶匙擦碎的柠檬外皮 • 50克/2盎司面包糠 • 2汤匙橄榄油
25克/1盎司黄油 • 盐

用于制作酱汁
4颗樱桃番茄，去皮去籽，切碎
1颗洋葱，切细丝 • 1瓣蒜
5～6片新鲜的罗勒叶
少许塔瓦斯科辣椒酱
盐和胡椒

酸豆烤羊脑 BRAINS WITH CAPERS

将烤箱预热至180°C/350°F/气烤箱刻度4。在一个耐热焗盘内涂橄榄油。将羊脑放入一口酱汁锅中，加入没过羊脑的水，加热煮沸后煮1分钟。然后捞出，用冷水过凉并控干水分。切成两半，放入一个盘内，调味后撒上酸豆和橄榄。再撒上面包糠，淋上橄榄油。放入烤箱烘烤约20分钟，直到呈金黄色。取出后放入温热的餐盘中即可。

CERVELLA AI CAPPERI
供4人食用
制备时间：20分钟
加热烹调时间：20分钟
4汤匙橄榄油，另加涂刷所需
600克/1磅5盎司羊脑，洗净
1汤匙酸豆，捞出控净汁液并漂洗干净
10颗黑橄榄，去核并切片
25克/1盎司细面包糠
盐和胡椒

黄油鼠尾草风味羊脑 BRAINS WITH BUTTER AND SAGE

在一口平底锅中加热熔化黄油，放入鼠尾草，用小火加热，煸炒约5分钟。将羊脑加入锅中，煎约10分钟，直至两面都呈金黄色。用盐和白胡椒调味，取出后放到温热的餐盘中即可。

CERVELLA AL BURRO E SALVIA
供4人食用
制备时间：20分钟，另加浸泡用时
加热烹调时间：15分钟
40克/1½盎司黄油 • 8片新鲜的鼠尾草叶 • 600克/1磅5盎司羊脑，洗净，切薄片 • 盐和白胡椒

焗羊脑 BRAINS AU GRATIN

将烤箱预热至180°C/350°F/气烤箱刻度4。在一个耐热焗盘内涂抹黄油，撒入海盐。用沸水将羊脑焯一下，然后捞出控干水分并切片。将羊脑放到准备好的焗盘内。面包糠和欧芹混合均匀，撒到羊脑上。再撒上黄油颗粒，用白胡椒调味。放入烤箱烘烤15分钟，取出后直接上桌即可。

CERVELLA AL GRATIN
供4人食用
制备时间：20分钟，另加浸泡用时
加热烹调时间：15分钟
40克/1½盎司黄油，另加涂抹所需
600克/1磅5盎司羊脑，洗净
4汤匙粗粒面包糠
1枝新鲜平叶欧芹，切碎
海盐和白胡椒

CERVELLA ALLA MILANESE
供 4 人食用
制备时间：1 小时 15 分钟，另加浸泡用时
加热烹调时间：10～15 分钟
600 克 /1 磅 5 盎司羊脑，洗净，切片
普通面粉，用于淋撒 • 2 颗鸡蛋
80 克 /3 盎司面包糠 • 100 克 /3½ 盎司澄清黄油（见第 106 页）• 盐和胡椒
柠檬角，用于装饰

米兰风味羊脑 MILANESE-STYLE BRAINS

将羊脑裹上薄薄的一层面粉。鸡蛋加上少许盐在一个浅盘内打散，面包糠撒入另外一个浅盘内。先将羊脑蘸上蛋液，然后再裹上面包糠。在一口平底锅中加热，熔化澄清黄油。将羊脑放入锅中，煎炸至两面都呈褐色。用盐和胡椒调味。放在厨房纸上控净油。转移到温热的餐盘中，用柠檬角装饰。

CERVELLA CON FILONI AL CURRY
供 4 人食用
制备时间：1 小时 15 分钟，另加浸泡用时和 5 分钟静置用时
加热烹调时间：10～15 分钟
300 克 /11 盎司羊脑，洗净
200 克 /7 盎司牛脑，洗净
200 克 /7 盎司骨髓
1 颗洋葱，切成两半
1 根胡萝卜
1 根芹菜茎
50 克 /2 盎司黄油，另加涂抹所需
3 汤匙普通面粉
1 汤匙咖喱粉
盐

咖喱骨髓羊脑 BRAINS AND BONE MARROW IN CURRY SAUCE

将羊脑、牛脑和骨髓放入一口锅中，加入没过它们的冷水、半颗洋葱、胡萝卜和芹菜，并用盐调味。加热煮沸后用小火继续加热 20 分钟。将剩余的半颗洋葱切成细末。用小火加热黄油，放入切碎的洋葱末，煸炒 5 分钟。撒入面粉并搅拌均匀。舀取一大勺煮羊脑和牛脑的汤汁，拌入咖喱粉，然后再将调制好的咖喱粉倒入锅中。用小火加热，不时地翻动，加热约 30 分钟。将烤箱预热至 180℃/350℉/ 气烤箱刻度 4。在耐热焗盘内涂抹黄油。将肉捞出并切碎，盛入焗盘内，淋上咖喱酱汁。放入烤箱烘烤 10～15 分钟，取出后静置 5 分钟，然后直接上桌即可。

CERVELLA IN SALSA DI ACCIUGHE
供 4 人食用
制备时间：30 分钟，另加浸泡用时
加热烹调时间：30 分钟
600 克 /1 磅 5 盎司羊脑，洗净
半颗洋葱 • 1 根胡萝卜
1 根芹菜茎 • 1 枝新鲜平叶欧芹
盐

用于制作酱汁
2 条盐渍鳀鱼，去掉鱼头，洗净后剔取鱼肉（见第 694 页），用冷水浸泡 10 分钟后捞出控干
50 克 /2 盎司黄油
1 汤匙切碎的欧芹
1 汤匙酸豆，捞出控净汤汁并漂洗干净
2 汤匙白葡萄酒醋
盐和胡椒

鳀鱼酱羊脑 BRAINS IN ANCHOVY SAUCE

将羊脑放入一口酱汁锅中，加入冷水没过羊脑，加入洋葱、胡萝卜、芹菜和欧芹，用盐调味。加热煮沸，然后转小火加热 10～15 分钟。捞出控干，切片后放到温热的餐盘中，放到一边保温。制作酱汁：将鳀鱼切碎。在一口平底锅中用小火加热熔化黄油，放入欧芹、酸豆和鳀鱼混合均匀。加入白葡萄酒醋，加热至完全吸收，然后用盐和胡椒调味，再继续加热 5 分钟，将锅从火上端离，制作好的酱汁淋到餐盘中的羊脑上即可。

羊脑松露卷 BRAIN ROULADES WITH TRUFFLE

用沸水将羊脑焯一下，然后捞出控干并切片。在一口平底锅中加热熔化 25 克 /1 盎司的黄油，放入意式熏火腿、牛肝菌和松露，用小火加热，煸炒约 5 分钟。用盐和胡椒调味，将炒好的松露和牛肝菌放入白汁中。猪网油切成 8 块或者更多的方块形，将两三片羊脑和 1 汤匙的酱汁放入网油的中间位置上。卷起并用牙签插紧固定。鸡蛋加上少许盐，在一个浅盘内搅打成蛋液，面包糠撒到另外一个浅盘内。先将羊脑卷蘸上蛋液，然后再裹上面包糠。在一口平底锅中加热熔化剩余的黄油，放入羊脑卷煎炸，不时地翻动，直到全部呈褐色。用铲子捞起，放在厨房纸上控净油。转移到温热的餐盘中，用柠檬片装饰。

INVOLTINI DI CERVELLA AL TARTUFO
供 4 人食用
制备时间：1 小时 15 分钟，另加浸泡用时
加热烹调时间：15~20 分钟
600 克 /1 磅 5 盎司羊脑，洗净
80 克 /3 盎司黄油
100 克 /3½ 盎司意式熏火腿，切丁
1 个牛肝菌，切丁
1 小块黑松露，切丁
1 份白汁（见第 58 页）
1 张猪网油，用热水浸泡 3 分钟后捞出控干
1 颗鸡蛋
80 克 /3 盎司粗粒面包糠
盐和胡椒
柠檬片，用于装饰

香草风味羊脑糕 SMALL BRAIN MOULDS WITH HERBS

在一口锅中加热橄榄油和黄油，加入洋葱，用小火加热，煸炒 5 分钟。拌入香草，加入 150 毫升 /¼ 品脱水，继续加热 15 分钟。再加入羊脑，淋入柠檬汁，并用盐和胡椒调味。继续用小火加热，不需要盖上锅盖，一直加热到锅中的汤汁开始变少。与此同时，将烤箱预热至 180°C/350°F/ 气烤箱刻度 4。在 4 个焗盅内涂抹黄油。将羊脑从锅中取出并切碎。鸡蛋加入少许盐打散，拌入香草酱汁中。将羊脑和加了鸡蛋的酱汁分装到 4 个焗盅中，放到一个烤盘内，放入烤箱烘烤约 30 分钟，或者一直烘烤到在焗盅内插入一根牙签，拔出时牙签为干燥的程度即可。将焗盅从烤箱内取出，扣出并在温热的餐盘中摆成一个环形，用几片红菊苣叶装饰即可。

SFORMATINI ALLE ERBE
供 4 人食用
制备时间：1 小时，另加浸泡用时
加热烹调时间：30 分钟
2 汤匙橄榄油
25 克 /1 盎司黄油，另加涂抹所需
1 颗洋葱，切碎
1 汤匙切碎的香葱
1 汤匙切碎的新鲜龙蒿
1 汤匙切碎的新鲜平叶欧芹
600 克 /1 磅 5 盎司羊脑，洗净
半颗柠檬，挤出柠檬汁，过滤
5 颗鸡蛋
盐和胡椒
红菊苣叶，用于装饰

牛 尾

牛尾带有许多骨头，是一种味美而价廉的切块肉类。特别推荐用来焖和炖，是煮什锦肉类菜肴中的一种绝佳食材。小牛尾（codino）与牛尾截然不同，主要用于烤，它是真正的切块肉。新鲜的牛尾很难购买到，而冷冻的牛尾则比较常见。

数量和加热烹调的时间

➔ 约 1 千克 /2¼ 磅的牛尾可供 4 人食用。

➔ 可以要求肉商帮你将牛尾切成较大的块状，然后用冷水浸泡几小时。

➔ 要想牛尾上的肉非常容易分离，在按照食谱制作菜肴之前，有必要将牛尾块放入淡盐水中煮几分钟。

培根牛尾 OXTAIL WITH PANCETTA

牛尾用冷水浸泡2小时，其间要更换3遍水，然后捞出控干水分并用厨房纸拭干。在一口锅中加热橄榄油和黄油，放入意式培根，煸炒5分钟。加入牛尾，继续煸炒至呈褐色。加入葡萄酒，加热至完全吸收。再加入洋葱、胡萝卜、芹菜和大蒜，用盐和胡椒调味。搅拌之后再继续加热几分钟，加入没过食材的沸水，盖上锅盖，用中火加热约3小时，直到牛尾上的肉可以从其骨头上脱离，汤汁变得浓稠。

CODA DI MANZO ALLA PANCETTA
供4人食用
制备时间：20分钟，另加2小时浸泡用时
加热烹调时间：3小时30分钟
1千克/2¼磅牛尾，切块
2汤匙橄榄油
25克/1盎司黄油
65克/2½盎司意式培根，切碎
175毫升/6盎司干白葡萄酒
1颗洋葱，切细末
2根胡萝卜，切细末
1根芹菜茎，切细末
1瓣蒜，切细末
盐和胡椒

屠夫牛尾 OXTAIL VACCINARA

将一大锅盐水煮沸，加入牛尾、胡萝卜、1颗洋葱和香草束，用小火加热1小时。将剩余的洋葱切碎。在另外一口锅中加热橄榄油和猪肥肉，加入大蒜和切碎的洋葱，煸炒至大蒜变成褐色，然后将大蒜取出并丢弃不用。捞出牛尾，控净汤汁，放入洋葱锅中，煸炒几分钟至牛尾变成褐色。倒入葡萄酒，加热至全部吸收。用盐和胡椒调味，加入番茄糊，盖上锅盖后用中火加热1小时30分钟，根据需要，中途可以加入适量高汤。加入芹菜，继续用小火加热10～15分钟，至牛尾成熟即可。

CODA DI RANZO ALLA VACCINARA
供4人食用
制备时间：1小时30分钟
加热烹调时间：1小时30分钟
1千克/2¼磅牛尾，切块
1根胡萝卜
2颗洋葱
1个香草束
4汤匙橄榄油
50克/2盎司猪肥肉，捣碎
1瓣蒜，拍碎
175毫升/6盎司干白葡萄酒
750毫升/1¼品脱番茄糊
4棵芹菜心，切细条
150～300毫升/¼～½品脱牛肉高汤（见第248页）（可选）
盐和胡椒

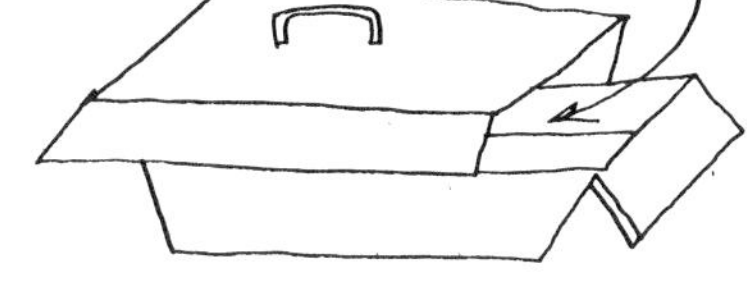

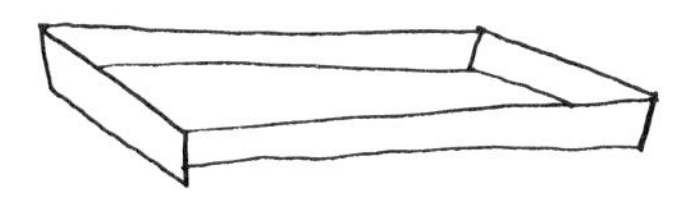

肺、心脏、肝脏等

Lights特指肺，但是pluck（内脏）在意大利语中的表述是coratella d'agnello，在有些古英语词汇的意思中还包括了心脏、肝脏和其他的羔羊内脏器官等。这些器官非常少见，在意大利之外的地方，现在都是以内脏的形式售卖。这是一种非常美味的内脏器官，并且适合用来制作许多食谱。

数量和加热烹调的时间

➔ 可以按照每人150克/5盎司的量提供。

➔ 内脏器官中各个部位的加入时间，通常是按这个顺序排列的：先是肺，然后是心脏，接下来是其他内脏器官，最后是肝脏，因为其最容易成熟。

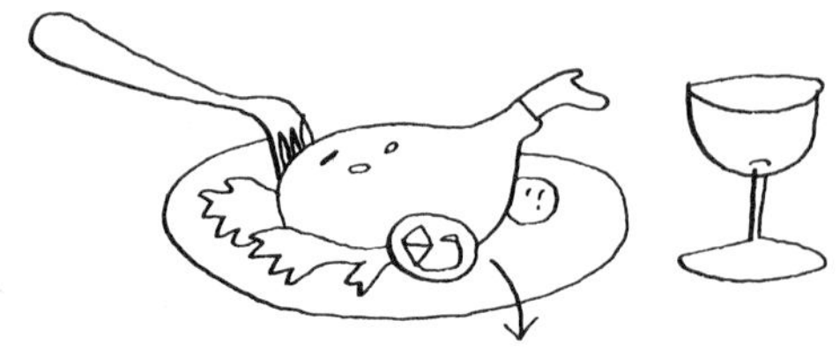

CORATELLA D'AGNELLO ALLA ROMANA
供4人食用
制备时间：20分钟
加热烹调时间：20分钟
50克/2盎司黄油
6汤匙橄榄油
4颗洋蓟，切块
500克/1磅2盎司羔羊肺或者心脏、肝脏等，切碎
盐和胡椒

罗马风味羔羊肺 ROMAN LAMB'S LIGHTS

在一口锅中加热一半黄油和一半橄榄油，加入洋蓟和2汤匙的沸水，用小火加热约15分钟，至洋蓟成熟。与此同时，在另外一口锅中加热剩余的黄油和橄榄油，放入肉（如果使用了心脏、肝脏等内脏器官，按照上面所描述的顺序加入），煎炒至呈淡褐色并完全煎熟。用盐和胡椒调味。将煎炒至熟的羔羊肺等加入洋蓟锅中，混合均匀，再继续加热几分钟即可。

马尔萨拉风味羔羊肺 LIGHTS IN MARSALA

CORATELLA D'AGNELLO AL MARSALA

供 4 人食用

制备时间：20 分钟

加热烹调时间：15 分钟

600 克 /1 磅 5 盎司羔羊肺或者心脏、肝脏等，切片

1 汤匙普通面粉，另加淋撒所需

65 克 /2½ 盎司澄清黄油（见第 106 页）

175 毫升 /6 盎司马尔萨拉葡萄酒

少许伍斯特沙司

盐和胡椒

将羊肺或者心脏、肝脏等裹上薄薄一层面粉。在一口平底锅中加热熔化澄清黄油，放入内脏（如果使用了心脏、肝脏等内脏器官，要按照上面所描述的顺序加入），用大火加热，煎至褐色。用盐和胡椒调味，从锅中盛出。将面粉和马尔萨拉葡萄酒在碗中混合均匀，拌入锅中的汤汁中，加热熥至剩余一半的程度，加入伍斯特沙司。将混合物淋到羔羊肺上即可。

蔬菜羔羊肺 GREENGROCER'S LIGHTS

CORATELLA D'AGNELLO DELL'ORTOLANO

供 4 人食用

制备时间：20 分钟

加热烹调时间：15 分钟

600 克 /1 磅 5 盎司羔羊肺或者心脏、肝脏等

1 颗洋葱，切细末

1 根胡萝卜，切细末

1 瓣蒜，切细末

1 枝新鲜平叶欧芹，切碎

3 汤匙橄榄油

半颗柠檬，挤出柠檬汁，过滤

盐和胡椒

羔羊肺切碎，如果使用了其他的内脏器官，就将肺、心脏、脾脏，以及其他的内脏器官切碎，肝脏切片。将洋葱、胡萝卜、大蒜和欧芹在碗中混合均匀。在一口平底锅中加热橄榄油，加入混合均匀的蔬菜，用小火加热，煸炒 5 分钟。加入肺，继续煸炒几分钟。如果使用了其他内脏器官，除了肝脏之外，就将它们全部加入锅中，继续加热 3 分钟。再加入肝脏，继续加热 2 分钟。用盐和胡椒调味，拌入柠檬汁即可。

煎羔羊肺 FRIED LIGHTS

CORATELLA D'AGNELLO IN TEGAME

供 4 人食用

制备时间：20 分钟

加热烹调时间：15 分钟

600 克 /1 磅 5 盎司羔羊肺或者心脏、肝脏等

3 汤匙橄榄油

1 瓣蒜

1 根芹菜茎，切碎

2 根胡萝卜，切碎

50 毫升 /2 盎司苹果醋

2 枝新鲜的百里香，切碎

盐和胡椒

羔羊肺切丁。如果使用了其他内脏器官，就将心脏、脾脏，以及其他的内脏器官切丁，肝脏切片状。在一口平底锅中加热橄榄油和大蒜，将大蒜煎炒至呈褐色，然后取出大蒜并丢弃不用。加入芹菜和胡萝卜，再继续加热几分钟。加入羔羊肺，轻轻混合均匀并加热几分钟，然后加入除了肝脏之外所有的内脏器官，用中火加热 3 分钟。最后加入肝脏，混合均匀，继续加热 3～4 分钟。用盐和胡椒调味，拌入苹果醋，加热至完全吸收。撒上百里香即可。

心 脏

牛或者小牛的心脏，相对于其他的肉类来说，被认为是最佳的和最经济的替代品，因为其营养价值与小牛肉的瘦肉价值相当。但是，由于其肌肉纤维较老，比起肉类来说，其更加难以被人体消化吸收。一个小牛的心脏，重量在800～1000克/1¾～2¼磅。一个牛的心脏，有时候可以达到2千克/4½磅。在选择心脏的时候，要确保带有弹性，并且颜色鲜艳。心脏可以切片状，然后去掉所有的与动脉和静脉连接在一起的较大的结块。

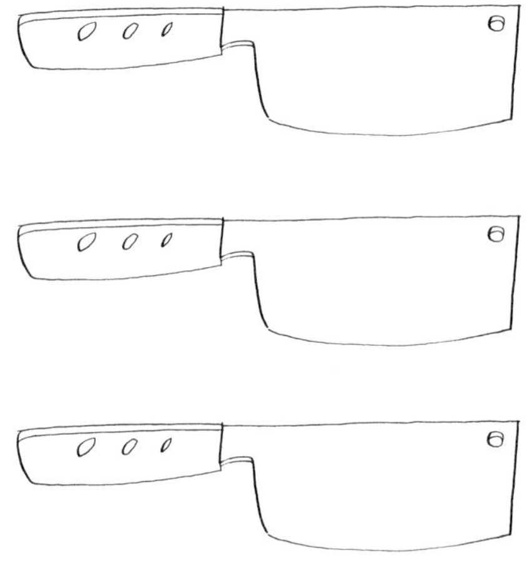

数量
和加热烹调的时间

➔ 可以按照每人150～200克/5～7盎司的量提供。

➔ 铁扒1厘米/½英寸厚的切片心脏，每面需要铁扒2分钟。

➔ 用平底锅煎的时间不要超过10分钟。在加热的中途需要翻面。

铁扒牛心串 HEART KEBABS

将牛心放入一个盆里。橄榄油、柠檬汁、葡萄酒、牛至和少许的胡椒混合均匀，淋到心脏上，腌制 3 小时。预热铁扒炉。捞出牛心，控净汤汁，保留好腌泡牛心的腌泡汁。将牛心穿到钎子上，交替穿甜椒和洋葱片。涂上保留的腌泡汁，用中大火铁扒 4 分钟，不时地翻动。用盐和胡椒调味即可。

CUBETTI DI CUORE ALLO SPIEDO
供 4 人食用
制备时间：35 分钟，另加 3 小时腌制用时
加热烹调时间：4 分钟
800 克 /1¾ 磅牛心，切块
2 汤匙橄榄油 • 1 颗柠檬，挤出柠檬汁，过滤 • 175 毫升 /6 盎司干白葡萄酒 • 1 大捏干牛至 • 2 个红甜椒，切成两半，去籽后切成块 • 1 颗洋葱，切片 • 盐和胡椒

香草牛心 HEART WITH HERBS

预留出 2 汤匙的橄榄油，将其余的橄榄油与柠檬汁放入盆中混合均匀。放入牛心，腌制 1 小时。捞出后控净汁液，酿入意式培根条，在一口平底锅中加热预留出的橄榄油和黄油，加入洋葱和大蒜，用小火加热，翻炒 5 分钟。将牛心裹上薄薄的一层面粉，放入锅中，煎 2 分钟。倒入葡萄酒，加热至完全吸收。用盐和胡椒调味，再加入香草。加入高汤或者水，盖上锅盖后用小火加热 25 分钟。取出牛心后切片，配锅中的汤汁一起食用。

CUORE AGLI AROMI
供 4 人食用
制备时间：35 分钟，另加 1 小时腌制用时
加热烹调时间：35 分钟
175 毫升 /6 盎司橄榄油 • 1 颗柠檬，挤出柠檬汁，过滤 • 800 克 /1¾ 磅牛心，切成两半后洗净 • 50 克 /2 盎司意式培根，切条 • 25 克 /1 盎司黄油 • 1 颗洋葱，切碎 • 1 瓣蒜，拍碎
普通面粉，用于淋撒 • 175 毫升 /6 盎司干白葡萄酒 • 1 枝新鲜平叶欧芹，切碎 • 4 片新鲜的鼠尾草叶，切碎
4 片新鲜的罗勒叶，切碎 • 150 毫升 /¼ 品脱牛肉高汤（见第 248 页）或者水
盐和胡椒

铁扒牛心 GRILLED HEART

预热铁扒炉。黄油加上少许盐隔水加热熔化，刷到牛心片的两面，然后将牛心片裹上面包糠。将培根放到铁扒炉架上，上面放牛心片。将牛心片每面铁扒 2 分钟。然后取下放到温热的餐盘中，配马铃薯泥一起食用。

CUORE ALLA GRIGLIA
供 4 人食用
制备时间：25 分钟
加热烹调时间：4 分钟
50 克 /2 盎司黄油 • 800 克 /1¾ 磅牛心，切成 1 厘米 /½ 英寸厚的片状
80 克 /3 盎司细面包糠 • 100 克 /3½ 盎司切片培根，切成两半 • 盐
马铃薯泥，用作配餐

鳀鱼牛心 HEART WITH ANCHOVIES

在一口平底锅中加热黄油和橄榄油，放入牛心，不时地翻动，煎 5 分钟。加入鳀鱼，继续加热至鳀鱼几乎成为泥状。撒上欧芹即可。

CUORE ALLE ACCIUGHE
供 4 人食用
制备时间：20 分钟
加热烹调时间：10 分钟
25 克 /1 盎司黄油 • 2 汤匙橄榄油
800 克 /1¾ 磅牛心，切片状
5 条罐装油浸鳀鱼柳，捞出控净汤汁并切碎 • 1 汤匙新鲜平叶欧芹，切碎

肝 脏

小牛肝味道鲜美，芳香四溢，然而牛肝就没有那么鲜嫩了。这两者中都含有相当多的脂肪。从饮食的角度来看，最有食用价值的肝脏是猪肝，然后是羔羊肝、牛肝、小牛肝和鸡肝。肝酱、肉批和一系列的派，都带有其所使用的肝脏的独特风味。

数量和加热烹调的时间

➔ 可以按照每人约 150 克 / 5 盎司的量提供。

➔ 肝脏一定要在其非常新鲜时食用，并且，与所有的内脏器官一样，需要在冷水中仔细地漂洗干净。

➔ 新鲜的肝脏呈棕红色。当肝脏不再新鲜时，会带有一些紫色，质地变得绵软。

➔ 将肝脏上所有的筋膜和筋腱去掉。肝脏应用大火加热几分钟，不时地翻动，以使其变熟。

➔ 猪肝加热烹调的时间会较长一些，并且在制备时，切成差不多大小的块，并用白色的网油包起。

➔ 盐应该在加热烹调变熟之后再加入，否则肝脏会变得老硬。

煎网油猪肝包 PIG'S LIVER IN A NET

FEGATELLE NELLA RETE
供 4 人食用
制备时间：25 分钟，另加 3 分钟浸泡用时
加热烹调时间：5 分钟
1 张猪网油
12～24 片月桂叶
600 克 / 1 磅 5 盎司猪肝，切大块
50 克 / 2 盎司猪油或者 4 汤匙橄榄油
盐和胡椒

将猪网油用热水浸泡 3 分钟，然后捞出控干，切成大的方块。每个方块上放一片月桂叶，再摆上一块猪肝。用网油将猪肝包起并用牙签插紧固定。在一口平底锅中加热猪油或者橄榄油，放入网油猪肝包，煎几分钟，其间要不时地翻动。用盐和胡椒调味并拌匀。盛入温热的餐盘中即可。

红葱头猪肝 LIVER WITH SHALLOTS

将猪肝裹上面粉。在一口平底锅中加热熔化 25 克 /1 盎司的黄油和橄榄油，放入猪肝，每面煎 2 分钟。用盐和胡椒调味。将煎熟的猪肝盛入一个餐盘中并保温。将红葱头加入锅中，用小火加热，煸炒约 10 分钟。倒入葡萄酒，加热熇至剩余一半的程度，再加入剩余的黄油，将锅从火上端离。将制作好的酱汁淋到猪肝上即可。

FEGATO AGLI SCALOGNI
供 4 人食用
制备时间：15 分钟
加热烹调时间：20 分钟
600 克 /1 磅 5 盎司猪肝，切片
普通面粉，用于淋撒
40 克 /1½ 盎司黄油
2 汤匙橄榄油
4 颗红葱头，切丝
175 毫升 /6 盎司白葡萄酒
盐和胡椒

黄油鼠尾草猪肝 LIVER WITH BUTTER AND SAGE

鸡蛋与少许盐在一个浅盘内一起搅散，加入猪肝，让其浸泡几分钟。在一口平底锅中，用小火加热熔化黄油，加入大蒜和鼠尾草，煎炒至它们都呈褐色，然后将大蒜和鼠尾草取出并丢弃不用。猪肝捞出控净蛋液，放入锅中，转中火加热，两面分别煎 2 分钟，然后转小火，再继续加热几分钟，其间要不时地翻动，直至猪肝全部变熟。用盐和胡椒调味即可。

FEGATO AL BURRO E SALVIA
供 4 人食用
制备时间：15 分钟
加热烹调时间：12～15 分钟
2 颗鸡蛋
600 克 /1 磅 5 盎司猪肝，切片
50 克 /2 盎司黄油
1 瓣蒜
5～6 片鼠尾草叶
盐和胡椒

威尼托风味猪肝 VENETO-STYLE LIVER

在一口平底锅中加热橄榄油，加入洋葱，用小火加热，煸炒约 10 分钟，直到洋葱变成淡褐色。加入葡萄酒，转大火继续加热至完全吸收。拌入欧芹，加入猪肝。继续加热 4～5 分钟，同时不停地翻动。用盐和胡椒调味，盛入温热的餐盘中即可。

FEGATO ALLA VENETA
供 4 人食用
制备时间：20 分钟
加热烹调时间：20 分钟
4～5 汤匙橄榄油
250 克 /9 盎司洋葱，切细丝
175 毫升 /6 盎司干白葡萄酒
1 汤匙新鲜平叶欧芹，切碎
500 克 /1 磅 2 盎司猪肝
盐和胡椒
见第 996 页

柠檬猪肝 LIVER WITH LEMON

将猪肝裹上薄薄的一层面粉，多余的面粉抖落掉。在一口平底锅中，用小火加热黄油和橄榄油，加入猪肝，转大火加热，不停地翻炒几分钟，直到猪肝完全煮熟。用盐和胡椒略微调味，再继续加热几分钟。将制作好的猪肝盛入一个餐盘中并保温。锅中加入柠檬汁，再拌入欧芹，稍稍加热后淋到猪肝上即可。

FEGATO AL LIMONE
供 4 人食用
制备时间：15 分钟
加热烹调时间：10 分钟
600 克 /1 磅 5 盎司猪肝，切片
普通面粉，用于淋撒
25 克 /1 盎司黄油
2 汤匙橄榄油
1 颗柠檬，挤出柠檬汁，过滤
1 汤匙新鲜平叶欧芹，切碎
盐和胡椒

意式熏火腿猪肝卷 LIVER UCCELLETTO

每片猪肝放一片火腿并卷起。将猪肝卷穿到长木签或者金属钎子上，交替着穿上鼠尾草叶、意式培根和面包块。在一口平底锅中加热橄榄油和黄油，将串放入锅中，用大火加热，不时地翻动，煎5分钟。用盐和胡椒略微调味，趁热食用。

FEGATO ALL'UCCELLETTO
供4人食用
制备时间：35分钟
加热烹调时间：5分钟
80克/3盎司意式熏火腿，切片
500克/1磅2盎司猪肝，切薄片
8片新鲜的鼠尾草
50克/2盎司意式培根，切丁
8片面包，去边，切块
2汤匙橄榄油
25克/1盎司黄油 • 盐和胡椒

梅洛葡萄酒风味猪肝 LIVER IN MERLOT

将猪肝裹上薄薄的一层面粉，多余的面粉抖落掉。将黄油放入一口平底锅中，用小火加热，放入猪肝，每面煎2分钟。加入葡萄酒和1汤匙的沸水，转大火继续加热5分钟，或者一直加热到葡萄酒被完全吸收。调味后盛入温热的餐盘中。这道猪肝菜肴传统上是配煎玉米糕一起食用的。

PEGATO AL MERLOT
供4人食用
制备时间：15分钟
加热烹调时间：10分钟
600克/1磅5盎司猪肝，切薄片
普通面粉，用于淋撒
50克/2盎司黄油
175毫升/6盎司梅洛葡萄酒（Merlot wine）
盐和胡椒

洋蓟配猪肝 LIVER WITH GLOBE ARTICHOKES

将柠檬汁搅拌入半碗水中。将洋蓟切成两半，每切完一个就立刻放入酸性的水中，防止其变色。然后将洋蓟取出，切薄片。在一口酱汁锅中加热4汤匙的橄榄油，放入洋蓟，用小火加热20分钟。根据需要，可以加入1汤匙的沸水，用盐略微调味。将剩余的橄榄油放入一口平底锅中加热，放入猪肝，每面煎2分钟，然后加入剩余的柠檬汁。用盐和胡椒调味，混合均匀，倒入洋蓟锅中。将制作好的菜肴盛入温热的餐盘中即可。

FEGATO CON CARCIOFI
供4人食用
制备时间：25分钟
加热烹调时间：25分钟
1颗柠檬，挤出柠檬汁，过滤
4颗洋蓟，去掉茎杆、外层叶片和中间的部分
7汤匙橄榄油
600克/1磅5盎司猪肝，切片
盐和胡椒

酸甜猪肝 SWEET-AND-SOUR LIVER

在一口平底锅中加热黄油和橄榄油，放入猪肝，煎几分钟直至成熟，其间要不时地翻动。用盐和胡椒略微调味，然后盛入一个餐盘中并保温。捞出葡萄干并挤干净水分，蘸上面粉后撒入锅中。用盐略微调味，加热3分钟，然后混合均匀。加入醋和1汤匙的冷水，用胡椒调味，转大火加热，至汤汁全部吸收。再继续用小火加热3分钟，将酱汁淋在猪肝上即可。

FEGATO IN AGRODOLCE
供4人食用
制备时间：15分钟
加热烹调时间：15分钟
25克/1盎司黄油 • 2汤匙橄榄油
600克/1磅5盎司猪肝，切片
50克/2盎司葡萄干，用温水浸泡
1汤匙普通面粉
1汤匙白葡萄酒醋
盐和胡椒

← 威尼托风味猪肝，见第995页

牛 舌

最精致美味的舌头，也是个头最小的、最为鲜嫩的，是小牛舌。牛舌个头较大，也更重一些，需要更长的加热烹调时间，这样也就降低了它的营养价值。牛舌有着更加浓郁的风味，在经过煮、焖或者腌制之后，味道更可口。

数量和加热烹调的时间

➔ 每 1 千克 /2¼ 磅可供 4 人食用。

➔ 不管是小牛舌，还是牛舌，都可以购买整个的或者清理干净之后的。

➔ 在加热烹调之前，先将牛舌用冷水浸泡几小时，中间更换几次水。

➔1 个小牛舌的重量在 500 克 /1 磅 2 盎司左右，需要 1 小时～1 小时 30 分钟的加热烹调时间。1 个牛舌的重量可以超过 2 千克 /4½ 磅，并且需要 3 小时～3 小时 30 分钟的加热烹调时间。1 个猪舌的重量在 300～400 克 /11～14 盎司，需要约 35 分钟的加热烹调时间。

➔ 要煮牛舌时，将牛舌浸入冷的盐水中，加上 1 颗洋葱、芹菜茎、胡萝卜和几粒丁香。在煮熟之后，捞出控净汤汁，并去掉外皮。牛舌一定要配芳香型的酱汁。

➔ 如果煮牛舌的汁液准备之后用作高汤使用，先将牛舌煮 15 分钟，去掉外皮，然后再放回锅中，按照常规做法，继续将其煮熟。牛舌应斜切成非常薄的片状。

➔ 在制备烟熏牛舌时，需要使用许多技巧，因此最好是从肉商处或者是熟食店里购买已经烟熏好的牛舌。烟熏牛舌切片后配肝酱和肉冻一起食用，非常美味可口。

LINGUA AFFUMICATA E LESSATA
供 4 人食用
制备时间：15 分钟，另加整晚浸泡用时
加热烹调时间：3 小时
半个烟熏牛舌，用冷水浸泡整晚后捞出控干
1 根胡萝卜
1 根芹菜茎
1 颗洋葱
盐

水煮熏牛舌 BOILED SMOKED TONGUE

在一口大号酱汁锅中加入冷水，放入牛舌、胡萝卜、芹菜、洋葱和少许的盐，加热煮沸。然后改用小火，继续加热约 3 小时，具体根据牛舌的厚度而定。将煮熟的牛舌捞出控净汤汁，去皮之后切片状。可以搭配各种精选的芳香型酱汁（见第 76～93 页），或者搭配加了 2 汤匙现擦碎的帕玛森奶酪的马铃薯泥一起食用。

绿橄榄牛舌 TONGUE WITH GREEN OLIVES

将牛舌用加了盐的沸水煮20分钟，然后捞出控干，趁热去掉外皮。在一口平底锅中加热黄油和橄榄油，放入洋葱、胡萝卜和芹菜，用小火加热，翻炒5分钟。与此同时，将10颗橄榄大体切碎。将切碎的橄榄拌入锅中，加入牛舌，再加入150毫升/¼品脱的热水，用小火加热至牛舌熟。用盐和胡椒调味，再拌入剩余的橄榄混合均匀，继续加热3～4分钟。牛舌切片，放到温热的餐盘中，淋上酱汁即可。

LINGUA ALLA OLIVE VERDI
供4人食用
制备时间：30分钟，另加整晚浸泡用时
加热烹调时间：20分钟
1个牛舌，用冷水浸泡整晚后捞出控干 • 25克/1盎司黄油
1汤匙橄榄油 • 1颗洋葱，切细末
1根胡萝卜，切细末
1根芹菜茎，切细末
20颗去核绿橄榄 • 盐和胡椒

焖牛舌 BRAISED TONGUE

将牛舌用加了盐的沸水煮20分钟，然后捞出控干，趁热去掉外皮。与此同时，在一口平底锅中加热黄油和橄榄油，放入洋葱、胡萝卜，用小火加热，翻炒5分钟。加入牛舌，盖上锅盖并继续加热30分钟。倒入葡萄酒，加热至完全吸收，然后用盐和胡椒调味，再继续加热2分钟。番茄连同汤汁一起捣成泥，加入锅中，盖上锅盖后用小火继续加热约1小时30分钟，直到牛舌成熟。将牛舌从锅中捞出，锅中的汁液用勺舀入食物料理机内，搅打呈泥蓉状。将搅拌好的泥蓉重新加热几分钟。牛舌切片，放到温热的餐盘中，用勺将热的泥蓉淋到牛舌上。

LINGUA BRASATA
供4人食用
制备时间：45分钟，另加整晚浸泡用时
加热烹调时间：2小时15分钟
1个牛舌，用冷水浸泡整晚后捞出控干
40克/1½盎司黄油
3汤匙橄榄油
2颗洋葱，切细丝
3根胡萝卜，切片
175毫升/6盎司干白葡萄酒
250克/9盎司罐装番茄
盐和胡椒

牛舌配鞑靼酱汁 TONGUE IN TARTARE SAUCE

按照前页的方法制备并将牛舌煮熟。捞出控净汤汁，去皮，切条状。将醋和大蒜在碗中混合均匀，用盐和胡椒调味，加入牛舌，让其腌制4～5小时。在上菜之前，捞出牛舌条，放入餐盘中，淋上鞑靼酱汁即可。

LINGUA IN SALSA TARTARA
供4人食用
制备时间：3小时15分钟，另加整晚浸泡用时和4～5小时腌制用时
600克/1磅5盎司牛舌
175毫升/6盎司白葡萄酒醋
1瓣蒜 • 盐和胡椒
1份鞑靼酱汁（见第90页）

香辣牛舌 SPICY TONGUE

将芥末与少许的胡椒在碗中混合均匀，涂抹到牛舌片的两面。再裹上面包糠，用手掌将面包糠按压结实。在一口平底锅中加热熔化澄清黄油，加入牛舌片，煎至两面都呈金黄色。用盐和胡椒略微调味，放在厨房纸上控净油。

LINGUA PICCANTE
供4人食用
制备时间：1小时15分钟
加热烹调时间：10分钟
3～4汤匙第戎芥末
8片煮熟的牛舌
80克/3盎司面包糠
40克/1½盎司澄清黄油（见第106页）
盐和胡椒

腰　子

在久负盛名的欧洲烹饪中，作为一种食材，腰子受到高度重视。它们具有很高的营养价值，并含有一些脂肪。购买羔羊腰或者小牛腰是非常明智的选择，因为它们比猪腰有着更加细腻和令人舒适的滋味，而猪腰则更加老韧且有着非常浓烈的异味。

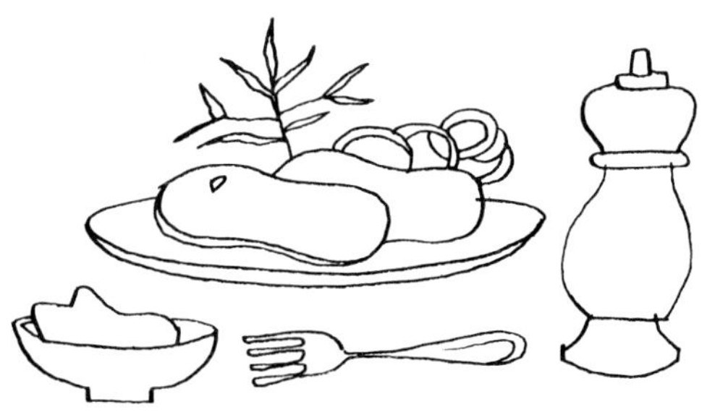

数量
和加热烹调的时间

➔ 可以按照每人约 150 克 / 5 盎司的量提供。

➔ 腰子应在特别新鲜的情况下食用，并且不能在冰箱里储存超过 24 小时。

➔ 如果没有购买到已经清理干净的腰子，可以直接将腰子切成两半，用冷水仔细清洗干净，再用一把锋利的小刀去掉外皮和里面白色的海绵状的腰核部分。

➔ 要去除牛腰的强烈味道，可以将牛腰切片状，放入加了一点儿柠檬汁或者醋的冷水中浸泡一会儿。

➔ 为了防止腰子在加热烹调的过程中变老，无论在何种情况下，都只需要加热几分钟的时间。可以将其切碎，或者切成相对厚一些的片状。

➔ 许多大厨建议在使用腰子之前，要预加热。这些方法中包括，在涂有一点儿橄榄油的锅中将腰片快炒一下，然后在滤网中让其过滤 30 分钟，以滴尽汤汁。

➔ 腰子可以铁扒、用黄油煎，还可以使用白兰地酒制成火焰菜，或者制成多佛拉多（使用大蒜和欧芹煸炒切成片状的腰子，见第 43 页）。

芥末腰子 KIDNEYS WITH MUSTARD

在一口平底锅中加热黄油和橄榄油，加入腰子，用大火加热，煸炒4分钟。用盐和胡椒调味，然后将腰子从锅中取出并保温。双倍奶油和芥末混合到一起，拌入锅中，并继续加热至热透。将腰子切薄片，放到温热的餐盘中，淋上锅中的酱汁即可。

ROGNONE ALLA SENAPE
供4人食用
制备时间：15分钟
加热烹调时间：10分钟
50克/2盎司黄油
1汤匙橄榄油
2个腰子，洗净后去掉白色的腰核
175毫升/6盎司双倍奶油
2汤匙第戎芥末
盐和胡椒

马德拉白葡萄酒烧腰子 KIDNEYS IN MADEIRA

在一口平底锅中加热熔化40克/1½盎司黄油和橄榄油，加入腰片，用大火加热，煸炒4分钟。用盐和胡椒调味。将炒好的腰片取出，盛入温热的餐盘中并保温。将剩余的黄油和面粉混合到一起，制成黄油面团。锅中拌入1汤匙的沸水，倒入马德拉白葡萄酒，用小火加热。逐渐将黄油面团（见第106页）拌入锅中。当酱汁变得浓稠后，淋到腰片上即可。

ROGNONE AL MADERA
供4人食用
制备时间：20分钟
加热烹调时间：10分钟
50克/2盎司黄油
1½茶匙橄榄油
2个腰子，洗净后去掉白色的腰核，切片
2汤匙普通面粉
2汤匙马德拉白葡萄酒
盐和胡椒

波尔多红葡萄酒烧腰子 KIDNEYS IN BORDEAUX

不粘锅加热，放入腰片，加热煸炒几分钟，然后将腰片倒出并保温。将红葱头放入平底锅中，加热煸炒约5分钟，直至变软。撒入面粉并混合均匀。加入葡萄酒和高汤，加热至汤汁变得浓稠。用盐和胡椒调味，加入骨髓，用小火加热使其熔化，轻轻搅拌酱汁。在另外一口不粘锅中加热意式培根，煸炒5分钟，然后加入蘑菇，继续煸炒5分钟。将炒好的蘑菇混合物加入炒红葱头的锅中，加入腰片，继续加热几分钟即可。

ROGNONE AL VINO DI BORDEAUX
供6人食用
制备时间：25分钟
加热烹调时间：25分钟
3个腰子，洗净后去掉白色的腰核，切片
2颗红葱头，切碎
1½茶匙普通面粉
175毫升/6盎司波尔多红葡萄酒
175毫升/6盎司牛肉高汤（见第248页）
50克/2盎司骨髓，切碎
50克/2盎司烟熏意式培根，切丁
50克/2盎司蘑菇，切薄片
盐和胡椒

ROGNONE CON CIPOLLINE CRUDE
供 4 人食用
制备时间：20 分钟
加热烹调时间：10 分钟
2 个腰子，洗净后去掉白色的腰核，斜切薄片
2 汤匙橄榄油
1 颗红葱头，切细末
250 毫升 /8 盎司双倍奶油
4 棵青葱，切薄片
盐和胡椒

青葱腰片 KIDNEYS WITH RAW SPRING ONIONS

将腰片用盐和胡椒调味。在一口平底锅中加热橄榄油，放入腰片，用木勺轻轻翻炒，然后加入红葱头。当腰片呈粉红色时，加入双倍奶油，并用小火加热至煮沸，其间要不时搅拌。将锅从火上端离，放入青葱搅拌均匀即可。

ROGNONE CON SALSICCIA E FUNGHI
供 4 人食用
制备时间：30 分钟，另加 2 小时浸泡用时
加热烹调时间：30 分钟
20 克 /¾ 盎司干蘑菇
400 克 /14 盎司意式香肠，切碎
5 汤匙干白葡萄酒
2 汤匙橄榄油
1 瓣蒜
20 克 /¾ 盎司黄油
2 个腰子，洗净后去掉白色的腰核，切薄片
4 个罐装番茄
5 汤匙牛肉高汤（见第 248 页）
盐和胡椒
马铃薯泥，用作配餐

香肠蘑菇腰片 KIDNEYS, SAUSAGE AND MUSHROOMS

将蘑菇放入碗中，加入热水没过蘑菇，浸泡 2 小时。香肠和葡萄酒放入锅中，加热约 10 分钟，至香肠熟。在一口平底锅中加热橄榄油，放入大蒜，用大火加热至大蒜变成褐色，将大蒜取出并丢弃不用。再加入黄油，当黄油熔化后加入腰片煸炒 1 分钟。加入番茄，仔细将番茄捣碎并搅拌均匀。捞出蘑菇，保留 1 汤匙的浸泡蘑菇的水，并将蘑菇挤干水分。将蘑菇和留出的 1 汤匙浸泡蘑菇的水连同牛肉高汤一起加入锅中，用小火加热 5 分钟。将香肠控净油，加入锅中，再加热 15 分钟。用盐和胡椒调味，配马铃薯泥一起食用。

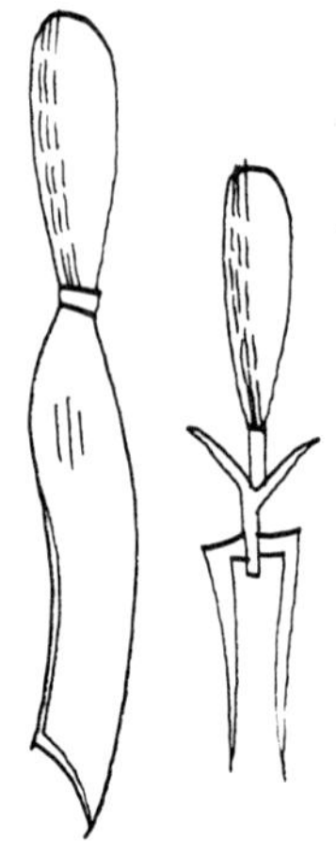

小牛头

尽管小牛头非常美味可口，但并不是每个人都喜欢。那些拒绝制作它们，以及那些没有“足够的勇气”食用小牛头的人们不知道它的味道如何。虽然很多人不喜欢，但是小牛头在意大利传统菜肴煮什锦肉中仍然是一种非常重要的食材，不过这道菜肴已经不像过去那么供不应求了。小牛头不应用来制作高汤。从肉商处购买到的小牛头一般来说都会去掉骨头并呈肉卷状。如果是购买整只的小牛头，制备工作需要花费一些时间，然而却是必需的，烤炙、清洗、用冷水浸泡几小时后再煮。一个小牛头的重量一般在 5 千克 /11 磅左右。

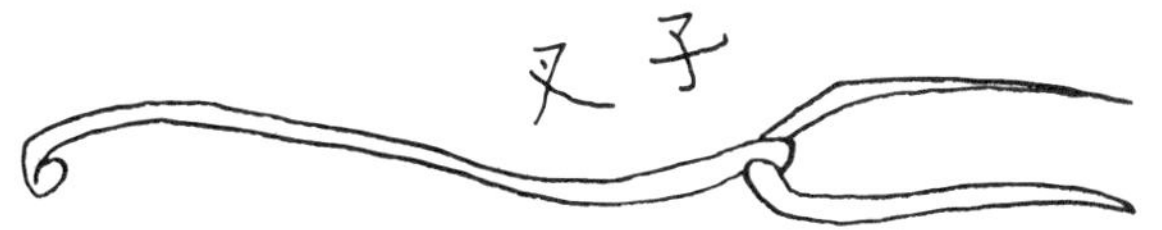

数量和加热烹调的时间

➔ 可以按照每人约 150 克 /5 盎司的量提供。

➔ 小牛头应单独加热烹调，不宜与其他的肉一起加热烹调。如果是整个的小牛头，需要加热烹调约 1 小时 30 分钟；如果是去骨后的小牛头，则需要 1 小时 15 分钟。在水里加入少许盐，再加入洋葱、芹菜、胡萝卜和香草等，这些食材可以根据口味的需要酌情添加。

➔ 要想使得小牛头上面的肉质完整，建议在水中加入一点儿柠檬汁和 1～2 汤匙的普通面粉，然后快速搅拌，以防止形成结块。

➔ 要检查一下小牛头是否已经成熟，可以用叉子戳一下。当肉质不再呈凝胶状时，表示已经煮熟。

➔ 一旦捞出控净汤汁，小牛头应立即冷却，然后切小块。将煮小牛头的汤丢弃不用。

小牛头可以热食和冷食，芳香型酱汁特别推荐配绿酱（见第 92 页）。

TESTINA DI VITELLO BOLLITA
供 4 人食用
制备时间：15 分钟，另加浸泡用时
加热烹调时间：2 小时 15 分钟
600 克 /1 磅 5 盎司去骨小牛头
2 汤匙普通面粉
1 颗洋葱
1 根胡萝卜
1 根芹菜茎，切碎
1 颗柠檬，挤出柠檬汁，过滤
1 枝新鲜的百里香
1 片月桂叶
6 粒黑胡椒
盐

煮小牛头 BOILED CALF'S HEAD

小牛头洗净，表面烧炙后用冷水浸泡几小时。将 2 升 /3½ 品脱水倒入大号的酱汁锅中，加热煮沸。在碗中将面粉与一点儿水混合均匀，倒入锅中，搅拌均匀。加入洋葱、胡萝卜、芹菜、柠檬汁、百里香、月桂叶、胡椒粒和少许盐。用小火加热 15 分钟，要确保锅中的汤汁没有沸腾。小牛头捞出控干水分，放入酱汁锅中，盖上锅盖后用小火加热约 2 小时。可以用叉子戳几下，检查小牛头是否已熟。熟后的小牛头不应太软烂。捞出小牛头，控净汤汁，切成薄片，可以配两三种非常浓郁的酱汁一起食用。

TESTINA DI VITELLO FRITTA
供 4 人食用
制备时间：1 小时 50 分钟，另加冷却用时和 1 小时腌制用时
加热烹调时间：20～25 分钟
1 颗洋葱
1 根胡萝卜
1 根芹菜茎
600 克 /1 磅 5 盎司去骨小牛头
120 毫升 /4 盎司橄榄油
1 颗柠檬，挤出柠檬汁，过滤
2 颗鸡蛋
80 克 /3 盎司面包糠
普通面粉，用于淋撒
盐和胡椒

炸小牛头肉片 FRIED CALF'S HEAD

准备一锅盐水，放入洋葱、胡萝卜和芹菜后加热煮沸。加入小牛头，用小火加热 1 小时 30 分钟。捞出控净汤汁，在小牛头上压上一个重物，让其冷却，然后切片状。4 汤匙的橄榄油、柠檬汁、少许的盐和胡椒放入一个盆内搅拌，放入小牛头肉片，让其浸泡 1 小时。将鸡蛋在一个浅盘内打散，面包糠撒入另外一个浅盘内。小牛头肉片捞出控净汤汁并裹上薄薄一层面粉。先蘸上蛋液，然后再裹上面包糠。将剩余的橄榄油在一口平底锅中加热，放入肉片，用中火加热，煎炸至两面都呈金黄色，其间要不时地翻动。用铲子捞起，放在厨房纸上控净油即可。

TESTINA DI VITELLO IN INSALATA
供 4 人食用
制备时间：3 小时
400 克 /14 盎司去骨小牛头
1 棵生菜
150 克 /5 盎司罐装金枪鱼，捞出控净汤汁并掰成小块
10 条油浸鳀鱼，捞出控净汤汁并切碎
1 棵芹菜心，切片
橄榄油，用于淋洒
盐和胡椒

小牛头沙拉 CALF'S HEAD SALAD

按照如上所述的方式煮小牛头肉。捞出控净汤汁，让其冷却，然后切条状。在一个沙拉碗中铺上生菜叶。将条形小牛头肉与金枪鱼、鳀鱼、芹菜心一起放到另外一个碗中。淋上橄榄油，用盐和胡椒调味，然后盛入沙拉碗中即可。

牛　肚

肚一直都被认为是“工薪阶层”的首选菜肴，但是也被那些老成世故的美食家们所欣赏。尽管在意大利以外的地方，肚已经失去了昔日的辉煌，并且很难购买到。意大利人会将肚作成头盘供应，也可以作为主菜享用，特别是在冬天。肚可以是牛肚，或者是小牛肚，后者更加鲜嫩，加热烹调变熟的速度也更快。肚被分成许多种类，包括牛肚和蜂窝牛肚——这通常被行家们认为是品质最佳的牛肚。

数量和加热烹调的时间

➔ 可以按照每人约 150 克 / 5 盎司的量提供。

➔ 用冷水先漂洗几遍，然后切细条。

➔ 如果牛肚是在购买到的第二天才加热制作，要将牛肚浸泡在水里，盖好后放冰箱内冷藏保存。

➔ 牛肚没有特别强烈的味道，因此，可以选择一种味道浓郁的酱汁，并在加热制作的过程中加入蔬菜和香草。

➔ 肚加热烹调的时间越长，其风味越浓郁。

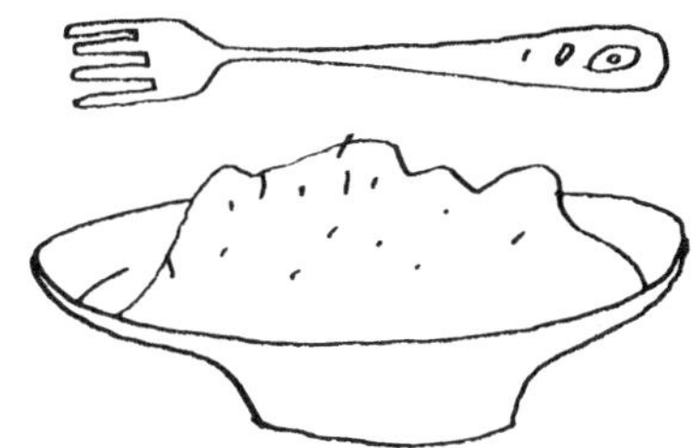

蘑菇牛肚 TRIPE WITH MUSHROOMS

TRIPPA AI FUNGHI

供 4 人食用

制备时间：4 小时 30 分钟，另加浸泡用时

加热烹调时间：3 小时 15 分钟

15 克 / ½ 盎司干蘑菇

80 克 / 3 盎司黄油

2 汤匙橄榄油

1 颗洋葱，切碎

1 根胡萝卜，切碎

1 根芹菜茎，切碎

675 克 / 1½ 磅牛肚，浸泡后捞出控干水分并切条

500 克 / 1 磅 2 盎司番茄，去皮、去籽后切丁

1 份牛肉高汤（见第 248 页）

40 克 / 1½ 盎司帕玛森奶酪，现擦碎

盐和胡椒

将蘑菇放入碗中，加入热水没过蘑菇，放到一边，让其浸泡 15～30 分钟，然后捞出控净并挤净水分。在一口锅中加热一半黄油和橄榄油，加入洋葱、胡萝卜和芹菜，用中火加热，翻炒 5 分钟。加入蘑菇，继续加热 5 分钟，然后加入牛肚，用盐和胡椒调味。加入番茄，并加入足量的高汤没过锅中的菜肴。加热煮沸后，转小火加热，盖上锅盖，继续加热 3 小时。将锅从火上端离，拌入剩余的黄油，撒上帕玛森奶酪即可。

米兰风味炖牛肚 MILANESE TRIPE

在一口锅中加热 25 克 /1 盎司黄油和橄榄油，加入意式培根，用小火加热煸炒 5 分钟。加入洋葱，继续煸炒 5 分钟，然后加入牛肚。煸炒约 15 分钟，加入胡萝卜、芹菜、番茄和 8 片鼠尾草叶，并用盐和胡椒调味。再继续加热 10 分钟，将高汤分次加入锅中。加热煮沸，再用小火加热 3 小时，或者一直加热到牛肚煮熟。与此同时，在一口大号的锅中单独煮白豆，加入剩余的鼠尾草叶和大蒜，煮约 3 小时至熟。捞出白豆，控干水分，去掉鼠尾草和大蒜，放入牛肚中混合均匀。撒上帕玛森奶酪即可。

TRIPPA ALLA MILANESE
供 6 人食用
制备时间：4 小时 30 分钟，另加浸泡用时
加热烹调时间：3 小时 40 分钟
80 克 /3 盎司黄油 • 2 汤匙橄榄油
150 克 /5 盎司意式培根，切碎
1 颗洋葱，切碎
1 千克 /2¼ 磅牛肚，浸泡好，控净汤汁后切条状 • 1 根胡萝卜，切碎 • 1 根芹菜茎，切碎 • 500 克 /1 磅 2 盎司番茄，去皮去籽后切丁 • 20 片新鲜的鼠尾草叶 • 1 升 /1¾ 品脱热的牛肉高汤（见第 248 页）• 100 克 /3½ 盎司干白豆，浸泡整晚后捞出控干 • 1 瓣蒜 • 50 克 /2 盎司帕玛森奶酪，现擦碎 • 盐和胡椒

香草牛肚 TRIPE WITH HERBS

将牛肚放入一口大锅中，加入没过牛肚的水、香草束和一颗插有丁香的洋葱，加入盐和胡椒。加热煮沸，然后转小火加热 1 小时。与此同时，将剩余的洋葱切成细丝。在一口锅中加热橄榄油，放入洋葱丝、番茄和大蒜，用盐和胡椒调味。小火加热，不用盖上锅盖，继续加热 15 分钟。捞出牛肚，切条状，拌入锅中。加入葡萄酒后继续用小火加热 1 小时。用盐和胡椒调味，盖上锅盖，再继续加热 30 分钟。将锅从火上端离，撒上欧芹即可。

TRIPPA AROMATICA
供 6 人食用
制备时间：1 小时 30 分钟，另加浸泡用时
加热烹调时间：1 小时 45 分钟
1 千克 /2¼ 磅牛肚，浸泡好，控净汤汁
1 个香草束 • 3 颗洋葱 • 2 粒丁香
4 汤匙橄榄油 • 1 千克 /2¼ 磅番茄，去皮，去籽后切丁 • 3 瓣蒜，不用去皮
175 毫升 /6 盎司干白葡萄酒
2 汤匙新鲜平叶欧芹，切碎
盐和胡椒

简易炖牛肚 SIMPLE TRIPE

在一口锅中加热熔化黄油，加入洋葱，用小火加热，煸炒 5 分钟。加入牛肚，盖上锅盖后继续加热，在加热的过程中要不时地加入 1 勺高汤，加热 3 小时，或者一直加热到牛肚煮熟。用盐和胡椒调味，撒上帕玛森奶酪即可。

TRIPPA IN BIANCO
供 4 人食用
制备时间：4 小时 15 分钟，另加浸泡用时
加热烹调时间：3 小时 10 分钟
100 克 /3½ 盎司黄油
1 颗洋葱，切碎
675 克 /1½ 磅牛肚，浸泡好，控净汤汁后切条状
1 份热的牛肉高汤（见第 248 页）
100 克 /3½ 盎司帕玛森奶酪，现擦碎
盐和胡椒

← 米兰风味炖牛肚

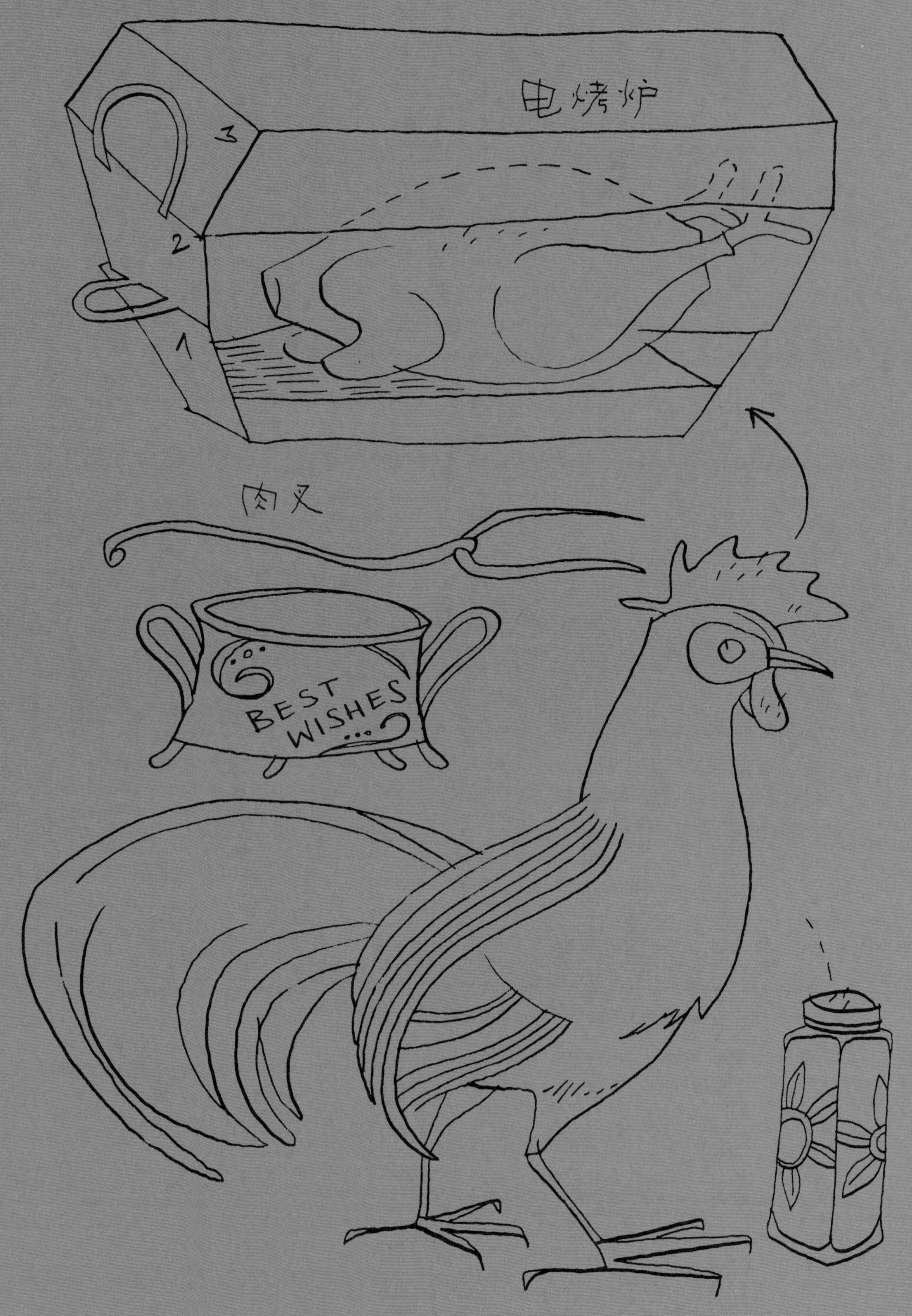
电烤炉
3
2
1
肉叉
BEST
WISHES
...

家禽类 →

家禽类

家禽这个词涵盖了所有为食用而饲养的禽鸟类动物。在意大利，虽然一些牧场会特别标注它们的家禽采用“散养”方式，但家鸡、火鸡和鹅都已经无法随心所欲地在牧场里四处刨土了。尽管这些家禽的生存环境拥挤不堪，但意大利牧场依然被认为给禽鸟提供了高于欧洲平均水平的生活品质，出产禽肉的口感和味道也相对较好。考虑到这一点，许多国家都在逐渐兴起家禽的“有机散养”运动，这一趋势也得到了消费者的广泛支持。不过，这样生产出的禽肉售价会更高，而且许多人所宣称的，所谓散养家禽比圈养家禽更健康、更好吃的说法也仍然缺少科学研究的支持。家禽可以分成两类：白肉类，例如鸡和火鸡；红肉类，例如鸭、珍珠鸡和鸽子。鸡肉是禽肉中最受欢迎的一种肉类，因为它的售价相对低廉，而且有数不尽的烹饪方法。从 16 世纪开始被驯养的珍珠鸡，味道浓厚且肉质更结实。火鸡在我们的饮食文化中也拥有无可取代的地位，最受欢迎的是它胸部的肉。鸭和鹅在意大利几乎只会出现在冬天的餐桌上，属于少数几个大区的地方美食。如伦巴第和威尼托，这两个大区拥有众多的鸭鹅牧场。鸽子的情况也十分相似，它几乎只会在翁布里亚大区的菜肴中出现。购买冷冻的禽肉类时，需要注意包装是否完整而没有破口，在烹饪前需要让它们完全解冻。

鸭

食用鸭的品种有驯化和野生之分，在意大利，后者只会在狩猎季节出现。欧洲繁育养殖的鸭子包括体形较大、口味较重的秋季肥鸭，以及春季上市、体形较小、肉质较软且口感细腻的肉鸭。更准确地说，一只小鸭长至约两个月大，第二次更换羽毛后才算成年。大部分在市场上出售的肉鸭都是小鸭，用于烘烤的肉鸭重量可以达到 3⅕ 千克，不过也可以找到个别体形较小、重 1½～1⅗ 千克的。小鸭相比成年鸭子肉质更嫩。鸭子的肉质软嫩且营养丰富，不过它的脂肪含量较高，可能不适合正在节食或有肠胃疾病的人食用。鸭肉可以用多种方式进行烹饪，烘烤、炖、锅烤，或现在已经成为经典的“橙子烧鸭”。可以在市场上买到的，除了鸭胸肉还有其他美食。如闻名遐迩的法式肥鹅肝、肉批和肉派。在烹饪整鸭时需要遵循几项原则。烹调前先用棉线将其捆好，让它在烹饪过程中可以保持形状不变。烹饪的火候不可过大。每 500 克 /1 磅 2 盎司鸭肉大概需要加热 30 分钟。在鸭膛中涂上调味的盐和胡椒，随后在外皮均匀涂抹一大撮盐调味。预煮是一个值得考虑但不必需的步骤。在鸭腔膛内涂抹盐和胡椒调味，放入一口锅中，倒入足够没过鸭身 ⅔ 的水。加入一大颗洋葱，加热至沸腾后改小火炖煮 20 分钟，随后捞出控干，拭干水分并继续按照食谱的方法进行烹调。

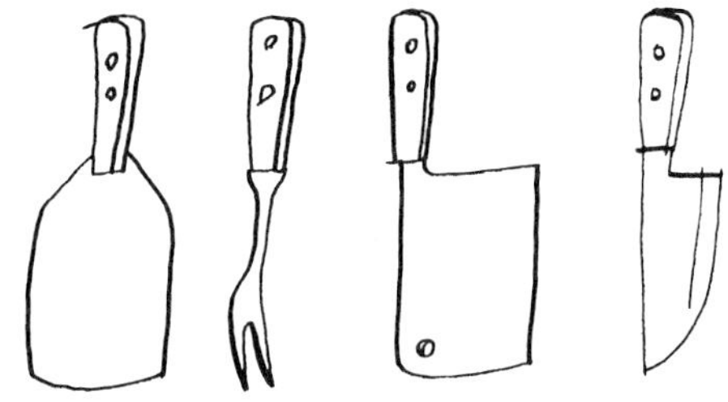

ANATRA ALL'ARANCIA
供 4 人食用
制备时间：30 分钟
加热烹调时间：1 小时 30 分钟
40 克 /1½ 盎司黄油
3 片新鲜鼠尾草叶
1 × 1½ 千克 /3¼ 磅的鸭子
150 克 /5 盎司瘦培根，切片
1 汤匙橄榄油
175 毫升 /6 盎司白葡萄酒
150～300 毫升 /¼～½ 品脱鸡肉高汤
（见第 249 页）
5 个橙子
盐和胡椒

橙子烧鸭 DUCK À L'ORANGE

将少许盐和胡椒、15 克黄油、鼠尾草填入肉鸭腹腔内。用培根包裹好鸭身，再用棉线扎紧。在一口深锅中加热橄榄油和剩余的黄油，加入鸭子煎炒 15 分钟，不时翻转直至均匀上色 。浇入葡萄酒和 150 毫升 /¼ 品脱高汤，加入盐调味并盖上锅盖，用小火加热焖煮 1 小时，直至变得软嫩，其间将锅中的汤汁浇淋在鸭身上两三次。如果锅中的汤汁快要熳干，则再加入 150 毫升 /¼ 品脱热高汤。与此同时，削下两个橙子的外皮，切条。在沸水中焯煮数分钟后控干。挤出两个橙子的汁，将第三个橙子切块。从锅中取出鸭子，使其保持温热。将橙汁和橙皮加入锅中，用小火加热直至汤汁沸腾。解开鸭身绑扎的棉线，分切成块状。鸭肉块放在一个餐盘中，将锅中的橙味酱汁淋在鸭肉上，并用橙子块装饰。搭配剩余酱汁一同上桌。

ANATRA ALLA BIRRA
供 4 人食用
制备时间：20 分钟，另加 30 分钟浸泡用时
加热烹调时间：1 小时 30 分钟
25 克 /1 盎司黄油
1 颗洋葱，切细丝
1 × 1½ 千克 /3¼ 磅的鸭子
1 升 /1¾ 品脱啤酒
1 枝新鲜迷迭香
1 枝新鲜百里香
2 片鼠尾草叶
1 汤匙葡萄干
盐和胡椒

啤酒烧鸭 DUCK COOKED IN BEER

在一口深锅中加热熔化黄油，加入洋葱，小火煸炒 5 分钟，其间不时搅拌。加入鸭子，加热 15 分钟，不时翻转直至均匀上色。浇入啤酒，加热至沸腾，随后调小火力，用慢火炖煮。加入适量盐和胡椒调味，放入迷迭香、百里香和鼠尾草，小火炖煮 1 小时直至变得软嫩，不时浇汁并翻转。与此同时，将葡萄干放入一个碗中，加入足够没过葡萄干的温水，浸泡 30 分钟，随后控干并挤出水分。从锅中取出鸭子，使其保持温热。取出并舍弃锅中的香草，如果需要，可加大火力收汁，让汤汁变得更加浓郁。搅拌加入葡萄干，用小火加热几分钟。将鸭子分切成块，放在温热的餐盘中，淋上制作好的酱汁。

扁桃仁酱烧鸭 DUCK IN ALMOND SAUCE

保留鸭肝备用，将鸭子切成块。撒盐和胡椒调味并撒上面粉。在一口锅中加热 2 汤匙的橄榄油，加入鸭肝煎炒几分钟直至表面上色、内部仍是粉红色。从锅中盛出鸭肝，置旁备用。在锅中加入洋葱和蒜，中火加热 8～10 分钟直至均匀上色，时常翻拌。从锅中盛出，与鸭肝放在一起备用。如果需要的话可向锅中多加 1 汤匙的橄榄油，加入鸭肉煎炒至均匀上色，不时翻拌。加入番茄，调小火力后盖上锅盖继续加热。与此同时，将扁桃仁与鸭肝、洋葱和蒜一起切碎。放入一个碗中，搅拌加入葡萄酒，将混合物倒入鸭肉锅中。加入欧芹，撒少许盐调味，盖上锅盖继续小火焖煮 1 小时，如果锅中汤汁过少，可加入少许温水，以避免干锅。将鸭肉块摆放在温热的餐盘中间位置，在周围摆两圈奶酪马铃薯泥即可上桌。

ANATRA ALLA SALSA DI MANDORLE

供 6 人食用

制备时间：30 分钟

加热烹调时间：1 小时 30 分钟

1 × 2 千克 / 4½ 磅鸭子，保留鸭肝

面粉，用于淋撒

2～3 汤匙橄榄油

1 颗洋葱

1 瓣蒜

3 颗番茄，切碎

12 粒焯过水的扁桃仁，烘烤好

5 汤匙干白葡萄酒

1 枝新鲜平叶欧芹，切碎

盐和胡椒

加入现擦帕玛森奶酪丝的马铃薯泥，用作配餐

桃子烧鸭 DUCK WITH PEACHES

将鸭子、鼠尾草与月桂叶一起放在一口锅中，倒入足够没过鸭子的清水。用盐和胡椒调味，小火加热 1 小时 30 分钟。从锅中盛出鸭子。剥下并去掉鸭皮，剔骨后切下鸭胸肉并放回锅中。小火加热，直至汤汁完全挥发。用平底锅加热熔化黄油，加入桃子小火加热，直至均匀上色。撒入肉桂粉继续加热几分钟，随后加入鸭肉。用盐和胡椒调味。将鸭肉和桃盛入温热的餐盘中，搭配厚烤面包片一同上桌。这道菜肴也适合冷食。作为冷盘食用时，它适合搭配有桃子芳香的白葡萄酒。

ANATRA ALLE PESCHE

供 4 人食用

制备时间：25 分钟

加热烹调时间：2 小时

1 × 1½ 千克 / 3¼ 磅的鸭子

3 片新鲜鼠尾草叶

1 片月桂叶

25 克 / 1 盎司黄油

500 克 / 1 磅 2 盎司白桃，去皮去核，切 4 块

少许肉桂粉

盐和胡椒

厚烤面包片，用作配餐

ANATRA AL PEPE VERDE
供 6 人食用
制备时间：3 小时
加热烹调时间：1 小时 40 分钟
40 克 /1½ 盎司黄油
1 颗洋葱，切细丝
1 根胡萝卜，切片
1 根芹菜茎，切片
1 枝新鲜平叶欧芹
1 枝新鲜百里香
1 × 2 千克 /4½ 磅的鸭子
1 汤匙青胡椒（绿胡椒）
175 毫升 /6 盎司干白葡萄酒
350毫升/12盎司鸡肉高汤（见第249页）
1 个小红甜椒，切半去籽并切碎
盐和胡椒

绿胡椒烤鸭 DUCK WITH GREEN PEPPERCORNS

烤箱预热到 220°C/425°F/ 气烤箱刻度 7。在一个烤盘中加热 25 克 /1 盎司黄油，加入洋葱，小火煸炒 5 分钟，其间不时搅拌。放入胡萝卜、芹菜、欧芹和百里香。在鸭皮上涂擦盐和胡椒，在鸭膛中塞入 3 粒胡椒、剩余的黄油和少许盐，用棉线捆好，和蔬菜一起放入烤盘中。用锡箔纸覆盖烤盘，放入烤箱中烘烤 15 分钟。从烤箱中取出鸭子，将烤箱温度降低到 190°C/375°F/ 气烤箱刻度 5。在鸭肉上浇葡萄酒，中火加热至挥发。倒入高汤并加热至沸腾，随后重新盖上烤盘，放回烤箱烘烤 45 分钟。如果汤汁快要烤干，可以再加入少许高汤。不关闭烤箱电源，从烤盘中盛出鸭子，将汤汁过滤到一个碗中。搅拌加入 5 汤匙水，倒回烤盘内，中火加热直至稍微变浓。加入红甜椒和剩余的胡椒。将鸭子放回烤盘中，放入烤箱里继续烘烤 15 分钟。切开鸭子，摆放在温热的餐盘中，淋上烤盘内的汤汁即可。

ANATRA FARCITA AL MIELE
供 6 人食用
制备时间：50 分钟
加热烹调时间：1 小时 30 分钟
1 × 2 千克 /4½ 磅的鸭子，保留鸭肝
25 克 /1 盎司黄油
3 汤匙酱油
2 颗洋葱，切碎
半瓣蒜
5 汤匙白兰地
2 汤匙蜂蜜
1 厚片熟火腿，切碎
盐

蜂蜜酿馅烤鸭 STUFFED DUCK WITH HONEY

烤箱预热到 180°C/350°F/ 气烤箱刻度 4。在鸭子腹腔内和表皮都涂擦上少许的盐。用平底锅加热熔化黄油，加入鸭肝，小火煎炒几分钟，不时翻转，随后从锅中盛出并切碎。在碗中混合酱油、洋葱、蒜和白兰地。将一半混合物倒入另一个碗中并搅拌加入蜂蜜。在鸭身上涂抹蜂蜜酱汁，使其尽量渗入鸭肉中。在剩余蜂蜜酱汁中搅拌加入 350 毫升 /12 盎司沸水。在另一半未加蜂蜜的酱汁中搅拌加入鸭肝和火腿，塞入鸭子腹腔中。用棉线将鸭身捆好，放在烤架上，下方放置一个烤盘，烤盘中倒入少许水。放入烤箱烘烤 1 小时 30 分钟，不时将稀释的蜂蜜酱汁淋在鸭身上。从烤架上取下鸭子，解开棉线，切开鸭子后放到温热的餐盘中即可。

绿胡椒烤鸭 →

ANATRA IN AGRODOLCE
供 4 人食用
制备时间：2 小时 45 分钟
加热烹调时间：2 小时
1 × 1½ 千克 /3¼ 磅的鸭子
40 克 /1½ 盎司黄油
2 颗洋葱，切细末
1 片新鲜鼠尾草叶
350 毫升 /12 盎司热鸡肉高汤（见第 249 页）
1 枝新鲜薄荷，切碎
2 汤匙糖
2 汤匙白葡萄酒醋
盐和胡椒

甜酸鸭 SWEET-AND-SOUR DUCK

在鸭子腹腔内涂抹盐和胡椒调味，用棉线捆好。在一口大号酱汁锅或耐热炖锅中加热熔化黄油，加入洋葱，中火煸炒 5 分钟，其间不时搅拌。加入鼠尾草，随后加入鸭子煎至均匀上色，不时翻转。浇入热高汤，调小火力，盖上锅盖后用小火焖煮 1 小时 30 分钟，直至变得软嫩，不时翻转鸭子。从锅中盛出鸭子，保持温热。在锅中汤汁中加入 150 毫升 /¼ 品脱沸水并撒入薄荷。在一口酱汁锅中加入糖和 1 汤匙冷水，加热至沸腾，搅拌至糖溶化，随后继续加热至焦糖化，色泽变成浅金色。将焦糖液浇入锅中的汤汁中，搅拌加入白葡萄酒醋并加入适量盐调味。解开棉线并切分鸭肉，放到温热的餐盘中，搭配酱汁一同上桌。

ANATRA IN SALSA AROMATICA
供 6 人食用
制备时间：30 分钟
加热烹调时间：1 小时 30 分钟
2 汤匙橄榄油
1 颗小洋葱
2 片鼠尾草叶
1 片月桂叶
1 枝新鲜迷迭香
1 枝新鲜墨角兰
2 片新鲜百里香叶
1 × 2 千克 /4½ 磅的鸭子
50 克 /2 盎司黄油
5 汤匙香脂醋
1 枝新鲜雪维菜
1 枝新鲜龙蒿，切碎
6 片新鲜罗勒叶，切碎
3 粒黑胡椒，稍微碾压
3 个蛋黄
2 汤匙番茄泥
2 汤匙双倍奶油
盐和胡椒

烤鸭配香草酱汁 DUCK IN HERB SAUCE

烤箱预热到 180°C/350°F/ 气烤箱刻度 4。在一口小号酱汁锅中加热橄榄油，随后从火上取下，置旁备用。将洋葱、鼠尾草、月桂叶、迷迭香、墨角兰和百里香放入鸭子腹腔中，加入少许盐和胡椒调味。用棉线捆好，与一半黄油和热橄榄油一同放入一个烤盘中，用锡箔纸覆盖烤盘，放入烤箱烘烤约 1 小时 30 分钟，不时浇汁、翻转。与此同时，在一口酱汁锅中倒入香脂醋，加入雪维菜、龙蒿、一半罗勒叶和黑胡椒，小火加热，直至汤汁浓稠。过滤到一个碗中，待其稍微冷却，随后在双层锅或耐热碗中加入蛋黄和烤鸭汤汁，隔水加热并用打蛋器搅拌混合。搅拌加入番茄泥和奶油，撒少许盐和胡椒调味。在接近沸腾的水中隔水加热，将剩余的黄油分成小块，逐渐搅拌加入进去。切开鸭子，放到温热的餐盘中央，浇上香草酱汁，撒上剩余的罗勒叶。

烤鸭配香草酱汁 ➔

ANATRA RIPIENA IN SALSA DI RAPE
供 6 人食用
制备时间：1 小时
加热烹调时间：1 小时
1 × 2 千克 /4½ 磅的鸭子，包括鸭杂
50 克 /2 盎司烟熏培根，切丁
1 颗洋葱，切碎
1 瓣蒜，切碎
4 棵韭葱，取葱白切细丝
4 根胡萝卜，擦丝
1 汤匙面包糠
1 个蛋清
50 克 /2 盎司里考塔奶酪
少许现磨肉豆蔻
800 克 /1¾ 磅芜菁，切片
2 汤匙双倍奶油
盐和胡椒

酿馅烤鸭配芜菁酱 STUFFED DUCK IN TURNIP SAUCE

烤箱预热到 180°C/350°F/ 气烤箱刻度 4。切碎鸭杂。锅中不加任何油，用小火煎培根，约 5 分钟，其间时常搅拌。加入洋葱、蒜和鸭杂，用大火翻炒 5 分钟。将混合物倒入一个碗中，加入韭葱、胡萝卜、面包糠、蛋清、里考塔奶酪和肉豆蔻，用盐和胡椒调味并搅拌均匀。将制作好的混合物撒入鸭子腹腔中，开口处缝合，并用棉线捆好。用叉子在鸭皮上均匀地戳孔，放在烤盘中烘烤 1 小时。与此同时，将芜菁蒸 30 分钟，随后放入食物料理机中搅打成泥。将芜菁泥刮入一个碗中，搅拌加入双倍奶油，再用盐和胡椒调味并保持温热。从烤盘中取出鸭子，拆下鸭腿和鸭翅，切开鸭胸。放到温热的餐盘中，浇上芜菁酱汁即可。

COSCE IN SALMÌ
供 4 人食用
制备时间：30 分钟，另加 6 小时腌泡用时
加热烹调时间：40 分钟
4 个鸭腿，剔骨
350 毫升 /12 盎司红葡萄酒
2 瓣蒜
1 棵韭葱，切丝
1 片月桂叶
2 根胡萝卜，切薄片
2 颗洋葱，切细丝
盐和胡椒

酒炖鸭腿 JUGGED DUCK LEGS

卷起鸭腿肉，用棉线捆好。盆中混合 250 毫升 /8 盎司葡萄酒、蒜、韭葱和月桂叶，加入盐调味，将鸭腿浸入其中，腌制 6 小时，不时翻转。烤箱预热到 200°C/400°F/ 气烤箱刻度 6。控干鸭腿，保留腌泡汁。将鸭腿、胡萝卜与洋葱放入一个烤盘中，放入烤箱烘烤 20 分钟。与此同时，将腌泡汁过滤到一口酱汁锅中，用盐和胡椒调味，小火加热至变得浓稠。从烤盘中取出鸭腿，保持温热。撇出烤盘中的油脂，将剩余葡萄酒搅拌加入烤鸭汤汁中，随后倒入酱汁锅中。用慢火加热，直至酱汁变得浓郁。解开棉线，将鸭腿肉切片。摆在温热的餐盘中，淋上酱汁即可。

无花果烤鸭肉切片，见第 1020 页 →

FILETTI DI ANATRA AI FICHI
供 4 人食用
制备时间：30 分钟
加热烹调时间：1 小时 40 分钟
1 只体形较小的鸭子，保留鸭肝
220 克 /8 盎司新鲜无花果
25 克 /1 盎司黄油，另加涂抹所需
250 毫升 /8 盎司红葡萄酒
1 汤匙柠檬汁
半块白面包，去边
1 颗柠檬，挤出柠檬汁，过滤
盐和胡椒
见第 1019 页

无花果烤鸭肉切片 DUCK FILLETS WITH FIGS

烤箱预热到 220°C/450°F/ 气烤箱刻度 8。鸭肝置旁备用。在鸭子腹腔内涂抹盐和胡椒调味，用棉线捆好。将鸭胸部朝下放在一个烤盘中的烤架上。将鸭子烘烤 30 分钟，随后翻面使鸭胸朝上。温度降低到 200°C/400°F/ 气烤箱刻度 6，继续烘烤 1 小时。在鸭子烤完前半小时，在无花果中间切一刀并掰开，保留最下面一小部分相连。在另外一个烤盘中涂黄油，放入无花果，每个无花果中间放一小块黄油，烘烤至稍微上色。在鸭子烘烤完成后，从烤箱中取出鸭子和无花果。切下鸭翅、鸭胸肉和鸭腿，用肉锤砸碎鸭架。将烤盘中的油脂过滤到一个耐热容器中。将红葡萄酒搅拌加入烤盘中，加入鸭架，在烤箱中烘烤 10 分钟，随后从烤箱中取出，不要关闭烤箱电源。将汤汁通过食品研磨机碾碎到一口酱汁锅中，搅拌加入柠檬汁。切碎鸭肝，加入酱汁中。在一口平底锅中加热熔化剩余的黄油，加入面包片，煎至两面金黄。鸭腿剔骨切片，鸭胸肉切片。将煎面包片和鸭肉放在温热的餐盘中间，无花果摆放在四周，将酱汁淋到鸭肉上即可。

PETTO DI ANATRA AL POMPELMO
供 4 人食用
制备时间：30 分钟
加热烹调时间：35 分钟
2 个葡萄柚
1 个橙子，挤出橙汁，过滤
2 汤匙糖
2 粒黑胡椒，压碎
少许肉桂粉（可选）
2 块鸭胸肉
1 汤匙橄榄油
5 汤匙白葡萄酒醋
25 克 /1 盎司黄油
盐和胡椒

葡萄柚烤鸭胸 BREAST OF DUCK WITH GRAPEFRUIT

烤箱预热到 200°C/400°F/ 气烤箱刻度 6。在碗中剥开葡萄柚的外皮并切除里面的薄皮，用碗接住操作过程中滴落的果汁。果肉切丁，放入碗中并加入橙汁。搅拌加入糖、黑胡椒、1 汤匙水和肉桂粉（如果使用的话）。将果汁混合物倒入一口锅中，中火加热 15 分钟。与此同时，在鸭胸肉最厚的部位浅浅地刻几刀。在一口平底锅中加热橄榄油，加入鸭胸肉，大火煎至稍微上色。放入烤箱中烘烤 10 分钟（如果平底锅的握柄不耐高温，需要用锡箔纸包裹好）。从锅中盛出鸭胸肉，使其保持温热。在锅中搅拌加入白葡萄酒醋，加入 2 汤匙果汁混合物，用盐和胡椒调味，小火加热，直至酱汁变浓稠。用盐和胡椒调味，随后搅拌加入黄油。将鸭胸肉沿对角线方向切片，放到温热的餐盘中，淋上甜酸酱汁即可。

阉仔鸡

阉仔鸡（capon）指经过阉割的饲养小公鸡，整鸡重量在2～2½千克之间。尽管它们的饲养生产在许多国家已经不复存在，但阉仔鸡在意大利仍深受人们的喜爱，因此它们仍然可以在市场上购买到。有时候在意大利之外地区的大公鸡被称为"阉仔鸡式"（capon-style），但这并不准确，因为它们的肉质没有阉仔鸡软嫩，不过也可以在以下食谱中作为替代品。在意大利，阉仔鸡几乎成了圣诞节的代名词，由于肉质美味，它们在节日期间备受欢迎。它们通常整只上桌，搭配腌泡蔬菜和芥末泥（mostarda）——一种加入芥末制成的泡菜泥，或搭配煮米饭和加入芥末粉调味的白汁。撇油后的阉仔鸡高汤十分适合用来煮意式小馄饨或小面饺。阉仔鸡也可烘烤。

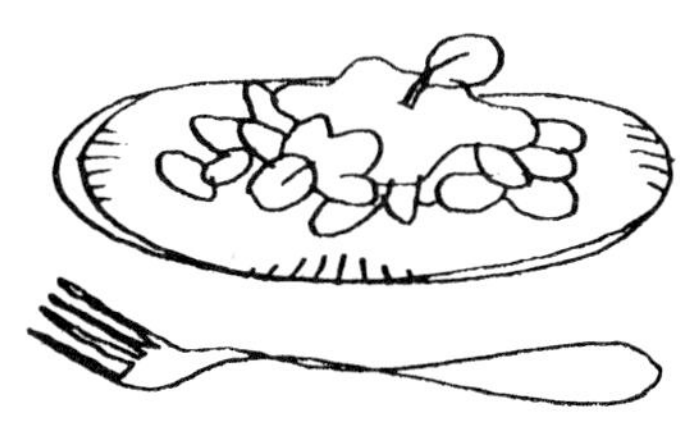

锡箔包烤阉仔鸡 CAPON ROAST IN A PARCEL

CAPPONE AL CARTOCCIO
供8人食用
制备时间：40分钟，另加15～30分钟浸泡用时
加热烹调时间：1小时45分钟～2小时15分钟

150克/5盎司干蘑菇
25克/1盎司黄油
1汤匙切碎的新鲜平叶欧芹
1只阉仔鸡
100克/3½盎司猪脂火腿（pork fat）或五花肉培根，切片
2根胡萝卜，切片
2颗洋葱，切丝
1厚片意式熏火腿，切碎
175毫升/6盎司马尔萨拉白葡萄酒
盐和胡椒

将干蘑菇放在碗中，加入没过蘑菇的温水，浸泡15～30分钟，随后控干，挤出水分并切大块。烤箱预热到180°C/350°F/气烤箱刻度4。在碗中混合黄油和欧芹，将混合物涂抹在阉仔鸡腹腔内。用猪脂火腿或培根片包裹阉仔鸡并用棉线捆好。平铺一大张锡箔纸，将胡萝卜和洋葱放在中央，撒上火腿和蘑菇，阉仔鸡放在最上面。翻卷锡箔纸的四周，将阉仔鸡包裹好并密封。放入烤箱烘烤1小时30分钟～2小时，根据重量调整烘烤所需要的时间。从烤箱中取出阉仔鸡，打开锡箔纸，解开棉线，随后将阉仔鸡切块，放到温热的餐盘中。将锡箔纸包中的其他蔬菜倒入食物料理机中，搅打成泥状。将菜泥刮入一口酱汁锅中，搅拌加入马尔萨拉白葡萄酒，小火加热至热透，不停搅拌。用盐和胡椒调味，搭配阉仔鸡一同上桌。

CAPPONE IN SALSA DI CARDI
供 4 人食用
制备时间：2 小时
加热烹调时间：1 小时 30 分钟
半只阉仔鸡，约 1 千克 /2¼ 磅，保留鸡杂
800 克 /1¾ 磅刺菜蓟（见第 498 页）
2 汤匙面粉
1 片柠檬
25 克 /1 盎司黄油
20 克 /¾ 盎司帕玛森奶酪，现擦丝
盐

用于制作高汤
1 块牛胫肉
1 根带叶绿色芹菜茎
1 根胡萝卜
1 颗洋葱
2 片月桂叶
2 瓣蒜
1 枝新鲜平叶欧芹

刺菜蓟酱阉仔鸡 CAPON IN CARDOON SAUCE

首先制作高汤。将 2 升 /3½ 品脱清水倒入一口酱汁锅中，加入所有制作高汤的食材和鸡杂，加入盐调味。加热至沸腾，调小火力，用慢火熬煮 1 小时 30 分钟。高汤过滤到一个碗中，放在一旁备用。将阉仔鸡包裹在一块棉纱布中，用棉线扎紧，放在一口酱汁锅中并倒入足够没过阉仔鸡的高汤。盖上锅盖，慢火炖煮 1 小时 30 分钟。与此同时，除去刺菜蓟的边角杂叶，剥皮并切碎，放在一口酱汁锅中，加入一半面粉、柠檬、10 克黄油和少许盐，并倒入足够没过刺菜蓟的清水。加热至沸腾，随后调小火力，沸煮 30～50 分钟，直至刺菜蓟软嫩。捞出控干，用食品研磨机碾碎到一个保温锅或耐热碗中。剩余面粉和黄油混合制成黄油面团（见第 106 页）。在接近沸腾的水中隔水加热刺菜蓟泥，逐渐搅拌加入黄油面团和帕玛森奶酪，随后加入盐调味。将阉仔鸡放在一块菜板上，解开棉线，剥下鸡皮，将鸡肉切薄片。将鸡肉片放在温热的餐盘中，淋上酱汁即可。

CAPPONE LESSATO
供 8 人食用
制备时间：50 分钟
加热烹调时间：2 小时 20 分钟
1 只阉仔鸡
1 颗洋葱
1 根胡萝卜
1 根芹菜茎
绿酱（见第 93 页）或辣味水果芥末泥，用作配餐

清炖阉仔鸡 POACHED CAPON

在阉仔鸡腹腔内涂抹盐和胡椒调味，放在一口大号酱汁锅中，加入足量清水。用盐调味，加入洋葱、胡萝卜和芹菜，加热至刚刚开始沸腾，随后调小火力，煮 2 小时，直至鸡肉软嫩且熟透。从火上取下锅，让阉仔鸡在汤汁中稍微冷却，随后捞出控干。剥下鸡皮，鸡肉切块，放入一个餐盘中。搭配绿酱或辣味水果芥末泥一同上桌。

酿馅阉仔鸡 STUFFED CAPON

CAPPONE RIPIENO
供 8 人食用
制备时间：35 分钟
加热烹调时间：1 小时 30 分钟～2 小时

- 1 厚片面包，去边
- 100 克 /3½ 盎司熟火腿，切碎
- 100 克 /3½ 盎司熟牛舌，切碎
- 100 克 /3½ 盎司熟菠菜，切碎
- 1 根胡萝卜，切碎
- 1 枝新鲜平叶欧芹，切碎
- 2 颗鸡蛋，略微打散
- 1 只阉仔鸡
- 3 汤匙橄榄油
- 25 克 /1 盎司黄油
- 盐和胡椒
- 嫩马铃薯或混合沙拉，用作配餐

将面包撕成小块，放入碗中，加入足够没过面包的清水，浸泡 10 分钟后控干并挤出水分。在碗中均匀混合面包、火腿、牛舌、菠菜、胡萝卜和欧芹，搅拌加入打散的鸡蛋，用盐和胡椒调味。在阉仔鸡腹腔内填入混合物，并用棉线捆好。在一口大号酱汁锅中加热橄榄油和黄油，加入阉仔鸡，煎 1 小时 30 分钟～2 小时直至变得软嫩熟透，不时将汤汁浇在阉仔鸡上。如果需要的话，可加入 1～2 汤匙温水，避免干锅。搭配嫩马铃薯或混合沙拉一同上桌。

松露烤阉仔鸡 TRUFFLED CAPON

CAPPONE TARTUFATO
供 8 人食用
制备时间：20 分钟，另加 1 小时腌泡用时
加热烹调时间：2 小时

- 5 汤匙橄榄油
- 1 汤匙白兰地
- 1 汤匙马尔萨拉白葡萄酒
- 250 克 /2 盎司黑松露，切碎
- 50 克 /2 盎司猪脂火腿或五花肉培根，切碎
- 1 只阉仔鸡
- 盐和胡椒

在碗中均匀混合 1 汤匙橄榄油、白兰地和马尔萨拉白葡萄酒，用盐和胡椒调味，加入松露，腌泡 1 小时。烤箱预热到 180°C/350°F/ 气烤箱刻度 4。将猪脂火腿或培根搅拌加入松露混合物中，填入阉仔鸡腔膛中。缝合开口。将剩余橄榄油倒入一口炖锅中，放入阉仔鸡，在烤箱中烘烤约 2 小时。

简易阉仔鸡肉冻 SIMPLE CAPON GALANTINE

GALANTINA SEMPLICE DI CAPPONE
供 8 人食用
制备时间：1 小时 45 分钟，另加冷却用时
加热烹调时间：3 小时

- 1 只阉仔鸡
- 300 克 /11 盎司较瘦的小牛肉，切碎
- 100 克 /3½ 盎司熟火腿，切碎
- 2 根胡萝卜
- 1 根牛骨
- 盐
- 切丁肉汤胶冻，用于装饰

煮沸一大锅加盐清水，加入阉仔鸡，使其完全浸入水中煮 15 分钟。取出阉仔鸡，待其稍微冷却，随后剥下鸡皮，尽量保持鸡皮的完整。将鸡肉剔骨切碎，放入一个碗中，与小牛肉和火腿混合。将阉仔鸡骨架、胡萝卜和牛骨放入一口酱汁锅中，加入足量清水并加热至沸腾。将混合肉泥制成圆柱形的肉糜糕，先用鸡皮包裹再包上一层棉纱布，扎紧两端。将鸡架和牛骨从高汤中捞出，浸入肉糜糕，用慢火炖约 3 小时。然后捞出控净汤汁，覆盖好肉糜糕之后，在其上放置一个重物，将肉糜糕压成均匀的扁平状（可以在其上先放一块菜板，再放几罐番茄、豆子等）。待其冷却。解开线绳并舍去棉纱布，将阉仔鸡肉糜糕切片，放在一个餐盘中，用肉冻丁装饰。

珍珠鸡

珍珠鸡类菜肴是典雅晚宴的极佳选择。它比鸡肉更鲜美，在口感上更接近于雉鸡。为了达到最好的口味，需要选用 8～10 个月大的珍珠鸡。如果珍珠鸡的年龄超过一岁，它的肉质较老，需要一定时间晾挂处理。根据体形大小，通常要小火加热 40～60 分钟。在烘烤珍珠鸡时，最好用几片培根覆盖住鸡胸部分，使肉质保持软嫩。

锅烤珍珠鸡 POT-ROAST GUINEA FOWL

ARROSTO DI FARAONA
供 6 人食用
制备时间：30 分钟
加热烹调时间：1 小时 15 分钟

1 只珍珠鸡
1 枝新鲜迷迭香
2 片新鲜鼠尾草叶
50 克 /2 盎司培根切片
40 克 /1½ 盎司黄油
3 汤匙橄榄油
175 毫升 /6 盎司干白葡萄酒
盐和胡椒

在珍珠鸡腹腔中涂抹盐和胡椒，塞入迷迭香、鼠尾草、1 片培根和 15 克黄油。将剩余培根片覆盖在鸡胸上，用棉线捆好。撒上盐和胡椒调味。在一口锅中加热剩余的黄油和橄榄油，加入珍珠鸡，煎至均匀上色，不时翻转。加入一半的葡萄酒，加热至完全挥发，随后盖上锅盖，小火焖 50 分钟。取下培根片，重新盖上锅盖，继续焖 10 分钟。从锅中取出珍珠鸡，使其保持温热。将剩余葡萄酒搅拌加入锅中，继续煮至汤汁浓缩、体积减半。将珍珠鸡切块，放在温热的餐盘中，淋上锅中的酱汁即可。

洋蓟心烤珍珠鸡 GUINEA FOWL WITH ARTICHOKE HEARTS

FARAONA AI CARCIOFI
供 6 人食用
制备时间：45 分钟，另加冷却用时
加热烹调时间：1 小时 20 分钟
1 只珍珠鸡，剔骨
5 汤匙橄榄油
2 瓣蒜
5 颗洋蓟心
1 枝新鲜平叶欧芹，切碎
2 片培根，切碎
25 克 /1 盎司黄油
1 枝新鲜迷迭香
5 汤匙干白葡萄酒
盐和胡椒

烤箱预热到 200°C/400°F/ 气烤箱刻度 6。在珍珠鸡腹腔中涂抹盐和胡椒。在一口锅中加入 3 汤匙橄榄油和 1 瓣蒜，加入洋蓟心煎炒至软嫩，随后撒入欧芹并用少许盐和胡椒调味。待其冷却，填入珍珠鸡腹腔内，缝上开口并用棉线捆好，保持珍珠鸡外形不变，同剩余橄榄油、培根、黄油、剩余蒜瓣和迷迭香一起放入一个烤盘中。放入烤箱内，烘烤至上表面色泽金黄，随后翻转烘烤另一面，直至上色。加入葡萄酒，烤箱温度降到 180°C/350°F/ 气烤箱刻度 4，继续烘烤约 1 小时，直至变得软嫩。从烤盘中取出珍珠鸡并解开棉线。将鸡胸肉切厚片，拆下鸡翅和鸡腿，背部切成 4 块。将鸡肉放在温热的餐盘中，淋上热的汤汁即可。

菠萝珍珠鸡 GUINEA FOWL WITH PINEAPPLE

FARAONA ALL'ANANAS
供 6 人食用
制备时间：3 小时
加热烹调时间：1 小时 30 分钟
半个菠萝，去皮去心并切片
25 克 /1 盎司黄油
3 汤匙橄榄油
1 只珍珠鸡，切块
1 颗洋葱，切碎
1 根胡萝卜，切碎
2 根芹菜茎，切碎
1 瓣蒜，切碎
300 毫升 /½ 品脱鸡肉高汤（见第 249 页）
250 毫升 /8 盎司双倍奶油
盐和胡椒

保留 2 片菠萝备用，其余的菠萝切碎。在一口锅中加热黄油和橄榄油，加入珍珠鸡，煎至均匀上色，不时翻转。用盐和胡椒调味，加入洋葱、胡萝卜、芹菜、蒜和切碎的菠萝，翻炒约 10 分钟，其间不时搅拌。浇入高汤，盖上锅盖，小火焖煮 1 小时。盛出珍珠鸡肉块，保持温热。锅中搅拌加入 2 汤匙热水，刮下锅底的食材残渣，将锅中的汤汁用食品研磨机碾碎，随后倒回锅中。搅拌加入奶油，用慢火加热直至锅中的汤汁变得浓稠。将珍珠鸡肉块盛入温热的餐盘中，淋上锅中的汤汁并用保留的菠萝片装饰。

FARAONA ALLA SALVIA
供 6 人食用
制备时间：30 分钟
加热烹调时间：1 小时 15 分钟
10 片鼠尾草叶
40 克 /1½ 盎司黄油
1 只珍珠鸡
100 克 /3½ 盎司培根，切片
2 汤匙橄榄油
盐和胡椒

鼠尾草烤珍珠鸡 GUINEA FOWL WITH SAGE

烤箱预热到 180°C/350°F/ 气烤箱刻度 4。切碎一半的鼠尾草叶，与 15 克黄油混合。在珍珠鸡腹腔内涂抹盐和胡椒，填入鼠尾草黄油并缝上开口。用培根片包裹鸡身，用棉线捆好。将珍珠鸡放入一个烤盘中，加入橄榄油、一半剩余黄油和剩余的鼠尾草叶。烘烤约 1 小时，直至变得软嫩，不时翻转。从烤盘中取出珍珠鸡，将烤盘放在小火上加热。搅拌加入 2 汤匙热水，刮下烤盘底部的食材残渣，随后搅拌加入剩余的黄油并倒入酱汁碟中。将鸡胸肉切片，拆下鸡翅和鸡腿，将珍珠鸡背部切分成 4 块，搭配酱汁一同上桌。

FARAONA ALL'ORTOLANA
供 4 人食用
制备时间：1 小时 15 分钟
加热烹调时间：30 分钟
50 克 /2 盎司黄油
6 汤匙橄榄油
4 片新鲜鼠尾草叶
1 根芹菜茎，切碎
1 只珍珠鸡，切块
175 毫升 /6 盎司白葡萄酒
8 颗珍珠洋葱
3 个马铃薯，切丁
300 克 /11 盎司南瓜，切丁
盐和胡椒

蔬菜烤珍珠鸡 GUINEA FOWL ORTOLANA

在一口大锅中加热一半的黄油、一半的橄榄油、鼠尾草和芹菜，加入少许盐和胡椒调味，加入珍珠鸡煎，不时翻转并不时淋入葡萄酒，直至均匀上色。在另一口锅中加热剩余的黄油和橄榄油，加入洋葱、马铃薯和南瓜，用盐和胡椒调味，小火加热 40 分钟，其间不时搅拌。烤箱预热到 180°C/350°F/ 气烤箱刻度 4。蔬菜和珍珠鸡一起放在烤盘中，在烤箱中烘烤约 30 分钟。

FARAONA AL MASCARPONE
供 6 人食用
制备时间：25 分钟
加热烹调时间：1 小时 15 分钟
150 克 /5 盎司马斯卡彭奶酪
120 毫升 /4 盎司白兰地
1 只珍珠鸡
25 克 /1 盎司黄油
1 枝新鲜迷迭香，切碎
盐和胡椒

马斯卡彭奶酪珍珠鸡 GUINEA FOWL WITH MASCARPONE

在碗中均匀混合马斯卡彭奶酪和一半的白兰地，填入珍珠鸡腹腔中。缝上开口并用棉线捆好。黄油放入锅中加热熔化，加入珍珠鸡，煎至均匀上色，不时翻转。用盐和胡椒调味，撒入迷迭香，转小火加热并盖上锅盖。焖煮 1 小时，直至变得软嫩，其间不时翻转。将珍珠鸡放到温热的餐盘中，淋上剩余的白兰地并点燃。待火焰熄灭后切分珍珠鸡即可。

蔬菜烤珍珠鸡 ➔

红酒珍珠鸡 GUINEA FOWL WITH RED WINE

FARAONA AL VINO ROSSO

供 6 人食用

制备时间：30 分钟

加热烹调时间：1 小时 35 分钟

1 只珍珠鸡，切块

面粉，用于淋撒

2 汤匙橄榄油

40 克 /1½ 盎司黄油

50 克 /2 盎司培根

2 颗洋葱，切碎

少许现磨肉豆蔻

1 升 /1¾ 品脱红葡萄酒

20 克干蘑菇

100 克 /3½ 盎司意式香肠，切碎

盐和胡椒

在珍珠鸡块上撒面粉。在一口锅中加热橄榄油和 25 克 /1 盎司黄油，加入培根、洋葱和珍珠鸡块，小火加热 15 分钟，其间不时搅拌翻转。用盐和胡椒调味，加入肉豆蔻并淋入葡萄酒。盖上锅盖慢火煮 1 小时。与此同时，将蘑菇放入一个碗中，加入没过蘑菇的温水，浸泡 30 分钟，随后控干并挤出水分。从锅中盛出珍珠鸡肉块并保持温热。在锅中搅拌加入 2 汤匙的热水，加入蘑菇、香肠和剩余黄油，加热 20 分钟。将珍珠鸡块盛入温热的餐盘中，浇上锅中的酱汁即可。

奶油柠檬珍珠鸡 GUINEA FOWL WITH CREAM AND LEMON

FARAONA CON PANNA E LIMONE

供 6 人食用

制备时间：15 分钟

加热烹调时间：1 小时 5 分钟

50 克 /2 盎司黄油

1 只珍珠鸡，切块

5 汤匙双倍奶油

半颗柠檬，挤出柠檬汁，过滤

盐和胡椒

黄油放入锅中加热熔化，加入珍珠鸡，在大火上煎，不时翻转，直至均匀上色。用盐和胡椒调味，调小火力，盖上锅盖焖约 45 分钟。搅拌加入奶油，重新盖上锅盖，继续加热 15 分钟。盛入温热的餐盘中并淋上柠檬汁即可。

蘑菇酿馅珍珠鸡 STUFFED GUINEA FOWL WITH MUSHROOMS

FARAONA FARCITA CON I FUNGHI

供 6 人食用

制备时间：45 分钟

加热烹调时间：1 小时 15 分钟

1 只珍珠鸡，保留鸡肝

150 克 /5 盎司意式香肠，切碎

120 克 /4 盎司蘑菇，切碎

2 颗洋葱，切碎

1 瓣蒜，切碎

1 枝新鲜平叶欧芹，切碎

1 枝新鲜牛至，切碎

50 毫升 /2 盎司白兰地

3 汤匙橄榄油

50 克 /2 盎司培根片

25 克 /1 盎司黄油

盐和胡椒

切碎鸡肝，放在碗中，加入香肠、蘑菇、洋葱、蒜、欧芹和牛至叶，混合均匀。用盐和胡椒调味，搅拌加入白兰地。在一口平底锅中加热 1 汤匙橄榄油，加入混合物，中火翻炒 5 分钟，其间不时搅拌。将混合物填入珍珠鸡腹腔内并缝上开口。在鸡胸部位铺上培根片，用棉线捆好。在一口锅中加热黄油和剩余的橄榄油，加入珍珠鸡，中火煎至均匀上色，不时翻转。用盐和胡椒调味，转小火加热约 1 小时即可。

← 蘑菇酿馅珍珠鸡

FARAONA RIPIENA CON UVETTA
供 6 人食用
制备时间：40 分钟，另加 10 分钟浸泡用时
加热烹调时间：1 小时 40 分钟
25 克 /1 盎司葡萄干
50 毫升 /2 品脱白兰地
1 厚片面包，去边
150 克 /5 盎司意式香肠，切碎
1 枝新鲜百里香，切碎
1 枝新鲜迷迭香，切碎
1 枝新鲜平叶欧芹，切碎
4 片新鲜鼠尾草叶，切碎
少许现磨肉豆蔻
1 颗鸡蛋，略微打散
1 只珍珠鸡
25 克 /1 盎司黄油
2 汤匙橄榄油
盐和胡椒

葡萄干酿馅珍珠鸡 GUINEA FOWL STUFFED WITH SULTANAS

将葡萄干放入碗中，加入一半白兰地，搅拌加入 2 汤匙水，浸泡 10 分钟，随后控干。将面包撕成块，放入另一个碗中，加入没过面包的清水并浸泡 10 分钟，随后控干并挤出水分。在碗中均匀混合香肠、浸水面包、一半葡萄干、百里香、迷迭香、欧芹和鼠尾草，搅拌加入肉豆蔻和鸡蛋，用盐和胡椒调味。将混合物塞入珍珠鸡腹腔内，缝上开口并用棉线捆好。在一口锅中加热黄油和橄榄油，加入珍珠鸡，用中火加热，煎至均匀上色，不时翻转。用盐和胡椒调味，淋入剩余的白兰地，转小火加热约 30 分钟。将珍珠鸡翻转，撒入剩余的葡萄干，继续加热 30 分钟。上桌前，稍微切开珍珠鸡的填馅部分，并拆下鸡翅和鸡腿。

FARAONA TARTUFATA AL CARTOCCIO
供 6 人食用
制备时间：1 小时，另加 15 分钟静置用时
加热烹调时间：1 小时 5 分钟
200 克 /7 盎司瘦小牛肉，切碎
1 颗鸡蛋，略微打散
1 小块白松露，切碎
150 克 /5 盎司芹菜，切碎
1 根胡萝卜，切碎
1 枝新鲜平叶欧芹，切碎
600 毫升 /1 品脱双倍奶油
1 只珍珠鸡，剔骨
5 汤匙橄榄油
5 汤匙白葡萄酒
1 枝新鲜迷迭香，切碎
1 瓣蒜，切碎
盐和胡椒
马铃薯泥，用作配餐

纸包烤松露珍珠鸡 GUINEA FOWL WITH TRUFFLES BAKED IN A PARCEL

烤箱预热到 200°C/400°F/ 气烤箱刻度 6。在一个大碗中均匀混合小牛肉、鸡蛋、松露、芹菜、胡萝卜和欧芹，搅拌加入奶油并用盐和胡椒调味。平铺一张烘焙纸，将珍珠鸡摆在其上。珍珠鸡腹内填入小牛肉菜泥，缝上开口并用烘焙纸包裹好。在烤盘中倒入 3 汤匙橄榄油，放入纸包珍珠鸡，送入烤箱烘烤约 1 小时，其间不时在纸包上淋上葡萄酒。从烤箱中取出纸包，稍微打开并静置冷却 15 分钟，随后取出珍珠鸡，稍稍切开填馅部分并拆下鸡翅和鸡腿。放入一个餐盘中并保持温热。在一口锅中加热剩余的橄榄油，加入迷迭香和蒜，小火翻炒几分钟。将迷迭香橄榄油淋在鸡肉上，搭配马铃薯泥一同上桌。

母 鸡

15～16 个月大的成年母鸡适合用来炖汤，这在很久前就已经众所周知。而月龄较小，七八个月大的母鸡适合用于炖焖或砂锅，这一点可能相对来说鲜为人知。

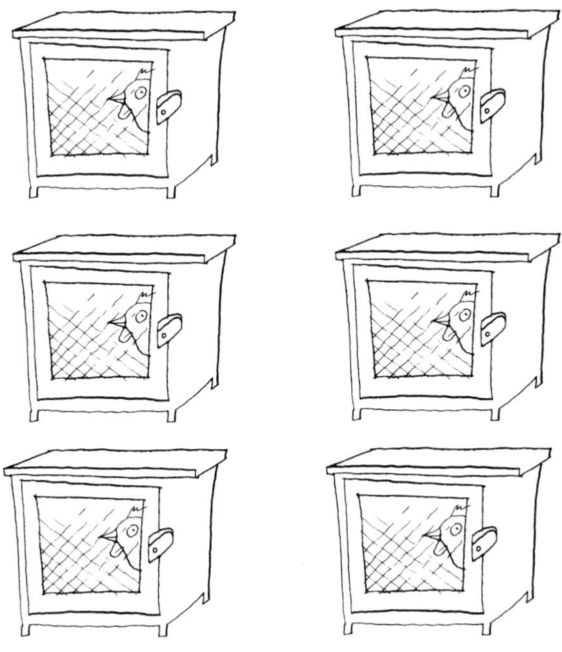

加热烹调方法

➔ 因为炖煮母鸡会制作出较为油腻的高汤，因此在加热之前，可以将其浸入加入少许盐的水中，剥除鸡皮和皮下脂肪。

➔ 根据整鸡重量不同，需要炖煮至少 1 小时。如果母鸡较老，则至少需要 2 小时。

➔ 在高汤准备好后，可以通过铺有棉纱布的滤网过滤，除去汤中油脂。

GALLINA ALLA MELAGRANA
供 4 人食用
制备时间：20 分钟
加热烹调时间：1 小时 15 分钟
2 汤匙橄榄油
40 克 / 1½ 盎司黄油
1 只母鸡
2 颗珍珠洋葱
20 克干蘑菇
4 个石榴
250 毫升 / 8 盎司双倍奶油
4 片新鲜鼠尾草叶，切碎
盐和胡椒

石榴酱烤母鸡 CHICKEN WITH POMEGRANATE

烤箱预热到 180°C/350°F/ 气烤箱刻度 4。在一口耐热炖锅中加热一半的橄榄油和一半的黄油，放入母鸡，煎至均匀上色，不时翻转。加入 1 颗洋葱并淋入少许热水。放入烤箱烘烤约 1 小时。与此同时，将蘑菇放入一个碗中，加入温水没过蘑菇，静置浸泡 15～30 分钟，随后控干并挤出水分。在石榴一端切下一片并舍去，使得石榴能够直立放置，再切开外皮和内部隔皮。打开并用手指挖出石榴籽，放入一个碗中。用同样方式取出所有石榴的籽，随后用马铃薯捣碎器碾碎石榴籽，将果汁倒在鸡肉上。将炖锅放回烤箱中。保留石榴籽。切碎剩余的洋葱。在一口锅中加热剩余橄榄油和黄油，加入切碎的洋葱，小火煸炒 5 分钟，其间不时搅拌。加入蘑菇，继续加热 15 分钟，其间不时搅拌，随后倒入炖锅中。在鸡肉变软嫩后，与整颗洋葱一起盛出。将炖锅中的汤汁倒入食物料理机中搅打成泥。将酱泥刮入一口酱汁锅中，搅拌加入奶油和鼠尾草，用盐和胡椒调味并小火加热，直至变得浓稠。母鸡切块，洋葱切碎。鸡肉搭配酱汁、石榴籽和洋葱末一同上桌。

GALLINA CAMPAGNOLA
供 6 人食用
制备时间：1 小时
加热烹调时间：2 小时
1 只母鸡，保留鸡杂
1 颗洋葱，切细丝
80 克 / 3 盎司熟火腿，切碎
2 汤匙面包糠
1 枝新鲜平叶欧芹，切碎
1 个蛋黄
40 克 / 1½ 盎司黄油
25 克 / 1 盎司培根，切片
12 颗珍珠洋葱
175 毫升 / 6 盎司干白葡萄酒
3～4 个马铃薯，切片
盐和胡椒

农家烧母鸡 RUSTIC CHICKEN

鸡杂切碎，与洋葱和火腿一起放入一口平底锅中，中火煸炒几分钟直至上色，其间时常搅拌。从火上取下锅并搅拌加入面包糠、欧芹和蛋黄。用盐和胡椒调味，将锅放回火上继续加热几分钟。将混合物填入母鸡腹腔内，缝上开口并用棉线捆好。在一口耐热炖锅中加热熔化黄油，加入母鸡，在大火上煎至均匀上色，不时翻转。加入培根和珍珠洋葱，转中火加热，盖上锅盖加热 10 分钟。淋入葡萄酒，不盖锅盖，继续加热至酒精挥发，随后盖上锅盖，转小火加热 45 分钟。加入马铃薯，如果需要，可加入适量热水，避免干锅，继续加热 30 分钟。从锅中盛出母鸡，解开棉线并切成块。搭配马铃薯、珍珠洋葱和炖锅中的汤汁一同上桌。

石榴酱烤母鸡 ➔

GALLINA CON CAROTE E CIPOLLE
供 4 人食用
制备时间：10 分钟
加热烹调时间：1 小时 25 分钟
1 × 1 千克 / 2¼ 磅的母鸡
25 克 / 1 盎司黄油
300 克 / 11 盎司珍珠洋葱
500 克 / 1 磅 2 盎司胡萝卜，切条
350 毫升 / 12 盎司干白葡萄酒
盐和胡椒

胡萝卜洋葱烧母鸡 CHICKEN WITH CARROTS AND ONIONS

在母鸡腹腔内涂抹盐和胡椒。黄油放入锅中加热熔化。放入母鸡煎，不时翻转，直至均匀上色。加入洋葱和胡萝卜，加热 10 分钟，直至色泽金黄，其间时常搅拌。淋入葡萄酒，加热至酒精挥发。用盐和胡椒调味，盖上锅盖，小火加热约 1 小时。

GALLINA IN SALSA ROSA
供 6 人食用
制备时间：20 分钟
加热烹调时间：1 小时 45 分钟
500 克 / 1 磅 2 盎司罐装番茄
80 克 / 3 盎司黄油
1 只母鸡，切块
175 毫升 / 6 盎司白葡萄酒
175 毫升 / 6 盎司牛奶
盐和胡椒
煮米饭或土耳其调味米饭，用作配餐

粉酱烧母鸡 CHICKEN IN PINK SAUCE

将番茄用食品研磨器碾碎，放入碗中。在一口大锅中加热熔化黄油，加入鸡肉块煎炒，不时翻转，直至均匀上色。倒入葡萄酒、牛奶和番茄，加入适量盐和胡椒调味，盖上锅盖，中火加热约 1 小时 30 分钟。它将会形成浓郁美味的粉色酱汁，不仅口味诱人，色泽同样赏心悦目。将鸡肉摆入温热的餐盘中，浇上酱汁，使其完全被酱汁包裹，搭配煮米饭或土耳其调味米饭一同上桌。

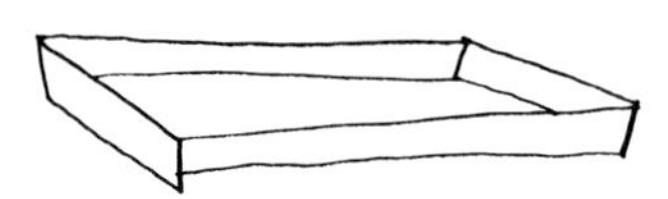

鹅

鹅，美丽、洁白、丰满而吸人眼球，但在制熟之后并不易于消化吸收。可以除去它的多余脂肪，让鹅肉变得相对清淡，也可以帮助消化系统减轻负担。但需要注意的是，年幼的鹅肉质较瘦。在意大利，鹅肉会同足量芜菁和马铃薯一起烤制，以便吸收在加热过程中释出的油脂。为了保证鹅皮酥脆，不需要将制作过程中的汤汁淋在鹅身上。直接烘烤时，最好将鹅肉放在烤架上，使脂肪滴入下面的烤盘或托盘内（烘烤前在烤盘中倒入 175 毫升 /6 盎司清水）。而在加热制作时间方面，1 千克 /2¼ 磅的鹅肉需要 1 小时，重量每增加 1 千克 /2¼ 磅，需要额外延长 15 分钟。如果购买整鹅的话，选择月龄在 8～9 个月之间、重量约 3 千克 /6½ 磅的鹅，这样体形的鹅可以放入普通烤箱中烘烤。在烘烤鹅之前，可以通过预先焯煮来减少鹅的脂肪量（见下面加热制作方法）。

加热烹调方法

➔ 在鹅腹腔中涂抹盐调味，填入一大把迷迭香叶并缝上开口。

➔ 在一口深锅中加入 ⅓ 的水，放入一颗大洋葱和整只鹅。加热至沸腾，盖上锅盖，用小火加热 30 分钟或更久，根据鹅体形大小酌情增减加热的时间。

➔ 控干鹅身的水，倒掉煮鹅的汤水，按照食谱继续下一步骤。

➔ 这个方法也可以在制作烤鹅之前使用。

ARROSTO DI OCA CON PEPERONI IN AGRODOLCE
供 8 人食用
制备时间：3 小时 15 分钟
加热烹调时间：2 小时 20 分钟

1×3 千克 /6½ 磅的鹅
350 克 /12 盎司栗子干
120 毫升 /4 盎司橄榄油
1 颗洋葱，切碎
1 根胡萝卜，切碎
1 根芹菜茎，切碎
1 枝新鲜迷迭香，切碎
175 毫升 /6 盎司白葡萄酒
1 份鸡肉高汤（见第 249 页）
2 个黄甜椒，切半去籽，切条
2 个红甜椒，切半去籽，切条
2 个绿甜椒，切半去籽，切条
2 汤匙糖
175 毫升 /6 盎司白葡萄酒醋
盐和胡椒

酸甜甜椒烤鹅 ROAST GOOSE WITH SWEET-AND-SOUR PEPPERS

在鹅的腹腔内涂抹盐和胡椒调味，填入栗子干，用棉线捆好。在一口耐热炖锅中加热一半的橄榄油，加入鹅、洋葱、胡萝卜、芹菜和迷迭香，煸炒约 20 分钟直至上色，不时翻转鹅身。与此同时，烤箱预热到 180℃/350℉/ 气烤箱刻度 4。将葡萄酒和 5 汤匙热高汤浇入炖锅中，随后放入烤箱烘烤 2 小时，每隔 15 分钟加入一大汤匙热高汤，每隔 30 分钟翻转一次鹅身。在一口锅中加热剩余的橄榄油，加入所有甜椒条，小火加热 20 分钟，其间不时搅拌。搅拌加入糖和白葡萄酒醋，继续用小火加热 10 分钟。从烤箱中取出烤鹅，舍去栗子。汤汁用食品研磨器研磨后过滤。将鹅胸肉切片，拆下鹅腿和鹅翅，摆放在温热的餐盘中。在鹅肉周围摆酸甜甜椒，搭配制作好的汤汁一同上桌。

COSCE DI OCA IN AGRODOLCE
供 4 人食用
制备时间：30 分钟，另加冷却用时
加热烹调时间：30 分钟

250 毫升 /8 盎司香脂醋
1 颗红葱头
1 根胡萝卜
120 克 /4 盎司糖
4 只鹅腿
50 克 /2 盎司黄油
2 汤匙玉米粉
盐

酸甜鹅腿 SWEET-AND-SOUR GOOSE LEGS

将香脂醋倒入一口酱汁锅中，加入红葱头、胡萝卜、25 克 /1 盎司糖和鹅腿，加入盐调味并用慢火炖煮，直至鹅肉软嫩且熟透。控干鹅腿水分并待其冷却，随后剔骨切片。将汤汁过滤，倒入一个碗中并待其冷却，随后撇出并保留表面凝固的油脂。黄油放入锅中加热熔化，加入鹅肉煎炒，不时翻转，直至均匀上色。撒入剩余白糖的一半和保留的鹅腿油脂，随后撒入另一半糖，小火加热，直至变成焦糖。盛出鹅肉，放置在餐盘中并使其保持温热。将玉米粉搅拌加入锅中，边搅拌边加热几分钟，随后逐渐搅拌倒入 175 毫升 /6 盎司汤汁，继续用慢火加热至酱汁变得浓稠。将制作好的酱汁浇淋在鹅腿肉片上即可上桌。

酸甜甜椒烤鹅 ➔

OCA ALLA TEDESCA CON LE MELE
供 8 人食用
制备时间：30 分钟
加热烹调时间：2 小时 30 分钟
1 千克 /2¼ 磅苹果，去皮去核
1 × 3 千克 /6½ 磅的鹅
175 毫升 /6 盎司干白葡萄酒
40 克 /1½ 盎司黄油
盐和胡椒

德式烤鹅配苹果 GERMAN GOOSE WITH APPLES

烤箱预热到 160°C/325°F/ 气烤箱刻度3。将一半苹果切成两半，另一半切碎。在鹅腹腔内涂上盐调味并填入切碎的苹果，随后缝上开口，用棉线捆好。放在烤架上，下面放一个加入少许清水的烤盘或烤箱托盘。烘烤至鹅肉色泽金黄，随后用厨房纸拍干鹅皮。在鹅身上浇上白葡萄酒，加入 150 毫升 /¼ 品脱温水，继续放回烤箱烘烤 2 小时。与此同时，将苹果片放入沸水中焯煮 1 分钟，随后控干。用平底锅加热熔化黄油，加入苹果片，小火煎炒至软嫩，其间时常搅拌。将鹅肉盛入温热的餐盘中，周围摆上苹果片，撒上胡椒调味。

OCA BRASATA
供 8 人食用
制备时间：45 分钟
加热烹调时间：3 小时 30 分钟
50 克 /2 盎司黄油
1 × 3 千克 /6½ 磅的鹅，切块
2 颗洋葱，切细丝
2 瓣蒜
1 瓶（750 毫升 /1¼ 品脱）干白葡萄酒
6 颗大番茄，去皮去籽，切碎
1 枝新鲜迷迭香
2 片新鲜鼠尾草叶
50 毫升 /2 品脱白兰地
盐和胡椒

烧鹅 BRAISED GOOSE

烤箱预热到 150°C/300°F/ 气烤箱刻度2。在一口耐热炖锅中加热熔化黄油，加入鹅翻炒，不时翻转直至均匀上色。加入洋葱和蒜，小火加热 5 分钟，其间不时搅拌。淋入葡萄酒，加入番茄和香草，用盐和胡椒调味。盖上锅盖，放入烤箱中烘烤约 3 小时，直至鹅肉脱骨。从炖锅中盛出并剔骨，放在盘子中使其保持温热。取出并舍去蒜和香草，如需要可重新加热浓缩汤汁。汤汁倒入白兰地并搅拌均匀，加入适量盐和胡椒调味，搭配鹅肉一同上桌。

香脂醋鹅胸肉，见第 1041 页 →

马铃薯酿馅烤鹅 GOOSE STUFFED WITH POTATOES

OCA RIPIENA DI PATATE
供 8 人食用
制备时间：3 小时 30 分钟
加热烹调时间：3 小时
400 克 /14 盎司马铃薯，保留外皮
25 克 /1 盎司黄油
1 颗洋葱，切碎
1 枝新鲜平叶欧芹，切碎
少许切碎的新鲜迷迭香
1 × 3 千克 /6½ 磅的鹅
300 毫升 /½ 品脱热鸡肉高汤（见第 249 页）
盐和胡椒

在加了盐的沸水中将马铃薯煮 10 分钟，随后控干去皮并切丁。烤箱预热到 200°C/400°F/ 气烤箱刻度 6。黄油放入锅中加热熔化，加入洋葱和欧芹，小火翻炒 5 分钟，其间不时搅拌。加入马铃薯，调大火力，用中火加热，不时前后晃动锅，直至马铃薯上色。用盐和胡椒调味并搅拌加入迷迭香。将混合蔬菜填入鹅腹腔中，缝上开口，用棉线捆好。在鹅皮上用叉子均匀地戳出一些孔洞。鹅胸朝下放在烤架上，下放一个倒有少许清水的烤盘或托盘，用锡箔纸覆盖。烘烤 1 小时，随后将烤箱温度降到 180°C/350°F/ 气烤箱刻度 4，继续烘烤 1 小时。打开并去掉锡箔纸，翻转鹅身，放回烤箱继续烘烤 1 小时，其间不时淋少许热高汤。撇去烤盘内滴落汤汁表面的油脂，倒入酱汁碗中。将鹅切开，搭配汤汁一同上桌。

香脂醋鹅胸肉 BREAST OF GOOSE IN BALSAMIC VINEGAR

PETTO D'OCA ALL'ACETO BALSAMICO
供 4 人食用
制备时间：20 分钟
加热烹调时间：30 分钟
25 克 /1 盎司黄油
2 汤匙橄榄油
2 瓣蒜
500 克 /1 磅 2 盎司剔骨鹅胸肉，切片
6 汤匙香脂醋
盐和胡椒

用于制作酱汁
100 毫升 /3½ 盎司橄榄油
100 毫升 /3½ 盎司意式香醋
2 瓣蒜
半根红辣椒，去籽切碎
盐

见第 1039 页

先制作酱汁。用打蛋器打匀碗中的橄榄油和香醋，加入蒜、红辣椒和少许盐，随后静置备用。在一口锅中加热黄油和橄榄油，加入蒜瓣，小火煸炒至上色，随后取出大蒜并丢弃不用。加入鹅肉片，时常翻拌，大火加热几分钟，直至上色。用盐和胡椒调味，淋入香脂醋后继续加热 15～20 分钟，直至汤汁浓稠。装入温热的餐盘中，浇上酱汁即可。

← 炖鹅，见第 1042 页

炖鹅 GOOSE STEW

STRACOTTO D'OCA
供 8 人食用
制备时间：3 小时 15 分钟
加热烹调时间：2 小时 45 分钟

1 × 3 千克 /6½ 磅的鹅
50 克 /2 盎司培根，切薄片
2 汤匙橄榄油
1 瓶（750 毫升 /1¼ 品脱）干白葡萄酒
350 毫升 /12 盎司白葡萄酒醋
1 份鸡肉高汤（见第 249 页）
6 粒黑胡椒，稍微碾碎
1 片月桂叶
2 颗洋葱
少许切碎的新鲜墨角兰
少许切碎的新鲜迷迭香
盐

用于制作酱汁
2 条盐渍鳀鱼，去头除内脏并剔骨（见第 694 页），冷水浸泡 10 分钟后控干
2 颗柠檬
25 克 /1 盎司黄油
见第 1040 页

烤箱预热到 190°C/375°F/ 气烤箱刻度 5。用培根片包裹鹅身，放在烤架上，下面放一个烤盘或托盘，烘烤 1 小时 30 分钟。从烤箱中取出烤鹅，取下培根片。将鹅放入一口大小适中的锅中，淋入橄榄油。倒入葡萄酒、白葡萄酒醋和高汤，没过鹅身。加入胡椒、月桂叶、洋葱、墨角兰和迷迭香，并加入盐调味。用小火炖煮 1 小时，随后盛出整鹅并使其保持温热。制作酱汁：首先切碎鳀鱼。将一颗柠檬去皮，切下所有白色内皮。将果肉切丁，和鳀鱼一起放入鹅肉的汤汁中，慢火热透，随后从火上取下锅并搅拌加入黄油。将剩余柠檬切片。将鹅肉去骨切片，摆放在温热的餐盘中，淋上酱汁，用柠檬片装饰。

鸽

更准确地说，养殖鸽子应该称作仔鸽（squab，未换羽的幼鸽），它们肉质瘦嫩、洁白、美味，且易于消化。实际上，专家称只有幼年禽类适合烹饪，因为它们的肉质更软嫩。如若不信，你将需要面对盘中又老又柴、口味不佳的禽肉。肉鸽非常适合烘烤、烧烤或和豌豆一起烹炒。野鸽也被称为林鸽，肉质色泽较暗且味道较膻。一只鸽子通常可供两个人享用。

烤鸽 ROAST PIGEONS

ARROSTO DI PICCIONI
供 4 人食用
制备时间：20 分钟
加热烹调时间：1 小时 15 分钟
2 只鸽子，鸽肝
4 片薄培根
1 汤匙橄榄油
25 克 / 1 盎司黄油
盐和胡椒

烤箱预热到 180°C/350°F/ 气烤箱刻度 4。将鸽肝切碎，置旁备用。每只鸽子用 2 片培根包裹，再用棉线捆好。在一口耐热炖锅中加热橄榄油和黄油，加入鸽子翻炒，不时翻转直至均匀上色。加入适量盐和胡椒调味，放入烤箱中烘烤 40 分钟。取下培根片，放回烤箱继续烘烤 10 分钟。从锅中盛出鸽子并使其保持温热。在烤鸽的汤汁中搅拌加入 1 汤匙的热水，加入切碎的鸽肝，中火加热几分钟，其间不时搅拌。将鸽子切分为两半，摆放在温热的餐盘中，淋上酱汁即可。

焗鸽 GRILLED PIGEONS

PICCIONI ALLA GRIGLIA
供 4 人食用
制备时间：15 分钟，另加 4～6 小时腌泡用时
加热烹调时间：45 分钟
5 汤匙橄榄油
1 枝新鲜平叶欧芹，切碎
2 颗柠檬，挤出柠檬汁，过滤
4 粒黑胡椒，稍微碾碎
2 只鸽子，切半
盐
用锡箔纸包裹烤熟的马铃薯，用作配餐

在一个盘子中均匀混合橄榄油、欧芹、柠檬汁和黑胡椒，加入盐调味，放入鸽子腌制 4～6 小时。预热烤架。控干鸽子水分，放在烤架下，保留腌泡汁。焗烤 45 分钟，不时翻转并刷上保留的腌泡汁。搭配用锡箔纸包裹烤熟的马铃薯一同上桌。

PICCIONI ALL'AGRO
供 4 人食用
制备时间：15 分钟
加热烹调时间：45 分钟
2 枝新鲜迷迭香，切碎
2 片月桂叶
2 片新鲜鼠尾草叶
2 片培根
2 只鸽子
2 颗柠檬，挤出柠檬汁，过滤
盐和胡椒
煮米饭，用作配餐

百香鸽 PIQUANT PIGEONS

在每只鸽子腹腔中放入少许盐、少许胡椒、一半迷迭香、1 片月桂叶、1 片鼠尾草叶和 1 片培根。放入一口锅中，加入盐调味并浇入柠檬汁。盖上锅盖，小火加热 45 分钟。搭配加了一小块黄油的煮米饭一同上桌。

PICCIONI ALLE OLIVE
供 4 人食用
制备时间：4 小时 15 分钟
加热烹调时间：1 小时
50 克 /2 盎司培根片
2 只鸽子
50 克 /2 盎司黄油
1 颗洋葱，切细丝
1 茶匙玉米粉
175 毫升 /6 盎司白葡萄酒
250 毫升 /8 盎司热牛肉高汤（见第 248 页）
100 克 /3½ 盎司去核黑橄榄
盐和胡椒

橄榄烤鸽 PIGEONS WITH OLIVES

烤箱预热到 180°C/350°F/ 气烤箱刻度 4。在每只鸽子腹腔中放少许盐和一片培根。将剩余培根片铺在鸽胸上，用棉线捆好。加入盐和胡椒调味。将鸽子放入一口炖锅中，加入 25 克 /1 盎司黄油，放入烤箱烘烤至鸽肉上色。在另一口锅中加热熔化剩余的黄油，加入洋葱小火煸炒 5 分钟，其间不时搅拌。撒入玉米粉，随后逐渐搅拌加入葡萄酒，继续加热，其间不时搅拌直至酒精挥发。浇入高汤，加入橄榄，继续加热至酱汁变得浓稠。从炖锅中盛出鸽子，解开棉线并切成两半，放到温热的餐盘中，淋上酱汁即可。

PICCIONI FARCITI
供 4 人食用
制备时间：30 分钟，另加 10 分钟浸泡用时
加热烹调时间：1 小时 15 分钟
1 厚片白面包，去边
2 只鸽子，保留鸽肝
50 克 /2 盎司熟火腿，切碎
50 克 /2 盎司意式熏火腿，切碎
1 枝新鲜平叶欧芹，切碎
50 克 /2 盎司黄油
1 根芹菜茎，切碎
1 片新鲜鼠尾草叶
175 毫升 /6 盎司牛肉高汤（见第 248 页）
175 毫升 /6 盎司干白葡萄酒
盐和胡椒

酿馅鸽 STUFFED PIGEONS

将面包撕成小块，放在碗中，加水没过面包，静置浸泡 10 分钟，随后控干并挤出水分。鸽肝切碎，放入一个碗中，加入熟火腿、意式熏火腿、欧芹和面包混合均匀。用盐和胡椒调味，将制作好的混合物填入鸽子腹腔内。黄油放入锅中加热熔化，加入芹菜和鼠尾草，小火翻炒 5 分钟，其间不时搅拌。加入鸽子，继续加热，不时翻转，直至均匀上色。浇入高汤和葡萄酒，盖上锅盖，用小火焖煮 1 小时。

酿馅鸽 ➔

鸡

鸡可以整只购买或分部位选购，如鸡胸、鸡腿、鸡翅、大腿或鸡肝等。如今，意大利及其他国家的大部分肉鸡都通过工业化方式集中养殖，除去内脏、头、颈、毛和爪后销售，可以直接用于烹饪。而市场对散养和有机禽类的需求越来越大，尽管此类鸡肉价格更贵，但依然越来越受欢迎。鸡肉质软嫩，因此易于加热成熟，但它并不总是非常美味，有时候其味道需要腌泡汁、酱汁和香草的辅助。鸡的品质可以从鸡皮判断，鸡皮应柔软顺滑、色泽淡白且其反光泛淡蓝色。

整鸡分切

➔ 整只熟鸡或生鸡可以沿关节用禽类剪刀或短刃厨刀切开。

➔ 一定从鸡腿开始分切。先从鸡腿和身体连接处切入，再沿关节切断使其分离。鸡翅也如此切断。在切下鸡腿和鸡翅后，将鸡身翻转，使其背部朝下，沿中央切开，切下两块鸡胸肉。身体先沿长边切成两半，再沿短边把两部分各切两半。

加热烹调方法

这里和接下来的食谱中所用的鸡重量应约为1千克/2¼磅。在确认鸡肉是否熟透时，用刀尖戳入鸡肉最厚的位置，如果流出的肉汁清澈，则鸡肉已经熟透。如果仍然是粉红的，则应该再继续加热一定的时间。

烤箱烘烤

最好用较低的温度缓慢烘烤鸡肉，随着烘烤时间逐渐提高温度，使表皮上色。用这个方法烘烤的鸡肉可以保持软嫩，特别是烘烤较大的整鸡时。

铁扒、烧烤

理想的烧烤方式是用炭火，不过鸡肉也可以放在预热后的烤架下烤熟。沿脊背切开鸡身，并将其拍平。阉仔鸡非常适合烧烤，它们可以在45分钟内烤熟。

烘　烤

常常选择较小的禽鸟。烘烤前用盐给内腔调味，烘烤快结束的时候，表面也要进行调味。烘烤时间在40～50分钟。

串　烤

一些新型烤箱甚至可以放置长烤串。在鸡的腹腔内抹盐调味，加热制作的过程中，在鸡肉表面涂抹橄榄油或熔化的黄油。串烤通常用时约50分钟。

炖　焖

将鸡切块。为丰富味道可添加番茄、新鲜或风干蘑菇、香草等食材。炖焖通常用时约1小时。

清　炖

将鸡浸入水中前，用切半的柠檬涂抹表皮，帮助鸡肉保持白嫩。一定要在锅中加入一根胡萝卜、一根芹菜茎和一颗洋葱。当鸡肉煮熟后，控干并剥下鸡皮。剔下鸡肉，趁热上桌，可以搭配多种酱汁。清炖通常需要1小时。

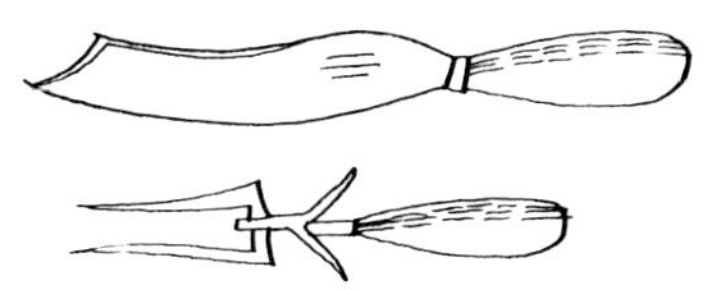

鸡肉派 CHICKEN PIE

烤箱预热到 180°C/350°F/ 气烤箱刻度 4。在耐热深边派盘底部和侧壁上铺一些培根片，放入鸡肉，上面铺鸡蛋片。撒少许盐调味，注意培根也有咸味。铺一层洋葱和欧芹，再铺一层蘑菇，最上面铺上剩余的培根片。在撒有少许面粉的工作台面上擀出一块足够覆盖派盘的面片。将面片铺在派上，边角塞入派盘，捏紧边缘。在派皮表面涂上蛋黄液并用一个叉子均匀戳孔。放入烤箱烘烤 1 小时 15 分钟。从烤箱中取出，静置约 10 分钟，随后直接将派盘端上桌。

CHICKEN PIE
供 4 人食用
制备时间：40 分钟，另加 10 分钟静置用时
加热烹调时间：1 小时 15 分钟

200 克 /7 盎司烟熏培根片
500 克 /1 磅 2 盎司剔骨鸡肉，切丁
2 颗煮熟的鸡蛋，去壳切片
1 颗洋葱，切碎
2 汤匙切碎的新鲜平叶欧芹
150 克 /5 盎司蘑菇，切碎
200 克 /7 盎司成品泡芙面团，如为冷冻需提前解冻
面粉，用于淋撒
1 个蛋黄，加入 2 汤匙水，搅散
盐

红酒鸡腿 CHICKEN LEGS IN RED WINE

将蘑菇放入碗中，加入热水没过蘑菇，浸泡 15 分钟，随后控干并挤出水分。黄油放入锅中加热熔化，加入迷迭香和月桂叶，随后加入鸡腿煸炒，不时翻转，直至色泽均匀。用盐和胡椒调味，加入蘑菇，淋入葡萄酒，加热至全部挥发。从锅中盛出鸡腿，将每个鸡腿用一片培根包裹，插入牙签固定好，再放回锅中。不盖锅盖，中火加热 30 分钟直至变得软嫩且熟透。如果需要的话，可以在 1 汤匙清水中加少许面粉搅匀，倒入锅中，然后继续加热 5 分钟，将汤汁收浓。

GIAMBONETTI DI POLLO AL VINO ROSSO
供 4 人食用
制备时间：10 分钟，另加 15 分钟浸泡用时
加热烹调时间：45～50 分钟

25 克 /1 盎司干蘑菇
25 克 /1 盎司黄油
1 枝新鲜迷迭香
1 片月桂叶
4 只鸡腿
350 毫升 /12 盎司红葡萄酒
4 片培根
盐和胡椒

见第 1050 页

美式鸡肉沙拉 AMERICAN CHICKEN SALAD

将鸡肉和芹菜放入碗中。在另一个碗中均匀混合蛋黄酱和奶油，用盐和胡椒调味，同鸡肉芹菜搅拌均匀。装入餐盘中，撒上酸豆和橄榄。用鸡蛋块装饰。

INSALATA DI POLLO ALL'AMERICANA
供 4 人食用
制备时间：40 分钟

300 克 /11 盎司熟鸡肉，去皮切条
1 棵白芹菜，切细条
250 毫升 /8 盎司蛋黄酱（见第 77 页）
2 汤匙双倍奶油
1 汤匙酸豆，控干后漂洗干净
12 颗黑橄榄
盐和胡椒
2 颗煮熟的鸡蛋，去壳切成角块，用于装饰

← 鸡肉派

鸡肉块根芹沙拉 CHICKEN AND CELERIAC SALAD

INSALATA DI POLLO CON SEDANO-RAPA
供 4 人食用
制备时间：40 分钟
300 克 /11 盎司熟鸡肉，去皮切条
1 个块根芹，切细条
1 份蛋黄酱（见第 77 页）
3 汤匙原味酸奶
1 茶匙第戎芥末
盐

将鸡肉和块根芹放入沙拉碗中。在另一个碗中将蛋黄酱、酸奶和芥末混合均匀，加入盐调味。将酱汁和沙拉轻轻搅匀即可上桌。

鼠尾草鸡肉卷 CHICKEN ROULADES WITH SAGE

INVOLTINI DI POLLO ALLA SALVIA
供 4 人食用
制备时间：20 分钟
加热烹调时间：30 分钟
4 片去皮剔骨鸡胸肉
8 片新鲜鼠尾草
100 克 /3½ 盎司培根，切薄片
2 汤匙橄榄油
盐和胡椒
红菊苣沙拉，用作配餐
见第 1052 页

用肉锤轻轻拍松鸡肉。每块鸡肉上放 2 片鼠尾草叶并撒上盐和胡椒调味。卷起鸡肉，用培根片包裹，插牙签固定。在一口平底锅中加热橄榄油，加入鸡肉卷煎炸，不时翻转直至均匀上色。盖上锅盖后小火加热约 20 分钟，如果需要，可加入 1 汤匙热水。搭配红菊苣沙拉一同上桌。

鳀鱼酸豆鸡肉卷 CHICKEN, ANCHOVY AND CAPER ROULADES

INVOLTINI DI POLLO ALLE ACCIUGHE E CAPPERI
供 4 人食用
制备时间：30 分钟
加热烹调时间：40 分钟
4 条盐渍鳀鱼，用水浸泡后控干
4 片去皮剔骨鸡胸肉
25 克 /1 盎司酸豆
25 克 /1 盎司黄油
1 汤匙橄榄油
1 颗洋葱，切细丝
50 毫升 /2 品脱干白葡萄酒
盐和胡椒

将鳀鱼有皮一面朝上，沿脊骨朝下按压，随后翻过来剔下鱼骨。用肉锤轻轻拍松鸡肉。在每片鸡肉上放一条剔骨鳀鱼和一些酸豆，卷起并用牙签固定。在一口平底锅中加热黄油和橄榄油，加入洋葱小火煸炒 5 分钟，其间不时搅拌。加入鸡肉卷煎炒，不时翻转直至均匀上色。用盐和胡椒调味，调大火力，淋入葡萄酒，继续加热至稍微浓稠。调小火力，盖上锅盖，慢火加热 20 分钟。装入温热的餐盘中即可。

← 红酒鸡腿，第 1049 页

香葱鸡肉卷 CHICKEN ROULADES WITH CHIVES

将鸡肉平放，然后片成两片，用肉锤拍打成 5 毫米厚的薄片。将黄油切成两半，随后将其中一半切成四片。在每片鸡肉上放一片黄油，撒少许盐和胡椒，再撒上香葱。卷起鸡肉片，裹上面粉，抖掉多余的面粉并用牙签固定。在一口平底锅中加热橄榄油和剩余的黄油，放入鸡肉卷，大火煎炸，不时翻转直至均匀上色。调小火力到中火，盖上锅盖继续加热 15 分钟。搭配黄油煎豌豆一同上桌。

INVOLTINI DI POLLO ALL'ERBA CIPOLLINA

供 4 人食用

制备时间：25 分钟

加热烹调时间：25 分钟

4 片去皮剔骨鸡胸肉

50 克 /2 盎司黄油

2 汤匙切碎的新鲜香葱

面粉，用于淋撒

3 汤匙橄榄油

盐和胡椒

黄油煎豌豆，用作配餐

清炖酿馅鸡 POACHED STUFFED CHICKEN

在碗中均匀混合肉馅、帕玛森奶酪和面包糠，并加入欧芹、迷迭香和蒜。搅拌加入打散的鸡蛋，用盐和胡椒调味，将肉泥填入鸡的腹腔内。缝合开口。将鸡放入一口锅中，加入胡萝卜、洋葱、芹菜和少许盐，并倒入足够没过整鸡的水。加热至刚刚沸腾，随后用慢火加热 25 分钟。用叉子在鸡身上戳一些小孔，随后放回火上继续加热 20 分钟，直至变得软嫩且熟透。从锅中捞出鸡，切下鸡翅和鸡腿，并从中间切开填馅的鸡身部分。放到温热的餐盘中。炖鸡的高汤可以用来煮意式小馄饨。

LESSO RIPIENO

供 6 人食用

制备时间：30 分钟

加热烹调时间：45 分钟

300 克 /11 盎司小牛肉馅

25 克 /1 盎司帕玛森奶酪，现擦丝

1 汤匙面包糠

1 枝新鲜平叶欧芹，切细末

1 枝新鲜迷迭香，切细末

1 瓣蒜，切细末

1 颗鸡蛋，略微打散

1 只鸡

1 根胡萝卜

1 颗洋葱

1 根芹菜茎

盐和胡椒

醋汁鸡胸 CHICKEN BREASTS IN VINEGAR

用肉锤轻轻拍松鸡肉。在一口锅中加热 50 克 /2 盎司黄油，加入鸡肉，用中火煎，不时翻转直至两面均匀上色。用盐和胡椒调味，调小火力，盖上锅盖，继续加热 20 分钟，直至变得软嫩且熟透。与此同时，在一口小平底锅中加热剩余黄油的一半，加入红葱头，小火煸炒约 8 分钟，其间不时搅拌，直至色泽浅黄。淋入白葡萄酒醋，继续加热至汤汁减半。从火上取下锅并搅拌加入剩余的黄油。将鸡肉放到温热的餐盘中，浇上红葱头醋汁。

PETTI ALL'ACETO

供 4 人食用

制备时间：20 分钟

加热烹调时间：30 分钟

4 片去皮剔骨鸡胸肉

80 克 /3 盎司黄油

2 颗红葱头，切碎

350 毫升 /12 盎司白葡萄酒醋

盐和胡椒

← 鼠尾草鸡肉卷，见第 1051 页

PETTI CON FINOCCHI AL GRATIN
供 4 人食用
制备时间：40 分钟
加热烹调时间：30 分钟
黄油，用于涂抹
2 个茴香块根，除边角
4 片去皮剔骨鸡胸肉，切丁
1 份白汁（见第 58 页）
盐

茴香块根焗鸡胸肉 CHICKEN BREASTS AND FENNEL AU GRATIN

烤箱预热到 180°C/350°F/ 气烤箱刻度 4。在一个烤盘中涂黄油。如果茴香块根较小较嫩，在沸水中煮 2～3 分钟后控干。正常大小的茴香块根需要在沸水中煮 5 分钟。将茴香块根切片，摆在准备好的烤盘中，随后铺上鸡胸肉并撒上盐调味。将白汁浇在鸡肉上，放入烤箱内，烘烤 30 分钟或直至表面色泽金黄。

PETTI FARCITI AL MASCARPONE
供 4 人食用
制备时间：50 分钟
加热烹调时间：30 分钟
40 克 /1½ 盎司黄油，另加涂抹所需
250 克 /9 盎司蘑菇
1 颗柠檬，挤出柠檬汁，过滤
1 瓣蒜
1 汤匙切碎的新鲜平叶欧芹
4 片去皮剔骨鸡胸肉
2 片熟火腿，切半
100 克 /3½ 盎司马斯卡彭奶酪
1 颗番茄
盐和胡椒

马斯卡彭酿馅鸡胸肉排 CHICKEN BREASTS STUFFED WITH MASCARPONE

烤箱预热到 200°C/400°F/ 气烤箱刻度 6。在一个烤盘中涂黄油。将蘑菇切碎，淋上柠檬汁避免变色。在一口小平底锅中加热熔化 25 克 /1 盎司黄油，加入大蒜，煸炒至上色，随后取出大蒜并丢弃不用。加入欧芹和蘑菇，在大火上翻炒 5 分钟，其间不时搅拌。用盐和胡椒调味并继续加热 2 分钟，随后从火上取下。将鸡肉水平片开，保留一部分相连。像翻开书一样打开每块鸡肉，用肉锤拍松，并撒上盐和胡椒调味。在每块鸡肉上放一片火腿，涂上马斯卡彭奶酪后再放 1 汤匙蘑菇。合上鸡肉排并用牙签固定。取番茄中间部分，切出四片，在每块鸡肉上放一片番茄，撒少许盐调味，将剩余的黄油颗粒撒到鸡排上。将鸡排放入准备好的烤盘中，用锡箔纸覆盖并烘烤 15 分钟。与此同时，预热烤架。打开锡箔纸，将鸡排放在烤架下烘烤至上色。

茴香块根焗鸡胸肉 →

醋汁炸鸡胸肉 SOUSED CHICKEN BREASTS

用肉锤拍打鸡肉，直至形成均匀的薄片。在一个盘子中加入少许盐，打散鸡蛋，放入鸡肉腌制15分钟。将面包糠铺在一个浅盘中。控干鸡肉片并均匀裹上面包糠。在一口锅中加热黄油和2汤匙橄榄油，加入鸡胸肉，中火煎炸10分钟，不时翻转直至两面均色泽金黄。与此同时，在另一口锅中加热剩余的橄榄油，加入洋葱、芹菜和胡萝卜，小火翻炒5分钟，其间不时搅拌。用盐和胡椒调味，加入白葡萄酒醋和葡萄酒，加热至沸腾，随后立刻从火上取下并加入鼠尾草和蒜。将鸡胸肉放入盘中，浇上热酱汁，待其冷却后放入冰箱，在上桌前至少冷藏4小时。这道菜肴可以提前一天准备。

PETTI IN CARPIONE
供4人食用
制备时间：25分钟，另加15分钟静置用时和4小时冷藏用时
加热烹调时间：10分钟
4片去皮剔骨鸡胸肉
2颗鸡蛋 • 80克/3盎司面包糠
25克/1盎司黄油 • 5汤匙橄榄油
1颗洋葱，切细丝
1根芹菜茎，切薄片
1根胡萝卜，切薄片
350毫升/12盎司白葡萄酒醋
100毫升/3½盎司干白葡萄酒
4片新鲜鼠尾草叶 • 2瓣蒜，切片
盐和胡椒

扁桃仁酱鸡胸 CHICKEN BREASTS IN ALMOND SAUCE

在一口平底锅中加热一半的黄油，加入鸡肉，用小火煎，不时翻转直至两面均稍微上色。加入柠檬汁，用盐和胡椒调味，盖上锅盖继续煎20分钟。从锅中盛出鸡肉，加入剩余黄油的一半、扁桃仁、蒜和洋葱。边加热边不时搅拌，直至扁桃仁上色，随后加入剩余的黄油，淋入葡萄酒，加热至酒精完全挥发。将鸡肉放回锅中，继续加热使其完全成熟。将鸡肉放到温热的餐盘中，淋上酱汁后撒上欧芹即可。

PETTI IN SALSA DI MANDORLE
供4人食用
制备时间：20分钟
加热烹调时间：45分钟
40克/1½盎司黄油
4片去皮剔骨鸡胸肉
半颗柠檬，挤出柠檬汁，过滤
40克/1½盎司扁桃仁，切碎
1瓣蒜，碾碎
1颗洋葱，切细丝
50毫升/2品脱干白葡萄酒
2汤匙切碎的新鲜平叶欧芹
盐和胡椒

蘑菇鸡 CHICKEN WITH MUSHROOMS

将蘑菇放入碗中，加入温水没过蘑菇，浸泡15分钟，随后控干并挤出水分。鸡肉上撒少许面粉。在一口锅中加热黄油和橄榄油，加入鸡肉煎炸，不时翻转直至均匀上色。加入蘑菇和洋葱煸炒几分钟，随后淋入葡萄酒，加热至酒精挥发。加入番茄糊和3汤匙水，用盐和胡椒调味。盖上锅盖，中火加热约1小时，直至鸡肉软嫩且熟透。将鸡肉块连同汤汁盛入温热的餐盘中，撒上欧芹。

POLLO AI FUNGHI
供4人食用
制备时间：15分钟，另加15分钟浸泡用时
烹饪用时：1小时15分钟
150克/5盎司干蘑菇
1只鸡，分成4块
2汤匙面粉
25克/1盎司黄油
3汤匙橄榄油
2颗珍珠洋葱，切碎
5汤匙干白葡萄酒
2汤匙番茄糊
2汤匙切碎的新鲜平叶欧芹
盐和胡椒

← 醋汁炸鸡胸肉

POLLO AL CARTOCCIO
供 4 人食用
制备时间：30 分钟
加热烹调时间：1 小时
1 只鸡
4 粒黑胡椒
4 枝新鲜平叶欧芹
12 颗珍珠洋葱
2 粒丁香
25 克 /1 盎司黄油，熔化
海盐

锡箔纸包烤鸡 CHICKEN ROASTED IN A PARCEL

烤箱预热到 200°C/400°F/ 气烤箱刻度 6。在鸡的腹腔内撒上海盐，填入胡椒、2 枝欧芹和 2 颗插了丁香的珍珠洋葱。缝上开口并将鸡翅翻折到鸡背上。在鸡皮上涂抹海盐，刷上黄油，放在大张锡箔纸的正中位置，周围摆放剩余的珍珠洋葱和欧芹，折起锡箔纸完全包裹住整只鸡。烘烤 30 分钟，随后烤箱温度降到 180°C/350°F/ 气烤箱刻度 4，继续烘烤 30 分钟，直至鸡肉软嫩且熟透。取出后直接上桌，在餐桌上打开锡箔纸。

POLLO AL CURRY
供 4 人食用
制备时间：25 分钟
加热烹调时间：55 分钟
25 克 /1 盎司黄油
1 只鸡，切块
2 汤匙咖喱粉
2 颗洋葱，切碎
2 颗苹果，削皮去核，切碎
2 汤匙双倍奶油
盐和胡椒
煮米饭或土耳其调味米饭，用作配餐

咖喱鸡 CHICKEN CURRY

黄油放入锅中加热熔化，加入鸡肉煎炒，不时翻转直至稍微上色，随后用盐和胡椒调味。用 150 毫升 /¼ 品脱热水溶解咖喱粉并浇入锅中。加入洋葱和苹果，盖上锅盖小火加热 35 分钟，如果需要，可在加热的过程中加入少许热水。倒入奶油，继续加热 10 分钟。搭配煮米饭或土耳其调味米饭一同上桌。

POLLO ALLA BABI
供 4 人食用
制备时间：20 分钟
加热烹调时间：45 分钟
1 只鸡
5 汤匙橄榄油
1 瓣蒜，碾碎
1 枝新鲜迷迭香
盐和胡椒

巴比鸡 CHICKEN BABI

在皮埃蒙特方言中，“babi” 意为蛤蟆。将鸡摆成蛤蟆的样子，需要沿鸡胸切开，再用肉锤敲打几次。在整鸡内外轻轻涂上盐和胡椒。在一口厚底平底锅中加热橄榄油，放入整鸡，在大火上煎炸约 15 分钟，直至两面均上色。加入蒜和迷迭香，调小火力并继续加热 30 分钟，直至鸡肉软嫩熟透。小心控干鸡肉上的汤汁即可上桌。

锡箔纸包烤鸡 ➔

清啤烧鸡 CHICKEN IN LAGER

POLLO ALLA BIRRA
供 4 人食用
制备时间：25 分钟
加热烹调时间：1 小时 10 分钟

1 只鸡
1 根胡萝卜，切细末
1 颗洋葱，切细末
1 棵韭葱，除边角并切细末
1 根芹菜，切细末
1 升 / 1¾ 品脱拉格啤酒（lager）
盐和胡椒

在鸡的腹腔内涂盐和胡椒调味，放入一口大锅中。加入胡萝卜、洋葱、韭葱和芹菜，浇入啤酒，啤酒应完全没过整只鸡。加热至沸腾，随后调小火力，慢火炖煮 1 小时，其间翻转一次，直至啤酒完全熣干，鸡肉色泽金黄、软嫩且熟透。

猎户鸡块 CHICKEN CACCIATORE

POLLO ALLA CACCIATORA
供 4 人食用
制备时间：25 分钟
加热烹调时间：1 小时

1 只鸡，切块
25 克 / 1 盎司黄油
3 汤匙橄榄油
1 颗洋葱，切碎
6 颗番茄，去皮去籽，切碎
1 根胡萝卜，切碎
1 根芹菜茎，切碎
1 枝新鲜平叶欧芹，切碎
盐和胡椒

将鸡肉、黄油、橄榄油和洋葱放入一口耐热炖锅中，中火加热约 15 分钟，其间时常搅拌翻转，直至鸡肉上色。加入番茄、胡萝卜和芹菜，倒入 150 毫升 / ¼ 品脱水，盖上锅盖，慢火炖煮 45 分钟，直至鸡肉软嫩且完全熟透。撒入欧芹，用盐和胡椒调味。这是最简单的烹饪猎户鸡块的方法，在其他的一些地区，这道菜中会加入更多的芹菜和胡萝卜，有的地区还会使用白葡萄酒替代水或高汤，或是额外加入蘑菇片等。

恶魔烤鸡 DEVILLED CHICKEN

POLLO ALLA DIAVOLA
供 4 人食用
制备时间：15 分钟
加热烹调时间：1 小时

1 只鸡
3 汤匙橄榄油
足量的辣椒粉
盐

传统的恶魔烤鸡采用烧烤的方式制作，不过这道食谱是在炉灶上加热的。将鸡沿着脊背切开，用肉锤敲平鸡肉。在一口锅中加热橄榄油，放入整鸡煎炸 15 分钟，不时翻转直至均匀上色。加入盐调味，撒上辣椒粉，继续小火加热 45 分钟，直至鸡肉软嫩且熟透。

菲律宾风味鸡块 PHILIPPINES CHICKEN

POLLO ALLA FILIPPINA
供 4 人食用
制备时间：15 分钟
加热烹调时间：45 分钟

2 汤匙橄榄油
1 只鸡，切块
5 汤匙白葡萄酒醋
3 汤匙酱油
2 瓣蒜，切碎
1 片月桂叶
4 粒胡椒
盐

在一口锅中加热橄榄油，加入鸡肉煎炒，不时翻转搅拌，直至色泽金黄。与此同时，在一口酱汁锅中加入白葡萄酒醋、酱油、蒜、月桂叶、胡椒和少许盐，小火加热。当鸡肉均匀上色后，浇入调味汁，盖上锅盖，用小火炖煮 30 分钟，不时地将锅中的汤汁浇在鸡块上，直至鸡肉软嫩且完全熟透。盛出鸡块，装入温热的餐盘中。锅中搅拌加入 1 汤匙的热水，加热至完全热透，随后倒入一个酱汁碟中。鸡肉搭配酱汁一同上桌。

← 猎户鸡块

POLLO ALL'AGLIO
供 4 人食用
制备时间：25 分钟
加热烹调时间：1 小时
25 克 / 1 盎司黄油
2 汤匙橄榄油
1 只鸡，切块
1 头蒜，分离蒜瓣，不用去皮
5 汤匙干白葡萄酒
盐和胡椒

蒜香鸡 CHICKEN WITH GARLIC

在一口酱汁锅中加热黄油和橄榄油，加入鸡肉，煎炸约 15 分钟，其间不时搅拌翻转，直至色泽均匀且金黄。加入蒜瓣，加热至蒜皮金黄，随后加入适量盐和胡椒调味。淋入葡萄酒，继续加热，直至酒精挥发。盖上锅盖，继续加热 30 分钟，直至鸡肉软嫩且完全熟透。打开锅盖，加大火力，让汤汁浓稠。取出大蒜并丢弃不用，将鸡块盛入温热的餐盘中即可。

POLLO ALLA GRECA
供 4 人食用
制备时间：20 分钟，另加 2 小时腌制用时
加热烹调时间：1 小时 30 分钟
1 只鸡
5 汤匙橄榄油
1 颗柠檬，挤出柠檬汁，过滤
1 汤匙切碎的新鲜牛至叶
盐和胡椒

希腊风味烤鸡 GREEK CHICKEN

在鸡皮上涂盐和胡椒，腹腔内也涂少许盐和胡椒。在碗中将 4 汤匙的橄榄油、柠檬汁和一半的牛至叶一起搅打均匀，适当调味，放入整鸡，让其腌泡至少 2 小时。烤箱预热到 180°C/350°F/ 气烤箱刻度 4。控干鸡身，放入一个烤盘中并加入剩余的橄榄油，保留腌泡汁。放入烤箱烘烤 1 小时 30 分钟，直至鸡肉软嫩，不时翻转并将保留的腌泡汁浇在鸡身上。取出后撒上剩余的牛至叶即可上桌。

POLLO ALLA PANNA
供 4 人食用
制备时间：25 分钟
加热烹调时间：45 分钟
1 只鸡，切块
普通面粉，用于淋撒
40 克 / 1½ 盎司黄油
275 毫升 /9 盎司双倍奶油
半颗柠檬，挤出柠檬汁，过滤
50 克 /2 盎司熟火腿，切碎
盐和胡椒

奶油烧鸡 CHICKEN WITH CREAM

在鸡块上撒少许盐和胡椒调味，撒上面粉。黄油放入锅中加热熔化，放入鸡块，小火翻炒直至稍微上色，其间不时翻转。倒入奶油，用小火加热约 30 分钟，直至鸡肉软嫩且熟透。适当调味，浇入柠檬汁并混合均匀。加入火腿，继续加热 2 分钟，随后盛入温热的餐盘中即可。

POLLO ALLA RATATOUILLE
供 4 人食用
制备时间：40 分钟
加热烹调时间：1 小时 15 分钟
50 克 /2 盎司黄油 • 6 汤匙橄榄油
2 颗洋葱，各切 4 块
3 个西葫芦，切方形块
2 个茄子，切方形块
3 个红甜椒或黄甜椒，切半去籽，切条
4 颗番茄，去皮，各切 4 块并去籽
1 只鸡，切块 • 2 瓣蒜
盐和胡椒

普罗旺斯鸡块杂烩 CHICKEN RATATOUILLE

在一口锅中加热一半的黄油和一半的橄榄油，加入洋葱、西葫芦、茄子和甜椒，用盐和胡椒调味，大火翻炒几分钟。调小火力，加入番茄，盖上锅盖，用小火炖约 1 小时。在另一口锅中加热剩余的黄油和橄榄油，加入鸡块和蒜煸炒，不时翻转搅拌，直至色泽均匀且金黄。用盐和胡椒调味，继续加热 30 分钟，直至鸡肉软嫩且熟透。取出大蒜并丢弃不用，将鸡肉放入蔬菜中。混合均匀即可上桌。

普罗旺斯鸡块杂烩 →

POLLO ALLE CIPOLLE
供 4 人食用
制备时间：25 分钟
加热烹调时间：55 分钟
25 克 /1 盎司黄油
2 汤匙橄榄油
1 只鸡，切块
1 大颗洋葱，切细丝
500 克 /1 磅 2 盎司珍珠洋葱
1 枝新鲜百里香
1 片月桂叶
1 瓣蒜
盐和胡椒

洋葱鸡块 CHICKEN WITH ONIONS

在一口锅中加热黄油和橄榄油，加入鸡块、洋葱丝和珍珠洋葱，小火煸炒，不时翻转搅拌直至色泽均匀且金黄。用盐和胡椒调味，加入百里香、月桂叶和蒜，盖上锅盖，小火加热 40 分钟，直至变得软嫩且熟透。取出月桂叶和蒜，丢弃不用。将鸡块和洋葱盛入温热的餐盘中即可。

POLLO ALLE MELE
供 4 人食用
制备时间：30 分钟，另加 10 分钟静置用时
加热烹调时间：1 小时 20 分钟
1 只鸡
1～2 颗红苹果，削皮去核，擦丝
4 片猪脂火腿或 4 片五花肉培根
盐和胡椒

苹果烤鸡 CHICKEN WITH APPLES

烤箱预热到 240°C/475°F/ 气烤箱刻度 9。在鸡的腹腔内擦上盐和胡椒，塞入苹果丝。缝上开口，用猪脂火腿或培根包裹鸡身再用棉线捆好。放入一个烤盘内，烘烤约 20 分钟，直至猪脂火腿或培根熔化油脂流到烤盘中。烤箱温度降到 190°C/375°F/ 气烤箱刻度 5，继续烘烤 1 小时，在最后 30 分钟时常将烤盘内的汤汁浇在鸡身上，直至鸡肉软嫩且熟透。如果鸡皮颜色很快开始变成褐色，可以降低温度并用锡箔纸覆盖。从烤箱中取出烤鸡，解开线绳，静置 10 分钟，随后拆下鸡腿和鸡翅并切出鸡胸肉。

POLLO ALLE OLIVE
供 4 人食用
制备时间：30 分钟
加热烹调时间：55 分钟
3 汤匙橄榄油
1 只鸡，切块
175 毫升 /6 盎司白葡萄酒
6 颗番茄，去皮去籽并切碎
2 瓣蒜，切碎
1 枝新鲜百里香，切碎
4 片鼠尾草叶，切碎
1 枝新鲜墨角兰，切碎
50 克 /2 盎司去核黑橄榄
半颗柠檬，挤出柠檬汁，过滤
6 片新鲜罗勒叶
盐和胡椒

橄榄鸡块 CHICKEN WITH OLIVES

在一口锅中加热橄榄油，加入鸡块翻炒 15 分钟，直至色泽均匀且金黄，其间时常搅拌翻转。用盐和胡椒调味，随后从锅中盛出并使其保持温热。在锅中搅拌加入葡萄酒，加热至酒精挥发。加入番茄、蒜、百里香、鼠尾草和墨角兰。将鸡块放回锅中继续加热 30 分钟，其间不时搅拌，直至鸡肉软嫩且熟透。加入橄榄、柠檬汁和罗勒叶，继续加热几分钟即可上桌。

橄榄鸡块 →

POLLO AL LIMONE (1)
供 4 人食用
制备时间：30 分钟
加热烹调时间：1 小时 15 分钟
1 只鸡
1 颗柠檬，切半
25 克 / 1 盎司黄油
1 瓣蒜
2 汤匙橄榄油
1 颗柠檬，挤出柠檬汁，过滤
1 枝新鲜平叶欧芹，切碎
盐和胡椒

柠檬烤鸡（1）CHICKEN WITH LEMON (1)

烤箱预热到 180°C/350°F/ 气烤箱刻度 4。鸡的腹腔内用半颗柠檬轻轻涂抹，另一半柠檬切片。在鸡的腹腔内填入柠檬片、一半的黄油和蒜，放在烤盘中并加入橄榄油和剩余的黄油，用盐和胡椒调味，放入烤箱烘烤 35 分钟。将柠檬汁淋在鸡身上，放回烤箱继续烘烤 40 分钟，直至鸡肉软嫩且熟透。将鸡背和鸡胸切成 4 块，拆下鸡翅和鸡腿，放到温热的餐盘中。撒上欧芹即可上桌。

POLLO AL LIMONE (2)
供 4 人食用
制备时间：20 分钟
加热烹调时间：1 小时 30 分钟
1 颗柠檬
1 只鸡
橄榄油，用于涂刷
盐

柠檬烤鸡（2）CHICKEN WITH LEMON (2)

烤箱预热到 180°C/350°F/ 气烤箱刻度 4。将柠檬和少许盐装入鸡的腹腔内并缝上开口。在一个烤盘中涂上橄榄油，放入整鸡，用锡箔纸覆盖，放入烤箱烘烤 1 小时 30 分钟，直至鸡肉软嫩且熟透。拆开鸡身的缝线，取出柠檬。将鸡肉切分成数块，放到温热的餐盘中。

POLLO ALLO SPIEDO
供 4 人食用
制备时间：15 分钟
加热烹调时间：35～50 分钟
1 只鸡
3 汤匙橄榄油
盐和胡椒
绿叶沙拉或迷迭香烤马铃薯，用作配餐

串烤鸡肉 CHICKEN ON THE SPIT

将鸡翅折向鸡背，在鸡身内外涂上盐和胡椒调味，并刷上橄榄油。将整鸡穿在一根长烤钎上，放入烤箱并缓慢旋转，不时地将滴落的汤汁浇在鸡身上，烘烤 35～50 分钟，直至鸡肉软嫩熟透。如果使用红外线烤箱，则不需要在鸡肉上刷油。从烤钎上取下鸡，撒上盐和胡椒调味。搭配绿叶沙拉或迷迭香烤马铃薯一同上桌。

发泡葡萄酒烧鸡 CHICKEN WITH SPARKLING WINE

POLLO ALLO SPUMANTE
供 4 人食用
制备时间：2 小时 50 分钟
加热烹调时间：1 小时 15 分钟
3 汤匙橄榄油 • 25 克 /1 盎司黄油
1 只鸡，切块 • 2 颗红葱头，切丝
350 毫升 /12 盎司起泡干白葡萄酒
350 毫升 /12 盎司鸡肉高汤（见第 249 页）• 少许辣椒粉
1 枝新鲜平叶欧芹，切碎
1 枝新鲜百里香，切碎
1 枝新鲜迷迭香，切碎
100 毫升 /3½ 盎司双倍奶油
盐和胡椒

在一口大锅中加热橄榄油和黄油，加入鸡块煎炸，不时翻转，直至色泽均匀且金黄。从锅中盛出鸡块并使其保持温热。锅中加入红葱头，小火煸炒 5 分钟，其间不时搅拌，随后将鸡块放回锅中。淋入葡萄酒和高汤，用盐和胡椒调味，加入辣椒粉、欧芹、百里香和迷迭香。盖上锅盖，用小火炖煮 50 分钟，直至鸡肉软嫩且熟透。将鸡块装入温热的餐盘中。加热锅中的汤汁，使其收汁变浓，搅拌加入奶油，用小火加热 3 分钟。酱汁过滤后浇在鸡肉上即可。

金枪鱼烧鸡 CHICKEN WITH TUNA

POLLO AL TONNO
供 4 人食用
制备时间：1 小时，另加冷却用时和 2 小时冷藏用时
加热烹调时间：1 小时 15 分钟
3 汤匙橄榄油 • 1 只鸡
175 毫升 /6 盎司干白葡萄酒
1 片月桂叶 • 1 瓣蒜
1 颗洋葱，切碎 • 1 根胡萝卜，切碎
1 根芹菜茎，切碎 • 2 条盐渍鳀鱼，去头除内脏并剔骨（见第 694 页），冷水浸泡 10 分钟后控干 • 1 份蛋黄酱（见第 77 页）• 250 克 /9 盎司罐装油浸金枪鱼，控干并分片 • 1 汤匙酸豆，控干并过水 • 盐和胡椒

烤箱预热到 180°C/350°F/ 气烤箱刻度 4。在炖锅中加热橄榄油，加入整鸡煎炸，不时翻转，直至全身呈浅金色。加入葡萄酒，加热至酒精挥发。用盐和胡椒调味并加入月桂叶、蒜、洋葱、胡萝卜和芹菜。盖上锅盖，放入烤箱中烘烤约 1 小时，直至鸡肉软嫩熟透。与此同时，切碎鳀鱼。均匀混合蛋黄酱、金枪鱼和鳀鱼，随后搅拌加入酸豆。从炖锅中盛出鸡，待其冷却。过滤锅中的汤汁，加入金枪鱼蛋黄酱中。待鸡肉变凉后分切成块，放入一个餐盘中。淋上蛋黄酱，放入冰箱中冷藏 2 小时。

白葡萄酒烧鸡 CHICKEN IN WHITE WINE

POLLO AL VINO BIANCO
供 4 人食用
制备时间：15 分钟
加热烹调时间：1 小时～1 小时 15 分钟
2 汤匙橄榄油
1 瓣蒜
1 枝新鲜迷迭香
1 只鸡，切块
1 瓶（750 毫升 /1¼ 品脱）干白葡萄酒
盐和胡椒

烤箱预热到 180°C/350°F/ 气烤箱刻度 4。在一个烤盘中加热橄榄油，加入蒜和迷迭香，随后加入鸡块煎炒，不时翻转，直至色泽均匀且金黄。用盐和胡椒调味，倒入葡萄酒，直至接近没过鸡肉。用两层锡箔纸覆盖烤盘，放入烤箱烘烤 30 分钟。取下锡箔纸，放回烤箱继续烘烤，直至葡萄酒几乎熗干且鸡肉软嫩熟透。

POLLO AL VINO ROSSO
供 4 人食用
制备时间：20 分钟
加热烹调时间：45 分钟
50 克 /2 盎司黄油
100 克 /3½ 盎司培根，切丁
100 克 /3½ 盎司珍珠洋葱
1 瓣蒜
100 克 /3½ 盎司蘑菇
1 枝新鲜百里香
1 汤匙普通面粉
1 只鸡，切块
500 毫升 /18 盎司红葡萄酒
盐

红酒炖鸡块 CHICKEN IN RED WINE

黄油放入锅中加热熔化，加入培根、洋葱、蒜、蘑菇和百里香，小火煸炒 5 分钟，其间不时搅拌，随后撒入面粉。取出蒜瓣并丢弃不用，加入鸡块。盖上锅盖，继续加热 10 分钟，随后倒入葡萄酒并用盐调味。盖上锅盖，小火加热炖煮约 30 分钟，直至鸡肉软嫩熟透。

POLLO ARROSTO
供 4 人食用
制备时间：25 分钟
加热烹调时间：1 小时 15 分钟
1 只鸡
4 汤匙橄榄油
1 颗洋葱，切碎
1 根胡萝卜，切碎
1 根芹菜茎，切碎
1 枝新鲜迷迭香
盐
黄油煎胡萝卜，用作配餐

锅烤鸡块 POT-ROAST CHICKEN

在鸡的腹腔内稍微调味并用棉线捆好。在一口锅中加热橄榄油，加入洋葱、胡萝卜、芹菜和迷迭香，小火翻炒约 10 分钟，其间不时搅拌。将鸡放在锅中蔬菜上，用大火继续加热 15 分钟，不时翻转。加入盐调味，调小火力，盖上锅盖，继续加热 40～50 分钟，直至鸡肉软嫩熟透。如果需要的话，可以在加热的过程中加入少许热水，以避免肉质过干。从锅中取出烤鸡，解开棉线，切块后搭配黄油煎胡萝卜一同上桌。

POLLO ARROSTO RIPIENO
供 4 人食用
制备时间：50 分钟，另加 10 分钟浸泡用时
加热烹调时间：1 小时
4 片面包，去边
1 只鸡，保留鸡杂
2 个鸡肝，如为冷冻需解冻
100 克 /3½ 盎司意式熏火腿，切碎
25 克 /1 盎司帕玛森干酪，现擦丝
1 颗鸡蛋，略微打散
1 枝新鲜迷迭香
4 片新鲜鼠尾草
25 克 /1 盎司黄油
3 汤匙橄榄油
盐和胡椒

酿馅烤鸡 STUFFED CHICKEN

烤箱预热到 180°C/350°F/ 气烤箱刻度 4。将面包撕成小块放入碗中，加水没过面包，浸泡 10 分钟，随后控干并挤出水分。在鸡的腹腔内擦上盐和胡椒调味。切碎鸡杂，与鸡肝、火腿、浸水面包块、帕玛森干酪在碗中混合均匀。用盐和胡椒调味，搅拌加入打散的鸡蛋，填入鸡的腹腔中后缝上开口。将鸡翅折向鸡背，在鸡翅下夹上迷迭香和鼠尾草。将鸡放入烤盘，加入黄油和橄榄油烘烤约 1 小时，时常将滴落的汤汁浇在鸡身上，直至鸡肉软嫩且熟透。根据口味加入盐调味。将鸡切成数块，填馅取出切片。将鸡肉和填馅装入温热的餐盘中。

酿馅烤鸡 ➔

黄甜椒烧鸡 CHICKEN WITH YELLOW PEPPERS

预热焗炉。将甜椒放在一个烤盘内焗，不时翻转，直至表皮起泡烤焦。用夹子取出甜椒，放入一个塑料袋内并封紧袋口。待甜椒温度降低后，剥下表皮，随后将其切半去籽并切条。在一口锅中加热橄榄油和蒜，直至蒜瓣色泽棕黄，取出大蒜并丢弃不用。加入鸡肉煎炒，不时翻转，直至均匀上色。加入盐和胡椒，淋入葡萄酒，继续加热至酒精燥干。搅拌加入番茄和甜椒条，中火缓慢炖煮约 20 分钟，其间不时搅拌，直至鸡肉软嫩且熟透。

POLLO CON PEPERONI GIALLI

供 4 人食用

制备时间：40 分钟

加热烹调时间：40 分钟

3 个大黄甜椒

2 汤匙橄榄油

1 瓣蒜，稍微拍碎

1 只鸡，切块

175 毫升 /6 盎司干白葡萄酒

600 克 /1 磅 5 盎司番茄，去皮去籽并切丁

盐和胡椒

绿甜椒烧鸡 CHICKEN WITH GREEN PEPPERS

在一口锅中加热黄油和 4 汤匙橄榄油，加入鸡肉煎炒 15 分钟，不时翻转直至色泽均匀且金黄。用盐和胡椒调味，盖上锅盖，小火继续加热 20 分钟。加入甜椒和蒜，如需要也可以加入剩余的橄榄油。小火炖煮约 30 分钟，直至鸡肉软嫩且熟透。如果需要的话，在加热的过程中可加入 1～2 汤匙的热水。

POLLO CON PEPERONI VERDI

供 4 人食用

制备时间：15 分钟

加热烹调时间：1 小时 5 分钟

40 克 /1½ 盎司黄油

4～5 汤匙橄榄油

1 只鸡，切块

300 克 /11 盎司小个薄皮绿甜椒

1 瓣蒜，切碎

盐和胡椒

腌制炸鸡 FRIED MARINATED CHICKEN

在鸡肉上撒上盐和胡椒调味。盘子中均匀混合 175 毫升 /6 盎司橄榄油、柠檬汁、蒜、欧芹、洋葱和月桂叶，加入鸡肉，让其腌泡至少 2 小时。控干鸡肉，用厨房纸拍干并撒上面粉。加入少许盐打散鸡蛋，将鸡肉均匀蘸上蛋液。在一口平底锅中加热剩余的橄榄油，加入鸡肉，中火煎炸约 10 分钟，不时翻转，直至色泽均匀、金黄且完全熟透。从锅中盛出鸡肉，在厨房纸上控干油，用柠檬片装饰。

POLLO FRITTO MARINATO

供 4 人食用

制备时间：35 分钟，另加 2 小时腌泡用时

加热烹调时间：10 分钟

1 只鸡，切块

250 毫升 /8 盎司橄榄油

1 颗柠檬，挤出柠檬汁，过滤

1 瓣蒜，切碎

1 枝新鲜平叶欧芹，切碎

1 颗洋葱，切细丝

1 片月桂叶，碾碎

普通面粉，用于淋撒

1 颗鸡蛋

盐和胡椒

柠檬片，用于装饰

← 黄甜椒烧鸡

POLLO IMPANATO E FRITTO
供 4 人食用
制备时间：1 小时 30 分钟，另加 1 小时腌制用时
加热烹调时间：15～20 分钟
175 毫升 /6 盎司橄榄油
1 颗柠檬，挤出柠檬汁，过滤
1 只鸡，切块
2 颗鸡蛋
80 克 /3 盎司面包糠
普通面粉，用于淋撒
50 克 /2 盎司澄清黄油（见第 106 页）
盐和胡椒

香酥炸鸡 FRIED CHICKEN IN BREADCRUMBS

在一个盘子中均匀混合橄榄油和柠檬汁，用盐和胡椒调味。浸入鸡肉，让其腌泡 1 小时。在一个浅盘中加入少许盐打散鸡蛋，在另一个浅盘中铺面包糠。控干鸡肉，撒上少许面粉，先蘸上蛋液，再裹上面包糠。在一口平底锅中加热熔化澄清黄油，加入鸡肉，中高火煎炸 15～20 分钟，不时翻转，直至表皮酥脆而鸡肉软嫩。从锅中捞出炸鸡，在厨房纸上控干即可上桌。

POLLO IN CROSTA DI SALE
供 4 人食用
制备时间：30 分钟
加热烹调时间：1 小时 30 分钟
1 千克 /2¼ 磅普通面粉
1 千克 /2¼ 磅海盐
1 个蛋清
1 只鸡
1 枝新鲜迷迭香
1 片月桂叶
盐和胡椒

盐焗鸡 CHICKEN IN A SALT CRUST

烤箱预热到 160°C/325°F/ 气烤箱刻度 3。在碗中混合面粉、海盐和蛋清，拌至质地均匀。在鸡的腹腔内擦上盐和胡椒调味，填入迷迭香和月桂叶。将鸡放入一个耐热盘中，用海盐完全覆盖整只鸡。连同盘子放入烤箱烘烤 1 小时 30 分钟。取出后敲碎盐壳，将鸡肉切分为数块。

POLLO IN TERRACOTTA
供 4 人食用
制备时间：20 分钟
加热烹调时间：1 小时 15 分钟
1 枝新鲜迷迭香，切碎
1 枝新鲜百里香，切碎
1 枝新鲜夏香薄荷（summer savory），切碎
2 茶匙干牛至叶
4 片新鲜鼠尾草叶，切碎
2 枝新鲜平叶欧芹，切碎
1 只鸡
盐和胡椒

陶锅烤鸡 CHICKEN IN A BRICK

烤箱预热到 220°C/425°F/ 气烤箱刻度 7。将烤鸡陶锅放入温水中浸泡 5 分钟，随后倒出多余清水，但不要擦干。在碗中均匀混合所有香草，将一半香草放在烤鸡陶锅底部。在鸡身上擦盐和胡椒调味，用棉线捆好。将整鸡放入陶锅中，撒上剩余的香草。烘烤 1 小时 15 分钟，直至变得软嫩且熟透。

盐焗鸡 →

POLPETTE PICCANTI ALL'INDIANA
供 4 人食用
制备时间：30 分钟
加热烹调时间：45 分钟
2 颗洋葱
2 粒丁香
400 克 / 14 盎司鸡肉馅
1 瓣蒜，切细末
1 小根红辣椒，去籽切碎
50 克 / 2 盎司黄油
1 颗柠檬，挤出柠檬汁，过滤
盐

辣味印度肉丸 SPICY INDIAN MEATBALLS

切碎一颗洋葱，在另一颗洋葱中塞入丁香。在碗中均匀混合鸡肉、洋葱末、蒜和辣椒，加入盐调味并搅拌均匀。将肉泥揉成肉丸。黄油放入锅中加热熔化，加入剩余洋葱，中火翻炒，不时翻转直至上色，随后取出不用。加入肉丸煎炸 10 分钟，其间时常搅拌。调小火力，继续加热 20 分钟，如果需要，可将 1 汤匙的热水浇在肉丸上。将柠檬汁浇在肉丸上，搅拌后即可上桌。

SPEZZATINO ALLA MELISSA
供 4 人食用
制备时间：15 分钟，另加 2 小时浸泡用时
加热烹调时间：35 分钟
10 片新鲜柠檬香蜂草叶（lemon balm）
2 汤匙植物油
25 克 / 1 盎司黄油
1 只鸡，切块
4 汤匙糖
2 汤匙酱油

柠檬香蜂草烧鸡块 CHOPPED CHICKEN WITH LEMON BALM

将柠檬香蜂草放入一个耐热碗中，浇入 5 汤匙沸水，浸泡 2 小时。在一口锅中加热植物油和黄油，加入鸡肉中火翻炒 5 分钟，不时翻转。与此同时，将糖放入一口大号酱汁锅中，加入 1 汤匙水，不停搅拌直至糖溶化，随后边搅拌边煮沸，直至焦糖化。过滤柠檬香蜂草水，倒入焦糖中，搅拌加入酱油后加入鸡块。小火加热 30 分钟，混合均匀即可上桌。

SPEZZATINO ALLE OLIVE
供 4 人食用
制备时间：25 分钟
加热烹调时间：45 分钟
2 汤匙橄榄油
25 克 / 1 盎司黄油
1 瓣蒜 • 1 只鸡，切块
4 颗番茄，去皮并切粗块
150 克 / 5 盎司去核黑橄榄
1 枝新鲜平叶欧芹，切碎
4 片新鲜罗勒叶，切碎
盐和胡椒

橄榄炖鸡块 CHICKEN STEW WITH OLIVES

在一口锅中加热蒜、橄榄油和黄油。加入鸡肉，在中高火上翻炒，直至均匀上色。用盐和胡椒调味，加入番茄和橄榄，调小火力，盖上锅盖，慢火炖煮 30 分钟。将炖鸡盛入温热的餐盘中，撒上欧芹和罗勒即可。

SPEZZATINO CON LE MANDORLE
供 4 人食用
制备时间：15 分钟
加热烹调时间：25 分钟
4 块去皮剔骨鸡胸肉，切条
2 汤匙植物油
100 克 / 3½ 盎司焯过的扁桃仁
2 汤匙酱油
盐

扁桃仁烧鸡块 CHOPPED CHICKEN WITH ALMONDS

将鸡肉条切小块。在一口平底锅中加热橄榄油，放入鸡肉和扁桃仁，在大火上翻炒数分钟，直至均匀上色。浇入酱油，加入少许盐并搅拌加入 1～2 汤匙水。转中火，盖上锅盖，炖煮 20 分钟。

鸵　鸟

鸵鸟肉有可能成为新千年最重要的肉类，值得尽早品尝。在美国，它已经为人们所熟知，在一些欧洲国家以及更偏远的一些国家，如澳大利亚和新西兰，鸵鸟牧场也已经开始发展。在意大利，鸵鸟牧场的数量正在翻倍增长——目前约有400家。一些意大利超市提供多个部位的鸵鸟肉，一些餐厅也开始烹饪基于这种充满异国风情的禽鸟的独特菜肴。从营养价值的角度来讲，红色、精瘦且软嫩的鸵鸟肉含有丰富的铁元素和蛋白质，不容小视。另外，它的脂肪含量相比其他常见的红肉类更低，这也让它更容易消化。它的胆固醇和钠的含量同样很低。在口味方面它和牛肉相近，不过更浓郁。鸵鸟肉较瘦，每100克/3½盎司肉提供105千卡的热量。一只100千克重的鸵鸟可以提供约25～30千克的高品质肉类，如里脊、肉排等，以及5千克的厚片、肉馅等。鸵鸟肉肠和冷切肉制品，如火腿、香肠和干腌肉也可以买到。因为鸵鸟肉可以替代牛肉，从薄切肉片到各种其他鸵鸟肉菜肴，在准备和烹饪方法上也和牛肉基本相同。这一点，红伯爵（Conte Rosso）餐厅的主厨法比奥・贝莱塔（Fabio Beretta）从1995年以来得到成功验证，它是米兰——可能也是全意大利，首家菜单上有鸵鸟肉菜肴的餐厅。这一章节中所介绍的食谱均为他创作。

鸵鸟蛋 OSTRICH EGGS

UOVA DI STRUZZO
制备时间：10分钟

鸵鸟蛋重约1½千克/3¼磅，仅蛋壳就重达200克/7盎司。它的壳具有商业价值，需要完整保留。在蛋底部用2厘米/¾英寸的圆锥形钻头钻一个洞，插入一根细棍，搅匀蛋黄和蛋清。将蛋液从小洞中倒出，装入有密封盖的瓶中，放入冰箱保存。根据需要称出使用的分量。

FILETTO DI STRUZZO ALLA CONTE ROSSO
供 4 人食用
制备时间：40 分钟
加热烹调时间：20 分钟
2 个美味牛肝菌，切细条
1 茶匙面包糠
1 瓣蒜，切碎
3 片新鲜罗勒叶，切碎
1 茶匙切碎的新鲜迷迭香叶
1 × 720 克 /1 磅 9 盎司鸵鸟里脊肉
普通面粉，用于淋撒
4 汤匙橄榄油
350 毫升 /12 盎司双倍奶油
40 克 /1½ 盎司黄油
1 汤匙伍斯特沙司
少许白兰地
8 片白面包，烘烤后切成三角形
盐

红伯爵鸵鸟肉排 CONTE ROSSO OSTRICH FILLET

在碗中混合美味牛肝菌、面包糠、蒜、罗勒和迷迭香。将鸵鸟里脊切成 4 块，在每块中心切一个开口，形成“口袋”，填入蘑菇泥。用牙签固定并撒上面粉。在一口锅中加热橄榄油，加入鸵鸟肉，每面煎炸 5 分钟。倒出油，随后加入奶油、黄油、伍斯特沙司、白兰地和少许盐。小火加热，直至酱汁呈奶油状。将鸵鸟肉放到温热的餐盘中，淋上酱汁，并将烤面包块摆在周围。

STRACOTTO DI STRUZZO
供 4 人食用
制备时间：1 小时
加热烹调时间：40 分钟
2 根胡萝卜，切细末
1 根芹菜茎，切细末
1 颗洋葱，切细末
7 汤匙橄榄油
500 克 /1 磅 2 盎司鸵鸟肉厚片，切成方形的大块
普通面粉，用于淋撒
500 毫升 /18 盎司白葡萄酒
500 毫升 /18 盎司蔬菜高汤（见第 249 页）
200 克 /7 盎司番茄泥
1 包香草束（1 片月桂叶、2 粒丁香、1 枝新鲜鼠尾草、1 枝新鲜迷迭香、6 颗杜松子、1 小根肉桂和少许现磨肉豆蔻，包在一块小方巾内）
盐和胡椒

炖鸵鸟肉 OSTRICH STEW

将胡萝卜、芹菜和洋葱放入一口深锅中，加入 4 汤匙橄榄油，中火翻炒 5 分钟，其间不时搅拌。在鸵鸟肉上撒上面粉。在另一口锅中加热剩余的橄榄油，加入鸵鸟肉块煎炸，不时翻转搅拌，直至均匀上色。将肉块倒入蔬菜锅中，加入葡萄酒、高汤、番茄泥和百味香草束，用盐和胡椒调味。盖上锅盖，中火焖煮 40 分钟。

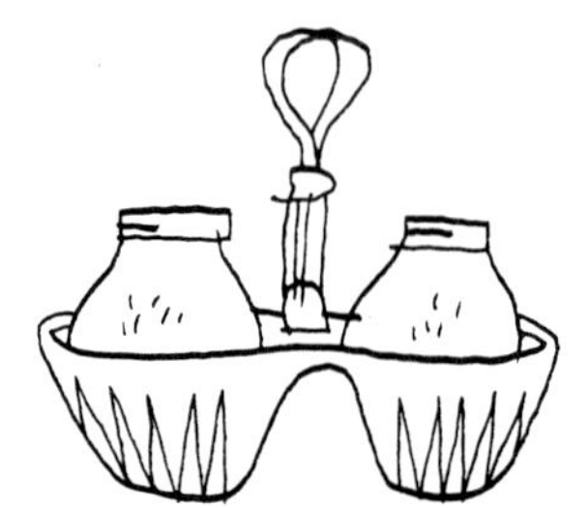

火 鸡

在英国、澳大利亚和新西兰，火鸡是圣诞节的上宾。在美国，它则是感恩节的重要部分，每年 11 月的第 4 个星期四，是为了纪念 1621 年的这一天。当时朝圣先辈（Pilgrim Fathers）在 1620 年抵达"新世界"并熬过了艰苦的一年后，庆祝他们首次获得丰收。而火鸡也确实是美国的土生物种。克里斯托弗·哥伦布在他的日记中提到了它。不过，这种禽鸟经过长时间的豢养和人工选育，已经从精瘦的野生鸟类演变成肥硕的家禽。它们现在体形已经超过它们祖先的两倍多。它们增肥的速度也很快，用最新的饲养技术，5 个月内雄火鸡可以长至 14～15 千克，雌火鸡可达 7～8 千克。烹饪火鸡时，通常会在其腹腔中填馅，经典的馅料包括栗子、李子配肉肠、芹菜配胡萝卜及肉肠配面包糠等。

加热烹调方法

➔ 将火鸡放入烤箱前，在表皮上刷橄榄油或涂黄油。用意式或英式培根片保护鸡胸。

➔ 前 45 分钟将火鸡朝一侧放置，之后再翻转朝另一侧放置，这样可以避免鸡胸接触烤盘。烹饪最后阶段将火鸡背部朝下放置。

➔ 在烹饪过程中，时常将汤汁浇在鸡身上。如果汤汁不够，可以淋上少许热水。

➔ 在鸡皮开始变金黄时，用锡箔纸覆盖包裹。

➔ 每 1 千克 /2¼ 磅火鸡需烤 40 分钟，烤箱温度设置为 220°C/425°F/ 气烤箱刻度 7，烘烤 1 小时，再调整为 180°C/350°F/ 气烤箱刻度 4。

ARROSTO DI TACCHINELLA
供 8 人食用
制备时间：25 分钟
加热烹调时间：1 小时 45 分钟～2 小时
1 × 3 千克 / 6½ 磅火鸡
2 枝新鲜迷迭香
4 片新鲜鼠尾草
2 片意式熏火腿，切条
100 克 / 3½ 盎司培根，切片
3 汤匙橄榄油
25 克 / 1 盎司黄油
2 汤匙格拉帕酒
盐和胡椒

锅烤火鸡 POT-ROAST TURKEY

在火鸡的腹腔内涂上盐和胡椒，填入一枝迷迭香、鼠尾草和意式熏火腿。缝上开口，用培根片覆盖鸡胸部分并用棉线捆好。在一口大号浅平底锅中加入橄榄油、黄油和剩余的迷迭香，加入火鸡，小火煎 1 小时 45 分钟～2 小时，不时翻转并将锅中的汤汁浇在其上，直至鸡肉软嫩且熟透。在加热的过程中加一两次盐进行调味。在加热时间结束前约 10 分钟，取下鸡胸上覆盖的培根片，使其均匀上色。淋入格拉帕酒并点燃，火焰熄灭后即可上桌。

ARROSTO DI TACCHINO ALL'ARANCIA
供 4 人食用
制备时间：20 分钟
加热烹调时间：1 小时 30 分钟
1 × 800 克 / 1¾ 磅火鸡胸肉
25 克 / 1 盎司黄油
2 汤匙橄榄油
1 颗洋葱，切碎
1 根芹菜茎，切碎
1 根胡萝卜，切碎
2 个橙子
5 汤匙干白葡萄酒
少许普通面粉（可选）
50 毫升 / 2 品脱双倍奶油
盐和胡椒

橙子烤火鸡 TURKEY A L'ORANGE

将鸡胸肉用棉线捆好。在一口锅中加热黄油和橄榄油，加入洋葱、芹菜和胡萝卜，用小火翻炒 10 分钟，其间不时搅拌。加入火鸡，转中火加热，翻转数次直至均匀上色。与此同时，将橙子剥皮，除净橙皮上的白色橘络，取几块橙皮放入沸水中焯煮几分钟。挤出一个橙子的橙汁并过滤。将另一个橙子肉分瓣。当火鸡变金黄色时，淋入葡萄酒和橙汁，加入焯煮后的橙皮并用盐和胡椒调味。调小火力，盖上锅盖，用小火炖煮 1 小时，直至鸡肉熟透且软嫩。从锅中捞出火鸡肉，切片并放到温热的餐盘中。锅中搅拌加入 2 汤匙的热水，刮下附着在锅底的沉积物。如果酱汁较稀，可搅拌加入少许面粉，使其变得浓稠。搅拌加入奶油，撒少许胡椒调味。将酱汁浇在火鸡肉片上并用橙皮块装饰。

菠菜火鸡腿 TURKEY LEG WITH SPINACH

用刀切开火鸡腿肉，像翻开的书一样，用肉锤轻轻砸平。将面包撕成小块，放入一个碗中，保留1汤匙葡萄酒，将剩余部分倒入碗中，待其浸泡10分钟，随后控干并挤出水分。烤箱预热到180°C/350°F/气烤箱刻度4。仅用清洗后叶片上附着的清水将菠菜煸炒约5分钟，随后控干、挤出水分并切碎。在一口平底锅中加热熔化一半的黄油，加入洋葱、蒜和浸泡后的面包，搅拌均匀，随后加入菠菜和墨角兰，用盐和胡椒调味。加热几分钟，将锅从火上端离。在碗中混合蔬菜和打散的鸡蛋，涂抹在火鸡肉上并卷起。用棉线捆好，与剩余的黄油放入一个烤盘中，烘烤约50分钟。将火鸡从烤盘中取出，待其静置10分钟。与此同时，将剩余的葡萄酒和1汤匙的温水加入汤汁中，小火加热并刮下烤盘底部的沉淀物。倒入酱汁碟中，与切片后的菠菜火鸡肉卷一同上桌。

COSCIA AGLI SPINACI

供4人食用

制备时间：1小时15分钟，另加10分钟浸泡用时和10分钟静置用时

加热烹调时间：1小时

1×900克火鸡腿，去皮剔骨

1厚片面包，去边

175毫升/6盎司干白葡萄酒

250克/9盎司菠菜

50克/2盎司黄油

1颗洋葱，切碎

1瓣蒜，切碎

少许干墨角兰

1颗鸡蛋，略微打散

盐和胡椒

香草火鸡腿 TURKEY LEG WITH HERBS

根据口味酌情选择各种香草的用量，将它们切成细末，放入碗中与50克/2盎司黄油和柠檬汁混合，用盐和胡椒调味。剥下火鸡腿的皮并保持完整。在鸡腿肉上涂抹香草黄油，用鸡皮包裹并用棉线捆好。在一口锅中加热橄榄油和剩余的黄油，加入火鸡腿煎炸，不时翻转直至均匀上色。盖上锅盖，小火加热1小时，直至鸡肉软嫩且熟透，如果需要，可加入少许热水，避免干锅。将火鸡肉切片，放到温热的餐盘中，淋上锅中的汤汁。搭配马铃薯一同上桌。

COSCIA ALLE ERBE AROMATICHE

供4人食用

制备时间：30分钟

加热烹调时间：1小时15分钟

新鲜平叶欧芹

新鲜龙蒿

新鲜百里香

新鲜迷迭香

新鲜墨角兰

新鲜罗勒

新鲜薄荷

新鲜鼠尾草

80克/3盎司黄油，软化

半颗柠檬，挤出柠檬汁，过滤

1×900克火鸡腿

4汤匙橄榄油

盐和胡椒

马铃薯，用作配餐

见第1080页

奶酪火鸡胸 TURKEY BREAST WITH CHEESE

用肉锤拍松火鸡胸肉排并撒上面粉。黄油放入锅中加热熔化，加入火鸡肉排煎炸，不时翻转直至两面均匀上色。淋入葡萄酒，加热至挥发，随后用盐和胡椒调味。小火加热约 10 分钟，随后在每块肉排上撒帕玛森奶酪，盖上锅盖，继续加热至奶酪熔化。盛入温热的餐盘中。如果需要这道菜的口味更丰富，可以撒少许黑松露丝。

FESA AL FORMAGGIO
供 4 人食用
制备时间：15 分钟
加热烹调时间：30 分钟
600 克 /1 磅 5 盎司火鸡胸肉排
普通面粉，用于淋撒
25 克 /1 盎司黄油
175 毫升 /6 盎司白葡萄酒
50 克 /2 盎司帕玛森奶酪，现擦丝
黑松露，擦细丝（可选）
盐和胡椒

扁桃仁火鸡胸 TURKEY BREAST WITH ALMONDS

黄油放入锅中加热熔化，加入洋葱、胡萝卜和芹菜，小火翻炒 5 分钟，其间不时搅拌。将火鸡肉排放在蔬菜上加热，直至两面均匀上色，随后用盐和胡椒调味。转中火，淋入葡萄酒，加热至酒精挥发，随后盖上锅盖，小火加热约 10 分钟。与此同时，将扁桃仁放入一口锅中，加入牛奶和白兰地，小火煮 15 分钟。倒入食物料理机中搅打成泥状。将扁桃仁泥浇在肉排上，慢火加热几分钟即可上桌。

FESA ALLE MANDORLE
供 4 人食用
制备时间：20 分钟
加热烹调时间：40 分钟
40 克 /1½ 盎司黄油
1 颗洋葱，切碎
1 根胡萝卜，切碎
1 根芹菜茎，切碎
600 克 /1 磅 5 盎司火鸡胸肉排
5 汤匙白葡萄酒
50 克 /2 盎司焯熟的扁桃仁
175 毫升 /6 盎司牛奶
1 汤匙白兰地
盐和胡椒

美味牛肝菌炖火鸡块 TURKEY FRICASSÉE WITH PORCINI

在一口锅中加热黄油和 2 汤匙橄榄油，加入火鸡肉块，用大火煎炸，其间时常搅拌直至色泽金黄。盛出置旁备用。调小火力，加入洋葱和 1 瓣蒜，翻炒 5 分钟，其间不时搅拌，随后取出大蒜并丢弃不用。将火鸡放回锅中，淋入葡萄酒，盖上锅盖，慢火炖煮 30 分钟。在美味牛肝菌上刷剩余橄榄油，搅拌加入锅中。切碎另一瓣蒜，和欧芹一起放入锅中，倒入热高汤并继续用小火加热约 30 分钟。用 1 汤匙水打散蛋黄，加入柠檬汁和少许盐与胡椒拌匀。将锅移至炉灶边缘，倒入蛋黄液并快速搅拌，避免凝固，使其保持松软的奶油状并附着在火鸡肉块上。盛入温热的餐盘中。

FRICASSEA AI PORCINI
供 4 人食用
制备时间：25 分钟
加热烹调时间：1 小时 15 分钟
40 克 /1½ 盎司黄油
3 汤匙橄榄油
600 克 /1 磅 5 盎司去皮剔骨火鸡胸肉，切成中等大小的块
1 颗小洋葱，切碎
2 瓣蒜
175 毫升 /6 盎司干白葡萄酒
400 克 /14 盎司美味牛肝菌，切片
1 枝新鲜平叶欧芹，切碎
5 汤匙用汤料块制作的热鸡肉或火鸡肉高汤
2 个蛋黄
半颗柠檬，挤出柠檬汁，过滤
盐和胡椒

← 香草火鸡腿，见第 1079 页

INVOLTINI SAPORITI
供 4 人食用
制备时间：1 小时 30 分钟
加热烹调时间：25~30 分钟
1 个黄甜椒
4 条盐渍鳀鱼，去头除内脏并剔骨（见第 694 页），冷水浸泡 10 分钟后捞出控干
1 个圆面包，去皮
1 枝新鲜平叶欧芹，稍微切碎
100 克 / 3½ 盎司培根，切片
600 克 / 1 磅 5 盎司火鸡胸肉片
25 克 / 1 盎司面粉
2 汤匙橄榄油
25 克 / 1 盎司黄油
半颗洋葱，切碎
400 克 / 14 盎司罐装番茄丁
5 片新鲜罗勒叶
盐和胡椒

美味火鸡肉卷 TASTY TURKEY ROULADES

烤箱预热到 200°C/ 400°F/ 气烤箱刻度 6。将黄甜椒放在一个烤板上烘烤，直至表皮变黑起泡。从烤箱中取出，用锡箔纸包裹静置 20 分钟。与此同时，切碎鳀鱼。将面包撕成小块，放入一个碗中，加水没过面包，浸泡 10 分钟，随后控干并挤出水分。打开甜椒包，将其去皮去籽并切条。将甜椒、鳀鱼、浸水面包块、欧芹和少许盐放入食物料理机中搅打成泥状。在每片火鸡上放一片培根并涂抹甜椒泥，随后卷起，用棉线捆好，撒上面粉。在一口锅中加热橄榄油和黄油，加入洋葱，小火翻炒 5 分钟，其间不时搅拌。加入火鸡肉卷，不时翻转，直至均匀上色。用盐和胡椒调味并继续加热几分钟。加入番茄和罗勒叶，用小火加热 10 分钟。如果需要的话，再加入少许盐。将肉卷装入温热的餐盘中，淋上汤汁即可。

ROTOLO ALLE OLIVE
供 4 人食用
制备时间：25 分钟
加热烹调时间：1 小时 15 分钟
1 × 800 克 / 1¾ 磅的火鸡胸肉，剔骨
80 克 / 3 盎司熟火腿，切片
50 克 / 2 盎司绿橄榄
25 克 / 1 盎司黄油
2 汤匙橄榄油
4 片鼠尾草叶
1 枝新鲜迷迭香
5 汤匙干白葡萄酒
盐和胡椒

橄榄火鸡肉卷 TURKEY ROLL WITH OLIVES

将火鸡胸肉铺平并用肉锤拍松。将火腿和橄榄放在上面，撒上盐和胡椒调味，卷起并用棉线捆好。在一口锅中加热黄油和橄榄油，加入鼠尾草、迷迭香和火鸡肉卷，煎炸 10 分钟，不时翻转直至均匀上色。淋入葡萄酒，加热至酒精挥发。用盐和胡椒调味，盖上锅盖，小火焖煮 1 小时。这道菜肴既适合热食也适合冷食。

橄榄火鸡肉卷 →

芥末炖火鸡 TURKEY STEW WITH MUSTARD

SPEZZATINO ALLA SENAPE
供 4 人食用
制备时间：2 小时 15 分钟
加热烹调时间：1 小时 5 分钟

2 汤匙橄榄油
25 克 /1 盎司黄油
1 颗洋葱，切碎
1 瓣蒜，切碎
600 克 /1 磅 5 盎司去皮剔骨火鸡胸肉，切方形块
175 毫升 /6 盎司干白葡萄酒
250 毫升 /8 盎司热鸡肉高汤（见第 249 页）
2 汤匙第戎芥末
1 枝新鲜平叶欧芹，切碎
盐和胡椒

在一口平底锅中加热橄榄油和黄油，加入洋葱和蒜，小火煸炒 5 分钟，其间不时搅拌。转中火，加入火鸡肉翻炒 10 分钟，其间时常搅拌，直至色泽金黄。用盐和胡椒调味，淋入葡萄酒，继续加热至酒精挥发。倒入 175 毫升 /6 盎司热高汤，盖上锅盖，用小火炖煮 30 分钟。在碗中均匀混合剩余高汤和芥末，搅拌加入锅中。撒入欧芹后继续用小火炖煮 15 分钟。

亮汁烤火鸡 GLAZED TURKEY

TACCHINELLA GLASSATA
供 8~10 人食用
制备时间：1 小时 15 分钟
加热烹调时间：2 小时 45 分钟

1 × 1½ 千克 /3¼ 磅火鸡
1 束混合新鲜香草
1 个橙子削下的薄皮，切细丝
3 汤匙橄榄油
5 汤匙干白葡萄酒
175 毫升 /6 盎司热鸡肉高汤（见第 249 页）
20 克干蘑菇
1 根胡萝卜，切碎
1 根芹菜茎，切碎
1 颗洋葱，切碎
40 克 /1½ 盎司黄油
500 克 /1 磅 2 盎司去壳栗子，煮约 45 分钟
5 汤匙马尔萨拉干白葡萄酒
盐和胡椒

见第 1086 页

烤箱预热到 200°C/400°F/ 气烤箱刻度 6。在火鸡腹腔内和表皮上涂盐和胡椒，香草和橙皮填入腹腔内。将火鸡放入一个足够大的烤盘中，淋上橄榄油，烘烤至火鸡表皮色泽金黄。降低温度到 180°C/350°F/ 气烤箱刻度 4，在火鸡上淋葡萄酒，放回烤箱继续烘烤 1 小时 30 分钟，不时将热高汤淋在火鸡上。与此同时，将蘑菇放入一个碗中，加入热水没过蘑菇，浸泡 30 分钟，随后控干并挤出水分。烤盘中加入胡萝卜、芹菜和洋葱，用锡箔纸覆盖火鸡，放回烤箱中继续烘烤 30 分钟。黄油放入锅中加热熔化，加入栗子和蘑菇，小火继续加热约 10 分钟，其间不时搅拌。加入马尔萨拉干白葡萄酒和 1 汤匙烤火鸡滴落的汤汁，用盐和胡椒调味并继续用小火加热至汤汁变浓。将火鸡装入温热的餐盘中，摆上蘸有酱汁的栗子。将剩余酱汁倒入一个酱汁碟中，和火鸡一同上桌。

← 芥末炖火鸡

圣诞烤火鸡 CHRISTMAS TURKEY

烤箱预热到220°C/425°F/气烤箱刻度7。先制作馅料。将面包撕成小块放在碗中，加水没过面包，浸泡10分钟，随后控干并挤出水分。切碎火鸡杂、培根和香肠，放在碗中，加入面包、苹果、西梅干和栗子，混合均匀。将混合物填入火鸡腹腔内。黄油蘸上少许盐和胡椒，放入火鸡腹腔内并缝上开口。将培根片覆盖在火鸡胸上，和黄油一起放入烤盘中。烘烤1小时，随后温度降到180°C/350°F/气烤箱刻度4，不时将烤盘内的汤汁浇在火鸡身上，继续烘烤1小时15分钟。取下培根片，将火鸡放回烤箱，再继续烘烤15分钟，直至表皮色泽金黄、火鸡肉软嫩且熟透。

TACCHINO DI NATALE
供8人食用
制备时间：1小时30分钟，另加10分钟浸泡用时
加热烹调时间：2小时30分钟
1×3千克/6½磅的火鸡，保留鸡杂
100克/3½盎司培根，切片
50克/2盎司黄油

用于制作填馅
1厚片面包，去边
40克/1½盎司培根
100克/3½盎司意式香肠
2颗苹果，去皮去核并切片
100克/3½盎司即食西梅干
250克/9盎司去壳栗子，煮约45分钟
25克/1盎司黄油
盐和胡椒

栗子酿馅烤火鸡 TURKEY STUFFED WITH CHESTNUTS

栗子去皮碾碎。烤箱预热到180°C/350°F/气烤箱刻度4。在栗子泥中加入香肠末和橄榄，用盐和胡椒调味，混合均匀。将混合物填入火鸡腹腔内，缝上开口。在火鸡胸上覆盖培根片，用棉线捆好，撒盐和胡椒调味。在一个烤盘中涂上足量橄榄油，放入火鸡，烘烤1小时30分钟，不时地将烤盘内滴落的汤汁浇在火鸡身上。取下培根片，将火鸡放回烤箱中，继续烘烤30分钟，直至表皮上色、鸡肉熟透且软嫩。将火鸡装入温热的餐盘中，用大片的生菜叶装饰。

TACCHINO RIPIENO DI CASTAGNE
供6～8人食用
制备时间：1小时30分钟
加热烹调时间：2小时
250克/2盎司去壳栗子，煮约45分钟
300克/11盎司意式香肠，去皮碾碎
150克/5盎司去核绿橄榄，切碎
1×3千克/6½磅的火鸡
100克/3½盎司培根，切片
橄榄油，用于涂刷
盐和胡椒
生菜叶，用于装饰
见第1088页

←亮汁烤火鸡，见第1085页

抱子甘蓝酿馅烤火鸡 TURKEY STUFFED WITH BRUSSELS SPROUTS

TACCHINO RIPIENO DI CAVOLINI DI BRUXELLES

供 6～8 人食用

制备时间：1 小时，另加 10 分钟静置用时

加热烹调时间：2 小时

300 克 /11 盎司抱子甘蓝，除边角

250 克 /9 盎司熟火腿，切碎

1 × 3 千克 /6½ 磅的火鸡

100 克 /3½ 盎司猪脂火腿，切薄片，或使用五花肉培根

橄榄油，用于涂刷

盐和胡椒

烤箱预热到 180℃/350℉/ 气烤箱刻度 4。抱子甘蓝放入一大锅加盐沸水中，不盖锅盖煮约 15 分钟，随后捞出控干并切成两半。把它们放入一个碗中，加入火腿，用盐和胡椒调味并混合均匀。将混合物填入火鸡腹腔内并缝上开口。火鸡胸用猪脂火腿或培根片覆盖，用棉线捆好，撒上盐和胡椒调味。在一个烤盘中涂上足量橄榄油，放入火鸡烘烤 1 小时 30 分钟，不时地将烤盘内滴落的汤汁浇在火鸡身上。取下猪脂火腿或培根片，将火鸡放回烤箱继续烘烤 30 分钟，直至火鸡上色、熟透且软嫩。从烤盘中取出火鸡，静置约 10 分钟，随后放入温热的餐盘中。

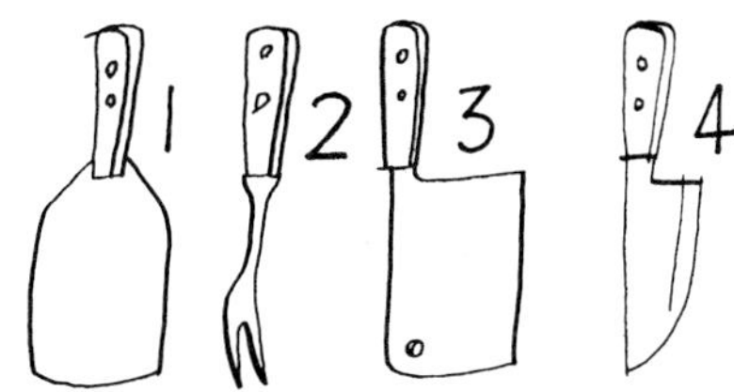

← 栗子酿馅烤火鸡，见第 1087 页

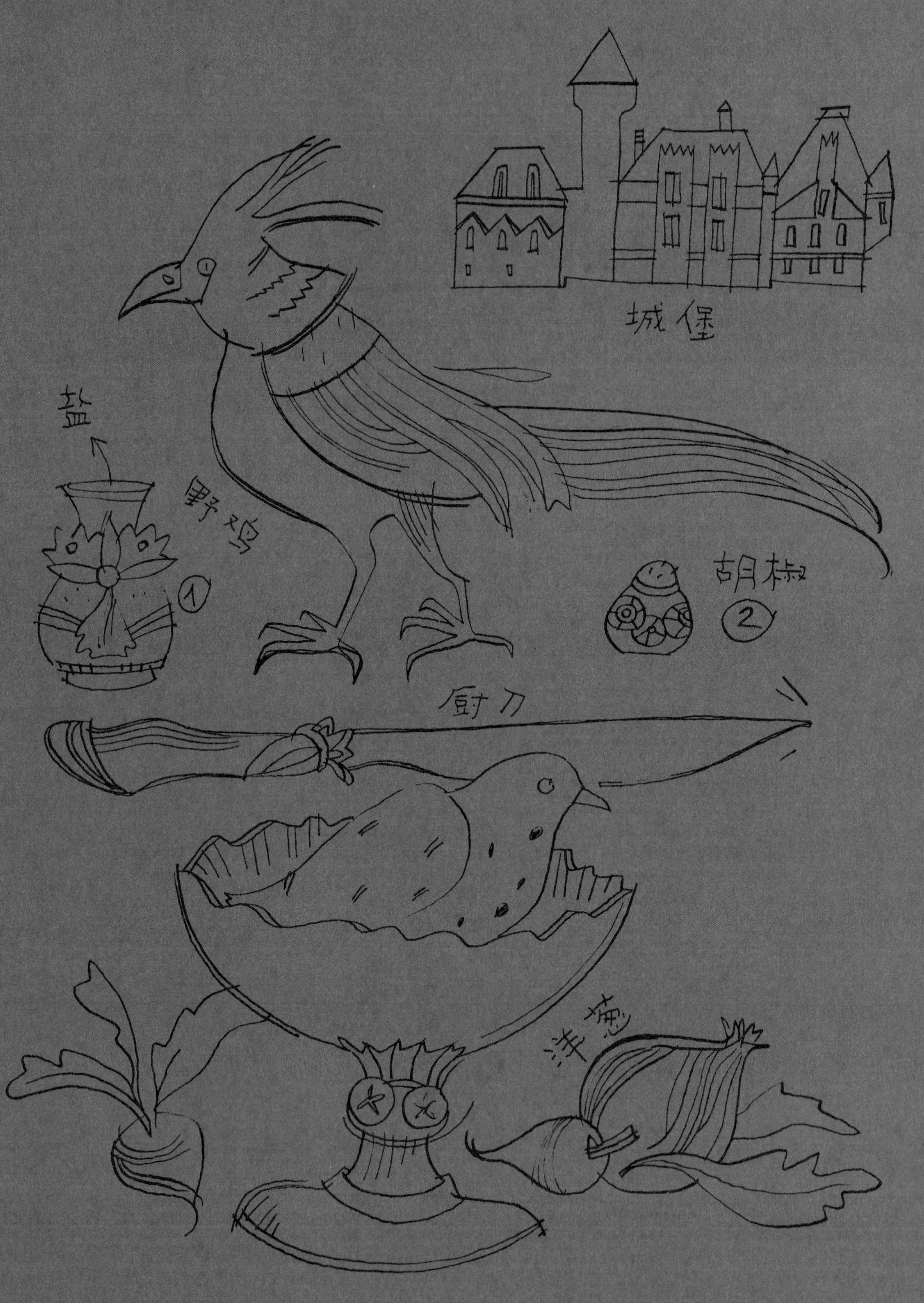
城堡
盐
野鸡
①
胡椒
②
厨刀
洋葱

野味类 ➔

野味类

我们在编写有关野味的这一章节的内容时，十分希望读者们尽可能地购买人工饲养的动物。许多传统狩猎物种，如兔子、鹿和“野”猪，也和牛、猪等家畜采用同样的方式饲养。这可以帮助保护野生动物在自然栖息地繁衍生存。这一章中的每一节内容，都会提供关于一种野味的详细介绍。通常来说，幼年野味更适合烘烤、煎炒或烧烤，而成年野味更适合炖、焖或慢炖。慢炖野味是经典的传统菜式之一。捕猎的野味通常和一些水果十分相称，如樱桃、葡萄、蓝莓和苹果，可以在烹饪时加入锅中或作为酱汁搭配上桌。

丘鹬和沙锥鸟

猎 禽

丘鹬（woodcock）和沙锥鸟（snipe）是外形相似的候鸟，最大特点是有很长的喙。它们在意大利的名字是 beccacce，不过在北方也被称作 gallinazze、pizzacre 或者 pole，在南方它们的名字是 pizzarde 或 arcere。它们没有被豢养，所以在意大利每年只有特定时间可以找到它们——在 10 月、11 月，以及 2 月和 3 月。不同的国家对捕猎季节也有不同的规定。丘鹬和沙锥鸟都十分美味，食用前需要晾挂 3～5 天。一只丘鹬或沙锥鸟可供两个人享用。

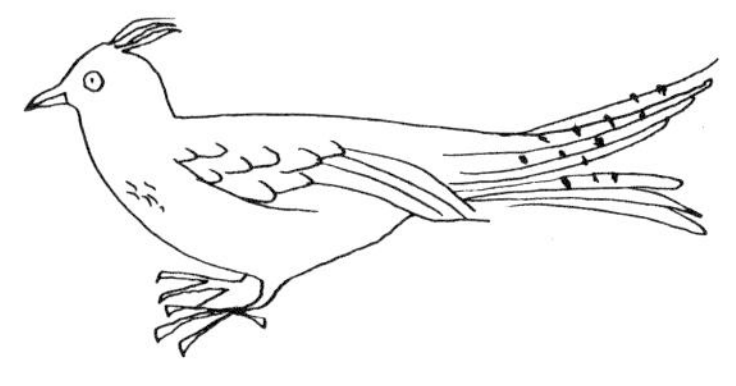

咖喱丘鹬 CURRIED WOODCOCK

在鸟身上擦盐和胡椒调味并撒上面粉。在一口平底锅中加热熔化一半黄油，加入丘鹬，中火煎炸 15 分钟，不时翻转。在另一口锅中加热熔化剩余黄油，加入洋葱，小火翻炒 5 分钟，其间不时搅拌。加入咖喱粉和热高汤，用小火加热 20 分钟。上桌前将丘鹬盛入咖喱酱汁中，透彻加热并淋入柠檬汁。

BECCACCIA AL CURRY
供 4 人食用
制备时间：4 小时 15 分钟
加热烹调时间：25 分钟
2 只丘鹬或沙锥鸟，拔毛除内脏
普通面粉，用于淋撒
50 克 /2 盎司黄油
1 颗洋葱，切丝
2 茶匙咖喱粉
300 毫升 / ½ 品脱热牛肉高汤（见第 248 页）
半颗柠檬，挤出柠檬汁，过滤
盐和胡椒

杜松子烧丘鹬 WOODCOCK WITH JUNIPER

在研磨钵中将杜松子磨成泥状。将⅓的杜松子泥与 40 克 /1½ 盎司黄油混合，揉成 4 个丸子。在每只丘鹬腹腔内填入一个黄油丸和一枝百里香。锅中加热剩余黄油，放入丘鹬，大火加热，不时翻转直至上色。用盐和胡椒调味，撒入剩余的杜松子泥，转中火继续加热，直至丘鹬肉软嫩且熟透。在一口小锅中慢火加热杜松子酒，浇在丘鹬上并点燃，随后即可上桌。

BECCACCIA AL GINEPRO
供 4 人食用
制备时间：20 分钟
加热烹调时间：35 分钟
12 颗杜松子
100 克 /3½ 盎司黄油
4 枝新鲜百里香
2 只丘鹬或沙锥鸟，拔毛除内脏
175 毫升 /6 盎司杜松子酒
盐和胡椒

松露烧丘鹬 WOODCOCK WITH TRUFFLE

将肝和心切碎，置旁备用。将鸟喙折到两条腿之间扎紧，在丘鹬腹腔内擦上少许盐和胡椒调味，用培根片包裹鸟身。在一口锅中加热黄油和橄榄油，加入胡萝卜、芹菜、洋葱和月桂叶，小火翻炒 10 分钟，其间不时搅拌。加入丘鹬，不时翻转直至均匀上色。用盐和胡椒调味，浇入 275 毫升 /9 盎司葡萄酒，小火加热约 20 分钟。从锅中取出丘鹬，切成两半并使其保持温热。锅中加入肝和心并混合均匀。倒入剩余的葡萄酒，加入一半松露丝，继续加热，直至酱汁变得浓稠。将玉米糊放到温热的餐盘中，丘鹬摆放在其上。将酱汁浇在鸟肉上，撒上剩余的松露丝。

BECCACCIA AL TARTUFO
供 4 人食用
制备时间：1 小时 30 分钟
加热烹调时间：50 分钟
2 只丘鹬或沙锥鸟，拔毛除内脏，保留肝和心
80 克 /3 盎司培根片
25 克 /1 盎司黄油
2 汤匙橄榄油
1 根胡萝卜，切碎
1 根芹菜茎，切碎
半颗洋葱，切碎
1 片月桂叶
350 毫升 /12 盎司红葡萄酒
2 小块黑松露，擦丝
8 块玉米糊（见第 367 页）
盐和胡椒

绿苹果烤丘鹬 WOODCOCK WITH GREEN APPLES

烤箱预热到 220°C/425°F/ 气烤箱刻度 7。将丘鹬放入一个烤盘中，刷橄榄油并撒少许盐调味。烘烤 10 分钟，直至色泽金黄、肉质软嫩。在一口平底锅中加热熔化一半的黄油，将面包片煎至两面金黄，随后从锅中取出备用。加热剩余的黄油，加入苹果煎炒至稍微上色，用胡椒调味。将丘鹬放在煎面包片上，周围摆热苹果即可上桌。

BECCACCIA CON MELE VERDI
供 4 人食用
制备时间：15 分钟
加热烹调时间：25 分钟
2 只丘鹬或沙锥鸟，拔毛除内脏
橄榄油，用于涂刷
25 克 /1 盎司黄油
4 片面包
2 颗绿苹果，去皮去核，切 5 毫米厚的片
盐和胡椒

← 绿苹果烤丘鹬

雉 鸡

源自亚洲的雉鸡（pheasant）是一种食用价值很高的鸟类。雄性和雌性雉鸡的区别在于前者有彩色的羽毛。雌性雉鸡的羽毛色彩较暗，可以与植被融为一体。在意大利最常见的雉鸡是饲养雉鸡，它们在宰杀后需要在冰柜中冷冻一天，不过，在意大利之外地区销售的雉鸡并没有这个必要。捕猎的雉鸡则需要晾挂 3 天。一只体形较大的雉鸡可供 4 人享用。

水果烧雉鸡 PHEASANT WITH FRUIT

FAGIANO ALLA FRUTTA
供 4 人食用
制备时间：30 分钟
加热烹调时间：1 小时 15 分钟

750 克 / 1 磅 10 盎司混合黑白葡萄
1 只雉鸡，拔毛除内脏
50 克 /2 盎司黄油
2 个橙子，挤出橙汁，过滤
175 毫升 /6 盎司干白葡萄酒
50 毫升 /2 品脱白兰地
20 颗去壳核桃，稍微切碎
1 汤匙普通面粉
半个橙子的橙皮，擦丝
盐和胡椒
橙子片，用于装饰

取 500 克 /1 磅 2 盎司葡萄，挤出汁。用棉线将雉鸡捆好。在一口锅中加热熔化一半的黄油，加入雉鸡煎炒，不时翻转直至均匀上色。将葡萄汁、橙汁、葡萄酒和白兰地浇在雉鸡上，用盐和胡椒调味，盖上锅盖，小火焖煮 30 分钟。与此同时，在沸水中焯煮剩余的葡萄，1 分钟后控干，在冷水下冲洗并剥皮。将葡萄和核桃加入雉鸡锅中，继续用小火焖煮 10 分钟。将雉鸡装入一个餐盘中，取下线绳并使其保持温热。在锅中加入剩余的黄油，撒入面粉并搅拌均匀。加热至沸腾，加入橙皮丝并从火上取下。在雉鸡周围摆上橙子片和剥皮葡萄，搭配酱汁一同上桌。

水果烧雉鸡 →

奶油烧雉鸡 PHEASANT IN CREAM SAUCE

在雉鸡腹腔内擦上盐和胡椒调味，鸡胸上包裹培根片并用棉线捆好。在一口锅中加热橄榄油和黄油，加入雉鸡煎炸，不时翻转直至均匀上色，随后加入少许盐调味。调小火力，盖上锅盖，慢火焖煮约 30 分钟。淋上奶油并继续加热 15 分钟，其间时常将锅中的汤汁浇在鸡身上。最后在汤汁中加入柠檬汁即可上桌。

FAGIANO ALLA PANNA
供 4 人食用
制备时间：15 分钟
加热烹调时间：1 小时
1 只雉鸡，拔毛除内脏
130 克 /4½ 盎司意式培根，切薄片
2 汤匙橄榄油
25 克 /1 盎司黄油
4 汤匙双倍奶油
1 汤匙柠檬汁
盐和胡椒

橄榄烧雉鸡 PHEASANT WITH OLIVES

烤箱预热到 180°C/350°F/ 气烤箱刻度 4。在雉鸡腹腔内擦上盐和胡椒，填迷迭香入 25 克 /1 盎司黄油。鸡身上包裹培根片并用棉线捆好。放入一口耐热炖锅中，撒上剩余的黄油，放入烤箱烘烤约 1 小时，其间时常将马尔萨拉干白葡萄酒和炖锅中的汤汁浇在鸡身上。从烤箱中取出炖锅，撒上橄榄，用小火焖煮 40 分钟。

FAGIANO ALLE OLIVE
供 4 人食用
制备时间：15 分钟
加热烹调时间：1 小时 40 分钟
1 只雉鸡，拔毛除内脏
1 枝新鲜迷迭香
80 克 /3 盎司黄油
6 片培根
5 汤匙马尔萨拉干白葡萄酒
200 克 /7 盎司去核黑橄榄
盐和胡椒

酿馅锅烤雉鸡 STUFFED POT-ROAST PHEASANT

如果可能的话，选择使用雌雉鸡，因为雌雉鸡的肉质更嫩。切碎鸡肝，与猪脂火腿、欧芹、松露（如果使用的话）混合均匀，用盐和胡椒调味。将混合物填入雉鸡腹腔内并缝上开口。在雉鸡胸部覆盖培根片，用棉线捆好，撒上盐和胡椒调味。在一口锅中加热黄油，加入雉鸡煎炸 20 分钟。取下培根片，让鸡肉均匀上色，继续加热 10 分钟。加入奶油，继续加热 15 分钟，随后即可上桌。

FAGIANO ARROSTO RIPIENO
供 4 人食用
制备时间：40 分钟
加热烹调时间：45 分钟
1 只雉鸡，拔毛除内脏，保留肝
50 克 /2 盎司熏猪脂火腿或五花肉培根，切碎
1 枝新鲜平叶欧芹，切碎
1 小块黑松露，切碎（可选）
50 克 /2 盎司培根，切片
25 克 /1 盎司黄油
2 汤匙双倍奶油
盐和胡椒

← 橄榄烧雉鸡

蘑菇雉鸡 PHEASANT WITH MUSHROOMS

FAGIANO CON I FUNGHI
供 4 人食用
制备时间：3 小时
加热烹调时间：1 小时 15 分钟

1 只雉鸡，拔毛除内脏
1 汤匙橄榄油
50 克 /2 盎司黄油
1 颗洋葱，切碎
1 颗红葱头，切碎
1 根胡萝卜，切碎
100 克 /3½ 盎司熟火腿，切丁
1 枝新鲜迷迭香
4 片新鲜鼠尾草叶，切碎
1 片月桂叶
1 升 /1¾ 品脱鸡肉高汤（见第 249 页）
200 克 /7 盎司白蘑菇
200 克 /7 盎司鸡油菌
1 瓣蒜
200 克 /7 盎司去核绿橄榄
盐和胡椒

在雉鸡腹腔内擦盐和胡椒调味，用棉线捆好。在一口锅中加热橄榄油和一半的黄油，加入雉鸡煎炸，不时翻转直至均匀上色，随后从锅中盛出。在锅中加入洋葱、红葱头、胡萝卜、火腿和香草，用盐和胡椒调味，浇入高汤。盖上锅盖，小火炖约 15 分钟。将雉鸡放回锅中，重新盖上锅盖，继续慢火加热 40 分钟。在另一口锅中加热熔化剩余的黄油，加入蘑菇和蒜煸炒约 10 分钟，其间不时搅拌。从锅中盛出蘑菇，加入两种橄榄，用小火加热 5 分钟。将橄榄和蘑菇放入雉鸡锅中，继续加热几分钟。将雉鸡和蔬菜盛入温热的餐盘中，去掉迷迭香、月桂叶和蒜。

橙子雉鸡排 PHEASANT WITH ORANGE

FILETTI DI FAGIANO ALL'ARANCIA
供 4 人食用
制备时间：20 分钟
加热烹调时间：25 分钟

1 只雉鸡，拔毛除内脏，剔骨并保留鸡架
50 克 /2 盎司黄油
5 颗杜松子，稍微碾碎
175 毫升 /6 盎司干白葡萄酒
200 毫升 /7 盎司牛肉高汤（见第 248 页）
4 粒黑胡椒，稍微碾碎
1 个橙子，挤出橙汁，过滤
盐

将雉鸡肉切片。用平底锅加热熔化黄油，加入杜松子和雉鸡肉，中火翻炒约 20 分钟，其间不时搅拌。与此同时，将葡萄酒、高汤、黑胡椒和少许盐放入另一口锅中，加入鸡架并煮沸，随后继续加热至液体减半。过滤汤汁，如需要可撇去汤汁表面脂肪。将雉鸡高汤加热至缓慢沸腾，加入橙汁和雉鸡肉，文火加热 2 分钟。盛入温热的餐盘中。

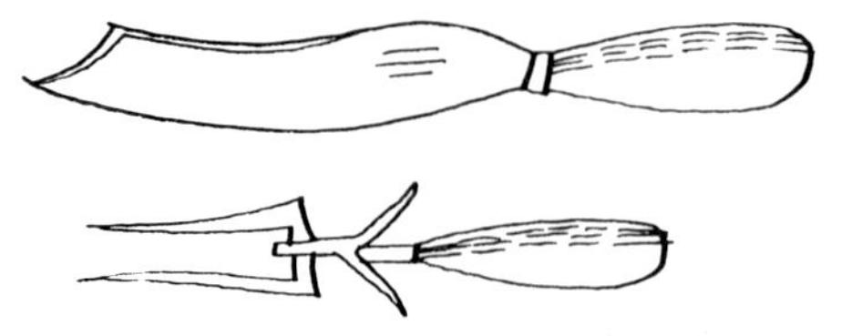

蘑菇雉鸡 →

山 鹑

常见于意大利餐桌上的红腿山鹑（red-legged partridge）与英国常见的灰山鹑（grey partridge）属于近亲。红腿山鹑的爪子颜色更鲜亮，且喉头的白色绒毛面积稍大。在澳大利亚和新西兰，有大规模养殖的石鸡（chukar）。养殖的山鹑不需要经过晾挂处理，捕猎的野生品种则需要挂晾 2～4 天的时间。山鹑肉色泽发红，味道浓郁，特别适合烘烤或串烤。一只小山鹑或半只大山鹑适合一人享用。烹饪时，每 250 克 /9 盎司山鹑需要 20 分钟加热时间。

芥末山鹑 PARTRIDGE WITH MUSTARD

PERNICE ALLA SENAPE
供 4 人食用
制备时间：30 分钟
加热烹调时间：45 分钟

2 只山鹑，拔毛除内脏，保留肝
少许辣椒粉
2 片猪脂火腿或五花肉培根
3 汤匙橄榄油
50 克 /2 盎司黄油
150 毫升 /¼ 品脱牛肉高汤（见第 248 页），另加制作酱汁所需
25 克 /1 盎司普通面粉
½ 茶匙英式芥末
3～4 汤匙双倍奶油
盐

在山鹑腹腔内涂辣椒粉和少许盐，在鸟身上包裹猪脂火腿或培根。在一口锅中加热橄榄油和 25 克 /1 盎司黄油，加入山鹑。在中高火上煎炸至均匀上色，不时翻转。浇入高汤，用小火炖煮 20～25 分钟，不时将汤汁浇在山鹑身上。与此同时，切碎山鹑肝。在碗中混合面粉和剩余的黄油，并搅拌加入芥末。从锅中盛出山鹑，放在一个餐盘中并使其保持温热。将芥末黄油和山鹑肝加入锅中，如果需要可再加入少许高汤。转小火加热，不停搅拌直至酱汁的浓稠度适中。加入奶油，中火继续加热几分钟。将制作好的酱汁浇在山鹑上即可上桌。

酿馅烤山鹑，见第 1104 页 →

酿馅烤山鹑 STUFFED PARTRIDGE

PERNICE FARCITA
供 4 人食用
制备时间：35 分钟，另加 10 分钟浸泡用时
烹调加热时间：30 分钟
25 克 /1 盎司黄油，另加涂抹所需
1 厚片面包，去边
5 汤匙牛奶
500 克 /1 磅 2 盎司蘑菇
2 只山鹑，拔毛除内脏，保留肝和心
100 克 /3½ 盎司烟熏培根，切丁
盐和胡椒

见第 1103 页

烤箱预热到 180°C/350°F/ 气烤箱刻度 4。在耐热焗盘中涂上足量的黄油。将面包撕成小块，放入碗中，加入牛奶，浸泡 10 分钟，随后控干并挤出水分。将一半蘑菇的伞和柄分离，将蘑菇柄与山鹑肝和心一起切碎，放入一个碗中，搅拌加入浸泡牛奶的面包并用盐和胡椒调味。将混合物填入山鹑的腹腔内并缝上开口。切碎剩余的蘑菇。将山鹑放入准备好的焗盘中，周围摆上切碎的蘑菇和培根，撒上黄油颗粒。盖上盖子烘烤约 20 分钟。打开盖子，将焗盘内的汤汁淋到山鹑上，继续烘烤至山鹑肉软嫩熟透。连同焗盘直接端上桌。

腌制山鹑 MARINATED PARTRIDGE

PERNICE MARINATA
供 4 人食用
制备时间：30 分钟
加热烹调时间：1 小时 15 分钟
4 只山鹑，拔毛除内脏
4 汤匙橄榄油
1 颗洋葱，切碎
1 瓣蒜，切碎
1 个红甜椒，切半去籽并切丁
半个块根芹，切丁
2 片月桂叶
4 粒黑胡椒，稍微碾碎
300 毫升 /½ 品脱干白葡萄酒
300 毫升 /½ 品脱白葡萄酒醋
5 汤匙牛肉高汤（见第 248 页），可选
盐和胡椒

在山鹑内外擦盐调味。在一口平底锅中加热橄榄油，加入山鹑煎炸 10 分钟，不时翻转直至均匀上色，随后加入胡椒调味。将山鹑装入一个耐热盘中，加入洋葱、蒜、红甜椒、块根芹、月桂叶、胡椒、葡萄酒和白葡萄酒醋。盖上盖子，小火加热约 1 小时，如果需要可加入少许高汤，避免干锅。待山鹑稍微冷却，舍去月桂叶，与蔬菜酱汁一同上桌。

腌制山鹑 →

TORTA DI FUNGHI E SALVAGGINA
供 12 人食用
制备时间：3 小时 15 分钟，另加 12 小时腌泡用时
加热烹调时间：35 分钟

500 克 /1 磅 2 盎司瘦鹿肉，切丁
500 克 /1 磅 2 盎司去皮剔骨山鹑，切丁
1 根胡萝卜
1 颗红葱头，切碎
1 根芹菜茎，切碎
1 枝新鲜鼠尾草
1 片月桂叶
5 颗杜松子
500 毫升 /18 盎司红葡萄酒
25 克 /1 盎司黄油
3 汤匙橄榄油
1 颗洋葱，切碎
50 克 /2 盎司熟火腿，切丁
500 克 /1 磅 2 盎司新鲜美味牛肝菌
250 克 /9 盎司成千层酥皮面团，如为冷冻，需提前解冻
普通面粉，用于淋撒
1 颗鸡蛋，略微打散
盐和胡椒

蘑菇猎禽派 MUSHROOM AND GAME PIE

将鹿肉和山鹑放入盘子中，加入胡萝卜、红葱头、芹菜、鼠尾草、月桂叶和杜松子，用盐和胡椒调味。浇入少许葡萄酒，在阴凉处静置腌泡 12 小时，偶尔搅拌。捞出并控干肉丁，保留腌泡汁。在一口锅中加热黄油和橄榄油，加入肉丁，中火翻炒至均匀上色，其间时常搅拌。从锅中盛出肉丁，置旁备用。锅中加入洋葱和火腿，小火翻炒 10 分钟，其间不时搅拌，随后加入美味牛肝菌。盖上锅盖，慢火加热约 20 分钟。将肉丁放回锅中，浇入保留的腌泡汁，盖上锅盖，小火炖煮 1 小时 30 分钟。烤箱预热到 220℃/425℃/ 气烤箱刻度 7。将面团分成两块，在撒有少许面粉的工作台面上擀平。派盘中铺上一块面皮，盛入蘑菇肉丁。再用另外一块面皮覆盖，用叉子均匀戳孔并刷上打散的蛋液。烘烤 20 分钟，随后烤箱温度降到 190℃/375℉/ 气烤箱刻度 5，继续烘烤 15 分钟。趁热上桌。

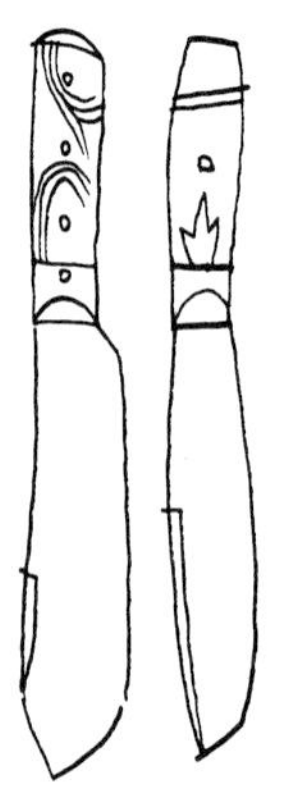

蘑菇猎禽派 →

鹌 鹑

鹌鹑（quail）在森林中和草原上都十分常见。在英国，野生鹌鹑是保护物种，因此在超市或肉店可以买到的鹌鹑均为养殖品种，在澳大利亚和新西兰，情况也十分相似。它们通常已经经过处理，可直接烘烤，其肉质较瘦且易于消化。也可以在市场上买到冷冻的鹌鹑。

酸奶烧鹌鹑 QUAIL WITH YOGURT

QUAGLIE ALLO YOGURT
供 4 人食用
制备时间：25 分钟
加热烹调时间：40 分钟

- 1 颗柠檬，挤出柠檬汁，擦取柠檬外皮
- 1 颗洋葱，切碎
- 1 瓣蒜，切碎
- 1 茶匙红辣椒粉
- 8 只鹌鹑
- 2 汤匙橄榄油
- 200 毫升 / 7 盎司热牛肉高汤（见第 248 页）
- 400 毫升 / 14 盎司原味酸奶
- 盐和胡椒

在碗中混合柠檬皮、洋葱、蒜和红辣椒粉，加入 2 汤匙的滤后柠檬汁，用盐和胡椒调味。将一些混合物涂抹在鹌鹑皮上。将鹌鹑和橄榄油加入一口平底锅中，每面煎炸 10 分钟。加入剩余的柠檬混合物，倒入热高汤，盖上锅盖，加热约 15 分钟，装入温热的餐盘中。将酸奶搅拌加入汤汁中，加入适量的剩余柠檬汁。加热至汤汁浓稠，与鹌鹑一同上桌。

白葡萄酒烧鹌鹑 QUAIL IN WHITE WINE

QUAGLIE AL VINO BIANCO
供 4 人食用
制备时间：15 分钟
加热烹调时间：30 分钟

- 4 瓣蒜，切半
- 8 茶匙新鲜迷迭香叶
- 8 片新鲜鼠尾草叶
- 8 只鹌鹑
- 2 汤匙橄榄油
- 175 毫升 / 6 盎司白葡萄酒
- 盐和胡椒

在每只鹌鹑腹腔内填入半瓣蒜、1 茶匙迷迭香叶和 1 片鼠尾草，并撒入盐和胡椒调味。将鹌鹑和橄榄油一起加入锅中，不时翻转，煎至均匀上色。撒入盐调味，淋入葡萄酒，盖上锅盖，小火继续焖煮 20 分钟。

烧鹌鹑配调味饭，第 1110 页 →

烧鹌鹑配调味饭 QUAIL WITH RISOTTO

QUAGLIE CON RISOTTO
供 4 人食用
制备时间：2 小时 45 分钟
加热烹调时间：30 分钟

- 4 只鹌鹑
- 80 克 / 3 盎司黄油
- 2 汤匙橄榄油
- 2 汤匙普通面粉
- 约 1½ 升 / 2½ 品脱热鸡肉高汤（见第 249 页）
- 1 枝新鲜百里香
- 1 片月桂叶
- 175 毫升 / 6 盎司干白葡萄酒
- 1 颗洋葱，切碎
- 300 克 / 11 盎司调味饭大米
- 40 克 / 1½ 盎司帕玛森奶酪，现擦丝
- 盐和胡椒

见第 1109 页

用棉线捆好鹌鹑，撒上盐和胡椒调味。在一口锅中加热 25 克 / 1 盎司黄油和橄榄油，加入鹌鹑，在大火上煎约 10 分钟，不时翻转直至色泽金黄。在鹌鹑上撒一半面粉，混合均匀。将剩余一半的面粉和 150 毫升 / ¼ 品脱高汤在碗中混合均匀。锅中加入百里香和月桂叶，淋入葡萄酒和面粉高汤，继续加热 10 分钟。与此同时，用剩余黄油、洋葱、大米和高汤制作一份调味饭（见第 390 页），并撒上帕玛森奶酪。将调味饭盛入温热的餐盘中，稍微抹平表面，将鹌鹑和汤汁置于其上，去掉香草即可。

串烤鹌鹑 QUAIL ON THE SPIT

SPIEDO DI QUAGLIE
供 4 人食用
制备时间：15 分钟
加热烹调时间烹：25 分钟

- 25 克 / 1 盎司黄油，软化
- 2 茶匙新鲜迷迭香叶
- 1 颗小洋葱，切细丝
- 8 只鹌鹑
- 16 片培根
- 8 片农家面包
- 橄榄油，用于涂刷
- 盐和胡椒
- 原味调味饭，用作配餐

烤箱预热到 180°C/350°F/ 气烤箱刻度 4。在碗中均匀混合黄油、迷迭香和洋葱，用盐和胡椒调味。将香草黄油填入鹌鹑的腹腔内，随后在每只鹌鹑身上铺两片培根并用棉线捆好。将鹌鹑穿在一根烤签上，交替穿上一片面包，刷橄榄油并烘烤约 25 分钟。偶尔将滴落的汤汁刷在鹌鹑身上。搭配一份原味调味饭一同上桌。

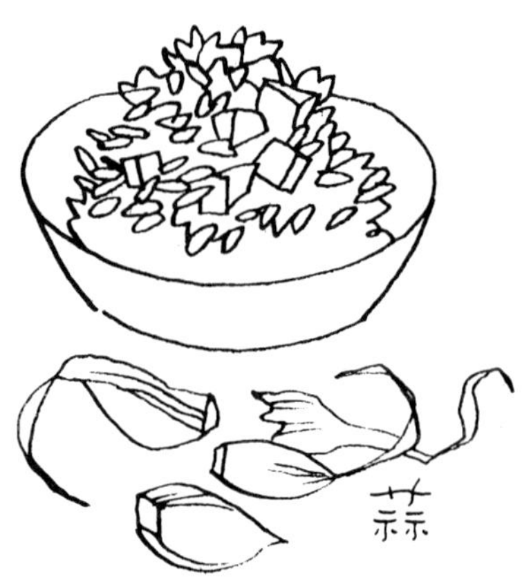

串烤鹌鹑 →

臆 羚

猎 畜

臆羚（chamois）是一种栖息在阿尔卑斯山地区的野生哺乳动物，它在世界的其他地区并不常见。甚至是在意大利，臆羚在餐桌上也是非常稀有，在野外则更是难得一见。市场中可以找到的臆羚肉通常为冷冻的进口产品。它的口感相对较淡而肉质较嫩，最适合慢炖——这也是适合所有猎畜的烹饪方法。其他烹调方式和鹿肉相似，因此本章菜肴中的臆羚肉也可以用鹿肉代替。臆羚火腿（Mocetta）是瓦莱达奥斯塔地区的特产。它是使用臆羚腿肉制作的，用特制的腌泡汁腌制后风干而成。

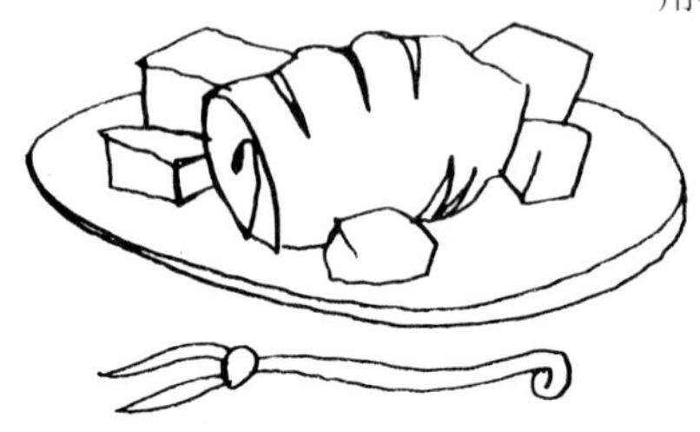

CAMOSCIO ALSAZIANO
供 8 人食用
制备时间：40 分钟，另加 12 小时腌制用时
加热烹调时间：1 小时 30 分钟

2 千克 /4½ 磅臆羚肉或鹿肉，切大块
175 毫升 /6 盎司橄榄油
100 克 /3½ 盎司培根，切丁
50 克 /2 盎司黄油
50 克 /2 盎司普通面粉
4 汤匙双倍奶油
盐和胡椒

用于制作腌泡汁
1 瓶（750 毫升 /1¼ 品脱）白葡萄酒
5 汤匙白葡萄酒醋
1 根胡萝卜
1 颗洋葱
1 瓣蒜
2 根芹菜茎
1 枝新鲜平叶欧芹
4 颗杜松子
4 粒黑胡椒
盐

阿尔萨斯风味臆羚 ALSACE CHAMOIS

制作腌泡汁：将葡萄酒和白葡萄酒醋倒入一口锅中，加入胡萝卜、洋葱、蒜、芹菜、欧芹、杜松子、黑胡椒和少许盐，加热至沸腾并用慢火炖煮 15 分钟。将腌泡汁倒入一个碗中，加入肉块，放在阴凉处腌泡 12 小时，不时翻动。控干肉块并用厨房纸吸干水分，保留腌泡汁。在一口锅中加热橄榄油，加入培根和肉块，中火翻炒，不时翻转直至均匀上色。用盐和胡椒调味，调小火力继续加热，不时将腌泡汁浇淋在肉块上，直至浇入一半的腌泡汁。将剩余腌泡汁过滤到一个碗中。用酱汁锅加热熔化黄油，加入面粉翻炒，其间不时搅拌直至色泽金黄。逐渐搅拌加入剩余的腌泡汁，加热至锅中的酱汁开始变得浓稠，改用最小火力缓慢加热 20 分钟。在上桌前，将奶油搅拌加入酱汁中，加入盐调味并完全热透。酱汁搭配肉块一起上桌。

红酒烧臆羚 CHAMOIS IN RED WINE

CAMOSCIO AL VINO ROSSO

供 6 人食用

制备时间：35 分钟，另加 12 小时腌制用时

加热烹调时间：2 小时

1 瓶（750 毫升 /1¼ 品脱）巴罗洛葡萄酒或内比奥罗葡萄酒（Nebbiolo）

2 粒丁香

4 颗杜松子

2 片月桂叶

1 根芹菜茎，切片

1 根胡萝卜，切片

1 颗洋葱，切丝

1 只臆羚腿或鹿腿，切小块

25 克 /1 盎司黄油

3 汤匙橄榄油

1 颗苹果，去皮去核并切碎

盐和胡椒

将葡萄酒倒入一个盘子中，加入丁香、杜松子、月桂叶、芹菜、胡萝卜和洋葱，撒入盐和胡椒调味。加入肉块，置于阴凉处（但不放入冰箱）腌泡至少 12 小时。捞出并控干肉块，保留腌泡汁，将肉块和黄油、橄榄油放入锅中，用中火加热煎制，不时翻转搅拌，直至均匀上色。浇入保留的腌泡汁，加入苹果，调小火力，缓慢炖煮约 2 小时。从火上取下锅，将肉块盛入温热的餐盘中。过滤锅中的汤汁，如果太稠，搅拌加入少许温水，重新加热。将锅中的汤汁浇在肉块上即可上桌。

臆羚肋排配蘑菇干果 CHAMOIS CHOPS WITH MUSHROOMS AND DRIED FRUIT

COSTOLETTE DI CAMOSCIO AI FUNGHI E FRUTTA SECCA

供 4 人食用

制备时间：25 分钟，另加 30 小时浸泡用时

加热烹调时间：50 分钟

40 克 /1½ 盎司干的美味牛肝菌

16 颗西梅干

16 颗杏脯

300 毫升 /½ 品脱现泡的红茶

2 汤匙橄榄油

50 克 /2 盎司黄油

8 块臆羚或鹿肋排

2 汤匙糖

100 毫升 /3½ 盎司红葡萄酒醋

100 毫升 /3½ 盎司热的牛肉高汤（见第 248 页）

3 颗杜松子

盐

将美味牛肝菌放入一个碗中，加入没过牛肝菌的水，静置浸泡 30 分钟，随后捞出控干并切薄片。将西梅干和杏脯放入另一个碗中，加入茶水并静置浸泡 30 分钟，随后捞出控干。在一口平底锅中加热橄榄油和一半的黄油，放入肋排，每面煎约 10 分钟，随后加入盐调味。将肋排装入一个餐盘中。在一口锅中加入糖，大火加热几分钟，但要避免制成焦糖。搅拌加入红葡萄酒醋，在大火上继续加热至液体减少一半。加入干果、热高汤和杜松子，加热至沸腾转小火缓慢加热 5 分钟。捞出干果，摆在肋排周围。边搅拌边一小块一小块地加入剩余的黄油，放入美味牛肝菌，盖上锅盖继续加热，如果需要，可加入 1 汤匙的热水。用盐调味，将制作好的酱汁淋在肋排上即可上桌。

鹿

西方狍（roe deer）栖息在山地及平原地区，特别是阿尔卑斯山地区，它们是意大利的主要鹿肉来源。因为它们在野外越来越稀有，因此受到了保护，不过，在牧场里它们的数量却在增长。牧场出产的鹿肉中胶质口感更轻，因此它只需晾挂 8 天。在英国，除了西方狍外还有其他三个品种。一些为野生，其他一些生活在公园中，或在牧场中饲养。被称作 Cervena 的新西兰牧场鹿肉也可以在市场上购买到。澳大利亚也有牧场产的鹿肉，其中一大部分都出口到了东南亚和欧洲。鹿肉可以用许多种方式烹饪，冷冻鹿肉可以用于制作炖煮类菜肴，小鹿脊背部位的肉适合于烘烤，而臀部和肋排则可以制作美味的烧烤或油炸类菜肴。

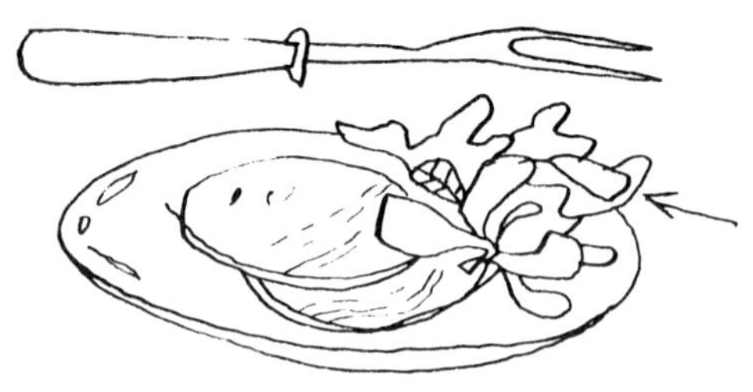

烤鹿肉 ROAST VENISON

CAPRIOLO ARROSTO
供 6 人食用
制备时间：35 分钟，另加隔夜腌制用时
加热烹调时间：40 分钟到 1 小时

- 1 条鹿腿或臀胯肉
- 100 克 /3½ 盎司培根，切细条
- 175 毫升 /6 盎司橄榄油，另加涂刷所需
- 500 毫升 /18 盎司干白葡萄酒
- 1 枝新鲜百里香，切碎
- 1 枝新鲜夏香薄荷，切碎
- 1 枝新鲜牛至，切碎
- 盐和胡椒

在鹿肉上切出一些小口，塞入培根条。盆中混合橄榄油、葡萄酒和香草，用盐和胡椒调味，浸入鹿肉。盖上盖，置于阴凉处腌泡一夜。烤箱预热到 220°C/425°F/ 气烤箱刻度 7。在一个烤盘中刷上足量的橄榄油。鹿腿捞出控干，保留腌泡汁，将鹿腿放入烤盘中烘烤 10 分钟。将保留的腌泡汁倒入烤盘中，温度降低到 180°C/350°F/ 气烤箱刻度 4，继续烘烤约 30 分钟，其间时常将烤盘内的汤汁淋在鹿腿上。这时鹿肉应该处于三四分熟的状态。如果你更喜欢全熟的话，可继续烘烤 10 分钟，但小心不要过度烘烤，否则肉质将会变得干硬。从烤盘中取出鹿肉并切片，放到温热的餐盘中，淋上烤盘内的汤汁即可。

烤鹿肉 ➔

CAPRIOLO IN SALMÌ
供 8 人食用
制备时间：45 分钟，另加隔夜腌制用时
加热烹调时间：2 小时 30 分钟

- 1 瓶（750 毫升 /1¼ 品脱）红葡萄酒
- 2 撮现擦肉豆蔻
- 2 撮肉桂粉
- 4 粒丁香
- 1 根芹菜茎，切碎
- 2 根胡萝卜，切片
- 1 颗洋葱，切碎
- 1 瓣蒜，切碎
- 4 片鼠尾草叶
- 2 片月桂叶
- 2 千克 /4½ 磅适合炖煮部位的鹿肉，切成方块
- 3 汤匙橄榄油
- 50 克 /2 盎司黄油
- 1 片培根，切丁
- 盐和胡椒

炖鹿肉 VENISON STEW

在盆内将葡萄酒、一半的香料、芹菜、胡萝卜、洋葱、蒜、鼠尾草和月桂叶等混合均匀，用盐和胡椒调味并放入鹿肉块。让其腌泡 12 小时，其间偶尔翻转搅拌。从腌泡汁中盛出鹿肉并用厨房纸拭干水分。将腌泡汁过滤到一个碗中，分别保留腌泡汁和滤出的蔬菜，丁香和月桂叶取出并丢弃不用。在一口锅中加热橄榄油和黄油，加入培根，煎炒至酥脆，其间不时搅拌。加入鹿肉煎炒，其间时常搅拌直至均匀上色。加入剩余香料，用适量盐调味并搅拌加入保留的蔬菜。不时搅拌并继续加热 10 分钟，随后倒入保留的腌泡汁，加热至沸腾。调小火力，盖上锅盖，慢火炖焖 2 小时。将肉块盛入温热的餐盘中。蔬菜连同汤汁一起倒入食物料理机中搅打成泥状，倒入一个酱汁碟中，搭配炖鹿肉一同上桌。

SELLA DI CAPRIOLO ARROSTO AI MIRTILLI ROSSI
供 6～8 人食用
制备时间：25 分钟
加热烹调时间：2 小时 15 分钟

- 1 整块鹿脊肉
- 4 汤匙橄榄油
- 50 克 /2 盎司黄油
- 2 根胡萝卜，切碎
- 1 颗洋葱，切碎
- 1 根芹菜茎，切碎
- 1 瓣蒜
- 200 毫升 /7 盎司牛肉高汤（见第 248 页）
- 100 毫升 /3½ 盎司红葡萄酒
- 3 汤匙糖
- 400 克 /14 盎司越橘，如为冷冻需提前解冻
- 2 汤匙双倍奶油
- 盐和胡椒

越橘烤鹿脊 ROAST SADDLE OF VENISON WITH CRANBERRIES

烤箱预热到 180°C/350°F/ 气烤箱刻度 4。在鹿肉上轻轻涂盐和胡椒。在一口大平底锅中加热橄榄油和一半的黄油，放入鹿肉煎，不时翻转直至均匀上色。将鹿肉放入一个烤盘中，周围放蔬菜和蒜，放入烤箱烘烤 1 小时 30 分钟，时常将烤盘内的汤汁淋在鹿肉上。从烤盘中取出鹿肉，切薄片，放入餐盘中并保持温热。从汤汁中取出大蒜并丢弃不用，倒入葡萄酒，大火加热至浓稠。将剩余的黄油切小块，放入烤盘中并搅拌加热至酱汁变得顺滑，随后浇在鹿肉上。在 175 毫升 /6 盎司水中溶化糖，随后倒入一口酱汁锅中，加热至沸腾并继续加热几分钟。加入越橘，小火熬煮 5 分钟。搅拌加入奶油，加热至酱汁变得浓稠。鹿肉搭配温热的越橘酱汁一同上桌。

奶油烤鹿肉 VENISON WITH CREAM

首先制作腌泡汁。在洋葱中塞入丁香。锅中倒入葡萄酒，加入塞有丁香的洋葱、胡萝卜、芹菜、欧芹、月桂叶、百里香、肉豆蔻和杜松子，并用盐和胡椒调味。加热至沸腾，随后调小火力，慢火炖煮 15 分钟。从火上取下锅，将腌泡汁倒入一个盆内。用肉锤拍松鹿肉，浸入腌泡汁中，盖上盖，置于阴凉处腌泡 3 天，偶尔翻拌。烤箱预热到 200°C/400°F/ 气烤箱刻度 6。在一个烤盘中刷上足量橄榄油。捞出鹿肉，控干腌泡汁，放在烤盘中，加入胡萝卜、洋葱和芹菜，倒入葡萄酒，撒入面包糠并加入少许胡椒调味。烘烤 15 分钟，加入奶油，用盐调味，随后放回烤箱继续烘烤 15 分钟。将鹿肉切片，放到温热的餐盘中。在烤盘内的汤汁中加入 2 汤匙的热水，慢火加热并用木勺刮下烤盘底上的沉积物。过滤汤汁，淋在鹿肉上。搭配玉米糊片一同上桌。

CERVO ALLA PANNA
供 6 人食用
制备时间：30 分钟，另加 3 天腌制用时
加热烹调时间：1 小时 40 分钟

1½ 千克 /3¼ 磅腰部或臀胯部鹿肉
橄榄油，用于涂刷
1 根胡萝卜，切碎
1 颗洋葱，切碎
1 根芹菜茎，切碎
1 升 /1¾ 品脱干白葡萄酒
1 汤匙面包糠
150 毫升 /¼ 品脱双倍奶油
盐和胡椒
玉米糊（见第 367 页），切片，用作配餐

用于制作腌泡汁
1 颗洋葱
2 粒丁香
1 升 /1¾ 品脱干白葡萄酒
1 根胡萝卜，切薄片
1 根芹菜茎
1 汤匙切碎的新鲜平叶欧芹
1 片月桂叶
1 枝新鲜百里香
少许现擦肉豆蔻
5 颗杜松子
盐和胡椒

野 猪

意大利出产的野猪体形壮实，体重可以达到180千克，多栖息在托斯卡纳和拉齐奥的一些保护地区。在其他地区也有狩猎的野猪，如澳大利亚和新西兰。尽管英国有将野猪重归野外的行动，但大部分野猪实际上是饲养的。野猪肉的部位和烹饪方式都和家猪相似。用野猪崽的腰部、肋排和腿部制作的烘烤和烧烤类菜肴十分受欢迎。野猪腰肉最适合烘烤，肋排则建议在烧烤架上烹饪。野猪崽的其他部位适合炖煮。成年野猪肉更适合腌制后煎炒或炖煮。与所有其他野味类相似，冷冻野猪肉最适合用于制作炖煮菜肴。

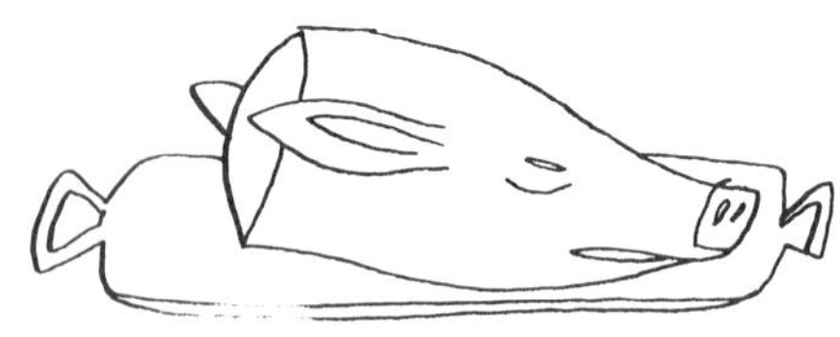

CINGHIALE ALLE MELE
供4人食用
制备时间：50分钟，另加冷却用时和24～48小时腌制用时
加热烹调时间：2小时15分钟

50克/2盎司黄油
1千克/2¼磅瘦野猪肉，切丁
1颗洋葱，切细末
1根胡萝卜，切细末
1汤匙普通面粉
375毫升/13盎司红葡萄酒
1瓣蒜
1片月桂叶
50毫升/2品脱白兰地
3颗苹果，去皮去核，切片
盐和胡椒

苹果炖野猪 WILD BOAR WITH APPLES

烤箱预热到200°C/400°F/气烤箱刻度6。在一口耐热炖锅中加热熔化黄油，加入野猪肉煎至上色，其间时常搅拌。搅拌加入洋葱和胡萝卜，撒入面粉，不停地搅拌，翻炒2～3分钟，随后逐渐搅拌加入葡萄酒。加入蒜和月桂叶，用盐和胡椒调味，加热至沸腾。将炖锅放入烤箱烘烤1小时，随后搅拌加入白兰地。与此同时，在一口锅中加热熔化剩余的黄油，加入苹果，继续加热10分钟，直至色泽金黄，其间不时搅拌。取出蒜瓣和月桂叶并丢弃不用，肉块留在汤汁中，苹果单独装盘，一同上桌。

橄榄炖野猪 WILD BOAR WITH OLIVES

将葡萄酒和白葡萄酒醋倒入一口大锅中，加入胡萝卜、蒜、洋葱、百里香、鼠尾草、月桂叶、欧芹、黑胡椒和一大撮盐。加热至沸腾，随后调小火力缓慢炖煮 15 分钟。从火上取下锅，待冷却后倒入碗中。浸入肉丁，盖上盖子，置于阴凉处腌泡最多 2 天的时间，其间不时搅拌。在一口锅中加热橄榄油和黄油。肉丁控干放入锅中煎，保留腌泡汁，其间时常搅拌，直至均匀上色。用盐和胡椒调味，浇入约一半保留的腌泡汁，加热至沸腾后调小火力，缓慢沸煮 1 小时 30 分钟。加入橄榄，继续小火炖煮 30 分钟。取出蒜瓣和香草并丢弃不用，搭配马铃薯泥一同上桌。

CINGHIALE ALLE OLIVE
供 6 人食用
制备时间：35 分钟，另加 48 小时腌制用时
加热烹调时间：2 小时

1 瓶（750 毫升 /1¼ 品脱）白葡萄酒
5 汤匙白葡萄酒醋
1 根胡萝卜
1 瓣蒜
1 颗洋葱
1 枝新鲜百里香
2 片鼠尾草叶
2 片月桂叶
1 枝新鲜平叶欧芹
6 粒黑胡椒
1⅕ 千克 /2½ 磅瘦野猪肉，切丁
175 毫升 /6 盎司橄榄油
25 克 /1 盎司黄油
150 克 /5 盎司去核绿橄榄
盐和胡椒
马铃薯泥，用作配餐

酱汁烤野猪 WILD BOAR IN SAUCE

首先制作腌泡汁。在一口锅中加入胡萝卜、洋葱、蒜、欧芹、百里香、月桂叶、丁香、葡萄酒、红葡萄酒醋和橄榄油，用盐和胡椒调味，加热至沸腾，随后调小火力缓慢沸煮 15 分钟。从火上取下锅并待其冷却，随后倒入一个盆内。在野猪腿上轻轻涂上盐，浸入冷却后的腌泡汁中，盖上盖子，在阴凉处腌泡 24 小时。烤箱预热到 200°C/400°F/ 气烤箱刻度 6。控干野猪肉，保留腌泡汁，用厨房纸拭干。腌泡汁过滤到一个碗中。将野猪肉和培根条放入一个烤盘中，中火加热，不时翻转直至均匀上色。加入接近野猪肉一半高度的腌泡汁，放入烤箱。烘烤 1 小时 45 分钟，其间偶尔翻转，烘烤到一半时用锡箔纸覆盖烤盘。从烤盘中取出野猪肉并使其保持温热。剩余的腌泡汁倒入烤盘中，大火加热至液体减半，随后用手持搅拌机将酱汁搅打成泥。加入胡椒调味，从火上取下烤盘，将黄油一小块一小块地搅拌加入酱汁中。搭配烤野猪肉一同上桌。

CINGHIALE IN SALSA
供 12 人食用
制备时间：1 小时 15 分钟，另加冷却用时和 24 小时腌制用时
加热烹调时间：1 小时 45 分钟

2½ 千克 /5½ 磅野猪腿肉
150 克 /5 盎司培根，切条
25 克 /1 盎司黄油
盐和胡椒

用于制作腌泡汁
2 根胡萝卜，切碎
2 颗洋葱，切碎
1 瓣蒜，切碎
1 枝新鲜平叶欧芹，切碎
1 枝新鲜百里香，切碎
1 片月桂叶
2 粒丁香
2 升 /3½ 品脱红葡萄酒
175 毫升 /6 盎司红葡萄酒醋
3 汤匙橄榄油
盐和胡椒

兔

兔肉色泽较白，肉质瘦嫩而美味，主要在冬天享用。野兔和饲养肉兔在市场上都很常见，前者的口感更浓郁芳香，因为它们在栖息的森林中可以自由进食各种草木。3 个月到 1 年大的兔子最适合食用，因为在这个年龄它们的脖颈和脚较短。兔肉不需要晾挂，可以整只或分部位购买。在烹饪兔肉时，需要注意几个基本事项。在烹饪开始前，要先将兔肉放入 1½ 升 /2½ 品脱水和 175 毫升 /6 盎司白葡萄酒混合而成的腌泡汁中浸泡 30 分钟。最适合为兔肉调味的香草是迷迭香、鼠尾草、月桂叶、百里香、小茴香和罗勒。不要忘记在锅中加入至少 1 瓣蒜。兔肉含水量较高，因此需要先在锅中加热几分钟，使水分渗出。根据兔子年龄不同，它通常需要 45～60 分钟的加热烹调时间。

烤兔子 ROAST RABBIT

CONIGLIO AL FORNO
供 6 人食用
制备时间：10 分钟
加热烹调时间：1 小时 15 分钟

5 汤匙橄榄油
1 枝新鲜迷迭香
2 瓣蒜
1 只兔子，切块
盐和胡椒

烤箱预热到 180°C/350°F/ 气烤箱刻度 4。在一口耐热炖锅中加热迷迭香、蒜和橄榄油，加入兔子煎炒，不时翻转直至均匀上色。用盐和胡椒调味，将炖锅放入烤箱，偶尔搅拌翻转兔肉，烘烤 1 小时，直至兔肉软嫩。盛入温热的餐盘中即可。

烤兔子 →

猎户兔肉 RABBIT CACCIATORE

黄油放入锅中加热熔化，加入洋葱和火腿，小火翻炒 5 分钟，其间不时搅拌。加入兔肉，转中火继续加热，不时翻转直至均匀上色。放入适量盐和胡椒调味，搅拌加入葡萄酒和百里香，随后盖上锅盖，焖煮 20 分钟。加入番茄，调小火力，继续焖煮约 1 小时。如果汤汁过稀，可加入少许面粉。将炖兔肉盛入温热的餐盘中，去掉百里香，搭配软玉米糊一同上桌。

CONIGLIO ALLA CACCIATORA
供 6 人食用
制备时间：30 分钟
加热烹调时间：1 小时 40 分钟
25 克 /1 盎司黄油
1 颗洋葱，切碎
50 克 /2 盎司意式熏火腿，切碎
1 只兔子，切块
175 毫升 /6 盎司干白葡萄酒
1 枝新鲜百里香
500 克 /1 磅 2 盎司番茄，去皮去籽，切块
少许普通面粉（可选）
盐和胡椒
软玉米糊（见第 367 页），用作配餐

醋汁兔肉 RABBIT IN VINEGAR

在一口锅中加热黄油和橄榄油，加入鼠尾草、迷迭香和蒜，用胡椒调味并翻炒数分钟。加入兔肉，中火翻炒，不时翻转直至均匀上色。在锅中加入 3 汤匙水和白葡萄酒醋，混合均匀。加入盐调味，盖上锅盖，用小火焖煮 50 分钟。搅拌加入绿橄榄和酸豆，继续用小火加热 10 分钟，随后即可上桌。

CONIGLIO ALL`ACETO
供 6 人食用
制备时间：20 分钟
加热烹调时间：1 小时 15 分钟
25 克 /1 盎司黄油
3 汤匙橄榄油
1 枝新鲜鼠尾草，切碎
1 枝新鲜迷迭香，切碎
1 瓣蒜，碾碎
1 只兔子，切块
175 毫升 /6 盎司白葡萄酒醋
100 克 /3½ 盎司去核绿橄榄
50 克 /2 盎司酸豆，控干并过水
盐和胡椒

橄榄油柠檬兔肉 RABBIT IN OLIVE OIL AND LEMON

在一口锅中加热橄榄油，加入迷迭香、鼠尾草、欧芹、蒜和月桂叶，中火翻炒 3 分钟，其间不时搅拌。加入兔肉，不时翻炒直至均匀上色。用盐和胡椒调味，淋入葡萄酒，继续加热至酒精燥干。调小火力后盖上锅盖，慢火炖焖 45 分钟。打开锅盖，继续用小火加热 15 分钟，直至兔肉软嫩。取出蒜瓣和月桂叶并丢弃不用，搅拌加入柠檬汁，大火继续加热 5 分钟即可。

CONIGLIO ALL`AGRO
供 6 人食用
制备时间：25 分钟
加热烹调时间：1 小时 30 分钟
5 汤匙橄榄油
1 枝新鲜迷迭香，切碎
1 片新鲜鼠尾草，切碎
1 枝新鲜平叶欧芹，切碎
1 瓣蒜
1 片月桂叶
1 只兔子，切块
175 毫升 /6 盎司干白葡萄酒
2 颗柠檬，挤出柠檬汁，过滤
盐和胡椒

← 猎户兔肉

月桂叶烧兔肉 RABBIT WITH BAY LEAVES

在一口锅中加热橄榄油，加入兔肉和月桂叶，中火煸炒几分钟。转小火加热，盖上锅盖继续炖焖1小时，偶尔翻动兔肉。用盐和胡椒调味，再继续加热1分钟即可上桌。

CONIGLIO ALL'ALLORO
供6人食用
制备时间：10分钟
加热烹调时间：1小时15分钟
5汤匙橄榄油
1只兔子，切块
6片月桂叶
盐和胡椒

芥末兔肉 RABBIT WITH MUSTARD

在兔肉上刷一些橄榄油并撒上足量盐和胡椒调味。在一口锅中加热剩余橄榄油，加入兔肉，中火翻炒，不时翻转直至均匀上色。淋入葡萄酒和柠檬汁，加入少许盐和胡椒调味，加入迷迭香、墨角兰、欧芹、蒜、青葱和月桂叶。转小火加热，盖上锅盖后继续炖焖约50分钟。将1汤匙的热水和芥末混合均匀，倒入锅中，不盖锅盖，用小火炖煮10分钟，直至酱汁浓稠。去掉月桂叶，搭配马铃薯泥一同上桌。

CONIGLIO ALLA SENAPE
供6人食用
制备时间：30分钟
加热烹调时间：1小时15分钟
1只兔子，切块
4汤匙橄榄油
175毫升/6盎司干白葡萄酒
1颗柠檬，挤出柠檬汁，过滤
1枝新鲜迷迭香，切碎
2片新鲜墨角兰叶，切碎
1枝新鲜平叶欧芹，切碎
1瓣蒜，碾碎
1根青葱，仅取葱白部分，切丝
1片月桂叶
2汤匙浓味芥末
盐和胡椒
马铃薯泥，用作配餐

牛奶兔肉 RABBIT IN MILK

黄油放入锅中加热熔化，加入洋葱和迷迭香，小火翻炒5分钟，偶尔搅拌。在兔肉上撒面粉，放入锅中，转大火加热，不时翻动直至均匀上色。用盐和胡椒调味，浇入牛奶并加热至沸腾，随后调小火力，盖上锅盖，慢火炖煮约30分钟。加入茴香籽，重新盖上锅盖，并继续用慢火炖煮30分钟。混合玉米粉和1汤匙水，倒入锅中继续加热，不停搅拌直至酱汁变得浓稠。将兔肉装入温热的餐盘中，淋上酱汁即可。

CONIGLIO AL LATTE
供6人食用
制备时间：20分钟
加热烹调时间：1小时30分钟
50克/2盎司黄油
1颗洋葱，切碎
1枝新鲜迷迭香，切碎
1只兔子，切块
普通面粉，用于淋撒
500毫升/18盎司牛奶
1汤匙茴香籽
1茶匙玉米粉
盐和胡椒

← 芥末兔肉

CONIGLIO AL MIELE CON VERDURE
供 4 人食用
制备时间：25 分钟
加热烹调时间：1 小时 15 分钟
80 克 /3 盎司黄油
1 汤匙蜂蜜
1 只兔子，切块
5 汤匙白葡萄酒醋
4 根胡萝卜，切片
4 个芜菁，切片
100 克 /3½ 盎司豌豆
100 克 /3½ 盎司四季豆
1 枝新鲜龙蒿，切碎
盐和胡椒

蜂蜜蔬菜炖兔肉 RABBIT WITH HONEY AND VEGETABLES

烤箱预热到 200°C/400°F/ 气烤箱刻度 6。在一口耐热炖锅中加热黄油和蜂蜜，加入兔肉，中火翻炒，直至均匀上色。用盐和胡椒调味，从炖锅中盛出兔肉并保持温热。将白葡萄酒醋倒入炖锅中继续加热，用木勺刮下锅底的沉积物，随后小火缓慢炖煮直至汤汁熚浓。与此同时，在一锅加了盐的沸水中将蔬菜煮 5 分钟，捞出控干。将兔肉放回炖锅中，加入几种蔬菜和龙蒿，盖上锅盖，放入烤箱里，烘烤约 45 分钟，直至兔肉软嫩。

CONIGLIO AL SIDRO
供 6 人食用
制备时间：25 分钟
加热烹调时间：1 小时 30 分钟
25 克 /1 盎司黄油
2 汤匙橄榄油 • 1 只兔子，切块
1 颗洋葱，切丝
100 克 /3½ 盎司培根，切丁
1 汤匙普通面粉 • 600 毫升 /1 品脱苹果白兰地 • 175 毫升 /6 盎司牛肉高汤（见第 248 页）• 100 克 /3½ 盎司蘑菇，切片 • 1 枝新鲜百里香 • 柠檬外皮，切条 • 盐和胡椒

苹果酒烧兔肉 RABBIT IN CIDER

在一口锅中加热黄油和橄榄油，加入兔肉，中火煎炒至均匀上色。从锅中取出兔肉并保持温热。将洋葱和培根加入锅中，小火煸炒约 10 分钟，其间不时搅拌。撒入面粉，搅拌均匀，随后逐渐搅拌加入苹果酒和高汤。当汤汁与面粉混合均匀后，加热至沸腾并时常搅拌。将兔肉放回锅中，加入蘑菇、百里香和柠檬皮，用盐和胡椒调味。盖上锅盖，小火炖焖 1 小时，直至兔肉软嫩。舍弃百里香和柠檬皮，用盐和胡椒调味即可上桌。

CONIGLIO AL VINO ROSSO
供 6 人食用
制备时间：30 分钟，另加 12 小时腌泡用时
加热烹调时间：1 小时 15 分钟
1 只兔子，保留兔肝
1 颗洋葱 • 1 粒丁香
1 枝新鲜百里香，切碎
1 枝新鲜迷迭香，切碎
1 枝新鲜鼠尾草，切碎
少许肉桂 • 1 瓣蒜
1 根胡萝卜，切碎 • 1 根芹菜茎，切碎 • 1 瓶（750 毫升 /1¼ 品脱）红葡萄酒 • 40 克 /1½ 盎司黄油
2 汤匙橄榄油
盐和胡椒

红酒烧兔肉 RABBIT IN RED WINE

切碎兔肝并置旁备用。将兔子分切为块状，放入一个盘子中，加入塞有丁香的洋葱、百里香、迷迭香、鼠尾草、肉桂、蒜、胡萝卜、芹菜，并倒入葡萄酒。将其腌泡 12 小时，不时翻转。捞出兔肉控干水分，保留腌泡汁。在一口锅中加热黄油和橄榄油，加入兔肉，中火煎炒至均匀上色。用盐和胡椒调味，倒入保留的腌泡汁，调小火力，盖上锅盖，慢火炖煮 30 分钟。加入兔肝，重新盖上锅盖，继续用慢火炖煮 30 分钟。将兔肉装入温热的餐盘中。锅中的汤汁盛入食物料理机内搅打成泥状。将搅打好的酱汁浇在兔肉上即可上桌。

蜂蜜蔬菜炖兔肉 →

CONIGLIO ARROSTO AL ROSMARINO

供 6 人食用

制备时间：25 分钟

加热烹调时间：1 小时 30 分钟

4 枝新鲜迷迭香

1 只兔子

3 汤匙橄榄油

25 克 /1 盎司黄油

1 瓣蒜

盐和胡椒

烤马铃薯，用作配餐

迷迭香烧兔肉 BRAISED RABBIT WITH ROSEMARY

切碎一枝迷迭香的叶，置旁备用。在兔肉上刷一些橄榄油，腹腔内填入整枝的迷迭香、一半的黄油和蒜，并撒入少许盐。随后同剩余橄榄油和黄油一起放入一口锅中，撒入切碎的迷迭香并用盐和胡椒调味。盖上锅盖，小火焖 1 小时 30 分钟，不时翻转，如需要，可加入几汤匙热水。从锅中盛出兔子，切块后放入温热的餐盘中。搭配烤马铃薯一同上桌。

CONIGLIO CON PEPERONATA

供 6 人食用

制备时间：35 分钟

加热烹调时间：1 小时 20 分钟

6 汤匙橄榄油

25 克 /1 盎司黄油

1 根胡萝卜，切碎

1 枝新鲜鼠尾草，切碎

1 枝新鲜迷迭香，切碎

1 只兔子，切块

5 汤匙白葡萄酒醋

1 个红甜椒，切半去籽并切粗丝

1 个绿甜椒，切半去籽并切粗丝

1 个黄甜椒，切半去籽并切粗丝

1 颗洋葱，切细丝

3 颗番茄，去皮去籽，切丁

盐和胡椒

兔肉烧甜椒 RABBIT WITH PEPERONATA

在一口锅中加热一半的橄榄油和黄油，加入胡萝卜、鼠尾草和迷迭香，小火煸炒 5 分钟，其间不时搅拌。加入兔肉，转中火，翻炒 10 分钟，直至均匀上色，随后用盐和胡椒调味。混合白葡萄酒醋和 5 汤匙水，加入锅中，调小火力，盖上锅盖，慢火炖煮 1 小时或直至兔肉软嫩。与此同时，在一口平底锅中加热剩余的橄榄油，加入甜椒和洋葱，中火翻炒约 15 分钟，其间不时搅拌。加入番茄，调小火力，盖上锅盖，慢火炖焖至所有蔬菜变软且熟透。用盐和胡椒调味，倒入兔肉锅中继续加热几分钟即可。

CONIGLIO FRITTO

供 6 人食用

制备时间：20 分钟

加热烹调时间：10 分钟

2 颗鸡蛋

80 克 /3 盎司面包糠

1 只兔子，切块

150 毫升 /¼ 品脱橄榄油

盐

柠檬角，用于装饰

炸兔肉 FRIED RABBIT

在一个浅盘中将加了少许盐的鸡蛋打散，在另外一个浅盘中撒入面包糠。兔肉块先蘸上蛋液，再裹上面包糠。在一口平底锅中加热橄榄油，加入兔肉块，煎炸约 10 分钟，不时翻转，直至外皮酥脆金黄、兔肉软嫩且熟透。从锅中捞出并在厨房纸上控干油。用柠檬角装饰后立刻上桌。

兔肉烧甜椒 →

炖兔肉 STEWED RABBIT

在一口锅中加热橄榄油，加入兔肉，中火煎炒 15 分钟，直至均匀上色。加入蒜、百里香和欧芹，混合均匀并用盐和胡椒调味。淋入葡萄酒，加热至熑干。加入番茄，转小火加热，盖上锅盖，焖煮约 1 小时 15 分钟，其间时常搅拌。

CONIGLIO IN UMIDO
供 6 人食用
制备时间：20 分钟
加热烹调时间：1 小时 30 分钟
3 汤匙橄榄油
1 只兔子，切块
1 瓣蒜，切碎
1 枝新鲜百里香，切碎
1 枝新鲜平叶欧芹，切碎
175 毫升 /6 盎司干白葡萄酒
2 颗番茄，去皮去籽并切块
盐和胡椒

腌制烤兔肉 MARINATED RABBIT

洋葱中塞入丁香，和葡萄酒、白葡萄酒醋、芹菜、胡萝卜、黑胡椒放入一个盆中。浸入兔肉，腌泡至少 6 小时，偶尔翻转。控干兔肉，保留腌泡汁，用厨房纸拭干水分。过滤腌泡汁。在一口锅中加热黄油和橄榄油，加入兔肉块，中火煎炒至均匀上色。用盐和胡椒调味，加入 300 毫升 /½ 品脱保留的腌泡汁并继续加热，让汤汁稍微蒸发。转小火加热，盖上锅盖，慢火炖焖约 1 小时 15 分钟，如果需要，可额外加入 2～3 汤匙保留的腌泡汁。

CONIGLIO MARINATO
供 6 人食用
制备时间 :30 分钟，另加 6 小时腌制用时
加热烹调时间：1 小时 15 分钟
1 颗洋葱 • 2 粒丁香
500 毫升 /18 盎司干白葡萄酒
2 汤匙白葡萄酒醋
1 根芹菜茎
1 根胡萝卜
6 粒黑胡椒
1 只兔子，切块
25 克 /1 盎司黄油
3 汤匙橄榄油
盐和胡椒

酿馅烤兔 STUFFED RABBIT

烤箱预热到 200°C/400°F/ 气烤箱刻度 6。将面包撕成小块，放入一个碗中，加水没过面包，浸泡 10 分钟，随后捞出控干并挤出水分。切碎兔肝。在碗中均匀混合火腿和香肠。在一口锅中加热一半的黄油和橄榄油，加入兔肝和洋葱，小火翻炒 5 分钟，其间不时搅拌。从火上取下锅并搅拌加入浸泡后的面包，随后将混合物倒入火腿香肠碗中，搅拌加入欧芹、百里香和鸡蛋，用盐和胡椒调味。将混合物填入兔子腹腔内并缝上开口。将兔子放入一个烤盘中，刷橄榄油，撒上剩余黄油，加入蒜和胡萝卜。烘烤至色泽金黄，随后淋入葡萄酒，盖上锡箔纸继续烘烤 1 小时 30 分钟。

CONIGLIO RIPIENO
供 6 人食用
制备时间：1 小时 15 分钟
加热烹调时间：1 小时 50 分钟
1 厚片面包，去边
1 只兔子，保留兔肝
100 克 /3½ 盎司熟火腿，切碎
200 克 /7 盎司意式香肠，去皮碾碎
50 克 /2 盎司黄油
1 汤匙橄榄油，另加涂刷所需
1 颗洋葱，切碎
1 枝新鲜平叶欧芹，切碎
1 枝新鲜百里香，切碎
1 颗鸡蛋，略微打散
1 瓣蒜，切细末 • 1 根胡萝卜，切碎
350 毫升 /12 盎司干白葡萄酒
盐和胡椒

← 酿馅烤兔

ROTOLO DI CONIGLIO CON IL TONNO

供 6 人食用

制备时间：5 小时 30 分钟，另加 2 小时冷藏用时

加热烹调时间：20 分钟

300 克 /11 盎司剔骨兔肉，切丁
普通面粉，用于淋撒
少许咖喱粉
2 汤匙橄榄油
185 克 /6½ 盎司罐装油浸金枪鱼，控干
1 罐油浸剔骨鳀鱼，控干
120 毫升 /4 盎司双倍奶油
3 个蛋黄
50 克 /2 盎司开心果
5 汤匙白葡萄酒
1 颗红葱头，切碎
25 克 /1 盎司黄油
500 毫升 /18 盎司牛肉高汤（见第 248 页）
1 汤匙白松露酱
半颗柠檬，挤出柠檬汁，过滤
200 毫升 /7 盎司葵花籽油
2 汤匙白葡萄酒醋
80 克 /3 盎司芝麻菜
盐和胡椒
红菊苣沙拉，用作配餐

兔肉金枪鱼卷 RABBIT AND TUNA ROLL

在 ⅓ 的兔肉丁上筛上面粉，并撒上咖喱粉。平底锅中加热橄榄油，加入蘸有面粉的兔肉，小火煎炒 30 分钟，其间不时搅拌。将剩余兔肉、金枪鱼与鳀鱼放入食物料理机中搅打。加入奶油和一个蛋黄，用盐和胡椒调味，继续搅打好。肉泥刮入一个碗中，搅拌加入开心果、熟兔肉丁、葡萄酒、红葱头和黄油。将混合物揉按均匀并捏成肉肠状，用细纱布裹起来并系紧两端。在一口大锅中将高汤加热到沸腾，加入纱布包裹的肉卷，慢火炖焖 20 分钟。从火上取下锅，让肉卷在汤汁中浸泡至冷却，随后控干并放入冰箱中冷藏至少 2 小时。与此同时，在碗中将蛋黄、松露酱和柠檬汁一起打散，并用盐调味。逐渐搅拌加入葵花子油，直至形成均匀的酱汁，再搅拌加入白葡萄酒醋。从冰箱中取出兔肉卷，解开纱布并切片。在一个餐盘中铺上一层芝麻菜，放入兔肉卷片并淋上酱汁。搭配红菊苣沙拉一同上桌。

SPEZZATINO ALLE ACCIUGHE

供 6 人食用

制备时间：30 分钟

加热烹调时间：1 小时 45 分钟

5 汤匙橄榄油
1 枝新鲜迷迭香
2 片新鲜鼠尾草
1 瓣蒜，切碎
1 只兔子，切块
4 条盐渍鳀鱼，去头除内脏并剔骨（见第 694 页），冷水浸泡 10 分钟后捞出控干
5 汤匙白葡萄酒醋
盐和胡椒

鳀鱼炖兔肉 RABBIT STEW WITH ANCHOVIES

在一口大号酱汁锅中加热橄榄油、迷迭香、鼠尾草和蒜。加入兔肉，大火翻炒至均匀上色。用盐和胡椒适当调味，转小火加热，盖上锅盖，继续炖焖 1 小时 15 分钟，直至肉质软嫩，其间不时搅拌。与此同时，切碎鳀鱼。在碗中均匀混合鳀鱼、白葡萄酒醋和 1 汤匙水。从锅中盛出兔肉并尽量控干水分。去掉香草。将白葡萄酒醋鳀鱼酱汁倒入锅中，转大火加热至汤汁变浓。将兔肉放回锅中，调小火力，继续加热 10 分钟。盛入温热的餐盘中即可。

核桃炖兔肉 RABBIT STEW WITH WALNUTS

将蒜、百里香、迷迭香和杜松子放入一个盆中，撒入盐和胡椒调味，淋入葡萄酒和白葡萄酒醋。浸入兔肉，腌泡12小时，偶尔翻转。捞出兔肉控干，用厨房纸拭干，保留腌泡汁。黄油放入锅中加热熔化，加入兔肉翻炒至均匀上色。加入约一半的腌泡汁，大火加热30分钟或直至汤汁完全熇干。切碎50克/2盎司核桃仁，搅拌加入奶油中，随后倒入锅中继续加热至浓稠。将兔肉盛入温热的餐盘中。将剩余核桃仁搅拌加入酱汁中，浇在兔肉上即可上桌。

SPEZZATINO ALLE NOCI
供6人食用
制备时间：45分钟，另加12小时腌制用时
加热烹调时间：45分钟

1瓣蒜，切碎
1枝新鲜百里香，切碎
1枝新鲜迷迭香，切碎
3颗杜松子，稍微碾碎
375毫升/13盎司干白葡萄酒
1汤匙白葡萄酒醋
1只兔子，切块
25克/1盎司黄油
100克/3½盎司去壳核桃，切半
5汤匙双倍奶油
盐和胡椒

番茄罗勒炖兔肉 RABBIT STEW WITH TOMATOES AND BASIL

在一口锅中加热橄榄油，加入兔肉煎炒至均匀上色。装入盘中，盖上盖子使其保持温热。锅中加入番茄和洋葱，加热20分钟，其间不时搅拌。将兔肉放回锅中，加入蒜并撒入盐和胡椒调味。盖上锅盖，小火炖焖1小时。撒上罗勒叶即可上桌。

SPEZZATINO AL POMODORO E BASILICO
供6人食用
制备时间：30分钟
加热烹调时间：1小时30分钟

3汤匙橄榄油
1只兔子，切块
1千克/2¼磅番茄，去皮去籽并切丁
1颗洋葱，切细丝
1瓣蒜，碾碎
10片新鲜罗勒叶，切碎
盐和胡椒

兔肉“金枪鱼”RABBIT ‘TUNA’

在一大锅刚开始沸腾的水中加入整只兔子、洋葱、胡萝卜、芹菜、月桂叶和少许盐，用慢火煮1小时30分钟。兔子捞出控干，趁热剔骨并切碎，随后撒上盐和胡椒。在一个玻璃或瓷的盘子中铺一层兔肉，撒上一些鼠尾草和蒜。重复铺兔肉和香草，直至盘子达到¾满，随后缓缓浇上橄榄油，盖上盖子，放在阴凉处静置数天。

‘TONNO’ DI CONIGLIO
供6人食用
制备时间：35分钟，另加数天静置用时
加热烹调时间：1小时30分钟

1只兔子
1颗洋葱
1根胡萝卜
1根芹菜茎
1片月桂叶
6片新鲜鼠尾草，切碎
2瓣蒜，切细末
175毫升/6盎司橄榄油
盐和胡椒

野兔

野兔（hare）十分容易被误解为“野生的兔子”，但实际上它们的耳朵和脚都比兔子更长。如想达到最好的烹饪效果，需要考虑野兔的年龄，因为这会影响烹饪方法的选择。2～4 个月大的幼兔重量在 1½ 千克 / 3¼ 磅左右，适合用于烘烤。1 年以上的野兔，重量在 2½～3 千克 / 5½～6½ 磅之间，更适合用来慢炖。岁数更大的野兔重量在 4～6 千克 / 8¾～18¼ 磅之间，最适合用于制作肉糜糕。幼年雌性野兔肉质软嫩，是最佳的选择。野兔需要晾挂 2 天左右。在意大利，可以买到整只或分割成块的野兔。在意大利之外，可能并不容易购买到，可以通过野味供应商购买。

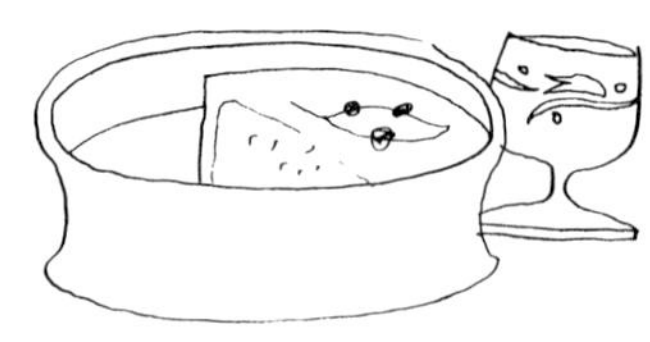

猎户野兔 HARE CACCIATORE

LEPRE ALLA CACCIATORA
供 6～8 人食用
制备时间：30 分钟，另加 12 小时腌制用时
加热烹调时间：2 小时 50 分钟

1 只野兔，切块
白葡萄酒醋，用于冲洗
2 枝新鲜百里香
2 枝新鲜墨角兰
4 片鼠尾草叶
2 片月桂叶
1 瓶（750 毫升 / 1¼ 品脱）口感醇厚的红葡萄酒
4 汤匙橄榄油
1 瓣蒜
2 汤匙番茄泥
盐和胡椒

用足量白葡萄酒醋洗净野兔，随后将野兔肉块、1 枝百里香、1 枝墨角兰、2 片鼠尾草叶、1 片月桂叶放入盆中并淋入葡萄酒。盖上盖子，在阴凉处腌泡至少 12 小时，偶尔翻转。保留腌泡汁，控干野兔肉，放入一口锅中，在大火上翻炒 10 分钟，用盐和胡椒适当调味。加入橄榄油、蒜和剩余香草继续加热，不时翻转，直至野兔肉块均匀上色。过滤保留的腌泡汁，倒入锅中并加热至沸腾，随后调小火力，盖上锅盖，慢火炖焖至少 2 小时。如果在加热的过程中肉块过干，可以加入少许温水。混合番茄泥和 2 汤匙水，加入锅中，重新盖上锅盖，继续用小火炖煮 30 分钟。盛入温热的餐盘中即可。

红酒炖野兔 HARE WITH WINE

将丁香插在洋葱上，和葡萄酒、胡萝卜、红葱头、百里香、月桂叶、鼠尾草叶、杜松子、白葡萄酒醋一起放入一个盆中。野兔肝和血置旁备用。将野兔切小块，撒上胡椒调味，浸入腌泡汁中并加盐调味。腌泡至少12小时，偶尔翻转。在一口锅中加热黄油和橄榄油。保留腌泡汁，控干兔肉，加入锅中并用中火翻炒至均匀上色。从腌泡汁中取出并丢弃香草，倒入搅拌机中加工成泥状。在兔肉块上撒少许面粉并混合均匀，随后浇上腌泡汁酱泥。如果酱泥未没过兔肉，可再加入少许温水。慢火炖焖2小时，直至兔肉软嫩。与此同时，切碎兔肝。将兔肝、血、奶油搅拌加入锅，并继续用小火炖焖3分钟后即可上桌。

LEPRE AL VINO
供6~8人食用
制备时间：40分钟，另加12小时腌泡用时
加热烹调时间：2小时15分钟

1颗洋葱
2粒丁香
1瓶（750毫升/1¼品脱）口感醇厚的红葡萄酒
1根胡萝卜，切片
1颗红葱头，切丝
1枝新鲜百里香
1片月桂叶
1片新鲜鼠尾草
6颗杜松子
1汤匙白葡萄酒醋
1只野兔，保留肝和血
25克/1盎司黄油
2汤匙橄榄油
1汤匙普通面粉
5汤匙双倍奶油
盐和胡椒

见第1136页

杜松子烤野兔 HARE WITH JUNIPER BERRIES

盆中混合均匀葡萄酒、杜松子、月桂叶、红葱头、蒜、洋葱、黑胡椒和少许盐。浸入兔肉块，盖上盖子，置于阴凉处腌泡至少12小时，偶尔翻转。烤箱预热到180°C/350°F/气烤箱刻度4。在一个烤盘中刷上足量橄榄油。保留腌泡汁，控干兔肉并用厨房纸拍干水分。将每块兔肉用一片培根裹起，放入准备好的烤盘中，烘烤45~50分钟或直至野兔肉达到三成熟。如果希望全熟的话，可再继续烘烤15分钟。腌泡汁过滤到一口酱汁锅中，大火加热至沸腾并继续加热至汤汁减半。将烤好的兔肉从烤箱中取出，取下培根片。用小火加热白兰地，浇在兔肉上并点燃。在火焰熄灭后，将野兔肉装入温热的餐盘中。将过滤浓缩后的腌泡汁倒入烤兔肉汤汁中，大火加热至沸腾，用木勺刮下烤盘底的沉积物。从火上取下烤盘，搅拌加入黄油并倒入一个酱汁碗中，搭配烤野兔肉一同上桌。

LEPRE CON IL GINEPRO
供6~8人食用
制备时间：45分钟，另加12小时腌制用时
加热烹调时间：1小时15分钟~1小时30分钟

500毫升/18盎司干白葡萄酒
10颗杜松子
1片月桂叶，撕成小块
1颗红葱头，切细末
1瓣蒜，拍碎
1颗洋葱，切丝
4颗黑胡椒
1只野兔，切成较大的块
橄榄油，用于涂刷
100克/3½盎司培根，切片
3汤匙白兰地
25克/1盎司黄油
盐

果仁甜汁烧野兔 SWEET AND STRONG HARE

在一口锅中加热橄榄油和黄油，加入培根和兔肉，中火加热，不时翻转搅拌，直至肉块均匀上色。用盐和胡椒调味，撒入一半的面粉，搅拌均匀并继续加热约 10 分钟。倒入葡萄酒和高汤，加入月桂叶，调小火力，慢火炖约 1 小时 30 分钟。与此同时，将葡萄干放入一个碗中，加入温水没过葡萄干，静置浸泡 15 分钟，随后捞出控干并挤出水分。将葡萄干和松子仁搅拌加入锅中，小火继续炖煮 30 分钟。在碗中搅拌混合巧克力、剩余的面粉、白葡萄酒醋、糖和少许盐，随后搅拌加入 3～4 汤匙水。将混合物倒入一口锅中并加热至刚刚沸腾。品尝并酌情调味。在野兔肉上浇上这种传统的巧克力酱汁即可上桌。

LEPRE DOLCE FORTE
供 6～8 人食用
制备时间：30 分钟
加热烹调时间：2 小时 25 分钟
2 汤匙橄榄油
25 克 /1 盎司黄油
40 克 /1½ 盎司培根，切丁
1 只野兔，切块
2 汤匙普通面粉
175 毫升 /6 盎司红葡萄酒
175 毫升 /6 盎司牛肉高汤（见第 248 页）
1 片月桂叶
50 克 /2 盎司葡萄干
25 克 /1 盎司松子仁
25 克 /1 盎司黑巧克力，擦丝
1 茶匙白葡萄酒醋
2 茶匙糖
盐和胡椒

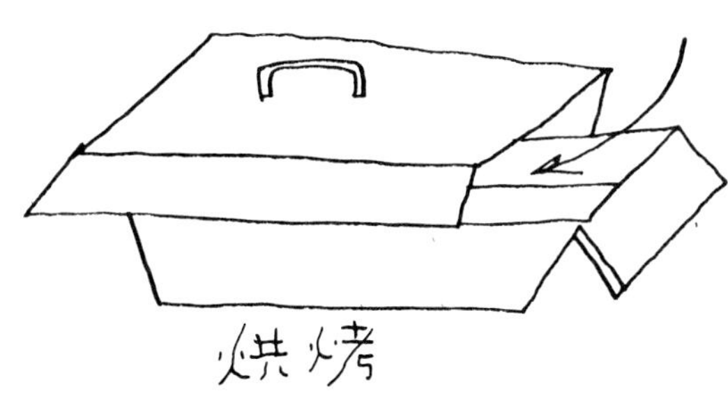

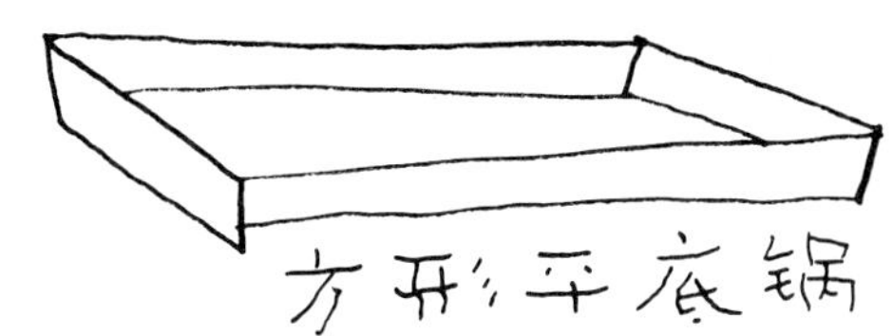

← 红酒炖野兔，见第 1135 页

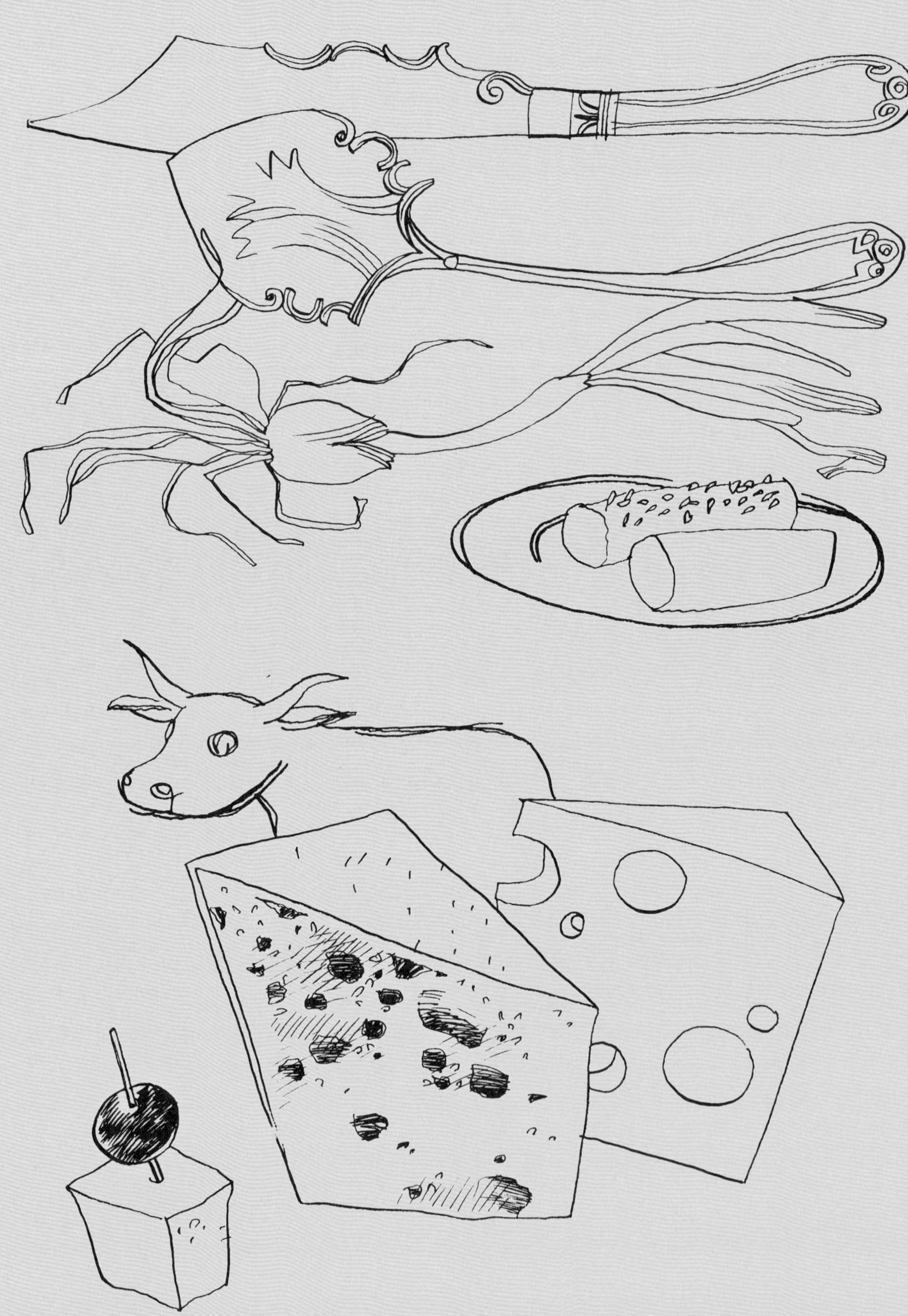

奶酪类 ➔

奶酪类

意大利面和调味饭上的帕玛森奶酪和格拉娜帕达诺奶酪，比萨上的马苏里拉奶酪，瓦莱达奥斯塔风味菜肴中的芳提娜奶酪，提拉米苏中的马斯卡彭奶酪，玉米糊配的戈贡佐拉奶酪，四味奶酪通心粉用到的奶酪等，我们还可以继续列举下去，因为数百种的头盘、第一道菜、主菜、午餐菜肴和零食都离不开至少451种奶酪的帮助。这是意大利出产的奶酪的种类总数。根据类别不同，它们接受着各自国家监管机构的品质检测。同时，还有意大利的检验机构为它们颁发“原产地命名控制”（Denominazione di Origine Controllata）认证，以及欧洲的检验机构颁发“原产地名称保护”（Protected Designation of Origin）认证。由于奶酪身兼食品和调料双重任务，在烹饪时要严格遵循食谱中所述的烹调方式和用量。这样可以避免改变菜肴或奶酪自身的味道。需要注意的是，加热烹调会让奶酪口味变得更浓郁，因此需要注意食谱中说明的用量、在加热过程中的哪个阶段加入以及与其他食材混合的方式等。

奶酪使用建议

➔ 现擦奶酪末应该在浇酱汁之前撒在意面上，这样可以帮助它软化并融入意面之中。在特殊情况下，如猪脸肉酱通心长面这道菜，专业厨师通常会选择在上菜的同时搭配奶酪末一起上桌，让客人自行添加，这样可以更好地保留它的芳香。

➔ 对于调味饭来说，奶酪（或多种奶酪）不应该在烹调加热的过程中加入，而要在烹调加热完成前，从火上取下锅后加入。最多也只能在烹调加热结束前3分钟将奶酪加入锅中，在这种情况下，需要保持搅拌，避免奶酪粘在锅底。

➔ 汤和酱泥菜肴搭配的现擦奶酪末应该单独装碟并一同上桌。

➔ 奶酪末需要装在一个有盖的奶酪碟中上桌，搭配骨质或非金属材质的小勺。金属勺在接触奶酪后很容易氧化破损。

➔ 在其他食材中加入咸味奶酪时，不论是丝、薄片、熔浆还是末（如舒芙蕾、咸味派或煎马苏里拉三明治），只需在菜肴中加入很少的盐调味。

奶酪的贮存

➔ 放在冰箱最下面一层，在密闭的塑料或玻璃容器中保存奶酪。那是冰箱中温度最高的位置，可以保持奶酪质地较软。同时在密封后不会和其他食材相互串味。

➔ 在奶酪容器中放一两块方糖吸收湿气。

➔ 将每一种奶酪放在单独的容器中，或用保鲜膜包裹。

➔ 将马苏里拉奶酪和它的汤汁保存在原始包装中，或浸在一碗牛奶和水的混合液中，放在冰箱最上层保存。

➔ 在奶酪上桌前 1 小时从冰箱中取出，打开容器盖子，让它们接触空气。在温度较低时，它们的味道会较淡，且更难消化，特别是脂肪含量较高的奶酪。

➔ 格拉娜帕达诺奶酪、波罗伏洛奶酪和羊奶干酪应避免放入冰箱，它们可以简单地放在阴凉处保存。

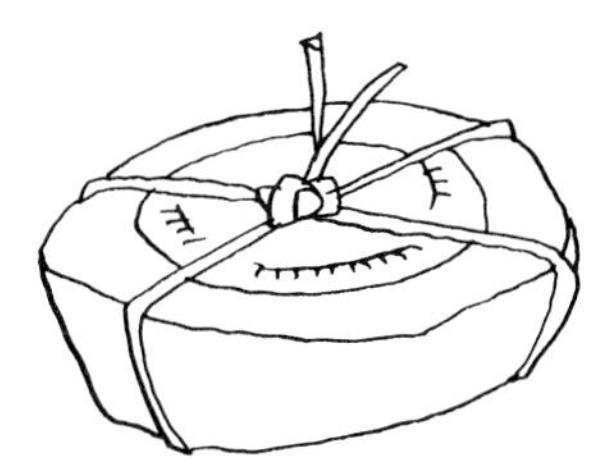

奶酪的服务上桌

➔ 将奶酪从包装纸中取出，放在木板或玻璃盘上，用生菜叶装饰。

➔ 根据客人的数量调整奶酪的分量。至少提供 3 种不同种类的奶酪，软质、半硬质和硬质——口味从淡到浓。也可以选择搭配一种意大利淡味或浓味奶酪，一种法国软质奶酪和一种英国硬质或半硬质奶酪一起上桌。

➔ 应避免端上气味很重的奶酪，因为并不是所有人都喜欢它们。

➔ 提供一到两把奶酪刀或一个擦片器。

➔ 如果按照纯正意式餐饮习俗，奶酪是在甜点和水果之前上桌，且只提供一次。

➔ 一同上桌的葡萄酒应和奶酪产自同一地区。

食用奶酪的餐桌礼仪

➔硬质奶酪：用奶酪刀一次切一片，除去外皮硬边，放在一小块面包或饼干上享用。

➔软质奶酪：只使用叉子即可。

美味搭配

➔蓝纹奶酪和软质奶酪可以搭配淋橄榄油的混合烤蔬菜或蒸蔬菜一同上桌。

➔马斯卡彭奶酪和其他奶油奶酪适合与芥末泡菜一同享用。

➔卡秋塔奶酪适合搭配黑橄榄或绿橄榄。

➔山羊奶干酪（caprino）对小萝卜“情有独钟”。

➔戈贡佐拉奶酪和芳提娜奶酪与玉米糊是绝配。

➔几乎所有的半硬质奶酪或硬质奶酪都可以与核桃、梨和葡萄搭配。

➔蓝纹奶酪、奶油奶酪和里考塔奶酪可以与糖粉混合制成细腻的奶油状，用于装饰饼干、水果沙拉或糖浆酸黑樱桃。

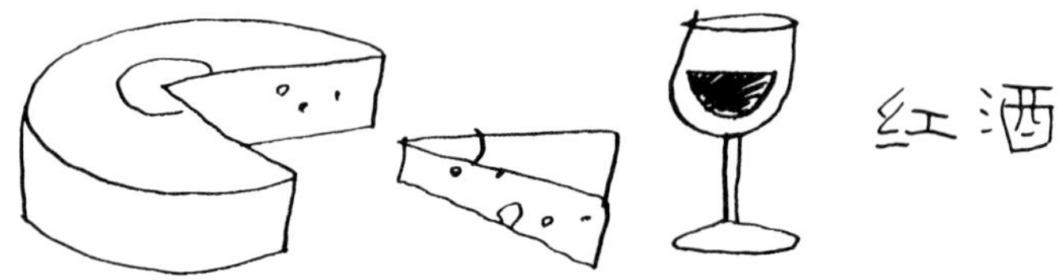

山羊奶干酪巴伐利亚奶油 CAPRINO BAVAROIS

BAVARESI DI CAPRINI

供 4 人食用

制备时间：50 分钟，另加 10 分钟静置用时和 1～2 小时成形用时

50 克 /2 盎司吉利丁
100 毫升 /3½ 盎司双倍奶油
120 克 /4 盎司山羊奶干酪或其他高脂肪山羊奶酪
橄榄油，用于淋洒和涂刷
1 茶匙白葡萄酒醋，另加淋洒所需
2 颗鸡蛋的蛋白
10 个小萝卜，切片
1 把芝麻菜，撕碎
2 颗番茄，去皮去籽并切片
2 根芹菜茎，切碎
盐和胡椒

吉利丁用冷水浸泡 10 分钟，随后挤出水分。在一个双层锅或一个置于刚刚沸腾的水上的耐热碗中加热少许清水。根据包装上的说明，加入吉利丁待其溶化，和奶油混合搅拌均匀。在另一个碗中用叉子碾碎奶酪，淋入橄榄油和白葡萄酒醋。用搅拌器搅拌至蓬松发泡，倒入奶油酱。在一个干净无油的碗中打发蛋白并将其分数次翻拌加入奶酪酱泥中。加入适量盐和胡椒调味。在 4 个模具中刷橄榄油，将奶酪酱泥装入模具中。盖上盖子，在阴凉处静置数小时待其凝固定型。成形后，从模具中翻倒在餐盘中间。用小萝卜片和少许芝麻菜覆盖，在其一侧摆上番茄，另一侧摆芹菜。再淋一些橄榄油和白葡萄酒醋，撒上适量盐和胡椒调味。

水牛奶马苏里拉奶酪卡普里沙拉 BUFFALO MILK MOZZARELLA CAPRESE SALAD

CAPRESE DI MOZZARELLA DI BUFALA

供 4 人食用

制备时间：20 分钟

300 克 /11 盎司水牛奶马苏里拉奶酪
3～4 颗番茄，去皮去籽并切片
8 片新鲜罗勒叶
橄榄油，用于淋洒
盐

控干马苏里拉奶酪并切成 3 毫米厚的片。将马苏里拉奶酪和番茄片在餐盘中交错摆成一个圆环。撒上罗勒叶，淋入橄榄油并撒少许盐调味。上桌前置于阴凉处保存。

薄切斯卡莫扎奶酪 SCAMORZA CARPACCIO

CARPACCIO DI SCAMORZA

供 4 人食用

制备时间：30 分钟

400 克 /14 盎司斯卡莫扎奶酪或波罗伏洛奶酪，去皮切薄片
1 根黄瓜，切薄片
3 汤匙橄榄油
半颗柠檬，挤出柠檬汁，过滤
盐和胡椒
6 片新鲜薄荷叶，用于装饰

将奶酪放在餐盘中央，周围摆放黄瓜片。在碗中搅拌均匀橄榄油和柠檬汁，用盐和胡椒调味。将油醋汁浇在奶酪上并撒上薄荷叶装饰。

CIAMBELLINE DI FORMAGGIO
供4~6人食用
制备时间：30分钟
加热烹调时间：12分钟
100克/3½盎司黄油，软化
100克/3½盎司帕玛森奶酪，现擦丝
100克/3½盎司普通面粉
1个蛋黄
1汤匙牛奶
盐

烤奶酪圈 CHEESE RINGS

烤箱预热到150℃/300℉/气烤箱刻度2，烤盘里铺烘焙纸。在碗中混合黄油、帕玛森奶酪、面粉和少许盐，搅拌至均匀顺滑。将奶酪泥揉成圆柱形，随后制成环形。蛋黄与牛奶混合，略微打散，刷在奶酪环上。将奶酪环放置在准备好的烤盘中，烘烤约12分钟。趁奶酪色泽还发白时从烤箱中取出，因为火候过大会让它们味道过重且质地过硬。这种奶酪环适合搭配餐前饮品一起享用。

CREMA DI MASCARPONE E PASTA D'ACCIUGHE
供4人食用
制备时间：15分钟
200克/7盎司马斯卡彭奶酪
50克/2盎司鳀鱼酱
稍微烘烤的面包丁，用作配餐

马斯卡彭鳀鱼奶油 MASCARPONE AND ANCHOVY CREAM

在碗中轻轻地将马斯卡彭奶酪和鳀鱼酱搅拌到一起，直至均匀顺滑。将奶油分别装入几个小碗中，搭配热的烤面包丁一同上桌。

CREMA DI RICOTTA E VERDURE
供4人食用
制备时间：30分钟
加热烹调时间：40分钟
2个小马铃薯，切丁
2棵生菜，切细末
100克/3½盎司酸模叶或菠菜，切细末
2棵韭葱，取葱白，切细末
200克/7盎司里考塔奶酪
2汤匙橄榄油
1枝新鲜平叶欧芹，切碎
盐和胡椒

里考塔蔬菜奶油汤 CREAM OF RICOTTA AND VEGETABLE SOUP

将马铃薯、生菜、酸模叶或菠菜和韭葱放入一口锅中，倒入1升/1¾品脱水，加热至沸腾并用盐和胡椒调味。转中火加热，盖上锅盖，炖焖约30分钟。从火上取下锅，将混合物倒入食物料理机中搅打成泥状，再倒回锅中。将里考塔奶酪按压过筛，搅拌加入锅中。当奶油汤热透后，倒入一个有盖汤碗中并淋入橄榄油。撒上欧芹碎即可上桌。

可乐饼 ➔

CROCCHETTE AI SEMI DI PAPAVERO

供 4 人食用

制备时间：55 分钟

加热烹调时间：15～20 分钟

200 克 /7 盎司马铃薯，无需去皮

200 克 /7 盎司瑞士多孔奶酪，擦末

1 汤匙混合新鲜香草末，如罗勒、欧芹、百里香和墨角兰

2 颗鸡蛋

65 克 /2½ 盎司面包糠

5 汤匙橄榄油

盐和胡椒

见第 1145 页

可乐饼 CROQUETTES

在加了盐的沸水中将马铃薯煮 20～25 分钟，直至变得软嫩，随后捞出控干并去皮，放入碗中捣成泥。搅拌加入瑞士多孔奶酪，与香草混合均匀，并加入少许盐和胡椒。将酱泥揉成圆形可乐饼的形状。在一个浅盘中打散鸡蛋，在另一个浅盘放面包糠。可乐饼先裹上蛋液，再裹上面包糠。在一口平底锅中加热橄榄油，加入可乐饼煎炸，直至两面均呈金黄色。盛出放在厨房纸上控净油即可上桌。

CROSTONI AL TALEGGIO

供 4 人食用

制备时间：40 分钟

加热烹调时间：5～8 分钟

1 个茄子，纵切成 3 毫米厚的片

1 个西葫芦，纵切成 3 毫米厚的片

橄榄油，用于淋洒

8 片面包，去边

250 克 /9 盎司塔雷吉欧奶酪，切片

盐和胡椒

塔雷吉欧奶酪吐司 TALEGGIO TOASTS

烤箱预热到 180°C/350°F/ 气烤箱刻度 4，预热烧烤锅。将茄子和西葫芦片放在烧烤锅中的支架上短暂烧烤两面。淋上少许橄榄油，用盐和胡椒调味，置旁备用。烧烤面包片的两面，淋上橄榄油并撒少许盐调味。将蔬菜分别放在吐司上，用 2 片塔雷吉欧奶酪覆盖并撒少许胡椒。放在一个烤板上，烤箱烘烤数分钟使奶酪熔化。上桌前保持温热。

DISCHETTI DI MELANZANE E MOZZARELLA

供 4 人食用

制备时间：40 分钟，另加 30 分钟控水用时

加热烹调时间：5～10 分钟

2 个茄子，切成 1 厘米厚的片

3 汤匙橄榄油

150 克 /5 盎司马苏里拉奶酪，切薄片

3 汤匙番茄糊

盐

马苏里拉茄子饼 AUBERGINE AND MOZZARELLA ROUNDS

将茄子片分数层放在滤盆中，每层分别撒上盐，静置控水 30 分钟，随后漂洗干净并拭干。烤箱预热到 180°C/350°F/ 气烤箱刻度 4。在一口平底锅中加热橄榄油，加入茄子片煎炸，直至两面均呈金黄色，如果必要，可分批进行。从锅中盛出，放在厨房纸上控干油。将茄子片不重叠地摆放在一个烤板上，每片茄子上放一片马苏里拉奶酪。在每片奶酪上浇上 1 茶匙的番茄糊，烘烤数分钟，直至马苏里拉奶酪熔化。趁热或待冷却后上桌。

马苏里拉茄子饼 →

FAGOTTINI PICCANTI

供 4 人食用

制备时间：30 分钟

100 克 / 3½ 盎司里考塔奶酪

100 克 / 3½ 盎司浓味波罗伏洛奶酪，擦末

少许红辣椒粉

8 片意式熏火腿

半个甜瓜，去籽

胡椒

辣味奶酪卷 SPICY BUNDLES

在碗中均匀混合里考塔奶酪、波罗伏洛奶酪和红辣椒粉。铺平火腿片，每片上放 1 汤匙的奶酪泥，随后卷起并用牙签固定。用一个甜瓜挖球器挖出甜瓜球。将奶酪卷放在一个餐盘中，在周围摆放甜瓜球。上桌前撒上胡椒调味。

FIORE DI SFOGLIA CON TOMA

供 4 人食用

制备时间：30 分钟

加热烹调时间：15 分钟

黄油，用于涂抹

500 克 / 1 磅 2 盎司成品酥皮面团，如为冷冻需解冻

普通面粉，用于淋撒

2 个蛋黄

200 克 / 7 盎司托马帕里耶里纳奶酪（toma paglierina）

盐

托马奶酪花瓣酥 PUFF PASTRY FLOWERS WITH TOMA

烤箱预热到 180°C/ 350°F/ 气烤箱刻度 4。烤板上涂抹黄油。在撒有少许面粉的工作台面上擀平面团，切出四五个直径 15 厘米的圆片。将一张面片放在准备好的烤板上，周围稍微重叠摆放其余的面片并形成环形。在蛋黄里混合 1 汤匙水，打散并刷在面片上。将奶酪放在中心面片上并撒少许盐调味。折起其他的面片，形成花朵状。烘烤 15 分钟或直至奶酪完全熔化。趁热上桌。

FONDUTA ALLA SAVOIARDA

供 4 人食用

制备时间：20 分钟，另加 3 小时静置用时

加热烹调时间：15 分钟

1 瓣蒜

600 克 / 1 磅 5 盎司格吕耶尔奶酪或瑞士多孔奶酪，切丁

1 瓶（750 毫升 / 1¼ 品脱）干白葡萄酒

1 茶匙马铃薯粉

50 毫升 / 2 品脱樱桃白兰地（Kirsch）

盐和胡椒

稍微烘烤的三角形面包片，用作配餐

萨瓦风味奶酪火锅 SAVOYARD FONDUE

用蒜瓣涂擦陶盘或瓷火锅。将奶酪放在盘中或锅中，倒入葡萄酒，待其静置 3 小时。在一个小碗中混合马铃薯粉和樱桃白兰地。将盘或火锅置于中火上，加热至奶酪熔化，不停搅拌，随后逐渐倒入马铃薯粉酱泥，继续搅拌直至浓稠且顺滑。加入少许盐和胡椒调味。倒入温热的小盘中，搭配稍微烘烤的三角形面包片一同上桌。

皮埃蒙特风味奶酪火锅 PIEDMONTESE FONDUE

将芳提娜奶酪放入一个碗中，加入牛奶没过奶酪。浸泡至少 2 小时，待其软化。在一个双层锅中或一个置于缓慢沸腾的水上的耐热碗中熔化黄油。搅拌加入芳提娜牛奶混合物和蛋黄，隔水加热，不停搅拌直至奶酪完全熔化。加入少许盐调味，继续加热 5 分钟，但避免混合物沸腾。倒入汤盘中，撒上白松露片，搭配稍微烘烤的三角形面包片一同上桌。

FONDUTA PIEMONTESE

供 4 人食用

制备时间：15 分钟，另加 2 小时静置用时

加热烹调时间：20 分钟

400 克 /14 盎司芳提娜奶酪，切丁
250 毫升 /8 盎司牛奶
25 克 /1 盎司黄油
4 个蛋黄
1 块白松露，切片
盐
稍微烘烤的三角形面包片，用作配餐

烤格吕耶尔奶酪球 GRUYERE GOURGÈRE

烤箱预热到 180℃/350℉/ 气烤箱刻度 4，烤板上涂黄油。将 200 克 /7 盎司格吕耶尔奶酪擦末，剩余部分切丁。在一口酱汁锅中煮沸 300 毫升 /½ 品脱水，加入黄油和少许盐。当黄油熔化后，从火上取下锅并一次倒入全部面粉，不停搅拌。将锅放回火上加热，保持不停搅拌并加热 10 分钟。待其稍微冷却后逐个打入鸡蛋。在混合物中搅拌加入奶酪末。用汤匙将奶酪泥呈环形盛放在准备好的烤板上，并撒上奶酪丁。烘烤约 30 分钟。与此同时，准备摆盘装饰。用平底锅加热熔化黄油，加入茄子和西葫芦煎炸 5 分钟，不停搅拌，随后加入番茄继续加热，直至所有蔬菜软嫩且色泽呈浅金色。撒入盐和胡椒。将格吕耶尔奶酪盛入温热的餐盘中，蔬菜摆放在中间位置。如果希望口味更浓厚，可以用发酵成熟的波罗伏洛奶酪替代格吕耶尔奶酪。

GOUGERE ALLA GROVIERA

供 6 人食用

制备时间：1 小时 15 分钟

加热烹调时间：30 分钟

150 克 /5 盎司黄油，另加涂抹所需
250 克 /9 盎司格吕耶尔奶酪
250 克 /9 盎司普通面粉，过筛
5 颗鸡蛋
盐

用于装饰
80 克 /3 盎司黄油
2 个茄子，切丁
2 个西葫芦，切丁
3 颗番茄，去皮去籽并切丁
盐和胡椒

菊苣核桃配奶酪 CHICORY, CHEESE AND WALNUTS

INDIVIA BELGA, FORMAGGIO E NOCI

供 4 人食用

制备时间：30 分钟，另加 5 分钟静置用时

16 颗核桃
2 根芹菜茎，切碎
2 棵菊苣，切丝
200 克 /7 盎司瑞士多孔奶酪，切丁
橄榄油，用于淋洒
盐和胡椒

在沸水中焯煮核桃数分钟，随后捞出控干，用冷水冲洗，然后去皮并稍微切碎。将核桃、芹菜、菊苣和奶酪放入沙拉碗中，淋上橄榄油并用盐和胡椒调味。搅拌均匀后放在阴凉处静置数分钟，待其进味即可。

风干牛肉里考塔卷 BRESAOLA ROLLS WITH RICOTTA

INVOLTINI DI BRESAOLA ALLA RICOTTA

供 4 人食用

制备时间：25 分钟

200 克 /7 盎司里考塔奶酪
200 克 /7 盎司风干牛肉，切薄片
1 把芝麻菜，切碎
橄榄油，用于淋洒
盐
稍微烘烤的面包，用作配餐

在碗中搅拌里考塔奶酪，直至顺滑，随后在每片风干牛肉上放 1 汤匙奶酪。撒上芝麻菜，淋少许橄榄油并撒少许盐调味。卷起后放在阴凉处静置。搭配稍微烘烤的面包一同上桌。

什锦绿蔬配山羊奶干酪 MIXED GREENS WITH CAPRINO

MISTO VERDE AL CAPRINO

供 4 人食用

制备时间：40 分钟

加热烹调时间：25 分钟

4 个马铃薯，带皮
200 克 /7 盎司嫩豌豆
3 个绿甜椒
橄榄油，用于淋洒
300 克 /11 盎司山羊奶干酪或其他高脂山羊奶酪，切片
盐和胡椒

预热烤架。在一锅加入少许盐的沸水中将马铃薯煮 20～25 分钟，直至变得软嫩。捞出控干，去皮并切斜块。在加入少许盐的沸水中将嫩豌豆煮 8～10 分钟，直至变得软嫩，随后捞出控干。与此同时，将绿甜椒放在一个烤板上，置于烤架下烘烤，不时翻转直至表皮发黑变焦。装入塑料袋子中，封口待其冷却，随后去皮去籽并切成较大的片。将马铃薯、嫩豌豆和甜椒放入沙拉碗中，淋上橄榄油，撒少许盐调味，加入奶酪。撒少许胡椒，搅拌均匀即可上桌。

什锦绿蔬配山羊奶干酪 →

马苏里拉吐司 TOASTED MOZZARELLA

在一个浅盘中打散鸡蛋，在另一个浅盘中混合面包糠、百里香和少许盐。在马苏里拉奶酪片上撒上面粉，蘸上蛋液后再裹上面包糠。放入冰箱中冷藏 2 小时。将一个烤板放在烤架下一同预热。从冰箱中取出奶酪片，放在热烤板上。在烤架下焗至上色，要避免奶酪熔化。装入餐盘中，淋上橄榄油，撒上欧芹、酸豆和鳀鱼即可。

MOZZARELLA ALLA PIASTRA

供 4 人食用

制备时间：30 分钟，另加 2 小时冷藏用时

加热烹调时间：5～8 分钟

2 颗鸡蛋
65 克 /2½ 盎司面包糠
1 汤匙新鲜百里香叶
8 片马苏里拉奶酪
普通面粉，用于淋洒
橄榄油，用于淋洒
1 汤匙切碎的新鲜平叶欧芹
1 汤匙酸豆，漂洗干净并控干
4 罐剔骨鳀鱼，洗净并切碎
盐

煎马苏里拉三明治 FRIED MOZZARELLA SANDWICHES

将马苏里拉奶酪片放在切成两半的面包片上，盖上另一半面包片，制成三明治。在一个浅盘中将牛奶和鸡蛋混合打散，撒入少许盐调味。在三明治上撒上面粉，浸入蛋液中，用煎鱼铲轻轻按压，让面包吸收一部分蛋液。在一口平底锅中加热橄榄油和黄油，加入三明治，每面煎炸约 2 分钟，直至金黄酥脆。盛出放在厨房纸上控净油。趁热上桌。

MOZZARELLA IN CARROZZA

供 4 人食用

制备时间：30 分钟

加热烹调时间：16 分钟

150 克 /5 盎司马苏里拉奶酪，切片
8 片面包，切成两半
2 颗鸡蛋
175 毫升 /6 盎司牛奶
普通面粉，用于淋撒
100 毫升 /3½ 盎司橄榄油
25 克 /1 盎司黄油
盐

奶酪火腿泥 CHEESE AND HAM PÂTÉ

在碗中搅拌里考塔奶酪，直至顺滑，随后搅拌加入火腿、松子仁、奶油和白兰地，并用盐和胡椒调味。在一个方形模具中铺上保鲜膜并倒入奶酪泥，抹平表面，放入冰箱中冷藏 3～4 小时。翻转倒在一个餐盘中，搭配热的香酥面包丁一同上桌。

PÂTÉ DI FORMAGGIO E PROSCIUTTO COTTO

供 6 人食用

制备时间：30 分钟，另加 3～4 小时冷藏用时

250 克 /9 盎司里考塔奶酪
250 克 /9 盎司熟火腿，切细末
2 汤匙松子仁
5 汤匙双倍奶油
50 毫升 /2 品脱白兰地
盐和胡椒
热的香酥面包丁，用作配餐

← 煎马苏里拉三明治

ROTOLO DI FONTINA E PROSCIUTTO

供 4 人食用

制备时间：50 分钟，另加 15 分钟静置用时

加热烹调时间：20 分钟

300 克 /11 盎司普通面粉，另加淋撒所需

3 颗鸡蛋

100 克 /3½ 盎司熟火腿，切片

200 克 /7 盎司芳提娜奶酪，切片

40 克 /1½ 盎司黄油

6 片新鲜鼠尾草

盐和胡椒

芳提娜火腿卷 FONTINA AND HAM ROLL

将面粉过筛到一个工作台面上堆成堆状，在中间挖一个窝穴形。敲开鸡蛋，倒入窝穴中并加入少许盐和胡椒。揉搓面团 10 分钟，随后制成球形，用保鲜膜包好，静置 15 分钟。将面团在撒有少许面粉的工作台面上擀成薄片。放在一张薄纱布上，撒上火腿和芳提娜奶酪。借助纱布的帮助，将奶酪片卷成香肠状，两端用棉线捆好。准备一大锅加盐沸水，加入奶酪卷，用小火煮 20 分钟。与此同时，黄油与鼠尾草叶一起加热熔化。控干奶酪卷并解开棉线。切片装入一个餐盘中，淋上鼠尾草黄油。

ROTOLO DI PATATE E FORMAGGIO

供 6 人食用

制备时间：1 小时 15 分钟

加热烹调时间：20 分钟

1 千克 /2¼ 磅马铃薯，无需去皮

350 克 /12 盎司普通面粉

2 颗鸡蛋，略微打散

80 克 /3 盎司芳提娜奶酪，切片

80 克 /3 盎司塔雷吉欧奶酪，切片

100 克 /3½ 盎司黄油，熔化

6 片新鲜鼠尾草叶

50 克 /2 盎司帕玛森奶酪，现擦丝

盐

奶酪马铃薯卷 POTATO AND CHEESE ROLL

在加了少许盐的沸水中，将马铃薯煮 20～25 分钟，随后控干去皮，放入一个碗中，压制成泥。搅拌加入面粉和鸡蛋，并加入盐调味。揉成一块有弹性的面团，随后用擀面杖擀成 1 厘米厚的面片，放在一块茶巾上。将奶酪片放在马铃薯面片上，借助茶巾的帮助卷起。用棉线将面卷的两端捆好。将一锅加了盐的水煮沸，放入奶酪卷，慢火煮 20 分钟。与此同时，熔化黄油，加入鼠尾草叶。控干奶酪卷，待其稍微冷却，随后解开棉线，放在一个木制菜板上。切成 1 厘米厚的片，放入餐盘中。撒上帕玛森奶酪并浇上鼠尾草黄油即可。

奶酪马铃薯卷 →

奶酪派 CHEESE PIE

烤箱预热到 180°C/350°F/ 气烤箱刻度 4。在一个派盘中铺烘焙纸，涂上少许黄油。面团切成两半。将一半面团放在撒有少许面粉的工作台面上擀平并铺在准备好的派盘中。在碗中用木勺搅拌里考塔奶酪，搅拌加入马苏里拉奶酪、瑞士多孔奶酪、打散的鸡蛋和帕玛森奶酪，撒入盐和胡椒调味。将混合物填入派中。擀平另一半面团，铺在派上并压紧边缘密闭。略微打散蛋黄，刷在派皮上。烘烤约 35 分钟后从烤箱中取出，待其静置 10 分钟即可上桌。

TORTA DI FORMAGGIO

供 6 人食用

制备时间：40 分钟，另加 10 分钟静置用时

加热烹调时间：35 分钟

黄油，用于涂抹

250 克 /9 盎司成品千层酥皮面团，如为冷冻需解冻

普通面粉，用于淋撒

250 克 /9 盎司里考塔奶酪

150 克 /5 盎司马苏里拉奶酪，切丁

150 克 /5 盎司瑞士多孔奶酪，切丁

2 颗鸡蛋，略微打散

1 汤匙现擦碎帕玛森奶酪

1 个蛋黄

盐和胡椒

卢比奥拉奶酪三角 ROBIOLA TRIANGLES

烤箱预热到 180°C/350°F/ 气烤箱刻度 4，烤板上涂黄油。将每片面包分别切成两个三角形，淋上橄榄油并撒少许盐调味。在碗中碾碎卢比奥拉奶酪，搅拌加入帕玛森奶酪、鸡蛋和奶油，搅拌直至均匀混合。在三角面包片上涂奶油泥，放在准备好的烤板上烘烤约 10 分钟。趁热上桌。

TRIANGOLINI ALLA ROBIOLA

供 4 人食用

制备时间：25 分钟

加热烹调时间：10 分钟

黄油，用于涂抹

8 片面包，去边

橄榄油，用于淋洒

200 克 /7 盎司卢比奥拉奶酪

1 汤匙现擦帕玛森奶酪末

1 颗鸡蛋，略微打散

2 汤匙双倍奶油

盐

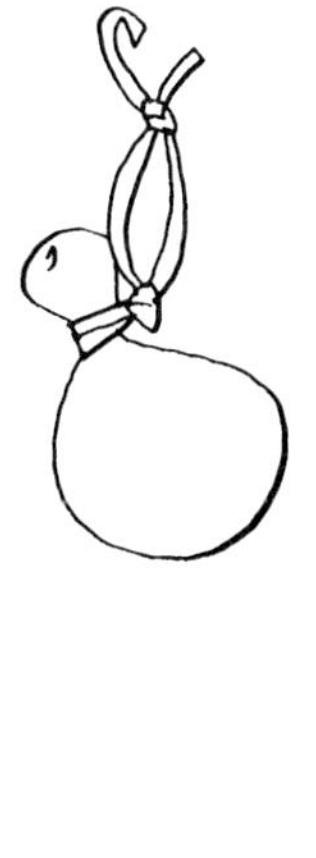

← 奶酪派

一杯令人民愉快的茶
我最爱的
甜点
花
勺子
4
糖

甜点 →

烘焙 →

甜　点

甜点成品、速食布丁和商业化生产的冰激凌并未抹去自制甜点的纯粹乐趣。不管是自己脑洞大开琢磨出来的配方，还是从书本或杂志中学来的食谱，只要亲自动手，甜点所带来的满足感便会让人意犹未尽。当然，如果时间紧迫，我们也不会傻到拒绝超市里出售的成品挞皮或冷冻千层酥皮，毕竟它们通常质量上佳，还能让我们事半功倍。不过，享受新鲜出炉烤挞的香气、用奶油装饰蛋白霜以及为蛋糕裹上糖霜的乐趣永远都会让人沉迷其中。这就是为什么甜点会一直被讨论、创造和再创造，这也是为什么人们会修改古老的食谱使之更适用、更健康，最终仍旧会依照它们来制作甜点的原因。下面是甜点制作技巧概览。

油酥面团和生面团

面粉、鸡蛋、黄油、糖、水、牛奶以及酵母都是屡屡出现在甜点食谱中的食材，也是用来制作各式点心和蛋糕的基础材料。在本书中，你会找到各式面团的制作食谱，其中还会根据不同用法提供食谱的变化，以便你有更多样化的选择。这一节中的食谱大致可以分为油酥面团（硬）和生面团（软）两类。油酥面团，例如美式油酥面团（shortcrust）、千层酥皮面团，还有法式油酥面团（pâte brisée），通常在挞盘、蛋糕模或烤盘中烤制，可以直接食用或者填充各式奶油和馅料。生面团通常含有酵母或拌入打发的蛋白，并在特制的模具中烤制，例如泡芙面糊、布里欧修面团和发面面团。它们可以直接食用，也可以加入奶油、馅料和利口酒之后食用。

面　粉

在挑选面粉时，应该确保其绝对新鲜、颗粒精细、色白且干燥。把面粉加入蛋液中之前，最好先将面粉过筛，以确保没有结块。擀派皮或擀面时，你可以在面团、工作台以及擀面杖上撒上少许面粉，用来防粘。

黄 油

就像面粉一样，你所使用的黄油应该是新鲜、高质且被恰当储存的。在烘焙中，黄油通常应提前从冰箱里拿出，使之轻微软化。有些时候黄油需要切成小块加入面粉中。当食谱中要求使用熔化的黄油时，最好将黄油在双层蒸锅中或在隔热碗中隔水加热熔化。意大利食谱中通常要求使用无盐黄油，而它也是制作甜食的最佳选择。

糖

在烘焙中，需要严格按照食谱上所指定糖的种类增加，如超细糖粉、普通糖粉、普通砂糖或者红糖。如果需要，也可以用食物料理机将粗粒的砂糖磨成更精细的糖粉。你可以在商店中买到香味浓郁的香草糖，但其实自己制作的效果会更好，也更经济实惠。只需要在玻璃罐中放上香草荚和砂糖，将之密封并在阴凉处储存便可。这样，普通的砂糖便会逐渐吸收香草中的香味。

牛 奶

显而易见，你所使用的牛奶应该是新鲜的。尽管使用保质期较长的牛奶也能够得到出色的成品，但新鲜的全脂牛奶仍然是更好的选择。

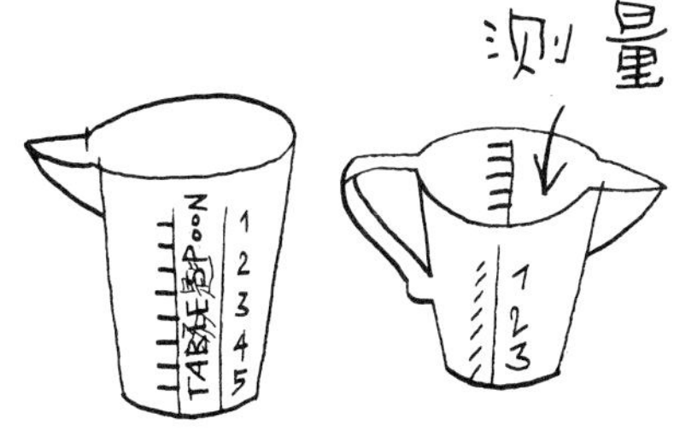

发酵剂 / 膨松剂

不管是新鲜酵母还是干酵母，在使用前都应该用温水或温牛奶激活。速发酵母则可以直接加入面粉中。若时处夏季，那么平均每 500 克 /1 磅 2 盎司面粉所需的新鲜酵母量在 10～12 克 / ¼～⅜ 盎司之间，而冬季所需量在 15～20 克 /½～¾ 盎司之间。干酵母的发酵能力更强，所以用量需要减半，其对应量是 2 茶匙。速发酵母的对应量则是一小袋，不过还是要先核对包装上的使用说明。加入酵母之后，让你的面团在温暖的环境中发酵，而当其体积达到原来的两倍大时，也就是它进入烤箱的时候了。使用泡打粉时，按照包装上的说明来操作即可。不过需要记住的是，泡打粉一旦沾水，其发酵功能即被激活，所以除非食谱里有特别要求，含有泡打粉的面糊不能静置太久。

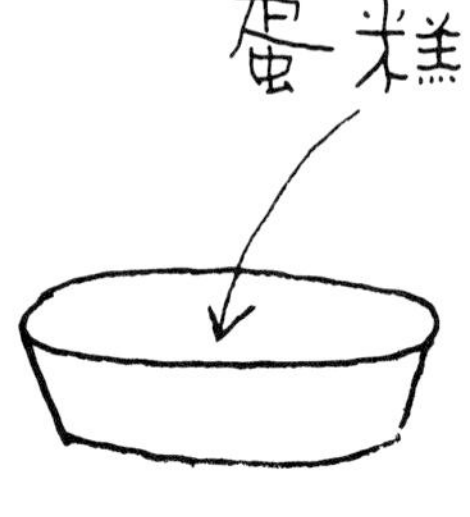

面　团

当面团发酵或静置时，最好用干净的茶巾盖住或用保鲜膜包住，以免面团表面变得干硬。如果你不想让派皮在烤箱中膨起来，烤前用叉子在派皮上戳几排孔，让蒸汽在烤制过程中得以散出；也可以在派皮上铺一层烘焙纸，上面压上烘焙豆（baking beans），即烘焙专用金属豆或陶瓷豆。当然你也可以用普通的干豆，例如芸豆等，只要恰当保存便可以长期重复使用。

烘焙过程

大多数的现代烤箱都自带温度表，并可以自行调节烤箱内部温度，使得食物的烹制温度尽可能准确。下面给出了烤箱温度表上所显示的温度以及食谱中一般要求的烘烤温度之间的对应关系。在烘烤时可以选择其中一种标准使用。

低 温

110～140℃/ 225～275℉/ 气烤箱刻度 ¼～1。

中 温

140～180℃/ 275～350℉ / 气烤箱刻度 1～4。

高 温

180～200℃/350～400℉/气烤箱刻度 4～6。

超高温

200～240℃/400～475℉/气烤箱刻度 6～9。

需要记住的是，甜点的烘焙时间因烘焙模具的大小、所使用的材质不同以及用料的多少而发生改变。同时，每个烤箱都有不同的“个性”，在使用自带风扇的烤箱时，更应该参考其制造商提供的使用说明。一般来说，烤制甜点时最好不要将烤箱温度调得过高，适中的温度通常会使食物受热更加均匀。如果你发现烤箱中的甜点表面颜色变得很快，那么很有可能它的内部还没有得到充分烤制。当然，要检查你的蛋糕有没有烤熟，你可以用那个老办法——插一根牙签到蛋糕中间，如果拔出时牙签上没有粘带面糊，那么就烤好了！

隔水加热

布丁、舒芙蕾和卡仕达都可以在烤箱中或灶台上隔水加热制成，或者说在“水浴”（water bath）中。这是一种将蛋糕盘或布丁模具放在另外一个装有容器一半高度的沸水中加热的烹饪技巧，它能让甜点质地更加松软细腻。注意，当水浴容器中的水沸腾蒸发过快时，可以加入更多的沸水。

蛋糕的脱模

蛋糕，包括热食的蛋糕，都不应该在出烤箱后马上从模具中取出，应先静置冷却几分钟。如果你用的不是带有弹簧扣或者可分离底盘的模具，可以先将一个盘子扣在蛋糕模具上，双手分别从上下将两者夹紧，而后翻转，轻拍蛋糕模具底部，使蛋糕滑至盘上，随后轻轻将蛋糕模具抬起。此时蛋糕是倒置的，只需再用一个盘子，用同样的方法再次翻转即可，以保证蛋糕表面不被破坏。

布丁的脱模

从冰箱里拿出模具后，有时你需要先用热毛巾包在模具外部，使布丁边缘与模具分离。之后用盘子扣在模具上方进行翻转，轻拍模具底部使布丁滑出。通常你都可以听到布丁落在盘子上的声音。如果一次没有成功，可以再一次热敷，重复脱模过程。你也可以通过将模具的底部浸入热水而达到类似的效果。

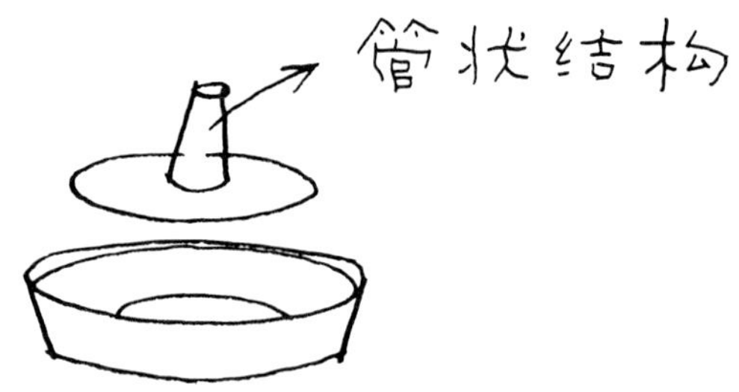

装　饰

打发好的双倍奶油、各类果饯、核桃、榛果、制成蜜饯的紫罗兰花瓣、扁桃仁碎、银色糖球……它们是千百种装饰中最常见的几种代表。切忌过分装饰你的甜点，否则可能会改变其原本的味道。

各式面皮、面团类

本章为你带来了各类以面皮、面团为基础的甜点的基本食谱，从基本的派皮和法式油酥面皮，到扁桃仁蛋白面团和热那亚式面团。在这一章里，你除了可以找到这些制作甜点的基础配方之外，还可以找到饼干面团以及两种用来特制咸味点心的面团——咸味泡芙面糊和简易油酥面团。在这些配方的基础上，加入蛋奶酱类、水果类、里考塔奶酪类等馅料，你就能制作一道完整的甜点。超市里出售的酥皮成品也是你的好帮手，只需要按照包装上的指示去做就行了。

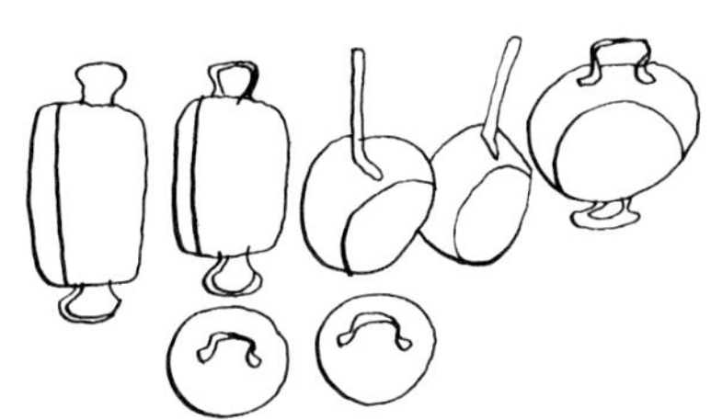

法式油酥面团 PÂTE BRISÉE

将面粉和盐过筛，盛在一个大碗中。用餐刀拌入黄油，并用两把餐刀以十字交错的方式划动，将黄油切入面粉。当黄油被切至颗粒状时，用指尖再将其揉搓进面粉，直至面粉呈现新鲜细面包糠的状态。将4～5大汤匙冰水洒入面粉，用餐刀搅拌后用指尖和面，直至形成面团。如果仍有干面粉存留，可以在干粉处再洒上一点儿冰水，用餐刀将之归入面团。当完整的面团成形时，用手整成扁圆形，并用保鲜膜将面团包好，放入冰箱冷却1小时～1小时30分钟。烤箱预热至200℃/400℉/气烤箱刻度6。在撒上一层薄面粉的工作台面上或两张烘焙纸中间，将面团擀成3毫米/⅛英寸厚的面皮。如果是要用它做挞皮，则将面皮放入挞模中并冷却至硬实。烘烤前在挞皮上铺一层锡箔纸，并压上一层烘焙豆以支撑边缘的塔皮。将准备好的挞皮放置在烤盘上，烘烤20分钟后把烘焙豆和锡箔纸撤掉，继续烤5～10分钟，或直至挞皮烤至淡金黄色。如果你是在为迷你船形挞（barquettes）或迷你小圆挞（tartlet）准备挞皮，则烘烤15～20分钟即可。

供8～10人食用
制备时间：50分钟，另加1小时～1小时30分钟冷却用时
烘焙时间：15～30分钟
300克/11盎司普通面粉，另加淋撒所需
150克/5盎司无盐黄油，切小块
4～6汤匙冰水
盐

见第1166页

扁桃仁膏（1）ALMOND PASTE (1)

将烤箱预热至 180°C/350°F/ 气烤箱刻度 4，烤盘中涂上一层黄油防粘。在碗中加入扁桃仁和糖，混合碾碎成粗糙的膏状。在另一个干净无油的碗中，将蛋白打发至硬性发泡，翻拌入刚刚准备好的扁桃仁糊，然后再加入面粉并搅拌均匀。把做好的面糊装进一个挤花袋，在准备好的烤盘上挤成小圆球形，相互之间注意留出足够的间距。烘烤 15～20 分钟后从烤箱取出，放凉即可。

PASTA DI MANDORLE (1)

可制 30～35 个小点心

制备时间：35 分钟

烘焙时间：15～20 分钟

无盐黄油，用于涂抹烤盘

100 克 /3½ 盎司去皮熟扁桃仁

100 克 /3½ 盎司细砂糖

3 个蛋白

25 克 /1 盎司普通面粉，过筛

扁桃仁膏（2）ALMOND PASTE (2)

在碗中加入扁桃仁和糖，在另一个干净无油的碗中，将蛋白打发至硬性发泡，翻拌入刚刚准备好的扁桃仁碎。如果你想要用它作为填充椰枣的馅料，则在朗姆酒中滴入一滴你所选颜色的食用色素，并将染好色的朗姆酒搅拌入扁桃仁膏中，直至均匀上色。把椰枣切成两半，填入适量的扁桃仁膏馅料，还可以凭喜好淋上焦糖。如果是制作软糖，则可以在扁桃仁膏中加入咖啡或者利口酒，捏成 20 个圆球形。裹上糖粉后便可摆放在花纸上食用了。

PASTA DI MANDORLE (2)

可填制 40 个椰枣或制作 20 个软糖

制备时间：1 小时

100 克 /3½ 盎司去皮熟扁桃仁，切碎

100 克 /3½ 盎司糖粉

2 个蛋白

粉色或绿色的食用色素（供椰枣使用）

1 汤匙白朗姆酒（供椰枣使用）

40 个去核椰枣

1 份焦糖（见第 1182 页），可选

浓咖啡或黑樱桃利口酒（供软糖使用）

细砂糖，用于装饰（供软糖使用）

美式油酥面团（1）SHORTCRUST PASTRY (1)

将面粉和糖过筛成堆，在面粉堆中央挖一个小窝穴，加入黄油、蛋黄、柠檬皮和 1 小撮盐。充分拌匀之后揉成面团，用保鲜膜将其包好，放入冰箱冷却 1 小时左右。在撒上一层薄面粉的工作台面上将面团擀成面皮，放进直径为 23 厘米 /9 英寸的挞模里。用手指按压挞皮，使之与挞模相贴合，切掉边缘多余的面皮，之后就可以按照食谱来制作了。

PASTA FROLLA (1)

供 6 人食用

制备时间：30 分钟，另加 1 小时冷却用时

200 克 /7 盎司普通面粉，另加淋撒所需

100 克 /3½ 盎司细砂糖

100 克 /3½ 盎司无盐黄油，软化并切小块

2 个蛋黄

2 茶匙柠檬皮碎

盐

← 法式油酥面团，见第 1165 页

美式油酥面团（2）SHORTCRUST PASTRY (2)

供 6 人食用

制备时间：30 分钟，另加 1 小时冷却用时

200 克 /7 盎司普通面粉，另加淋撒所需

100 克 /3½ 盎司细砂糖

80 克 /3 盎司无盐黄油，软化并切小块，另加涂抹所需

1 颗鸡蛋

1 个蛋黄

果酱

盐

这道食谱可用来制作口感特别轻盈的挞。将面粉和糖过筛成堆，在面粉堆中央挖一个小的窝穴，加入黄油、鸡蛋、蛋黄和 1 小撮盐。揉成面团，用保鲜膜将其包好，放入冰箱冷却至少 1 小时。烤箱预热至 180°C/350°F/ 气烤箱刻度 4，并将一个直径为 23 厘米 /9 英寸的挞模涂抹黄油，以便脱模。把面团从冰箱里取出，留出一小块备用，然后在撒上一层薄面粉的工作台面上将面团擀成 3 毫米 /⅛ 英寸厚的面皮。在做果酱挞时，此时将擀好的面皮放入挞模内并用手指压至贴合，然后把所选果酱均匀地涂在挞皮上。接着把剩余的一小块面团擀开，切成细长条，摆放成想要的花纹图案，置于果酱挞上，用一点儿水在边缘处固定。你也可以使用专用的派皮图案切割器来切割擀开的面团。烘烤约 20 分钟即可。

无蛋油酥面团 EGGLESS SHORTCRUST PASTRY

供 6 人食用

制备时间：40 分钟，另加 1 小时冷却用时

150 克 /5 盎司无盐黄油，软化

100 克 /3½ 盎司细砂糖

1 汤匙柠檬皮碎

120 克 /4 盎司普通面粉，另加淋撒所需

120 克 /4 盎司马铃薯粉

将黄油、糖和柠檬皮在碗中打发至发白。将面粉和马铃薯粉过筛成堆，在面粉堆中央挖一个小的窝穴，加入刚刚打发好的黄油，用轻柔的手法揉成面团。用保鲜膜将其包好，放入冰箱冷却 1 小时。在撒上一层薄面粉的工作台面上将面团擀开，并根据你选择的食谱制作。这类无蛋油酥面皮比含蛋版的味道更加柔和，不过它含有更多的黄油。

热那亚海绵蛋糕 GENOESE CAKE

供 6 人食用

制备时间：20 分钟

烘焙时间：35 分钟

50 克 /2 盎司无盐黄油，熔化并冷却，另加涂抹所需

120 克 /4 盎司普通面粉，另加淋撒所需

5 颗鸡蛋

150 克 /5 盎司细砂糖

将烤箱预热至 180°C/350°F/ 气烤箱刻度 4。在一个直径 25 厘米 /10 英寸的蛋糕模中涂抹黄油，并撒上薄薄的一层面粉，便于后期蛋糕脱模。用双层锅或将一个耐热的碗放置在一锅小火煮沸的水上，隔水加热蛋液与糖，并用手持电子打蛋器或蛋抽将其打发至缎带状态（hold a ribbon），5～10 分钟。此时将碗从热源上移开，并继续打发 2 分钟，然后筛入面粉，轻柔地翻拌。从打发物的边缘处倒入熔化并冷却的黄油，继续轻柔翻拌均匀。将面糊倒入蛋糕模中，烘烤 35 分钟，或直至表面呈金黄色且边缘与蛋糕模分离。

玛格丽特海绵蛋糕，见第 1170 页 →

PASTA MARGHERITA

供 8~10 人食用

制备时间：20 分钟

烘焙时间：30 分钟

100 克 /3½ 盎司无盐黄油，熔化并冷却，另加涂抹所需

6 颗鸡蛋，分离蛋白蛋黄

200 克 /7 盎司细砂糖

1 颗柠檬，擦取柠檬皮

80 克 /3 盎司普通面粉，另加淋撒所需

50 克 /2 盎司马铃薯粉

盐

见第 1169 页

玛格丽特海绵蛋糕 MARGHERITA SPONGE

在直径为 25 厘米 /10 英寸的活底模具内壁涂抹黄油，并在底部垫上一层烘焙纸。留出 1 汤匙的砂糖备用，将其余的糖与蛋黄、柠檬皮一起打发至起泡，然后翻拌进黄油。将面粉、马铃薯粉和 1 撮盐过筛在一张烘焙纸上。蛋白则在一个无油、干净的碗中打发至刚刚硬性发泡的程度，并打入剩余的砂糖。将干粉与蛋白霜交替翻拌入之前准备好的蛋黄糊中，然后把面糊倒入模具里，抹平表面。烘烤 30 分钟，或插入牙签拔出后不粘带面糊即可。

PASTA PER BIGNÈ

供 6 人食用

制备时间：1 小时 15 分钟，另加冷却用时

烘焙时间：20 分钟

100 克 /3½ 盎司无盐黄油，另加涂抹所需

150 克 /5 盎司普通面粉，过筛，另加淋撒所需

15 克 /½ 盎司细砂糖

4 颗鸡蛋

盐

泡芙面糊 CHOUX PASTE

将烤箱预热至 200°C/400°F/ 气烤箱刻度 6。在烤盘内涂抹黄油，并撒上薄薄的一层面粉。将 250 毫升 /8 盎司的水、黄油、糖和 1 撮盐放入一口深的平底锅中，加热至刚刚沸腾后从火上移开。一次性加入所有面粉，并用长柄木勺搅拌。将锅重新放回到火上，一边加热一边不断搅拌 7~8 分钟，直至形成面团并与锅的边缘分离。关火，等待面团冷却之后打入鸡蛋，注意每次只能打入一颗鸡蛋，并要确保蛋液完全被面团吸收后再加入下一个。将准备好的面糊舀进裱花袋，在烤盘上挤成核桃大小的圆形小堆，注意相互之间要留出足够的间距。或者，你也可以舀 2 个甜点勺用量的面糊放置在烤盘上。烘烤约 20 分钟，直至泡芙膨胀至两倍大小。将泡芙转移到一个金属网架上，并在每个泡芙侧面切一个小口，使蒸汽散出。待泡芙放凉后便可填以蛋奶酱、巧克力或者奶油馅了。

泡芙面糊 →

咸味泡芙面糊 SAVOURY CHOUX PASTE

PASTA PER BIGNÈ SALATA
供 6 人食用
制备时间：40 分钟，另加冷却用时
烘焙时间：20 分钟
100 克 /3½ 盎司无盐黄油，另加涂抹所需
150 克 /5 盎司普通面粉，过筛，另加淋撒所需
4 颗鸡蛋
200 克 /7 盎司帕玛森奶酪，现擦碎
盐和白胡椒

将烤箱预热至 180°C/350°F/ 气烤箱刻度 4。在烤盘内涂抹黄油，并撒上薄薄的一层面粉，将 250 毫升 /8 盎司的水、黄油、1 撮盐和白胡椒放入一口深平底锅中，加热至刚刚沸腾后从火上移开。一次性加入所有面粉，并用长柄木勺搅拌。将锅重新放回到火上，一边加热一边不断搅拌，直至形成面团并与锅的边缘分离。关火，等待面团冷却之后打入鸡蛋，注意每次只能打入一颗鸡蛋，并要确保蛋液完全被面团吸收后再加入下一个，然后拌入帕玛森奶酪碎。用汤匙将面糊舀出，放置到烤盘上，形成核桃大小的圆形小球。烘烤约 20 分钟，直至泡芙膨胀至两倍大小。将泡芙转移到一个金属网架上，并在每个泡芙侧面切一个小口，使蒸汽散出。待泡芙放凉后便可填以熔化的奶酪、白酱或其他咸味的奶油馅料。你可以用 200 克 /7 盎司的火腿或者匈牙利腌火腿代替帕玛森奶酪。你也可以均合等量的瑞士多孔奶酪与帕玛森奶酪作为馅料。

布里欧修面团 BRIOCHE

PASTA PER BRIOCHE
供 6～8 人食用
制备时间：1 小时，另加 4 小时 30 分钟～6 小时 30 分钟发酵用时
烘焙时间：50 分钟
10 克 /¼ 盎司新鲜酵母
250 克 /9 盎司普通面粉，另加淋撒所需
4 颗鸡蛋
15 克 /½ 盎司细砂糖
200 克 /7 盎司无盐黄油，软化并切小块，另加涂抹所需
盐

在碗中放入一点儿温水，加入酵母，用叉子捣成细腻的糨糊状。将 50 克 /2 盎司的面粉过筛成堆，在面粉堆中央挖一个小的窝穴，加入溶化后的酵母。揉成一个球形的面团后，在面团表面切开一个十字，并用一条茶巾盖上，让它在温暖的环境中发酵 2～3 小时。将剩余的面粉过筛成堆，中间挖出小的窝穴，加入 1 颗鸡蛋、糖和 1 小撮盐。充分混匀之后逐渐把黄油揉进面里，然后将另外 2 颗鸡蛋一个一个地加进去。当第一个面团发酵至两倍大时，将两个面团揉到一起，盖上茶巾后继续发酵 2～3 小时，直至呈两倍大小。在一个 1½ 升/2½ 品脱的布里欧修模具中涂一层黄油。手上沾一层薄面，稍微揉几下面团后切下 ⅓，放在旁边备用。把另外 ⅔ 的面团揉成球状，放入准备好的模具中，并在表面切一个十字。把剩下的小面团捏成梨状，尖头向下放在大面团上面，接着让面团继续发酵 30 分钟。烤箱预热至 200°C/400°F/ 气烤箱刻度 6。将剩余的鸡蛋打散，在面团表面刷上蛋液。烘烤约 50 分钟，或直到插入的牙签拔出时不粘带面糊。你也可以使用独立的杯形模具制作布里欧修小餐包。按照同样的方法塑形面团，刷蛋液并且用叉子扎几个孔。烘烤 15～20 分钟即可。

发面蛋糕 YEAST CAKE

供 12 人食用
制备时间：35 分钟，另加 15 分钟静置用时和 1 小时 30 分钟发酵用时
烘焙时间：25 分钟

100 毫升 /3½ 盎司温牛奶
25 克 /1 盎司细砂糖
¾ 茶匙干酵母
1 颗鸡蛋
40 克 /1½ 盎司无盐黄油，软化，另加涂抹所需
225 克 /8 盎司普通面粉，另加淋撒所需

在碗中放入温牛奶，并拌入 1 茶匙糖。撒上干酵母，静置 10～15 分钟直至起泡，然后搅拌成细腻的糨糊状。将酵母液、剩余的糖、鸡蛋和黄油放入一个打蛋盆中，边筛入面粉边不断地搅拌，直至揉成一个光滑的面团。盖上面团，在温暖的环境中发酵 1 小时 30 分钟。烤箱预热至 180°C/350°F/ 气烤箱刻度 4。在 2 个直径为 20 厘米 /8 英寸的蛋糕模内壁涂抹黄油。把发酵好的面团分成 2 份并擀开，注意边缘处要留有足够的厚度，然后分别放入准备好的蛋糕模中烘烤 25 分钟。烤好后，在两层蛋糕中加入你所选的馅料即可。

挞皮 TART CASE

供 6 人食用
制备时间：40 分钟，另加 1 小时冷却用时
烘焙时间：25 分钟

130 克 /4½ 盎司无盐黄油，软化，另加涂抹所需
80 克 /3 盎司细砂糖
1 颗鸡蛋，打散
250 克 /9 盎司普通面粉
盐

将黄油、糖和 1 撮盐在碗中打发至发白的程度，然后一次性搅拌加入鸡蛋和所有的面粉。在碗中将所有原料揉成面团，分成 4 等份。把 4 个面团一个压一个地叠加并向下按紧，用保鲜膜包好，静置 1 小时。烤箱预热至 180°C/350°F/ 气烤箱刻度 4。在一个直径为 23 厘米 /9 英寸的挞模内涂抹黄油。将面团擀成 5 毫米 /¼ 英寸厚的圆形面皮，放入挞模中并使之与其相贴合。在挞皮上铺一层锡箔纸或烘焙纸，压上一层烘焙豆后烘烤 25 分钟。从烤箱中取出挞皮后，撤掉烘焙豆和锡箔纸并放凉加入新鲜水果或其他你所选择的馅料。

海绵蛋糕 SPONGE CAKE

供 6 人食用
制备时间：40 分钟
烘焙时间：40 分钟

无盐黄油，用于涂抹模具
80 克 /3 盎司普通面粉，过筛，另加淋撒所需
6 颗鸡蛋，分离蛋黄蛋白
150 克 /5 盎司细砂糖
80 克 /3 盎司马铃薯粉，过筛

烤箱预热至 180°C/350°F/ 气烤箱刻度 4。在一个直径为 25 厘米 /10 英寸的活底模具内壁涂抹黄油，并撒上薄薄的一层面粉。将蛋黄和糖在打蛋碗中打发至颜色变浅、质感轻盈。在一个无油、干净的碗中打发蛋白至硬性发泡，然后轻柔地翻拌入蛋黄糊中。将面粉、马铃薯粉一点点地筛入，搅拌成均匀的面糊后倒入模具内并把表面抹平。烘烤约 40 分钟。蛋糕从烤箱取出，在模具中冷却后脱模。横向将蛋糕切成两片，在两层蛋糕中加入你所选的馅料即可。

PASTA PER SABLÉ

供 6 人食用

制备时间：40 分钟，另加 1 小时静置用时

烘焙时间：15 分钟

65 克 /2½ 盎司去皮熟扁桃仁
100 克 /3½ 盎司细砂糖
200 克 /7 盎司普通面粉，另加淋撒所需
120 克 /4 盎司无盐黄油，软化
3 个蛋黄
盐

甜酥皮面团 SABLÉ DOUGH

扁桃仁切碎，并加入一半糖。将面粉过筛成堆，在面粉堆中央挖一个小的窝穴，加入黄油、剩余的糖、蛋黄、扁桃仁碎和 1 小撮盐。揉成面团，用保鲜膜包好并静置 1 小时。烤箱预热至 180°C/350°F/ 气烤箱刻度 4。在撒上一层薄面粉的工作台面上将面团擀成较厚的面皮，用圆形或其他形状的切模切成小份，放在潮湿的烤盘上烘烤 15 分钟。将烤好的小饼干放凉即可。

PASTA SFOGLIA RAPIDA

供 6 人食用

制备时间：1 小时，另加 40 分钟冷却用时

烘焙时间：20 分钟

100 克 /3½ 盎司无盐黄油
150 克 /5 盎司普通面粉，另加淋撒所需
盐

快速千层酥皮 SPEEDY PUFF PASTRY

制作千层酥皮非常费时费力，所以通常是买现成的。不过，如果你想要试一次的话，这里的简化版倒是值得尝试的。将黄油和 25 克 /1 盎司面粉混合，用一把铲刀（palette knife）搅拌（这一步是为了防止手的热度让面团太软，事实上，成功制作千层酥皮的秘诀就是不同原料之间温度的平衡）。当黄油将面粉全部吸收后，将这个面团放在撒了薄薄一层面粉的工作台面上，擀成 5 毫米 /¼ 英寸厚的方块。将剩余的面粉、一点儿水和 1 撮盐揉成圆形的软面团，并放在擀开的方块中间。轻轻将方块的 4 个角向圆形面团的中央拉起、按压，将圆形面团包裹住。用擀面杖将这一整块面团擀成长方形，短边朝向自己。将长方形面皮旋转 90 度，分别拎起左右两边向中线折叠，再沿中线折叠一次，形成类似一本方形的“书”。这个过程是第一次的“酥皮折叠”。将这本“书”按照之前的方向擀成长方形，并再进行一次“酥皮折叠”。将这个过程重复 4 次，千层酥皮的制作就完成了。需要注意的是，在每次折叠之间需要将面团放进冰箱冷却 10 分钟。千层酥皮需要在预热至 200～220°C/400～425°F/ 气烤箱刻度 6～7 的烤箱里进行烘焙，小型点心需要烤约 20 分钟，而法式小点心和蛋糕则需要稍久一点儿。

简易油酥面团 EASY PÂTE BRISÉE

将面粉过筛成堆，中央挖一个小的窝穴，加入黄油、鸡蛋和 1 小撮盐。用指尖揉搓直至呈面包糠般的颗粒状态。一点点地加入牛奶，并揉成面团。用保鲜膜将面团包好，放入冰箱冷却 1 小时。1 小时后从冰箱里取出并揉面，然后在撒有薄薄一层面粉的工作台面上将面团擀成约 1 厘米 / ½ 英寸厚的面皮。这种面皮可用来做咸味派。

PASTA TIPO BRISÉE

供 6 人食用

制备时间：30 分钟，另加 1 小时冷却用时

300 克 / 11 盎司普通面粉，另加淋撒所需

100 克 / 3½ 盎司无盐黄油，软化并切小块

1 颗鸡蛋

3～4 汤匙牛奶

盐

甜酱汁和装饰

甜酱汁和装饰可以让一个普通的冰激凌蛋糕或朴素的自制布丁华丽变身，成为一道精致的甜点。只需淋上熔化的巧克力酱，点缀以利口酒调味的丝滑糖霜，或是用多彩的果酱赋予生气，裹上云朵般轻盈的奶油。读过这一章，你便知道如何让一道简单甜点变得独具一格。

CIOCCOLATA FUSA

制备时间：5 分钟

烹饪时间：25 分钟

50 克 /2 盎司白砂糖

130 克 / 5 盎司原味巧克力（plain chocolate），切小块

10 克 /¼ 盎司无盐黄油

巧克力酱 MELTED CHOCOLATE

将 275 毫升 /9 盎司水和糖放入一口深平底锅中，小火加热，不断搅拌直至糖全部溶解。煮沸，然后转小火慢煮，直至糖浆熗至原来的一半。此时加入巧克力，用小火加热熔化，并用木铲不断搅拌。拌入黄油，待其熔化后关火搅匀即可。这种巧克力酱可以淋在冰激凌上，也可以用于装饰蛋糕或填充泡芙。

GLASSA A FREDDO

制备时间：20 分钟

150 克 /5 盎司糖粉

2 汤匙所选口味的利口酒或 ½ 茶匙香草精或橙皮碎

冷糖霜 COLD ICING

这种简单的糖霜可以用于装饰蛋糕和法式小点心。将糖粉和 2～3 汤匙水在碗中搅匀，直至形成浓稠状态。拌入利口酒或香草精、橙皮。用木铲搅拌至质地顺滑且可抹开的稠度。让抹上糖霜的蛋糕富有光泽的秘诀，就是将蛋糕放入预热到 180°C/350°F/ 气烤箱刻度 4 的烤箱中，只需几秒即可。

黄油糖霜 BUTTER ICING

GLASSA AL BURRO

制备时间：30 分钟

65 克 /2½ 盎司无盐黄油

350 克 /12 盎司糖粉，过筛

1～2 滴香草精

2 汤匙双倍奶油

用木勺将黄油打发，然后继续打入糖粉和香草精。一点点地加入奶油，直至质地顺滑且达到可抹开的浓稠度。若想要确保糖霜能够牢固地黏附在蛋糕上，你可以先在蛋糕或法式小点心表面涂一层薄薄的吉利丁液。

咖啡糖霜 COFFEE ICING

GLASSA AL CAFFÈ

制备时间：30 分钟，另加冷却用时

300 毫升 /½ 品脱现煮浓咖啡

250 克 /9 盎司糖粉

将热咖啡倒入碗中，一点点筛入糖粉并搅拌，直至形成浓稠状态。静置冷却。用铲刀将糖霜均匀地抹在蛋糕表面，并放入 180°C/350°F/ 气烤箱刻度 4 的烤箱中几秒使其具有光泽。

巧克力糖霜 CHOCOLATE ICING

GLASSA AL CIOCCOLATO

制备时间：30 分钟

加热烹调时间：5 分钟

2 汤匙糖粉

150 克 /5 盎司原味巧克力，切小块

将糖粉放入深平底锅，加入 120 毫升 /4 盎司水并加热，搅拌几分钟直至糖浆变稠。同时，将一个耐热碗放置在一锅小火煮沸的水上，隔水加热熔化巧克力。将平底锅中的糖浆一滴一滴地加入熔化的巧克力中，不停搅拌直至成为顺滑的糖霜。趁热将糖霜抹在蛋糕上。

装饰糖霜 DECORATIVE ICING

GLASSA PER DECORAR

制备时间：30 分钟

1 个蛋白

150 克 /5 盎司香草糖粉（见第 1161 页）

在一个无油干净的碗中将蛋白打发，然后逐渐筛入糖粉并不断打发。一滴一滴地加入 2 汤匙温水，并轻柔、有规律地从碗底向上翻拌，避免消泡，搅拌约 20 分钟。糖霜可以装在裱花袋里，用来装饰蛋糕。

蛋白霜 MERINGUES

MERINGA

供 20 人食用

制备时间：30 分钟

烘烤时间：40 分钟

无盐黄油，用于涂抹烤盘

普通面粉，用于淋撒

5 个蛋白

200 克 /7 盎司糖粉，过筛

见第 1178 页

将烤箱预热到 150°C/300°F/ 气烤箱刻度 2。在烤盘内涂抹黄油，并撒上薄薄的一层面粉。在一个无油干净的碗中将蛋白打发至硬性发泡，然后轻柔地拌入糖粉即可。将蛋白霜装入裱花袋中，在准备好的烤盘上挤 1 厘米 /½ 英寸厚的圆片。将烤箱温度减至最小设定，将蛋白霜放入烤箱烘烤 30～40 分钟，确保表面颜色不变深。蛋白霜并不应该被烤熟，而仅仅是被烘干而已。

打发奶油 WHIPPED CREAM

把一个碗放在冷冻室里冷却15～30分钟。拿出碗，倒入奶油。用电动搅拌器将奶油打发即可。如果你想要甜奶油，则在打发前把糖粉加入奶油中。

PANNA MONTATA

制备时间：10分钟，另加15～30分钟冷却用时

300毫升/½品脱双倍奶油，冷却

1～2汤匙香草糖粉（可选，见第1161页）

油炸用面糊 BATTER FOR FRYING

将面粉、白葡萄酒、格拉帕酒和1小撮盐放入一个大碗中，搅拌均匀。拌入蛋黄，此时面糊应比较浓稠，但仍具有流动性。静置30分钟。在一个无油干净的碗中将蛋白打发，然后翻拌入之前的面糊里。将所需油炸的食材快速蘸上面糊，并放入180～190℃/350～375℉的热油中炸熟（测试油温也可以在油锅中放入一小块面包，看看是不是能在30秒内炸至金黄色）。用漏勺或铲子将食材捞出，放在厨房纸上沥干多余的油脂。

PASTELLA PER FRIGGERE

制备时间：20分钟，另加30分钟静置用时

150克/5盎司普通面粉

5汤匙白葡萄酒

2汤匙格拉帕酒

1颗鸡蛋，分离蛋黄蛋白

盐

热巧克力酱 HOT CHOCOLATE SAUCE

将一个耐热碗放置在一口用小火加热的沸水锅上，隔水加热熔化巧克力。用木勺搅拌，然后一点点加入奶油，同时不停搅拌直至达到想要的稠度。当巧克力酱刚刚达到沸点时从热锅上拿开即可。这种巧克力酱可以浇在模具上或作为慕斯淋面，或者淋在不同口味的冰激凌上，例如榛子味、香蕉味，甚至是巧克力味的。

SALSA AL CIOCCOLATO CALDA

制备时间：10分钟

加热烹调时间：20分钟

250克/9盎司原味巧克力，切小块

200毫升/7盎司双倍奶油

冷巧克力酱 COLD CHOCOLATE SAUCE

将奶油打发至变得浓稠。隔水加热熔化巧克力，然后放置一边稍做冷却。搅入蛋奶酱，待其完全冷却后翻拌入打发好的奶油。这种巧克力酱可以作为海绵蛋糕的夹心酱。

SALSA AL CIOCCOLATO FREDDA

制备时间：45分钟，另加冷却用时

加热烹调时间：5分钟

1份蛋奶酱（见第1208页）

50克/2盎司原味巧克力，切小块

3汤匙双倍奶油

← 蛋白霜，见第1177页

橙子酱 ORANGE SAUCE

将橙子皮切成细丝，在沸水中焯 5 分钟，沥干并用厨房纸拭干。橙子果酱和杏果酱用一个细滤网过筛，倒入深平底锅中，并加入橙子味利口酒搅拌。加入橙子皮，边用小火加热边搅拌。橙子酱趁热或放凉使用都可以，可以淋在冰激凌或其他奶油味甜点上。

SALSA ALL'ARANCIA

制备时间：30 分钟

加热烹调时间：25 分钟

1 个橙子的橙皮， 削好

200 克 / 7 盎司橙子果酱

200 克 / 7 盎司杏果酱

2 汤匙橙子味利口酒

杏酱 APRICOT SAUCE

将糖和 200 毫升 / 7 盎司水放入深平底锅中，用中火加热煮沸并搅拌，直至糖浆变稠。将杏肉打成果泥，加入糖浆中，继续加热直至果酱的稠度足够裹住勺子的背面。将制好的酱汁用一个铺上平纹细布的滤网过筛到碗中。这种杏酱可以当馅料，也可以用来淋盖各式甜点和蛋糕，与巧克力是极佳的搭配，冷热均可使用。

SALSA DI ALBICOCCHE

制备时间：20 分钟

加热烹调时间：30 分钟

150 克 / 5 盎司白砂糖

250 克 / 9 盎司杏， 去核

樱桃酱 CHERRY SAUCE

将樱桃和糖放入一口深平底锅中，倒入 100 毫升 / 3½ 盎司水，盖上锅盖并用中火加热至樱桃变得软烂。用漏勺捞出樱桃并搅打成果泥，放在碗中备用。锅中剩余的糖浆继续用小火加热收汁，关火。汤汁放凉后拌入樱桃果泥，然后加入樱桃白兰地。这种樱桃酱可以淋在原味冰激凌或意式奶冻上，也可以用作蛋糕的馅料。

SALSA DI CILIEGE

制备时间：20 分钟，另加冷却用时

加热烹调时间：30 分钟

300 克 / 11 盎司樱桃， 去核

120 克 / 4 盎司白砂糖

175 毫升 / 6 盎司樱桃白兰地

草莓酱 STRAWBERRY SAUCE

将 100 毫升 / 3½ 盎司水放入深平底锅中，加入糖，一边搅拌一边用中火加热 8～10 分钟。将草莓搅打成果泥，拌入锅里的糖浆中，加入准备的酒即可。这种草莓酱可以用来搭配各式冰激凌，尤其是开心果口味的。

SALSA DI FRAGOLE

制备时间：30 分钟

加热烹调时间：15 分钟

50 克 / 2 盎司白砂糖

300 克 / 11 盎司草莓

50 毫升 / 2 盎司樱桃白兰地或黑樱桃酒 （maraschino）

← 樱桃酱

SALSA DI NOCCIOLE
制备时间：40 分钟
加热烹调时间：10 分钟
100 克 /3½ 盎司榛子，去壳
475 克 /16 盎司香草蛋奶酱（见第 1210 页）
50 毫升 /2 盎司白兰地

榛子酱 HAZELNUT SAUCE

烤箱预热至 200°C/400°F/ 气烤箱刻度 6。将榛子平铺在烤盘上，放入烤箱烘烤 10 分钟左右，注意不要烤到焦黄。将烤好的榛果倒在一块干净的茶巾上，把皮搓掉，磨成细粉末状后拌入香草蛋奶酱，最后再拌入白兰地。这种榛子酱与沙巴翁冰激凌或原味的沙巴翁搭配极佳。

SCIROPPO DENSO DI ZUCCHERO
制备时间：5 分钟
加热烹调时间：20 分钟
800 克 /1¾ 磅白砂糖

浓糖浆 THICK SYRUP

将 250 毫升 /8 盎司水放入深平底锅中，加入糖，用小火加热并不断搅拌，直至糖全部溶解。大火煮沸，然后转小火加热至糖浆变稠即可，注意这个过程中不要搅拌。糖和水的用量是可以根据你想要的稠度调整的。如果你想要稀一点儿的糖浆，用一半分量的糖就可以了。制作糖浆时，最好使用不锈钢锅或者厚底的双层锅。

ZUCCHERO CARAMELLATO
制备时间：5 分钟
加热烹调时间：30 分钟
100 克 /3½ 盎司白砂糖

焦糖酱 CARAMEL

用冷水将一口小号平底锅冲洗干净，然后加入糖和 120 毫升 /4 盎司的温水。慢火加热并搅拌，直至糖全部溶解，颜色呈金黄色，稠度达到可以拉丝的程度。这个过程大概需要 30 分钟。焦糖酱可以在制作焦糖布丁的时候使用（见第 1196 页），也可以淋在冰激凌上，它还是制作麦乳精的主要原料。

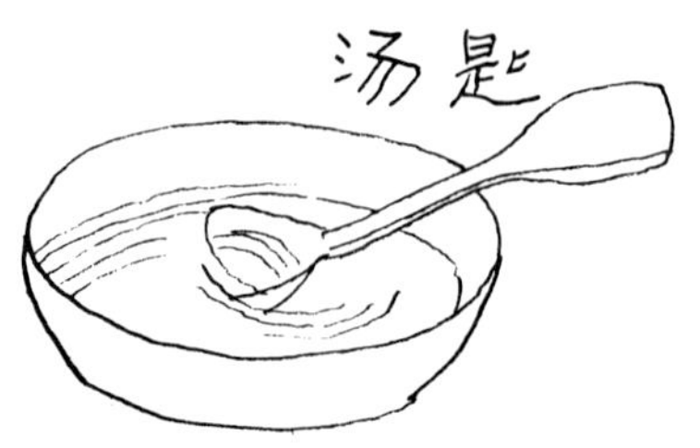

焦糖酱 ➔

巴伐利亚奶油冻

巴伐利亚奶油是一种艳惊全场、适合一年四季的轻盈甜点冻，只需要稍加练习，你便能轻松制作。因为制作巴伐利亚奶油冻的模具有着纤长的形状，通常带有槽纹或其他装饰，自然也会给这种多彩的甜点带来高雅的“体态”，而多彩来自水果、咖啡或巧克力的黄、绿、红或棕色。它们也可以是双色的，如奶油搭配巧克力或者草莓搭配柠檬，甚至是三色的，如咖啡、沙巴翁搭配榛果。巴伐利亚奶油冻以蛋奶液和打发奶油为底，各式的糖来赋予口味。需要放入冰箱冷藏凝固，食用时翻转模具将奶油冻倒出即可，再搭配上新鲜水果、糖渍水果或佐以各种酱汁，便是一道完美的甜点。

BAVARESE ALL'ARANCIA

供 6 人食用

制备时间：35 分钟，另加 4 小时冷却用时

加热烹调时间：15 分钟

3 片吉利丁

3 个橙子

100 克 / 3½ 盎司白砂糖

400 毫升 / 14 盎司淡炼乳（evaporated milk）

6～8 瓣橙子蜜饯

橙子巴伐利亚奶油冻 ORANGE BAVAROIS

小碗中装入水，加入吉利丁片浸泡。将 2 个橙子的橙皮擦成碎末，并将 3 个橙子挤出橙汁，过滤后倒入小号平底锅中，加入糖和橙皮，大火煮沸后转小火加热，熥至原来的一半。将吉利丁片捞出，挤出多余的水分，然后一片片地搅拌入温热的橙子糖浆中。将淡炼乳打发至发泡，搅拌入糖浆中即可。将橙子蜜饯一瓣瓣地摆放在体积为 1 升 / 1¾ 品脱的模具底部，然后将奶油糊倒入模具里。放入冰箱里冷藏至少 4 小时，待布丁凝结后即可翻转倒出。

香草巴伐利亚奶油冻 VANILLA BAVAROIS

BAVARESE ALLA VANIGLIA

供 6 人食用

制备时间：30 分钟，另加 1 小时萃取用时和 4 小时冷藏用时

加热烹调时间：10～15 分钟

250 毫升 / 8 盎司牛奶

1 根香草荚，剖开

1 片吉利丁

4 个蛋黄

150 克 / 5 盎司白砂糖

500 毫升 / 18 盎司双倍奶油

将牛奶用大火加热，煮沸后马上关火并加入香草荚，浸泡 1 小时左右，让牛奶吸收香草的香味，然后取出香草荚。小碗中装上水，加入吉利丁片浸泡。将蛋黄和糖一起打发至发白蓬松的程度，然后一点点拌入香草味牛奶。吉利丁片捞出并挤出多余水分，搅拌进蛋奶液中后全部倒进锅里，用中火加热并不断搅拌，直至稠度可以裹挂在勺子背面。注意在加热过程中不要使之沸腾。然后关火，把蛋奶液倒入一个碗中使之冷却，偶尔搅拌一下，防止表面结皮。将双倍奶油打发至硬性发泡，小心地翻拌入冷却后的蛋奶液中。用冷水冲洗一个 1 升 / 1¾ 品脱的模具，并将制好的奶油糊倒入。盖好后放入冰箱冷藏约 4 小时，直至凝结。食用时，将模具底部在热水中浸泡几秒钟，然后翻转模具将奶油冻倒扣在盘子上即可。这道食谱也可以当作其他口味巴伐利亚奶油冻的基础。

李子巴伐利亚奶油冻 PLUM BAVAROIS

BAVARESE ALLE PRUGNE

供 6 人食用

制备时间：1 小时 50 分钟，另加 20 分钟浸泡、冷却用时和 2 小时冷藏用时

加热烹调时间：35 分钟

400 克 / 14 盎司李子，去核

1 升 / 1¾ 品脱红葡萄酒

1 份热那亚海绵蛋糕（见第 1168 页）

175 毫升 / 6 盎司白兰地

2 片吉利丁

1 份蛋奶酱（见 1208 页）

400 毫升 / 14 盎司双倍奶油

将李子放在一个深盘中，倒入红葡萄酒浸泡约 20 分钟。在一个直径为 25 厘米 / 10 英寸的活底模具底部铺上一层热那亚海绵蛋糕。取出泡好的李子，拿出五六个用白兰地继续浸泡。其余的李子一部分平铺在模具里的蛋糕底上，剩下的则竖直铺在模具的边缘，铺满一圈。小碗中装上水，加入吉利丁片，浸泡 3 分钟后捞出，挤出多余水分，搅入提前制好的蛋奶液中，静置冷却。将双倍奶油打发至硬性发泡的程度，然后小心地翻拌入蛋奶液中。最后将奶油糊倒入蛋糕模具中，倒的时候注意不要移动摆放好的李子。放入冰箱冷藏至少 2 小时，直至布丁凝结。食用时，将奶油冻脱模、转移到盘子上，点缀以白兰地泡好的李子即可。

BAVARESE AL VINO

供 6 人食用

制备时间：1 小时 15 分钟，另加冷却和冷藏用时

加热烹调时间：40 分钟

2 片吉利丁或 2 茶匙吉利丁粉

5 汤匙甜白葡萄酒

半颗柠檬，挤出柠檬汁，过滤

4 个蛋黄

150 克 /5 盎司的白砂糖

500 毫升 /18 盎司双倍奶油

无盐黄油，用于涂抹蛋糕模具

1 份热那亚海绵蛋糕面糊（见第 1168 页）

用于制作糖浆

5 汤匙甜白葡萄酒

100 克 /3½ 盎司白砂糖

250 克 /9 盎司紫葡萄

葡萄酒巴伐利亚奶油冻 WINE BAVAROIS

如果选择使用吉利丁片，在小碗中装上水，放入吉利丁片浸泡；若选择使用吉利丁粉，则把葡萄酒和柠檬汁在平底锅中稍微加热后加进去。将蛋黄和糖在另一口深平底锅中打发至蓬松发白的程度，然后将热的葡萄酒液搅打进去。继续小火加热，不断地搅拌，直至足够黏稠并可以裹挂在勺子的背面。把锅从火上端离，稍加冷却。若使用的是吉利丁片，这时捞出并挤出多余水分，溶解到锅中的蛋奶液中，然后静置至完全冷却。将双倍奶油打发至硬性发泡，小心地翻拌入冷却后的蛋奶液中，放入冰箱冷却。烤箱预热 180°C/350°F/ 气烤箱刻度 4，在 2 个 20 厘米 /8 英寸的浅蛋糕模具内壁涂抹黄油。制作糖浆：把葡萄酒、90 克 /3 盎司的葡萄和糖一起加热，搅拌，直至糖全部溶解。将液体过滤，保留葡萄和糖浆。将剩下的葡萄搅打成果泥，过滤，加入热的糖浆，混匀并稍微放凉即可。把准备好的海绵蛋糕面糊分成 2 份，分别倒入蛋糕模具中，约 2 厘米 /¾ 英寸深，烘烤约 40 分钟后取出放凉。在盘子上组装蛋糕：底部放上一层蛋糕坯并淋上糖浆，然后抹上一层巴伐利亚奶油糊，奶油上铺一层之前保留的葡萄，再涂抹一层奶油糊。再放上一层蛋糕坯并淋上糖浆，最后把剩余的巴伐利亚奶油涂抹在整个蛋糕上。食用前蛋糕需一直保持冷藏状态，取出后用剩余的葡萄点缀即可享用。

葡萄酒巴伐利亚奶油冻 →

模糕与布丁

这一类甜点包含了大量的技巧和繁多的食谱。对于意大利人来说，模糕代表的是愉快的童年时光，而对于小朋友来说，那是一种诱人的点心。模糕由牛奶、鸡蛋和面粉制成，也有可能是使用马铃薯粉、粗粒小麦粉、大米或面包制作。可以依照你的喜好用香草或其他原料赋予其独特的口味。模糕通常冷藏后使用，搭配水果酱或饼干。

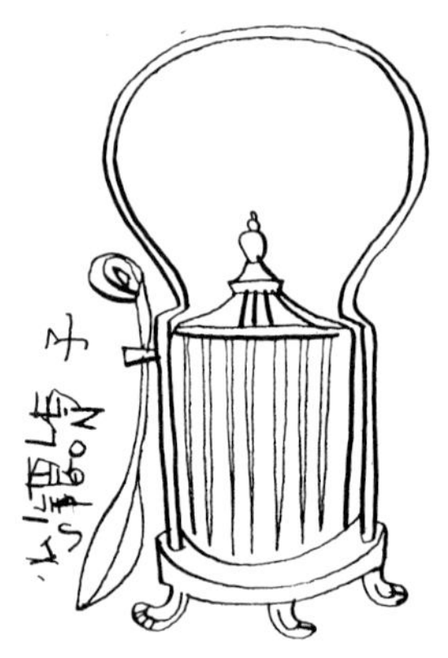

皮埃蒙特风味布丁 PIEDMONT PUDDING

BONET
供 6 人食用
制备时间：1 小时，另加冷却用时
加热烹调时间：1 小时
500 毫升 /18 盎司牛奶
4 颗鸡蛋
165 克 /5½ 盎司白砂糖
50 克 /2 盎司扁桃仁饼干碎
3 汤匙黑巧克力，擦碎
50 毫升 /2 盎司朗姆酒（可选）

在一口小平底锅中加热牛奶至即将沸腾，然后从火上移开。将鸡蛋和 4 汤匙的糖打发至发白蓬松，然后慢慢地加入牛奶中并混合均匀，接着加入扁桃仁饼干碎、巧克力和朗姆酒（如果使用），充分混合均匀。将剩余的糖倒入一口小号的平底锅中，加入 2 汤匙水并加热，直至呈焦糖状。当糖开始变成金黄色时关火，然后将焦糖倒入 1½ 升 /2½ 品脱的模具中，左右倾斜、旋转模具，使焦糖能均匀地覆盖模具的底部和内壁，放置一边冷却。烤箱预热至 180°C/350°F/ 气烤箱刻度 4，把巧克力布丁糊倒入模具。把模具放在一个加了沸水的深烤盘中，让水没到模具的一半，隔水烘烤 1 小时，或用牙签插入布丁内部，拔出来后牙签上没有粘上布丁糊，就表示烤好了。如果没有烤箱，也可以把深烤盘直接放在小火上慢炖，使布丁隔水加热 1 小时即可。从烤盘中取出模具，静置放凉后翻转取出布丁享用。

皮埃蒙特风味布丁 →

BUDINO AL CIOCCOLATO
供 6 人食用
制备时间：55 分钟，另加冷却用时
加热烹调时间：30 分钟
100 克 /3½ 盎司无盐黄油，软化，另加涂抹所需
3 颗鸡蛋，分离蛋黄蛋白
100 克 /3½ 盎司白砂糖
100 克 /3½ 盎司巧克力，切小块
500 毫升 /18 盎司牛奶
50 克 /2 盎司普通面粉
沙巴翁（见第 1210 页）或打发奶油（可选）

巧克力模糕 CHOCOLATE MOULD

烤箱预热至 180°C/350°F/ 气烤箱刻度 4，并在一个 1½ 升 /2½ 品脱的模具内壁抹上黄油。在一个大碗中先打发黄油，随后一个一个地打入蛋黄，最后打入砂糖。将一个耐热碗放置在一锅小火煮沸的沸水上，隔水加热熔化巧克力。同时，在另一口锅中将牛奶加热至恰好沸腾，然后一点点地倒入熔化的巧克力中，最后一起加入打发好的黄油蛋黄糊中，混合均匀。将巧克力蛋奶液重新倒入锅中，筛入面粉并用小火加热，不断搅拌使面糊均匀。约 5 分钟后关火，放在一边冷却，时而搅拌一下。在另一个干净无油的碗中，将蛋白打发至硬性发泡，然后翻拌入冷却后的面糊中。将制好的模糕糊倒入模具中，放在一个加了沸水的深烤盘中，让水没到模具的一半高度，隔水烘烤 30 分钟。如果没有烤箱，也可以把深烤盘直接放在小火上，隔水加热 30 分钟即可。从烤盘水浴中取出模糕，静置放凉后翻转取出即可享用。如果你喜欢，巧克力模糕也可以搭配沙巴翁或打发淡奶油食用。

BUDINO AL LIME
供 4~6 人食用
制备时间：40 分钟，另加冷却用时
加热烹调时间：1 小时
1 份焦糖酱（见第 1182 页）
5 颗鸡蛋
200 克 /7 盎司白砂糖
100 毫升 /3½ 盎司青柠汁，过滤
柠檬皮薄片，用于装饰

青柠模糕 LIME MOULD

将烤箱预热至 180°C/350°F/ 气烤箱刻度 4。制作焦糖酱，并倒入一个 1½ 升 /2½ 品脱的模具中，左右倾斜、旋转模具，使焦糖能均匀地覆盖底部和内壁。在深平底锅中加入鸡蛋和砂糖，小火加热并打发至发白蓬松的程度，打入青柠汁后把蛋糊倒入模具中。将模具放在一个加了沸水的深烤盘中，让水没到模具的一半高度，隔水烘烤 1 小时或插入的牙签拔出时不粘带面糊。从烤盘水浴中取出模糕，静置放凉。食用时将模糕翻转取出，装饰柠檬皮即可。

巧克力模糕 →

蜂蜜布丁 HONEY PUDDING

BUDINO AL MIELE

供 4 人食用

制备时间：55 分钟，另加冷却用时

加热烹调时间：30 分钟

500 毫升 /18 盎司甜白葡萄酒

150 毫升 /¼ 品脱蜂蜜

1 撮肉桂粉

1 茶匙柠檬皮碎

6 颗鸡蛋

130 克 /4½ 盎司白砂糖

将葡萄酒倒入一口深平底锅中，煮沸后加入蜂蜜、肉桂粉和柠檬皮碎搅拌，关火、放凉。在碗中将鸡蛋打发，然后再加入葡萄酒混合液。制作焦糖酱（见第 1182 页内容），并倒入一个 1½ 升 /2½ 品脱的模具中，左右倾斜、旋转模具使焦糖能均匀地覆盖底部和内壁，放在一旁冷却。将烤箱预热至 180°C/350°F/ 气烤箱刻度 4。将蛋酒糊倒入模具中，并将模具放在一个加了沸水的深烤盘中，让水没到模具的一半高度，隔水烘烤 30 分钟。从烤盘水浴中取出模糕，静置放凉。食用前将模糕翻转取出即可。

栗子模糕 CHESTNUT MOULD

BUDINO DI CASTAGNE

供 6 人食用

制备时间：2 小时 30 分钟，另加 3 小时冷藏用时

加热烹调时间：10 分钟

500 克 /1 磅 2 盎司栗子，去壳

500 毫升 /18 盎司牛奶

若干滴香草精

100 克 /3½ 盎司去皮熟扁桃仁，另加装饰所需

50 克 /2 盎司白砂糖

150 毫升 /¼ 品脱单倍奶油

盐

把栗子放入沸水中煮约 20 分钟，捞出后剥去外层的皮。把煮好的栗子、牛奶、香草精和 1 小撮盐放入深平底锅，盖上锅盖并用中火加热约 35 分钟，直至栗子变得软烂。把栗子和牛奶用细网筛挤压过滤成栗蓉，倒入另一口平底锅中。扁桃仁放烤箱或烤架下烤香，然后切碎。用小火慢慢加热栗蓉，并加入糖和扁桃仁碎搅匀，关火后加入单倍奶油并混匀。将制好的模糕糊倒入 1½ 升 /2½ 品脱的模具中，冷却后放入冰箱冷藏 3 小时。食用前，将模糕翻转倒出，装盘，用扁桃仁碎装饰即可。

水果果冻 FRUIT JELLY

BUDINO DI FRUTTA IN GELATINA

供 6~8 人食用

制备时间：45 分钟，另加冷藏用时

加热烹调时间：15 分钟

1 千克 /2¼ 磅橙子，挤出橙汁并过滤

2 颗柠檬，挤出柠檬汁，过滤

80 克 /3 盎司白砂糖

2 汤匙吉利丁粉

500 克 /1 磅 2 盎司草莓

1 个蜜瓜，切半并去籽

把橙汁、柠檬汁和糖倒入一口深平底锅中，用小火加热并不断搅拌，直至砂糖全部溶解。加入按照包装指示制备好的吉利丁粉，再次加热至沸腾，然后关火、过滤。将草莓搅打成果泥，过滤后倒入果汁中，稍微放凉，倒入 1½ 升 /2½ 品脱的模具里。把果冻液放入冰箱冷藏几小时或过夜，直至凝结成冻。用挖球器挖出蜜瓜球。翻转模具倒出果冻，把蜜瓜球放入果冻中间位置即可。

← 水果果冻

扁桃仁布丁 ALMOND PUDDING

BUDINO DI MANDORLE
供4~6人食用
制备时间：45分钟，另加冷却用时
加热烹调时间：30分钟
葵花籽油或橄榄油，用于涂刷
无盐黄油，用于涂抹
175克/6盎司去皮熟扁桃仁
175克/6盎司白砂糖
8个蛋白

将烤箱预热至180°C/350°F/气烤箱刻度4。在一块大理石板上或烤盘中抹油备用，并在一个20厘米/8英寸的活底蛋糕模具内壁涂抹黄油，底部和四周用锡箔纸铺好。取另外一个烤盘，将扁桃仁平铺在烤盘上并烘烤几分钟，直至扁桃仁烘干。用一口深平底锅加热熔化砂糖，放入烘干的扁桃仁并不停搅拌，继续加热，直至颜色变成金黄色。迅速将焦糖扁桃仁倒在备好的大理石板或烤盘上放凉，冷却后用食物料理机将其搅打成细粉末。在另一个干净无油的碗中，将蛋白打发至硬性发泡，然后将焦糖扁桃仁粉翻拌入打发好的蛋白中。将蛋白糊倒入蛋糕模里，并将模具放在一个加了沸水的深烤盘中，让水没到模具的一半高度，隔水烘烤30分钟或烤至插入的牙签拔出时不粘带面糊。脱模取出，冷藏后享用。

粗麦布丁 SEMOLINA PUDDING

BUDINO DI SEMOLINO
供6人食用
制备时间：35分钟，另加15分钟浸泡用时
加热烹调时间：40分钟
50克/2盎司无籽白葡萄干
25克/1盎司无盐黄油，另加涂抹所需
面包糠，用于准备模具
750毫升/1¼品脱牛奶
100克/3½盎司白砂糖
150克/5盎司细粗麦粉
1颗柠檬，擦取外皮碎
4颗鸡蛋，略微打散
盐

将白葡萄干用温水浸泡15分钟，然后捞出并挤出水分。烤箱预热至180°C/350°F/气烤箱刻度4。在一个1½升/2½品脱的模具内壁涂抹黄油，并撒上一层面包糠。将牛奶倒入深平底锅中，一并放入120毫升/4盎司水和糖，加热至沸腾时撒入粗麦粉和1小撮盐，不停地搅拌，用小火加热10分钟后关火。将黄油、葡萄干、柠檬皮碎和蛋液搅拌进粗麦粥中，然后倒入准备好的模具中烘烤40分钟即可。你也可以在制作时加入一点儿柑橘皮蜜饯（candied citron peel），让布丁更具风味。

黑樱桃粗麦布丁 SEMOLINA PUDDING WITH BLACK CHERRIES

BUDINO DI SEMOLINO ALLE AMARENE
供4人食用
制备时间：35分钟，另加冷却用时
加热烹调时间：40分钟
1升/1¾品脱牛奶
100克/3½盎司白砂糖
1颗柠檬，擦取外皮碎
200克/7盎司粗麦粉
50克/2盎司无盐黄油，外加涂抹模具所需
300克/11盎司黑樱桃，去核
3颗鸡蛋，蛋黄蛋白分离
盐

将牛奶倒入深平底锅中，加入糖、柠檬皮碎和1小撮盐，加热至沸腾时撒入粗麦粉，迅速搅拌并关火。加入黄油和樱桃，搅拌均匀，静置放凉。同时，将烤箱预热至180°C/350°F/气烤箱刻度4，并在2升/3½品脱的模具内壁涂抹黄油。把蛋黄一个一个地搅拌进冷却后的粗麦粥中，蛋白则在干净无油的碗中打发至硬性发泡，然后翻拌入粗麦粥中。把布丁糊倒入模具里，放入烤箱烘烤40分钟即可。

← 黑樱桃粗麦布丁

CRÈME CARAMEL

供 6 人食用

制备时间：1 小时，另加 15 分钟萃取和冷却用时

加热烹调时间：20 分钟

500 毫升 /18 盎司牛奶

1 根香草荚，剖开

2 颗鸡蛋

3 个蛋黄

150 克 /5 盎司白糖

焦糖布丁 CRÈME CARAMEL

将牛奶和香草荚倒入深平底锅中加热煮沸，关火后浸泡 15 分钟，让牛奶吸收香草的香味，然后取出香草荚。将鸡蛋、蛋黄和 120 克 /4 盎司的糖打发至发白蓬松。慢慢地加入香草牛奶并搅拌均匀，然后将蛋奶液过滤到另一个碗中。烤箱预热至 180°C/350°F/ 气烤箱刻度 4。将剩余的砂糖和 1 汤匙水倒入一口平底不粘锅中，用小火加热至焦糖化。关火，将焦糖倒入布丁模具中，左右倾斜、旋转模具使焦糖能均匀地覆盖模具的底部和内壁。把蛋奶液倒入模具中，并将模具放在一个加了沸水的深烤盘中，让水没到模具的一半高度，隔水烘烤 20 分钟即可。从水浴中取出模具，放凉后翻转倒出布丁即可。

DELIZIA AL CIOCCOLATO

供 4～6 人食用

制备时间：50 分钟，另加冷藏用时

加热烹调时间：40 分钟

50 克 /2 盎司无盐黄油，熔化，另加涂抹所需

25 克 /1 盎司普通面粉，另加淋撒所需

100 克 /3½ 盎司巧克力，切小块

5 颗鸡蛋，分离蛋白蛋黄

200 克 /7 盎司糖粉

25 克 /1 盎司香草糖（见第 1161 页）

20 克 /¾ 盎司玉米淀粉

巧克力海绵蛋糕 CHOCOLATE DELIGHT

将烤箱预热至 150°C/300°F/ 气烤箱刻度 2，并在一个 20 厘米 /8 英寸的活底蛋糕模内壁涂抹黄油，撒上薄薄一层面粉。将一个耐热碗放置在一锅用小火加热的沸水上面，隔水熔化巧克力，然后从火上拿开。在碗中打发蛋黄、一半的糖粉和香草糖，再打入熔化的黄油和巧克力，筛入面粉和玉米淀粉，拌匀。蛋白打发至硬性发泡，然后打入剩余的糖粉，制成蛋白霜。将蛋白霜轻柔地翻拌入巧克力蛋黄糊中，倒入准备好的蛋糕模中，放入烤箱烘烤 40 分钟左右，取出放凉。将蛋糕放在冰箱里冷藏，食用前脱模装盘。

DELIZIA AL RISO

供 4 人食用

制备时间：45 分钟，另加冷藏用时

150 克 /5 盎司短粒米

250 毫升 /8 盎司牛奶

150 克 /5 盎司白砂糖

150 毫升 /¼ 品脱双倍奶油

50 克 /2 盎司柑橘皮蜜饯，切小块

米布丁 RICE PUDDING

大米放入沸水中煮 10 分钟，然后马上滤出。在一口平底锅中将牛奶加热至沸腾，然后加入大米。当大米将牛奶全部吸收后加糖拌匀，关火放凉。奶油打发至硬性发泡，然后把奶油和柑橘皮蜜饯翻拌入大米糊中。将一个 1 升 /1¾ 品脱的模具冲洗干净，倒入大米布丁糊，放入冰箱待其成形。食用时翻转模具倒出即可。

巧克力海绵蛋糕 ➔

LATTE BRÛLÉE
供 6 人食用
制备时间：2 小时 15 分钟，另加冷却用时
加热烹调时间：20 分钟
1 升 / 1¾ 品脱牛奶
185 克 / 6½ 盎司白砂糖
8 个蛋黄
2 个蛋白
打发的淡奶油，用作配餐

法式牛奶炖蛋 MILK BRÛLÉE

在一口深平底锅中，将牛奶和 100 克 / 3½ 盎司的糖用中火加热并搅拌，直至糖全部溶解。转小火加热1小时左右，然后关火放凉。将剩余的糖放入小号平底锅中加热熔化，直至变成金黄色，然后倒入 1½ 升 / 2½ 品脱的模具中，左右倾斜、旋转模具使得焦糖能均匀地覆盖底部和内壁。将锅里多余的焦糖继续加热直至深棕色，并加入 150 毫升 / ¼ 品脱水，以防过热烧煳。一边搅拌一边加热，直至制成深色、黏稠的糖浆，然后关火放凉。烤箱预热至 180°C/350°F/气烤箱刻度 4。将蛋黄和蛋白在碗中用叉子打散，然后加入牛奶和糖浆，搅匀并过滤到模具里。将模具放在一个加了沸水的深烤盘中，让水没到模具的一半高度，隔水烘烤 20 分钟或用牙签测试不粘带蛋奶糊。将牛奶炖蛋翻扣在盘中，搭配淡奶油即可。这道甜点苦中带甜，使人回味无穷，可以给一顿美味的晚餐画上一个完美的句号。

PANNA COTTA
供 6 人食用
制备时间：35 分钟，另加 4 小时冷藏用时
加热烹调时间：20 分钟
10 克 / ¼ 盎司吉利丁片或 2 茶匙吉利丁粉
100 毫升 / 3½ 盎司牛奶
475 毫升 / 16 盎司双倍奶油
100 克 / 3½ 盎司白砂糖
1 根香草荚，剖开
植物油，用于涂抹模具
榛子酱（见第 1182 页），用作配餐（可选）

意式奶冻 PANNA COTTA

如果选择使用吉利丁片，小碗中装水，加入吉利丁片浸泡 3～5 分钟。若选择使用吉利丁粉，则将牛奶倒入平底锅并撒入吉利丁粉，静置 5 分钟后加热至即将沸腾，关火放凉。注意不要让牛奶沸腾。如果使用的是吉利丁片，此时捞出并挤出多余水分，然后加入热牛奶中。把奶油倒入另一口锅中，加入糖和香草荚，一边搅拌一边用小火加热，沸腾后马上关火并捞出香草荚，倒入牛奶搅匀。在一个 20 厘米 × 10 厘米 / 8 英寸 × 4 英寸的深烤盘内壁刷一层植物油，沥出多余油后倒入奶冻液。放入冰箱冷藏至少 4 小时直至奶冻凝结，翻转倒出奶冻，盛盘即可食用。意式奶冻可以独自享用也可以搭配榛子酱。

意式奶冻 →

夏洛特蛋糕

夏洛特蛋糕是一种以蛋奶冻与水果为基础的甜点，你可以用蘸了鲜榨果汁、利口酒、茶或咖啡的吐司片、手指饼干或海绵蛋糕作为夏洛特蛋糕最外层的部分。

扁桃仁夏洛特 AMARETTI CHARLOTTE

CHARLOTTE AGLI AMARETTI

供 8 人食用

制备时间：45 分钟，另加 4～5 小时冷藏用时和 30 分钟静置用时

加热烹调时间：20 分钟

250 克 /9 盎司巧克力，切小块

1 个蛋黄

120 毫升 /4 盎司牛奶

120 克 / 4 盎司无盐黄油

45 克 /1½ 盎司白砂糖

植物油，用于涂刷模具

400 克 /14 盎司小扁桃仁饼干

5 汤匙朗姆酒

将一个耐热碗放在一锅用小火加热的沸水上，隔水加热熔化巧克力。把蛋黄装在碗中，并加热牛奶至温热，然后迅速地将温牛奶搅入蛋黄中。将蛋奶液重新倒回锅里并继续用中火加热，不断地搅拌，直至液体呈奶油般浓稠。注意不要让蛋奶液沸腾。将蛋奶液过滤到熔化的巧克力中，混匀至顺滑后静置一会儿，待其冷却但没有凝固的状态。在另一个碗中，先把黄油和糖打发至蓬松，然后逐渐搅入巧克力蛋奶糊。在一个 2 升 /3½ 品脱的模具内壁涂上一点儿植物油并铺上保鲜膜，模具底部先铺上一层扁桃仁饼干，四周也铺上一层，淋上一些朗姆酒浸润。将 ⅓ 的巧克力蛋奶糊铺在饼干上，接着铺上第二层扁桃仁饼干并把四边铺满，淋上朗姆酒。你可以将一块扁桃仁饼干捏碎，填充到饼干层的缝隙中。重复此操作步骤，直至用完所有的材料，以扁桃仁饼干层作为最上层。将蛋糕整体用保鲜膜包好，放入冰箱冷藏 4～5 小时。食用前 30 分钟，将蛋糕取出翻转、脱模，待其回温后便可享用。

← 扁桃仁夏洛特

浆果夏洛特 FRUITS OF THE FOREST CHARLOTTE

供 6 人食用
制备时间：45 分钟，另加冷却用时和 24 小时冷藏用时
加热烹调时间：35 分钟

4 片吉利丁
500 毫升 /18 盎司牛奶
若干滴香草精
6 个蛋黄
150 克 /5 盎司白砂糖
24 片海绵蛋糕
200 克 /7 盎司覆盆子
200 克 /7 盎司红浆果和黑加仑混合果
100 克 /3½ 盎司蓝莓
100 克 /3½ 盎司草莓

在小碗中装上水，加入吉利丁片浸泡。将牛奶倒入平底锅中，加入香草精并煮沸，然后关火。在另一口深平底锅中将蛋黄和糖打发至发白蓬松，接着慢慢地搅入香草牛奶。捞出吉利丁片并挤出多余水分，放入蛋奶液中混合均匀，然后继续用小火加热，不停搅拌，直至稠度足够裹挂在勺子背面，关火、放凉。预热烤架，将海绵蛋糕片稍微烘烤一下，然后铺在 2 升 /3½ 品脱的模具底部和四周内壁，留出足以覆盖顶部的蛋糕片备用。将奶油打发至硬性发泡，翻拌入冷却后的蛋奶酱中，加入所有的莓果混匀。将蛋奶糊倒入模具里，然后用剩余的蛋糕片覆盖。最后用锡箔纸裹住模具，放入冰箱冷藏 24 小时。

香梨李子夏洛特 PLUM AND PEAR CHARLOTTE

供 6 人食用
制备时间：15 分钟，另加冷却用时和 3 小时冷藏用时
加热烹调时间：25 分钟

500 克 /1 磅 2 盎司香梨，去皮去核并切块
半颗柠檬，挤出柠檬汁，过滤
100 克 /3½ 盎司白砂糖
285 克 /10 盎司李子，去核
250 毫升 / 9 盎司红葡萄酒
65 克 /2½ 盎司红浆果冻
300 毫升 /½ 品脱双倍奶油
无盐黄油，涂抹模具用
30 块手指饼干

将香梨和柠檬汁一起搅打成果泥，倒入锅里并搅入砂糖。在另一口锅中加入李子和红葡萄酒，加热煮沸后用小火炖 15 分钟，捞出李子。除保留几个用作装饰之外，将剩余的李子也搅打成果泥，并倒入香梨果泥中，一起用小火加热，但不要煮沸。加入红浆果冻搅匀，直至全部溶解，关火、放凉。将奶油打发至硬性发泡，翻拌入果酱中。用黄油涂抹一个 2 升 /3½ 品脱的模具底部和四周内壁，铺上手指饼干。在预留出覆盖顶部的用量之后，将其余的手指饼干捏碎。模具中铺一层水果奶油糊，然后撒一层饼干碎。继续重复叠加，最后铺上一层预留出的手指饼干。在冰箱里冷藏 3 小时后脱模取出，并装饰以红酒渍李子。

浆果夏洛特 →

CHARLOTTE AL RIBES

供 6～8 人食用

制备时间：3 小时 15 分钟，另加 6 小时冷藏用时

1 份蛋奶酱（见第 1208 页）

2 片吉利丁

2 汤匙白兰地

200 克 /7 盎司黑加仑

40 克 /1½ 盎司栗子酱（见第 1319 页）

4 个蛋白

150 毫升 /¼ 品脱双倍奶油

手指饼干

黑加仑夏洛特 BLACKCURRANT CHARLOTTE

将制作好的蛋奶酱稍微放凉。小碗中装上水，加入吉利丁片浸泡 3 分钟，捞出并挤出水分。把泡软的吉利丁片搅入蛋奶酱中，然后静置至完全冷却。随后加入白兰地、黑加仑和栗子酱搅匀。在无油的碗中将蛋白打发至硬性发泡，然后翻拌入蛋奶糊中。在一个 2 升 /3½ 品脱的模具内壁铺烘焙纸，倒入蛋奶糊并冷藏 6 小时。将奶油打发至硬性发泡后备用。将夏洛特蛋糕脱模、盛盘，然后用奶油抹面。手指饼干竖直贴在蛋糕侧面围边，蛋糕顶部则留白。

CHARLOTTE DELIZIA

供 6 人食用

制备时间：1 小时，另加冷却用时和 24 小时冷藏用时

加热烹调时间：10 分钟

50 克 /2 盎司无盐黄油

120 克 /4 盎司巧克力，切小块

5 颗鸡蛋

100 克 /3½ 盎司里考塔奶酪

100 克 /3½ 盎司白砂糖

3 汤匙双倍奶油

1 茶匙速溶咖啡粉

150 克 /5 盎司猫舌饼干（langues-de-chat）

打发的淡奶油，用作配餐

摩卡夏洛特 CHARLOTTE DELIGHT

将一半黄油、巧克力和 3 汤匙水用小火加热并搅拌，直至熔化且融合后关火。取 2 颗鸡蛋，将蛋白和蛋黄分离开，然后把蛋黄搅入热巧克力中，放凉。在干净的碗中把蛋白打发至硬性发泡，然后翻拌入冷却的巧克力糊中，冷藏。将剩余 3 颗鸡蛋分离蛋白蛋黄，把蛋黄一个一个地加入里考塔奶酪中并搅拌均匀，然后加入砂糖、奶油和速溶咖啡粉拌匀，将蛋白打发至硬性发泡后翻拌入蛋黄糊中，在阴凉处静置备用。用剩余的黄油涂抹一个 1 升 /1¾ 品脱模具内壁，在底部铺一层猫舌饼干，然后倒入一层巧克力糊，再铺一层饼干，再加入咖啡奶酪糊，最后以饼干层结尾。用锡箔纸包住模具顶部，并把蛋糕放入冰箱冷藏 24 小时。食用时，将模具底部浸入热水几秒钟即可翻转脱模。这道摩卡夏洛特可以搭配打发好的淡奶油一起享用。

黑葡萄夏洛特 BLACK GRAPE CHARLOTTE

CHARLOTTE DI UVA NERA

供 6 人食用

制备时间：1 小时，另加 2 小时萃取用时和 2 小时冷藏用时

加热烹调时间：15 分钟

350 毫升 / 12 盎司红葡萄酒

1½ 千克 / 3¼ 磅黑葡萄（black grape）

150 克 / 5 盎司白砂糖

175 毫升 / 6 盎司双倍奶油

24 块手指饼干

将红酒加热，加入葡萄煮几分钟后捞出，保留红酒。葡萄去皮、切半并去籽，然后放入碗中备用。在红酒中加入 130 克 /4½ 盎司白砂糖，继续用小火加热，不停搅拌直至白砂糖溶解，关火，让红酒稍微放凉。把一半的葡萄倒回红酒中浸泡约 2 小时，然后捞出并用厨房纸拭干，继续保留红酒和另一半的葡萄。将奶油打发至硬性发泡并翻拌进剩余的白砂糖，放在冰箱里冷藏备用。手指饼干蘸上预留的红酒浸湿，铺在 2 升 /3½ 品脱的模具底部和四边。在饼干上面抹上一层打发奶油，然后铺一层用红酒浸好的葡萄。重复叠加奶油和葡萄，直至用完所有原料，并在最上层盖上手指饼干。将蛋糕放在冰箱中冷藏 2 小时，然后翻转脱模、盛盘，装饰以之前预留的葡萄后即可享用。

蛋奶酱和奶油

蛋奶酱（又称卡仕达）和奶油类是一个大家族，可谓是各式甜点制作的重要基石，并且拥有极为广泛和多变的用途。它们可以用作各式蛋糕、迷你挞、千层酥卷和泡芙的馅料，也可以用来为“黄金蛋糕”（pandoro）或“托尼甜面包”（panettone）这类传统糕点增加风味（这两款糕点是来自维罗纳和米兰的圣诞面包），还可以点缀夏洛特蛋糕。当然，它们本身就是一道令人垂涎的可口甜点。只需牢记几个基本要领，然后再加一点儿耐心，你便能做出各式美味的自制奶油，你甚至可以提前几天制作后放在冰箱里备用。

栗子奶油 CHESTNUT CREAM

CREMA AI MARRONI

供 6 人食用

制备时间：1 小时，另加冷却用时

加热烹调时间：40 分钟

1 千克 /2¼ 磅栗子，去壳

200 克 /7 盎司白砂糖

50 克 /2 盎司香草糖

200 毫升 /7 盎司双倍奶油

盐

把栗子放入沸水中煮 5 分钟，之后捞出去皮。将一锅淡盐水煮沸，加入去皮的栗子用小火加热，再煮 30 分钟。同时，将白砂糖、香草糖和 250 毫升 /8 盎司水倒入锅中，用小火加热，搅拌至白砂糖全部溶解，然后继续加热 10 分钟左右关火。将栗子捞出倒在热糖浆中，并继续煮沸约 10 分钟。捞出栗子并挤压成泥，拌入剩余的糖浆后静置放凉。奶油打发至硬性发泡，然后翻拌入冷却后的栗子泥中。将栗子奶油按需要分装冷藏，食用时再取出。

蓝莓奶油 BLUEBERRY CREAM

CREMA AI MIRTILLI

供 4 人食用

制备时间：40 分钟，另加冷却用时

加热烹调时间：25 分钟

1 汤匙白砂糖

200 克 /7 盎司蓝莓

1 份蛋奶酱（见第 1208 页），冷却

将白砂糖和 2 汤匙水放入平底锅中，用小火加热并不停搅拌，直至白砂糖全部溶解。留出几个蓝莓备用，将其余的蓝莓全部倒入锅中，用中火加热 15 分钟，然后关火，冷却并滤出蓝莓。将提前制好的蛋奶酱分装盛盘，用预留的蓝莓装饰即可。

栗子奶油 →

CREMA DI ALBICOCCHE
供 6 人食用
制备时间：45 分钟，另加冷藏用时和冷却用时
加热烹调时间：25 分钟
600 克 / 1 磅 5 盎司杏肉，去皮去核并切块
185 克 / 6½ 盎司白砂糖
2 片吉利丁
300 毫升 / ½ 品脱低脂奶油
1～2 块冰块，压碎
1 个蛋白

杏子奶油 APRICOT CREAM

将杏肉和 130 克 / 4½ 盎司的糖放入深平底锅，用小火加热，直至杏肉变软。同时，小碗中装水，加入吉利丁片浸泡。将煮好的杏肉搅打成果泥后倒入碗中，捞出吉利丁片并挤出水分，然后加入仍然温热的杏泥中搅拌均匀，放入冰箱里冷藏。将奶油和碎冰混匀并充分打发。将剩余的糖和蛋白放入一个耐热碗中，隔水加热同时打发至起沫，关火、放凉。将杏泥、打发奶油和蛋白霜混合均匀，然后分装盛盘。

CREMA DI BANANE
供 4 人食用
制备时间：25 分钟，另加 1 小时冷藏用时
2 根香蕉
400 克 / 14 盎司凝乳酪（curd cheese）
50 克 / 2 盎司奶粉
2 汤匙蜂蜜
1 大捏肉桂粉

香蕉奶油 BANANA CREAM

香蕉去皮切片，与凝乳酪、奶粉、蜂蜜和肉桂粉放入碗中捣碎成泥并充分混合，然后倒入一个容量 1 升 / 1¾ 品脱的盘子里，冷藏至少 1 小时后即可食用。

CREMA DI MASCARPONE
供 6 人食用
制备时间：40 分钟，另加冷藏用时
3 颗鸡蛋，分离蛋白蛋黄
3 汤匙白砂糖
300 克 / 11 盎司马斯卡彭奶酪
3 汤匙朗姆酒
小饼干，用作配餐

马斯卡彭奶酪奶油 MASCARPONE CREAM

将蛋黄和白砂糖在碗中打发至发白蓬松，将蛋白在干净的碗中打发至硬性发泡，翻拌入蛋黄糊中，然后继续一点点翻拌入马斯卡彭奶酪。加入朗姆酒并轻轻混合均匀，分装盛盘，放入冰箱冷藏，直至食用前再取出，也可以搭配小饼干一起享用。

CREMA INGLESE
供 6 人食用
制备时间：30 分钟
加热烹调时间：10 分钟
500 毫升 / 18 盎司牛奶
15 克 / ½ 盎司香草糖（见第 1161 页）
4 个蛋黄
130 克 / 4½ 盎司白砂糖

基础蛋奶酱 CUSTARD

将牛奶和香草糖倒入锅中，加热至沸腾，然后关火。将蛋黄和白砂糖在另外一口锅里打发至发白蓬松，然后逐渐倒入热牛奶。用慢火加热并不停搅拌，直至稠度可以裹挂在勺子背面，注意不要使之沸腾。完成后关火，稍微放凉即可。基础蛋奶酱可以与小饼干搭配，作为一道简单的甜点冷食，也可以作为蛋糕或其他甜点的冷热酱汁或馅料。

杏子奶油 →

CREMA PASTICCERA

供4人食用

制备时间：20分钟，另加冷却用时

加热烹调时间：10分钟

4个蛋黄

100克/3½盎司白砂糖

25克/1盎司普通面粉

500毫升/18盎司牛奶

若干滴香草精或1茶匙柠檬皮碎

香草蛋奶酱 CONFECTIONER'S CUSTARD

将蛋黄和白砂糖在一口锅里打发至发白蓬松，逐渐拌入面粉，直至混合均匀。在另一口锅中把牛奶加热至沸点，加入香草精或柠檬皮碎，然后关火。一点点将热牛奶加入蛋黄糊中并不停地搅拌，然后用小火加热3～4分钟，直至变稠。将蛋奶糊倒入碗中放凉，时不时搅拌一下，防止表面结皮。这种蛋奶酱可以作为馅料，广泛应用于各类点心和蛋糕中。食谱中所加入的面粉使之更加浓稠，但是口感没有基础蛋奶酱那么轻盈。

CRÈME BRÛLÉE D'ALTRI TEMPI

供6人食用

制备时间：30分钟，另加5～6小时冷藏用时

加热烹调时间：15分钟

500毫升/18盎司牛奶

100毫升/3½盎司双倍奶油

4个蛋黄

85克/3盎司白砂糖，另加制作焦糖所需

传统焦糖布丁 OLD-FASHIONED CRÈME BRÛLÉE

将牛奶和奶油倒入一口小锅里并加热至沸腾。蛋黄和白砂糖在另外一口锅里打发至发白蓬松，然后倒入热奶油。继续用小火加热并不停地搅拌，直至稠度足够裹挂在勺子背面。将蛋奶液倒入1升/1¾品脱的耐热布丁盘里，放入冰箱冷藏5～6小时。将烤架预热至高温。取出布丁，在表面撒上一层砂糖，把布丁盘放在烤盘上，用冰块环绕在布丁周围。将烤盘放在烤架下加热，直至砂糖焦糖化，然后把布丁放回冰箱冷藏，食用前再取出。

ZABAIONE

供4人食用

制备时间：20分钟

加热烹调时间：15分钟

4个蛋黄

4汤匙白砂糖

120毫升/4盎司马尔萨拉白葡萄酒或干白葡萄酒，也可以用起泡酒

沙巴翁 ZABAGLIONE

蛋黄和白砂糖在一个耐热碗中打发至发白蓬松，然后一点点拌入马尔萨拉白葡萄酒或干白葡萄酒。将耐热碗放在一锅用小火加热的沸水上，隔水加热并不停搅拌，当蛋黄糊的体积开始变大时从火上移开即可。沙巴翁冷食热食均可，也可以作为咖啡口味或榛子口味冰激凌的淋酱。

沙巴翁 →

舒芙蕾

舒芙蕾十分经典，无论是甜味还是咸味的，常被当作检验厨艺的验金石。不过，只要严格遵循几条基本的法则便能帮助你获得成功。舒芙蕾的基本食材，牛奶、面粉和鸡蛋都应该是非常新鲜的；打发的蛋白应该在马上进烤箱前翻拌进面糊中，且要用的抹刀或勺子极为轻柔地从面糊底部向上翻拌，以防消泡；另外几个关键的要素还包括在舒芙蕾烤制过程中千万不要中途打开烤箱门，否则舒芙蕾就会塌陷；精准计算时间也非常重要，因为若要想这道甜点具备海绵般松软的质地和轻盈口感，应该在烤制完成后马上享用。

巧克力舒芙蕾 CHOCOLATE SOUFFLÉS

SOUFFLÉ AU CHOCOLAT

供 6 人食用

制备时间：1 小时

烘烤时间：10 分钟或 30 分钟

15 克 /½ 盎司无盐黄油，另加涂抹所需

香草糖（见第 1161 页），用于涂抹模具

80 克 /3 盎司巧克力，切小块

300 毫升 /½ 品脱牛奶

35 克 /1¼ 盎司普通面粉

50 克 /2 盎司白砂糖

3 个蛋黄，打散

2 个蛋白

将烤箱预热至 200°C/400°F/ 气烤箱刻度 6，并将一个烤盘放入烤箱中层。用黄油涂抹在一个 1½ 升 /2½ 品脱的舒芙蕾烤盘或 6 个独立的焗盅内壁上，撒上一层香草糖。把巧克力和 175 毫升 /6 盎司的牛奶放入耐热碗中隔水加热，不停搅拌，直至巧克力全部熔化并与牛奶均匀融合。在一口深平底锅中倒入面粉和剩余的牛奶混合均匀，然后拌入糖和热巧克力，加热煮沸后继续搅拌熬制 2～3 分钟。将锅从火上端离，稍微放凉后拌入黄油。取 2 汤匙热巧克力加入打散的蛋黄中，使蛋黄有一个初始温度，然后将蛋黄倒回锅中并混合均匀。将蛋白在一个无油干净的碗中打发至湿性发泡，然后小心地翻拌入巧克力蛋奶糊中。把制好的面糊舀入模具的 ⅔ 高度，并用一把锋利的小刀沿着内壁在面糊 12 毫米 / ⅝ 英寸处划一圈，使舒芙蕾能垂直膨胀升起。将舒芙蕾放到烤箱内预热的烤盘里，小份的舒芙蕾需要烘烤 10 分钟，大份的则需要烘烤 30 分钟，直至完全升起且中心基本凝固。出炉后马上享用。

巧克力舒芙蕾 ➔

SOUFFLE ALLA VANIGLIA

供 6 人食用

制备时间：1 小时，另加 15 分钟萃取用时

烘烤时间：30 分钟

15 克 /½ 盎司无盐黄油，另加涂抹所需

50 克 /2 盎司白砂糖，另加涂抹所需

200 毫升 /7 盎司牛奶

1 根香草荚，剖开

35 克 /1¼ 盎司普通面粉

3 颗鸡蛋，分离蛋白蛋黄

1 个蛋白

盐

香草舒芙蕾（基础配方）VANILLA SOUFFLÉ (BASIC RECIPE)

你可以以这道香草舒芙蕾的食谱为基础，延伸制作不同口味的舒芙蕾。将烤箱预热至 200°C/400°F/ 气烤箱刻度 6，用黄油涂抹一个 1 升 /2½ 品脱的舒芙蕾烤碗内壁，撒上一层糖。将 120 毫升 /4 盎司的牛奶倒入一口小平底锅中，加入糖和 1 撮盐，煮沸。关火后放入香草荚，萃取 15 分钟左右，捞出香草荚。在另一口深平底锅中倒入面粉和剩余的冷牛奶，缓缓加入热牛奶，加热煮沸后继续搅拌熬制 2～3 分钟。将锅从火上端离，稍微放凉后将蛋黄一个一个打入，然后再拌入黄油。将所有的蛋白放入一个无油干净的碗中打发至硬性发泡，然后小心地翻拌入蛋黄奶糊中。把制好的面糊舀入所用模具的 ⅔ 高度，烘烤 30 分钟。出炉后马上享用。

SOUFFLE AL RABARBARO

供 6 人食用

制备时间：40 分钟，另加 2 小时静置用时

烘烤时间：25 分钟

200 克 /7 盎司大黄茎，切成段

100 克 /3½ 盎司糖粉

无盐黄油，用于涂抹

40 克 /1½ 盎司白砂糖，另加涂抹所需

4 个蛋白

蛋奶酱（见第 1208 页）

大黄舒芙蕾 RHUBARB SOUFFLÉ

将切好的大黄茎放入盘中，表面撒上糖粉并使其静置 2 小时，直至变软。将烤箱预热至 160°C/325°F/ 气烤箱刻度 3，用黄油涂抹一个耐热焗盘或模具的内壁，撒上一层糖。将蛋白在一个无油干净的碗中打发至硬性发泡。用一口小平底锅将白砂糖和 2 汤匙水加热煮沸，加入大黄茎，煮 2 分钟后全部倒入蛋白中，并用电动搅拌器继续打发 1 分钟。将蛋白糊舀入准备好的模具中，烘烤 25 分钟。出炉后可以搭配蛋奶酱一起趁热享用。

SOUFFLE AL RUM

供 4 人食用

制备时间：45 分钟

烘烤时间：35～45 分钟

无盐黄油，用于涂抹

25 克 /1 盎司普通面粉

120 克 / 4 盎司白砂糖

200 毫升 / 7 盎司牛奶

3 颗鸡蛋，分离蛋白蛋黄

50 毫升 /2 盎司朗姆酒

1 个蛋白

朗姆酒风味舒芙蕾 RUM SOUFFLÉ

将烤箱预热至 180°C/350°F/ 气烤箱刻度 4，并用黄油涂抹一个 1 升 /2½ 品脱的舒芙蕾焗盘的内壁。在一口深平底锅中将面粉、糖和牛奶混合均匀，不停搅拌并加热至即将沸腾，当面糊变稠时从火上端离。将蛋黄一个一个地搅拌进面糊中，然后加入朗姆酒并静置放凉。将蛋白在一个无油干净的碗中打发至硬性发泡，翻拌入蛋黄糊中，再倒入准备好的焗盘中烘烤 35～40 分钟。出炉后马上食用。

大黄舒芙蕾 →

意式牛轧糖舒芙蕾 TORRONE SOUFFLÉ

将烤箱预热至200°C/400°F/气烤箱刻度6，用黄油涂抹一个1½升/2½品脱的舒芙蕾焗盅内壁，并撒上一层糖。将200毫升/7盎司的牛奶倒入一口平底锅中煮沸，关火后加入糖、1撮盐和香草荚，盖上锅盖并静置15分钟，然后捞出香草荚。在另外一口深平底锅中倒入面粉和剩余的冷牛奶，用中火加热煮沸并不停搅拌。加入香草牛奶，继续加热，当面糊变稠时马上从火上移开。稍微放凉后将蛋黄一个个打入，再拌入黄油和牛轧糖。将蛋白在一个无油干净的碗中打发至硬性发泡，然后小心地翻拌入蛋黄面糊中。把制作好的面糊舀入模具里，烘烤30分钟。出炉后马上食用。

SOUFFLÈ AL TORRONE

供6人食用

制备时间：50分钟，另加15分钟萃取用时

烘烤时间：30分钟

25克/1盎司无盐黄油，另加涂抹所需

50克/2盎司白砂糖，另加淋撒所需

300毫升/½品脱牛奶

1根香草荚，剖开

35克/1¼盎司普通面粉

4个蛋黄

40克/1½盎司意大利牛轧糖（torrone），切碎

5个蛋白

盐

沙巴翁舒芙蕾 ZABAGLIONE SOUFFLÉ

将烤箱预热至200°C/400°F/气烤箱刻度6，并将蘸了马尔萨拉白葡萄酒的手指饼干铺在1½升/2½品脱的舒芙蕾烤碗底部及内壁。在一口平底锅中加入桃子块和1汤匙水，煮几分钟后捞出，并摆在烤碗中。将120毫升/4盎司的牛奶、糖和1撮盐放入一口深平底锅中加热煮沸。把面粉和剩余的冷牛奶混合均匀，然后倒入沸腾的牛奶中，继续熬制2～3分钟，并不停地搅拌。关火，稍微放凉后拌入沙巴翁混合均匀。将蛋白放入一个无油干净的碗中打发至硬性发泡，然后小心地翻拌入沙巴翁面糊中，最后倒入模具中烘烤30分钟。出炉后马上食用。

SOUFFLÈ CON ZABAIONE

供6人食用

制备时间：1小时30分钟，另加冷却用时

烘烤时间：30分钟

100克/3½盎司手指饼干

4汤匙马尔萨拉白葡萄酒

250克/9盎司桃子，去皮、去核并切小块

175毫升/6盎司牛奶

50克/2盎司白砂糖

35克/1¼盎司普通面粉

1份沙巴翁（见第1210页）

4个蛋白

盐

烘　焙

各式蛋糕、点心还有其他甜品为厨师们提供了一个展示的平台。一开始，各类面团都是手工制作并造型的，而随着时间推移，人们逐渐创造出了对各式甜点起到定义作用的烘焙模具。就拿形状多样的小饼干类来举例吧，从因马塞尔・普鲁斯特（Marcel Proust）而闻名世界的贝壳形状的玛德琳（madeleines），到形如手指的猫舌饼干，更不要提各种动物造型、星星形、爱心形、四边形、小房子造型以及在法式小甜点和饼干中其他常见的各类形状了。再想想那些多种多样的蛋糕模具吧，从巴巴朗姆糕、夏洛特蛋糕、李子蛋糕、环状蛋糕到其他带槽纹或塔状的蛋糕模，它们赋予了蛋糕凹凸有致的造型，就像雕塑大师赋予了他们作品生命一样。另外不得不提的还有蛋糕装饰艺术，人们费尽心机地琢磨最佳的颜色搭配，将装满各式甜点的餐盘变为一幅镶嵌了各色宝石的美丽画布。法式小甜点就属于这个范畴，另外还包括家庭蛋糕，以及从最朴实的到最奢华的各式蛋糕。总的来说，蛋糕应该整个被端上桌分享，客人们可以自己切取自己的那一份。记住，松软的蛋糕应使用一种特别的甜点叉食用，而食用较硬的蛋糕则可以使用餐刀。搭配冰激凌使用的饼干，应该直接从托盘中取用。酥皮糕点也是一样，应随纸托一起从托盘中拿到自己的餐盘里。

← 核桃蜂蜜挞，见第 1264 页

茶歇蛋糕

这一章包含了一些流行的经典意大利甜点，比如环状蛋糕和李子蛋糕（其实是一种果脯制成的蛋糕），同时也包括了世界其他地方的美味，比如美式松饼（玛芬，muffin）和英式松饼（司康饼，scones）。

胡萝卜圆环蛋糕 CARROT RING CAKE

供 4～6 人食用
制备时间：40 分钟
烘烤时间：1 小时
25 克 /1 盎司无盐黄油，熔化，另加涂抹所需
150 克 /5 盎司普通面粉
150 克 /5 盎司红糖
2 茶匙泡打粉
1 小撮姜粉和现磨肉豆蔻
2 汤匙牛奶
5 汤匙橄榄油或葵花籽油
2 颗鸡蛋，略微打散
50 克 /2 盎司葡萄干
20 克 /¾ 盎司核桃碎
2 根胡萝卜，切碎
糖粉
盐

将烤箱预热至 180°C/350°F/ 气烤箱刻度 4，用黄油涂抹一个 1½ 升 /2½ 品脱的环形模具内壁。把面粉、糖、泡打粉、姜粉、肉豆蔻和 1 撮盐一起筛入碗中，加入牛奶、植物油、熔化的黄油和鸡蛋并混合均匀。最后加入葡萄干、核桃碎和胡萝卜碎搅匀。将面糊倒入准备好的模具中，放入烤箱烘烤 1 小时左右，出炉放凉后翻转脱模。在表面筛略多一些糖粉即可享用。

简易圆环蛋糕 EASY RING CAKE

供 4 人食用
制备时间：40 分钟
烘烤时间：40 分钟
100 克 /3½ 盎司无盐黄油，熔化，另加涂抹所需
普通面粉，用于准备模具
200 克 /7 盎司白砂糖
3 颗鸡蛋，分离蛋白蛋黄
250 克 /9 盎司马铃薯粉
2 茶匙泡打粉
25 克 /1 盎司香草糖（见第 1161 页）
3 汤匙牛奶
盐

将烤箱预热至 180°C/350°F/ 气烤箱刻度 4，用黄油涂抹一个 1½ 升 /2½ 品脱的环形模具内壁并撒上一层面粉。将黄油与白砂糖一起打发至发白蓬松，然后加入 1 撮盐和蛋黄，继续打发。把马铃薯粉、泡打粉和香草糖一起筛入混合物中，轻轻混匀后拌入牛奶。将蛋白在无油的碗中打发至硬性发泡，翻拌入蛋奶糊中。将面糊倒入模具的一半高度，烘烤约 40 分钟后出炉，放凉后再翻转脱模。

← 胡萝卜圆环蛋糕

CIAMBELLA MARMORIZZATA

供 8 人食用

制备时间：40 分钟，另加 15 分钟静置用时

烘烤时间：35～40 分钟

80 克 /3 盎司无盐黄油，熔化并冷却，另加涂抹所需 • 185 克 /10 盎司普通面粉，另加淋撒所需 • 140 克 /5 盎司白砂糖，另加淋撒所需 • 2 茶匙泡打粉 • ½ 茶匙小苏打 • 2 颗鸡蛋 • 250 毫升 /9 盎司牛奶 • 25 克 /1 盎司可可粉 • 糖粉

大理石纹圆环蛋糕 MARBLED RING CAKE

将烤箱预热至 180°C/350°F/ 气烤箱刻度 4，用黄油涂抹一个 1½ 升 /2½ 品脱的环形模具内壁，再略微撒上一层糖和面粉。把面粉、泡打粉、小苏打和糖一起筛入碗中，在另一个碗中将鸡蛋、黄油和牛奶一起打散。将筛好的干粉翻拌入蛋液中，混匀成光滑的面糊。将 ⅓ 的面糊倒在一个空碗中并筛入可可粉混合均匀，然后将两种不同颜色的面糊交错舀入模具中，最后用一把小刀在面糊表面勾勒出大理石纹路即可。蛋糕烘烤 35～40 分钟后出炉，静置 15 分钟后，翻转脱模、撒上糖粉享用。

CIAMBELLA VELLUTATA

供 4 人食用

制备时间：45 分钟，另加 8 小时发酵用时和 15 分钟冷却用时

烘烤时间：40 分钟

5 汤匙温牛奶

40 克 /1½ 盎司白砂糖

1 茶匙干酵母

200 克 /7 盎司普通面粉

100 克 /3½ 盎司无盐黄油，软化并切小块，另加涂抹所需

2 颗鸡蛋

2 汤匙朗姆酒

盐

丝绒圆环蛋糕 VELVETY RING CAKE

将牛奶倒入碗中，放入糖搅拌至溶解。把干酵母撒在牛奶表面，静置 10～15 分钟直至起泡，然后搅拌成糊状。将面粉和 1 小撮盐筛入碗中，在面粉堆中央挖一个小的窝穴，倒入酵母糊并用木勺混拌均匀、形成面团，然后一边揉面一边加入黄油、鸡蛋和朗姆酒，注意鸡蛋要一个一个放入。揉成光滑均匀的面团后盖上茶巾，静置发酵 8 小时。将烤箱预热至 180°C/350°F/ 气烤箱刻度 4，并用黄油涂抹一个 1½ 升 /2½ 品脱的环形模具内壁。发酵结束后，将面团均匀地放入模具中，烘烤 40 分钟，出炉后冷却 15 分钟即可脱模。

KUGELHUPF

供 6 人食用

制备时间：45 分钟，另加 15 分钟浸泡用时和发酵时间

烘烤时间：1 小时 15 分钟

100 克 /3½ 盎司麝香葡萄干（muscatel raisins）

175 毫升 /6 盎司牛奶

25 克 /1 盎司新鲜酵母

300 克 /11 盎司普通面粉，另加淋撒所需

80 克 /3 盎司无盐黄油，另加涂抹所需

4 颗鸡蛋

80 克 /3 盎司白砂糖，另加淋撒所需

1 颗柠檬皮碎

5 汤匙双倍奶油

德式果仁甜蛋糕 KUGELHOPF

将葡萄干放在温水中浸泡 15 分钟，捞出并挤出多余水分。将 3 汤匙的牛奶在碗中加热至温热，撒入酵母搅拌成糊状，再加入 3 汤匙的面粉混合均匀，静置发酵。将烤箱预热至 180°C/350°F/ 气烤箱刻度 4，并在德式果仁甜蛋糕的模具内壁涂抹黄油，撒上面粉。将黄油在碗中打发，然后继续打入鸡蛋、糖和柠檬皮碎。当面糊发酵至两倍大时，将面糊和剩余的面粉、葡萄干、奶油一起倒入打发黄油中并混合均匀。剩余的牛奶稍加热后加入面糊中，直至足够揉成一个柔软的面团。将面团放入模具中发酵，当面团升至离模具边缘还有约 5 厘米 /2 英寸时放入烤箱，烘烤 1 小时 15 分钟。放凉后撒上白砂糖即可食用。

大理石纹圆环蛋糕 →

玛芬 MUFFINS

供 6 人食用
制备时间：45 分钟
烘烤时间：15 分钟

- 50 克 /2 盎司无盐黄油，软化，另加涂抹所需
- 40 克 /1½ 盎司白砂糖
- 1 颗鸡蛋
- 5 汤匙牛奶
- 200 克 /7 盎司普通面粉
- 2 茶匙泡打粉
- 盐
- 黄油和果酱，用作配餐

将烤箱预热至 180°C/350°F/ 气烤箱刻度 4，在 6 连玛芬模具内壁抹黄油或放入玛芬纸杯。将黄油与白砂糖一起打发至发白蓬松，然后继续打入鸡蛋和牛奶。把面粉、泡打粉和 1 撮盐一起筛入打发物中，轻轻混匀。将面团倒出，揉面 15 分钟左右。将面团平均切分，放入准备好的纸杯中，但是不要完全填满纸杯。烘烤 15 分钟，直至变成金黄色，趁热取出并搭配黄油、果酱享用。

水果蛋糕 FRUIT CAKE

供 8 人食用
制备时间：35 分钟，另加冷却用时
烘烤时间：30 分钟

- 250 克 /9 盎司无盐黄油，软化，另加涂抹所需
- 250 克 /9 盎司白砂糖
- 3 颗鸡蛋
- 2 个蛋黄
- 250 克 /9 盎司普通面粉
- 2 汤匙朗姆酒
- 100 克 /3½ 盎司麝香葡萄干
- 50 克 /2 盎司红醋栗干
- 50 克 /2 盎司无籽葡萄干
- 100 克 /3½ 盎司果皮蜜饯碎
- 盐

烤箱预热至 180°C/350°F/ 气烤箱刻度 4，在一个 22½ 厘米 /9 英寸的方形蛋糕烤盘内抹黄油。将黄油在碗中打发，然后逐渐打入白砂糖，直至发白蓬松，接着一个一个打入蛋黄和鸡蛋，最后拌入面粉和 1 撮盐。加入朗姆酒、麝香葡萄干、红醋栗干、无籽葡萄干和果皮蜜饯，拌匀。将面糊倒入蛋糕烤盘，烘烤 30 分钟，出炉放凉后脱模。

司康 SCONES

供 4 人食用
制备时间：35 分钟，另加 1 小时静置用时
烘烤时间：15 分钟

- 50 克 /2 盎司无盐黄油，软化，另加涂抹所需
- 20 克 /¾ 盎司白砂糖
- 2 颗鸡蛋，打散
- 200 克 /7 盎司普通面粉，另加淋撒所需
- 2 茶匙泡打粉
- 2～3 汤匙牛奶
- 盐

将黄油在碗中打发，然后打入白砂糖和鸡蛋。把面粉、泡打粉和 1 撮盐筛入打发物中拌匀。加入足够的牛奶，直至形成一个柔软的球形面团，盖上茶巾静置 1 小时。将烤箱预热至 180°C/350°F/ 气烤箱刻度 4，并在烤盘内涂黄油。在撒上一层薄面粉的工作台面上，将面团擀成 2 厘米 /¾ 英寸的厚面皮，然后用圆形切模或玻璃杯的上缘切出圆形面片，并在每个面片表面画上一个十字。将面片放在准备好的烤盘内，烘烤 15 分钟，直至司康充分膨胀。出炉后趁热食用。传统的食用方法是将司康切分成两片，涂上黄油和果酱享用。

水果蛋糕 →

小甜点和饼干

在家中制作法式小甜点、饼干、果仁糖和蛋白霜糖的确需要多多练习，但是它们浓郁的香气和诱人的味道会让你的付出得到丰厚的回报。

BISCOTTI ALLA CANNELLA

可做 30 个饼干

制备时间：35 分钟，另加冷却用时

烘烤时间：15 分钟

250 克 /9 盎司普通面粉，另加淋撒所需

1 茶匙泡打粉

¼ 茶匙盐

130 克 /4½ 盎司白砂糖，另加 2 汤匙制作肉桂糖

1 茶匙肉桂粉，另加 1 汤匙制作肉桂糖

1 颗柠檬，擦取柠檬皮碎

5 汤匙橄榄油

3 颗鸡蛋，打散

肉桂饼干 CINNAMON BISCUITS

将面粉、泡打粉和盐筛入碗中，拌入糖、肉桂粉和柠檬皮碎。在中间挖一个小的窝穴，倒入橄榄油和蛋液搅拌均匀。可能需要用手将面团捏成形。将烤箱预热至 180°C/350°F/ 气烤箱刻度 4，并在烤盘上铺烘焙纸。在一个盘中放入 1 汤匙的肉桂粉和 2 汤匙的白砂糖混匀备用。将面团分成 30 个小球，在盘子里滚一下，使其表面裹上一层肉桂糖，然后放在烤盘上并稍压扁，最后再撒一层肉桂粉。放入烤箱烘烤 15 分钟，或直至饼干边缘开始变色。出炉稍放凉后将饼干转移至晾网上，待完全冷却后即可食用。

BISCOTTI ALLO YOGURT

供 6 人食用

制备时间：25 分钟，另加冷却用时

烘烤时间：15 分钟

无盐黄油，涂抹烤盘所用

175 克 /6 盎司普通面粉，另加淋撒所需

4 颗鸡蛋

200 克 /7 盎司白砂糖

120 毫升 /4 盎司全脂天然酸奶

酸奶饼干 YOGURT BISCUITS

将烤箱预热至 220°C/425°F/ 气烤箱刻度 7，并在烤盘内涂黄油，撒上薄薄一层面粉。将鸡蛋与白砂糖在碗中打发至颜色变浅、质地蓬松，然后打入酸奶并筛入面粉，搅拌混合均匀。用小勺将面糊舀成一个个小球并堆放在准备好的烤盘上，烘烤 15 分钟，出炉后在晾网上放凉即可。

肉桂饼干 →

丑小鸭饼干 UGLY-BUT-GOOD BISCUITS

在一个干净无油的碗中将蛋白打发至硬性发泡，然后逐渐翻拌入榛果碎、糖和香草精。把蛋白糊倒入平底不粘锅中，用小火加热并用木勺不停搅拌，约 30 分钟后关火。将烤箱预热至 180°C/350°F/气烤箱刻度 4，在烤盘内涂黄油，撒上薄薄一层面粉。将煮好的蛋白糊用汤匙舀入准备好的烤盘上，相互之间要预留出足够的间距。放入烤箱烘烤 40 分钟左右，烘烤中途不要打开烤箱门。出炉后将饼干在烤盘上放凉，然后用铲刀将饼干取出即可。

可做 20 个饼干
制备时间：1 小时，另加冷却用时
烘烤时间：40 分钟

6 个蛋白
400 克 /14 盎司烤榛果碎
330 克 /11½ 盎司白砂糖
若干滴香草精
无盐黄油， 涂抹烤盘用
普通面粉， 用于淋撒

英式饼干 ENGLISH BISCUITS

将烤箱预热至 180°C/350°F/ 气烤箱刻度 4。将黄油与白砂糖、红糖在碗中一起打发，然后逐渐打入蛋液和香草精。在另一个碗中筛入面粉、泡打粉和 1 撮盐，翻拌入打发物并用木勺不停搅拌。如果需要，可以加入一点儿牛奶，用来稀释面糊。最后将榛子、巧克力碎搅拌进去。将面糊用汤匙舀在烤盘上，一个烤盘可以放 15 个，并且饼干之间需要预留出足够的间距。放入烤箱烘烤 10～12 分钟，出炉后稍微放凉，然后用铲刀将饼干转移到晾架上继续冷却。剩余的面糊用同样的方式继续烘烤即可。

可做 30 个饼干
制备时间：50 分钟，另加冷却用时
烘烤时间：20～24 分钟

100 克 /3½ 盎司无盐黄油， 软化
50 克 /2 盎司红糖
100 克 /3½ 盎司白砂糖
1 颗鸡蛋， 打散
¼ 茶匙香草精
175 克 /6 盎司普通面粉
1 茶匙泡打粉
2 汤匙牛奶 （可选）
50 克 /2 盎司榛子， 去壳去皮并切碎
50 克 /2 盎司巧克力， 切碎
盐

油酥饼干 SABLÉS

烤箱预热至 200°C/400°F/ 气烤箱刻度 6，在一个烤盘中涂黄油。碗中筛入面粉，加入黄油和 50 克 /2 盎司的糖，混合均匀。将面团揉搓成 3～4 个圆柱形的长条，然后切成 1 厘米 /½ 英寸的小圆片。将剩余的白砂糖均匀地撒在饼干上，然后放到烤盘里。关掉烤箱后将烤盘放入，用余温烘烤饼干，直至烤箱完全冷却时饼干就烤好了。

可做 20 个饼干
制备时间：30 分钟
烘烤时间：15～20 分钟

80 克 /3 盎司无盐黄油， 软化， 另加涂抹所需
120 克 /4 盎司普通面粉
65 克 /2½ 盎司白砂糖

← 丑小鸭饼干

BONBONS DI DATTERI E NOCI

供 10～12 人食用

制备时间：40 分钟

加热烹调时间：10 分钟

500 克 /1 磅 2 盎司白砂糖

500 克 /1 磅 2 盎司扁桃仁粉

100 毫升 /3½ 盎司樱桃白兰地

几滴粉色食用色素

几滴绿色食用色素

20 个去壳核桃，切半

20 个蜜枣，去核

核桃甜枣糖点 DATE AND WALNUT BONBONS

把白砂糖和 4 汤匙水放入锅中，用小火加热煮沸，继续加热 2 分钟后关火，拌入扁桃仁粉。在一半樱桃白兰地中加入数滴食用色素染成粉色，另一半则染成绿色。扁桃仁糖糊也分成 2 份，分别加入粉色和绿色的白兰地并揉成糖团。将绿色的糖团捏成一个个小糖球，夹在 2 瓣核桃中间；粉色糖团则塞在蜜枣中，作为馅料。把两种糖点放在专用纸托中，并按交错的同心圆图案摆放好。

CANTUCCI

供 4 人食用

制备时间：30 分钟

烘烤时间：30 分钟

黄油，用于涂抹烤盘

500 克 /1 磅 2 盎司自发粉，另加淋撒所需

500 克 /1 磅 2 盎司白砂糖

1 茶匙泡打粉

3 颗鸡蛋

2 个蛋黄

1 撮藏红花丝，碾成粉

250 克 /9 盎司扁桃仁，去壳

盐

意式扁桃仁饼 CANTUCCI

将烤箱预热至 160°C/325°F/ 气烤箱刻度 3，并在 2 个烤盘中涂抹黄油、撒自发粉备用。将自发粉、白砂糖、泡打粉和 1 撮盐过筛成一小堆，中间挖出一个小的窝穴并打入 2 颗鸡蛋，加入蛋黄和藏红花粉。用手指慢慢将原料混匀并揉成面团，最后加入扁桃仁揉匀。手上蘸面粉，将面团分成小份并塑成 3～4 厘米 /1¼～1¾ 英寸宽、1 厘米 /½ 英寸厚的长条。将长条饼干坯放在准备好的烤盘上，剩余的 1 颗鸡蛋打散并涂刷在饼干坯表面，放入烤箱烘烤 30 分钟。出炉后斜切成 2～3 厘米 /1¼～1½ 英寸大小的小饼干。当饼干完全冷却后便可放入密封盒保存。

CIALDE ARROTOLATE

供 6 人食用

制备时间：35 分钟，另加冷却用时

烘烤时间：7～8 分钟

100 克 /3½ 盎司无盐黄油，软化，另加涂抹所需

65 克 /2½ 盎司白砂糖

65 克 /2½ 盎司普通面粉，另加淋撒所需

2～3 个蛋白

威化蛋卷 ROLLED WAFERS

烤箱预热至 200°C/400°F/ 气烤箱刻度 6，并在烤盘内涂黄油。将黄油在碗中打发至蓬松，加入白砂糖和面粉继续搅打。在另一个干净无油的碗中将蛋白打发至硬性发泡，并轻柔地翻拌进面糊中。如果感觉面糊太硬，可以再加一个打发好的蛋白。在撒有一层薄薄面粉的工作台面上将面团擀成薄面皮，用切模工具切成小圆片并放在准备好的烤盘上。放入烤箱烘烤 7～8 分钟，直至饼干呈金黄色即可出炉。趁热用铲刀将饼干从烤盘上提起并卷成蛋卷，轻轻放在烤架上放凉即可。

意式扁桃仁饼 →

CROCCANTINI

供 6 人食用

制备时间：30 分钟，另加冷却用时

烘烤时间：15 分钟

橄榄油

130 克 /4½ 盎司白砂糖

150 克 /5 盎司去皮熟扁桃仁，切碎

15 克 /½ 盎司无盐黄油

½ 茶匙柠檬汁

新鲜月桂叶，用于装饰

焦糖扁桃仁 PRALINE

在一块大理石板上涂抹橄榄油备用。将白砂糖和 1½ 茶匙的水放入厚底锅里，用中火加热熔化，然后拌入扁桃仁碎，再加入黄油和柠檬汁。改用小火继续加热至扁桃仁糖呈琥珀色。关火，将焦糖扁桃仁倒在准备好的大理石板上并铺散开，约 1 厘米 /½ 英寸厚。用刀将糖片切成四边形小块，冷却后放在月桂叶上摆盘即可。

MERINGHE ALLA PANNA MONTATA

可以制作 24 个蛋白酥

制备时间：50 分钟，另加冷却用时

烘烤时间：30～35 分钟

无盐黄油，用于涂抹烤盘

普通面粉，用于淋撒

3 个蛋白

150 克 /5 盎司糖粉，另加淋撒所需

500 毫升 /18 盎司双倍奶油

肉桂粉、巧克力碎、罗望子糖浆（tamarind）或黑樱桃糖浆，根据喜好选用

奶油蛋白酥 MERINGUES WITH WHIPPED CREAM

将烤箱预热到 110°C/225°F/ 气烤箱刻度 ¼，在烤盘内涂抹黄油，并撒上薄薄的一层面粉。在一个无油且干净的碗中将蛋白打发至硬性发泡，然后缓缓加入糖粉并继续搅打。将制作好的蛋白霜装入带圆口裱花嘴的裱花袋中，在准备好的烤盘上挤出一个个贝壳的形状。撒上糖粉，放入烤箱中烘烤 30～35 分钟。蛋白酥不应该被烤上色，而仅仅是被烘干而已。出炉后将蛋白酥放凉，奶油打发至中性发泡，用茶匙将蛋白酥的底部挖空并挤入奶油。奶油可以是原味的，也可以撒上肉桂粉、巧克力碎、罗望子糖浆或黑樱桃糖浆。将制好的蛋白酥一对对组合起来即可享用。

焦糖扁桃仁 →

焦糖迷你挞 CARAMEL TARTLETS

可制作 10 个迷你挞
制备时间：1 小时 30 分钟，另加 24 小时静置用时和冷却用时
烘烤时间：30 分钟

150 克 /5 盎司无盐黄油，另加涂抹所需
100 克 /3½ 盎司糖粉
1 颗鸡蛋，略微打散
250 克 /9 盎司普通面粉，另加淋撒所需

用于制作核桃膏
30 个核桃，去壳、切碎
25 克 /1 盎司糖粉
1 个蛋黄
2 个蛋白

用于制作焦糖核桃
200 毫升 /7 盎司双倍奶油
250 克 /9 盎司白砂糖
1 汤匙蜂蜜
100 克 /3½ 盎司核桃，去壳

提前一天准备好挞皮。黄油和糖粉在碗中打发，然后再打入蛋液，拌入面粉，手法轻柔地揉成面团，盖好并放在阴凉处，待第二天使用。将烤箱预热至 200°C/400°F/ 气烤箱刻度 6，并在 10 个迷你挞烤盘中涂抹黄油。在撒有一层薄面粉的工作台面上将面团擀成 5 毫米 /¼ 英寸厚的面皮，用切模切成圆片，然后铺在挞模底部。制作核桃膏：将核桃碎、糖粉和约 1 汤匙水在碗中搅拌好，然后打入蛋黄混匀。在另一个无油干净的碗中将蛋白打发至硬性发泡，然后一点点翻拌进蛋黄核桃糊中。将核桃膏舀入挞皮里抹平，然后放入烤箱烘烤 30 分钟。取出后放凉，然后从挞模中取出备用。与此同时，准备焦糖核桃。在深平底锅中倒入奶油，用小火加热；在另一口锅中倒入白砂糖和蜂蜜，加热呈琥珀色，中途不要搅拌。关火，然后将热奶油和核桃搅拌加入。最后将焦糖核桃倒在迷你挞上，室温冷却即可，不要冷藏。

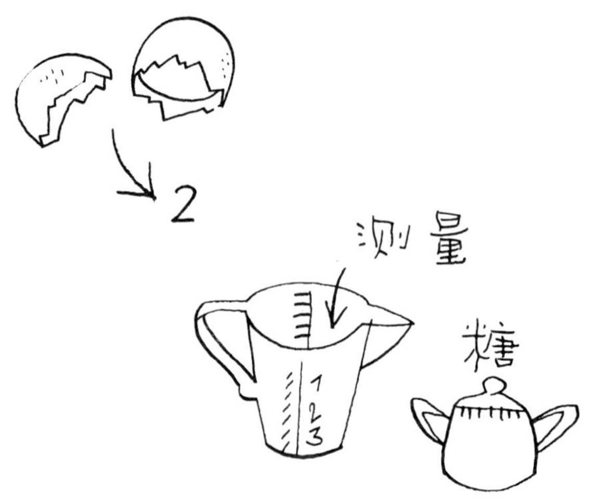

焦糖迷你挞 ➔

甜点蛋糕

本章中包括了来自各个地区难度不同的蛋糕，从著名的维也纳萨赫蛋糕和巴巴朗姆蛋糕，到稍简单的果馅卷和海绵蛋糕。甜点的选择取决于菜单上其他菜品的口味，通常来说，在正餐的最后都会选择口感轻盈、味道清淡的甜点。其他食材复杂、口感厚实的蛋糕则可以在下午茶时享用。

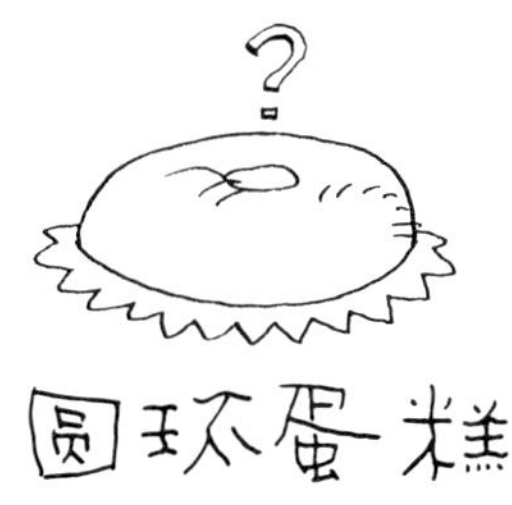

咖啡巴巴朗姆糕 COFFEE BABÀ

用餐叉将牛奶与酵母混成糊状。面粉和1撮盐过筛，加入酵母糊和蛋液搅拌好，加入黄油和糖，再次混合均匀，直至形成均匀光滑的面团，用茶巾盖好，静置发酵至两倍大小。在一个1½升/2½品脱的环形模具内壁涂抹黄油，把发酵好的面团揉成“香肠”状并放在模具中继续发酵至两倍大小。烤箱预热至180°C/350°F/气烤箱刻度4，将巴巴糕放入烤箱烘烤40分钟左右，出炉后在模具中放凉备用。烘烤的同时，制作咖啡朗姆糖浆。将咖啡、朗姆酒和糖放入小号平底锅中加热煮沸，用小火加热至白砂糖全部溶解后即可。将巴巴糕脱模、装盘，然后慢慢将糖浆淋在巴巴糕上，使其完全被蛋糕吸收，最后装饰打发甜奶油即可。

供6人食用
制备时间：1小时，另加发酵用时
烘烤时间：40分钟

10克/¼盎司新鲜酵母
175毫升/6盎司温牛奶
200克/7盎司普通面粉
3颗鸡蛋
100克/3½盎司无盐黄油，切小块，另加涂抹所需
25克/1盎司白砂糖
盐
打发甜奶油

用于制作糖浆
175毫升/6盎司现煮咖啡
5汤匙朗姆酒
50克/2盎司白砂糖

← 咖啡巴巴朗姆糕

栗子蛋糕 CHESTNUT CAKE

供 8 人食用

制备时间：25 分钟，另加发酵用时

烘烤时间：40 分钟

3 汤匙葵花籽油或橄榄油，另加涂抹所需

400 克 /14 盎司栗子粉

250 毫升 /8 盎司牛奶

50 克 /2 盎司白砂糖

20 克 /¾ 盎司松子仁

1 枝迷迭香叶碎

盐

烤箱预热至 180°C/350°F/ 气烤箱刻度 4，并在一个 2 厘米 /¾ 英寸的三明治深烤盘内壁刷一层油。栗子粉筛入碗中，慢慢搅入牛奶和 350 毫升 /12 盎司的冷水，直至面粉完全融合且呈稀面糊状。搅入糖、1 撮盐和植物油混匀，然后将面糊倒入准备好的烤盘，撒上松子仁和迷迭香碎，淋上少许橄榄油。放入烤箱烘烤 40 分钟，出炉放凉后即可。

杏子克拉芙缇 APRICOT CLAFOUTIS

供 6 人食用

制备时间：1 小时

烘烤时间：40 分钟

20 克 /¾ 盎司无盐黄油，熔化，另加涂抹所需

330 克 /11½ 盎司白砂糖

25 克 /1 盎司香草糖（见第 1161 页）

1 颗柠檬的皮碎

500 克 /1 磅 2 盎司杏子，切半并去核

3 颗鸡蛋，分离蛋白蛋黄

50 克 /2 盎司普通面粉

150 毫升 /¼ 品脱温牛奶

烤箱预热至 200°C/400°F/ 气烤箱刻度 6，并在一个 1½ 升 /2½ 品脱的烤盘中涂抹黄油。将 250 毫升 /8 盎司水、250 克 /9 盎司白砂糖、香草糖和柠檬皮碎放入锅中加热煮沸，不停搅拌，直至白砂糖全部溶解，再继续熬煮 5 分钟。加入杏肉煮几分钟，关火并沥出杏肉备用。将蛋黄和剩余的白砂糖打发至蓬松发白的程度，然后拌入黄油、面粉和牛奶。在干净无油的碗中把蛋白打发至硬性发泡，然后翻拌入蛋黄糊中。将混合均匀的面糊倒入烤盘，杏肉摆放在面糊上并稍按下去。烘烤 40 分钟后出炉，冷热食用均可。

樱桃克拉芙缇 CHERRY CLAFOUTIS

供 6 人食用

制备时间：35 分钟

烘烤时间：40 分钟

无盐黄油，熔化，另加涂抹所需

100 克 /3½ 盎司普通面粉

2 颗鸡蛋，略微打散

100 克 /3½ 盎司白砂糖

250 毫升 /8 盎司牛奶

300 克 /11 盎司黑樱桃（black cherry），去核

香草糖（见第 1161 页）

烤箱预热至 200°C/400°F/ 气烤箱刻度 6，并在一个 1½ 升 /2½ 品脱的烤盘中涂抹黄油。将面粉筛入碗中，中间挖出一个小的窝穴，加入蛋液、糖和牛奶，搅拌至光滑。将面糊倒入模具中，至 ⅔ 高度处，撒上樱桃，放入烤箱烘烤 40 分钟。出炉后撒上香草糖即可食用。

栗子蛋糕 ➔

CORONA ALLE PERE
供 6 人食用
制备时间：1 小时 15 分钟，另加冷却用时
烘烤时间：30 分钟

6 个威廉梨（Williams pear）
1 颗柠檬，榨汁
250 克 /9 盎司白砂糖
1 升 /1¾ 品脱红葡萄酒
50 克 /2 盎司无盐黄油，熔化，另加涂抹所需
3 颗鸡蛋，分离蛋白蛋黄
3 汤匙温牛奶
120 克 /4 盎司普通面粉
1 小撮泡打粉

梨子皇冠 PEAR CROWN

梨子刮皮、去核，保持其完整的形状，然后洒上柠檬汁，防氧化变色。将梨放入平底锅中，撒入 100 克 /3½ 盎司的糖，倒入红葡萄酒，用小火加热煮沸后继续慢煮 10 分钟左右。关火，让梨在锅中的糖浆中逐渐冷却。烤箱预热至 180°C/350°F/ 气烤箱刻度 4，并在一个 1½ 升 /2½ 品脱的环形模具内涂抹黄油。将蛋黄和剩余的白砂糖打发至蓬松发白，然后搅入牛奶，筛入面粉，拌入黄油混匀。在干净无油的碗中把蛋白打发至硬性发泡，然后翻拌入蛋黄糊中。最后加入泡打粉拌匀。将面糊倒入备好的模具中烘烤 30 分钟，出炉后彻底放凉。同时，用漏勺将糖渍梨捞出。将蛋糕脱模、装盘，糖浆重新加热，一点点淋在蛋糕上，直至被完全吸收，最后将梨摆放在环形的皇冠蛋糕中心即可。冷热食用俱佳。

CROSTATA AL RABARBARO
供 6 人食用
制备时间：2 小时，另加 10 分钟静置用时
烘烤时间：45～50 分钟

无盐黄油，用于涂抹模具
普通面粉，用于淋撒
300 克 /11 盎司美式油酥面团（见第 1167 页）
2 颗鸡蛋
200 克 /7 盎司白砂糖
400 克 /14 盎司大黄，切块
香草糖粉（见第 1161 页），用于装饰（可选）

大黄挞 RHUBARB TART

将烤箱预热至 180°C/350°F/ 气烤箱刻度 4，在一个 20 厘米 × 25 厘米 /8 英寸 ×10 英寸的蛋糕模内壁涂抹黄油，撒上薄薄一层面粉并倒出多余的面粉。在撒有薄薄一层面粉的工作台面上将油酥面团擀成很薄的面皮，铺在模具底部并用叉子戳出排气孔，静置 10 分钟。同时，将鸡蛋和白砂糖在碗中打发至蓬松发白，然后轻轻地拌入大黄块。将面糊倒入模具里，烘烤 45～50 分钟后出炉，冷却之后即可脱模、装盘。如果喜欢，还可以撒上香草糖粉装饰。

无花果挞，见第 1242 页 →

CROSTATA DI FICHI

供 6 人食用

制备时间：3 小时，另加 1 小时浸泡和冷藏时间

烘烤时间：20 分钟

400 克 / 14 盎司成熟的绿色无花果

50 克 / 2 盎司白砂糖

2 汤匙朗姆酒

1½ 份美式油酥面团 （见第 1167 页）

普通面粉， 用于淋撒

50 克 /2 盎司李子果酱

½ 汤匙玉米淀粉

见第 1241 页

无花果挞 FIG TART

无花果留皮切成 4 瓣，放在碗中并撒上糖，倒入一半的朗姆酒，静置浸泡约 1 小时备用。烤箱预热至 180°C/350°F/ 气烤箱刻度 4，将 ⅔ 的油酥面团放在撒有面粉的工作台面上擀成圆形面皮，铺在一个直径为 25 厘米 / 10 英寸的活底挞模底部，放在冰箱里冷藏至面皮硬实。烘烤前贴紧挞皮包裹一层锡箔纸，并压上一层烘焙豆以支撑边缘的挞皮。将准备好的挞皮放在烤盘上，烘烤 15～20 分钟后把烘焙豆和锡箔纸撤掉，继续烤 10 分钟，或直至挞皮烤至淡金黄色时出炉，但不要关闭烤箱。此时将无花果沥出，保留汤汁，并将无花果放在挞皮上。把保留的汤汁和李子果酱放入小锅中，用小火加热并搅拌，直至混合均匀。玉米淀粉和 1 汤匙的冷水混合，倒入锅中搅匀，继续加热至液体变得浓稠，然后小心地倒在无花果上。将剩余的面皮切成细长条，摆放成想要的图案，置于果酱挞表面及边缘处，并轻轻按压固定。放入烤箱烘烤 20 分钟左右，或直至挞皮表面烤至变色即可出炉。无花果挞冷食热食均可。

CROSTATA DI MORE

供 6 人食用

制备时间：2 小时 15 分钟

烘烤时间：45～50 分钟

无盐黄油， 用于涂抹模具

300 克 / 11 盎司美式油酥面团 （见第 1167 页）

普通面粉， 用于淋撒

1 份香草蛋奶酱 （见第 1210 页）

1 千克 / 2¼ 磅黑莓

200 克 / 7 盎司覆盆子果酱

黑莓挞 BLACKBERRY TART

将烤箱预热至 180°C/350°F/ 气烤箱刻度 4，在一个直径为 27½ 厘米 / 11 英寸的挞模内壁涂抹黄油。将美式油酥面团放在撒有面粉的工作台面上擀成圆面皮，并铺在挞模底部，用叉子戳出排气孔。确保香草蛋奶酱完全冷却后，将其倒入挞皮内，烘烤 35～40 分钟。同时，取 350～450 克 / 12～16 盎司的黑莓，放在一边备用，剩余的黑莓用食物料理机打成果泥，然后拌入覆盆子果酱。如果需要，可加入少许水稀释拌匀（果酱应该保持较稠的浓度）。将烤好的挞放凉，然后将果酱均匀地涂抹在表面，最后用预留的黑莓装饰即可。

黑莓挞 →

CROSTATA TUTTI FRUTTI

供 6 人食用

制备时间：2 小时 30 分钟，另加冷却用时

烘烤时间：45 分钟

25 克 /1 盎司无盐黄油，另加涂抹所需

300 克 /11 盎司法式油酥面团（见第 1165 页）

普通面粉，用于淋撒

1 根香草荚，剖开

500 毫升 /18 盎司牛奶

4 个蛋黄

100 克 /3½ 盎司白砂糖

15 克 /½ 盎司普通面粉，过筛

250 克 /9 盎司黑加仑

100 克 /3½ 盎司蓝莓

250 克 /9 盎司覆盆子

8 个杏子，去皮去核并切片

1 个猕猴桃，去皮、切片

缤纷水果挞 TUTTI FRUTTI TART

烤箱预热至 200°C/400°F/ 气烤箱刻度 6，并在一个直径为 27½ 厘米 /11 英寸的挞模内壁涂抹黄油。将法式油酥面团在撒有面粉的工作台面上擀成圆面皮，铺在挞模底部，用叉子戳出排气孔，盖上烘焙纸并压上一层烘焙豆，烘烤 30 分钟左右。出炉后撤掉烘焙纸和烘焙豆，放凉备用。同时，将牛奶和香草荚放入锅中加热煮沸。将蛋黄和糖在另一口锅里打发至蓬松发白，然后加入面粉。捞出香草荚，并逐渐把牛奶加入蛋黄糊中，继续加热并不停搅拌，直至变稠。关火，加入黄油拌匀，然后放凉。将冷却好的蛋奶酱倒入挞皮中，用所有水果在挞上摆出装饰性图案即可。食用前需将挞放在阴凉处保存。

DOLCE ALLE NOCI E AL CAFFÈ

供 8～10 人食用

制备时间：1 小时 15 分钟，另加冷却用时

烘烤时间：25 分钟

50 克 /2 盎司无盐黄油，软化，另加涂抹所需

5 颗鸡蛋，分离蛋白蛋黄

375 克 /13 盎司白砂糖

300 克 /11 盎司核桃，去壳并切碎

100 克 /3½ 盎司普通面粉，过筛

120 毫升 /4 盎司现煮意式咖啡或超浓咖啡

1 汤匙朗姆酒

120 克 /4 盎司糖粉

核桃仁和咖啡豆，用于装饰

核桃咖啡蛋糕 WALNUT AND COFFEE CAKE

将烤箱预热至 200°C/400°F/ 气烤箱刻度 6，并在 2 个直径为 20 厘米 /8 英寸的方形烤盘内壁涂抹黄油。将 4 个蛋黄与 250 克 /9 盎司白砂糖在碗中打发至蓬松发白，倒入 250 克 /9 盎司的核桃碎拌匀，一点点加入面粉混匀。在一个干净无油的碗中将蛋白打发至硬性发泡，轻柔地翻拌入蛋黄糊中。将面糊分装在 2 个烤盘内并烘烤 25 分钟，出炉放凉备用。将黄油打发，然后打入剩余的蛋黄、白砂糖、一半的咖啡、朗姆酒和余下的核桃碎，抹在一个蛋糕坯上，放上另一层蛋糕坯，将边缘对齐。糖粉筛入一个浅碗中，加入剩余一半的咖啡并缓缓加水搅拌，直至达到可抹开的稠度，制成咖啡糖霜。将糖霜淋在蛋糕上，并用热的抹刀抹平。静置使其风干，最后装饰核桃仁和咖啡豆即可。

核桃咖啡蛋糕 →

DOLCE DI CILIEGE

供6～8人食用

制备时间：1小时45分钟，另加30分钟静置和冷却用时

烘烤时间：45分钟

150克/5盎司白砂糖
1颗鸡蛋
2个蛋黄
半颗柠檬，擦取柠檬皮
150克/5盎司无盐黄油，软化切块，另加涂抹所需
200克/7盎司普通面粉，过筛，另加淋撒所需
盐

用于制作馅料

250毫升/8盎司牛奶
½根香草荚，剖开
2个蛋黄
100克/3½盎司白砂糖
25克/1盎司普通面粉，过筛
20克/¾盎司无盐黄油
250克/9盎司黑樱桃，去核
2汤匙白兰地

樱桃挞 CHERRY TART

制作挞皮：将白砂糖、鸡蛋、1个蛋黄、柠檬皮碎以及1撮盐在碗中打发至蓬松发白，然后一点点打入软化的黄油，最后拌入面粉，倒在工作台面上，轻柔地揉成面团，在阴凉处静置30分钟。将剩余的蛋黄打散。现在制作挞馅：将牛奶和香草荚倒入深平底锅加热至沸点，然后关火。将蛋黄和50克/2盎司白砂糖一起打散，拌入面粉混匀。捞出香草荚，把热牛奶逐渐倒入蛋黄糊中并不停地搅拌，然后将全部材料倒回锅中继续用小火加热、搅拌，直至沸腾。关火，将黄油块放在蛋奶糊表面使其熔化，并用小刀抹开使其覆盖蛋奶糊，这样可以防止表面凝固。静置冷却备用。将樱桃放在一口深平底锅中，撒上剩下的白砂糖、白兰地，然后用小火加热熬煮10分钟即可。同时，将烤箱预热至200°C/400°F/气烤箱刻度6，在一个挞模内涂抹黄油备用。取⅔的面团，在撒有面粉的工作台面上擀成圆面皮，并铺在挞模上。倒入冷却的蛋奶糊，并把糖渍樱桃均匀地铺在糊上。将剩余的面团也擀成圆面皮，盖在樱桃馅料上面。将挞皮边缘捏出褶皱、封口，刷上预留的蛋黄液，用叉子在挞皮上刻划出花刀纹并用刀尖戳出排气孔。放入烤箱烘烤45分钟后出炉，在挞模中放凉即可食用。

DOLCE DI FRAGOLE

供6人食用

制备时间：1小时30分钟

加热烹调时间：5～10分钟

200克/7盎司覆盆子果酱
50克/2盎司白砂糖
1颗柠檬，擦取外皮
400克/14盎司草莓
1个挞皮（见第1173页），完全冷却

草莓甜点 STRAWBERRY DESSERT

将果酱与3汤匙水放入锅里，用小火加热熔化，一直加热至呈稀糖浆状。在草莓上撒白砂糖和柠檬碎，然后均匀地摆在挞皮中，最后将糖浆倒在草莓上即可。

樱桃挞 →

马斯卡彭奶酪蛋糕 MASCARPONE CHEESECAKE

DOLCE DI MASCARPONE

供 10～12 人食用

制备时间：30 分钟，另加 1 小时静置和 2 小时冷藏用时

烘烤时间：1 小时

1 磅 /16 盎司马斯卡彭奶酪，软化至室温

225 克 /8 盎司奶油奶酪，软化至室温

200 克 /7 盎司白砂糖

½ 茶匙柠檬皮

1 茶匙香草精

4 颗鸡蛋，室温打散

30 克 /1 盎司玉米淀粉

120 毫升 /4 盎司酸奶油

将烤箱预热至 180°C/350°F/ 气烤箱刻度 4，并在一个直径为 25 厘米 /10 英寸的活底蛋糕模底部铺烘焙纸。将马斯卡彭奶酪和奶油奶酪放入大碗中，加入白砂糖、柠檬皮和香草精，用手持搅拌器打发至顺滑。接着逐渐打入蛋液，筛入玉米淀粉并拌匀，然后将面糊倒入蛋糕模中。将蛋糕模在桌子上轻磕几下，排除面糊中的大气泡，然后放在烤盘上并放入烤箱中层。放入烤箱后马上将烤箱温度降至 140°C/275°F/ 气烤箱刻度 1，烘烤 1 小时，关闭烤箱，让奶酪蛋糕在烤箱中继续利用余温烘烤 1 小时后出炉，放在烤架上冷却。奶酪蛋糕需在冰箱中冷藏 2 小时或过夜，食用前在蛋糕表面涂抹薄薄一层酸奶油即可，还可以搭配新鲜草莓享用。

三色巧克力千层酥 THREE-CHOCOLATE MILLEFEUILLE

MILLEFOGLIE AI TRE CIOCCOLATI

供 6 人食用

制备时间：1 小时，另加冷却用时

烘烤时间：1 小时

600 克 /1 磅 5 盎司千层酥皮面团，解冻

普通面粉，用于淋撒

1 个蛋黄，轻轻搅散

100 克 /3½ 盎司原味巧克力，切小块

150 毫升 /¼ 品脱低脂奶油

100 克 /3½ 盎司牛奶巧克力，切小块

100 克 /3½ 盎司白巧克力，切小块

将烤箱预热至 180°C/350°F/ 气烤箱刻度 4，烤盘上铺烘焙纸备用。将酥皮面团放在撒了面粉的工作台面上擀开，切出 4 个直径为 25 厘米 /10 英寸的圆面片。将一个面片放在烤盘上，刷上蛋黄液，烘烤 20 分钟，出炉后放在烤架上放凉，烤盘也放在一边冷却。将剩余的面皮也按照同样方法烘烤，但是不刷蛋液。同时，将原味巧克力放在耐热碗中隔水加热熔化，然后搅入 3 汤匙的奶油。从热水上将碗拿开，搅拌至质地变稠。用同样的方法制作牛奶巧克力奶油和白巧克力奶油。组装千层酥：将一片烤好的无蛋液酥皮放在盘子上，抹上一层原味巧克力奶油；放上第二层无蛋液酥皮，抹上白巧克力奶油；放上第三层无蛋液酥皮，再抹上牛奶巧克力奶油；最后，盖上蛋液酥皮，静置几分钟即可食用。

三色巧克力千层酥 →

MOKA

供 6 人食用

制备时间：20 分钟

烘烤时间：30 分钟

用于制作蛋糕坯

无盐黄油，用于涂抹模具

4 颗鸡蛋，分离蛋白蛋黄

100 克 /3½ 盎司白砂糖

1 颗柠檬，擦取柠檬皮

100 克 /3½ 盎司普通面粉

用于制作糖浆

50 克 /2 盎司白砂糖

120 盎司 /4 盎司白兰地

用于制作咖啡奶油霜

200 克 /7 盎司无盐黄油，软化

3 个蛋黄

50 毫升 /2 盎司现煮浓咖啡

250 克 /9 盎司糖粉，过筛

用于装饰

50 克 /2 盎司去皮熟扁桃仁，烤熟

50 克 /2 盎司樱桃蜜饯

摩卡蛋糕 MOCHA CAKE

将烤箱预热至 180℃/350℉/ 气烤箱刻度 4，并在一个直径为 20 厘米 /10 英寸的活底蛋糕模底部涂抹黄油、铺烘焙纸。先制作蛋糕坯：将蛋黄、白砂糖和柠檬皮放入碗中打发至体积变为原来的三倍大；在另一个无油的碗中将蛋白打发至硬性发泡，然后翻拌入蛋黄糊里。筛入面粉，轻轻地混匀。将面糊倒入蛋糕模，烘烤 30 分钟，出炉后在模具中稍微冷却，然后脱模放在烤架上放凉。接着制作糖浆：将白砂糖和 4 汤匙水放入小锅中加热煮沸，搅拌至白砂糖溶解。关火后加入白兰地拌匀，然后放凉备用。最后制作咖啡奶油霜：将黄油在碗中打发至轻盈顺滑，然后一个个打入蛋黄，接着打入咖啡和糖粉即可。舀出 1 汤匙咖啡奶油霜备用。组装蛋糕：将蛋糕坯横切为 2 片，底部的一层蛋糕坯淋上 ⅓ 的糖浆，并抹上 ⅓ 的奶油霜；继续放上第二层蛋糕坯，在表面和侧面淋上剩余的全部糖浆，然后用奶油霜给整个蛋糕抹面；最后在蛋糕边缘装饰扁桃仁，表面用樱桃蜜饯和预留的 1 汤匙咖啡奶油霜交错点缀。

PAN DOLCE

供 6～8 人食用

制备时间：20 分钟，另加浸泡用时

烘烤时间：50 分钟

175 克 /6 盎司无盐黄油，另加涂抹所需

120 克 /4 盎司葡萄干

12～14 片白面包，去皮

5 颗鸡蛋，打散

100 克 /3 盎司白砂糖

550 毫升 /18 盎司牛奶

意式黄油面包布丁 ITALIAN BREAD AND BUTTER PUDDING

烤箱预热至 150℃/300℉/ 气烤箱刻度 2，在 1½ 升 /2½ 品脱的烤盘中涂抹黄油。如果葡萄干很干，则用一碗温水浸泡，盖上盖子。将面包片切半，平铺在烤盘上，放入烤箱，用低温烘干 5 分钟。出炉，烤箱温度升至 180℃/350℉/ 气烤箱刻度 4。将鸡蛋和白砂糖在碗中打散，然后加入牛奶搅拌均匀。葡萄干过滤，挤出多余水分。面包片抹上一层黄油，在烤盘底部铺满一层，然后撒上葡萄干并倒入一点儿蛋奶液。继续重复叠加面包片、葡萄干和蛋奶液，最后以蛋奶液浸湿的面包片结束。将面包布丁放入盛有一半水的深烤盘中，放入烤箱中层，隔水烘烤约 50 分钟，或直到充分膨胀、色泽金黄且中心烤至凝固。烤好的面包布丁冷食热食均可。

意式黄油面包布丁 →

SBRICIOLATA AI FRUTTI DI BOSCO

供 6 人食用

制备时间：30 分钟，另加 30 分钟静置用时

烘烤时间：30 分钟

200 克 /7 盎司普通面粉

225 克 /8 盎司松散的红糖

120 克 /4 盎司无盐黄油

500 克 /1 磅 2 盎司混合莓果，例如黑莓、蓝莓和覆盆子

缤纷浆果蛋糕 FRUITS OF THE FOREST CRUMBLE

将面粉筛入大碗中，加入一半的红糖和全部黄油。用指尖将面粉和黄油揉搓混合，然后在阴凉处静置 30 分钟，但不要冷藏。将烤箱预热至 180°C/350°F/ 气烤箱刻度 4，同时将所有的水果放入一个 1½ 升 /2½ 品脱的烤盘里，撒上剩余的红糖并混匀。将黄油面粉碎倒在水果上，放入烤箱烘烤 30 分钟或直至呈金黄色即可。趁热食用。

SPLENDIDA TORTA MARIA

供 6~8 人食用

制备时间：1 小时，另加冷却用时

烘烤时间：1 小时 15 分钟

250 克 /9 盎司去皮熟扁桃仁

200 克 /7 盎司白砂糖

250 克 /9 盎司巧克力，切小块

1 颗鸡蛋

4 个蛋黄

250 克 /9 盎司无盐黄油，软化并切块

6 个蛋白

若干滴香草精

1 茶匙马铃薯粉

糖粉

美味玛利亚蛋糕 SPLENDID MARIA-CAKE

烤箱预热至 150°C/300°F/ 气烤箱刻度 2，并在一个直径为 25 厘米 /10 英寸的活底蛋糕模底部铺烘焙纸。将扁桃仁放入一口厚平底锅中，用小火加热，烘香变色，然后放凉、切碎，并加入 1 汤匙白砂糖混匀。在耐热碗中隔水熔化巧克力，从热水上端离，轻轻搅拌后放凉备用。将鸡蛋、蛋黄和剩余的糖在一个大碗中打发至蓬松发白，然后一块块地拌入黄油，充分混匀后加入放凉的巧克力。在一个无油的碗中将蛋白打发至硬性发泡，然后翻拌进扁桃仁碎、香草精和马铃薯粉，接着再翻拌入巧克力蛋糊中。将蛋糕糊倒入模具中，烘烤 1 小时 15 分钟，若有必要，在最后的 15 分钟降低烤箱温度。出炉后在模具中放凉，食用前脱模、装盘并撒上糖粉。

STRUDEL DI ALBICOCCHE

供 4 人食用

制备时间：45 分钟，另加 30 分钟静置用时

烘烤时间：1 小时

250 克 /9 盎司普通面粉，另加淋撒所需

1 颗鸡蛋

100 克 /3½ 盎司白砂糖

100 克 /3½ 盎司无盐黄油，熔化，另加涂抹所需

1 千克 /2¼ 磅杏，去皮、去核并切片

盐

杏子果馅卷 APRICOT STRUDEL

将面粉过筛成堆，在中间挖一个小的窝穴，加入鸡蛋、50 克 /2 盎司的糖、80 克 /3 盎司的黄油、1 撮盐和 1~2 汤匙水，揉成光滑、有弹性的面团并静置 30 分钟。烤箱预热至 220°C/425°F/ 气烤箱刻度 7，在烤盘内涂抹黄油。将面团放在撒了一层薄面粉的工作台上擀成超薄的面皮，沿着一边放上杏子并撒上剩余的白砂糖，然后卷起面皮，修整成“香肠”状。最后封口，并在表面刷上剩余熔化的黄油。放入烤盘，烘烤 1 小时左右。

杏子果馅卷 →

STRUDEL DI RICOTTA

供 4 人食用

制备时间：40 分钟，另加 15 分钟浸泡用时

烘烤时间：1 小时

25 克 /1 盎司葡萄干
50 克 /2 盎司无盐黄油，另加涂抹所需
250 克 /9 盎司千层酥皮面团，解冻，或 1 份快速千层酥皮（见第 1174 页）
普通面粉，用于淋撒
500 克 /1 磅 2 盎司里考塔奶酪
100 克 /3½ 盎司白砂糖
1 颗鸡蛋
1 个蛋黄
1 颗柠檬，擦取外皮
1 汤匙熔化的黄油

里考塔奶酪卷 RICOTTA STRUDEL

将葡萄干放入加盖的碗中，用温水浸泡 15 分钟，然后滤出并挤出水分。烤箱预热至 220°C/425°F/ 气烤箱刻度 7，在烤盘内涂抹黄油。将面团放在撒有薄薄一层面粉的工作台面上擀成超薄的长方形面皮。将里考塔奶酪在碗中打发至顺滑，加入葡萄干、白砂糖、鸡蛋、蛋黄和柠檬皮碎搅拌均匀。将奶酪馅涂抹在面皮的一半位置，然后沿一边开始卷上去，并把两端捏好封口。在奶酪卷表面涂上熔化的黄油，放在烤盘上烘烤约 1 小时即可。

STRUDEL SEMPLICE

供 4 人食用

制备时间：1 小时，另加 15 分钟浸泡用时和 30 分钟静置用时

烘烤时间：1 小时

250 克 /9 盎司普通面粉，另加淋撒所需
45 克 /1¾ 盎司无盐黄油，熔化，另加涂抹所需
1 颗鸡蛋
牛奶
糖粉
盐

用于制作馅料
65 克 /2½ 盎司葡萄干
65 克 /2½ 盎司无盐黄油，软化
4 颗鸡蛋，分离蛋白蛋黄
100 克 /3½ 盎司白砂糖
250 毫升 /8 盎司双倍奶油
50 克 /2 盎司面包糠
100 克 /3½ 盎司无籽葡萄
1 小撮肉桂粉

简易果馅卷 SIMPLE STRUDEL

将葡萄干放入加盖的碗中，用温水浸泡 15 分钟，然后滤出并挤出水分。同时，将面粉过筛成堆，中间挖出一个小的窝穴形，加入鸡蛋、20 克 /¾ 盎司的黄油、6 汤匙水和 1 撮盐，揉成光滑、有弹性的面团并静置 30 分钟。制作馅料：黄油、蛋黄和白砂糖一起打发，搅入奶油、面包糠、无籽葡萄干、葡萄和肉桂粉。在一个无油的碗中将蛋白打发至硬性发泡，然后翻拌进馅料中。将烤箱预热至 220°C/425°F/ 气烤箱刻度 7，在烤盘中涂抹黄油。面团放在撒了一层薄薄面粉的工作台面上擀成超薄的长方形面皮，然后将制好的馅料均匀地涂抹在面皮上。从一边开始卷起，然后在表面刷上熔化的黄油，放在烤盘上烘烤 30 分钟左右。取出奶酪卷，在表面再刷一层牛奶后重新放回烤箱继续烘烤 30 分钟。出炉后装盘，撒上糖粉即可享用。

反转苹果挞 TARTE TATIN

将面粉过筛成堆，在中间挖出一个小的窝穴形，加入黄油和5汤匙水。揉成光滑、有弹性的面团并静置1小时。将烤箱预热至240℃/475℉/气烤箱刻度9，在一个直径为22½厘米/9英寸的圆形烤盘中涂抹黄油并撒上一层白砂糖。制作馅料：苹果去皮、去核并切厚片，将一半的苹果片放入烤盘中，撒上一半糖，然后再摆上第二层苹果片，撒上剩余的糖。面团放在撒了薄薄一层面粉的工作台面上擀成3厘米/1¼英寸厚的圆面皮，盖在苹果片上，将边缘多余的面皮塞入烤盘里。放入烤箱烘烤30分钟，同时将烤架预热。苹果挞出炉后翻转倒扣在一个耐热盘子中，放在烤架下焗10分钟，直至表面的糖焦糖化。反转苹果挞应搭配新鲜打发奶油趁热食用。

TARTE TATIN

供6人食用

制备时间：50分钟，另加1小时静置用时

烘烤时间：50分钟

150克/5盎司普通面粉，另加淋撒所需

65克/2½盎司无盐黄油，切小块，另加涂抹所需

65克/2½盎司白砂糖

淡奶油，用作配餐

用于制作馅料

5～6颗苹果

120克/4盎司白砂糖

巧克力蛋糕 CHOCOLATE CAKE

将烤箱预热至160℃/325℉/气烤箱刻度3，在一个20厘米/8英寸的蛋糕模具内涂抹黄油。黄油和巧克力在耐热碗中隔水加热熔化，不停搅拌。鸡蛋与白砂糖在另一个碗中打发，然后加入面粉和盐拌匀。将蛋糊倒入熔化的巧克力中混匀，然后继续搅拌约10分钟。最后将面糊倒入模具中烘烤20分钟，出炉后放凉、脱模即可。蛋糕可搭配打发的奶油享用。

TORTA AL CIOCCOLATO

供6人食用

制备时间：35分钟，另加冷却用时

烘烤时间：20分钟

50克/2盎司无盐黄油，另加涂抹所需

100克/3½盎司巧克力，切小块

3颗鸡蛋

150克/5盎司白砂糖

100克/3½盎司普通面粉，过筛

盐

打发的奶油，用作配餐

杏酱巧克力蛋糕 CHOCOLATE CAKE WITH JAM

将巧克力蛋糕坯横着切分为2片。将果酱搅拌顺滑，菠萝糖浆和朗姆酒在碗中混匀。将朗姆糖浆分为2份，淋在2片蛋糕坯上，在其中一片蛋糕坯上均匀地抹上杏酱，然后盖上另一片蛋糕坯。静置1小时后即可食用。

TORTA AL CIOCCOLATO CON MARMELLATA

供6人食用

制备时间：1小时15分钟，另加1小时静置用时

巧克力蛋糕（见上）

200克/7盎司杏酱

2汤匙菠萝糖浆

5汤匙朗姆酒

巧克力梨子挞 CHOCOLATE AND PEAR TART

用面粉、100 克 /3½ 盎司的黄油、5 汤匙的冰水、1 撮盐和 1 茶匙的白砂糖制作法式油酥面团（见第 1165 页），静置 1 小时。同时，将梨去皮、去核并切成两半，放入盘中，撒上剩余的白砂糖和香橙干邑甜酒备用。烤箱预热至 180°C/350°F/ 气烤箱刻度 4。将酥皮放在撒了一层薄薄面粉的工作台面上擀成 5 毫米 /¼ 英寸厚的圆面皮，铺在 22½ 厘米 /9 英寸的挞模中。在挞皮上铺一层锡箔纸并压上一层烘焙豆，烘烤 10 分钟后出炉。撤掉锡箔纸和烘焙豆后把梨放入挞皮中，重新放回烤箱继续烘烤，直至挞皮呈金黄色，出炉放凉。与此同时，将巧克力与 1 汤匙水放入小锅中，用小火加热熔化，然后加入剩余的黄油搅拌均匀，关火、放凉。奶油打发，翻拌入巧克力中。将巧克力奶油倒在梨挞上，撒上扁桃仁碎装饰即可。

TORTA AL CIOCCOLATO E ALLE PERE

供 8 人食用

制备时间：1 小时，另加 1 小时静置和冷却用时

烘烤时间：25 分钟

200 克 /7 盎司普通面粉，另加淋撒所需
150 克 /5 盎司无盐黄油
80 克 /3 盎司白砂糖
4 个梨
4 汤匙香橙干邑甜酒（grand marnier）
130 克 /4½ 盎司巧克力，切小块
100 毫升 /3½ 盎司双倍奶油
25 克 /1 盎司去皮熟扁桃仁，切碎
盐

橙霜蛋糕 CAKE WITH ORANGE ICING

烤箱预热至 180°C/350°F/ 气烤箱刻度 4，并在一个 20 厘米 /8 英寸的蛋糕模内涂抹黄油备用。黄油在耐热碗中隔水加热熔化。将鸡蛋、砂糖和一半糖粉在大碗中打发至蓬松轻盈，然后搅入熔化的黄油，筛入面粉和泡打粉并拌匀，再加入一半的橙汁，轻轻混匀。将面糊倒入蛋糕模里烘烤 20～25 分钟。与此同时，将剩余的橙汁和糖粉在碗中搅拌均匀，制成糖霜。蛋糕出炉，放凉后脱模、装盘。将橙汁糖霜均匀地抹在蛋糕上，放在阴凉处静置晾干。

TORTA ALLA GLASSA D'ARANCIA

供 6 人食用

制备时间：30 分钟，另加冷却用时

烘烤时间：20～25 分钟

100 克 /3½ 盎司无盐黄油，切小块，另加涂抹所需
2 颗鸡蛋
100 克 /3½ 盎司白砂糖
200 克 /7 盎司糖粉
100 克 /3½ 盎司普通面粉
¾ 茶匙泡打粉
2 个橙子，榨汁，过滤

见第 1258 页

←巧克力梨子挞

柠檬挞 LEMON TART

供 6 人食用
制备时间：2 小时，另加冷却用时
烘烤时间：30 分钟

150 克 /5 盎司无盐黄油，软化，另加涂抹所需
3 颗鸡蛋
150 克 /5 盎司白砂糖
2 颗柠檬皮，擦取柠檬外皮
半颗柠檬，榨汁，过滤
300 克 /11 盎司美式油酥面团（见第 1167 页）
普通面粉，用于淋撒
糖粉，用于装饰

烤箱预热至 180°C/350°F/ 气烤箱刻度 4，并在一个 22½ 厘米 /9 英寸的挞模中涂抹黄油备用。鸡蛋与白砂糖在大碗中打散，加入柠檬皮碎、柠檬汁和黄油搅匀。将油酥面团放在撒了薄面粉的工作台面上擀成圆面皮，铺在挞模里，切掉边缘多余的挞皮并将柠檬蛋糊倒入。烘烤 30 分钟后出炉，放在烤架上冷却。用柠檬叶或其他装饰性镂空纸模挡在柠檬挞表面，筛上糖粉装饰即可。

酸奶蛋糕 YOGURT CAKE

供 6~8 人食用
制备时间：30 分钟，另加 5 分钟冷却用时
烘烤时间：30 分钟

无盐黄油，用于涂抹模具
140 克 /5 盎司白砂糖，另加淋撒所需
170 克 /6 盎司自发粉，另加淋撒所需
2 颗鸡蛋
120 克 /4 盎司玉米面
120 毫升 /4 盎司原味酸奶
120 毫升 /4 盎司橄榄油
1 茶匙香草精

将烤箱预热至 180°C/350°F/ 气烤箱刻度 4。在一个 20 厘米 /8 英寸的蛋糕模具内壁涂抹黄油，将等量的白砂糖和面粉混匀后倒入蛋糕模中，使其内壁均匀地蘸一层后倒出多余的糖和面粉。在碗中将鸡蛋打散，加入面粉、玉米面、酸奶、糖、橄榄油和香草精，混合均匀。将面糊倒入蛋糕模具中，放入烤箱烘烤约 30 分钟，在前 20 分钟内不要打开烤箱门。蛋糕烤好时应呈金黄色，且插入牙签测试，拔出时不会粘带面糊。出炉后冷却 5 分钟即可脱模。

酸奶奶酪蛋糕 YOGURT AND RICOTTA CAKE

供 6 人食用
制备时间：45 分钟，另加冷却用时
烘烤时间：30 分钟

黄油，用于涂抹
3 颗鸡蛋
150 毫升 /3½ 盎司原味酸奶
100 克 /3½ 盎司玉米淀粉
100 克 /3½ 盎司白砂糖
400 克 /14 盎司淡味里考塔奶酪，捏碎

将烤箱预热至 200°C/400°F/ 气烤箱刻度 6。在一个 20 厘米 /8 英寸的蛋糕模具内壁涂抹黄油备用。将 2 颗鸡蛋的蛋黄分离出来，第 3 颗鸡蛋在一个小碗中打散。将酸奶倒入锅中，筛入玉米淀粉并搅拌均匀，然后加入糖，用小火加热并不停搅拌，直至液体变稠。此时搅入里考塔奶酪，关火并放凉。在无油的碗中将蛋白打发至硬性发泡，蛋黄则放入酸奶奶酪糊中拌匀，然后翻拌入蛋白糊中。将面糊倒入蛋糕模中，表面抹平并刷上蛋液，烘烤 30 分钟后出炉，蛋糕在模具中自然放凉即可。

← 橙霜蛋糕，见第 1257 页

TORTA ALSAZIANA
供 6 人食用
制备时间：1 小时，另加 1 小时冷藏用时和 15 分钟冷却用时
烘烤时间：30 分钟
250 克 /9 盎司白砂糖
4 颗鸡蛋
120 克 /4 盎司无盐黄油，切小块，另加涂抹所需
250 克 /9 盎司普通面粉，另加淋撒所需
5 汤匙牛奶
2 汤匙双倍奶油
4 颗苹果
1 颗柠檬，榨汁，过滤

阿尔萨斯挞 ALSACE TART

将 100 克 /3½ 盎司白砂糖和 1 颗鸡蛋在碗中打发至轻盈蓬松，然后打入黄油。将面粉过筛成堆，在中间挖出一个小的窝穴形，加入黄油打发物，用指尖将面粉混匀并揉成一个光滑的面团，用保鲜膜包好放入冰箱冷藏 1 小时。将烤箱预热至 200°C/400°F/ 气烤箱刻度 6，并在一个 25 厘米 /10 英寸的活底挞模内壁抹上黄油。将面团放在撒了薄面粉的工作台上擀成圆面皮，铺在挞模中，放在阴凉处备用。同时，将剩余的鸡蛋和砂糖在锅中拌匀，倒入牛奶和奶油，小火加热、搅拌至质地顺滑并变稠时关火。苹果去皮，切成 4 瓣，然后去核摆放在挞模里。淋上柠檬汁，倒入锅中的蛋奶糊，使其覆盖挞模底部。放入烤箱烘烤 30 分钟，出炉后冷却 15 分钟即可脱模。

TORTA CON LE MELE
供 6 人食用
制备时间：35 分钟，另加冷却用时
烘烤时间：40 分钟
80 克 /3 盎司无盐黄油，软化，另加涂抹所需
200 克 /7 盎司自发粉，另加淋撒所需
3 颗鸡蛋，室温
150 克 /5 盎司白砂糖
3 颗苹果，去皮去核并切块
打发的奶油

苹果蛋糕 APPLE CAKE

烤箱预热至 180°C/350°F/ 气烤箱刻度 4。在一个 20 厘米 /8 英寸的蛋糕模具内壁涂抹黄油，撒上面粉。将鸡蛋和白砂糖打发至蓬松发白，并呈缎带状滴落的状态，需要 10～12 分钟。接着每次加入 1 汤匙的黄油，将黄油快速打入蛋糊中，不要担心蛋糊中有结块。将面粉与苹果分 2 次轮流加入，轻轻搅拌。将面糊倒入模具中，放入烤箱烘烤 40 分钟。出炉后冷却 5 分钟即可脱模，趁热食用。如果喜欢，可以搭配打发的奶油享用。

苹果蛋糕 ➔

TORTA DI MANDORLE

供 6~8 人食用

制备时间：30 分钟，另加冷却用时

烘烤时间：40 分钟

115 克 /4 盎司无盐黄油，软化，另加涂抹所需

120 克 /4 盎司去皮熟扁桃仁，切碎

4 个蛋黄

250 克 /9 盎司白砂糖

50 克 /2 盎司普通面粉

50 克 /2 盎司马铃薯淀粉

2 汤匙橙子利口酒（orange liqueur）

糖粉

扁桃仁蛋糕 ALMOND CAKE

烤箱预热至 180°C/350°F/ 气烤箱刻度 4。在一个 20 厘米 /8 英寸的活底蛋糕模内壁涂抹黄油并均匀撒上 2 汤匙的扁桃仁碎。将蛋黄和砂糖在碗中打发至蓬松发白，然后翻拌入 2 种面粉、剩余的扁桃仁碎、橙子利口酒和黄油，直至完全混合均匀。将面糊倒入蛋糕模内，放入烤箱烘烤 40 分钟，出炉后放在烤架上冷却。食用前在蛋糕表面撒上糖粉即可。

TORTA DI MELE E PERE

供 6 人食用

制备时间：2 小时 40 分钟

烘烤时间：40 分钟

80 克 /3 盎司无盐黄油，软化，另加涂抹所需

普通面粉，用于淋撒

120 克 /4 盎司白砂糖

100 克 /3½ 盎司去皮熟扁桃仁，切碎

3 颗苹果

3 个梨

300 克 /11 盎司法式油酥面团（见第 1165 页）

1 个蛋黄，打散

苹果梨子挞 APPLE AND PEAR TART

将烤箱预热至 200°C/400°F/ 气烤箱刻度 6，并在一个 22½ 厘米 /9 英寸的挞模内壁涂抹黄油，撒上面粉备用。在碗中打发黄油和砂糖，直至顺滑，然后加入扁桃仁碎拌匀。将苹果和梨去皮、去核并切丁，加入打发物中拌匀。取 ⅔ 的油酥面团，在撒了面粉的工作台面上擀成圆面皮，铺在挞模底部并将水果糊倒入挞皮中。将剩余的面团也擀成圆面皮，覆盖在水果挞上面。将挞皮边缘捏出褶皱造型并封口，再在表面戳出排气孔，刷上蛋液。放入烤箱烘烤 45 分钟后出炉，趁热享用。

TORTA DI NOCCIOLE

供 6~8 人食用

制备时间：30 分钟，另加 15 分钟静置用时

烘烤时间：30 分钟

100 克 /3½ 盎司无盐黄油，熔化并冷却，另加涂抹所需

175 克 / 6 盎司自发粉，另加淋撒所需

2 颗鸡蛋，打散

200 克 /7 盎司白砂糖

200 克 /7 盎司榛子，烤香并切碎

1 颗柠檬，擦取外皮

120 毫升 /4 盎司牛奶

榛子蛋糕 HAZELNUT CAKE

烤箱预热至 180°C/350°F/ 气烤箱刻度 4。在一个 25 厘米 /10 英寸的蛋糕浅模内壁涂抹黄油，撒上面粉备用。在一个大碗中将面粉过筛成堆，中间挖出一个小的窝穴，加入鸡蛋、白砂糖、榛子、熔化的黄油、柠檬皮碎和牛奶，搅拌均匀。将面糊倒入蛋糕模中，放入烤箱烘烤 30 分钟，取出后静置冷却 15 分钟即可脱模。

榛子蛋糕 →

TORTA DI NOCI

供 6 人食用

制备时间：40 分钟，另加冷却用时

烘烤时间：1 小时

150 克 /5 盎司无盐黄油，软化，另加涂抹所需
4 颗鸡蛋，分离蛋白蛋黄
150 克 /5 盎司白砂糖
200 克 /7 盎司核桃，去壳并切碎
150 克 / 5 盎司普通面粉
2 茶匙泡打粉
1 颗柠檬，擦取外皮
1 小撮肉桂粉
1 汤匙朗姆酒（可选）
蛋奶酱（见第 1208 页）或打发的奶油

核桃蛋糕 WALNUT CAKE

烤箱预热至 180°C/350°F/ 气烤箱刻度 4。在一个 20 厘米 /8 英寸的蛋糕模内壁涂抹黄油备用。用木勺将黄油打至软化，然后一个个地打入蛋黄，随后加入白砂糖和核桃碎，并筛入面粉和泡打粉混合均匀，最后再加入柠檬皮碎、肉桂粉和朗姆酒（可选）。在一个无油的碗中将蛋白打发至硬性发泡，翻拌入面糊中，接着倒入蛋糕模中，放入烤箱烘烤 1 小时左右。出炉放凉后即可脱模，可以搭配蛋奶酱或打发的奶油食用。

TORTA DI NOCI E MIELE

供 6 人食用

制备时间：2 小时 30 分钟，另加冷却用时

烘烤时间：40 分钟

无盐黄油，涂抹模具用
普通面粉，用于淋撒
175 克 /6 盎司白砂糖
150 毫升 /¼ 品脱双倍奶油
1 汤匙蜂蜜
185 克 /6½ 盎司核桃，去壳并切碎
300 克 /11 盎司美式油酥面团（见第 1167 页）
1 个蛋黄，打散

核桃蜂蜜挞 WALNUT AND HONEY TART

在一个 22½ 厘米 /9 英寸的挞模内壁涂抹黄油，撒上薄薄一层面粉备用。将糖用小火加热制成焦糖，当其变成金黄色时加入奶油、蜂蜜和核桃并快速搅拌，随后关火，放凉备用。烤箱预热至 180°C/350°F/ 气烤箱刻度 4。将油酥面团一分为二，一半放在撒了薄薄一层面粉的工作台面上擀成圆面皮，并铺在挞模中。将核桃馅料均匀地倒入挞皮内，然后将另一半面团擀成同样的面皮，放在核桃挞上，将挞皮边缘捏出褶皱、封口，涂上蛋黄液。烘烤 25～30 分钟后出炉，冷却后即可食用。

TORTA DI PESCHE

供 6 人食用

制备时间：30 分钟，另加冷却用时

烘烤时间：40 分钟

无盐黄油，涂抹模具用
40 克 /1½ 盎司面包糠
1 千克 /2¼ 磅桃子，去皮、去核并切片
150 克 /5 盎司白砂糖
25 克 /1 盎司可可粉
4 颗鸡蛋，打散
200 克 /7 盎司扁桃仁饼干碎

桃子派 PEACH PIE

烤箱预热至 180°C/350°F/ 气烤箱刻度 4，在一个 1½ 升 /2½ 品脱的烤盘中抹上黄油，均匀撒上面包糠备用。将桃片与糖放入锅中，用小火加热煮 10 分钟，然后关火，用叉子将桃肉碾成果泥。加入可可粉、鸡蛋和扁桃仁饼干碎搅匀，倒入烤盘中烘烤 30 分钟。出炉后静置几分钟即可食用。

里考塔奶酪蛋糕 RICOTTA CAKE

烤箱预热至180°C/350°F/气烤箱刻度4，并在一个25厘米/10英寸的挞模内壁涂抹黄油，撒上薄薄一层面粉备用。将鸡蛋和红糖在碗中打发至蓬松发白，加入奶酪、柠檬皮碎、油和牛奶搅匀，最后筛入面粉和泡打粉，混合均匀。将面糊倒入挞模中并撒上红糖，烘烤40分钟左右。出炉放凉后脱模即可。

TORTA DI RICOTTA

供6人食用

制备时间：25分钟，另加冷却用时

烘烤时间：40分钟

无盐黄油，用于涂抹模具

250克/9盎司普通面粉，另加淋撒所需

4颗鸡蛋

100克/3½盎司松散的红糖，另加淋撒所需

400克/14盎司里考塔奶酪

半颗柠檬，擦取外皮

5汤匙葵花子油或橄榄油

175毫升/6盎司牛奶

1汤匙泡打粉

里考塔葡萄干挞 RICOTTA AND SULTANA TART

将葡萄干和马尔萨拉白葡萄酒放入小锅中，用小火加热煮10分钟后关火。将面粉过筛成堆，在中间挖出一个小的窝穴，加入黄油、50克/2盎司白砂糖、1个蛋黄和一半的柠檬皮碎，混合均匀并揉成面团，用保鲜膜包好，静置1小时备用。将烤箱预热至180°C/350°F/气烤箱刻度4，并在一个22½厘米/9英寸的挞模内壁涂抹黄油，撒上薄薄一层面粉备用。葡萄干过滤，挤出多余水分备用。将剩余的蛋黄和砂糖在碗中打发至蓬松发白，然后加入奶酪、面包糠、葡萄干和剩余的柠檬皮碎混匀。将面团一分为二，其中的一半放在撒了薄薄一层面粉的工作台面上擀成5毫米/¼英寸厚的圆面皮，铺在挞模中，倒入奶酪糊。将另外一半面团同样擀开，切成细长条，在挞表面摆成想要的图案，剩余的则沿着边缘摆好并轻轻压住、封口。放入烤箱烘烤45分钟，出炉放凉即可。

TORTA DI RICOTTA E UVETTA

供8人食用

制备时间：40分钟，另加1小时静置和冷却用时

烘烤时间：45分钟

50克/2盎司无籽白葡萄干

5汤匙马尔萨拉白葡萄酒

185克/6½盎司普通面粉，另加淋撒所需

120克/4盎司无盐黄油，另加涂抹所需

80克/3盎司白砂糖

2个蛋黄

1颗柠檬，擦取外皮

350克/12盎司里考塔奶酪

25克/1盎司面包糠

里考塔酸樱桃挞 RICOTTA AND SOUR CHERRY TART

将面粉过筛成堆，中间挖出一个小的窝穴，加入黄油、一半的白砂糖、蛋黄和柠檬皮碎，混匀并揉成面团，用保鲜膜包好，静置1小时备用。将樱桃、剩余的白砂糖和4汤匙水放入小锅中，用小火加热，煮20分钟后关火。与此同时，将烤箱预热至180°C/350°F/气烤箱刻度4，在挞模内壁涂抹黄油，撒上薄薄一层面粉备用。将奶酪放入碗中，樱桃过滤捞出，与奶酪一起搅匀。将面团一分为二，其中的一半放在撒了薄薄一层面粉的工作台面上擀成5毫米/¼英寸厚的圆面皮，铺在挞模内，倒入奶酪糊。将另外一半面团同样擀开，切成细长条，在挞表面摆成想要的图案，剩余的面皮则沿着边缘摆好并轻轻压住、封口。放入烤箱烘烤45分钟，出炉放凉即可。

TORTA DI RICOTTA E VISCIOLE

供6人食用

制备时间：1小时15分钟，另加1小时静置和冷却用时

烘烤时间：45分钟

185克/6½盎司普通面粉，另加淋撒所需

120克/4盎司无盐黄油，切小块，另加涂抹所需

100克/3½盎司白砂糖

1个蛋黄

半颗柠檬，擦取外皮

300克/11盎司酸樱桃，去核

350克/12盎司里考塔奶酪

南瓜蛋糕 PUMPKIN CAKE

烤箱预热至180°C/350°F/气烤箱刻度4。在一个20厘米/8英寸的蛋糕模内壁涂抹黄油备用。如果选用现煮的南瓜，则用食物料理机搅打成南瓜泥备用。在碗中将黄油和白砂糖打发，加入鸡蛋，继续打发至蓬松发白。加入南瓜泥、面粉、柠檬皮碎、扁桃仁饼干碎和牛奶。扁桃仁饼干的用量依据具体需要进行调整，以使制作好的面糊质地松软为准。将南瓜面糊倒入蛋糕模中，放入烤箱烘烤45分钟，出炉放凉后脱模。

TORTA DI ZUCCA

供6～8人食用

制备时间：25分钟，另加冷却用时

烘烤时间：45分钟

100克/3½盎司无盐黄油，软化，另加涂抹所需

150克/5盎司熟南瓜或罐装南瓜泥

200克/7盎司白砂糖

2颗鸡蛋

225克/8盎司自发粉

1颗柠檬，擦取外皮

8块扁桃仁饼干碎

5汤匙牛奶

见第1268页

← 里考塔酸樱桃挞

萨赫蛋糕 SACHERTORTE

供 6 人食用

制备时间：1 小时 30 分钟，另加冷却用时

烘烤时间：1 小时 30 分钟

100 克 /3½ 盎司无盐黄油，软化，另加涂抹所需
150 克 / 5 盎司普通面粉，另加淋撒所需
80 克 /3 盎司巧克力，切小块
6 颗鸡蛋，蛋白蛋黄分离
100 克 /3½ 盎司白砂糖
25 克 /1 盎司香草糖（见第 1161 页）
3 汤匙杏果酱
1 份巧克力糖霜（见第 1177 页）

将烤箱预热至 180°C/350°F/ 气烤箱刻度 4。在一个 20 厘米 /8 英寸的活底蛋糕模具内壁涂抹黄油，撒上薄薄一层面粉备用。与此同时，将一个耐热碗放在一锅用小火煮沸的水上，隔水加热熔化巧克力和 2 汤匙水。从热水上拿开耐热碗，放凉备用。在另外一个无油的碗中将蛋白打发至硬性发泡。将黄油和白砂糖在碗中打发，然后再一个个地打入蛋黄，并翻拌入巧克力和打发好的蛋白。筛入面粉和香草糖，轻轻搅拌后把面糊倒入模具内，用抹刀抹平表面，烘烤约 1 小时 30 分钟。出炉，在模具中放凉后翻转脱模。将蛋糕坯片成 2 片备用。将果酱放入小锅里加热熔化，然后抹在底层的蛋糕坯上，盖上第二层蛋糕坯。最后用巧克力糖霜为整个蛋糕淋面，静置至糖霜凝固即可。

维也纳苹果派 VIENNESE APPLE PIE

供 8 人食用

制备时间：1 小时，另加 1 小时静置用时和 15 分钟浸泡冷却用时

烘烤时间：45 分钟

320 克 /11½ 盎司普通面粉，另加淋撒所需
80 克 /3 盎司白砂糖
半颗柠檬，擦取外皮
2 颗鸡蛋
165 克 /5½ 盎司无盐黄油，软化，切小块，另加涂抹所需
1 个蛋黄，打散
盐

用于制作苹果馅
100 克 /3½ 盎司无籽白葡萄干
4 颗苹果
4 块手指饼干，捏碎
100 克 /3½ 盎司核桃，去壳切碎
65 克 /2½ 盎司白砂糖
1 小撮肉桂粉
1 汤匙熔化的黄油

将面粉和 1 撮盐过筛成堆，中间挖出一个小的窝穴，加入白砂糖、柠檬皮碎和鸡蛋。用指尖揉搓至呈细颗粒的松散状，然后再逐渐揉搓加入黄油，揉成面团后静置 1 小时备用。与此同时，制作馅料。将白葡萄干放在小碗中，用温水浸泡 15 分钟，然后捞出并挤出水分。苹果去皮、去核并切丁，放入大碗中，加入手指饼干、白葡萄干、核桃、白砂糖、肉桂粉和熔化的黄油，混合均匀。将烤箱预热至 180°C/350°F/ 气烤箱刻度 4，在一个 20～25 厘米 /8～10 英寸的圆形烤盘中涂抹黄油备用。取 ⅔ 的面团在撒了面粉的工作台面上擀成圆形面皮，铺在烤模底部，然后将馅料均匀地倒在派皮上；将剩余的面团也擀成圆形面皮，盖在苹果馅料上面，边缘捏出褶皱、封口。派皮上刷蛋黄液，放入烤箱烘烤 45 分钟后出炉，放凉即可食用。

← 南瓜蛋糕，见第 1267 页

水果甜点

本章包括了一系列以水果为主的美味甜点，利口酒、各式奶油、葡萄酒或是蛋奶酱都可以作为烘托水果的配角。水果甜点可以热食、冷食，甚至冰食，是一种非常受欢迎的饭后甜点。

夏日菠萝 SUMMER PINEAPPLE

ANANAS D'ESTATE

供 6 人食用

制备时间：40 分钟，另加 2～3 小时冷藏用时

1 个菠萝
1 个橙子
1 根香蕉，切片
250 克 /9 盎司覆盆子
250 克 /9 盎司草莓，如果太大就切成两半
1 个梨或桃，去皮、去核并切丁
4 汤匙白砂糖
175 毫升 /6 盎司香槟或起泡酒
100 毫升 /3½ 盎司白兰地
香草冰激凌

将菠萝横向一切为二，挖出果肉并保留完整的菠萝壳备用。菠萝肉去掉中心的硬心并切成小丁，放入碗中。橙子去皮，并仔细地去掉白色的橘络，然后切出一瓣瓣的橙肉，再切成小丁。将橙肉丁、香蕉片、覆盆子、草莓和梨丁 / 桃子丁放入菠萝肉碗中，撒上白砂糖、香槟酒 / 起泡白葡萄酒和白兰地混合均匀。将水果沙拉与菠萝壳放入冰箱冷藏 2～3 小时。食用时，将水果沙拉装在菠萝壳中，上面放香草冰激凌球，再放入铺一层碎冰的盘子中即可。

朗姆西瓜 WATERMELON WITH RUM

在西瓜顶部约 ¼ 处横切一刀，将“顶盖”切掉并保留备用。将西瓜瓤舀出，去籽并切成小丁，与白砂糖、朗姆酒和白兰地一同放入碗中拌匀。将拌好的西瓜再倒回西瓜壳中，盖上“顶盖”，放入冰箱冷藏 2～3 小时后即可食用。

供 6 人食用
制备时间：30 分钟，另加 2～3 小时冷藏用时
1 × 2 千克 / 4½ 磅 西瓜
100 克 / 3½ 盎司白砂糖
2 汤匙朗姆酒
2 汤匙白兰地

焦糖橙子 CARAMELIZED ORANGES

将橙皮薄薄地削下，注意白色的部分要全部去掉，然后再切细条。将白砂糖和 1 汤匙水放入锅中，用小火加热，不要搅拌，直至砂糖熔化并呈琥珀色。将白葡萄酒和 1 汤匙水混匀后搅入焦糖中，然后再搅入白兰地，加入橙皮，慢火加热 1 小时 30 分钟。将橙子放入沸水里焯 2～3 分钟，捞出后用小刀削去苦涩的白皮部分，盛盘并淋上制好的焦糖，最后装饰橙皮蜜饯和薄荷叶即可。

供 6 人食用
制备时间：20 分钟
加热烹调时间：2 小时
4 个橙子
200 克 / 7 盎司白砂糖
5 汤匙干白葡萄酒
5 汤匙白兰地
新鲜薄荷叶

烈酒樱桃 CHERRIES IN ALCOHOL

将樱桃铺在茶巾上，风干 24 小时。将樱桃梗切掉一半，然后把樱桃放入 1～2 个无菌密封罐中。在每个罐中加入 2 粒丁香、1 根肉桂和满满 1 汤匙的白砂糖，再倒入伏特加或其他透明烈酒，使樱桃完全被浸没即可。罐子密封，在阴凉干燥处储存 2 个月即可。

制备时间：20 分钟，另加 24 小时风干用时和 2 个月储存用时
900 克 / 2 磅樱桃
2～4 粒丁香
2 根 5 厘米 / 2 英寸长的肉桂
65 克 / 2½ 盎司白砂糖
1 瓶（750 毫升 / 1¾ 品脱）伏特加或其他烈酒

草莓大黄羹 STRAWBERRY AND RHUBARB COMPOTE

将草莓放入橙汁中浸泡。大黄茎放入沸水中煮 5 分钟，捞出控干水分后备用。将香草精和 ½ 茶匙的水加入浓糖浆中，用小火加热煮沸，然后倒入焯好的大黄茎块，继续用小火加热煮 10 分钟。最后将锅中的糖浆倒在草莓上，冷却后放入冰箱冷藏，食用时再取出。

供 6 人食用
制备时间：40 分钟，另加冷却用时
加热烹调时间：20 分钟
300 克 / 11 盎司草莓
1 个橙子，榨汁，过滤
400 克 / 14 盎司大黄茎，削皮并切成短块
1 茶匙香草精
250 毫升 / 8 盎司浓糖浆（见第 1182 页）

香料无花果 SPICED FIGS

FICHI ALLE SPEZIE

供 6 人食用

制备时间：20 分钟，另加冷却用时

加热烹调时间：35 分钟

½ 茶匙肉桂粉
½ 茶匙香菜粉
2 粒丁香
½ 茶匙姜粉
100 克 /3½ 盎司白砂糖
1 个橙子的皮，薄削并切细条
12 个成熟无花果

将所有香料、白砂糖和橙皮放入锅中，倒入 500 毫升 /18 盎司水，用大火煮沸后转小火加热 10 分钟。锅中加入无花果，继续用小火加热煮 5 分钟，但不要让糖浆再次煮沸。关火、放凉，沥出无花果并装盘。将糖浆重新倒回锅中，继续用中火加热，熇至原来的一半即可。将浓缩糖浆淋在无花果上，待其完全冷却后即可食用。

橙汁草莓 STRAWBERRIES WITH ORANGE

FRAGOLE ALL'ARANCIA

供 6 人食用

制备时间：20 分钟，另加冷藏用时

750 克 /1 磅 10 盎司草莓
130 克 /4½ 盎司白砂糖
175 毫升 /6 盎司橙汁，过滤

将 250 克 /9 盎司的草莓放入食物料理机内搅打成果泥，然后加入橙汁和一半的白砂糖混合均匀。将果浆倒入盘中，摆入剩余完整的草莓，撒上另一半的白砂糖。盖上保鲜膜后冷藏保存，食用前再取出。

鲜水果冻 FRESH FRUIT JELLY

FRUTTA FRESCA IN GELATINA

供 6～8 人食用

制备时间：30 分钟，另加 12 小时冷藏用时

加热烹调时间：10 分钟

3 片吉利丁
1 瓶（750 毫升 /1¼ 品脱）甜白葡萄酒
1 个梨
1 个桃子
1 根香蕉
2 个橘子
12 个覆盆子
2 片新鲜薄荷叶，切碎

小碗中装水，加入吉利丁片，浸泡 3 分钟后捞出并挤出多余水分。锅中倒入 120 毫升 /4 盎司的白葡萄酒，放入泡好的吉利丁片，用小火加热至吉利丁片全部熔化，但不要煮沸。此时搅入剩余的白葡萄酒，关火、放凉，放入冰箱冷藏过夜。将梨和桃子去皮、去核并切成块，香蕉和橘子去皮后切成块，然后把所有的水果按照颜色交错地摆放在一个 1½ 升 /2½ 品脱的盘中，放入冰箱冷藏 3～4 小时。食用前将白葡萄酒果冻倒入水果盘中，此时应该仍处于比较稀的状态，最后装饰薄荷叶即可。

水果沙拉 FRUIT SALAD

MACEDONIA

供 6 人食用

制备时间：30 分钟，另加 3～4 小时静置用时

1 千克 /2¼ 磅混合水果
1 颗柠檬，榨汁，过滤
50 毫升 /2 盎司樱桃白兰地
50 克 /2 盎司扁桃仁片
150 克 /5 盎司白砂糖
香草或柠檬冰激凌

混合水果中的每种水果都应该是等量的。将所有的水果去皮、去核并切丁，放入大盘中，淋上柠檬汁、樱桃白兰地、扁桃仁片和白砂糖，混合均匀。在阴凉处静置几小时，待水果充分吸收酒汁的香气后搭配冰激凌食用。

香料无花果 →

热带水果沙拉 EXOTIC FRUIT SALAD

供 8 人食用

制备时间：1 小时 15 分钟，另加 4 小时冷藏用时和 10 分钟静置用时

1 × 750 克 / 1 磅 10 盎司的菠萝
250 克 / 9 盎司木瓜
2 个芒果
3 个猕猴桃，去皮并切丁
2 个杨桃，去蒂并切片
250 克 / 9 盎司荔枝，去皮、去核
4 汤匙白砂糖
175 毫升 / 6 盎司甜白葡萄酒
2 汤匙朗姆酒
1 个石榴

菠萝去掉顶叶和皮，用小刀将菠萝眼切去，切掉中心硬心后将剩余的菠萝肉切成小丁。木瓜切成 4 瓣，去皮去籽并切丁。芒果竖直立在菜板上，刀紧贴着芒果核的两边纵向切下去，得到 2 片带皮厚果肉；用刀在芒果肉上画十字，间隔约 1 厘米 / ½ 英寸宽，然后用手指顶住果皮，将果肉翻出即可轻松切出芒果丁，核上残留的果肉也一并削下。将菠萝、木瓜、芒果、猕猴桃、杨桃和荔枝全部放入盘中，淋上白砂糖、白葡萄酒和朗姆酒拌匀备用。切掉石榴顶部，将其竖直立在菜板上，等间隔用刀尖从顶端到底部划破表皮；向外掰每瓣石榴皮，用手指顶住果皮并将果粒剥入碗中，挑出遗漏的白色薄膜，然后撒在拌好的水果沙拉上。将沙拉用保鲜膜包好，放入冰箱冷藏 4 小时。食用前将水果沙拉取出，再次轻轻搅拌并在室温下静置 10 分钟。

蜜瓜沙拉 MELON FRUIT SALAD

供 6~8 人食用

制备时间：40 分钟，另加 3 小时冷藏用时

半个西瓜
1 个白瓤蜜瓜，切半并去籽
1 个黄瓤蜜瓜，切半并去籽
1 个橙子，榨汁，过滤
175 毫升 / 6 盎司波尔特甜酒（port）
3 汤匙白砂糖

在西瓜顶部 ⅓ 处横切一刀，拿掉顶盖，并沿边缘切出一圈装饰性的凹槽。用挖球器将西瓜瓤挖出，去籽，剩下的西瓜壳放入冰箱冷藏备用。2 个蜜瓜同样挖出瓜瓤，并将所有的果球放入一个大碗中，加入橙汁、波尔特甜酒和白砂糖拌匀。蜜瓜沙拉用保鲜膜包好，放入冰箱冷藏 3 小时，食用时将沙拉加入西瓜壳中即可。

苹果饺 APPLE DUMPLINGS

供 4 人食用

制备时间：40 分钟

烘烤时间：40 分钟

无盐黄油，用于涂抹
250 克 / 9 盎司成品千层酥皮面团，需提前解冻
普通面粉，用于淋撒
4 颗苹果
4 汤匙香草糖（见第 1161 页）
150 毫升 / ¼ 品脱双倍奶油
1~1½ 茶匙肉桂粉
1 个蛋黄，加入 1 汤匙水，打散

将烤箱预热至 180°C/350°F/ 气烤箱刻度 4，在一个 1½ 升 /2½ 品脱的烤盘中涂抹黄油。将酥皮在撒了一层薄面粉的工作台面上擀成 3 毫米 /⅛ 英寸厚的面皮，再切成 4 个正方形面片。将 4 颗苹果去皮、去核，分别摆放在方形面片中间。撒上香草糖，并在苹果空心处倒入奶油和 1 小撮肉桂粉。将方形面片的 4 个角提起来，捏在一起，将苹果完全裹住，只在顶部留出一个小排气口。在面皮表面刷上蛋黄液，放入烤盘烘烤 40 分钟即可。

苹果饺 →

巢中苹果 APPLE IN THEIR NESTS

供 6 人食用

制备时间：50 分钟

烘烤时间：45 分钟

50 克 /2 盎司无盐黄油，切小块，另加涂抹所需 • 4 颗褐皮苹果，去皮、去核 • 2 颗鸡蛋，蛋白蛋黄分离 • 65 克 /2½ 盎司白砂糖

130 克 /4½ 盎司普通面粉

2 汤匙牛奶 • 4～6 汤匙覆盆子果酱

盐

将烤箱预热至 200°C/400°F/ 气烤箱刻度 6，在一个 1½ 升 /2½ 品脱的烤盘中涂抹黄油。将苹果放入烤盘。蛋黄与白砂糖在碗中打发至蓬松发白，然后一点点筛入面粉和 1 撮盐，最后倒入牛奶混合均匀。在另一个干净无油的碗中将蛋白打发至硬性发泡，翻拌入面糊后围绕着苹果倒入烤盘中，但不要将苹果完全浸没。在空隙处放上覆盆子果酱和黄油块，放入烤箱烘烤 45 分钟，或直至蛋糕呈金黄色。出炉后稍微放凉即可上桌享用。

香料葡萄干苹果 SPICED APPLES WITH SULTANAS

供 4 人食用

制备时间：30 分钟，另加 15 分钟浸泡用时

烘烤时间：30 分钟

80 克 /3 盎司无籽白葡萄干

25 克 /1 盎司无盐黄油，另加涂抹所需

1 茶匙肉桂粉 • ½ 茶匙姜粉

1 小撮孜然粉 • 4 颗苹果

5 汤匙莫斯卡托酒（moscato）或其他起泡甜酒

将葡萄干浸泡在热水中，约 15 分钟，烤箱预热至 160°C/325°F/ 气烤箱刻度 3，并在烤盘上涂黄油。葡萄干沥出并挤干多余水分，撒上肉桂粉、姜粉和孜然粉，搅拌均匀。苹果去核，然后在空心处填上香料葡萄干，摆入烤盘。在苹果上分散地放上黄油块，淋上甜酒，烘烤约 30 分钟，冷却后即可上桌享用。

惊喜蜜瓜 MELON SURPRISE

供 6 人食用

制备时间：25 分钟，另加 2 小时冷藏用时

烘烤时间：30 分钟

1 个蜜瓜，切半并去籽

350 克 /12 盎司覆盆子

350 克 /12 盎司无籽白葡萄

3 个桃子，去皮、去核、切丁

4 汤匙白砂糖

5 汤匙甜利口酒，如樱桃白兰地等

用挖球器挖出蜜瓜瓤，放入碗中备用，保留瓜壳。碗中再加入覆盆子、葡萄和桃块，撒上白砂糖和利口酒拌匀。将水果沙拉分装在 2 个蜜瓜半壳中，冷藏至少 2 小时后即可享用。

蓝莓糖浆 BLUEBERRIES IN SYRUP

供 4 人食用

制备时间：15 分钟，另加冷却用时

加热烹调时间：25 分钟

500 克 /1 磅 2 盎司蓝莓

500 克 /1 磅 2 盎司白砂糖

5 汤匙格拉帕酒

将蓝莓与 5 汤匙水放入锅中，用小火加热 10 分钟，然后加入白砂糖并继续加热。待白砂糖全部溶解后再煮约 15 分钟，中途要不时搅拌。关火并稍放凉，然后淋上格拉帕酒并搅拌好，静置至完全冷却后倒入 1～2 个无菌密封罐中保存。蓝莓糖浆可以用于装饰多种甜点，也可以作为冰激凌的淋酱使用。

蓝莓糖浆 ➔

PERE AL CIOCCOLATO

供 4 人食用

制备时间：30 分钟

烘烤时间：15 分钟

25 克 /1 盎司白砂糖

4 个香梨

100 克 /3½ 盎司巧克力，切小块

20 克 /¾ 盎司黄油

1～2 汤匙香梨白兰地

巧克力汁烤梨 PEARS IN CHOCOLATE

烤箱预热 160°C/325°F/ 气烤箱刻度 3，取一半的砂糖，均匀地撒在一个 1½ 升 /2½ 品脱的烤盘底部。将梨去皮、切半并去核，放入烤盘，撒上剩余的砂糖，烘烤 15 分钟。同时，将巧克力和黄油放入耐热碗中隔水熔化，然后加入香梨白兰地酒搅拌，直至如丝绒般顺滑。将巧克力汁淋在烤好的梨上即可。趁热享用。

PERE ALLA CANNELLA

供 6 人食用

制备时间：30 分钟，以及冷却和 2 小时冷藏用时

加热烹调时间：25 分钟

12 个香梨

2 颗柠檬，榨汁，过滤

1 瓶（750 毫升 /1¼ 品脱）玫瑰葡萄酒

130 克 /4½ 盎司白砂糖

1 根 4 厘米 /1½ 英寸长的肉桂棒

肉桂梨 CINNAMON PEARS

将香梨去皮、去核，淋上一半的柠檬汁，防止其变色，然后将它们放入深平底锅中。加入葡萄酒、100 克 /3½ 盎司白砂糖和肉桂，加热煮沸后转小火煮 10 分钟左右，关火、放凉。用漏勺将香梨捞出，其中 6 个分别放在小盘中，其余的切片，像花瓣一样围绕着完整的香梨摆盘。将剩余的柠檬汁和白砂糖加入锅中，加热煮沸，转中火加热，熗到原来的一半即可。将糖浆用细滤网过滤，淋在摆好的香梨上，放入冰箱冷藏至少 2 小时，取出即可享用。

PERE AL LIMONE

供 6 人食用

制备时间：20 分钟，另加 2～3 小时冷藏用时

8 个香梨

8 颗柠檬，榨汁，过滤

50 克 /2 盎司白砂糖

柠檬梨 PEARS WITH LEMON

将香梨去皮、去核并切成 4 瓣，然后再把每瓣切成 2～3 个角块。把切好的梨放入一个 20 厘米 /8 英寸的玻璃派盘中，淋上柠檬汁，撒上白砂糖，在冰箱里冷藏 2～3 小时即可。

PERE PRALINATE ALLE SPEZIE

供 4 人食用

制备时间：35 分钟

加热烹调时间：1 小时

4 个香梨

1 茶匙肉桂粉，另加装饰所需

20 克 /¾ 盎司白砂糖

2 粒丁香

20 克 /¾ 盎司无盐黄油

1 个橙子，削下外皮，薄削

120 毫升 /4 盎司双倍奶油

饼干

香料糖渍梨 SPICY CANDIED PEARS

将香梨去皮，竖直地放入深平底锅中，倒入足以浸没香梨的水，加入肉桂粉、白砂糖、丁香、黄油和橙皮，加热煮沸，然后转小火加热 20 分钟。将梨捞出，锅中的糖浆重新加热浓缩至原来的 ⅔，关火后过滤到另一口干净的锅中，加入奶油拌匀，重新加热煮沸。把梨切片，像太阳光线一样排列在盘中，淋上香料奶油，最后撒上一撮肉桂粉即可。可以搭配饼干享用。

巧克力汁烤梨 →

巧克力桃子 PEACHES WITH CHOCOLATE

在沸水中将桃子焯水几分钟，然后捞出并小心地把皮剥掉，注意不要损坏果肉，放在一旁备用。将罐装黄桃连同其糖浆放入食物料理机内，搅打成果泥，倒入碗中，冷冻 1 小时。将巧克力、奶油和糖粉放入平底锅中，小火加热，直至完全熔化且融合，关火、放凉。当黄桃果泥开始呈冰沙状，但还未完全冻住时，从冷冻室取出盛盘。将桃子切成两半并去核，摆放在果泥冰沙上，放入冰箱继续冷藏。食用前将冷却的巧克力酱淋在桃子上，装饰榛子碎即可。

PESCHE AL CIOCCOLATO

供 4 人食用

制备时间：45 分钟，另加冷藏用时

加热烹调时间：10～15 分钟

4 个白桃

400 克 /14 盎司罐装黄桃， 以及糖浆

100 克 /3½ 盎司黑巧克力

50 毫升 /2 盎司双倍奶油

25 克 /1 盎司糖粉

100 克 /3½ 盎司榛子碎

草莓桃子 PEACHES WITH STRAWBERRIES

在沸水中将桃子焯水几分钟，然后捞出并小心地把皮剥掉。将桃子切成两半并去核，放入盘中，撒上白砂糖，然后在空心处填上草莓。用葡萄酒将草莓果酱稀释，淋在草莓上。放在阴凉处静置几小时后即可食用。

PESCHE ALLE FRAGOLINE

供 4 人食用

制备时间：30 分钟，另加 2～3 小时冷藏用时

加热烹调时间：5 分钟

6 个黄桃

100 克 /3½ 盎司白砂糖

300 克 /11 盎司草莓

3 汤匙草莓酱

2～3 汤匙甜白葡萄酒

红酒炖桃 PEACHES IN RED WINE

在沸水中将桃子焯水 5 分钟，捞出后去皮、切半并去核。将红酒倒入锅中，加入白砂糖、香草糖、丁香和肉豆蔻，用小火加热煮 10 分钟，然后放入桃子，继续加热 10 分钟。用漏勺将桃子捞出，放入盘中，锅中的糖浆继续加热，使其浓缩、变稠，最后淋在桃子上。静置 12 小时即可。

PESCHE AL VINO ROSSO

供 4 人食用

制备时间：30 分钟，另加 12 小时冷藏用时

加热烹调时间：30～35 分钟

800 克 /1¾ 盎司白桃

1 升 /1¾ 品脱红葡萄酒

175 克 /6 盎司白砂糖

25 克 /1 盎司香草糖 （见第 1161 页）

1 粒丁香

1 小撮现磨肉豆蔻

← 红酒炖桃

酿馅桃子 STUFFED PEACHES

PESCHE RIPIENE

供 4 人食用

制备时间：35 分钟

烘烤时间：1 小时

25 克 /1 盎司无盐黄油，另加涂抹所需

5 个黄桃

50 克 /2 盎司白砂糖

4 块扁桃仁饼干，捏碎

2 个蛋黄

25 克 /1 盎司可可粉

将烤箱预热 160°C/325°F/ 气烤箱刻度 3，在一个 25 厘米 × 35 厘米 /8 英寸 × 14 英寸的烤盘中涂抹黄油。将一个桃子去皮去核并切小块，放入碗中。其余的桃子切半、去核，在中心处挖出一点儿桃肉，与白砂糖、扁桃仁饼干碎、蛋黄和可可粉一起放入碗中拌匀，再分装在桃子空心处并呈小堆状。在每个桃堆上面放一块黄油，放入烤箱烘烤 1 小时，出炉后趁热食用。

红酒炖李子 PLUMS IN WINE

PRUGNE AL VINO

供 6 人食用

制备时间：20 分钟，另加冷藏用时

加热烹调时间：20 分钟

1 瓶（750 毫升 /1¼ 品脱）玫瑰葡萄酒

1 小撮肉桂粉

130 克 /4½ 盎司白砂糖

1 颗柠檬，擦取柠檬皮

1 千克 /2 ¼ 盎司李子，切半并去核

将葡萄酒、肉桂粉、白砂糖和柠檬皮放入锅中，用小火加热煮沸。加入李子，再次煮 10 分钟，然后关火、盛盘。放凉后冷藏，食用前取出即可。

酿馅桃子 →

甜可丽饼

可丽饼包含甜咸两种口味，白汁、各式蔬菜、蛋奶酱、水果、果酱和其他多种食材都可以作为其馅料的选择。事实上，无论是作为开胃菜的咸味可丽饼还是作为甜点的甜味可丽饼同样受人欢迎。可丽饼的原料也很简单，只需要用牛奶、面粉、鸡蛋和糖制成面糊，你便可以开始制作了。一张完美可丽饼的精华在于它轻薄如纸，而你只需多加练习，很快便能掌握其中的秘诀。一口普通的平底锅便足以满足你制作可丽饼的需求，但若想要确保成功，购买一口可丽饼专用平底锅也是十分值得的。一旦你掌握了其中诀窍，制作可丽饼便会是一件轻松便捷的事情。可丽饼也可以提前制作，等到招待客人的那一天取出，放上美味馅料、即时加热并在现场露一手“火焰可丽饼（flambée）”。伴随着白兰地的香气，你的客人们定会对这道甜点惊叹不已。

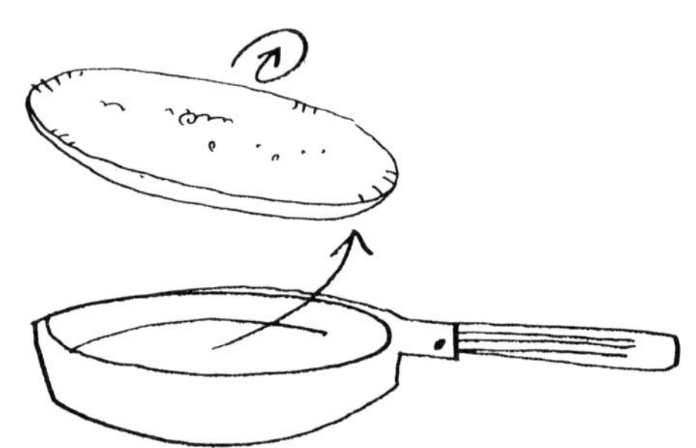

CRÊPES AL CIOCCOLATO

供 6 人食用

制备时间：1 小时 30 分钟

加热烹调时间：30 分钟

1 份可丽饼面糊（见第 185 页）
2 汤匙牛奶
250 克 /9 盎司巧克力，切小块
25 克 /1 盎司无盐黄油
打发的奶油

巧克力可丽饼 CHOCOLATE CRÊPES

制作 12 张可丽饼，用烘焙纸间隔着叠放在盘中并保温。在深平底锅中倒入牛奶，加入巧克力，用小火加热熔化，不停地搅拌，直至巧克力酱质地完全顺滑后关火，最后搅入黄油，混合均匀。趁热将巧克力酱均匀地涂抹在可丽饼上，对折呈半月形，搭配打发的奶油享用。

巧克力可丽饼 ➔

CRÊPES ALLA MARMELLATA

供 6 人食用

制备时间：1 小时 30 分钟

加热烹调时间：30 分钟

1 份可丽饼面糊（见第 185 页）

2 汤匙杏酱

2 茶匙橙皮碎

2 汤匙白砂糖

50 毫升 /2 盎司白兰地

香草糖（见第 1161 页）

果酱可丽饼 JAM CRÊPES

制作 12 张可丽饼，用烘焙纸间隔着叠放在盘中，保温备用。将杏酱、橙皮碎、白砂糖和 5 汤匙水放入小锅中加热煮沸，继续搅拌加热几分钟后关火，最后加入白兰地搅匀即可。在每张可丽饼上均匀地涂抹适量果酱，对折两次，放入盘中并撒上香草糖，趁热享用。

CRÊPES ALLE MELE

供 6 人食用

制备时间：1 小时 30 分钟

加热烹调时间：45 分钟

1 份可丽饼面糊（见第 185 页）

100 克 /3½ 盎司白砂糖

½ 茶匙肉桂粉

1 颗柠檬，榨汁，过滤

薄柠檬皮

500 克 /1 磅 2 盎司苹果，去皮、去核并切丁

苹果可丽饼 APPLE CRÊPES

制作 12 张可丽饼，用烘焙纸间隔着叠放在盘中，保温备用。在深平底锅中倒入 175 毫升 /6 盎司水，加入白砂糖、肉桂粉、柠檬汁和柠檬皮加热煮沸，不停搅拌，直至白砂糖完全溶解，然后继续用大火加热几分钟，直至液体呈糖浆状。取出柠檬皮，加入苹果丁继续搅拌熬煮，直至苹果丁均匀地裹上焦糖即可关火。在每张可丽饼上放适量苹果馅并轻轻卷起，放入盘中，趁热享用。

CRÊPES ALLO ZUCCHERO

供 6 人食用

制备时间：1 小时 20 分钟

加热烹调时间：20 分钟

25 克 /1 盎司无盐黄油，切小块

1 份可丽饼面糊（见第 185 页）

白砂糖

砂糖可丽饼 SUGAR CRÊPES

在一口小平底锅中放入一小块黄油，用小火加热熔化。倒入 1 汤匙的面糊并转动平底锅，使面糊均匀地铺在锅底。加热几秒钟，直至底面呈金黄色，用平铲翻面，注意另一面加热的时间要比第一面多几秒钟。倾斜平底锅，让可丽饼滑入备好的盘子里。用同样的方法继续制作剩下的面糊，并按需加入黄油，制好的可丽饼则用烘焙纸间隔着叠放在盘中，保温备用。食用时，在每张饼上撒适量白砂糖，对折两次后放入盘中，趁热享用。

果酱可丽饼 →

橘香可丽饼 CRÊPES SUZETTE

制作 12 张可丽饼，用烘焙纸间隔着叠放在盘中，保温备用。将黄油在碗中打发，然后加入白砂糖、柑橘汁和柑桂酒。将柑橘酱均匀地涂抹在可丽饼上，对折两次，撒上香草糖，摆盘后趁热享用。你也可以用君度力娇酒或其他甜味利口酒制作“火焰橘香可丽饼”。

CRÊPES SUZETTE

供 6 人食用

制备时间：1 小时 30 分钟

加热烹调时间：30 分钟

1 份可丽饼面糊（见第 185 页）

100 克 /3½ 盎司无盐黄油

100 克 /3½ 盎司白砂糖

1 个柑橘，榨汁，过滤

50 克 /2 盎司柑桂酒（curaçao）

香草糖（见第 1161 页）

君度力娇酒（cointreau）或其他甜味利口酒（可选）

薄煎饼 PANCAKES

面粉、白砂糖和 1 撮盐筛入碗中，在中间挖出一个小的窝穴，加入鸡蛋打散，再加入牛奶、油和泡打粉，混合均匀，盖好后静置 2 小时。准备煎时，将面糊重新搅拌均匀，并在一口小平底锅中加热熔化一小块黄油。舀入一勺面糊，转动平底锅，使面糊均匀地铺在锅底，两面煎熟即可，但注意颜色不要太深。用同样的方法继续煎制剩下的面糊，并按需加入黄油。薄煎饼应趁热食用，搭配枫糖、苹果糖浆或其他水果口味的糖浆。

PANCAKES

供 4 人食用

制备时间：25 分钟，另加 2 小时静置用时

加热烹调时间：30 分钟

100 克 /3½ 盎司普通面粉

15 克 /½ 盎司白砂糖

1 颗鸡蛋

175 毫升 /6 盎司牛奶

1 汤匙葵花籽油或橄榄油

1 茶匙泡打粉

25 克 /1 盎司无盐黄油，切小块

盐

自选糖浆

蓝莓薄煎饼 BLUEBERRY PANCAKES

将面粉、砂糖、肉桂粉和 1 撮盐筛入碗中，在中间挖出一个小的窝穴，加入鸡蛋打散，再加入牛奶、油和泡打粉，混合均匀，盖好后静置 2 小时。准备煎时，将面糊重新搅拌均匀，并在一口小平底锅中加热熔化一小块黄油。舀入一勺面糊，将两面煎熟。用同样的方法继续煎制剩下的面糊，并按需加入黄油。将煎好的薄煎饼盛盘并淋上一点儿蓝莓糖浆和糖粉，趁热食用。

PANCAKES AL MIRTILLI

供 6 人食用

制备时间：1 小时，另加 2 小时静置用时

加热烹调时间：30 分钟

120 克 /4 盎司普通面粉

25 克 /1 盎司白砂糖

1 小撮肉桂粉

3 颗鸡蛋

300 毫升 /½ 品脱牛奶

1 汤匙葵花籽油或橄榄油

1 茶匙泡打粉

50 克 /2 盎司无盐黄油，切小块

175 毫升 /6 盎司蓝莓糖浆（见第 1276 页）

3 汤匙糖粉

盐

← 蓝莓薄煎饼

甜味蛋卷

甜味蛋卷的制作和传统蛋卷相同，即只煎熟一面并且通常是折起后装盘。甜味蛋卷的馅料通常是果酱或焦糖水果，再加上利口酒来增添风味。如果午餐或晚餐比较清淡，蛋卷可以作为极佳的补充来满足食欲，它们也可以作为孩子们的营养加餐。甜味蛋卷可以按形状撒上白砂糖并用火枪使其焦糖化来加以装饰。

OMELETTE DOLCI (RICETTA BASE)

供 4 人食用

制备时间：5 分钟

加热烹调时间：10 分钟

6 颗鸡蛋

25 克 /1 盎司白砂糖

40 克 /1½ 盎司无盐黄油

甜味蛋卷（基础配方）SWEET OMELETTE (BASIC RECIPE)

将鸡蛋、白砂糖和 3 汤匙水在碗中打散。在平底锅中用小火加热熔化 25 克 /1 盎司的黄油，倒入蛋液并转动平底锅，使蛋液均匀地铺在锅底。当蛋卷底面煎熟但表面仍未凝固时，从左边将蛋饼向中间折起，然后再将右半边卷起盖住左边即可出锅。装入温热的餐盘中，轻轻将剩余的黄油涂抹在蛋卷表面，使其具有光泽，也可以撒上白砂糖并用焗炉高温加热，使其焦糖化。

杏酱奶油蛋卷 APRICOT JAM AND CREAM OMELETTE

将奶油打发，放入碗中并撒上扁桃仁碎备用。将杏酱和朗姆酒放入小锅里，中火加热并搅拌，直至果酱熔化并与朗姆酒充分混合。将鸡蛋、糖和 4 汤匙水在碗中略微打散，并在平底锅中将黄油熔化。倒入蛋液并转动平底锅，使蛋液均匀地铺在锅底。当蛋卷底面煎熟但表面仍未凝固时，舀上酒味果酱，然后从左边将蛋饼向中间折起，再将右半边卷起盖住左边即可出锅。用加热好的盘子盛装蛋卷，搭配扁桃仁奶油趁热享用。你也可以用罐装水果制作这种蛋卷的馅料。水果沥出后切丁，铺在蛋卷中心即可。

OMELETTE ALLA MARMELLATA DI ALBICOCCHE E PANNA

供 4 人食用

制备时间：20 分钟

加热烹调时间：10 分钟

200 毫升 / 7 盎司双倍奶油

2 汤匙扁桃仁碎

40 克 / 1½ 盎司杏酱

2 汤匙朗姆酒

6 颗鸡蛋

2 汤匙白砂糖

25 克 / 1 盎司无盐黄油

覆盆子蛋卷 RASPBERRY OMELETTE

将果酱和樱桃白兰地放入小锅里，中火加热并搅拌，直至果酱熔化并与樱桃白兰地充分混合。将鸡蛋、糖和 4 汤匙水在碗中略微打散，并在平底锅中将黄油熔化。倒入蛋液并转动平底锅，使蛋液均匀地铺在锅底。当蛋卷底面煎熟但表面仍未凝固时，从左边将蛋饼向中间折起，然后再将右半边卷起盖住左边即可出锅。放入加热好的盘子中，浇上酒味果酱即可享用。

OMELETTE DI LAMPONI

供 4 人食用

制备时间：15 分钟

加热烹调时间：10 分钟

50 克 / 2 盎司覆盆子果酱

2 汤匙樱桃白兰地

6 颗鸡蛋

20 克 / ¾ 盎司白砂糖

25 克 / 1 盎司无盐黄油

干果扁桃仁蛋卷 OMELETTE WITH DRIED FRUIT AND ALMONDS

将葡萄干、李子干和杏干放入碗中，加入温水浸泡。将鸡蛋、糖、4 汤匙水和橙皮在碗中略微打散，并在平底锅中将黄油熔化。倒入蛋液并转动平底锅，使蛋液均匀地铺在锅底。沥出果干，当蛋卷底面煎熟但表面仍未凝固时撒在蛋卷中央，然后从左边将蛋饼向中间折起，再将右半边卷起盖住左边即可出锅。放入加热好的盘子中，撒上砂糖和扁桃仁碎，浇上朗姆酒后点燃即可上桌。

OMELETTE CON FRUTTA SECCA ALLA FIAMMA

供 4 人食用

制备时间：15 分钟，另加浸泡用时

加热烹调时间：10 分钟

50 克 / 2 盎司葡萄干

2 颗李子干，去核

2 颗杏干，去核并切碎

6 颗鸡蛋

2 汤匙白砂糖，另加淋撒所需

1 个橙子的皮，擦碎

25 克 / 1 盎司无盐黄油

2 汤匙朗姆酒

扁桃仁碎

油炸果

尽管油炸果有些时候比较油腻，但是它的美味却几乎是不可抵挡的。为了保证油温，每次只放入几个油炸果，效果更好，炸完后则应将油炸果放在厨房纸上以沥干多余的油脂。

AMARETTI FRITTI

供 4 人食用

制备时间：30 分钟，另加 1 小时静置用时

加热烹调时间：10～20 分钟

130 克 /4½ 盎司普通面粉

1 颗鸡蛋，分离蛋黄蛋白

1 汤匙白兰地

1 汤匙橄榄油，另加油炸所需

200 克 /7 盎司扁桃仁饼干

2 汤匙朗姆酒

糖粉

扁桃仁油炸果 AMARETTI FRITTERS

用面粉、蛋黄、白兰地、橄榄油和水制成稀面糊（见第 1179 页），静置 1 小时。在一个无油的碗中将蛋白打发至硬性发泡，然后翻拌入面糊中。将扁桃仁饼干浸上朗姆酒，并蘸上面糊。在平底锅中加热油，放入裹好面糊的扁桃仁饼干，炸至两面金黄，然后放在厨房纸上吸干多余油脂。撒上糖粉后即可享用。

CHIACCHIERE

供 6 人食用

制备时间：30 分钟，另加 30 分钟静置用时

加热烹调时间：30 分钟

250 克 /9 盎司普通面粉，另加淋撒所需

50 克 /2 盎司白砂糖

1 颗鸡蛋

1 个蛋黄

2 汤匙橄榄油，另加油炸所需

175 毫升 /6 盎司白葡萄酒

糖粉

甜味油炸果 SWEET FRITTERS

面粉筛入碗中，搅入砂糖并在中央挖一个小窝穴，加入鸡蛋、蛋黄、橄榄油和白葡萄酒，揉成面团，静置至少 30 分钟。在撒上一层薄面粉的工作台上将面团擀成薄面皮，然后用花边滚刀（fluted pastry wheel）将面皮切成 3 厘米 /1¼ 英寸宽、10 厘米 /4 英寸长的长条。像系缎带一样将长条系成结，注意不要系得太紧。平底锅中加热油，放入油炸果炸至金黄，用漏勺捞出，放在厨房纸上吸干多余油脂。撒上糖粉后即可享用。

甜味油炸果 →

水果香槟油炸果 FRUIT AND CHAMPAGNE FRITTERS

制作面糊：面粉筛入一个大碗中，挖一个小窝穴并加入鸡蛋和一半的香槟酒。用打蛋器充分打匀后加入剩余的香槟，搅匀并加盖，在阴凉处静置 1 小时。然后在一个无油的碗中将蛋白打发至硬性发泡，翻拌入面糊备用。接下来准备覆盆子酱：将覆盆子在碗中碾碎，搅入适量的糖粉和樱桃白兰地，然后过滤装碗，在阴凉处放置备用。将菠萝去皮，并用一把小刀切去菠萝眼，剩余的菠萝肉切成 1 厘米 /½ 英寸厚的圆片，用小切模去掉中心硬心。苹果去皮去核，同样切成 1 厘米 /½ 英寸厚的圆片。香蕉去皮，斜切成 2 厘米 /¾ 英寸的厚片。在平底锅中倒入足量的油加热，水果片裹上面糊后放入油锅炸至金黄，注意一次不要放入太多，以免降低油温。用漏勺捞出并放在厨房纸上吸干多余油脂，保温至上桌前。食用前撒上糖粉，搭配制好的覆盆子酱即可。

供 8 人食用
制备时间：1 小时，另加 1 小时静置用时
加热烹调时间：30 分钟

1 个菠萝
4 颗苹果
2 根香蕉
橄榄油，用于油炸
50 克 /2 盎司糖粉

用于制作面糊
150 克 /5 盎司普通面粉
1 颗鸡蛋
100 毫升 /3½ 盎司甜香槟酒
2 个蛋白

用于制作覆盆子酱
500 克 /1 磅 2 盎司覆盆子
2～3 汤匙糖粉
2 汤匙樱桃白兰地

苹果油炸果 APPLE FRITTERS

苹果去皮去核，然后切厚片，洒上朗姆酒或柠檬汁，静置 15 分钟。将苹果放入面糊中，并确保它们都均匀地裹上了面糊。在平底锅中倒入足量的油加热，然后放入苹果片，炸至金黄，注意一次不要放入太多，以免降低油温。用漏勺捞出并放在厨房纸上吸干多余油脂，然后放入一个提前加热好的餐盘中，食用前筛上足量糖粉即可。菠萝、桃子、梨和其他水果油炸果都可以用同样方法制作。

供 4 人食用
制备时间：1 小时，另加 15 分钟静置用时
加热烹调时间：30 分钟

4 颗苹果
100 毫升 /3½ 盎司朗姆酒，或 1 颗柠檬，榨汁并过滤
1 份水果香槟油炸果面糊（见上方）
橄榄油，用于油炸
糖粉

← 苹果油炸果

KRAPFEN

可制 20 个

制备时间：1 小时，另加 1 小时 50 分钟发酵时间

加热烹调时间：30 分钟

15 克 /½ 盎司新鲜酵母

1 汤匙白砂糖

120 毫升 /4 盎司温牛奶，另加涂刷所需

200 克 /7 盎司普通面粉，另加淋撒所需

50 克 /2 盎司无盐黄油，熔化

2 个蛋黄

275 克 /10 盎司杏酱

葵花籽油或橄榄油，用于油炸

糖粉

盐

多纳圈 DOUGHNUTS

碗中放入酵母和砂糖，加入牛奶并搅成糊状。拌入 50 克 /2 盎司的面粉，揉成小面团，放在温暖的环境中发酵 20 分钟，或直至体积发至两倍。将剩余的面粉筛在工作台上，并将黄油、蛋黄和 1 小撮盐均匀地揉进发酵好的面团中，继续静置发酵 1 小时。然后在撒了薄面粉的工作台上擀成 5 毫米 /¼ 英寸厚的面片，再用圆形饼干切模切成直径为 5 厘米 /2 英寸的小圆片。在一半数量的圆面片中心舀上 1 汤匙杏酱，圆片边缘刷上一点儿牛奶，然后盖上另外一半的圆面皮，并把边缘轻轻捏紧封口，放在温暖处发酵 30 分钟。在一口深锅中放入油并加热，然后放入发酵好的多纳圈，炸至两面金黄，注意一次只放入几个，以免降低油温。用漏勺捞出并放在厨房纸上吸干多余油脂，食用前筛上糖粉即可。你也可以用香草蛋奶酱（见第 1210 页）作为多纳圈的夹心馅料。

SGONFIOTTI

供 6 人食用

制备时间：30 分钟，另加 12 小时冷藏用时

加热烹调时间：30 分钟

250 克 /9 盎司普通面粉，另加淋撒所需

100 克 /3½ 盎司白砂糖

50 克 /2 盎司无盐黄油，软化

2 颗鸡蛋，打散

葵花籽油或橄榄油，用于油炸

香草糖粉（见第 1161 页）

盐

油炸果 FRITTERS

碗中筛入面粉，在中央挖一个小窝穴，加入砂糖、1 小撮盐、黄油和蛋液，用手指揉成一个柔软的面团。包上保鲜膜，并用擀面杖轻轻将面团压扁，放入冰箱冷藏至少 12 个小时。面团取出后，在撒好薄面粉的工作台上擀成约 4 厘米 /1½ 英寸厚的面皮，再用不同型号的饼干切模切成星星、爱心或动物的形状。深锅中放油并加热，然后放入油炸果炸 5～6 分钟，直至油炸果膨胀并呈金黄色。用漏勺捞出，放在厨房纸上吸干多余油脂。食用前筛上足量香草糖粉即可。

多纳圈 ➔

冰激凌和雪葩

家庭自制的冰激凌是由鸡蛋、牛奶、糖、奶油、巧克力或其他调味原料混合的基本蛋奶糊制成；而雪葩则是由糖浆或果泥，以及更多的糖所制成，它是一种不含脂肪的冰品。除了可以作为甜品享用之外，冰激凌和雪葩也是一种很好的“味觉清洗剂”（palate cleansers），通常在两道主菜之间用于还原味蕾初始的状态，以便食客充分体会每道菜肴的本味。冰激凌机的出现使得制作冰激凌和雪葩变得非常简便，你可以根据需要来调节稠度和质地，获得密实顺滑抑或是有颗粒状的口感。各式烈酒是冰激凌和雪葩绝佳的搭配，例如威士忌、伏特加、朗姆酒和白兰地，包括水果味的白兰地；甜利口酒也是很棒的选择，咖啡味的利口酒适合口感柔滑的冰激凌，橙子味利口酒则适合巧克力和香草味的冰激凌。

浆果冰激凌 FRUITS OF THE FOREST ICE CREAM

GELATO AI FRUTTI DI BOSCO

供 6 人食用

制备时间：25 分钟

400 克 /14 盎司各类莓果，如黑莓、罗甘莓（loganberry）或覆盆子

半颗柠檬，榨汁，过滤

175 克 /6 盎司白砂糖

250 毫升 /8 盎司双倍奶油

将莓果放入食物料理机打成果泥，加入柠檬汁、砂糖和奶油，打至顺滑。将冰激凌糊倒入冰激凌机制作约 20 分钟或按照厂商说明书上的时间操作。

糖渍栗子冰激凌 MARRON GLACÉ ICE CREAM

GELATO AI MARRON GLACÉ

供 6 人食用

制备时间：40 分钟

250 克 /9 盎司糖渍栗子

150 毫升 /¼ 品脱双倍奶油

200 毫升 /7 盎司牛奶

1 个蛋黄

100 克 /3½ 盎司白砂糖

利口酒，口味自选

将糖渍栗子、奶油和牛奶放入食物料理机搅打均匀。蛋黄和糖在碗中打发至蓬松发白，然后拌入少许利口酒，加入栗子糊拌匀。将冰激凌糊倒入冰激凌机制作约 20 分钟或按照厂商说明书上的时间操作。

咖啡冰激凌 COFFEE ICE CREAM

GELATO AL CAFFÈ

供 6 人食用

制备时间：40 分钟，另加冷藏用时

加热烹调时间：5 分钟

200 毫升 / 7 盎司牛奶

1 根香草荚，剖开

2 颗鸡蛋

150 克 / 5 盎司白砂糖

175 毫升 / 6 盎司超浓咖啡

200 毫升 / 7 盎司双倍奶油

将牛奶倒入一口深平底锅，香草荚剖开，将香草籽刮入牛奶中，加热至沸腾，关火、冷却。在碗中将鸡蛋和砂糖打发至蓬松发白，然后缓缓加入咖啡、奶油和香草牛奶搅匀。将冰激凌糊倒入冰激凌机制作约 20 分钟或按照厂商说明书上的时间操作。

焦糖冰激凌 CARAMEL ICE CREAM

GELATO AL CARAMELLO

供 4 人食用

制备时间：1 小时 30 分钟

加热烹调时间：30 分钟

100 克 / 3½ 盎司白砂糖

3 个蛋黄，打散

350 毫升 / 12 盎司双倍奶油

将白砂糖与 1 汤匙冷水倒入平底锅，小火加热至砂糖熔化。转中火并撇去表面浮物，当糖色变成金红时，倒入 5 汤匙热水并关火。盖上盖子并重新慢火加热约 20 分钟，直至形成浓稠的焦糖。缓慢地将焦糖一边搅拌一边倒入碗中的蛋黄液中，持续打发至混合物变得质地轻盈、泡沫丰富并完全冷却。放入冷冻室中冷却 30 分钟后取出。将奶油打发至硬性发泡，翻拌入焦糖蛋黄糊，最后倒入冰激凌机制作约 20 分钟或按照厂商说明书上的时间操作。

巧克力冰激凌 CHOCOLATE ICE CREAM

GELATO AL CIOCCOLATO

供 6 人食用

制备时间：35 分钟，另加冷藏用时

加热烹调时间：20 分钟

750 毫升 / 1¼ 品脱牛奶

100 克 / 3½ 盎司巧克力，切块

6 个蛋黄

120 克 / 4 盎司白砂糖

见第 1300 页

牛奶倒入小锅中加热至沸腾，关火备用。将巧克力和几汤匙牛奶隔水溶化，然后倒回牛奶锅中。在另一口小锅中将蛋黄和砂糖打发至蓬松发白，再慢慢加入巧克力奶搅打均匀。将搅好的蛋奶糊重新用小火加热并不断搅拌，直至质地变得浓稠，但注意不要煮沸。将蛋奶糊过滤并放凉，偶尔搅拌一下。倒入冰激凌机制作约 20 分钟或按照厂商说明书上的时间操作。

香草冰激凌 VANILLA ICE CREAM

供 6 人食用

制备时间：40 分钟，另加冷却和冷藏用时

加热烹调时间：20 分钟

750 毫升 /1¼ 品脱牛奶

25 克 /1 盎司香草糖 （见第 1161 页）

6 个蛋黄

175 克 /6 盎司白砂糖

这道食谱可以作为若干种不同口味冰激凌的基础。将牛奶加热至即将沸腾，关火并加入香草糖。在另一口锅中把蛋黄和砂糖打发至蓬松发白，然后慢慢地加入热牛奶并不断搅拌。奶锅冲洗一下后将蛋奶糊重新倒入，在一个大碗上架好滤网备用。蛋奶糊用中火加热并持续不断地搅拌，直至稠度足以挂裹在勺子背面时即可关火，注意不能煮沸。将蛋奶糊过滤入碗中，静置冷却，偶尔搅拌一下，然后放入冰箱里冷藏至完全冷却，最后倒入冰激凌机制作约 20 分钟或按照厂商说明书上的时间操作。如果想要更厚重的口感，可以用 250 毫升 /9 盎司的奶油代替等量的牛奶。

草莓冰激凌 STRAWBERRY ICE CREAM

供 6 人食用

制备时间：45 分钟，另加冷却用时

加热烹调时间：20 分钟

500 克 /1 磅 2 盎司草莓

1 份香草冰激凌 （见上方）

预留出几个草莓作为装饰，然后将剩余的草莓用叉子捣成果泥，加入制好的香草冰激凌糊，倒入冰激凌机制作约 20 分钟或按照厂商说明书上的时间操作。放入独立的冰激凌碗中并用预留的草莓装饰。你可以用同样的方法制作桃子、杏和香蕉口味的水果冰激凌。

柠檬冰激凌 LEMON ICE CREAM

供 6 人食用

制备时间：40 分钟

3 颗柠檬， 榨汁， 过滤

150 克 /5 盎司白砂糖

1 颗苹果， 去皮、 去核并擦碎

120 毫升 /4 盎司牛奶

2 汤匙柠檬糖浆

200 毫升 /7 盎司双倍奶油

用电动打蛋器将柠檬汁和砂糖搅匀，逐渐搅入苹果泥、牛奶和柠檬糖浆。将奶油打发，轻柔地翻拌入柠檬奶糊中，然后一起倒入冰激凌机制作约 20 分钟或按照厂商说明书上的时间操作。

←巧克力（见第 1299 页）、香草和草莓冰激凌

榛子冰激凌 HAZELNUT ICE CREAM

GELATO DI NOCCIOLE

供 6 人食用

制备时间：1 小时 10 分钟，另加冷却用时

加热烹调时间：20 分钟

100 克 /3½ 盎司榛子

750 毫升 /1¼ 品脱牛奶

25 克 /1 盎司香草糖 （见第 1161 页）

6 个蛋黄

175 克 /6 盎司白砂糖

烤箱预热至 200°C/400°F/ 气烤箱刻度 6，然后将榛子铺在烤盘上烘烤 15～20 分钟。将烤香的榛子倒在一块干净的茶巾上，裹住后揉搓、去皮，然后取出切碎，放入碗中备用。将牛奶煮沸并搅入香草糖，取几勺牛奶与榛子碎搅拌均匀，然后再倒入剩余的牛奶。在另一口锅中将蛋黄和砂糖打发至蓬松发白，搅入榛子牛奶，中火加热并不断地搅拌，直至刚刚沸腾时立刻关火。待其放凉后倒入冰激凌机制作约 20 分钟或按照厂商说明书上的时间操作。

酸奶冰激凌 YOGURT ICE CREAM

GELATO DI YOGURT

供 4 人食用

制备时间：25 分钟

500 毫升 /18 盎司天然酸奶

2 汤匙香草糖粉 （见第 1161 页）

直接将酸奶倒入冰激凌机并搅入香草糖粉，制作 20 分钟或按照厂商说明书上的时间操作。

覆盆子半冻雪糕 RASPBERRY SEMIFREDDO

SEMIFREDDO AL LAMPONE

供 6～8 人食用

制备时间：30 分钟，另加 4 小时冷冻用时

加热烹调时间：10～15 分钟

6 颗鸡蛋

250 克 /9 盎司白砂糖

250 克 /9 盎司覆盆子

750 毫升 /1¼ 品脱双倍奶油

在一个耐高温的碗中将鸡蛋和砂糖隔水加热并打发，直至蛋糊变稠，从热水上移开，继续打发至完全冷却。在一个浅盘中将覆盆子捣碎，奶油硬性打发后翻拌入蛋糊中，最后拌入覆盆子果泥。在 20 厘米 /8 英寸的吐司烤盘内壁铺上一层保鲜膜，倒入制好的雪糕糊并抹平表面，放入冷冻室冷冻过夜或冷冻至少 4 小时。食用时，翻转脱模，撕开保鲜膜即可。

奶油半冻雪糕 CREAM SEMIFREDDO

SEMIFREDDO ALLA PANNA

供 6 人食用

制备时间：40 分钟，另加 12 小时冷冻用时

3 颗鸡蛋，分离蛋黄蛋白

500 毫升 /18 盎司双倍奶油，冷藏

150 克 /5 盎司白砂糖

200 克 /7 盎司巧克力，切碎

在一个无油的碗中将蛋白打发至硬性发泡，另一个碗中奶油也同样硬性打发备用，第三个碗中将蛋黄与砂糖打发至蓬松发白，然后先后翻拌入蛋白和打发奶油，注意动作要非常轻柔，以防消泡。在 1½ 升 /2½ 品脱的大碗内壁铺上一层保鲜膜，撒上一层巧克力碎，然后倒入一层奶油雪糕糊，重复此步骤直至原料全部用完，放入冷冻室冷冻过夜。食用时翻转脱模，撕开保鲜膜即可。

覆盆子半冻雪糕 →

SEMIFREDDO AL TORRONE
供 6 人食用
制备时间：45 分钟，另加 12 小时冷冻用时

3 颗鸡蛋，分离蛋黄蛋白
50 克 /2 盎司白砂糖
300 克 /11 盎司意式牛轧糖，切碎
2 汤匙白兰地
350 毫升 /12 盎司双倍奶油

意式牛轧糖半冻雪糕 TORRONE SEMIFREDDO

将蛋黄与砂糖打发至蓬松发白，然后搅入牛轧糖和白兰地拌匀。在一个无油的碗中将蛋白打发至硬性发泡，另一个碗中奶油同样硬性打发备用。轻柔地将蛋白翻拌入牛轧糖蛋黄糊中，然后再翻拌入打发奶油。在 1½ 升 /2½ 品脱的模具内壁铺上一层保鲜膜，倒入雪糕糊后冷冻过夜。食用前 30 分钟取出，翻转脱模，撕开保鲜膜即可。

SEMIFREDDO DI CREMA DI CIOCCOLATO
供 6～8 人食用
制备时间：30 分钟，另加冷藏用时和 12 小时冷冻用时
加热烹调时间：15 分钟

3 颗鸡蛋
100 克 /3½ 盎司白砂糖
15 克 /½ 盎司普通面粉
250 毫升 /8 盎司牛奶
25 克 /1 盎司可可粉
250 毫升 /8 盎司双倍奶油
1 汤匙香草糖（见第 1161 页）

巧克力奶油半冻雪糕 CREAM AND CHOCOLATE SEMIFREDDO

用鸡蛋、砂糖、面粉和牛奶（预留 3 汤匙）制作一份香草蛋奶酱，其中一半倒入碗中备用，另外一半加入可可粉和 3 汤匙牛奶，搅匀并重新加热几分钟，再倒入另外一个碗中冷却，然后将 2 碗蛋奶糊都放入冰箱冷藏。将奶油与香草糖一起打发至硬性发泡，分成 2 等分，分别翻拌入 2 份蛋奶糊中。在 1½ 升 /2½ 品脱的模具内壁铺上一层保鲜膜，先后倒入 2 种颜色的蛋奶糊，冷冻过夜。食用时取出翻转脱模，撕开保鲜膜即可。

SEMIFREDDO DI MARRON GLACÉ
供 6～8 人食用
制备时间：20～25 分钟，另加 4 小时冷冻用时

500 毫升 /18 盎司双倍奶油
40 克 /1½ 盎司白砂糖
6 个糖渍栗子，切碎
5 个手指饼干，切碎
1 茶匙可可粉
热巧克力酱（见第 1179 页）（可选）

糖渍栗子半冻雪糕 MARRON GLACÉ SEMIFREDDO

将奶油和砂糖打发至硬性发泡，加入糖渍栗子、手指饼干和可可粉轻轻拌匀。在 1½ 升 /2½ 品脱的模具内壁铺上一层保鲜膜，倒入雪糕糊并抹平表面。冷冻过夜或至少冷冻 4 小时。食用时翻转脱模，撕开保鲜膜即可，你也可以搭配热巧克力酱享用。

柠檬雪葩，见第 1306 页 →

SORBETTO AI KIWI

供 4 人食用

制备时间：40 分钟

加热烹调时间：20 分钟

200 克 /7 盎司白砂糖

4 个猕猴桃

1 颗柠檬，榨汁，过滤

草莓，用于装饰

猕猴桃雪葩 KIWI SORBET

将 500 毫升 /18 盎司水和白砂糖倒入锅中搅拌、煮沸，砂糖全部溶解后继续加热 15 分钟左右，制成糖浆。猕猴桃去皮后放入食物料理机中打成果泥，与煮好的糖浆和柠檬汁一起搅拌均匀。最后将调好的果泥倒入冰激凌机制作约 20 分钟或按照厂商说明书上的时间操作。食用时可以用草莓装饰。

SORBETTO ALLA BANANA

供 4 人食用

制备时间：40 分钟

加热烹调时间：5 分钟

1 个橙子，榨汁，过滤

1 颗柠檬，榨汁，过滤

150 克 /5 盎司白砂糖

1 千克 /2¼ 磅香蕉

香蕉雪葩 BANANA SORBET

橙汁、柠檬汁和砂糖放入锅中，小火加热至砂糖全部溶解，制成糖浆后关火、冷却。香蕉去皮切块，放入食物料理机中打成果泥，加入糖浆并拌匀。将调好的果泥倒入冰激凌机制作约 20 分钟或按照厂商说明书上的时间操作。

SORBETTO AI LIMONE

供 6 人食用

制备时间：1 小时

加热烹调时间：20 分钟

3 颗柠檬

200 克 /7 盎司白砂糖

50 毫升 /2 盎司伏特加

见第 1305 页

柠檬雪葩 LEMON SORBET

取其中一颗柠檬的皮备用，并把所有的柠檬榨汁。将 500 毫升 /18 盎司水、砂糖和柠檬皮放入锅中，加热煮沸并搅拌，砂糖全部溶解后继续加热 15 分钟。关火，取出柠檬皮，糖浆放凉备用。柠檬汁过滤，与伏特加一起加入糖浆中搅匀。将调好的柠檬汁倒入冰激凌机制作约 20 分钟或按照厂商说明书上的时间操作。

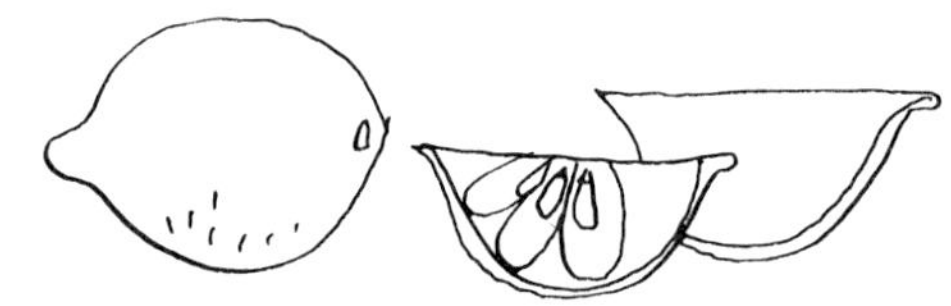

其他甜点

本章包含了一些不能准确分类的甜点，既有比较传统的，也有相对现代的食谱。

薄荷烤柑橘 BAKED CITRUS FRUIT WITH MINT

将烤箱预热至 200°C/400°F/ 气烤箱刻度 6。橙子、葡萄柚和柠檬去皮，注意去掉白色的部分，然后把每个水果切成 4 瓣，切的时候用碗接住流下的果汁。切好的水果放入烤盘，果汁保存备用。在锅中把蛋黄、砂糖和香草精打散，加入果汁，小火加热，一边加热一边搅拌，但注意不要煮沸。当蛋黄糊变稠时关火，加入薄荷碎拌匀，然后浇在烤盘里的水果上，放入烤箱烘烤 5～10 分钟，直至表面呈金黄色并完全烤熟。上桌前用薄荷叶和柠檬皮装饰即可。

供 4 人食用
制备时间：40 分钟
加热烹调时间：5～10 分钟

4 个橙子
4 个葡萄柚
4 颗柠檬
3 个蛋黄
20 克 /¾ 盎司白砂糖
若干滴香草精
1 汤匙薄荷叶碎
薄荷叶和柠檬皮，用于装饰

焗浆果沙巴翁 GRATIN FRUITS OF THE FOREST WITH ZABAGLIONE

预热烤架。将较大的莓果切半，然后将所有的水果放入烤盘或独立的小烤模中备用。蛋黄、砂糖和香橙干邑甜酒放在一个耐高温碗中打散，接着隔水加热打发，注意不要使其沸腾。蛋黄液开始变稠时将碗从热水上移开，加入柠檬皮碎，拌匀后浇在准备好的水果上，在烤架下烘烤至表面呈金黄色。热食或冷藏后享用均可。

供 4 人食用
制备时间：30 分钟
加热烹调时间：12 分钟

500 克 /1 磅 2 盎司混合莓果，例如草莓、黑莓和蓝莓
3 个蛋黄
50 克 /2 盎司白砂糖
2 汤匙香橙干邑甜酒
半颗柠檬皮，擦碎

MARQUISE AL CIOCCOLATO
供6人食用
制备时间：45分钟，另加24小时冷藏用时
加热烹调时间：10分钟
250克/9盎司巧克力，切块
2汤匙朗姆酒
200克/7盎司无盐黄油，软化
3颗鸡蛋，分离蛋黄蛋白
50克/2盎司糖渍橙皮，切碎
80克/3盎司糖粉
橙子酱（见第1181页）

马奎兹巧克力蛋糕 CHOCOLATE MARQUISE

把一个1½升/2½品脱的模具用冰水冲洗一下，放入冰箱冷藏备用。在一个耐高温的碗中放入巧克力和朗姆酒，隔水加热至巧克力熔化。用木勺把黄油打发至顺滑，然后倒入熔化的巧克力，搅打均匀后一个一个地加入蛋黄打匀，最后加入糖渍橙皮和糖粉拌匀。在一个无油的碗中将蛋白打发至硬性发泡，轻轻地翻拌入巧克力蛋黄糊中。把蛋糕糊倒入冷藏好的模具中，继续冷藏24小时后即可翻转取出，搭配橙子酱食用。

MERINGATA ALLE PRUGNE
供6～8人食用
制备时间：2小时15分钟
加热烹调时间：1小时30分钟
300克/11盎司李子，去核
1升/1¾品脱红葡萄酒
1份热那亚海绵蛋糕（见第1168页）

用于制作蛋白霜
6个蛋白
500克/1磅2盎司白砂糖
半颗柠檬，榨汁，过滤

用于制作奶油
250毫升/8盎司牛奶
3个蛋黄
65克/2½盎司白砂糖
185克/6½盎司无盐黄油，软化

李子蛋白酥 PLUM MERINGUE

将烤箱预热至110℃/225℉/气烤箱刻度¼，烤盘铺烘焙纸备用。制作蛋白霜：在一个无油的碗中把蛋白、砂糖和柠檬汁一起打发至硬性发泡，用勺子或用裱花袋在烤盘上挤成细长条状，放入烤箱烘烤1小时30分钟后取出。与此同时，将李子和红酒放入锅中煮开，转小火慢煮约20分钟，捞出李子并保留汤汁，李子冷却后切小块。制作奶油：将牛奶倒入锅中加热至即将沸腾，关火备用。在另一口锅中将蛋黄和砂糖打至起沫，然后慢慢加入热牛奶，用小火慢煮并持续不断地搅拌，直至蛋奶糊的稠度足以裹挂住勺子背面，稍放凉后加入黄油搅匀，待完全冷却后加入李子。将提前制好的热那亚海绵蛋糕坯铺在盘子底部，淋上预留的红酒汤汁；取一半量的李子奶油倒在蛋糕坯上，并铺上一半的蛋白霜糖；倒上第二层奶油，最后撒上捏碎的蛋白霜即可。

李子蛋白酥 ➔

葡萄蛋白酥派 GRAPE MERINGUE PIE

将提前制好的热那亚海绵蛋糕坯铺在盘子底部。将一半的葡萄压碎，滤出果汁，淋在蛋糕坯上。奶油硬性打发，并取一半抹在蛋糕坯上。蛋白霜捏碎，留出装饰所用的量后撒在奶油上。葡萄同样预留几颗用于装饰，剩余的铺在奶油层上。抹上第二层奶油，装饰上蛋白霜糖和葡萄即可。

MERINGATA ALL'UVA

供 6 人食用

制备时间：3 小时 15 分钟

600 克 /1 磅 5 盎司白葡萄

1 份热那亚海绵蛋糕 （见第 1168 页）

400 毫升 /14 盎司双倍奶油

1 份蛋白霜 （见第 1308 页， 李子蛋白酥）

蒙布朗 MONTEBIANCO

用细棉布将小茴香籽包好并系紧。将一锅淡盐水煮开，加入栗子和茴香料包，继续慢煮约 40 分钟。栗子捞出并去皮，放入锅中，倒入牛奶慢煮，同时用木勺将栗子碾成泥，约 15 分钟。如果需要，可以再加入一些牛奶稀释。当栗子奶糊刚刚开始变稠时，搅入砂糖，然后关火，最后加入朗姆酒和可可粉搅匀。将制好的栗子糊用专用的裱花嘴在盘子上挤出“栗子面条”并使其呈圆锥形状，最后装饰奶油花和紫罗兰蜜饯即可。

MONTE BIANCO

供 6 人食用

制备时间：1 小时

加热烹调时间：1 小时

1 小撮小茴香籽

800 克 /1¾ 磅栗子， 去壳

175 毫升 /6 盎司牛奶

50 克 /2 盎司白砂糖

50 毫升 /2 盎司朗姆酒

2 汤匙可可粉

盐

用于装饰

1 份打发奶油 （见第 1179 页）

紫罗兰蜜饯 （crystallized violets）

巧克力小泡芙 CHOCOLATE PROFITEROLES

将烤箱预热至 190℃/375℉/ 气烤箱刻度 5，烤盘内抹上黄油，撒一层薄面粉备用。锅中倒入牛奶、5 汤匙水和黄油，小火加热，煮沸后从火上移开，一次性倒入所有面粉并充分搅拌。将锅重新放回火上，一边加热一边不断搅拌，直至形成面团并与锅的边缘和底部分离。关火，待面团冷却之后打入鸡蛋，注意每次只能打入一颗鸡蛋，并要确保蛋液完全被面团吸收后再加入下一个。将准备好的面糊舀进裱花袋，在烤盘上挤出 16 个小圆堆，注意留出足够的间距。放入烤箱烘烤 15 分钟，直至泡芙膨胀并呈金黄色。从烤箱中取出泡芙，转移到晾网上冷却。同时，准备顶部装饰。小锅中加入巧克力和 1 汤匙水，小火加热熔化，然后加入黄油和砂糖，搅拌至变稠时关火、放凉。在泡芙的侧面切一个小口，用裱花袋挤入打发奶油。将小泡芙在盘子中摆成金字塔状，最后浇上巧克力酱即可。

PROFITEROLES AL CIOCCOLATO

供 4～6 人食用

制备时间：1 小时 10 分钟

加热烹调时间：15 分钟

50 克 /2 盎司无盐黄油， 软化， 另加涂抹所需

75 克 /2¾ 盎司普通面粉， 另加淋撒所需

6 汤匙牛奶

2 颗鸡蛋

200 毫升 /7 盎司双倍奶油， 打发

用于制作巧克力酱

100 克 /3½ 盎司巧克力， 切块

25 克 /1 盎司无盐黄油

50 克 /2 盎司白砂糖

← 蒙布朗

樱桃粗麦糕 SEMOLINA WITH CHERRIES

将烤箱预热至 200°C/400°F/ 气烤箱刻度 6，模具内壁抹黄油备用。将葡萄酒和 500 毫升 /18 盎司水倒入锅中煮沸，撒入粗麦面粉后继续熬煮 15 分钟左右。关火，稍微放凉后一个一个地打入鸡蛋搅匀，然后再搅入砂糖、樱桃和扁桃仁。在一个无油的碗中将蛋白打发至硬性发泡，翻拌入粗麦糊后倒入模具中。将模具放在一个加了沸水的深烤盘中，让水没到模具的一半高度，隔水烘烤 45 分钟。取出冷却至室温后再翻转脱模。

SEMOLINO ALLE CILIEGE

供 6 人食用

制备时间：1 小时，另加冷却用时

加热烹调时间：45 分钟

无盐黄油， 用于涂抹
250 毫升 /8 盎司甜白葡萄酒
120 克 /4 盎司粗麦面粉
2 颗鸡蛋
120 克 /4 盎司白砂糖
500 克 /1 磅 2 盎司樱桃， 去核
50 克 /2 盎司去皮熟扁桃仁， 切碎
1 个蛋白

提拉米苏 TIRAMISU

在一个无油的碗中将蛋白打发至硬性发泡。在另一个碗中将蛋黄和糖粉打发至蓬松发白，然后先后轻轻地翻拌入马斯卡彭奶酪和蛋白。在一个 1½ 升 /2½ 品脱的深盘底部铺一层手指饼干，并均匀地刷上咖啡，使饼干浸润，接着倒入一层马斯卡彭奶油糊，撒上一层巧克力碎。重复以上步骤，直至用完所有的原料，且最上层以马斯卡彭奶油糊结尾。在奶油表面筛上一层可可粉，放入冰箱冷藏约 3 小时后即可享用。

TIRAMISU

供 6 人食用

制备时间：50 分钟，另加 3 小时冷藏用时

2 个蛋白， 4 个蛋黄
150 克 /5 盎司糖粉
400 克 /14 盎司马斯卡彭奶酪
200 克 /7 盎司手指饼干
175 毫升 /6 盎司现煮特浓咖啡， 冷却
200 克 /7 盎司巧克力， 擦碎
可可粉

意式冰蛋糕 ZUCCOTTO

制作正宗的意式冰蛋糕需要用到一个 1½ 升 /2½ 品脱容量的半球形模具，但你也可以自行调整食谱来制作其他形状的蛋糕。在模具底部铺上一层手指饼干，再淋上一点儿香橙干邑甜酒。将奶油硬性打发，等量分盛在 2 个碗中，一个碗中筛入可可粉和糖粉，另一个碗中则加入巧克力和扁桃仁。将可可奶油倒入模具中，在桌子上用力震一下，将气泡震出。在可可奶油上再铺一层手指饼干，均匀洒上香橙干邑甜酒，然后倒入扁桃仁奶油，最后再铺一层手指饼干和香橙甜酒即可。放入冰箱冷藏约 4 小时后翻转盛盘。如果你偏好冷冻的，也可以放入冷冻室冷冻 3～4 小时。

ZUCCOTTO

供 4～6 人食用

制备时间：45 分钟，另加 4 小时冷藏或冷冻时间

150 克 /5 盎司手指饼干
75 毫升 /2½ 盎司香橙干邑甜酒
350 毫升 /12 盎司双倍奶油
75 毫升 /2½ 盎司可可粉
2 汤匙糖粉
100 克 /3½ 盎司巧克力， 切碎
10 个去皮熟扁桃仁， 切碎

见第 1314 页

← 提拉米苏

ZUPPA INGLESE

供 6 人食用

制备时间：1 小时 15 分钟，另加 1 小时冷藏用时

1 份香草蛋奶酱（见第 1210 页）

1 汤匙胭脂红（cochineal）

2 汤匙朗姆酒

250 克 /9 盎司手指饼干，切片海绵蛋糕，按需准备

用于装饰

100 毫升 /3½ 盎司双倍奶油

混合水果蜜饯、巧克力碎或新鲜水果

见第 1315 页

意式千层乳脂松糕 ITALIAN TRIFLE

预留 250 毫升 /8 盎司的香草蛋奶酱备用。在浅盘中将胭脂红用 1 汤匙水溶解，另一个盘中则加入朗姆酒和 1 汤匙水拌匀备用。在一个 1½ 升 /2½ 品脱的玻璃模具底部铺一层海绵蛋糕，淋上胭脂红，倒入一层蛋奶酱；接着铺第二层海绵蛋糕，淋上朗姆酒，倒入第二层蛋奶酱。重复以上步骤，最后以一层海绵蛋糕结束。放入冰箱冷藏 1 小时后取出，静置回温约 10 分钟，此时将奶油打发。将预留的蛋奶酱倒在最顶层的海绵蛋糕上并抹平，将打发奶油放入裱花袋中，用星形裱花嘴进行装饰，再加入水果蜜饯、巧克力碎或新鲜水果点缀即可。

← 第 1314 页：意式冰蛋糕，食谱见第 1313 页

← 第 1315 页：意式千层乳脂松糕

果冻和果酱

果冻和果酱是两种水果加工产品。覆盆子、草莓、杏子、苹果和红醋栗果最适合制作晶莹剔透的果冻，而制作果酱则有更多选择。制作过程只需遵循几条简单的法则即可：水果应选择成熟、饱满的，然后洗净、去皮并去籽，而糖的用量则需依据水果的酸甜度调整。一般来说，口味偏酸水果需要等重量的糖来平衡，而甜一些的水果就可以适量减少。制作时水果不能烹煮太长时间，不然可能会破坏它的味道，甚至留下些许焦味；但时间也不能太短，否则果酱可能会发酵变质。测试果酱凝固点时，有一个简易的办法，把锅从火上移开，取 1 茶匙果酱放在一个冷茶碟上使其迅速冷却，然后用手指轻推果酱，如果表面出现了皱褶，那说明果酱已经做好了。

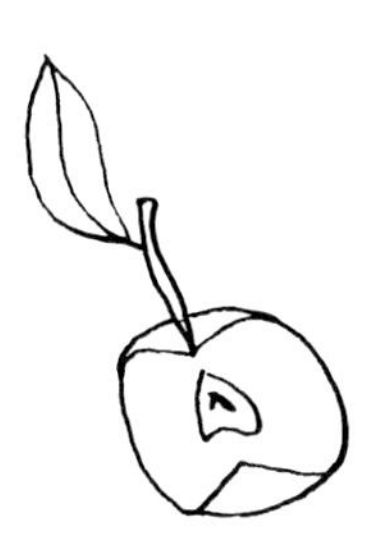

草莓果冻 STRAWBERRY JELLY

GELATINA DI FRAGOLE

制备时间：20 分钟

加热烹调时间：20 分钟

草莓

砂糖（用量请参考本章说明）

草莓去蒂，放入锅中用小火加热并搅拌约 8 分钟，无需加入其他液体。将滤网或滤果汁袋架在碗上，倒入煮好的草莓，静置沥汁。如果你想要透明的果冻，不要挤压草莓，待其慢慢滴漏即可。当果汁全部沥完时，称重并加入等重的砂糖，重新倒回锅里，中火加热并搅拌。当果汁到达沸点时停止搅拌，撇去表面浮沫并继续煮 3 分钟。之后立刻关火，稍微放凉后舀入消过毒的温玻璃瓶中。待其完全冷却后密封，放在阴凉干燥处储存。

GELATINA DI MELE COTOGNE
制备时间：20 分钟，另加沥汁用时
加热烹调时间：25～30 分钟
木梨，不用削皮
砂糖
鲜榨柠檬汁，过滤
（用量请参考本章说明）

木梨果冻 QUINCE JELLY

木梨切薄片放入锅中，然后加入足以没过水果的清水，中火煮至木梨片几乎呈糊状。将滤网或滤果汁袋架在碗上，倒入煮好的木梨酱，静置沥汁。如果你想要透明的果冻，不要挤压木梨，待其慢慢滴漏即可。当果汁全部沥完时，称重并加入等重的砂糖，重新倒回锅里，继续加热搅拌，直至果冻凝固至脱离木勺并呈大滴掉落的状态即可。根据果冻量加入柠檬汁调味，稍微放凉后将果冻汁舀入消过毒的温玻璃瓶中。待其完全冷却后密封，放在阴凉干燥处储存。

GELATINA DI RIBES
制备时间：20 分钟，另加沥汁用时
加热烹调时间：20 分钟
红醋栗
砂糖
（用量请参考本章说明）

红醋栗果冻 REDCURRANT JELLY

红醋栗放入锅中并加入没过水果的清水，中火加热并搅拌约 8 分钟。将滤网或滤果汁袋架在碗上，倒入煮好的红醋栗，静置沥汁。如果你想要透明的果冻，不要挤压红醋栗，待其慢慢滴漏即可。当果汁全部沥完时，称重并加入等重的砂糖，重新倒回锅里，小火加热煮沸，其间不断搅拌。小心地撇去表面浮沫并继续煮 3 分钟。关火，稍微放凉后将果冻汁舀入消过毒的温玻璃瓶中。待其完全冷却后密封，放在阴凉干燥处储存。

GELATINA D'UVA
制备时间：20 分钟，另加沥汁用时
加热烹调时间：20 分钟
白葡萄
砂糖
（用量请参考本章说明）

葡萄果冻 GRAPE JELLY

将葡萄压碎并挤出葡萄汁，用量杯测量果汁后倒入锅中，每 1 升 / 1¾ 品脱的葡萄汁加入 300 克 / 11 盎司的砂糖。加热搅拌至沸腾，直至砂糖全部溶解，撇去浮沫。当果汁浓缩至原来的 ⅓ 时关火，稍放凉后舀入消过毒的温玻璃瓶中。待其完全冷却后密封，放在阴凉干燥处储存。

杏子果酱 APRICOT JAM

MARMELLATA D'ALBICOCCHE

制备时间：20 分钟

加热烹调时间：3 小时

900 克 /2 磅砂糖

2 千克 / 4½ 磅杏子，去核并切半

将 500 毫升 /18 盎司水和砂糖倒入锅中，小火加热并搅拌，糖水沸腾后转小火继续慢煮 10 分钟。加入杏子，继续烹煮，慢慢搅拌并撇去浮沫，约 2 小时 30 分钟后果酱会达到凝固点。趁热将果酱舀入消过毒的温玻璃瓶，待其完全冷却后密封。

橙子果酱 ORANGE MARMALADE

MARMELLATA D'ARANCE

制备时间：45 分钟，另加 12 小时浸泡用时

加热烹调时间：1 小时 15 分钟

2 千克 / 4½ 磅橙子

砂糖（用量请参考本章说明）

用叉子在橙子上戳满小洞，然后放入大碗中，倒入清水没过，浸泡 12 小时后捞出擦干并去皮，留出 3 个橙子的橙皮备用。用锋利的小刀去除橙皮上白色的部分，然后切成细丝。小锅中倒入清水煮沸，加入橙皮丝，煮 3～4 分钟后捞出。橙子称重，然后切薄片并剔除籽。将橙子片放入锅中并加入等量的砂糖，加热煮沸后转小火继续慢煮搅拌约 1 小时或直至糖开始拉丝。这时加入橙皮丝继续慢煮搅拌，2～3 分钟后关火。趁热将果酱舀入消过毒的温玻璃瓶，待其完全冷却后密封，放在阴凉干燥处储存。

栗子酱 CHESTNUT JAM

MARMELLATA DI CASTAGNE

制备时间：1 小时 30 分钟

加热烹调时间：40 分钟

2 千克 / 4½ 磅栗子，去壳

1 茶匙海盐

1 千克 /2¼ 磅白砂糖

200 毫升 /7 盎司朗姆酒

将栗子放入锅中，加盐和清水没过栗子。盖上锅盖，用中火煮约 45 分钟后捞出栗子，剥皮后将栗子压过滤网。将栗泥倒入一口干净的锅中，加入砂糖和 250 毫升 /8 盎司水，中火加热约 40 分钟。关火前 10 分钟加入朗姆酒，并轻轻搅拌均匀。将栗子酱舀入消过毒的温玻璃瓶，待其完全冷却后密封。栗子酱的质地应该是比较干的浓稠状态。

樱桃果酱 CHERRY JAM

将樱桃和糖放入锅中，在阴凉处静置 3 小时后淋上柠檬汁，中火加热搅拌约 1 小时 30 分钟，直至果酱的稠度变得均匀、顺滑。将樱桃酱舀入消过毒的温玻璃瓶，待其完全冷却后密封。

MARMELLATA DI CILIEGE

制备时间：25 分钟，另加 3 小时静置用时

加热烹调时间：1 小时 30 分钟

2 千克 / 4½ 磅黑樱桃，去核

1 千克 / 2¼ 磅砂糖

1 颗柠檬，榨汁，过滤

无花果果酱 FIG JAM

将 500 毫升 / 18 盎司水和砂糖倒入锅中，煮沸并不断搅拌，直至砂糖全部溶解。加入无花果和肉桂粉，继续中火煮至黏稠即可。将果酱舀入消过毒的温玻璃瓶，待其完全冷却后密封。

MARMELLATA DI FICHI

制备时间：30 分钟

加热烹调时间：30 分钟

500 克 / 1 磅 2 盎司砂糖

1 千克 / 2¼ 磅无花果，去皮并切碎

1 小撮肉桂粉

草莓果酱 STRAWBERRY JAM

草莓去蒂，与砂糖一起放入厚底平底锅中，中火加热并不断搅拌。当到达沸点时逐渐加大火力，继续煮 20～25 分钟，注意要不时搅拌，以防煳底。将果酱趁热舀入消过毒的温玻璃瓶，待其完全冷却后密封，放在阴凉干燥处储存。

MARMELLATA DI FRAGOLE

制备时间：20 分钟

加热烹调时间：30～35 分钟

1 千克 / 2¼ 磅草莓

1 千克 / 2¼ 磅砂糖

浆果果酱 BERRY JAM

将莓果和糖放入锅中，用中火加热并搅拌约 30 分钟，无需额外加水。关火后稍微放凉，将果酱舀入消过毒的温玻璃瓶，待其完全冷却后密封，放在阴凉干燥处储存。

MARMELLATA DI FRUTTI DI BOSCO

制备时间：20 分钟

加热烹调时间：30 分钟

1 千克 / 2¼ 磅混合莓果，例如覆盆子、草莓、黑莓、蓝莓和红醋栗

500 克 / 1 磅 2 盎司砂糖

← 樱桃果酱

猕猴桃果酱 KIWI JAM

MARMELLATA DI KIWI

制备时间：25 分钟

加热烹调时间：30 分钟

2 千克 / 4½ 磅猕猴桃，去皮并切碎

2 千克 / 4½ 磅砂糖

将猕猴桃和糖放入锅中用中火加热并搅拌约 30 分钟即可。将果酱舀入消过毒的温玻璃瓶，待其完全冷却后密封，放在阴凉干燥处储存。

苹果果酱 APPLE JAM

MARMELLATA DI MELE

制备时间：45 分钟

加热烹调时间：2 小时 30 分钟

2 千克 / 4½ 磅苹果，去皮并去核

2 颗柠檬，榨汁，过滤

1 千克 /2¼ 磅砂糖

苹果刷上柠檬汁以防氧化变色，然后将苹果擦成果泥，放入锅中并加入砂糖和 4 汤匙清水，小火加热搅拌约 2 小时 30 分钟。将苹果酱舀入消过毒的温玻璃瓶，待其完全冷却后密封，放在阴凉干燥处储存。如果你用的是褐皮苹果，将苹果削皮并切薄片放入锅中，加入刚刚能没过苹果片的清水，慢火加热。苹果片煮好后用食物料理机打成果泥并称重，与等重量的砂糖一起放回锅中，加热至果酱达到凝固点。

梨子果酱 PEAR JAM

MARMELLATA DI PERE

制备时间：30 分钟

加热烹调时间：1 小时

2 千克 / 4½ 磅梨，去核并切碎

1 千克 /2¼ 磅砂糖

1 颗柠檬，榨汁，过滤

将梨、砂糖和柠檬汁放入锅中，用小火加热搅拌约 1 小时即可。将梨酱舀入消过毒的温玻璃瓶，待其完全冷却后密封，放在阴凉干燥处储存。

桃子果酱 PEACH JAM

MARMELLATA DI PESCHE

制备时间：40 分钟

加热烹调时间：2 小时 50 分钟

2 千克 / 4½ 磅桃，去皮、切半并去核

800 克 /1¾ 磅砂糖

将桃子切薄片放入锅中；如果桃子已经熟透且多汁，则不用额外加水，否则要加入 5 汤匙的清水。小火煮软后加入砂糖，继续加热并不时搅拌，约 2 小时 30 分钟后关火。将桃酱舀入消过毒的温玻璃瓶，待其完全冷却后密封，放在阴凉干燥处储存。

桃子果酱 →

绿番茄果酱 GREEN TOMATO JAM

将绿番茄、砂糖、柠檬汁、柠檬皮和1小撮盐放入锅中，加盖静置几小时后用中火煮至番茄泥达到凝固点即可。趁热将番茄果酱舀入消过毒的温玻璃瓶，待其完全冷却后密封，放在阴凉干燥处储存。

ARMELLATA DI POMODORI VERDI

制备时间：20分钟，另加3小时静置用时

加热烹调时间：1小时30分钟

1千克/2¼磅绿番茄，切碎

400克/14盎司砂糖

半颗柠檬，榨汁并擦取柠檬皮

盐

李子果酱 PLUM JAM

李子和砂糖放入锅中慢煮并搅拌约35分钟，关火后放凉，舀入消过毒的温玻璃瓶中，密封后放在阴凉避光处储存。

MARMELLATA DI PRUGNE

制备时间：20分钟

加热烹调时间：35分钟

1千克/2¼磅李子，切半、去核

500克/1磅2盎司砂糖

大黄果酱 RHUBARB JAM

将大黄茎块和砂糖放入锅中，加盖静置2小时后加热煮沸，然后继续煮30分钟并不停搅拌。小盘中倒一点儿果酱，如果果酱可以缓慢地在盘子上流动就说明果酱马上就煮好了。这时加入橙皮搅拌，再继续煮5分钟即可。将果酱舀入消过毒的温玻璃瓶中，待其完全冷却后密封，放在阴凉干燥处储存。

MARMELLATA DI RABARBARO

制备时间：40分钟，另加2小时静置用时

加热烹调时间：35分钟

2千克/4½磅大黄茎，去皮并切块

1千克/2¼磅砂糖

1颗橙子，擦取橙皮

葡萄果酱 GRAPE JAM

任意品种的葡萄均可按照这个方法制成果酱。将葡萄放入锅中压碎并挑出葡萄籽，葡萄皮保留。加入砂糖，转小火加热并不时搅拌，直至果酱达到凝固点即可。将果酱舀入消过毒的温玻璃瓶，待其完全冷却后密封，放在阴凉干燥处储存。

MARMELLATA D'UVA

制备时间：30分钟

加热烹调时间：35分钟

2千克/4½磅葡萄

1千克/2¼磅砂糖

←大黄果酱

酒
1

节目菜单 →

节日习俗

人们经常在生日聚餐、婚礼纪念日、欢迎晚宴或是毕业庆祝这样的场合邀请亲朋好友来家里享用午餐或者晚餐，而将一份传统的菜单加以灵活变化，则会让餐桌上熟悉的菜式拥有一些新鲜的元素，变得更加特别。第一道菜通常以意大利面为主，你可以选择焗烤类、肉馅酥饼类、意大利面搭配藏红花或海鲜酱汁等。如果你更喜欢谷类主食，用环形模具为意式调味饭或其他饭类塑形是一种非常方便的摆盘方式，让餐品看上去更加诱人。如果选择肉类作为第二道菜，当然可以选择烤肉类，但是还有一种特别的食谱，例如芥末兔肉（见第 1125 页）或牛奶锅烤小牛肉（见第 942 页）。如果你选择广受欢迎的鸡肉，你可以用盐焗法（见第 1072 页），搭配苹果烹饪（见第 1064 页）或者起泡酒（见第 1067 页）。如果场合比较正式，你也可以再准备一道鱼类菜式。如果肉菜的味道已经比较浓郁，则应尽量保持鱼的烹饪简单。你还可以准备一道蔬菜菜肴或者奶酪饼。最后便是甜点的选择，你可以制作轻盈的巴伐利亚奶油冻或水果味的冻糕，这类甜点可以提前准备。当然，你可以根据季节和喜好替换菜单中的菜式。以下几套特殊节日的菜单仅供读者参考。

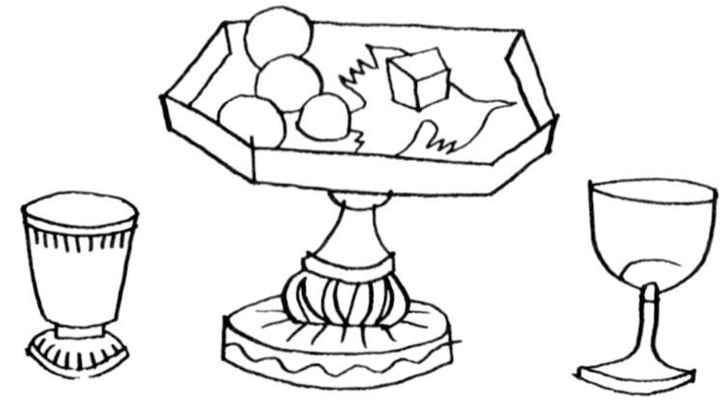

新年菜单

这里的菜单可供应 10～12 人的圆桌，并带来欢乐和亲密的用餐氛围。如果有更多用餐的客人，自助餐模式可以让你有更多烹饪选择，也可以让客人品尝到更多品种的菜式。你可以充分发挥想象力，准备多种开胃菜、2～3 道前菜、几道主菜和多类甜点，例如布丁、蛋糕、水果沙拉和传统水果蜜饯。

薄切鱼片（Fish Carpaccio） 127
烟熏鲑鱼批（Smoked Salmon Terrine） 756
新鲜鳀鱼配柠檬（Fresh Anchovies with Lemon） 123
酿猪蹄配小扁豆（Zampone with Lentils） 977 见第 1332～1333 页
意式牛轧糖半冻雪糕（Torrone Semifreddo） 1304

复活节菜单

在意大利，复活节一餐通常在上午参加过弥撒后享用，但这一传统已逐渐消失，取而代之的是更具有现代架构的午餐。

复活节派（Easter Pie） 224
香草风味烤羊腿（Roasted Leg of Lamb in a Herb Crust） 865 见第 1334～1335 页
金银红菊苣（Radicchio Mimosa） 646
鸽子面包配沙巴翁或马斯卡彭（Colomba with Zabaglione or Mascarpone） 1210
巧克力蛋（Chocolate eggs）

八月节菜单

八月节（8 月 15 日）是意大利重大的天主教节日，这一天是纪念圣母玛利亚的日子，也是意大利人召集亲朋好友享用美食的日子。

见第 1336～1337 页 番茄布鲁斯凯塔（Tomato Bruschetta） 113

见第 1336～1337 页 马苏里拉奶酪酿馅烤茄子（Aubergines Stuffed with Mozzarella） 600

见第 1336～1337 页 夏日酿馅甜椒（Summer Stuffed Bell Peppers） 626

见第 1336～1337 页 油炸西葫芦奶酪三明治（Surprise Courgettes） 682

见第 1336～1337 页 西西里米橙（Sicilian Croquettes） 377

见第 1336～1337 页 那不勒斯风味通心面鼓派（Macaroni Napoletana Timbale） 413

见第 1336～1337 页 西瓜（Watermelon）

见第 1336～1337 页 冰激凌（Ice Cream） 1298

平安夜菜单

意大利作为一个天主教国家，传统和美食往往被赋予节日的意义。传统上，平安夜晚宴应该是一顿全素的家庭聚餐，随后则有关于耶稣诞生的现场表演和教堂的午夜弥撒。在意大利南部的某些地区，七鱼宴则是传统的平安夜晚餐。

烤扇贝（Baked Scallops） 828

蛤蜊细线面（Vermicelli with Clams） 364

纸包烤海鲈鱼（Sea Bass Baked in a Parcel） 709

见第 1338～1339 页 菠菜配白色黄油酱汁（Spinach in White Butter Sauce） 666

见第 1338～1339 页 蛋黄酱（Mayonnaise） 77

见第 1338～1339 页 精选蜜饯、坚果和牛轧糖（Selection of dried fruits and nuts and torrone）

圣诞节菜单

过去，平安夜晚餐是严格的素食，人们会在第二天享用丰盛的圣诞节午餐。平安夜的素食晚宴传统虽然在烟熏鲑鱼——一种在意大利平日便广受喜爱的食物的推广下逐渐消失，但圣诞节午餐却随着时间越来越受大家重视，变得愈加丰盛。

鸡肝酱糜（Chicken Liver Pâté） 193

意式头盘：火腿、帕尔玛火腿、萨拉米肠、腌猪肩、后臀肉、腌渍或油浸蔬菜（Antipasto all'Italiana: ham, parma ham, salami, coppa, culatello, pickled vegetables, or preserved in oil）

帕萨特利（Passatelli） 277

圣诞烤火鸡（Christmas Turkey） 1087 见第 1340～1341 页

迷迭香烤新鲜马铃薯（New Potatoes with Rosemary） 620 见第 1340～1341 页

意大利圣诞面包配橙子酱（Panettone with Orange Sauce） 1181

精选蜜饯、果仁和牛轧糖（Selection of dried fruits and nuts and torrone）

名厨菜单 →

名厨菜单

设计一份菜单需要的不仅仅是过硬的技术，更是过人的想象力。在展示了2000多份食谱之后，本书将在这里为你带来一系列由世界上最负盛名的意大利名厨提供的精美菜单。

意大利料理在全球都备受尊崇，所以在此次全新的版本中，我们添加了更多国际名厨，他们在向世界推广意大利高级料理中起到了美食大使的典范作用。尽管他们本人可能并不在意大利工作（事实上，他们中的一些甚至不在意大利出生），但是他们每个人都在致力维护意大利美食在世界上的地位。

本章包含了一些世界上最受尊敬的厨师的招牌菜式，不管他们是意大利人还是美国人，住在罗马市中心或是悉尼腹地。这份名厨菜单不仅展示了我们对意大利料理的尊敬，更是对其全球影响力的致意。

本书客厨名单：

Massimiliano Alajmo	意大利
Massimo Bottura	意大利
Arrigo Cipriani	意大利
Alfonso & Livia Jaccarino	意大利
Paolo Lopriore	意大利
Fulvio Pierangelini	意大利
Nadia Santini	意大利
Gianfranco Vissani	意大利
Benjamin Hirst	意大利
Jacob Kenedy	英国
Giorgio Locatelli	英国
Francesco Mazzei	英国
Theo Randall	英国
Ruth Rogers	英国
Lidia Bastianich	美国
Mario Batali	美国
Tony Mantuano	美国
Mario Carbone & Rich Torrisi	美国
Lucio Galletto	澳大利亚
Stefano Manfredi	澳大利亚
Robert Marchetti	澳大利亚
Karen Martini	澳大利亚
Maria Pia de Razza-Klein	新西兰

Massimiliano Alajmo

2002 年，Massimiliano Alajmo 成为意大利获得米其林三星的最年轻的厨师，一位著名美食评论家甚至称他为“烹饪界的莫扎特”。当 Massimiliano 在 College of Hotel Management Pietrod’Abano 上学时，他利用每个暑期实习的机会与欧洲的众多名厨一起工作过，包括 Ja Navalge 的 Alfredo Chiocchetti，Auberge de l’Eridan 的 Marc Veyrat，以及 Les Près d’Eugenie 的 Michel Guerard。他的餐厅 Le Calandre 已经由 Alajmo 家族经营了三代。“真理仅存在于食材当中。我决定以谦逊的态度去接近烹饪这件事情的核心，并且也确实这样去做了。”

餐厅地址：

Ristorante Le Calandre

Via Liguria 1

35030 Sarmeola di Rubano

Italy

菜单 MENU

红菊苣沙拉（Treviso Radicchio with Rose Water and Balsamic Vinegar）

海螯虾配蚕豆豆腐、柠檬、特雷维索红菊苣和苹果（Langoustines with Broad Bean Tofu, Lemon, Treviso Radicchio and Apple）

荨麻酒柑橘冰沙配起泡柠檬泡沫和泡腾粉（Citrus Granita with Chartreuse, Sparkling Foam and Effervescent Powder）

藏红花调味饭配甘草粉（Risotto with Saffron and Licorice Powder）

墨鱼配墨鱼汁卡布奇诺（Cuttlefish in Ink Cappuccino）

RADICCHIO ALLA ROSA DAMASCATA

供 4 人食用

1 棵晚季特雷维索红菊苣

特级初榨橄榄油，用量依照个人口味

10 年意式香脂醋，用量依照个人口味

玫瑰水，用量依照个人口味

红菊苣沙拉 TREVISO RADICCHIO WITH ROSE WATER AND BALSAMIC VINEGAR

红菊苣去皮并切成 4 瓣，分别放在 4 个盘子中。将橄榄油和香脂醋搅拌均匀，加入少许玫瑰水调味，最后将调味汁淋在红菊苣上即可。

SCAMPI TOSTATI CON 'FORMAGGIO DI LATTE DI FAVE', LIMONE, RADICCHIO DI TREVISO E MELA

供 4 人食用

用于制作蚕豆豆腐

300 克 /11 盎司蚕豆，去壳去皮并浸泡过夜

1 汤匙氯化银

2 汤匙调味橄榄油

少许青柠汁

用喷壶喷 4 次柠檬精油

少许柠檬汁

1～2 滴酱油

糖，调味

盐

4 只海鳌虾，去壳

橄榄油

用于装饰

柠檬汁喷壶

1 颗黄苹果，去皮去核并切成方丁

特雷维索红菊苣丝

沙捞越（Sarawak）黑胡椒

橄榄油

海鳌虾配蚕豆豆腐、柠檬、特雷维索红菊苣和苹果 LANGOUSTINES WITH BROAD BEAN TOFU, LEMON, TREVISO RADICCHIO AND APPLE

首先制作蚕豆豆腐：大锅中装入 1⅗ 升 /2¾ 品脱的清水并煮沸。将浸泡好的蚕豆以及浸泡的水一起倒入食物料理机打成豆泥，然后将豆泥倒入锅中重新煮沸，并继续熬约 10 分钟。关火，将豆浆过滤，然后用细棉纱布再次过滤到一个干净的平底锅中。将豆浆加热至 80°C/176°F，然后加入 60 毫升 /2 盎司的温水和氯化银搅匀（点卤），盖上锅盖，使其保持在 80°C/176°F 的恒温状态继续熬煮约 30 分钟。关火，将豆花倒入铺好细棉纱布的木制豆腐模具中，盖好模具盖并压上重物，静置冷却。当豆腐凝固后从模具中取出，取其中的 130 克 /4½ 盎司与橄榄油一起放入搅拌机打成奶黄酱的稠度，接着加入青柠汁、柠檬精油、柠檬汁、酱油和 1～2 滴清水继续搅打均匀，最后根据口味加入糖 / 盐调味即可。将一口厚底平底锅放在火上预热，海鳌虾均匀地刷上橄榄油后放入锅中，每面煎几秒钟直至焦脆。将海鳌虾从锅中取出，切开后背并像书本一样打开，然后重新放回锅中煎一会儿即可。舀 2 汤匙蚕豆豆腐调味汁，分别放在 4 个盘子中，放上煎好的海鳌虾。用小喷壶喷上柠檬汁，并用 7 小块苹果和红菊苣丝来装饰摆盘，最后以现磨黑胡椒调味，淋上橄榄油和煎海鳌虾的汤汁即可。

荨麻酒柑橘冰沙配起泡柠檬泡沫和泡腾粉 CITRUS GRANITA WITH CHARTREUSE, SPARKLING FOAM, AND EFFERVESCENT POWDER

GRANITA DI AGRUMI ALLA CHARTREUSE CON SPUMA FRIZZANTE E POLVERE EFFERVESCENTE

供 4 人食用

用于制作糖浆
425 克 / 15½ 盎司糖

用于制作柠檬冰沙
120 毫升 / 4 盎司糖浆，甜度 20 度
100 毫升 / 3½ 盎司柠檬汁，过滤
3 汤匙黄荨麻酒（yellow Chartreuse liqueur）
4 片柠檬皮薄片
⅛ 根香草荚

用于制作橘子冰沙
250 毫升 / 9 盎司橘子汁
75 克 / 2½ 盎司糖浆，甜度 20 度
3 汤匙黄荨麻酒
4 片橘子皮薄片
⅛ 根香草荚

用于制作泡腾粉
½ 茶匙右旋糖粉（dextrose powder）
½ 茶匙有机柠檬酸粉（citric acid powder）
¼ 茶匙泡打粉

用于制作起泡柠檬泡沫
300 毫升 / 10 盎司柠檬汁，过滤
1 汤匙绿荨麻酒（green Chartreuse liqueur）
1 汤匙黄荨麻酒
6 片吉利丁，用冷水浸泡
6 汤匙起泡矿泉水

用于装饰
黄荨麻酒
绿荨麻酒
佛手柑果酱

首先制作糖浆：锅中加入 2 升 / 3½ 品脱的清水和糖一起加热并搅拌，直至糖全部熔化。停止搅拌并将糖浆煮沸，然后关火、放凉备用。制作柠檬冰沙：搅拌机中倒入 120 毫升 / 4 盎司的糖浆，加入柠檬汁、利口酒和柠檬皮。香草荚剖开，将香草籽刮入搅拌机，然后将所有原料搅打均匀并滤入一个耐低温托盘中，放入冷冻室冷冻至坚固即可。制作橘子冰沙：搅拌机中倒入 4 汤匙剩余的糖浆，加入橘子汁、利口酒和橘子皮，香草荚剖开并将香草籽刮入搅拌机，将所有原料搅打均匀并滤入一个耐低温托盘中，放入冷冻室冷冻至坚固即可。制作泡腾粉：将所有原料混合均匀后放入密封罐中保存。制作起泡柠檬泡沫：将柠檬汁、利口酒和 200 毫升 / 7 盎司的糖浆混合均匀；剩余的糖浆重新加热，加入吉利丁使其熔化，最后加入起泡水，搅拌均匀后倒入高压虹吸瓶（siphon）中，安装好二氧化氮气弹后充分摇匀，然后放入冰箱冷藏 3 小时后使用。准备摆盘上桌时，将两种冰沙从冷冻室取出，分别擦碎装入 2 个碗中。你也可以将冰沙切碎，或分别放入食物料理机打碎。将 3 汤匙橘子冰沙和 1 茶匙黄荨麻酒，3 汤匙柠檬冰沙和 2 茶匙绿荨麻酒分别混匀并先后放入小玻璃杯。加入 ½ 汤匙佛手柑果酱，然后挤入 ¼ 的起泡柠檬泡沫，最后撒上少许泡腾粉即可。按照同样的方法装好其他 3 个玻璃杯后立即上桌享用。

RISOTTO ALLO ZAFFERANO CON POLVERE DI LIQUIRIZIA

供 4 人食用

2¼ 升 /3¾ 品脱鸡肉高汤 （见第 249 页）
1 大撮藏红花粉
1 汤匙特级初榨橄榄油
1 汤匙白洋葱末
275 克 /10 盎司意大利调味饭大米，卡尔纳罗利 （Carnaroli） 产最佳
5 汤匙干白葡萄酒
1 撮藏红花花丝
75 克 /2½ 盎司黄油
80 克 /3 盎司帕玛森奶酪碎
1 茶匙新鲜柠檬汁
1 大撮黑甘草粉 （dark liquorice powder）
盐

藏红花调味饭配甘草粉 RISOTTO WITH SAFFRON AND LICORICE POWDER

将 250 毫升 /9 盎司高汤放入锅中加热至慢沸，撒入藏红花粉搅拌均匀，将火力减小并慢煮至汤汁浓缩至原来的 ⅔。同时，在平底锅中加热油，加入洋葱和大米翻炒几分钟，当米粒轻微焦香时倒入白葡萄酒熬煮，直至酒精蒸发。此时加入藏红花花丝、1 小撮盐和 2 汤匙浓缩高汤继续熬煮搅拌，当米粒将汤汁全部吸收时，舀入 1 大勺鸡汤继续搅拌熬煮。重复加汤、熬煮的步骤，直至米粒变软即可关火，然后加入黄油、帕玛森奶酪和柠檬汁并用力拌匀，如果需要，可再倒入少许鸡汤使之完全乳化。将制作好的调味饭舀入平盘中，令其自然铺开，最后撒上甘草粉，用剩余的浓缩汤汁刷在盘子边缘装饰后立即上桌享用。

CAPPUCCINO DI SEPPIE AL NERO

供 4 人食用

4 茶匙特级初榨橄榄油
2 汤匙白洋葱末
¼ 瓣蒜， 切蒜末
300 克 /11 盎司墨鱼， 洗净、 切片并保留墨囊
2 汤匙白葡萄酒
150 克 /5 盎司蔬菜高汤胶
半片月桂叶
1 撮盐

用于制作马铃薯奶油
450 克 /1 磅白马铃薯， 切成 2 厘米 /¾ 英寸的方丁
4 汤匙蔬菜高汤胶
120 毫升 /4 盎司牛奶
120 毫升 /4 盎司双倍奶油
½ 茶匙酱油
1 小撮白砂糖
4 茶匙初级特榨橄榄油， 另加装饰所需
1 汤匙香葱碎， 另加装饰所需
盐

墨鱼配墨鱼汁卡布奇诺 CUTTLEFISH IN INK CAPPUCCINO

平底锅中加热油，加入洋葱、蒜末，盖上锅盖，用小火煎 10 分钟左右并不时翻拌，直至炒香、变软。加入墨鱼翻炒，当墨鱼表面开始呈金黄色时缓缓加入白葡萄酒，加热使酒精蒸发，然后慢慢加入墨鱼汁、蔬菜高汤胶和半片月桂叶，盖上锅盖，小火煮 45 分钟左右，直至墨鱼变软即可。与此同时，制作马铃薯奶油：将马铃薯放入无盐的水中煮软但保持不碎，约 20 分钟后捞出。同时，将蔬菜高汤胶加热至慢沸。将煮好的马铃薯、热高汤、牛奶、奶油、酱油、糖和 1 小撮盐一起倒入食物料理机搅打成泥，并将温度保持在 60°C/ 140°F。最后慢慢淋入橄榄油，搅拌乳化。将制好的马铃薯奶油倒入热盘中，加入香葱，轻轻拌匀。摆盘上桌时，在透明玻璃杯中先舀入 1 汤匙墨鱼汁，然后加入马铃薯奶油，滴上几滴煮墨鱼的汤汁和橄榄油装饰，最后撒上香葱碎即可。

Massimo Bottura

1989 年，Massimo Bottura 在坎帕佐（Campazzo）的一家意大利餐厅开始了他的厨师生涯，学习传统的艾米利亚-罗马涅区（意大利中北部行政区）料理。1992 年，他便来到了摩纳哥的 Louis XV，为名厨 Alain Ducasse 工作。这段早期的培训经历让 Bottura 对于意大利传统料理风味和处理方法有了扎实的知识和实践基础，并见识到了米其林星级餐厅的厨房是如何运作的。在纽约工作了一段时间后，他返回了意大利，在摩德纳（Modena）开了自己的餐厅 Osteria Francescana。2000 年，Bottura 在 Ferran Adrià 手下学习分子料理——一种利用科技给予食材全新口感和风味的手段，并在他的餐厅进行了自己的诠释和实践，这种创新的烹饪风格在 2002 年和 2005 年为他的餐厅分别赢得了一颗和二颗米其林星。尽管 Bottura 的料理风格十分前卫，但是他从未丢失意大利传统。当为餐厅选购食材时，从香脂醋到意式熏火腿，他始终是当地食材和独立生产商的忠实支持者。

餐厅地址：
Osteria Francescana
Via Stella 22
41100 Modena
Italy

菜单 MENU

秋日：一道用银勺享用的菜（Autumn: A dish to eat with a silver spoon）
香氛凯撒沙拉（Aromatic Caesar Salad）
五种不同质地的帕玛森奶酪（Five Different Ways with Parmesan Cheese with Five Different Textures）
烤松露马铃薯舒芙蕾（Truffled Baked Potato Soufflés）
意式猪肉扁豆面饺（How to Eat Cotechino with Lentils 365 Days a Year）

AUTUNNO: UN PIATTO DA MANGIARE CON CUCCHIAIO D'ARGENTO

供 4 人食用

用于制作高汤

400 克 / 14 盎司混合新鲜菌菇

100 克 / 3½ 盎司茶树菇

100 克 / 3½ 盎司牛肝菌

100 克 / 3½ 盎司大褐菇 （portobello）或白蘑菇

100 克 / 3½ 盎司鸡油菇 （chanterelle mushroom）

1 块昆布 （约 20 克 / ¾ 盎司）

盐

8 个栗子

1 个石榴

矿泉水

用于制作蔬菜饺

4 个菊芋

1 个块根芹， 切块

430 克 / 15 盎司新鲜面包糠

80 克 / 3 盎司帕玛森奶酪碎

2 颗鸡蛋

现磨肉豆蔻

120 克 / 4 盎司牛肝菌薄片

20 克 / ¾ 盎司白松露， 切细丝

秋日：一道用银勺享用的菜 AUTUMN: A DISH TO EAT WITH A SILVER SPOON

首先制作高汤：将烤箱调至最低刻度预热并将所有的蘑菇快速清洗干净。将茶树菇柄与其他蘑菇放入一个深烤盘中，茶树菇伞保留备用。烤盘中倒入 1 升 / 1¾ 品脱的清水和昆布，并加入盐调味，放入烤箱烘烤 24 小时后取出，将汤汁滤出，倒入小锅里，滤网中的蘑菇舍弃。烤箱调高至 180°C/350°F/ 气烤箱刻度 4，并用小刀在每个栗子壳上切一个小口。将栗子铺在烤盘中烘烤约 30 分钟，直至栗子壳开始焦化。你也可以用专用的炒栗子锅，用大火将栗子炒至外壳焦化。烤好的栗子去壳、去皮后切碎，石榴籽剥出备用。茶树菇伞放入一个真空袋中，倒入足以没过它的矿泉水，加入盐调味后将真空袋密封，放入一锅慢沸的热水中烹煮 1 分钟即可取出并捞出蘑菇备用。制作蔬菜饺：将菊芋放入沸水中煮 15～20 分钟，块根芹煮 10～15 分钟，沥干后在干燥机中烘干 36 小时。之后分别用食物料理机打成细粉，放入密封罐中储存备用。将面包糠、帕玛森奶酪、鸡蛋、肉豆蔻和两种蔬菜粉均匀地混合搅拌成面糊，然后一点点放入大孔的马铃薯绞压器（potato ricer），将面糊挤压成长条状，再将长条切成小份并捏成小圆球。在 4 个盘子中分别舀入 ½ 茶匙的菊芋粉和块根芹粉。将栗子碎、茶树菇伞、牛肝菌片、松露分成 4 等份盛盘，每盘舀入 1 茶匙的石榴籽。将蘑菇高汤稍稍加热，最后慢慢地倒入汤盘中即可上桌，配以银勺享用。

香氛凯撒沙拉 AROMATIC CAESAR SALAD

先准备盐渍鸡蛋：将煮鸡蛋剥壳后放入非金属质地的盘子中，盐和糖混合均匀，倒在鸡蛋上并覆盖，静置2天，中途将鸡蛋翻动几次。2天后将鸡蛋取出，刷掉沾附的盐和糖粒，然后放在阴凉干燥的地方储存备用即可。制作蛋黄酱：将蛋黄、醋和柠檬汁在碗中打散，然后一边慢慢地滴入橄榄油一边快速搅打，直至蛋黄酱乳化成形。制作帕玛森奶酪脆片：烤箱预热至180°C/350°F/气烤箱刻度4，奶酪和矿泉水倒入搅拌机打成奶酪糊，然后用细滤网过滤出多余的水。烤盘铺烘焙纸，舀入滤网中剩余的奶酪酱并擀成极薄的薄片，放入烤箱烘烤6分钟后放凉备用。将沙拉叶、川式蔬菜和迷迭香花盛在4个盘子中，并在盘子边缘淋上2～3滴陈年香脂醋；烘烤好的油煎面包丁蘸上蛋黄酱，围绕沙拉摆盘；将盐渍鸡蛋擦碎撒在沙拉上，淋上鳀鱼精华调味；最后用帕玛森奶酪脆片装饰即可上桌。

LA PARTE AROMATICA DI UNA CAESAR SALAD

供4人食用

用于制作盐渍鸡蛋
4个煮鸡蛋
足以覆盖鸡蛋的盐和糖

用于制作蛋黄酱
2个蛋黄
1茶匙麝香葡萄醋（muscat vinegar）
半颗柠檬，榨汁，过滤
250毫升/9盎司特级初榨橄榄油

用于制作帕玛森奶酪脆片
200克/7盎司帕玛森奶酪碎
250毫升/9盎司矿泉水

用于制作沙拉
20片白菜叶
20片芥菜叶（mustard green）
12片小甜菜叶（small beetroot leaf）
25克/1盎司水芹叶
10克/¼盎司韭芽（leek sprout）
少许雪维菜
4份川式蔬菜（Sichuan vegetables）
24朵迷迭香花（rosemary flower）
8滴陈年香脂醋
12块油煎黑面包块
32滴鳀鱼精华（anchovy essence）

CINQUE DIVERSE STAGIONATURE DI PARMIGIANO REGGIANO IN CINQUE DIVERSE CONSISTENZE

五种不同质地的帕玛森奶酪 FIVE DIFFERENT WAYS WITH PARMESAN CHEESE WITH FIVE DIFFERENT TEXTURES

供 4 人食用

用于制作奶酪泡沫

5 升 /8¾ 品脱帕玛森奶酪冷汤，由 40 个月的陈年帕玛森奶酪的外壳熬制

275 克 /10 盎司帕玛森奶酪碎

2 茶匙卵磷脂粉 （lecithin）

用于制作舒芙蕾

200 克 /7 盎司里考塔奶酪

120 克 /4 盎司帕玛森奶酪碎

60 毫升 /2 盎司双倍奶油

60 克 /2 盎司蛋白

用于制作酱汁

60 毫升 /2 盎司未过滤的鸡肉高汤 （见第 249 页）

50 克 /2 盎司帕玛森奶酪碎

2 汤匙奶油

盐

用于制作奶酪薄脆

50 克 /2 盎司帕玛森奶酪碎

7 克 /¼ 盎司黄油， 软化

2 茶匙玉米淀粉

用于制作奶酪奶泡

120 毫升 /4 盎司鸡肉高汤 （见第 249 页）

250 克 /9 盎司帕玛森奶酪碎

100 毫升 /3½ 盎司双倍奶油

盐

制作奶酪泡沫：将奶酪冷汤和帕玛森奶酪碎放入搅拌机打成均匀的奶酪糊，倒入锅中加热约 15 分钟，直至水油分离。滤网上铺细棉纱布并架在碗上，倒入奶酪糊，令其在 2°C/36°F 的温度下静置过滤 24 小时。第二天，将细棉布中的奶酪渣保留备用，滤出的液体倒入美善品多功能料理机（Thermomix）并加入卵磷脂粉。将料理机稍稍倾斜并开到最大挡，最大限度地将空气与液体混合。

制作舒芙蕾：用打蛋器将里考塔奶酪打散至顺滑，然后用搅拌机将帕玛森奶酪和奶油搅打均匀，最后将 2 种奶酪充分混合在一起。在一个无油的碗中将蛋白打发至硬性发泡，并翻拌入奶酪混合糊，然后分为 4 等份倒入铝制模具中。用双层厚度的锡箔纸将模具包住，放入蒸箱蒸约 40 分钟后将舒芙蕾取出脱模。用 2 个汤匙将舒芙蕾塑成纺锤形（quenelle）并放入 4 个盘子中。

制作酱汁：将鸡汤倒入美善品多功能料理机并将温度调至 60°C/140°F、速度调至 3 挡，然后加入帕玛森奶酪，将温度调高至 85°C/185°F、速度调至最大，直至获得均匀、丝滑的酱汁。用圆锥形滤网过滤至碗中，搅入奶油并用盐调味即可。

制作奶酪薄脆：烤箱预热至 175°C/350°F/ 气烤箱刻度 4，将之前保留的奶酪渣、帕玛森奶酪碎、黄油和玉米淀粉搅拌均匀，并将面糊抹在铺了烘焙纸或硅胶烤垫的烤盘上，形成极薄的面皮，再切成小三角的形状，最后放入烤箱烘烤 2 分钟，或直至表面开始变成金黄色。

制作奶酪奶泡：将鸡汤倒入美善品多功能料理机，速度调成 3 档并缓缓加入帕玛森奶酪碎，每次只加入 1 汤匙，当奶酪碎全部加入后用盐调味，将料理机调至最高速档位搅打 1 分钟，待其冷却备用。高压虹吸瓶安装好二氧化氮气弹。淋入奶油，并不时地摇动料理机以保持帕玛森奶酪浓郁的香气。在这个阶段将奶酪奶油混合物用 2 管气弹的压力打发。上桌前，在每盘舒芙蕾上淋 2 汤匙酱汁，挤上一朵奶酪奶泡，并在奶泡上插上三角形奶酪薄脆，最后将奶酪泡沫倒在周围即可。

烤松露马铃薯舒芙蕾 TRUFFLED BAKED POTATO SOUFFLÉS

LA PATATA IN ATTESA DI DIVENTARE TARTUFO

供 6 人食用

用于制作蛋奶泡沫

450 毫升 / 15 盎司牛奶

100 毫升 / 3½ 盎司淡奶油

半颗柠檬，擦取柠檬皮

4 个蛋黄

100 克 / 3½ 盎司白砂糖

1 根香草荚

用于制作马铃薯舒芙蕾

6 个马铃薯

50 克 / 2 盎司榛子粉

200 克 / 7 盎司黄油

200 克 / 7 盎司白巧克力，切块

12 颗鸡蛋，分离蛋黄蛋白

80 克 / 3 盎司白砂糖

150 克 / 6 盎司扁桃仁粉

50 克 / 2 盎司普通面粉

1 块黑松露，切碎

12 个蛋白

1 块白松露

粗粒海盐

首先制作蛋奶泡沫：牛奶、奶油与柠檬皮碎放入锅中稍微加热，蛋黄和砂糖在碗中打散，然后与香草荚一起慢慢倒入奶锅中搅匀，当蛋奶糊到达 85°C/185°F 时迅速将其冷却。你可以用急冻冰箱（blast chiller）或者将锅底没入冰水中。将蛋奶糊倒入高压虹吸瓶并安装好气弹，放入冰箱冷藏 12 小时备用。烤箱预热至 180°C/350°F/ 气烤箱刻度 4，烤盘底部铺上厚厚的一层盐，放入一层马铃薯后再用足量的盐将马铃薯覆盖，放入烤箱烘烤约 40 分钟，直至马铃薯变软时取出。刷掉马铃薯表面的盐粒，待其稍微冷却但仍然温热时在侧面切开一道口子，用小勺小心地挖出薯肉，注意不要破坏表皮的完整性。马铃薯皮上撒上榛子粉，放回烤箱继续烘烤 2 分钟后取出备用。烤箱温度调高至 200°C/400°F/ 气烤箱刻度 6，将白巧克力和黄油放入耐热碗中隔水熔化并轻轻搅拌，直至均匀顺滑。在一个大碗中将蛋黄和砂糖打散，加入扁桃仁粉和面粉搅匀，然后再加入熔化好的黄油巧克力，搅拌均匀。将之前挖出来的马铃薯肉用料理机打成马铃薯泥后加入碗中，最后加入黑松露，制成马铃薯面糊。在另一个干净无油的碗中将蛋白打发至硬性发泡，然后轻轻地翻拌入面糊中，小心地填回完整的马铃薯外皮里并放入烤箱烘烤 9 分钟。上桌前，将新鲜出炉的马铃薯舒芙蕾分别放入 6 个盘子中，在旁边挤上蛋奶泡沫，最后将白松露擦碎撒在表面，即刻享用。

COME MANGIARE IL COTECHINO CON LE LENTICCHIE 365 GIORNI L'ANNO

供 4 人食用

用于制作香肠肉馅

1 根摩德纳科特奇诺香肠 （Modena cotechino）

½ 升 / 18 盎司兰布鲁斯科葡萄酒 （Lambrusco wine）

50 克 / 1¾ 盎司科菲利多小扁豆 （Colfiorito）

50 克 / 1¾ 盎司卡斯特卢乔小扁豆 （Castelluccio）

50 克 / 1¾ 盎司碎红小扁豆 （split red lentil）

几滴迷迭香油

2 瓣蒜

用于制作面团

500 克 / 1 磅 2 盎司普通面粉

3 颗鸡蛋

5 个蛋黄

1 撮盐

用于制作酱汁

200 克 / 7 盎司无盐黄油

意式猪肉扁豆面饺 HOW TO EAT COTECHINO WITH LENTILS 365 DAYS A YEAR

将猪肉肠用小火慢煮约 1 小时 30 分钟后取出放入平底锅。在蒸锅中倒入兰布鲁斯科葡萄酒，不要用清水。将猪肉肠继续蒸制一小时 30 分钟，以去除肉肠里的脂肪。待肉肠与葡萄酒汤汁放凉后（汤汁冷却后会呈果冻状），将它们都切成均等的小块备用。将所有的小扁豆和蒜瓣一起煮 20 分钟左右，因为这里包含 3 种不同品种的小扁豆，所以你会得到 3 种不一样的口感。将煮好的小扁豆和切好的肉肠、肉冻放在一起，用木勺或马铃薯搅碎器捣成顺滑均匀的肉泥。将面粉倒在工作台面上并在中央挖一个小坑，打入鸡蛋和蛋黄，加入 1 小撮盐，揉成有弹性、光滑的面团。将面团用干净的布盖住醒 30 分钟，然后擀成薄面皮，用来制作意式面饺。用小茶匙将肉馅等距离地舀在一半的面皮上，然后将另外一半的面皮翻过来盖住肉馅，围着肉馅周围轻轻按下面皮，用圆形切模切出，最后再将面饺边缘捏紧封住，注意捏的时候将饺子中的空气挤出。将面饺放入沸水中煮 3～4 分钟即可捞出、沥水。黄油放入碗中，在 35℃/96℉ 的温度下让黄油完全熔化并水脂分离，放入冰箱，待脂肪凝固后将表面的白色液体倒出，用厨房纸蘸去剩余的水分，得到澄清黄油。最后将澄清黄油熔化并刷在意式面饺上即可。

Arrigo Cipriani

餐厅地址：
Harry's Bar
Calle Vallaresso, 1323
30124 Venice
Italy

1931 年，Giuseppe Cipriani 在威尼斯创办了传奇的 Harry's Bar，他的儿子 Arrigo 则在 20 世纪 50 年代末继承了父亲的事业。但 Giuseppe 仍然保持着每周至少在 Harry's Bar 用餐两次的习惯，他坐在吧台仔细审阅菜单、点菜，并给予菜品评价，就像其他所有要求严苛的客人一样。对于细节的苛求给予了他丰厚的回馈：1948 年，在威尼斯的一场为文艺复兴画家乔瓦尼·贝利尼（Giovanni Bellini）举办的盛大展会上，他创作了"贝利尼"（Bellini）——一种由白桃汁和起泡白葡萄酒组成的鸡尾酒。他的"奇普里亚尼生牛肉片沙拉"（Carpaccio Cipriani）由薄肉片和一种最开始作为"万能酱汁"为人所知的风味酱料组成。在 1950 年威尼斯具有历史性意义的生牛肉沙拉展会上，这道菜以这位画家命名：这道菜的颜色——红色和黄色，是他最喜欢的颜色。在那段时间里，Giuseppe Cipriani 还在 Berto Toffolo，他在手下的一位一流主厨的帮助下创造了许多现在仍在供应的菜肴，包括卡萨诺瓦鳎目鱼、番茄龙虾以及奶油可丽饼。这些年来，Arrigo Cipriani 雇用了许多优秀的厨师，他们每个人都为 Harry's Bar 的盛名做出了自己的贡献，不仅仅是威尼斯的本店，还有他在纽约的餐厅。

菜单 MENU

奇普里亚尼生牛肉片沙拉（Carpaccio Cipriani）

春日调味饭（Spring Risotto）

烤海螯虾（Baked Langoustines）

蛋奶酱意式可丽饼（Italian Crêpes with Custard Cream）

CARPACCIO CIPRIANI
供 6 人食用
675 克 /1½ 磅瘦牛里脊肉
盐

用于制作酱汁
1～2 茶匙伍斯特沙司
1 茶匙柠檬汁
200毫升/7盎司蛋黄酱 （见第77页）
2～3 汤匙牛奶
盐和胡椒

奇普里亚尼生牛肉片沙拉 CARPACCIO CIPRIANI

将牛肉中的脂肪、筋腱和软骨部分剔除，修剪成圆柱形，放入冰箱冷藏。当牛肉足够冷时，用一把锋利的刀将其切成极薄的肉片并摆在 6 个盘子中，使其覆盖整个盘子表面。用少许盐调味，再次放入冰箱冷藏至少 5 分钟。将伍斯特沙司、柠檬汁和蛋黄酱混匀，加入足够的牛奶稀释，使得酱汁的稠度足以裹挂住勺子的背面。用盐和胡椒调味，如果需要，也可以加入更多的伍斯特沙司和柠檬汁，然后放入冰箱冷藏备用。上桌前从冰箱中取出肉片和酱汁，淋上酱汁享用即可。

RISOTTO ALLA PRIMAVERA
供 6 人食用
用于制作春日蔬菜
1 汤匙橄榄油
½ 瓣大蒜， 切碎
115 克 /4 盎司蘑菇头， 切薄片
3 个小洋蓟， 切薄片
1 茶匙洋葱， 切末
2 个小西葫芦， 切丁
6 根芦笋， 切小段
1 大片红甜椒， 切块
1 小根韭葱白段， 切小段
盐和胡椒

用于制作调味饭
1 汤匙橄榄油
1 颗小洋葱， 切末
250 克 /9 盎司意式调味饭专用米
1½ 升 /2½ 品脱鸡肉高汤 （见第 249 页）
3 汤匙黄油
3 汤匙现磨帕玛森奶酪， 另加装饰所需
盐和胡椒

春日调味饭 SPRING RISOTTO

准备蔬菜：在平底锅中放入橄榄油，用中火加热，加入蒜末炒香，约 30 秒后捞出。放入蘑菇，炒软出水，5～6 分钟，直至汁水蒸发。然后加入洋蓟炒 8～10 分钟，再放入洋葱炒 2 分钟，最后放入西葫芦、芦笋、红甜椒和韭葱，开大火煮 10 分钟并不停搅拌，用盐和胡椒调味后关火备用。制作调味饭：在平底锅中加入橄榄油加热，放入洋葱，中火炒软，3～5 分钟后加入大米，转小火，倒入 120 毫升 /4 盎司的鸡汤煮沸并不停搅拌，待鸡汤被完全吸收后缓缓加入更多的鸡汤，重复此步骤，约 10 分钟后、大米煮至半熟的状态时，加入炒好的蔬菜，继续煮 10～15 分钟，直至调味饭达到柔滑的质地。关火，搅拌入黄油和帕玛森奶酪，用盐、胡椒调味。如果想要更稀软的调味饭，你也可以再加入几汤匙鸡汤拌匀。最后撒上更多的帕玛森奶酪即可上桌享用。

烤海鳌虾 BAKED LANGOUSTINES

SCAMPI AL FORNO

供 6 人食用

1 千克 /2¼ 磅海鳌虾或帝王大虾，去壳

普通面粉

100 毫升 /3½ 盎司橄榄油

50 克 /2 盎司黄油

1 枝新鲜平叶欧芹，切碎

少许伍斯特沙司

半颗柠檬，榨汁，过滤

盐和胡椒

烤箱预热至 240°C/475°F/ 气烤箱刻度 9。将海鳌虾或者大虾调味并撒上面粉，平底锅中加热油，放入海鳌虾或者大虾煎 2～3 分钟至稍微变色，注意一次不要放太多只。用漏勺捞出，平铺在烤盘中烤 3～4 分钟。将锅里的油倒出，加入黄油和欧芹，加热 30 秒左右，黄油颜色开始变深时关火。将烤箱中的虾取出，淋上少许伍斯特沙司和柠檬汁，浇上欧芹黄油即可。趁热上桌享用。

蛋奶酱意式可丽饼 ITALIAN CRÊPES WITH CUSTARD CREAM

CRESPELLE ALLA CREMA PASTICCIERA

供 6 人食用

400 毫升 /14 盎司牛奶

100 克 /3½ 盎司白砂糖，另加可丽饼所需

2 颗柠檬的皮，削薄片

3 个蛋黄

40 克 /1½ 盎司普通面粉

½ 茶匙香草精

150 毫升 /5 盎司君度力娇酒

用于制作意式可丽饼

3 颗鸡蛋

25 克 /1 盎司普通面粉

1 汤匙橄榄油

120 毫升 /4 盎司牛奶

50～65 克 /2～2½ 盎司无盐黄油

盐

将牛奶倒入厚底锅中，加入一半的砂糖和柠檬皮，煮沸后关火并撇去柠檬皮。在碗中将蛋黄和剩余的一半砂糖打散，加入面粉打匀，接着慢慢地搅入热牛奶，再倒回锅中加热、搅拌。蛋奶糊开始变稠后再煮 3～4 分钟，加入香草精并关火、放凉，其间不时搅拌以防蛋奶酱表面形成一层膜，冷却后放入冰箱冷藏备用。制作可丽饼：将鸡蛋、面粉、橄榄油和 1 小撮盐在碗中搅打均匀，加入牛奶混匀后将面糊过筛，倒入一个罐中备用。在可丽饼锅或小平底锅中（直径约 15 厘米 /6 英寸）放入一小块黄油，中火加热熔化。倒入足以均匀铺满锅底的面糊，煎至底面金黄后翻面，另一面稍变色即可出锅，平整地放在一条干净的茶巾上。用同样的方法继续制作剩下的面糊，并按需加入黄油。可丽饼煎好后，将金黄色的一面，也就是先煎的那一面，朝下放入盘中，在可丽饼的一半位置抹上 1 汤匙蛋黄酱，并将另一半折叠覆盖，然后再次对折形成三角形。将准备好的蛋黄酱可丽饼放在烤盘上冷藏储存。食用前取出，撒上一层白砂糖并在预热至 240°C/475°F/ 气烤箱刻度 9 的烤箱中烘烤 5～10 分钟，直至砂糖熔化且可丽饼完全热透。上桌时，将盛放可丽饼的烤盘直接端到桌边，倒入君度力娇酒并点燃，倾斜、转动烤盘直至火焰熄灭。可丽饼搭配其热汤汁享用即可。

餐厅地址：
Don Alfonso 1890
Corso Sant'Agata 11/13
80064 Sant'Agata
Sui Due Golfi
Naples
Italy

Alfonso & Livia Jaccarino

Sorrento 家族四代经营酒店的经验让 Alfonso Jaccarino 得以在 20 世纪 80～90 年代就已精通意大利料理以及其他欧洲料理，而他的妻子 Livia 在葡萄酒方面是权威，完美匹配了他在厨艺方面的天分。他们夫妻两人都致力于在世界各地旅行，拜访当地的葡萄酒庄以及各类蔬果、鱼肉市场，这种对于本土食材的热爱，以及对当地种植者、零售者的尊重驱使着他们进行更深入的研究和探索，力图维护本地食物的特色与质量，而这便是他们创建 Le Peracciole 农场的原动力。这片面积为 7½ 英亩、坐落在蓬塔帕内拉（Punta Campanella）的小农场直面卡普里岛（Capri），这种地形所形成的微气候赋予了农场中种植的生菜、番茄、马铃薯、洋葱、各类香草和橄榄独特的味道与香气。依托 Jaccarino 的精湛厨艺，这些应季蔬菜与最新鲜的鱼、最肥美的肉搭配在一起，成为类似蛤蜊西葫芦意式细面、芹菜剑鱼、薰衣草配野菠菜以及新马铃薯配牡蛎、香葱、大虾和小扁豆这样的菜肴，更不要提那些美味而奇妙的甜点了，例如巧克力酱烤茄子。所以说，Jaccarino 获得米其林三星真可谓是实至名归。

菜单 MENU

芦笋配鸡蛋（Asparagus and Egg Appetizer）

维苏威火山宽通心粉（Rigatoni 'Vesuvio'）

白葡萄酒烤蝎子鱼配面包糠、橄榄与酸豆（Scorpion Fish with White Wine, Breadcrumbs, Olives and Capers）

柠檬香气与味道的协奏曲（Medley of Lemon Scents and Flavours）

芦笋配鸡蛋 ASPARAGUS AND EGG APPETIZER

芦笋尖切去备用。将一锅加了盐的水煮沸，加入芦笋茎，重新煮沸并继续煮 4 分钟后捞出，放入搅拌机或食物料理机，加入一半的柠檬汁和少许油后打成泥。如果需要，可加入盐调味，然后将芦笋泥压过细滤网并倒入碗中。将预留的芦笋尖切碎，与日晒番茄干、剩余的柠檬汁、少许橄榄油和 1 撮盐放入碗中腌制。同时，将欧芹用沸水焯 1 分钟捞出，并与少许橄榄油一起放入搅拌机搅拌成酱汁。将鸡蛋洗净，煮沸一锅水并加入白醋，放入鸡蛋煮几分钟后捞出、擦干，然后小心地在 ⅓ 处将鸡蛋切开。将蛋黄和蛋白分离，保留鸡蛋壳。两口小平底锅中倒入少许橄榄油加热，分别加入蛋白和蛋黄，用木勺搅拌，直至鸡蛋炒熟但仍非常松软时淋入少许香脂醋和盐调味，后关火。将蛋白舀入较大的那部分蛋壳中，蛋黄舀入较小的那一半，然后再将两者拼成一个完整的鸡蛋。制作面糊：将面粉、少许啤酒和 4 茶匙清水放入碗中，用搅拌器搅拌，直至完全混合均匀。将蛋白在一个无油的碗中打发至硬性发泡，然后轻轻地翻拌入面糊，加入盐调味，翻拌入预留的芦笋尖。在锅中放入植物油加热至 180～190℃/350～375℉/ 气烤箱刻度 4～5，或油温达到能将一块面包丁用 30 秒炸至金黄色。放入蘸好面糊的芦笋尖，炸至金黄后用漏勺捞出，放在厨房纸上控油。将腌制好的芦笋泥和日晒番茄干放入 4 个盘中，并放上 2 个填好馅的鸡蛋和炸芦笋尖，淋上欧芹酱，用新鲜香草、可食用鲜花和少许橄榄油装饰后上桌。

ACQUERELLO DI ASPARAGI E UOVA

供 4 人食用

350～400 克 /12～14 盎司芦笋
1 颗柠檬，榨汁，过滤
120 毫升 /4 盎司特级初榨橄榄油
6 个日晒番茄干，沥油并切碎
4～5 枝欧芹
4 颗鸡蛋
2 茶匙白葡萄酒醋
2 茶匙香脂醋
植物油，油炸用
盐
新鲜香草 / 可食用鲜花

用于制作面糊
60 克 /2 盎司普通面粉
60 毫升 /2 盎司啤酒
1 个蛋白
盐

VESUVIO DI RIGATONI

供 4 人食用

30 克 /1¼ 盎司新鲜面包糠

60 毫升 /2 盎司牛奶

60 克 /2½ 盎司猪肉末

2 颗鸡蛋

60 毫升 /2 盎司特级初榨橄榄油，另加淋洒所需

50 克 /2 盎司罗勒叶，另加装饰所需

250 克 /9 盎司马苏里拉奶酪

1 汤匙洋葱碎

50 克 /2 盎司去皮豌豆

260 克 /9½ 盎司宽通心粉

200 毫升 /7 盎司番茄酱汁

盐和胡椒

维苏威火山宽通心粉 RIGATONI 'VESUVIO'

将面包糠放入碗中，加入 20 毫升 /¾ 盎司牛奶浸泡 15 分钟。将浸泡好的面包糠、猪肉末和 1 颗鸡蛋在碗中混匀，加盐和胡椒调味，然后捏成小肉丸。在锅中倒入一半的油加热，加入肉丸，用中火煎 2～3 分钟，不时翻转使得肉丸能够均匀受热，直至炸至金黄。将罗勒叶放入沸水中焯一下后捞出，与剩余的油放入搅拌机打成酱汁后过滤备用。将 70 克 /2¾ 盎司的马苏里拉奶酪切细条，放入一个耐热碗中并加入剩余的牛奶，将碗放在一锅小火煮沸的沸水上，隔水加热搅拌直至奶酪熔化，然后将奶酪倒入搅拌机搅打顺滑，用细筛网过滤备用。将剩余的油放入小锅中加热，放入洋葱，小火炒 2 分钟左右后加入豌豆，再炒 2 分钟即可，放凉备用。同时，将烤箱预热至 160°C/325°F/ 气烤箱刻度 3，剩余的鸡蛋在沸水中煮 7 分钟，并将剩余的马苏里拉奶酪切薄片备用。煮好的鸡蛋用冷水冲洗后剥壳、切片。将一锅加了盐的水煮沸后放入宽通心粉，重新煮沸后继续煮 3 分钟后，将水倒掉，加入番茄酱汁和剩余的罗勒叶拌匀备用。在一个 8 厘米 /3 英寸的烤盘中，放入一层马苏里拉奶酪片、一层番茄酱意面、一层洋葱和豌豆、一层小肉丸和罗勒叶，最后再盖上一层奶酪片，放入烤箱烘烤 14 分钟后取出，翻转盛盘。淋上剩余的番茄酱汁、马苏里拉奶酪酱和罗勒酱，最后用罗勒叶和橄榄油点缀装饰即可。

白葡萄酒烤蝎子鱼配面包糠、橄榄与酸豆 SCORPION FISH WITH WHITE WINE, BREADCRUMBS, OLIVES AND CAPERS

SCORFANO SFUMATO AL GRECO DI TUFO CON PANGRATTATO, OLIVE E CAPPERI

供 4 人食用

3 汤匙特级初榨橄榄油，另加淋洒所需
1 × 700 克 / 1½ 磅蝎子鱼，清洗干净并切成鱼排
2 茶匙松子仁，切碎
1½ 汤匙欧芹叶，切碎
2½ 汤匙酸豆，切碎
25 克 / 1 盎司绿橄榄，去核切碎
20 克 / ¾ 盎司面包糠
200 毫升 / 7 盎司托福格来克白葡萄酒（Greco di Tufo）
2 个水煮马铃薯，切成马铃薯角
40 克 / 1½ 盎司日晒番茄干，切条
盐

将烤箱预热至 180°C/350°F/ 气烤箱刻度 4。烤盘中倒入橄榄油，然后将每片鱼排切半放入烤盘。在碗中将松子仁、欧芹、酸豆、橄榄和面包糠混匀，加盐调味，均匀地铺在鱼片上，并淋上白葡萄酒。放入烤箱烘烤约 4 分钟后取出，鱼片盛盘，搭配马铃薯角和日晒番茄干，淋上橄榄油即可上桌。

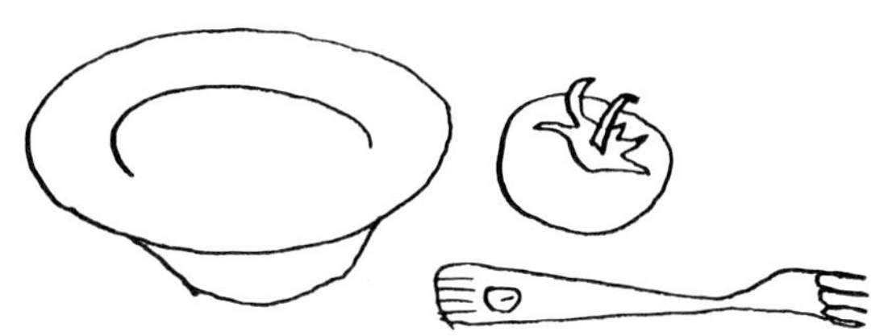

CONCERTO DI PROFUMI E SAPORI DI LIMON

供 4 人食用

用于制作泡芙
100 克 /3½ 盎司黄油，软化并切小块
1 根香草荚
7 盎司 /200 克普通面粉，过筛
4 个蛋黄
盐

用于制作柠檬奶油
4 个蛋黄
65 克 /2½ 盎司白砂糖
100 毫升 /3½ 盎司天然酸奶
100 毫升 /3½ 盎司牛奶
200 毫升 /7 盎司淡奶油
1 颗柠檬，擦取柠檬皮

用于制作柠檬可丽饼
50 克 /2 盎司普通面粉
3 汤匙啤酒
1 汤匙砂糖
1 个蛋白
1 颗柠檬，去皮后切片
橄榄油，用于煎炸

5 颗柠檬
175 克 /6 盎司砂糖
240 克 /81/2 盎司柠檬奶油
50 毫升 /2 盎司牛奶
80 克 /3 盎司糖渍柠檬片
4 片柠檬叶
焦糖，用于装饰（可选）

柠檬香气与味道的协奏曲 MEDLEY OF LEMON SCENTS AND FLAVOURS

制作泡芙：将烤箱预热至 200℃/400℉/ 气烤箱刻度 6，烤盘铺烘焙纸备用。锅中倒入 250 毫升 /9 盎司的清水，加入黄油、香草荚和 1 撮盐并煮沸，捞出香草荚，一次性倒入全部的面粉，快速搅拌，直至面团四周开始冒泡并脱离锅的内壁，倒入一个冷碗中稍放凉。当面团变温时，一个个地加入蛋黄并充分混匀。将面团舀入装了圆头裱花嘴的裱花袋中，在烤盘上挤出圆形小面堆。放入烤箱烘烤 10～15 分钟，直至泡芙膨起并呈金黄色。关掉烤箱并将烤箱门打开，让泡芙在烤箱中放凉即可。制作柠檬奶油：将烤箱预热至 190℃/375℉/ 气烤箱刻度 5，在碗中将蛋黄、一半的砂糖和酸奶打匀，锅中倒入牛奶、奶油和剩余的砂糖，加热煮沸，关火后倒入蛋黄糊搅拌，加入柠檬皮，搅匀后倒入烤盘中烘烤 45 分钟，取出放凉后再放入冰箱冷藏，需要时再取出。

制作柠檬可丽饼：将面粉筛入碗中，缓缓加入啤酒和 1 汤匙水，搅拌至充分混合，加入砂糖，继续搅拌。将蛋白放入一个无油的碗中，持续搅打，直至呈现坚硬的山峰状，接着将蛋白轻轻翻拌入面糊中。将柠檬片加入面糊中。准备一口直径 20 厘米 /8 英寸的平底锅，中火加热，锅中刷油。锅中倒入 3～4 汤匙面糊，倾斜并旋转，使其均匀铺满锅底。加热 30～40 秒，直至表面出现小气泡。晃动平底锅，借助抹刀将可丽饼翻面。第二面加热约 30 秒，然后将可丽饼滑入准备好的盘子中。用同样的方法制作更多可丽饼，直至面糊用完。可丽饼与可丽饼之间可用烘焙油纸隔离，防止粘连。成品组装：取 4 颗柠檬，从顶部切下一片，挖出果肉，获得完整的柠檬壳。用滤网将挖出的柠檬果肉压入小锅中，加入砂糖，用小火煮，搅拌至砂糖溶解。停止搅拌，继续煮几分钟，直到变成糖浆状，随后关火。用剩下的一颗柠檬磨取柠檬皮。将柠檬皮和牛奶加入 120g /4 盎司的柠檬奶油中，制作柠檬奶油酱。在保留的柠檬壳底部切一薄片，使它们能够立起来。柠檬壳中填满柠檬奶油，随后将它们分别立在 4 个盘子的中间。取 12 颗烤好的泡芙，填入柠檬奶油酱，摆放在柠檬壳四周。（剩余的泡芙可用在其他食谱中。）用可丽饼、糖渍柠檬片和柠檬叶装饰柠檬壳，然后淋入柠檬糖浆。如果喜欢的话，可以用焦糖装饰。完成后即可上桌。

Paolo Lopriore

餐厅地址：
Il Canto
Strada di Certosa, 82
53100 Siena
Italy

1973 年出生于意大利的 Paolo Lopriore，18 岁就开始了他的烹饪生涯，不久就成为米兰 Gualtiero Marchesi 餐厅的一名助理厨师。主厨 Gualtiero Marchesi 点燃了 Lopriore 对于意大利料理革新的热情，激励着他深入挖掘饮食文化并始终保持一颗忠实的心。之后如旋风般的 7 年里，Lopriore 游走在意大利和法国的顶级餐厅中磨炼自己的厨艺，包括位于法国罗阿讷（Roanne）的米其林三星餐厅 Troisgro，这段经历让他对于严苛标准有了深刻的认识和尊重。Lopriore 于 2002 年返回意大利，落脚于锡耶纳的 Il Canto 餐厅，在这里，他将自己无限的想象力和过硬的专业技术淋漓尽致地展现出来，创造了一份充满创意的意大利菜单，包括水藻、香草和根茎沙拉等菜式。

菜单 MENU

水藻、香草和根茎沙拉（Salad of Seaweed, Aromatic Herbs and Roots）

黑胡椒佩科里诺奶酪弯管通心粉（Elicoidali, Black Pepper and Pecorino Cheese）

小牛肉、芹菜叶和金枪鱼（Entrecôte of Veal, Celery and Tuna）

胡萝卜雪葩配榛子、柠檬和香草（Carrot Sorbet with Hazelnut, Lemon and Vanilla）

ALGHE, ERBE AROMATICHE E RADICI

供 4 人食用

1 棵皱叶菊苣

¼～½ 茶匙芥末酱

4 片酸模草

4 片亨利藜叶 （good king henry）

嫩菠菜

4 片法式水田芥

4 片芸香草嫩尖 （rue tips）

4 片芥菜叶

16 片雪维菜嫩尖

4 片苦艾或龙蒿叶

1 茶匙姜

4 个小萝卜， 切片

1 片海苔， 切丝

4 片海蓬子叶 （samphire）

混合可食用花瓣

水藻、香草和根茎沙拉 SALAD OF SEAWEED, AROMATIC HERBS AND ROOTS

去除菊苣茎并将黄色、绿色叶子分离。在 4 个盘子上分别抹上少许芥末酱，菊苣叶分装在盘子里，最后撒上各种香草、姜粉、小萝卜片、海苔丝、海蓬子叶和花瓣即可。

ELICOIDALI, PEPE NERO E PECORINO ROMANO

供 4 人食用

2 汤匙黑胡椒粒

1 茶匙琼脂粉 （agar-agar powder）

2 汤匙橄榄油

40 根弯管通心粉 （elicoidali）

40 克 / 1½ 盎司佩科里诺奶酪

盐

黑胡椒佩科里诺奶酪弯管通心粉 ELICOIDALI, BLACK PEPPER AND PECORINO CHEESE

将 350 毫升 / 12 盎司清水倒入锅中，加入一半的黑胡椒粒并煮沸，关火后静置 30 分钟，加盐调味后将水滤入另一口锅中。再次煮沸、关火，加入琼脂搅匀，大火煮沸、关火，静置放凉并不停搅拌。当液体变凉时，一滴滴地倒入一半的油并不断搅拌。将剩下的黑胡椒粒碾碎，加入液体中并倒入食物料理机高速搅打 5 分钟，放入冰箱冷藏过夜。另将一大锅盐水煮沸，加入通心粉煮至筋道后捞出，加入剩余的油拌匀备用。将黑胡椒胶舀入裱花袋并填满 24 根通心粉。上桌前，将通心粉在微波炉中重新加热几分钟，分盛至 4 个盘子里，撒上佩科里诺奶酪碎即可。

小牛肉、芹菜叶和金枪鱼 ENTRECÔTE OF VEAL, CELERY AND TUNA

将金枪鱼干和植物油放入真空袋中，放入双层煮锅，在 60°C/140°F 的温度下恒温煮 7 小时左右后取出。将金枪鱼干取出并保留袋里的油，鱼干零散地铺在垫了烘焙纸的烤盘上风干。锅中倒入半锅清水，加入月桂叶、1 撮盐和足量盖住水的橄榄油煮沸，加入小牛里脊肉，然后关火，静置 6～10 分钟，直至小牛肉的熟度达到你想要的程度时取出，静置 20 分钟。将小牛肉切成 4 块，分别盛入 4 个盘子中，加入酸豆、金枪鱼油、芹菜叶和金枪鱼片即可上桌。

VITELLO, FOGLIE DI SEDANO E TONNO

供 4 人食用

25 克 /1 盎司金枪鱼干片 （katsuo bushi）

2 汤匙植物油

1 片月桂叶

特级初榨橄榄油

2 × 275 克 /10 盎司小牛里脊肉

12 粒酸豆 （西西里的 serragghia 酸豆最佳）

12 片芹菜叶

盐

胡萝卜雪葩配榛子、柠檬和香草 CARROT SORBET WITH HAZELNUT, LEMON AND VANILLA

用冰激凌机将胡萝卜汁按照厂商说明书制成雪葩，并在 -12°C/10°F 的冷冻室里冷冻 4 小时左右。将黄油在大碗中打发至顺滑，然后加入榛子奶油和几粒粗盐搅打均匀，倒入长方形食盒中，放入冰箱冷藏至凝固。香草荚剖开，刮出香草籽。将胡萝卜叶、榛子黄油、柠檬皮碎和香草籽等分 4 份摆盘，胡萝卜雪葩用汤匙塑成纺锤状，盛盘后立即上桌。

SORBETTO DI CAROTE CON NOCCIOLE, LIMONE E VANIGLIA

供 4 人食用

400 毫升 /14 盎司胡萝卜汁

100 克 /3½ 盎司黄油

150 毫升 /5 盎司榛子奶油 （特产食品商店有售）

1 根香草荚

4 片胡萝卜叶 （carrot fronds）

1 颗柠檬， 擦取柠檬皮

海盐

餐厅地址：
Il Gambero Rosso
Piazza della Vittoria 13
57027 San Vincenzo
Italy

Fulvio Pierangelini

Fulvio Pierangelini 在 15 岁时就开始对烹饪产生了浓厚的兴趣，那时他就下决心潜心学习厨艺，为以后的工作打下坚实基础。他的家人仍然希望他能够继续文化课的学习，但他并没有轻易放弃自己的理想，坚持在每个暑假与那些优秀的厨师一起工作，学习那些日后成就其独特风格的烹饪技巧和料理秘诀。他所创造的菜式看似与"新料理"（nouvelle cuisine）相似，但他所用的食材都是极具代表性的本地食材，不过他的烹饪方法并不被传统所束缚。1981 年，他开始经营自己在圣温琴佐（San Vincenzo）水边的餐厅 Il Gambero Rosso，并且在短短几年之内，就成为托斯卡纳最受尊敬的厨师之一。Pierangelini 得以享有米其林星级荣誉，一半是热爱，一半是直觉，但他一直强调大多数的菜式都是受到他每天仔细检查和挑选的新鲜食材的启发所得。菜单上的招牌菜式包括柠檬扇贝、番茄奶酪意式面饺与青蒜，以及炖鸽子。

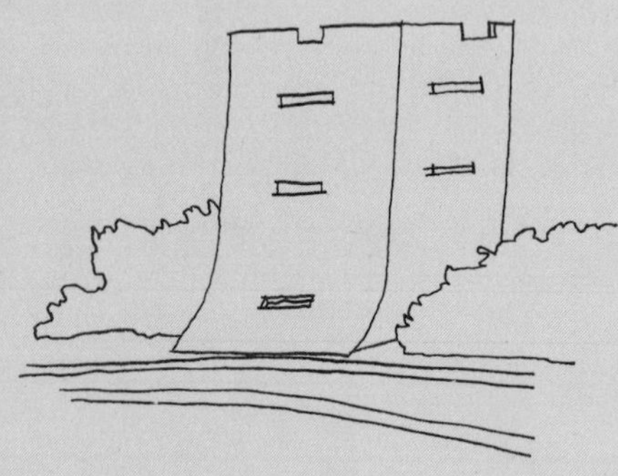

菜单 MENU

鹰嘴豆虾肉浓汤（Purée of Chickpeas with Prawns）
鱼肉面饺配贝壳海鲜（Fish Ravioli with Shellfish）
红酒烧乳鸽（Pigeons in Red Wine）
浆果半冻雪糕（Frozen Mousse with Fruits of the Forest）

鹰嘴豆虾肉浓汤 PURÉE OF CHICKPEAS WITH PRAWNS

将鹰嘴豆、蒜瓣和迷迭香放入锅中，倒水没过并加热，煮沸后转小火继续慢煮 2 小时 30 分钟左右，鹰嘴豆变软后捞出、沥干，然后压过细滤网，制成豆泥备用。将大虾上锅蒸几分钟，变色时即可关火。在加热过的汤盘中舀入 1 大勺鹰嘴豆泥，放上大虾，最后淋上橄榄油，用盐和胡椒调味即可。

PASSATINA DI CECI CON GAMBERI

供 4 人食用

125 克 /3½ 盎司鹰嘴豆，浸泡整晚并沥干

1 瓣大蒜

1 枝迷迭香

800 克 /1¾ 磅大虾，去壳，去虾线

特级初榨橄榄油

盐和胡椒

鱼肉面饺配贝壳海鲜 FISH RAVIOLI WITH SHELLFISH

先制作面饺馅料。将鳐鱼放入锅中，倒入鱼汤，煮沸后转小火煮 20 分钟左右。将鳐鱼用漏勺捞出，放凉备用，并保留汤中的蔬菜。鱼冷却后，将鱼肉与鱼骨分离，并与预留的蔬菜一起放入食物料理机搅打成泥。用面粉、鸡蛋制作意面面团（见第 312 页），在撒了薄面的工作台上擀成薄面皮，切成宽条。用小茶匙将鱼肉馅按照 2½ 厘米 /1 英寸的间距舀在面皮上，折叠面皮盖住肉馅，轻轻挤出空气，边缘封紧，最后用滚轮刀将面饺切出，放在撒了薄面的茶巾上备用。制作酱汁：锅中热油，放入大蒜，煎几分钟后取出丢弃，放入墨鱼和章鱼，用中火炒至金黄，倒入干白葡萄酒去腥，炒至酒精蒸发，加入番茄并调味，番茄炒出汤汁后加入大虾和贻贝，继续烹煮 10 分钟后关火即可。将一锅加了盐的水煮沸，加入意式面饺，煮 3～4 分钟后捞出沥干，盛盘并浇上贝壳海鲜汤汁，最后撒上欧芹碎装饰即可。

RAVIOLI DI PESCE AI FRUTTI DI MARE

供 4 人食用

用于制作鱼肉馅

1 千克 /2¼ 磅鳐鱼，洗净并去皮

1 升 /1¾ 品脱鱼肉高汤（见第 248～249 页）

用于制作意面面团

200 克 /7 盎司普通面粉，另加淋撒所需

2 颗鸡蛋

用于制作贝壳海鲜汤汁

5 汤匙橄榄油

2 瓣大蒜

1 条中等大小墨鱼，去皮并洗净，切小块

1 条小章鱼，去皮并洗净，切小块

5 汤匙干白葡萄酒

200 克 /7 盎司番茄，去皮并切块

20 只大虾，去壳并去虾线

10 只贻贝，去壳

2 汤匙欧芹叶碎

盐

PICCIONI AL VINO ROSSO
供 4 人食用
4 汤匙橄榄油
3 瓣大蒜
4 只 400 克 /14 盎司乳鸽
2 颗红葱头，切碎
2 根胡萝卜，切碎
375 毫升 /13 盎司口感醇厚的红酒
盐和胡椒

红酒烧乳鸽 PIGEONS IN RED WINE

锅中加入一半的橄榄油加热，加入蒜瓣，煎 5 分钟左右，然后取出丢弃。放入鸽子，煎至表面金黄且熟透，然后用盐和胡椒调味，关火、放凉。将鸽胸肉和鸽腿切下并保温备用，然后将剩余部分剔骨，保留骨架。将剩余的油倒入锅中加热，加入红葱头、胡萝卜碎，小火炒软即可。在另一口浅锅中放入鸽架子和红酒，小火慢煮，浓缩收汁后将红酒过滤备用。将鸽胸肉分别盛盘，淋上浓缩红酒汁，并用红葱头和胡萝卜碎装饰即可。鸽腿肉分开盛盘上桌。

SEMIFREDDO AI FRUTTI DI BOSCO
供 4 人食用
50 克 /2 盎司无盐黄油
2 汤匙白砂糖
400 克 /14 盎司混合莓果，例如覆盆子、草莓、蓝莓和黑莓
200 毫升 /7 盎司双倍奶油

用于制作蛋白霜
2 个蛋白
100 克 /3½ 盎司白砂糖

用于制作开心果蛋奶酱
1 汤匙开心果仁
400 毫升 /14 盎司牛奶
3 个蛋黄
100 克 /3½ 盎司白砂糖

用于装饰
100 克 /3½ 盎司黑巧克力，切块
100 克 /3½ 盎司野草莓

浆果半冻雪糕 FROZEN MOUSSE WITH FRUITS OF THE FOREST

不粘锅中放入黄油，加热熔化，然后倒入砂糖，炒至稍稍焦糖化时倒入莓果，搅拌几分钟，使水果均匀地裹上焦糖后关火放凉。在无油的碗中将蛋白打发并缓缓加入砂糖，直至硬性发泡状态，小心地翻拌入焦糖莓果。在另一个碗中将奶油硬性打发，然后继续翻拌进蛋白霜中。将混合均匀的奶油蛋白霜分盛在 4 个模具中，放入冰箱冷藏至少 6 小时，直至凝固成莓果雪糕。制作蛋奶酱：先将开心果放入沸水中焯 1 分钟，去皮并切成细末，和牛奶放入煮锅中，煮沸后关火。在另一口锅中将蛋黄和砂糖打发至蓬松发白，然后慢慢地加入热牛奶并不断搅拌，返回火上小火慢煮，直至蛋奶酱的质地变稠且足以裹挂住勺子背面时关火，注意不要让它煮开。将锅放入一碗冰水中使蛋奶酱冷却。与此同时，将巧克力放在耐热碗中隔水熔化。将开心果蛋奶酱分盛至 4 个盘子中，拿出冰箱里的莓果雪糕翻转脱模，摆在每个盘子中央，最后以野草莓和巧克力酱装饰即可。

Nadia Santini

餐厅地址：
Dal Pescatore
Località Runate 15
Cannetosull’Oglio 46013
Italy

Nadia Santini 是第一位获得米其林三星荣誉的意大利女性厨师，而这可以说是基于其家族在餐饮界的传承。在曼托瓦（Mantua）周边的乡村地区，有一个名为奥廖河畔坎内托（Canneto sull’Oglio）的地方，那里水草丰美，吸引成群的鸭、鹅栖息，那里也正是他们始于 1920 年的餐厅——Dal Pescatore 的所在。Antonio Santini 是家族的第三代餐厅老板，他始终秉持着妻子在厨房烹饪、丈夫在大堂会客的传统经营理念。Antonio 在大学学习经济管理时遇见了他的太太 Nadia，彼时她正在学习政治学。但在 1974 年的一天，他们找到了他们真正的志趣所在——高级料理。他们请教了马莱奥市（Maleo）Il Sole 餐厅的大厨 Franco Colombani，这是一名在新料理时代仍然强调地域性料理重要性的勇敢维护者。所以，在 Santini 夫妇重新装修的高雅餐厅中，菜单上依旧可见帕达尼亚（Padania）地区的传统料理，例如猪蹄配咸鲜卷心菜和豆子、香脂醋烤鸭，以及 3 种奶酪意式面饺。当试图解释她的烹饪风格时，Nadia 简单地说道：“那些传统，甚至有人认为是低级的料理非常吸引我，我享受把它们完美呈现出来的过程。”

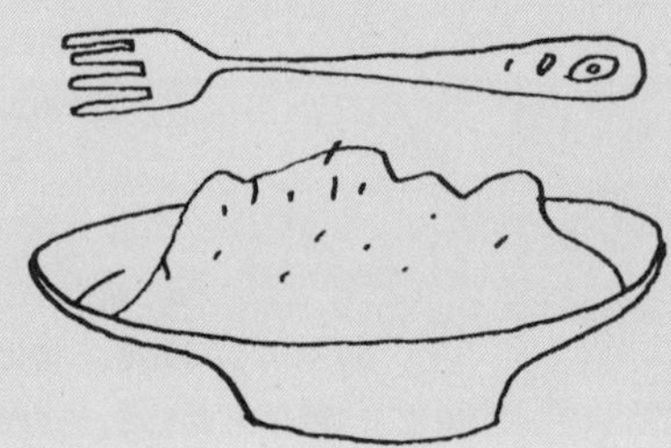

菜单 MENU

酸甜丁鲷鱼（Sweet and Sour Tench）

托斯卡纳罗马诺奶酪、里考塔奶酪、帕玛森奶酪馅意式馄饨配白松露（Tuscan Romano, Ricotta and Parmesan Tortelli with White Truffle）

香脂醋烤鸭（Duckling in Balsamic Vinegar）

皮帕森纳蛋糕配沙巴翁（Pipasener E Zabaione）

TINCA IN CARPIONE
供 4 人食用

3 汤匙橄榄油，另加淋洒所需
2 × 600 克 /1 磅 5 盎司丁鲷鱼（tench）或鲇鱼，洗净并切成鱼片
1 升 /1¾ 品脱白葡萄酒醋
500 毫升 /18 盎司甜白葡萄酒
120 克 /4 盎司糖
2 颗洋葱，切细丝
1 撮肉桂粉
2～3 粒丁香
1 撮现磨肉豆蔻
2 汤匙新鲜平叶欧芹碎
香脂醋
盐和胡椒

酸甜丁鲷鱼 SWEET AND SOUR TENCH

在锅中热油，放入鱼片煎 10 分钟左右后铲出，放在厨房纸上控油备用。将白葡萄酒醋、白葡萄酒、糖、洋葱、肉桂粉、丁香、肉豆蔻、1 撮盐和胡椒放入锅中，一边加热一边搅拌 15 分钟左右即可。将鱼片摆在一个耐热盘中，撒上欧芹并浇入香料葡萄酒酱汁，盖上盖放凉。可以趁热或冷藏后食用，食用前淋上少许橄榄油和香脂醋即可。

TORTELLI DI PECORINA, RICOTTA E PARMIGIANO AL TARTUFO BIANCO
供 6 人食用

用于制作馅料
80 克 /3 盎司里考塔奶酪
2 颗鸡蛋，打散
80 克 /3 盎司罗马诺奶酪（Romano），擦碎
80 克 /3 盎司帕玛森奶酪，擦碎

用于制作意面面团
200 克 /7 盎司普通面粉，另加淋撒所需
2 颗鸡蛋
盐

用于制作酱汁
50 克 /2 盎司黄油，熔化
50 克 /2 盎司帕玛森奶酪，擦碎
50 克 /2 盎司白松露，削薄片

托斯卡纳罗马诺奶酪、里考塔奶酪、帕玛森奶酪馅意式馄饨配白松露 TUSCAN ROMANO, RICOTTA AND PARMESAN TORTELLI WITH WHITE TRUFFLE

先制作馅料。将里考塔奶酪压过细滤网，然后加入鸡蛋、罗马诺奶酪和帕玛森奶酪搅匀，放在阴凉处备用。用鸡蛋、面粉和 1 撮盐制作意面面团（见第 312 页），分成两半。将一半的面团在撒了薄面粉的工作台上擀成薄面皮，用小茶匙将奶酪馅等间距地舀在面皮上；将另一半的面团同样擀成面皮后盖在摆了馅料的第一张面皮上，围绕馅料轻轻按压封紧面饺，并依喜好用圆形、方形或月牙形小切模切出面饺。在一锅煮沸的盐水中将意式面饺煮 5 分钟后捞出，加入熔化的黄油拌匀，最后撒上足量的帕玛森奶酪碎和白松露薄片即可上桌。

香脂醋烤鸭 DUCKLING IN BALSAMIC VINEGAR

ANATRA ALL'ACETO BALSAMICO

供 4 人食用

1 × 2 千克 /4½ 磅雏鸭
150 克 /5 盎司黄油
半颗柠檬的柠檬汁，过滤
5 汤匙白兰地
175 毫升 /6 盎司白葡萄酒
300 毫升 /½ 品脱牛肉高汤（见第 248 页）
1 枝迷迭香
1 枝鼠尾草
175 毫升 /6 盎司口感醇厚的红葡萄酒
2 汤匙香脂醋
盐和胡椒

烤箱预热至 150°C/300°F/ 气烤箱刻度 2。将雏鸭放入烤盘，抹上黄油。倒入柠檬汁、白兰地、白葡萄酒、高汤、250 毫升 /9 盎司的清水、迷迭香、鼠尾草、盐和胡椒，放入烤箱烘烤 1 小时～1 小时 30 分钟，或直到雏鸭表面呈金黄色。取出烤鸭，并将烤盘中的汤汁过滤到锅中，加入红葡萄酒，小火慢煮，最后加入意式香脂醋收汁，酱汁变稠后关火。将烤鸭切成 4 份并分别盛盘，淋上热酱汁即可。

皮帕森纳蛋糕配沙巴翁 PIPASENER PASTRY WITH ZABAGLIONE

PIPASENER E ZABAIONE

供 4 人食用

50 克 /2 盎司葡萄干
200 克 /7 盎司里考塔奶酪
200 克 /7 盎司普通面粉，另加淋撒所需
200 克 /7 盎司白砂糖
3 颗鸡蛋
40 克 /1½ 盎司黑巧克力，切块
1 汤匙朗姆酒
40 克 /1½ 盎司无盐黄油，另加涂抹所需
1 包快发酵母
用 5 个蛋黄制成的沙巴翁（见第 1210 页）

将葡萄干浸入温水，浸泡约 15 分钟，然后捞出、沥干。将里考塔奶酪压过细滤网，加入面粉、白砂糖、鸡蛋混匀，然后加入葡萄干、巧克力、朗姆酒和黄油揉成面团，最后揉进酵母。在一口铜质平底锅中抹上黄油并撒上薄面粉，将面团放入锅中，盖上锅盖（同样是铜质）。用明火烤制蛋糕，火熄灭后用余烬将锅上下包住，约 1 小时后余温便将蛋糕烤熟了。另外准备沙巴翁，趁热与蛋糕一起上桌。

餐厅地址：
Ristorante Vissani
Civitella del Lago
Baschi 05023
Italy

Gianfranco Vissani

13 岁时，Gianfranco Vissani 便被餐饮学院认定前途无量。成年后，Vissani 理所当然地成为了历史上最伟大的意大利厨师之一。尽管他的餐厅坐落在偏远的“dolce Umbria”的一个隐蔽角落，Vissani 仍旧获得了享誉世界的成功。他从不重复自己的食谱，今天的石斑鱼可能搭配的是番茄，明天则会变成芦笋，下个月配菜又会变成洋蓟、橙子。这得益于他对创造性的敏感度，一种能够挖掘食材自身潜力的能力。Vissani 的风格从未追风“新料理”，他高雅、独特的菜式风格完全是自身天分的体现，这是一种敢于尝试大胆且有趣的味道的冒险精神。现在，他的料理被公认为是具备代表性的意大利菜，尽管菜单上会包含鹅肝、巴隆（Belon）牡蛎和印度香米的菜式。Vissani 经常用特级初榨橄榄油搭配其他的当地食材，例如具有浓郁香气的诺尔恰（Norcia）松露或来自卡斯特卢乔（Castelluccio）山谷的小扁豆。

菜单 MENU

鳎目鱼排配芹菜、极光酱和鱼子酱（Fillets of Sole with Celery Julienne, Aurora Sauce and Caviar）

珍珠麦配鹌鹑、百里香、马铃薯、橙子酱和橄榄碎（Pearl Barley with Quail, Thyme, Potato and Orange Sauce with Olive Brunoise）

鹿脊肉配黑松露鼓派（Saddle of Venison with Black Truffle Timbale）

橙子酱巴巴朗姆糕（Babà with Orange Sauce）

鳎目鱼排配芹菜、极光酱和鱼子酱 FILLETS OF SOLE WITH CELERY JULIENNE, AURORA SAUCE AND CAVIAR

FILETTI DI SOGLIOLA CON SEDANO, SALSA AURORA E CAVIALE

供 4 人食用

3 条小鳎目鱼， 片出鱼排并保留鱼骨
1 把新鲜混合香草
100 毫升 / 3½ 盎司特级初榨橄榄油
4 根芹菜， 切段
2 瓣大蒜
400 克 / 14 盎司樱桃番茄， 去皮去籽
1 颗红葱头， 切丝
2 根雪维菜， 切碎
100 克 / 3½ 盎司鱼子酱
盐和白胡椒

用鱼骨和香草制作鱼汤备用（见第 248～249 页）。在平底锅中加热 2 汤匙的油，放入芹菜、1 瓣蒜，小火煎香后捞出芹菜并丢弃蒜瓣。将芹菜段用鱼排卷起、蒸熟。同时准备酱汁。将剩余的蒜瓣切碎，放入热油中煎香，并加入樱桃番茄、红葱头和雪维菜，小火翻炒 10 分钟左右，然后倒入食物料理机搅打成顺滑均匀的酱汁。加入足量的鱼汤稀释，使酱汁达到你想要的稠度，然后加入盐和白胡椒调味。摆盘时，每盘舀入 1 大勺酱汁铺在盘底，放上鱼排卷，用鱼子酱装饰即可上桌。

珍珠麦配鹌鹑、百里香、马铃薯、橙子酱和橄榄碎 PEARL BARLEY WITH QUAIL, THYME, POTATO AND ORANGE SAUCE WITH OLIVE BRUNOISE

ORZO PERLATO CON QUAGLIE E TIMO, SALSA DI PATATE E ARANCIA CON BRUNOISE D'OLIVE

供 4 人食用

2 只鹌鹑， 剔骨并保留骨架
4 汤匙橄榄油
3 瓣大蒜， 切碎
2 片月桂叶
2 颗红葱头， 切碎
400 克 / 1 磅 7¼ 盎司珍珠麦
50 克 / 2 盎司帕玛森奶酪， 擦碎
1 枝新鲜百里香
50 克 / 2 盎司菠菜
1 块猪皮， 切碎
1 根韭葱白段， 切丝
2 个马铃薯， 煮半熟并切片
2 个橙子， 切出果肉瓣
半个橙子， 榨汁， 过滤
100 克 / 3½ 盎司黑橄榄， 去核并切碎

用鹌鹑骨架熬制成淡味汤后过滤备用，将鹌鹑肉切丁。将烤箱预热至 180°C/350°F/ 气烤箱刻度 4。锅中倒入 3 汤匙油加热，加入 ¾ 的蒜末、1 片月桂叶、1 颗红葱头、鹌鹑肉，小火翻炒 5 分钟左右。加入珍珠麦翻炒，然后舀入 1 大勺鹌鹑汤，继续烹煮搅拌，直至汤汁被吸收。继续一勺勺地加入鹌鹑汤，直至珍珠麦完全煮软、熟透，关火，加入帕玛森奶酪碎和百里香搅匀。月桂叶丢弃，4 个模具中铺上菠菜叶，然后将珍珠麦调味饭分成 4 等份倒入，烘烤 10～15 分钟即可。制作酱汁：将 1 汤匙油放入锅中加热，加入剩余的红葱头碎和 1 片月桂叶，并放入猪皮、韭葱、马铃薯和橙子肉瓣，小火翻炒 10 分钟左右，直至马铃薯炒软。将锅中所有材料倒入食物料理机，搅打成顺滑均匀的酱汁，如有必要，加入橙汁稀释。将剩余的油加热，倒入橄榄和剩余的蒜末，小火煎香即可。摆盘时，每盘舀入 1 大勺酱汁铺在盘底，烤珍珠麦饭翻转脱模，放在酱汁中心，最后装饰黑橄榄即可。

鹿脊肉配黑松露鼓派 SADDLE OF VENISON WITH BLACK TRUFFLE TIMBALE

SELLA DI DAINO CON TIMBALLO DI TARTUFI NERI

供 4 人食用

100 克 /3½ 盎司猪油或培根，切条
1 块鹿脊肉
4 汤匙橄榄油
1 瓣大蒜
1 枝百里香
1 片月桂叶
1 份白汁（见第 58 页）
4 个蛋黄
50 克 /2 盎司黄油
150 克 /5 盎司黑松露，擦薄片
3 个马铃薯，煮熟并切片
盐和胡椒

将猪油片或培根片包裹在鹿脊肉上，然后用棉线绑好定型。在平底锅中热油，放入鹿肉、蒜、百里香和月桂叶，加入盐和胡椒调味。煎制过程中需不时地翻转鹿肉，以确保肉质鲜嫩，当完全熟透时即可关火，调料捞出丢弃。同时，依照食谱制作白汁，并趁酱汁仍然温热时一个个地打入蛋黄搅匀。准备一个鼓派模具，将黄油、松露薄片、马铃薯片和白汁先后交替放入，层层叠加即可。将煎好的鹿肉放入大盘，淋上锅中的汤汁，最后将鼓派翻转脱模，放在鹿肉旁边即可上桌。

橙子酱巴巴朗姆糕 BABÀ WITH ORANGE SAUCE

BABÀ CON SALSA D'ARANCIA

供 4 人食用

1 份巴巴朗姆糕（见第 1237 页）
1 份香草蛋奶酱（见第 1210 页），用橙汁调味
半个橙子的橙皮
100 毫升 /2½ 盎司橙子酱
2 个橙子，榨汁，过滤
100 毫升 /3½ 盎司双倍奶油

按照食谱制作巴巴朗姆糕，并用橙味香草蛋奶酱作为填馅。将烤箱预热至 180°C/350°F/ 气烤箱刻度 4，同时制作橙子酱汁。将橙皮切成细丝，并与橙子酱、橙汁一起放入锅中，加入奶油，小火煮沸 3 次即可。用锡箔纸将巴巴朗姆糕包好，放入烤箱烘烤几分钟，直至全部热透，取出并淋上橙子酱汁即可。

Benjamin Hirst

餐厅地址：
Necci dal 1924
68 Via Fanfulla da Lodi
Pigneto
00176 Rome
Italy

Ben Hirst 于 1966 年出生在英格兰，早年从艺术专业转行后，便开始了对美食事业的追求。除了在意大利与法国的多家著名餐厅工作之外，他还以学徒的身份与英国的 Pierre Koffmann 和 Fergus Henderson 共事了一段时间。在之后丰富的游历中，Ben Hirst 充分掌握了烹饪意大利菜的技巧，并且吸收了许多当地传统饮食的知识。2007 年 5 月，他在罗马开办了自己的餐厅 Necci dal 1924。Necci 有着悠久的历史，Ben 则致力将其打造成一个社区中心、一个可以品尝到最好的意大利菜的地方。菜单上经常更换的菜肴朴实无华，但却能完美体现最新鲜食材本身的魅力。Ben 始终专注于意大利中部的料理，并带着英式的稳重和可持续发展的眼光对传统菜式进行再创造。吸收了 Fergus Henderson 关于“由头至尾”（nose-to-tail）的饮食哲学以及“慢食运动”（Slow Food Movement）的理念，Hirst 坚持在 Necci 供应的一切，无论是香肠还是果酱，都由餐厅自己制作。他严谨的态度和永远好奇的精神推动着 Necci 餐厅在意大利料理界走向无穷丰富的可能性，包括开办餐厅附属的甜品店和冰激凌店。

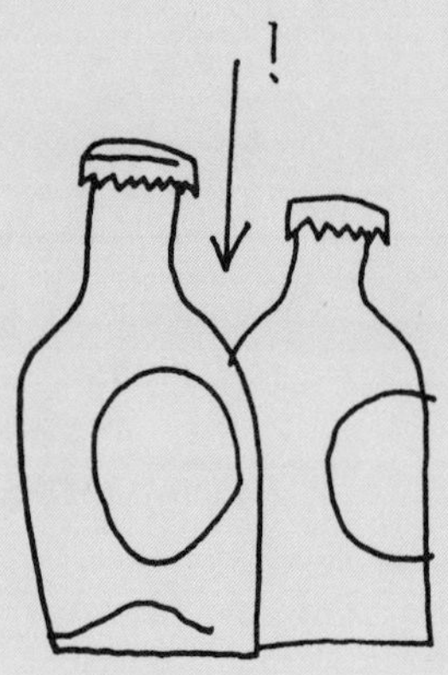

菜单 MENU

香酥西葫芦花贻贝（Courgette Flower and Mussel Fritters）

长叶菊苣沙拉配鳐鱼和鳀鱼酱（Puntarelle Salad with Skate and Anchovy Sauce）

黄南瓜浓汤配美味牛肝菌、红芸豆和迷迭香烤面包（Yellow Pumpkin Soup with Porcini Mushrooms, Borlotti Beans and Toasted Bread with Rosemary）

红鲻鱼吉他面、卡斯特卢乔小扁豆和马铃薯（Tonnarelli with Red Mullet, Lentils from Castelluccio and Potatoes）

烧牛脸肉配比利时菊苣和特雷维索红菊苣（Braised Veal Cheek with Belgian Endive and Radicchio Tardivo）

香酥西葫芦花贻贝 COURGETTE FLOWER AND MUSSEL FRITTERS

FRITELLE DI FIORI DI ZUCCA E COZZE

供 6 人食用

- 200 毫升 / 7 盎司温水
- 1 汤匙干酵母
- 300 克 / 11 盎司面粉，意大利 00 号面粉最佳
- 200 毫升 / 7 盎司啤酒
- 50 克 / 2 盎司帕玛森奶酪碎
- 10 朵西葫芦花，摘除花蕊（可以切丝、切块或手撕）
- 20～30 个贻贝，煮熟沥干（见第 830 页）
- 油炸用植物油
- 盐

将清水倒入碗中并撒入酵母，静置 15 分钟，起泡后搅拌成糊，然后筛入面粉，加入啤酒并用手持搅拌器搅拌均匀。加入帕玛森奶酪、西葫芦花和 1 撮盐，继续中速搅打 10 分钟。将面糊盖好，在阴凉处发酵 1 小时后排气，最后加入贻贝肉搅拌均匀。在炸锅中将油加热至 180～190°C/350～375°F，或油温达到能将一块面包丁用 30 秒炸至金黄色。舀几勺面糊和一块贻贝肉，放入热油炸 3～5 分钟，直至表面金黄，然后用漏勺捞出，放在厨房纸上控油并保温。全部炸完后即可上桌享用。

长叶菊苣沙拉配鳐鱼和鳀鱼酱 PUNTARELLE SALAD WITH SKATE AND ANCHOVY SAUCE

INSALATA DI PUNTARELLE CON ARZILLA E SALSA D'ACCUIGHE

供 6 人食用

- 1 颗柠檬，榨汁，过滤
- 1 棵长叶菊苣，切丝
- 1 升 / 1¾ 品脱蔬菜高汤（见第 249 页）
- 6 粒黑胡椒
- 4 粒丁香
- 1 片月桂叶
- 1 片鳐鱼翅
- 6 条盐渍鳀鱼，清水浸泡并切片
- 2 瓣大蒜，去皮并切碎
- 2～3 汤匙白葡萄酒醋
- 250 毫升 / 9 盎司特级初榨橄榄油
- 30 粒酸豆
- 柠檬角

在碗中装上冰水，加入一半的柠檬汁搅匀，放入菊苣丝，浸泡一会儿，直至叶丝呈卷曲状。与此同时，将蔬菜高汤倒入一口广口浅锅，加热煮沸后加入黑胡椒粒、丁香、月桂叶和鳐鱼。重新煮沸后继续小火煮 8～10 分钟，至鱼肉即将脱骨时即可关火，冷却备用。与此同时，将鳀鱼用冷水冲洗约 20 分钟，然后与蒜瓣、2 汤匙醋和少许柠檬汁一起放入食物料理机搅打成酱；保持食物料理机运行的同时，从食物料理机盖上的小孔中慢慢滴入橄榄油，直至完全混合均匀。舀出一点儿尝味，如必要，可加入更多的醋调味。将菊苣丝捞出，用茶巾拍干，放在碗中，倒入鳀鱼酱汁，与菜叶搅拌均匀，然后再拌入酸豆。轻轻地将鳐鱼从锅中捞出，小心不要弄碎鱼肉，然后用叉子将鱼肉扯成肉丝并拌入沙拉。分盛在 6 个盘子中，用柠檬角装饰后即可上桌。

黄南瓜浓汤配美味牛肝菌、红芸豆和迷迭香烤面包
YELLOW PUMPKIN SOUP WITH PORCINI MUSHROOMS, BORLOTTI BEANS AND TOASTED BREAD WITH ROSEMARY

将烤箱预热至200°C/400°F/气烤箱刻度6。将南瓜、1瓣蒜、2颗红葱头、百里香、鼠尾草和肉豆蔻放入烤盘，用锡箔纸包好，放入烤箱烘烤30分钟左右，直至南瓜烤软。取出烤盘，香草枝丢弃，剩余的食材倒入食物料理机或搅拌机打成南瓜泥，然后倒入悬置在碗上的细纱布中静置过夜，使南瓜泥充分沥干。第二天，将剩余的红葱头切碎，小火翻炒5分钟左右，炒软后加入南瓜泥和250毫升/9盎司的鸡汤搅匀，小火煮20分钟。关火，将鸡汤南瓜泥压过细滤网并倒入碗中，加入奶油、盐和胡椒调味，保温备用。在高压锅中放入红莓豆、剩余的鸡汤和1撮盐，高压烹煮5分钟后即可取出备用。同时烤箱预热至220°C/425°F/气烤箱刻度7，剩余的蒜切末，蘑菇刷橄榄油，撒上盐和胡椒并铺在烤盘上，加入面包丁，淋上橄榄油，撒上蒜末、迷迭香碎拌匀，烘烤4～5分钟，直至稍微上色，出炉后撒上欧芹碎。摆盘时，将南瓜奶油汤舀入独立的汤盘中，取2块蘑菇摆在盘子中心，周围放红莓豆和面包丁。

CREMA DI ZUCCA GIALLA CON FUNGHI PORCINI, FAGIOLI BORLOTTI E CROSTONE DI PANE PROFUMATO CON ROSMARINO

供6人食用

500克/1磅2盎司黄南瓜，削皮、去籽并切小块
2瓣大蒜，去皮
6颗红葱头，去皮
2～3枝新鲜百里香
2～3枝新鲜鼠尾草
¼茶匙现磨肉豆蔻
2汤匙橄榄油，另加涂抹所需
300～550毫升/10～18盎司鸡肉高汤（见第249页）
100毫升/3½盎司双倍奶油
200克/7盎司新鲜红莓豆，去壳
6个牛肝菌，切半
36块面包丁
2～3枝新鲜迷迭香
盐和胡椒
新鲜平叶欧芹叶碎，用于装饰

TONNARELLI CON TRIGLIE, LENTICCHIE DI CASTELLUCCIO E PATATE

供 6 人食用

225 克 /8 盎司卡斯特卢乔小扁豆

2 升 /3½ 品脱蔬菜高汤 （见第 249 页）

2 个马铃薯， 去皮

18 条 100 克 /3½ 盎司红鲻鱼或红鲷鱼， 刮鳞、 洗净并切成鱼排

1 瓣大蒜

2 汤匙特级初榨橄榄油， 另加淋洒所需

1 根红辣椒， 去籽， 切碎

100 毫升 /3½ 盎司干白葡萄酒

100 毫升 /3½ 盎司鱼肉高汤 （见第 248～249 页）

685 克 /1 磅 8 盎司吉他面

2 颗番茄， 去皮去籽

2 汤匙切碎的新鲜平叶欧芹

盐

红鲻鱼吉他面、卡斯特卢乔小扁豆和马铃薯
TONNARELLI WITH RED MULLET, LENTILS FROM CASTELLUCCIO AND POTATOES

小扁豆和蔬菜高汤放入锅中煮沸，然后用小火慢煮 30～40 分钟，小扁豆煮九分熟时关火，放凉备用。将马铃薯切成比小扁豆稍大一些的方丁，用冷水浸泡备用。不粘锅中不放油，倒入少许盐并加热至高温，红鲻鱼用厨房纸拍干，鱼皮一面朝下，分批放入热锅中，稍稍煎焦香后用平铲铲出，放在盘中保温备用。锅中加入橄榄油和蒜末炒香，放入马铃薯，大火煎 2 分钟，然后加入辣椒和白葡萄酒，烹煮至酒精蒸发，最后加入 3 汤匙的小扁豆和鱼汤，小火煮 2 分钟。同时，将一锅加了盐的水煮沸，放入意面，煮至筋道后捞出，放入小扁豆汤汁中继续收汁，直至汤汁浓缩并均匀地裹在意面上。关火，加入番茄、一半的红鲻鱼，淋上橄榄油，撒上欧芹碎，搅拌均匀。盛盘，将剩余的鱼排放在意面上即可。

烧牛脸肉配比利时菊苣和特雷维索红菊苣 BRAISED VEAL CHEEK WITH BELGIAN ENDIVE AND RADICCHIO TARDIVO

BRASSATO DI GUANCIALE DI VITELLO CON ENDIVIA BELGA E RADICCHIO TARDIVO

供 6 人食用

6 块小牛脸肉
普通面粉
250 毫升 /9 盎司橄榄油
250 毫升 /9 盎司白葡萄酒
2 个洋葱，切末
2 根胡萝卜，切末
1 根芹菜茎，切末
300 毫升 /10 盎司小牛肉汤（参考第 248 页）
香料包
3 棵比利时菊苣
2 汤匙黄油
2 茶匙糖
2 汤匙白兰地
250 毫升 /9 盎司蔬菜高汤（见第 249 页）
1 棵特雷维索红菊苣
盐和胡椒

用于制作腌料汁
325 毫升 /11 盎司白葡萄酒
1 颗洋葱，切末
1 根西芹茎，切末
1 根胡萝卜，切末
1 片月桂叶
6 粒黑胡椒

剔除牛脸肉上的筋腱，放入大盘中备用。将所有腌汁的原料混匀，倒入盘中，腌制 6～8 小时。将腌好的牛脸肉取出并用厨房纸擦干，裹上面粉，撒上盐和胡椒。在广口平底锅中加入 1 汤匙橄榄油加热，放入牛脸肉，大火煎至表面焦黄后取出。倒掉锅中剩余的油脂，加入 2 汤匙白葡萄酒，加热并刮起粘在锅底的肉渣，然后加入洋葱、胡萝卜、芹菜和 4 汤匙油，继续翻炒 8～10 分钟，直至稍变金黄色。同时，将烤箱预热至 160°C/ 325°F/ 气烤箱刻度 3。将剩余的白葡萄酒倒入锅中，煮至酒精蒸发后再倒入小牛肉汤和 300 毫升 /10 盎司的清水煮沸，将锅中汤汁全部倒入烤盘，放入牛脸肉和香料包，用锡箔纸包住，放入烤箱炖 2～3 小时，直至牛肉软烂。与此同时，将比利时菊苣纵向切成 4 瓣。在锅中倒入 1 汤匙橄榄油加热，加入菊苣翻炒至变色。加入一半的黄油，撒入一半的糖，加入盐调味，继续翻炒直至黄油呈焦黄色，然后倒入白兰地并点燃。等到火苗熄灭后，倒入一半的蔬菜高汤，盖上锅盖，小火煮 25～30 分钟，直至菊苣煮软。同时，将特雷维索红菊苣按照同样的方法用剩余的橄榄油、黄油、砂糖、白兰地和蔬菜高汤煮熟。将烤好的牛脸肉从烤盘中取出，烤盘中的汤汁过滤至平底锅中，用中火收汁。当汤汁变成原来的一半时放入牛脸肉，继续收汁，直至浓缩的酱汁均匀地裹在牛脸肉表面。上桌时，将 2 瓣比利时菊苣摆在盘子中心，放入一片牛脸肉，将红菊苣放在肉排上即可。

餐厅地址：
Bocca di Lupo
12 Archer Street
London W1D 7BB
United Kingdom

Jacob Kenedy

Jacob Kenedy 在伦敦一家专营摩尔料理（Moorish）的餐厅 Moro 完成了漫长的学徒生涯。致力于成为主厨的他，10 年时间中一直跟随餐厅老板 Sam 和 Sam Clark 工作学习，为自身厨艺技巧打下了坚实的基础。在这之后，他在旧金山（San Francisco）的 Boulevard 餐厅实习了一段时间。在那里，对其极有影响力的 Nancy Oakes 成为了他的导师。随后他在伦敦与 Oliver Rowe 开办了 Konstam 餐厅并成为餐厅主厨，这里也见证了他在管理厨房和经营餐厅方面的成长。这段经历给予了他极大自信，2009 年，年仅 28 岁的他便在伦敦开了自己的餐厅 Bocca di Lupo。这家餐厅专注于意大利本土菜肴，用一种当代的眼光去探索更多的可能性，其烹饪风格更是兼具格调和权威感。餐厅菜单上每道具有地域性特色的菜肴都提供两种分量，这种创新打破了传统菜单的构架，也表现出 Kenedy 不仅对于食物的真实性给予关注，也能及时地对现代伦敦人的饮食喜好做出反应。

菜单 MENU

血橙红虾（Raw Red Prawns and Blood Oranges）

鲂鱼番茄小舌长面（Linguine with Gurnard and Tomato）

罗马风味洋蓟（Roman-Style Artichokes）

巧克力橙味奶酪炸果（Fried Ricotta, Chocolate and Orange Beignets）

血橙红虾 RAW RED PRAWNS AND BLOOD ORANGES

大虾去壳、去头，但保留完整虾尾。将橙子皮削掉，白色的苦味部分也全部去除。用小碗接住滴下的果汁，沿着橙肉的薄膜切出橙子肉瓣，放入碗中备用。所有的橙子都切完之后，在碗中放入百里香、橄榄油、少许盐和胡椒，轻轻拌匀。摘下芝麻菜菜叶，并在独立的小盘或大盘中呈放射性摆放。零散地放上橙肉瓣和虾尾，让整个摆盘看上去像是儿童画出的一朵花。最后撒上少许盐，淋上剩下果汁即可上桌。

GAMBERETTI CON ARANCE ROSSI

作为前菜可供 4 人食用，作为主菜可供 2 人食用

32 只小型 /16 只中型 /12 只大型红虾（gamberi rossi）或其他优质盐水大虾
3 个血橙
2 茶匙新鲜百里香叶
3 汤匙特级初榨橄榄油
半棵特雷维索红菊苣或 1 把芝麻菜
海盐和黑胡椒

鲂鱼番茄小舌长面 LINGUINE WITH GURNARD AND TOMATO

用镊子将鱼刺挑出，然后切出鱼排，再切成 13 毫米 × 25 毫米 /½ 英寸 × 1 英寸的小块。将一锅加了盐的水煮沸，放入意面煮至筋道。同时，广口锅中加热油，放入大蒜翻炒几分钟，变色后捞出。倒入番茄并用盐调味，大火翻炒 6～7 分钟，直至稍稍变色、汤汁浓缩，番茄此时应保持原来的形状。加入辣椒碎和鱼块，轻轻搅拌，加热 1～2 分钟，然后舀入 1 大勺煮意面的面汤，尝味并调整咸度。当酱汁完成时，意面应该刚刚煮好，捞出并加入酱汁中拌匀，盛盘后上桌。

LINGUINE CON POMODORI E GALLINELLA DI MARE

作为前菜可供 4 人食用，作为主菜可供 2 人食用

1 条 600～685 克 /1 磅 5 盎司～1 磅 8 盎司鲂鱼 / 海鲈鱼 / 红鲷鱼，去鱼鳞、洗净并切成鱼排
200 克 /7 盎司意大利扁面条
200 毫升 /7 盎司特级初榨橄榄油
2 瓣大蒜，轻轻压碎
1 磅李子番茄，纵向切半
1 撮干辣椒碎
海盐和胡椒

CARCIOFI ALLA ROMANA
供 4 人食用
2 颗柠檬，榨汁，过滤
8 个中型或 12 个小型洋蓟
150～200 毫升 /5～8 盎司特级初榨橄榄油
1 汤匙新鲜薄荷叶
1 汤匙新鲜牛至叶
1 把新鲜平叶欧芹
海盐

罗马风味洋蓟 ROMAN-STYLE ARTICHOKES

碗中倒入半碗清水，加入一半的柠檬汁。洋蓟茎留下约 5 厘米 / 2 英寸的长度，其余的切掉丢弃；将每个洋蓟外层的硬皮掰掉，直到露出内部柔软、浅色的叶子；然后将洋蓟的顶部切去，并用刮皮刀或小刀将底部的绿色硬皮以及根茎处的皮刮掉。将裹在洋蓟心外的一层膜用勺子挖出并丢弃（除非尚未成熟，还不到 13 毫米 /½ 英寸长且质地丝滑）。每个洋蓟处理完后即刻放入柠檬水中，防止变色，最后一起捞出并倒置在一个恰当大小的盘中。淋上剩余的柠檬汁并以足量的盐调味，倒入 13 毫米 /½ 英寸深的水和 13 毫米 /½ 英寸深的油，液体的总量应该恰巧没过洋蓟叶但不没过心。盖上锅盖，大火煮 20 分钟，或直至用小刀或牙签戳进洋蓟时感受到完全煮软。同时，将薄荷叶、牛至叶和欧芹叶切碎。打开锅盖继续加热，当所有水分蒸发后再加热 4～5 分钟，直至叶子呈焦黄色且顶部变得焦脆即可小心地取出。洋蓟侧放摆盘，撒上香草碎即可上桌。

巧克力橙味奶酪炸果 FRIED RICOTTA, CHOCOLATE AND ORANGE BEIGNETS

将奶酪、糖、利口酒、橙皮、巧克力和手指饼干碎在碗中混匀，并在盘子中倒入糖粉和玉米淀粉混匀。舀满满 1 汤匙奶酪巧克力混合物放在糖粉中，轻轻地滚成约高尔夫球大小的奶酪球。将滚好的奶酪球放入盘中并冷冻至少 2 小时，冻硬。准备油炸前再制作面糊：将面粉、玉米淀粉和泡打粉过筛到碗中，然后逐渐淋入橄榄油和啤酒搅匀。在油锅中倒入植物油，加热至 160°C/325°F，或当油温达到能将一块面包丁用 50 秒炸至金黄色。将奶酪球一个个地放入面糊蘸匀，甩掉多余的面糊，然后放入油里炸 6～7 分钟，直至浮至表面且完全炸透。如果有沉入锅底并粘锅的奶酪球，可用勺子轻轻铲起。将奶酪炸果捞出，放在厨房纸上控油，最后撒上足量的糖粉，趁热上桌。

LE PALLE DEL NONNO

供 4～6 人食用

550 克 /1 磅 3½ 盎司里考塔奶酪
100 克 /3½ 盎司糖
2 茶匙橙味利口酒，例如君度力娇酒
1 个小橙子，橙皮擦碎
20 克 /¾ 盎司黑巧克力，切成碎末
100 克 /3½ 盎司手指饼干，压碎成粉末状
50 克 /1¾ 盎司糖粉，另加淋撒所需
50 克 /1¾ 盎司玉米淀粉
葵花籽油或其他植物油，油炸用

用于制作面糊
100 克 /3½ 盎司普通面粉
50 克 /1¾ 盎司玉米淀粉
2 茶匙泡打粉
4 茶匙橄榄油
250 毫升 /9 盎司啤酒

餐厅地址：
Locanda Locatelli
8 seymour street
London W1H 7JZ
United Kingdom

Giorgio Locatelli

Giorgio Locatelli 是英国最好的意大利厨师之一，他以使用最新鲜和最优质的食材而闻名，这一点对于他的烹饪至关重要，以至于他会从意大利直接进口许多食材。Giorgio 在意大利的马焦雷湖（Lake Maggiore）畔长大，他的家族在那里拥有一家米其林星级餐厅，这段经历让他能够在很小的年纪就对意大利北方料理有了理解和欣赏的能力。在此基础上，他还通过在意大利北部和瑞士的一些当地餐厅工作来磨炼他的厨艺。1986 年，他来到了英国，并进入了 Anton Edelmann 在伦敦的 The Savoy 餐厅的厨房，随后又搬到了巴黎，在 Restaurant Laurent 和 La Tour d’Argent 工作。当他再次返回伦敦时，Giorgio 成为 Olivio 餐厅的主厨，并在 1995 年参与开办 Zafferano 餐厅，也是在这里，他的厨艺受到了广泛赞誉。他不仅仅在伦敦一举成名，更是获得了许多国际性的奖项，包括“最佳意大利餐厅”（卡尔顿伦敦餐厅奖）以及他的第一个米其林星级荣誉。之后他又在更多的餐厅工作过，2002 年，Giorgio Locatelli 终于开了他的第一家独立的餐厅，坐落在伦敦马里波恩（Marylebone）、拥有米其林星星的 Locanda Locatelli。不久之后，餐厅就获得了由 Accademia Italiana della Cucina 授予的 Diploma di Cucina Eccellente。尽管 Locanda Locatelli 在伦敦餐饮界拥有极高的地位，它仍旧以其友好的服务和轻松的用餐环境闻名。在这里，Giorgio Locatelli 将他童年记忆中的传统意大利菜肴进行了他招牌式的创新加工和诠释，即体现出最新鲜食材的天然味道。

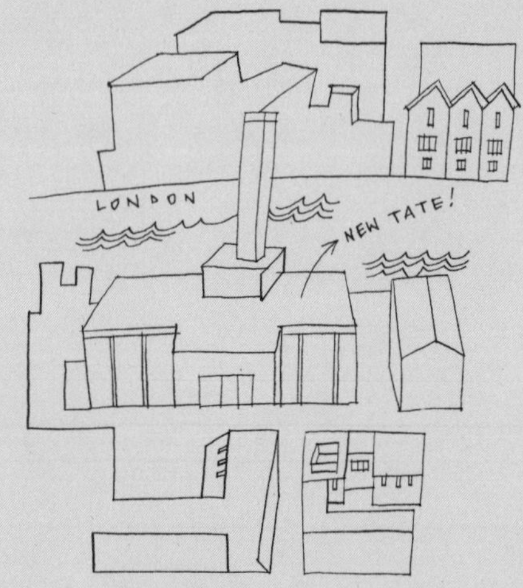

菜单 MENU

煎扇贝配藏红花油醋汁（Pan-Fried Scallops with Saffron Vinaigrette）
雉鸡面饺（Pheasant Ravioli with Rosemary Jus）
烤兔配意式熏火腿和玉米糊（Rabbit with Prosciutto and Polenta）
阿美德伊巧克力精选（Amedei Chocolate Tasters）

煎扇贝配藏红花油醋汁 PAN-FRIED SCALLOPS WITH SAFFRON VINAIGRETTE

CAPPESANTE ALL'ASPRETTO DI ZAFFERANO

供 4 人食用

用于制作油醋汁
200 毫升 /7 盎司白葡萄酒醋
1 平汤匙藏红花花丝
100 毫升 /3½ 盎司特级初榨橄榄油
现磨海盐

用于制作菜泥
½ 个块根芹，切丁
1 汤匙橄榄油
3 汤匙双倍奶油
50 克 /2 盎司黄油
盐

8 个大扇贝或 12 个小扇贝
4～5 根芹菜茎，切成细段
2 汤匙柠檬汁，过滤
3 汤匙特级初榨橄榄油
4 汤匙油醋汁
盐和胡椒

将醋和藏红花放入锅中，小火收汁至原来的一半，冷却后加入橄榄油和盐搅打均匀。将扇贝从冰箱中取出，静置回升至室温。烤箱预热至 180°C/350°F/ 气烤箱刻度 4。制作蔬菜泥：将块根芹放入烤盘中，加入 5 汤匙清水、1 撮盐和橄榄油，用锡箔纸完全包住后放入烤箱烘烤 30 分钟，直至块根芹烤软。倒入食物料理机开始搅打，同时慢慢加入奶油。打好后用细滤网过滤，形成顺滑的菜泥即可（注意要趁热将块根芹加入食物料理机搅打，这会使菜泥更加顺滑，也更加容易通过滤网）。将芹菜放入冰水中浸泡，使其更脆。将柠檬汁和一半的橄榄油混合均匀。预热一个可以放进烤箱的平底锅（如果有 12 个扇贝则需要两口锅），当锅已经很热但还没有冒烟时，倒入剩余的橄榄油，然后放入扇贝肉（在这个阶段不要放盐，否则会使扇贝变老）。将扇贝底面煎 1 分钟（如果扇贝较大则煎 1 分 30 秒）至金黄色，然后翻面并把平底锅放入烤箱烘烤 1 分钟。出炉后撒盐调味，并盛在装有藏红花油醋汁的碗中。将块根芹菜泥放入小锅中重新加热，如必要，可加盐调味，然后关火并加入黄油搅拌均匀。将菜泥舀入独立的盘子中，搭配扇贝。把芹菜段从冰水中捞出沥干，用柠檬油醋汁调味后摆在扇贝上。最后，淋上剩余的藏红花油醋汁即可上桌。

RAVIOLI DI FAGIANO
供 6 人食用
1 只雉鸡，去毛去骨
4 茶匙植物油
100 克 /3½ 盎司意式培根，切小丁
3 颗红葱头，切末
175 毫升 /6 盎司白葡萄酒
3 汤匙帕玛森奶酪碎
1 汤匙新鲜面包糠
1 颗鸡蛋，另加 1 颗打散的鸡蛋
4 汤匙双倍奶油
半份新鲜意面面团（见第 268 页）
50 克 /2 盎司无盐黄油
1 枝新鲜迷迭香
盐和胡椒

雉鸡面饺 PHEASANT RAVIOLI WITH ROSEMARY JUS

烤箱预热至 220°C/425°F/ 气烤箱刻度 7。在雉鸡的鸡胸处交叉地切成两半，鸡皮向上放在案板上并撒盐调味。把一口可以放入烤箱的平底锅（大小足以放进整只雉鸡）放在火上加热至冒烟，倒入植物油并将雉鸡鸡皮向下放入锅中。快速将鸡皮煎至焦黄，然后放入意式培根和红葱头末并将雉鸡翻面，继续煎 2～3 分钟。倒入葡萄酒，加热 1 分钟左右使酒精蒸发，然后将锅放入烤箱烘烤 2～3 分钟，直至鸡肉熟透，但要注意不要烤过头（在冷却的过程中鸡肉自身的余温会让它持续烹饪）。完全冷却后，将鸡肉和汤汁一起倒入食物料理机，粗打成肉馅即可。将肉馅盛盘，然后用小勺一点点舀在案板上。将肉馅压过细滤网，或用抹刀或餐刀抹过肉馅，检查是否有残留的碎骨，如果有则择出丢弃。将肉馅放在碗中，加入帕玛森奶酪碎、面包糠和 1 颗鸡蛋，若必要再加入盐和胡椒调味。慢慢地一边倒入奶油一边搅拌，食材全部混匀后放入冰箱冷藏。当馅料变冷时取出，舀出小份并用手揉成 32 个丸子。制作好意面面团，并用意面机压成长条面皮。用刀背在第一片面皮中心划出一条线，在半边刷上蛋液，然后一对对地放上鸡肉丸子，每块馅料之间间隔约 4 厘米 /1½ 英寸。将另一半的面皮折叠过来，边缘对齐并压紧。用手轻轻地将上层面皮压向下层面皮（稍稍压扁馅料也没有关系），使两半面皮贴合。围绕着每块馅料再次将两层面皮压紧，但要确保面皮表面光滑。用一个周长比馅料丸要长 1 厘米 /½ 英寸的、带花边的切模将面饺切出来，边角料丢弃。用大拇指沿着面饺边挤压，按出多余的空气。如果你不小心弄破了饺皮，只需再捏紧密封即可。按照同样的方法做好面饺。将一大锅盐水煮沸，同时在一口大平底锅中熔化黄油，加入迷迭香，加热至黄油开始起沫。在盐水中放入面饺，煮 3～4 分钟后用漏勺捞出，放入迷迭香黄油中，轻轻搅拌 1～2 分钟即可。

烤兔配意式熏火腿和玉米糊 RABBIT WITH PROSCIUTTO AND POLENTA

CONIGLIO AL FORNO CON PROSCIUTTO CRUDO E POLENTA

供 6 人食用

6 个兔腿，去骨
12 片意式熏火腿
2 汤匙花生油
50 克 /2 盎司黄油
500 克 /1 磅 2 盎司猪油，熔化
120 克 /4 盎司玉米面
1⅓ 升 /2 品脱牛奶
2 棵特雷维索红菊苣
海盐和胡椒

将烤箱预热至 120℃/250℉/ 气烤箱刻度 ½ 。每只兔腿用 2 片意式熏火腿裹住；在耐热的广口浅烤盘中倒入一半的油，放在炉上用中火加热，兔腿放入烤盘中煎至变色，然后放入黄油。将兔腿翻面，再煎 2 分钟后关火。倒入足以没过兔腿的猪油，然后用锡箔纸盖住烤盘，放入烤箱烘烤 1 小时左右，直至兔腿烤至软烂。同时，制作玉米糊：将玉米面倒入一个水罐备用，以便可以匀速倒入锅中。将牛奶倒入锅中煮沸（牛奶应该没到锅的一半），加入 1 茶匙盐后逐渐连续地倒入玉米面，用长柄搅拌器不停搅拌，直至玉米糊完全混匀。当玉米糊开始沸腾冒泡时，转最小火力继续煮 20 分钟左右并不时搅拌。将菊苣切成 3 份，撒上盐和胡椒，表面刷上剩余的油，放入烤架用中火烤软。将玉米糊分盛在盘里，摆上兔腿和烤菊苣后即可。

阿美德伊巧克力精选 AMEDEI CHOCOLATE TASTERS

DEGUSTAZIONE DI CIOCCOLATO AMEDEI

供 4 人食用

用于制作黑巧克力慕斯
½ 片吉利丁
5 汤匙牛奶
80 克 /3 盎司阿美德伊黑巧克力（Amedei Chuao）
65 克 /2½ 盎司蛋白
2 汤匙右旋糖 （dextrose）

用于制作白巧克力慕斯
½ 片吉利丁
140 克 /4¾ 盎司阿美德伊白巧克力
150 毫升 /5 盎司奶油
7 汤匙牛奶
半根香草荚

用于制作牛轧糖
40 克 /1½ 盎司翻糖 （fondant）
1½ 汤匙葡萄糖
1½ 汤匙蜂蜜
50 克 /2 盎司烤松子仁粉

用于制作巧克力脆片
100 克 /3½ 盎司糖粉
1 汤匙可可粉
50 克 /2 盎司普通面粉
1 撮肉桂粉
70 克 /2¾ 盎司无盐黄油， 熔化
100 克 /3½ 盎司蛋白
松子仁

用于制作法式蛋奶酱
100 毫升 /3½ 盎司奶油
400 毫升 /14 盎司牛奶
半个橙子， 橙皮刮薄片
90 克 /3¼ 盎司蛋黄
100 克 /3½ 盎司白砂糖

用于制作松子仁冰激凌
567 毫升 /19¼ 盎司牛奶
172 毫升 /5¾ 盎司双倍奶油
137 克 /4¾ 盎司右旋糖
40 克 /1½ 盎司脱脂奶粉
50 克 /2 盎司蔗糖 （sucrose）
6 克 /⅛ 盎司冰激凌稳定剂 （ice cream stabilizer）
2 汤匙转化糖 （inverted sugar）
100 克 /3½ 盎司松子仁， 烤香并切碎

制作黑巧克力慕斯：将吉利丁片用冷水浸泡 5 分钟后捞出，挤干备用；牛奶倒入锅中煮沸后关火，并在一个耐高温的碗中隔水熔化黑巧克力，然后慢慢倒入热牛奶中并不停搅拌，确保两者完全混合均匀，最后加入泡好的吉利丁片搅拌溶解。将蛋白与右旋糖打发至硬性发泡，均匀翻拌入巧克力酱即可。制作白巧克力慕斯：将吉利丁片用冷水浸泡 5 分钟后捞出，挤干备用；在一个耐高温的碗中隔水熔化白巧克力，并将奶油打发。将牛奶倒入小锅中并加入刮下的香草籽，煮沸后倒入巧克力中，搅拌均匀，最后加入泡好的吉利丁片。当巧克力酱冷却至 35°C/95°F 时，翻拌入打发奶油即可。制作牛轧糖：将翻糖、葡萄糖和蜂蜜一起倒入锅中加热至 163°C/325°F，关火后倒入烤松子仁粉搅拌均匀。将牛轧糖用 2 张烘焙纸夹起来并用擀面杖将其擀薄，放凉。将烤箱预热至 165°C/330°F。将烘焙纸剥去并把糖片切成数块，放在烤箱中烘烤 2 分钟，烤软后用擀面杖压平，再切成 6 厘米 × 10 厘米 /2¼ 英寸 × 4 英寸、1 毫米 /1⁄24 英寸厚的长方形糖片。再次放入烤箱 20 秒软化，取出后将糖片围着金属圆柱或勺子卷成圆筒状即可。制作巧克力脆片：将所有干粉混匀，加入黄油和蛋白，搅拌均匀后放入冰箱冷藏至少 2 小时。将烤箱预热至 180°C/350°F/ 气烤箱刻度 4。将面团切成 16 厘米 × 3 厘米 /6¼ 英寸 × 1¼ 英寸的长方形并放在烤盘上，撒上松子仁并放入烤箱烘烤 5 分钟。出炉后将饼干放在擀面杖上放凉。制作法式蛋奶酱：将牛奶、奶油和橙皮一起煮沸后静置 30 分钟冷却，使牛奶吸收橙皮的香味。将蛋黄和砂糖放在碗中打散，取出橙皮后将牛奶重新加热至 60°C/140°F，然后加入蛋黄液并不停搅拌，直至加热到 85°C/185°F 时关火，放凉备用。制作松子仁冰激凌：将牛奶、奶油、右旋糖和奶粉放入锅中加热，并用手持搅拌器搅拌。当达到 40°C/104°F 时，加入蔗糖、冰激凌稳定剂和转化糖，继续加热至 85°C/185°F。关火，将锅放入冰水浴中冷却，然后放入冰箱冷藏 6～12 小时。最后加入松子仁拌匀，用冰激凌机制成冰激凌即可。上桌时，用 2 个细圆杯分别盛入黑、白巧克力慕斯，冰激凌盛入碗中并摆上巧克力脆片。把它们并排摆在盘中，最后在盘边舀上一些法式蛋奶酱即可。

Francesco Mazzei

餐厅地址：
L'Anima
1 Snowden Street
Broadgate West
London EC2A 2DQ
United Kingdom

Francesco 从小就进了厨房，帮助他的母亲制作橄榄油、番茄酱汁、意大利蒜味香肠和面包。为了购买他的第一条李维斯牛仔裤，9 岁便开始在他叔叔的 Gelateria 餐厅工作，学习制作冰激凌和蛋糕。14 岁时，他遇见了著名的意大利厨师 Angelo Sabetta 并受到了他的赏识，大师鼓励他勇敢去追求做厨师的梦想。从饮食学院毕业之后，Francesco 在罗马的几家知名酒店工作过一段时间，随后在 1996 年搬到伦敦学习英语，并开始在 The Dorchester 酒店工作。在那之后，他应邀来到罗马的米其林餐厅 Eden Terrazza 工作，并在 2002 年参与了 Santini 餐厅在爱丁堡和米兰的筹备工作。没过多久，Francesco 又搬回伦敦，并担当 Alan Yau 的 Anda 餐厅的主厨。2005 年，他与合伙人开办了坐落在杰明街（Jermyn Street）上的 Franco's 餐厅，然后又在第二年为 St Alban 组建了厨房团队，并在 2008 年的 6 月开办了 L'Anima 餐厅。Francesco 的原创食谱曾在全球各地的多个报纸杂志上刊登，他也经常作为常规嘉宾出现在英国的烹饪节目上。

菜单 MENU

奶油鳕鱼汤配烤甜椒、橄榄、鳀鱼酱和撒丁岛面包（Stockfish with Roasted Peppers, Olives and Anchovy Sauce with Sardinian Bread）

羊肉酱贝壳意面（Lamb Ragout Cavatelli）

西西里风味兔肉（Sicilian Rabbit）

柠檬欣悦（Lemon Delight）

STOCCAFISCO MANTECATO CON PEPPERONI AFFUMICATI, SALSA D'ACCIUGHE E CARASAU

供 4 人食用

500 克 / 1 磅 2 盎司鳕鱼干
1½ 升 / 2 ⅓ 品脱牛奶
1 升 / 1¾ 品脱油
1 片月桂叶
1 头大蒜，剥皮、切片
100 克 / 3½ 盎司罐头鳀鱼，洗净并去骨
4 个罗马甜椒或普通甜椒，去籽
350～400 毫升 / 12～14 盎司葵花籽油，另加淋洒所需
2 茶匙大蒜油
100 克 / 3½ 盎司黑橄榄
80 克 / 3 盎司撒丁岛面包（Carasau Sardinian）
盐和现磨白胡椒

奶油鳕鱼汤配烤甜椒、橄榄、鳀鱼酱和撒丁岛面包
STOCKFISH WITH ROASTED PEPPERS, OLIVES AND ANCHOVY SAUCE WITH SARDINIAN BREAD

鳕鱼干用冷水浸泡 24 小时，然后捞出并刮皮、去脊椎骨。将鳕鱼放入锅中，倒入 1 升 / 1¾ 品脱牛奶和 1 升 / 1¾ 品脱油，放入月桂叶，小火煮 2 小时左右。同时制作鳀鱼酱，将蒜片放入一口小锅，倒入剩余的牛奶，小火煮 10～15 分钟后关火，将牛奶滤出备用。蒜片重新倒回锅里并加入鳀鱼小火翻炒，用平铲碾碎后倒入食物料理机，加入足量的牛奶搅打成酱汁。同时，将烤箱预热至 240℃/475℉/ 气烤箱刻度 9。甜椒整个放入烤盘并淋上油，放入烤箱烘烤 20～30 分钟，直至表皮开始变焦。鳕鱼干煮软后捞出，并保留汤汁。将鱼肉放入食物料理机，高速搅打成小块，然后缓缓加入葵花籽油和煮鱼的汤汁打成浓汤，最后用蒜油、盐和胡椒调味即可。甜椒从烤箱中取出并把外皮剥掉，分盛在 4 个盘子中，浇上热鳕鱼汤，再淋上鳀鱼酱。用橄榄装饰后搭配面包上桌即可。

羊肉酱贝壳意面 LAMB RAGOUT CAVATELLI

将 2 汤匙橄榄油放入锅中加热，放入羊肉末，中火翻炒 8～10 分钟并将肉末炒散，肉末炒至焦黄时关火备用。将红酒倒入另一口锅中煮沸，收汁至只有 1 汤匙左右时关火。将剩余的橄榄油放入一口大平底锅中加热，加入芹菜、洋葱、胡萝卜、大蒜、香草碎和月桂叶翻炒，盖上锅盖并小火煮几分钟，加入羊肉末、红酒汁和番茄，继续小火煮 4～6 小时制成肉酱，中途搅拌几次使受热均匀。将贝壳意面放入煮沸的盐水中煮至筋道后捞出，和香肠一起放入肉酱中拌匀，用盐和胡椒调味，取出月桂叶即可。将意面分盛至盘中并撒上奶酪碎和薄荷叶即可上桌。

CAVATELLI AL RAGÙ D'AGNELLO

供 4 人食用

2½ 汤匙特级初榨橄榄油
500 克 /1 磅 2 盎司羊肉末
50 毫升 /1¾ 盎司红葡萄酒
1 汤匙芹菜细末
1 汤匙洋葱细末
1 汤匙细胡萝卜末
1 瓣大蒜
2 汤匙新鲜迷迭香和百里香混合碎
1 片月桂叶
300 克 /11 盎司栗子番茄， 去皮并切碎

用作配餐
80 克 /3 盎司新鲜贝壳意面
1 茶匙卡拉布里亚香肠 （Calabrian sausage）
1 汤匙烟熏里考塔奶酪碎
1 汤匙新鲜薄荷碎
盐和胡椒

西西里风味兔肉 SICILIAN RABBIT

购买兔子时请肉贩将兔子去骨，如果需要煮兔骨高汤，可以保留骨架。将兔肉切成 16 块，裹上面粉。广口平底锅中加热油，放入兔肉，中火翻炒 8～10 分钟，直至表面均匀上色。用漏勺捞出，置于一边备用，然后在锅中加入芹菜、茴香、洋葱、红葱头、大蒜、胡萝卜、番茄干碎和茴香籽拌匀，盖上锅盖并小火烹煮几分钟。倒入红葡萄酒醋、糖浆和番茄膏搅匀，小火煮至浓稠。将兔肉倒回锅中，倒入高汤，小火煮 20 分钟，直至兔肉炖烂。将橄榄、葡萄干、墨角兰、百里香和开心果碎加入锅中拌匀，并用盐和胡椒调味。将兔肉分盛至 4 个盘中，用烤松子仁装饰即可上桌。

CONIGLIO ALLA SICILIANA

供 4 人食用

1 × 1⅗ 千克 /3 磅的兔子
普通面粉
1 汤匙橄榄油
75 克 /2½ 盎司芹菜碎
75 克 /2½ 盎司茴香碎
75 克 /2½ 盎司洋葱碎
1～2 颗红葱头， 切碎末
1 瓣大蒜， 切碎末
80 克 /3 盎司胡萝卜， 切碎末
1 汤匙日晒番茄干， 切碎末
¼ 茶匙茴香籽
500 毫升 /17 盎司红葡萄酒醋
1¾ 汤匙黑蔗糖糖浆
1 满汤匙番茄膏
1.3 升 /2 品脱 4 盎司兔汤或鸡肉高汤 （见第 249 页）
75 克 /2½ 盎司黑橄榄， taggiasca 最佳
2½ 汤匙葡萄干
1 枝新鲜墨角兰， 切碎
1 枝新鲜百里香， 切碎
1½ 茶匙开心果碎
2 汤匙烤松子仁
盐和胡椒

DELIZIA AL LIMONE

供 4 人食用

用于制作海绵蛋糕
熔化的黄油
5 颗鸡蛋
150 克 /5 盎司白砂糖
150 克 /5 盎司普通面粉
1 茶匙泡打粉
1 颗柠檬的皮擦碎

用于制作柠檬奶油
1 升 /1¾ 品脱牛奶
⅓ 根香草荚，纵向剖开
6 颗柠檬，柠檬皮擦碎
6 个蛋黄
7 盎司 /200 克白砂糖
110 克 /3¾ 盎司普通面粉
40 克 /1 盎司玉米淀粉
1 滴柠檬香精
300 毫升 /10 盎司双倍奶油

用于制作佛手柑糖浆
600 克 /20 盎司白砂糖
50 毫升 /1¾ 盎司柠檬汁
1½ 汤匙佛手柑香精
3 滴柠檬香精

柠檬欣悦 LEMON DELIGHT

制作海绵蛋糕：将烤箱预热至 180°C/350°F/ 气烤箱刻度 4。在一个直径为 23 厘米 /9 英寸的蛋糕模具内铺烘焙纸并刷上黄油备用。将鸡蛋和白砂糖在碗中打至轻盈，另一个碗中筛入面粉和泡打粉，加入柠檬皮碎拌匀，然后将干粉翻拌入蛋糊。将面糊倒入模具中，烘烤 30～40 分钟，直至插入蛋糕的牙签取出后不粘带面糊。蛋糕出炉后放凉，然后脱模，横向将蛋糕切为 2 片备用。制作柠檬奶油：将牛奶倒入锅中并加入刮下的香草籽。保留 1 茶匙的柠檬皮碎，将剩余的也倒入锅中，小火加热。同时，将蛋黄、糖、面粉和玉米淀粉在一个耐高温的碗中打散，在牛奶即将沸腾时立刻关火，然后缓慢地倒入蛋黄糊中并不停搅拌。最后将蛋奶糊重新倒回锅中，小火煮沸并搅拌约 2 分钟后关火，倒入碗中放凉，不时搅拌，防止表面风干成膜。当蛋奶糊冷却后搅拌顺滑，加入剩余的 1 茶匙柠檬皮碎。奶油在另一个碗中硬性打发，然后一点点地、轻轻地翻拌入蛋奶糊，直至完全拌匀即可。制作佛手柑糖浆：将 1 升 /1¾ 品脱的清水倒入锅中，加入砂糖煮沸，搅拌至砂糖全部溶解。停止搅拌，让糖水继续沸腾 2 分钟左右，直至变成糖浆后关火、放凉。冷却后，将 75 毫升 /2½ 盎司的糖浆倒入碗中，加入柠檬汁和佛手柑香精搅匀，倒入浅盘即可。组合蛋糕：将 2 片海绵蛋糕蘸上佛手柑糖浆，将一层蛋糕摆入盘中，舀上一半的柠檬奶油抹平，放上第二层蛋糕并用剩余的奶油将蛋糕抹面，最后进行装饰即可。

Theo Randall

餐厅地址：
Theo Randall
at the InterContinental
1 Hamilton Place
London W1J 7QY
United Kingdom

Theo Randall 于 1970 年出生在英国萨里（Surrey），而他对于食物的热爱来源于与家人去意大利乡下旅游的经历。在 18 岁时，他在瑟比顿（Surbiton）的 Chez Max 餐厅开始了烹饪生涯，在 Max Magarian 手下工作。1989 年，他加入了当时新开业的 The River Café 团队并在那里工作了两年时间。1991 年，Randall 搬到了美国加利福尼亚州，加入了 Alice Waters 和 Paul Bertolli 的团队，开始在 Chez Panisse 工作。在这里，Randall 磨炼了他的厨艺，更学习到了食材来源和产地的重要性。当他再次作为主厨和合伙人的身份回到 The River Café 时，见证了餐厅的第一颗米其林星星。2006 年，Randall 在 Park Lane 的洲际酒店开了自己的餐厅 Theo Randall，在那里为食客供应充满活力、可口的意大利菜，如冬日暖心的博洛尼亚料理和夏日清新的利古里亚料理。

菜单 MENU

缤纷薄切牛肉（Beef Tenderloin with Artichokes and Thyme）

烤比目鱼配酸豆和甜椒（Turbot with Capers, Swiss Chard and Roasted Red Peppers）

平底锅煎鱿鱼配红莓豆（Pan-Fried Squid with Borlotti Beans）

烤野鸽（Butterfly Pigeon Marinated with Marsala）

柠檬挞（Amalfi Lemon Tart）

CARPACCIO DI MANZO
供 4 人食用
250 克 /9 盎司牛里脊
2 茶匙橄榄油， 另加淋洒所需
1 茶匙新鲜百里香碎
柠檬汁
6 颗紫罗兰洋蓟 （violet artichoke）
1½ 把芝麻菜
100 克 /3½ 盎司新鲜帕玛森奶酪薄片
盐和胡椒

缤纷薄切牛肉 BEEF TENDERLOIN WITH ARTICHOKES AND THYME

将橄榄油和百里香抹在牛里脊肉上并按摩。将一口平底锅高温预热，放入牛肉，每面煎 30 秒左右后取出，放凉后将肉切薄片并用 2 张烘焙纸夹好，再用擀面杖将肉片擀得更薄。将薄肉片放入盘中，淋上柠檬汁和橄榄油，用盐和胡椒调味。将洋蓟的外层硬叶和内心外的薄膜剥掉，切成细丝后放入碗中，加入盐、胡椒、柠檬汁和橄榄油拌匀备用。另一个碗中加入芝麻菜，加入盐、胡椒、柠檬汁和橄榄油拌匀备用。将洋蓟和芝麻菜先后摆在牛肉片上，最后撒上帕玛森奶酪片即可上桌。

ROMBO AL FORNO CON CAPPERI E PEPERONI
供 6 人食用
1 条 3 千克 /6½ 磅多宝鱼或 6 块 175～200 克 /6～7 盎司比目鱼排
2 汤匙橄榄油， 另加淋洒所需
2 汤匙新鲜平叶欧芹叶碎
75 克 /2½ 盎司酸豆
3 个红甜椒， 去籽， 切成 4 瓣
1 瓣大蒜， 切薄片
1 茶匙干牛至叶碎
1 茶匙小茴香籽， 碾碎
1 根辣椒
盐和胡椒

烤比目鱼配酸豆和甜椒 TURBOT WITH CAPERS, SWISS CHARD AND ROASTED RED PEPPERS

烤箱预热至 160°C/325°F/ 气烤箱刻度 3。将比目鱼鱼鳍和鱼头切去，从中央鱼骨处下刀，将鱼切成两半，然后再沿着鱼骨将鱼排片下，撒上盐和胡椒调味。将一半的橄榄油放入耐高温厚底平底锅加热，鱼皮一面朝上，放入鱼排煎至焦黄，翻面并加入欧芹叶和酸豆，再将锅放入烤箱烘烤 10 分钟左右即可。同时，将红甜椒放在烤架上，淋上橄榄油，撒上蒜片和干牛至叶，烤 30 分钟左右即可。在另一口锅中倒入剩余的橄榄油加热，放入小茴香籽和辣椒炒 2～3 分钟并调味，与烤鱼和烤彩椒一起上桌享用。

平底锅煎鱿鱼配红莓豆 PAN-FRIED SQUID WITH BORLOTTI BEANS

将红莓豆放入一口大锅中并倒入 1¼ 升 /2 品脱的清水，加入鼠尾草、辣椒、大蒜和番茄煮沸，然后转小火煮 1 小时～ 1 小时 30 分钟，豆子煮软后关火（烹煮时间依照豆子的煮熟程度变化）。倒掉锅中 ¾ 的水，将剩余的汤汁与豆子一起倒入碗中，丢弃辣椒和鼠尾草，然后将大蒜捞出，用叉子碾成泥，再倒回碗中搅匀。用盐和胡椒调味，最后倒入橄榄油和红葡萄酒醋搅匀即可。将鱿鱼清洗干净，切去两侧的鳃并剥掉外层的膜，切去头部和内脏后将鱿鱼纵向切为两半，用刀背刮净鱿鱼内腔，用冷水彻底冲洗干净后擦干。将鱿鱼外皮朝下平铺在台面上，用小刀划出十字花，撒上盐和胡椒，淋上橄榄油抹匀。将不粘锅用中火预热，十字花面朝下，放入鱿鱼煎 1 分钟，煎至金黄时翻面并加入辣椒碎、鳀鱼、欧芹叶和柠檬汁。将鱿鱼取出切小块，重新放入锅中，与其他食材继续翻炒。上桌时，在盘子中央舀入一勺红莓豆，再放上一点儿芝麻菜沙拉，最后摆上鱿鱼块即可。

CALAMARI IN PADELLA

供 4 人食用

300 克 /11 盎司干红莓豆，浸泡整夜后沥干
1 枝新鲜鼠尾草
1 根红辣椒，用小刀戳出洞
1 瓣大蒜，切成 4 瓣
2 颗番茄
3 汤匙橄榄油
1 茶匙红葡萄酒醋
盐和胡椒

6 个新鲜鱿鱼
特级初榨橄榄油
1 根红辣椒，去籽并切碎
3 条罐头鳀鱼，切碎
2 汤匙新鲜平叶欧芹叶碎
半颗柠檬，榨汁，过滤
盐和胡椒

用作配餐
芝麻菜沙拉，淋上橄榄油和柠檬汁

PICCIONE AL FORNO

供 4 人食用

4 只野鸽

3 瓣大蒜

200 毫升 /7 盎司马尔萨拉白葡萄酒

3～4 枝百里香

3 汤匙橄榄油，另加淋洒所需

150 克 /5 盎司鸡油菌

4 片厚吐司片

8 片意式培根

2 棵叶用甜菜

烤野鸽 BUTTERFLY PIGEON MARINATED WITH MARSALA

用一把锋利的小刀在每只鸽子背部切一个口子，并将刀滑至皮下。从鸽子腿部开始将鸽子脱骨，小心不要戳破鸽子皮并保留腿部的骨头。将去骨的鸽子放入浅盘中备用。将大蒜切薄片，与马尔萨拉白葡萄酒和百里香在碗中混匀，倒入浅盘腌制 1 小时。将烤箱预热至 180°C/350°F/ 气烤箱刻度 4。在平底锅中倒入 1 汤匙橄榄油，加入 1 瓣大蒜，煎至金黄后取出丢弃，然后放入鸡油菌，翻炒 3～4 分钟后取出备用。将吐司两面烤至金黄。将剩余的大蒜切半，抹在面包上，淋上橄榄油。将鸽子取出并拍干，保留腌汁。将剩余的橄榄油放入耐高温的厚底平底锅中加热，放入鸽子将两面各煎 1 分钟。加入吐司和培根，将锅放入烤箱烘烤 4 分钟后出炉，鸽子放在吐司片上，重新放入烤箱加热 3 分钟。同时，将叶用甜菜在盐水中焯过，捞出盛盘，淋上橄榄油。将烤鸽子斜切成两半，一半带两条腿，一半带鸽胸肉。将鸡油菌铺在吐司片上，叶用甜菜和烤吐司片装盘，并在上面摆上烤野鸽。将腌汁倒入小锅中加热收至原来的一半，淋在烤野鸽上，最后撒上意式培根碎即可。

柠檬挞 AMALFI LEMON TART

TORTA DI LIMONE

供 6 人食用

250 克 /9 盎司普通面粉，另加淋撒所需

75 克 /2½ 盎司糖粉

180 克 /6 盎司黄油

3 个蛋黄

用于制作馅料

6 颗阿马尔菲（Amalfi）柠檬，柠檬皮擦碎并榨汁

300 克 /10 盎司白砂糖

300 克 /10 盎司黄油

6 颗鸡蛋

9 个蛋黄

制作挞皮：将面粉、糖粉和黄油放入食物料理机搅打成细面包糠状，加入 2 个蛋黄，继续搅打 10 秒钟，然后倒进碗中并用手揉成面团。将面团用保鲜膜裹上，放入冰箱冷藏 1 小时后取出，在撒了薄面粉的工作台上擀成面皮，铺在一个 23 厘米 /9 英寸的挞模中，轻轻按下使其紧贴内壁，静置 30 分钟。将烤箱预热至 150°C/300°F/气烤箱刻度 2。在挞皮上铺烘焙纸并放入烘焙豆，放入烤箱烘烤至金黄色，取出烘焙豆和烘焙纸，然后继续烘烤 5 分钟，出炉后将剩余的蛋黄刷在挞皮内壁上。制作馅料：将柠檬皮碎、柠檬汁、白砂糖和黄油在锅中熔化混匀但不要煮沸，否则倒入蛋液的时候高温会令鸡蛋变熟凝固。同时，将鸡蛋和蛋黄打散，倒入锅中一边加热一边搅拌，直至柠檬糊开始变稠。继续搅拌并将馅料倒入挞皮中。烤架预热，将柠檬挞放在烤架下烘烤，直至表面开始出现黑点且凝固。从烤架上取出，放凉即可上桌享用。

餐厅地址：
The River Café
Thames Wharf
Rainville Road
London W6 9HA
United Kingdom

Ruth Rogers

1987 年，在伦敦的哈默史密斯区（Hammersmith）、泰晤士河岸上的一家 19 世纪改造厂房中，Ruth Rogers 和 Rose Gray 开办了 The River Café。她们两个都没有遵循传统的事业轨迹，Ruth Rogers 是被她的外婆灌输了对于美食的热情；而 Rose 则在纽约的 Nell’s Club 餐厅有过短暂的工作经历，并在托斯卡纳研究过意大利食谱。就是从这样非正统的起点出发，The River Café 逐渐成为英国本土乃至全世界最有名的意大利餐厅之一。作为应季食材和来源可靠食材的坚定倡导者，Rogers 可以说是新鲜农产品革命的先锋人物。“优秀的烹饪依赖于用心地使用新鲜、应季的食材。”在 The River Café 充满现代感的环境中，厨师们的高超技艺以及他们所用的新鲜食材制作出了一道道具有地域性特点的菜式——明显的当地特色和巧妙表达出来的、传递出 Ruth 对于享受烹饪的乐趣和热情。

菜单 MENU

热蘸汁（Bagna Cauda）

里考塔奶酪丸（Gnudi Bianchi）

烤松鸡配蒜香面包和黑甘蓝（Grouse with Bruschetta and Cavolo Nero）

意式奶冻配格拉帕酒（Panna Cotta with Grappa）

热蘸汁 BAGNA CAUDA

在一口厚底小锅中，倒入葡萄酒小火加热，然后放入蒜末，小火煮30分钟左右。同时，将洋蓟切半，胡萝卜纵向切半。将茴香块根外层硬皮剥去，并纵向切成6瓣。芹菜心同样纵向切成4份或者6份，保留上面的嫩叶。将所有蔬菜分别在煮沸的盐水中煮熟。洋蓟20～30分钟，胡萝卜10分钟，茴香10分钟，芹菜10～15分钟。当红酒收汁浓缩后，将蒜瓣碾碎，放入鳀鱼，继续小火加热，搅碎鳀鱼。然后加入冷藏的黄油块搅拌，并倒入橄榄油，最后用胡椒调味即可。将蔬菜捞出沥干，盛在大盘中，撒上少许胡椒，淋上橄榄油，再浇上热蘸汁后即可上桌。

BAGNA CAUDA

供6人食用

用于制作热蘸汁

350毫升/12盎司巴罗洛葡萄酒或纳比奥罗（Nebbiola）葡萄酒

1头大蒜，去皮并切碎

20条盐渍鳀鱼片

150克/5盎司无盐黄油，冷藏，切块

200毫升/7盎司特级初榨橄榄油

6颗洋蓟

4根胡萝卜

2个茴香块根

2根芹菜心

特级初榨橄榄油

盐和胡椒

里考塔奶酪丸 GNUDI BIANCHI

将里考塔奶酪放入碗中，用叉子打散，调味并加入帕玛森奶酪和肉豆蔻，搅成膏状。在一个托盘中撒上足量的粗麦面粉，将奶酪膏在盘中滚成直径8厘米/3 ¼英寸的圆柱，然后切成2½厘米/1英寸长的剂子。轻轻地将剂子揉成球形，确保每个都裹上粗麦粉后放在托盘中。当所有的奶酪丸都做好后，往托盘中倒入更多的粗麦面粉，直至几乎将奶酪丸没过，放入冰箱冷藏24小时。准备食用时，将一半的黄油放入加热好的盘子中，并将剩余的一半放入锅中加热熔化，放入鼠尾草叶，稍稍炒香后关火。将一大锅盐水煮沸，放入奶酪丸煮3分钟，待其浮起来后即可用漏勺捞出、盛盘。最后，淋上鼠尾草黄油并撒上帕玛森奶酪碎即可上桌。

GNUDI BIANCHI

供4人食用

500克/17盎司里考塔奶酪

100克/3½盎司帕玛森奶酪碎，另加淋撒所需

½颗肉豆蔻，擦碎

500克/17盎司粗麦面粉

7汤匙无盐黄油

3汤匙鼠尾草叶

盐和胡椒

烤松鸡配蒜香面包和黑甘蓝 GROUSE WITH BRUSCHETTA AND CAVOLO NERO

TETRAONE CON BRUSCHETTA E CAVOLO NERO

供 6 人食用

用于制作烤松鸡配蒜香面包

4 只松鸡，去毛

16 枝百里香

200 克 /7 盎司无盐黄油

1 汤匙特级初榨橄榄油

350 毫升 /12 盎司红葡萄酒

¼ 条天然酵母面包，切厚片

1 瓣大蒜，去皮

用于制作黑甘蓝

4 颗托斯卡纳甘蓝（Tuscan cabbage），去掉硬心

3 汤匙橄榄油

2 瓣大蒜，切末

特级初榨橄榄油，用于淋洒

盐和胡椒

将烤箱预热至 220℃/425℉/ 气烤箱刻度 7。在松鸡的腹腔中放入百里香和黄油块并调味，然后鸡胸朝下放在烤盘上。淋上少许橄榄油并倒入 150 毫升 /¼ 品脱的葡萄酒，放入烤箱烘烤 10 分钟，然后将松鸡翻面，鸡胸朝上，再倒入 150 毫升 /¼ 品脱的葡萄酒继续烘烤 10 分钟，其间不时将汤汁淋在鸡身上，最后加入剩余的葡萄酒和黄油，烘烤 5 分钟即可出炉。将面包片烘至两面金黄，在其中一面抹上少许蒜末，并将这一面朝下，蘸上烤鸡的汤汁，然后翻转过来，摆在加热好的盘子中。将烤松鸡放在面包片上，淋上剩余的汤汁。将甘蓝在煮沸的盐水中焯 3 分钟后捞出。在厚底平底锅中加热橄榄油，放入蒜末，小火炒至变色，然后加入甘蓝翻炒 5 分钟，加入足量的盐和胡椒调味后关火，最后淋上少许橄榄油即可，搭配烤松鸡一起上桌。

意式奶冻配格拉帕酒 PANNA COTTA WITH GRAPPA

PANNA COTTA CON GRAPPA

供 6 人食用

1¼ 升 /2 品脱双倍奶油

2 根香草荚

2 颗柠檬，将柠檬皮擦薄片

3 片吉利丁

150 克 /5 盎司牛奶

150 克 /5 盎司糖粉

120 毫升 /4 盎司格拉帕酒，另加淋洒所需

将 900 毫升 /30 盎司的奶油倒入锅中，加入香草荚和柠檬皮，加热煮沸后转小火，当奶油浓缩到原来的⅔时关火。将柠檬皮撇出，保留备用。捞出香草荚并切开，刮出香草籽，放回奶油中。把吉利丁放入牛奶浸泡 15 分钟，泡软后捞出。将牛奶煮沸，重新放入吉利丁片，搅拌至完全溶解。将牛奶用细滤网过滤，倒入热奶油中搅匀，并用小火加热保温。将剩余奶油和糖粉打发，然后翻拌入热奶油，最后加入格拉帕酒。将预留的柠檬皮分别铺在 6 个 250 毫升 /9 盎司的模具或小碗底部，倒入奶油糊，放入冰箱冷藏至少 2 小时，直至凝固。食用时，将奶油冻翻转脱模，盛盘，淋上少许格拉帕酒即可。

Lidia Bastianich

餐厅地址：
Felidia
243 East 58th Street
New York, NY
10022
United States of America

对于Lidia Bastianich来说，每顿饭都是值得庆祝的。她对于食物的热爱与乐于分享的精神源于她的童年，在亚得里亚海边的伊斯特拉半岛（Istrian）一个叫作普拉（Pula）的小镇。她的祖父母当时经营着一家小餐馆，而他们使用和供应给食客的蔬果食材都是自己种植的。亲自蒸馏格拉帕酒、酿造葡萄酒、摘橄榄并榨油，以及制作烟熏火腿等，这些都是她美好的回忆。她还会跟着祖母去公共磨坊，用新鲜磨好的面粉烘烤面包和比萨。1959年，Lidia Bastianich和家人来到美国，开始了她的新生活。青少年时期，她就通过在面包房打工掌握了烘焙和蛋糕装饰的技巧，不久之后她便开办了自己的第一家餐厅，在那里不停地提高她的厨艺。此后，她的餐饮事业愈加红火。1981年，她备受赞誉的旗舰餐厅Felidia在曼哈顿的一幢高雅的赤褐色砂石建筑里开业了，而这也让Lidia Bastianich成为了意大利料理发展的领头人。最新鲜的食材、高超的厨艺、自然不造作的味道，以及具有创意亦不失地域特色的菜式。1995年，Fortunato Nicotra成为餐厅的行政主厨，此后Felidia也获得了许多殊荣。无论是在餐厅中、电视节目还是书里，Lidia Bastianich都在致力诠释来自故乡的饮食传统和地域食材，特别是意大利北部的弗留利-威尼斯朱利亚（Friuli-VeneziaGiulia）地区。同时，她热情的性格给她的厨艺带来了温暖的色彩，她也经常提倡家庭聚在一起享受共同烹饪和用餐时间。

菜单 MENU

芹菜洋蓟沙拉配格拉纳干酪屑（Celery and Artichoke Salad with Shavings of Grana Padano）

粗管通心粉配迷迭香番茄辣酱（Candele with Spicy Rosemary Tomato Sauce）

啤酒烤肉（Chicken in Beer）

柠檬酒提拉米苏（Limoncello Tiramisu）

INSALATA DI SEDANO E CARCIOFI CON SCAGLIE DI GRANA

供 6 人食用

1 颗柠檬榨汁，过滤

6 颗小洋蓟

8～12 根带叶芹菜茎，约 275 克 /10 盎司

用于制作沙拉汁

1½ 汤匙新鲜柠檬汁

6 汤匙特级初榨橄榄油

120～150 克 /4～5 盎司格拉纳干酪（Grana Padano cheese）

盐

芹菜洋蓟沙拉配格拉纳干酪屑 CELERY AND ARTICHOKE SALAD WITH SHAVINGS OF GRANA PADANO

将 1 升 /1¼ 品脱的清水倒入碗中，加入柠檬汁。将每个洋蓟外层的硬皮去掉，直到露出内部柔软、浅色的叶子。留下约 2½ 厘米 /1 英寸的根茎，其余的切掉，然后用刮皮刀或小刀将根茎处的皮刮掉，最后将洋蓟的顶部切去。处理完洋蓟之后将其放入柠檬水中，防止氧化变色。将芹菜叶摘去，保留柔软的嫩叶，如果芹菜茎上有伤痕或比较老的部分也小心地刮掉，然后斜切成 3 毫米 /⅛ 英寸厚的半月形薄片。将保留的嫩芹菜叶切碎，与芹菜片放入大碗中备用。准备摆盘上桌时，从柠檬水中一个个地取出洋蓟并纵向切成 3 毫米 /⅛ 英寸的细丝，与芹菜放在一起。倒入柠檬汁和橄榄油，并用盐调味，拌匀。用刮皮刀或锋利的小刀，擦出 24 片格拉纳干酪薄片（每片约 5 厘米 /2 英寸长、2½～5 厘米 /1～2 英寸宽）。轻轻地将干酪片拌入蔬菜中，尝一下咸淡并依照需要加入更多的沙拉汁。将沙拉盛在大盘中或数个小盘中，擦出更多的干酪片，大盘上撒 12 片或小盘上撒 3～4 片。

CANDELE AL BRUCIO

供 6 人食用

60 毫升 /2 盎司特级初榨橄榄油

8 瓣大蒜，切末

4 枝迷迭香

1 千克 /2¼ 磅去皮意大利番茄，沥干，保留汤汁，去籽并稍切碎

1 撮辣椒碎

450 克 /1 磅粗管通心粉（candele 或 rigatoni）

225 克 /8 盎司格拉娜帕达诺奶酪

盐

粗管通心粉配迷迭香番茄辣酱 CANDELE WITH SPICY ROSEMARY TOMATO SAUCE

在一口锅中加热油，放入蒜末，中火翻炒约 2 分钟，直至稍变色。加入迷迭香稍稍炒香，然后放入番茄与其汤汁煮沸，用少许盐和辣椒调味后小火煮 20 分钟左右，同时用搅拌器将番茄碾碎。当酱汁变得浓稠时即可关火。尝一下咸淡，根据需要调味。同时，将一大锅盐水煮沸，放入意面煮至筋道后捞出。将迷迭香枝从番茄酱汁中取出丢弃，放入意面并充分拌匀。分盛在加热好的深盘中，最后舀上一勺格拉娜帕达诺奶酪立即上桌。

啤酒烤肉 CHICKEN IN BEER

POLLO ALLA BIRRA

供 6 人食用

1 × 1⅗～1.8 千克 /3½～4 磅鸡

2 茶匙粗粒盐

1 根胡萝卜，去皮、切半

2 根欧洲萝卜（parsnip），去皮、切半

2 颗洋葱，切成 4 瓣

2 汤匙新鲜鼠尾草

4 粒丁香

1 根肉桂棒

350 毫升 /12 盎司淡高汤（鸡肉高汤、火鸡汤或蔬菜高汤，见第 249 页）或清水

350 毫升 /12 盎司浓香啤酒或麦芽酒

250 毫升 /9 盎司苹果酒，未过滤的最佳

将鸡肉上的多余油脂剔除，然后用 1 茶匙的盐涂抹鸡的里外侧。将胡萝卜和欧洲萝卜纵向切成 4 瓣，放入一个广口、厚底、耐热的深烤盘中。放入洋葱、鼠尾草、丁香、肉桂和剩余的盐，并把鸡放在蔬菜上。倒入高汤、啤酒和苹果酒，中火煮沸后转小火，敞口煮约 15 分钟。同时，烤箱预热至 200°C/400°F/ 气烤箱刻度 6，将深烤盘放入烤箱烘烤 30 分钟，中途将烤盘中的汤汁往鸡上浇 2～3 次。在烤盘上盖上锡箔纸，以防表面颜色烤得过深，继续烤 30 分钟后取掉锡箔纸，继续烘烤 20～30 分钟并不时浇汁，直至鸡肉和蔬菜完全烤熟。取出烤鸡并盛在一个温热的大盘中，蔬菜围绕着烤鸡摆放。烤盘放在火上，将汤汁煮沸，收浓至一半时倒入酱汁船。在桌上切片并淋上酱汁即可。

柠檬酒提拉米苏 LIMONCELLO TIRAMISÙ

TIRAMISÙ AL LIMONCELLO

供 12 人食用

5 颗鸡蛋，分离蛋黄蛋白

200 克 /7 盎司白砂糖

250～350 克 /9～12 盎司柠檬酒（limoncello liqueur）

175 毫升 /6 盎司鲜榨柠檬汁，过滤

500 克 /1 磅 2 盎司马斯卡彭奶酪，室温软化

2 汤匙柠檬皮碎

40 块手指饼干，意大利 Savoiardi 最佳

制作柠檬酒沙巴翁：将蛋黄放入一个耐高温的大碗中，加入 50 克 /1¾ 盎司白砂糖和 120 毫升 /4 盎司的柠檬酒，打散混匀。将碗架在一锅小火煮沸的沸水上，确保碗底不要碰到水面，用搅拌器打发蛋黄液，注意刮下挂在碗壁和碗底的蛋液。打发约 5 分钟，直至蛋黄液充满泡沫并变稠。达到“缎带”阶段时将碗从锅上拿开，放凉备用。同时，将剩余的柠檬酒、柠檬汁、250 毫升 /9 盎司的清水和 100 克 /3½ 盎司白砂糖放入锅中煮沸并搅拌，直至砂糖全部溶解。停止搅拌，继续加热 5 分钟，直至糖浆变稠时即可关火，放凉。在另一个大碗中将马斯卡彭奶酪和柠檬皮碎用木勺打发至轻盈顺滑。将蛋白和剩余的白砂糖在一个无油的金属碗中打发至中性发泡。当柠檬酒沙巴翁冷却后，将约 ⅓ 倒入马斯卡彭奶酪糊，翻拌均匀，然后再分 2～3 次翻拌入剩余的奶酪糊，最后将蛋白分次翻拌进去，直至质地轻盈并完全混匀。将少许冷却的糖浆倒入浅盘，约 7 毫米 /¼ 英寸深，一个个地放入手指饼干裹蘸均匀，然后紧凑地平铺在 3 升 /5 品脱的烤盘底部。注意不要让手指饼干浸入太多糖浆，否则饼干容易碎。将烤盘底部完全铺满后，倒入一半的柠檬酒奶酪糊，抹匀，盖住手指饼干；铺上第二层糖浆手指饼干，然后倒入剩余的奶酪糊抹平即可。将提拉米苏用保鲜膜包好，放入冰箱冷藏 6 小时至 2 天，或者放入冷冻室冷冻 2 小时。上桌时，将提拉米苏切小块，盛入甜点碟即可。

Mario Batali

餐厅地址：
Babbo Ristorante e Enoteca
110 Waverly Place
New York, NY
10011
United States of America

Mario Batali 的地标性餐厅是他的 Babbo Ristorantee Enoteca，在那里你可以看到他独特、富有创意的菜式，品尝到“极具火力”和层次的味道。在大学学习了“西班牙黄金年代”戏剧之后，Mario Batali 在英国伦敦的蓝带厨艺学院短暂地进修了一段时间，但是他真正的烹饪之旅是从在传奇大厨 Marco Pierre White 手下做学徒开始的，在意大利北部山间小村庄的 Borgo Capanne 餐厅里，他花了几年时间潜心磨炼自己的厨艺。如今，受传统和地域性特点启发的食谱和技巧推动着他进行现代的诠释。Mario Batali 对于地域性饮食的投入延展到了意大利之外，转移到了纽约格林威治村的当季农产品市场和手工艺品上。除了某些主要食材从意大利进口之外，他会从纽约当地农民那里购买新鲜的蔬果，包括那些被遗忘了的和祖传的品种。Mario Batali 还很自豪地自己制作餐厅所用的意式腌肉，例如意式熏培根和腌猪肩。在他的烹饪哲学中，最重要的问题就是“今天能获得哪些最好的食材？”也就不难理解为什么 Babbo 的菜单上经常出现新鲜、原创的美味菜式，从新鲜腌鳀鱼配西瓜、小萝卜和龙虾油，到鹅肝意式面饺配焦香黄油香醋汁，再到酸奶奶酪蛋糕配柠檬奶油和黑加仑果酱。在他的食谱书与电视节目中，Mario Batali 诚邀美国民众来体验并沉醉于充满活力的意大利料理中，而 Babbo 餐厅获得的如潮好评以及各种奖项让他成为美国最具有知名度的厨师之一。

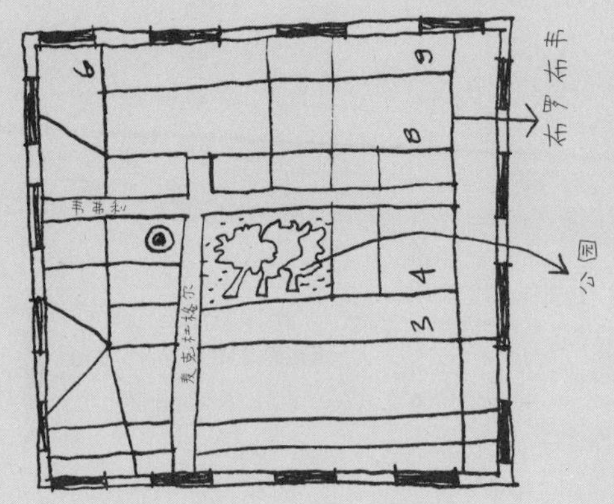

菜单 MENU

西西里救生员风辣味鱿鱼（Spicy Two-Minute Calamari-Sicilian Lifeguard Style）

墨鱼汁意面配岩虾和辣腌肠（Black Spaghetti with Rock Shrimp and Spicy Soppressata）

墨西哥辣椒青酱（Jalapeno Pesto）

墨鱼汁意面团（Black Pasta Dough）

红菊苣和波多贝罗蘑菇馅栗子可丽饼（Chestnut Crêpes with Radicchio and Portobello Mushroom Filling）

藏红花意式奶冻（Saffron Panna Cotta）

CALAMARI PICCANTI AL BAGNINO DI SICILIA

供 4 人食用

150 克 /5 盎司以色列古斯米（couscous）

60 毫升 /2 盎司特级初榨橄榄油

2 汤匙松子仁

2 汤匙黑加仑

1 汤匙辣椒碎

45 克 /1½ 盎司酸豆

475 毫升 /16 盎司番茄酱汁（见第 69 页）

700 克 /1½ 磅鱿鱼，洗净并切成 5 毫米 /¼ 英寸宽的鱿鱼圈，鱿鱼爪切半

3 根青葱，切末

盐和胡椒

西西里救生员风辣味鱿鱼 SPICY TWO-MINUTE CALAMARI-SICILIAN LIFEGUARD STYLE

锅中倒入 3 升 /5 品脱的清水煮沸，加入 1 汤匙的盐。准备好冰水浴备用。在沸水中倒入古斯米，煮 2 分钟后捞出，立刻放入冰水中。冷却后沥干，放在盘中备用。在一个直径为 30～35 厘米 /12～14 英寸的平底锅中放入橄榄油，加热至冒烟，放入松子仁、黑加仑和辣椒碎翻炒 2 分钟，直至松子仁煎至金黄。然后加入酸豆、番茄酱汁和古斯米煮沸，最后加入鱿鱼搅匀，小火煮 2～3 分钟，直至鱿鱼圈完全煮熟、变色。用盐和胡椒调味后倒入大碗中，撒上青葱末即可。

SPAGHETTI AL NERO DI SEPPIA CON GAMBERETTI DI SCOGLIO E SOPPRESSATA PICCANTE

供 4 人食用

450 克 /1 磅墨鱼汁意面

2 汤匙特级初榨橄榄油

4 瓣大蒜，切片

175 克 /6 盎司带壳鲜岩虾

120 克 /4 盎司辣腌肠碎

4 汤匙墨西哥辣椒青酱（见下）

100 克 /3½ 盎司青葱碎

盐和胡椒

墨鱼汁意面配岩虾和辣腌肠 BLACK SPAGHETTI WITH ROCK SHRIMP AND SPICY SOPPRESSATA

锅中倒入 6 升 /10 品脱的清水煮沸，并加入 2 汤匙的盐，放入意面煮 6～7 分钟，直至熟且筋道。同时，在一口大平底锅中倒入橄榄油，中火加热，放入蒜片、岩虾和辣腌肠碎炒熟，最后加入辣椒青酱搅匀。将意面捞出，放入炒锅搅拌，让面条均匀地裹上酱汁即可。分别盛在 4 个温热的盘中，撒上少许葱末、盐和胡椒即可上桌。

PESTO DI JALAPENO

可制作 250 毫升 /8 盎司

700 克 /1 磅 8½ 盎司墨西哥辣椒，切碎

60 克 /2 盎司扁桃仁片

120 克 /4 盎司紫洋葱末

120 克 /4 盎司特级初榨橄榄油

盐

墨西哥辣椒青酱 JALAPENO PESTO

将所有食材放入食物料理机或搅拌机中搅打成酱。放入加盖的容器中，最长可在冰箱中储存 1 个月。

墨鱼汁意面团 BLACK PASTA DOUGH

IMPASTO AL NERO DI SEPPIA
可制作 1 磅面团
400 克 /14 盎司普通面粉，意大利 00 号面粉最佳，另加淋撒所需
4 颗特大鸡蛋
½ 茶匙特级初榨橄榄油
2 汤匙墨鱼汁

在木制案板上将面粉筛成堆，并在中心挖一个小窝穴，加入鸡蛋、橄榄油和墨鱼汁。用叉子打散蛋液，并从里向外逐渐混合面粉和液体，等形成面团后便可用双手手掌揉面。将所有的面粉揉进面团后从案板上移开，并刮掉粘在案板上的面块。在案板上撒上一层薄面粉，继续揉面，直至成为有弹性且有点黏的面团，用保鲜膜包好，让面团在室温松弛 30 分钟。需要用时取出擀开即可。

红菊苣和波多贝罗蘑菇馅栗子可丽饼 CHESTNUT CRÊPE WITH RADICCHIO AND PORTOBELLO MUSHROOM FILLING

NECI CON FUNGHI MISTI
供 6～10 人食用
用于制作薄饼面糊
50 克 /2 盎司栗子粉
25 克 /1 盎司普通面粉
2 颗鸡蛋
250 毫升 /9 盎司牛奶
橄榄油
60 克 /2¼ 盎司无盐黄油，熔化
盐和胡椒

用于制作填料
5 汤匙特级初榨橄榄油
60 克 /2 盎司红葱头，切末
1 片波多贝罗蘑菇头（portobello mushroom cap），切末
½ 茶匙新鲜迷迭香碎
盐和胡椒

用作配餐
2 汤匙香脂醋，另加淋洒所需
1 棵红菊苣，切细丝
20 克 /¾ 盎司帕玛森奶酪碎
盐和胡椒

制作可丽饼面糊：将 2 种面粉过筛到碗中，一个个地打入鸡蛋，然后再一点点地倒入牛奶，搅拌混匀。最后用盐和胡椒调味，让面糊静置 20 分钟。同时，将烤箱预热至 230°C/475°F/ 气烤箱刻度 9。制作馅料：在锅中用中火加热 1 汤匙油，直至冒烟，放入红葱头末翻炒 8～10 分钟，炒软后加入蘑菇碎，继续翻炒 10 分钟，加入迷迭香，用盐和胡椒调味，关火，冷却备用。制作可丽饼：大火加热一个 15 厘米 /6 英寸的不粘锅，刷上一层橄榄油。调至中火，将 1½ 汤匙的面糊倒入锅中，倾斜翻转使面糊均匀地铺在锅底，加热 1 分钟左右，直至薄饼成形且底部煎至浅金黄色，用平铲翻面，继续煎 5～10 秒后即可出锅。继续煎完剩下的面糊。可以将煎好的可丽饼冻起来。只需将 20 张饼堆叠在一起，用保鲜膜包住密封后再包一层锡箔纸即可，使用前一晚取出解冻。烤箱预热至 180°C/400°F/ 气烤箱刻度 4，并在一个 25 厘米 × 20 厘米 /10 英寸 × 8 英寸的烤盘内壁抹熔化的黄油。在烤盘底部平铺一层可丽饼，在每张薄饼中央舀入 3 汤匙馅料后烘焙 5～8 分钟，当馅料加热后取出，小心地卷起并包住馅料。将剩余的黄油淋在上面，重新放回烤箱加热 5 分钟。制作油醋汁：将香脂醋倒入碗中，慢慢搅入橄榄油，淋在红菊苣上。可丽饼烤好后出炉，分盛在盘中；放上红菊苣并撒上帕玛森奶酪碎，最后依照口味淋上香脂醋即可上桌。

PANNA COTTA ALLO ZAFFERANO

供 8～12 人食用

825 毫升 /1 品脱 7½ 盎司双倍奶油

150 克 /5 盎司白砂糖

1 颗柠檬或橙子的皮，擦碎

¾ 茶匙藏红花花丝

1½ 茶匙吉利丁粉

250 毫升 /9 盎司牛奶

新鲜水果

藏红花意式奶冻 SAFFRON PANNA COTTA

将奶油、砂糖、柠檬皮（或橙皮碎）和藏红花放入锅中煮沸，关火并静置 10 分钟，让奶油萃取出藏红花的颜色和味道。将吉利丁粉倒入奶油中，搅拌使其溶解，然后用一个细滤网过筛奶油，并倒入牛奶搅匀。将布丁液分盛入冷藏好的甜品杯或红酒杯中，放入冰箱冷藏至凝固。上桌时，你也可以按照喜好脱模盛盘。用小刀沿着模具内壁划一圈，将模具底部快速地浸入热水，然后轻轻地晃动模具使布丁滑落。搭配新鲜水果享用。

Tony Mantuano

餐厅地址：
Spiaggia
980 North Michigan Avenue
Chicago, IL
60611
United States of America

2005年度詹姆斯比尔德基金会（James Beard Foundation）“最佳厨师：美国中西部”的得主、米其林星级厨师Tony Mantuano是芝加哥Spiaggia餐厅的主厨兼合伙人。Spiaggia餐厅以使用罕见、真实和最优质的意大利食材而闻名。近年来，Mantuano向世人展示了属于Spiaggia的一间恒温恒湿的奶酪储藏室，里面储藏着意大利最好的产品：7年的帕玛森奶酪和被各种月桂叶、花瓣包裹的新鲜或熟的意大利植物性奶酪。除此之外，Spiaggia还灌装自己的托斯卡纳橄榄油和陈年香脂醋、举办年度的烹饪课堂、带头组织去他们最爱的地中海进行美食之旅。近年来，Mantuano还多次在电视节目和各种公共场合作为嘉宾出现。

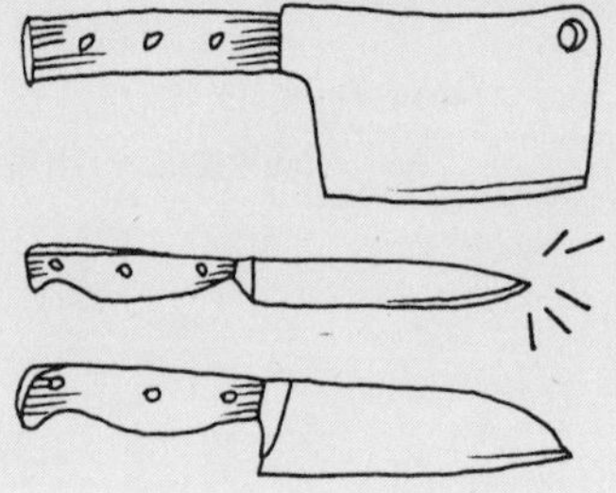

菜单 MENU

生羊肉碎配白松露、长叶菊苣和帕玛森奶酪（Finely Diced Raw Lamb with White Truffle, Puntarelle and Parmigiano Reggiano）

新鲜奶酪与炖山羊肉馅意式面饺（Crescenza Cheese and Braised Goat Ravioletto）

烤比目鱼配白芸豆、猪脸肉、青葱和香脂醋（Roasted Halibut with White Beans, Guanciale, Spring Onions and Balsamic）

木炭烤牛脊肋排配罗马风味牛尾、玉米糊、芹菜和薄荷（Wood-Grilled Prime Strip Loin with Roman-Style Oxtail, Creamy Polenta, Celery and Mint）

CARNE CRUDA CON INSALATA DI PUNTARELLE

供 4 人食用

225 克 /8 盎司羊腰脊肉，切去筋皮和脂肪，并切成小丁
3 汤匙 Il Traturello 特级初榨橄榄油
1 茶匙白松露特级初榨橄榄油
1 茶匙白松露膏
2 汤匙新鲜柠檬汁
225 克 /8 盎司长叶菊苣或苦苣，切丝
120 克 /4 盎司帕玛森奶酪
海盐和胡椒

生羊肉碎配白松露、长叶菊苣和帕玛森奶酪 FINELY DICED RAW LAMB WITH WHITE TRUFFLE, PUNTARELLE AND PARMIGIANO REGGIANO

将羊肉、2 汤匙橄榄油、白松露油、白松露膏和 1 汤匙柠檬汁在碗中拌匀，用盐和胡椒调味。在另一个碗中放入菊苣或苦苣，淋入剩余的柠檬汁和橄榄油，撒入海盐和胡椒并轻轻拌匀。将羊肉分盛至 4 个盘中，用勺子抹平在盘底，放上长叶菊苣，最后加入用刮皮刀刮出的帕玛森奶酪薄片和黑胡椒即可上桌。

RAVIOLETTO DI CAPRA E CRESCENZA

供 4 人食用

用于制作炖山羊肉
3 汤匙特级初榨橄榄油
450 克 /1 磅无骨山羊肩肉，切块
2 瓣大蒜，切末
1 颗小洋葱，切小块
1 根胡萝卜，切小块
2 根芹菜，切小块
2 片月桂叶
2 升 /3¼ 品脱牛肉高汤（见第 248 页）
3 枝新鲜迷迭香
海盐和胡椒

用于制作意面面团
400 克 /14 盎司普通面粉，意大利 00 号面粉最佳，另加淋撒所需
1 茶匙盐
8 个蛋黄，打散

黄油
1 棵或 12 片叶用甜菜
350 克 /12 盎司新鲜奶酪（crescenza cheese）
80 克 /3 盎司帕基诺番茄或日晒番茄干，切碎
60 克 /2 盎司帕玛森奶酪碎
90 克 /3 盎司去核绿橄榄，Cerignola 或其他品种
1 个橙子的皮，擦碎

新鲜奶酪与炖山羊肉馅意式面饺 CRESCENZA CHEESE AND BRAISED GOAT RAVIOLETTO

制作炖山羊肉：在广口平底锅或烤盘中加热橄榄油；羊肉用盐和胡椒抹匀，放入锅中将表面煎焦。加入蒜末、洋葱、胡萝卜、芹菜和月桂叶，继续翻炒 5 分钟左右直至蔬菜开始焦糖化。倒入没过羊肉的牛肉高汤并用铲子刮掉粘在锅底的沉淀物，加入 2 枝迷迭香并煮沸，然后转小火慢炖 3～4 小时，直至羊肉炖烂且大部分汤汁已蒸发浓缩。用漏勺将羊肉捞出盛在碗中，放凉。将汤汁过滤到另一个碗中保留，蔬菜和调味料丢弃。羊肉冷却后撕成肉丝。将滤好的汤汁倒入锅中，小火继续收汁 30 分钟左右直至浓缩到一半，保温备用。制作意面面团：面粉过筛成堆，并在中央挖一个小窝。将盐和蛋黄液倒入小坑，用叉子慢慢混匀并慢慢加入 75 毫升 /2½ 盎司的清水，揉成光滑的面团后用保鲜膜包好放入冰箱冷藏 1 小时，然后擀成薄面皮。用厨师刀或滚轮刀将面皮切出 24 个 18 厘米 /7 英寸的方块，放在撒了面粉的操作台或茶巾上备用。将烘焙纸剪成 24 个 23 厘米 × 24 厘米 /9 英寸 × 9½ 英寸的长方形纸片，每张上抹黄油，并留出 3.5 厘米 /1½ 英寸的空边。准备一碗冰水备用。将一锅淡盐水煮沸，放入叶用甜菜焯 30 秒后捞出，过冰水冷却后取出铺平。意面放入沸水煮 1～2 分钟，煮熟且保持筋道，用漏勺捞出、沥干，然后放入冰水中过凉。快速将意面片一片片地取出并平铺在茶巾上风干，不要让意面重叠以免它们粘在一起。烤箱预热至 180°C/350°F/ 气烤箱刻度 4。将新鲜奶酪切成 12 块，每块约 10 厘米 /4 英寸宽、2½ 厘米 /1 英寸长、6 毫米 /¼ 英寸厚。将奶酪放在意面片中央，并加入 25 克 /1 盎司的羊肉，然后将意面片的上下对角折起，包住奶酪，再将两边对角折起，像墨西哥卷一样卷起。将卷好的面饺封口朝上放在叶用甜菜叶上，裹住面饺，然后放在之前准备好的烘焙纸

上卷好。放入烤箱烘烤 10～12 分钟，直至烘焙纸边缘开始变色。上桌时，在 4 个盘子中央先舀入一勺番茄碎，小心地将意式面饺从烘焙纸中取出并摆入盘中。将 1 汤匙浓缩的汤汁淋在面饺上，然后再撒上 1 汤匙的帕玛森奶酪碎，接着把橄榄分盛在盘中，最后用橙皮碎装饰即可。

烤比目鱼配白芸豆、猪脸肉、香葱和香脂醋 ROASTED HALIBUT WITH WHITE BEANS, GUANCIALE, SPRING ONIONS AND BALSAMIC

IPPOGLOSSO AL FORNO CON FAGIOLI DI PURGATORIO, GUANCIALE E BALSAMICO TRADIZIONALE ARAGOSTA

供 4 人食用

6 汤匙特级初榨橄榄油
60 克 /2 盎司猪脸肉 （guanciale） 或意式培根
120 克 /4 盎司洋葱， 切丝
120 克 /4 盎司白芸豆， 浸泡整夜后沥干备用
1 升 /1¾ 品脱鸡肉高汤 （见第 249 页）
120～175 克 /4～6 盎司比目鱼排
2 把新鲜青葱， 纵向切成 4 份， 焯水
2 茶匙 12 年陈年香脂醋
海盐和胡椒

在锅中倒入 2 汤匙橄榄油，中火加热。放入培根，翻炒至稍稍变色并榨出油脂，放入洋葱，翻炒至焦糖化。加入芸豆，倒入鸡汤，转小火慢煮 1 小时左右，或至芸豆煮软。中途可按需加入更多的鸡汤。当芸豆煮软后，加入海盐和胡椒调味，保温备用。将烤箱预热到 200°C/400°F/ 气烤箱刻度 6。在另一口耐高温的平底锅中倒入剩余的橄榄油，中火加热。鱼排撒上盐和胡椒，放入锅中，每面煎 1 分钟，然后加入青葱。将平底锅放入烤箱烘烤 3～4 分钟，直至鱼排熟透。取出鱼排，让青葱继续在烤箱中焦糖化。鱼排静置松弛。最后将芸豆、鱼排和焦糖化青葱盛在盘中，淋上 ½ 茶匙的香脂醋即可上桌。

木炭烤牛脊肋排配罗马风味牛尾、玉米糊、芹菜和薄荷
WOOD-GRILLED PRIME STRIP LOIN WITH ROMAN-STYLE OXTAIL, CREAMY POLENTA, CELERY AND MINT

TAGLIATA DI MANZO CON CODA DI BUE ALLA VACCINARA

供 4 人食用

用于制作罗马风味牛尾
4 汤匙特级初榨橄榄油
900 克 /2 磅牛尾，切成 7½ 厘米 /3 英寸大小
120 克 /4 盎司洋葱碎
60 克 /4 盎司芹菜碎
5 瓣大蒜，切末
60 克 /2 盎司猪脸培根或意式培根，切丁
2 片月桂叶
250 毫升 /9 盎司干红葡萄酒
2 升 /3¼ 品脱小牛肉高汤（参考第 248 页）
1 根肉桂
1 茶匙丁香粉
2 枝百里香和迷迭香

用于制作玉米糊
75 克 /2½ 盎司白玉米面（white polenta）
1 汤匙无盐黄油
6 汤匙双倍奶油
海盐

4 × 175 克 /6 盎司牛脊肋排
3 汤匙特级初榨橄榄油
175 克 /6 盎司芹菜茎和叶，切丝并浸泡在水中备用
10 片新鲜风轮菜（nepitella mint）叶
1 茶匙新鲜柠檬汁
海盐和胡椒

首先准备炖牛尾。将橄榄油倒入广口炒锅或烤盘中，大火加热。牛尾撒上盐和胡椒后放入锅中，煎至两面金黄。放入洋葱、芹菜、大蒜、培根和月桂叶，继续翻炒 5 分钟左右，直至开始焦糖化。倒入红酒和足量的牛肉汤没过牛尾，并刮起粘在锅底的沉淀物。放入肉桂、丁香粉、百里香和迷迭香煮沸，然后转小火慢炖 3～4 小时，直至牛尾肉炖烂且大部分汤汁已蒸发浓缩。用漏勺将牛肉捞出，盛在碗中，放凉。将汤汁过滤到另一个碗中保留，蔬菜和调味料丢弃。将汤汁重新倒回锅中，小火收汁 30～45 分钟，浓缩至原来的 ⅓。同时，在炭火烤架中生火或将一个气烤架预热至 200°C/400°F。将炖牛尾撕成肉丝，骨头丢弃。将牛肉丝放入浓缩的酱汁中拌匀备用。制作玉米糊：在一口锅中倒入 475 毫升 /16 盎司的清水，中火煮沸，加入 1 撮盐后逐渐倒入玉米面，不停搅拌，直至玉米糊变稠。中火煮 15 分钟后转小火，继续煮 15 分钟后搅入黄油和奶油，并用盐调味。同时，牛排上撒盐和胡椒，淋上 2 汤匙橄榄油抹匀，然后放在烤架上，每面烤 2～3 分钟至三分熟，或即时温度计显示牛排温度达到 49°C/120°F。将牛排静置 5 分钟，同时将芹菜丝和风轮菜叶放入碗中，用柠檬汁和橄榄油拌匀。将牛排切片，与炖牛尾和芹菜沙拉、玉米糊一起上桌。

餐厅地址：
Torrisi Italian Specialties
250 Mulberry Street
New York, NY
10012
United States of America

Mario Carbone & Rich Torrisi

2009年12月，Mario Carbone和Rich Torrisi在纽约开了Torrisi Italian Specialties——一家获得了极佳口碑和纽约杂志五星好评的餐厅。白天，Torrisi在餐厅供应经典的美式意大利熟食店风格三明治，例如意式帕玛森奶酪鸡排三明治、意大利混合三明治和招牌烤火鸡三明治。晚上，这家熟食店则变身为每晚提供不同套餐菜单的高级餐厅。Rich在纽约的美国烹饪学院（Culinary Institute of America）获得学位，最近10年的时间里曾供职包括Café Boulud在内的数家纽约顶级餐厅。除此之外，他还曾在法国、意大利和日本旅行工作过。Mario在纽约皇后区出生、长大，并在美国的几家顶级餐厅开启他的厨艺生涯。从美国烹饪学院毕业之后，他开始为Mario Batali工作，随后则在10年内开了4家自己的餐厅。而在意大利度过了一年学徒生活后，他被任命为纽约肯尼迪国际机场Aero Nuova餐厅的主厨。

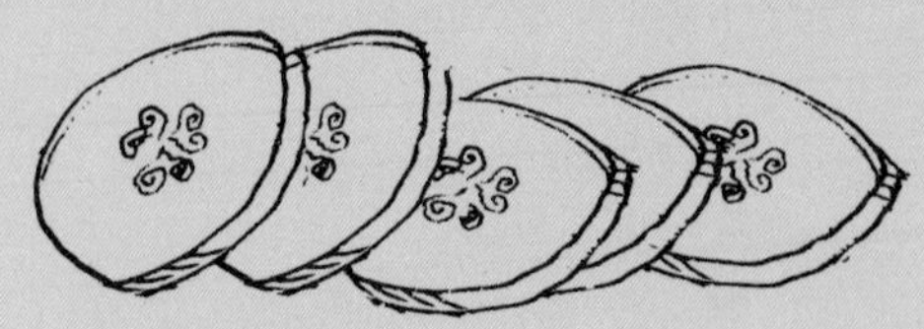

菜单 MENU

纽约风味黄瓜（New York-Style Cucumbers）

佩克尼克湾扇贝配腌球花甘蓝（Peconic Bay Scallops with Fermented Broccoli Rabe）

牙买加牛肉配贝壳面、乳清奶酪和哈瓦那辣椒（Jamaican Beef with Cavatelli, Goat Ricotta and Habanero Chillies）

恶魔鸡肉配酸奶（Devil's Chicken with Yogurt）

纽约风味黄瓜 NEW YORK-STYLE CUCUMBERS

将黄瓜和腌黄瓜都切成 2½ 毫米 / ⅛ 英寸厚的薄片，放入碗中，加入莳萝、芥末、香菜粉、醋和盐，加入适量黑胡椒调味即可。

CETRIOLI ALLA NEW YORKESE

供 8 人食用

225 克 / 8 盎司英国黄瓜
225 克 / 8 盎司新鲜腌黄瓜
225 克 / 8 盎司全味腌黄瓜
25 克 / 1 盎司莳萝
80 克 / 3 盎司甜芥末或辣芥末
1 汤匙香菜粉
90 毫升 / 3 盎司长相思酒或其他白葡萄酒醋
¼ 茶匙盐
黑胡椒

佩克尼克湾扇贝配腌球花甘蓝 PECONIC BAY SCALLOPS WITH FERMENTED BROCCOLI RABE

将 3¾ 升 / 6½ 品脱的清水倒入大碗，并加盐搅拌溶解，放入球花甘蓝，浸泡 1 小时后捞出，挤出多余水分，放入碗中备用。在另一个碗中，将白萝卜末、青葱末、蒜末、卷心菜末、鳀鱼、柠檬汁、辣椒酱和辣椒碎充分搅匀，然后放入球花甘蓝，使劲拌匀，加入足量的盐调味。不要太咸，只需充分调味即可。将搅拌好的蔬菜倒入一个干净的碗或塑料容器中并压实，使蔬菜完全浸泡在“卤水”中。用一个碗盖或能正好放入容器的塑料盖压球花甘蓝，压出“卤水”。这是蔬菜析出的天然水分形成的“卤水”。盖上细纱布，放在温暖处发酵 3 天。发酵完成后，将球花甘蓝转移到另一个小容器中，盖上盖并放入冰箱储存。上桌时，将扇贝片与蔬菜搅拌均匀，淋上新鲜柠檬汁即可。

CAPESANTE CON CIME DI RAPA

供 8 人食用

12 克 / 4 盎司盐
1.1 千克 / 2 磅球花甘蓝，球花与叶子分离
120 克 / 4 盎司白萝卜，切细末
1 把青葱，切细末
2 瓣大蒜，切细末
50 克 / 2 盎司卷心菜，切细末
2 片罐装鳀鱼，沥干，切细末
60 毫升 / 2 盎司柠檬汁，以及额外所用
2 汤匙泰国是拉差辣椒酱
½ 茶匙辣椒碎
8 个佩克尼克湾扇贝，剥出扇贝肉，洗净并切片

牙买加牛肉配贝壳面、乳清奶酪和哈瓦那辣椒 JAMAICAN BEEF WITH CAVATELLI, GOAT RICOTTA AND HABANERO CHILLIES

MANZO GIAMAICANO CON CAVATELLI, RICOTTA DI CAPRA E CHILLI HABANERO

供 8 人食用

4 汤匙橄榄油
700 克 /1½ 磅洋葱，切丝
2 茶匙蒜末
2 汤匙墨西哥辣椒（jalapeño chillies），去籽、切碎
2 汤匙姜末
450 克 /1 磅番茄，切成 1 厘米 /½ 英寸的方丁
1 × 1⅓ 千克 /2½ 磅嫩肩牛里脊，切粗末
400 毫升 /14 盎司牛肉高汤（见第 248 页）
1 茶匙糖
盐和胡椒

用于制作混合调料
1 茶匙胭脂树籽
¼ 茶匙甜胡椒粒 • ½ 茶匙孜然粒
½ 茶匙香菜籽 • 1 汤匙黑胡椒粒
1 茶匙小肉豆蔻 • 1 汤匙姜黄粉

用于制作乳清奶酪碎
6 汤匙羊奶里考塔奶酪 • 2 汤匙牛奶里考塔奶酪 • 橄榄油 • 盐和胡椒

用于制作哈瓦那辣椒
1 升 /1¾ 品脱橄榄油
3 根哈瓦那辣椒，去籽并切丝

用于制作意面面团
340 克 /12 盎司普通面粉，另加淋撒所需
1½ 汤匙起酥油
¼ 茶匙盐 • 175 毫升 /6 盎司热水
¼ 茶匙泡打粉 • 1 汤匙姜黄粉
1 汤匙牙买加咖喱粉（Jamaican curry powder）

用作配餐
4 茶匙黄油
3～4 汤匙牛肉高汤（可选）
4～6 汤匙浓味羊奶奶酪碎（sharp goat's cheese）

在耐热烤盘中加热油，放入洋葱并盖上盖，用小火加热 15～20 分钟，直至炒软。将盖拿走，中火继续加热 15～20 分钟，直至水分几乎全部蒸发且洋葱开始变色、焦糖化。加入蒜末、墨西哥辣椒和姜末，继续小火翻炒至洋葱几乎变干且呈深棕色。加入番茄丁继续加热，直至 ⅘ 的水分蒸发。同时，将烤箱预热至 150°C/300°F/ 气烤箱刻度 2，然后制作混合调料。将胭脂树籽、甜胡椒粒、孜然粒、香菜籽、黑胡椒粒放入香料研磨机磨碎或用杵在臼中捣碎，然后加入小肉豆蔻和姜黄粉混匀。将调料倒入烤盘中翻炒 5 分钟，放入牛肉末，开大火翻炒至变色。用盐和胡椒调味，并倒入牛肉高汤，放糖搅拌。用烘焙纸和锡箔纸盖住烤盘，放入烤箱烘烤 2 小时，每隔 45 分钟搅拌一下，直至所有的味道均匀混合。与此同时，将乳清奶酪碎的所有原料在碗中混匀并盖好，放在一边备用。制作哈瓦那辣椒：在炸锅中将油加热至 95°C/200°F，放入辣椒，炸软即可捞出，放在厨房纸上控油。制作意面：在一个大碗中混合所有原料，搅拌均匀并揉成面团，静置松弛 10 分钟。在撒了一层薄面粉的工作台上将面团擀成面片并切成长条，或者用压面机压成薄面皮，然后再用专用机器制成贝壳面。将贝壳面放入煮沸的盐水中煮几分钟，至成熟且口感筋道时捞出。将牙买加牛肉从烤箱中取出，加入煮好的贝壳面和黄油轻轻搅拌，如有必要，可加入更多的高汤稀释。将牛肉贝壳面分盛至盘子里，撒上乳清干酪碎并用炸哈瓦那辣椒装饰，最后撒上浓味羊奶奶酪碎即可。

恶魔鸡肉配酸奶 DEVIL'S CHICKEN WITH YOGURT

POLLO ALLA DIAVOLA CON YOGURT

供 4 人食用

用于制作柠檬油醋汁
120 克 /4 盎司瓜希柳红辣椒干或其他温和的干辣椒， 在水中浸泡整夜后捞出
120 毫升 /4 盎司橄榄油
1½ 茶匙泰国是拉差辣椒酱
¼ 头大蒜， 去皮， 在油里软化并打成泥
2 汤匙柠檬汁
1 撮糖
½ 茶匙辣椒碎
盐

用于制作调味酸奶
225 克 /8 盎司原味希腊酸奶
柠檬汁
橄榄油
盐和胡椒

用于制作沙拉
1 棵苦苣
½ 棵特雷维索红菊苣
橄榄油
柠檬汁
盐和胡椒

1 × 1⅔ 千克 /3 磅鸡， 切成 4 份
15 克 /½ 盎司黄油
1 茶匙新鲜百里香叶
1 瓣蒜瓣， 切末
4 汤匙干面包糠
盐和胡椒

制作柠檬油醋汁：将干辣椒的皮刮掉并去籽，辣椒肉切碎，放入碗中，加入剩余的材料混匀，用盐调味后放在一边备用。制作酸奶：将酸奶倒入碗中，倒入柠檬汁和橄榄油搅匀，用盐和胡椒调味即可。制作沙拉：将苦苣和菊苣切成丝，放入碗中，淋上橄榄油和柠檬汁，用盐和胡椒调味并轻轻拌匀，放在阴凉处备用。将烤架或者一口平底烧烤锅预热。将盐和胡椒抹在鸡肉上后烤 25～30 分钟，不时翻转使鸡肉均匀受热，直至完全熟透且软嫩。用刀尖插入鸡肉最厚的部分测试，如果流出透明的汤汁则说明鸡肉烤熟了。将鸡肉盛在加热好的盘子中，静置松弛 10 分钟。同时，在一口小平底锅中将黄油熔化，放入蒜末、百里香和面包糠翻炒几分钟，面包糠金黄酥脆后用漏勺捞出。将鸡胸肉切半，拆下鸡腿，并在鸡肉上淋油醋汁。在每个盘子中舀入一勺调味酸奶并放入 2 块鸡肉，配上沙拉、撒上面包碎即可上桌。

餐厅地址：
Lucio's Italian Restaurant
47 Windsor Street
Paddington
NSW 2021
Australia

Lucio Galletto

Lucio Galletto 出生在意大利西部的一个经营农场和餐厅的家庭里，搬去悉尼前，他在学习建筑专业。1983 年，Lucio Galletto OAM 在帕丁顿（Paddington）开办了 Lucio's，并依靠美味的料理和绝佳的服务成为澳大利亚最负盛名的意大利餐厅之一。对于 Lucio 来说，与其说这是餐厅的经营哲学，不如说更反映了他对艺术的热爱。"美食和艺术对于我来说就像空气一样不可或缺，"他说道，"我成长在意大利的家庭餐厅中，而同时我们也在那里经营着一家画廊，所以它已经融入我的血液中了。这对于我个人和我的顾客来说都十分重要。在我看来，结合了美味的料理、热情的服务和墙上伟大的艺术的用餐经历才是最好的。" Logan Campbell 在 2006 年成为 Lucio's 餐厅的主厨，他的职业生涯始于 Catalina 餐厅，在那里他学习了高级料理的基础，并迅速地理解了行业规矩，充分尊重优质的新鲜食材。依仗高超的烹饪技艺，他在 Lucio's 领导着一支优秀、忠诚的团队，为餐厅的口碑做出了极大的贡献。

菜单 MENU

布里欧修面包（Brioche）

烧烤腌渍无花果配无花果雪葩和温布里欧修面包（Marinated Grilled Figs with Fig Sorbet and Warm Brioche）

藏红花意面配鳌虾和西葫芦花（Saffron Tagliatelle with Balmain Bug and Courgette Flowers）

炭烤羊菲力配杂麦甜菜根（Chargrilled Lamb Tenderloins with Farro and Beetroot）

水果沙拉配西番莲冻和马斯卡彭冰激凌（Fruit Salad with Passion Fruit Curd and Mascarpone Ice Cream）

布里欧修面包 BRIOCHE

将牛奶和1茶匙砂糖倒入碗中，撒入酵母静置15分钟，直至起沫。将面粉和1撮盐过筛到大碗中，将剩余的糖搅入，并在中央挖一个小窝穴。将牛奶和酵母搅拌成糊，与鸡蛋一起倒入面粉中。搅匀形成面团后倒出，揉5分钟。一次加入1～2块黄油，揉进面团，充分吸收后再继续加入黄油。黄油全被揉进面团后，将面团用保鲜膜盖好，发酵1小时，直至体积发至两倍。同时，在2个吐司盒内壁抹黄油。将面团排气并切分成2份，分别放入吐司盒，盖好后进行二次发酵，约30分钟。烤箱预热至200°C/400°F/气烤箱刻度6。面包发酵好后，刷上蛋白液，放入烤箱烘烤15分钟，然后将烤箱温度下调至160°C/325°F/气烤箱刻度3，继续烘烤5分钟。出炉后脱模，放在晾网上放凉即可。

PAN BRIOCHE

可制作2个

120毫升/4盎司温牛奶

100克/3½盎司白砂糖

1½茶匙干酵母

340克/12盎司普通面粉

6颗鸡蛋，打散

250克/9盎司无盐黄油，切丁，另加涂抹所需

1个蛋白，打散

盐

烧烤腌渍无花果配无花果雪葩和温布里欧修面包 MARINATED GRILLED FIGS WITH FIG SORBET AND WARM BRIOCHE

制作雪葩：将1升/1¾品脱的清水倒入碗中，加入白砂糖和葡萄糖，充分混匀。将无花果放入万能冰磨机（Pacojet），并加入足量的糖水（约475毫升/16盎司）。加入柠檬汁搅匀，放入冷冻室冷冻24小时后用万能冰磨机搅打成雪葩，放入冷冻室冷冻备用。制作腌渍无花果：将无花果放入非金属的盘中，在碗中混合红葡萄酒醋、橄榄油、雪维菜、蒜末和白砂糖，然后倒入盘中，静置腌渍1小时。上桌前，预热烤架。将布里欧修厚片烤至两面金黄，然后盛入盘中。用漏勺将腌渍无花果捞出，在烤架上烤1～2分钟，并在每片面包上放2瓣无花果，撒上核桃碎和奶酪，最后舀上1勺雪葩并装饰薄荷叶和橄榄油。

FICHI ALLA GRIGLIA CON SORBETTO DI FICHI E PAN BRIOCHE

供4人食用

用于无花果雪葩

500克/1磅2盎司白砂糖

1½茶匙液体葡萄糖

8颗熟无花果，切丁

2颗柠檬，榨汁，过滤

用于制作腌渍无花果

4颗新鲜无花果，切半

100毫升/3½盎司优质红葡萄酒醋

150毫升/5盎司橄榄油

½把新鲜雪维菜，切碎

1瓣大蒜，切末

1汤匙白砂糖

4片2厘米/¾英寸厚布里欧修面包片（见上方）

150克/5盎司核桃瓣，烤香并切碎

200克/7盎司菲达奶酪

2汤匙新鲜薄荷叶碎

4汤匙特级初榨橄榄油

TAGLIATELLE ALLO ZAFFERANO CON BATIBA E FIORI DI COURGETTE

供 4 人食用

用于制作藏红花意面面团

¼ 茶匙藏红花花丝

1 汤匙热水

4 颗鸡蛋

400 克 / 14 盎司普通面粉，意大利 00 号面粉最佳，另加淋撒所需

盐

用于制作酱汁

3 只巴尔曼鳌虾或铲鼻龙虾（Balmain bugs or shovel-nosed lobsters）

16 朵西葫芦花，去花蕊

120 毫升 / 4 盎司特级初榨橄榄油

1 茶匙蒜末

1 茶匙辣椒末

3 颗熟番茄，去皮去籽，切丁

1 汤匙新鲜罗勒叶

藏红花意面配鳌虾和西葫芦花 SAFFRON TAGLIATELLE WITH BALMAIN BUG AND COURGETTE FLOWERS

将藏红花花丝浸泡在热水中，直至冷却。在碗中将鸡蛋打散，并倒入藏红花水搅匀。将面粉和 1 撮盐过筛成堆，在中央挖一个小窝穴。倒入蛋液汁，用手指慢慢地将两者混匀并继续揉 10 分钟。如果面团太软则可以再加入一点儿面粉，如果太干则加入一点儿水。揉成面团后静置松弛 15 分钟，然后在撒了薄粉的工作台上擀成面皮，或者用意大利面机压成薄面皮，最后切成面条备用。制作酱汁：将鳌虾或龙虾的头切掉，取出虾尾的虾肉，保留虾头和虾壳。将虾尾肉切丁备用，西葫芦花切丝。锅中倒入油加热，加入虾头和虾壳翻炒 5 分钟，炒出香味后取出丢弃。加入虾尾肉、蒜末、辣椒末，小火翻炒 1 分钟，然后加入番茄和西葫芦花。同时，将一锅加了盐的水煮沸，放入意面煮 2 分钟，直至筋道后捞出，移入酱汁锅中，加入罗勒叶拌匀即可。

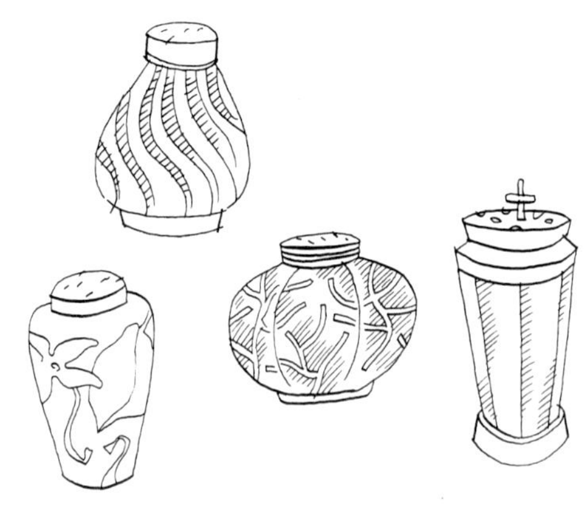

炭烤羊菲力配杂麦甜菜根 CHARGRILLED LAMB TENDERLOINS WITH FARRO AND BEETROOT

别除羊肉上的筋腱后放入一个浅盘中。将大蒜切末，和棉籽油或葵花籽油、柠檬皮碎混合在一起后倒入浅盘，让羊肉腌制 2 小时。同时，将 3 个甜菜根榨汁，倒入锅中。将剩余的大蒜压碎，与法诺谷物、红葡萄酒醋、迷迭香、盐和 475 毫升 / 16 盎司的清水一起加入锅中。加热煮沸，然后转小火煮 20 分钟左右，直至法诺谷物煮软即可。将液体滤出，并取出迷迭香枝丢弃。把剩余的甜菜根放入煮沸的盐水中煮 30 分钟，煮软后捞出、放凉，把外皮搓掉并切成 13 毫米 / ½ 英寸的方丁，放在一边备用。制作酱汁：将干牛肚菌捣成粉末，取 2 汤匙，加入白葡萄酒醋、芥末和糖，在小锅中用小火煮 2 分钟，然后趁热加入橄榄油搅匀。将烤架预热，放上羊里脊，按喜好烤 5～7 分钟，并不时翻面使受热均匀。如果法诺谷物已经变冷，则可以放入煮沸的盐水中重新加热 1 分钟左右后捞出。将法诺谷物与甜菜丁、一点儿橄榄油混匀后铺在大盘中，然后将烤好的羊肉斜切厚片，摆在其上，最后用混合香草沙拉装饰并淋上牛肚菌酱汁。

FILETTI D'AGNELLO CON FARRO ALLE BARBABIETOLE

供 4 人食用

800 克 / 1¾ 磅嫩羊里脊
6 瓣大蒜
6 汤匙棉籽油或葵花籽油
2 颗柠檬的皮，擦碎
4 个甜菜根
175 克 / 6 盎司法诺谷物 （farro）
2 汤匙红葡萄酒醋
2 枝新鲜迷迭香
1 茶匙盐

用于制作酱汁
60 克 / 2 盎司干牛肚菌
250 毫升 / 9 盎司优质白葡萄酒醋
1 茶匙第戎芥末酱
1 茶匙糖
475 毫升 / 16 盎司特级初榨橄榄油，另加淋洒所需
混合香草沙拉

INSALATA DI FRUTTA CON GELATO AL MASCARPONE

供 4 人食用

用于制作西番莲蛋奶酱

400 克 /14 盎司西番莲果肉

20 克 /¾ 盎司吉利丁

1 颗柠檬的柠檬汁，过滤

3 颗鸡蛋

175 克 /6 盎司白砂糖

450 克 /1 磅无盐黄油，切丁

用于制作马斯卡彭冰激凌

500 毫升 /17 盎司牛奶

8 个蛋黄

500 克 /1 磅 2 盎司白砂糖

500 毫升 /17 盎司马斯卡彭奶酪

用于制作水果沙拉

1 个红木瓜（red papaya），去皮、切片

1 个黄桃，去皮、切片

1 个嫩椰子，保留椰汁并刮下椰肉

白砂糖

1 汤匙嫩薄荷叶

水果沙拉配西番莲冻和马斯卡彭冰激凌 FRUIT SALAD WITH PASSION FRUIT CURD AND MASCARPONE ICE CREAM

制作西番莲冻：将西番莲切半，挖出果肉并过滤，量出 150 毫升 /5 盎司的果汁备用。将吉利丁片放在碗中，用冷水浸泡 5 分钟，然后捞出并挤出多余水分。将西番莲汁和柠檬汁倒入小锅中加热，同时，将鸡蛋和砂糖在一个耐热碗中打散。果汁变热时逐渐倒入蛋液并不停搅拌，然后将碗架在一锅沸水上，确保碗底不要接触水面。隔水加热并搅拌约 20 分钟，当液体开始变稠时加入吉利丁，搅拌溶解。从热水上拿开，一点点地加入黄油拌匀。将西番莲蛋糊倒入一个 20 厘米 × 15 厘米 /8 英寸 × 6 英寸的浅烤盘中，放入冷冻室，直至凝固，取出切成 20 毫米 × 6 毫米 /8 英寸 × ¼ 英寸的长条后继续放入冷冻室储存。制作马斯卡彭冰激凌：将牛奶倒入锅中，小火煮沸后关火。蛋黄和糖在碗中打散，然后慢慢倒入热牛奶并不停搅拌。将蛋奶液倒回锅中，继续小火加热搅拌，直至蛋奶糊可以裹挂在勺子背面。最后加入马斯卡彭奶酪搅打均匀，冷却后放在冰箱中冷藏。将冰激凌糊倒入冰激凌机，按照厂商说明书上的时间操作即可。将冰激凌放入冷冻室冷冻至少 1 小时。组合甜点：将木瓜、黄桃和椰子果肉放在碗中，加入椰子水和砂糖轻轻拌匀；将水果沙拉分盛在盘子里，用薄荷叶装饰；将西番莲冻从冷冻室里取出，在室温下回温 3～4 分钟，果冻条变软后卷成鸟巢的形状，摆在水果沙拉旁边；最后挖一勺冰激凌，放在上面即可。

Stefano Manfredi

Stefano Manfredi 被公认为是澳大利亚的领军厨师之一，同时也是现代意大利料理大师。意大利北部的伦巴第大区出生的他，在 1961 年与家人移居到澳大利亚海岸。自从 1983 年首家 The Restaurant Manfredi 餐厅开张后，Manfredi 便开始影响澳大利亚人的饮食方式，而餐厅也在 1995 年获得了《悉尼先驱晨报》(*The Sydney Morning Herald*)“美食指南”授予的 Three Chefs Hats 奖项。Manfredi 在悉尼开办并经营了多家餐厅，2002 年 10 月，Stefano 来到意大利，接受由意大利总统亲自颁发的意大利国际外国人烹饪学院（Italian International Culinary Institute for Foreigners）开幕奖杯，奠定了意大利-澳大利亚料理界的“教父”地位。2007 年，Stefano 受到当地沿海乡村景致的吸引，接过了 Manfredi at Bells 的掌舵权。在这里，他见证了大量厨房花园的形成，为他的料理带来更多田园风情。除了继续管理着 Bells 餐厅，2011 年 9 月，他在重建的星港城（The Star）开了一家招牌城市餐厅 Balla，在万众期待下回归悉尼美食界。Balla 是一家供应现代米兰料理的意大利小酒馆。除此之外，Manfredi 还在美食写作上做出了大量成绩，他出版了 4 本书，在大师课堂上教学，在当地和海外的电视节目上做客，成功创办了咖啡品牌 Espresso di Manfredi by Piazza D’Oro，而且他始终是本土、可持续性和应季食材的积极倡导者。

餐厅地址：
Balla
Retail Arcade 80 Pyrmont St.
Pyrmont
NSW
Australia

菜单 MENU

彩椒酸甜酱洋葱烤面包片（Crostini with Peppers and Onions in Agrodolce）

小龙虾黄油芝麻意面（Tagliatelle with Yabbies, Butter and Sesame Seeds）

烤雉鸡配皱叶甘蓝、栗子和红酒酱（Roast Pheasant with Savoy Cabbage, Chestnuts and Red Wine）

木梨、马斯卡彭、葡萄浆甜饼（Torta Sbrisolona with Quince, Mascarpone Cream and Vincotto）

CROSTINI CON PEPERONI E CIPOLLE AL AGRODOLCE

供 6 人食用

2 个红甜椒，去籽
2 个黄甜椒，去籽
2 颗紫洋葱
特级初榨橄榄油
2 汤匙香脂醋
6 片 1 厘米 /½ 英寸厚吐司片
盐和胡椒

彩椒酸甜酱洋葱烤面包片 CROSTINI WITH PEPPERS AND ONIONS IN AGRODOLCE

烤箱预热至 180°C/350°F/ 气烤箱刻度 4。将彩椒切成 8 条、洋葱切成 8 瓣，然后放入烤盘中，淋入橄榄油，加盐和胡椒调味并拌匀，放入烤箱烘烤 20 分钟，烤软即可出炉。加入香脂醋拌匀，冷却至室温。将烤架预热，每片吐司切成 3～4 片，刷橄榄油并将两边烤至金黄。将烤面包片摆在烤蔬菜上即可。

TAGLIATELLE CON GAMBERI DI FIUME, BURRO E SESAMO

供 6 人食用

用于意大利面
600 克 /1 磅 5 盎司普通面粉
6 颗鸡蛋

用于制作酱汁
30 只活澳大利亚小龙虾或其他淡水小龙虾
120 克 /4 盎司芝麻，烤熟
120 克 /4 盎司黄油，软化并切薄片
100 克 /3½ 盎司格拉娜帕达诺奶酪碎（grana padano cheese）
盐和胡椒

小龙虾黄油芝麻意面 TAGLIATELLE WITH YABBIES, BUTTER AND SESAME SEEDS

制作鸡蛋意面：将面粉过筛成堆，在面粉中挖一个小窝穴，打入鸡蛋并慢慢混匀、揉成面团。如果面团太黏，可以再加一点儿面粉。用意面机将面团压成非常薄的面皮，然后切成 5 毫米 /¼ 英寸宽的面条。将一大锅盐水煮沸，加入小龙虾，再次煮沸，然后马上捞出、剥壳，并将虾尾纵向切成两半。在煮沸的盐水中将意面煮至口感筋道，捞出并加入芝麻、黄油、虾尾肉、奶酪碎、盐和胡椒，拌匀即可上桌。

烤雉鸡配皱叶甘蓝、栗子和红酒酱 ROAST PHEASANT WITH SAVOY CABBAGE, CHESTNUTS AND RED WINE

FAGIANO ARROSTO CON VERZA, CASTAGNE E SALSA AL VINO ROSSO

供 6 人食用

用于制作红酒酱
3 汤匙特级初榨橄榄油
1 颗洋葱， 切末
1 根芹菜， 切末
10 瓣大蒜， 切末
250 毫升 /8 盎司香脂醋
1½ 升 /2½ 品脱红葡萄酒

用于制作甘蓝和栗子
3 汤匙特级初榨橄榄油
1 颗洋葱， 切细末
100 克 /3½ 盎司烟熏意式培根， 切细末
½ 颗皱叶甘蓝， 去硬核并切细丝
30 粒栗子， 煮熟并去壳 （见第 508 页）
盐和胡椒

3 只 800 克 /1¾ 磅雉鸡， 去毛
特级初榨橄榄油
盐

将橄榄油放入锅中加热，加入洋葱、芹菜和蒜末，小火翻炒几分钟，炒软但不要变色。加入香脂醋，中火收至原来的 ¾，倒入红酒，继续加热并撇去表面浮沫，当收至一半时用细棉布过滤至另一口干净的锅中，继续加热浓缩至 250 毫升 /9 盎司时关火。准备甘蓝和栗子：在锅中加热油，放入洋葱和意式培根，小火翻炒，直至炒软并稍稍变色。放入甘蓝菜丝，加盐调味后继续翻炒，加入栗子小火慢煮，直至甘蓝变软但仍旧保留一点儿口感，最后再根据口味调味即可。将烤箱预热至 240°C/475°F/ 气烤箱刻度 9，在每只雉鸡上抹橄榄油和盐，放入烤盘烘烤 15～20 分钟，完全熟透后从烤箱中取出，但不要关烤箱。将雉鸡从烤盘中拿出，放在温暖的地方静置 10 分钟左右。同时，将红酒浓缩汤汁倒入烤盘，与烤鸡的汤汁混匀，然后放入烤箱加热 5～6 分钟。将红酒酱用细棉布过滤，放在温暖处备用。摆盘时，将鸡胸肉和鸡腿肉切下，在每个盘子中放入半只鸡，搭配炒甘蓝栗子和红酒酱上桌即可。

TORTA SBRISOLONA CON MELA COTOGNA, CREMA DI MASCARPONE E VINCOTTO

可制作 24 个

用于制作甜饼
120 克 /4 盎司普通面粉
¾ 杯细玉米面
100 克 /3½ 盎司扁桃仁粉
80 克 /3 盎司白砂糖
1 个蛋黄
半颗柠檬，榨汁
1 茶匙香草精
1 颗柠檬皮碎
65 克 /2½ 盎司黄油
50 克 /2 盎司鸭油

用于制作木梨
6 个木梨
1 升 /1¾ 品脱干白葡萄酒
300 克 /11 盎司糖
2 根肉桂
8 颗黑胡椒粒
1～2 汤匙熟葡萄酒（vincotto）

用于制作马斯卡彭奶油
2 个蛋白
75 克 /2¾ 盎司白砂糖
300 克 /11 盎司马斯卡彭奶酪
1 茶匙香草精

木梨、马斯卡彭、葡萄浆甜饼 TORTA SBRISOLONA WITH QUINCE, MASCARPONE CREAM AND VINCOTTO

将烤箱预热至 160°C/325°F/ 气烤箱刻度 3，烤盘铺烘焙纸备用。将面粉、玉米面、扁桃仁粉、砂糖、蛋黄、柠檬汁、香草精和柠檬皮在碗中混匀，然后缓缓加入黄油和鸭油，揉成面团。将面团擀成 5 毫米 /¼ 英寸厚的面皮，并切出直径为 8 厘米 /3¼ 英寸的圆片，放在烤盘上，放入烤箱烘烤 30 分钟。出炉后放凉备用。烤箱调至 110°C/225°F/ 气烤箱刻度 ¼。将木梨刮皮并切成 4 瓣，保留果核完整，然后将木梨放在烤盘中，倒入白葡萄酒浸没，最后加入肉桂、黑胡椒粒，撒入砂糖，放入烤箱烘烤 6～8 小时。从烤箱里取出并放凉，然后将木梨去核、切薄片备用。制作马斯卡彭奶油：将蛋白在一个无油的碗中打发至湿性发泡，然后缓缓加入砂糖并打发至硬性发泡，最后翻拌入马斯卡彭奶酪和香草精。上桌时，在每块甜饼上舀上一勺马斯卡彭奶油，然后放上木梨片，最后淋上熟葡萄酒即可。

Robert Marchetti

餐厅地址：
Icebergs Dining Room & Bar
One Notts Avenue
Bondi Beach
NSW 2026
Australia

Robert Marchetti 与其兄弟在墨尔本的家庭餐厅里一起开始了烹饪事业，其事业版图包括 Cafe Maximus、Marchetti's Latin 和 Marchetti's Tuscan Grill。在日本和马来西亚的几个城市短暂地工作过一段时间后，Marchetti 回归家族企业，在坐落于凯恩斯棕榈湾（Palm Cove, Cairns）的 Marchetti's at Reef House 担当行政主厨，随后又在 Marchetti's Latin 和 Marchetti's Tuscan Grill 复制了成功经验。2002 年，他前往悉尼的邦代海滩（Bondi Beach），与人合作，将一座闲适的海滩休闲别墅改造成后来为人熟知的 Icebergs Dining Room and Bar。在那里，可以看到 Marchetti 的菜单有受他父亲的意大利血统影响的地中海风格，而这种风格在他的另一家餐厅 North Bondi Italian Food 更加明显。Marchetti 的料理新鲜诱人，他在传统料理的基础上减少奶油和油脂的含量，并大量使用因其地点的独特优势而极易获得新鲜的海鲜。2008 年，他与合伙人又开了 Giuseppe, Arnaldo&Sons 餐厅、瑞西卡特湾（Rushcutters Bay）的 Neild Ave Mediterranean Grill 餐厅，以及在邦代（Bondi）的 La Macelleria 餐厅和一家肉铺。

菜单 MENU

混合薄切肉片（Mixed Italian Cured Meats）

西西里蟹肉玉米糊（Sicilian Crab Polenta）

豌豆沙拉（Pea Salad）

野生扇贝配水田芥和萝卜沙拉（Wild Scallops, Watercress and Radish Salad）

马斯卡彭山莓挞（Raspberry Mascarpone Tart）

AFFETTATI MISTI
供 2 人食用
2～4 片精选恩佐（enzo）蒜味腊肠、猎人风格蒜味腊肠（cacciatore）、奥索科洛火腿（osso collo）、卡皮埃洛肠（culotello）和意式熏火腿等冷食腌肉
4 片斯佩耳特小麦面包，6 毫米 /¼ 英寸厚
50 克 /2 盎司斯特位希诺奶酪（stracchino cheese），切薄片
50 克 /2 盎司芳提娜奶酪，切薄片
黄油，软化
100 克 /3½ 盎司利古里亚橄榄

混合薄切肉片 MIXED ITALIAN CURED MEATS

在大盘中将各式肉片摆好，并留出足够空间放置三明治和橄榄。将一个三明治机或一口不粘平底锅预热，放 2 片面包和 2 种奶酪，盖上另外 2 片面包。在每个三明治的外侧抹上黄油，将三明治放入三明治机或不粘锅，烘至两边呈金黄色、奶酪熔化即可。如果在不粘锅中烘烤需要中途翻面。同时，将橄榄放入另外一口平底锅，小火稍稍加热即可。将三明治切成两半，与橄榄一起摆入盘中即可。

GRANCHIO CON POLENTA
供 2 人食用
200 毫升 /7 盎司鸡肉高汤（见第 249 页）
1 汤匙黄油
50 克 /1¾ 盎司速溶玉米面
50 毫升 /1¾ 盎司特级初榨橄榄油
½ 茶匙去籽、切碎的红辣椒
½ 茶匙蒜末
150 克 /5 盎司蟹肉
1 汤匙新鲜平叶欧芹碎
¼ 颗柠檬榨汁
盐和胡椒

西西里蟹肉玉米糊 SICILIAN CRAB POLENTA

将鸡汤倒入厚底锅，放入黄油和 1 撮盐煮沸。缓慢但持续地将玉米面倒入锅中并不停搅拌，然后转小火继续煮 4～5 分钟，直至稠度同稠奶油一样即可关火。在一口小平底锅中加热油，放入辣椒和蒜末翻炒，炒香后放入蟹肉炒热。最后加入欧芹叶、柠檬汁、盐和胡椒，拌匀即可。上桌时，在每个盘子里舀入 3～4 汤匙玉米糊，并在中央摆上蟹肉即可。

INSALATA DI PISELLI
供 2 人食用
用于制作柠檬油醋汁
3 个蒜瓣
¾ 汤匙盐
2 汤匙第戎芥末酱
100 毫升 /3½ 盎司红葡萄酒醋
100 毫升 /3½ 盎司柠檬汁
800 毫升 /2 品脱 7 盎司特级初榨橄榄油

5 片新鲜罗勒叶，切丝
5 片新鲜薄荷叶，切丝
1 汤匙新鲜香葱碎
2 颗红葱头，切丝
250 克 /9 盎司熟豌豆
50 克 /2 盎司软菲达奶酪
50 克 /2 盎司硬菲达奶酪
特级初榨橄榄油
盐和胡椒

豌豆沙拉 PEA SALAD

将蒜、盐和芥末酱一起捣成泥，加入红葡萄酒醋、柠檬汁和橄榄油，不要乳化。将混合香草、红葱头末和豌豆放入碗中，加入 3 汤匙的油醋汁混匀。剩余的油醋汁放入密封罐，在冰箱中冷藏储存。将沙拉盛盘，撒上 2 种奶酪碎，淋上少许橄榄油即可。如果需要，可按口味调味。

野生扇贝配水田芥和萝卜沙拉 WILD SCALLOPS, WATERCRESS AND RADISH SALAD

CAPESANTE, CRESCIONE E INSALATA DI RAVANELLO

供 2 人食用

12 个带壳野生扇贝

1 大根绿色辣椒，去籽，切丝

2 瓣大蒜，切末

2 汤匙特级初榨橄榄油

4 颗樱桃番茄，切成 6 毫米 /¼ 英寸的薄片

1 把水田芥，择净

3 颗樱桃萝卜，切细条

6 汤匙柠檬油醋汁（见上页）

盐和胡椒

一个个地打开扇贝。将扇贝壳平的那一面朝上并牢牢握住，用一把坚韧的小刀插入贝壳中并切开上层韧带。撬开扇贝，用小刀切断下层韧带。将其他不可食用的部位——裙边和胃囊切下并丢弃，只留下白色扇贝肉。将扇贝肉用小刀切下，切掉附着在壳上的白色韧带，然后把扇贝肉放回半壳中并放入冰箱冷藏。烤箱预热至 200°C/400°F/ 气烤箱刻度 6。将辣椒、蒜末和橄榄油在碗中混匀，舀在扇贝肉上，再放上 2 片樱桃番茄片，撒上盐和胡椒调味。把扇贝放在烤盘上，放入烤箱烘烤 5～6 分钟。同时，将水田芥、小萝卜用油醋汁拌匀备用。从烤箱中取出扇贝，快速将沙拉分盛，再淋上一点儿油醋汁。在大盘中铺上一层水田芥，将扇贝摆在上面，这可以防止扇贝在盘子上滑动，然后上桌。

马斯卡彭山莓挞 RASPBERRY MASCARPONE TART

CROSTATA DI MASCARPONE E LAMPONI

供 4～6 人食用

用于制作甜面团

200 克 /7 盎司黄油

180 克 /16 盎司糖粉

1 根香草荚

2 颗鸡蛋

330 克 /12 盎司普通面粉，另加淋撒所需

150 克 /5 盎司扁桃仁粉

用于制作覆盆子玫瑰糖浆

500 克 /1 磅 2 盎司冷冻覆盆子

100 克 /3½ 盎司白砂糖

1 撮盐

1 汤匙柠檬汁

玫瑰水，适量

格拉帕酒，适量

用于制作马斯卡彭奶油

180 毫升 /6 盎司牛奶

¼ 根香草荚

2 颗鸡蛋，分离蛋黄蛋白

5 汤匙白砂糖

香草荚剖开并刮出香草籽，与黄油和糖粉一起放在碗中打发至顺滑。然后一个个地打入鸡蛋并搅匀，最后翻拌入面粉和扁桃仁粉。完全混匀并揉成面团后用保鲜膜包好，放入冰箱冷藏 1 小时。取出面团后切分成 50 克 /2 盎司的小块，然后在撒了薄粉的工作台上擀成薄面片。轻轻拿起并放入独立的挞模中，轻轻下压使之与挞模完全贴合，用小刀切掉多余的挞皮。将准备好的挞皮放入冰箱冷冻 30 分钟左右，同时将烤箱预热至 160°C/325°F/ 气烤箱刻度 3。将挞皮从冷冻室中取出，铺烘焙纸并压上烘焙豆，放入烤箱烘烤 8～10 分钟烤至金黄色。出炉后撤走烘焙纸和烘焙豆并放凉。制作覆盆子玫瑰糖浆：将覆盆子、白砂糖和盐放入碗中，用保鲜膜盖住并在温暖处静置 1 小时，然后过滤出析出的果汁，加入柠檬汁、玫瑰水和格拉帕酒即可。同时，将蛋黄和 3 汤匙的白砂糖打发至顺滑，然后搅入面粉，倒入一点儿牛奶并搅匀，最后和剩余的牛奶一起倒入锅中。中火加热 5 分钟并用木勺搅拌，当蛋奶糊开始变稠时关火，放凉。在一个无油的碗中将蛋白和剩余的砂糖硬性打发，并在另一个碗中将 ¾ 的奶油打发至同等程度，在第三个碗中将剩余的奶油和马斯卡彭奶酪搅匀。最后将冷却的蛋奶糊、蛋白、打发奶油和马斯卡彭奶酪轻轻翻拌在一起。装饰组合：将马斯卡彭奶油舀入挞皮约 ¾ 处，

2 汤匙普通面粉
330 毫升 / 11 盎司双倍奶油
330 克 / 11 盎司马斯卡彭奶酪

400 克 / 14 盎司新鲜覆盆子
巧克力豆

将新鲜覆盆子朝同一方向摆在挞上。在每个挞上撒 6～8 粒巧克力豆，与覆盆子玫瑰糖浆一起上桌即可。

Karen Martini

餐厅地址：
Melbourne Wine Room
125 Fitzroy Street
St Kilda, Victoria
3182
Australia

Karen Martini 的原创性食谱洋溢着地中海风情，这位澳大利亚名厨、餐厅人、作家和电视主持人从她丰富的文化传承中获取灵感。佛罗伦萨大牛排（Bistecca fiorentina），她的招牌菜式，虽起源于佛罗伦萨，但却因 Karen 的用心创作而流行。她将成熟肋眼牛排在炭火或木炭上烤得焦香，裹上西西里海盐后与山葵一起上桌。Karen Martini 在年轻时就认定了烹饪是她唯一的事业，这也是因为受到了家庭的影响，她的祖父母出生于托斯卡纳和尼斯，曾经在突尼斯担任甜品师。Karen Martini 在年轻时就开始学习托斯卡纳和来自她故乡的其他食谱，以及受到意大利料理影响的北非料理，还与她的祖父母一起制作了许多在日后塑造了其风格的经典菜肴。15 岁时，她从担当学徒和职业学校开始了正式烹饪训练，随后又来到了墨尔本的 Tansy's 餐厅，深入地学习法式料理的基础技巧。在欧洲旅行时，她又进一步巩固了自己的意大利料理技巧。回到澳大利亚，她担任了几家餐厅的主厨后，终于成立了自己的餐厅 The Melbourne Wine Room 并担任主厨。这家人气红酒餐吧赢得了许多荣誉和奖项，不仅拥有收藏丰富的酒窖，其菜单上那些融合了浓郁风味和口感的美食足以挑逗食客的味蕾、但又不会让人感到过于强势，屡获赞誉的酒单更是包括了 800 多种来自全球各地的精品和小型酒庄的葡萄酒。

菜单 MENU

黄鳍金枪鱼配茴香根和腌鱼子（Yellow Fin Tuna Carpaccio with Shaved Fennel and Bottarga）

煎虾芸豆沙拉配松露油醋汁（Seared Prawns with Cannellini Bean Salad and Tartufo Dressing）

炭烤羊肋排配牛至叶和菲达奶酪酱汁（Chargrilled Lamb Chops with Oregano and Hot Feta Dressing）

泡芙面糊配扁桃仁奶油、巧克力酱、果仁糖和金叶（Choux Pastry Crest with Almond Cream, Praline, Chocolate Sauce and Gold Leaf）

黄鳍金枪鱼配茴香根和腌鱼子 YELLOW FIN TUNA CARPACCIO WITH SHAVED FENNEL AND BOTTARGA

CARPACCIO DI TONNO CON FINOCCHIO E BOTTARGA

供 4 人食用

1 × 500 克 /1 磅 2 盎司金枪鱼中段，可生食级别
120 毫升 /4 盎司双倍奶油
1 汤匙原味酸奶
少许柠檬汁
1 个茴香块根，保留叶子
1 颗紫色红葱头（purple shallot），切末
1 颗柠檬，去皮，切出柠檬肉瓣，再切成小三角形
80 克 /3 盎司腌金枪鱼卵（bottarga）
4 根意大利面包棒（grissini）
200 毫升 /7 盎司特级初榨橄榄油
海盐和胡椒
额外的面包棒，用作配餐

将金枪鱼切成 4 等份的厚片，用烘焙纸隔开并用刀背轻压，形成薄厚均匀的鱼片。放在一边备用。将奶油和酸奶一起硬性打发，然后将盐和柠檬汁翻拌进去。将茴香块根用曼陀林刀片（mandoline）擦成薄片，撒上保留的叶子。将金枪鱼分别放入 4 个盘子中，撒上盐和胡椒调味，并加入红葱头末、茴香薄片和柠檬角。在每个盘中舀入一勺酸奶奶油，然后用一把锋利的小刀将腌金枪鱼卵切成薄片并撒入盘中。最后淋上足量的橄榄油，横放 1 根面包棒即可上桌。

煎虾芸豆沙拉配松露油醋汁 SEARED PRAWNS WITH CANNELLINI BEAN SALAD AND TARTUFO DRESSING

INSALATA DI GAMBERETTI E FAGIOLI BIANCHI, CONDITA CON OLIO DI TARTUFO

供 4 人食用

12 只生帝王大虾（raw king prawns）
300 克 /11 盎司煮熟芸豆，捞出并冷却至室温
100 毫升 /3½ 盎司新鲜柠檬汁，过滤
150 毫升 /¼ 品脱特级初榨橄榄油，用于油炸
3 颗红葱头，切末
2 瓣大蒜，切末
1 个嫩茴香，擦薄片，保留叶子
1 个芹菜的嫩心，切丝
½ 把香葱，切末
1 小块新鲜白松露（可选）
盐和胡椒

用于制作松露酱汁
1 汤匙松露膏
5 茶匙柠檬汁
100 毫升 /3½ 盎司特级初榨橄榄油
4 茶匙松露油
1 汤匙烤大蒜
1 个野蘑菇的菌丝

去虾头，保留虾尾，然后剥掉虾身上的虾壳并剔除虾线。将芸豆、一半的柠檬汁和橄榄油放入碗中，加盐和胡椒调味搅拌后放在温暖处备用。热锅中放入一点儿油，放入大虾快速翻炒，但不要炒至变色。放入盐和胡椒调味，然后再加入红葱头末和蒜末搅匀，最后倒入芸豆。关火，放入茴香片、芹菜丝和香葱拌匀后盛盘。制作酱汁：将松露膏、柠檬汁和橄榄油搅匀，淋在大虾沙拉上。上桌前淋上额外的松露酱汁，最后擦上白松露片即可。

炭烤羊肋排配牛至叶和菲达奶酪酱汁 CHARGRILLED LAMB CHOPS WITH OREGANO AND HOT FETA DRESSING

剔除羊排上多余的脂肪，只留下一层，用刀划出十字花，然后将羊排切成独立的肋条。将蒜末、一半的牛至叶、橄榄油、柠檬汁和醋混匀，加盐和胡椒调味后放入羊排腌制。同时，将一锅加了盐的水煮开并放入马铃薯片煮软，捞出，淋上橄榄油后用盐和胡椒调味，趁热加入皱叶菊苣，轻轻拌匀后放在一边保温备用。预热烤架。在另一锅沸水中把韭葱焯 2～3 分钟，捞出，淋上橄榄油后用盐和胡椒调味。将羊排取出，撒上更多的盐后在烤架上烤 4～6 分钟，直至呈焦黄色。将油醋汁倒入锅中，加入橄榄、剩余的牛至叶和菲达奶酪，小火加热，轻轻搅匀即可。在加热好的盘子中盛上马铃薯片，放上羊排，撒上韭葱，最后淋上热的奶酪酱汁并撒上少许胡椒即可上桌。

COSTOLETTINE DI AGNELLO CON PATATE E CONDITO CON FETA E ORIGANO

供 6 人食用

2 条羊排， 每条包含约 8 根肋条

6 瓣大蒜， 切末

½ 把新鲜牛至

100 毫升 /3½ 盎司特级初榨橄榄油，另加淋洒所需

1 颗柠檬， 榨汁， 过滤

4 茶匙雪莉酒醋

12 个马铃薯， 纵向切片

200 克 /7 盎司皱叶菊苣

2 把嫩韭葱

120 毫升 /4 盎司油醋汁 （见第 93 页）

80 克 /3 盎司利古里亚橄榄

200 克 /7 盎司软菲达奶酪

盐和胡椒

PASTA DI CHOUX CON CREMA PASTICCIERA DI MANDORLE E SALSA CIOCCOLATO E MANDORLE CROCCANTI

泡芙面糊配扁桃仁奶油、巧克力酱、果仁糖和金叶
CHOUX PASTRY CREST WITH ALMOND CREAM, PRALINE, CHOCOLATE SAUCE AND GOLD LEAF

供 6 人食用

1 份泡芙面糊 （见第 1170 页）

用于制作扁桃仁奶油
500 毫升 /18 盎司牛奶
2 汤匙黄油
100 克 /3½ 盎司白砂糖
半颗柠檬皮擦碎
½ 根香草荚
4 个蛋黄
50 克 /2 盎司玉米淀粉
1 滴扁桃仁香精

用于制作巧克力酱
200 克 /7 盎司黑巧克力， 切小块
100 毫升 /3½ 盎司双倍奶油
65 克 /2⅓ 盎司蜂蜜
25 克 /1 盎司可可粉
1 茶匙香草精
25 克 /1 盎司黄油， 切小块

用于制作果仁糖
150 克 /5 盎司白砂糖
50 克 /2 盎司烤扁桃仁
橄榄油

用于装饰
150 毫升 /¼ 盎司单倍奶油
糖粉 （可选）
金叶 （可选）

烤箱预热至 220°C/425°F/ 气烤箱刻度 7。将制好的泡芙面糊舀入装了星形裱花嘴的裱花袋中，在烤盘上挤成多纳圈的形状。在烤盘上洒上一点儿清水，放入烤箱烘烤 5 分钟，然后打开烤箱门放出蒸汽。将烤箱温度降至 180°C/350°F/ 气烤箱刻度 4，让泡芙继续烘烤 10～15 分钟，直至变干后出炉、放凉。制作扁桃仁奶油：在锅中倒入牛奶、黄油、一半的砂糖、柠檬皮碎和香草荚加热，同时在碗中将蛋黄和另一半的砂糖打散，并分 3 次加入玉米淀粉搅匀。将热牛奶缓慢地打入蛋黄糊中，然后重新加热至几乎沸腾，其间不停搅拌。小火继续煮 5 分钟，最后加入扁桃仁香精并取出香草荚丢弃，将扁桃仁蛋奶酱倒入托盘中并盖上保鲜膜备用。制作巧克力酱。将巧克力、奶油和蜂蜜倒入锅中用小火加热。在碗中将可可粉、5 汤匙水和香草精混匀，然后倒入锅中，一边加热一边搅拌，直至巧克力完全熔化并几乎达到沸点。关火，一块块地加入黄油并搅拌均匀。制作果仁糖：在锅中倒入砂糖和 2 汤匙清水煮沸，然后继续加热，直至焦糖呈金黄色，倒入扁桃仁搅拌均匀并关火。将扁桃仁糖倒在抹好油的烤盘上冷却。用烘焙纸包上擀面杖，轻轻敲碎扁桃仁糖后放入密封罐保存。将 250 毫升 /8 盎司的扁桃仁蛋奶酱与足量的单倍奶油一起搅打至顺滑的稠度，然后倒入一个裱花袋中。将每个泡芙圈的“顶盖”切下，在底座上挤上扁桃仁奶油后再重新盖上。将填好奶油馅的泡芙圈放入盘中，淋上巧克力酱，撒上果仁糖碎，随后筛上糖粉并用金叶装饰。

Maria Pia de Razza-Klein

餐厅地址：
Maria Pia's Trattoria
55 Mulgrave Street
Thorndon, Wellington
6011
New Zealand

Maria 来自距新西兰非常遥远的意大利普利亚区的莫尔恰诺-迪莱乌卡（Morciano di Leuca），而这个小镇也是她早期厨艺启蒙的摇篮。在这个几乎是意大利半岛最东南角的地方，她学会了尊重家庭农场中种植的农作物和手工制作的意大利面。她会自己制作各式意大利面，例如猫耳意面等，从而在重新发掘意大利地域料理的运动中占据先机。在这样的乡土课堂中不断成长，她也慢慢形成了一种联结食物、健康和环境的完整饮食哲学。她在佛罗伦萨学习长寿饮食法（macrobiotics），然后在博洛尼亚的 Steiner 小学为年龄虽小却很挑剔的素食小学生准备餐食，她觉得这与为专业的美食老饕举办盛大宴会一样能带来满足感。现在，她成了全球性的“慢食运动”在她所在地区的领头人。与她对食材完整性的追求相同的，是她对于传统意大利料理的细致观察。在艾米利亚-罗马涅地区（Emilia-Romagna）的亚平宁山脉中的一家餐厅工作时，Maria 从那里学到了艾米利亚料理的秘诀。“是谁发明了意大利干面条？还有意式面饺？我们应该建一座雕像纪念他，是的，一座雕像。”正是这种珍惜朴素料理的理念，以及她烹饪传统和地域性美食的专业性，吸引了一批批食客来到新西兰威灵顿的 Maria Pia's Trattoria。她的餐厅因拥有卓越、真实的家庭美食而广受欢迎，菜单上当然包含开启了 Maria Pia de Razza-Klein 的美食人生之旅的新鲜手工意大利面。

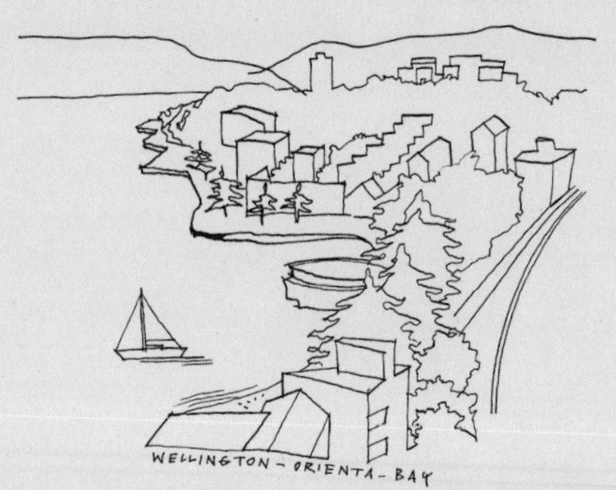

菜单 MENU

我的父亲格里高利的酿馅贻贝（My Father Gregorio's Stuffed Mussels）

博洛尼亚浓汤（Bolognese Soup）

蒸芦笋配焦亚德尔科莱产布拉塔鲜奶酪和藏红花酱（Steamed Asparagus with Burrata di Gioia del Colle and Saffron Sauce）

杯装咖啡舒芙蕾（Coffee Soufflé in a Cup）

COZZE RIPIENE ALLA GREGORIO

供 4～ 6 人食用

1½ 千克 /3¼ 磅鲜活贻贝
2 汤匙新鲜平叶欧芹碎
2 汤匙香葱碎
2 瓣大蒜， 切末
2 颗鸡蛋， 打散
80 克 /2¾ 盎司新鲜面包糠
80 克 /2¾ 盎司佩科里诺奶酪
2 颗番茄， 去皮、 切丁
250 毫升 /9 盎司特级初榨橄榄油，普利亚产最佳
盐和胡椒

我的父亲格里高利的酿馅贻贝 MY FATHER GREGORIO'S STUFFED MUSSELS

将烤箱预热至 180°C/350°F/ 气烤箱刻度 4。贻贝在冷水下冲洗并刮去壳上的“胡子”。用敲贝壳的方法检查是否新鲜，如果不能马上闭合则丢弃。将洗净的贻贝放入大锅，倒入 60 克 /2 盎司的清水，盖盖后大火煮几分钟并不时晃动锅体使之均匀受热。当贻贝全部张口时说明已经煮熟，倒出水并丢弃没有开口的贻贝。将带肉的那一半壳平铺在烤盘中，丢弃空壳。在小碗中混合欧芹、香葱和蒜末，然后加入鸡蛋、面包糠和佩科里诺奶酪碎搅匀，并用盐和胡椒调味。将调味蛋液浇在贻贝上，在每个半壳上放入几块番茄，最后淋上橄榄油，放入烤箱烘烤 25 分钟即可上桌。

ZUPPA ALLA BOLOGNESE

供 4～6 人食用

4 颗鸡蛋， 分离蛋黄蛋白
100 克 /3 盎司帕玛森奶酪碎
100 克 /3 盎司粗麦粉
1 撮现磨肉豆蔻
60 克 /2 盎司黄油， 软化， 另加涂抹所需
80 克 /3 盎司意式肉肠， 切碎
1⅓ 升 /2 品脱牛肉高汤 （见第 248 页）
盐

博洛尼亚浓汤 BOLOGNESE SOUP

将烤箱预热至 180°C/350°F/ 气烤箱刻度 4。蛋黄、帕玛森奶酪、90 克 /3 盎司的粗麦粉、肉豆蔻和 1 撮盐放入碗中，搅入黄油和意式肉肠拌匀。在另一个无油的碗中将蛋白打发至硬性发泡，然后翻拌入蛋黄糊中。在一个 24 厘米 /9½ 英寸的方形烤盘内壁抹黄油、撒上剩余的粗麦粉，然后倒入面糊、抹平，放入烤箱烘烤 30 分钟，或直到插入的牙签拔出时不粘带面糊。出炉、放凉，然后将粗麦糕切成小方丁。在一口大锅中倒入高汤煮沸，放入粗麦糕丁煮 3 分钟左右即可。

蒸芦笋配焦亚德尔科莱产布拉塔鲜奶酪和藏红花酱 STEAMED ASPARAGUS WITH BURRATA DI GIOIA DEL COLLE AND SAFFRON SAUCE

如果你有芦笋专用蒸煮锅，放入少许盐水煮沸，在屉中放上芦笋并没入沸水中，盖上盖蒸 5 分钟，至稍软即可关火。如果没有，将一捆芦笋用厨房专用粗纺线绑好，直立着放入一锅沸水中，芦笋尖露在水面之上，用锡箔纸盖好并煮 10～15 分钟，芦笋变软即可。同时，在一个耐热的碗中将黄油隔水熔化，然后放入鼠尾草、肉豆蔻、肉桂粉、温水和 1 撮胡椒，用打蛋器充分打匀。关火，最后再打进藏红花粉即可。将芦笋捞出，解开捆绳，放在温热的大盘中。淋上藏红花酱汁，点缀布拉塔奶酪块，最后撒上帕玛森奶酪碎即可上桌。

Note：布拉塔奶酪是一种意大利特色奶酪，其柔和、顺滑的口感和特别的味道让它无法被其他奶酪所替代，你可以在某些意大利熟食店或者网上买到。

ASPARAGI AL VAPORE CON BURRATA DI GIOIA DEL COLLE E SALSA ALLO ZAFFERANO

供 4 人食用

50 克 /1 磅 2 盎司芦笋， 混合颜色最佳， 择净去硬皮
15 克 /5 盎司黄油
7 片鼠尾草叶
1 撮新鲜肉豆蔻和肉桂粉
2 汤匙温水
1 撮藏红花粉
250 克 /9 盎司焦亚德尔科莱产布拉塔奶酪 （Burrata di Gioia del Colle cheese）， 切块
100 克 /3 盎司帕玛森奶酪碎
盐和胡椒

杯装咖啡舒芙蕾 COFFEE SOUFFLÉ IN A CUP

烤箱预热至 200℃/400℉/ 气烤箱刻度 6。在 6 个小型白色咖啡杯内壁涂上黄油并撒上一层砂糖备用。将牛奶倒入锅中，煮沸后关火，倒入咖啡、白砂糖（保留 1½ 茶匙）和肉桂粉搅匀并放凉。将面粉、黄油倒入碗中混匀，然后加入蛋黄，搅拌成面糊。在另一个无油的碗中将蛋白、剩余的白砂糖和 1 小撮盐打发至硬性发泡。将咖啡牛奶慢慢倒入蛋黄糊搅匀，然后翻拌入蛋白。咖啡杯中装入一半的面糊，放入几块巧克力，然后倒入剩余的面糊，放入烤箱烘烤 15 分钟后立即上桌。

SOUFFLE AMOROSO AL CAFFÈ IN TAZZIN

供 6 人食用

60 克 /2½ 盎司黄油， 另加涂抹所需
6¼ 汤匙白砂糖， 另加淋撒所需
150 毫升 /5 盎司牛奶
60 毫升 /2 盎司意式浓缩黑咖啡
1 撮肉桂粉
45 克 /1½ 盎司普通面粉
2 个蛋黄
3 个蛋白
60 克 /2½ 盎司黑巧克力， 切块
盐

菜谱表 →

酱汁、腌泡汁和调味黄油

热酱汁

冷酱汁

酱汁基本配料

腌泡汁

调味黄油

前菜（头盘），开胃菜和比萨

意式前菜

渔产类前菜

蔬菜前菜

卡纳皮

烤面包片

塔　汀

船挞和迷你挞

咸味泡芙

一口酥和泡芙面点

可丽饼

酱糜糕和模装酱糜

杯模蛋糕和舒芙蕾

咸味派

酥 盒

比 萨

第一道菜

奶油汤

其他各种汤品

杂菜汤

浓 汤

团 子

鲜意面

干意面

玉米糊

米　饭

米饭沙拉

调味饭

鼓　派

鸡蛋类、菜肉馅煎蛋饼类、意式烘蛋

水波蛋

溏心鸡蛋

烘　蛋

煎鸡蛋

焗鸡蛋

半熟煮鸡蛋

全熟煮鸡蛋

炒鸡蛋

意式薄饼

菜肉馅煎蛋饼

蛋　卷

蔬菜类

芦　笋

甜　菜

鹿角车前草

叶用甜菜

西蓝花

洋　蓟

刺菜蓟

胡萝卜

栗　子

蒲公英

菜　花

卷心菜

红菊苣

芜 菁

小萝卜

鸦 葱

芹 菜

菠 菜

松 露

菊 芋

南 瓜

西葫芦

鱼类、甲壳类、贝类

鳀 鱼

西 鲱

鲱 鱼

腌鳕鱼

银　鱼

海鲈鱼

鲻　鱼

石斑鱼

鮟鱇鱼

海鲷鱼

鳕　鱼

无须鳕鱼

星　鲨

剑　鱼

鳐　鱼

比目鱼

鲑　鱼

海鲂鱼

沙丁鱼

蝎子鱼

鲭 鱼

鳎目鱼

鲟 鱼

金枪鱼

红鲻鱼

鳗 鱼

鲤 鱼

红点鲑

梭子鱼

鲈 鱼

丁 鲷

鳟 鱼

甲壳类

龙 虾

大　虾

蜘蛛蟹

螃　蟹

海螯虾

贝　类

鱿　鱼

扇　贝

贻　贝

牡　蛎

章　鱼

墨　鱼

鱼　汤

蜗　牛

青　蛙

肉　类

羔羊肉

小山羊肉

猪肉、培根和火腿

牛　肉

绵羊肉

小牛肉

香 肠

内 脏

小牛胸腺

大 脑

牛 尾

肺、心脏、肝脏等

心 脏

野 兔

奶 酪

甜品烘培

各式面皮面团类

甜酱汁和装饰

巴伐利亚奶油冻

模糕与布丁

甜可丽饼

甜味蛋卷

油炸果

冰激凌和雪葩

其他甜点

果冻和果酱

名厨菜单

Massimiliano Alajmo

Massimo Bottura

Tony Mantuano

Mario Carbone & Rich Torrisi

Lucio Galletto

Stefano Manfredi

Robert Marchetti

Karen Martini

Maria Pia de Razza-Klein

图书在版编目（CIP）数据

银勺子 / 银勺子编著；丛龙岩，王雨辰，胡杨译．—
广州：广东旅游出版社，2024.3
书名原文：The Silver Spoon 2nd Edition
ISBN 978-7-5570-3055-1

Ⅰ．①银… Ⅱ．①银… ②丛… ③王… ④胡… Ⅲ．
①食谱—意大利 Ⅳ．① TS972.185.46

中国国家版本馆 CIP 数据核字（2023）第 092720 号

图字：19-2022-166
审图号：GS 京（2023）0233 号

出 版 人：刘志松
著　　者：银勺子
出版统筹：吴兴元
编辑统筹：王頔
责任校对：李瑞苑
装帧制造：墨白空间
选题策划：后浪出版公司
译　　者：丛龙岩　王雨辰　胡杨
责任编辑：方银萍
特约编辑：李志丹
责任技编：冼志良
营销推广：ONEBOOK

银勺子
YINSHAOZI

广东旅游出版社出版发行
（广州市荔湾区沙面北街 71 号首、二层）
邮编：510130
印刷：北京雅昌艺术印刷有限公司
印厂地址：北京市顺义区达盛路 1 号
开本：787 毫米 ×1094 毫米　1/16
字数：1218 千字
印张：91.5
版次：2024 年 3 月第 1 版
印次：2024 年 3 月第 1 次
定价：780.00 元